Analyse der Metalle

Herausgegeben vom

Chemiker-Fachausschuß des Metall und Erz e. V.
Gesellschaft für Erzbergbau, Metallhüttenwesen
und Metallkunde im NSBDT.

Erster Band
Schiedsverfahren

Mit 25 Textabbildungen

Springer-Verlag Berlin Heidelberg GmbH
1942

© Springer-Verlag Berlin Heidelberg 1942
Ursprünglich erschienen bei Springer-Verlag OHG. in Berlin 1942
Softcover reprint of the hardcover 1st edition 1942

ISBN 978-3-662-35869-6   ISBN 978-3-662-36699-8 (eBook)
DOI 10.1007/978-3-662-36699-8

Mitglieder des Chemiker-Fachausschusses der Gesellschaft „Metall und Erz"*.

Leiter:

Proske, O., Dr.-Ing., Direktor, Deutsche Gold- und Silber-Scheideanstalt, vormals Roessler, Zweigniederlg. Berlin. Berlin-Hermsdorf, Am Waldpark 28.

Stellvertr. Leiter:

Blumenthal, H., Prof. Dr., Gruppenleiter im Staatl. Materialprüfungsamt Berlin-Dahlem, Unter den Eichen 87.

Schriftführer:

Melzer, G., Dipl.-Ing., Ständiger Mitarbeiter und Schriftführer des Chemiker-Fachausschusses der Ges. „Metall und Erz". Oranienburg b. Berlin, Bismarckstr. 36.

Ahrens, R., Dipl.-Ing., Duisburger Kupferhütte, Duisburg.

Bauer, R., Ing.-Chem., Labor.-Vorstand der Dürener Metallwerke AG., Düren (Rhld.).

Becker, Th., Dr., Analytisches Laboratorium der Metallgesellschaft AG., Frankfurt a. M., Bockenheimer Anlage 45.

Block, E., Chefchemiker der Hüttenwerke Kayser AG., Oranienburg b. Berlin, Straße der SA. 22.

Borkenstein, W., Dr., Labor.-Vorstand d. Norddeutschen Affinerie. Hamburg 26, Hirtenstr. 18.

Boy, C., Labor.-Vorstand d. Dr. L. C. Marquart AG. Bonn a. Rh., Poppelsdorfer Allee 59.

Buttig, H., Dr.-Ing., Betriebsleiter, Staatl. Sächsische Hütten- u. Blaufarbenwerke. Halsbrücke i. Sachsen.

Eckert, E., Dipl.-Ing., Direktor, Otavi Minen- u. Eisenbahn-Gesellschaft. Berlin W 35, Lützowstr. 89/90.

Enk, E., Dr.-Ing., Werkleitung Ferrowerk. Mückenberg, Kr. Liebenwerda.

Ensslin, F., Dr., Chefchemiker d. Unterharzer Berg- u. Hüttenwerke GmbH., Oker a. Harz, Schützenstr. 11 d.

Fischer, H., Dr. habil., Siemens & Halske AG., Wernerwerk Z, Elektrochem. Abt. Berlin-Charlottenburg 2, Savignyplatz 9/10.

Fresenius, R., Prof. Dr., Chemisches Laboratorium Fresenius. Wiesbaden, Kapellenstr. 11/15.

Geigenmüller, M., Dr., Vorsteher d. analytischen Labor. im Lautawerk, Vereinigte Aluminium-Werke AG. Lautawerk (Lausitz), Richthofenstr.

Georgi, K., Dr.-Ing., Labor.-Vorstand d. Sächs. Blaufarbenwerksvereins. Aue i. Sachsen.

Girsewald, Freiherr C. von, Prof. Dr., Labor.-Vorstand d. Metallgesellschaft AG. Frankfurt a. M., Marienstr. 15.

Gottschall, R., Chemiker i. R. Darmstadt, Lucasweg 15.

Grewe, H., Dr., Dortmund-Hoerder Hüttenverein AG., Versuchsanstalt Werk Hörde. Dortmund-Hörde.

Haufe, R., Dipl.-Ing., Analyt. Laborat. d. W. C. Heraeus GmbH. Hanau a. M.

Hessling, J., Chefchemiker d. Metallwerke Unterweser AG. Nordenham, Lutherstr. 29.

Hoepfner, W., Dr., Beeidigter Handelschemiker u. Probenehmer. Hamburg 1, Plan 9.

Holthaus, C., Dr.-Ing., Chefchemiker, Vereinigte Stahlwerke AG., Abt. Dortmunder Union. Dortmund, Rheinische Str. 171.

Ipavic, H., Dr., Heraeus Vakuumschmelze. Hanau a. M.

Jaeger, G., Dr., Deutsche Gold- u. Silber-Scheideanstalt, vormals Roessler. Frankfurt a. M.

Janssen, R. L., Dr., Chemiker, AG. für Zinkindustrie, vormals W. Grillo. Duisburg-Hamborn, Tannenbergstr. 22.

Jüstel, B., Dipl.-Ing., Auergesellschaft AG. Oranienburg b. Berlin, Viktoriastr. 12.

Kilian, W., Dipl.-Ing., Labor.-Vorstand d. Zinkhütte Magdeburg-Rothensee. Magdeburg-West, Tismarstr. 10.

Klinger, P., Dr., Chefchemiker d. Fried. Krupp AG., Essen, Vorsitzer d. Chemikerausschusses d. Vereins Deutscher Eisenhüttenleute. Essen.

---

* Stand: September 1941.

Kriesel, W., Betriebsingenieur u. Labor.-Leiter d. Ferrovanadinwerks. Lautawerk (Lausitz), Weststr. 18.

Lahaye, J., Dipl.-Ing., Chefchemiker d. AG. f. Bergbau, Blei- u. Zinkfabrikation zu Stolberg u. i. Westfalen. Stolberg (Rhld.), Dr. Carl Petersstr. 78.

Leutwein, F., Dr., Oberbergamt Freiberg. Freiberg i. Sachsen, Fischerstr. 19.

Lotz, A., Dr., Forschungslabor. d. Siemens & Halske AG. u. Siemens-Schuckertwerke AG. Berlin-Siemensstadt.

Marr, F., Dipl.-Ing., Norddeutsche Affinerie. Hamburg 28, Backersweide 9.

Martin, W., Dr., Bleihütte Call GmbH. Kall (Eifel).

Mertens, A. J. H., Labor.-Vorstand d. Zinnwerke Wilhelmsburg GmbH. Hamburg-Wilhelmsburg 1, Kirchen-Allee 29.

Milde, E., Dr., Bergwerksges. G. v. Giesches Erben. Beuthen O/S., Virchowstr. 6.

Moser, H., Dr.-Ing., Direktor d. Preuß. Staatsmünze. Berlin SW 19, Unterwasserstr. 2/4.

Orlik, W., Dipl.-Ing., Labor.-Vorstand d. Finow Kupfer- u. Messingwerke AG. Finow (Mark), Maikowskistr. 41.

Raub, E., Prof. Dr., Leiter d. Forschungsinstituts und Probeamts f. Edelmetalle. Schwäbisch-Gmünd.

Rauch, A., Dr., Wintershall AG., Werk Heringen II. Heringen (Werra).

Richter, W., Dipl.-Ing., Vorstand d. Hüttenlabor. d. Hansestadt Hamburg. Hamburg 1, Norderstr. 66.

Satori, H., Chefchemiker, Walter Voß, Letmathe. Iserlohn (Westfalen).

Schaarwächter, C., Dr., Hackethal-Draht- u. Kabelwerke AG. Hannover.

Schleicher, A., Prof. Dr., Techn. Hochschule Aachen. Aachen, Krefelder Str. 25.

Sellmer, F., Dr.-Ing., Berzelius Metallhütten GmbH. Duisburg-Wanheim, Kaiserswerther Str. 174.

Sieger, H., Dr., Deutsche Gold- u. Silber-Scheideanstalt vormals Roessler. Frankfurt a. M.

Steinhäuser, K., Dr., Vorsteher d. analytischen Laboratorien d. Vereinigten Aluminium-Werke AG. Lautawerk (Lausitz), Richthofenstr. 25.

Toussaint, H., Dr., Chefchemiker d. Th. Goldschmidt AG. Essen, Obere Fuhr 25.

Unruh, A. von, Dr., Siemens & Halske AG., Wernerwerk, Elektrochem. Abt. Analyt. Labor. Berlin-Siemensstadt.

Wagenmann, K., Dr.-Ing., Direktor d. Zentral-Labor. d. Mansfeld AG. f. Bergbau u. Hüttenbetrieb. Eisleben, Zeissingstr. 44.

Weiss, L., Dr., Deutsche Gold- u. Silber-Scheideanstalt vormals Roessler. Frankfurt a. M., Häberlinstr. 47.

Wirtz, H., Labor.-Vorstand i. Elektrowerk Weisweiler d. Ges. f. Elektrometallurgie. Eschweiler (Rhld.), Liebfrauenstr. 23.

Chemikerausschuß des Vereins Deutscher Eisenhüttenleute s. Klinger.

Deutsche Reichsbahngesellschaft (Reichsbahnzentralamt), vertreten durch:
Zwicker, H., Dr., Reichsbahnoberrat, Leiter d. chem. Versuchsabt. Kirchmöser b. Brandenburg.

Fachgruppe Metallerzeugende Industrie d. Wirtschaftsgruppe Metallindustrie, vertreten durch:
Wennerscheid, L., Dipl.-Ing., Berlin-Schöneberg 1, Innsbrucker Str. 42.

Reichsstelle f. Wirtschaftsausbau, vertreten durch:
Heberlein, H. R., Dipl.-Ing., Berlin-Steglitz, Kühlebornweg 14.

Staatl. Materialprüfungsamt Berlin-Dahlem s. Blumenthal.

Vorwort.

In den letzten Jahren ist die Verwendung von Leichtmetallen, von Metallen höchster Reinheit und von selteneren Metallen als Legierungsbestandteile außerordentlich rasch gesteigert worden. Auch an die Untersuchungsmethoden für diese Materialien wurden seitens Technik und Wissenschaft sowie des Fachnormenausschusses für Metalle erhöhte Ansprüche gestellt. Diesen Anforderungen konnten die *„Ausgewählten Methoden für Schiedsanalysen und kontradiktorisches Arbeiten bei der Untersuchung von Erzen, Metallen und sonstigen Hüttenprodukten"*, eine Auslese von Arbeitsverfahren, die von der früheren „Gesellschaft Deutscher Metallhütten- und Bergleute e. V." zuletzt im Jahre 1931 herausgegeben wurde, nicht mehr genügen.

Deshalb entschloß sich der Chemiker-Fachausschuß des „Metall und Erz e. V. Gesellschaft für Erzbergbau, Metallhüttenwesen und Metallkunde im NSBDT.", ein neues umfassenderes Werk unter Verwendung von Abschnitten aus dem obenerwähnten Buch herauszugeben. Dieses Werk erhielt den Titel: **Analyse der Metalle** und liegt hier im ersten Band „Schiedsverfahren" vor; ein zweiter Band, der zur Zeit vorbereitet wird, wird die „Betriebsverfahren" behandeln. Als „Schiedsverfahren" wurden grundsätzlich solche Arbeitsvorschriften für die Analyse betrachtet, die ohne Rücksicht auf den damit verbundenen Zeitaufwand besonders zuverlässige Ergebnisse gewährleisten, als „Betriebsverfahren" solche, die hinsichtlich des mit ihrer Anwendung verbundenen Zeitaufwands sowie der Genauigkeit ihrer Ergebnisse den Anforderungen des Betriebes angepaßt sind. Die Scheidung in diese beiden Arten von Vorschriften ließ sich nicht immer streng durchführen, vielmehr mußten in dem vorliegenden Band auch einige Verfahren beschrieben werden, die von obigem Gesichtspunkt aus zwar als Betriebsverfahren anzusprechen sind, aber dennoch für die Ausführung von Schiedsanalysen mitunter angewandt werden müssen, da sie in manchen Handelsverträgen noch vereinbart sind.

Hinweise auf das Schrifttum sind nur dort gegeben worden, wo das Studium der Originalarbeiten erwünscht erscheinen könnte.

Von den neuartigen Verfahren auf physikalischer Grundlage ist vorerst nur die Polarographie für einige Sonderfälle empfohlen worden, bei denen sie sich unbestritten bewährt hat.

Bewußt wurde in diesem Band von der Aufnahme der spektralanalytischen Methoden abgesehen, da trotz der Bedeutung dieser Verfahren für Massenanalysen im Betrieb — besonders bei Leichtmetallen und ihren Legierungen — sowie für Voranalysen bis jetzt allgemein gültige Vorschriften für Schiedsanalysen mit Hilfe der Spektralanalyse noch nicht vorliegen, wie gelegentlich einer Aussprache mit dem Ausschuß für spektralanalytische Metalluntersuchungen zu Anfang Juli 1941 festgestellt wurde. Es wird aber in diesem Ausschuß daran gearbeitet, spektralanalytische Schiedsverfahren zu schaffen und niederzulegen. Sobald dieses Ziel erreicht ist, werden die Ergebnisse in Form eines Nachtrags zu diesem Band veröffentlicht werden.

Die Anordnung des Stoffes ist im allgemeinen so vorgenommen worden, daß in den nach dem Alphabet aufeinanderfolgenden, den Namen des jeweilig behandelten Elements tragenden Kapiteln zunächst die Arbeitsverfahren selbst und dann ihre Anwendung bei Ausgangsmaterialien und Erzeugnissen beschrieben werden. Eine Neuerung ist bei der Benennung der anorganischen Verbindungen insofern eingeführt worden, als die „Richtsätze der internationalen Kommission für Reform der Nomenklatur anorganischer Verbindungen" [s. Ber. dtsch. chem. Ges. Bd. 73 (1940) S. 53ff.] im großen und ganzen zur Anwendung gekommen sind (s. auch eine kurze Gegenüberstellung S. VIII).

Zum Schluß sei allen Förderern dieses Werkes Dank gesagt, und zwar: dem Vorsitzer von Metall und Erz e. V. Gesellschaft für Erzbergbau, Metallhüttenwesen und Metallkunde im NSBDT., Bergrat a. D. P. F. Hast, der Wirtschaftsgruppe Metallindustrie und ihren Fachgruppen sowie Unternehmen und Behörden, welche die Mitarbeit ihrer Chemiker und deren Teilnahme an den erforderlichen Beratungen ermöglichten.

Besonderer Dank gilt den Kapitelbearbeitern und ihren Mitarbeitern, die in aufopferungsvoller Arbeit und mit unentwegter Bereitwilligkeit an diesem Gemeinschaftswerk tätig waren.

Chemiker-Fachausschuß
des Metall und Erz e. V.
Gesellschaft für Erzbergbau, Metallhüttenwesen und Metallkunde im NSBDT.

Inhaltsverzeichnis.

Abkürzungen.

A . . . . = Ampère
bzw. . . . . = beziehungsweise
Gew.% . . . . . . = Gewichtsprozent
Kap. . . . . = Kapitel
konz. . . . . = konzentriert
— Ammoniak . . = (0,91)
— Salzsäure . . . = (1,19)
— Salpetersäure . = (1,40)
— Schwefelsäure . = (1,84)
min . . . . = Minute

n . . . . . = normal
proz. . . . = prozentig
red. . . . . = reductum
s. . . . . . = siehe
S. . . . . . = Seite
spez. Gew. . = spezifisches Gewicht
techn. . . . = technisch
V . . . . . = Volt
verd. . . . = verdünnt
Vol.% . . . = Volumprozent

Einige Beispiele aus der neuen Benennung anorganischer Verbindungen.

Neue Bezeichnung	Alte Bezeichnung
Ammoniumperoxydisulfat	Ammoniumpersulfat
Diacetyldioxim	Dimethylglyoxim
Eisen(II)-sulfat	Ferrosulfat
Eisen(III)-sulfat	Ferrisulfat
Kaliumcyanoferrat (II)	Ferrocyankalium
Kaliumcyanoferrat (III)	Ferricyankalium
Eisen^{III}-Salz	Ferrisalz
Kaliumhydrogensulfat	Kaliumbisulfat
Natriumhydrogencarbonat	Natriumbicarbonat
Zinn(II)-chlorid	Zinnchlorür
Zinn(IV)-chlorid	Zinnchlorid
Ammoniumsulfid	Schwefelammonium
Silbersulfid	Schwefelsilber
Zinkchlorid	Chlorzink
usw.	usw.

Begriffsbestimmung und allgemeine Richtlinien für Schiedsuntersuchungen*.

I. Schiedsuntersuchungen sind solche Untersuchungen, die von mehreren Parteien zur Klärung von Unstimmigkeiten gefordert werden; sie werden stets von einem unbeteiligten Chemiker in Abwesenheit der beteiligten Parteien ausgeführt. Stellt der Einsender der Probe, ohne ausdrücklich eine Schiedsanalyse zu beantragen, das Verlangen, daß vom Schiedschemiker eine zweite Ausfertigung seines Befundscheines an eine andere Partei einzusenden ist, so gilt die Untersuchung ebenfalls als Schiedsuntersuchung.

II. Wird eine Schiedsuntersuchung von mehreren Parteien beantragt, so muß dem Schiedschemiker ein klarer, eindeutiger Auftrag erteilt werden. Führt nur eine der Parteien den Schriftwechsel mit dem Schiedschemiker, so muß dieser annehmen, daß die federführende Partei im Einverständnis mit den anderen handelt. Jedoch hat er beim Vorliegen sich nicht deckender Weisungen seitens mehrerer Parteien darauf aufmerksam zu machen und einen einheitlichen Auftrag zu verlangen. Vom Auftraggeber ist folgendes zu beachten:

a) Das zu untersuchende Material muß so gekennzeichnet sein, daß der Chemiker ersehen kann, woraus die Probe besteht.

b) Die Bestandteile, die bestimmt werden sollen, sind genau anzugeben.

c) Sind den Parteien irgendwelche Umstände bekannt, welche die Ausführung der Untersuchung erschweren oder beeinflussen können, so ist der Schiedschemiker darauf aufmerksam zu machen.

d) Falls durch die Untersuchung entschieden werden soll, ob die Ware einer bestimmten Gehaltsanforderung entspricht, sind dahingehende Angaben zu machen.

e) Untersuchungsverfahren, welche zwischen den Parteien für die Schiedsanalyse vereinbart sind, müssen beim Auftrag mitgeteilt werden.

f) Werden mehrere Muster der gleichen Probenahme von den Parteien eingesandt, so ist der Schiedschemiker davon zu unterrichten, ob und gegebenenfalls in welchem Verhältnis sie gemischt werden sollen.

g) Es ist mitzuteilen, wer eine Ausfertigung der Befundscheine erhalten soll.

III. Die Verfügung über die Schiedsprobe hat allein deren Einsender; nur mit seiner Genehmigung darf der Schiedschemiker eine Restprobe davon abgeben. Eine Nachuntersuchung darf nur mit dem Einverständnis *beider* Parteien vorgenommen werden.

IV. Wird ein bestimmtes Verfahren nicht vorgeschrieben, so muß der Schiedschemiker selbst die Wahl des geeigneten Analysenverfahrens nach bestem Wissen treffen.

Bei jeder analytischen Untersuchung ist im übrigen mit einer gewissen Streuung der Ergebnisse zu rechnen, die in der Natur der Untersuchungsverfahren und gegebenenfalls auch in der Beschaffenheit der zu untersuchenden Analysenprobe begründet ist; diese Streuung kann auch durch gewissenhafteste Ausführung der Analyse nicht mit Sicherheit ausgeschlossen werden.

---

* Bearbeiter: **Fresenius.** Mitarbeiter: **Blumenthal, Borkenstein, Grewe, Melzer.**

V. Im Befundschein soll nach Möglichkeit das bei der Schiedsuntersuchung angewendete Verfahren kurz mitgeteilt werden; z. B. „nach dem von Ihnen vorgeschriebenen Verfahren" oder „Kupfer auf elektrolytischem Wege ermittelt". Es kann gegebenenfalls auch auf Arbeitsvorschriften Bezug genommen werden, die in diesem Buch niedergelegt sind.

VI. Von Schiedsuntersuchungen wird verlangt, daß sie mit ganz besonderer Sorgfalt und Genauigkeit ausgeführt werden; sie bedingen daher einen erhöhten Aufwand an Arbeit und Kosten.

VII. Eine jede Untersuchung setzt unbedingt ein Analysenmuster voraus, das sowohl einem in sachverständiger Weise entnommenen Probegut entstammt, als auch selbst in sorgfältigster Weise vorbereitet wurde. Es wird daher empfohlen, die im Selbstverlag der Ges. d. Metallhütten- und Bergleute e. V. (heute: „Metall und Erz" e. V.) Berlin, 1931 erschienene Veröffentlichung „*Probenahme von Erzen und anderen metallhaltigen Verhüttungsmaterialien sowie von Metallen und Legierungen*" zu beachten.

Kapitel 1.

Aluminium*.

Bei diesem Kapitel ist zu beachten: Durch Verbesserung älterer und Einführung neuerer Untersuchungsverfahren werden in Bauxit und Aluminium teilweise etwas andere Gehalte als früher gefunden. Dies bedeutet aber nicht, daß sich Ausgangsstoffe oder Erzeugnisse in ihrer Zusammensetzung geändert haben, sondern lediglich, daß jetzt eine größere Genauigkeit bei der Erfassung der einzelnen Bestandteile erreicht wird; s. auch S. 12 und 35.

A. Bestimmungsmethoden des Aluminiums unter Berücksichtigung der bei der Analyse störend wirkenden Elemente.
    I. Bestimmung als Oxyd.
    II. Bestimmung als Phosphat.
    III. Bestimmung als Oxychinolat.
    IV. Colorimetrische Bestimmung.

B. Untersuchung von Erzen und Hüttenerzeugnissen.
    I. Erze:
        1. Bauxit,
        2. Ton,
        3. Kryolith und Aluminiumfluorid.
    II. Hüttenerzeugnisse:
        1. Tonerde,
        2. Korund,
        3. Aluminiumsulfat,
        4. Metalle:
            a) Reinstaluminium,
            b) Reinaluminium einschl. Umschmelzmetall,
            c) Aluminiumlegierungen einschl. Umschmelzlegierungen,
            d) Vorlegierungen,
            e) Trennungsgänge,
            f) Krätze.

A. Bestimmungsmethoden des Aluminiums unter Berücksichtigung der bei der Analyse störend wirkenden Elemente.

In Aluminium und auch in Aluminiumlegierungen bestimmt man im allgemeinen nur die Verunreinigungen bzw. die Legierungsbestandteile, nicht aber das Aluminium selbst. Dies hat seinen Hauptgrund darin, daß man die Mehrzahl der vorhandenen fremden Bestandteile abtrennen muß, bevor man eine einwandfreie Aluminiumbestimmung ausführen kann. Diese verschiedenen Abtrennungen wiederum bedeuten Unsicherheiten für die „direkte" Aluminiumbestimmung, und zwar vor allem deswegen, weil sich die jeder Trennung anhaftenden Fehler addieren; außerdem ist mit der unmittelbaren Bestimmung nur in den wenigsten Fällen eine Zeitersparnis verbunden. Trotzdem sollen hier die wichtigsten unmittelbaren Bestimmungsverfahren erwähnt werden, da diese bei der Unter-

* Bearbeiter: **Steinhäuser.** Mitarbeiter: **Bauer, Becker, Blumenthal, Eckert, Fischer, Fresenius, Geigenmüller, Gottschall, Orlik, Schleicher, Toussaint.**

suchung von Erzen (Bauxit, Ton) und Krätzen, welche einen Aluminium- bzw. Aluminiumoxydgehalt zwischen 20 und 60% aufweisen, Anwendung finden können. Welche Bestandteile in jedem Einzelfall abgetrennt werden müssen, hängt von der Art des verwendeten Verfahrens und der zu untersuchenden Stoffe ab.

Für die *unmittelbare* Ermittlung des Aluminiumgehaltes sind drei Wege möglich:

1. Die Bestimmung des Aluminiums als Oxyd (Fällung mit Ammoniak),
2. Die Bestimmung des Aluminiums als Phosphat,
3. Die Bestimmung des Aluminiums als Oxychinolat.

Es sei jedoch von vornherein darauf hingewiesen, daß man bei der Beurteilung dieser Methoden hinsichtlich der Vor- und Nachteile bei ihrer praktischen Anwendung unterscheiden muß zwischen den Fehlerquellen, welche in der Methode als solche begründet sind und den Fehlerquellen, welche durch die Schwierigkeit der vorherigen Abtrennung anderer Bestandteile bedingt sind.

Die erste Methode birgt schon durch die hohe Absorptionskraft des Aluminiumhydroxyds Salzen gegenüber besondere Fehlermöglichkeiten in sich.

Es kommt weiter hinzu, daß Aluminiumhydroxyd nur unter Beachtung besonderer Vorsichtsmaßnahmen quantitativ mit Ammoniak gefällt wird und sich auch nur unter Einhaltung bestimmter Bedingungen einwandfrei zu Aluminiumoxyd glühen läßt. Die beiden anderen Methoden liefern demgegenüber in vielen Fällen leichter richtige Werte.

Bei der Beschreibung der einzelnen Verfahren ist auf die Anwesenheit folgender anderer Elemente Rücksicht genommen worden: Si, Fe, Cu, Pb, Cd, Sn, Sb, Ti, Cr, V, Mn, Ni, Co, Zn, Mg, Ca, P (häufig als Phosphat vorliegend). Von diesen Elementen kommen die meisten im Umschmelzaluminium und in Aluminiumlegierungen vor und nur wenige in Erzen und Hüttenaluminium, so daß sich die Methoden in den meisten Fällen entsprechend vereinfachen.

I. Bestimmung als Oxyd.

Bei der Bestimmung des Aluminiums als Oxyd müssen zunächst mit Hilfe einer Schwefelwasserstoffällung die Metalle der Schwefelwasserstoffgruppe entfernt werden. Sind Chrom, Titan, Eisen und Phosphor vorhanden, so muß man entsprechende Trennungsverfahren anwenden (s. auch Abschnitt „Bauxit", S. 9). Chrom kann noch am leichtesten durch Oxydation der alkalischen Lösung mit Brom oder Wasserstoffperoxyd entfernt werden. Nach der Oxydation wird dann die Lösung angesäuert und das Aluminium mit Ammoniak gefällt. Eisen könnte man in ammoniakalischer, weinsäurehaltiger Lösung durch Einleiten von Schwefelwasserstoff als Eisen(II)-sulfid und im Anschluß daran Titan mit Kupferron entfernen. Im allgemeinen nimmt man jedoch bei der Fällung mit Ammoniak diese vorherige Trennung nicht vor, sondern bestimmt besser das Aluminium als Al_2O_3 aus der Differenz, nachdem man einerseits die Gesamtsumme der Oxyde $(Al_2O_3 + Fe_2O_3 + TiO_2)$ festgestellt und andererseits nach Aufschluß des Glührückstandes mit Alkalihydrogensulfat die Gehalte an Eisen und Titan ermittelt hat.

Die Abtrennung der *Phosphorsäure* geschieht, wenn nötig, im Prinzip in folgender Weise (ausführlich wird die Trennung im Abschnitt „Bauxit", S. 11, gebracht):

Das in üblicher Weise von Kieselsäure befreite Filtrat wird zunächst mit Natronlauge und Natriumperoxyd im Überschuß versetzt, um die auf diese Weise fällbaren Bestandteile (Fe, Ti, Ca, Mg) zu entfernen. Hat man sie abfiltriert, so wird das Filtrat mit Salpetersäure angesäuert und mit Ammoniak gefällt. Aluminiumhydroxyd und etwa vorhandene Phosphorsäure scheiden sich ab. Der nur schlecht abzufiltrierende Niederschlag wird in Salpetersäure gelöst, und die Phosphorsäure, wie bei „Bauxit" angegeben, als Molybdat gefällt.

Sehr viel zweckmäßiger ist es jedoch, dann, wenn man Phosphorsäure in solchen Mengen erwartet, daß die Aluminiumoxydbestimmung wesentlich beeinflußt wird, die Fällung des Aluminiums mit Oxychinolin, also nach dem Bestimmungsverfahren III vorzunehmen.

Bei der nun folgenden Beschreibung des Verfahrens zur Ausführung der Bestimmung des Aluminiums als Oxyd soll von der Voraussetzung ausgegangen werden, daß die Elemente der Schwefelwasserstoffgruppe entfernt sind, Chrom fehlt und Phosphorsäure, wenn nötig, besonders bestimmt wird:

Von der salzsauren oder schwefelsauren Aluminiumlösung verwendet man so viel, daß man eine Auswaage von 0,1 bis 0,2 g Al_2O_3 erhält. Man versetzt die Lösung (Vol. 200 bis 300 cm³) mit 50 cm³ einer 10proz. Ammoniumnitratlösung, oxydiert, wenn nötig, mit 1 bis 2 cm³ 3proz. Wasserstoffperoxyd, erhitzt bis zum Sieden, gibt einige Tropfen einer 0,2proz. alkoholischen Methylrotlösung hinzu und fällt mit Ammoniak (1 + 3), bis der Farbumschlag deutlich nach Gelb erfolgt ist. Die Ammoniaklösung muß frei von Kohlensäure sein, um das Mitfällen von Calcium zu verhindern. Nach der Fällung wird etwa 1 min zum Sieden erhitzt; die Lösung soll danach noch schwach nach Ammoniak riechen.

Man läßt kurze Zeit absitzen, filtriert die noch warme Flüssigkeit durch ein schnell laufendes Filter und wäscht sorgfältig mit heißem Wasser aus, welches auf 1 l etwa 20 g Ammoniumnitrat enthält und nach Zugabe von Methylrot mit Ammoniak bis zur Gelbfärbung versetzt wurde. Den Niederschlag trocknet man zunächst 1 Stunde bei 105 bis 110° vor — es ist nicht zweckmäßig, ihn völlig zu trocknen — erhitzt dann vorsichtig in der Muffel und glüht zum Schluß 1 Stunde bei *mindestens* 1100°. Nach dem Abkühlen (30 min) wird gewogen. Das Glühen ist bis zur Erreichung der Gewichtskonstanz zu wiederholen. Bei Anwesenheit von Eisen- und Titanoxyd wird der geglühte Tiegelinhalt mit Natriumhydrogensulfat aufgeschlossen und deren Bestimmung in der im Abschnitt „Bauxit", S. 10/11 angegebenen Weise durchgeführt. Die dabei erhaltenen Werte werden von dem Gewicht der Gesamtoxyde ($Al_2O_3 + Fe_2O_3 + TiO_2$) abgesetzt, so daß Al_2O_3 als Differenz verbleibt.

II. Bestimmung als Phosphat[1].

Bei der Bestimmung des Aluminiums als Phosphat wird Titan ebenfalls als Phosphat mitgefällt. Ist der Titangehalt so groß, daß er nicht vernachlässigt werden kann, so bestimmt man Titan nach dem Aufschließen des geglühten Phosphates mit Kaliumhydrogensulfat colorimetrisch, s. S. 11, und setzt es nach Umrechnung auf $Ti_2P_2O_9$ vom Gesamtgewicht der Phosphate ab.

Von der salz- bzw. schwefelsauren Lösung verwendet man so viel, daß die Auswaage etwa 0,1 g $AlPO_4$ beträgt. Man leitet zunächst in die auf etwa 300 cm³ verdünnte Lösung bei 70° ¹/₂ Stunde Schwefelwasserstoff ein, filtriert nach kurzer Zeit durch ein schnell laufendes, mit Filterschleim gedichtetes Filter und wäscht mit schwefelwasserstoffhaltigem Wasser aus. Das Filtrat wird nach dem Verjagen des Schwefelwasserstoffes mit 2 cm³ 3proz. Wasserstoffperoxydlösung oxydiert. Man neutralisiert nunmehr mit Ammoniak (1 + 3) gegen Methylrot als Indicator, versetzt mit 4 cm³ Salzsäure (1,124), verdünnt auf etwa 400 cm³, gibt 15 cm³ 80proz. Essigsäure und zur Reduktion des Eisens 20 cm³ einer 25proz. Ammoniumthiosulfatlösung hinzu und kocht auf. Nach erfolgter Reduktion fällt man in der siedenden Lösung mit 10 cm³ einer 10proz. Diammoniumphosphatlösung, kocht weiter ¹/₄ Stunde unter ständigem Rühren, läßt absitzen und filtriert durch ein schnell laufendes Filter. Hat man 6- bis 7mal mit heißem Wasser gewaschen, so trocknet man das Filter mit dem Rückstand zunächst bei 105°,

---

[1] Handbuch für das Eisenhüttenlaboratorium Bd. 1 (1939) S. 44. Verlag Stahleisen m. b. H. Düsseldorf.

verascht anschließend vorsichtig im Porzellantiegel und glüht zunächst bei 1100°
$^1/_2$ Stunde, dann bei mindestens 1200° bis zum unveränderlichen Gewicht. Auf
das sorgfältige Glühen des Niederschlages bei der genannten Temperatur ist ganz
besonders zu achten. Die Auswaage ist $AlPO_4$.

Im Kap. „Zink" ist S. 454 eine Abänderung der Fällung des Aluminiums als
Phosphat angeführt, welche von H. Blumenthal veröffentlicht wurde[2]. Es wird
dort als Reduktionsmittel schweflige Säure statt Thiosulfat verwendet. Nach
beiden Verfahren erhält man praktisch die gleichen Ergebnisse.

III. Bestimmung als Oxychinolat.

Bei dieser Methode ist zu berücksichtigen, daß sehr viele Elemente mit Oxychinolin gefällt werden können. Es muß daher von Fall zu Fall festgestellt werden,
ob die gerade anwesenden Elemente mitfallen oder nicht. Im ersten Fall (z. B.
bei Anwesenheit von Magnesium) ist eine der anderen angegebenen Methoden
anzuwenden.

Zinn und Antimon müssen mit Schwefelwasserstoff entfernt werden. Sind sie
nicht vorhanden, so kann man von einer Fällung der übrigen Elemente der
Schwefelwasserstoffgruppe absehen, da diese später mit Ammoniumsulfid abgeschieden werden. Daher kann man bei *Abwesenheit* von Zinn und Antimon
wie im folgenden angegeben verfahren:

Die saure Lösung versetzt man mit 20 cm³ einer 10proz. Weinsäurelösung,
macht zunächst eben ammoniakalisch, gibt dann noch einen Überschuß von
10 cm³ Ammoniak hinzu, kocht auf und fällt mit 10 cm³ 10proz. Ammoniumsulfidlösung. Man läßt in der Wärme (Wasserbad) absitzen, filtriert die Sulfide durch
ein schnell laufendes Filter ab und wäscht mehrere Male mit heißem Wasser,
welches Ammoniumsulfid und Ammoniak enthält. Das Filtrat wird mit Salzsäure (1 + 1) angesäuert und der Schwefelwasserstoff verkocht. Dann filtriert
man, wenn nötig, von ausgefallenem Schwefel ab und gibt 2 cm³ Salzsäure (1 + 1)
sowie 20 cm³ einer 5proz. alkoholischen Oxinlösung hinzu. Von dieser Lösung
genügen 10 cm³ zur Fällung von 1 Millimol eines dreiwertigen Metalles. Die Lösung
wird gegen Lackmus ammoniakalisch gemacht, mit einem Überschuß von 5 cm³
konz. Ammoniak auf je 100 cm³ Lösung versetzt, gerade nur zum Sieden erhitzt
und durch einen gewogenen *Porzellanfiltertiegel* (Glassintertiegel werden von der
ammoniakalischen Oxinlösung angegriffen) abfiltriert. Man wäscht sorgfältig mit
heißem Wasser aus, um den Überschuß des Fällungsmittels (Kennzeichen: Farblosigkeit des Filtrats) zu entfernen, und trocknet bei 110°.

Die Auswaage ist $Al(C_9H_6NO)_3$; (mal 0,05871 = Al).

IV. Colorimetrische Bestimmung.

Die colorimetrische Bestimmung von Aluminium ist innerhalb sehr enger
Grenzen mit Eriochromcyanin ausführbar. Der erste Hinweis auf die Brauchbarkeit von Eriochromcyanin für diesen Zweck stammt von E. Eegriwe, die Methode wurde dann von F. Alten[3] und Mitarbeitern wesentlich verbessert. Auch
die Durcharbeitung der Methode durch T. Millner[4] soll nicht unerwähnt bleiben.
Man erhält zuverlässige Werte, wenn die einmal gewählten Bedingungen bei Ausführung der Analyse und beim Aufstellen der Eichkurve immer ganz streng eingehalten werden. Näheres über eine Vorschrift, welche sich in der Praxis bewährt
hat, s. Kap. „Zink", S. 446.

---

[2] Metall und Erz Bd. 37 (1940) S. 315 bis 316.
[3] Z. angew. Chem. (1935) S. 273 — Z. anal. Chem. Bd. 96 (1934) S. 91.
[4] Millner, T., u. F. Kunos: Z. anal. Chem. Bd. 117 (1938) S. 117.

B. Untersuchung von Erzen und Hüttenerzeugnissen.

I. Erze.

1. Bauxit.

Die für die Beurteilung und die Bewertung eines Bauxits wichtigsten Gehalte sind die an Kieselsäure und Aluminiumoxyd. Weniger wichtig, wenigstens für den Handel, sind der Glühverlust und die Gehalte an Fe_2O_3, TiO_2, CaO, P_2O_5, Mn_3O_4, Cr_2O_3 und V_2O_5.

Im folgenden werden zwei Analysenmethoden für Bauxit beschrieben. Nach der ersten bestimmt man den Gehalt an Al_2O_3 unmittelbar, d. h. ohne Mitfällung eines weiteren Bestandteiles des Bauxites. Bei der zweiten Methode werden nach der Entfernung der Kieselsäure zunächst alle mit Ammoniak fällbaren Hydroxyde abgeschieden, geglüht und gewogen; dann folgt eine Reihe von Einzelbestimmungen, um den Gehalt an Aluminiumoxyd aus der Differenz zwischen der Gesamtheit der Oxyde und der Summe der in Einzelbestimmungen ermittelten Oxyde berechnen zu können. Meist wird man sich dabei mit der Bestimmung von Eisen- und Titanoxyd begnügen können, doch sind oft auch die Gehalte an P_2O_5, Cr_2O_3, V_2O_5 und Mn_3O_4 zu berücksichtigen.

Vorbereitung der Probe. Die dem Laboratorium angelieferte Probe wird bei 105 bis 110° getrocknet. Dann entnimmt man ihr einen Durchschnitt von etwa 50 g und reibt ihn in einer Achatschale auf Siebfeinheit DIN 70 (4900 Maschen). Diese Probe wird nochmals einige Stunden bei 105° getrocknet, im Exsiccator erkalten gelassen und dient nun zur Analyse. Die Probe muß stets im gut verschlossenen Gefäß aufbewahrt werden; wenn sie längere Zeit an der Luft gestanden hat, ist sie nachzutrocknen, da feingemahlener Bauxit sehr leicht Luftfeuchtigkeit aufnimmt.

Kieselsäure.

1 g Bauxit wird in einem 400 cm³-Becherglas mit 30 cm³ Königswasser und 15 cm³ Schwefelsäure (1 + 1) versetzt und auf dem Sandbad zur Trockne abgeraucht. Nach dem Erkalten gibt man 10 cm³ konz. Salzsäure hinzu und läßt sie etwa $^1/_4$ Stunde lang bei Zimmertemperatur einwirken, um die Lösungsfähigkeit des Rückstandes zu erhöhen. Dann nimmt man mit 200 cm³ kochendem Wasser auf und erwärmt vorsichtig auf einem Sandbad bis zur klaren Lösung der Salze. Die Kieselsäure wird auf ein doppeltes, quantitatives Filter (11 cm Durchmesser) abfiltriert und mit heißem, salzsäurehaltigem Wasser (30 cm³ konz. Salzsäure im Liter) gut ausgewaschen. Bei höheren Kieselsäuregehalten empfiehlt es sich, das Filtrat noch ein zweites Mal unter Zusatz von 5 cm³ Schwefelsäure (1 + 1) abzurauchen. Das den Niederschlag enthaltende Filter wird in einem Platintiegel verascht, bis die Filterasche vollkommen kohlefrei ist. Dann wird bei 1100° geglüht und nach dem Abkühlen (30 min) gewogen. Nach dem Befeuchten des Rückstandes mit wenig Wasser raucht man mit 2 Tropfen Schwefelsäure (1 + 1) und einigen Kubikzentimetern Flußsäure ab, glüht nach vorsichtigem Zersetzen der Sulfate wiederum bei 1100° und wägt nach dem Abkühlen (30 min). Der Gewichtsunterschied der beiden Wägungen ergibt die Menge an Kieselsäure.

Bei diesem Abrauchen verbleibt im Platintiegel immer ein durch Säuren nicht aufschließbarer, mehr oder weniger großer Rückstand. Dieser beträgt z. B. im *ungarischen* Bauxit meistens nur etwa 2 mg bei 1 g Einwaage, im *griechischen* dagegen bis 20% der Einwaage. Da im letzten Falle der Rückstand nur sehr schwer von Schwefelsäure angegriffen wird, genügt es, bei der angegebenen Temperatur von über 1100° bis zur Gewichtskonstanz zu glühen, um sicher zu sein, daß die gesamte Schwefelsäure ausgetrieben ist. Der Rückstand wird mit Kaliumhydrogensulfat aufgeschlossen und die Schmelze in wenig Salzsäure und Wasser gelöst. *Griechische* Bauxite schließt man, um das Auftreten von allzu großen Rückständen zu vermeiden, häufig unmittelbar mit Kaliumhydrogensulfat auf (gegebenenfalls auch zweimal).

Bei dem Aufschließen mit Alkalihydrogensulfat im Platintiegel geht stets mehr oder weniger Platin in Lösung; man entfernt es zweckmäßig, indem man in die heiße Lösung der Schmelze Schwefelwasserstoff einleitet, nach einiger Zeit den Niederschlag abfiltriert und mit schwefelwasserstoffhaltigem Wasser sorgfältig auswäscht. Der Schwefelwasserstoff wird aus dem Filtrat verjagt und dieses dann mit der Hauptlösung vereinigt. Letztere wird auf 500 cm³ aufgefüllt und dient zur weiteren Analyse.

Aluminiumoxyd.

Methode a) nach E. Schwarz von Bergkampf[5].

Diese Methode beruht darauf, daß aus der von der Kieselsäure befreiten Lösung bei Gegenwart von Weinsäure zunächst mit Ammoniak und Schwefelwasserstoff das Eisen, dann aus der eisenfreien Lösung Titan mit Kupferron und schließlich aus dem Filtrat Aluminium mit Oxin gefällt wird. Eisen und Titan können, wenn ihre Bestimmung erforderlich ist, als Oxyd ausgewogen werden, Aluminium kommt als Oxychinolat zur Wägung. Da in der Lösung immer Reste von Kupferron vorhanden sind und diese bei längerem Stehen leicht verharzen und somit die Aluminiumbestimmung stören, ist es erforderlich, die Bestimmung an *einem* Tage bis zum Abfiltrieren des Aluminiumoxychinolats zu Ende zu führen. Ebenso ist zu beachten, daß fein verteilter Schwefel die Verharzung des Kupferrons begünstigt, also auch aus diesem Grunde ein *rasches* Arbeiten vorteilhaft ist.

α) **Eisen.** Von der kieselsäurefreien, auf 500 cm³ aufgefüllten Lösung werden 200 cm³ (= 0,4 g Einwaage) mit 2 bis 3 g Weinsäure und 2 cm³ Schwefelsäure (1 + 1) versetzt und auf 70° erwärmt. Dann wird etwa 10 min Schwefelwasserstoff eingeleitet, um das Eisen zu reduzieren, und mit 30 cm³ konz. Ammoniak ammoniakalisch gemacht. Nun leitet man weiter Schwefelwasserstoff unter schwachem Druck (Stopfen mit Einleitungsrohr locker auf dem Erlenmeyerkolben aufsetzen) ein, bis sich der Niederschlag klar absetzt, filtriert durch ein schnell laufendes Filter in einen 1 l fassenden Erlenmeyerkolben und wäscht mit warmem Wasser, das 5% Ammoniumsulfid und 2% Ammoniumchlorid enthält, aus; die Waschflüssigkeit soll nach E. Brennecke[*]) den Niederschlag immer bedecken. Will man das Eisen hier bestimmen, so verascht man das Filter im Porzellantiegel und glüht bei 800 bis 850° $^1/_2$ Stunde lang. Die Temperatur darf 850° nicht überschreiten, da bei höherer Temperatur leicht eine Reduktion des Eisenoxyds eintritt.

Auswaage mal 250 = % Fe_2O_3.

β) **Titan.** Das Filtrat von der Eisenfällung (rund 400 cm³) wird in fließendem Wasser unter 20° abgekühlt und unter weiterer Kühlung vorsichtig mit 40 cm³ Schwefelsäure (1 + 1) versetzt, nachdem man vorher ein Stückchen Lackmuspapier zugegeben hat. Nach Zusatz von 10 cm³ dieser Schwefelsäure soll das Lackmuspapier bereits eine rote Färbung zeigen. Tritt dies noch nicht ein, so muß durch Zugabe weiterer Schwefelsäure unter allen Umständen dafür gesorgt werden, daß der *Überschuß* an Schwefelsäure (1 + 1) 30 cm³ beträgt. Zur Titanfällung gibt man 5 cm³ 6proz., wässerige Kupferronlösung in zwei Anteilen hinzu und schüttelt den mit einem Stopfen verschlossenen Erlenmeyerkolben jedesmal kräftig um. Die in der angesäuerten Lösung vorhandene Trübung von Schwefel

---

[5] Z. anal. Chem. Bd. 83 (1931) S. 347.
[*] Buchtitel s. Fußnote 17; l. c. S. 157.

wird durch den Niederschlag zum Teil entfernt. Der verbleibende kolloidal verteilte Rest des Schwefels stört die Filtration nicht. Der Niederschlag wird auf ein schnell laufendes Filter abfiltriert und mindestens 15 mal mit kaltem Wasser gewaschen; das Filtrat fängt man in einem 1 l-Becherglas auf, welches 10 g Natriumhydrogensulfit enthält, um den Überschuß an Kupferron zu zerstören.

Will man Titan bestimmen, so verascht man das Filter in einem Porzellantiegel und glüht $^1/_2$ Stunde bei 1100°.

Auswaage mal 250 = % TiO_2.

γ) **Aluminium.** Das Filtrat von der Titanfällung, etwa 700 cm³, versetzt man mit 100 cm³ konz. Ammoniak, so daß man einen Überschuß von etwa 8 cm³/ 100 cm³ Lösung erhält, und erhitzt zum Sieden, wobei sich der noch fein verteilte Schwefel löst. Man kühlt ab und gibt das Ganze in einen Liter-Meßkolben, welchen man bis zur Marke auffüllt. 250 cm³ davon bringt man zur Aluminiumbestimmung in ein Becherglas, erhitzt zum Sieden, versetzt mit 15 cm³ einer 5proz. alkoholischen Oxinlösung und verfährt weiter wie S. 6 im Abschnitt A. III angegeben. Die Abweichung dieser Methode von der Fassung im Abschnitt III erklärt sich daraus, daß wegen der Anwesenheit der Phosphorsäure die Lösung *immer* ammoniakalisch gehalten werden soll.

Methode b).

Diese Methode beruht darauf, daß in der von Kieselsäure befreiten Lösung die Fällung mit Ammoniak ausgeführt wird, die sog. Gesamtfällung, daß weiter die Mengen an Eisenoxyd, Titanoxyd und Phosphorsäure einzeln bestimmt werden und daß schließlich der Aluminiumoxydgehalt aus der Differenz von der Gesamtfällung und den Summen der Einzelbestimmungen errechnet wird.

Man begnügte sich bisher damit, nur Eisenoxyd und Titanoxyd zu bestimmen. Es hat sich jedoch gezeigt, daß bei bestimmten Bauxitsorten auch der höhere Phosphorsäuregehalt festgestellt werden muß. Für sehr genaue Analysen empfiehlt es sich auch noch, Manganoxyd, Chromoxyd und Vanadinsäure zu bestimmen und von der Auswaage der Gesamtoxyde in Abzug zu bringen.

α_1) **Gesamtfällung.** Aus 200 cm³ der von Kieselsäure befreiten Lösung ($= 0,4$ g Einwaage) werden Aluminium, Eisen, Titan und Phosphorsäure mit Ammoniak wie folgt gefällt:

Nach Zugabe von 50 cm³ einer klaren, 10proz. Ammoniumnitratlösung erhitzt man bis zum Sieden und fügt vorsichtig verdünntes, kohlensäurefreies[6] (damit kein Kalk ausfällt) Ammoniak $(1 + 3)$ hinzu, bis Lackmuspapier eben bleibend gebläut oder Methylrot gerade gelb wird, kocht kurze Zeit auf, läßt absitzen und filtriert die warme Lösung durch ein quantitatives Filter von 15 cm Durchmesser, nachdem man sich überzeugt hat, daß sie noch schwach ammoniakalisch ist. Da der Niederschlag nochmals gelöst und gefällt wird, um eingeschlossene Alkalisalze zu entfernen, genügt ein zwei- bis dreimaliges Auswaschen. Der Niederschlag wird in das gleiche Becherglas zurückgespült, mit etwa 3 cm³ konz. Salzsäure gelöst und die Fällung in der gleichen Weise wiederholt. Zum Auswaschen des Niederschlages verwendet man eine 2proz. Ammoniumnitratlösung, der einige Tropfen Ammoniak zugegeben sind. Man wäscht mit der heißen Waschflüssigkeit aus, bis das Filtrat chlorfrei ist. Das Filter mit dem Niederschlag wird im Trockenschrank bei 105 bis 110° 1 Stunde vorgetrocknet, dann im Platintiegel vorsichtig verascht, hierauf bei mindestens 1100° 1 Stunde geglüht und nach 30 min Abkühlen gewogen. Es ist erforderlich, durch nochmaliges $^1/_2$stündiges Glühen bei der gleichen Temperatur (1100°) auf Gewichtskonstanz zu prüfen.

---

[6] Herstellung von kohlensäurefreiem Ammoniak nach Treadwell: Tabellen und Vorschriften zur quantitativen Analyse, 1938, S. 40.

Unbedingt nötig ist es, den Gesamtniederschlag bei der vorgeschriebenen hohen Temperatur bis zum konstanten Gewicht zu glühen, um die letzten Reste Hydratwasser auszutreiben und ihn dadurch *völlig unhygroskopisch* zu machen. Der so geglühte Niederschlag darf auch bei längerem Stehen an der Luft nicht die geringste Gewichtszunahme zeigen. Dies ist das beste Merkmal für richtig ausgeführtes Glühen. Da eine Gewichtszunahme von 2 mg bei etwa 330 mg Gesamtniederschlag im vorliegenden Fall einem Tonerdegehalt von $1/2\%$ entspricht, so ergibt unsachgemäßes Glühen leicht einen 1 bis 2% zu hohen Tonerdegehalt, weil der letztere nach Abzug des titrimetrisch bestimmten Eisen- und colorimetrisch bestimmten Titangehaltes aus der Differenz errechnet wird.

Der gewonnene Niederschlag enthält $Al_2O_3 + Fe_2O_3 + TiO_2 + P_2O_5$ $(+ Cr_2O_3 + V_2O_5)$.

α_2) **Calcium.** (Nachfällung von Aluminiumoxyd.) Mitunter kommt es vor, daß geringe Mengen Aluminiumhydroxyd in Lösung bleiben. Um diese noch zu erfassen, ist es notwendig, die Kalkbestimmung in der folgenden Weise auszuführen:

Die Filtrate von drei Gesamtfällungen werden stark eingeengt und nach Zugabe von etwas Salzsäure vereinigt. Calcium wird aus der konzentrierten Lösung in der Hitze nach Zusatz von etwas Ammoniak mit 10 cm³ gesättigter Ammoniumoxalatlösung gefällt. Man läßt über Nacht absitzen, filtriert ab und wäscht mit heißem, ammoniumoxalathaltigem Wasser aus. Etwa abgeschiedene Ammoniumsalze lösen sich beim Auswaschen und stören nicht. Der Niederschlag wird samt dem Filter verascht und nach dem Glühen bei 1100° als Calciumoxyd ausgewogen. Falls dieses noch geringe Mengen Tonerde enthält, die sich aber schon beim Einengen der Filtrate als vereinzelte Flöckchen zeigten oder aber bei der Kalkfällung erkannt wurden, so wird es mit wenigen Tropfen Salzsäure gelöst. Nach Zugabe von etwas Ammoniumnitrat fällt man dann das in der Lösung befindliche Aluminium mit Ammoniak aus, filtriert den Niederschlag ab, glüht und wägt. Die hierbei gefundene Menge Tonerde wird zur Hauptmenge hinzugerechnet und von der vorher festgestellten Kalkmenge abgesetzt.

Der Al_2O_3-Gehalt wird aus der Differenz der Summe der Oxyde (einschl. der Nachfällung bei der Bestimmung des Kalkes) einerseits und der Summe der besonders bestimmten Gehalte an Fe_2O_3, TiO_2 und P_2O_5 (und bisweilen noch Cr_2O_3 und V_2O_5) andererseits berechnet.

Eisen.

1. Nach Zimmermann-Reinhardt. Zur Eisenbestimmung werden 1,5 g Bauxit genau so aufgeschlossen wie bei der Kieselsäurebestimmung (s. S. 7) angegeben ist, nur wird nach dem Abrauchen des Säuregemisches mit 10 cm³ Salzsäure (1,12) und 200 cm³ Wasser aufgenommen und in einen Erlenmeyerkolben von 1000 cm³ Inhalt filtriert. Der Rückstand muß nach dem Abrauchen der Kieselsäure ebenfalls durch Schmelzen mit Kaliumhydrogensulfat aufgeschlossen werden, um noch etwaige Reste an Eisen zu erfassen. Bei diesem Aufschließen im Platintiegel geht aber stets (wie oben erwähnt) mehr oder weniger Platin in Lösung, welches die Titration des Eisens nach Zimmermann-Reinhardt ganz empfindlich stört und einen scharfen Farbumschlag geradezu unmöglich machen kann. Nach dem Auflösen der Schmelze mit einigen Tropfen Salzsäure und Wasser muß daher Platin durch Einleiten von Schwefelwasserstoff in die heiße Lösung gefällt und abfiltriert werden. Nach dem Verjagen des Schwefelwasserstoffs wird die Lösung dann zum ersten Filtrat von der Kieselsäure in den Erlenmeyerkolben gegeben und die gesamte Lösung auf 100 cm³ eingedampft. Man entfernt die Flamme, reduziert die Lösung durch tropfenweise Zugabe von Zinn(II)-chloridlösung bis zur vollständigen Entfärbung und fügt zur Sicherheit einen Überschuß von 1 bis 2 Tropfen Zinn(II)-chlorid hinzu. Nun kühlt man unter fließendem Wasser ab, versetzt mit 20 cm³ Quecksilber(II)-chloridlösung, wobei eine schwache seidenartige Trübung entstehen muß, und spült in eine 2 l fassende Porzellanschale, in welcher sich 500 cm³ Wasser mit 40 cm³ Mangansulfat-Phosphorsäurelösung befinden, die bereits mit 1 bis 2 Tropfen Permanganatlösung schwach angefärbt sind. Den Kolben spült man mit durch Kaliumpermanganat eben angerötetem Wasser nach, so daß schließlich etwa 800 cm³ Flüssigkeit vorhanden sind. Hierauf wird mit $^n/_{10}$-Kaliumpermanganatlösung auf bleibende Rosafärbung titriert.

Der Titer für Eisen wird mit oxalsaurem Natrium eingestellt, von welchem so viel eingewogen wird, daß der Verbrauch an Kaliumpermanganat ungefähr dem bei der Eisentitration entspricht. Bei einem Eisenoxydgehalt von etwa 20% werden für eine $^n/_{10}$-Permanganatlösung etwa 250 mg Natriumoxalat nach Sörensen eingewogen, in 200 cm³ Wasser und 20 cm³ Schwefelsäure (1 + 1) gelöst, auf 70 bis 80° erwärmt und heiß titriert. Ausführliche Angaben über die Fehlermöglichkeiten sind von H. Blumenthal[7] gemacht worden.

Zur Eisentitration werden folgende Lösungen verwendet:

Zinn(II)-chloridlösung: Man löst 12,5 g Zinn(II)-chlorid in 10 cm³ konz. Salzsäure und verdünnt mit Wasser auf 100 cm³.

Quecksilber(II)-chloridlösung: Man stellt eine gesättigte wässerige Lösung mit reinstem käuflichem Salz her, etwa 50 g/l.

Mangansulfatlösung: Man löst 67 g krystallisiertes Mangansulfat ($MnSO_4 + 4\,H_2O$) in 500 bis 600 cm³ Wasser, fügt 138 cm³ Phosphorsäure (1,7) und 130 cm³ konz. Schwefelsäure (1,82) hinzu und verdünnt mit Wasser auf 1 l.

2. Mit Titan(III)-chlorid. Hierbei kann die Eisenbestimmung auch sogleich mit einem Teil der kieselsäurefreien Lösung (s. o.) ausgeführt werden. Man entnimmt 100 cm³ (= 0,2 g Einwaage) der Lösung, oxydiert mit etwas Kaliumpermanganatlösung und verfährt weiter wie in Abschnitt „Reinaluminium", S. 32, angegeben.

Titan nach A. Weller[8].

100 cm³ des Filtrates von der Kieselsäure (= 0,2 g Einwaage) werden mit 20 cm³ Phosphorsäure (1,7), 20 cm³ Schwefelsäure (1 + 1) und 10 cm³ Wasserstoffperoxyd (3 proz.) versetzt und auf 200 cm³ aufgefüllt. Als Vergleichslösung verwendet man so viel von einer Titansäurelösung, welche 0,1 g TiO_2 im Liter enthält (s. unten), daß sie dem Augenschein nach die gleiche Farbe wie die Analysenlösung zeigt. Selbstverständlich wird auch sie wie oben mit Phosphorsäure, Schwefelsäure und Wasserstoffperoxyd versetzt und auf 200 cm³ aufgefüllt. In einem Colorimeter werden beide Lösungen verglichen (s. auch Titanbestimmung in Aluminium, S. 33); aus dem Resultat wird der TiO_2-Gehalt berechnet. Hierbei ist darauf zu achten, daß Analysen- und Vergleichslösungen möglichst gleichmäßig hergestellt und alsbald nach dem Abkühlen im Colorimeter verglichen werden müssen. Etwas längeres Stehenlassen der Lösungen im hellen Tages- oder Sonnenlicht schwächt die Intensität der gelben Farbe stark ab, so daß dadurch eine genaue colorimetrische Bestimmung vereitelt wird. Am sichersten vergleicht man die Lösungen in einem dunklen Raum mit einer Tageslichtlampe, da man dabei ganz unabhängig von dem oft recht ungleichmäßigen natürlichen Tageslicht ist.

Zur Herstellung der Titansäurelösung wird 0,1 g bei 1100° geglühte, reinste Titansäure im Platintiegel mit wenig Kaliumhydrogensulfat aufgeschlossen, und zwar am leichtesten durch langsames Schmelzen mit anfänglich kleiner Flamme und unter ganz allmählicher Steigerung der Temperatur bei aufgelegtem Deckel, bis ein klarer Fluß erreicht ist. Nach dem Erkalten der Schmelze wird mit 30 cm³ Schwefelsäure (1 + 1) unter Erwärmen gelöst, wieder abgekühlt und mit 5 proz. Schwefelsäure auf 1 l aufgefüllt.

Phosphorsäure.

2 g Bauxit werden, wie bei der Kieselsäurebestimmung beschrieben, in Säure aufgeschlossen, wobei die Kieselsäure abzurauchen und der Rückstand davon nach Aufschluß mit Alkalihydrogensulfat der Hauptlösung beizufügen ist. Die Lösung (etwa 300 cm³) wird mit Ammoniak in geringem Überschuß versetzt und zum

[7] Wissenschaftl. Abh. d. Deutschen Materialprüfungsanstalten 1 (1939) S. 75.
[8] Ber. dtsch. chem. Ges. Bd. 15 (1882) S. 2592.

Sieden erhitzt. Nach kurzem Absitzen wird der Niederschlag auf eine Nutsche gebracht und nach dem Absaugen 3 mal mit heißem Wasser ausgewaschen. Den Filterkuchen spritzt man in das Becherglas zurück und löst die Reste mit etwas Salpetersäure (1,2) vom Filter. Nun gibt man 30 cm³ Salpetersäure (1,2) zum Lösen des Niederschlages hinzu und engt auf dem Wasserbad auf etwa 50 cm³ ein. Die bis zum Sieden erhitzte Lösung wird mit 40 cm³ heißer Ammoniummolybdatlösung nach Woy[9] gefällt.

Hat sich der Niederschlag abgesetzt, so gießt man die überstehende, klare Flüssigkeit durch ein Filter, dekantiert einmal mit 50 cm³ heißer Waschflüssigkeit [50 g Ammoniumnitrat + 40 cm³ Salpetersäure (1 + 3) in 1000 cm³], löst den Niederschlag im Becherglas mit 10 cm³ Ammoniak (8 proz.) und gießt diese Lösung durch das gleiche Filter, durch das man vorher dekantiert hat. Dabei bleiben kleinere Mengen ausgefallener Tonerde auf dem Filter, das mit heißem Wasser ausgewaschen wird. Das Filtrat versetzt man mit 20 cm³ Ammoniumnitratlösung (20 proz.) und 1 cm³ Fällungsreagens, erhitzt zum Sieden und gibt tropfenweise 20 cm³ Salpetersäure (25 proz.) hinzu. Dabei fällt der Ammoniumphosphormolybdatniederschlag rein aus. Man filtriert ihn durch einen gewogenen Porzellanfiltertiegel, wäscht mit obiger Waschflüssigkeit aus und erhitzt den Tiegel im elektrisch beheizten Ofen vorsichtig, bis der Niederschlag eine blauschwarze Färbung angenommen hat. Nach dem Erkalten wird gewogen.

Die Fällung der Phosphorsäure mit Ammoniummolybdat kann auch bei etwa 50° nach den Angaben im Abschnitt „Reinaluminium" ausgeführt werden.

Auswaage mal 0,03948 mal 50 = % P_2O_5.

Zur Herstellung des *Fällungsreagenses* löst man 60 g Ammoniummolybdat in 200 cm³ Wasser, fügt 40 cm³ konz. Ammoniak hinzu und filtriert nötigenfalls. Diese Lösung gibt man langsam unter Rühren in eine Mischung von 200 cm³ konz. Salpetersäure und 300 cm³ Wasser. Man läßt 24 Stunden absitzen und verwendet die klare Lösung.

Bei den beschriebenen Verfahren wird nicht mehr wie bei dem früher üblichen der Phosphorsäuregehalt als Tonerde ermittelt und bewertet, sondern in dem einen Fall die Phosphorsäure unmittelbar bestimmt und von der Summe der Oxyde abgesetzt, im anderen Fall eine Methode angewandt, nach der Phosphorsäure überhaupt nicht mit erfaßt wird.

2. Ton.

Da man neuerdings neben Bauxit auch Ton zur Gewinnung von Tonerde bzw. Aluminium verwendet, ist es erforderlich, hier auch einige Angaben über die Analyse des Tones zu machen. Um ein Urteil über die Güte dieses Materials abgeben zu können, müssen vor allem die Gehalte an Al_2O_3, Fe_2O_3, TiO_2 ermittelt werden. Erst in zweiter Linie sind die anderen Bestimmungen wichtig, wie die des Glühverlustes, von SiO_2, Mn_3O_4, CaO, MgO, K_2O, Na_2O, Cr_2O_3, V_2O_5, SO_3, P_2O_5.

Die dem Laboratorium zur Untersuchung zugewiesene Rohprobe wird nach einer Grobzerkleinerung zunächst 24 Stunden bei 105° getrocknet. Davon nimmt man etwa 25 g, treibt sie durch ein Sieb von 4900 Maschen (DIN 70) und trocknet noch einmal mehrere Stunden bei 105° nach. Man läßt die Probe im Exsiccator erkalten und entnimmt nur die jeweils zur Analyse nötige Menge, da fein pulverisierter Ton leicht Wasser anzieht.

Kieselsäure.

1 g Ton (bei 105° getrocknet) wird mit etwa der 10fachen Menge Natriumkaliumcarbonat im Platintiegel gut gemischt und über einem Gebläse aufgeschlossen. Die abgeschreckte Schmelze wird in einer flachen Porzellanschale in 100 cm³ Salzsäure (1 + 1) gelöst und mit 5 cm³ konz. Salpetersäure oxydiert. Dann dampft

---

[9] Treadwell: Lehrb. d. anal. Chem. 11. Auflage (1941) S. 374.

man auf dem Sandbad zur Trockne ein und röstet bei etwa 250° ab. Der Rückstand wird noch einmal mit 30 cm³ konz. Salzsäure angefeuchtet und wieder geröstet (Dauer zuletzt etwa 1 Stunde). Nun feuchtet man den Rückstand mit 20 cm³ konz. Salzsäure an, versetzt ihn mit etwa 300 cm³ heißem Wasser und kocht bis zur Lösung der Chloride. Die Kieselsäure wird durch ein schnell laufendes, mit Filterschleim beschicktes Filter abfiltriert. Zunächst wird mit heißer, verdünnter n-Salzsäure und dann mit reinem Wasser ausgewaschen. Man dampft das Filtrat nochmals zur Trockne ein und röstet, wie oben angegeben, ab. Der Rückstand wird wieder in 20 cm³ konz. Salzsäure und 300 cm³ heißem Wasser gelöst, die noch anfallende Kieselsäure wieder abfiltriert und das Filtrat in einen 500 cm³ fassenden Meßkolben gegeben. Die beiden Rückstände werden im gewogenen Platintiegel gemeinsam verascht, geglüht und gewogen. Man versetzt mit etwas Flußsäure und 2 Tropfen Schwefelsäure, raucht ab, glüht und wägt wieder.

Gewichtsdifferenz mal $100 = \%$ SiO_2.

Der nach dem Abrauchen der Schwefel- und Flußsäure etwa verbleibende Rückstand wird mit wenig Kaliumhydrogensulfat aufgeschlossen, in Wasser gelöst und zu dem Filtrat in den 500 cm³-Meßkolben gegeben; dann füllt man bis zur Marke auf und verwendet die Lösung zur Ausführung der folgenden Bestimmungen:

Gesamtfällung (Al_2O_3, Fe_2O_3, TiO_2 und gegebenenfalls Mn_3O_4, Cr_2O_3 und V_2O_5) *und Bestimmung der Tonerde.*

200 cm³ des Filtrates von der Kieselsäurebestimmung ($= 0,4$ g Einwaage) versetzt man mit 50 cm³ einer 20proz. Ammoniumchloridlösung, erhitzt zum Sieden und gibt vorsichtig verdünntes, kohlensäurefreies Ammoniak ($1 + 3$) hinzu (bei Anwesenheit von Carbonat würde Calcium mitfallen), bis Methylrot (von welchem ein paar Tropfen einer 0,2proz. alkoholischen Lösung zugesetzt waren) nach Gelb umschlägt. Darauf fügt man noch 5 Tropfen Ammoniak hinzu und kocht kurze Zeit auf. Durch das Aufkochen soll der Überschuß an Ammoniak vertrieben werden, da dann durch Aufspaltung des Ammoniumchlorides in NH_3 und HCl die kleinen Mengen der zuerst mitausgefallenen Erdalkalien wieder in Lösung gehen. Nach dem Absitzen der Fällung wird noch heiß durch ein schnell laufendes Filter filtriert. Dabei muß die Lösung noch ganz schwach nach Ammoniak riechen. Zum Auswaschen des Niederschlages wird eine warme, 2proz. Ammoniumnitratlösung verwendet, der auf 1 l 5 bis 6 Tropfen Ammoniak zugesetzt waren (Gelbfärbung von Methylrot). Den Niederschlag löst man mit heißer, verdünnter n-Salzsäure vom Filter und wiederholt die Fällung in der obigen Weise, um die Gesamtmenge der Erdalkalien restlos zu entfernen. Das zweite Filtrat wird mit dem ersten vereinigt und anschließend durch Zugabe von etwas Bromwasser und Erhitzen auf die Anwesenheit von Mangan geprüft. Ist Mangan vorhanden, so scheidet es sich in dunkelbraunen Flocken als Mangandioxyd ab. Der Niederschlag wird abfiltriert und mit der Hauptmenge vereinigt.

Die Filter mit den Niederschlägen werden gemeinsam vorsichtig verascht und bei mindestens 1100° bis zur Gewichtskonstanz geglüht.

$$\frac{\text{Auswaage mal } 1000}{4} = \% \text{ Gesamtoxyde.}$$

Von dieser Summe der Oxyde setzt man die Werte für Fe_2O_3 und TiO_2 ab, um Al_2O_3 zu erhalten. Enthält der Niederschlag größere Mengen an Mn_3O_4, Cr_2O_3 und V_2O_5, so müssen diese Oxyde ebenfalls bestimmt und abgezogen werden.

Soll der Gehalt an Tonerde unmittelbar bestimmt werden, so kann man auch mit Oxychinolin fällen, wie im Abschnitt „Bauxit", S. 8/9, angegeben ist.

Der Gehalt an den oben erwähnten Oxyden wird wie folgt ermittelt:

Eisen.

100 cm³ ($= 0.2$ g Einwaage) des Filtrats von der Kieselsäure werden mit 10 cm³ Schwefelsäure ($1 + 1$) versetzt und mit einer Kaliumpermanganatlösung angerötet. Dann gibt man 10 cm³ einer 50proz. Kaliumrhodanidlösung hinzu und titriert mit einer $^n/_{50}$-Titan(III)-chloridlösung — anfangs schnell, gegen Ende langsam — bei 60° bis zur Farblosigkeit.

$$\frac{\text{Verbrauchte cm}^3 \text{ mal Faktor mal } 1000}{2} = \% \text{ Fe}_2\text{O}_3.$$

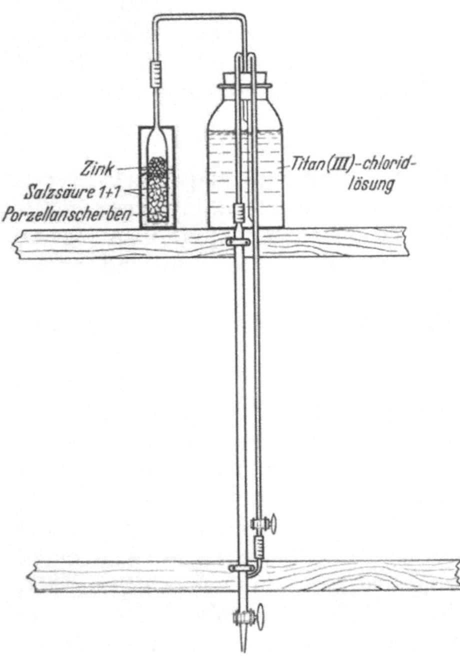

Abb. 1. Vorratsflasche (unter Wasserstoffschutz) mit Bürette für Titan(III)-chloridlösung. (Nach dem Handbuch für das Eisenhüttenlaboratorium Bd. 1 S. 20.)

Herstellung der Titan(III)-chloridlösung: 100 cm³ Titan(III)-chlorid (10- bis 15proz., wässerige Lösung von Merck) werden mit 300 cm³ konz. Salzsäure vermischt. Man erhitzt zum Sieden, kühlt schnell ab und gibt das ganze in 2 bis 3 l ausgekochtes, destilliertes Wasser, welches sich in einer 5 l-Flasche befindet. Man füllt mit *ausgekochtem* dest. Wasser auf annähernd 5 l auf, schüttelt um und verdrängt die Luft aus der Flasche durch Einleiten von Wasserstoff oder Kohlensäure in die Lösung; die Abb. 1 zeigt einen einfachen Wasserstoffentwickler. Die Titan(III)-chloridlösung wird gegen eine $^n/_{50}$-Eisen(III)-chloridlösung eingestellt, s. S. 32.

Titan.

a) Bei Abwesenheit von größeren Mengen Cr₂O₃ und V₂O₅. Die ausgewogenen Gesamtoxyde (s. Gesamtfällung) werden mit Kaliumhydrogensulfat (10fache Menge) aufgeschlossen, die Schmelze wird in Wasser gelöst und die Lösung in einen 100 cm³-Meßkolben gegeben. 50 cm³ der Lösung behandelt man, wie unten angegeben, weiter.

b) Bei Anwesenheit von Chrom und Vanadin. Es wird der bei der Chrom- und Vanadinbestimmung (s. nächsten Abschnitt) anfallende Eisenrückstand, welcher das gesamte Titan enthält, in 10 cm³ Schwefelsäure ($1 + 1$) gelöst, die Lösung in einen 125 cm³-Meßkolben gegeben und folgendermaßen weiter untersucht:

50 cm³ dieser Lösung ($= 0.2$ g Einwaage) versetzt man in einem 250 cm³-Meßkolben nacheinander mit 10 cm³ Schwefelsäure ($1 + 1$), 10 cm³ konz. Phosphorsäure und 5 cm³ 3proz. Perhydrol und füllt zur Marke auf. 100 cm³ davon — bei hohen Konzentrationen einen entsprechend kleineren Teil — gibt man in ein 100 cm³ fassendes Neßlerglas und vergleicht die Lösung mit einer zweiten, welche die gleichen Mengen an Chemikalien enthält, und zu welcher man aus einer Bürette eine Titanlösung bekannten Gehaltes bis zur Farbgleichheit zufließen läßt.

Herstellung der Titanvergleichslösung: s. S. 11.

Enthält der Ton nur *kleine* Mengen an TiO₂, so führt man die Messung zweckmäßiger mit dem Pulfrich-Photometer, s. Abschnitt „Reinaluminium", S. 34, aus.

Chrom und Vanadin.

0,5 g des bei 105° getrockneten Tons werden mit 3 bis 4 g Soda-Borax ($4 + 3$) gut gemischt; bei sehr eisenarmen Tonen gibt man zuvor eine Messerspitze Brandtschen Eisenoxydes zu. Man schließt durch Erhitzen über einem Gebläse auf, löst die abgeschreckte Schmelze in Schwefelsäure $(1+1)$ und dampft auf dem Sandbad bis zum starken Rauchen ein. Die Salze werden mit wenig Wasser aufgenommen; hierauf wird gekocht und die Kieselsäure abfiltriert. Das auf etwa 70 cm³ eingeengte Filtrat wird mit Natronlauge $(1+3)$ in geringem Überschuß versetzt, zum Sieden erhitzt und mit 5 cm³ 3proz. Perhydrol oxydiert. Man läßt über Nacht absitzen und filtriert vom Eisenhydroxyd usw. in einen Neßlerzylinder ab. Der Neßlerzylinder soll eine Marke bei 100 cm³ für die Ausführung der Chrombestimmung besitzen und eine zweite Marke bei 125 cm³ Inhalt für die im Anschluß an die Chrombestimmung folgende colorimetrische Vanadinbestimmung. Den bei der Fällung mit Natronlauge entstandenen Niederschlag kann man für die Titanbestimmung oder für die Manganbestimmung verwenden. Man wäscht ihn mit heißem Wasser aus und füllt das Filtrat auf 100 cm³ auf. Diese Lösung wird mit einer Chromatlösung bekannten Gehaltes verglichen.

Herstellung der *Chromat*lösung: 0,2555 g K_2CrO_4 werden in 1 l Wasser gelöst; die Lösung wird mit 5 g Soda versetzt. 1 cm³ entspricht 0,1 mg Cr_2O_3.

Zur Bestimmung des Vanadiums wird die auf den Chromgehalt hin verglichene Lösung mit konz. Schwefelsäure im Neßlerglas unter kräftigem Rühren mit Hilfe eines Knopfstabes angesäuert und mit einigen Tropfen Perhydrol versetzt; dabei muß die Temperatur der Lösung im Neßlerglas etwa 80° erreichen. Nach etwa 1 Stunde vergleicht man sie mit der Chromatvergleichslösung, welche in derselben Weise behandelt worden ist. Dieser Vergleichslösung setzt man jetzt eine Vanadinlösung bekannten Gehaltes bis zur Farbgleichheit zu; dabei ist es jedoch nicht nötig, nach jeder Zugabe längere Zeit zu warten, sondern es genügen jeweils 5 min, bis sich die Vanadinfarbe voll entwickelt hat.

Herstellung der *Vanadin*vergleichslösung: 0,1 g V_2O_5 wird in 20 cm³ Schwefelsäure $(1+1)$ gelöst und die Lösung auf 1 l Wasser verdünnt. 1 cm³ entspricht 0,1 mg V_2O_5.

Mangan.

Der bei der Chrom-Vanadin-Bestimmung anfallende eisenhaltige Niederschlag (s. Absatz „Chrom und Vanadin") wird mit heißer, 10proz. Salpetersäure, welcher etwas Wasserstoffperoxyd zugesetzt war, vom Filter in das Becherglas gelöst. Man dampft bis zur ersten Krystallbildung ein, versetzt mit 30 cm³ Salpetersäure $(1+1)$, löst unter Erhitzen, kühlt auf 10° ab und gibt 0,5 g Natriumwismutat hinzu; dann schüttelt man einmal um, läßt $1/4$ Stunde absitzen, filtriert durch einen Glasfiltertiegel (G 4) in ein Neßlerglas und füllt bis zur Marke auf. In ein zweites Neßlerglas gibt man dieselbe Menge an Reagenzien und bis zur Farbgleichheit eine $n/_{55}$-Kaliumpermangantlösung. 1 cm³ dieser Lösung entspricht 0,2 mg Mangan. Der Manganwert wird mittels Division durch 0,7203 auf Mn_3O_4 umgerechnet.

Calcium.

Das Filtrat von der Gesamtfällung (s. Absatz „Gesamtfällung und Bestimmung der Tonerde", S. 13) säuert man schwach mit Essigsäure an und fällt aus der kochenden Lösung Calcium mit 20 cm³ siedender Ammoniumoxalatlösung (5proz.). Nach mehrstündigem Stehen auf dem Wasserbad wird der Niederschlag auf ein Filter gebracht, einige Male mit ammoniumoxalathaltigem Wasser ausgewaschen, in verd. Salzsäure gelöst und nochmals in der angegebenen Weise (zur Trennung von Magnesium) ausgefällt. Nach dem zweiten Filtrieren wäscht man wieder mit ammoniumoxalathaltigem Wasser, dann mit Wasser, bis das ablaufende Waschwasser nach dem Ansäuern mit Schwefelsäure 1 Tropfen Permanganatlösung nicht mehr entfärbt. Der Niederschlag wird vom Filter in ein Becherglas gespritzt und das Filter mit heißer Schwefelsäure $(1+4)$ gewaschen, wobei sich auch der Niederschlag im Becherglas löst. Dann wird mit 100 cm³ kochendem Wasser nachgewaschen. Die heiße Lösung (70°) titriert man mit $n/_{50}$-Permanganatlösung. 1 cm³ $n/_{50}$-Permanganatlösung entspricht 0,0056 g CaO.

Man kann auch die für die übliche Eisentitration hergestellte Permanganatlösung verwenden. Der Titer für CaO ist dann gleich dem halben Eisentiter ($f = 0{,}5025$).

Magnesium.

Die vereinigten Filtrate von der Kalkfällung werden auf etwa 200 cm³ eingeengt und mit 20 cm³ Ammoniumphosphatlösung (10proz.) versetzt. Man kocht auf und gibt Ammoniak bis zur Rötung von Phenolphthalein zu, setzt von der Heizplatte ab und fügt weitere 25 cm³ konz. Ammoniak hinzu. Dann läßt man das Becherglas etwa 12 Stunden stehen, filtriert durch ein dichtes Filter und verascht vorsichtig in einem Porzellantiegel; erst gegen Ende wird stark geglüht. Ist der Niederschlag nicht rein weiß, so wird mit konz. Salpetersäure angefeuchtet und noch einmal nachgeglüht.

$$\frac{Mg_2P_2O_7 \text{ mal } 0{,}3623 \text{ mal } 100}{\text{Einwaage}} = MgO\,.$$

Natrium und Kalium [10].

1 g des bei 105° getrockneten Tons wird zunächst in einer elektrisch geheizten Muffel $^1/_2$ Stunde lang auf 750° erhitzt. Dadurch zerfällt die Tonsubstanz — $Al_2O_3 \cdot 2\,SiO_2 \cdot 2\,H_2O$ — in freie Tonerde und Kieselsäure unter Entweichen von Wasser. Die gesamte frei gewordene Tonerde und ein kleiner Teil der übrigen noch vorhandenen Oxyde werden durch 2stündiges Erhitzen mit 100 cm³ Salzsäure $(1 + 1)$ auf dem Wasserbad in Lösung gebracht. Man filtriert von dem Rückstand in einen 250 cm³ fassenden Meßkolben ab und wäscht mit verd. Salzsäure aus. Dann wird verascht, geglüht und nach dem Wägen mit etwas Flußsäure und 2 Tropfen Schwefelsäure im Platintiegel abgeraucht. Man löst den Rückstand mit wenig Salzsäure, gegebenenfalls unter Zugabe von einigen Tropfen 3proz. Wasserstoffperoxydlösung und gibt diese Lösung ebenfalls in den Meßkolben.

Nun macht man schwach ammoniakalisch, setzt gelbe Ammoniumsulfidlösung in geringem Überschuß hinzu, schüttelt kräftig um, füllt den Kolben mit Wasser bis zur Marke auf und verschließt luftdicht mit einem Stopfen. Nach 12stündiger Wartezeit wird durch ein Faltenfilter abfiltriert; dann werden 200 cm³ entnommen. Zur Zersetzung des Ammoniumsulfids kocht man längere Zeit, fällt, ohne den ausgeschiedenen Schwefel abzufiltrieren, in der siedend heißen, schwach ammoniakalischen Lösung Kalk mit Ammoniumoxalat und filtriert nach etwa 8stündigem Absitzen. Man wäscht das Calciumoxalat gründlich mit heißem Wasser aus, verdampft das Filtrat in einer Platinschale zur Trockne und vertreibt die Hauptmenge der Ammoniumsalze durch mäßiges Erhitzen und den Rest ganz vorsichtig über freier Flamme. Nachdem der verbliebene Glührückstand in wenig heißem Wasser und einigen Tropfen Salzsäure gelöst worden ist, wird die Lösung zwecks Fällung des Magnesiums mit festem Bariumhydroxyd im Überschuß versetzt, bis sich rotes Lackmuspapier blau färbt. Es muß ein Überschuß von Bariumhydroxyd vorhanden sein, um das Magnesium quantitativ auszufällen. Der gebildete Niederschlag wird abfiltriert und gut mit heißem Wasser ausgewaschen. Im siedend heißen Filtrat wird der Überschuß von Bariumhydroxyd mit Ammoniumcarbonat gefällt. Nunmehr filtriert man wieder in eine Platinschale, wäscht den Niederschlag sorgfältig mit heißem Wasser aus, gibt zum Filtrat etwas Schwefelsäure $(1 + 1)$ hinzu, dampft zur Trockne, glüht und wägt die Alkalisulfate. Da die letzten Anteile der überschüssigen Schwefelsäure von den Alkalisulfaten unter Bildung von Hydrogensulfaten hartnäckig festgehalten werden, empfiehlt es sich, während des Glühens erbsengroße Stücke von Ammonium-

---

[10] Handbuch für das Eisenhüttenlaboratorium Bd. 1 (1939) S. 58 bis 62.

carbonat hinzuzugeben, wodurch das Austreiben des Schwefelsäurerestes infolge Bildung von flüchtigem Ammoniumsulfat beschleunigt wird.

Dann löst man die geglühten und gewogenen Alkalisulfate in Wasser, säuert mit einigen Tropfen Salzsäure an, erhitzt bis zum Sieden und fällt die Schwefelsäure durch tropfenweise Zugabe von Bariumchloridlösung in möglichst geringem Überschuß. Das Filtrat wird eingeengt, in eine innen blau oder schwarz glasierte flache Porzellanschale mit Ausguß übergeführt, mit 10 cm³ Überchlorsäurelösung versetzt und unter Umrühren bis zur Sirupdicke eingedampft (Vorsicht!). Nunmehr wird nach Wasserzusatz unter fleißigem Weiterrühren wiederum eingeengt und nach Wiederholung des Wasser- und Überchlorsäurezusatzes die Salzsäure restlos und die Überchlorsäure bis zum beginnenden starken Rauchen abgedampft*. Die erkaltete Masse digeriert man dann mit 20 cm³ Waschalkohol (s. unten), dekantiert, nachdem sich der Niederschlag abgesetzt hat, durch einen gewogenen Jenaer Glasfiltertiegel 1 G 4, behandelt den Rückstand nochmals mit dem Waschalkohol und bringt schließlich den Niederschlag mit Hilfe des Waschalkohols in den Tiegel. Darauf entfernt man die überschüssige Überchlorsäure durch Auswaschen mit einigen Kubikzentimetern reinen absoluten Alkohols. Der Tiegel wird bei 130° bis zur Gewichtskonstanz getrocknet und dann gewogen.

Auswaage mal 0,3399 = K$_2$O, K$_2$O mal 1,850 = K$_2$SO$_4$, Na$_2$SO$_4$ mal 0,4364 = Na$_2$O.

Bariumchloridlösung: 25 g krystallisiertes (alkalifreies) Bariumchlorid werden in 100 cm³ Wasser unter Zusatz von 5 cm³ Salzsäure (1,19) gelöst.

Überchlorsäure zur Analyse (1,2) entsprechend einem Gehalt von etwa 30% HClO$_4$.

Waschalkohol: 100 cm³ Alkohol (97proz.) werden mit 0,2 cm³ Überchlorsäure (1,2) vermischt.

Gesamtschwefel.

1 g bei 105° getrockneter Ton wird im Nickeltiegel mit 8 g Natriumkaliumcarbonat und 1 g Natriumperoxyd aufgeschlossen, die Schmelze mit heißem Wasser gelöst und der Rückstand abfiltriert. Hierauf wird die Kieselsäure durch Eindampfen mit Salzsäure und nachfolgendes Rösten unlöslich gemacht (s. SiO$_2$-Bestimmung). Man nimmt mit 30 cm³ konz. Salzsäure auf, kocht nach dem Verdünnen auf etwa 150 cm³ und filriert die Kieselsäure ab. Anschließend wird mit Ammoniak neutralisiert und mit Salzsäure schwach angesäuert. (Auf 100 cm³ Analysenlösung soll etwa 1 cm³ konz. Salzsäure kommen.) Nun erhitzt man zum Sieden und fällt mit 10 cm³ siedender Bariumchloridlösung. Den Bariumsulfatniederschlag läßt man in der Wärme absitzen, filtriert ab, glüht und wägt als Bariumsulfat. Sollte der Niederschlag noch verunreinigt sein, so schließt man ihn mit wenig Natriumcarbonat auf, laugt die Schmelze mit Wasser aus, filtriert ab, säuert das Filtrat mit Salzsäure an und fällt die Schwefelsäure nochmals mit Bariumchlorid aus.

Auswaage mal 0,3430 mal 100 = % SO$_3$.

Die Angabe des Schwefelgehaltes erfolgt als SO$_3$ unabhängig davon, ob er als Sulfid oder Sulfat vorlag.

3. Kryolith und Aluminiumfluorid.

Für die Gewinnung von Aluminium durch Schmelzelektrolyse werden große Mengen von *Kryolith* und *Aluminiumfluorid* benötigt. Kryolith wird teils als natürliches Mineral, teils als synthetisches Produkt der chemischen Industrie angewandt. Aluminiumfluorid ist immer ein chemisches Erzeugnis. Da bekanntlich zur Gewinnung von reinem Aluminium sehr reine Ausgangsmaterialien notwendig sind, müssen in gleicher Weise wie an die Tonerde auch an die zur Schmelzelektrolyse notwendigen Fluorsalze hinsichtlich des Reinheitsgrades die höchsten Anforderungen gestellt werden. Die Bestimmungen von Kieselsäure und Eisen sind am wichtigsten; dazu kommen noch die von Sulfat und Wasser. Letzte ist besonders deshalb wichtig, weil jeder Wassergehalt eine mit Verlust an Fluor verbundene Zersetzung

---

* Vorsicht! s. Kap. „Wolfram", S. 409.

der Fluoride bedingt. Auch eine Fluorbestimmung läßt sich bei der Beurteilung des Alu-
miniumfluorides nicht umgehen, da es bisher noch nicht möglich war, ein technisch 100 proz.
wasserfreies Aluminiumfluorid herzustellen; somit bildet also der Fluorgehalt neben den
genannten Verunreinigungen den Wertmesser für dieses Salz. Weiter sei zur Durchführung
von Gesamtanalysen im folgenden auch je eine Methode zur Bestimmung von Aluminium
und von Natrium in den Fluoriden angegeben.

Kieselsäure.

In einem nicht zu großen Platintiegel (Inhalt 20 cm³) werden 5 g Borsäure
(Qualität: Borsäure fusum für Silicataufschluß nach Jannasch[11]) geschmolzen.
Auf die wieder erkaltete Schmelze gibt man 1 g Kryolith oder Aluminiumfluorid
(bei Aluminiumfluorid werden 7 g Borsäure und 0,5 g Natriumcarbonat angewandt) und erhitzt von neuem erst mit dem Brenner, dann mit einem starken
Gebläse, bis die Masse gut durchgeschmolzen ist und keine Blasen mehr zeigt.
Dafür benötigt man eine Temperatur von wenigstens 1200° und eine Schmelzdauer von etwa 1 Stunde. Die noch flüssige Schmelze verteilt man durch vorsichtiges Umschwenken über die ganze Innenfläche des Tiegels und schreckt ab,
wobei man den Tiegel bedeckt hält. Die Schmelze zerspringt und läßt sich leicht
in eine Platinschale überführen. Man übergießt sie mit reichlich Salzsäuremethylester (Darstellung s. unten) und stellt die Schale auf ein Wasserbad. In den
Schmelztiegel gibt man ebenfalls etwas Methylester, um die letzten Anteile der
Schmelze zu lösen, und spült diese dann zur Hauptmenge in die Platinschale.
Den Salzsäuremethylester verdampft man auf dem Wasserbad und gibt so oft
wieder neuen Methylester hinzu, bis man an der Flammenfärbung (grün leuch-
tend) eines über die Schale gehaltenen Brenners erkennt, daß keine Borsäure
mehr entweicht. Der verbleibende Trockenrückstand wird noch wenigstens
1 Stunde bei 110° erhitzt und dann mit Salzsäure und Wasser aufgenommen.
Hat man die unlösliche Kieselsäure abfiltriert und gut ausgewaschen, so wird
das Filtrat nochmals eingedampft, um die letzten Reste von Kieselsäure abzuscheiden. Die beiden Filter werden zusammen verascht; der Tiegel wird geglüht und gewogen. Durch Abrauchen mit Flußsäure und Schwefelsäure prüft
man die Kieselsäure auf Reinheit.

Salzsäuremethylester wird folgendermaßen hergestellt: In einem Rundkolben, der zur Hälfte
mit konz. Salzsäure gefüllt ist, läßt man langsam konz. Schwefelsäure zutropfen. Das entweichende Chlorwasserstoffgas leitet man durch vier Waschflaschen. Die erste enthält konz.
Schwefelsäure, die zweite und dritte Methylalkohol, die vierte ist leer und als Sicherheits-
flasche umgekehrt geschaltet. Der Gasüberschuß wird in einer Flasche mit wasserfreiem Methylalkohol am Ende der Apparatur aufgefangen. Für einen Liter Methylalkohol muß man wenigstens 3 Stunden Chlorwasserstoffgas einleiten und erhält dann ein zum Verjagen der Borsäure
geeignetes Reagens.

Eisen.

Man raucht 1 g Kryolith bzw. Aluminiumfluorid nach vorherigem Anfeuchten
mit Wasser in einer Platinschale mit 10 cm³ konz. Schwefelsäure ab, nimmt dann
mit 10 cm³ Schwefelsäure (1 + 1) und heißem Wasser auf, bringt die Lösung in
ein 100 cm³-Meßkölbchen und füllt nach dem Erkalten bis zur Marke auf. In
dieser Lösung bestimmt man Eisen colorimetrisch, wie es im Abschnitt „Tonerde", S. 23, beschrieben ist.

Wasser.

Die Bestimmung des Wassers in Fluorsalzen erfolgt nach Jannasch unter
Zuhilfenahme von Bleioxyd. Es eignet sich hierzu am besten die in beifolgender
Abb. 2a und b aufgezeichnete Apparatur*. Je nach dem zu erwartenden Wasser-

---

[11] Jannasch, P.: Prakt. Leitfaden für Gewichtsanalyse. 2. Auflage 1904.
* Obige Ausführungsform nach einer Mitteilung von Dr. F. Specht: I.G. Farben, Leverkusen.

gehalt können Einwaagen bis zu 5 g angewandt werden. Das Erhitzen erfolgt in einem elektrisch beheizten Ofen, wobei 550° nicht überschritten werden sollen.

Die Einwaage wird in einem Wägegläschen mit der notwendigen Menge (20 bis 50 g) Bleioxyd gemischt und in ein Porzellanschiffchen gebracht, welches dann in das Quarzglasrohr geschoben wird. Das Quarzglasrohr ist am Ende stark verjüngt und mit einer dünnen Schicht Bleioxyd zwischen zwei Schichten Asbest versehen. Es ist mit zwei Calciumchloridröhrchen verbunden, in denen das entweichende Wasser aufgenommen und gewogen wird.

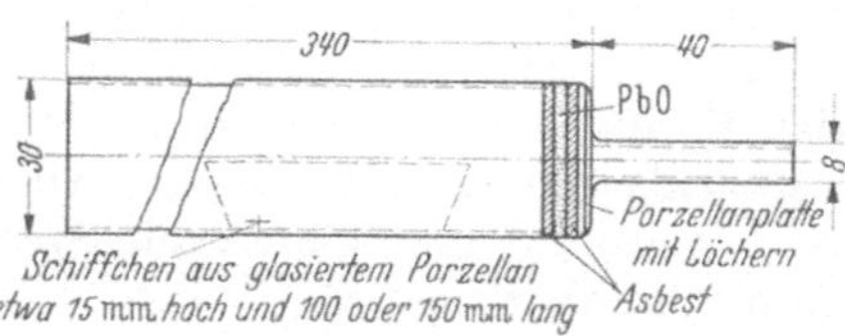

Abb. 2a. Quarzglasrohr für die Bestimmung von Wasser in Fluoriden.

Zunächst leitet man durch die ganze Apparatur 10 min lang einen gut vorgetrockneten Luftstrom mit mäßiger Geschwindigkeit und heizt den Ofen langsam an. Die Bestimmung einschließlich Anheizen dauert $1\frac{1}{2}$ bis 2 Stunden, wobei nur die Temperatur zu beobachten ist. Zum Schluß ist scharf darauf zu achten, daß am Ausgang des Quarzglasrohres keine Wassertröpfchen hängenbleiben; nötigenfalls sind diese durch Erwärmen mit einer kleinen Flamme zu vertreiben.

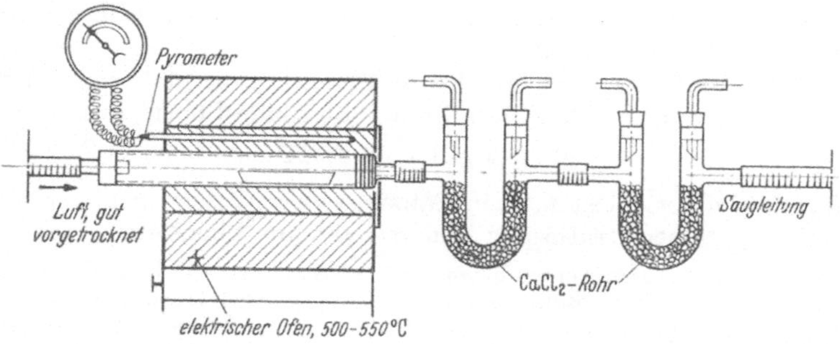

Abb. 2b. Apparatur zur Bestimmung von Wasser in Fluoriden. (Die Calciumchloridröhrchen wurden im Verhältnis zum Ofen absichtlich zu groß gezeichnet, um die Art der Verbindung deutlich zu machen.)

Bei 550° schmilzt Bleioxyd nicht, die Masse im Schiffchen backt zusammen und läßt sich nach dem Erkalten leicht daraus entfernen. Ein Schiffchen hält mehrere Bestimmungen aus.

Sulfate[12].

Man versetzt 3 g Kryolith mit 200 cm³ Wasser und 10 g Ammoniumcarbonat und kocht ½ Stunde lang, um die vorhandenen unlöslichen Sulfate in lösliche Alkalisulfate überzuführen. Nach dem Erkalten filtriert man nach Zusatz von etwas Filterschleim durch ein schnell laufendes Filter. Da immer etwas Natriumfluorid in Lösung geht und die Lösung dann alkalisch reagiert, neutralisiert man gegen Lackmuspapier mit Salzsäure (1 + 1).

Dann fügt man auf 100 cm³ Lösung 1 cm³ konz. Salzsäure hinzu und fällt in der Hitze mit 10 cm³ 10proz. Bariumchloridlösung, die man zuerst tropfenweise, bis der erste Niederschlag auftritt, dann in einem Guß zugibt.

Da der Niederschlag neben Bariumsulfat immer etwas Bariumfluorid enthält, muß man noch eine Reinigung vornehmen. Man filtriert zunächst wie üblich durch ein mit Filterschleim versehenes Filter, verascht und glüht im gewogenen Porzellantiegel. Nach dem Wägen pinselt man den Niederschlag in ein kleines Becherglas und spült den Tiegel mit einer Lösung von Calciumchromat und Salzsäure aus [10 cm³ Calciumchromatlösung (s. weiter unten) + 10 cm³ Salz-

---

[12] Ehrenfeld, R.: Chemiker-Ztg. 29 (1905) S. 440.

säure $(1 + 1)$]. Unter häufigem Rühren digeriert man den Niederschlag mindestens 1 Stunde, filtriert durch ein gedichtetes Filter, wäscht gut mit verdünnter Salzsäure und heißem Wasser aus, bis das Filtrat bariumfrei ist, verascht, glüht und wägt das nun reine Bariumsulfat. Das zuletzt ablaufende Waschwasser wird auf Barium geprüft, indem man es mit Ammoniak bis zum Auftreten der gelben Chromatfärbung versetzt. War Bariumfluorid vorhanden, so fällt jetzt ein Gemisch von Bariumchromat und Calciumfluorid aus.

Überschreitet das Gewicht des ausgewogenen Bariumsulfates 0,3 g, so enthält das Bariumsulfat immer kleine Mengen an Aluminiumoxyd, welche nicht mehr vernachlässigt werden können. Diese kann man durch Aufschließen mit Alkalihydrogensulfat und Fällen mit Ammoniak bestimmen und setzt sie von der Bariumsulfatauswaage ab.

Herstellung der Calciumchromatlösung: Man löst 50 g Chromsäure in 500 cm³ Wasser, neutralisiert mit 30 g Calciumcarbonat und filtriert. 4 cm³ dieser Lösung entsprechen 0,5 g Calciumchromat; 0,35 g Calciumchromat sind theoretisch zum Umsetzen von 0,25 g Bariumfluorid notwendig.

Fluor[13].

Die Bestimmung des Fluors beruht darauf, daß zunächst das Fluor des Kryoliths oder des Aluminiumfluorids durch Schmelzen mit Natriumkaliumcarbonat und Kieselsäure in lösliches Alkalifluorid übergeführt wird, während Aluminium unlösliches Aluminiumsilicat bildet.

Dann neutralisiert man die alkalische Fluoridlösung mit einer n-Salzsäurelösung und fällt mit einer Bleichloridlösung Bleichlorofluorid aus.

$$F' + Cl' + Pb'' \rightarrow PbClF.$$

Das Bleichlorofluorid löst man in Salpetersäure, titriert in dieser Lösung das Chlorion mit $^{n}/_{10}$-Silbernitratlösung und rechnet auf Fluor um.

An besonderen Reagenzien werden benötigt: Kieselsäure, gefällt, besser noch Quarzpulver, eine kalt gesättigte Bleichloridlösung, eine kalt gesättigte Eisen(III)-ammoniumsulfatlösung: 200 g Eisen(III)-ammoniumsulfat + 300 cm³ Wasser + 50 cm³ konz. Salpetersäure.

0,5 g der durch ein 4900-Maschensieb (DIN 70) gegebenen Probe Aluminiumfluorid werden mit 2 g Kieselsäure und 8 g Natriumkaliumcarbonat in einem Platintiegel (Inhalt 30 cm³) *gut* gemischt. Bei aufgelegtem Deckel wird zunächst mit kleiner Flamme langsam von der Seite her erhitzt. Man stellt dabei die nicht leuchtende Flamme des Brenners so ein, daß die Tiegelwandung von ihr gerade bespült wird und das Schmelzen nur an der Berührungsstelle beginnt; dies setzt man auf die gleiche Weise um die ganze Tiegelwandung herum fort. Erst wenn die Masse am Rande zusammengesintert ist, schmilzt man vorsichtig von außen nach innen, aber stets unter Anwendung einer kleinen Flamme, um Verlust durch Entweichen von Fluoriden (z. B. SiF_4) zu vermeiden. Durch die geschilderte Art des Schmelzens hält sich die Kohlensäureentwicklung in mäßigen Grenzen. Durch Lüften des aufgelegten Deckels kann man auch weitgehend verhindern, daß das Schmelzgut durch die Kohlensäure bis zum Deckel hochgehoben wird. Man erhitzt vorsichtig so lange, bis die Kohlensäureentwicklung nach etwa $^3/_4$ Stunden aufhört, wobei aber die Temperaturgrenze von 700° nicht überschritten werden darf. Dann bricht man den Schmelzprozeß ab, ungeachtet dessen, ob ein klarer Fluß erzielt wurde oder nicht, schwenkt den Tiegel, so daß die Schmelze in dünner Schicht an der Tiegelwand erstarrt und stellt ihn darauf in kaltes Wasser. Nach dem Erkalten wird die Schmelze in einem 400 cm³-Becherglas zunächst mit 100 cm³ heißem Wasser übergossen, 2 Stunden in der Wärme stehen-

---

[13] **Stark**, G.: Z. anorg. u. allg. Chem. Bd. 70 (1911) S. 173; F. G. **Hawley**: Industr. Engng. Chem. Bd. 18 (1926) S. 573; F. **Specht**: Z. anorg. u. allg. Chem. Bd. 231 (1937) S. 181; W. **Kapfenberger**: noch unveröffentlicht.

gelassen, dann nochmals mit 100 cm³ heißem Wasser versetzt und 1 weitere Stunde stehengelassen. Dabei sind die festen Stückchen der Schmelze von Zeit zu Zeit mit einem abgeplatteten Glasstab zu zerdrücken. Erst wenn keine harten Stückchen mehr in dem lockeren Schlamm zu finden sind, ist die Zersetzung der Schmelze beendet. Man gibt das Ganze in einen 500 cm³-Meßkolben, füllt nach dem Erkalten auf, schüttelt kräftig durch und filtriert.

Von dem klaren Filtrat werden 200 cm³ (= 0,2 g Einwaage) in einen weithalsigen 750 cm³-Erlenmeyerkolben gebracht, nach Zugabe von einigen Tropfen Methylorange mit $n/_{10}$-Salzsäure neutralisiert und nach dem Umschlag in Rot dann noch mit 0,5 cm³ n-Salzsäure versetzt, damit die Lösung deutlich sauer ist. Man erwärmt nun sowohl die Fluor enthaltende Lösung als auch dasselbe Volumen einer gesättigten Bleichloridlösung auf 55° und läßt die warme Bleichloridlösung aus einem Tropftrichter in einem dünnen Strahl unter lebhaftem Schwenken des Kolbens in die Fluorlösung einlaufen, wobei Bleichlorofluorid in krystalliner Form ausfällt. Um den Säureüberschuß zu entfernen, wird die Lösung samt dem Niederschlag *tropfenweise* mit $n/_5$-Natronlauge unter Schwenken bis zum Umschlag nach Orange versetzt. Den Bleichlorofluoridniederschlag läßt man über Nacht absitzen und filtriert ihn in einen Goochtiegel, dessen Boden mit 2 Scheibchen Filtrierpapier bedeckt ist; dabei spült man den Niederschlag mit möglichst wenig Waschwasser (s. unten) in den Goochtiegel und saugt trocken. Geringe Reste des Niederschlages dürfen im Fällungskolben zurückbleiben, da in ihm wieder gelöst wird.

Den trocken gesaugten Niederschlag bringt man mit den Filterscheibchen in den Fällungskolben zurück und spült die letzten Reste des Niederschlages aus dem Goochtiegel in den Kolben zurück, wobei man zuletzt noch etwas 2 n-Salpetersäure verwendet. Die Flüssigkeit im Kolben soll etwa 100 cm³ betragen; man setzt noch 20 cm³ Salpetersäure (1 + 1) hinzu und löst unter schwachem Erwärmen den Bleichlorofluoridniederschlag auf. Die Lösung spült man in einen 500 cm³-Meßkolben, setzt nach dem Erkalten aus einer Bürette 80 cm³ $n/_{10}$-Silbernitratlösung hinzu und bringt durch kräftiges Schütteln das Silberchlorid zum Zusammenballen. Hat man mit Wasser aufgefüllt, so schüttelt man nochmals gut um und filtriert durch ein trockenes Faltenfilter in ein trockenes Becherglas.

250 cm³ des klaren Filtrates (0,1 g Einwaage und 40,0 cm³ der verwendeten $n/_{10}$-Silbernitratlösung entsprechend) bringt man in einen 750 cm³-Erlenmeyerkolben, versetzt mit 5 cm³ einer gesättigten Eisen(III)-ammoniumsulfatlösung und titriert den Überschuß an Silbernitrat mit einer $n/_{10}$-Ammoniumrhodanidlösung zurück. Der Endpunkt der Titration ist bei 1 Tropfen $n/_{10}$-Lösung scharf zu erkennen. 1 cm³ $n/_{10}$-Silbernitratlösung entspricht 0,0019 g Fluor.

Die Herstellung des Waschwassers: Man löst 11 g Natriumfluorid in 1000 cm³ Wasser. Diese Lösung enthält dann in 1 cm³ 0,005 g Fluor. Davon pipettiert man 20 cm³ ab, verdünnt auf 100 cm³ und setzt 2 g Natriumkaliumcarbonat hinzu. Aus dieser Lösung fällt man das Bleichlorofluorid aus, so wie es oben in der Ausführung der Analyse angegeben ist, ohne jedoch in diesem Falle mit $n/_5$-Natronlauge zurückzutitrieren. Man läßt über Nacht stehen, filtriert durch einen Goochtiegel ab und wäscht mit reinem Wasser aus. Das so erhaltene Bleichlorofluorid gibt man in eine Flasche von 1000 cm³ Inhalt, übergießt mit 1 l Wasser, schüttelt mehrere Stunden bis zur Sättigung gut durch und filtriert ab. Die auf diese Weise erhaltene gesättigte Lösung von Bleichlorofluorid dient als Waschwasser, 50 cm³ davon verbrauchen etwa 0,6 cm³ $n/_{10}$-Silbernitrat. Die auf obige Weise erhaltene Fällung von Bleichlorofluorid reicht zur Herstellung von 3 l Waschwasser aus.

Aluminium.

Man schließt 1 g Kryolith bzw. Aluminiumfluorid mit 40 g Kaliumhydrogensulfat auf, löst die Schmelze mit Wasser, füllt auf 500 cm³ auf und fällt aus 200 cm³ dieser Lösung mit Ammoniak Aluminium zusammen mit Eisen aus. Die Fällung wird wiederholt, der Niederschlag scharf geglüht (1200°) und gewogen. Vom

Gewicht ist der Gehalt an Eisenoxyd abzusetzen, s. auch Abschnitt „Bauxit", S. 9/10.

Natrium.

Man raucht in einer Platinschale 1 g der Substanz mit Schwefelsäure bis zur Trockne ab, wiederholt das Abrauchen, nimmt dann mit Wasser und etwas Schwefelsäure auf und spült das Ganze in einen 500 cm³-Meßkolben über. Zur Fällung des Eisens und des Aluminiums versetzt man die Lösung mit Ammoniak und fügt noch 10 cm³ Ammoniumcarbonatlösung (1 + 9) hinzu, um auch etwa vorhandenes Calcium mit abzuscheiden. Nunmehr wird auf 500 cm³ aufgefüllt, ein Anteil von 250 cm³ abfiltriert und diese Lösung in einer Platinschale eingedampft. Nach dem Eindampfen verjagt man die Ammoniumsalze durch Erhitzen, glüht den Rückstand auf dem Gebläse, löst ihn mit einigen Tropfen Schwefelsäure und Wasser wieder auf und wiederholt die Fällung mit Ammoniak und einigen Tropfen Ammoniumcarbonatlösung. Nach dem Abfiltrieren dampft man in einer gewogenen Platinschale wiederum ein und wägt, nachdem die Ammoniumsalze verjagt sind, den Rückstand nach dem Glühen. Diese Operation muß nötigenfalls mehrmals wiederholt werden. Das so gefundene Natriumsulfat wird auf Natrium umgerechnet.

II. Hüttenerzeugnisse.

1. Tonerde.

Die Reinheit des erzeugten Aluminiums hängt zu einem wesentlichen Teil von der Reinheit der zu seiner Herstellung verwendeten Tonerde ab. Insbesondere sind es die Gehalte an Kieselsäure und Eisenoxyd, die bei der Gewinnung der Tonerde auf ein Mindestmaß herabgedrückt werden müssen. Auf diese Verunreinigungen wird sich daher die Bestimmung in der Hauptsache zu erstrecken haben. Daneben sind von Wichtigkeit die Gehalte an Oxyden von Titan, Calcium und Natrium. Über eine genügende Calcinierung der Tonerde gibt der Glühverlust Aufschluß.

Die Gehalte an Kieselsäure und Eisenoxyd sind bei einer guten Tonerde meist so niedrig, daß man am zweckmäßigsten mit colorimetrischen Verfahren arbeitet, wobei auf die Reinheit der Reagenzien besonders zu achten ist, insbesondere auf die der Aufschlußmittel Soda-Borax und Natriumhydrogensulfat.

Kieselsäure.

Es werden im folgenden zwei Verfahren angeführt: das colorimetrische und das gewichtsanalytische. Das letztgenannte wurde früher allgemein angewandt, ist jedoch bei den geringen Gehalten an Kieselsäure wegen der deshalb notwendigen großen Einwaage und der dafür erforderlichen großen Mengen an Aufschlußmitteln wenig zu empfehlen.

a) Das colorimetrische Verfahren. 1,25 g Tonerde werden mit 2,6 g wasserfreier Soda und 2,5 g gebranntem Borax (Borax ustus) innig gemischt und im bedeckten Platintiegel zum Schmelzen gebracht. Um ein zu starkes Aufblähen der Mischung und damit Verluste zu vermeiden, erhitzt man zweckmäßig zunächst eine Seite des Tiegelrandes unter allmählicher Steigerung der Temperatur. Wenn die Mischung vollkommen geschmolzen ist, wird stärker erhitzt, bis die Schmelze klar und blasenfrei ist. Dauer etwa 20 min. Unter Umschwenken des Tiegels wird nunmehr die Schmelze an der Tiegelwand verteilt und dadurch schwach abgekühlt. Dann schreckt man den Tiegel in kaltem Wasser ab, wobei die Schmelze glasartig erstarrt. Sie wird in heißem Wasser unmittelbar im Tiegel gelöst und die Lösung in ein 250 cm³-Becherglas übergespült. Um die letzten Reste der Schmelze in Lösung zu bringen, füllt man den Tiegel mit 3 n-Salzsäure an und erwärmt einige Zeit. Mit dieser Säure wird die Lösung des Aufschlusses angesäuert, wozu im ganzen 50 cm³ 3 n-Salzsäure verwendet werden sollen. Dann ist bei Einhaltung der angegebenen Verhältnisse die Endlösung $n/_{10}$ an Salzsäure. Nun werden etwa 10 Tropfen Wasserstoffperoxyd (3proz.) hinzugegeben, worauf man einige Zeit kocht, um den Überschuß des Peroxydes zu beseitigen. Dann spült man in ein 250 cm³-Kölbchen über und füllt nach dem Erkalten auf. Je nach dem Gehalt an Kieselsäure werden nun 50, 40 oder 20 cm³ dieser Lösung abgemessen und in einen 100 cm³-Neßlerzylinder gebracht, mit 2,5 cm³ 20proz. Ammoniummolybdatlösung versetzt, bis zur Marke verdünnt und gut umgeschüttelt. Nach 10 min wird mit Lösungen in gleich großen Neßlerzylindern verglichen, die mit verschiedenen, aber genau gemessenen Mengen einer Pikrinsäurelösung angefärbt sind, deren Färbung einer bestimmten Menge SiO_2 entspricht. (s. B II 4a, ,,Reinstaluminium").

Zur Herstellung der Pikrinsäurelösung werden 0,030 g Pikrinsäure zum Liter gelöst. 1 cm³ dieser Lösung im Neßlerzylinder auf 100 cm³ verdünnt, entspricht dann hinsichtlich seiner Farbe fast genau der Färbung, die 0,05 mg SiO_2 mit Ammoniummolybdat angefärbt im gleichen Volumen hervorrufen. Dies wird durch Versuche überprüft.

Für den Vergleich mit einer Analysenlösung stellt man sich eine Skala von Lösungen in Neßlerzylindern her, die einen steigenden Gehalt an Pikrinsäurelösung von je 0,2 cm³ (0,2 bis 0,6 usw.) aufweisen. In diese Skala reiht man dann den Zylinder mit der Analysenlösung an entsprechender Stelle ein und stellt so den Gehalt dieser Lösung an Kieselsäure fest. Man betrachtet dabei die Stärke der Färbung, indem man von oben durch die ganze Schicht auf eine weiße Unterlage hindurchschaut. Die verbrauchten Reagenzien ergeben einen Blindwert, der zu berücksichtigen ist. Die Berechnung ist folgende:

$$f \cdot (a - b) \cdot \frac{100}{E} = \% \; SiO_2$$

$f =$ Wert an SiO_2, der 1 cm³ Pikrinsäurelösung auf 100 cm³ im Neßlerzylinder verdünnt entspricht.

$a =$ cm³ Pikrinsäurelösung, entsprechend dem Gehalt der Analysenlösung an SiO_2.

$b =$ cm³ Pikrinsäurelösung, entsprechend dem Blindwert der Reagenzien für die angewandte Menge.

$E =$ Einwaage, d. h. entsprechend dem Anteil, der in den Neßlerzylinder übernommen wurde.

b) Das gewichtsanalytische Verfahren. 5 g Tonerde werden in einer starkwandigen Platinschale von 10 cm Durchmesser mit 80 g Natriumhydrogensulfat aufgeschlossen. Dabei steigert man die Hitze allmählich unter öfterem Umschwenken der Schale und erhitzt am Ende ziemlich stark mit einem Gebläse, bis eine klare, goldgelbe Schmelze entstanden ist.

Nach dem Erkalten bringt man sie in eine flache Porzellanschale von etwa 15 cm Durchmesser und löst mit heißem Wasser auf, wobei man 50 cm³ Schwefelsäure (1 + 1) hinzugibt. Ist alles gelöst, so wird bis zum starken Rauchen der Schwefelsäure eingedampft. Nach dem Erkalten wird der Schaleninhalt mit heißem Wasser aufgenommen und die Lösung von der abgeschiedenen Kieselsäure durch Filtrieren befreit. Diese wird nach dem Veraschen geglüht und gewogen. Durch Abrauchen mit Flußsäure und einigen Tropfen Schwefelsäure ist sie auf Reinheit zu prüfen.

Eisen.

Für die Eisenbestimmung werden 50 cm³ der Aufschlußlösung (s. S. 23, Zeile 5 von oben) in einem 100 cm³-Meßkolben mit 5 cm³ 50proz. Kaliumrhodanidlösung versetzt, auf 100 cm³ aufgefüllt und in einem Eintauchcolorimeter mit einer Vergleichslösung verglichen, die 50 cm³ der Lösung eines Aufschlusses ohne Tonerde ($^n/_{10}$-Salzsäure, s. o.) 3 Tropfen 3proz. Wasserstoffperoxydlösung, 5 cm³ Kaliumrhodanidlösung und so viel einer eingestellten Eisenlösung enthält, daß ihre Färbung annähernd gleich der der Analysenlösung ist.

Für die Eisenstammlösung werden 0,4912 g Mohrsches Salz [Fe(NH₄)₂(SO₄)₂ · 6 H₂O], entsprechend 0,1 g Fe₂O₃, in Wasser und 20 cm³ Schwefelsäure (1 + 1) zu 1 Liter gelöst.

$$\textit{Berechnung}: \qquad \frac{c_v \cdot V}{A} \cdot \frac{100}{E} = \% \ \mathrm{Fe_2O_3}$$

$c_v =$ Konzentration der Vergleichslösung, d. h. g Fe₂O₃ in 100 cm³ der Vergleichslösung.
$V =$ Am Colorimeter abgelesene Schichthöhe der Vergleichslösung.
$A =$ Am Colorimeter abgelesene Schichthöhe der Analysenlösung.
$E =$ Einwaage in 100 cm³ der Analysenlösung, im obigen Falle 0,25 g.

Bei sehr genauen Analysen ist das Ausschütteln mit Alkohol-Äther (s. S. 28) zu empfehlen.

Glühverlust. Zu seiner Ermittelung werden 2 g der calc. Tonerde in einem gewogenen Platintiegel mit Deckel im elektrisch beheizten Ofen 1 Stunde bei etwa 1200° geglüht. Den bedeckten Tiegel läßt man im Exsiccator $^1/_2$ Stunde abkühlen und wägt ihn dann.

Alkalien. Für ihre Bestimmung wird hier ein Verfahren angeführt, welches zwar nicht völlig befriedigt, aber vereinbarungsgemäß angewendet wird (Allianzmethode). Alle anderen bekannten Verfahren geben ebensowenig ganz zuverlässige Werte, so daß man sich auf das angeführte geeinigt hat.

10 g feingepulverte (10000-Maschensieb) Tonerde werden in einer Porzellanschale mit 30 cm³ konz. Salpetersäure übergossen; dann wird auf dem Luftbad vorsichtig bis zur Trockne eingedampft und, um die Salpetersäure vollständig auszutreiben, nachher kurze Zeit auf einem Brenner nachgeglüht. Man zerreibt den trockenen Rückstand mit einem Pistill, nimmt dann mit 100 cm³ heißem Wasser auf, fügt 10 cm³ konz. Ammoniak und 15 cm³ einer 10proz. Ammoniumcarbonatlösung hinzu und kocht etwa 15 min. Die Lösung muß dann noch deutlich ammoniakalisch sein. Nun wird filtriert und mit heißem Wasser gut ausgewaschen. Filtrat und Waschwasser werden eingeengt, in eine gewogene Platinschale gespült und mit 2 cm³ Schwefelsäure (1 + 1) versetzt. Man dampft zur Trockne ein, verjagt die Ammoniumsalze und erhitzt den Rückstand bis zur Rotglut. Er wird als Na₂SO₄ ausgewogen und auf Na₂O oder Na₂CO₃ umgerechnet. Um das Ergebnis nachzuprüfen, bringt man das bereits gewogene Na₂SO₄ mit 15 bis 20 cm³ heißem Wasser in Lösung, versetzt es mit wenigen Kubikzentimetern Ammoniak und Ammoniumcarbonat, filtriert wieder, engt ein, glüht und wägt nochmals. Wenn das zuletzt festgestellte Gewicht niedriger ist als das erste, so war die Fällung das erstemal nicht ganz frei von Tonerde.

Umrechnungsfaktor: auf Na₂O = 0,44, auf Na₂CO₃ = 0,75.

Calcium.

Um dieses zu bestimmen, verwendet man die Reste der Aufschlußlösungen von der colorimetrischen Si/Fe-Bestimmung, und zwar von mehreren Aufschlüssen, so daß man schließlich über eine Menge verfügt, die einer Einwaage von 5,0 g Tonerde entspricht. Man engt sie auf 300 bis 400 cm³ ein, macht mit Natronlauge alkalisch und gibt hierbei zur sicheren Fällung des Calciums eine kleine Menge festes Natriumoxalat (0,1 g) hinzu. Nach kurzer Zeit kocht man auf und läßt mehrere Stunden absitzen. Dann wird abfiltriert, und der Niederschlag, der neben Eisenhydroxyd das gesamte Calcium und Titan enthält, in wenig verdünnter Salpetersäure gelöst, um etwa vorhandene Oxalsäure zu zerstören. Die saure Lösung versetzt man in Gegenwart von Ammoniumsalzen nach dem Verdünnen auf etwa 200 cm³ mit kohlensäurefreiem Ammoniak und fällt Eisen und Titan als Hydroxyde aus. Im Filtrat wird Calcium mit Ammoniumoxalat gefällt und als Oxalat bestimmt, das man dann auf Calciumoxyd umrechnet.

Titan.

Der bei der Bestimmung des Calciumoxydes anfallende Eisen-Titanniederschlag wird in Schwefelsäure gelöst und Titan colorimetrisch nach Weller bestimmt (s. „Bauxitanalyse", S. 11).

2. Korund.

Korund, welcher einerseits in der Natur vorkommt, andererseits hauptsächlich für technische Zwecke künstlich gewonnen wird, bietet bei der Untersuchung dadurch besondere Schwierigkeiten, daß er praktisch säureunlöslich ist und den üblichen Aufschlußmitteln starken Widerstand entgegensetzt; doch kann er schließlich durch *längeres* Schmelzen mit Borax oder mit Kaliumpyrosulfat aufgeschlossen werden.

Die Untersuchung von Korund erstreckt sich neben der Bestimmung des Hauptbestandteiles, nämlich der Tonerde, auf die Verunreinigungen: Eisenoxyd, Titandioxyd und Kieselsäure. In selteneren Fällen werden auch Calciumoxyd und Magnesiumoxyd bestimmt.

Die Probe ist vor der Untersuchung in einem Diamantmörser sehr fein zu pulverisieren und durch ein 10 000-Maschensieb (DIN 100) abzusieben. Die Zerkleinerung ist so lange fortzusetzen, bis kein Rückstand mehr auf dem Sieb verbleibt. Beim Zerkleinern und Pulverisieren im Diamantmörser gelangt Eisen in die Probe. Es ist deshalb notwendig, dieses Eisen vor der Analyse wieder mit einem Magneten zu entfernen. Die Probe wird vor der Verwendung zur Analyse noch bei 105.° getrocknet.

a) Aufschluß mit Borax[14].

1 g Korund wird mit ungefähr der 10fachen Menge entwässertem Borax innigst gemischt und im bedeckten Platintiegel (oder in einer kleinen Platinschale) zunächst mit kleiner, sodann allmählich mit immer größerer Flamme erhitzt, bis eine ruhig fließende, klare Schmelze erzielt ist; diese wird sodann in etwa 100 cm³ heißem, mit etwas Salzsäure versetztem Wasser gelöst. Sollten noch unzersetzte Reste von Korund vorhanden sein, so filtriert man sie ab und schmilzt sie nochmals wie vorher. Bei genügendem Feinheitsgrad der Probe und hinreichend langem Schmelzen gelingt es jedoch auch, durch einmaliges Schmelzen einen vollständigen Aufschluß zu erzielen. Die letzte Schmelze wird wieder in verdünnter Salzsäure gelöst und die Lösung zu der Hauptmenge hinzugegeben.

Die Abscheidung und Bestimmung der Kieselsäure geschieht in der im Abschnitt „Ton", S. 12, angegebenen Weise. Ebenso ist dort schon die Bestimmung von Al_2O_3 und die der Verunreinigungen beschrieben, so daß hier auf eine Wiedergabe verzichtet werden kann. Die unmittelbare Tonerdebestimmung kann auch nach dem im Abschnitt „Bauxit", S. 8, angegebenen Verfahren ausgeführt werden.

Da Korund in der Hauptsache aus Tonerde besteht, verwendet man ein Anreicherungsverfahren, bevor man mit der Bestimmung der einzelnen sonstigen Verunreinigungen beginnt. Zu diesem Zweck versetzt man die von der Kieselsäure befreite Aufschlußlösung so lange mit Natronlauge (1 + 3) im Überschuß, bis sich das zunächst ausfallende Aluminiumhydroxyd wieder löst. Man verdünnt nun auf etwa 500 cm³, versetzt mit 5 cm³ 3proz. Wasserstoffperoxydlösung, kocht auf und läßt mehrere Stunden (am besten über Nacht) absitzen. Hat man dann filtriert, so wird der Niederschlag in heißer, verdünnter Salz-

---

[14] Hilles, H.: Z. angew. Chem. Bd. 37 (1924) S. 255.

säure (20 cm³ Salzsäure, 5 cm³ 3proz. Wasserstoffperoxydlösung und 75 cm³ Wasser) gelöst. In der Lösung bestimmt man die einzelnen Bestandteile nach dem Abschnitt „Tonerde", S. 22ff.

b) Aufschluß mit Kaliumpyrosulfat.

1 g Korund wird mit ungefähr der 10fachen Menge Kaliumpyrosulfat im geräumigen Platintiegel mit zunächst kleiner, dann allmählich gesteigerter Flamme erhitzt, bis eine ruhig fließende Schmelze erzielt ist. Es empfiehlt sich, während des Schmelzens öfters mit einem dicken Platindraht oder einem Platinspatel das zu Boden sinkende, unaufgeschlossene Material in der Schmelze zu verteilen. Zuletzt erhitzt man mit der Flamme eines guten Teclubrenners. Zur Erzielung eines vollständigen Aufschlusses ist eine Schmelzdauer von mindestens 1 Stunde erforderlich. Nach dem Erkalten der Schmelze erhitzt man den Platintiegel nochmals, bis die an der Tiegelwand befindliche Schmelze in Fluß gekommen ist, und gibt ihn dann in 100 cm³ Wasser, dem vorher 10 cm³ konz. Schwefelsäure hinzugefügt worden sind. Sollte sich herausstellen, daß der Aufschluß nicht vollständig war, so filtriert man durch ein mit Filterschleim versehenes, schnell laufendes Filter und verascht. Den Rückstand schließt man noch einmal mit wenig Kaliumpyrosulfat auf und löst in der angegebenen Weise.

Um die Abscheidung der Kieselsäure zu vervollständigen, dampft man nunmehr die vereinigten Filtrate ab, bis Schwefelsäuredämpfe entweichen, nimmt nach dem Erkalten mit etwa 150 cm³ Wasser auf, erwärmt gelinde bis zur Lösung der Salze, filtriert, nachdem sich die ausgeschiedene Kieselsäure abgesetzt hat, in einen 250 cm³-Meßkolben und wäscht mit heißem, schwach schwefelsäurehaltigem Wasser aus. Die geglühte und gewogene Kieselsäure wird in üblicher Weise mit Flußsäure abgeraucht und ein etwa verbleibender Rückstand mit etwas Kaliumpyrosulfat aufgeschlossen. Die gelöste Schmelze gibt man der Hauptlösung zu und verfährt weiter wie zuvor unter a angegeben ist.

Es ist zu beachten, daß beim Aufschluß nach a oder b etwas Platin in Lösung geht, welches bei manchen Bestimmungen störend wirken kann. In diesem Fall muß es durch Einleiten von Schwefelwasserstoff in die *heiße* Lösung entfernt werden.

3. Aluminiumsulfat.

Das handelsübliche Aluminiumsulfat enthält in der Regel 15% Al_2O_3, in manchen Fällen auch bis zu 18%. Für die Bewertung des Sulfats sind die Gehalte an freier Säure und vor allem an Eisen wichtig. Die übrigen Verunreinigungen, wie Kieselsäure, Blei, Zink, Natrium, kommen nur in geringen Mengen vor und können meist unberücksichtigt bleiben.

Aluminium.

Die Bestimmung des Aluminiumgehaltes kann nach einer der in Abschnitt A genannten Methoden (Fällung mit Ammoniak, mit Oxin oder mit Ammoniumphosphat) erfolgen, s. S. 4, 5, 6.

Eisen.

Die Bestimmung des vorhandenen Eisens wird colorimetrisch mit Kaliumrhodanid ausgeführt. Diese Methode ist im Abschnitt B. II, 1, „Untersuchung der Tonerde", S. 23, beschrieben. Man verwendet 2 g Aluminiumsulfat.

Freie Säure.

Die Bestimmung der freien Säure im Aluminiumsulfat kann besonders deshalb zu unrichtigen Ergebnissen führen, weil man nie ganz sicher ist, ob ein Gehalt an sog. freier Säure nicht dadurch vorgetäuscht wird, daß ein Teil des Aluminiumsulfats als basisches Salz vorliegt. Daraus ergibt sich, daß selbst dann, wenn man eine Bestimmung der Tonerde und eine Bestimmung der *Gesamtsäure* vornimmt und daraus den Gehalt an *freier* Säure errechnet, unter Umständen Fehlergebnisse erhalten werden oder doch nur annähernd richtige Werte. Die sichersten Befunde erhält man nach den Angaben von H. Zschokke und L. Häuselmann[15], welche die Vorschrift von W. N. Iwanow[16] abgeändert haben.

Die Methode gründet sich darauf, daß ein neutrales Tonerdesalz mit Kaliumcyanoferrat (II) bei Temperaturen von nicht über 85° gefällt wird. Dabei bleibt die Säure in Lösung und kann nach Abfiltrieren des Niederschlages titriert werden. Der Zusatz von Bariumchlorid soll die vorhandene freie Schwefelsäure binden und die ihr äquivalente Menge Salzsäure frei machen; ein Überschuß an Bariumchlorid bildet mit Kaliumcyanoferrat(II) Komplexsalze, welche nicht weiter stören.

Ausführung. In ein Meßkölbchen von 100 cm³ bringt man 10 cm³ einer etwa 7 bis 9 g Al_2O_3/l enthaltenen Aluminiumsulfatlösung, dazu 10 cm³ 10proz. Bariumchloridlösung, ferner 5 cm³ 10proz. Kaliumcyanoferrat(II)-Lösung (höchstens 6 Tage alt) und fügt hierauf 60 cm³ siedendes Wasser hinzu. Nun gibt man unter Umschütteln tropfenweise eine frisch bereitete, 2proz. Gelatinelösung zu, bis der gebildete Niederschlag flockig wird und sich leicht absetzt, was nach Zusatz von 1 bis 1,5 cm³ der Fall ist. Nach dem Abkühlen füllt man auf 100 cm³ auf und filtriert durch ein Faltenfilter. 50 cm³ des Filtrates werden auf 100 cm³ verdünnt und mit $^n/_{10}$-Natronlauge unter Zusatz von Methylorange titriert. 1 cm³ $^n/_{10}$-Natronlauge = 0,98 g freie Schwefelsäure je Liter obiger Lösung. Die angegebenen Vorschriften sind *genau* einzuhalten. Ist die *zu titrierende Lösung neutral* gegen Methylorange, so *müssen in einer neu* angesetzten Probe vor Beginn der Fällung einige Kubikzentimeter $^n/_{10}$-Schwefelsäure hinzugegeben werden. Ist im anderen Fall der Gehalt an freier Säure groß, so bleibt das Filtrat trüb; man korrigiert dann in einer neuen Probe mit einigen Kubikzentimetern $^n/_{10}$-Lauge *vor* dem Ausfällen. Die zugesetzten Mengen an Schwefelsäure oder im anderen Falle an Natronlauge sind bei der Berechnung zu berücksichtigen, um den wahren Wert zu erhalten.

Andere Verunreinigungen. *Zinkoxyd* wird dadurch ermittelt, daß man die Lösung des Aluminiumsulfates so lange mit Bariumacetat versetzt, bis die Schwefelsäure gebunden ist. Dann filtriert man und fällt Zink mit Schwefelwasserstoff. Es sind dabei die Angaben von E. Brennecke[17] zu berücksichtigen. Da eine Bestimmung von Zink in Aluminiumsulfat selten auszuführen ist, soll hier nur auf obige Literaturstelle verwiesen werden.

Das gleiche gilt für *Arsen*, das ebenfalls mit Schwefelwasserstoff gefällt wird (Fußnote 17; l. c. S. 63ff.).

4. Metalle.

a) Reinstaluminium (Raffinade).

Reinstaluminium, vielfach auch Raffinadealuminium genannt, enthält nur noch sehr kleine Mengen an Verunreinigungen. Diese müssen colorimetrisch bestimmt werden. Im allgemeinen werden nur Kupfer, Eisen und Silicium ermittelt. Doch findet man mit Hilfe eines Spektrographen manchmal noch Spuren von Magnesium, Calcium und allenfalls Natrium.

Die colorimetrische Bestimmung der obengenannten Elemente wird stark von äußerlich der Probe anhaftenden Verunreinigungen, wie Fetten und Staub, beeinflußt. Es ist z. B. zweckmäßig, für die Analyse runde Stäbe von beispielsweise

---

[15] Chemiker-Ztg. Bd. 46 (1922) S. 302.
[16] Chemiker-Ztg. Bd. 37 (1913) S. 805 bis 814.
[17] „Schwefelwasserstoff als Reagens in der quantitativen Analyse" S. 123ff. Stuttgart: Verlag Ferd. Enke 1939.

20 mm Durchmesser und 200 mm Länge zu gießen, die Gußhaut abzudrehen und den Stab dann durch Abdrehen in *einem* Stich zu zerkleinern. Man erhält hierbei eine zusammenhängende Spirale und kann davon leicht die jeweils zur Analyse erforderliche Menge abbrechen. Ist bei anders geformten Proben die Gußhaut entfernt, so genügt selbstverständlich auch ein Anbohren der Probe in der allgemein üblichen Weise.

Eisen [18].

Die das Eisen in dreiwertiger Form enthaltende Lösung wird mit Kaliumrhodanid versetzt und dann entweder unmittelbar im Pulfrich-Photometer oder mit einer Lösung bekanntem Gehaltes im einfachen Colorimeter verglichen. Beim Colorimetrieren pflegt man vielfach das vorherige Ausschütteln mit Alkohol-Äther zu vermeiden und die *wässerige*, saure Lösung unmittelbar mit Kaliumrhodanid anzufärben.

Da es sich jedoch gezeigt hat, daß die auf diese Weise erhaltenen Rhodanfärbungen nur beschränkt haltbar sind, so wird hier ein Ausschütteln der Lösung mit Alkohol-Äther gefordert.

2 g Aluminium werden mit etwa 3 cm³ 1proz. Quecksilber (II)-chloridlösung versetzt und in 20 bis 30 cm³ konz. Salzsäure gelöst. Die Salzsäure gibt man zweckmäßig in kleinen Anteilen hinzu, um ihr zu rasches Abdampfen zu verhindern und erhitzt auf einer Heizplatte, um den Lösungsvorgang zu beschleunigen. Nach der Beendigung des Lösens wird von dem Quecksilberkügelchen abgegossen, dieses in einem Porzellantiegel in etwas Salpetersäure gelöst, die Lösung eingedampft und der Rückstand bis zur Verflüchtigung des Quecksilberoxyds erhitzt. Ein unmittelbares Verdampfen des metallischen Quecksilbers ist unzulässig, da dann *immer* Verluste an den im Quecksilber befindlichen Fremdmetallen eintreten. Ein etwa verbleibender Rückstand wird in etwas Salzsäure und Salpetersäure gelöst und die Lösung zur Hauptmenge hinzugegeben. Dann versetzt man mit 30 cm³ Schwefelsäure (1 + 1) und raucht auf dem Sandbad bis zur kräftigen Entwicklung von SO_3-Dämpfen ab. Man läßt erkalten, löst in 200 cm³ heißem Wasser, gibt die Lösung in einen 250 cm³-Meßkolben und füllt auf. Ein Teil der Lösung, dessen Eisengehalt zwischen 0,005 und 0,2 mg Eisen liegen soll, wird in einem Scheidetrichter mit 5 cm³ Salzsäure, 10 cm³ 50proz. Kaliumrhodanidlösung, 25 cm³ Alkohol und 15 cm³ Äther versetzt und ausgeschüttelt. Nach kurzem Absitzen läßt man die Salzlösung ablaufen und gibt den Ätherauszug in ein trockenes 50 cm³-Kölbchen. Unabhängig von der vorhandenen Eisenmenge wird das Ausschütteln noch 3mal unter weiterer Zugabe von je 10 cm³ Äther wiederholt. Die jeweiligen Ätherauszüge werden in das 50 cm³-Kölbchen gegeben; man füllt zum Schluß mit Äther bis zur Marke auf und colorimetriert.

Der geringe Eisengehalt der Reagenzien muß berücksichtigt werden. Man bringt zu diesem Zweck dieselben Chemikalienmengen in ein Becherglas und behandelt sie genau so wie die Analyse. Bestimmte organische Stoffe, wie Natriumoxalat, Weinsäure, Citronensäure usw., lösen sich in Äther und stören. Die Glasgefäße müssen vor ihrer Verwendung mit einer wässerigen Lösung, welche Salzsäure, Kaliumrhodanid und Alkohol-Äther enthält, ausgeschüttelt werden, da schon kleinste Staubteilchen eine merkliche Rotfärbung bedingen.

Die beschriebene Methode ist für die Verwendung eines Pulfrich-Photometers gedacht. Für dieses hat man durch Ausschütteln von Eisenlösungen bekannten Gehalts unter Beachtung der angegebenen Vorsichtsmaßregeln eine Eichkurve aufgestellt. Steht zum Vergleich nur ein einfaches Colorimeter zur Verfügung, so wird eine Eisenlösung ähnlichen, aber bekannten Gehaltes in der gleichen Weise ausgeschüttelt und in den Vergleichszylinder gegeben.

---

[18] Steinhäuser, K., u. H. Ginsberg: Z. anal. Chem. Bd. 104 (1936) S. 385.

Silicium.

Die salzsaure Analysenlösung muß das Silicium als Kieselsäure enthalten, und zwar in einer Form, welche mit Ammoniummolybdat anfärbbar ist*. Die gelbe Lösung (Silicomolybdänsäure) wird dann mit einer Pikrinsäurelösung bekannten Wirkungswertes verglichen. Die Intensität der Farbe der Silicomolybdänsäure sowohl als auch ihr Farbton kann von mancherlei Umständen beeinflußt werden, wie von der Säurekonzentration, von der Farbe störender Begleitelemente (Cu, Fe, Ti) und von dem Auftreten organischer Verbindungen, welche bei der Zersetzung von Carbiden entstehen können. Andere Fehlermöglichkeiten beruhen auf dem Kieselsäuregehalt der verwendeten Reagenzien und auf der Tatsache, daß die verwendeten Bechergläser eine geringe Kieselsäuremenge abgeben. Die beiden zuletzt genannten Möglichkeiten werden durch Bestimmung des Blindwertes und dessen Abzug vom Analysenwert ausgeglichen. Manchmal tritt auch eine leichte Trübung dadurch auf, daß sich das zunächst bildende basische Aluminiumsalz in der überschüssigen Säure unvollkommen löst. Diese Trübung wird beim Colorimetrieren vom Auge eliminiert, während sie Photometer aller Art mitmessen. Daher empfiehlt sich bei *kleinen* Siliciumgehalten das Colorimetrieren mit Neßlergläsern.

Das Ermitteln des Siliciumwertes der Pikrinsäurelösung (30 mg/l) oder das Aufstellen einer Eichkurve geschieht in folgender Weise: Man schließt 214 mg (unter Berücksichtigung des Glühverlustes) reinste getrocknete Kieselsäure mit der 5fachen Menge Natriumkaliumcarbonat auf, löst die Schmelze in Wasser und verdünnt die Lösung auf 1 l. 1 cm^3 dieser Lösung enthält 0,1 mg Silicium.

Zum Zersetzen des Aluminiums benutzt man eine etwa 15proz. Natriumperoxydlösung. Man verwendet Natriumperoxyd statt Natronlauge und etwas Wasserstoffperoxyd, weil das im Handel befindliche Natriumperoxyd meist weniger SiO_2 enthält (Blindwert) als Natriumhydroxyd; die Höhe des Blindwertes spielt bei der Bestimmung sehr kleiner Mengen Silicium (0,005% und weniger) eine Rolle. Die Peroxydlösung erhält man durch Eintragen von 147 g Na_2O_2 in 1 l Wasser, welches sich in einer *stark* gekühlten Silber- oder Nickelschale befindet. Diese Lösung ist etwa 3 Tage haltbar. Je 80 cm^3 davon versetzt man mit wechselnden Mengen Silicatlösung und erhitzt 20 min in einer Nickelschale. Dann wird die Lösung unter Rühren mit einem Hartgummistab in 200 cm^3 Wasser eingetragen, mit 60 cm^3 6 n-Salzsäure angesäuert, gekocht, bis sie vollständig klar ist, und in einen 500 cm^3-Kolben gegeben, welchen man bis zur Marke auffüllt. 90 cm^3 hiervon werden mit 5 cm^3 einer 10proz. Ammoniummolybdatlösung** und 10 cm^3 einer möglichst salzsäurefreien Aluminiumchloridlösung (0,5 g/cm^3) versetzt. (Das Aluminiumchlorid stellt man durch Lösen von Reinstaluminium in Salzsäure und Ausfällen mit Salzsäuregas her.) Nach $^1/_4$ Stunde gibt man in ein Vergleichsglas, welches dieselbe Menge an Aluminiumchloridlösung enthält, so lange Pikrinsäurelösung, bis Farbgleichheit erzielt ist. Aus den erhaltenen Werten wird der Siliciumwert der Pikrinsäurelösung (Faktor) errechnet. Arbeitet man mit Neßlergläsern, so bemißt man die Pikrinsäuremenge derart,, daß die Steigerung von Glas zu Glas einer Zunahme von 0,002 mg Silicium entspricht. Trägt man die erhaltenen Werte auf Koordinatenpapier auf, so erhält man auf graphischem Wege eine Eichkurve und damit den Siliciumwert der Pikrinsäurelösung.

Durchführung der Analyse. 2 g Metall werden durch anteilsweise Zugabe von 32 cm^3 Natriumperoxydlösung in einer Nickelschale gelöst. Man kocht 20 min, kühlt auf 50° ab, gibt die Lösung unter Rühren mit einem Hartgummistab in ein

---

* Kieselsäure, welche mit Schwefelsäure abgeraucht worden ist, läßt sich z. B. nicht mehr anfärben.

** Man löst 100 g Ammoniummolybdat in einem 1-Liter-Meßkolben in 800 cm^3 Wasser, fügt 10 cm^3 konz. Ammoniak hinzu und füllt auf.

Becherglas, welches 80 cm³ Wasser enthält, versetzt sie mit 70 cm³ 6 n-Salzsäure, erhitzt bis zum Klarwerden und bringt sie in einen 200 cm³-Kolben. Nun rötet man die Lösung mit einigen Tropfen $n/_{20}$-Kaliumpermanganatlösung an, entfernt den Überschuß der Färbung mit $n/_{10}$-Oxalsäure, läßt abkühlen und füllt auf.

100 cm³ der so vorbereiteten Lösung werden mit 5 cm³ der 10proz. Ammoniummolybdatlösung versetzt und nach $^1/_4$ Stunde entweder mit dem Pulfrich-Photometer gegen die *nicht* angefärbte Restlösung oder durch Einstufen in eine Reihe Neßlergläser mit steigenden Mengen an Pikrinsäurelösung colorimetriert. Bei sehr kleinen Mengen an Silicium kann man auch nach C. Urbach[19] die gelbe Lösung durch Zugabe von Natriumsulfit und Hydrochinon bis zur Blaufärbung des Molybdänkomplexes reduzieren und in der blauen Lösung den Vergleich vornehmen.

Kupfer[20].

Da Kupfer im Reinstaluminium im allgemeinen nur in sehr geringen Mengen vorkommt, wird hier die Bestimmung mit Dithizon (Diphenylthiocarbazon) als einzige Methode angeführt. Wegen der Empfindlichkeit dieser Methode ist besonders darauf zu achten, daß in Reagenzien und Geräten keine störenden Verunreinigungen enthalten sind. Auch dürfen keine absorbierenden oder oxydierenden Stoffe zugegen sein. Von der Reinheit der Reagenzien überzeugt man sich leicht durch Ausschütteln mit Dithizon. Alle Lösungen sollen unter Verwendung reinster Chemikalien und mit doppelt destilliertem Wasser angesetzt werden.

Das rot-violette Kupferdithizonat wird aus der Analysenlösung nach Zusatz der grünen Dithizonlösung[21] mit einer *Schüttelmaschine* ausgeschüttelt. Man gibt so viel grüne Dithizonlösung (man löst 20 mg in 100 cm³ Kohlenstofftetrachlorid) im Überschuß hinzu, daß man nach Beendigung der Fällung eine Mischfarbe erhält. Diese mißt man im Pulfrich-Photometer mit dem Filter S 75, bei welchem die vorhandene grüne Farbe des überschüssigen Dithizons keine Absorption besitzt, also nur das rot gefärbte Kupferdithizonat gemessen wird. Durch Ausschütteln von Kupferlösungen bekannten Gehaltes stellt man zunächst eine Eichkurve auf, aus welcher bei der Ausführung der Analyse unmittelbar die Kupfergehalte entnommen werden können.

Man löst 5 g Reinstmetall mit Salzsäure unter Zugabe von 5 cm³ 5proz. Quecksilber (II)-chloridlösung, dampft nach Beendigung des Lösens bis zur Krystallbildung ab, nimmt die Masse mit Wasser auf und filtriert durch ein schnell laufendes Filter in einen 250 cm³-Meßkolben. Nach dem Waschen mit wenig Wasser wird die Quecksilberkugel, welche immer etwas Kupfer zurückhält, in einen kleinen Porzellantiegel gegeben und mit wenig Salpetersäure gelöst. Dann dampft man zur Trockne und erhitzt, bis das Quecksilberoxyd verflüchtigt ist. Den Rückstand löst man mit einigen Tropfen Salzsäure und fügt die Lösung zu der im Meßkolben befindlichen hinzu; der Kolben wird nun bis zur Marke aufgefüllt. Je nach dem Kupfergehalt pipettiert man einen Teil (mit etwa 10 bis 15 γ Kupfer) in einen Scheidetrichter von 100 cm³ Inhalt mit kurzem Ablaufrohr, verdünnt, falls nötig, mit Wasser auf etwa 50 cm³ und stellt dann mit Salzsäure $(1+1)$ so ein, daß Kongopapier soeben blau wird. (Die Blindlösung, der dieselben Reagenzien zugesetzt werden, ist an dieser Stelle erst mit verdünntem Ammoniak zu neutralisieren, bis Kongopapier nach Rot umschlägt, bevor man die angegebene Säuremenge zugibt.) Zur Verhinderung einer geringen Oxydation gibt man noch 0,5 cm³ einer 20proz., frisch bereiteten Hydroxylaminhydrochloridlösung hinzu. Dieser

[19] Stufenphotometrische Trinkwasseranalyse. S. 60. Wien: Verlag Hain 1937.
[20] Fischer, H.: Z. angew. Chem. Bd. 50 (1937) S. 922.
[21] Reinigung des Dithizons, s. H. Fischer: Z. anal. Chem. Bd. 101 (1925) S. 1.

Zusatz verhindert die schädliche oxydierende Wirkung des dreiwertigen Eisens. Da immer Spuren von Quecksilber in der Lösung zurückbleiben und diese ebenfalls mit Dithizon ausgefällt werden, muß man *zur Tarnung* des Quecksilbers Kaliumjodid zusetzen. Man kann jedoch annehmen, daß größenordnungsmäßig immer die gleichen Mengen zurückbleiben. Daher genügt es, 2 cm³ einer 1proz. Kaliumjodidlösung hinzuzusetzen. Anschließend fügt man zu der Lösung im Scheidetrichter 3 cm³ Dithizonlösung, welche zum Ausfällen von 7 γ Kupfer ausreicht. Ist mehr Kupfer vorhanden, so läßt man die Schicht des Kohlenstofftetrachlorids in ein 10 cm³-Meßkölbchen ab und extrahiert mit weiteren kleinen Mengen an Dithizonlösung, bis die erwähnte grün-rote Mischfarbe auftritt. Die ausgeschüttelten Mengen werden in das Kölbchen gegeben, welches mit Kohlenstofftetrachlorid aufgefüllt wird. Die Blindlösung ist in genau der gleichen Weise zu behandeln. Nun wird, wie angegeben, im Pulfrich-Photometer colorimetriert.

Steht für die colorimetrischen Messungen kein solches zur Verfügung, so kann man die Bestimmung in der im Kap. „Kupfer", S. 202, angegebenen Weise zu Ende führen.

b) Reinaluminium (Hütten- und Umschmelzaluminium).

Der Reinheitsgrad des Hüttenaluminiums ergibt sich aus der Bestimmung seiner Verunreinigungen, deren Gesamtmenge in Prozenten von Hundert abgesetzt wird. Die deutsche Normung für Reinaluminium, DIN-Blatt 1712, nennt als Verunreinigungen besonders Si, Fe, Ti, Cu und Zn. Außerdem werden aber auch noch *einige* der folgenden Elemente gefunden: Pb, Sn, Cr, V, Ga, Mn, Ni, Co, Ca, Mg, Na, C, S, P, O_2, N_2 H_2. Ihr Auftreten und ihre Menge hängen einerseits von der Beschaffenheit der verarbeiteten Tonerde und andererseits von der Herstellungsweise des Aluminiums ab. Das sog. *Umschmelzaluminium* kann außerdem noch Elemente wie Cd Sb und andere enthalten. Die Bestimmung der im DIN-Blatt nicht genannten Elemente wird in der Regel nur in *besonders* gelagerten Fällen vorgenommen, da sie im Metall nur in so geringen Mengen und meist auch in der gleichen Größenordnung vorkommen, daß der Aufwand für ihre Bestimmung in keinem Verhältnis zu ihrer Bedeutung steht. Jedoch sollen auch für einen Teil dieser Elemente hier Bestimmungsverfahren angeführt werden.

Während die begleitenden Metalle mit Ausnahme des Natriums, welches besonders stark an der Oberfläche auftritt, *gleichmäßig* im Reinaluminium verteilt sind, treten die Metalloide ganz unregelmäßig auf. Darauf muß bei der *Probenahme* besonders Rücksicht genommen werden.

Silicium.

Die Bestimmung kann einmal bei Gehalten bis höchstens 0,7% Silicium durch Säureaufschluß nach Otis Handy erfolgen und zum anderen durch Lösen mit Natriumhydroxyd nach F. Regelsberger. Bei höheren Gehalten an Silicium ist die nur mit Säuren arbeitende Methode nach Otis Handy wenig brauchbar, da zu leicht Verluste durch Entweichen von Siliciumwasserstoffen beim Lösen des Metalles auftreten.

a) Abgeänderte Methode nach Otis Handy. 2 g Späne löst man im bedeckten Becherglas (500 cm³) mit 45 cm³ Mischsäure (700 cm³ Schwefelsäure (1 + 1) und 300 cm³ konz. Salpetersäure) und 20 cm³ konz. Salzsäure. Die Salzsäure gibt man in Anteilen zu. Während der Zersetzung sollen *beständig* braune Dämpfe von Stickoxyden über der Flüssigkeit stehen, um entweichende Siliciumwasserstoffe zu SiO_2 zu oxydieren. Wenn nötig, gibt man nachträglich noch etwas konz. Salpetersäure hinzu.

Nach beendigtem Lösen dampft man auf dem Sandbade ab, bis gerade SO_3-Dämpfe auftreten, läßt unter Umschwenken fest werden und $^1/_2$ Stunde kräftig rauchen. Der erkaltete Sulfatbrei wird mit etwa 250 cm³ heißem Wasser aufgenommen. Man erhitzt, bis das Aluminiumsulfat gelöst ist, filtriert durch ein gehärtetes oder durch ein mit Filterschleim versehenes, schnell laufendes Filter, wäscht etwa 10mal mit kochendem Wasser aus, verascht und glüht den Rückstand im Platintiegel. Da man dabei häufig ein grau gefärbtes Gemisch von Silicium und Kieselsäure erhält, wird der Rückstand mit etwa 2 g Natriumkaliumcarbonat geschmolzen, die Schmelze in Wasser gelöst, mit 2 cm³ Schwefelsäure (1 + 1) versetzt und abgeraucht. Man nimmt wieder mit Wasser auf, filtriert wie angegeben, verascht und glüht. Nach dem Wägen raucht man mit Flußsäure und 2 Tropfen Schwefelsäure ab, glüht und wägt wieder. Die Gewichtsdifferenz zwischen der ersten und der zweiten Wägung ergibt das Gewicht der Kieselsäure.

Die vereinigten Filtrate werden nochmals abgeraucht, um letzte Reste an Kieselsäure zu erfassen. Es handelt sich jedoch meist nur um Mengen von 0,5 bis 2 mg SiO_2. Diese filtriert man auf ein gehärtetes Filter ab, wäscht gut aus, glüht, wägt und raucht mit Flußsäure und Schwefelsäure ab.

b) Alkalischer Aufschluß nach F. Regelsberger. Zu 2 g in einer Nickelschale befindlichen Spänen gibt man 7 g Natriumhydroxyd in Plätzchen. — Bei Proben mit mehr als 5% Silicium wird die Menge des Natriumhydroxyds auf etwa das 6fache der Einwaage erhöht. — In die bedeckte Schale spritzt man nach und nach etwa 50 cm³ Wasser, kocht unter Ergänzung des Wassers etwa 10 min, läßt etwas abkühlen und spült alles in ein 600 cm³-Becherglas, welches 25 cm³ Schwefelsäure (1 + 1) enthält. Mit einem Teil der Schwefelsäure löst man vorher die in der Nickelschale zurückgebliebenen Reste heraus und gibt sie zu der Hauptmenge. Es wird dann zur Trockne abgeraucht, mit etwa 300 cm³ warmem Wasser aufgenommen, die ausgeschiedene Kieselsäure auf ein mit Filterschleim versehenes, schnell laufendes Filter abfiltriert, etwa 10mal mit heißem Wasser ausgewaschen und das Filtrat nochmals zur Trockne eingedampft. Man nimmt wieder mit Wasser auf, filtriert durch ein gehärtetes Filter, verascht beide Filter gemeinsam im Platintiegel, glüht, wägt, raucht mit Flußsäure und 2 Tropfen Schwefelsäure ab, glüht wieder und wägt. Die Differenz ergibt den Kieselsäuregehalt.

Eisen.

a) Mit Titan (III)-chlorid. Die Eisenbestimmung wird in der mit Permanganat oxydierten Lösung durch Titration mit Titan(III)-chloridlösung und Kaliumrhodanid als Indicator vorgenommen. Man titriert auf farblos.

5 l der etwa $^n/_{50}$-Maßlösung stellt man in folgender Weise her: 90 bis 100 cm³ der handelsüblichen, etwa 15proz. Titan(III)-chloridlösung werden zusammen mit etwa 200 cm³ konz. Salzsäure in eine Vorratsflasche aus braunem Glas (5 l Inhalt) gegeben. Man füllt mit abgekochtem dest. Wasser von etwa 50° auf, bis sich ungefähr 5 l Lösung in der Flasche befinden, und verschließt zum Umschwenken mit dem Schliffaufsatz. Zum Schutze der Lösung gegen die Wirkung des Luftsauerstoffes verwendet man eine Anordnung, wie sie in der Abbildung S. 14 angegeben ist. Während des Abkühlens wird die Luft über der Lösung durch einen langsamen Wasserstoffstrom verdrängt. Die Überlaufpipette wird in der in der Abbildung angegebenen Weise angeschlossen. Anstatt Wasserstoff kann man auch Kohlensäure verwenden.

Zur Einstellung benutzt man eine aus Eisenoxyd hergestellte $^n/_{50}$-Eisen(III)-chloridlösung. Zur Herstellung von 2 l dieser Lösung erwärmt man 3,1936 g bei 105° getrocknetes Eisenoxyd nach Brandt mit 100 cm³ konz. Salzsäure und verdünnt nach vollständiger Lösung und Abkühlung im 2 l-Meßkolben bis zur Marke. 20 cm³ dieser Lösung, entsprechend 0,022336 g Eisen, werden auf etwa 75 cm³ verdünnt, mit 10 cm³ Schwefelsäure (1 + 1) und 10 cm³ 10proz. Ammoniumrhodanidlösung versetzt und auf farblos titriert. Da die Umsetzung des Titan(III)-chlorides eine gewisse Zeit benötigt, muß gegen Ende der Titration die Geschwindigkeit verringert werden. Zur Beschleunigung des Vorganges wird die Titration bei 60° vorgenommen.

$$f = \frac{0,0022336}{cm^3 \text{ Ti-Lsg.}} = g \text{ Fe}/cm^3.$$

2 g Aluminium werden in 30 cm³ Natronlauge (1 + 3), zuletzt unter Erwärmen, gelöst. Man versetzt mit 40 cm³ Schwefelsäure (1 + 1) in einem Guß und erhitzt bis zum Klarwerden, verdünnt mit kaltem Wasser auf etwa 250 cm³ und oxydiert mit einer Kaliumpermanganatlösung bis zur schwachen Rotfärbung. Die Lösung versetzt man nunmehr mit 10 cm³ 10proz. Rhodanidlösung und titriert, wie angegeben, mit der Titan(III)-chloridlösung auf farblos.

b) Mit Sulfosalicylsäure[22,23]. Im folgenden soll noch die colorimetrische Bestimmung des Eisens mit Sulfosalicylsäure angeführt werden, da auch hierbei eine vorhergehende Abtrennung des Eisens nicht notwendig ist und sich infolgedessen die Bestimmung sehr rasch ausführen läßt.

0,5 g Späne werden in einem 200 cm³-Meßkolben 2mal mit je 10 cm³ Brom-Salzsäure (Salzsäure (1 + 1) mit Brom gesättigt) bis zu beginnender Krystallisation eingedampft und auf einer mäßig warmen Heizplatte nachgetrocknet, bis die Krystallmasse nur noch feucht ist. (Sie darf nicht ganz trocken werden, da sie sich dann nicht mehr in Wasser löst). Dann bringt man die Krystalle mit 20 cm³ Wasser in Lösung und gibt zur Prüfung des p_H-Wertes 2 Tropfen einer wässerigen, kalt gesättigten Thymolblaulösung und ein Eckchen Mercks Universalindicatorpapier hinzu.

Falls der p_H-Wert nicht zwischen 3,5 und 4,0 liegt (bei einiger Übung im Eindampfen kommt dies ganz selten vor), neutralisiert man mit einem Tropfen Ammoniak (1 + 5) oder Salzsäure (1 + 5) nach. Darauf versetzt man mit 2 cm³ einer 3proz. Wasserstoffperoxydlösung und 5 cm³ Sulfosalicylsäurelösung (s. unten). Es wird bis zur Marke aufgefüllt, umgeschüttelt und ein Teil der Lösung durch ein trockenes Filter filtriert und mit dem Pulfrich-Photometer (Filter Hg 436) photometriert, wobei eine Eichkurve verwendet oder gegen eine Vergleichslösung ähnlichen Gehaltes mit einem Eintauchcolorimeter verglichen wird.

Herstellung der Sulfosalicylsäurelösung: 100 g Sulfosalicylsäure werden in 300 cm³ Wasser gelöst, mit 5 Tropfen Thymolblaulösung und bis zum Umschlag nach Gelb mit Ammoniak versetzt. Man prüft mit Mercks Universalindicatorpapier, ob der p_H-Wert von 3,5 erreicht ist. Sonst neutralisiert man mit Ammoniak bzw. verdünnter Schwefelsäure nach. Zum Schluß verdünnt man auf 500 cm³.

Eichkurve: Zur Aufstellung der Eichkurve für die Messung mit dem Pulfrich-Photometer werden je 4,5 g wasserhaltiges Aluminiumchlorid (AlCl$_3$ · 6 H$_2$O) (das Aluminiumchlorid muß auf Abwesenheit von Eisen geprüft werden) in einen 200 cm³-Meßkolben gebracht, mit wachsenden Mengen einer eingestellten Eisen(III)-chloridlösung und einigen Kubikzentimetern verdünnter Salzsäure versetzt und, wie oben beschrieben, eingedampft und angefärbt.

Kupfer.

Da Kupfer im Reinaluminium meist nur in ungefähr der gleichen Größenordnung wie im Raffinationsmetall vorkommt, genügt es hier, auf diesen Abschnitt, S. 30, zu verweisen. Falls man mit etwas größeren Kupfermengen rechnet, verringert man zweckmäßig die Einwaage auf 2 g. Außerdem kann man den Zusatz von Quecksilber(II)-chloridlösung zur Beschleunigung des Lösungsvorganges weglassen, da sich das normale Reinmetall rasch auflöst. Zur Bestimmung kann man auch unmittelbar vom Filtrat der Siliciumbestimmung nach Otis Handy ausgehen.

Titan[24].

5 g Späne werden durch anteilweises Eintragen in 50 cm³ Natronlauge (1 + 3) in einem 800 cm³-Becherglas zersetzt. Man verdünnt dann auf etwa 600 cm³, kocht auf, setzt 5 cm³ 3proz. Wasserstoffperoxydlösung zu und läßt etwa 2 Stunden absitzen. Dann filtriert man ab, spritzt den Niederschlag in das Becherglas

---

[22] Thiel, A., u. O. Peter: Z. anal. Chem. Bd. 103 (1935) S. 161.
[23] Bauer, R., u. J. Eisen: Z. angew. Chem. Bd. 52 (1939) S. 459.
[24] Ginsberg, H.: Z. anorg. u. allg. Chem. Bd. 190 (1930) S. 407; Bd. 196 (1931) S. 188.

zurück und löst ihn und die letzten Reste am Filter in verdünnter Salzsäure
(5 cm³ konz. Salzsäure, 5 cm³ 3proz. Wasserstoffperoxydlösung und 50 cm³ heißes
Wasser). Nach Zusatz von 5 cm³ Schwefelsäure (1+1) wird bis zum Rauchen
eingedampft. Man nimmt nun mit 10 cm³ Schwefelsäure (1+1) und 40 cm³
heißem Wasser auf, filtriert durch ein gehärtetes Filter in ein 100 cm³-Kölbchen,
versetzt nach dem Abkühlen mit 5 cm³ Phosphorsäure (1,7) und 5 cm³ 3proz.
Wasserstoffperoxydlösung und füllt bis zur Marke auf. Die Lösung wird entweder
gegen eine Blindlösung im Pulfrich-Photometer photometriert oder gegen eine
Vergleichslösung colorimetriert.

Die Vergleichslösung stellt man in folgender Weise her: 0,1668 g reinstes geglühtes Titanoxyd wird mit 3 g Kaliumpyrosulfat geschmolzen. Man löst die Schmelze mit 5proz. Schwefelsäure, gibt die Lösung in einen Litermeßkolben und füllt mit 5proz. Schwefelsäure bis zur
Marke auf. 1 cm³ = 0,0001 g Ti.

Wegen der Verunreinigungen, welche Titandioxyd enthält, geht man bei sehr genauen
Bestimmungen von Titankaliumfluorid aus, welches mehrmals umkrystallisiert wird. (Literatur l. c.)

Blei, Zink, Mangan.

Wegen der geringen Gehalte an den genannten Elementen zersetzt man 20 g
Späne durch anteilweises Eintragen in 180 cm³ heiße Natronlauge (1+3). Nach
Beendigung der Zersetzung verdünnt man auf mindestens 2000 cm³, kocht kurze
Zeit auf und versetzt mit 100 cm³ einer 10proz. Natriumsulfidlösung. Will man
zugleich auch Kupfer bestimmen, so muß das Natriumsulfid frei von Polysulfid
sein. Man läßt etwa 10 Stunden absitzen und filtriert die Sulfide durch eine mit
Asbest präparierte Nutsche (Durchmesser 50 bis 60 mm), indem man zuerst vorsichtig von der überstehenden klaren Flüssigkeit abgießt und den Niederschlag
dann mit heißem natriumsulfidhaltigem Wasser auswäscht. Eine Grün-Gelb-Färbung
des Filtrates durch geringe Mengen nicht ausgefällten Eisens kann unberücksichtigt bleiben. Im Niederschlag befinden sich Cu, Pb, Fe, Cr, Ti, Ni, Mn, Zn,
Mg, Ca und Reste von Aluminium.

Man löst ihn mit verdünnter Salzsäure (10 cm³ konz. Salzsäure, 5 cm³ 3proz.
Wasserstoffperoxydlösung und 80 cm³ Wasser) von der Nutsche, filtriert, wenn
nötig, vom mitgerissenen Asbest ab, versetzt mit 10 cm³ Schwefelsäure (1+1)
und raucht ab.

α) **Blei** bestimmt man anschließend als Sulfat, s. Kap. „Blei", S. 85.

β) **Zink.** Aus dem Filtrat von der Bleibestimmung entfernt man Kupfer elektrolytisch, versetzt dann das Elektrolysat mit etwa 20 g Ammoniumsulfat, um Nickel
und Kobalt bei der folgenden Schwefelwasserstoffällung in Lösung zu halten, und
verdünnt es auf etwa 400 cm³. Man stellt durch Zugabe von Ammoniak auf einen
p_H-Wert von 3,1 bis 3,3 ein (Lyphanpapier) und fällt Zink durch Einleiten von
Schwefelwasserstoff in die auf 70° erwärmte Lösung. Ungefähr 5 min vor Beendigung des Einleitens werden 10 cm³ einer 1proz. Quecksilber(II)-chloridlösung
hinzugesetzt, um das Zinksulfid niederzuschlagen. Man filtriert durch ein schnell
laufendes, mit Filterschleim beschicktes Filter und wäscht mit Waschwasser vom
p_H-Wert 3,1 bis 3,3 aus, welches außerdem etwas Ammoniumsulfat und Schwefelwasserstoff enthält. Den jetzt erhaltenen Niederschlag (a) verwendet man für
die Bestimmung des Zinks, während das Filtrat (b) zur Bestimmung des Mangans
aufbewahrt wird.

Den Niederschlag (a) einschließlich Filter behandelt man mit 20 cm³ 10proz.
Königswasser. Man verdünnt etwas, filtriert vom Filterbrei ab, versetzt das
Filtrat mit 5 cm³ Schwefelsäure (1+1) und raucht nach Zusatz von etwas
Kaliumsulfat, um ein Ausfallen von basischem Zinksulfat zu vermeiden, ab. Dann
nimmt man mit wenig Wasser auf, verdünnt auf etwa 50 cm³ und gibt 4 Tropfen
3proz. Wasserstoffperoxydlösung hinzu, sowie 3 cm³ konz. Phosphorsäure, um

ein Mitfallen etwa vorhandenen Eisens zu verhindern, und 25 cm³ Fällungslösung. Die Fällungslösung enthält im Liter 27 g Quecksilber(II)-chlorid und
39 g Ammoniumrhodanid. Man rührt $1/2$ Stunde *kräftig*, filtriert den Niederschlag
von Zinkquecksilberrhodanid auf einen Glasfiltertiegel $G\,4$ ab und wäscht 5 mal
mit möglichst wenig 2 proz. Fällungslösung aus, wobei jedesmal *sehr gut* abzusaugen
ist. Den Rückstand löst man in 80 cm³ Salzsäure $(1+1)$, gibt die Lösung in eine
Stöpselflasche, setzt 5 cm³ Chloroform hinzu und titriert unter kräftigem Schütteln
mit einer Kaliumjodatlösung bis zum Verschwinden der zuerst auftretenden
Violettfärbung des Chloroforms.

1. $ZnHg(CNS)_4 + 4\,HCl + 4\,KJO_3 + 4\,H_2O \rightarrow ZnCl_2 + HgCl_2 + 4\,KCN + 4\,H_2SO_4 + 2\,H_2 + 2\,J_2;$

2. $\qquad 2\,J_2 + 2\,H_2 + 8\,HCl + 2\,KJO_3 \rightarrow 6\,JCl + 2\,KCl + 6\,H_2O$ [25].

Die Kaliumjodatlösung enthält 3,929 g KJO_3 im Liter, 1 cm³ entspricht
0,0002 g Zink.

*Man erhält nach diesem Verfahren höhere Werte für Zink als nach den früher
angewandten. Man sollte deshalb auch ältere Vorschriften über zugelassene Höchst-
gehalte an Verunreinigungen in Metallen dahin berichtigen, daß man den zugelassenen
Höchstgehalt an Zink um etwa 0,02% erhöht.*

γ) Mangan. Aus dem Filtrat (*b*) vertreibt man den Schwefelwasserstoff und
fällt mit Ammoniak unter Zusatz von etwas Bromwasser Mangan und Eisen.
Nach dem Filtrieren wird der Niederschlag in verdünnter Salpetersäure gelöst
(10 cm³ konz. Salpetersäure, 3 cm³ 3 proz. Wasserstoffperoxydlösung, 80 cm³
warmes Wasser). Man dampft bis zur beginnenden Krystallisation ein, verdünnt
mit etwa 30 cm³ heißem Wasser, setzt noch einmal 10 cm³ konz. Salpetersäure
hinzu und läßt auf Zimmertemperatur abkühlen. Nun versetzt man mit $1/2$ g
Natriumwismutat und schwenkt wiederholt um. Nach $1/4$ Stunde wird der Wismutat-
schlamm durch einen Glasfiltertiegel $1\,G\,2$, welcher eine Auflage von Asbest
erhält, abfiltriert und mit etwas kalter 3 proz. Salpetersäure ausgewaschen.

Das Filtrat bringt man in ein Neßlerglas und füllt auf 100 cm³ auf. In ein
zweites Neßlerglas gibt man 20 cm³ 5 proz. Salpetersäure und versetzt aus einer
Bürette mit einer Kaliumpermanganatlösung bekannten Gehaltes bis zum gleichen
Farbton. Verwendet man eine $^{n}/_{55}$-Kaliumpermanganatlösung, so ergibt sich die
Berechnung in folgender Weise:

$$\frac{\text{cm³ Verbrauch mal 0,0002 mal 100}}{\text{Einwaage}} = \%\ \text{Mn}.$$

Zinn.

Seine Bestimmung erfolgt nephelometrisch dadurch, daß man Zinn(II)-chlorid
herstellt und dieses auf Quecksilber(II)-chlorid einwirken läßt Die bei der Reaktion auftretenden Trübungen von Quecksilber(I)-chlorid werden miteinander verglichen. Man richtet die Einwaage so ein, daß man einen Schwefelwasserstoffniederschlag mit einem Gehalt von 1 bis 3 mg Zinn erhält; meistens sind dazu
etwa 10 g Späne nötig. Im übrigen verfährt man, wie es im Kap. „Zinn", S. 471,
angegeben ist.

Calcium.

Man zersetzt 25 g Späne durch anteilweises Eintragen in 250 cm³ Natronlauge $(1+3)$, verdünnt auf etwa 800 cm³, setzt 5 cm³ 5 proz. Natriumoxalatlösung
hinzu und kocht auf. Nach einer etwa 8 stündigen Wartezeit filtriert man den
Niederschlag durch ein schnell laufendes Filter, wäscht ihn mehrere Male mit
heißem Wasser aus und gibt ihn in das Becherglas zurück. Die letzten Reste
des Niederschlages löst man mit verdünnter Salzsäure (10 cm³ konz. Salzsäure,

---

[25] Kolthoff, J. M.: Maßanalyse Bd. II, 2. Aufl. S. 278 u. 496. Berlin: Springer 1931.

5 cm³ 3proz. Wasserstoffperoxyd und 50 cm³ heißes Wasser) vom Filter in das Becherglas hinein. Nach dem Eindampfen der Lösung zur Trockne röstet man ¹/₄ Stunde auf dem Sandbad, um die Kieselsäure unlöslich zu machen, läßt abkühlen, gibt nochmals 10 cm³ konz. Salzsäure hinzu, dampft ein und röstet wieder. Der Rückstand wird mit etwa 100 cm³ heißem Wasser und 2 cm³ konz. Salzsäure aufgenommen, bis zur Lösung der Chloride erhitzt und die Kieselsäure durch ein schnell laufendes Filter abfiltriert. (Bei unnötig langem Erhitzen oder Stehenlassen der Lösung in der Wärme geht ausgefallene Kieselsäure wieder in Lösung.)

Zum Filtrat von der Kieselsäure fügt man 2 cm³ Eisessig und so viel Ammoniumacetat, daß die Lösung gerade essigsauer wird (Rotfärbung von blauem Kongopapier), erhitzt auf 70° und fällt Calcium als Oxalat, indem man so viel heiße 10proz. Ammoniumoxalatlösung hinzugibt, bis die rötliche Färbung des Eisenacetats in das Grüngelb des Eisenoxalats umschlägt. Hat sich der Niederschlag über Nacht abgesetzt, so wird durch einen mit Asbest präparierten Goochtiegel abfiltriert. Man wäscht 6mal mit heißem Wasser, trocknet bei 110° und wägt als $CaC_2O_4 \cdot H_2O$.

Das Calciumoxalat kann zur Kontrolle in bekannter Weise durch Erhitzen mit 25 cm³ Schwefelsäure (1 + 1) in Lösung gebracht und mit $n/_{50}$-Kaliumpermanganatlösung titriert werden. Der Eisenwert der Kaliumpermanganatlösung ist mit 0,3589 zu multiplizieren, um den Calciumwert zu erhalten.

Calcium und Magnesium.

Man verfährt zunächst wie bei der Calciumbestimmung angegeben. ¦Nach dem Lösen des Hydroxydniederschlages in verdünnter Salzsäure gibt man 20 cm³ 25proz. Ammoniumchloridlösung hinzu und fällt mit Ammoniak und Bromwasser Eisen, Mangan, Titan und Reste von Aluminium. Die Fällung wird in der Weise vorgenommen, daß man zunächst erhitzt, bis der Geruch nach Ammoniak verschwunden ist, um das Aluminiumhydroxyd durch Altern unlöslich zu machen. Darauf setzt man noch einmal etwas Ammoniak und Bromwasser hinzu, um die letzten Anteile an Eisen und Mangan zu fällen. Nach Beendigung der Fällung läßt man absitzen und filtriert durch ein schnell laufendes Filter, welches mit Filterschleim beschickt ist. Der Niederschlag wird in verdünnter Salzsäure (10 cm³ konz. Salzsäure, 5 cm³ 3proz. Wasserstoffperoxydlösung, 80 cm³ heißes Wasser) gelöst, die Lösung mit 10 cm³ 25proz. Ammoniumchloridlösung versetzt und die Fällung wiederholt.

Die vereinigten ammoniakalischen Filtrate engt man auf etwa 200 cm³ ein, säuert sie mit Essigsäure an und gibt in die etwa 70° heiße Lösung 15 cm³ 5proz. Ammoniumoxalatlösung. Nach dem Aufkochen läßt man mehrere Stunden auf dem Wasserbad absitzen und filtriert durch einen mit Asbest präparierten Goochtiegel (oder Porzellanfiltertiegel). Man wäscht einige Male mit heißem Wasser und trocknet bei 110°.

Das Filtrat von der Calciumfällung versetzt man mit 15 cm³ 15proz. Diammoniumphosphatlösung, erwärmt auf etwa 70° und macht schwach ammoniakalisch. Dann läßt man die Lösung aufkochen und gibt ¹/₅ des Volumens an konz. Ammoniak zu. Da die kleinen Mengen Magnesium nur langsam ausfallen, ist es zweckmäßig, öfters mit dem Glasstab umzurühren. Man läßt über Nacht absitzen und filtriert durch ein gehärtetes Filter. Der Niederschlag wird mit 3proz. kaltem Ammoniakwasser ausgewaschen, im gewogenen Porzellantiegel getrocknet, verascht und bei 1200° geglüht. Man wägt als $Mg_2P_2O_7$ aus.

Nickel.

Man verfährt zunächst, wie im Abschnitt „Calcium und Magnesium" angegeben. Sollen Calcium und Magnesium *nicht* bestimmt werden, so kann die

Fällung der Hydroxyde mit Ammoniak und Bromwasser wegfallen. In diesem Falle wird die kieselsäurefreie, salzsaure Lösung, etwa 200 cm³, sofort mit 10 cm³ einer 50proz. Weinsäurelösung und 15 cm³ einer 1proz. alkoholischen Lösung von Diacetyldioxim versetzt, zum Sieden erhitzt, worauf man tropfenweise Ammoniak hinzugibt, bis die Lösung gerade ammoniakalisch ist. Hat man aufgekocht und 2 bis 3 Stunden absitzen gelassen, so wird durch einen Glassintertiegel 1 G 4 oder durch einen mit Asbest präparierten Goochtiegel filtriert, einige Male mit *warmem* Wasser gewaschen und bei 110 bis 120° getrocknet. Man wägt als $NiC_8H_{14}N_4O_4$. Der Umrechnungsfaktor ist $f = 0{,}2032$.

Sollen Calcium und Magnesium mitbestimmt werden, so säuert man nach dem Abfiltrieren des Magnesiumammoniumphosphates das Filtrat mit Salzsäure an, setzt — wie angegeben — etwas Weinsäure hinzu und führt die Fällung in der beschriebenen Weise aus. Man kann auch die Nickelfällung vor der Magnesiumfällung ausführen, ohne daß ein Unterschied in den Ergebnissen für Magnesium und Nickel zu erwarten ist.

Natrium.

20 g Späne werden in 200 cm³ konz. Salzsäure gelöst. In die stark gekühlte Lösung leitet man zur Abscheidung des Aluminiumchlorids Salzsäuregas, anfangs in raschem Strom, später etwas langsamer ein.

Das Salzsäuregas erhält man auf folgende Weise: Man füllt eine 5 l-Flasche etwa zur Hälfte mit konz. Salzsäure und verschließt den Flaschenhals mit einem doppelt durchbohrten Gummistopfen. Durch die eine Bohrung führt man das Rohr eines 500 cm³ fassenden Tropftrichters, durch die andere ein rechtwinkelig gebogenes Glasrohr. Letzteres ist durch einen Gummischlauch mit dem am Austrittsende erweiterten Einleitungsrohr verbunden. Die Erweiterung dieses Rohres darf nicht ganz in die Analysenlösung eintauchen, damit es sich nicht mit auskrystallisierendem Aluminiumchlorid zusetzen kann. Den Trichter füllt man mit konz. Schwefelsäure und läßt diese in die Salzsäure eintropfen. Die Geschwindigkeit der Gasentwicklung hängt von der Tropfgeschwindigkeit der Schwefelsäure und von der Temperatur ab.

Während des Einleitens wird in der Analysenlösung eine beträchtliche Menge Wärme entwickelt, es muß daher *stark* mit Wasser gekühlt werden, besser ist noch eine Kühlung mit Alkohol und Trockeneis.

Zum Abfiltrieren des Aluminiumchlorids legt man ein feinlöcheriges Siebplättchen in einen Trichter, setzt ihn auf eine Saugflasche und verbindet diese mit der Wasserstrahlpumpe. Dann rührt man das Aluminiumchlorid in der Analysenlösung auf und gießt es in den Trichter. Auf dem Siebplättchen bildet sich ein Polster aus Aluminiumchlorid, durch welches die Mutterlauge klar hindurchläuft.

Den ersten, unter Umständen trüben Durchlauf filtriert man nochmals. Das Aluminiumchlorid wird mit *eisgekühlter*, konz. Salzsäure, welche durch Einleiten von Salzsäuregas noch besonders gesättigt wurde, gewaschen, bis die Krystalle farblos sind. Das möglichst trocken gesaugte Aluminiumchlorid löst man mit heißem Wasser und scheidet es noch einmal mit Salzsäuregas ab, wobei man in der schon beschriebenen Weise verfährt. Hat man das zweite Filtrat mit dem ersten vereinigt, so engt man ein, bis Aluminiumchlorid auskrystallisiert, gibt das Ganze in ein kleines Bechergläschen und wiederholt das Einleiten von Salzsäuregas, um möglichst die letzten Anteile Aluminiumchlorid zu entfernen. Das Ausfällen ist beendet, wenn es gelingt, die Analysenlösung auf ein Volumen von 2 cm³ einzuengen, ohne daß sich Aluminiumchlorid mitausscheidet.

Die eingeengte Endlösung wird mit 10 cm³ heißem Wasser aufgenommen und die ausgefallene Kieselsäure durch ein kleines, gehärtetes Filter abfiltriert. In das Filtrat gibt man 3 cm³ konz. Salzsäure und dampft wieder auf etwa 2 cm³ ein. Die kalte, klare Lösung wird mit 10 cm³ Zinkuranylacetatlösung versetzt, wobei sie sich infolge der Anwesenheit von Eisen von Gelb nach Rot verfärbt.

Nach kurzer Zeit entsteht ein feiner, gelber Niederschlag, dessen Bildung durch Reiben mit einem Glasstab beschleunigt werden kann. Nach etwa 1 stündigem Stehen wird durch einen gewogenen Glassintertiegel 1 G 4 abgesaugt. Man spült 2mal mit je 5 cm³ des Fällungsmittels die Reste des Niederschlages aus dem Becherglas heraus und wäscht anschließend Becherglas und Niederschlag mit etwas Alkohol, welcher mit Natriumzinkuranylacetat gesättigt ist. Eine etwa auftretende Trübung im Filtrat (Übersättigung an Salzen, durch den Alkohol ausgelöst) kann vernachlässigt werden, da es sich nicht um durchgelaufenes Natriumzinkuranylacetat handelt. Man trocknet den Sintertiegel mittels Durchsaugen von Äther, reibt ihn außen sorgfältig mit einem Lederlappen ab und wägt nach 20 min als $NaZn(UO_2)_3 \cdot (CH_3COO)_9 \cdot 6 H_2O$. $f = 0,01495$.

Die für die Bestimmung erforderlichen Lösungen bereitet man sich in folgender Weise:

a) 10 g Uranylacetat $[(UO_2)_3 \cdot (CH_3COO)_2 \cdot 2 H_2O]$ löst man in 6 g 30proz. Essigsäure und 65 g Wasser.

b) 30 g Zinkacetat löst man in 3 g 30proz. Essigsäure und 65 g Wasser.

Die Lösungen a und b gießt man zusammen und filtriert nach mehrstündigem Stehen. 10 cm³ dieser Lösung fällen etwa 8 mg Natrium.

Kohlenstoff.

Zu seiner Bestimmung wird bisher nur die nasse Verbrennung mit Chromschwefelsäure verwendet. Hinsichtlich der dabei auftretenden Fehlermöglichkeiten und ihrer Beseitigung sei vor allem auf die Dissertation von F. Oschwald[26] hingewiesen.

Die Apparatur zur Bestimmung des Kohlenstoffes besteht aus einem Corleis-Kolben, auf dessen eingeschliffenem Kühler noch ein Kugelkühler sitzt. Vom Kugelkühler wird das entweichende Gas in 2 mit eingestellter Barytlauge gefüllte Volhardsche Enten geleitet. Der durch die Apparatur zu leitende Luftstrom muß sorgfältig von Kohlensäure befreit sein. Zu diesem Zweck durchströmt die Luft einen Turm, welcher unten mit Kalilauge $(1 + 1)$ und oben mit Natronkalk beschickt wird, und außerdem noch eine Spiralgaswaschflasche mit Barytlauge. Die Volhardschen Enten mit eingestellter Barytlauge schützt man durch Anschalten einer Spiralgaswaschflasche mit Kalilauge vor dem Eintritt von Kohlensäure. Das Ganze wird an eine Wasserstrahlpumpe angeschlossen.

Man gibt in den Corleis-Kolben von möglichst 1,5 l Fassungsvermögen 50 cm³ einer kalten, gesättigten Chromsäurelösung, 150 cm³ einer Kupfersulfatlösung, welche 100 g $CuSO_4 \cdot 5 H_2O$ im Liter enthält, und 200 cm³ konz. Schwefelsäure.

Nun wird ein nicht zu langsamer Luftstrom hindurchgesaugt, die Flüssigkeit im Corleis-Kolben zum Sieden gebracht und 1 Stunde zum Zerstören etwa vorhandener organischer Bestandteile gekocht. Man läßt die Flüssigkeit im Corleis-Kolben auf ungefähr 50° abkühlen und schaltet nun die mit 15 cm³ $n/_{10}$-Bariumhydroxydlösung und 35 cm³ ausgekochtem Wasser gefüllten Volhardschen Enten ein. Nach Entfernen des Kugelkühlers gibt man 3 g gut gesäuberte und entfettete Bohrspäne in den Kolben und setzt den Kühler wieder auf. Dann verlangsamt man den Gasstrom und steigert die Temperatur, bis ein langsames, gleichmäßiges Sieden einsetzt. Es ist darauf zu achten, daß sich das Gaseintrittsrohr des Corleis-Kolbens nicht durch auskrystallisierende Chromsäure verstopft; durch öfteres Schütteln des Kolbens kann dies vermieden werden. Nach 1 stündigem Erhitzen ist der Lösungsvorgang beendet.

Die in den Volhardschen Enten enthaltene Bariumhydroxydlösung wird mit Phenolphthalein versetzt und mit $n/_{10}$-Salzsäure auf farblos titriert. Es ist unbedingt erforderlich, einen Blindversuch auszuführen.

---

[26] Beiträge zur Bestimmung des Kohlenstoffes in Aluminium. Eidgen. Techn. Hochschule Zürich 1923.

Ein Teil des Bariumhydroxydes kann durch kleine Mengen mit dem Luftstrom übergehender Schwefelsäure gebunden worden sein. Man gibt deshalb nach der Titration einen geringen Überschuß an eingestellter Salzsäure hinzu und bestimmt unter Verwendung von Methylorange als Indicator die Menge des vorhandenen Bariumcarbonates, indem man nun den Überschuß an Salzsäure mit $n/_{10}$-Natronlauge zurücktitriert.

Schwefel.

Der sich beim Lösen von Aluminium in Salzsäure bildende Schwefelwasserstoff wird in einer Cadmiumacetatlösung aufgefangen und das Cadmiumsulfid durch Zersetzen mit Jodlösung und Titration der verbrauchten Jodmenge bestimmt.

Zur Ausführung der Analyse benötigt man einen Kohlensäureentwickler und einen etwa 1 l fassenden Erlenmeyerkolben, dessen Hals mit einem dreifach durchbohrten Stopfen verschlossen ist. Durch die eine Bohrung führt man einen Tropftrichter zur Zugabe der Salzsäure, durch die zweite ein Glasrohr, bis auf den Kolbenboden reichend, zum Einleiten von Kohlensäure und durch die dritte Bohrung ein Ableitungsrohr. Dieses letztere wird an einen Erlenmeyerkolben, welcher mit einer 2proz. Natriumacetatlösung beschickt ist, angeschlossen. Dieser Kolben ist mit 2 kleinen Erlenmeyerkolben verbunden, welche Cadmiumlösung enthalten. Da die Gummischläuche, welche man zur Verbindung der Glasrohre verwendet, Schwefel enthalten, müssen die Glasrohre fest gegeneinander geschoben werden. Durch Überziehen eines etwas weiteren Glasrohres über die Berührungsstelle verhütet man die Abgabe von Schwefel aus dem Gummi. Verwendet man zum Abschluß für den Zusatzkolben keinen Glasschliff, sondern einen Korkstopfen, so dichtet man diesen mit einer Mischung von Talkum und Wasserglas, welche sehr rasch erhärtet.

Man gibt in den Zersetzungskolben 20 g Späne, überschichtet sie mit Wasser und verschließt den Kolben. In die Erlenmeyerkolben, in welchen der entwickelte Schwefelwasserstoff aufgefangen werden soll, füllt man je 40 cm³ Cadmium-Zinkacetatlösung. Diese Lösung wird in der Weise hergestellt, daß man 20 g Zinkacetat, 5 g Cadmiumacetat und 250 cm³ Eisessig in Wasser löst und in einem 1 l-Kolben zur Marke auffüllt. Nun leitet man einen langsamen Strom von Kohlensäure durch die Apparatur und läßt langsam zunächst konzentrierte, später verdünnte Salzsäure zutropfen. Der Gasstrom wird durch die Natriumacetatlösung von mitgerissener Säure befreit. Sind die Späne gelöst, so erhitzt man den Inhalt des Zersetzungskolbens zum Sieden und im Anschluß daran den Kolben mit der Waschflüssigkeit, um den gelösten Schwefelwasserstoff auszutreiben.

Den Cadmiumsulfidniederschlag filtriert man auf ein kleines Filter ab und wäscht mit stark verdünntem Ammoniak aus. An der Wandung des Einleitungsrohres haftet meist etwas gelbes Sulfid. Dieses wird mit einem kleinen Stückchen Filtrierpapier entfernt und in das Filter gegeben. Das Filter selbst bringt man in ein kleines Becherglas, fügt 10 cm³ $n/_{50}$-Jodlösung und 10 cm³ 2 n-Salzsäure hinzu, schüttelt einige Minuten und titriert nach Zugabe von einigen Tropfen Stärkelösung mit $n/_{50}$-Thiosulfatlösung auf farblos. 1 cm³ $n/_{50}$-Jodlösung entspricht 0,321 mg Schwefel.

Phosphor[27].

Beim Zersetzen von Aluminium mit Salzsäure bildet sich aus dem in Form von Phosphiden vorliegenden Phosphor Phosphorwasserstoff. Dieser wird durch Verbrennen oxydiert und die dabei gebildete Phosphorsäure in üblicher Weise mit Molybdänlösung gefällt.

---

[27] Steinhäuser, K.: Z. anal. Chem. Bd. 81 (1930) S. 433; Bd. 91 (1933) S. 165.

Zur Oxydation des Phosphorwasserstoffes zu Phosphorsäure verwendet man die in der Abb. 3 gezeigte Apparatur. Da viele Sorten von Hahnfett Phosphate enthalten, darf man die Schliffe der Apparatur zum Dichten nur in der oberen Hälfte sehr schwach fetten. Der Wasserstoff, welcher durch die Apparatur hindurchgeleitet wird, durchströmt zuvor eine Gaswaschflasche mit verdünnter Natronlauge (Blasenzähler und Wasserstoffreiniger).

An der mit F bezeichneten Stelle brennt das Gemisch von Wasserstoff und Phosphorwasserstoff, und die entstandenen Dämpfe strömen durch das Einsaugrohr in die Absorptionsflasche. Das nach oben gebogene Glasrohr mit der Wasserstoffflamme erhält an der tiefsten Stelle einen Wassersack mit Hahn.

Die Zersetzung der Späne geht infolge des Hineintropfens von Salzsäure in das Zersetzungsgefäß häufig etwas stoßweise vor sich. Dies führt unter Umständen zu einem Verlöschen der Wasserstoffflamme. Aus diesem Grunde läßt man in unmittelbarer Nähe der Austrittsöffnung ein kleines Gasflämmchen mitbrennen, an dem sich der entweichende Wasserstoff immer wieder entzünden kann. Die Wasserstrahlpumpe stellt man so ein, daß die Flamme immer innerhalb des Einsaugrohres brennt.

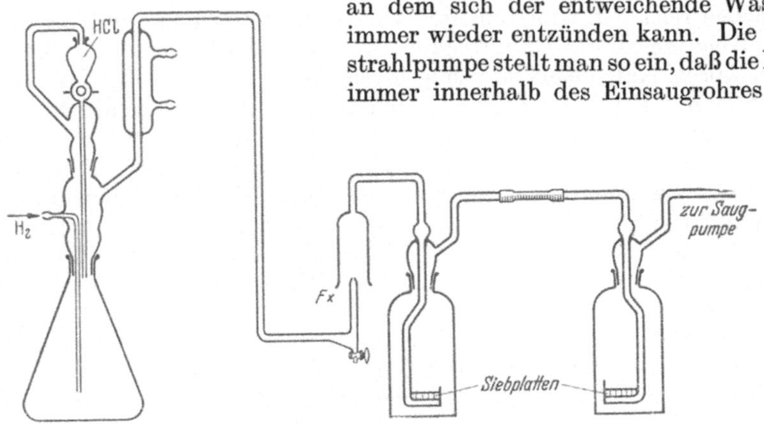

Abb. 3. Apparatur zur Phosphorbestimmung.

Zur Bestimmung des Phosphors gibt man 30 g Späne in den Zersetzungskolben, bedeckt mit Wasser und verdrängt die Luft durch Einleiten von Wasserstoff. (Probe mit Seifenwasser auf Knallgas.) Erst wenn der Kolben frei von Knallgas ist, wird auf 70 bis 80° erwärmt und der ausströmende Wasserstoff entzündet. In unmittelbarer Nähe der Ausströmöffnung läßt man, wie bereits gesagt, ein kleines Gasflämmchen mitbrennen. Zur Absorption der Gase werden die beiden Waschflaschen mit je 2 cm³ Natronlauge (1 + 3) und etwa 200 cm³ Wasser gefüllt. Nach dem Entzünden der Wasserstoffflamme wird die Ansauggeschwindigkeit mit Hilfe der Wasserstrahlpumpe, wie oben beschrieben, eingestellt.

Nun läßt man zur Zersetzung der Späne Salzsäure (1 + 1) so langsam zutropfen, daß das Flämmchen eine Höhe von 2 bis 3 cm hat, und leitet nach beendeter Zersetzung noch ¹/₂ Stunde Wasserstoff durch die Apparatur, wobei die Lösung selbst schwach kochen soll.

Die phosphorsäurehaltige Absorptionslösung wird in ein Becherglas mit 4 cm³ Schwefelsäure (1 + 1) gegeben und eingeengt. Der Vorstoß (Ansaugrohr) enthält immer einen weißen Belag von SiO_2 und P_2O_5. Die Phosphorsäure läßt sich daraus nicht mit Wasser herauslösen, daher verwendet man zu diesem Zweck eine sehr verdünnte Flußsäure (50 cm³ 3proz. Flußsäure: etwa 8 g 40proz. Flußsäure entsprechend, welche auf 50 cm³ verdünnt werden). Man spült damit den Vorstoß bis zu der Siebplatte des ersten Absorptionsgefäßes 3mal aus*. Der Angriff auf

---

* Wegen der oft bösartigen Geschwüre, welche beim Verätzen der Haut mit Flußsäure auftreten könne   rwendung von Gummihandschuhen bei dieser Arbeit zweckmäßig.

die Glasgefäße selbst ist sehr gering. In einem Blindversuch wird der Phosphor-gehalt der Flußsäure sowie der der Chemikalien ermittelt. Daher ist es nötig, die Menge der verwendeten Flußsäure durch Wägen genau festzuhalten.

Nach dem Durchspülen gibt man die saure Lösung in eine Platinschale, fügt die eingeengte Absorptionslösung aus den Waschflaschen hinzu und dampft ein. Die überschüssige Schwefelsäure wird durch *vorsichtiges* Erhitzen verjagt. Dabei darf die Temperatur nicht bis zur Rotglut gesteigert werden, weil sonst Verluste an Phosphorsäure auftreten können. Nach dem Erkalten löst man die Salze mit wenig heißem Wasser und 2 cm³ Salpetersäure $(1+1)$ und gibt sie in ein 100 cm³-Becherglächen. Zu der Lösung, deren Volumen nicht mehr als 50 cm³ betragen soll, setzt man 10 cm³ konz. Salpetersäure und 10 g Ammoniumnitrat hinzu, er-wärmt auf höchstens 65° und fällt mit 25 cm³ Ammoniummolybdatlösung. Durch Reiben mit einem Glasstab wird die Fällung beschleunigt. Nach etwa 12 Stun-den filtriert man durch ein kleines, schnell laufendes Filter, welches mit Filter-schleim beschickt wurde, und wäscht es mit einer heißen Lösung, welche 20 cm³ konz. Salpetersäure und 25 g Ammoniumnitrat auf 500 cm³ Wasser enthält, aus. Das Ammoniumphosphormolybdat löst man mit 2 bis 3 cm³ Ammoniak $(1+1)$ in einen gewogenen Porzellantiegel hinein, dampft auf dem Wasserbade zur Trockne und verflüchtigt die Ammoniumsalze durch gelindes Erhitzen über einer kleinen Gasflamme. Man kann den Phosphor als gelbes Molybdat $(NH_4)_3PO_4 \cdot 12\ MoO_3$ $(f = 0{,}01639)$ oder als blau-schwarzes Phosphormolybdat $P_2O_5 \cdot 24\ MoO_3$ $(f = 0{,}01724)$ auswägen.

Die verwendete Ammoniummolybdatlösung wird wie folgt bereitet: 150 g Ammonium-molybdat $[(NH_4)_6 \cdot Mo_7O_{24} \cdot 4\,H_2O]$ werden in 750 cm³ Wasser gelöst, worauf man filtriert. Dann setzt man weitere 250 cm³ Wasser hinzu und läßt die *kalte* Lösung langsam unter kräf-tigem Schütteln in einen runden Kolben einfließen, welcher mit 1000 cm³ Salpetersäure $(3+7)$ beschickt ist. Dabei soll keine Ausflockung von Molybdänsäure, möglichst auch nicht vorüber-gehend, auftreten. Im Laufe von 2 Tagen erhitzt man die Lösung, mit der Temperatur langsam auf 80° ansteigend, und verhindert dadurch die *spätere* Ausscheidung von Molybdänsäure. Nachdem man von der dabei ausgeschiedenen Molybdänsäure abfiltriert hat, ist die Lösung gebrauchsfertig.

Stickstoff.

Er kommt im Aluminium in Form von Aluminiumnitrid vor.

Zu seiner Bestimmung bringt man 10 g Späne in einen etwa 500 cm³ fassenden Erlenmeyerkolben, welcher mit Tropftrichter und Kühler mit Tropfenfänger ver-sehen ist, gibt etwa 100 cm³ Wasser hinzu, erwärmt und läßt langsam Natronlauge $(1+3)$ hinzufließen. Der Stickstoff wird in Form von Ammoniak übergetrieben und in einem Vorlagekölbchen, welches mit 30 cm³ $n/10$-Salzsäure beschickt ist, aufgefangen. Zur Vorsicht schaltet man ein zweites Kölbchen dahinter. Die Salzsäure wird in beiden Fällen mit Methylrot angefärbt. Nach Beendigung der Zersetzung bestimmt man den Überschuß an Salzsäure in der üblichen Weise durch Rücktitration mit $n/10$-Lauge, die auf die Säure eingestellt ist.

Aluminiumoxyd.

Die Bestimmung des Aluminiumoxyds wird zur Zeit am zweckmäßigsten durch Zersetzen des Metalles mit einem Strom von *wasserfreiem* Salzsäuregas bei 250° vorgenommen. Das Oxyd bleibt unzersetzt zurück, während das Metall als Chlorid übergeht. Bei der Ausführung der Bestimmung ist auf *vollständige Trockenheit* der Probe und der ganzen Apparatur zu achten. Um von vornherein ein möglichst wasserfreies Salzsäuregas zu erhalten, stellt man dieses durch Zersetzen von Ammoniumchlorid mit konz. Schwefelsäure her.

Die bis jetzt bekanntgewordenen Verfahren zur Bestimmung des Aluminium-oxyds geben nur *annähernde* Werte. Die Ursache ist darin zu sehen, daß einerseits von Salzsäuregas auch sehr dünne Oxydhäute angegriffen werden und daß zweitens der im Metall enthaltene Kohlenstoff eine Reduktion des Oxydes bewirkt. Es soll hier die Methode selbst nicht weiter beschrieben, sondern nur auf die wichtigsten Arbeiten von G. Jander und neuerdings von O. Werner verwiesen werden[28].

c) Aluminiumlegierungen.

Die im vorigen Abschnitt beschriebenen Methoden zur Bestimmung der Verunreinigungen im Aluminium können auch in vielen Fällen ohne weiteres auf die Bestimmung der betreffenden Legierungsbestandteile in Legierungen angewandt werden. Daher sind im folgenden die Methoden, welche schon im Abschnitt „Reinaluminium“ gebracht wurden, nicht mehr ausführlich beschrieben, sondern nur noch die etwa nötigen Änderungen angegeben worden.

Da ein großer Teil der Legierungsbestandteile beim Erstarren des Metalles zur Seigerung neigt, muß auf diese Möglichkeit, besonders bei der Probenahme, Rücksicht genommen werden. Auf die Bestimmung der Metalloide, wie C, S, P, O_2, N_2, wird hier nicht mehr eingegangen, da sich deren Bestimmung in Legierungen nicht von der in Reinaluminium unterscheidet.

Silicium.

Die Bestimmung des Siliciums führt man bei Legierungen mit wenig Magnesium und weniger als 0,7% Silicium nach der Methode von Otis Handy, s. S. 31 im Abschnitt „Reinaluminium“, aus. Bei höheren Gehalten an Silicium wendet man als sicherste Methode grundsätzlich die Bestimmung nach Regelsberger an, s. S. 32.

Die Methode nach Otis Handy wird besonders gern dann angewandt, wenn man aus dem schwefelsauren Filtrat Kupfer elektrolytisch abscheiden und anschließend noch andere Legierungsbestandteile, wie Mangan, Magnesium und Nickel bestimmen will.

Enthalten die Legierungen Kupfer, Mangan und sonstige Schwermetalle in größeren Mengen, so muß bei der Anwendung der Regelsbergerschen Methode nach dem Ansäuern mit Schwefelsäure der Metallschwamm durch Zusatz von etwa 5 cm³ Salpetersäure $(1+1)$ und 1 bis 2 cm³ Wasserstoffperoxyd in Lösung gebracht werden. Sollte sich dann nach dem Abrauchen beim Aufnehmen der Salze mit Wasser noch etwas MnO_2 in der Kieselsäure befinden, so sind noch einmal einige Kubikzentimeter Salpetersäure $(1+1)$ und etwas Wasserstoffperoxyd hinzuzusetzen.

Bei der Abscheidung der Kieselsäure sei noch auf das Verfahren von L. Weiss[29] hingewiesen, welches erlaubt, genaue Bestimmungen in sehr kurzer Zeit auszuführen. Die Zeitersparnis wird dadurch erreicht, daß ein Zusatz von Gelatine die Abscheidung der Kieselsäure und ihr Unlöslichwerden begünstigt. Man verfährt folgendermaßen:

1 g Späne werden in einer Nickelschale mit 8 g Natriumhydroxyd in Plätzchenform und 30 cm³ Wasser aufgeschlossen. Den Schaleninhalt gibt man in ein 400 cm³-Becherglas, welches schon 60 cm³ Schwefelsäure $(1+1)$ enthält. Die Nickelschale wird mittels wenig verdünnter Schwefelsäure ausgespült. Man erhitzt auf der Heizplatte so lange, bis die Kieselsäure ausflockt und man ein Volumen von etwa 50 cm³ erhält, gibt in die 60° heiße Lösung 10 cm³ einer 1proz. Gelatinelösung unter *kräftigem Umrühren hinzu, verdünnt auf 100 cm³ und läßt 20 min absitzen.* Dann wird durch ein Papierfilter filtriert und mit heißem Wasser gut ausgewaschen. Das vorgetrocknete Filter wird noch naß verascht und nach dem Glühen bei 1100° gewogen. Man raucht in üblicher Weise mit Fluß- und Schwefelsäure ab, glüht, wägt den Rückstand und berechnet aus der Differenz den Siliciumwert.

---

[28] Z. angew. Chem. Bd. 40 (1927) S. 488 und Bd. 41 (1928) S. 702. Siehe auch O. Werner: Z. anal. Chem. Bd. 121 (1941) S. 385.

[29] Weiss, L., u. H. Sieger: Z. anal. Chem. Bd. 119 (1940) S. 245; s. auch Kap. „Silicium“, S. 301.

Eisen.

Vorteilhaft wendet man die im Abschnitt „Reinaluminium", S. 32 angegebene Titration mit Titantrichlorid an. Man kann dazu jede Lösung benutzen, welche das Eisen in dreiwertiger Form enthält. Die zweckmäßigste Art der Abtrennung des Eisens bis zur Titration ergibt sich aus dem auf S. 48 folgenden Abschnitt „Trennungsgänge".

An dieser Stelle sei auch noch auf die colorimetrische Bestimmung mit Sulfosalicylsäure im Abschnitt „Reinaluminium", S. 33 hingewiesen.

Kupfer.

a) Bei Abwesenheit von Blei. Man löst 2 g der Legierung in 30 cm³ 25proz. Natronlauge, versetzt mit 50 cm³ Schwefelsäure $(1+1)$ und gibt zum Lösen des Metallschwammes (Kupfer) 2 cm³ konz. Salpetersäure hinzu. Zur Elektrolyse verdünnt man die Lösung auf etwa 200 cm³, erhitzt auf 70° und scheidet das Kupfer bei etwa 2 V und 2 A unter Rühren auf einer gewogenen Winklerschen Drahtnetzelektrode ab. Einzelheiten s. Kap. „Kupfer".

b) Bei Anwesenheit von Blei. In diesem Falle scheidet man Kupfer *und* Blei zweckmäßig in *einem* Analysengang elektrolytisch ab; nennenswerte Mengen von Mangan dürfen in der Lösung nicht vorhanden sein.

2 g der Legierung werden in einem hohen, bedeckten Becherglase mit 50 cm³ 10proz. Natronlauge übergossen, wobei man bei zu stürmischer Reaktion allmählich 50 cm³ kaltes Wasser hinzufügt. Nach Beendigung der Reaktion kocht man einige Zeit, versetzt mit 3 cm³ 3proz. Wasserstoffperoxydlösung, verdünnt auf 200 cm³, filtriert den Rückstand nach mehrstündigem Absitzenlassen ab und wäscht mit heißem Wasser gründlich aus. Der Niederschlag wird in 30 cm³ verdünnter Salpetersäure $(1+1)$ gelöst und nach dem Erhitzen in einen Elektrolysenbecher filtriert.

Nunmehr wird auf Zimmertemperatur abgekühlt, auf 100 cm³ verdünnt, 1 g Harnstoff hinzugegeben und unter Rühren elektrolysiert. Als Anode benutzt man eine Platinelektrode (Form nach Bertiaux), als Kathode eine Winklersche Drahtnetzelektrode. Zunächst elektrolysiert man 2 min mit 0,5 A und steigert im Verlauf der nächsten $^1/_4$ Stunde die Stromstärke bis auf 2 A. Nach Beendigung der Elektrolyse spült man die Elektroden, ohne den Strom zu unterbrechen, sorgfältig und wägt Anode und Kathode.

Die Anode, welche Blei als PbO_2 enthält, wird $^1/_2$ Stunde lang bei 180° getrocknet und gewogen. Das auf diese Weise gewonnene Bleiperoxyd enthält 86,6% Pb, (s. Kap. „Blei", S. 87). Vgl. neuere Untersuchungen von L. Hertelendi[30] über die Umrechnungsfaktoren für PbO_2.

Mangan.

a) Nach Hampe. Die Manganbestimmung kann entweder nach der im Abschnitt „Reinaluminium", S. 35 angegebenen Methode colorimetrisch ausgeführt werden oder nach Hampe mit Kaliumchlorat wie folgt:

Man löst 2 g der Legierung in 30 cm³ Salpetersäure $(1+1)$ und 20 cm³ Salzsäure $(1+1)$ und vertreibt nach Beendigung des Lösens die Salzsäure durch mehrmaliges Eindampfen mit konz. Salpetersäure. Nach dem Einengen bis zur öligen Konsistenz (Vol. etwa 10 cm³) versetzt man mit 10 cm³ konz. Salpetersäure, erhitzt bis zum Sieden, gibt einige Körnchen Kaliumchlorat in den Kolben und anschließend weitere 3 g, um Mangan als Dioxyd auszufällen. Unter Bewegen der Flüssigkeit läßt man noch einmal aufkochen, kühlt ab, verdünnt mit etwa 150 cm³ Wasser und filtriert unmittelbar durch einen Goochtiegel mit Asbestpolster. Es wird gründlich mit heißem Wasser ausgewaschen. Enthält die

---

[30] Z. anal. Chem. Bd. 122 (1941) S. 30.

Legierung mehr als 1% Silicium, so ist eine vorherige Abscheidung der Kieselsäure erforderlich. Man engt zu diesem Zweck bis zur Krystallbildung ein, nimmt wieder mit konz. Salpetersäure auf und erwärmt. Jetzt liegt die Kieselsäure in einer leicht filtrierbaren Form vor. Ist sie infolge der Anwesenheit von Silicium dunkel gefärbt, so ist eine gesonderte Filtration zu empfehlen. Im anderen Falle kann man sie mit dem Mangandioxyd zusammen abfiltrieren.

Der Mangandioxydniederschlag wird samt dem Filter in den Fällungskolben zurückgegeben und mit 50 cm³ $n/_{10}$-Natriumoxalatlösung sowie 25 cm³ Schwefelsäure $(1 + 5)$ versetzt. Man erwärmt unter Bewegen der Flüssigkeit auf etwa 70°, verdünnt auf 200 cm³ und titriert mit $n/_{10}$-Kaliumpermanganatlösung zurück.

b) Bestimmung mit Arsentrioxyd[31]. 0,2 bis 0,5 g Späne werden in 3 cm³ 50 proz. Natronlauge unter Zusatz von etwas Wasser in der Wärme zersetzt; ist dies erfolgt, so gibt man 30 cm³ Salpetersäure $(1 + 1)$ hinzu und kocht bis zur Lösung. In dieser wird Mangan nach Procter Smith (Silbernitrat-Peroxydisulfat-Verfahren, s. Kap. „Mangan", S. 243) bestimmt. Der Titer der Arsentrioxydlösung wird mittels einer Leitprobe (Leichtmetallegierung) eingestellt.

Magnesium (*nach H. Blumenthal*[32]).

Die Magnesiumfällung als Phosphat kann in Gegenwart von Eisen, Mangan, Titan, Kobalt, Nickel und Resten von Aluminium erfolgen; Mangan wird aber mitgefällt, später im geglühten Phosphatgemisch bestimmt und nach Umrechnung auf $Mn_2P_2O_7$ vom Gesamtgewicht abgesetzt.

Die Einwaage wählt man so groß, daß die Auswaage an Mangan- und Magnesiumpyrophosphat kleiner als 0,1 g ist, löst die Späne in dem Säuregemisch nach Otis Handy, s. S. 31, und entfernt Kupfer und Blei entweder elektrolytisch oder mit Schwefelwasserstoff. Aus der schwefelwasserstofffreien Lösung werden anschließend durch Übersättigen der Lösung mit Natronlauge $(1 + 3)$ und unter Zusatz von 2 cm³ 3 proz. Wasserstoffperoxydlösung die Hydroxyde von Mangan, Eisen, Titan, Nickel, Kobalt und Magnesium von der Hauptmenge des Aluminiums getrennt. Man filtriert, spritzt den ausgewaschenen Niederschlag vom Filter in das Becherglas zurück und löst mit verdünnter Salzsäure (7 cm³ konz. Salzsäure, 5 cm³ 3 proz. Wasserstoffperoxydlösung und etwa 50 cm³ heißes Wasser). Bei Legierungen mit größeren Zinkgehalten ist die Trennung mit Natronlauge zu wiederholen, da sonst der Niederschlag von Magnesiumammoniumphosphat auch Zinkammoniumphosphat enthält.

Zu der sauren Lösung fügt man 20 cm³ Weinsäurelösung $(1 + 1)$, 20 cm³ 10 proz. Ammoniumphosphatlösung und 20 cm³ 25 proz. Ammoniumchloridlösung, verdünnt auf etwa 150 cm³ und stumpft die Säure durch langsame Zugabe von 10 proz. Ammoniak ab. Als Indicator wird eine 0,04 proz. alkoholische Thymolblaulösung verwendet, welche von Rötlich nach Grünblau umschlägt. Die Analysenlösung soll beim Neutralisieren völlig klar bleiben. Sie wird auf 70° erwärmt und rasch in 50 cm³ 10 proz. Ammoniak gegossen, worauf man mit Wasser nachspült. Nach kurzer Zeit beginnt die Abscheidung eines krystallinen Niederschlages. Ein Ausfallen von Hydroxyden soll nicht erfolgen. Man fügt noch $1/_5$ des Volumens konz. Ammoniak hinzu und rührt von Zeit zu Zeit um; nach einigen Stunden ist das gesamte Magnesium neben wechselnden Mengen von Mangan ausgefallen. Der Niederschlag wird durch ein gehärtetes Filter filtriert, mit ammoniakhaltigem Wasser gewaschen, verascht, geglüht und als Pyrophosphat gewogen.

Den Mangangehalt des geglühten Phosphatgemisches ermittelt man in der Weise, daß man den Tiegelinhalt mit einigen Kubikzentimetern Salpetersäure $(1 + 1)$ löst und das Mangan nach der Wismutatmethode, s. S. 35, bestimmt.

---

[31] Orlik, W.: Metall u. Erz (1939) S. 407.
[32] Mitt. dtsch. Mat.-Prüf.-Anst. Bd. 22 (1933) S. 42.

Der ermittelte Mangangehalt wird in $Mn_2P_2O_7$ umgerechnet und von der Auswaage abgezogen. Aus der Differenz ist der Magnesiumgehalt zu errechnen.

Zink.

Die Bestimmung wird in der gleichen Weise ausgeführt, wie sie im Abschnitt „Reinaluminium", S. 34, beschrieben ist, wobei allerdings von einer kleineren Einwaage, gewöhnlich 2 g, ausgegangen wird. Fehlen in der Legierung Nickel und Kobalt, so kann man den Arbeitsgang wesentlich vereinfachen.

Man löst in diesem Falle 2 g Späne mit Mischsäure nach Otis Handy (s. S. 31) und filtriert von der ausgeschiedenen Kieselsäure ab. Kupfer wird, wenn es vorhanden ist, in rein schwefelsaurer Lösung durch Elektrolyse entfernt und Zink in der kupferfreien Lösung anschließend nach Zugabe von Phosphorsäure und Wasserstoffperoxyd, wie S. 34 beschrieben, mit Rhodanid gefällt.

Nickel.

a) In Abwesenheit von Kobalt. [Die Nickelbestimmung wird im Filtrat von der Magnesiumfällung nach H. Blumenthal (s. S. 44) mit Diacetyldioxim ausgeführt. Sie kann auch vor der Fällung des Magnesiums erfolgen. Eine gegenseitige Beeinflussung der beiden Fällungen tritt nicht ein. Man verfährt so, wie im Abschnitt „Reinaluminium", S. 36, beschrieben.

b) Bei Anwesenheit von Kobalt. Ist neben Nickel noch Kobalt vorhanden, so bestimmt man zunächst die Summe der beiden Elemente elektrolytisch und dann nach dem Ablösen des Niederschlages von der Platinelektrode durch Salpetersäure $(1+1)$ die vorhandene Nickelmenge mit Diacetyldioxim (s. S. 37).

Die elektrolytische Bestimmung wird in folgender Weise vorgenommen:

2 g der Legierung werden nach Otis Handy gelöst und Kupfer, Blei, Wismut, Cadmium usw. aus der auf 70° erwärmten Lösung mit Schwefelwasserstoff entfernt. Die von Schwefelwasserstoff befreite Lösung, etwa 200 cm³, wird mit Natronlauge $(1+3)$ versetzt, bis das ausfallende Aluminiumhydroxyd gerade wieder in Lösung gegangen ist, und mit 5 cm³ 3proz. Wasserstoffperoxydlösung unter Kochen oxydiert. Enthält die Legierung größere Mengen an Chrom, so findet sich immer noch ein Rest davon in den Hydroxyden. Man löst diese daher noch einmal mit verdünnter Salzsäure (7 cm³ konz. Salzsäure, 5 cm³ 3proz. Wasserstoffperoxydlösung und 50 cm³ heißes Wasser) und wiederholt die Abscheidung mit Natronlauge. Nach kurzem Absitzen wird filtriert und der Rückstand wieder in verdünnter Salzsäure (s. o.) gelöst. In dieser Lösung erfolgt die elektrolytische Abscheidung nach Kap. „Nickel" (s. S. 259).

Soll auch Magnesium bestimmt werden, so führt man die Fällung nach Blumenthal aus (s. S. 44).

Dann wird das ammoniakalische Filtrat von der Magnesiumfällung bei einer Stromstärke von 4 bis 5 A unter Rühren elektrolysiert. Als Kathode dient eine gewogene Drahtnetzelektrode, als Anode eine Platinspirale. Der Niederschlag scheidet sich an der Kathode hellgrau und fest haftend ab. Die Abscheidung ist nach $^1/_2$ bis $^3/_4$ Stunde beendet. Eine weitere Fortsetzung der Elektrolyse ist nicht zu empfehlen, da sich dann, wenn alles Nickel abgeschieden ist, von der Anode Platin löst und dieses auf der Kathode wieder abgeschieden wird. Man entfernt den Elektrolysierbecher, ohne den Strom zu unterbrechen, spült die Elektroden mit heißem Wasser sorgfältig ab, taucht die Kathode in Alkohol und trocknet bei 105°. Die Gewichtszunahme ergibt das Gewicht an Kobalt und Nickel. Man löst den Niederschlag mit Salpetersäure $(1+1)$ von der Kathode ab und fällt Nickel wie üblich mit Diacetyldioxim.

Titan.

Zur Titanbestimmung zersetzt man entweder, wenn die Legierung wenig Silicium enthält, 2 g Späne mit Natronlauge, wie im Abschnitt „Reinaluminium",

S. 33, angegeben, oder man löst besonders bei hohen Siliciumgehalten mit dem Säuregemisch nach Otis Handy. Im letztgenannten Fall wird von der abgeschiedenen Kieselsäure abfiltriert, diese mit Fluß-, Salpeter- und Schwefelsäure abgeraucht, der verbliebene Rückstand mit wenig Kaliumhydrogensulfat aufgeschlossen und die wässerige Lösung der Schmelze zur Hauptmenge hinzugegeben. Enthält die Legierung Kupfer oder sonstige Schwermetalle, so werden diese zunächst durch Einleiten von Schwefelwasserstoff in die auf 70° erwärmte Lösung als Sulfide gefällt und abfiltriert. Im übrigen führt man die Bestimmung, wie im Abschnitt „Reinaluminium", S. 34, angegeben, aus.

Calcium.

Die Calciumbestimmung kann in der im Abschnitt „Reinaluminium", S. 35, angegebenen Weise ausgeführt werden. Es tritt nur insofern eine Änderung ein, als man zweckmäßigerweise nach dem Abscheiden der Kieselsäure noch eine Fällung der Schwermetalle mit Schwefelwasserstoff vornimmt.

Zinn.

Die Bestimmung wird, wenn größere Mengen Zinn vorliegen, maßanalytisch ausgeführt; sind kleine Mengen vorhanden, so verfährt man nach der im Abschnitt „Reinaluminium", S. 35, angegebenen Methode. Die maßanalytische Bestimmung beruht auf der Oxydation von Zinn(II)-chlorid zu Zinn(IV)-chlorid. Bei kupferarmen (weniger als 0,5% Kupfer) oder kupferfreien Legierungen kann die Titration nach der Zementierung von Kupfer, Arsen und Antimon mittels Eisenpulver und der anschließenden Reduktion mit Aluminiumspänen unmittelbar ausgeführt werden. Zu beachten ist dabei, daß der Metallschwamm bei kupferhaltigem Material, wenn kein Antimon vorhanden ist, meist auch etwas Zinn enthält. Man gibt daher vor der Zementation etwas Antimonlösung hinzu, s. Kap. „Zinn", S. 468. Bei Anwesenheit größerer Mengen Kupfer ist vorher eine Abtrennung mit Schwefelwasserstoff und ein Auszug mit Natriumsulfid erforderlich.

α) **Zinn in kupferarmen Legierungen.** Man löst 3 g Späne in 60 cm³ Salzsäure (1 + 1) und setzt gegen Ende der Reaktion $^1/_2$ g Kaliumchlorat hinzu, um Zinnverluste durch Bildung von H_2SnCl_6 zu vermeiden. Infolge des Chloratzusatzes geht der vorhandene Metallschwamm in Lösung. Man dampft zur Vertreibung des Chlors bis zur Krystallbildung ein, nimmt den Krystallbrei mit etwa 50 cm³ Wasser und 2 cm³ konz. Salzsäure auf und reduziert die Lösung mit 1 g Ferrum reductum, s. Kap. „Zinn", S. 468.

β) **Zinn in kupferreichen Legierungen.** Man löst 3 g Späne, wie angegeben, dampft bis zur Krystallbildung ein, verdünnt auf etwa 400 cm³ und leitet in die auf 70° erwärmte Lösung $^1/_2$ Stunde Schwefelwasserstoff ein. Danach filtriert man durch eine mit Asbest präparierte Nutsche und wäscht den Rückstand 3- bis 4mal mit Schwefelwasserstoff enthaltendem Wasser aus. Nach dem Entfernen des Filtrats saugt man durch die Nutsche langsam 50 cm³ einer 1 proz. farblosen, *heißen* Natriumsulfidlösung. Die Sulfosalzlösung spült man in ein Becherglas, säuert sie mit etwa 15 cm³ konz. Salzsäure an und löst das ausgefällte Zinnsulfid durch Erhitzen. Nach dem Verjagen des Schwefelwasserstoffes wird mit Eisenpulver reduziert und anschließend titriert, s. Kap. „Zinn", S. 469.

Chrom[33].

Chrom wird in salpetersaurer Lösung mit Natriumwismutat zu Chromat oxydiert und mit Eisen(II)-sulfat und Kaliumpermanganat titriert.

Man löst 2 g Späne in 50 cm³ Salzsäure (1 + 1), fügt bei Anwesenheit von

---

[33] B. J. A.: Chem. Analysenmethoden (Schiedsanalysen) f. Aluminium und Aluminiumlegierungen. Deutsche Ausgabe: Bearbeitet von P. Urech. Verlag Aluminium-Zentrale (1937) S. 61 ff.

Kupfer etwas Salpetersäure hinzu und übersättigt nach Beendigung des Lösens die auf 200 cm³ verdünnte Lösung mit Natronlauge (1 + 3). Um Kupfer, Kobalt und Nickel in Lösung zu halten, setzt man 30 cm³ einer 20proz. Kaliumcyanidlösung hinzu und fällt die übrigen fällbaren Elemente mit 15 cm³ einer 10proz. Natriumsulfidlösung. Man kocht auf, läßt absitzen und filtriert. Der Niederschlag wird in das Becherglas zurückgespült und mit verdünnter Salzsäure (10 cm³ konz. Salzsäure, 3 cm³ Wasserstoffperoxyd, 75 cm³ heißes Wasser) gelöst. Dann versetzt man die Lösung mit 5 cm³ Schwefelsäure (1 + 1), dampft bis zum Rauchen ab, nimmt wieder mit 80 cm³ Wasser auf und fügt 30 cm³ Salpetersäure (1 + 1) und 3 g Natriumwismutat hinzu. Durch $\frac{1}{2}$ stündiges Kochen wird Mangan als MnO_2 abgeschieden, ein Vorgang, der durch Zusatz einiger Körnchen Mangansulfat beschleunigt wird. Man filtriert nach dem Einengen auf 20 cm³ durch einen Goochtiegel mit Asbestpolster und wäscht mit kalter, etwa $n/_{10}$-Salpetersäure aus. Das Filtrat verdünnt man auf etwa 150 cm³, gibt einen Überschuß an $n/_{50}$-Eisen(II)-ammoniumsulfatlösung hinzu und titriert mit $n/_{50}$-Kaliumpermanganatlösung bis zur schwachen Rotfärbung. Ein Blindversuch wird mit der gleichen Menge Eisen(II)-ammoniumsulfatlösung versetzt und mit Kaliumpermanganatlösung titriert. Die Differenz dieser beiden Bestimmungen ergibt die für die Chrombestimmung verbrauchten Kubikzentimeter an $n/_{50}$-Kaliumpermanganatlösung. 1 cm³ entspricht 0,0003467 g Cr.

Antimon.

Man löst 2 g der Legierung in 50 cm³ Salzsäure (1 + 1), welche mit Brom gesättigt ist, dampft auf dem Wasserbad bis zur Krystallbildung ab, nimmt mit Wasser auf und gibt die Lösung in einen 200 cm³-Meßkolben. Nach dem Auffüllen zur Marke wird durch ein dichtes, trockenes Faltenfilter abfiltriert. Aus 50 cm³ des Filtrats fällt man mit Schwefelwasserstoff, trennt und bestimmt Antimon nach den Angaben im Kap. „Antimon", S. 53.

Cadmium.

Man löst 3 g Späne mit Mischsäure nach Otis Handy und gibt nach dem Abfiltrieren der Kieselsäure zum Filtrat so lange Natronlauge (1 + 3) hinzu, bis das ausgefallene Aluminiumhydroxyd gerade wieder in Lösung gegangen ist. Dann wird auf etwa 400 cm³ verdünnt, mit 10 g Kaliumcyanid versetzt, um Kupfer in Lösung zu halten, und darauf mit 20 cm³ einer 10proz. Natriumsulfidlösung. Nach dem Aufkochen läßt man absitzen und filtriert durch ein schnell laufendes Filter ab. Zum Auswaschen wird ein Waschwasser verwendet, welches Natriumsulfid und Natronlauge enthält. Der Niederschlag (samt dem Filter) wird in das Fällungsbecherglas zurückgegeben und unter kurzem Erwärmen mit 20 cm³ Schwefelsäure (1 + 1) gelöst. Hat man die Lösung auf etwa 50 cm³ verdünnt, filtriert und gegebenenfalls Reste von Schwefelwasserstoff verkocht, so stumpft man mit Natronlauge ab, bis eben Cadmiumhydroxyd auszufallen beginnt, versetzt mit 6 g Kaliumhydrogensulfat (krystallisiert), verdünnt auf 200 bis 300 cm³ und kühlt auf Zimmertemperatur ab. Nun wird mit 3,8 V unter kräftigem Rühren 40 min lang elektrolysiert. Nach Beendigung der Elektrolyse spült man, ohne den Strom zu unterbrechen, mit Wasser ab, taucht die Elektrode in Aceton, trocknet bei 105° und wägt.

d) Vorlegierungen.

Bei diesen Legierungen ist ganz besonders auf eine einwandfreie Probenahme zu achten, da in ihnen meistens starke Seigerungen auftreten; dies gilt vor allem für Kupferaluminium-Vorlegierungen und unter Umständen auch für Magnesium-, Mangan- und Nickel-Vorlegierungen, allerdings bei den drei letzten in geringerem Umfang als bei den vorher erwähnten. Am einwandfreiesten zeigen sich Silicium-Vorlegierungen, wenn ihre Gehalte in der Nähe des Eutektikums (13% Si) liegen.

Um die infolge dieser Seigerungserscheinungen leicht auftretenden Unstimmigkeiten möglichst auszuschalten, wählt man für die Untersuchung zweckmäßig größere Einwaagen und füllt ihre Lösungen auf ein größeres Volumen auf.

Da die Bestimmungsmethoden für die Hauptbestandteile der Vorlegierungen die gleichen sind wie die im Abschnitt 4c, S. 42ff, und nur den erhöhten Gehalten entsprechend geringere Lösungsanteile für die Analyse entnommen zu werden brauchen, wird hier auf den betreffenden Abschnitt verwiesen. Nur für die hauptsächlich im Handel anzutreffende *Aluminium-Mangan-Vorlegierung* (meist mit 10% Mn) soll ein kurzer Hinweis für die Manganbestimmung gegeben werden:

Man löst die fein zerspante Vorlegierung in Salzsäure — zuletzt unter Zusatz von etwas Kaliumchlorat — bringt die Lösung in einen 1000 cm³-Meßkolben, füllt auf und entnimmt zur Ausführung der Manganbestimmung einen derart bemessenen Anteil, daß bei der folgenden Titration etwa der Inhalt einer Bürette an $n/_{10}$-Kaliumpermanganatlösung ausreicht. Dann wird die zum Sieden erhitzte salzsaure Lösung mit Zinkoxydmilch neutralisiert, bis eine schwache Verfärbung nach Gelbbraun infolge Abscheidung von Eisen(III)-hydroxyd entsteht, mit einem geringen Überschuß an Zinkoxyd versetzt und sofort mit $n/_{10}$-Kaliumpermanganatlösung titriert. Die Titration ist beendet, sobald die Lösung nach dem Absitzen des Manganperoxydniederschlages eine schwach rote Färbung zeigt.

Die in den Vorlegierungen vorhandenen Verunreinigungen werden im allgemeinen *nicht* bestimmt, da man derartige hochprozentige Legierungen den Ofenchargen meist nur in so geringen Mengen zusetzt, daß die Verunreinigungen keinen wesentlichen Einfluß auf die Zusammensetzung der Endlegierung ausüben. Will man sie in Ausnahmefällen doch bestimmen, so lassen sich die in den Abschnitten 4b und 4c angegebenen Methoden nach sinngemäßer Abänderung dafür verwenden.

e) Trennungsgänge.

Da es bei der Vielfalt der Aluminiumlegierungen und ihrer Legierungsbestandteile kaum möglich ist, einen allgemein anwendbaren Trennungsgang anzugeben, und es auch vorteilhafter ist, im Analysengang Einzelanalysen mit der Trennung mehrerer Elemente in einem Gang zu kombinieren, seien in diesem Abschnitt drei Trennungsgänge dieser Art als Beispiele gebracht.

Folgende Legierungen werden behandelt:

1. Ein *Duralumintyp* (Fe, Si, Cu, Mn, Mg).
2. Ein *Silumintyp* (Si, Fe, Cu, Mn, Mg, Ti, Ni, Co).
3. Eine *Vielstofflegierung* (Fe, Si, Cu, Mn, Mg, Ti, Ni, Pb, Sn, Zn, Cr, Co).

1. Duralumintyp (Fe, Si, Cu, Mn, Mg).

Si. Die Siliciumbestimmung wird mit einer Einwaage von 2 g Spänen nach Regelsberger, s. S. 32, ausgeführt.

Fe. Zur Eisenbestimmung löst man 2 g der Legierung in 40 cm³ Salzsäure (1 + 1), gibt zum Lösen des Kupferschwammes etwas Salpetersäure hinzu, engt bis zur Krystallbildung ein, verdünnt auf 200 cm³, versetzt mit 15 cm³ konz. Salzsäure und leitet in die auf 70° erwärmte Lösung Schwefelwasserstoff ein. Nach dem Absitzen wird filtriert, das Filtrat mit 30 cm³ Schwefelsäure (1 + 1) versetzt und abgeraucht. Man nimmt mit etwa 200 cm³ heißem Wasser auf, gibt 10 cm³ Schwefelsäure (1 + 1) hinzu, oxydiert und titriert mit Titantrichlorid nach S. 32.

Cu. Die Kupferbestimmung wird bei einer Einwaage von 2 g Spänen elektrolytisch nach S. 43 ausgeführt.

Mg, Mn. Zur Bestimmung von Mangan und Magnesium löst man 2 g Späne in Salpetersäure und scheidet nach S. 43 Mangan mit Kaliumchlorat ab. Im Filtrat bestimmt man Magnesium nach Blumenthal, s. S. 44.

Die Mangan-Magnesium-Trennung ist auch zweckmäßig in der von W. Orlik[34] angegebenen Weise auszuführen.

Man zersetzt 5 g Späne, wie üblich, mit Natronlauge. Der verbleibende Rückstand wird auf dem Filter mit 15 cm³ heißer Salpetersäure (1 + 1) in einem Becherglas gelöst und das Filter mit heißem Wasser nachgewaschen. Nun füllt man die Lösung in einem 500 cm³-Meßkolben auf, entnimmt 200 cm³, fügt etwa 5 g Ammoniumperoxydisulfat hinzu und kocht. Mangan scheidet sich als gut filtrierbares Peroxyd ab. Man filtriert es ab und wäscht es sorgfältig mit heißem Wasser aus. Das Filtrat benützt man für die Magnesiumbestimmung, die in üblicher Weise ausgeführt wird.

2. Silumintyp (Si, Fe, Cu, Mn, Mg, Ti, Ni, Co).

Si. Die Ausführung der Siliciumbestimmung erfolgt nach Regelsberger, s. S. 32, mit 1 g Spänen.

Fe. Zur Eisenbestimmung zersetzt man 2 g der Legierung mit 40 cm³ Salzsäure (1 + 1), gibt zum Lösen des Kupferschwammes etwas Salpetersäure hinzu, engt bis zur Krystallbildung ein und verdünnt auf 200 cm³. Bei manchen Siluminlegierungen enthält der Rückstand kleine Mengen von Eisen. Es ist daher erforderlich, nunmehr das Gemisch von Silicium und Kieselsäure abzufiltrieren, zu glühen und mit Fluß-, Schwefel- und Salpetersäure abzurauchen. Den Rückstand schließt man mit etwas Kaliumhydrogensulfat auf, löst die Schmelze mit etwas heißem Wasser und gibt die Lösung zur Hauptmenge hinzu. Die vereinigten Filtrate werden mit 15 cm³ konz. Salzsäure versetzt, auf 70° erwärmt und mit Schwefelwasserstoff gesättigt. Nach dem Absitzen filtriert man ab, gibt 30 cm³ Schwefelsäure (1 + 1) hinzu, raucht ab, nimmt mit etwa 200 cm³ heißem Wasser auf, oxydiert und titriert mit Titantrichlorid nach S. 32.

Cu. Kupfer wird in 2 g Spänen elektrolytisch nach S. 43 bestimmt.

Mn. Man zersetzt 2 g Späne mit 40 cm³ Salzsäure (1 + 1), gibt zum Lösen des Kupferschwammes etwas Salpetersäure hinzu und engt bis zur Krystallbildung ein. Dann wird mit etwa 200 cm³ heißem Wasser aufgenommen, von Silicium und Kieselsäure abfiltriert, nach Zusatz von 15 cm³ Salpetersäure (1 + 1) wieder bis zur Krystallbildung eingeengt und weiter, wie auf S. 35 angegeben, verfahren

Ti, Ni, Mg. Zur Bestimmung von Titan, Nickel und Magnesium verfährt man zunächst so, wie es bei der Bestimmung des Eisens angegeben ist. Aus den vereinigten Filtraten entfernt man entweder, wie bei der Eisenbestimmung angegeben, Kupfer mit Schwefelwasserstoff oder durch Elektrolyse nach S. 43. Die von Kupfer und, wenn nötig, von Schwefelwasserstoff befreite Lösung wird mit 25 proz. Natronlauge übersättigt, mit 5 cm³ 3 proz. Wasserstoffperoxydlösung versetzt, aufgekocht und über Nacht absitzen gelassen. Den Rückstand filtriert man ab, löst ihn in verdünnter Salzsäure (7 cm³ konz. Salzsäure, 5 cm³ 3 proz. Wasserstoffperoxydlösung, 50 cm³ heißes Wasser) und fällt Titan (neben Eisen und Mangan, welche hier nicht wichtig sind) mit Brom und Ammoniak, wie es auf S. 36 bei der Bestimmung des Calciums und Magnesiums angegeben ist. Die Fällung ist nach dem Lösen des Niederschlages in verdünnter Salzsäure zu wiederholen. Im Rückstand bestimmt man nach Lösen in verdünnter Schwefelsäure (5 cm³ konz. Schwefelsäure, 5 cm³ 3 proz. Wasserstoffperoxydlösung, 50 cm³ heißes Wasser) Titan colorimetrisch nach S. 34. Im Filtrat wird die Magnesiumbestimmung nach H. Blumenthal, s. S. 44, und im Filtrat davon die Nickelbestimmung entweder elektrolytisch nach S. 45 oder mit Diacetyldioxim, S. 37, ausgeführt.

---

[34] Metall und Erz Bd. 36 (1939) S. 407.

3. Vielstofflegierung (Fe, Si, Cu, Mn, Mg, Ti, Ni, Pb, Sn, Zn, Cr, Co).

Si. Die Siliciumbestimmung wird in 2 g Spänen nach Regelsberger, s. S. 32, ausgeführt.

Fe. Zur Eisenbestimmung löst man 2 g der Legierung in 40 cm³ Salzsäure (1 + 1), gibt zum Lösen des Metallschwammes etwas Salpetersäure hinzu, engt bis zur Krystallbildung ein, verdünnt auf 200 cm³, setzt 15 cm³ konz. Salzsäure hinzu und leitet in die auf 70° erwärmte Lösung Schwefelwasserstoff ein. Nach dem Absitzen wird abfiltriert, das Filtrat mit 30 cm³ Schwefelsäure (1 + 1) versetzt und abgeraucht. Dann nimmt man mit etwa 200 cm³ heißem Wasser auf, gibt 10 cm³ Schwefelsäure (1 + 1) hinzu, oxydiert und titriert mit Titantrichlorid, s. S. 32.

Pb. Zur Bestimmung von Blei löst man 2 g der Legierung in 40 cm³ Salzsäure (1 + 1), gibt zum Lösen des Metallschwammes etwas Salpetersäure hinzu, versetzt mit Natronlauge (1 + 3) im Überschuß und fällt mit Natriumsulfidlösung, nachdem man auf etwa 500 cm³ verdünnt hat. Man erhitzt zum Sieden, läßt einige Stunden absitzen, filtriert ab und löst den Niederschlag in verdünnter Salzsäure, wobei wieder etwas 3 proz. Wasserstoffperoxydlösung zugesetzt wird. Die Lösung wird mit 50 cm³ Schwefelsäure (1 + 1) bis zum Entweichen von SO_3-Dämpfen eingedampft und Blei als Bleisulfat bestimmt, s. Kap. „Blei", S. 85.

Cu, Sn, Cr. Zur Bestimmung von Kupfer, Zinn und Chrom löst man 2 g Späne in 40 cm³ Salzsäure (1 + 1) und setzt gegen Ende der Reaktion $^1/_2$ g Kaliumchlorat hinzu, um Zinnverluste durch Entweichen von H_2SnCl_6 zu vermeiden. Ist der vorhandene Metallschwamm in Lösung gebracht, so engt man bis zur Krystallbildung ein, verdünnt auf etwa 400 cm³ und leitet in die auf 70° erwärmte Lösung Schwefelwasserstoff ein. Danach werden die Sulfide auf einer mit Asbest präparierten Nutsche abfiltriert und 3- bis 4 mal mit Schwefelwasserstoff enthaltendem Wasser ausgewaschen.

Der Rückstand wird auf der Nutsche mit heißer, farbloser Natriumsulfidlösung ausgezogen. Die Sulfosalzlösung dient zur Zinnbestimmung nach S. 46.

Die auf der Nutsche verbliebenen Sulfide löst man in Salpetersäure und bestimmt Kupfer elektrolytisch nach S. 43, wobei sich die vorhandene Menge an Blei anodisch abscheidet.

Das Filtrat von der Sulfidfällung enthält etwa vorhandenes Chrom. Man verkocht den Schwefelwasserstoff, übersättigt mit 25 proz. Natronlauge, gibt, um Kobalt und Nickel in Lösung zu halten, 30 cm³ einer 20 proz. Kaliumcyanidlösung hinzu und fällt durch Zusatz von 15 cm³ einer 10 proz. Natriumsulfidlösung. Im übrigen verfährt man weiter, wie S. 46 angegeben.

Mn. Zur Manganbestimmung werden 2 g Späne in 40 cm³ Salzsäure gelöst und zum Lösen des Kupferschwammes mit etwas Salpetersäure versetzt; die Lösung wird bis zur Krystallbildung eingeengt. Man löst in etwa 200 cm³ heißem Wasser, filtriert von Silicium und Kieselsäure ab, engt nach Zusatz von weiteren 15 cm³ Salpetersäure (1 + 1) wieder bis zur Krystallbildung ein und verfährt weiter wie auf S. 35 angegeben.

Ti, Mg, Ni, Co, Zn. Zur Bestimmung der genannten Elemente löst man zunächst 2 g Späne, wie bei der Eisenbestimmung angegeben. Man entfernt die Schwermetalle durch Einleiten von Schwefelwasserstoff in die auf 70° erwärmte Lösung und filtriert ab. Das Filtrat wird durch Kochen von Schwefelwasserstoff befreit, mit 30 cm³ Schwefelsäure (1 + 1) versetzt und abgeraucht. Man nimmt mit 200 cm³ heißem Wasser auf und übersättigt mit 25 proz. Natronlauge, gibt etwas Wasserstoffperoxydlösung hinzu, kocht auf und läßt absitzen. Die Lösung bleibt mehrere Stunden stehen; dann wird abfiltriert, der Niederschlag in verdünnter Schwefelsäure (5 cm³ konz. Schwefelsäure, 5 cm³ 3 proz. Wasserstoffperoxydlösung, 50 cm³ heißes Wasser) gelöst und die Abtrennung des Zinks in der angegebenen Weise mit Natronlauge wiederholt. In den vereinigten Filtraten bestimmt man Zink nach dem Ansäuern mit Schwefelsäure nach der auf S. 45 angegebenen Vorschrift.

Den bei der Behandlung mit Natronlauge erhaltenen Niederschlag löst man in verdünnter Salzsäure (7 cm³ konz. Salzsäure, 5 cm³ 3proz. Wasserstoffperoxydlösung, 50 cm³ Wasser) und fällt Eisen, Mangan und Titan mit Brom und Ammoniak. Die Fällung ist zur quantitativen Abtrennung des Magnesiums zu wiederholen. Den Rückstand löst man in verdünnter Schwefelsäure und bestimmt Titan colorimetrisch nach S. 34.

Im Filtrat bestimmt man Magnesium nach S. 44 und im Filtrat davon Nickel und Kobalt gemeinsam elektrolytisch nach S. 45. Zur Trennung der beiden Elemente löst man den Niederschlag von der Platinnetzelektrode ab und bestimmt Nickel nach S. 37 mit Diacetyldioxim.

f) Aluminiumkrätzen.

Aluminiumkrätzen weisen je nach ihrem Ursprung recht verschiedene Zusammensetzung auf. Ausnahmslos bestehen sie aus einem metallischen und einem oxydischen Teil. Daneben enthalten sie mehr oder weniger teilweise in Wasser lösliche Salze. Diese Salze rühren von Zusätzen her, mit welchen im Produktionsgang das geschmolzene Metall abgedeckt wird. Infolge dieses Salzgehaltes sind die Krätzen hygroskopisch, man muß also trocknen, um den Feuchtigkeitsgehalt zu bestimmen und ein trockenes Ausgangsmaterial für die Analyse zu erhalten.

Feuchtigkeit.

50 g Krätze werden im Trockenschrank bei 105° bis zur Gewichtskonstanz getrocknet. Gewichtsverlust = Feuchtigkeit.

Wasserlösliche Salze.

10 g der getrockneten Probe werden in einem 600 cm³-Becherglas mit etwa 400 cm³ Wasser so lange gekocht, bis die entweichenden Dämpfe geruchlos sind. (Infolge der Zersetzung von Carbiden, Phosphiden und Sulfiden bei der Behandlung mit Wasser entstehen Acetylen, Phosphorwasserstoff und Schwefelwasserstoff.) Man läßt absitzen, filtriert und wäscht mit heißem Wasser nach. Das Filtrat wird in einer gewogenen Platinschale eingedampft und der nach dem Eindampfen verbliebene Rückstand bei 105° getrocknet und gewogen. Gewichtszunahme der Platinschale = wasserlösliche Bestandteile.

Trennung der metallischen Bestandteile von den oxydischen.

Die weitere Analyse der Krätze gliedert sich in die Trennung des metallischen Teils vom oxydischen durch Chlorieren und die Bestimmung der in jeder der beiden Fraktionen enthaltenen Elemente. Um die Chlorierung durchführen zu können, muß das Material absolut trocken sein; es wird deshalb zuvor bei 500° im elektrisch beheizten Ofen geglüht und dann erst einer Destillation im Chlorstrom unterworfen.

Der am Filter verbliebene Rückstand von der Bestimmung der wasserlöslichen Salze wird wieder bei 105° getrocknet, vom Filter entfernt und gerieben. Dabei zeigen sich oft Metallflitterchen, die sich nicht fein zerkleinern lassen, neben staubförmiger Substanz. Es ist dann zu empfehlen, den gesamten Rückstand zu sieben, die Siebanteile getrennt zu wägen und die Einwaage zur Analyse im Verhältnis dieser Gewichte vorzunehmen. Die Einwaage von insgesamt 1 g wird in ein Quarzglasschiffchen gebracht und mit diesem bei 500° im elektrisch beheizten Ofen 1 Stunde geglüht.

Die Trennung des metallischen Anteils von dem oxydischen wird durch Chlorieren erreicht und in der im folgenden beschriebenen Apparatur vorgenommen (Abb. 4); sie besteht aus folgenden Einzelteilen:

R Ein an einem Ende rechtwinklig gebogenes und verjüngtes Quarzglasrohr, das am anderen Ende einen Schliff besitzt. Länge 670 mm, Weite 25 mm.

Z Zweiwegestück mit Schliff, lichte Rohrweite 7 mm.

S Schiffchen aus Quarzglas, 150 mm lang, 15 mm breit, 11 mm hoch.

D Diffusionsstopfen aus Quarzglas, etwa 50 mm lang, locker im Rohr sitzend.

V Vorlage, V-förmiges, gebogenes Rohr aus gewöhnlichem Geräteglas, dessen einer Schenkel auf 9 mm Durchmesser verjüngt ist.

Ausführung. Die nach obigen Angaben geglühte Probe wird samt dem Schiffchen in das Chlorierungsrohr eingeführt. Davor setzt man den Diffusionsstopfen, der verhindern soll, daß das Sublimat nach rückwärts austritt. Die Vorlage am Ende des Chlorierungsrohres wird mit 10 cm³ Isopropylalkohol gefüllt. Nachdem die Apparatur geschlossen ist, wird ein langsamer Chlorstrom hindurchgeleitet und nach einigen Minuten das Rohr über die Länge des Schiffchens mit einem geeigneten Brenner mäßig erhitzt. Man stellt den Chlorstrom so ein, daß man in der Vorlage die Gasblasen noch zählen kann. Die in der Probe enthaltenen Metalle sublimieren als Chloride und schlagen sich an den kalten Stellen des Rohres

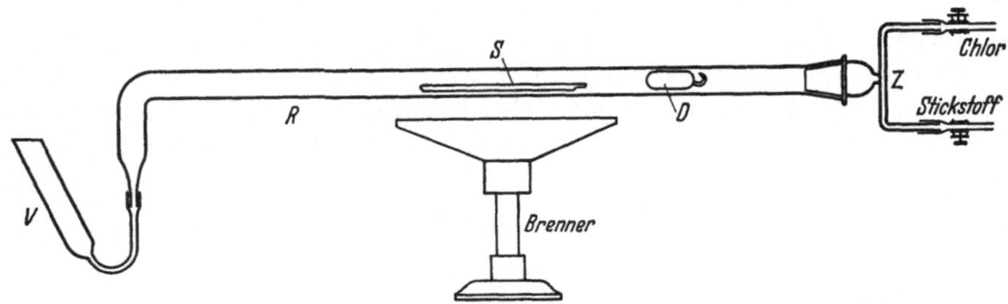

Abb. 4. Apparatur zur Chlorierung von Krätzen.

nieder, Silicium destilliert als $SiCl_4$ bis in die Vorlage und wird dort festgehalten, desgleichen auch ein Teil des Titans als $TiCl_4$. Die Chlorierung ist beendet, wenn der Isopropylalkohol stechend zu riechen beginnt. Man läßt dann noch einige Minuten Chlor hindurchstreichen und verdrängt darauf dieses durch reinen Stickstoff.

Der Inhalt der Vorlage wird in einer Platinschale vorsichtig abgedampft, der Trockenrückstand mit einigen Tropfen Schwefelsäure befeuchtet und auf einem Sandbad abgeraucht. Man nimmt dann mit heißem Wasser auf und filtriert die Kieselsäure ab. Diese wird verascht, geglüht und durch Abrauchen mit Schwefelsäure und Flußsäure auf Reinheit geprüft. Der erhaltene Wert ist auf elementares Silicium umzurechnen. Ein etwa im Tiegel verbleibender Rückstand wird mit wenig Kaliumhydrogensulfat aufgeschlossen und die Lösung der Schmelze mit der des Sublimates vereinigt. Das im kalten Teile des Rohres anhaftende Sublimat spült man mit Salzsäure (1 + 9) in eine Porzellanschale und dampft nach Zugabe von 10 cm³ Schwefelsäure (1 + 1) bis zum Rauchen ein; dann wird mit Wasser aufgenommen und filtriert. Bisweilen scheidet sich hier noch ein wenig Kieselsäure ab, die man zweckmäßig mit der aus dem Isopropylalkohol erhaltenen vereinigt. Die von Kieselsäure befreiten Filtrate füllt man auf 500 cm³ auf und bestimmt darin Eisen, Aluminium und Titan, wie im Abschnitt „Bauxit" angegeben, rechnet aber auf Fe, Al und Ti um. Die im Quarzschiffchen verbleibenden oxydischen Bestandteile werden mit Kaliumhydrogensulfat aufgeschlossen und in der gelösten Schmelze in der gleichen Weise wie oben SiO_2, Fe_2O_3, Al_2O_3, TiO_2 und vielleicht auch noch CaO bestimmt (s. auch Bauxitanalyse).

Alle erhaltenen Werte sind unter Berücksichtigung des Wasserlöslichen auf die ursprüngliche getrocknete Substanz umzurechnen.

Kapitel 2.

Antimon*.

A. Bestimmungsmethoden des Antimons.
  I. Die maßanalytischen Bestimmungsverfahren
    a) nach Low,
    b) nach Györy.
  II. Die gewichtsanalytischen Bestimmungsverfahren
    a) als Antimon(III)-sulfid,
    b) als Metall durch Elektrolyse.
B. Die Trennung des Antimons von den Begleitmetallen.
C. Die Untersuchung von Erzen und Hüttenerzeugnissen.
  I. Erze.
  II. Antimonschlacken und -rückstände.
  III. Antimonhaltige Legierungen.
  IV. Antimonmetall (Verflüchtigung des Antimons als Bromid).

A. Bestimmungsmethoden des Antimons.

I. Die maßanalytischen Bestimmungsverfahren.

a) Nach Low.

Werden antimonhaltige Metalle durch Erhitzen mit konz. Schwefelsäure zersetzt, so geht das Antimon in Antimon(III)-sulfat über. Ebenso verhalten sich Antimonsulfide. Durch längeres Sieden mit konz. Schwefelsäure werden sie vollständig zu einer klaren Lösung zersetzt. Nimmt man die Flüssigkeit dann nach dem Erkalten mit Wasser und Salzsäure auf, so kann das Antimon entweder in der Kälte mit Kaliumpermanganat oder heiß mit Kaliumbromat unter Zusatz eines Indicators (Methylorange oder Indigo) maßanalytisch ermittelt werden.

Maßflüssigkeiten. Als solche dienen entweder

$n/_{10}$-KMnO$_4$-Lösung (3,161 g KMnO$_4$ gelöst in Wasser zu 1000 cm³)

oder

$n/_{10}$-KBrO$_3$-Lösung (2,783 g KBrO$_3$ gelöst in Wasser zu 1000 cm³).

1 cm³ der Lösungen entspricht 6,088 mg Sb bzw. 7,288 mg Sb$_2$O$_3$.

Die Maßflüssigkeiten sind unter denselben Bedingungen einzustellen, unter welchen die Untersuchung der Proben vorgenommen wird, z. B.:

0,2 g gepulvertes Antimonmetall von bekanntem Reingehalt werden in einen etwa 250 cm³ fassenden Erlenmeyerkolben eingewogen und mit 10 cm³ konz. Schwefelsäure so lange zum Sieden erhitzt, bis vollständige Lösung eingetreten ist. Man läßt abkühlen, gibt 50 cm³ Wasser und etwa 15 cm³ Salzsäure (1,19) hinzu und kocht auf. Will man mit Kaliumpermanganatlösung titrieren, so setzt man weiter 100 cm³ Wasser hinzu, kühlt möglichst gut ab und läßt die Titerlösung unter stetem Umschwenken bis zur Rosafärbung hinzufließen. (Bei diesem Verfahren darf obige Salzsäurekonzentration nicht überschritten werden, da sonst

---

* Bearbeiter: **Blumenthal.** Mitarbeiter: **Ahrens, Toussaint, Wagenmann.**

ein Mehrverbrauch von Titerlösung eintritt.) Andernfalls titriert man die *heiße*
Lösung mit Kaliumbromatlösung, wobei man sich, um den Endpunkt der Oxydation erkennen zu können, einer Lösung von Methylorange oder Indigo als Indicator bedient. Der Indicator wird, sobald alles Antimon oxydiert ist, durch frei
werdendes Brom entfärbt. Da Indigolösung zur Entfärbung größere Mengen der
Bromatlösung verbraucht als Methylorange, so ergibt sich hierbei ein geringer
Mehrverbrauch an Maßflüssigkeit, der gegebenenfalls bei der Untersuchung der
Probe in Abzug gebracht werden muß, sofern nicht die Titerstellung der Bromatlösung ebenfalls mit Indigolösung als Indicator vorgenommen wurde.

b) Nach Györy.

Antimon(V)-chlorid wird in salzsaurer Lösung (s. unten) durch schweflige
Säure zu Antimon(III)-chlorid reduziert. Nach dem Verkochen des Überschusses
an schwefliger Säure wird unter Anwendung von Methylorange oder Indigo als
Indicator mit $^n/_{10}$-Kaliumbromatlösung titriert. Zur Einstellung der Maßflüssigkeit werden 0,2 g gepulvertes Antimonmetall in 30 cm³ Bromsalzsäure, die aus
Salzsäure (1,19) hergestellt ist, durch Erwärmen gelöst. Man verdünnt mit 50 cm³
Wasser, verkocht den Bromüberschuß, fügt etwa 50 cm³ Salzsäure (1,19) und
etwa 2 g kryst. Natriumsulfit hinzu und verjagt nunmehr den Überschuß an
schwefliger Säure durch Kochen. Nach dem Verdünnen mit etwa 100 cm³ Wasser
wird die heiße Lösung (bei etwa 70°) mit $^n/_{10}$-Kaliumbromatlösung bis eben zur
Entfärbung des Indicators titriert.

Da Antimon(III)-chlorid bei zu großer Konzentration in salzsaurer Lösung
abdestillieren und verlorengehen kann, so darf beim Verkochen der schwefligen
Säure das Volumen der Flüssigkeit nicht geringer als 50 cm³ werden. Beachtet
man diese Vorsichtsmaßregel, so sind beide Verfahren einander gleichwertig und
führen zu übereinstimmenden Ergebnissen.

Stark salzsaure Antimon(V)-chlorid-Lösungen werden im übrigen von schwefliger Säure nur in Gegenwart von Bromwasserstoffsäure vollständig reduziert.
Wird also nicht, wie vorgeschrieben, mit Bromsalzsäure, sondern mit Salzsäure
und Kaliumchlorat gelöst, so muß vor dem Reduzieren eine geringe Menge von
Bromwasserstoffsäure oder Kaliumbromid hinzugefügt werden.

Einfluß anderer Metalle auf die maßanalytischen Verfahren für die Antimonbestimmung.

Bei den geschilderten Verfahren für die maßanalytische Antimonbestimmung
stören und dürfen nicht zugegen sein:

Arsen.

Sowohl durch Zersetzung mit Schwefelsäure als auch beim Reduzieren der
salzsauren Lösung mit schwefliger Säure wird Arsen in die 3-wertige Form übergeführt. Es wird beim Titrieren der schwefelsauren Lösung mit Kaliumpermanganat
zum Teil ebenfalls oxydiert und würde zu hohe Antimonwerte vortäuschen. Die
mit schwefliger Säure reduzierte salzsaure Lösung dagegen verliert beim Verkochen des Reduktionsmittels, sofern genügend Salzsäure zugegen ist, das Arsen
vollständig als Arsen(III)-chlorid. Ist also Arsen zugegen, so löst man die Legierung
in Bromsalzsäure und reduziert nach Györy mit Natriumsulfit, wobei man dafür
Sorge trägt, daß genügend Salzsäure (1,19) hinzugegeben wird. Arsen wird sodann
vollständig verflüchtigt. Aus den oben angeführten Gründen ist aber zu weit-
gehendes Konzentrieren hierbei zu vermeiden.

Ebenso verfährt man mit Schwefelwasserstoffällungen. Man kann diese aber
auch mit Schwefelsäure zersetzen, die Lösung mit etwa 50 cm³ Wasser aufnehmen,
etwa 50 cm³ Salzsäure (1,19), etwas Kaliumbromid und etwa 2 g Natriumsulfit
hinzufügen und den Überschuß der schwefligen Säure verkochen, wobei aber

nur auf etwa 50 cm³ eingeengt werden darf. Nach dem Verdünnen mit Wasser kann die Lösung sodann mit Kaliumbromat titriert werden. Die titrierte Antimonlösung ist gegebenenfalls durch Destillation auf Arsengehalt zu prüfen. Die Abtrennung des Arsens kann auch in der Weise bewirkt werden, daß man in die Lösung, welche 3 Teile Salzsäure (1,19) auf 1 Teil Wasser enthalten muß, Schwefelwasserstoff einleitet. Unter diesen Bedingungen fällt nur Arsen(III)-sulfid aus. Man filtriert davon auf ein Asbestfilter ab und scheidet aus dem Filtrat durch Abstumpfen mit Ammoniak und erneutes Einleiten von Schwefelwasserstoff nunmehr das Antimon als Sulfid ab.

Kupfer.

Ist Kupfer zugegen, so ergeben sich bei beiden Verfahren zu niedrige Antimonwerte, da durch Kupfer der Luftsauerstoff katalytisch auf das Antimon(III)-chlorid übertragen und dadurch ein Teil des Antimons der Oxydation durch die Maßflüssigkeit entzogen wird. Besonders störend macht sich diese Nebenreaktion bei dem Verfahren von Györy bemerkbar, während bei der Titration in schwefelsaurer Lösung kleine Mengen Kupfer keinen merklichen Einfluß ausüben. Bei exakten Bestimmungen ist es auf jeden Fall angezeigt, das Kupfer auszuschalten. Man trennt es ab, indem man den Sulfidniederschlag mit farblosem Natriumsulfid (frei von Polysulfid) auszieht.

Eisen.

Bei dem Verfahren nach Low stört Eisen nicht, da es bei dem Zersetzen mit Schwefelsäure in die 3-wertige Form übergeführt wird. — Durch schweflige Säure wird es dagegen größtenteils reduziert, so daß das Verfahren von Györy bei Gegenwart von Eisen zu hohe Antimonwerte ergibt. Sofern also nach Györy gearbeitet wird, ist Antimon vorher durch Schwefelwasserstoff vom Eisen abzutrennen.

Halogene.

Beim Eindampfen Halogene enthaltender Flüssigkeiten mit Schwefelsäure nach Low treten Verluste an Antimon ein. Auf die Flüchtigkeit von Antimon(III)-chlorid wurde schon oben hingewiesen. Wurde die Fällung des Antimons mit Schwefelwasserstoff in salzsaurer Lösung vorgenommen, so muß der Sulfidniederschlag völlig chlorfrei ausgewaschen werden. Größere Antimonsulfidmengen löst man, da sie schwierig chlorfrei gewaschen werden können, in verd. Natriumsulfidlösung und scheidet das Sulfid aus der Sulfosalzlösung durch Ansäuern mit verd. Schwefelsäure wieder ab. Man wäscht mit kaltem Wasser aus, dem verd. Schwefelsäure, Schwefelwasserstoff und etwas Ammoniumsulfat hinzugefügt wurden.

II. Die gewichtsanalytischen Bestimmungsverfahren.

a) Als Antimon(III)-sulfid (Sb_2S_3).

Diese Bestimmung wird, da sie zu zeitraubend ist, nur noch selten angewendet, wie überhaupt das Antimon einfacher maßanalytisch als gewichtsanalytisch ermittelt werden kann. Ausführliche Beschreibung der Bestimmungsweise als Sb_2S_3 nach F. Henz, s. Treadwell, Analytische Chemie, II. Bd. (1941) S. 179, und H. Biltz, Z. anal. Chem. Bd. 66 (1925) S. 261.

b) Als Metall durch Elektrolyse.

Aus einer Natriumsulfidlösung scheidet sich das Antimon an mattierter Platinkathode (Netz oder Schale) festhaftend und metallisch glänzend unter folgenden Bedingungen ab:

Man löst den Antimonsulfidniederschlag in Natriumsulfidlösung unter Kochen auf, entfärbt die Lösung mit Natriumsulfit, filtriert und elektrolysiert wie folgt:

Badvolumen etwa 200 cm³, enthaltend mindestens 80 cm³ gesättigte reine Natriumsulfidlösung und einige Gramm Kaliumcyanid, Anfangstemperatur 70 bis 80°, Stromstärke anfangs 0,5, später 1, zuletzt 1,4 A, Dauer der Elektrolyse 1 bis 2 Stunden, Elektrodenform: mattierte Platin-Netzelektrode. Die Antimonauswaage soll 0,3 g nicht überschreiten.

Bekanntlich erhält man mit der elektrolytischen Abscheidung des Antimons aus der Sulfosalzlösung stets etwas zu hohe Werte. Es ist daher ein Abzug notwendig, dieser beträgt bei obigem Arbeitsgang und unter Anwendung einer normalen, mattierten Netzelektrode für je 10% Sb etwa 0,1%.

Bringt man die ein für allemal für eine Kathode festgestellte Mehrauswaage in Abzug, dann ist diese elektrolytische Methode den maßanalytischen gleichwertig.

Ist *Zinn* zugegen, so setzt man dem Elektrolyten 2 bis 3 g Natriumhydroxyd zu. Kleine *Arsen*mengen stören nicht, sofern sie in 5-wertiger Form vorliegen. Um das zu erreichen, werden dem heißen Elektrolyten einige Tropfen einer 3proz. Wasserstoffperoxydlösung hinzugegeben. Größere Arsenmengen sind vorher durch Abdestillieren als Arsen(III)-chlorid abzutrennen. Bei größeren Antimonauswaagen ist dennoch anzuraten, zur vollständigen Abtrennung des Zinns vom Antimon den Metallniederschlag nochmals, und zwar in heißer polysulfidhaltiger Natriumsulfidlösung, die man durch Erhitzen von Natriumsulfidlösung mit Schwefel hergestellt hat, aufzulösen und die Elektrolyse wie oben angegeben zu wiederholen.

B. Die Trennung des Antimons von den Begleitmetallen.

Eine Trennung des Antimons von den begleitenden Metallen, die einen störenden Einfluß auf das Ergebnis des gewählten Verfahrens ausüben können, wird, wie bei der Schilderung der Verfahren bereits ausgeführt, vorgenommen. Besondere Schwierigkeiten kann hierbei nur die Abscheidung kleiner Mengen Antimon von großen Mengen anderer Metalle machen, vor allem, wenn diese in saurer Lösung mit Schwefelwasserstoff ebenfalls abgeschieden werden. Dieser Fall tritt z. B. ein, wenn kleine Mengen von Antimon im Handelskupfer zu ermitteln sind. Hier sei auf die von H. Blumenthal angegebene Arbeitsweise hingewiesen, die im Kap. „Kupfer", S. 211, beschrieben ist. Nach diesem Verfahren können auch Proben von Handelsblei und Handelszink auf Antimongehalt untersucht werden.

C. Die Untersuchung von Erzen und Hüttenerzeugnissen.

I. Erze.

Antimon kommt in der Natur hauptsächlich in Form von Antimon(III)-sulfid, Sb_2S_3, als *Grauspießglanzerz* vor. Das als *Antimonblüte* bezeichnete Trioxyd (Sb_2O_3) stellt ein durch Oxydation des Trisulfides entstandenes Mineral dar. Häufig findet sich auch Antimon ebenso wie Arsen in Kupfer-, Blei- und Silbererzen, z. B. als sog. *Fahlerz.*

Feingepulverte sulfidische Erze lassen sich im allgemeinen vollständig mit Bromsalzsäure auflösen oder durch Kochen mit konz. Schwefelsäure zersetzen. Auch oxydische Erze können auf diesem Wege in Lösung gebracht werden. Ein gegebenenfalls verbleibender unlöslicher Rückstand wird abfiltriert, vorsichtig im Eisentiegel verascht und mit Natriumperoxyd aufgeschlossen. Sofern es vorzuziehen ist, ohne weiteres mit Natriumperoxyd aufzuschließen, kann folgender Arbeitsgang eingehalten werden:

Eine Einwaage von z. B. 1 g der Erzprobe wird im Eisentiegel mit Natriumperoxyd geschmolzen und die Schmelze mit heißem Wasser zersetzt. Sodann säuert man mit Salzsäure an, wobei dafür Sorge zu tragen ist, daß bald ein genügender Überschuß der Säure vorhanden ist, da sich sonst schwer lösliches basisches Antimonsalz abscheiden könnte, und erwärmt, bis vollständige Lösung eingetreten ist. Aus der heißen mit Ammoniak abgestumpften Lösung werden durch Einleiten von Schwefelwasserstoff die Metalle der Schwefelwasserstoffgruppe ausgefällt. Den Sulfidniederschlag behandelt man mit heißer farbloser Natriumsulfidlösung, filtriert vom Unlöslichen ab und wäscht mit heißem Wasser aus. Durch Ansäuern mit verd. Schwefelsäure wird nunmehr die Sulfosalzlösung zersetzt und, nachdem Schwefelwasserstoff eingeleitet worden ist, der Niederschlag abfiltriert und mit schwefelsaurem schwefelwasserstoffhaltigem Wasser gut ausgewaschen. Danach spritzt man ihn in einen 500 cm³-Erlenmeyerkolben, löst die am Filter haftenden Reste mit wenig Ammoniumsulfidlösung ab und versetzt den Kolbeninhalt mit etwa 30 cm³ Schwefelsäure $(1+1)$. Man dampft bis zum starken Rauchen der Schwefelsäure ein und läßt so lange rauchen, bis die Flüssigkeit farblos geworden ist. Nach dem Erkalten verdünnt man die Lösung mit kaltem Wasser auf etwa 50 cm³ und gibt 1 g Kaliumbromid und 2 g Natriumsulfit (Na_2SO_3) sowie 60 cm³ Salzsäure (1,19) hinzu. Nun kocht man vorsichtig, um das Arsen als Trichlorid zu verflüchtigen (Siedestab), bis auf etwa 50 cm³ ein, verdünnt sodann mit heißem Wasser auf etwa 100 cm³ und titriert die heiße Lösung mit $n/_{10}$-Kaliumbromatlösung (Methylorange als Indicator). Die Titerstellung wird unter den gleichen Bedingungen mit reinstem Antimonmetall ausgeführt.

Auf die Wichtigkeit des Kaliumbromidzusatzes bei der Reduktion von salzsauren Antimonsalzlösungen mit schwefliger Säure sei nochmals hingewiesen.

Bei *Erzen mit hohem Kieselsäuregehalt* wendet man besser an Stelle des Aufschlusses mit Natriumperoxyd einen solchen mit Soda-Schwefel an. Die Weiterbehandlung der wässerigen Schmelzlösung erfolgt wie im vorhergehenden ausgeführt.

Die Bestimmung von **Silber und Gold** in Antimonerzen s. Kap. „Edelmetalle", S. 178.

II. Antimonschlacken und Rückstände.

Sofern die Beschaffenheit des Materials kleinere Einwaagen zuläßt, ist es zweckmäßig, diese ohne weiteres mit Natriumperoxyd im Eisentiegel aufzuschließen. Liegen ungleichmäßig zusammengesetzte Metallaschen vor, so löst man zunächst mit Bromsalzsäure und schmilzt den Rückstand mit Natriumperoxyd.

III. Antimonhaltige Legierungen.

Diese werden gepulvert bzw. in Form von Bohrspänen mit konz. Schwefelsäure oder Bromsalzsäure gelöst. Da hoch antimonhaltige Legierungen, z. B. Schriftmetall, stark geseigert sein können, so ist es angezeigt, auf diese Tatsache bei der Bemessung der Einwaage Rücksicht zu nehmen. Es wird erforderlich sein, mitunter 10 g und mehr von der Probe einzuwägen. Man zersetzt die Einwaage zunächst durch Kochen mit Salzsäure (1,19) und oxydiert dann mit Brom oder Kaliumchlorat.

In allen Fällen, in denen man, von größeren Einwaagen ausgehend, zunächst eine salzsaure Antimonlösung erhalten hat, verarbeitet man nur einen gemessenen Anteil dieser Lösung. In diesen leitet man z. B. Schwefelwasserstoff ein und behandelt den Sulfidniederschlag, nachdem man ihn mit schwefelsäure- und ammoniumsulfathaltigem Schwefelwasserstoffwasser eisen- und chlorfrei ausgewaschen hat, unter Berücksichtigung der gegebenenfalls störenden Bestandteile (Kupfer, Arsen) weiter. Ist die Legierung praktisch kupferfrei (Schriftmetalle), so kann ein gemessener Anteil der Lösung auch nach Györy weiter verarbeitet werden. Wurde mit Salzsäure und Kaliumchlorat gelöst, so ist vor der Reduktion, wie oben ausgeführt, Kaliumbromid hinzuzufügen.

IV. Antimonmetall.

Auf unmittelbarem Wege bestimmt man darin den Antimongehalt, indem man 0,2 g des gepulverten Metalls in Bromsalzsäure löst und nach Györy titriert. Zu genaueren Werten führt jedoch die Differenzbestimmung durch die Feststellung der Nebenbestandteile. Man verfährt hierbei ebenso wie bei der Untersuchung von Handelszinn (s. Kap. „Zinn", S. 479), indem man eine größere Menge (5 bis 20 g) in Bromsalzsäure oder Königswasser auflöst und aus der (in Gegenwart einer ausreichenden Menge von Weinsäure) mit Ammoniak oder Ätznatron übersättigten Lösung **Kupfer, Blei, Wismut (Eisen),** durch tropfenweises Zugeben von verd. Natriumsulfidlösung ausfällt (s. Lunge-Berl, Bd. II, „Antimon"). Mit dem Niederschlag wird wie üblich verfahren.

Anstatt die Begleitelemente aus der alkalischen Tartratlösung auszufällen, kann man sie auch durch Verflüchtigung des Antimons als Bromid von diesem abtrennen. Man löst zu diesem Zweck eine Einwaage von z. B. 10 g Handelsantimon vorsichtig in einer Lösung von 10 cm³ Brom in 12 cm³ Bromwasserstoffsäure (1,49) in einer geräumigen Porzellanschale, die mit einem Uhrglas bedeckt ist. Die Lösung wird auf dem Wasserbade abgedampft, der Schaleninhalt wieder mit Brom-Bromwasserstoffsäure aufgenommen und nochmals zur Trockne gebracht. Die Schale wird schließlich etwa 1 Stunde lang bei 130° im Trockenschrank erhitzt, ihr Inhalt sodann (unter dem Abzug) mit Salpetersäure (1,2) aufgenommen, die Lösung auf dem Wasserbade eingedampft und diese Operation wiederholt. Man gewinnt auf diesem Wege die Nitrate der Begleitelemente, die man sodann voneinander trennt und bestimmt.

Arsen wird hierbei ebenso wie Zinn als Bromid verflüchtigt. Um *Arsen* zu bestimmen, löst man 5 g fein gepulvertes Metall in einer gesättigten Eisen(III)-chloridlösung, indem man das Reagens in der Kälte unter häufigem Umschütteln mehrere Stunden einwirken läßt. Aus der Lösung wird dann das Arsen nach bekannter Methode abdestilliert. Zur Trennung von etwa mit übergegangenem Antimon ist diese Operation mit dem Destillat zu wiederholen. Oder es wird nach folgendem Analysengang verfahren: Man löst 5 g Antimon durch Kochen in konz. Schwefelsäure, nimmt mit 50 cm³ Wasser auf und fügt 200 cm³ Salzsäure (1,19) hinzu. Man leitet sodann Schwefelwasserstoff ein, bringt das Arsen(III)-sulfid auf ein Asbestfilter, wäscht zunächst mit Salzsäure, dann sorgfältig mit ausgekochtem Wasser aus und dampft den Niederschlag zusammen mit dem Asbest mit Schwefelsäure ein, um sodann das Arsen durch Destillation und Titration mit Jodlösung oder bei geringen Mengen als Arsen(III)-sulfid gewichtsanalytisch zu bestimmen.

Schwefel ist ein häufiges Begleitelement des Handelsantimons. Er liegt gebunden als Sulfid vor und kann als Schwefelwasserstoff durch Kochen des fein gepulverten Metalls mit Bromwasserstoffsäure gewonnen werden. Man bedient sich dazu der bekannten, zur Schwefelbestimmung im Stahl gebräuchlichen Apparatur und fügt zu einer Einwaage von 5 g Antimon etwa 5 g schwefelfreies (aus Carbonyleisen gewonnenes) Eisenpulver hinzu, um durch den bei dessen Umsetzung mit Bromwasserstoffsäure sich bildenden Wasserstoff den Schwefelwasserstoff vollständig überzutreiben. Letzterer wird z. B. in Cadmiumacetatlösung aufgefangen und das gebildete Cadmiumsulfid wie bekannt mit Kupfersulfat umgesetzt.

Kapitel 3.

Arsen[*].

A. Bestimmungsmethoden des Arsens unter Berücksichtigung der bei der Analyse
störend wirkenden Elemente.
  I. Die Destillationsmethode und die Bestimmung des Arsens im Destillat:
    1. gewichtsanalytisch als Trisulfid,
    2. maßanalytisch.
  II. Colorimetrische Bestimmung kleinster Arsenmengen.
B. Die Untersuchung von Erzen und Hüttenerzeugnissen.
  I. Erze.
  II. Hüttenerzeugnisse.
    1. Allgemeines.
    2. Arsenmetall.
    3. Oxyde und Salze.

A. Bestimmungsmethoden des Arsens unter Berücksichtigung der bei der Analyse störend wirkenden Elemente.

I. Die Destillationsmethode und die Bestimmung des Arsens im Destillat.

Für die Arsenbestimmung werden früher gebräuchliche Verfahren, wie z. B.
das gewichtsanalytische mit der Wägung als Magnesiumpyroarsenat oder die
Fällung als Silberarsenat und Titration des in verd. Salpetersäure gelösten Silbers
mit Ammoniumrhodanid nach Volhard, kaum noch angewandt.

Das jetzt wohl gebräuchlichste Verfahren beruht auf der Abtrennung des
Arsens durch *Destillation als Trichlorid*, wobei Hydrazinsulfat als Reduktionsmittel und Kaliumbromid als Beschleuniger wirken[1]. Im Destillat erfolgt die
Arsenbestimmung entweder gewichtsanalytisch als Arsentrisulfid oder maßanalytisch durch Oxydation des As^{III} in der mittels Natriumhydrogencarbonat
alkalisch gemachten Lösung mit Jod zu As^{V}.

Die Methode hat den großen Vorteil, daß Arsen von allen Begleitmetallen,
auch von Antimon, bei Benutzung eines geeigneten Destillieraufsatzes und bestimmter Säurekonzentration getrennt werden kann.

Aufschluß und Destillation.

Je nach dem Arsengehalt werden 0,5 bis 2 g oder mehr Substanz mit Salpeter-
und Schwefelsäure zersetzt; dies geschieht am zweckmäßigsten in einem 500 cm³-
Erlenmeyerkolben, der weiterhin als Destillationskolben dienen kann. Zur Entfernung der Salpetersäure raucht man bis zum Auftreten starker SO_3-Dämpfe,
besser bis zur Trockne ab, nimmt dann mit 60 bis 80 cm³ Wasser auf, setzt etwas
Eisen(II)-sulfat hinzu[2] und kocht auf.

<hr>

* Bearbeiter: **Boy.** Mitarbeiter: **Borkenstein, Lahaye.**
[1] Jannasch, P., u. T. Seidel: Ber. dtsch. chem. Ges. Bd. 43 (1910) S. 1218 bis 1223.
[2] Fenner, G.: Chemiker-Ztg. Bd. 41 (1917) S. 793.

Materialien, die durch Säure nicht zersetzt werden, schmilzt man mit Natriumperoxyd im Eisen- oder Nickeltiegel, löst die Schmelze in Wasser und Salzsäure, verkocht das entstandene Chlor und spült in das Destillationsgefäß über.

Bei verschiedenen Metallen und Legierungen wird auch unmittelbar mit Eisen(III)-chlorid und Salzsäure zersetzt und destilliert (s. Kap. „Kupfer", S. 216).

Man schließt nun den Kolben an den Destillationsapparat an — es empfiehlt sich, vorher einige Siedesteinchen zuzusetzen — und gibt durch das Zulaufrohr 100 cm³ Salzsäure (1,19) und 15 cm³ einer Reduktionslösung, bestehend aus 100 g techn. Hydrazinsulfat und 200 g Kaliumbromid in 3000 cm³ Wasser, hinzu. Eisenreiche und stark arsenhaltige Lösungen benötigen einen entsprechend größeren Zusatz an Reduktionslösung (etwa 30 cm³).

H. Kubina und J. Plichta[3] haben gefunden, daß in mäßig sauren Lösungen bei der Destillation mit Hydrazinsulfat, besonders im Kühlrohr, ein grauschwarzer Niederschlag von metallischem Arsen nach der Gleichung: $AsH_3 + AsCl_3 = 2\,As + 3\,HCl$ entstehen kann; dies wird durch eine Erhöhung der Salzsäurekonzentration verhindert. Sind auf 200 cm³ Lösung mindestens 100 cm³ Salzsäure (1,19) vorhanden, so geht die Reduktion des 5-wertigen Arsens unmittelbar unter Bildung von Arsentrichlorid vor sich.

Hat man mit Schwefelsäure bis zum Rauchen eingedampft und will man Arsen maßanalytisch bestimmen, so darf der Zusatz der Reduktionslösung erst nach dem Verdünnen mit Wasser und Zugabe der Salzsäure erfolgen[4], da sonst durch die konzentrierte schwefelsaure Lösung Brom in Freiheit gesetzt wird. Auch darf eine freie Schwefelsäure enthaltende Lösung nicht zu weit abdestilliert werden, da sonst schweflige Säure übergehen kann.

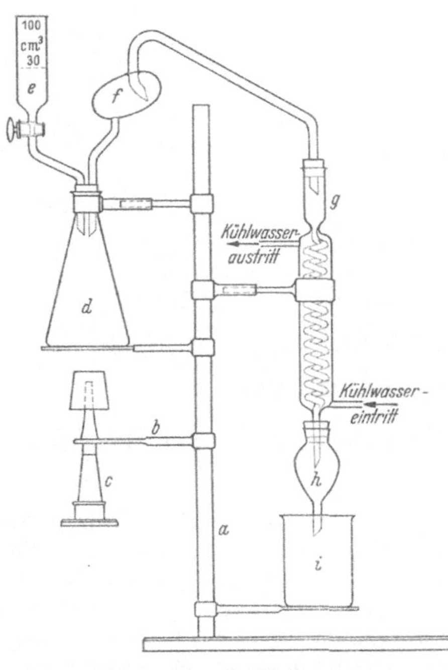

Abb. 5. Arsen-Destillationsapparat.

Man destilliert die Hälfte der Flüssigkeit ab, setzt nochmals 100 cm³ Salzsäure (1 + 1) — je nach dem Arsengehalt — und 15 cm³ Reduktionslösung hinzu und wiederholt die Destillation.

Hält man obige Bedingungen ein und benutzt den nachstehend beschriebenen Destillationsapparat, der ein Überschleudern von Lösungsteilchen verhindert, so erfaßt man das gesamte Arsen und findet im Destillat kein Antimon(III)-chlorid. Die Anwesenheit von Antimon[III]-Verbindungen würde bei der Titration mit Jod zu fehlerhaften Resultaten führen, da jene ebenfalls oxydiert werden.

Mit dem Destillationsverfahren kann, wenn die Substanzen zur Zersetzung weder Salpetersäure noch einen Schmelzaufschluß mit Natriumperoxyd erfordern, wie in Flugstäuben, Arsensalzen usw. *3-wertiges* Arsen neben *5-wertigem* folgendermaßen bestimmt werden: Man destilliert zuerst mit Salzsäure das 3-wertige ab, setzt dann in dem Destillationskolben Reduktionsflüssigkeit hinzu und erhält ein zweites Destillat, in welchem sich das Trichlorid aus dem reduzierten 5-wertigen Arsen befindet.

[3] Z. anal. Chem. Bd. 74 S. 235 bis 247.
[4] Biltz, H., u. W. Biltz: Ausführung quantitativer Analysen. (1937) S. 335.

Den Destillationsrückstand kann man zur Bestimmung weiterer Elemente benutzen.

Für die Destillation hat sich folgende Apparatur als zweckmäßig erwiesen (Abb. 5):

a) schweres Stativ,
b) Asbestdrahtnetz,
c) Brenner,
d) Aufschluß- und gleichzeitig Destillationsgefäß (500 cm³-Erlenmeyerkolben).
e) ein mit Glashahn versehenes Zulaufrohr mit Marke bei 30 und 100 cm³,
f) Fraktionsaufsatz mit Spritzerfänger,
g) Kühler,
h) Vorstoß zur Erschwerung des Zurücksteigens,
i) Vorlage — ein 500 cm³-Becherglas mit etwa 150 cm³ Wasser —

Der Vorstoß h taucht mit der Rohrspitze eben in das Wasser der Vorlage i ein. Die 3 Gummistopfen müssen antimonfrei sein.

Bestimmung des Arsens im Destillat:

1. Als Trisulfid.

Dieses Verfahren ist für kleinere Mengen von Arsen empfehlenswert. Man leitet in das kalte Destillat Schwefelwasserstoff ein, bis der Niederschlag ausgeflockt ist. Bei geringen Arsenmengen ist es ratsam, den überschüssigen Schwefelwasserstoff durch Einleiten von Kohlensäure zu entfernen, da hierdurch ein besseres Zusammenballen des Niederschlags bewirkt wird. Zum Abfiltrieren des Arsentrisulfids benutzt man einen Porzellanfiltertiegel (A 2) oder Glasfiltertiegel (1. G. 4), wäscht mit Salzsäure und Wasser sorgfältig aus, behandelt schließlich mit etwas Alkohol*, trocknet bei 100° und wägt nach dem Erkalten.

Zur Prüfung auf Reinheit löst man das ausgewogene Sulfid mit heißer, 20 proz. Ammoniumcarbonatlösung, der man ein paar Tropfen Ammoniak beigefügt hat, wäscht sorgfältig nach, trocknet und setzt das Gewicht eines etwaigen Rückstandes vom ersten Gewicht ab ($As_2S_3 \cdot 0{,}6090 = As$).

2. Maßanalytische Bestimmung.

Man spült das Destillat in ein größeres Titriergefäß, neutralisiert die Salzsäure vorsichtig mit festem Natriumhydrogencarbonat und kann dann, da auf diese Weise keine Erwärmung eintritt, unmittelbar darauf titrieren.

Hat man die Hauptmenge der Säure vorher mit Ammoniak abgestumpft, wobei Erwärmung eintritt, so muß nach dem Neutralisieren des Restes der Säure mit Natriumhydrogencarbonat gekühlt werden. Ammoniak, Alkalilaugen und normale Carbonate dürfen nicht zur Restneutralisation verwandt werden, da sie einen Mehrverbrauch an Jod bedingen.

Man titriert mit $^n/_{10}$-Jodlösung. Zu ihrer Herstellung werden 12,7 g Jod mit 20 g jodatfreiem Kaliumjodid in Wasser zum Liter gelöst. Als Indicator dient nach E. Merck eine frisch bereitete Lösung von 1 g löslicher Stärke in 99 cm³ Wasser. 1 cm³ $^n/_{10}$-Jodlösung = 0,0037455 g As.

Die Einstellung der Jodlösung geschieht mit reinstem Arsen(III)-oxyd[5,6]. Hierbei ist zu berücksichtigen, daß hinsichtlich des Flüssigkeitsvolumens und der Menge des Natriumhydrogencarbonats gleiche Bedingungen wie beim Analysengang einzuhalten sind. — Im Destillat kann die Bestimmung des Arsens auch mittels eingestellter *Kaliumbromatlösung* erfolgen, s. Kap. „Zinn", S. 475.

---

* Zum Lösen freien Schwefels wird der Niederschlag mit absol. Alkohol, dann mit Schwefelkohlenstoff und schließlich wieder mit Alkohol betropft und trocken gesaugt.

[5] Handbuch f. d. Eisenhüttenlaborat. Bd. I S. 42.

[6] Treadwell, F. P.: Kurzes Lehrbuch d. analyt. Chemie. Bd. II (1930) S. 556.

II. Colorimetrische Bestimmung kleinster Arsenmengen
(aus Metall u. Erz 1940 S. 303, C. Boy).

Ihre Grundlage ist die Methode nach H. W. Gutzeit. Sie beruht auf der Erzeugung von Arsenwasserstoff und dessen Einwirkung auf Quecksilber(II)-chloridpapier unter Bildung einer citronengelben bis gelbbraunen Färbung und vollzieht sich nach der Gleichung (nach Treadwell[7]):

$$AsH_3 + 3\,HgCl_2 = As(HgCl)_3 + 3\,HCl$$

weiter: $\qquad As(HgCl)_3 + AsH_3 = 3\,HCl + As_2Hg_3.$

An Stelle von Quecksilber(II)-chlorid kann auch Quecksilber(II)-bromid verwendet werden. Hinsichtlich der Einwirkung von Arsenwasserstoff auf das früher benützte Silbernitrat wird auf die Arbeit von G. Lockemann und B. Fr. v. Bülow[8] verwiesen.

Hager[9] macht darauf aufmerksam, daß Phosphorwasserstoff und kleine Mengen Schwefelwasserstoff das Quecksilber(II)-chloridpapier ebenfalls gelb färben, wenn auch weniger intensiv. Schwefelwasserstoff kann durch Bleiacetatlösung, Antimon- und Phosphorwasserstoff nach Dowzard[10] durch Kupfer(I)-chlorid in Salzsäure absorbiert werden.

Charakteristisch für die Arsenverbindung ist nach F. P. Treadwell[11] ihre Unlöslichkeit in 80proz. Alkohol. Antimonwasserstoff in geringen Mengen erzeugt keine Färbung, dagegen in etwas größeren einen in Alkohol löslichen braunen Fleck. Die Empfindlichkeitsgrenze des Verfahrens liegt bei 0,0005 mg As.

Zur colorimetrischen Bestimmung kann man die schwach citronengelbe Farbe in ihrer verschiedenen Tönung benutzen. Durch Vergleich der Färbung mit einer Skala, die mittels desselben Apparates unter Zusatz einer Arsenlösung hergestellt wird, erfährt man die Menge Arsen. Das Verfahren erlaubt Schätzungen zwischen 0,0005 bis 0,005 mg Arsen. Bis 0,002 mg wird die entstandene minimale Färbung durch Einwirkung von Ammoniakdämpfen — man hält das Reagenspapier kurz über eine offene Flasche mit 10proz. Ammoniak — vielfach verstärkt.

Für die rein citronengelbe Farbe ist die Grenze der Schätzungsmöglichkeit bei 0,005 mg erreicht.

Erforderliche Chemikalien. 1. Zinkspäne p. a. arsenfrei, 2. Schwefelsäure $(1+1)$ arsenfrei, 3. Natronlauge (20proz.), 4. Arsenlösung, von der 1 cm³ = 0,0005 mg As enthält. Man stellt sie her durch Lösen von 0,1321 g As_2O_3 in 5 cm³ 20proz. Natronlauge. Dann verdünnt man mit Wasser, neutralisiert mit Schwefelsäure, setzt weitere 20 cm³ verd. Schwefelsäure zu und füllt auf 2 l auf. Davon nimmt man 2 cm³ und füllt unter Zusatz von 2 cm³ verd. Schwefelsäure auf 200 cm³. In 1 cm³ dieser Lösung sind dann 0,0005 mg As enthalten.

Erforderliche Geräte (s. Abb. 6). A. Ein Jenaer Erlenmeyerkolben von 150 cm³ mit einem passenden, einmal durchbohrten Gummistopfen, B. ein Glasrohr, 10 cm lang, 7 mm lichte Weite, unten verjüngt und schräg abgeschliffen, C. eine Glaskappe, deren Außenfläche gegen Lichteinwirkung mit Eisenlack überzogen ist, D. Quecksilber(II)-chloridpapier. Zur Herstellung läßt man nach Treadwell Filterpapierstreifen 1 Stunde lang in einer 5proz. alkoholischen Lösung von Quecksilber(II)-chlorid liegen, hängt sie dann über Glasstäbe und läßt an der Luft trocknen.

---

[7] l. c. Bd. I S. 244.

[8] Über den Nachweis kleinster Arsenmengen nach Gutzeit. Z. anal. Chem. Bd. 94 (1933) S. 322.

[9] Rüdisüle, A.: Nachweis, Bestimmung und Trennung der chem. Elemente. Bd. I (1930) S. 26.

[10] Ebenda S. 25.

[11] Treadwell: (wie bei Fußnote 6) Bd. I S. 244.

Ferner sind erforderlich: Watte mit Bleiacetat getränkt und getrocknet, Blei-acetat-Reagenspapierstreifen von Merck, Gummischnur.

Vor der Ausführung des Verfahrens muß besonders darauf Rücksicht genommen werden, daß Fehlerquellen nicht von außen hineingetragen werden. So soll vor allem bei der Probenahme peinlichste Sauberkeit walten; wird z. B. ein Durchschnittsmuster von Platten, Blöcken oder Barren entnommen, so müssen diese, da in den Hüttenwerken und chemischen Fabriken der Staub meist Arsen enthält, erst von Staubteilchen gereinigt werden. Das geschieht durch Abbürsten, Behandeln mit verd. Salzsäure und Nachspülen mit destill. Wasser. Die Handwerkszeuge sind ebenfalls zu reinigen.

Durch einen Blindversuch überzeugt man sich weiterhin von der Abwesenheit von Arsen in den zu verwendenden Chemikalien.

Zur Bestimmung selbst wägt man Metalle, die sich in Schwefelsäure lösen, unmittelbar in das $150\ cm^3$-Erlenmeyerkölbchen. Wismutmetall, das in Schwefelsäure schwer löslich ist, wird mit den erforderlichen 2 g Zink im Porzellantiegel durch Erhitzen legiert und dabei mit einem Nickelspatel zu einem gleichmäßigen Pulver zerrührt. Dann bringt man dieses in das Kölbchen.

Metalle, die in Schwefelsäure unlöslich sind, oder Chemikalien werden im Kölbchen eingewogen, mit Salpeter- und Schwefelsäure aufgeschlossen und zur Trockne geraucht, wobei zu beachten ist, daß die letzten Reste Salpetersäure verjagt sein müssen.

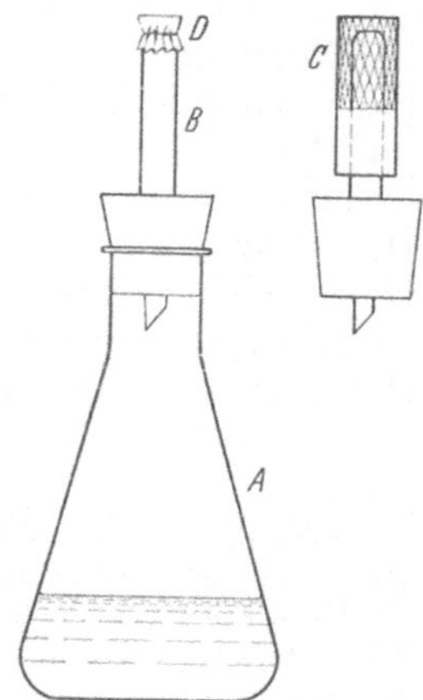

Abb. 6. AsH_3-Entwicklungsapparatur.

Dann führt man in die Verjüngung des Rohres zuerst die Bleiacetatwatte und darüber einen Streifen zusammengerolltes Bleiacetatpapier ein, verschließt die obere Öffnung des Rohres mit Quecksilber(II)-chloridpapier und hält dies durch die Gummischnur fest. Nun setzt man dem Material im Kölbchen 2 g Zink, $10\ cm^3$ verd. Schwefelsäure und $20\ cm^3$ Wasser zu und schließt mit dem das Röhrchen tragenden Gummistopfen. Dieses bedeckt man mit der Glaskappe. Liegen oxydische Arsenverbindungen vor, so ist ein Zusatz von Salzsäure nötig. Das Aufhören der Wasserstoffentwicklung zeigt die Beendigung der Bestimmung an.

Da der citronengelbe Fleck durch die Einwirkung von Licht, Hitze und Nässe schnell verblaßt, soll der Vergleich nach Ablauf der Reaktion sobald wie möglich angestellt werden. Die Papiere mit den Flecken kann man längere Zeit aufbewahren, wenn man sie in geschmolzenes (nicht zu heißes!) Paraffin taucht und vor Licht geschützt hält.

Infolge der für die Bestimmung benützten, einfach zu handhabenden Apparatur ist man in der Lage, eine größere Anzahl von Analysen gleichzeitig auszuführen.

B. Untersuchung von Erzen und Hüttenerzeugnissen.

I. Erze.

Als Arsenerze kommen praktisch in Betracht: *Arsenkies* (Mispickel: FeAsS), *Arsenikalkies* ($FeAs_2$), *Realgar* (As_2S_2), *Auripigment* (As_2S_3) und selten Eisenarseniat (*Skorodit:* $FeAsO_4$ $\cdot\ 2\ H_2O$). Chinesische Realgarerze enthalten nahezu 70% As.

Die Arsenbestimmung geschieht nach der Destillationsmethode. Dafür wägt man 0,5 bis 1 g ein, zersetzt im Destillationskolben mit Salpetersäure und raucht mit Schwefelsäure zur Trockne. Den Trockenrückstand nimmt man mit wenig Wasser auf und destilliert, wie bei A. I beschrieben. Die Untersuchung auf die weiteren Bestandteile erfolgt dann in der im Destillationsgefäß verbleibenden Lösung nach entsprechender Verdünnung, wobei man ohne Zerstörung des Hydrazinsulfats Schwefelwasserstoff einleiten kann. Soll aber das Hydrazin beseitigt werden, so zersetzt man es mit Salpetersäure; dabei tritt starkes Schäumen auf.

Über die Bestimmung der *Edelmetalle* in Arsenerzen s. Kap. „Edelmetalle" S. 178.

II. Hüttenerzeugnisse.

1. Allgemeines.

Wegen seiner weiten Verbreitung ist das Arsen in den meisten Hüttenerzeugnissen enthalten. Darin wird es nach Zersetzung der Proben mit Salpetersäure und Abrauchen mit Schwefelsäure nach A. I bestimmt. Handelt es sich um geringe Gehalte an Arsen, so nimmt man große Einwaagen, in welchen man es nach der Oxydation zu As^V unter Zusatz von $Eisen^{III}$-Salz oder Magnesiamixtur in einem Niederschlag anreichert, den man durch Fällen mit Ammoniak erhält. In diesen Vorfällungen wird es dann nach A. I bestimmt. Man beachte die Abschnitte *Arsen* bei den einzelnen Kapiteln, insbesondere beim Kap. „Kupfer", S. 216.

2. Arsenmetall.

Es wird hauptsächlich für Legierungszwecke verwandt, hat einen Arsengehalt von 95 bis 100% und ist praktisch eisenfrei.

Die Zerkleinerung der Analysenmuster muß rasch vonstatten gehen, da pulverförmiges Arsenmetall an der Luft leicht oxydiert.

Der Gehalt an **Gesamtarsen** wird aus 0,5 g Einwaage durch Lösen in Salpetersäure (1,40), Abrauchen mit Schwefelsäure und Destillieren nach A. I ermittelt.

Zur Bestimmung des **oxydischen Arsens** werden 5 g der gepulverten Probe mit verdünntem Ammoniak extrahiert; im Filtrat titriert man das Arsen in üblicher Weise wie beim Gesamtarsen. Die Differenz beider Analysenwerte ergibt den Gehalt des Musters an metallischem Arsen.

Die **Nebenbestandteile** bestimmt man, wie bei B. I angeführt.

3. Oxyde und Salze.

Die Oxyde des 3- und 5-wertigen Arsens finden weitgehende Verwendung. Für die Untersuchung der ersteren verweisen wir auf das Deutsche Arzneibuch unter „Acidum arsenicosum". Dieses führt nur eine Gehaltsbestimmung für ein Produkt von mindestens 99% As_2O_3 an; handelsüblich sind aber noch etwa nachstehende Sorten[12]:

    a) Technisch reiner Arsenik, Spezialmarke mit mindestens 99,75% Arsentrioxyd.

    b) Technisch reiner Arsenik mit 99,50% Arsentrioxyd.

       Beide müssen farblos, klar durchscheinend oder rein weiß, undurchsichtig sein.

    c) Rohes Arsenmehl I. Qualität mit 96% Arsentrioxyd.

    d) Rohes Arsenmehl II. Qualität mit 94% Arsentrioxyd.

Die Salze des 5-wertigen Arsens werden in großen Mengen hergestellt, u. a. Natriumarsenat für Imprägnier- und Färbereizwecke, Calcium- und Bleiarsenat für die Schädlingsbekämpfung. Für letztere sind die Vorschriften der Biologischen Reichsanstalt für Land- und Forstwirtschaft, Berlin-Dahlem zu beachten. Vgl. auch Nachrichtenblatt für den deutschen Pflanzenschutzdienst 18. Jg. Nr. 11 S. 97: „Über die an Calciumarsenate zu stellenden Anforderungen" von W. Fischer.

---

[12] Siehe Zusammenstellungen „Was ist handelsüblich?" in der Chemisch-Metallurgischen Zeitschrift „Die Metallbörse" 1924/25.

Kapitel 4.

Beryllium*.

A. Bestimmungsmethoden des Berylliums.
  - I. Gewichtsanalytische Methoden:
    - 1. als BeO:
      - a) durch Eindampfen und Glühen,
      - b) durch Fällen als Hydroxyd und Glühen.
    - 2. als $Be_2P_2O_7$.
    - 3. als $BeSO_4$.
  - II. Maßanalytische Methoden.
  - III. Colorimetrische Methode.
  - IV. Mikroanalytische Methode.

B. Die Trennung des Berylliums von den Begleitelementen.

C. Die Untersuchung von Erzen und Erzeugnissen.
  - I. Erze.
  - II. Erzeugnisse.
    - 1. Berylliummetall.
    - 2. Berylliumlegierungen:
      - a) Kupfer-Beryllium,
      - b) Nickel-Beryllium,
      - c) Eisen-Beryllium,
      - d) Berylliumsonderstähle,
      - e) Kupfer-Beryllium-Titan,
      - f) Kupfer-Beryllium-Zirkonium,
      - g) Beryllium-Aluminium.
    - 3. Berylliumoxyd und Berylliumsalze:
      - a) Berylliumoxyd,
      - b) Berylliumnitrat.

Da die analytische Chemie des Berylliums für die Praxis ein verhältnismäßig junges Arbeitsgebiet darstellt, dürfte es sich besonders bei verwickelteren Trennungen mit hohen Genauigkeitsforderungen empfehlen, Vergleichsbestimmungen mit synthetischen Gemischen von bekannten Gehalten durchzuführen. Als Berylliumverbindungen, die in genügender Reinheit zu erhalten sind, können dafür dienen: $BeSO_4 \cdot 4 H_2O$ und reinstes basisches Berylliumcarbonat.

A. Bestimmungsmethoden des Berylliums unter Berücksichtigung der bei der Analyse störend wirkenden Elemente.

I. Gewichtsanalytische Methoden.

1. Als BeO.

a) Durch **Eindampfen wässeriger Lösungen** von Berylliumsalzen erhält man Rückstände, die bei starkem Glühen quantitativ in Berylliumoxyd übergehen. Berylliumchlorid und -nitrat hydrolysieren bereits beim Eindampfen fast vollständig, Berylliumsulfat geht über verschiedene Hydratstufen schließlich bei etwa

---

* Bearbeiter: **Jaeger.** Für Legierungen: **Ipavic.**

400° in das wasserfreie Sulfat über[1], welches oberhalb 700° in BeO und SO_3 zerfällt. Aus diesen Umständen ergibt sich folgende Arbeitsweise:

Zweckmäßig wählt man von der zu untersuchenden Lösung einen Anteil, welcher einer Auswaage von 100 bis 300 mg BeO entspricht, dampft diesen in einer Platinschale zur Trockne, erhitzt vorsichtig weiter und steigert die Temperatur schließlich auf 1100 bis 1200°. Auswaage: BeO.

Flußsäure, Essigsäure und ihre Homologen stören diese Bestimmung, weil erstere dem Berylliumoxyd sehr hartnäckig anhaftet und die anderen unter Umständen dazu führen, daß ein Teil des Berylliums sich verflüchtigt; sie müssen also gegebenenfalls entfernt werden, z. B. durch Zusatz von überschüssiger Schwefelsäure beim Eindampfen.

b) Durch **Fällen des Berylliums** aus salz-, salpeter- oder schwefelsaurer Lösung mit alkalischen Mitteln erhält man Niederschläge, die unter gewissen Bedingungen praktisch sämtliches in der Lösung vorhanden gewesene Beryllium enthalten. Diese Niederschläge sind nur in Ausnahmefällen als $Be(OH)_2$ anzusehen[2], denn ihre Zusammensetzung hängt sehr stark sowohl von den Entstehungsbedingungen als auch von der Art und Konzentration der sonstigen im Reaktionsgemisch befindlichen Stoffe ab. Darüber hinaus zeigen sie die Erscheinung des „Alterns", wodurch ihre Eigenschaften in chemischer wie physikalischer Hinsicht schwer definierbar werden, denn man beobachtet alle Übergänge zwischen der stark gequollenen „Hydroxydfällung" mit Ammoniak in kalten Lösungen bis zum sandigen, schwer am Boden des Glases liegenden Niederschlag von $Be(OH)_2$. Der Zunahme der Dichte dieser Fällungen geht parallel eine gesteigerte Schwerlöslichkeit in Säuren usw., die so weit führt, daß das sandige Berylliumhydroxyd z. B. in mäßig verd. Salzsäure sich einigermaßen rasch nur beim Kochen löst. Wenn man die Fällung in der Hitze möglichst langsam und in möglichst neutraler Lösung entstehen läßt, erhält man Niederschläge, die sich gut filtrieren und auswaschen lassen. Folgende Vorschriften haben sich bewährt für:

Die Fällung mit Ammoniak. Die salz-, salpeter- oder schwefelsaure Berylliumlösung, die etwa 100 mg BeO auf 100 cm³ Flüssigkeit enthalten soll, wird in der Kälte durch Zugabe von Ammoniak (1 + 1) so weit abgestumpft, daß eine geringe, bleibende Ausscheidung entsteht. Hierbei ist zu beachten, daß gut gerührt wird und etwa entstandene Klumpen sorgfältig zerteilt werden. Dann erhitzt man die Lösung zu schwachem Sieden, rührt und versetzt tropfenweise weiter mit verd. Ammoniak, bis ein schwacher Ammoniakgeruch anhält. Je länger die Fällung unter der schwach alkalischen Flüssigkeit (Indicator!) in der Wärme stehenbleibt, um so dichter wird sie; doch kann man sie auch sofort von der nur wenig erkalteten Flüssigkeit abfiltrieren[3]. Wenn von reiner Berylliumlösung ausgegangen war, kann ohne Auswaschen verascht werden. Man glüht bei 1100 bis 1200° bis zur Gewichtskonstanz.

Die Fällung mit Ammoniumcarbonat. Eine dichtere und zum Auswaschen besser geeignete Fällung erhält man folgendermaßen: Man stumpft die freie Säure mit Ammoniak ab, verdünnt die Lösung auf etwa 50 mg BeO je 100 cm³ und gibt in der Kälte soviel kalt gesättigte Ammoniumcarbonatlösung zu, daß eine kräftige Trübung entsteht (5 bis 10 cm³); dann erhitzt man zum Sieden, setzt weitere 10 bis 15 cm³ des Fällungsmittels zu und kocht so lange, bis der Niederschlag dicht geworden und nur noch ein schwacher Ammoniakgeruch wahrnehmbar ist.

[1] Cupr, V.: Z. anal. Chem. Bd. 76 (1929) S. 173.

[2] Prytz, M.: Z. anorg. Chem. Bd. 180 (1929) S. 355.

[3] Hinsichtlich der Eigenlöslichkeit des Berylliumhydroxyds und der dadurch bedingten Fehler s. L. Moser u. J. Singer: Mh. Chem. Bd. 48 (1927) S. 674 — Z. anal. Chem. Bd. 93 (1933) S. 287.

Dann wird heiß abfiltriert, mit schwach ammoniakalischem, etwas Ammoniumnitrat enthaltenden Wasser ausgewaschen, getrocknet und geglüht.

Die Fällung durch Hydrolyse mit Ammoniumnitrit. Ein noch langsameres Entstehen und damit dichteres Ausfallen des Berylliumniederschlages kann man erreichen, wenn man sich des Ammoniumnitrits als Fällungsmittel bedient[4]. Hierzu stumpft man die saure Berylliumlösung, die etwa 100 mg BeO auf 100 cm³ enthalten möge, vorsichtig mit Natriumcarbonat ab, bis ein geringer Niederschlag bestehen bleibt, und löst diesen mit einigen Tropfen Säure. Dann wird die Lösung unter Durchleiten von Luft auf 70° erwärmt und mit 50 cm³ 6proz. Ammoniumnitritlösung für je 100 mg BeO sowie unter Umrühren mit 20 cm³ Methanol versetzt. Hat man etwa 30 min gekocht, fügt man nochmals 10 cm³ Methanol hinzu und filtriert nach 10 min. Es wird mit heißem Wasser ausgewaschen, geglüht und gewogen.

Die Fällung mit Ammoniak wird wegen der raschen und einfachen Ausführbarkeit angewandt, wenn die zu analysierende Lösung keine oder nur geringe Mengen an Alkalisalzen enthält. Die beiden anderen Methoden eignen sich für Fälle, bei denen mit geringen Mengen solcher Salze zu rechnen ist; liegen erhebliche Mengen davon vor, so löst man die ausgefallenen Niederschläge noch einmal in Salzsäure und wiederholt die Fällung.

2. Als $Be_2P_2O_7$ [5].

Man versetzt die Berylliumlösung (250 bis 300 cm³ für etwa 500 mg Auswaage) mit 5 bis 10 g Ammoniumchlorid und fügt in der Kälte so viel 25proz. Ammoniak hinzu, daß eine Fällung von Berylliumhydroxyd entsteht und die Lösung gegen Methylrot ($p_H = 6{,}3$) basisch reagiert. Nach Zugabe von 1 bis 1,3 g Ammoniumphosphat wird angesäuert, so daß die Lösung gegen Methylrot sauer reagiert ($p_H = 4{,}2$). Nun erwärmt man auf dem Wasserbade so lange, bis das Berylliumhydroxyd in einen feinkrystallinen, sich rasch absetzenden Niederschlag ($NH_4BePO_4 \cdot x\,H_2O$) übergegangen ist. Nach 1 bis 2 Stunden gibt man 150 cm³ heißes Wasser zu und neutralisiert mit Ammoniak gegen Methylrot. Der Niederschlag wird dekantiert und mit heißer Waschlösung (1proz. Ammoniumnitratlösung mit so viel Ammoniakzusatz, daß sie in der Wärme gegen Methylrot basisch reagiert) gewaschen, bis im Filtrat keine Phosphorsäure mehr nachweisbar ist, geglüht und gewogen.

Bei Anwesenheit von Alkalisalzen trennt man das Beryllium vorher von diesen durch gegebenenfalls doppelte Fällung mit Ammoniak.

3. Als $BeSO_4$ [5].

Man dampft die Berylliumlösung mit etwas überschüssiger Schwefelsäure zur Trockne und macht den Rückstand bei 400° in einem Erhitzungsblock innerhalb 1 bis 2 Stunden gewichtskonstant. Zur Wägung stellt man den Tiegel in ein verschlossenes Wägeglas, da das wasserfreie Sulfat hygroskopisch ist.

II. Maßanalytische Methoden.

1. In Salzen kann das Beryllium *jodometrisch* ermittelt werden[6].
2. *Alkalimetrisch* wird es in Fluoriden bestimmt[7].
3. Eine *potentiometrische* Bestimmung ist von M. Prytz[8] angegeben worden.

---

[4] Mh. Chem. Bd. 48 (1927) S. 673.

[5] Siehe Literaturangabe 1.

[6] Analyst Bd. 60 (1935) S. 291 — Z. anal. Chem. Bd. 108 (1937) S. 354.

[7] Tschernichow u. Guldina: Z. anal. Chem. Bd. 101 (1934) S. 406 bis 413. — Zwenigorodskaja u. Gaigorowa: Z. anal. Chem. Bd. 97 (1934) S. 327.

[8] Z. anorg. Chem. Bd. 180 (1929) S. 355.

III. Colorimetrische Methode.

Sie ist von H. Fischer[9] beschrieben.

Den maßanalytischen Methoden sowie der colorimetrischen, welch letztere auf der Bildung eines blauen Farblackes von Berylliumhydroxyd mit Chinalizarin (1,2,5,8-Tetra-Oxyanthrachinon) beruht, kommt nur für Spezialzwecke Bedeutung zu. Die Genauigkeit der colorimetrischen Bestimmung ist gering; sie eignet sich aber zur ungefähren Feststellung geringer Berylliumgehalte z. B. in Gesteinen, Zwischen- und Abfallprodukten.

IV. Mikroanalytische Methode.

Sie kann nach Thurnwald und Benedetti-Pichler[10] ausgeführt werden.

B. Die Trennung des Berylliums von den Begleitelementen.

Ist Beryllium von den Salzen der *Alkali-* und *Erdalkalimetalle*[11] oder des *Magnesiums* zu trennen, so geschieht dies durch gegebenenfalls doppelte Fällung als Hydroxyd nach den unter A. I beschriebenen Methoden.

Für die Trennung von *Aluminium, Eisen, Kupfer, Nickel* und *Zink* wendet man zweckmäßig die „Oxin"-Methode an, aber nur dann, wenn die genannten Elemente im Vergleich zum Beryllium nicht in einem großen Überschuß vorliegen, sonst — wie z. B. bei den meisten Legierungen — gelten Sondervorschriften.

Zur Durchführung der **Trennungen mittels „Oxin"** sind zwei Lösungen erforderlich:

Oxinlösung: 50 g „Oxin" (o-Oxychinolin) werden in 150 cm³ Eisessig gelöst und mit Wasser zu 1000 cm³ aufgefüllt.

Ammoniumacetatlösung: 137 g käufliches Ammoniumacetat werden in Wasser gelöst, durch Zugabe von 25 proz. Ammoniak gegen Lackmus neutralisiert und zum Liter aufgefüllt.

Trennungen des Berylliums vom

Aluminium[12].

Beide Metalle mögen in saurer, zweckmäßig salzsaurer Lösung vorliegen, und es wird vorausgesetzt, daß man den Aluminiumgehalt wenigstens ungefähr kennt. Man stumpft die Lösung durch Zugabe von Ammoniak (1 + 1) in der Kälte so weit ab, daß eben eine geringe Menge des Niederschlages bestehen bleibt, und löst diese durch Zugabe einiger Tropfen Salzsäure wieder auf. (Von der sorgfältigen Neutralisation hängt das Gelingen der Bestimmung ab! Bromkresolpurpur sei schwach purpurfarben[13]; der p_H-Wert der Lösung soll etwa 4 betragen[14].) Nunmehr erhitzt man auf etwa 60° und fügt unter Rühren langsam die Oxinlösung derart zu, daß ein möglichst geringer Überschuß davon zur Anwendung kommt. Je nach der Konzentration des Aluminiums in der Lösung bildet sich nun sofort ein Niederschlag oder nicht; doch tritt, wenn man jetzt zur Bindung der freien Mineralsäure Ammoniumacetat hinzufügt, sicher ein Niederschlag auf, falls dies

---

[9] Z. anal. Chem. Bd. 73 (1928) S. 54.

[10] Mikrochemie 1931 (9) S. 324 bis 332. Ferner: Mikrochemie, Festschr. f. Friedr. Emich 1930 S. 1 bis 17, und Scheinziss: Betriebslab. (russ.) Bd. 4 (1935) S. 1047 bis 1052.

[11] Willard u. Goodspeed: Industr. Engng. Chem., Anal. Edit. Bd. 8 (1936) S. 414.

[12] Kolthoff u. Sandell: J. Amer. chem. Soc. Bd. 50 (1928) S. 1900.

[13] Z. anal. Chem. Bd. 105 (1936) S. 128 bis 131.

[14] Knowles, H. B.: J. Res. Nat. Bur. Stand. Bd. 15 (1935) S. 87 verlangt im Gegensatz hierzu ein p_H von 6,8.

nicht schon vorher der Fall war. Man setzt nun je nach der Aluminiummenge weitere 25 bis 50 cm^3 Ammoniumacetatlösung zu und erhitzt zum Sieden. Dabei ballt sich der Niederschlag zusammen und setzt sich gut ab. Falls die Lösung frei von Eisen war, ist die Fällung rein gelb; meist aber erhält man durch Spuren von Eisenoxinat schmutzig gelbgrün gefärbte Niederschläge, was jedoch nicht stört, denn die färbenden, geringen Eisenmengen können in der Regel vernachlässigt werden. Die überstehende Lösung muß durch den Überschuß an Oxin reingelb gefärbt sein; ein zu großer Überschuß bewirkt Trübung der Lösung beim Erkalten oder gar schon in der Hitze durch auskrystallisierendes freies Oxin, ein Umstand, der leicht zu erhöhten Auswaagen an Aluminiumoxinat führen kann.

Hat man keinen Anhalt für die vorhandene Aluminiummenge, so setzt man der neutralisierten Ausgangslösung 100 cm^3 Ammoniumacetatlösung zu, erhitzt auf etwa 80° und läßt die Oxinlösung am besten aus einer Bürette eintropfen. Bei einiger Übung erkennt man am Ausbleiben der Niederschlagwolke an der Einlaufstelle der Reagenslösung die Beendigung der Fällung. Der so erzeugte Niederschlag könnte nun abfiltriert und getrocknet werden, besser aber ist es, eine neue Probe unter Berücksichtigung der festgestellten Reagensmenge anzusetzen und die Zusätze in der vorgeschriebenen Reihenfolge vorzunehmen, also zuerst Oxin, dann Ammoniumacetat zuzugeben.

Der Niederschlag wird im Glasfiltertiegel abgesaugt, mit warmem Wasser gewaschen und bei 130° getrocknet (Faktor für Al = 0,0587). Man kann jedoch auch über ein Papierfilter filtrieren, Oxalsäure darauf streuen, veraschen und als Al$_2$O$_3$ wägen. Da das Aluminiumoxyd dazu neigt, Kohle vom zersetzten Oxin einzuschließen, ist das Glühen unter Luftzutritt bei hoher Temperatur vorzunehmen. Im Filtrat von der Aluminiumfällung wird Beryllium nach einer der unter A. angegebenen Methoden bestimmt, wobei das in der Lösung noch vorhandene Oxin nicht stört.

Bei einem sehr großen Überschuß von Aluminium gegen Beryllium ist die Oxinmethode in der angeführten Weise nicht ohne weiteres anwendbar. Man verfährt dann so, daß man die Hauptmenge des Aluminiums durch Fällen mit Chlorwasserstoff in ätherisch-wässeriger Lösung vom Beryllium trennt und das Filtrat nach der Oxinmethode weiterbehandelt[15].

Eisen[16].

Man verfährt dabei nach der für die Aluminiumbestimmung gegebenen Vorschrift, setzt der Lösung jedoch auf 100 cm^3 Volumen 5 bis 10 cm^3 Eisessig und einige Gramm Ammoniumtartrat zu. Dieser Zusatz bewirkt, daß die Eisenfällung grobkrystallin und gut filtrierbar wird. Das Eisen muß in 3-wertiger Form vorliegen. Man filtriert durch einen Glasfiltertiegel und trocknet bei 110° (Faktor = 0,1144). Der Niederschlag kann auch mit Oxalsäurezusatz zu Eisenoxyd geglüht werden[17].

Handelt es sich darum, Beryllium von sehr großem Eisenüberschuß zu trennen, so entfernt man die Hauptmenge des Eisens durch Ausäthern in salzsaurer Lösung. Dabei geht Beryllium quantitativ in die wässerige Phase, bei der man dann zur vollständigen Ausscheidung des Eisens die Oxinmethode anwendet.

Eine weitere Trennung des Berylliums vom Eisen kann auch mit Kupferron vorgenommen werden[18].

---

[15] Havens, F. S.: Z. anorg. Chem. Bd. 16 (1898) S. 15. — Churchill, H. V., R. W. Bridges u. F. M. Lee: Industr. Engng. Chem., Anal. Edit. Bd. 2 (1930) S. 405.
[16] Nießner, M.: Z. anal. Chem. Bd. 76 (1929) S. 135.
[17] Maßanalytische Bestimmung: Berg, R.: S. 77.
[18] Ind. Chem. Bd. 9 (1934) S. 752 bis 755.

Kupfer[16].

Man fällt aus saurer Lösung, die auf ein Volumen von 100 cm³ 3 g Ammoniumacetat und 10 bis 12 cm³ Eisessig enthält, das Kupfer durch tropfenweisen Zusatz
von Oxinlösung bei 60°. Nach kurzem Erwärmen auf 80 bis 90° wird heiß durch
einen Glasfiltertiegel filtriert und mit heißem Wasser gewaschen. Der Niederschlag wird bei 110° getrocknet (Faktor = 0,1808); sein Kupfergehalt kann auch
nach dem Auflösen in 2n-Salzsäure jodometrisch ermittelt werden (1 cm³ $^n/_{20}$-
Thiosulfat = 0,00318 g Cu). Über die Ausführung der Titration s. folgenden Abschnitt.

Nickel[19].

100 cm³ der möglichst weitgehend neutralisierten Lösung (10 bis 100 mg Ni)
werden mit 2 g Alkaliacetat und 5 cm³ Eisessig versetzt. Die Fällung des Nickels
erfolgt bei 60° mit Oxinlösung, worauf man erwärmt, bis der Niederschlag krystallin
geworden ist, und filtriert. Der zunächst mit warmem, dann kaltem Wasser gewaschene Niederschlag wird mit Kaliumbromat titriert (1 cm³ $^n/_{10}$-Bromatlösung
= 0,000734 g Ni).

Ausführung der Titration[20]. Man löst den Niederschlag in 2n-Salzsäure, setzt
einige Tropfen 0,2proz. alkoholische Methylrotlösung oder 1proz. Indigocarmin-
lösung zu und titriert mit $^n/_{10}$-Bromid-Bromat-Lösung bis zum Übergang von
Rot in Reingelb bzw. Grün in Gelb. Dann fügt man weitere 1 bis 2 cm³ der Titrierlösung im Überschuß zu und unmittelbar darauf Kaliumjodid. Nach Zugabe
des letzteren entsteht meist ein schokoladebrauner Niederschlag eines Jodadditions-
produktes, der beim nachfolgenden Titrieren mit Thiosulfat wieder in Lösung
geht. Die Thiosulfatlösung wird so lange zugegeben, bis sich die Lösung aufgehellt
hat; dann setzt man Stärke zu und titriert zu Ende.

Zink.

Man verfährt der für die Nickelbestimmung gegebenen Vorschrift entsprechend,
säuert für je 100 cm³ jedoch nur mit 2 cm³ Eisessig an (p_H 4 bis 6). Die Zinkoxinat-
fällung kann bei 140° getrocknet werden (Faktor = 0,1849), zweckmäßiger aber
wird sie titriert (1 cm³ $^n/_{10}$-Bromid-Bromat-Lösung = 0,000 817 g Zn).
Beryllium kann vom Zink auch mittels Chinaldinsäure[21] getrennt werden.

Magnesium, Barium, Cadmium, Kobalt, Mangan, Thallium, Arsen, Antimon, Zink
    s. L. Moser u. F. List[22].
Chrom, Titan, Zirkonium, Thorium, Wolfram, Vanadin, Molybdän, Uran
    s. L. Moser u. J. Singer[23].
Barium, Blei[24].
Thallium, Arsen, Antimon, Chrom, Zirkonium, Thorium, Wolfram, Vanadin, Molybdän, Uran[25].
Titan[26].
Zirkonium[27].
Tantal-Niob[28].
Gallium[29].

[19] Berg, R.: S. 82. ⎫ Die analytische Verwendung von o-Oxychinolin und seiner Deri-
[20] Berg, R.: S. 18. ⎭ vate. Stuttgart: F. Enke 1938.
[21] Z. anal. Chem. Bd. 100 (1935) S. 324 bis 327.
[22] Mh. Chem. Bd. 51 (1929) S. 181.
[23] Mh. Chem. Bd. 48 (1927) S. 673. — Tschernichow, J. A.: Chem. Zbl. 1936 II S. 3573.
[24] Willard u. Goodspeed: Industr. Engng. Chem., Anal. Edit. Bd. 8 (1936) S. 414.
[25] Jilek, A., u. J. Kota: Z. anal. Chem. Bd. 89 (1932) S. 345.
[26] Dixon, B. E.: Analyst Bd. 54, (1929) S. 268.
[27] Ruff u. Stephan: Z. anorg. Chem. Bd. 185 (1929) S. 217.
[28] Schoeller, W. R., u. H. W. Webb: Analyst Bd. 61 (1936) S. 235.
[29] Ato, S.: Sci. Pap. Inst. phys. chem. Res., Tokio Bd. 29 (1937) S. 11 — Chem. Zbl.
1937 I S. 1488.

C. Untersuchung von Erzen und Erzeugnissen.
I. Erze.

Berylliummineralien sind selten. Das wichtigste, allein für die Gewinnung in Frage kommende Material ist der *Beryll* (3 BeO · Al_2O_3 · 6 SiO_2). Fundorte sind über die ganze Welt verbreitet, aber spärlich. Das Vorkommen ist durchweg an Pegmatite gebunden. Edle Varietäten des Berylls sind Aquamarin und Smaragd.

Technisch dargestellt werden aus dem Beryll: Berylliumoxyd, -chlorid, -nitrat, Natriumberylliumfluorid, Berylliummetall.

Bei der Untersuchung des Beryllminerals ist es zweckmäßig, die Gesamtanalyse und die Bestimmung des Gehaltes an Berylliumoxyd als zwei getrennte Aufgaben zu behandeln. Während erstere naturgemäß zeitraubend ist und bei ihr an die Genauigkeit der Gehaltsbestimmung für Beryllium weniger hohe Anforderungen gestellt werden dürfen, läßt sich der Berylliumgehalt nach der im nachfolgenden beschriebenen Methode mit hinreichender Genauigkeit in etwa 6 Stunden bestimmen.

Neben den Hauptelementen: Aluminium, Beryllium, Silicium kommen im Beryll mehr oder weniger regelmäßig vor: Eisen, Mangan, Chrom, Magnesium, Calcium, Natrium, Kalium, Lithium und in Sonderfällen auch Rubidium, Cäsium, Vanadium, Fluor, Sulfate und Phosphate (in technischen Mahlprodukten bisweilen auch Blei, Schwefel und andere Elemente, die aus der mitvermahlenen Gangart stammen). Es erleichtert die Arbeit sehr, wenn man durch eine spektralanalytische Voruntersuchung sich zunächst Klarheit darüber schafft, welche Elemente in der vorliegenden Probe überhaupt vorhanden sind. Der Analysengang läßt sich dann entsprechend anpassen. Er gestaltet sich im allgemeinen wie folgt:

Hat man die Mineralprobe fein gepulvert und durch ein Sieb von 10000 Maschen/cm^2 getrieben, so mischt man äußerst sorgfältig eine nicht zu kleine Einwaage davon (im allgemeinen 2 g, in Sonderfällen bis zu 10 g) in einer Platinschale passender Größe mit der doppelten Gewichtsmenge trockener, staubfeiner, ebenfalls durch ein 10000 Maschensieb getriebener calcinierter Soda* und erhitzt die Mischung (am besten im Muffelofen) 2 bis 3 Stunden auf etwa 1000°. Die Masse schmilzt dabei nicht, sondern sintert lediglich etwas zusammen und bleibt leicht zerreiblich (wichtig!). Die Kohlensäure der Soda entweicht fast restlos.

Nach dem Erkalten der Masse zerdrückt man sie so fein wie möglich und verrührt sie vorsichtig mit konz. Schwefelsäure. (Man vermeide auch hier unnötige Überschüsse; für je 1 g Einwaage an Beryll wendet man zweckmäßig 4 cm^3 Schwefelsäure an.) Nun fügt man einige Tropfen Wasser hinzu, um die Reaktion in Gang zu bringen, und erhitzt schließlich auf dem Sandbad bis zum kräftigen Rauchen. Dann wird der erkaltete Schaleninhalt mit Wasser übergossen und in ein Becherglas gespült, in das man so viel Wasser gibt, daß je Gramm Einwaage etwa 100 cm^3 Lösung vorhanden sind. Man oxydiert nun mit einigen Tropfen Wasserstoffperoxyd und läßt unter häufigem Aufrühren des Bodensatzes die Mischung 1 Stunde auf dem siedenden Wasserbade stehen, damit die wasserfreien Sulfate des Berylliums und Aluminiums Zeit haben, sich zu hydratisieren und zu lösen. Dann setzt man der Lösung tropfenweise unter Umrühren so viel 2proz. Gelatinelösung zu, daß die Kieselsäure ausflockt, läßt absitzen und filtriert. (s. Kap. „Silicium", S. 301). Filtrat und Waschwässer ergeben das Hauptfiltrat.

Die Kieselsäure wird mit dem Filter in die zum Aufschluß benützte Platinschale gebracht, nach dem Veraschen des Filters nochmals mit Schwefelsäure abgeraucht und mit schwefelsäurehaltigem Wasser ausgelaugt; das Filtrat wird

---

* In vielen Vorschriften wird die 6fache Menge Soda empfohlen; ein derartiger Überschuß ist nicht nur unnütz, sondern sogar schädlich, weil er später eine unerwünschte Anhäufung von Natriumsalzen in der Analysenlösung zur Folge hat.

dem Hauptfiltrat zugefügt. Nunmehr gibt man die Kieselsäure abermals in die Platinschale, welche man inzwischen gewogen hat, zurück, verascht, glüht stark und wägt. Danach verflüchtigt man die Kieselsäure durch Behandeln mit Fluß- und Schwefelsäure in üblicher Weise und wägt die Schale zurück. Es verbleibt meist nur ein geringer Rückstand.

Dieser wird mit Schwefelsäure abgeraucht, in Wasser gelöst und dem Hauptfiltrat zugegeben. Sollte dabei aber keine rückstandfreie Lösung erzielt worden sein, so filtriert man und schließt den kleinen, ungelöst gebliebenen Anteil, der gewöhnlich aus etwas unzersetztem Beryll besteht, durch Schmelzen mit wenig Soda auf. Dieses Schmelzprodukt wird genau wie der Hauptaufschluß behandelt. Man erhält auf diese Weise einen Korrekturwert für die Kieselsäure; die schwefelsaure Lösung der Basen fügt man dem Hauptfiltrat zu.

Die vereinigten schwefelsauren Filtrate werden mit Ammoniak abgestumpft und mit Schwefelwasserstoff gesättigt, um Platin und vorhandene Metalle der Schwefelwasserstoffgruppe auszufällen. Man filtriert die Sulfide ab und untersucht sie in bekannter Weise. Das Filtrat wird durch Kochen vom Schwefelwasserstoff befreit, mit Wasserstoffperoxyd oxydiert (Überschuß verkochen!) und im Meßkolben auf ein bestimmtes Volumen aufgefüllt — zweckmäßig für je 1 g Berylleinwaage 100 cm³ —. Nunmehr verfährt man nach folgendem Schema:

100 cm³ werden zur Bestimmung von *Eisen, Calcium* und *Magnesium* benutzt. Man fällt in der siedenden Lösung nach Zugabe von etwa 5 g Ammoniumchlorid durch tropfenweisen Zusatz von Ammoniak (1 + 1), filtriert ab und wäscht den Niederschlag von Eisen-, Aluminium- und Berylliumhydroxyd einige Male aus, spült ihn in das Becherglas zurück, löst ihn in einigen cm³ Salzsäure, verdünnt, gibt Ammoniumchlorid zu und fällt erneut mit Ammoniak. Hat man filtriert und gründlich ausgewaschen, so wird in den vereinigten Filtraten Calcium als Oxalat und Magnesium als Magnesiumammoniumphosphat gefällt. In den vom Filter mit Salzsäure gelösten Hydroxyden bestimmt man Eisen durch Titration nach Zimmermann-Reinhardt.

100 cm³ der im Meßkolben befindlichen Lösung benutzt man zur Bestimmung von *Aluminium* und *Beryllium.* Man stumpft durch Zugabe von Ammoniak in der Kälte vorsichtig ab, bis gerade etwas Niederschlag bestehenbleibt, und löst diesen durch Zugabe einiger Tropfen Salzsäure in der Wärme wieder auf. Dann wird Aluminium zusammen mit dem Eisen mittels Oxinlösung und Ammoniumacetat nach S. 69 gefällt. (Bei 1 g Berylleinwaage werden etwa 50 cm³ Oxinlösung benötigt.) Man filtriert ab, wäscht mit warmem Wasser aus, verascht unter Oxalsäurezusatz, glüht und wägt (Al_2O_3 + Fe_2O_3). Den Aluminiumwert erhält man nach Abzug des Gehaltes an Eisen(III)-oxyd, den man durch Titration ermittelt hat.

Im Filtrat von der Oxinfällung des Eisens und Aluminium befindet sich nunmehr das Beryllium (zusammen mit Calcium und Magnesium, falls diese vorhanden sind). Man fällt es nach der gegebenen Vorschrift mittels Ammoniak ohne Rücksicht auf den Gehalt der Lösung an Oxin. Dadurch gelangt etwa vorhandenes Magnesium in den Berylliumniederschlag und wird dann mitgewogen. Man kann zwar den bereits gefundenen Gehalt an Magnesiumoxyd von der Auswaage absetzen, empfehlenswerter aber ist es, falls sich die Anwesenheit von Magnesium erwiesen hat, die ausgewogenen Oxyde mit Schwefelsäure in die Sulfate überzuführen, zu lösen und nach Zusatz von Ammoniumchlorid eine nochmalige Fällung des Berylliums vorzunehmen. Praktisch kommt es kaum vor, daß auf Magnesium Rücksicht zu nehmen ist.

Dagegen wird aber erfahrungsgemäß das zur Auswaage gelangte BeO immer noch einen gewissen Gehalt an Kieselsäure aufweisen, der aus den Gläsern und Reagenzien stammt und das Resultat unter Umständen erheblich beeinflussen kann. Man wird daher das im Platintiegel befindliche Berylliumoxyd mit etwas Fluß- und Schwefelsäure abrauchen und dann stark glühen. Das Ergebnis ist meist eine merklich niedrigere Auswaage, mit der man sich in vielen Fällen zufrieden geben kann, obwohl auch jetzt noch Beimengungen im Berylliumoxyd nachweisbar sind. Gewöhnlich handelt es sich dabei um geringe Mengen an Phosphor, Vanadium und Mangan, die jedoch den erhaltenen Wert für den Berylliumgehalt praktisch nicht mehr beeinflussen.

Für die *Bestimmung der* **Alkalimetalle** ist eine besondere Einwaage erforderlich. Man mischt 2 bis 5 g der Probe mit der 4fachen Gewichtsmenge reinen Calciumcarbonats und glüht bei 1200 bis 1300° mehrere Stunden. Das Glühprodukt wird in Salzsäure gelöst und die Kieselsäure in bekannter Weise abgeschieden. Aus dem Filtrat davon fällt man nacheinander: Beryllium, Aluminium, Eisen usw. mit Ammoniak, Magnesium u. a. mit Oxin, Calcium mit Ammoniumcarbonat, so daß man ein Endfiltrat erhält, in dem Natrium und andere Alkalimetalle bestimmt werden können.

Zum Schluß soll **noch eine Methode** angeführt werden, die zur *raschen und befriedigend genauen* Ermittelung des Berylliumgehaltes eines Berylls empfohlen werden kann:

Genau 1 g des fein gepulverten Berylls wird in der Platinschale mit 6 g Kaliumhydrogenfluorid (auf Blei prüfen!) geschmolzen. Hierzu genügen ein Bunsenbrenner und eine Schmelzdauer von wenigen Minuten, um einen völlig wasserklaren Fluß zu erzielen. Durch Schwenken der Schale verteilt man die Schmelze während des Erstarrens möglichst gleichmäßig über den Schalenboden, übergießt dann mit konz. Schwefelsäure und erhitzt langsam auf dem Sandbad. Es tritt eine ruhige und gleichmäßige Gasentwicklung ein, sämtliche Kieselsäure verflüchtigt sich mit dem überschüssigen Fluor, und es hinterbleibt ein fluor- und kieselsäurefreies Gemisch der Sulfate. Man nimmt mit Wasser auf, setzt einige Tropfen Wasserstoffperoxyd zu und erwärmt längere Zeit, da sich die wasserfreien Sulfate nur langsam lösen. In der klaren Lösung stumpft man die überschüssige Säure mit Ammoniak ab, setzt 5 g Ammoniumchlorid hinzu und fällt in der Siedehitze mittels Ammoniak die Hydroxyde von Eisen, Aluminium und Beryllium. Diese werden abfiltriert, ausgewaschen und in möglichst wenig Salzsäure gelöst. In dieser Lösung erfolgt die Fällung mit Oxin nach S. 68. Der Niederschlag wird auf einen Glasfiltertiegel abgesaugt und mit Wasser ausgewaschen. Im Filtrat fällt man das Beryllium als Hydroxyd, glüht im Platintiegel und wägt. Es empfiehlt sich, auch hier noch einmal zur Entfernung der Kieselsäure mit Fluß- und Schwefelsäure abzurauchen.

II. Erzeugnisse.

1. Berylliumetall.

Dieses ist im Handel als *regulinisches* Metall entweder in Gestalt unregelmäßiger krystalliner Brocken oder kleiner Barren und Stäbe und in einer anderen Form als „*Flitter*", welche ein Haufwerk von dendritischen Krystallen sehr unterschiedlicher Größe darstellen. Vom regulinischen Metall zerkleinert man eine angemessene Menge durch Zerschlagen bzw. Zerdrücken am besten in einer Reibschale aus Sintertonerde. Das Flittermetall kann unzerkleinert eingewogen werden. In beiden Fällen wähle man die Einwaage nicht zu klein, da, besonders beim Flittermetall, bei kleinen Einwaagen kein zuverlässiger Durchschnitt zu erfassen ist. Will man in dieser Hinsicht ganz sicher gehen, so zerlegt man eine Menge von etwa 100 g in 3 Siebfraktionen — grob, mittel, fein —, stellt deren Gewichte fest und setzt nun die Gesamteinwaage (5 g) aus 3 Teileinwaagen im Gewichtsverhältnis der Siebfraktionen zusammen.

Bei der Analyse bestimmt man im allgemeinen den in verd. Säure unlöslichen Rückstand, Aluminium, Eisen und Kieselsäure*. Das eingewogene Metall wird derart gelöst, daß man es in einem 500 cm³-Erlenmeyerkolben mit 100 bis 200 cm³ Wasser bedeckt und langsam Salzsäure (1,19) zugibt. Sobald keine Gas abgebenden Partikelchen mehr in der Flüssigkeit schwimmen, filtriert man die Lösung durch einen Glasfiltertiegel, wäscht den Rückstand mit Wasser aus, trocknet ihn bei 150° und wägt. Im Rückstand befinden sich Berylliumoxyd, Aluminiumoxyd, Kieselsäure, bisweilen auch Berylliumcarbid und Graphit, je nach der Herstellungsweise des Metalls.

Das Filtrat wird nach vorheriger Oxydation des Eisens mit Wasserstoffperoxyd im Meßkolben auf 500 cm³ aufgefüllt.

Zur Bestimmung des *Eisens* titriert man 100 cm³ der Lösung nach Zimmermann-Reinhardt mit $n/_{10}$- oder $n/_{100}$-Permanganatlösung. Ist der Eisengehalt sehr gering, so wird er colorimetrisch mit Rhodanid ermittelt. Dazu raucht man einen gemessenen Anteil der Lösung mit einem geringen Überschuß an Schwefelsäure ab, löst in etwa 5proz. Schwefelsäure, oxydiert mit Salpetersäure, versetzt bekannte Bruchteile dieser Lösung mit Rhodanid und vergleicht mit Lösungen von bekanntem Gehalt an Eisen[III].

Aluminium wird durch Fällen (in 50 bis 100 cm³) mit Oxin bestimmt. Man erhält zunächst die Summe von Eisen- und Aluminiumoxyd, und kann, falls der Eisengehalt schon ermittelt ist, aus der Differenz den Gehalt an Aluminium errechnen. Meist aber wird man sich mit der Bestimmung der Summe von Eisen- und Aluminiumoxyd begnügen. Sehr geringe Mengen an Aluminium lassen sich colorimetrisch mit alizarinsulfosaurem Natrium bestimmen[30].

Silicium, falls solches in der Lösung vorhanden ist, findet man als Kieselsäure im Rückstand nach dem Abrauchen mit Schwefelsäure, wie es für die colorimetrische Eisenbestimmung vorgenommen wird. Nach dem Auswägen muß die Kieselsäure auf Reinheit geprüft werden.

Beryllium selbst bestimmt man im Filtrat von der Oxinfällung des Eisens und Aluminiums durch Fällen mit Ammoniak.

Bemerkung. Die Addition der so gefundenen Prozentgehalte für Be + Al + Fe + Si + Rückstand ergibt selten 100. Dies hat seinen Grund darin, daß jedes Berylliummetall einen gewissen Gehalt an Berylliumoxyd besitzt, der teilweise beim Lösen der Einwaage mit in Lösung geht. Außerdem befinden sich im technischen Metall bisweilen geringe Mengen von Alkalien und wasserlöslichen Berylliumsalzen, die aber meist vernachlässigt werden können. Will man sie bestimmen, so extrahiert man eine größere Probe des Metalls erschöpfend mit destill. Wasser, dampft den Auszug ein und kann nun den Rückstand auf Beryllium, Alkalimetalle, Chlor usw. prüfen.

2. Berylliumlegierungen.

Bei der Analyse dieser Legierungen ist folgendes zu beachten: Enthält die zu untersuchende Legierung, etwa eine Vorlegierung od. dgl., *nennenswerte Mengen Beryllium*, dann verfährt man nach den unter B, S. 68 angegebenen Trennungsmethoden. Auch hier ist das abgeschiedene Berylliumoxyd auf Reinheit zu prüfen.

Bei Legierungen *mit geringen Berylliumgehalten* ist zunächst der Hauptbestandteil der Legierung zu entfernen; dann wird die das Beryllium enthaltende Lösung so weit konzentriert, daß die erforderlichen Trennungsverfahren angewandt werden können.

Die folgenden Abschnitte bringen einige ausgearbeitete Vorschriften:

---

* Spektroskopisch lassen sich gewöhnlich in techn. Erzeugnissen außer diesen noch zahlreiche andere Elemente nachweisen, wie z. B. Cu, Ni, Cr, Ti, Zr usw. Sie sollen hier unberücksichtigt bleiben.

[30] Stock, Prätorius u. Priess: Ber. dtsch. chem. Ges. Bd. 58 (1925) S. 1571.

a) Analyse von Kupfer-Beryllium-Legierungen.

1 g Späne (hinsichtlich der Einwaage wird auf den Schluß des Abschnitts verwiesen) löst man in 5 cm³ Salpetersäure (1,4) und 5 cm³ Wasser, fügt 10 cm³ Schwefelsäure (1 + 1) hinzu und erhitzt auf dem Sandbad bis zum Entweichen von Schwefelsäuredämpfen. Hat man die Sulfate mit etwa 150 cm³ Wasser in Lösung gebracht, so wird von der abgeschiedenen Kieselsäure abfiltriert und diese bestimmt. Das Kupfer wird durch Elektrolyse an einer Platinkathode abgeschieden.

Den entkupferten Elektrolyten bringt man zum Sieden, versetzt mit 2 cm³ Salpetersäure (1,4) und kocht weitere 3 min. (Das bei der Elektrolyse teilweise reduzierte Eisen wird dadurch oxydiert.) Hierauf wird abgekühlt und schwach ammoniakalisch gemacht. Eisen, Beryllium und Aluminium fallen als Hydroxyde aus. Zur vollständigen Ausfällung und besseren Zusammenballung des Niederschlags ist es zweckmäßig, die Fällung einige Stunden stehen zu lassen; hierauf wird filtriert und mit ammoniak-, ammoniumchloridhaltigem Wasser (1 g Ammoniumchlorid und 1 cm³ Ammoniak auf 100 cm³ Wasser) ausgewaschen. Ist mehr als 0,3% Nickel vorhanden, so muß die Fällung wiederholt werden.

Im Filtrat fällt man das *Nickel* mit Diacetyldioxim und bestimmt es durch Auswägen des bei 110° getrockneten Niederschlages oder, falls nur wenig Nickel vorhanden ist, durch Verglühen des Niederschlages zu NiO.

Der Hydroxydniederschlag von Beryllium, Aluminium und Eisen wird mit wenig Salzsäure (1 + 1) sorgfältig vom Filter gelöst, die überschüssige Säure mit Ammoniak abgestumpft, und etwa schon ausgefallenes Hydroxyd mit einem Tropfen Salzsäure wieder in Lösung gebracht. Nach dem Verdünnen der Lösung auf 250 cm³ erwärmt man auf 50 bis 60° und fällt mit 5proz. essigsaurer Oxinlösung und Ammoniumacetatlösung das *Aluminium* und *Eisen* als Oxinat (s. unten). Die Menge der Oxinlösung sowie die der Ammoniumacetatlösung richtet sich nach dem vorhandenen Aluminium- und Eisengehalt. Für ein Millimol Eisen oder Aluminium benötigt man 10 cm³ 5proz. Oxinlösung (5 g o-Oxychinolin werden in 24 cm³ 50proz. Essigsäure gelöst und hierauf mit 75 cm³ Wasser verdünnt). Für einen Überschuß an Oxinlösung muß jedoch gesorgt werden, und dieser wird an der Gelbfärbung der überstehenden Flüssigkeit nach dem Absitzen des Eisen- und Aluminium-Oxinat-Niederschlages erkannt.

Die Ammoniumacetatlösung wird durch Lösen von 150 g kryst. Ammoniumacetat in 1000 cm³ Wasser und Zusatz von Ammoniak bis zur neutralen Reaktion erhalten.

Die Fällung mit Oxin wird derart vorgenommen, daß man zu der auf 50 bis 60° erwärmten Lösung zuerst die essigsaure Oxinlösung hinzufügt und hierauf tropfenweise 50 cm³ neutrale Ammoniumacetatlösung unter Umrühren zufließen läßt. Nach einer Wartezeit von 1 bis 2 Stunden wird der Oxinatniederschlag abfiltriert, mit warmem Wasser gut gewaschen, vorsichtig verascht und hierauf bei 1200° geglüht. Auswaage: Al_2O_3 + Fe_2O_3. Sind in der Legierung mehr als 0,5% Al + Fe enthalten, so glüht man den Niederschlag nur bei 800°, schließt ihn im Platintiegel durch Schmelzen mit Kaliumhydrogensulfat auf, löst die Schmelze mit warmem Wasser und fällt das in Lösung gegangene Platin mit Schwefelwasserstoff. Hat man es abfiltriert, den Schwefelwasserstoff aus dem Filtrat vertrieben, das Eisen mit Salpetersäure oxydiert, so fällt man die Hydroxyde mit Ammoniak in der Kälte. Nach einigen Stunden wird filtriert, mit ammoniak- und ammoniumchloridhaltigem Wasser gewaschen, der Niederschlag mit wenig Salzsäure(1 + 1) gelöst und die Oxintrennung, wie oben beschrieben, wiederholt. Das Filtrat, in welchem sich die kleinen mitgerissenen Mengen Beryllium befinden, wird mit dem von der ersten Oxinfällung vereinigt.

Diese vereinigten Filtrate macht man schwach ammoniakalisch, läßt das dadurch ausgefallene **Berylliumhydroxyd** einige Stunden stehen, filtriert, wäscht mit ammoniak-, ammoniumnitrathaltigem Wasser (1 g Ammoniumnitrat und 1 cm^3 Ammoniak auf 100 cm^3 Wasser), trocknet, verascht vorsichtig und glüht bei 1200°. Auswaage: BeO.

Die **Eisenbestimmung** wird in einer Sondereinwaage vorgenommen. Hierzu löst man 2 g Späne in Salpetersäure (1 + 1), raucht mit Schwefelsäure ab, scheidet das Kupfer durch Elektrolyse ab und oxydiert den kupferfreien Elektrolyten mit Salpetersäure in der Wärme. Dann werden die Hydroxyde mit Ammoniak gefällt, nach S. 75 gewaschen, abfiltriert und in Salzsäure gelöst; in der Lösung wird das Eisen mit $^n/_{10}$- oder $^n/_{100}$-Kaliumpermanganatlösung nach Zimmermann-Reinhardt titriert. Die daraus berechnete Menge an Fe$_2$O$_3$ wird von der Auswaage Al$_2$O$_3$ + Fe$_2$O$_3$ abgesetzt; der Rest ergibt Al$_2$O$_3$ bzw. **Aluminium.**

Die *Einwaagen* richten sich nach den Berylliumgehalten der betreffenden Legierung bzw. Vorlegierung:

Bei einer Kupfer-Beryllium-Vorlegierung mit 10% Beryllium wählt man eine Einwaage von 1 g, unterteilt nach der Oxintrennung das Filtrat und verwendet zwei Fünftel davon für die Fällung des Berylliumhydroxyds. Bei einer Kupfer-Beryllium-Legierung mit 2 bis 4% Beryllium wird 1 g eingewogen. Bei einer Legierung mit 0,5 bis 1% Beryllium beträgt die Einwaage 2 g, und bei Kupfer mit weniger als 0,5% Beryllium wird eine solche von 5 bis 10 g gewählt. Für die Berylliumbestimmung wird dann das gesamte Filtrat von der Oxinfällung verwandt.

b) Bestimmung des Berylliums in Nickel-Beryllium-Legierungen.

α) 1 g Späne wird in Salpetersäure (1 + 1) gelöst, mit 10 bis 15 cm^3 Schwefelsäure (1 + 1) versetzt und bis zum Entweichen von Schwefelsäuredämpfen auf dem Sandbad erhitzt. Die Sulfate bringt man mit Wasser in der Wärme in Lösung und filtriert von der Kieselsäure ab. Das Filtrat, etwa 300 cm^3, wird mit 5 g Ammoniumchlorid versetzt und mit Ammoniak schwach ammoniakalisch gemacht. Nach einigen Stunden filtriert man, wäscht mit ammoniak-, ammoniumchloridhaltigem Wasser, löst den Hydroxydniederschlag mit Salzsäure (1 + 1) und wiederholt die Fällung mit Ammoniumchlorid und Ammoniak. Ist in der Legierung mehr als 0,1 bis 0,2% Mangan vorhanden, so wird nach dem Waschen mit ammoniak-, ammoniumnitrathaltigem Wasser die erste Hydroxydfällung mit Schwefelsäure (1 + 4) gelöst. Dann verdünnt man nach dem Abstumpfen der Säure auf 200 cm^3, fügt 5 g Ammoniumperoxydisulfat hinzu und kocht $^1/_2$ Stunde; das ausgeschiedene Mangandioxyd wird abfiltriert, und jetzt erst die zweite Hydroxydfällung vorgenommen. Der nun von mitgerissenem Nickelhydroxyd befreite Niederschlag von Berylliumhydroxyd (mit kleinen Mengen Aluminium- und Eisenhydroxyd) wird mit wenig Salzsäure (1 + 1) gelöst und in der Lösung die Trennung mit Oxin, wie bei a) „Kupfer-Beryllium-Legierungen" beschrieben, durchgeführt.

β) Hat man den Berylliumgehalt einer Nickel-Beryllium-Vorlegierung mit 10% Beryllium festzustellen oder aber Nickel mit kleineren Mengen als 0,5% Beryllium zu untersuchen, so müßte man die Ammoniakfällung mehrere Male wiederholen, um das Nickel vom Beryllium und den kleinen etwa vorhandenen Mengen Aluminium zu trennen. Es ist daher zweckmäßig, einen anderen Analysengang einzuschlagen, falls nur die Bestimmung von Beryllium und Aluminium verlangt wird. Dazu wird die Abtrennung des Nickels und der kleinen Mengen Eisen durch elektrolytische Abscheidung an einer Quecksilberkathode vorgenommen wie unter d) „Bestimmung des Berylliums in Berylliumsonderstählen" ausführlich beschrieben wird.

Nach dem Abfiltrieren der Kieselsäure wird die überschüssige Schwefelsäure mit Natronlauge abgestumpft und aus der ungefähr 400 cm³ betragenden, nun schwach schwefelsauren Lösung das Nickel an einer Quecksilberkathode durch einen Strom von 4 A bei 40 cm² Quecksilberoberfläche und einer Spannung von etwa 13 V zur Abscheidung gebracht. Nachdem der Elektrolyt farblos geworden ist, wird abgehebert, Ammoniumchlorid hinzugefügt und mit Ammoniak das Beryllium- und Aluminiumhydroxyd ausgefällt. Ist in der Legierung mehr als 0,1 bis 0,2% Mangan vorhanden, so wird der Niederschlag mit Schwefelsäure (1 + 4) vom Filter gelöst, die überschüssige Säure mit Ammoniak fast neutralisiert, die Lösung auf 200 cm³ verdünnt, mit 5 g Ammoniumperoxydisulfat versetzt und ¹/₂ Stunde gekocht. Das Mangan fällt als Mangandioxyd aus und wird abfiltriert. Ist weniger Mangan vorhanden, so unterbleibt die Abscheidung mit Ammoniumperoxydisulfat. Im Filtrat fällt man das Beryllium und Aluminium mit Ammoniak unter Zusatz von Ammoniumchlorid in der Kälte. Nach einigen Stunden wird filtriert, der Niederschlag mit wenig Salzsäure (1 + 1) gelöst und die Oxintrennung wie unter a) „Kupfer-Beryllium-Legierungen" beschrieben, durchgeführt.

Die Einwaagen richten sich nach den Berylliumgehalten der betreffenden Legierung bzw. Vorlegierung, wie dies schon am Schlusse der Analysenvorschriften für Kupfer-Beryllium-Analysen angegeben wurde. Jedoch werden bei Gehalten von weniger als 0,5% Beryllium als Einwaage nicht mehr als 5 g genommen, da sonst die elektrolytische Abscheidung so großer Mengen Nickel zu viel Quecksilber und zu lange Zeit (etwa 8 Stunden) benötigen würde.

c) Bestimmung des Berylliums in Eisen-Beryllium-Legierungen.

α) 1 bis 5 g Späne — je nach dem Berylliumgehalt — werden in Salzsäure (1,19) gelöst; man oxydiert die Lösung mit Salpetersäure, macht die Kieselsäure durch Trocknen bei 120° unlöslich, filtriert, engt das Filtrat von der Kieselsäure ein, versetzt mit Salzsäure und dampft noch einmal auf dem Wasserbad ein. Es wird nun mit wenig Salzsäure (1 + 1) aufgenommen und das Eisen durch Ausäthern nach Rothe vom Beryllium getrennt. In der wässerigen Phase befinden sich das gesamte Beryllium, Mangan und wenig Eisen neben etwa vorhandenem Aluminium. Hat man den Ätherrest auf dem Wasserbad verdampft, so fügt man der Lösung 10 bis 15 cm³ Schwefelsäure (1 + 1) hinzu, erhitzt bis zum Entweichen von Schwefelsäuredämpfen auf dem Sandbad, bringt die Sulfate mit Wasser in Lösung und stumpft mit Ammoniak die überschüssige Säure ab, versetzt mit 2 g Ammoniumperoxydisulfat und kocht ¹/₂ Stunde. Das Mangandioxyd wird abfiltriert, im Filtrat das Beryllium mit Ammoniak als Berylliumhydroxyd gefällt und die Trennung von Aluminium und den beim Ausäthern in die wässerige Phase gegangenen geringen Mengen Eisen mit Oxin, wie unter a) „Analyse von Kupfer-Beryllium-Legierungen" beschrieben, durchgeführt.

β) Die Trennung des Berylliums von den vorhandenen großen Mengen Eisen läßt sich auch durch Abscheidung des letzteren aus schwach schwefelsaurer Lösung an einer Quecksilberkathode durchführen.

Man löst 1 bis 5 g Späne in verd. Schwefelsäure, oxydiert die Lösung mit Wasserstoffperoxyd, zerstört dieses durch Kochen, stumpft die überschüssige Säure mit Natronlauge so weit ab, bis sich die Lösung durch Bildung von basischem Eisen(III)-sulfat braun färbt, und setzt hierauf 2 cm³ Schwefelsäure (1 + 1) hinzu. Zur kathodischen Abscheidung des Eisens nimmt man, falls die Einwaage 5 g betragen hat, etwa ¹/₅ der Lösung und elektrolysiert mit einem Strom von 4 A bei 40 cm² Quecksilberoberfläche und einer Spannung von etwa 13 V. In dem Maße, wie der Elektrolyt an Eisen verarmt, wird nach und nach die schwach saure Lösung zugefügt. Ist alles Eisen kathodisch abgeschieden, so wird abgehebert, die Säure mit

Ammoniak abgestumpft und das Mangan durch Kochen mit Ammoniumperoxydisulfat als Mangandioxyd abgeschieden. Hat man es abfiltriert, so wird im Filtrat nach Zusatz von Ammoniumchlorid mit Ammoniak das Berylliumhydroxyd gefällt, dieses in wenig Salzsäure $(1+1)$ gelöst und die Trennung mit Oxin vom gegebenenfalls vorhandenen Aluminium und kleinen nicht abgeschiedenen Resten Eisen durchgeführt. Das Berylliumoxyd wird mit Flußsäure-Schwefelsäure abgeraucht, um etwa mitgerissene Kieselsäure zu entfernen, und hierauf bei 1200° geglüht.

Ist in der Eisen-Beryllium-Legierung noch Phosphor vorhanden, so muß das bei 1200° geglühte BeO mit Kaliumhydrogensulfat aufgeschlossen, die Schmelze mit Wasser ausgelaugt, dann der Phosphor mit Ammoniummolybdatlösung bestimmt und als P_2O_5 vom BeO in Abzug gebracht werden.

d) Die Bestimmung des Berylliums in Beryllium-Sonderstählen.

(Trennung des Berylliums von Chrom, Nickel, Eisen, Kobalt, Molybdän, Mangan, Aluminium.)

Die Berylliumbestimmung in Sonderstählen kann nur nach vorausgehender Entfernung des Chroms, Nickels, Eisens, Kobalts, Molybdäns und Aluminiums erfolgen. Zu diesem Zweck kann man 2 Wege einschlagen:

α) Man löst 1 bis 2 g Späne in Königswasser, versetzt die Lösung mit 30 cm³ Perchlorsäure (1,59) und erhitzt auf dem Sandbad so lange, bis Perchlorsäuredämpfe entweichen. Nach 10 min dauerndem, kräftigem Rauchen* ist das ganze Chrom zu Chromat oxydiert. Man läßt abkühlen, verdünnt mit Wasser und filtriert von der abgeschiedenen Kieselsäure und etwa vorhandener Wolframsäure ab. Im Filtrat werden nach Zusatz von Ammoniumchlorid mit Ammoniak Eisen, Aluminium und Beryllium gefällt und hierauf einige Stunden absitzen gelassen. Dann filtriert man, wäscht die Hydroxyde mit ammoniak-, ammoniumnitrat-haltigem Wasser, löst sie mit wenig Schwefelsäure $(1+1)$, verdünnt die Lösung mit Wasser auf 300 cm³, stumpft die überschüssige Säure mit Ammoniak ab, fügt 2 g Ammoniumperoxydisulfat hinzu und kocht $^1/_2$ Stunde. Das ausgefallene Mangandioxyd wird abfiltriert, das Filtrat mit 5 g Ammoniumchlorid versetzt und die Fällung mit Ammoniak wiederholt, um mitgerissenes Nickel, Kobalt** und Molybdän zu entfernen. Hat man den Niederschlag nach einigen Stunden abfiltriert und mit wenig Salzsäure $(1+1)$ gelöst, so wird das Eisen durch Ausäthern entfernt und hierauf nach Vertreiben des Ätherrestes die Trennung mit Oxin wie unter a) „Analyse von Kupfer-Beryllium-Legierungen" beschrieben, durchgeführt.

Statt mit Perchlorsäure kann man auch mit Schwefelsäure abrauchen, die Sulfate mit Wasser in Lösung bringen, die Kieselsäure abfiltrieren, den Überschuß an Säure abstumpfen, Ammoniumperoxydisulfatlösung hinzufügen und durch halbstündiges Kochen das Chrom zu Chromat und das Mangan zu Mangandioxyd oxydieren, vom letzteren abfiltrieren und hierauf die doppelte Fällung unter Zusatz von Ammoniumchlorid mit Ammoniak durchführen.

β) Weit einfacher läßt sich die Trennung des Berylliums und Aluminiums von den in Sonderstählen noch vorhandenen Legierungsbestandteilen, wie Chrom, Nickel, Kobalt, Molybdän und Mangan mittels eines anderen Verfahrens als des eben beschriebenen durchführen. Es beruht auf der Tatsache, daß in schwach schwefelsaurer Lösung alle Metalle, die edler als Mangan sind (Mangan wird nur zum Teil abgeschieden) an einer Quecksilberkathode abgeschieden werden. Beryl-

---

* Vorsicht beim Arbeiten mit Perchlorsäure! s. Kap. „Wolfram", S. 409.

** Bei größeren Mengen Kobalt ist die Trennung mit Ammoniumchlorid-Ammoniak nicht einwandfrei, und es ist zweckmäßig, die Trennung der störenden Metalle vom Beryllium durch Abscheidung an einer Quecksilberkathode, wie später beschrieben, vorzunehmen.

lium, Aluminium, Titan, Zirkonium, Thorium, Vanadium, Magnesium, Cer und Calcium bleiben in Lösung.

1 bis 5 g Späne — je nach Berylliumgehalt — löst man in Königswasser, versetzt die Lösung mit 15 bis 50 cm³ Schwefelsäure (1 + 1) und erhitzt sie auf dem Sandbad bis zum Entweichen von Schwefelsäuredämpfen. Die Sulfate werden mit Wasser in Lösung gebracht. Nachdem man die Kieselsäure abfiltriert hat, wird im Filtrat die überschüssige Schwefelsäure mit Kali- oder Natronlauge so weit abgestumpft, bis sich die Lösung durch basisches Eisen(III)-sulfat braun zu färben beginnt. Nun fügt man noch 2 cm³ Schwefelsäure (1 + 1) hinzu, verdünnt auf 400 cm³ und elektrolysiert mit einem Strom von 4 A bei einer Quecksilberkathodenoberfläche von 40 cm². Anode ist eine Platinspirale; die dabei nötige Spannung beträgt etwa 13 V und hängt vom Badwiderstand ab. Für eine genügende Menge Quecksilber muß gesorgt werden, da sonst durch die Amalgambildung die Kathode nicht genügend freies Quecksilber enthalten und die vollständige Abscheidung der obengenannten Metalle stark verzögert würde. Bei einer Einwaage von 2 g genügen 50 cm³ Quecksilber bei einer Kathodenoberfläche von 40 cm². Bei einer größeren Einwaage wird das Quecksilber entsprechend oft erneuert. Weiteres s. Kap. „Cer und Thorium" S. 137.

Nachdem der Elektrolyt farblos geworden ist, was nach etwa 3 bis 10 Stunden der Fall ist (je nach der Größe der Einwaage), wird die Lösung abgehebert und mit etwas Ammoniumchlorid versetzt. Aus ihr fällt man mit Ammoniak Beryllium, Aluminium und kleine Mengen nicht abgeschiedenen Chroms. Die abfiltrierten Hydroxyde werden mit Schwefelsäure (1 + 4) gelöst; der Überschuß an Säure wird mit Ammoniak abgestumpft. Dann versetzt man mit 2 g Ammoniumperoxydisulfat, kocht und filtriert das ausgefallene Mangandioxyd ab. Im Filtrat werden mit Ammoniak unter Zusatz von Ammoniumchlorid Beryllium und Aluminium gefällt. Man filtriert nach einigen Stunden, löst mit wenig Salzsäure (1 + 1) und führt in der Lösung die Trennung mit Oxin durch wie unter a) „Analyse von Kupfer-Beryllium-Legierungen" beschrieben.

e) Untersuchung von Kupfer-Beryllium-Titan-Legierungen.

Nach dem Lösen von 1 bis 5 g Spänen (je nach dem Gehalt an Beryllium und Titan) in Salpetersäure (1 + 1), Abrauchen mit 10 bis 30 cm³ Schwefelsäure (1 + 1) bis zum Entweichen von Schwefelsäuredämpfen wird nach dem Abkühlen mit Wasser versetzt und, nachdem sich die Sulfate vollständig gelöst haben, von der Kieselsäure abfiltriert. Diese verflüchtigt man mit Flußsäure-Schwefelsäure, schließt einen etwaigen Rückstand von Titanoxyd durch Schmelzen mit Kaliumhydrogensulfat auf, löst und fügt die Lösung dem Hauptfiltrat zu. Nach der elektrolytischen Abscheidung des Kupfers und Oxydation der kleinen vorhandenen Menge Eisen wird die Fällung des Berylliums, Aluminiums, Titans und Eisens mit Ammoniak unter Ammoniumchloridzusatz in der Kälte vorgenommen. Die Lösung darf nicht warm werden, da sich in der Wärme schwerlösliche Metatitansäure bildet. Nach einigen Stunden filtriert man ab, wäscht mit ammoniak-, ammoniumchloridhaltigem Wasser aus und löst die Hydroxyde mit wenig Salzsäure (1 + 1) vom Filter. Die Trennung des Titans und der kleinen Mengen an Aluminium und Eisen vom Beryllium erfolgt mit Oxin, wie dies unter a) „Analyse von Kupfer-Beryllium-Legierungen" beschrieben wurde. Der geglühte Oxinatniederschlag, der aus $TiO_2 + Al_2O_3 + Fe_2O_3$ besteht, wird mit Kaliumhydrogensulfat aufgeschlossen, die Schmelze mit Schwefelsäure (1 + 3) in Lösung gebracht, diese in einem Meßkolben aufgefüllt und die Bestimmung von Titan, Eisen und Aluminium wie üblich auf gewichtsanalytischem oder colorimetrischem Wege vorgenommen. Im Filtrat von der Oxinfällung wird das Beryllium mit Ammoniak gefällt und nach dem Glühen bei 1200° als BeO gewogen.

f) Untersuchung von Kupfer-Beryllium-Zirkonium-Legierungen.

Hat man 1 bis 5 g Späne (je nach Gehalt an Zirkonium und Beryllium) in Salpetersäure $(1+1)$ gelöst, die Lösung mit 10 bis 30 cm³ Schwefelsäure $(1+1)$ bis zum Entweichen von Schwefelsäuredämpfen erhitzt, so werden die Sulfate mit Wasser in Lösung gebracht und von der Kieselsäure durch Filtrieren befreit. Das **Kupfer** scheidet man aus dem Filtrat durch Elektrolyse ab, oxydiert den Elektrolyt mit Bromwasser, entfernt das überschüssige Brom durch Kochen, versetzt nach dem Abkühlen mit 5 g Ammoniumchlorid und fügt hierauf einen geringen Überschuß von Ammoniak zu. Nach einigen Stunden werden die Hydroxyde abfiltriert, mit ammoniak-, ammoniumchloridhaltigem Wasser gewaschen und mit 60 cm³ Salzsäure $(1+1)$ vom Filter gelöst. Man verdünnt die Lösung auf 300 cm³, versetzt sie zur Fällung des **Zirkoniums** mit einer wässerigen Lösung von 0,3 g Phenylarsinsäure und erhitzt dann zum Sieden. (Es ist zu prüfen, ob genügend Phenylarsinsäure zugefügt wurde.) Nach 10 min währendem Kochen und halbstündigem Absitzen über kleiner Flamme wird filtriert, der Niederschlag mit 1 proz. warmer Salzsäure gewaschen, vorsichtig verascht (im Abzug wegen der arsenhaltigen Dämpfe) und schließlich bei 1100° geglüht (ZrO_2). Im Filtrat fällt man Beryllium, Aluminium und die kleinen Mengen an Eisen mit Ammoniak, läßt einige Stunden stehen, löst mit wenig Salzsäure und führt die weitere Trennung mittels Oxin durch, wie unter a) „Analyse von Kupfer-Beryllium-Legierungen" beschrieben.

Wird nur die Bestimmung des Berylliums gewünscht, so kann die Fällung des Zirkoniums, Aluminiums und der kleinen Mengen an Eisen zusammen erfolgen. Hierzu werden nach der elektrolytischen Kupferabscheidung die ausgefällten Hydroxyde mit wenig Salzsäure $(1+1)$ gelöst; in der Lösung wird die Oxinfällung, wie unter a) „Analyse von Kupfer-Beryllium-Legierungen" beschrieben, durchgeführt. Zirkonium, Aluminium und Eisen fallen als Oxinate aus, werden zu Oxyden geglüht und können hierauf weiter getrennt werden. Beryllium befindet sich im Filtrat und wird mit Ammoniak gefällt und durch Glühen in Oxyd übergeführt.

g) Die Bestimmung von Beryllium in Beryllium-Aluminium-Legierungen.

Ist in einer Legierung viel mehr Aluminium als Beryllium vorhanden, so muß, um nach erfolgter Trennung eine genügend große Auswaage an BeO zu haben, die Einwaage vergrößert werden; dadurch erhält man jedoch sehr große voluminöse Aluminiumoxinatniederschläge, die schon nennenswerte Mengen Beryllium einschließen können. Es müßte deshalb nach dem Glühen und Aufschließen des Aluminiumoxinats eine Wiederholung der Trennung erfolgen. Daher ist es besser, eine grobe Vortrennung vorzunehmen, bei der die Hauptmenge des Aluminiums abgeschieden wird. Die restlichen Anteile an Aluminium, die beim Beryllium bleiben, stören dann bei der weiteren Trennung nicht.

α) Diese Vortrennung kann nach der Methode von F. S. Havens[31] erfolgen, indem man durch Einleiten von trockenem Chlorwasserstoff in die gekühlte, ätherische Salzsäurelösung die Hauptmenge des Aluminiums als $AlCl_3 \cdot 6H_2O$ ausfällt (s. auch Kap. „Aluminium"). Das Filtrat (Glasfilternutsche) enthält das gesamte Beryllium neben kleineren Mengen an Aluminium, dessen vollständige Abtrennung dann mit Oxin erfolgt.

β) Die Abtrennung der Hauptmenge des Aluminiums kann auch durch Hydrolyse der verdünnten, schwach alkalischen Aluminat- und Beryllatlösung bei Siedehitze erfolgen:

0,5 bis 1 g Späne werden mit wenig Salzsäure gelöst; nachdem die Kieselsäure abgeschieden ist, wird das auf ungefähr 100 cm³ gebrachte Filtrat mit

---

[31] Z. anal. Chem. Bd. 93 (1933) S. 294. — Fischer, W., u. W. Seidel: Z. anorg. u. allg. Chem. Bd. 247 (1941) S. 333 ff.

20proz. Natronlauge so lange versetzt, bis sich der zuerst gebildete Niederschlag wieder gelöst hat. Dann fügt man 5 cm³ 20proz. Natronlauge im Überschuß zu, spült die alkalische Lösung in eine Nickelschale, verdünnt mit Wasser auf 400 cm³ und kocht unter ständigem Ersatz des verdampften Wassers 2 bis 3 Stunden. Das durch das Kochen hydrolysierte und noch unreine Berylliumhydroxyd wird abfiltriert und das Filtrat auf die Abwesenheit von Beryllium mit alkalischer Chinalizarinlösung (Blaufärbung) geprüft. Sollte die Chinalizarinreaktion auf Beryllium positiv ausfallen, so muß noch einige Zeit gekocht werden, um die letzten Reste an Beryllium, die jedoch meistens so klein sind, daß sie vernachlässigt werden können, abzuscheiden. Das unreine Berylliumhydroxyd (mit etwa 0,1 bis 0,2 g Al (OH)$_3$) löst man mit warmer Salzsäure $(1+1)$ und fällt es mit Ammoniak wieder aus. Nach einigen Stunden wird filtriert, der Niederschlag mit wenig Salzsäure $(1+1)$ gelöst und die Trennung von dem zum Teil mitgerissenen Aluminiumhydroxyd mit Oxin, wie unter a) „Analyse von Kupfer-Beryllium-Legierungen" beschrieben, durchgeführt. War die mitgerissene Menge Aluminiumhydroxyd verhältnismäßig groß, so empfiehlt es sich, den Aluminiumoxinatniederschlag zu glühen, mit Kaliumhydrogensulfat aufzuschließen, aus der Lösung der Schmelze das Aluminium mit den kleinen mitgerissenen Mengen Beryllium als Hydroxyd mit Ammoniak auszufällen, in wenig Salzsäure $(1+1)$ zu lösen und die Trennung mit Oxin zu wiederholen. In den vereinigten Filtraten der Oxinatniederschläge wird das Beryllium mit Ammoniak gefällt, nach einigen Stunden abfiltriert, wie üblich gewaschen, vorsichtig verascht und bei 1200° zu BeO geglüht.

3. Berylliumoxyd und Berylliumsalze.

Das Oxyd findet für keramische Spezialzwecke (schwer schmelzbare Geräte, Kathodenkörper für Radioröhren) Verwendung; Natriumberylliumfluoride dienen zur Schweißmittelerzeugung; das Chlorid wird in der Leichtmetall-Legierungstechnik und das Nitrat für die Herstellung von Gasglühlichtkörpern verwendet.

a) Berylliumoxyd.

Bestimmt werden: Glühverlust, BeO, Al$_2$O$_3$, Fe$_2$O$_3$, CaO, Alkalien, SiO$_2$, SO$_3$, P$_2$O$_5$, F, MnO, V$_2$O$_5$; für praktische Zwecke interessieren meist nur die Gehalte an BeO, Al$_2$O$_3$, Fe$_2$O$_3$, SiO$_2$.

Zunächst verschafft man sich durch qualitative Prüfungen eine Vorstellung von Art und Menge der Verunreinigungen, insbesondere prüft man auf Fluor (zweckmäßig mit Zirkon-Alizarinsulfosäure). Da mit dem Vorhandensein von Kieselsäure im Berylliumoxyd stets gerechnet werden muß, ist der Analysengang ein anderer, je nachdem, ob Fluor anwesend ist oder nicht.

Bei *Abwesenheit von Fluor* verfährt man wie folgt:

Zur **Glühverlustbestimmung** glüht man 0,5 bis 1 g im Platintiegel bei 1200° bis zur Gewichtskonstanz.

Für die Bestimmung von *Eisen, Aluminium, Beryllium* und *Kieselsäure* verfährt man genau wie für „Berylliummetall", S. 74, angegeben. Die Einwaage von 1 bis 5 g wird in Lösung gebracht, indem man sie in der Platinschale etwa 30 min unter Umrühren mit Schwefelsäure $(1+1)$ erhitzt, bis die Schwefelsäure kräftig raucht. Dabei wandelt sich das Berylliumoxyd (auch hochgeglühtes und dadurch in Säuren schwer löslich gewordenes) in Sulfat um, das man durch längeres Erwärmen mit schwefelsäurehaltigem Wasser in Lösung bringt. Klärt sich die Lösung nicht völlig, so setzt man einige Tropfen einer 2proz. Gelatinelösung zu, um fein verteilte Kieselsäure zum Ausflocken zu bringen, filtriert ab, glüht und wägt den Rückstand. Dieser wird dann mit Fluß- und Schwefelsäure abgeraucht, worauf abermaliges Glühen und Wägen folgt. Die Differenz der beiden Wägungen ergibt das Gewicht der Kieselsäure. Der im Platintiegel verbleibende Rückstand wird mit wenig Natriumpyrosulfat geschmolzen, die Schmelze gelöst und die Lösung der Hauptlösung zugefügt. Sollte auch hier noch unaufgeschlossenes Material zurückbleiben, so wiederholt man die Schmelze, diesmal mit Natriumcarbonat, löst, raucht mit Schwefelsäure ab, bestimmt die Kieselsäure und fügt das Filtrat gleichfalls der Hauptlösung zu.

Den *Gehalt an Alkalien* ermittelt man durch erschöpfendes Auslaugen einer Probe von 10 g mit Wasser. Im Filtrat findet man je nach dem Herstellungsprozeß des Oxydes: Na, K, Ca, Be, NH_4, SO_3. Bei den vielen hier möglichen Untersuchungsmethoden muß durch eine qualitative Analyse der Weg für eine quantitative Trennung und Bestimmung gewiesen werden.

Zur Bestimmung der *Schwefelsäure* löst man eine Probe von 2 bis 5 g in konz. Salpetersäure in der Wärme; dies erfordert je nach der Höhe der Glühtemperatur und der Feinheit des Oxydes Stunden bis Tage. Die Lösung wird auf 200 bis 500 cm^3 verdünnt und die Schwefelsäure mit Bariumchlorid oder -nitrat gefällt.

Phosphorsäure wird ebenfalls in salpetersaurer Lösung bestimmt. Man löst 1 bis 2 g in heißer konz. Salpetersäure und verfährt nach der bei „Berylliumnitrat" gegebenen Vorschrift.

Bei Anwesenheit von Fluor[32] mischt man die Einwaage mit der 4fachen Gewichtsmenge Natriumkaliumcarbonat und schmilzt etwa 1 Stunde. Dann wird der Tiegel samt der Schmelze in einer geräumigen Porzellanschale mit 100 cm^3 Wasser gekocht, bis die Schmelze zerfallen ist, worauf man den Rückstand (A) abfiltriert und auswäscht.

Das Filtrat wird 1 Stunde lang unter Zusatz von einigen Gramm Ammoniumcarbonat gekocht, nach dem Erkalten mit weiteren Mengen dieses Salzes versetzt und 12 Stunden beiseite gestellt. Kieselsäure, Tonerde usw. scheiden sich hierbei ab, werden abfiltriert und mit ammoniumcarbonathaltigem Wasser gewaschen (B).

Das Filtrat hiervon, welches das gesamte Fluor enthält, daneben aber auch noch Phosphor- und Kieselsäure, wird stark eingekocht, dann mit Wasser verdünnt und in der Siedehitze mit Salpetersäure gegen Phenolphthalein neutralisiert. Reste von Kieselsäure entfernt man mit dem Schaffgotsch-Reagens [250 g Ammoniumcarbonat + 180 cm^3 Ammoniak (0,91) + Wasser auf 1 Liter aufgefüllt; hierin gelöst 20 g frisch gefälltes Quecksilberoxyd], von dem man 20 cm^3 anwendet. Der ausgefallene Niederschlag (C) wird abfiltriert, das Filtrat zur Trockne gedampft und wieder mit Wasser aufgenommen. In dieser Lösung fällt man durch einen Zusatz von Silbernitrat etwa vorhandene Phosphorsäure zusammen mit Silbercarbonat aus und beseitigt das überschüssige Silber mit Natriumchlorid. Nun wird das Filtrat gekocht, mit 1 cm^3 2n-Natriumcarbonatlösung und Calciumchloridlösung in geringem Überschuß versetzt und damit das Fluor als Calciumfluorid gefällt. Man filtriert den aus Calciumcarbonat und -fluorid bestehenden Niederschlag ab und behandelt ihn nach den für die Bestimmung des Fluors als Calciumfluorid geltenden Vorschriften.

Für die Bestimmung der *Kieselsäure* verascht man die Niederschläge A, B, C im Platintiegel, bringt nach dem Erkalten mit Schwefelsäure zum Rauchen und verfährt im übrigen sinngemäß nach der für fluorfreies Material geltenden Vorschrift.

b) Berylliumnitrat.

Im Handel befinden sich krystallisiertes Berylliumnitrat — $Be(NO_3)_2 \cdot 3\,H_2O$ — und eine konzentrierte wässerige Lösung, die jedoch nicht ein Salz obiger Formel, sondern ein basisches Nitrat — etwa $Be(NO_3)_2 \cdot BeO$ — enthält. Beide Erzeugnisse haben einen Gehalt von rund 13% BeO; das spez. Gew. der Lösung beträgt etwa 1,3.

---

[32] Lunge-Berl: Chem.-techn. Untersuchungsmethoden. 7. Aufl. Bd. II S. 1025.

Für die nachstehend beschriebenen Reaktionen wird eine Lösung benützt, die durch Lösen bzw. Auffüllen von 25 g Berylliumnitrat auf 100 cm³ erhalten wird. Sie muß klar sein.

Qualitative Prüfungen.

Schwermetalle. In 10 cm³ der Lösung wird Schwefelwasserstoff bis zur Sättigung eingeleitet. Es darf dabei höchstens eine schwache Braunfärbung auftreten.

Eisen. 10 cm³ Lösung dürfen nach Zusatz von 1 cm³ Salpetersäure (1,42) und 2 cm³ einer 10proz. Ammoniumrhodanidlösung nur schwache Rotfärbung zeigen.

Chlorid. 10 cm³ Lösung dürfen nach Zusatz von 1 cm³ Salpetersäure (1,42) und 2 cm³ $n/_{10}$-Silbernitrat nur eine geringe Opalescenz aufweisen.

Phosphat. 10 cm³ Lösung werden mit 5 cm³ Salpetersäure (1,42) und 20 cm³ Ammoniummolybdatlösung versetzt und auf dem geschlossenen Wasserbade angewärmt. Nach 30 min darf höchstens eine schwache gelbe Trübung auftreten.

Zur Herstellung der Ammoniummolybdatlösung werden 40 g des Salzes in 335 cm³ Wasser und 65 cm³ Ammoniak (25proz.) gelöst; diese Lösung mischt man mit 230 cm³ Salpetersäure (1,42), welche mit 370 cm³ Wasser verdünnt wurde.

Quantitative Bestimmungen.

Gehalt an BeO ($+ Al_2O_3$). 10 cm³ Lösung werden in einem Porzellan- (besser Platin-) Tiegel vorsichtig zur Trockne gedampft; dann glüht man bei 1100 bis 1200° bis zur Gewichtskonstanz.

Gehalt an Al_2O_3. 10 cm³ Lösung werden auf 50 cm³ verdünnt und mit Ammoniak $(1 + 1)$ vorsichtig so weit abgestumpft, daß ein geringer Niederschlag bestehen bleibt. Dieser wird in der Wärme mit einigen Tropfen Salpetersäure wieder in Lösung gebracht. Nun verdünnt man auf etwa 100 cm³, fügt bei etwa 60° 5 cm³ Oxinlösung (s. S. 68 „Trennungen") und darauf 50 cm³ Ammoniumacetatlösung (s. ebenda) hinzu, kocht kurze Zeit auf und läßt über Nacht absitzen. Dann wird der Niederschlag abfiltriert, mit warmem Wasser sorgfältig ausgewaschen, geglüht und als Al_2O_3 gewogen. Die Auswaage mal 40 ergibt den Gehalt an Al_2O_3 in Prozenten; er soll nicht mehr als 0,2% betragen.

Alkalien usw. 10 cm³ Lösung werden mit Wasser auf etwa 150 cm³ verdünnt, zum Sieden erhitzt und tropfenweise mit Ammoniak versetzt, bis die Flüssigkeit schwach danach riecht. Nach dem Erkalten füllt man die Lösung samt dem Niederschlag in einem 250 cm³-Meßkolben auf, filtriert, entnimmt dem Filtrat 200 cm³ und dampft in einer Platinschale zur Trockne. Nach dem vorsichtigen Verjagen der Ammoniumsalze wird die Schale 5 min schwach geglüht. Der Rückstand darf 0,1% der angewandten Originalmenge (hier waren es 2 g) nicht überschreiten.

Sulfat. 10 cm³ Lösung werden auf 50 cm³ verdünnt, mit 1 cm³ Salzsäure (1,19) und 2 cm³ 10proz. Bariumchloridlösung zum Sieden erhitzt und über Nacht warm gestellt. Der SO_4-Gehalt soll 0,5% nicht übersteigen.

Kapitel 5.

Blei*.

A. Bestimmungsmethoden des Bleis unter Berücksichtigung der bei der Analyse störend wirkenden Elemente.

   I. Methoden:
1. Gewichtsanalytische Bestimmung als Bleisulfat,
2. Gewichtsanalytische Bestimmung als Bleichromat,
3. Maßanalytische Bestimmung mit Ammoniummolybdat (Alexander),
4. Elektrolytische Bestimmung als PbO_2,
5. Polarographische Bestimmung,
6. Colorimetrische Bestimmung mit Dithizon.

  II. Trennung des Bleis von den Begleitelementen.

B. Untersuchung von Erzen und Hüttenerzeugnissen.

   I. Erze:
1. *ohne* Barium- und Calciumgehalt,
2. *mit* Barium- und Calciumgehalt,
3. Bestimmung der Nebenbestandteile.

  II. Hüttenerzeugnisse:
1. Zwischen- und Abfallprodukte:
   a) Bleiaschen, -krätzen, -abfälle, Akkumulatorenabfälle,
   b) Akkumulatorenschlämme, Bleischlämme, Flugstäube,
   c) Bleischlacken.
2. Metalle:
   a) Handelsblei, Weichblei, raff. Blei,
   b) Legierungen:
      α) Hartblei, β) Bn-Metalle, γ) Blei-Cadmium-Legierungen mit und ohne Zinngehalt, δ) Weißmetall. Lagermetalle usw., ε) Selen- und tellurhaltiges Blei.
3. Oxyde:
   a) Bleiglätte,
   b) Bleimennige und Bleidioxyd.

A. Bestimmungsmethoden des Bleis unter Berücksichtigung der bei der Analyse störend wirkenden Elemente.

I. Methoden.

Für die Bestimmung des Bleis kommen bei Schiedsanalysen nachstehende Methoden in Betracht, und zwar:

1. die Bleisulfatmethode,
2. die Bleichromatmethode,
3. die maßanalytische Bestimmung nach Alexander,
4. die elektrolytische,
5. die polarographische,
6. die colorimetrische Bestimmung mit Dithizon.

---

*Bearbeiter: **Ensslin**. Mitarbeiter: **Borkenstein, Eckert, Hessling, Janssen, Lahaye, Melzer, Milde, Sellmer, Wagenmann**.

Während sich die beiden ersten Methoden für die Bestimmung des Bleis in jeder Menge eignen, wird die maßanalytische Bestimmung für höhere Bleigehalte und die elektrolytische Bestimmung für solche unter 10% mit Erfolg verwandt. Die letzten zwei Methoden eignen sich für die Feststellung geringer bis sehr geringer Bleigehalte insbesondere in Metallen und Legierungen.

1. Gewichtsanalytische Bestimmung als Bleisulfat.

Liegt das Blei in einer Lösung als Chlorid oder als Nitrat vor, so versetzt man diese mit 20 bis 30 cm³ Schwefelsäure (1 + 1) und dampft ein, bis reichlich Schwefelsäuredämpfe entweichen. Dann wird unter Zugabe von 10 cm³ Wasser zu der erkalteten Lösung nochmals zum Rauchen erhitzt, um sicher zu gehen, daß die gesamte Salpetersäure bzw. Salzsäure aus der Lösung entfernt ist.

Nunmehr läßt man die Probe erkalten, fügt 10 cm³ verd. Schwefelsäure (1 + 4) und 100 cm³ Wasser hinzu und kocht auf. Die Säurekonzentration soll in der verd. Lösung 5 bis 15 cm³ konz. Schwefelsäure auf ein Volumen von 100 cm³ betragen. Auf diese Weise scheidet sich beim Abkühlen praktisch das gesamte Bleisulfat ab; noch gelöste Spuren kann man durch einen Zusatz von Alkohol zur Fällung bringen.

Liegt Blei als Bleiacetat vor oder hat man Bleisulfat in Ammoniumacetat gelöst, so fällt man das Blei mit einer 10proz. Lösung von Ammoniumsulfid bzw. Natriumsulfid aus und löst das abfiltrierte und gewaschene Bleisulfid in Salpetersäure. Man dampft erneut mit 20 bis 30 cm³ Schwefelsäure (1 + 1) ein, bis diese stark raucht, verdünnt mit Wasser auf etwa 100 bis 150 cm³ und läßt das Bleisulfat einige Stunden absitzen; kleine Mengen werden über Nacht stehengelassen. Man filtriert durch einen Porzellanfiltertiegel und wäscht zunächst mit kaltem schwefelsäurehaltigem Wasser, dann mit Alkohol aus und glüht bei einer Temperatur von 450 bis 550°. Filtrieren durch ein Papierfilter und nachträgliches Veraschen ist weniger zu empfehlen, da hierbei leicht Verluste durch Reduktion und Verdampfen des Bleis eintreten können.

Es empfiehlt sich, eine möglichst große Menge Bleisulfat zur Auswaage zu bringen, da Bleisulfat in Wasser oder stark verdünnter Schwefelsäure nicht ganz unlöslich ist.

Die Prüfung des Bleisulfats auf Reinheit geschieht durch Lösen in Ammoniumacetat, wobei eine klare Lösung entstehen muß. Ein etwaiger Rückstand ist abzufiltrieren und zurückzuwägen.

2. Gewichtsanalytische Bestimmung als Bleichromat.

Die Bestimmung des Bleis als Bleichromat beruht auf der Fällung aus heißer essigsaurer Lösung mit Kaliumbichromat bzw. Kaliumchromat. Man verfährt hierzu wie folgt:

Das Bleisulfat (z. B. von 1 g Blei) wird samt dem Filter in das Löseglas gegeben, dort mit 40 cm³ Ammoniumacetatlösung (hergestellt aus 120 cm³ Ammoniak 0,91, 140 cm³ Essigsäure 98proz. und 170 cm³ Wasser) übergossen und so lange geschüttelt, bis das Filter zerschlagen ist. Man verdünnt etwas, erwärmt, bis das Bleisulfat in Lösung gegangen ist, gibt weitere 100 cm³ heißes Wasser hinzu, filtriert und wäscht den Rückstand mit heißem Wasser sorgfältig aus. Das nunmehr etwa 500 cm³ betragende Filtrat wird zum Sieden erhitzt und mit 30 cm³ einer 5proz. heißen Kaliumbichromatlösung gefällt. Die Geschwindigkeit der Chromatzugabe und ein etwaiger Überschuß an Chromatlösung sind auf die Zusammensetzung des Niederschlages ohne Einfluß. Nach weiterem $^1/_4$ stündigem Sieden läßt man abkühlen, 4 Stunden absitzen und filtriert durch einen gewogenen Porzellanfiltertiegel A 2 oder A 3. Dies erfolgt zweckmäßig so, daß man die über dem Niederschlag stehende Flüssigkeit durch den Filtertiegel abgießt, den Niederschlag mit 100 cm³ kochend heißem Wasser umschwenkt, wieder absitzen läßt und die Lösung durch den Tiegel saugt. Zum Schluß wird das Bleichromat mit heißem Wasser in den Tiegel gespült und 4mal mit heißem Wasser gut ausgewaschen. Den Tiegel trocknet man bei 200° bis zur Gewichtskonstanz (Dauer 1 bis $1\frac{1}{2}$ Stunden) und wägt ihn. Der theoretische Faktor für den Bleigehalt ist 0,6411. In einer Reihe von Versuchen[1] wurde aber ein praktischer Faktor von 0,6401 festgestellt, mit dem hier zu rechnen ist.

3. Maßanalytische Bestimmung mit Ammoniummolybdat.

Die maßanalytische Bestimmung des Bleis beruht auf dessen Fällung aus heißer, mit Essigsäure angesäuerter Ammoniumacetatlösung mittels einer eingestellten Ammoniummolybdatlösung. Der Endpunkt der Umsetzung wird durch die Tüpfelprobe mit frisch bereiteter Tanninlösung festgestellt, wobei eine gelbbraun gefärbte Tannin-Molybdänsäure-Verbindung entsteht. Diese Methode liefert nur einwandfreie Ergebnisse, wenn die Arbeitsbedingungen, sowohl bei der Feststellung des Wirkungswertes der Ammoniummolybdatlösung als auch bei der Ausführung der eigentlichen Bestimmung, vollkommen gleich gehalten werden. Die genaue Übereinstimmung der Arbeitsbedingungen hat sich auf Flüssigkeitsmenge, Bleikonzentration, Temperatur der Flüssigkeit, Säurekonzentration und Art des Zufließens der Maßflüssigkeit zu erstrecken.

Die zum Lösen des Bleisulfats verwandte Ammoniumacetatmenge kann bis zu einem gewissen Grade Schwankungen unterliegen. Kieselsäure, kleine Mengen an Eisen und Kalk wirken nicht störend auf die Umsetzung ein. Das nach der Methode 1 und 2 abgeschiedene Bleisulfat ist das Ausgangsprodukt für die maßanalytische Bestimmung.

Zur Lösung von 1,6 g Blei als Sulfat werden etwa 80 cm³ der oben angegebenen Ammoniumacetatlösung benötigt. Diese Lösung bringt man, nachdem ein etwa benutztes Filter mit weiteren 25 cm³ Ammoniumacetatlösung ausgekocht wurde, in einen 500 cm³ Meßkolben und füllt mit destilliertem Wasser bis zur Marke auf. Man entnimmt einen Anteil von 100 cm³, gibt ihn in ein 600 cm³-Becherglas, an dem man bei 400 cm³ eine Marke angebracht hat, verdünnt mit destilliertem Wasser bis zur Marke, kocht auf und läßt sofort die Maßflüssigkeit in einer für alle Titrationen gleich bleibenden Weise unter Umrühren hinzufließen. Nun läßt man den Molybdatniederschlag etwas absitzen, nimmt mit dem Glasstab eine Probe der überstehenden Lösung heraus und gibt einen Tropfen auf die Tüpfelplatte zu dem darin befindlichen einen Tropfen einer 0,4proz. Tanninlösung (Herstellung s. unten). Der Endpunkt der Titration ist an der Braunfärbung der Tanninlösung zu erkennen.

Bei der Feststellung des Wirkungswertes der Ammoniummolybdatlösung verfährt man genau wie bei der Probe. Man wägt eine dem Gehalt der Probe entsprechende Menge reinsten Bleis ein, löst in Salpetersäure und dampft mit Schwefelsäure zur Trockne. Dann löst man das abfiltrierte Bleisulfat in Ammoniumacetat auf und titriert unter denselben Bedingungen wie bei der Probe. An Stelle von reinem Blei kann man zur Titerstellung auch von reinstem Bleisulfat ausgehen, das man in Ammoniumacetat löst.

Hat man ein bleihaltiges Material in Salpetersäure gelöst, so kann die Nitratlösung ebenfalls zur maßanalytischen Bestimmung benutzt werden, ohne daß das Blei vorher in das Sulfat übergeführt wird. Man neutralisiert dann die salpetersaure Lösung mit Ammoniak unter Vermeidung eines Überschusses und gibt eine abgemessene Menge Essigsäure hinzu. In derselben Weise wird auch der Wirkungswert der Ammoniummolybdatlösung ermittelt. Ammoniumsalze der Salpeter- und Salzsäure haben keinen Einfluß auf den Verbrauch an Molybdat.

---

[1] Metall u. Erz 1940 S. 207.

Die *Ammoniummolybdatlösung* bereitet man durch Lösen von 9 g käuflichem, reinem Ammoniummolybdat in einem Liter Wasser, und zwar wird zuerst mit wenig Wasser gelöst und eine etwa vorhandene Trübung durch Zusatz von einigen Tropfen Natriumhydroxydlösung beseitigt. Die *Tanninlösung* wird aus 0,2 g Tannin („Kahlbaum") in 50 cm³ Wasser hergestellt und in einem Tropfglas aufbewahrt. Schwaches Ansäuern mit Essigsäure und Luftabschluß geben ihr eine große Haltbarkeit.

4. Elektrolytische Bestimmung des Bleis.

Die elektrolytische Bleibestimmung beruht auf der anodischen Abscheidung des Bleis aus salpetersaurer Lösung in Form von Bleidioxyd. Sie liefert gute Werte bei geringen Bleigehalten. Die Auswaage soll nicht mehr als 0,15 g PbO_2 betragen. Die auf ein Volumen von 250 cm³ etwa 20 cm³ freie Salpetersäure $(1+1)$ enthaltende, mit etwas Kupfernitrat versetzte salpetersaure Bleilösung, die frei von Mangan und Thallium sein muß, wird der Elektrolyse mit einer Stromstärke von 1 bis 3 A unterworfen. Als Elektrode kann eine mattierte Netzelektrode, eine mattierte Platinblechelektrode oder eine innen mattierte Platinschale dienen.

Die Elektrolyse kann unter Rühren oder als ruhende durchgeführt werden. Es ist dafür Sorge zu tragen, daß die Lösung genügend freie Salpetersäure enthält, da ein Teil der Salpetersäure kathodisch zu Ammoniumhydroxyd reduziert wird, welches Ammoniumnitrat bildet und dadurch die Säurekonzentration herabsetzt.

Nach Beendigung der Elektrolyse wird der anodisch abgeschiedene Niederschlag mit Wasser gewaschen und bei 180° getrocknet. Diese Temperatur ist genau einzuhalten. Infolge der Zersetzung des Bleidioxyds bei Temperaturen über 200° ergibt sich bei zu hohem Erhitzen ein vorgetäuschter Minderwert durch Übergang des PbO_2 in Pb_3O_4, während bei Temperaturen unter 180° das Wasser aus dem Bleidioxydniederschlag nicht vollkommen entfernt ist und so höhere Bleiwerte vorgetäuscht werden. Unter den obigen Bedingungen gilt der Faktor 0,866*.

5. Polarographische Bestimmung des Bleis.

Die polarographische Bestimmung des Bleis kann zur Bestimmung kleiner Mengen, d. h. unter 5% angewandt werden. Insbesondere eignet sich diese Methode zur Bestimmung des Bleis in mehr oder weniger reinen Metallen, wie Zink und Zinklegierungen. Es gelingt dabei, Bleigehalte bis herab zu 5 mal 10^{-4}% zu bestimmen.

Von diesen Materialien werden zur Erreichung eines guten Durchschnitts bis zu 100 g eingewogen und in einer entsprechenden Menge Salpetersäure gelöst; die Lösung wird aufgekocht und nach dem Abfiltrieren eines etwaigen Rückstandes in einen 500 cm³-Kolben gebracht. Nach dem Auffüllen nimmt man genau 5 cm³ ab und versetzt sie mit 5 cm³ einer Grundlösung, welche aus 1800 cm³ gesättigter Ammoniumchloridlösung und 200 cm³ 2proz. Tyloselösung besteht. Die so vorbereitete Lösung wird in einem Polarographen mit einer dem Bleigehalt entsprechenden Empfindlichkeit aufgenommen.

6. Colorimetrische Bestimmung mit Dithizon.

Die colorimetrische Methode zur Bestimmung des Bleis mit Dithizon von H. Fischer und G. Leopoldi[2] erfordert ganz besondere Sorgfalt, da durch nicht sorgfältig destill. Wasser und geringe Verunreinigungen der Chemikalien bereits Färbungen mit Dithizon auftreten können. Störend wirken hier unter allen Umständen die Metalle Thallium, Wismut und 2-wertiges Zinn; ebenso dürfen oxydierende Stoffe auch nicht in Spuren vorhanden sein. Die von den oben an-

---

* Siehe auch L. Hertelendi: Z. anal. Chem. Bd. 122 (1940) S. 30 bis 50.
[2] Metall u. Erz Bd. 35 (1938) S. 86.

gegebenen Verfassern für die *Bestimmung des Bleis im Feinzink* gegebene Vorschrift lautet:

Man löst 20 g Zink in 200 bis 250 cm³ Salpetersäure (1,2) und dampft bis fast zur Sirupdicke ein, kocht unter Zusatz von 0,5 bis 1 g festem Harnstoff auf und füllt nach dem Abkühlen mit destilliertem Wasser in einem 100 cm³-Meßkolben zur Marke auf. Von dieser Zinklösung entnimmt man z. B. 5 cm³, bringt sie in einen kleinen Scheidetrichter (mit kurzem Ablaufrohr) von etwa 100 cm³ Inhalt und setzt tropfenweise so viel Ammoniaklösung hinzu, bis das ausfallende Zinkhydroxyd soeben wieder gelöst ist. Die Lösung wird mit 40 cm³ frisch hergestellter 10proz. Kaliumcyanidlösung sowie mit 1 cm³ einer konz. Hydroxylaminchloridlösung versetzt. Hydroxylaminchloridlösung reduziert etwa oxydierend wirkende Stoffe und puffert zugleich die Alkalität der Kaliumcyanidlösung. Dann wird mit der Extraktion des Bleis durch Schütteln mit verd. Dithizonlösung* begonnen. Zunächst läßt man aus einer Bürette z. B. etwa 3 cm³ Dithizonlösung in den Scheidetrichter fließen und schüttelt sorgfältig durch. Die durch Blei rot gefärbte Dithizonlösung wird zweckmäßig in einen Glaszylinder (von z. B. etwa 25 cm³ Inhalt) mit eingeschliffenem Stopfen abgelassen. Man behandelt die zurückbleibende wässerige, gelblich-bräunliche Lösung im Scheidetrichter weiterhin anteilsweise so lange mit 1 bis 2 cm³ Reagenslösung, bis die vom Blei herrührende Rotfärbung nicht mehr auftritt. Statt dessen wird die Schicht von Kohlenstofftetrachlorid bei richtiger Pufferung der Kaliumcyanidalkalität durch die Hydroxylaminlösung hellgrün bis grün. Sollte (bei etwas höherem p_H) keine grünliche Färbung auftreten, sondern sich die Schicht entfärben oder einen gelblichen Farbton annehmen, so ist die Extraktion ebenfalls beendet. In einem solchen Falle enthält die wässerige Lösung noch etwas freies Alkali, das den grünen Farbton verändert. Ein hierbei theoretisch möglicher Fehler in der Bleibestimmung (geringer Angriff des Bleidithizonates) fällt praktisch jedoch nicht ins Gewicht.

Die verschiedenen Bleiextrakte werden in dem Glaszylinder vereinigt. Hierzu setzt man etwa 5 cm³ 0,5proz. Kaliumcyanidlösung und schüttelt durch, wobei freies Dithizon und anhaftende Zinkspuren herausgewaschen werden. Die wässerige Schicht färbt sich dabei *schwach gelb*. Zur Abtrennung spült man die mit 0,5proz. Kaliumcyanidlösung überschichtete Lösung in einen kleinen Scheidetrichter von etwa 25 cm³ Inhalt und etwa 2 cm³ Durchmesser mit kurzem Ablaufrohr.

Die rote Bleilösung wird abgetrennt, noch einmal mit verd. Kaliumcyanidlösung und anschließend mit Wasser gewaschen. Bei der Trennung der Schichten im Scheidezylinder werden noch verbliebene Reste der Dithizonlösung jedesmal durch Nachwaschen mit 1 bis 2 cm³ reinem Kohlenstofftetrachlorid aus der wässerigen Phase abgesondert und mit der Hauptmenge Dithizonlösung vereinigt.

Die reine Bleidithizonatlösung bringt man nun in einen trockenen Glaszylinder (25 cm³ Volumen) mit eingeteilten Graden und Glasstopfen, füllt mit Kohlenstofftetrachlorid auf 20 cm³ auf und schüttelt mit 1 bis 2 cm³ Salzsäurelösung (1 + 1). Die Rotfärbung schlägt dabei in Grün um. Die grüne Lösung ist unter der Säureschicht am Licht mindestens 12 Stunden, im Dunkeln wochenlang unverändert haltbar. Nach der Trennung von der Säure wird die grüne Lösung durch ein

---

* Die Dithizonlösung erhält man durch Lösen von 20 mg Dithizon in 100 cm³ Kohlenstofftetrachlorid. Sie wird durch Schütteln mit 200 cm³ Wasser und 1 cm³ 25proz. Ammoniak gereinigt, wobei Dithizon in die wässerige Lösung übergeht. Diese wird mit 200 cm³ Kohlenstofftetrachlorid unterschichtet und mit verd. Salzsäure angesäuert, wodurch das Dithizon in die Kohlenstofftetrachloridschicht übergeht. Die Lösung ist grün gefärbt und, in einer braunen Flasche aufbewahrt, monatelang haltbar. Vor Gebrauch wird die Lösung auf das 3 bis 4fache Volumen mit Kohlenstofftetrachlorid verdünnt.

kleines trockenes Filter filtriert und die Farbtiefe der Lösung mit einem Stufen-photometer (in diesem Falle kann auch die weniger beständige Rotfärbung colori-metriert werden) oder einem einfachen Colorimeter gegen eine Vergleichslösung gemessen.

Die Dithizonmethode kann selbstverständlich auch zur Bestimmung von Blei in anderen Metallen als Zink verwendet werden, s. Kap. „Kupfer", S. 213.

II. Trennung des Bleis von den Begleitelementen.

Diese kann einmal durch die Fällung des Bleis mittels Schwefelsäure erfolgen, wie bei Methode I angegeben; dadurch wird eine vollkommene Trennung von den meisten in der Lösung befindlichen Metallen erreicht. Doch kann bei den Elementen Antimon, Zinn, Silber, Wismut, Calcium, Strontium, Barium sowie größeren Mengen von Arsen, Eisen und Aluminium der Fall eintreten, daß diese ganz oder teilweise mit dem Bleisulfat zusammen ausfallen; dann erhält man eine einwandfreie Trennung auf folgendem Wege:

Die unmittelbar mit Salzsäure erhaltene Lösung des bleihaltigen Materials oder die salzsaure Lösung eines Schmelzaufschlusses wird nach Abstumpfen der Säure und starkem Verdünnen in der Hitze mit Schwefelwasserstoff gesättigt; eine ganz schwach salpetersaure Lösung versetzt man zur Zerstörung der Stick-oxyde mit 0,5 bis 1 g Harnstoff, läßt erkalten und leitet dann Schwefelwasserstoff ein. Die ausgefallenen Sulfide filtriert man ab und behandelt sie in der Wärme mit einer 10proz. Lösung von Natriumsulfid, um Arsen, Antimon und Zinn zu entfernen. Die abfiltrierten, unlöslichen Sulfide von Blei, Kupfer, Cadmium und Wismut werden in Salpetersäure gelöst, worauf man die Lösung mit Schwefel-säure zum Rauchen eindampft. Nach dem Verdünnen mit Wasser auf 100 bis 150 cm³ erwärmt man, läßt bis zum vollständigen Erkalten absitzen, filtriert das Bleisulfat ab und bestimmt das Blei.

Bei Gegenwart nennenswerter Mengen von Wismut ist das abfiltrierte Blei-sulfat in Säure zu lösen und nochmals mit Schwefelsäure abzuscheiden.

B. Untersuchung von Erzen und Hüttenerzeugnissen.

I. Erze.

Blei bildet eine Reihe von Mineralien, von denen für die industrielle Gewinnung der *Blei-glanz* (PbS) das weitaus wichtigste ist.

An Chrom gebunden, kommt es als *Rotbleierz* (PbCrO$_4$), an Molybdän, als *Gelbbleierz* (PbMoO$_4$) vor.

Weitere Mineralien sind *Anglesit* (PbSO$_4$), *Cerussit* (PbCO$_3$), *Pyromorphit* (PbCl$_2 \cdot 3$ Pb$_3$(PO$_4$)$_2$) und *Mimetesit* (PbCl$_2 \cdot 3$ Pb$_3$(AsO$_4$)$_2$). Bleiglanz enthält meist mehr oder weniger große Mengen Silber.

In der Regel müssen die natürlich vorkommenden Roherze, soweit sie der Verhüttung zugeführt werden, einen Aufbereitungsprozeß durchlaufen, bei welchem die Gangart und die anderen mitvorkommenden Erze, insbesondere Zinkblende, weitgehend vom Bleiglanz ab-getrennt werden. Solche Konzentrate kommen daher mit einem verhältnismäßig hohen Blei-gehalt in den Handel.

Wichtig für die Bewertung der Erze ist ihr Gehalt an Nebenbestandteilen insofern, als ein Teil dieser Nebenbestandteile bezahlt wird, wie z. B. Gold, Silber, Kupfer und unter Um-ständen Antimon und Zinn, während ein anderer Teil besondere Schwierigkeiten und Ver-luste bei der Verhüttung hervorruft und deshalb mit Strafen belegt wird. Hierzu gehören *Wismut*, das sich bei dem normalen Hüttenprozeß (mit Ausnahme der Elektrolyse) aus dem erschmolzenen Blei nicht entfernen läßt, *Arsen* und *Chlor*, welche bei der Verarbeitung einen erhöhten Kostenaufwand verursachen.

Die Gangart ist für das zu wählende analytische Verfahren von Interesse, weil z. B. Calcium- und Bariumverbindungen in größeren Mengen leicht zur fehlerhaften Bleibestimmung führen können.

1. Sulfidische und oxydische Erze ohne Barium- und Calciumgehalt.

2,0 bis 2,5 g des feingepulverten, bei 100 bis 105° zur Gewichtskonstanz getrockneten Erzes behandelt man unter Erwärmen mit 20 cm³ konz. Salpetersäure, gibt nach Beendigung der Hauptreaktion 10 cm³ konz. Salzsäure hinzu und dampft die Lösung nahezu zur Trockne ein.

Handelt es sich um antimon- und zinnfreie Bleierze, so versetzt man dann mit 20 cm³ Schwefelsäure (1 + 1) und dampft bis zum starken Rauchen der Säure ein. Die Sulfate werden mit etwas verd. Schwefelsäure und Wasser aufgenommen, worauf man zum Sieden erhitzt und nach einer der unter A. beschriebenen Methoden weiter verfährt.

2. Sulfidische und oxydische Erze mit Barium- und Calciumgehalt.

a) Behandlung mit Säure unter Berücksichtigung des Rückstandes.

2,0 bis 2,5 g des feingepulverten und bis zur Gewichtskonstanz getrockneten Erzes werden mit konz. Salzsäure in der Wärme behandelt, bis die Schwefelwasserstoffentwicklung beendet ist, danach mit einigen Kubikzentimetern Salpetersäure versetzt und zur Trockne gedampft. Man fügt nochmals einige Kubikzentimeter Salzsäure hinzu, dampft abermals zur Trockne, nimmt wieder mit 5 cm³ Salzsäure und etwa 30 cm³ Wasser auf, kocht und verdünnt mit kochend heißem Wasser, um das Bleichlorid zu lösen, worauf man sofort filtriert und mit heißem Wasser auswäscht. Bei sehr hohem Bleigehalt empfiehlt es sich, den Rückstand vom Filter zu spritzen und nochmals mit Wasser und einigen Tropfen Salzsäure auszukochen. Die bis zur schwach sauren Reaktion mit Ammoniak abgestumpften Filtrate werden in der Wärme mit Schwefelwasserstoff gesättigt. Nach halbstündigem Einleiten wird mit Schwefelwasserstoffwasser auf ein Volumen von etwa 1 l verdünnt und das Einleiten fortgesetzt. Der abfiltrierte Niederschlag wird nach dem Auswaschen mit 10proz. Natriumsulfidlösung mittels Salpetersäure zersetzt und das Blei durch Abdampfen mit Schwefelsäure als schwefelsaures Blei abgeschieden.

Bestimmt man Blei als Bleisulfat, so muß (nach dem Wägen) der Niederschlag im Porzellanfiltertiegel mit Ammoniumacetatlösung ausgezogen werden, da die Gefahr besteht, daß das Bleisulfat noch Bariumsulfat enthält. Nach dem Ausziehen mit Ammoniumacetatlösung wird der Tiegel mit Wasser ausgewaschen, nochmals getrocknet und gewogen. Ein Gehalt an Bariumsulfat wird von dem Bleisulfat in Abzug gebracht.

Diese Methode eignet sich für Erze, in denen das Barium bereits im Ausgangsmaterial als Schwerspat vorliegt.

Bei den übrigen Erzen wird der beim Lösen mit Salzsäure verbliebene Rückstand mit Natrium-Kaliumcarbonat aufgeschlossen und die Schmelze auf einen etwaigen Gehalt an Blei untersucht.

b) Aufschluß mit Natriumperoxyd.

Bleierze, insbesondere solche mit einem Gehalt an Bleisilicat, werden zweckmäßig mit Natriumperoxyd im Eisen- oder Nickeltiegel aufgeschlossen.

Man nimmt für 2 oder 2,5 g Erz 10 bis 15 g Natriumperoxyd und etwa 1 g Natriumhydroxyd und schmilzt bis zum ruhigen Fluß. Die erkaltete Schmelze wird mit Wasser aufgenommen, mit konz. Salzsäure in Lösung gebracht und bis zum vollständigen Verjagen des Chlors gekocht. Enthalten die Proben größere Silbermengen, Schwerspat oder Kieselsäure, so scheiden sich hierbei Silberchlorid, Bariumsulfat und Kieselsäure ab und werden abfiltriert. Hat sich beim Kochen gelatinöse Kieselsäure abgeschieden, welche die Filtration stark behindert, so gibt man einige Tropfen Flußsäure zu. Bei Gegenwart von Bariumsulfat muß der Niederschlag nochmals mit Salzsäure ausgekocht und das Filtrat hiervon zu der ursprünglichen Lösung hinzugegeben werden, da gefälltes Bariumsulfat stets eine geringe Menge Blei zurückhält.

Liegen Erze mit einem hohen Antimon- und Zinngehalt vor, so ist es zweckmäßig, dem Aufschluß vor dem Ansäuern mit Salzsäure etwas Weinsäure zuzusetzen, um diese Elemente in Lösung zu halten.

Die salzsaure Lösung wird dann mit Ammoniak abgestumpft, bis eben ein Niederschlag entsteht, der durch Zugabe von einigen Tropfen Salzsäure wieder in Lösung zu bringen ist. In die nunmehr schwach saure Lösung leitet man in der Wärme Schwefelwasserstoff bis zum Erkalten ein, verdünnt die Lösung mit Schwefelwasserstoffwasser auf etwa 1 l und sättigt sie nochmals mit Schwefelwasserstoff. Nach 3- bis 4stündigem Stehen wird der Niederschlag abfiltriert, mit Ammoniumsulfid oder Natriumsulfidlösung ausgezogen, in Salpetersäure gelöst und nach einer der unter A. beschriebenen Methoden weiterbehandelt.

Hat man im Eisentiegel aufgeschlossen, so ist es zweckmäßig, vor der Fällung mit Schwefelwasserstoff das Eisen(III)-chlorid mit Natriumsulfit oder schwefliger Säure unter Vermeidung eines Überschusses zu reduzieren.

3. Bestimmung der Nebenbestandteile.

Wismut: **a) Bestimmung aus dem durch Niederschmelzen erhaltenen Bleiregulus.**

Zu dieser Bestimmung werden 25 bis 50 g der zu untersuchenden Probe mit 50 bis 100 g eines der im Kap. „Edelmetalle", S. 169, erwähnten Flußmittel im Koks- oder Gastiegelofen in einem Tontiegel oder in einem dickwandigen schmiedeeisernen Tiegel niedergeschmolzen.

Die Bleikönige trennt man von der Schlacke. Sie können für die nunmehr auf nassem Wege erfolgende Weiterverarbeitung nochmals in einem Ansiedescherben kurze Zeit angesotten werden, wodurch keine Verluste an Wismut eintreten, Arsen, Antimon und Zinn aber entfernt werden. Der erhaltene König wird ausgeplattet, in kleine Stücke zerschnitten und in einem größeren Becherglas mit verdünnter Salpetersäure gelöst, und zwar werden auf 1 g Blei 8 cm³ Salpetersäure (1 + 4) angewandt.

α) *Abscheidung mit Quecksilberoxyd*[3].

Die oben erhaltene arsen-, antimon- und zinnfreie Lösung wird mit Natriumcarbonat neutralisiert bis eben ein Niederschlag von Bleicarbonat entsteht. Diesen bringt man durch Zusatz von einigen Tropfen Salpetersäure eben wieder in Lösung, erhitzt zum Sieden und gibt eine Aufschlämmung von frisch gefälltem Quecksilberoxyd in Wasser hinzu.

Das Quecksilberoxyd wird hergestellt durch Fällung einer 5 proz. Quecksilber(II)-chloridlösung mit einer Lösung von reinem Natriumhydroxyd und darauf folgendem Dekantieren des Quecksilberoxyds mit Wasser, bis es alkalifrei ist.

Durch Quecksilberoxyd ist Wismut aus der Blei-Wismut-Lösung als basisches Nitrat gefällt, während Blei quantitativ in Lösung bleibt. Man gibt zu der Fällung 100 cm³ kaltes Wasser und läßt sie 12 Stunden stehen. Hierauf wird abfiltriert und der Niederschlag sorgfältig mit Wasser, dem 1 bis 2 g Kaliumnitrat auf 1 l zugesetzt sind, gewaschen. Das basische Wismutnitrat wird in verdünnter Salpetersäure gelöst und mit Schwefelsäure zum starken Rauchen gebracht. In der abgekühlten und verdünnten Lösung wird Wismut nach Kap. „Wismut", S. 386, colorimetrisch bestimmt.

β) *Abscheidung durch Kaliumpermanganat.*

Wismut kann aus der salpetersauren Lösung des Bleikönigs mit Vorteil auch nach der Methode von H. Blumenthal[4] durch Kaliumpermanganat abgeschieden werden. Über das Verfahren s. Kap. „Kupfer", S. 211.

---

[3] Blumenthal, H.: Z. anal. Chem. Bd. 78 (1929) S. 206 bis 213.
[4] Z. anal. Chem. Bd. 74 (1928) S. 33 bis 39.

b) Bestimmung durch nassen Aufschluß mit anschließendem Schmelzen des Rückstandes.

An Stelle des Niederschmelzens zu einem Bleikönig kann nicht sulfidisches Material in Salpetersäure gelöst und der Rückstand durch Schmelzen mit Natriumperoxyd aufgeschlossen werden.

Zu diesem Zweck werden 10 bis 25 g in einen Erlenmeyerkolben eingewogen, mit 100 cm³ Salpetersäure (1 + 1) versetzt und bis zum Verschwinden der Stickoxyddämpfe gekocht. Die Probe wird mit 260 cm³ Wasser aufgenommen und abfiltriert. Den mit Wasser gut ausgewaschenen Rückstand trocknet man und schließt ihn nach dem vorsichtigen Veraschen mit Natriumperoxyd wie üblich auf. In die schwach salzsaure Lösung der Schmelze leitet man Schwefelwasserstoff ein, wobei die Sulfide des Bleis und Wismuts ausgefällt werden. Nach dem Filtrieren löst man die Sulfide in verdünnter Salpetersäure und gibt die Lösung zu dem Filtrat des nassen Aufschlusses.

In den vereinigten Lösungen ist nunmehr das gesamte Wismut enthalten. Seine Abscheidung erfolgt nach der Methode von H. Blumenthal (s. S. 211) durch Kaliumpermanganat oder nach der Quecksilberoxydmethode (S. 91).

Arsen.

Je nach dem Arsengehalt werden 2 bis 5 g Erz mit konz. Salpetersäure behandelt und mit Schwefelsäure (1 + 1) bis zum starken Rauchen eingedampft. Man läßt erkalten, verdünnt mit etwas Wasser, gibt einige Tropfen Eisen(II)-sulfatlösung hinzu und kocht auf, um so die letzten Spuren Salpetersäure zu beseitigen. Lösung und Rückstand werden dann in den Destillierkolben übergespült und der Destillation unterworfen. Im Destillat wird das Arsen in bekannter Weise bestimmt (s. Kap. „Arsen", S. 61).

Antimon.

2 bis 5 g Erz werden in einem dickwandigen eisernen Tiegel mit 10 bis 15 g Natriumperoxyd unter Zusatz von etwas Ätznatron geschmolzen. Man läßt erkalten, legt den Tiegel samt der Schmelze in ein mit Uhrglas versehenes 1000 cm³-Becherglas und gibt so viel kaltes Wasser hinzu, daß der Tiegel reichlich bedeckt ist. Nach dem Zerfall der Schmelze wird der Tiegel aus der Lösung genommen und mit Wasser abgespritzt. Die Lösung säuert man mit Salzsäure an, kocht bis zum vollständigen Vertreiben des Chlors und leitet nach dem Abstumpfen der Salzsäure in die nur noch schwach saure Lösung $^1/_2$ bis 1 Stunde Schwefelwasserstoff ein. Anschließend wird auf 800 cm³ verdünnt und nochmals mit Schwefelwasserstoff gesättigt. Die Sulfide werden abfiltriert und mit schwach saurem Schwefelwasserstoffwasser gewaschen. Sie werden sodann vom Filter in das Becherglas zurückgespült und mit 30 cm³ konz. Natriumsulfidlösung, der man bei Gegenwart von Zinn etwas Schwefel zugesetzt hat, 1 bis 2 Stunden in der Wärme behandelt. Die Lösung samt dem Niederschlag spült man in einen 250 cm³-Meßkolben über, füllt bis zur Marke auf und filtriert 200 cm³ ab. Die abgemessene Sulfosalzlösung wird in einem Becherglas mit verd. Schwefelsäure angesäuert, wodurch unter Entwicklung von Schwefelwasserstoff die Sulfide des Antimons, Arsens und Zinns abgeschieden werden.

Man löst in Bromsalzsäure und behandelt die Lösung zur Entfernung des Arsens und zur Bestimmung des Antimons, wie im Kap. „Antimon", S. 54, angegeben.

Eine *weitere Antimonbestimmung* — nur bei einem geringen Schwefelgehalt des Materials und besonders bei kleineren Mengen Antimon — kann wie nachstehend erfolgen:

Man löst die Probe in Salpetersäure auf, stumpft mit Natronlauge so weit ab, bis eben ein Niederschlag ausfällt und säuert wieder mit einigen Tropfen verd. Salpetersäure an. Antimon wird sodann nach der Methode von Blumenthal[4] dadurch gefällt, daß man durch Zugabe von Kaliumpermanganat und etwas Mangan(II)-nitrat einen Niederschlag von Mangandioxyd hervorruft. Dieser Niederschlag reißt das gesamte Antimon mit. Nach dem Abfiltrieren des Mangandioxydniederschlags, der nur geringe Mengen Blei enthält, wird dieser, wie beim Kap. „Kupfer", S. 211, beschrieben, weiterbehandelt.

Antimon kann auch nach *folgender Methode* bestimmt werden: Man schmilzt je nach dem zu erwartenden Antimongehalt 2 bis 5 g der Probe mit Natriumperoxyd im Eisentiegel, zersetzt die Schmelze mit Wasser und leitet nach schwachem Ansäuern mit Salzsäure Schwefelwasserstoff ein. Die Metallsulfide werden abfiltriert und mit einer Natriumsulfidlösung in der Wärme behandelt. Die Sulfosalze trennt man durch Filtration, säuert das Filtrat mit Schwefelsäure an und filtriert die Sulfide des Antimons, Arsens und Zinns ab. Hat man sie in Salzsäure und Kaliumchlorat gelöst, wird die Lösung mit Ferrum red. behandelt, wobei Antimon als Metallschwamm ausfällt. Es wird anschließend abfiltriert und ausgewaschen. Man löst den Niederschlag in Bromsalzsäure, verjagt das überschüssige Brom, fällt mit Schwefelwasserstoff, filtriert die Sulfide ab und verfährt weiter, wie im Kap. „Kupfer", S. 211, angegeben.

Man kann auch die Natriumsulfantimoniatlösung, welche beim Lösen der Sulfide des Antimons, Arsens und Zinns in Natriumsulfid anfällt (s. oben), nach der elektrolytischen Bestimmungsmethode des Antimons (s. Kap. „Antimon", S. 55) weiterverarbeiten.

Zinn.

Zu seiner Bestimmung wird das Filtrat von dem mit Ferrum red. auszementierten Antimon (s. oben), welches das Zinn als Zinn(II)-chlorid enthält, mit 3proz. Wasserstoffperoxyd oxydiert und nach dem Abstumpfen der Säure mit Schwefelwasserstoff gesättigt. Das Zinn(IV)-sulfid wird abfiltriert und, wie bei Kap. „Zinn" beschrieben, weiterbehandelt.

Das ausgewogene Zinndioxyd ist auf Reinheit zu prüfen — gegebenenfalls nach der nephelometrischen Methode nach Boy-Steinhäuser (Kap. „Zinn", S. 471).

Zink.

Zu seiner Bestimmung benutzt man vorteilhaft eine besondere Einwaage.

2,5 g des Erzes werden mit 25 cm³ Salzsäure (1,19) aufgekocht und mit 10 cm³ Salpetersäure (1,4) und 20 cm³ Schwefelsäure $(1+1)$ versetzt. Man raucht nunmehr bis fast zur Trockne ab, nimmt mit 20 cm³ konz. Schwefelsäure auf, gibt 250 cm³ Wasser hinzu und bringt die löslichen Sulfate durch Erwärmen in Lösung. In die so vorbereitete Lösung, welche etwa 8 bis 9 Vol.% freie Schwefelsäure enthält, wird Schwefelwasserstoff bis zum Erkalten eingeleitet, wobei die Sulfide der Schwermetalle ausfallen. Man filtriert diese ab, verkocht im Filtrat den Schwefelwasserstoff und oxydiert. Die Bestimmung des Zinks erfolgt dann nach einer der im Kap. „Zink", s. S. 410, angegebenen Methoden.

Kupfer und Cadmium.

Man verfährt wie bei „Zink", nur filtriert man vor dem Einleiten von Schwefelwasserstoff das Bleisulfat ab, löst dann die ausgefällten Sulfide in Salpetersäure, fällt Wismut mit Ammoniak und Ammoniumcarbonat und bestimmt in dem mit Salpetersäure angesäuerten Filtrat *Kupfer* elektrolytisch. Das im Elektrolysat befindliche *Cadmium* wird nach den Angaben des Kap. „Cadmium" ermittelt.

Kieselsäure, Eisen, Aluminium, Mangan, Barium, Calcium und _Magnesium_.

2,5 g Erz kocht man mit konz. Salzsäure, läßt die Lösung erkalten, gibt etwas Salpetersäure hinzu und dampft zweimal mit Salzsäure zur Trockne. Der Trockenrückstand wird mit Salzsäure und Wasser aufgenommen und die Lösung zum Sieden erhitzt. Darauf filtriert man rasch in einen Meßkolben von 500 cm³ Inhalt und wäscht mit kochend heißem Wasser aus. Den Rückstand spritzt man vom Filter und kocht ihn nochmals mit etwas Salzsäure und Wasser aus, um etwa noch vorhandenes Bleichlorid in Lösung zu bringen. Der möglichst bleifreie Rückstand wird im Porzellantiegel verascht, danach in einen Platintiegel übergeführt und mit Natriumkaliumcarbonat geschmolzen. Zur Abscheidung der Kieselsäure wird die Schmelze in üblicher Weise behandelt. Die gewogene Kieselsäure raucht man mit Flußsäure und Schwefelsäure ab. Das Filtrat von der in der Schmelze abgeschiedenen Kieselsäure wird mit dem Hauptfiltrat vereinigt. Ein nach der Verflüchtigung der Kieselsäure verbleibender Rückstand besteht vorwiegend aus Bariumsulfat. Dieses schmilzt man noch einmal mit Natriumkaliumcarbonat, zieht die Schmelze mit Wasser aus, filtriert, löst das Bariumcarbonat in möglichst wenig Salzsäure, verdünnt mit Wasser, fällt etwa noch vorhandenes Blei mit Schwefelwasserstoff aus und filtriert es ab.

Im Filtrat wird nach dem Verkochen des Schwefelwasserstoffs das Barium mit Schwefelsäure ausgefällt und als schwefelsaures Barium gewogen.

Das Filtrat davon kommt ebenfalls zum Hauptfiltrat.

Die vereinigten salzsauren Lösungen stumpft man mit Ammoniak ab und leitet Schwefelwasserstoff ein, füllt bis zur Marke auf und filtriert 400 cm³ (= 2 g Einwaage) durch ein trockenes Faltenfilter ab. Nach dem Verkochen des Schwefelwasserstoffs dampft man auf etwa 150 cm³ ein, oxydiert mit Brom und fällt nach Zugabe von etwas festem Ammoniumchlorid mit Ammoniak unter Zusatz von Brom. Der Niederschlag wird umgefällt und dann wieder in Salzsäure gelöst; die Lösung bringt man in einen 250 cm³-Meßkolben, füllt zur Marke auf und kann nun in Anteilen einerseits die Summe von Eisen, Aluminium, Mangan, andererseits Eisen und Mangan nach bekannten Methoden bestimmen.

In den vereinigten Filtraten von obigen mit Ammoniak gefällten Niederschlägen verkocht man das Ammoniak, säuert mit Salzsäure eben an und fällt die letzten Reste von Barium mit Schwefelsäure aus. Im Filtrat werden dann Calcium und Magnesium in bekannter Weise bestimmt.

Gesamtschwefel.

1,5 bis 2 g werden in einem Nickel- oder Eisentiegel mit etwa der 5fachen Menge einer Mischung gleicher Teile Soda und Natriumperoxyd geschmolzen. Die Schmelze laugt man mit Wasser aus und leitet darauf Kohlensäure ein, um das Blei möglichst abzuscheiden. Nach dem Abspritzen des Tiegels mit Wasser werden Lösung und Rückstand in einen Meßkolben von 500 cm³ Inhalt übergespült. Hat man aufgefüllt, so filtriert man 400 cm³ durch ein trocknes Faltenfilter ab, säuert mit Salzsäure an und kocht einige Zeit, um die Kohlensäure auszutreiben. Nun wird auf etwa 200 cm³ eingedampft, mit Ammoniak neutralisiert, mit 1 bis 2 cm³ Salzsäure (1,19) angesäuert und die kochend heiße Lösung mit heißer Bariumchloridlösung gefällt. Man dekantiert, kocht den Niederschlag nochmals mit Wasser aus, filtriert ihn ab, wäscht mit heißem Wasser, glüht und wägt. Da das Bariumsulfat aber noch Blei und Kieselsäure enthalten kann, wird es in einem Platintiegel mit Soda geschmolzen und die Schmelze mit heißem Wasser ausgelaugt. Man filtriert vom Carbonatniederschlag ab, säuert das Filtrat mit Salzsäure an, vertreibt die Kohlensäure durch Kochen, neutralisiert mit Ammoniak, säuert wiederum mit 1 bis 2 cm³ Salzsäure an und fällt erneut mit Bariumchloridlösung.

Bei stark kieselsäurehaltigen Erzen empfiehlt es sich, das ausgewogene Bariumsulfat mit Flußsäure-Schwefelsäure zu behandeln, um etwa noch vorhandene Kieselsäure zu entfernen.

Edelmetalle, s. Kap. „Edelmetalle", S. 168 und 169.

II. Hüttenerzeugnisse.

Die bleihaltigen Hüttenerzeugnisse, welche hier in Frage kommen, können eingeteilt werden in Zwischen- und Abfallprodukte sowie Fertigerzeugnisse. Zu den *ersteren* zählen: Bleiaschen, -schlacken, -krätzen, sulfatische und oxydische Bleischlämme, altes Akkumulatorenblei, Akkumulatorenschlamm, Hartbleiaschen mit mehr oder weniger hohen Gehalten an Antimon und Zinn sowie Flugstäube aller Art. Als *Fertigerzeugnisse* sind zu nennen: Weichblei, Hartblei, Bleilegierungen aller Art, Mennige und Bleiglätte. Bei der Bewertung der Zwischenerzeugnisse ist zu beachten, daß einmal eine Reihe von Elementen, wie schon unter „Erze" angegeben, die Herstellungskosten des Bleis erhöhen, oder aber seine Qualität verschlechtern, weil sie bei der normalen Raffination nicht entfernt werden können. Zusätzlich zu den bei den Erzen erwähnten Verunreinigungen, welche die Gestehungskosten erhöhen, ist noch der Gehalt an freier Schwefelsäure in den sulfatischen Bleischlämmen zu nennen.

1. Zwischen- und Abfallprodukte.

a) Bleiaschen, -krätzen und -abfälle, Akkumulatorenabfälle.

Bei den obengenannten Materialien ist zu beachten, daß sie häufig einen gewissen Anteil an „Metall" enthalten. Daher ist schon während der Bemusterung dafür Sorge zu tragen, daß gerade der metallische Anteil besonders sorgfältig vorbereitet wird. Ist viel metallisches Blei vorhanden, welches bei der Bemusterung ausgehalten werden muß, so wird es zu einem Barren geschmolzen. Dieser kann nach der Sägeprobe oder durch Granulieren zu Kornblei weiter verarbeitet werden. Bei der Analyse wird die metallische Fraktion entweder für sich eingewogen, gelöst und ein entsprechender Anteil der Lösung dem Aufschluß des Feinen zugegeben oder aber, falls nur wenig „Metallisches" vorhanden ist, dieses mit dem „Feinen" zusammen aufgeschlossen.

Man wägt 2 g der getrockneten Probe ein und schmilzt sie im Eisentiegel mit Natriumperoxyd. Die mit Wasser zersetzte Schmelze wird mit einer eben hinreichenden Menge Salzsäure gelöst und die Lösung in der Siedehitze mit Schwefelwasserstoff gesättigt. In den ausgefällten und abfiltrierten Sulfiden bestimmt man *Blei* nach einer der unter Abschnitt A angegebenen Methoden.

Die Bestimmung der Begleitelemente erfolgt wie bei „Erzen", S. 91.

b) Akkumulatorenschlämme, Bleischlämme und Flugstäube.

Bei der Bemusterung und Analyse des Akkumulatorenschlamms und der sulfatischen Bleischlämme ist zu berücksichtigen, daß diese Materialien häufig größere Mengen an freier Schwefelsäure enthalten, welche nach dem Kaufvertrag gewisse Strafen bedingen können und daher bestimmt werden müssen. Für die Bestimmung der freien Schwefelsäure ist ein Originalmuster des Bleischlamms zu verwenden. Materialien, welche freie Schwefelsäure enthalten, können auf zwei Arten zur Analyse vorbereitet werden.

1. Handelt es sich nur um die Ermittlung des *Bleigehaltes*, so bringt man durch Erhitzen der Probe auf 400° die Schwefelsäure zur Verflüchtigung, wobei beachtet werden muß, daß bei diesem Vorgang, insbesondere in Gegenwart von Chlorionen, mit dem gesamten Chlor ein Teil des Arsens und Selens ebenfalls verflüchtigt wird.

2. Sollen *alle Verunreinigungen* bestimmt werden, so ist die Schwefelsäure mit Natriumcarbonat zu neutralisieren und anschließend das Muster bei 105° zu trocknen; hierbei treten keine Verluste durch Verflüchtigung ein. Ein Gewichtsverlust beim 1. Prozeß bzw. eine Gewichtszunahme beim 2. Prozeß sind im Protokoll und auf dem Muster selbst zu vermerken, weil sie bei der Einwaage berücksichtigt werden müssen.

Für die Analyse wird der Aufschluß durch Schmelzen mit Natriumperoxyd gewählt und im weiteren wie bei „Erze" verfahren.

Die *Bestimmung der freien Schwefelsäure* erfolgt nach dem Auslaugen mit Wasser und Abfiltrieren des Ungelösten durch Titration der freien Säure mit Natronlauge unter Verwendung von Methylorange oder Methylrot/Bromkresolgrün als Indicator.

Zur *Bestimmung der Chloride* werden 5 bis 10 g des Materials in einem 500 cm³-Meßkolben eingewogen und mit so viel einer 10proz. Natriumcarbonatlösung versetzt, daß das Gemisch alkalisch reagiert. Nach Zugabe von etwa 150 cm³ Wasser wird ½ Stunde in schwachem Sieden gehalten, abgekühlt und mit Wasser bis zur Marke aufgefüllt. Hat sich der Niederschlag abgesetzt, so filtriert man nach dem zu erwartenden Chlorgehalt 100 oder 200 cm³ der überstehenden Lösung ab. In einem Becherglas wird diese Menge mit verd. Salpetersäure vorsichtig angesäuert und die klare Lösung in der Hitze mit Silbernitratlösung versetzt. Nach dem Abkühlen filtriert man das Silberchlorid auf einen Filtertiegel und trocknet es nach dem Auswaschen mit salpetersäurehaltigem Wasser bei 110°.

Die *Bestimmung der Nebenmetalle* erfolgt nach den auf S. 91 unter „Bestimmung der in den Bleierzen vorhandenen Nebenbestandteile" beschriebenen Methoden.

c) Bleischlacken.

Bleischlacken, welche größere Mengen an Kieselsäure in Form von Silicaten enthalten können, werden in einer Platinschale mit Schwefelsäure und Flußsäure aufgeschlossen. Danach wird bis zum Auftreten von Schwefelsäuredämpfen erhitzt und nach dem Verdünnen mit Schwefelsäure (1 + 2) und Abkühlen vom Rückstand abfiltriert. Letzterer, welcher Barium- und Calciumsulfat enthalten kann, wird mit verd. heißer Salzsäure ausgekocht; man filtriert, vereinigt beide Filtrate und sättigt sie nach dem Abstumpfen der Salzsäure mit Schwefelwasserstoff. In den ausgefällten Sulfiden wird Blei nach einer der unter A. angegebenen Methoden bestimmt.

Die weiteren Gehalte ermittelt man nach den Angaben unter „Bleierze" S. 91.

2. Metalle.

a) Handelsblei, Weichblei, raffiniertes Blei.

Für die Analyse des Weichbleis werden zur Bestimmung des Arsens, Wismuts, Antimons und Zinns besondere Einwaagen vorgenommen.

Wismut (s. S. 91), wie in dem aus Bleierz erschmolzenen Regulus.

Arsen. Man löst 10 bis 50 g in Salpetersäure, oxydiert mit Wasserstoffperoxyd, setzt etwas Eisennitratlösung hinzu, macht mit Sodalösung so weit alkalisch, bis ein Niederschlag auszufallen beginnt, filtriert diesen ab, löst ihn in Salpetersäure, raucht mit Schwefelsäure ab und destilliert (Kap. „Arsen", S. 60).

Die *Bestimmung des Antimons* und *Zinns* ist weiter unten beschrieben.

Die Bestimmung von **Kupfer, Cadmium, Eisen, Nickel, Kobalt** und **Zink** geschieht auf folgende Weise:

Metallisch blanke Aushiebe von möglichst vielen Barren einer Lieferung werden kurze Zeit mit verd. Salzsäure erwärmt, mit heißem Wasser abgespült und schnell getrocknet, oder man schmilzt die Aushiebe ein und granuliert sie auf einem Holztrog zu Kornblei.

Je nach der Reinheit des Bleis wägt man 200 bis 400 g ab. Auf je 200 g Einwaage nimmt man 650 cm³ Salpetersäure (1,2) unter Zusatz von 500 cm³ Wasser, löst unter mäßigem Erwärmen in einem Becherglas und läßt die Lösung 12 Stunden stehen.

Reinere Weichbleisorten geben eine vollkommen klar bleibende Lösung. Ein beim Auflösen oder beim Stehen gebildeter Niederschlag von Bleiantimoniat kann vernachlässigt werden. Die Lösung wird nunmehr mit 62 bis 63 cm³ Schwefelsäure (1,84) versetzt und gut durchgerührt. Zur Fällung des Silbers werden einige cm³ einer 1proz. Natriumchloridlösung hinzugegeben.

Ist das Gemisch erkaltet, hebert man die überstehende klare Lösung in ein großes Becherglas ab, gießt etwa 200 cm³ mit Salpetersäure angesäuertes Wasser zum Bleisulfat, rührt mit einem Glasstab kräftig um, läßt wieder absitzen, dekantiert und wiederholt dies noch 2- bis 3 mal.

Auf diese Weise entzieht man dem Niederschlag die letzten Spuren der fremden Metalle, mit Ausnahme von Wismut, Antimon und Zinn, die noch zum Teil im Bleisulfatniederschlag enthalten sein können.

Die mit den Waschwässern vereinigte abgeheberte Lösung (1,5 bis 2 l) wird im Becherglas mit Ammoniak übersättigt, mit 25 bis 50 cm³ einer 10proz. Natriumsulfidlösung versetzt und 2 bis 3 Stunden auf dem Wasserbad erwärmt. Der Niederschlag, der außer den Schwefelverbindungen der Fremdmetalle erhebliche Mengen Bleisulfid enthält, wird abfiltriert, in verd. Salpetersäure gelöst und die Lösung mit Schwefelsäure eingedampft, bis SO_3-Dämpfe entweichen. Nach dem Aufnehmen mit verd. Schwefelsäure und Wasser erwärmt man, um die Sulfate in Lösung zu bringen, läßt abkühlen und filtriert von dem ausgeschiedenen Bleisulfat ab. In das 5 Vol.% Schwefelsäure enthaltende Filtrat wird Schwefelwasserstoff eingeleitet. Hierbei fallen die Sulfide des Kupfers, Wismuts, Cadmiums sowie noch etwa vorhandene geringe Mengen von Arsen, Zinn und Antimon aus. Nickel, Eisen, Kobalt und Zink verbleiben in der Lösung (A).

Der Sulfidniederschlag wird mit Natriumsulfidlösung in der Wärme behandelt, wobei Antimon, Zinn und Arsen als Sulfosalze in Lösung gehen. Die auf dem Filter zurückbleibenden Sulfide löst man mit Salpetersäure und erhitzt die Lösung mit Schwefelsäure bis zum Entweichen von SO_3-Nebeln. Nach dem Versetzen der erkalteten Lösung mit verd. Schwefelsäure und Wasser filtriert man von den letzten Resten des Bleisulfats ab und fällt im Filtrat den noch vorhandenen Anteil von *Wismut* mit Natriumhydroxyd und Natriumcarbonat unter Zusatz von Kaliumcyanid in der Wärme aus. Der entstandene Niederschlag wird abfiltriert.

Das Kaliumcyanid enthaltende Filtrat vom Wismutniederschlag wird mit weiterem Kaliumcyanid versetzt. Durch Zugabe von einigen Tropfen Natriumsulfidlösung fällt ein Niederschlag von Cadmiumsulfid und gegebenenfalls Silbersulfid aus, den man abfiltriert und in verd. heißer Salpetersäure löst. *Cadmium* wird hierin nach der polarographischen Methode, s. Kap. „Cadmium", S. 112, bestimmt.

Das Filtrat vom Cadmiumsulfidniederschlag dampft man unter Zusatz von etwas Schwefelsäure und Salpetersäure (unter dem Abzug!) fast zur Trockne ein, fällt dann *Kupfer* aus der Lösung durch Schwefelwasserstoff und bestimmt es elektrolytisch oder polarographisch.

Kupfer kann auch unmittelbar ohne Abscheidung der Nebenmetalle nach der colorimetrischen Methode mit Natriumdiäthyldithiocarbamat, wie unter Kap. „Kupfer", S. 202, angegeben, bestimmt werden.

Hierzu löst man 20 bis 50 g Blei in Salpetersäure, fällt das Blei mit Schwefelsäure als Sulfat, filtriert und behandelt das Filtrat, wie oben beschrieben, weiter.

Die *Zink, Eisen, Nickel* usw. enthaltende Lösung (A) wird in einem Stehkolben schwach ammoniakalisch gemacht und mit Ammoniumsulfid versetzt. Dann verkorkt man den bis in den Hals gefüllten Kolben und läßt ihn 24 Stunden oder länger stehen. Man filtriert erst nach dem vollständigen Absitzen des Niederschlages, säuert das vielleicht etwas Nickel gelöst enthaltende Filtrat mit Essigsäure an, setzt Ammoniumacetat hinzu, erwärmt einige Stunden und filtriert Schwefel und Nickelsulfid ab.

Den mit Ammoniumsulfid erhaltenen Niederschlag behandelt man gleich nach dem Abfiltrieren auf dem Filter mit einer Mischung von 6 Teilen gesättigtem

Schwefelwasserstoffwasser und 1 Teil Salzsäure (1,12), indem man die durchgelaufene Flüssigkeit mittels einer Pipette wiederholt auf das Filter bringt. Die
Sulfide von Zink und Eisen gehen so in Lösung, während die von Nickel und Kobalt
auf dem Filter bleiben. Nach dem Trocknen wird dieses Filter zusammen mit
demjenigen, auf welchem der nickelsulfidhaltige Schwefel (s. oben) gesammelt
worden war, in einem Porzellantiegel verascht; den Rückstand erwärmt man
mit einigen Tropfen Königswasser, dampft die Lösung fast zur Trockne, versetzt
mit wenig Ammoniak und Ammoniumcarbonatlösung und filtriert. Das Filtrat
wird mit Kalilauge in einer Platinschale bis zur vollständigen Austreibung des
Ammoniaks gekocht, der minimale Niederschlag auf einem Filter gesammelt, ausgewaschen, getrocknet, geglüht und *als NiO* gewogen. Dieser Niederschlag enthält außerdem etwa vorhandenes Co_3O_4.

Nach dem Wägen prüft man qualitativ (in der Boraxperle vor dem Lötrohr)
auf einen etwaigen Kobaltgehalt. Eine Trennung von Nickel und Kobalt ist meist
nicht erforderlich.

Die beim Behandeln des Ammoniumsulfidniederschlages mit schwefelwasserstoffhaltiger, verd. Salzsäure erhaltene Lösung von Eisen und Zink engt man
ein, oxydiert durch einen Tropfen Salpetersäure, fällt mit Ammoniak und filtriert. Das Eisenhydroxyd wird nochmals in Salzsäure gelöst, wieder mit Ammoniak ausgefällt, ausgewaschen, getrocknet und geglüht. Man wägt das erhaltene
Eisenoxyd oder bestimmt das Eisen colorimetrisch mit Kaliumrhodanid.

Das ammoniakalische Filtrat vom Eisenhydroxyd versetzt man mit Ammoniumsulfid und läßt es 24 Stunden in gelinder Wärme stehen, filtriert das Zinksulfid
ab, löst es in verd. Salzsäure und bestimmt in dieser Lösung *Zink* polarographisch.
Will man es gewichtsanalytisch bestimmen, so verascht man das Filter mit dem
Zinksulfid, glüht und wägt als ZnO.

Der Gehalt an **Wismut** wird nach einer der unter „Bestimmung des Wismuts‟
beschriebenen Methode S. 91 festgestellt, s. auch Kap. „Wismut‟, S. 384.

Zur Bestimmung des **Antimons** und **Zinns** werden je nach der Reinheit
des Bleis 100 bis 200 g Material eingewogen und in 500 cm³ Salpetersäure (1 + 4)
auf je 100 g Einwaage gelöst. Aus dieser Lösung fällt man Antimon und Zinn
ohne vorherige Filtration nach Blumenthal mit Mangan(II)-nitrat und Kaliumpermanganat, s. Kap. „Kupfer‟, S. 211.

Sauerstoff.

Die Bestimmung des Sauerstoffs geschieht durch Erhitzen im Wasserstoffstrom, und zwar werden in ein Schiffchen 50 bis 100 g Blei eingewogen und in
eine Verbrennungsapparatur gebracht. Aus dem Verbrennungsrohr und den Ab-
sorptionsgefäßen wird mittels Durchleiten von reinem Wasserstoff (zu beachten sind dabei die Angaben über Apparatur, Reinigung des Gases usw. bei der
„Sauerstoffbestimmung im Kupfer‟, S. 219) der Luftsauerstoff verdrängt. Dann
erhitzt man das Blei in einem langsamen Strom von Wasserstoff auf etwa 700°.
Hierbei werden die oxydischen Bleiverbindungen unter Bildung von Wasser reduziert; dieses Wasser wird aus dem Gasstrom durch Calciumchloridröhrchen und
ein Phosphorpentoxydrohr absorbiert und dann gewogen.

Schwefel.

Die Bestimmung des Schwefels erfolgt nach der Methode von H. Leysaht[5].
Hierzu wägt man 10 bis 50 g Feilspäne in den Zersetzungskolben eines Schwefelbestimmungsapparates ein und bringt sie mit 30 bis 150 cm³ Bromwasserstoffsäure (1,49) durch langsames Erwärmen in Lösung. Der entwickelte Schwefelwasserstoff wird durch einen Kohlensäurestrom in eine Vorlage übergeführt,

---

⁵ Z. anal. Chem. Bd. 75 (1928) S. 169.

welche entweder mit Brom-Salzsäure oder mit Cadmiumacetatlösung beschickt ist. Im ersten Fall bestimmt man den Schwefel durch Fällen mit Bariumchlorid als $BaSO_4$, während im zweiten Fall der Schwefelgehalt aus dem entstandenen Cadmiumsulfid maßanalytisch mit Jod oder gewichtsanalytisch nach Umsetzung mit Kupfersulfat ermittelt werden kann.

Edelmetalle. Man verschlackt 500 g und mehr Blei in Ansiedescherben, vereinigt zum Schluß die erhaltenen Reguli, verschlackt nochmals und treibt auf einer harten Kapelle ab.

b) Legierungen.

α) Hartblei.

10 g der Probe in Form von Feil- oder Sägespänen werden im 500 cm³-Meßkolben mit 100 cm³ Brom-Salzsäure (Salzsäure 1,19) erwärmt, bis das Metall vollständig zersetzt ist. Nach erfolgter Lösung wird zur Verjagung des Broms weiter erwärmt, ohne daß die Flüssigkeit zum Sieden kommen darf, worauf man den Kolbeninhalt mit salzsäurehaltigem Wasser verdünnt und nach dem Abkühlen zur Marke auffüllt. Man entnimmt für die **Antimonbestimmung** je nach dem Gehalt an Antimon ein Volumen entsprechend 1 bis 2 g der Einwaage, fügt 30 cm³ konz. Salzsäure und 2 g Natriumsulfit hinzu, verkocht die schweflige Säure (wobei man nicht unter 50 cm³ eindampfen darf), verdünnt mit heißem Wasser auf ungefähr 100 bis 150 cm³ und titriert das Antimon bei etwa 80° mit $^n/_{10}$-Kaliumbromatlösung unter Zusatz von Indigolösung oder Methylorange als Indicator. Arsen ist bei diesem Analysengang verflüchtigt. Der Titer der Kaliumbromatlösung ist auf chemisch reines Antimon einzustellen.

Nach erfolgter Titration verkocht man das frei gewordene Brom, fügt so viel Salzsäure hinzu, daß die Lösung ungefähr 15 bis 20 Vol.% Salzsäure enthält, fällt Antimon durch Zusatz von Eisenpulver aus, filtriert vom Metallschwamm und ungelösten Eisenpulver ab, löst beide in etwas Salzsäure unter Zusatz von einigen Tropfen Wasserstoffperoxyd und wiederholt die Antimonfällung durch Eisenpulver. In den vereinigten Filtraten wird **Zinn** nach der im Kap. „Zinn" angegebenen Methode maßanalytisch mit Jodlösung bestimmt.

Zur Bestimmung des **Arsens** werden 2,5 bis 5 g der Legierung in Form von Feil- oder Sägespänen mit 20 bis 30 cm³ konz. Schwefelsäure durch starkes Erhitzen in einem später als Destillationskolben dienenden Erlenmeyer aufgeschlossen, bis die dabei sich bildende schweflige Säure entwichen ist. Dann raucht man den größten Teil der Schwefelsäure ab, verdünnt mit etwas Wasser, setzt Hydrazinsulfat, Kaliumbromid und Salzsäure, wie bei Kap. „Arsen" angegeben, hinzu, schließt den Kolben an den Kühler und destilliert das Arsentrichlorid über.

Falls die Arsenbestimmung auf maßanalytischem Wege erfolgen soll, empfiehlt es sich, das Destillat nochmals zu destillieren, um die letzten Reste von Antimon zu entfernen.

Zur Bestimmung des **Bleis** werden 10 g der Probe in Form von Säge- oder Feilspänen in einem Meßkolben von 500 cm³ Inhalt in 50 cm³ Salpetersäure (1,4), 50 cm³ Wasser und 100 cm³ Weinsäurelösung (1+1) gelöst. Dann wird mit Wasser verdünnt, abgekühlt und zur Marke aufgefüllt. Man entnimmt 100 cm³ (entsprechend 2 g der Probe), macht mit Natronlauge alkalisch, erwärmt bis fast zum Sieden und fügt 30 cm³ kalte gesättigte Natriumsulfidlösung hinzu. Nach kräftigem Umschütteln läßt man den Niederschlag in der Wärme absitzen, bis die überstehende Flüssigkeit vollkommen klar ist, filtriert durch ein dichtes Filter und wäscht mit heißem, 5% Natriumsulfid enthaltendem Wasser aus. Zur vollständigen Entfernung von Antimon und Zinn wird der Niederschlag vom Filter gespritzt, nochmals mit Natriumsulfid ausgekocht und durch das gleiche Filter abfiltriert. Nach gründlichem Auswaschen mit vorgenanntem Waschwasser gibt man das Filter samt dem Inhalt in den Fällungskolben zurück und dampft mit 20 cm³ konz. Salpetersäure und 10 cm³ konz. Schwefelsäure bis zum starken Rauchen ein, wenn nötig, unter erneutem Zusatz einiger Tropfen Salpetersäure, bis der Kolbeninhalt vollkommen weiß geworden ist. Das Blei wird sodann in üblicher Weise als Bleisulfat gewogen oder nach einer der anderen unter A angegebenen Methoden bestimmt.

Zur Bestimmung des **Kupfers** und **Zinks** fällt man aus 300 cm³ der vorstehend beschriebenen salpeterweinsauren Lösung (= 6 g Material) die Hauptmenge des Bleis mit 5 cm³ konz. Schwefelsäure aus und filtriert das Bleisulfat ab.

Man macht dann das Filtrat mit Natronlauge alkalisch und fügt Natriumsulfid hinzu. Nach dem Absitzen des Niederschlages wird durch ein doppeltes Filter filtriert, mit natriumsulfidhaltigem Wasser sorgfältig gewaschen und das Filter samt dem Niederschlag im Fällungsgefäß mit 20 cm³ konz. Salpetersäure und 5 cm³ Schwefelsäure so lange zum Rauchen erhitzt, bis der Kolbeninhalt vollkommen hell geworden ist. Nach dem Verdünnen mit Wasser und Erkalten der Lösung filtriert man die letzten Reste Bleisulfat ab und leitet in das Filtrat Schwefelwasserstoff ein. Die Sulfide werden abfiltriert und zur Kupferbestimmung nach einer der beim Weichblei beschriebenen Methoden (s. S. 97) verwandt. Das Filtrat befreit man durch Kochen vom Schwefelwasserstoff, oxydiert und fällt mit Ammoniak etwa vorhandenes **Eisen,** welches colorimetrisch bestimmt werden kann. Im Filtrat wird **Zink** nach einer der beim Weichblei beschriebenen Methode bestimmt. Enthält das Hartblei **Nickel,** so wird dieses vor der Bestimmung des Zinks mit Diacetyldioxim gefällt und gewogen.

β) Bleilegierungen mit geringen Zusätzen von Alkali- und Erdalkalimetallen.
(Bn-Metalle.)

Derartige Legierungen dienen als Lagermetalle für schwere Lager.

Die Analyse der üblichen Verunreinigungen des Bleis führt man nach dem bei „Weichblei" beschriebenen Methoden durch.

Zur Bestimmung des **Calciums** wird eine Einwaage von 4 g Spänen in einem Becherglas mit 60 cm³ Wasser und 15 cm³ konz. Salpetersäure durch Kochen gelöst, die Lösung etwas abgekühlt und mit 30 cm³ konz. Ammoniak versetzt, worauf man bei einer Temperatur von 70° Schwefelwasserstoff einleitet. Sobald sich der Niederschlag abgesetzt hat, wird filtriert, das Filter 5mal mit kaltem Wasser ausgewaschen und das Ammoniumsulfid im Filtrat durch Kochen zersetzt. Darauf wird mit Essigsäure schwach angesäuert und die siedend heiße Lösung mit heißer Ammoniumoxalatlösung versetzt. Nach der Fällung läßt man noch einige Minuten kochen, filtriert das Calciumoxalat ab und wäscht es mit heißem Wasser aus. Calcium kann dann gewichts- oder maßanalytisch bestimmt werden.

Zur Bestimmung des **Natriums** wird eine Einwaage von 10 g mit etwa 300 cm³ Wasser und 25 g (= etwa 2 cm³) Quecksilber versetzt; die Mischung kocht man 10 min und leitet unter weiterem Kochen etwa 15 min lang Kohlensäure ein. Darauf filtert man in einen 500 cm³-Erlenmeyerkolben, wäscht mit heißem Wasser aus und kühlt das Filtrat ab. Nach dem Erkalten titriert man die Summe von Natrium und Lithium mit $^n/_5$-Salzsäure unter Verwendung von Methylorange als Indicator.

Soll **Lithium** gesondert bestimmt werden, so erhöht man die Einwaage auf 20 g und stellt zunächst wie vorhin die Summe von Natrium und Lithium fest. Die titrierte Lösung dampft man zur Trockne und verglüht die Ammoniumsalze.

Die zurückbleibenden Chloride werden gewogen, sodann mit etwa 20 cm³ reinem Alkohol aufgenommen, mit einem Glasstab zerrieben und zerdrückt. Hiernach wird die Lösung in eine gewogene Platinschale filtriert und das Filter mit reinem absol. Alkohol ausgewaschen. Das alkoholische Filtrat wird mit etwas Schwefelsäure abgeraucht, der Rückstand geglüht und als Lithiumsulfat gewogen. Natrium errechnet man nach der Formel

$$[(NaCl + LiCl) - 0{,}7713\ Li_2SO_4] \cdot 0{,}3934 = Na.$$

γ) *Blei-Cadmium-Legierungen mit und ohne Zinngehalt.*

Diese Legierungen finden als Lagermetalle und Lote Verwendung.

Von *zinnfreien* Legierungen werden je nach dem Cadmiumgehalt 1 bis 5 g in Salzsäure (1,19) gelöst, wobei man den ausgeschiedenen Metallschwamm durch Zugabe von Kaliumchlorat in Lösung bringt. Man versetzt dann mit einer abgemessenen Menge Schwefelsäure (1 + 1) und erhitzt bis zum starken Rauchen. Das Bleisulfat wird in gewohnter Weise abfiltriert und gegebenenfalls bestimmt. In dem bis fast zum Sieden erhitzten Filtrat, das 6 Vol.% Schwefelsäure enthalten soll, wird das Cadmiumsulfid mit den übrigen Sulfiden der Gruppe durch Schwefelwasserstoff niedergeschlagen. Man filtriert, wäscht aus und spült die Sulfide in das Becherglas zurück, in dem sie mit Ammoniumsulfidlösung in der Wärme ausgezogen werden.

Bei *Gegenwart von Zinn* empfiehlt es sich, die Lösung des Probematerials mit Natronlauge alkalisch zu machen und mit Natriumsulfid zu fällen. Hierdurch wird das Zinn zum größten Teil von den übrigen Sulfiden getrennt. Sulfide und Filter löst man in Salpetersäure, versetzt mit einer abgemessenen Menge Schwefelsäure und erhitzt, bis reichlich Schwefelsäuredämpfe entweichen. Die Filterkohle wird durch Zugabe einiger Tropfen Salpeter- und Schwefelsäure zerstört, das Bleisulfat abfiltriert und das Filtrat wie oben behandelt.

Die mit Ammoniumsulfidlösung behandelten Sulfide werden durch ein dichtes Filter abfiltriert und gut ausgewaschen. Man löst das Cadmiumsulfid auf dem Filter mit heißer Salzsäure (1 + 2), während Kupfersulfid zurückbleibt. Da geringe Mengen Kupfer beim Behandeln mit Salzsäure in Lösung gehen, ist das Cadmium nochmals mit Schwefelwasserstoff zu fällen und die Behandlung des Sulfids mit heißer Salzsäure (1 + 2) zu wiederholen.

Nach nochmaligem Abrauchen der das Cadmium enthaltenden Lösung wird wiederum mit Schwefelwasserstoff gefällt und der Sulfidniederschlag abermals mit Ammoniumsulfid ausgezogen, um die letzten Reste der Sulfosalzbildner zu entfernen.

Zweckmäßig ist es, bei diesem Ausziehen Ammoniumsulfid zu verwenden, wobei zu beachten ist, daß die Sulfide dabei nur schwach erwärmt werden dürfen; eine nochmalige Ausfällung des Cadmiumsulfids erübrigt sich dann.

Die Cadmiumbestimmung kann nach den im Kap. „Cadmium", S. 111, angegebenen Methoden erfolgen.

Zinn ist in einer besonderen Einwaage zu bestimmen, und zwar wird je nach dem Zinngehalt eine bestimmte Menge des Materials in Salzsäure (1,19) gelöst und ein etwa vorhandener Metallschlamm durch Zugabe von Kaliumchlorat in Lösung gebracht. Diese Lösung neutralisiert man im ganzen oder in einem gemessenen Teil davon mit Natronlauge, gibt Natriumsulfidlösung und eine Messerspitze reinsten Schwefels hinzu und erwärmt auf 60 bis 80°. Dann filtriert man die Lösung von den ausgeschiedenen Sulfiden des Bleis, Cadmiums und Kupfers ab und säuert die Sulfostannatlösung mit verd. Schwefelsäure an. Das abgeschiedene Zinnsulfid wird durch Abrauchen mit Schwefelsäure in Lösung gebracht und in dieser das Zinn bestimmt (s. Kap. „Zinn").

δ) *Weißmetalle, zinnhaltige Lagermetalle, zinnhaltige Spritzgußlegierungen und andere.*

Die zinnhaltigen Bleilegierungen finden als Lager- und Lotmetalle, Letternmetalle, als Legierungen für Kabelmäntel usw. Anwendung. Die Zusammensetzung der einzelnen Legierungen schwankt hinsichtlich des Zinngehaltes in weiten Grenzen. Außerdem werden diesen

Legierungen für besondere Zwecke häufig geringe Mengen anderer Metalle zulegiert, um dadurch besondere Eigenschaften hervorzurufen.

Zur Analyse (s. auch Kap. „Zinn", S. 479) werden 10 g der Probe in Form von Feil- oder Sägespänen in einem 500 cm³-Meßkolben mit 100 cm³ Bromsalzsäure (1,19) erwärmt, bis das Metall vollkommen zersetzt ist. Dann wird das überschüssige Brom durch Erwärmen ausgetrieben, ohne daß die Flüssigkeit zum Kochen kommt, und der Kolbeninhalt mit salzsäurehaltigem Wasser bis zur Marke aufgefüllt.

Zur Bestimmung des *Antimons* entnimmt man je nach dem Gehalt an Antimon eine entsprechende Menge und behandelt diese, wie bei der Analyse des „Hartbleis" angegeben.

Zur Bestimmung des *Zinns* kann die titrierte Lösung von der Antimonbestimmung benutzt werden. Zur Kontrolle nimmt man von der ursprünglichen Lösung ebenfalls einen gemessenen Anteil, fällt, nachdem die Lösung auf ungefähr 10 bis 20 Vol.% an Salzsäure gebracht wurde, das Antimon durch Eisenpulver in üblicher Weise aus und behandelt das Filtrat wie im Kap. „Zinn" angegeben.

Die übrigen Legierungsbestandteile und Verunreinigungen werden wie beim „Weichblei" bestimmt.

ε) *Selen- und tellurhaltiges Weichblei.*

Weichblei mit Selen-Tellur-Gehalten von 0,01 und 0,1% soll besonders hervorragende Eigenschaften gegenüber dem Angriff von Säuren und sauren Salzen besitzen. Es wird daher vorzugsweise für Behälter, Rohre und Auskleidungen verwendet.

Die Bestimmung des *Selens* und *Tellurs* erfolgt nach den Angaben im Kap. „Selen und Tellur", S. 289 und 297.

3. Oxyde.

Technische Bedeutung haben die Oxyde des Bleis, nämlich *Bleiglätte* PbO und *Mennige* Pb_3O_4, sowie *Bleidioxyd* PbO_2. Bleiglätte findet für säurefeste Kitte, als Anstrichfarbe und für Probierzwecke Verwendung und ist gleichzeitig ein Zwischenprodukt zur Herstellung von Bleisalzen. Mennige und Bleidioxyd werden zur Herstellung von Akkumulatorenplatten sowie als Oxydationsmittel in der chemischen Technik verwandt. Mennige hat außerdem als eine der wirksamsten Rostschutzfarben überragende Bedeutung.

a) Bleiglätte.

Die Bestimmung des Bleis in der Bleiglätte erfolgt nach dem Lösen in Salpetersäure und dem Abfiltrieren eines etwaigen Rückstandes nach einer der unter „Bestimmung des Bleis" A. I bis III angegebenen Methoden.

Die Verunreinigungen werden nach den unter B. 2 angegebenen Methoden bestimmt.

Zur Bestimmung des *metallischen Bleis* in der Glätte werden 50 g Substanz in 100 cm³ Wasser aufgeschlämmt und mit 250 cm³ gesättigter Ammoniumacetatlösung, 20 cm³ konz. Essigsäure und 2 cm³ einer 10proz. Hydrazinsulfatlösung versetzt. Man kocht kurze Zeit auf, wobei das gesamte PbO in Lösung geht. Das metallische Blei läßt man absitzen, gießt die Flüssigkeit ab und dekantiert mehrmals mit heißem Wasser. Durch Zugabe von 20 cm³ Salpetersäure (1+1) wird das *metallische Blei* in Lösung gebracht und nach einer der unter A. angegebenen Methoden bestimmt.

Der Gehalt an metallischem Blei in einer guten Glätte ist sehr gering.

Zur Bestimmung des *Bleidioxydgehalts* der Glätte werden etwa 20 g Substanz mit 100 cm³ einer Lösung, welche 200 g-Natriumacetat und 10 g Kaliumjodid im Liter enthält, 200 cm³ Wasser und 30 cm³ Essigsäure versetzt. Man rührt oder schüttelt in der Kälte solange, bis sich die Substanz vollständig gelöst hat, und titriert das durch Bleidioxyd frei gewordene Jod mit einer $n/100$-Natrium-thiosulfatlösung.

Zur Bestimmung des *Silbers* in der Bleiglätte wird 1 kg Bleiglätte auf mehrere Tiegel verteilt und mit einem der unter Kap. „Edelmetalle", S. 169 und 174, angegebenen Flußmittel im Tiegelofen auf einen Regulus niedergeschmolzen. Die aus den verschiedenen Einwaagen erhaltenen Reguli werden zusammengeschmolzen und so lange verschlackt, bis nur noch ein kleiner Regulus von ungefähr 20 g übrigbleibt. Dieser wird auf einer Kapelle abgetrieben und das Silber ausgewogen.

Eine für Probierzwecke geeignete Glätte soll nicht mehr als 0,00008% Silber enthalten (0,8 g/t).

b) Untersuchung der Bleimennige und des Bleidioxyds.

Der *Bleigehalt* der Bleimennige und des Bleidioxyds kann folgendermaßen festgestellt werden:

1 g Substanz wird mit 0,5 g Oxalsäure und 50 cm³ Wasser versetzt. Nunmehr gibt man 20 cm³ Salpetersäure $(1+1)$ hinzu und erwärmt, bis die Substanz vollkommen in Lösung gegangen ist. Ein etwaiger Rückstand wird nach dem Verdünnen mit Wasser abfiltriert. Im Filtrat bestimmt man das Blei nach einer der unter A „Bestimmungsmethoden des Bleis" angegebenen Methoden.

Die Bestimmung der *Nebenbestandteile* in der Bleimennige und dem Bleidioxyd erfolgt nach den unter „Weichblei" angegebenen Methoden s. S. 96.

Die Bestimmung des *Bleidioxydgehalts* erfolgt nach der bei der Untersuchung der Glätte, s. S. 102, angegebenen Methode mit der Abänderung, daß an Stelle von 20 g Substanz, 1 g Substanz eingewogen wird, und daß die Titration des ausgeschiedenen Jods nicht mit $n/100$-, sondern mit $n/10$-Thiosulfatlösung erfolgt.

Um die lästige Jodausscheidung in fester Form zu vermeiden, kann in diesem Fall auch folgendermaßen verfahren werden:

Zu der Einwaage von 1 g gibt man 100 cm³ einer Lösung von 200 g Natrium-acetat und 10 g Kaliumjodid im Liter, sodann so viel einer $n/10$-Natriumthiosulfat-lösung, daß entsprechend dem zu erwartenden Freiwerden von Jod ein Überschuß vorhanden ist, ferner 200 cm³ Wasser und 30 cm³ Essigsäure und schüttelt nunmehr in der Kälte, bis die Substanz sich vollkommen umgesetzt hat. Daraufhin titriert man mit $n/10$-Jodlösung zurück.

Die Bestimmung des Bleidioxydgehaltes kann auch nach der Antimontrichlorid-methode von H. Blumenthal[6] durchgeführt werden. Dafür werden 2 g Mennige in einem Erlenmeyerkolben von 300 cm³ Inhalt, in den man, um das sich bildende Bleichlorid in Lösung zu halten, etwa 8 g Natriumchlorid gegeben hat, mit einer genau abgemessenen Menge von 50 cm³ einer salzsauren Antimontrichloridlösung von bekanntem Wirkungswert [15 g reines krystallisiertes Antimontrichlorid in 300 cm³ Salzsäure (1,19) gelöst und auf 1 l aufgefüllt] versetzt. Die Mischung wird nunmehr mit kleiner Flamme unter ständigem Umschwenken langsam erwärmt, bis sie schließlich zum Kochen kommt. Nach dem Lösen titriert man bei Siedetemperatur den Überschuß des Antimontrichlorids mit einer $n/10$-Kalium-bromatlösung zurück.

Titerstellung der $n/10$-Kaliumbromatlösung s. Kap. „Antimon", S. 53.

1 cm³ $n/10$-Kaliumbromatlösung entspricht 0,01196 g PbO_2.

---

[6] Mitt. dtsch. Mat.-Prüf.-Anst., Sonderheft XXIII, 21. 8. 1933.

Kapitel 6.

Bor*.

A. Bestimmungsmethoden des Bors.

Qualitativer Nachweis.

   I. Die maßanalytische Bestimmung der Borsäure im Verfolg eines Untersuchungsganges für Borax.

   II. Die Destillation als Bormethylester mit nachfolgender Titration.

   III. Die Extraktionsmethode mit gewichtsanalytischer Bestimmung als Calciumborat.

B. Untersuchung von Erzen und Erzeugnissen.

   I. Erze (Vorkommen, Aufschluß).

   II. Erzeugnisse:
     1. Legierungen:
       a) Ferrobor,
       b) Calciumbor,
       c) Bor in Eisen und Stahl.
     2. Borhaltiges Glas und borhaltige Emaille.

A. Bestimmungsmethoden des Bors unter Berücksichtigung der bei der Analyse störend wirkenden Elemente.

Qualitativer Nachweis. Die wässerige oder salzsaure Lösung der Borsäure färbt Curcumapapier beim Trocknen rotbraun. Diese Färbung verschwindet auch nicht beim Wiedereintauchen in verd. Salzsäure oder Schwefelsäure (Unterschied von der durch Alkalien hervorgerufenen Braunfärbung). Wird das rotbraun gefärbte Curcumapapier mit Natron- oder Kalilauge befeuchtet, so färbt es sich vorübergehend blauschwarz, bei Gegenwart geringer Mengen Borsäure nur graublau; durch Säure wird die ursprüngliche Färbung wiederhergestellt. In *Mineralien* destilliert man die Borsäure aus dem Sodaaufschluß mit Methylalkohol als Bormethylester ab, den man in konz. Natronlauge auffängt. Der Inhalt der Vorlage wird eingedampft, mit wenig konz. Schwefelsäure und Methylalkohol zu einem Brei verrührt und der Alkohol angezündet. Ein grüner Saum der Flamme zeigt Bor an. Diese Färbung erhält man auch, wenn die zu untersuchende Substanz oder ihr Sodaaufschluß mit Schwefelsäure und Methylalkohol im Reagensglas stark gekocht (Halter anwenden!) wird, und man die entweichenden Dämpfe anzündet.

I. Die maßanalytische Bestimmung der Borsäure im Verfolg eines Untersuchungsganges für Borax.

Die maßanalytische ist als die hauptsächlichste Bestimmungsmethode anzusehen; sie findet bei der Untersuchung des Borax fast ausschließlich Anwendung.

Borax.

10 g fein gepulvertes Material werden mit kohlensäurefreiem destill. Wasser zu 500 cm³ gelöst.

1. Gesamt-Alkali. 50 cm³ dieser Lösung = 1 g Einwaage werden in einem 500 cm³-Erlenmeyerkolben mit $^n/_2$-Salzsäure in Gegenwart von Methylorange bis

---

* Bearbeiter: **Sieger, Wirtz.** Mitarbeiter: **Toussaint.**

zum Umschlag nach Zwiebelrot titriert; man erhält so das Gesamtalkali. 1 cm^3 $n/_2$-HCl = 0,02 g NaOH.

2. B_2O_3-Bestimmung. Die eben titrierte Lösung versetzt man mit einem kleinen Überschuß an $n/_2$-Salzsäure (2 bis 3 cm^3) und kocht zur Vertreibung der Kohlensäure 15 min am Rückflußkühler. Dann kühlt man ab, spült den Rückflußkühler mit wenig Wasser nach (das Gesamtvolumen soll 100 cm^3 nicht überschreiten), gibt nochmals 1 bis 2 Tropfen Methylorangelösung hinzu und nimmt den Überschuß an Säure mit $n/_2$-carbonatfreier NaOH-Lösung zurück bis zum zwiebelroten Umschlag. Nach Zugabe von 2 bis 3 Tropfen Phenolphthalein sowie 40 cm^3 säurefreiem, wenn nötig, genau neutralisiertem Glycerin oder von 5 g Mannit titriert man mit carbonatfreier $n/_2$-Natronlauge bis zur Rotfärbung. Verschwindet diese auf Zusatz von weiteren 10 cm^3 Glycerin, so wird weitertitriert. Der Glycerinzusatz ist jedenfalls fortzusetzen, bis dadurch die rote Farbe nicht mehr zum Verschwinden gebracht wird. Nach den Gleichungen:

$$Na_2B_4O_7 + 2\,HCl = 2\,NaCl + 2\,B_2O_3 + H_2O$$

$$2\,B_2O_3 + 4\,NaOH = 4\,NaBO_2 + 2\,H_2O$$

ist der Verbrauch an $n/_2$-NaOH bei reinem Borax doppelt so groß als an erst zugefügter $n/_2$-HCl. 1 cm^3 $n/_2$-NaOH entspricht 0,0175 g B_2O_3 = 0,0477 g Borax.

Die *Einstellung* der carbonatfreien $n/_2$-Natronlauge erfolgt mit reinem Borax (auch der Borax pro analysi muß nochmals umkrystallisiert werden). Man nimmt die Titration mit Phenolphthalein als Indicator vor, nachdem man durch Zusatz von Glycerin oder Mannit die Borsäure in eine stärkere komplexe Säure übergeführt hat. Die Einwaage beträgt 0,5 g Borax, der in 50 cm^3 Wasser gelöst wird; 40 cm^3 Glycerin oder 2,5 g Mannit werden dann hinzugefügt.

3. *Carbonat* und *Hydrogencarbonat*. Ihr Vorhandensein erkennt man an der Gasentwicklung bei Säurezusatz.

Die *Summe der beiden* wird zunächst errechnet, indem man von der unter 1. ermittelten Grammenge an NaOH die unter 2. bestimmte NaOH-Menge (gefundener Borax mal 0,2094) absetzt; sie sei = t.

Nun bestimmt man bei Mengen über 1% das *Hydrogencarbonat* wie folgt: 50 cm^3 der Ausgangslösung werden mit 40 cm^3 Glycerin, 10 cm^3 $n/_2$-NaOH und 50 cm^3 einer 10proz. Bariumchloridlösung versetzt; der Überschuß an Alkali wird mit $n/_2$-HCl und Phenolphthalein als Indicator zurücktitriert. Verbraucht seien an cm^3 $n/_2$-HCl = m. Die Differenz: 10 cm^3 $n/_2$-HCl − (m cm^3 $n/_2$-HCl + $^1/_2$ cm^3 für Borax [s. unter 2.]) = n cm^3 für das Hydrogencarbonat-NaOH. n mal 0,02 = g NaOH (als für Hydrogencarbonat geltend).

Multipliziert man n mal 0,02 g NaOH mit 2,1, so erhält man die Grammenge *an Natrium-Hydrogencarbonat*; setzt man diese von obigen t g Gesamtcarbonate ab und multipliziert mit 1,32, so resultieren die Grammengen für *Soda*.

Bei kleinen Mengen Hydrogencarbonat (unter 1%) empfiehlt es sich, die Kohlensäure gewichtsanalytisch durch direkte Wägung der mit Säure frei gemachten CO_2-Menge zu bestimmen.

4. *Wasser*. 1 g gepulverter Borax wird in einem gewogenen, bedeckten Platintiegel anfangs gelinde, allmählich stärker bis zum schwachen Glühen erhitzt, wobei der Gewichtsverlust den Wassergehalt ergibt. Bei reinem Borax beträgt er 47,21%.

Meistens genügt diese Art der Bestimmung; nur bei Anwesenheit von viel organischer Substanz ist eine unmittelbare Wasserbestimmung erforderlich.

5. *Organische Substanz*. 10 g fein gepulvertes Material werden in 250 cm^3 10proz. (reine) Schwefelsäure eingetragen und mit 10 cm^3 $n/_{10}$-Kaliumpermanganat $^1/_4$ Stunde gekocht; der Überschuß an Permanganat wird mit $n/_{10}$-Oxalsäure zurücktitriert. Man gibt die organische Substanz in Kubikzentimetern verbrauchter $n/_{10}$-Permanganat an.

6. Weitere Prüfungen. Der gefundene Alkali-, Bor- und Wassergehalt geben schon ein Bild von der Reinheit des Materials. Eine trübe Lösung sowie eine Differenz gegen 100% verpflichten noch zu folgenden Prüfungen:

auf Chlorid: Die 10proz. Lösung wird mit Salpetersäure und Silbernitrat im Überschuß versetzt; die Rücktitration erfolgt nach Volhard;

auf Sulfat: Die 10proz. Lösung versetzt man mit Essigsäure und Barium-chlorid. Eine beginnende Fällung nach halbstündigem Stehen zeigt 0,01% SO_4 an;

auf Phosphat: Die 10proz. Lösung wird mit Salpetersäure und Ammonium-nitrat versetzt, aufgekocht und bei 70° mit Ammoniummolybdat gefällt;

auf Calcium: Man fällt in der warmen 10proz. Lösung nach Zusatz von Ammoniak mit Ammonoxalat;

auf Magnesium: Eine 5proz. Boraxlösung darf mit Ammoniak und Ammonium-phosphat nach 24stündigem Stehen keinen Niederschlag geben;

auf Kieselsäure, Kupfer, Eisen, Aluminium, Mangan: Hierzu ist eine größere Einwaage von 100 g zu lösen und wiederholt mit Salzsäure und Methylalkohol in einer Porzellanschale auf dem Wasserbade zur Trockne zu bringen; schließlich ist scharf zu trocknen. Beim Aufnehmen mit Salzsäure und Wasser bleibt dann die Kieselsäure zurück; sie muß auf Reinheit geprüft werden.

Die Bestimmung der übrigen Verunreinigungen erfolgt auf bekanntem Wege; da es sich meist nur um geringe Mengen handelt, werden Kupfer, Mangan und Eisen colorimetrisch ermittelt.

II. Die Destillation als Bormethylester mit nachfolgender Titration.

Man schließt die Probe durch Schmelzen mit Soda-Pottasche auf, löst in warmem Wasser und nimmt für die Bestimmung entweder die ganze oder einen Anteil der aufgefüllten Lösung. Nach schwachem Ansäuern mit Schwefelsäure bringt man sie in einen Destillationskolben (*ohne* Gummistopfen, *nur* mit Glasschliffen), kocht sie am Rückflußkühler kohlensäurefrei und läßt erkalten. Der Rückfluß-kühler wird mit Wasser nachgespült, entfernt und durch eine Vorlage mit genügend $n/_2$-Natronlauge vertauscht. Dann destilliert man die schwach saure Lösung bis zum Auftreten von Schwefelsäurenebeln, gibt zum trocknen Rückstand durch den Einfülltrichter des Destillationsapparates ungefähr 30 cm³ Methylalkohol und führt unter Durchleiten eines Luftstromes die Destillation fort, bis nach mehr-maliger Zugabe der obigen Menge Methylalkohols (5- bis 8mal) sämtliches Bor als Bormethylester überdestilliert ist.

Bei der Analyse von Ferrobor und Calciumbor (s. weiter unten) erhält man eine Perhydrol-Salpetersäure-Lösung. Auch diese wird zunächst zur Trockne ge-dampft, wobei ebenfalls Natronlauge vorzulegen ist; die Überführung in Methyl-ester und seine Destillation erfolgt auf die oben angegebene Weise.

Die in der Vorlage aufgefangenen Destillate werden in eine Platinschale über-gespült und zur Trockne gedampft. Man befeuchtet sie dann mit einigen Tropfen Salpetersäure, gibt etwa 300 cm³ destill. Wasser hinzu und spült die Lösung in einen Liter-Erlenmeyerkolben über; nachdem am Rückflußkühler kohlensäure-frei gekocht und abgekühlt wurde, wird er mit Wasser ausgespült und entfernt. Die Lösung neutralisiert man genau mit $n/_{10}$-Natronlauge unter Zugabe von Methylorange, setzt etwa 2,5 g Mannit und einige Tropfen Phenolphthalein hinzu und titriert mit carbonatfreier $n/_{10}$-Natronlauge bis zur Rotfärbung. (Der Mannit-zusatz richtet sich nach der Menge der überdestillierten Borsäure.) Dann gibt man nochmals 2 g Mannit zu und läßt, falls Entfärbung eintritt, wieder Natron-lauge bis zur Rotfärbung zutropfen. Aus dem zweiten Verbrauch an Natronlauge kann man auf die Notwendigkeit eines weiteren Zusatzes von Mannit mit nachfolgender Titration schließen.

1 cm^3 $n/_{10}$-NaOH = 0,00108 g Bor.

III. Die Extraktionsmethode mit gewichtsanalytischer Bestimmung als Calciumborat.

Nach A. Partheil und J. A. Rose[1] erfolgt die Extraktion einer schwach sauren, borhaltigen Lösung während 20 Stunden durch Äther, der unbedingt peroxydfrei sein muß (Prüfung mittels Titan- oder Chromsalz). Die im Extrakt enthaltene Borsäure wird nach dem Abdampfen des Äthers mit Calciumoxyd in das Calciumborat: $Ca_3(BO_3)_2$ übergeführt und gewogen, die Borsäure also gewichtsanalytisch ermittelt.

B. Untersuchung von Erzen und Erzeugnissen.

I. Erze.

Bor kommt vor als natürliche Borsäure (*Sassolin* in Toskana) und natürlicher Borax (*Tinkal* in Tibet, *Rasorit* oder *Kernit* mit nur 4 Mol. Wasser in Kalifornien), ferner als Borkalk (*Pandermit* in Kleinasien, *Colemanit* in Kalifornien): ein Boronatrocalcit (*Ulexit*) kommt als chilenischer Borkalk in den Handel.

Der Aufschluß erfolgt technisch durch Kochen mit 20proz. Sodalösung unter Einleiten von Kohlensäure in Stahl- (Gußeisen-) oder Kupfergefäßen. Bei geeigneter Durchführung ergibt die erste Krystallisation bereits raffinierten Borax.

Von *Borkalk und natürlichem Borax* werden nach Hönig und Spitz[2] 15 g in fein gepulvertem oder geschlämmtem Zustand mit 10 g Natriumhydrogencarbonat und Wasser unter Einleiten von Kohlensäure 1 Stunde lang im Kochen erhalten, filtriert und mit Sodalösung gewaschen; das Filtrat entfärbt man mit Kohle und füllt die farblose Lösung auf 500 cm^3 auf.

Daraus werden *Borsäure, Chlorid, Sulfat, Phosphat* wie bei A. I, 2 und 6 bestimmt.

Zur Untersuchung auf *Alkalien, Kieselsäure, Kupfer, Eisen, Aluminium, Mangan, Calcium, Magnesium* ist eine Lösung mit Salzsäure (1 + 1) vorzunehmen, worauf die Entfernung der Borsäure als Methylester nach A. I, 6 erfolgt.

Borerze kann man auch mit Natriumkaliumcarbonat im Platin- oder Reinnickeltiegel aufschließen und die Lösung der Schmelze dann nach A. I oder II zur Borbestimmung weiterbehandeln.

II. Erzeugnisse.

1. Legierungen.

Die hauptsächlichsten Legierungen des Bors, das Ferrobor und das Calciumbor, werden zur Desoxydation von Stahl, Gußeisen, Eisenlegierungen, Kupfer und Kupferlegierungen verwendet. Für die Herstellung dieser Borlegierungen kommen u. a. Borsäure sowie die kalifornischen Borminerale Colemanit und Ulexit in Frage.

a) Ferrobor

wird elektrothermisch oder aluminothermisch erzeugt.

Es kann ungefähr 20 bis 40% Bor enthalten; der Rest ist Eisen mit etwas Kohlenstoff, Aluminium und Silicium. Aluminothermisch erzeugtes Ferrobor ist praktisch kohlenstofffrei.

Ferrobor ist löslich in Perhydrol unter Zusatz einiger Tropfen Salpetersäure; auch kann es mit Natriumperoxyd aufgeschlossen werden.

---

[1] Ber. dtsch. chem. Ges. Bd. 34 (1901) S. 3611 bis 3612.
[2] Z. angew. Chem. Bd. 9 (1896) S. 551.

Borbestimmung.

Perhydrol-Salpetersäure-Methode[3]: 0,1 bis 0,3 g Ferrobor werden in einem 750 cm³-Erlenmeyerkolben mit 60 cm³ verd. Wasserstoffperoxyd (aus 30 cm³ 30proz. Perhydrol und 30 cm³ Wasser) versetzt; dann setzt man einen 60 cm langen Rückflußkühler auf den Kolben und läßt durch ihn 5 bis 10 Tropfen verd. Salpetersäure (1+1) in die Mischung einfließen. Schon nach den ersten Tropfen tritt eine lebhafte Reaktion ein, die mit dem weiteren Zusatz sich noch verstärkt. Schließlich erfolgt ein starkes Aufschäumen bis weit in den Kühler hinauf, worauf die Lösung plötzlich klar erscheint. Es verbleibt ein dunkler Rückstand, der aus Bor, Borid und Borstickstoff besteht. Nach Beendigung der Reaktion kocht man 10 min auf, bis das Wasserstoffperoxyd zersetzt ist, läßt abkühlen, spritzt den Kühler aus und filtriert den dunklen Rückstand ab. Er wird mit kaltem Wasser ausgewaschen, samt dem Filter im Platintiegel mit 5proz. Kalilauge befeuchtet, gut getrocknet, dann noch einmal mit 10proz. Salpeterlösung befeuchtet und abermals getrocknet. Nun bedeckt man das Filter mit wenig Natriumkaliumcarbonat und schmilzt vorsichtig im bedeckten Tiegel. Sobald die Masse gut flüssig ist, fügt man eine Messerspitze Kaliumnitrat hinzu, um die letzten Reste der Kohle zu oxydieren, hält noch 10 min im Fluß und läßt dann abkühlen. Die Schmelze wird in Wasser gelöst, die Lösung filtriert und durch den aufgesetzten Kühler zu der wieder im Erlenmeyerkolben befindlichen Hauptlösung hinzugegeben. Der Kolbeninhalt wird meist alkalisch; sonst gibt man 10proz. Sodalösung zu, um Eisen und Aluminium auszufällen, kocht, filtriert, wäscht gut aus und dampft die alkalische Lösung auf dem Wasserbade bis auf etwa 50 cm³ ein. Sollte noch ein Rest von Eisen und Aluminium dabei ausfallen, filtriert man ihn ab, gibt das Filtrat in einen 500 cm³-Erlenmeyer, fügt 1 bis 2 Tropfen Methylorange zu und säuert durch den aufgesetzten Rückflußkühler mit Salzsäure (1+1) in geringem Überschuß an. Nach der Entfernung der Kohlensäure durch 15 min langes Kochen wird abgekühlt und mit carbonatfreier $n/_2$-Natronlauge unter Zusatz von etwas Methylorange neutralisiert.

Sodann erfolgt die Titration der Borsäure gemäß der Vorschrift unter A. I, 2. 1 cm³ $n/_2$-NaOH = 0,00544 g Bor.

Destillationsmethode: Diese stößt bei Anwesenheit von viel Aluminium auf Schwierigkeiten, ist aber bei Ferrobor anwendbar, da bei diesem Material nur mit kleinen Mengen Aluminium zu rechnen ist. Die Lösung in Perhydrol-Salpetersäure wird hier unmittelbar im Kolben des Destillationsapparates vorgenommen. Man kocht dann schwach etwa 10 min am Rückflußkühler und destilliert unter Verwendung einer Vorlage zur Trockne. Weiter verfährt man nach A. II.

Ferrobor kann auch im Nickeltiegel mit Natriumperoxyd aufgeschlossen werden; ebenso ist eine Schmelze mit Natriumkaliumcarbonat unter Zusatz von etwas Kaliumnitrat angängig. Die Weiterbehandlung erfolgt dann ebenfalls nach der Destillationsmethode. Über die Bestimmung des *Kohlenstoffs, Eisens, Siliciums, Aluminiums* s. bei Calciumbor.

b) Calciumbor

enthält ebenfalls 20 bis 40% Bor und mehr. Der Kohlenstoffgehalt kann zwischen 10 und 20% liegen; der Calciumgehalt ist stark wechselnd, er beträgt 20 bis 35%.

Calciumbor läßt sich wie Ferrobor am besten mit verd. Perhydrol und einigen Tropfen Salpetersäure im Erlenmeyerkolben bei aufgesetztem Rückflußkühler lösen oder aber im Nickeltiegel mit Natriumperoxyd oder Natriumkaliumcarbonat mit etwas Kaliumnitrat aufschließen, worauf die *Bestimmung des Bors,* wie dort beschrieben, vorgenommen werden kann.

---

[3] Im wesentlichen nach Wilh. Kroll: Diss. d. Techn. Hochschule. Berlin 1917.

Der **Kohlenstoff** ist nach den im Kap. „Chrom" unter „Ferrochrom" angegebenen maßanalytischen oder gewichtsanalytischen Verfahren zu bestimmen. Die Verbrennungstemperatur beträgt 1200 bis 1300°; als Zuschlag wird vorteilhaft metallisches Zinn benützt.

Für die *Bestimmung des* **Eisens** *und* **Calciums** schließt man durch Schmelzen mit einer Mischung von Natriumperoxyd und Natriumkaliumcarbonat in gleichen Anteilen oder nur mit Natriumkaliumcarbonat allein auf, zersetzt die Schmelze mit Wasser, filtriert den unlöslichen Rückstand ab und wäscht ihn mit Wasser, dem etwas Natriumkaliumcarbonat zugesetzt ist. Dann bringt man das Eisen und Calcium mit heißer Salzsäure in Lösung, versetzt mit Ammoniumchlorid und fällt mit Ammoniak in geringem Überschuß. Nach 2maligem Umfällen wird das Eisenhydroxyd vom Filter gelöst und das Eisen nach einer der bekannten Methoden bestimmt.

Die vereinigten Filtrate werden auf ein Volumen von etwa 300 cm^3 eingedampft und mit Essigsäure angesäuert. Dann erhitzt man zum Sieden und fällt mit einer ebenfalls heißen Ammoniumoxalatlösung Calcium als Oxalat. Man läßt die Fällung in der Wärme über Nacht absitzen, filtriert, wäscht das überschüssige Ammoniumoxalat heraus und spritzt den Niederschlag in einen Titrierkolben. Die am Filter verbliebenen Reste werden mit heißer Schwefelsäure $(1 + 4)$ in den Kolben gelöst. Falls erforderlich, setzt man hier noch weitere Schwefelsäure zu, verdünnt auf 200 cm^3 mit Wasser und titriert bei 70° mit $n/_{10}$-Permanganat bis zur Rotfärbung.

Zur **Siliciumbestimmung** erfolgt der Aufschluß einer Einwaage von 1 g wie vorher beim Eisen. Nach der schon vorher beschriebenen Entfernung des Bors als Methylester wird die Kieselsäure durch mehrfaches Eindampfen und Erhitzen unlöslich gemacht und in der üblichen Weise bestimmt.

Im Filtrat davon scheidet man das **Aluminium** nach einem der im Kap. „Aluminium" angegebenen Verfahren ab und bringt es zur Wägung.

c) Bor in Eisen und Stahl.

Nach A. Seuthe[4] verfährt man wie folgt:

1 g Stahl wird in einem Erlenmeyerkolben mit Rückflußkühler in 10 cm^3 Salzsäure (1,19) gelöst und die Lösung mit 10 cm^3 3proz. Wasserstoffperoxydlösung oxydiert und aufgekocht. Nach dem Erkalten führt man sie in einen 500 cm^3-Meßkolben über und fällt das Eisen mit 25 cm^3 20proz. Natronlauge; alles Bor bleibt in Lösung. Nun füllt man zur Marke auf, gießt durch ein trockenes Faltenfilter, entnimmt dem Filtrat 300 cm^3 = 0,6 g Einwaage, säuert mit Salzsäure schwach an und kocht zur Vertreibung der vorhandenen Kohlensäure bei angeschlossenem Rückflußkühler. Dann wird abgekühlt und zur Entfernung der Salzsäure und des Aluminiums mit 5 cm^3 2proz. Kaliumjodatlösung und 5proz. Kaliumjodidlösung versetzt. Das ausgeschiedene Jod wird durch Zugabe von carbonatfreier $n/_{10}$-Thiosulfatlösung beseitigt, die man so lange zufließen läßt, bis eben Entfärbung eintritt. Nunmehr versetzt man die Lösung mit 2 g Mannit und titriert mit carbonatfreier $n/_{10}$-Natronlauge und Phenolphthalein als Indicator, bis die Rotfärbung auch bei erneutem Zusatz von Mannit bestehen bleibt. 1 cm^3 $n/_{10}$-NaOH = 1,082 mg B.

2. Borhaltige Gläser und Emaillen (nach Berl-Lunge, 8. Aufl., Bd. III, S. 534ff.).

Man bestimmt die Borsäure in Silicaten nach Hönig und Spitz[5] maßanalytisch. Dazu wird 1 g der fein geriebenen Substanz durch Schmelzen mit der 6- bis 8fachen Menge Natriumkaliumcarbonat aufgeschlossen. Man laugt die

---

[4] Mitt. Vers.-Anst. Dortmund. Union Bd. 1 (1922) S. 22 — Berl-Lunge. 8. Aufl. Bd. II S. 1414.

[5] Z. angew. Chem. Bd. 9 (1896) S. 550.

Schmelze mit Wasser aus, fügt eine dem angewandten Alkalicarbonat mindestens äquivalente Menge eines Ammoniumsalzes hinzu und kocht die Lösung längere Zeit, bis das Ammoniak zum größten Teile verkocht ist. Dann setzt man zur Fällung der letzten Reste der Kieselsäure ammoniakalische Zinklösung zu, erwärmt nochmals bis zum Verschwinden des Ammoniaks, filtriert und wäscht aus. Die Lösung wird auf ein geringes Volumen eingedampft, in ein Kölbchen gespült und nach Zusatz von Methylorange mit einem kleinen Überschuß von $n/_2$-Salzsäure 15 min am Rückflußkühler gekocht. Nach dem Erkalten spült man den Kühler mit Wasser in das Kölbchen aus und nimmt nach neuerlichem Zusatz von Methylorange den Überschuß an Salzsäure mit carbonatfreier Natronlauge weg. In der neutralisierten Lösung erfolgt nun die Bestimmung der Borsäure genau wie unter A. I, 2.

Als gleichzeitiges Fällungsmittel für Kieselsäure und Basen empfiehlt W. Mylius[6] die Verwendung von Barytwasser, wobei selbst bei Anwesenheit von viel Tonerde und Bleioxyd sehr gute Resultate erzielt werden. Die Bestimmung der Borsäure erfolgt maßanalytisch.

Ist *Borsäure neben Fluorwasserstoff* zu bestimmen, so verfährt man nach R. Schmidt[7] folgendermaßen (besonders für Emailleanalysen geeignet):

Die Abscheidung der Kieselsäure mittels Ammoniumcarbonat und ammoniakalischer Zinklösung geschieht wie sonst bei der Fluorbestimmung[8]. In der Endlösung, die außer Fluor und Borsäure nur Na(K)-, NH_4- und Cl-Ionen enthält, fällt man das Fluor in schwach sodahaltiger Lösung mit Calciumchlorid (F). Das Filtrat wird dann mit überschüssiger Kalilauge versetzt, in der Platinschale eingedampft, zwecks Verjagung der Ammoniumsalze abgeraucht und dann mit verd. Salzsäure aufgenommen. Die obige Fällung (F) von Calciumfluorid, -carbonat und -borat verascht man, glüht sie schwach, bis sie weißgrau wird, dampft sie mit sehr verd. Essigsäure ein und nimmt wieder mit Wasser und wenig Essigsäure auf. Calciumcarbonat und -borat sind in Lösung gegangen; das ungelöste Calciumfluorid wird abfiltriert.

Die essigsaure Lösung dampft man ein und verjagt die Essigsäure nach Zusatz einiger Tropfen Schwefelsäure durch gelindes Glühen; der Rückstand wird in Lösung gebracht und mit der Hauptlösung vereinigt. Diese enthält jetzt außer Mineralsäuren und Alkalien nur noch B_2O_3, welche nach A. I, 2 titriert wird.

---

[6] Keram. Rdsch. Bd. 35 (1927) S. 550.

[7] Sprechsaal Bd. 59 (1926) S. 541.

[8] Methode Berzelius in Hillebrand u. Willke-Dörfurt: „Analyse der Silicat- und Carbonatgesteine", S. 196 bis 198. Leipzig: Verlag W. Engelmann 1910.

Kapitel 7.

Cadmium*.

A. Bestimmungsmethoden des Cadmiums unter Berücksichtigung der bei der Analyse störend wirkenden Elemente.

   I. Sulfatmethode.

   II. Elektroanalytische Bestimmung aus Kaliumcyanidlösung.

   III. Polarographische Ermittelung.

B. Die Untersuchung von Erzen und Hüttenerzeugnissen.

   I. Erze.

   II. Hüttenerzeugnisse.

      1. Zwischenprodukte bzw. Ausgangsmaterialien für die Cadmiumgewinnung.

         a) Normaler Trennungsgang.

         b) Trennungsgang bei Anwesenheit größerer Kupfermengen.

      2. Metalle.

         a) Rohcadmium.

         b) Feincadmium.

      3. Legierungen.

      4. Oxyde und Salze.

A. Die Bestimmungsmethoden des Cadmiums.

Allgemeines.

Für die Bestimmung des Cadmiums haben sich als die zuverlässigsten Arbeitsweisen mit bester Genauigkeit bewährt:

   I. die Sulfatmethode;

   II. die elektroanalytische Bestimmung aus Kaliumcyanidlösung[1];

   III. die polarographische Ermittelung.

Die *Sulfatbestimmung* als älteste Standardmethode ist in jedem Laboratorium ausführbar; die *elektroanalytische Arbeitsweise* hat den Vorteil größerer Schnelligkeit; die *polarographische Methode* besitzt ihr Sondergebiet in der Erfassung kleiner und kleinster Mengen.

Die ersten beiden Formen der Cadmiumanalyse erfordern als Voraussetzung reine Lösungen, d. h. vorherige Abtrennung aller Fremdstoffe. Für die Sulfatbestimmung, die letzten Endes nur die Ermittelung der in der Probeflüssigkeit gelösten Salzmenge darstellt, ist diese Forderung selbstverständlich, für die Elektrolyse aus Kaliumcyanidlösung ist sie Vorbedingung zur Vermeidung von Störungen und gegebenenfalls Fehlresultaten. Auf die *Trennungsgänge* selbst wird im Teil B eingegangen. Die polarographische Analyse kann in Gegenwart beliebiger Mengen Zink sowie unter Umständen von nicht allzu großen Mengen Kupfer, Blei und anderer Verunreinigungen durchgeführt werden, ohne daß ihre allgemeine Anwendbarkeit unter diesen Bedingungen vorausgesagt werden könnte. Sie ist besonders geeignet zur Erfassung des Cadmiumgehaltes von Fein- und Feinstzink (s. Kap. „Zink").

---

* Bearbeiter: **Kilian**. Mitarbeiter: **Ensslin, Fresenius, Milde, Wagenmann**.

[1] Daneben sei die elektrolytische Reduktion aus Kaliumhydrogensulfatlösung erwähnt; vgl. E. Büttgenbach: Z. anal. Chem. Bd. 65 (1925) S. 452. Die Beurteilung der Genauigkeit dieser Methode durch verschiedene Hüttenlaboratorien ist jedoch unterschiedlich.

I. Sulfatmethode.

Die mit wenig freier Schwefelsäure versetzten Cadmiumlösungen werden zunächst vorsichtig (Spritzgefahr!) zur Trockne geraucht und dann bei 450° bis zur Gewichtskonstanz geglüht. Das Erhitzen erfolgt am zweckmäßigsten in durchsichtigen Quarzglasschälchen bzw. -tiegeln, das Glühen in einer elektrisch beheizten Muffel mit automatischer Temperatureinstellung und -konstanthaltung. Sonst kann man sich in bekannter Weise durch Einsetzen des Probentiegels in einen Schutztiegel und Behandlung über dem Bunsenbrenner behelfen, wobei jedoch jegliche Überhitzung peinlichst auszuschalten ist, um Verluste zu vermeiden. Beim Glühen setzt man zuletzt etwas Ammoniumcarbonat hinzu, um anhaftende freie Säure zu entfernen.

II. Elektroanalytische Bestimmung aus Kaliumcyanidlösung.

Die zu elektrolysierenden, höchstens 0,5 g Cadmium enthaltenden Sulfat- oder Chloridlösungen werden, wenn sie nicht neutral und nicht allzu sauer sind, mit Alkalihydroxydlösung neutralisiert. Größere Säuremengen raucht man ab — bei Vorliegen von freier Salzsäure unter Zugabe von etwas Schwefelsäure — und nimmt dann mit etwa 200 cm³ Wasser auf. Nach Zusatz von 4 g Kaliumcyanid p. a. und 2,5 g Natriumhydroxyd p. a. werden die Proben bei ungefähr 40° und 5 A Stromstärke der bewegten Elektrolyse mit Fischerschen Drahtnetzelektroden unterworfen, wobei auf ein vollständiges Eintauchen des Drahtnetzes in den Elektrolyten zu achten ist. 0,2 bis 0,5 g Cadmium erfordern zur Abscheidung eine Zeitdauer von 1 bis 2 Stunden. In jedem Falle hat man sich zunächst vor Beendigung der Elektrolyse durch eine Prüfung von 1 bis 2 Tropfen des Elektrolyten mit 1 Tropfen Natriumsulfidlösung von der völligen Cadmiumfreiheit der Badflüssigkeit zu überzeugen; diese Prüfung wird auch später mit dem gesamten Elektrolysat wiederholt. Um Verluste nach Beendigung der Elektrolyse beim Auswaschen und bei der Abnahme der Elektroden zu vermeiden, empfiehlt es sich, den Elektrolyten unter dauerndem Stromdurchgang bei gleichgehaltenem Volumen *laufend* mit Wasser zu verdünnen, bis die Stromstärke nahezu auf Null abgesunken ist. Der Ablauf geschieht dabei vom Boden des Gefäßes, gegebenenfalls mittels eines kleinen Glashebers. Nach Rückgang der Stromstärke entfernt man in rascher Aufeinanderfolge der Arbeitsgänge die Waschlösung, taucht die Kathode kurze Zeit in reinen 96proz. Alkohol, trocknet schnell in bewegter Luft ohne Erwärmen und wägt. Das abgeschiedene Metall ist dicht und silberweiß.

Die bei dieser Arbeitsweise eintretende Gewichtsabnahme der Platinelektroden hält sich in so geringen Grenzen, daß weder ein merklicher Platinverlust noch der dadurch bedingte unbedeutende Analysenfehler (Mehrauswaage) die sonst in jeder Beziehung zuverlässige und einfache Methode in ihrem Wert beeinträchtigen.

Die Erfahrungen der Praxis haben ergeben, daß die Gewichtsabnahme der Platinanode bei einer Bestimmung höchstens 0,2 mg beträgt und diese Menge nicht vollständig der kathodischen Abscheidung unterliegt. Der Fehler könnte bei 0,2 g Cadmiumauswaage damit im ungünstigsten Falle 0,1% (relativ) betragen, eine Größenordnung, die für praktische Verhältnisse durchaus annehmbar ist, um so mehr, als alle anderen elektroanalytischen Bestimmungsarten für Cadmium durchweg größere Fehler aufweisen.

III. Polarographische Ermittelung.

Bezüglich der allgemeinen Durchführung polarographischer Methodik sei auf die Monographie von Hohn[2] und die entsprechenden Ausführungen im Kap. „Zink" verwiesen.

---

[2] Chemische Analysen mit dem Polarographen, von Dr. H. Hohn. Berlin: Springer 1937.

Als Grundlösungen, die zur Erfassung kleiner Cadmiummengen besonders geeignet sind, seien genannt:
1. 1800 cm³ Ammoniaklösung (0,91)
    200 cm³ Tyloselösung,
  gesättigt an Natriumsulfit.
    Die Tyloselösung wird nach Hohn durch Anteigen von 200 g Tylose S (käufliche 10proz. Paste) mit kleinen Mengen kalten Wassers und langsamem Auffüllen zum Liter hergestellt.
2. 200 g Zinkchlorid wasserfrei
    10 cm³ Salzsäure (1,19)
    200 cm³ Tyloselösung oder 100 cm³ Gummi arabicum Lösung (1proz.)
  Gesamtansatz auf 1000 cm³ mit Wasser auffüllen.
    Vor der polarographischen Aufnahme ist 10 bis 15 min Wasserstoff durch die Probelösungen zu leiten.
Bei der Cadmiumbestimmung in Feinzink ergibt sich die Zinkmenge von selbst aus der zu untersuchenden Zinkprobe unter der Voraussetzung eines Einwaageverhältnisses von 100 g Zink zu 1000 cm³ Lösung.

B. Die Untersuchung von Erzen und Hüttenerzeugnissen.

I. Erze.

Da es wohl einige seltene Cadmiummineralien, aber keine ausgesprochenen Cadmiumerze gibt und daher Cadmium fast ausschließlich als Beimengung — insonderheit in den meisten Zinkerzen — vorkommt, handelt es sich bei der Erzanalyse nahezu immer um die Erfassung von geringen Mengen, meist unter 1%. In Ergänzung der hierüber in den Kapiteln für die entsprechenden Hauptmetalle der Cadmium führenden Erze gemachten Angaben empfiehlt sich folgender Trennungsgang:

Je nach dem Cadmiumgehalt des Erzes werden 2 bis 20 g mit 30 bis 100 cm³ Königswasser aufgeschlossen. Man raucht mit 10 bis 50 cm³ Schwefelsäure (1,42) soweit ab, daß der feste Rückstand noch Schwefelsäuredämpfe abgibt und etwas feucht bleibt, kühlt, nimmt mit verd. Schwefelsäure von 5 Vol.% auf, kocht auf und filtriert nach dem Erkalten vom unlöslichen Rückstand und Bleisulfat ab. Der Rückstand auf dem Filter wird ebenfalls mit kalter, verd. Schwefelsäure von 5 Vol.% ausgewaschen.

Wenn dieser Rückstand noch ungelöste Cadmiumanteile enthalten sollte, schließt man ihn mit 2 bis 3 g Natriumperoxyd in einem kleinen Eisen- oder Alsinttiegel auf und behandelt die Schmelze wie den Hauptanalysengang bis einschließlich der ersten in kleinem Volumen zu vollziehenden Schwefelwasserstoffällung, die dann mit der Hauptfällung vereinigt wird.

In das auf etwa 70° erwärmte Filtrat wird Schwefelwasserstoff bis zum Erkalten und dann noch eine weitere halbe Stunde eingeleitet, wodurch Cadmiumsulfid, falls seine Farbe nicht durch andere Sulfide beeinträchtigt wird, rot und in dichter Beschaffenheit ausfällt. Der durch ein dichtes Filter und zweckmäßig über Papierpülpe zu filtrierende Niederschlag wird erst mit verd. Schwefelsäure von 5 Vol.%, in welche zuvor Schwefelwasserstoff eingeleitet wurde, und zuletzt mit nur schwach schwefelsaurem Schwefelwasserstoffwasser ausgewaschen. Man digeriert ihn — gegebenenfalls gemeinsam mit der Nachfällung des aufgeschlossenen Bleisulfatrückstandes — zur Entfernung der etwa vorhandenen Sulfosalzbildner mit 2proz. Natriumsulfidlösung in der Wärme.

Die Natriumsulfidlösung, die bei Vorliegen größerer Sulfidmengen der Sulfogruppe entsprechend höherprozentig und immer möglichst frisch zu bereiten ist, wird vor dem Gebrauch mit einigen Körnchen Natriumsulfit kurze Zeit aufgekocht.

Man filtriert, wäscht mit etwas Natriumsulfid enthaltendem Wasser nach und läßt die Sulfosalzlösung längere Zeit, etwa über Nacht, stehen. Eine gegebenenfalls darin eintretende geringe Cadmiumsulfidabscheidung ist abzufiltrieren und mit dem Hauptniederschlag zu vereinigen.

Der zurückgebliebene Sulfidniederschlag wird mit siedender Salzsäure (1,063) oder mit kalter Salzsäure (1,124) auf dem Filter unter Nachwaschen mit salzsäurehaltigem Wasser behandelt und die daraus erhaltene salzsaure Lösung mit Schwefelsäure abgeraucht. Die Schwefelwasserstoffällung ist, wie eben beschrieben, ein zweites Mal und, sollten auch dabei noch merkliche Mengen Kupfersulfid beim Herunterlösen des Cadmiumsulfids auf dem Filter verbleiben, ein drittes Mal zu wiederholen, jedoch beide Male ohne Natriumsulfidauszug.

Die nunmehr reine Cadmiumchloridlösung unterwirft man einer der in Abschnitt A genannten Bestimmungsmethoden; die gesammelten Filtrate der Schwefelwasserstoffällungen können nach Abtrennung des Eisens zur Zinkbestimmung benutzt werden.

Sehr geringe Cadmiumgehalte eines Erzes ($<$0,1%) sind in der angegebenen Schwefelsäurekonzentration von 5 Vol.% oft nur schwer bzw. unvollständig fällbar. In solchen Fällen ist es geraten, die Schwefelsäurekonzentration durchgängig auf 1 bis 2 Vol.% herabzusetzen und dafür die zweite Umfällung des Cadmiumsulfids zur restlosen Trennung vom Zink durchzuführen oder die Cadmiumchloridlösung der ersten mit Natriumsulfid behandelten Sulfidfällung polarographisch weiterzubehandeln.

Weitere Angaben über die Schwefelsäurekonzentration bei der Cadmiumsulfidfällung s. Abschnitt II. 1 a, S. 115.

II. Hüttenerzeugnisse.

1. Zwischenprodukte bzw. Ausgangsmaterialien für die Cadmiumgewinnung.

Die Ausgangsmaterialien für die Cadmiumerzeugung sind fast ausschließlich Anreicherungsprodukte, die bei der Verhüttung anderer Metalle, hauptsächlich des Zinks, als Nebenerzeugnisse meist in oxydischer oder metallischer Form anfallen.

Zu letzterer Gruppe gehören vor allem die oft sehr hochprozentigen Zementationsschlämme, die durch die Art ihrer Gewinnung außerordentlich fein und somit sehr leicht oxydierbar sind. Diesem Umstand ist bei der Probenahme Rechnung zu tragen. Ihre Trocknung hat ohne übermäßige Belüftung bei möglichst niedrigen Temperaturen (100 bis 120°) zu erfolgen; die benutzten Probenflaschen müssen Schliffstopfen besitzen und sind vollzufüllen, so daß keine größere Luftmenge mit eingeschlossen wird. Daraus sind die Einwaagen sofort nach dem Öffnen ohne jede Nachtrocknung vorzunehmen; ein entsprechender Vermerk auf der Flasche ist erforderlich.

Für die Analysen der Hüttenprodukte gelten folgende Richtlinien:

a) Normaler Trennungsgang.

Der Trennungsgang ist grundsätzlich auch für höher- und hochprozentige Cadmiummaterialien der gleiche, wie er oben für die wenig Cadmium führenden Erze angegeben wurde. Zweckmäßig sind dabei ebenfalls größere Einwaagen und die spätere Entnahme von Anteilen aus der im Meßkolben aufgefüllten, vom Bleifulfat befreiten Lösung.

So verfährt man z. B. bei einem hochprozentigen Zementcadmiumschlamm wie folgt: 10 g Probematerial werden in etwa 60 cm³ Salpetersäure (1,2) und etwa 30 cm³ Schwefelsäure (1,28) gelöst und so weit abgeraucht, daß der feste Rückstand noch Schwefelsäuredämpfe abgibt und etwas feucht bleibt. Den Rückstand nimmt man mit verd. Schwefelsäure von 5 bis 8 Vol.% auf, kocht, kühlt und füllt in einem 1000 cm³-Meßkolben mit verd. Schwefelsäure gleicher Konzentration auf. 50 bis 100 cm³ (entsprechend 0,2 bis 0,5 g Cadmium) werden nach dem Filtrieren entnommen und, wie unter B. I beschrieben, weiter verarbeitet.

Es ist zu bemerken, daß bei der Fällung *größerer* Cadmiummengen mittels Schwefelwasserstoff eine Schwefelsäurekonzentration von mindestens 5 bis zu 15 Vol.% von Vorteil ist. Das Cadmiumsulfid fällt dann dichter und körniger, die Abtrennung vom Zink erfolgt schneller und vollständige Ausfällung des Cadmiums bleibt trotzdem gewahrt. In diesem Zusammenhang sei auf die Arbeit von C. Zöllner[3] verwiesen, der entsprechende Zink-Cadmium-Trennungen in 15 volumproz. Schwefelsäure mit einmaliger Fällung und besten Ergebnissen durchführt.

Nach den etwas abgeänderten Angaben von G. Luff[4] kann auch die salzsaure Lösung zur Schwefelwasserstofftrennung des Cadmiums von Verunreinigungen, insbesondere von Zink, benutzt werden. Bedingung hierfür ist die Gegenwart von 28 cm³ freier Salzsäure (1,05), 14 g Ammoniumsulfat in je 100 cm³ Volumen bei Abwesenheit von Ammoniumchlorid oder Alkalichlorid. Die Abstumpfung freier Salzsäure führt zu großen Verlusten durch Bildung von komplexen Cadmiumverbindungen, die durch Schwefelwasserstoff nicht quantitativ fällbar sind.

b) Trennungsgang bei Anwesenheit größerer Kupfermengen bei Abwesenheit von Zinn.

Die Trennung der Sulfide des Cadmiums und Kupfers mit Salzsäure bestimmter Konzentration führt bei Vorliegen größerer Kupfermengen zu keinem befriedigenden Ergebnis. In solchen Fällen entfernt man die Hauptmenge Kupfer mittels Elektrolyse und verfährt dabei wie folgt:

5 bis 20 g Material werden mit Salpetersäure aufgeschlossen, ohne großen Säureüberschuß anzuwenden, und die Stickoxyde durch Kochen verjagt, wobei zum Schluß eine kleine Menge (etwa 0,2 g) Hydrazinsulfat oder Harnstoff zuzugeben ist. Von der im Meßkolben auf 1000 cm³ aufgefüllten Lösung nimmt bzw. filtriert man eine 0,2 bis 0,5 g Cadmium entsprechende Menge ab, bringt sie auf ein Volumen von etwa 200 cm³, versetzt mit etwa 3 g Ammoniumnitrat und gegebenenfalls noch etwas stickoxydfreier Salpetersäure und unterwirft sie der Schnellelektrolyse[*] zur weitgehenden Entfernung von Kupfer, Blei, Silber und Wismut. Nach dem Abspülen der Elektroden ist der Elektrolyt mit etwa 10 cm³ Schwefelsäure (1,28) abzurauchen, der Rückstand mit Schwefelsäure von 5 bis 8 Vol.% aufzunehmen und die von gegebenenfalls noch abgeschiedenem Bleisulfat abfiltrierte Lösung gemäß dem im vorangehenden Abschnitt beschriebenen normalen Schwefelwasserstofftrennungsgang weiterzubehandeln.

2. Metalle.

a) Rohcadmium.

Cadmiummetall mit etwa 98 bis 99,5% Reinheitsgrad kann zunächst durch „*direkte*" Bestimmung nach der für die Zwischenprodukte vorerwähnten Vorschrift (normaler Trennungsgang: B. II, 1 a) analysiert werden. Dabei werden zweckmäßig 4 g eingewogen und Lösungsanteile von 0,4 g weiterverarbeitet.

Mittelbar kann die Gehaltsfeststellung durch eine Bestimmung der hauptsächlichsten Verunreinigungen des Cadmiummetalls, wie Blei, Kupfer, Zink, Eisen und Thallium, folgendermaßen durchgeführt werden:

---

[3] Z. anal. Chem. Bd. 114 (1938) S. 8 bis 15.

[4] Die Schwefelwasserstofftrennung von Cadmium und Zink. Z. anal. Chem. Bd. 65 (1925) S. 106.

[*] Stromstärke 3 bis 5 A, je nach der abzuscheidenden Kupfermenge; ausführlichere Angaben s. im Kap. „Kupfer".

Blei.

5 bis 20 g Metall, je nach dem Bleigehalt, werden zunächst mit 50 cm³ Salpetersäure (1,2) behandelt und nach Ablauf der ersten stürmischen Reaktion unter weiterem, anteilweisem Zusatz von 50 cm³ Salpetersäure (1,4) völlig gelöst. Nach dem Verkochen der Stickoxyde wird auf etwa 200 cm³ mit heißem Wasser verdünnt und dann bei 1 bis 1,5 A Blei auf eine vorher geglühte und gewogene mattierte Anode elektrolytisch unter Rühren niedergeschlagen. Das Bleidioxyd trocknet man vor der Wägung bei 180°.

Kupfer.

Da die Kupfergehalte des Rohcadmiums meist nur sehr gering sind, ist die Analyse nach der im folgenden Abschnitt bei der Untersuchung des Feincadmiums angegebenen Methode durchzuführen.

Zink und **Eisen.**

2 bis 10 g Metall werden in Salpetersäure (1,2) gelöst; die Lösung wird mit Schwefelsäure abgeraucht. Der Rückstand ist bei nicht zu großem Volumen mit Schwefelsäure von 15 Vol.% aufzunehmen und die Lösung nach dem Erhitzen in bekannter Weise mit Schwefelwasserstoff zu fällen. Man filtriert unter Nachwaschen mit verd. Schwefelsäure gleicher Konzentration, dampft das Filtrat ein, raucht die Schwefelsäure weitgehend ab, nimmt nach dem Abkühlen mit 50 bis 100 cm³ Wasser auf, oxydiert mit Bromwasser und fällt vorhandenes Eisen mit Ammoniaklösung (0,91). Zur Ermittlung des Eisengehaltes wird der Hydroxydniederschlag entweder zur gewichtsanalytischen Bestimmung geglüht oder zur colorimetrischen Erfassung als Eisen(III)-rhodanid in Salpetersäure (1,1) gelöst.

Größere Eisenbefunde sind fast ausnahmslos auf Verunreinigungen bei der Probenahme zurückzuführen. Daher ist peinlichst auf Sauberkeit des Bohrers oder Sägeblattes und sorgfältigste Magnetisierung der Probenspäne zu achten.

Das Filtrat von der Eisen(III)-hydroxydfällung wird entweder mit verd. Schwefelsäure oder mit Ameisensäure genau neutralisiert (Lackmus) und im ersteren Falle mit 1 cm³ $n/_{10}$-Schwefelsäure, im zweiten mit 3 cm³ Ameisensäure (1,22) — beides jeweilig für 100 cm³ Lösungsvolumen gerechnet — angesäuert. In die heiße Lösung leitet man bis zu ihrem Erkalten Schwefelwasserstoff ein, filtriert das Zinksulfid ab, um es dann durch Glühen im elektrisch beheizten Ofen bei mindestens 950° in Zinkoxyd überzuführen und als solches zur Auswaage zu bringen.

Zink kann im Filtrat vom Eisenniederschlag auch polarographisch bestimmt werden.

Thallium.

5 g Metall werden in 40 cm³ Salpetersäure (1,2) gelöst. Nach Zugabe von etwa 30 cm³ verd. Schwefelsäure (1,42) werden Salpetersäure und die Hauptmenge Schwefelsäure durch Abrauchen entfernt. Die erkalteten Sulfate nimmt man mit etwa 100 cm³ Wasser auf, kocht auf, kühlt, filtriert vom Bleisulfat ab und wäscht mit schwefelsaurem Wasser (etwa 3 Vol.%) aus. Das Filtrat neutralisiert man mit Ammoniak, säuert mit Schwefelsäure eben an und versetzt mit etwa 2 bis 3 g Natriumsulfit. Bei 60 bis 70° wird Thallium mit Kaliumjodid gefällt. Man läßt mehrere Stunden absitzen, filtriert und wäscht mit kaliumjodidhaltigem Wasser (1 proz.) aus.

Der Niederschlag wird samt dem Filter mit Salpeter- und Schwefelsäure zersetzt und die Lösung im Anschluß daran zur Trockne geraucht. Den Rückstand nimmt man nach dem Erkalten mit 150 cm³ verd. Schwefelsäure von 4 Vol.% auf, erhitzt auf etwa 70° und leitet in die Lösung bis zu ihrem Erkalten Schwefelwasserstoff ein. Der Niederschlag ist abzufiltrieren, mit schwefelwasserstoffgesättigter Schwefelsäure von 4 Vol.% auszuwaschen, das Filtrat durch Kochen vom Schwefelwasserstoff zu befreien, auf 100 cm³ einzuengen und der etwa ausgeschiedene Schwefel abzufiltrieren. Nun neutralisiert man die klare Lösung mit Ammoniak, säuert eben mit Schwefelsäure an, versetzt mit etwa 2 g Natriumsulfit und fällt erneut das Thallium bei 60 bis 70° mit Kaliumjodid.

Das Thalliumjodid wird in einen gewogenen Porzellanfiltertiegel filtriert, zunächst mit kaliumjodidhaltigem Wasser (1 proz.) und darauf mit Alkohol gewaschen, bei 100° getrocknet und gewogen.

b) Feincadmium.

Die Wertbestimmung von Feincadmium ist auf Grund des hohen Reinheitsgrades von über 99,5% — meist sogar über 99,95% — nur mittelbar durch die Bestimmung der Verunreinigungen durchzuführen. Dabei handelt es sich in der Hauptsache um die Ermittlung von Spuren Blei, Kupfer, Eisen, Zink, Thallium und Nickel.

Die Erfassung dieser Spuren ist bei einigen Verunreinigungen nicht einfach, daher ist die Feincadmiumanalyse zur Zeit immer noch Gegenstand eingehender Untersuchungsarbeiten in den interessierten Laboratorien.

Blei.

20 bis 100 g Feincadmium, je nach dem Bleigehalt, werden vorsichtig in Salpetersäure (1,2) unter anteilweisem Zusatz von Salpetersäure (1,4) gelöst. Der Lösung setzt man eine 10 bis 50 mg Eisen entsprechende Menge einer Eisen(III)-chloridlösung hinzu und fällt mit einem Überschuß von Ammoniaklösung (0,91), so daß das gesamte Cadmium komplex gelöst wird. Der dabei ausfallende Eisen(III)-hydroxydniederschlag reißt die geringen Bleihydroxydmengen adsorptiv mit; er wird nach dem Abfiltrieren und guten Auswaschen mittels schwach ammoniakalischen heißen Wassers mit verd. Salzsäure vom Filter gelöst.

Die zur Trockne gedampfte Lösung ist mit Salzsäure von 1 bis 2 Vol.% aufzunehmen und heiß mit Schwefelwasserstoff zu fällen. Man filtriert durch ein kleines Filter, wäscht mit schwefelwasserstoffhaltigem, schwach salzsaurem Wasser nach und zersetzt Filter samt Niederschlag mittels Salpeter- und Schwefelsäure. Der Rückstand wird mit verd. Schwefelsäure von etwa 3 Vol.% aufgenommen und aufgekocht. Das Bleisulfat ist nach dem Erkalten der Lösung, der man dann etwa ein Drittel ihres Volumens an Alkohol zusetzt, durch einen Mikroporzellanfiltertiegel abzufiltrieren, zu glühen und zur Wägung zu bringen.

Ebenso besteht die Möglichkeit, den gelösten Eisenhydroxydniederschlag polarographisch auf Blei zu untersuchen[5]. Diese Methode bietet den Vorteil, mit kleinen Einwaagen (5 g) auszukommen.

Kupfer.

1 g Feincadmium wird in 10 cm³ Salpetersäure (1,2) gelöst und mit 15 cm³ Schwefelsäure (1,28) versetzt, worauf die Hauptmenge Schwefelsäure durch Abrauchen zu verjagen ist. Nach dem Abkühlen verdünnt man mit etwa 40 cm³ Wasser, kocht auf, läßt abkühlen und filtriert vom Bleisulfat ab. Zu dem Filtrat gibt man 10 cm³ einer 20 proz. Citronensäurelösung und macht so weit ammoniakalisch, bis das ausgefallene Cadmiumhydroxyd wieder in Lösung gegangen ist. Danach werden 10 cm³ einer 0,1 proz. Natriumdiäthyldithiocarbamatlösung zugesetzt. Man extrahiert bei einem Volumen von 75 bis 100 cm³ im Scheidetrichter erstmalig mit 2,5 cm³ und anschließend so lange mit je 1,5 cm³ Kohlenstofftetrachlorid, bis der Extrakt farblos erscheint. Die gesammelten gelb gefärbten Auszüge werden von den mitgerissenen Wassertropfen mittels Filtration durch ein

---

[5] Krössin, E., u. E. Wagner: Metall u. Erz Bd. 38 (1941) S. 199 bis 201.

trockenes kleines Filter befreit. Der so erhaltene Extrakt ist je nach Stärke der Farbe mit Kohlenstofftetrachlorid auf 10, 20 oder 30 cm³ aufzufüllen und in bekannter Weise colorimetrisch auszuwerten.

Eisen und Zink.

Die Analyse dieser beiden Verunreinigungen erfolgt nach den im vorangehenden Abschnitt über Rohcadmium gemachten Angaben. Jedoch ist es bei sehr geringen Zinkmengen anzuraten, die Erfassung derselben nicht gewichtsanalytisch als Sulfid, sondern polarographisch durchzuführen, zu welchem Zweck das Filtrat nach der Eisenfällung mit Salzsäure schwach anzusäuern und einzuengen ist.

Thallium.

Die Analyse erfolgt nach der im vorangehenden Abschnitt bei der Untersuchung von Rohcadmium beschriebenen Methode.

Nickel.

20 g Feincadmium werden in etwa 120 cm³ Salpetersäure (1,2), der etwa 1 g Weinsäure zugesetzt ist, vorsichtig gelöst. Nach dem Verkochen der Stickoxyde macht man schwach ammoniakalisch und versetzt bei etwa 70° mit 40 cm³ einer 1proz. alkoholischen Diacetyldioximlösung sowie mit etwa 5 g Natriumacetat. Nach längerem Stehen in der Wärme wird durch ein Papierfilter filtriert und mit warmem Wasser gut nachgewaschen. Der Niederschlag ist mit wenig Salzsäure (1,09) vom Filter zu lösen, das Diacetyldioxim durch Kochen zu zerstören und die Fällung in schwach ammoniakalischer Lösung zu wiederholen. Hat die Lösung einige Stunden bei erhöhter Temperatur gestanden, filtriert man das nunmehr meist flockig abgeschiedene Nickeldiacetyldioxim in einen Glasfiltertiegel, wäscht mit warmem Wasser gut nach, trocknet 1 Stunde bei 105° und wägt.

3. Legierungen.

Die bekanntesten Legierungen des Cadmiums sind Lagermetalle vom Typ: Blei-Cadmium. Da hier Blei das Grundmetall darstellt, ist ihre Analyse beim Kap. „Blei" einzusehen. Das gleiche gilt für Lote von der Zusammensetzung: Blei(Grundmetall)-Cadmium-Zinn.

4. Oxyde und Salze.

Die Analyse von Cadmiumoxyden und Cadmiumsalzen, die meist sehr reine Produkte darstellen, erfordert im allgemeinen keine besonderen Methoden. Ihr Cadmiumgehalt ist fast immer nach den im vorangehenden Abschnitt über Cadmiummetall angegebenen Untersuchungs- bzw. Trennungsgängen zu ermitteln.

Kapitel 8.

Cer und Thorium*.

A. Die seltenen Erden und Thorium sowie die wichtigsten Nachweismethoden dafür, insbesondere für Cer und Thorium.

B. Die gemeinsame Fällung der seltenen Erden und des Thoriums sowie ihre Trennung von den anderen Elementen.

C.   I. Die Trennung der seltenen Erden von Thorium und die Bestimmung des letzteren:
      1. nach der Thiosulfatmethode,
      2. nach der Jodatmethode,
      3. nach anderen Methoden.
  II. Methoden zur Bestimmung von Cer und von Cer^{III} neben Cer^{IV}.

D. Untersuchung von Erzen, insbesondere von Monazitsand.
    I. Magnetische Zerlegung.
   II. Aufschluß.
  III. Bestimmung der Gesamtoxyde der seltenen Erden und des Thoriums.
  IV. Bestimmung des Cers.
   V. Bestimmung des Thoriums.

E. Untersuchung von Metallen.
   I. von Cer-, Cerit- oder Cermischmetall und pyrophoren Legierungen,
  II. von Thoriummetall.

F. Untersuchung von Legierungen.
   I. Bestimmung der seltenen Erden, insbesondere von Cer:
      1. in Edelstahl (Schnelldrehstahl) nach Swoboda und Horny,
      2. in Kupfer:
        a) Cer und Ceritmetall im Raffinadekupfer,
        b) Cer in Kupferschweißdrähten nach Pache;
      3. in Aluminium:
        a) Ceriterden in einer Zweistoff-Legierung Al-Ce,
        b) Ceriterden in techn. Aluminiumlegierungen mit Kupfer, Mangan, Magnesium (Ceralumin).
      4. Cer in Bleilegierungen nach Evans.
  II. Die Bestimmung des Thoriums allein oder zusammen mit den seltenen Erden in zunderfesten Legierungen:
      1. Thorium allein,
      2. Thorium und Ceriterden.

G. Untersuchung von Oxyden.
    I. Cer- und Ceritoxyd.
   II. Thoriumoxyd und Glühkörperasche.
  III. Hochfeuerfeste keramische Materialien aus Thoriumoxyd.

H. Untersuchung von einigen techn. wichtigen Salzen.
    I. Ceritsalze:
      1. Ceritchlorid,
      2. Ceritfluorid.
   II. Thoriumnitrat.
  III. Didym- und Lanthanverbindungen.
  IV. Untersuchung von Gläsern auf Cer und Didym.

---

* Bearbeiter: **Jüstel, Weiss.**

A. Die seltenen Erden und Thorium und die wichtigsten Nachweismethoden dafür, insbesondere für Cerium und Thorium.

Die seltenen Erden umfassen die Elemente mit den Ordnungszahlen 57 bis 71, wie Lanthan, Cerium, Praseodym, Neodym, Element 61, Samarium, Europium, Gadolinium, Terbium, Dysprosium, Holmium, Erbium, Thulium, Ytterbium, Cassiopeium und Yttrium mit der O.Z. 39, das sich chemisch sehr ähnlich verhält und auch gemeinsam mit den anderen vorkommt. Oft zählt man auch noch Scandium (O.Z. 21) dazu, das zwar häufig gemeinsam mit jenen anzutreffen ist, aber in seinen Eigenschaften bereits einen Übergang zu den Elementen der IV. Gruppe des periodischen Systems, vor allem zu Thorium (O.Z. 90) zeigt, welches wieder sehr oft mit den seltenen Erden gemeinsam vorkommt. Die 15 Elemente der seltenen Erden teilt man in zwei große Gruppen ein: in die Ceriterden: Lanthan, Cerium, Praseodym, Neodym, Samarium und in die Yttererden. Letztere Gruppe wird vielfach noch in die Terbinerden: Europium, Gadolinium, Terbium, die Erbinerden: Dysprosium, Holmium, Yttrium, Erbium, Thulium, und die Ytterbinerden: Ytterbium, Cassiopeium unterteilt.

Im Gang der qualitativen Analyse fallen die seltenen Erden und auch Thorium in die Ammoniak-Ammoniumsulfid-Gruppe. Einen vollständigen Trennungsgang dieser ganzen Gruppe, auch bei Gegenwart von Phosphorsäure, beschreiben W. Fischer und W. Dietz[1], welche auf die umfassenden Arbeiten von A. A. Noyes und W. C. Bray[2] weiter aufbauen. Im Filtrat von der Schwefelwasserstoff-Gruppenfällung wird die Phosphorsäure mit Eisen(III)-chlorid und Ammoniak ausgefällt, der Niederschlag in Salzsäure gelöst und das Eisen aus der erhaltenen Lösung ausgeäthert. Die seltenen Erden und Thorium werden schließlich mit Flußsäure ausgefällt. Bei Abwesenheit von Phosphorsäure kann man nach folgendem einfachen Schema die Gruppe der seltenen Erden (SE) und Thorium z. B. mit Oxalsäure, dem gemeinsamen Reagens dieser Elemente, abtrennen:

<table>
<tr><td colspan="6">Al, Cr, Fe, Mn, Co, Ni, Zn, SE, Th, Zr, Ti, Erdalk., Alkalimetalle
(2mal mit Ammoniak fällen)</td></tr>
<tr><td colspan="5">Niederschlag: Al, Cr, Fe, (Mn), SE, Th, Zr, Ti
+ Salzsäure (1+3) lösen
+ Oxalsäure</td><td>Filtrat: Mn, Co, Ni, (Cr), Zn,
Erdalkal., Alkalimetalle</td></tr>
<tr><td colspan="4">Niederschlag: SE, Th, (Fe, Cr, Mn)
+ NaOH zur Entfernung der Oxalsäure
+ NaOH + H_2O_2 kochen</td><td>Filtrat: Al,
Cr, Fe, Mn,
Zr, Ti</td><td rowspan="4">Bemerkung: Man kann auch den mit Ammoniak + Ammoniumchlorid erzeugten Niederschlag von Al, Cr, Fe, SE, Th, Zr, Ti, U mit salzsaurer Oxalsäurelösung ausziehen, wodurch sich Fe, Al, Cr, Ti, U lösen; der zurückbleibende Niederschlag von SE, Th wird mit heißer konz. Ammoniumoxalatlösung behandelt, wobei Th in Lösung geht und SE zurückbleiben.</td></tr>
<tr><td colspan="3">Ndschl.: SE, Th, (Fe, Mn)
+ HCl lösen
+ Oxalsäure</td><td>Filtrat:
(Cr)</td></tr>
<tr><td colspan="2">Ndschl.: SE, Th
z. B. mit $(NH_4)_2CO_3$
behandeln</td><td>Filtrat:
(Fe, Mn)</td></tr>
<tr><td>Ndschl.
SE</td><td>Filtrat:
Th</td></tr>
</table>

Für Mineralien, welche seltene Erden und Thorium zusammen mit den Erdsäuren: Titan, Niob und Tantal enthalten, haben R. J. Meyer und O. Hauser[3] einen zweckmäßigen Analysengang ausgearbeitet. Über den Nachweis und die Trennung der seltenen Erden und Thorium in Uranmineralien s. Kap. „Uran". Die seltenen Erden werden bei Gegenwart eines Überschusses von Uranylsalzen mit Oxalsäure nicht vollständig ausgefällt, denn die Oxalate lösen sich wieder zum Teil unter Bildung von Salzen komplexer Uranyloxalsäuren. Nimmt man aber zur Abscheidung einen reichlichen Überschuß von Ammoniumoxalat, so wird die Fällung eine vollständige. Bei erdsäurefreien Silicatmineralien schließt man mit Salzsäure auf, scheidet die Kieselsäure ab und fällt die Lösung zweimal mit Ammoniak. In das Filtrat

---

[1] Fischer, W., u. W. Dietz, gemeinsam mit K. Brünger u. H. Grieneisen: Zur qualitativen Analyse der Ammoniak- und Schwefelammoniumgruppe und der Phosphorsäure. Z. angew. Chem. Bd. 49 (1936) S. 719; auch als Sonderdruck im Verlag Chemie, Berlin.

[2] A system of qualitative analysis. New York 1927.

[3] Die Analyse der seltenen Erden und der Erdsäuren, S. 302. Stuttgart: Ferd. Enke 1912.

gehen: Zn, Ni, Co, Ca, Mn, Erdalkalien, Alkalimetalle; im Niederschlag bleiben: SE, Th, Zr, Al, Fe. Diese Hydroxyde löst man in Salzsäure (1+3) und fällt mit Oxalsäure, wobei Zr, Al, Fe in Lösung bleiben und die SE und Th als Oxalate ausfallen.

Hat man nun die seltenen Erden und Thorium isoliert, so kann man die Trennung derselben entweder auf Grund der Löslichkeit der Doppeloxalate des Thoriums in überschüssiger Ammoniumoxalat- oder Ammoniumcarbonatlösung durchführen oder durch Fällung des Thoriums in neutraler Lösung mit Natriumthiosulfat oder in saurer Lösung mit Kaliumjodat (s. Abschnitt C). Thoriumoxalat bildet mit Ammoniumoxalat ein lösliches Doppelsalz, wogegen die Oxalate der seltenen Erden kaum oder nur sehr wenig löslich sind. Nach B. Brauner[4] ist die Löslichkeit der Oxalate, auf Oxyde umgerechnet, wenn man sie für Lanthanoxyd gleich 1,0 setzt, für Ceroxyd 1,8, für Yttriumoxyd 11,0, für Ytterbiumoxyd 105,0 und für Thoriumoxyd 2663. Die abgeschiedenen, gut ausgewaschenen Oxalate werden bei etwa 100° mit konz. Ammoniumoxalatlösung (1 g Ammoniumoxalat in 38 cm³ Wasser), vorteilhaft unter Zusatz von festem Ammoniumoxalat, digeriert; man verdünnt den Auszug und läßt absitzen. Nach dem Filtrieren wird die klare Flüssigkeit so weit als möglich eingeengt und dann mit konz. Mineralsäure versetzt, wobei das Thoriumoxalat krystallinisch ausfällt. Auch in überschüssigem Alkali-, besonders Ammoniumcarbonat ist Thoriumoxalat bei Zimmertemperatur leicht löslich, im Gegensatz zu den schwer löslichen Ceriterden. Aus der Lösung fällt das Thorium auf Zusatz von Salz- oder Schwefelsäure wieder aus. Bei gleichzeitiger Anwesenheit von Yttererden ist diese Trennung nicht einwandfrei durchführbar, da ihre Oxalate in Ammoniumoxalat oder -carbonat etwas löslich sind.

Die von Thorium befreiten seltenen Erden können noch annähernd in die Gruppe der Ceriterden und die der Yttererden getrennt werden. In die neutrale oder höchstens schwach saure, nicht zu verd. Lösung der Sulfate des Erdengemisches wird unter Rühren langsam wasserfreies Natriumsulfat eingetragen und dann über Nacht einwirken gelassen. Dadurch fallen die Ceriterden als unlösliche krystallinische Natriumdoppelsulfate aus, während die Yttererden zum großen Teil in Lösung bleiben und, so angereichert, dann nachgewiesen werden können.

Bei der Zerlegung der Ceriterden kann Cer entweder mit Kaliumpermanganat und Ammoniak abgeschieden werden, oder die gemischten, durch Trocknen in warmer Luft oxydierten Oxydhydrate oder die schwach geglühten Oxyde werden mit n- oder 2n-Salpetersäure behandelt, wobei basische Cer^{IV}-Verbindungen zurückbleiben und Lanthan, Didym, Samarium in der Hauptsache in Lösung gehen. Die von Cer befreite Lösung kann weiter durch fraktionierte Krystallisation der Ammonium- oder Magnesiumdoppelnitrate oder durch fraktionierte Fällung der Lösungen der Nitrate oder Chloride mit n-Natronlauge zerlegt werden. Bei der Krystallisation geht Lanthan in die Kopffraktion, Praseodym und Neodym in die Mittelfraktionen, während sich das Samarium in den Endlaugen anreichert. Bei der fraktionierten basischen Fällung bleibt Lanthan zum größten Teil in Lösung, und Didym zusammen mit Samarium fallen als Oxydhydrate aus.

Für die Zerlegung der Yttererdengemische, welche nur nach langwierigen und mühevollen Operationen möglich ist, kann hier nur auf die einschlägige, allerdings recht zerstreute Literatur verwiesen werden.

Für den qualitativen Nachweis und für die quantitative Bestimmung der einzelnen Elemente der Gruppe der seltenen Erden kommen die bisher skizzierten Methoden nur als Anreicherungsverfahren in Betracht. Denn abgesehen von Cer, das durch seine zwei Wertigkeitsstufen leicht nachgewiesen und bestimmt werden kann, und in einem gewissen Grade auch von Lanthan und Scandium, kennen wir keine die einzelnen Erdenelemente charakterisierenden chemischen Reaktionen.

Zur Identifizierung von **Cer** kann man folgende charakteristische Reaktionen verwenden:

1. Nachweis mit Wasserstoffperoxyd und Ammoniak nach Lecoq de Boisbaudran[5].

Cer^{III}- und Cer^{IV}-Salze werden durch Ammoniak und Wasserstoffperoxyd als gelbes bzw. rotbraunes Cerperhydroxyd [Ce(OH)$_2$(OOH) und Ce(OH)$_3$(OOH)] gefällt. Dieser Nachweis ist zwar für Cer charakteristisch, aber die Empfindlichkeit wird durch die Gegenwart anderer seltener Erdmetalle wesentlich herabgesetzt.

Arbeitsweise: Zu etwa 1 bis 2 cm³ der zu prüfenden Lösung setzt man 2 bis 3 Tropfen Wasserstoffperoxyd (30proz.) hinzu, verdünnt dann mit Wasser auf 6 bis 10 cm³ und fügt vorsichtig soviel verd. Ammoniak (10proz.) hinzu, bis ein Teil der Hydroxyde ausfällt. Eine Gelbfärbung des Niederschlages zeigt Cer an; beim Erhitzen vertieft sich die Färbung.

Bei Anwesenheit von Eisen ist diese Reaktion nicht unmittelbar verwendbar, weil die Farbe des Cerperhydroxyds der des Eisen(III)-hydroxyds ähnlich ist. In diesem Falle muß

---

[4] J. chem. Soc. Bd. 73 (1898) S. 951 — Chem. Zbl. 1899 I, 822.
[5] C. R. Acad. Sci., Paris, Bd. 100 (1885) S. 605 — Chem. Zbl. 1885 S. 244.

die Fällung des Eisens vor Zusatz von Wasserstoffperoxyd und Ammoniak durch Zugabe von Weinsäure verhindert werden, wobei aber zu beachten ist, daß dadurch der Cernachweis weniger empfindlich wird. Das gleiche gilt bei Verwendung von Phosphorsäure.

Am sichersten gelingt der Cernachweis bei Gegenwart von Eisen und Mangan, wenn man die seltenen Erden mit Oxalsäure ausfällt, dadurch von den störenden Beimengungen befreit und die abfiltrierten und gewaschenen Oxalate schwach glüht. Die Oxyde werden mit möglichst wenig verd. Salpetersäure behandelt; dabei geht die Hauptmenge der stärker basischen seltenen Erden in Lösung und das Cer^{IV} reichert sich im Rückstand an. Löst man diesen Rückstand in etwas stärkerer Salpetersäure, so zeigt eine Gelb- bis Rotfärbung der Lösung, welche auf Zusatz von Wasserstoffperoxyd wieder verschwindet, sicher die Anwesenheit von Cer an.

Der Cernachweis mit Wasserstoffperoxyd und Ammoniak ist auch als Tüpfelreaktion geeignet; nach F. Feigl[6] ist die Erfassungsgrenze 0,35 γ, die Grenzkonzentration 1 : 134000.

2. Nachweis mit Ammoniumperoxydisulfat nach v. Knorre[7].

3. Nachweis mit Benzidin nach F. Feigl[8].

Für die Identifizierung von **Thorium** kann man folgende Reaktionen verwenden:

1. Nachweis mit Natriumthiosulfat.

Kocht man eine neutrale Chloridlösung, welche kein Zirkonium enthalten darf, mit einer gesättigten Lösung von Natriumthiosulfat, so fällt das Thorium als basisches Thoriumthiosulfat vermengt mit Schwefel aus, während die seltenen Erden mit Ausnahme von Scandium in Lösung bleiben. Um eine Täuschung durch den mitausgefallenen Schwefel zu vermeiden, löst man den Niederschlag in wenig konz. Salzsäure, stumpft den Säureüberschuß ab und fällt mit Oxalsäure.

2. Nachweis mit Kaliumjodat nach R. J. Meyer und M. Speter[9].

In stark salpetersaurer Lösung, welche weder Zirkonium noch Salzsäure enthalten darf, fällt Kaliumjodat im Überschuß weißes unlösliches Thoriumjodat; Cer^{IV}-Salze, welche ebenfalls ausfallen würden, müssen vorher durch Kochen mit wenig schwefliger Säure reduziert werden. Für die Ausführung der Reaktion verwendet man eine konzentrierte (I) und eine verdünnte Lösung (II) von Kaliumjodat in Salpetersäure. Lösung (I) enthält: 15 g Kaliumjodat, 50 cm³ Salpetersäure (1,4) und 100 cm³ Wasser; Lösung (II) enthält: 4 g Kaliumjodat, 100 cm³ Salpetersäure (1,2) und 400 cm³ Wasser. Für den Nachweis werden 2 cm³ der zu prüfenden salpetersauren Lösung mit 5 cm³ der Lösung (I) versetzt. Da auch ein Teil der seltenen Erden dabei mitausfällt, verdünnt man nun mit 10 cm³ der Lösung (II), schüttelt durch und kocht einmal auf. Thoriumjodat bleibt ungelöst, während die Jodate der Cerit- und Yttererden vollständig in Lösung gehen. Durch einen weiteren Zusatz von einigen cm³ der Lösung (II) vergewissert man sich, daß der Niederschlag auch bestehen bleibt. Die Grenze der Nachweisbarkeit liegt bei 0,2 mg Th in 2 cm³ Lösung.

3. Nachweis mit Natriumhypophosphat nach M. Koss[10].

Dieser sehr empfindliche Nachweis beruht auf der Fällung mit Natriumhypophosphat in stark salzsaurer Lösung. Bei einigermaßen erheblichem Thoriumgehalt scheidet sich sogleich ein flockiger, weißer Niederschlag von Thoriumhypophosphat aus, während bei sehr geringen Thoriummengen die Abscheidung durch Aufkochen und Stehenlassen sehr befördert wird. Der Nachweis gelingt noch bei einem Gehalt von weniger als 0,01 mg-ThO_2 in 1 cm³ Lösung, die etwa 6% Salzsäure enthält. Bei Ausführung dieser Reaktion muß beachtet werden, daß auch Titan und Zirkonium von Hypophosphat in saurer Lösung gefällt werden. Die Mitfällung von Titansäure vermeidet man durch Zusatz von Wasserstoffperoxyd vor der Fällung, da die gelbe Pertitansäure mit Hypophosphat nicht gefällt wird. Bei Anwesenheit von Zirkonium trennt man dieses von Thorium durch Fällen des letzteren mit Oxalsäure und prüft den Oxalatniederschlag dann auf Thorium.

---

[6] Qualitative Analyse mit Hilfe von Tüpfelreaktionen. 3. Aufl. S. 261. Leipzig: Akad. Verlagsges. 1938.

[7] Z. angew. Chem. Bd. 10 (1897) S. 717 — Chem. Zbl. 1898 I, S. 142.

[8] Öst. Chem.-Ztg. Bd. 22 (1919) S. 124.

[9] Chem.-Ztg. Bd. 34 (1910) S. 306.

[10] Chem.-Ztg. Bd. 36 (1912) S. 686.

Über den mikroanalytischen Nachweis von Thorium sind in dem Handbuch von Rüdisüle, S. 973[11] einige Methoden angeführt. Cerit- und Yttererdenoxydgemische sind deutlich in ihrer Färbung voneinander verschieden. Während die ersteren zimt- bis schokoladenbraun gefärbt sind, haben ceritfreie Ytterererdenoxyde eine gelbe, hellbraune bis orange Färbung. Dabei ist zu bemerken, daß bereits sehr geringe Mengen einer bunten Erde einem an sich farblosen oder schwach gefärbten Erdenoxyd eine intensive Färbung zu verleihen vermögen.

Die einzige allgemeine qualitative Methode zum Nachweis der seltenen Erden ist die durch das Spektrum; in Betracht kommen das Bogen- und Funkenspektrum, welche beide außerordentlich linienreich sind, oder die Identifizierung der Röntgenemissionslinien. Sehr charakteristische Absorptionsspektren geben die farbigen seltenen Erden, und schon mit Hilfe eines Taschenspektroskops lassen sich Neodym, Praseodym und Erbium sofort und sicher erkennen, während der Nachweis von Samarium, Europium, Dysprosium, Holmium und Thulium nur dann exakt und einwandfrei erbracht werden kann, wenn diese Elemente durch Fraktionierung angereichert wurden. Die Intensität und die Lage der Banden im Absorptionsspektrum sind abhängig von der Konzentration der Lösung, von der Schichtdicke, von der Art des Lösungsmittels, von der Natur des Säurerestes und von der Anwesenheit größerer Mengen von farblosen Erden. Handelt es sich um den Nachweis sehr geringer Mengen, so wird man konzentriertere Lösungen verwenden, während es im allgemeinen günstiger ist, mit schwächeren, etwa 5proz. Lösungen zu arbeiten, da dann die einzelnen Banden schärfer erscheinen. Eingehende Untersuchungen über die Änderung des Spektrums bei verschiedenen Konzentrationen sind u. a. von W. Prandtl und K. Scheiner[12] durchgeführt worden, deren Ergebnisse auch in einer übersichtlichen Tafel zusammengestellt wurden. Bei Anwesenheit von Cer zeigen die gefärbten Cer^{IV}-Salze eine einseitige Auslöschung des blauen und violetten Teiles des Spektrums, weshalb die zu untersuchenden Lösungen vorher durch einige Tropfen Wasserstoffperoxyd zu farblosen Cer^{III}-Verbindungen reduziert werden müssen. Bezüglich der Absorptionsspektra der einzelnen bunten Erden und ihrer charakteristischen Gebiete sei auf das einschlägige Schrifttum verwiesen, z. B. das Handbuch von Kayser[13], G. Krüss[14], R. J. Meyer und O. Hauser[3], v. Hevesy[15], G. Scheibe — H. Mark — R. Ehrenberg[16]. Über den Nachweis der seltenen Erden mit Hilfe der Fluorescenzanalyse s. bei M. Haitinger[17].

B. Die gemeinsame Fällung der seltenen Erden und des Thoriums und ihre Trennung von den anderen Elementen.

Die gemeinsame Fällung der seltenen Erden und des Thoriums kann durch Ammoniak, Oxalsäure oder Flußsäure erfolgen. Ammoniak im Überschuß fällt aus allen Lösungen Hydroxyd; nur Weinsäure, Citronensäure und andere Oxysäuren können die Fällung verhindern. Man fällt in der Siedehitze, um rasch absetzende, dichte, gut filtrierbare Niederschläge zu erhalten. Da die voluminösen Hydroxyde leicht andere in Lösung befindliche Fremdionen mitreißen, ist eine doppelte Fällung angebracht. Durch die Fällung mit Ammoniak erreicht man eine Trennung der seltenen Erden und des Thoriums von den Alkali-, Erdalkalimetallen und Magnesium. Das charakteristische Fällungsmittel für seltene Erden und Thorium ist Oxalsäure. Man fällt in schwach saurer Lösung mit einem größeren Überschuß von Oxalsäure, da die wasserunlöslichen Oxalate in Mineralsäuren merklich löslich sind. Der Zusatz der Oxalsäure kann entweder in Form einer kalt gesättigten Lösung erfolgen oder in fester Form. Gefällt wird in nicht zu konzentrierter Lösung

---

[11] Nachweis, Bestimmung und Trennung der chemischen Elemente. Bd. VI, 2. Abt. Bern: Haupt 1923.

[12] Z. anorg. allg. Chem. Bd. 220 (1934) S. 107.

[13] Handbuch d. Spektroskopie.

[14] Krüss, G. u. H.: Colorimetrie und quantitative Spektralanalyse in ihrer Anwendung in der Chemie. 2. Aufl. Hamburg u. Leipzig: L. Voß 1909.

[15] Die seltenen Erden vom Standpunkt des Atombaues. Berlin: Springer 1927.

[16] Physikalische Methoden der analytischen Chemie. Teil I: Spektroskopische und radiometrische Analyse. Leipzig 1933.

[17] Die Fluorescenzanalyse in der Mikrochemie. S. 88. Wien u. Leipzig: E. Haim & Co. 1937.

in der Hitze. Durch die umgekehrte Fällung (Zutropfen- oder Einfließenlassen der zu fällenden Lösung in die Oxalsäurelösung) werden reinere Niederschläge erhalten. Nach der Fällung läßt man über Nacht absitzen, wodurch der ursprünglich käsige Niederschlag krystallinisch und gut filtrierbar wird. Gewaschen wird der Oxalatniederschlag mit 2proz. kalter Oxalsäurelösung. Zwecks Umfällung der Oxalate wird schwach geglüht, jedenfalls so weit, daß der Kohlenstoff vollständig verbrannt und die Oxalate in basische Carbonate übergeführt sind, welche sich dann leicht, gegebenenfalls nach Zusatz einiger Tropfen Wasserstoffperoxyd, in Mineralsäuren lösen. Durch die Fällung mit Oxalsäure erreicht man eine Trennung der seltenen Erden und Thorium von geringen Mengen Fe^{III}, Al und Mn und von Zr, Ti, den Erdsäuren und von der Phosphorsäure. Thorium bildet lösliche Ammoniumdoppeloxalate, wodurch eine Trennung der seltenen Erden von Thorium erzielt werden kann. Bei geringen Mengen seltener Erden und Thorium neben großen Mengen anderer Elemente ist die Fällung als *Fluorid* von Vorteil, da unter diesen Verhältnissen die Oxalatfällung eine unvollständige ist. Man fällt in der Kälte mit verdünnter Flußsäure oder Alkalifluorid in neutraler Lösung und erwärmt dann, damit der ursprünglich schleimige Niederschlag krystallinisch und gut filtrierbar wird. Die Fluoride sind in Wasser und verd. Flußsäure sehr schwer löslich, während die Löslichkeit in Mineralsäuren ganz erheblich werden kann. Durch die Fluoridfällung ist eine Trennung der seltenen Erden und des Thoriums auch von größeren Mengen Fe^{III}, Mn und Al und von Zr, Ti, Erdsäuren durchführbar (s. Abschnitt F. I. 1 S. 134).

Im allgemeinen erfolgt die Trennung der seltenen Erden und des Thoriums von den *Alkalimetallen:* durch 2maliges Fällen mit Ammoniak oder auch mit Oxalsäure;

von den *Erdalkalien und Magnesium:* durch 1- bis 2malige Fällung mit Ammoniak;

von *Eisen^{III}:*
    a) bei geringen Mengen: durch Oxalsäure,
    b) bei größeren Mengen: durch Flußsäure oder durch Schwefelwasserstoff in ammoniakalischer Lösung bei Gegenwart von Weinsäure;
      um größere Mengen Eisen^{III} zu entfernen, kann man dieses ausäthern oder, wie später im Abschnitt F. II S. 137 beschrieben, an einer Quecksilberkathode abscheiden;

von *Mangan:* durch Flußsäure;

von *Aluminium:*
    a) bei kleineren Mengen: durch Oxalsäure,
    b) bei größeren Mengen: durch Natronlauge;

von *Chrom:*
    a) bei Cr^{III} in geringen Mengen: durch Oxalsäure,
    b) in Legierungen durch Elektrolyse an einer Quecksilberkathode;

von *Zink, Kobalt, Nickel:* durch Schwefelwasserstoff in essigsaurer Lösung oder durch Flußsäure oder durch Elektrolyse an einer Hg-Kathode;

von *Titan und Zirkonium:* durch Oxalsäure oder Flußsäure;

von *Blei:* s. Abschnitt F. I. 4.

Die Wägeform für die seltenen Erden und Thorium ist fast immer das Oxyd. Man verascht die feuchten Oxalatniederschläge zuerst bei kleiner Flamme, hält den Tiegel schief, damit nichts durch Verstauben verlorengeht, und glüht schließlich mindestens $^{1}/_{2}$ Stunde im elektrisch beheizten Ofen oder auf dem Gebläse bei etwa 900°. Nach dem Erkalten wägt man rasch aus, da die geglühten Oxyde leicht Feuchtigkeit und Kohlensäure aufnehmen.

C.

I. Die Trennung der seltenen Erden von Thorium und die Bestimmung des letzteren

1. nach der Thiosulfatmethode, 2. nach der Jodatmethode, 3. nach anderen Methoden.

Von den vielen zur Trennung der seltenen Erden von Thorium vorgeschlagenen Methoden haben besonders die ersten beiden allgemeinste Verbreitung gefunden und sich zu den Standardmethoden der Thoriumindustrie entwickelt. Sie sind verhältnismäßig einfach, rasch und billig durchzuführen und liefern recht genaue Resultate.

1. Thiosulfatmethode

nach E. Hintz und H. Weber[18] und O. Hauser und F. Wirth[19].

Natriumthiosulfat fällt aus neutralen Chloridlösungen das Thorium quantitativ als basisches Thoriumthiosulfat aus, während die seltenen Erden mit Ausnahme von Scandium in Lösung bleiben. Die zu fällende Lösung muß frei von Aluminium, Titan und Zirkonium sein, da diese durch Thiosulfat ebenfalls gefällt werden.

Arbeitsweise. Die zu untersuchende, gegen Kongopapier neutrale Chloridlösung, welche etwa 0,2 g ThO_2 enthalten soll, wird auf etwa 600 cm^3 verdünnt, zum Sieden erhitzt und nach Zugabe von 20 g festem Natriumthiosulfat 20 min lang bei aufgelegtem Uhrglas gekocht. Der Niederschlag wird auf einem Faltenfilter (Schleicher & Schüll Nr. 588) abfiltriert; eine meist vorhandene Trübung des Filtrates wird durch Schwefel hervorgerufen und ist ohne Bedeutung. Den Niederschlag wäscht man dann so lange mit heißem Wasser nach, bis das ablaufende Filtrat auf Zusatz von Ammoniak und Wasserstoffperoxyd weder eine gelbbräunliche Färbung noch Fällung zeigt (Prüfung auf Cer). Die Thiosulfatfällung muß wiederholt werden. Dazu wird der Niederschlag samt dem Filter in einem 400 cm^3-Becherglas mit Salzsäure $(1+3)$ gekocht, die Lösung vom Filterbrei unter Nachwaschen abgenutscht, mit Ammoniak neutralisiert und wie vorher gefällt. Dann löst man diese zweite Thiosulfatfällung in 20 cm^3 konz. Salzsäure durch Kochen, versetzt mit etwa 20 g fester Oxalsäure und verdünnt mit kochendem Wasser auf 900 cm^3. Nach dem Absitzen über Nacht wird abgenutscht, mit 2proz. Oxalsäurelösung gewaschen, verascht, geglüht und als ThO_2 gewogen. Hat man in einem anderen Teil der zu untersuchenden Lösung durch eine Fällung mit Oxalsäure die Gesamtmenge der seltenen Erdoxyde + Thoriumoxyd bestimmt, so ergibt die Differenz nach Abzug des gefundenen Thoriumoxyds die Menge der Oxyde der seltenen Erden. Sonst kann man die vereinigten Filtrate der Thiosulfatfällungen einengen, die Polythionsäuren durch Salpetersäure zerstören, eindampfen, mit wenig Säure aufnehmen, mit heißem Wasser verdünnen und die seltenen Erden mit Oxalsäure fällen. Eine eingehende Beschreibung der Thiosulfatmethode, wie sie bei der Welsbach-Co. in Gloucester üblich ist, hat Miner angegeben, und diese Arbeitsweise ist in dem Buch von R. B. Moore, S. 49[20] ausführlich wiedergegeben. Auch in dem Buch von Sydney J. Johnstone[21] wird die Thiosulfatmethode nach seiner Ausführungsform als Standardmethode angeführt. Eine Abänderung der Arbeitsmethode nach W. R. Powell und A. R. Schoeller[21a] soll zu einem rein weißen Thoriumoxyd führen, während

---

[18] Z. anal. Chem. Bd. 36 (1897) S. 27 u. 676.

[19] Angew. Chem. Bd. 22 (1909) S. 484 — Z. anal. Chem. Bd. 49 (1910) S. 50 — Chem. Zbl. 1909 I, S. 1268.

[20] Die chemische Analyse seltener technischer Metalle. Leipzig: Akad. Verlagsges. 1927.

[21] The rare earth industry. 2. Aufl. London 1918.

[21a] The analysis of minerals and ores of the rarer elements. 1919.

sonst das erhaltene ThO_2 zuweilen durch Spuren von seltenen Erden schwach lachsrosa gefärbt ist, was aber auf das Resultat kaum von Einfluß ist.

2. Jodatmethode

nach R. J. Meyer und M. Speter[22] und R. J. Meyer[23].

Kaliumjodat fällt in stark salpetersaurer Lösung schwer lösliches Thoriumjodat aus, während die seltenen Erden in Lösung bleiben. Etwaige Cersalze dürfen nur in der 3-wertigen Form zugegen sein — was durch vorheriges Reduzieren mit schwefliger Säure erreicht werden kann —, da Cer^{IV} ebenfalls durch Kaliumjodat gefällt wird. Titan und Zirkonium, welche auch schwer lösliche Jodate geben, müssen entweder vorher oder am Schluß des Analysenganges durch die Fällung mit Oxalsäure entfernt werden.

Arbeitsweise. 50 cm³ der zu untersuchenden Lösung, welche etwa 0,2 g ThO_2 enthalten sollen, werden in einem 300 cm³-Becherglas mit 50 cm³ Wasser, 50 cm³ Salpetersäure (1,4) versetzt und durch Eis oder unter der Wasserleitung gekühlt. Dann bereitet man, wie unter dem qualitativen Nachweis im Abschnitt A beschrieben, die konz. Lösung (I) von Kaliumjodat, kühlt diese und gießt sie unter Rühren in die zu fällende Lösung. Man läßt die Fällung unter öfterem Rühren etwa ¹/₂ Stunde stehen und filtriert dann durch ein 15 cm-Filter (Schleicher & Schüll Nr. 589). In einer kleinen Spritzflasche wird die notwendige Waschflüssigkeit vorbereitet, welche nach Abschnitt A aus einer verdünnten Lösung (II) von Kaliumjodat besteht. Mit dieser spritzt man den Niederschlag vom Filter in das zur Fällung benützte Becherglas und setzt noch 100 cm³ dieser Waschflüssigkeit zu. Man rührt gut durch, zerdrückt die Klümpchen mit einem breitgedrückten Glasstab, filtriert nochmals durch das gleiche Filter, läßt wieder abtropfen und spritzt nun den Niederschlag mit heißem Wasser wieder in das gleiche Becherglas zurück. Ist der Inhalt des Becherglases bis nahe zum Sieden erhitzt, werden mit einer Pipette 30 cm³ Salpetersäure (1,4) unter Rühren tropfenweise zugefügt, wodurch das Jodat in Lösung geht. In dem kleinen Becherglas löst man nun 4 g Kaliumjodat in wenig heißem Wasser und Salpetersäure (1,2) und fällt damit das Thorium nochmals aus. Man stellt die Fällung wieder in kaltes Wasser, filtriert durch das gleiche Filter, spritzt den Niederschlag mit Hilfe der Waschflüssigkeit in das gleiche Becherglas, verrührt mit 100 cm³ Waschflüssigkeit und filtriert. Der Niederschlag samt dem Filter wird nun in das gleiche Becherglas gegeben, kochend mit Salzsäure (1,19) unter Zusatz von etwas wässeriger schwefliger Säure reduziert und in Lösung gebracht. In dieser Lösung wird das Hydroxyd in der Siedehitze mit Ammoniak ausgefällt, auf ein 15 cm-Filter abfiltriert und mit kochendem Wasser jodfrei ausgewaschen. Man löst den Niederschlag mit heißer, verd. Salzsäure vom Filter, wäscht gut nach, fällt, wie bereits beschrieben, mit Oxalsäure und wägt schließlich als ThO_2 aus. Das erhaltene Thoriumoxyd ist meist rein weiß; ein etwa lachsfarbener Ton ist auf das Resultat ohne Einfluß.

In neuerer Zeit hat L. E. Kaufmann[24] einige Thoriumbestimmungsmethoden nachgeprüft und gefunden, daß die Jodatmethode bei gleicher Genauigkeit die am leichtesten auszuführende ist.

Bemerkung. (Wiedergewinnung des verbrauchten Kaliumjodats.) Obige Methode hat nur den einen Nachteil, daß sie einen erheblichen Verbrauch an Kaliumjodat erfordert. Die anfallenden Filtrate und Waschwässer lassen sich aber nach einer Mitteilung von B. Jüstel, aus dem Laboratorium der Auergesellschaft A.G., Werk Oranienburg, auf einfache Weise

---

[22] Chemiker-Ztg. Bd. 34 (1910) S. 306 — Z. anal. Chem. Bd. 50 (1911) S. 118 — Chem. Zbl. 1910 I, S. 1642.

[23] Z. anorg. allg. Chem. Bd. 71 (1911) S. 65.

[24] Chem. J., Ser. B, J. angew. Chem. (russ.) Bd. 10 (1937) S. 1648 — Chem. Zbl. 1939 I, S. 194.

mit wenig Zusatzchemikalien auf wieder brauchbares Kaliumjodat aufarbeiten. Man fällt die gesammelten Lösungen in einem Tontopf mit technischem Ammoniak, wobei die seltenen Erden als Hydroxyde ausfallen und mit diesen die Phosphate, Eisen, Aluminium usw. Die warm gewordene Lösung setzt sich gut ab. Da das in Lösung verbleibende Kaliumjodat bald nach der Ammoniakfällung auszukrystallisieren beginnt, gießt man die noch warme klare Lösung in Porzellanschalen ab und läßt auskrystallisieren. Sollten sich bereits Krystalle an den Topfwandungen angesetzt haben, so kratzt man sie ab. Den Niederschlag wäscht man aus und engt das Waschwasser ein. Die erhaltenen Krystalle löst man in heißem Wasser, filtriert die heiße Lösung und läßt wieder auskrystallisieren. Die so gereinigten Krystalle sind nun, bei befriedigender Ausbeute, wieder verwendbar.

3. Andere Thoriumbestimmungsmethoden.

Die unter den qualitativen Nachweisen im Abschnitt A angeführte Fällung des Thoriums mit Natriumhypophosphat gibt nach A. Rosenheim[25] auch als quantitative Methode sehr brauchbare Werte, ist aber als Schnellmethode für Betriebslaboratorien wenig geeignet.

Die von A. C. Rice, H. C. Fogg und C. James[26] beschriebene Fällung mit Phenylarsinsäure wird sowohl für die Thoriumbestimmung im Monazitsand als auch in Thoriumlegierungen, s. Abschnitt F II, S. 138, verwendet. Das Thoriumsalz der Phenylarsinsäure ist zum Unterschied von den Phenylarsinsalzen der seltenen Erden in stark essigsaurer Lösung unlöslich. Da mit diesem Reagens neben dem Thorium auch Zirkonium mit ausfällt, ist schließlich eine Fällung des Thoriums als Oxalat nicht zu umgehen, und dies auch deswegen, weil es sich gezeigt hat, daß durch Glühen des phenylarsinsauren Thoriums nicht alles Arsen entfernt werden kann. Auch diese Methode hat L. E. Kaufmann[24] nachgeprüft.

Die Fällung des Thoriums in neutraler Lösung mit Sebacinsäure nach T. O. Smith und C. James[27] ist nach den Arbeiten von C. F. Whittemore und C. James[28] und nach L. E. Kaufmann[29] als Trennungsmethode von den seltenen Erden nicht ganz zuverlässig. Der letztere Autor hat die Arbeitsweise aber so gestaltet, daß auch bei Anwesenheit von großen Mengen Cer ein völlig reines ThO_2 erhalten wird.

Die einzige brauchbare maßanalytische Bestimmung des Thoriums — mit Ammoniummolybdat — nach F. J. Metzger und F. W. Zons[30] wurde von L. E. Kaufmann[31] nachgeprüft, wobei gefunden wurde, daß sich nach der Originalvorschrift stets kleine Mengen Thorium der Bestimmung entziehen. Führt man aber die Titration bei einer Essigsäurekonzentration von 4,6 bis 5% durch, so fällt Thorium auch bei geringen Mengen annähernd quantitativ aus, während Cer, auch wenn große Mengen davon vorhanden sind, in Lösung bleibt.

Die erste genaue mikroanalytische Thoriumbestimmungsmethode, welche gefunden wurde, ist die der Fällung mit Pikrolonsäure, wie sie F. Hecht und W. Ehrmann[32] ausgearbeitet haben. Diese Methode liefert zwar genauere Werte als die bisherige mikroanalytische Oxalatmethode, aber eine Trennung des Thoriums von den seltenen Erden läßt sich mit Pikrolonsäure nicht erzielen.

Ebenfalls zur Mikrobestimmung brauchbar ist die Fällung des Thoriums, bei Abwesenheit von seltenen Erden, mit o-Oxychinolin („Oxin"), wie F. Hecht und W. Reich-Rohrwig[33] gefunden haben. F. Hecht und W. Ehrmann[34] haben diese Methode weiter verbessert, so daß sie jetzt zuverlässiger ist als früher. Sie bietet gegenüber der vorher erwähnten Bestimmung des Thoriums als Pikrolat den nicht unwesentlichen Vorteil, schneller und auch für etwas größere Thoriummengen durchführbar zu sein. Diese Methode ist auch in dem Buch von R. Berg, S. 65[35], angeführt.

Bei gleichzeitiger Anwesenheit von Cer und Thorium und bei Abwesenheit der übrigen seltenen Erden haben R. Berg und E. Becker[36] eine Trennungsmethode mit „Oxin" aus-

[25] Chemiker-Ztg. Bd. 36 (1912) S. 821.

[26] J. Amer. chem. Soc. Bd. 48 (1926) S. 895 — Chem. Zbl. 1926 I, S. 3498.

[27] J. Amer. chem. Soc. Bd. 34 (1912) S. 281.

[28] J. Amer. chem. Soc. Bd. 34 (1912) S. 772; Bd. 35 (1913) S. 127.

[29] Chem. J., Ser. B, J. angew. Chem. (russ.) Bd. 8 (1935) S. 1520 — Z. anal. Chem. Bd. 113 (1938) S. 45 — Chem. Zbl. 1936 II, S. 513.

[30] Industr. Engng. Chem. Bd. 4 (1912) S. 493 — Chem. Zbl. 1912 II, S. 1945.

[31] Chem. J., Ser. B, J. angew. Chem. (russ.) Bd. 10 (1937) S. 1693 -- Chem. Zbl. 1938 II, S. 2464.

[32] Z. anal. Chem. Bd. 100 (1935) S. 87.

[33] Mh. Chem. Bd. 53/54 (1929) S. 569.

[34] Z. anal. Chem. Bd. 100 (1935) S. 98.

[35] Die analytische Verwendung von o-Oxychinolin („Oxin") und seiner Derivate. 2. Aufl. Stuttgart: Ferd. Enke 1938.

[36] Z. anal. Chem. Bd. 119 (1940) S. 1.

gearbeitet, wobei eine gleichzeitige Bestimmung beider Elemente möglich ist. Dabei wird zunächst das Thorium aus essigsaurer Lösung nach der Methode von Hecht und Ehrmann abgetrennt und im Filtrat davon das Cer nach Zusatz von Natriumtartratlösung mit Ammoniak gefällt.

II. Methoden zur Bestimmung von Cer und von Cer[III] neben Cer[IV].

In reinen Cersalzlösungen kann man das gesamte Cer gewichtsanalytisch durch Fällung mit Oxalsäure bestimmen, wobei es vorteilhaft ist, das vorhandene Cer[IV] durch einige Tropfen Wasserstoffperoxyd zu Cer[III] zu reduzieren. Das erhaltene Cer(III)-oxalat wird dann zu Cerdioxyd geglüht.

In Gemischen mit anderen seltenen Erden wird das Cer maßanalytisch bestimmt. Diese Bestimmung beruht auf den für Cer charakteristischen zwei beständigen Oxydationsstufen, deren Überführung ineinander quantitativ verfolgt werden kann. Am gebräuchlichsten ist die Methode von G. v. Knorre[37], welche von E. Hintz und H. Weber[38], von R. Lessnig[39], von H. H. Willard und Ph. Young[40] und von L. Weiss und H. Sieger[41] nachgeprüft und zum Teil umgestaltet wurde. Knorres Methode der Oxydation des Cer(III)- zu Cer(IV)-sulfat mit Ammoniumperoxydisulfat gibt auch bei reinen Cersalzen keine streng reproduzierbaren Werte. Die Reproduzierbarkeit ist dagegen gut, wenn man die Oxydation mit Peroxydisulfat-Silbernitrat oder -Silbersulfat nach Willard und Young bzw. Weiss und Sieger vornimmt. Bei Ceritsalzen empfiehlt Th. Lindemann und M. Hafstad[42] einen Zusatz von Magnesiumsalzen, und zwar auf je 1 g Cer mindestens 5 g Magnesium in Form einer Magnesiumsulfatlösung; durch Zurückdrängung der Dissoziation wird die Zersetzung des Cer[IV]-Salzes vermieden.

Arbeitsweise. 50 cm³ der zu untersuchenden Lösung mit etwa 0,1 bis 0,3 g Cer werden mit 5 bis 7 cm³ konz. Schwefelsäure, 1 cm³ $^n/_{10}$-Silbernitratlösung und 5 g Ammoniumperoxydisulfat versetzt. Man verdünnt dann auf 200 cm³, so daß die Acidität der Lösung 1,0 bis 1,4 normal ist, erhitzt zum Sieden und kocht 10 min. Die erkaltete Lösung wird mit 2 Tropfen Redoxindicator versetzt und mit $^n/_{10}$-Eisen(II)-sulfatlösung titriert, welche vorher mit $^n/_{10}$-Kaliumpermanganatlösung frisch eingestellt wurde.

Indicatorlösung nach der Firmenbroschüre von E. Merck[43]: Die $^1/_{40}$ molare Lösung wird durch Lösen von 1,624 g o-Phenanthrolinhydrochlorid in 25 cm³ säurefreier $^n/_{10}$-Eisen(II)-sulfatlösung und Verdünnen auf 100 cm³ oder durch Lösen obiger Menge des Indicators und 0,695 g kryst. Eisen(II)-sulfat in Wasser und Verdünnen auf 100 cm³ hergestellt.

$^n/_{10}$-*Eisen(II)-sulfatlösung:* 28,5 g kryst. Eisen(II)-sulfat ($FeSO_4 \cdot 7 H_2O$) werden in 100 cm³ Wasser + 10 cm³ konz. Schwefelsäure + 10 cm Klavierdraht in einem Kolben mit Bunsenventil gelöst und dann auf 1 l verdünnt.

Eine quantitative Bestimmung des Cers, auch bei gleichzeitiger Anwesenheit von Thorium, aber bei vollständiger Abwesenheit der übrigen seltenen Erden kann ferner mit Hilfe von o-Oxychinolin („Oxin") durchgeführt werden, wie Berg und Becker[36] beschrieben haben. Cer[III]-Salze werden in ammoniakalischer, tartrathaltiger Lösung als gelbes, kryst. Salz gefällt; das Oxinat mit 24,47% Ce kann bei 110° getrocknet und als solches ausgewogen oder nach Überschichten mit Oxal-

[37] Ber. dtsch. chem. Ges. Bd. 33 (1900) S. 1924 — Angew. Chem. Bd. 10 (1897) S. 685 u. 717.
[38] Z. anal. Chem. Bd. 37 (1898) S. 103.
[39] Z. anal. Chem. Bd. 71 (1927) S. 163.
[40] J. Amer. chem. Soc. Bd. 55 (1933) S. 3260 — Z. anal. Chem. Bd. 95 (1933) S. 305.
[41] Z. anal. Chem. Bd. 113 (1938) S. 312.
[42] Z. anal. Chem. Bd. 70 (1927) S. 433.
[43] Der Tri-o-Phenanthrolin-Ferro-Komplex als Redoxindicator und Cerisulfat-Normallösungen in der maßanalytischen Praxis. 2. Aufl. Darmstadt.

säure zu CeO_2 geglüht werden, oder man löst den gewaschenen Oxinniederschlag in 3n-Salzsäure und titriert den Oxinrest bromometrisch.

Zur Bestimmung von Cer[III]- neben Cer[IV]-Salz oder von reinen Cer[III]-Salzen verwendet man vorteilhaft die Methode von Ph. E. Browning und H. E. Palmer[44], welche auf der Oxydation des Cer(III)-hydroxyds zu Cer(IV)-hydroxyd mit Kaliumcyanoferrat(III) und Titration des gebildeten Kaliumcyanoferrats(II) mit Permanganat nach E. de Haën[45] beruht.

Arbeitsweise. 25 cm^3 der Cer[III]- bzw. Cer[III]- neben Cer[IV]-Salz enthaltenden Lösung mit etwa 0,1 g Ce (als Sulfat oder Chlorid) werden in einem 200 cm^3-Erlenmeyerkolben mit Eis-Kochsalz-Mischung auf 0° abgekühlt, mit etwa 20 cm^3 ebenfalls gekühlter Kaliumcyanoferrat(III)-Lösung vermischt und mit gekühlter Natronlauge (1 + 3) im Überschuß gefällt. Die Temperatur bei der Fällung soll 20° nicht übersteigen. Man filtriert durch eine Schottsche Glasfilternutsche 25 G 3 mit der Saugpumpe ab und wäscht das Cer(IV)-oxydhydrat mit wenig Natronlauge nach, säuert das Filtrat mit Schwefelsäure, welche frei von reduzierenden Substanzen sein muß, an und titriert mit $n/_{10}$-Permanganat bis zum Umschlag von Grünlichgelb nach Rot. Von den gefundenen cm^3 Permanganat bringt man den Blindwert der Kaliumcyanoferrat(III)-Lösung (bei 20 cm^3 etwa 0,18 cm^3 für einen Eisen[II]-Gehalt) in Abzug. 1 cm^3 $n/_{10}$-$KMnO_4$ entspricht 0,014 g Ce bzw. 0,0172 g CeO_2.

Kaliumcyanoferrat(III)-Lösung: 65 g ausgesuchte, wenn nötig, gewaschene, Eisen[II]-Salz-freie, rote oder gelbrote Krystalle sind in 1 l Wasser zu lösen.

Für 1 g Ce benötigt man mindestens 2,34 g $K_3[Fe(CN)_6]$.

Andere Bestimmungsmethoden des Cers wie die *colorimetrische Bestimmung* s. Abschnitt F. I, 3b oder die *Fällung als Percer(IV)-acetat* nach Swoboda und Horny s. Abschnitt F. I, 4 S. 136.

D. Untersuchung von Erzen, insbesondere von Monazitsand.

Aus den Verwitterungsprodukten der Eruptivgesteine sind durch einen natürlichen Schlämmprozeß die Monazitsande abgelagert worden. Sie enthalten neben dem eigentlichen Monazitsand noch Titaneisensand, Rutil, Zirkonsilicatsand und Quarz. Der reine, aufgearbeitete Monazitsand ist von goldgelb-brauner Farbe und enthält von den genannten Beimengungen nur sehr geringe Anteile. Die wichtigsten Lagerstätten befinden sich in Brasilien und in dem indischen Staate Travancore. Monazit besteht im wesentlichen aus den Orthophosphaten der seltenen Erden, vor allem der Ceriterden, und des Thoriums.

Monazitsandanalysen von Travancoresanden:

Nach	1. Sidney J. Johnstone[46]	2.	3. Gordon H. Chambers[47]
ThO_2	10,22	8,65	8,3
Ceriterden außer Cer	28,00	} 61,11	} 61,7
Ce_2O_3	31,90		
Y_2O_3 usw.	0,46	0,62	
Fe_2O_3	1,50	1,09	0,1
Al_2O_3	0,17	0,12	
CaO	0,20	0,13	
SiO_2	0,90	1,00	
P_2O_5	26,82	26,50	etwa 29,0
Glühverlust	0,46	0,45	

[44] Z. anorg. allg. Chem. Bd. 59 (1908) S. 71 — Z. anal. Chem. Bd. 58 (1919) S. 360.
[45] Ann. d. Chem. Bd. 90 (1854) S. 160.
[46] J. Soc. chem. Ind. Bd. 33 (31. 1. 1914).
[47] Foote prints, June 1939.

Die Summe der Gesamtoxyde der seltenen Erden, Thorium nicht einbezogen, setzt sich zusammen aus den Ceriterden: Lanthan, Cer, Praseodym, Neodym und Samarium, und den Yttererden in etwa folgendem Verhältnis: 48% CeO_2, 28% La_2O_3, 16% Nd_2O_3, 4 bis 5% Pr_2O_3, 2% Sm_2O_3 und 1% Yttererdenoxyde. Monazitsand ist das wichtigste Ausgangsmaterial für die Gewinnung von Thorium, Cer und den meisten anderen seltenen Erden, sowie des radioaktiven Mesothoriums. Das aus dem Sand gewonnene technische Mesothorium enthält etwa 20 bis 25% seiner Aktivität als Radiumelement; die übrige Aktivität entspricht dem Gehalt an Mesothor, einschließlich dessen Zerfallsprodukte. Weiter enthält der Monazitsand noch geringe Mengen von Helium, welches vom Zerfall des Thoriums und von der vorhandenen geringen Menge Uran herrührt. Nach Betriebsversuchen der Auergesellschaft A.G. können nach K. Peters[48] aus 1 kg Sand mit 5 bis 7% ThO_2 durch Ausglühen bei etwa 1000° durchschnittlich 0,5 l Heliumgas gewonnen werden. Die Bewertung des Monazitsandes erfolgt bis jetzt nach seinem Gehalt an Thorium. Ob dieser Gradmesser der Bewertung aufrechterhalten bleibt, ist zweifelhaft, denn die Verwendungsmöglichkeit und damit der Absatz von Thoriumsalzen ist gerade in den letzten Jahren stark gesunken, während die Verwendung der Ceriterden Fortschritte macht. Über das weitere Vorkommen von Monazitsand und auch über die vielen anderen Mineralien, welche noch Thorium und seltene Erden enthalten, aber bis heute noch ohne wesentliche technische Bedeutung geblieben sind, s. u. a. bei Gmelin[49], Doelter[50] und P. Krusch[51].

I. Magnetische Zerlegung.

Mit einem regelbaren elektromagnetischen Laboratoriumserzscheider, wie ihn z. B. die Firmen Krupp, Grusonwerke A.G. oder Humboldt liefern, kann man den rohen Monazitsand auf einfache Weise in 3 Fraktionen zerlegen, und zwar in den stark magnetischen schwarzen, glänzenden Titaneisensand (Ilmenit), den schwach magnetischen goldgelben Monazitsand und den unmagnetischen, fast farblosen Zirkon- und Quarzsand. Letztere Fraktion enthält auch den Rutilsand und Granatfragmente.

II. Aufschluß.

Zur Analyse (der Monazitsand braucht dafür nicht gepulvert zu werden) werden von einem einwandfrei gezogenen Durchschnittsmuster 50 g in einem Wägegläschen eingewogen, in eine Platin- oder Porzellanschale, worin sich 100 cm³ heiße, konz. Schwefelsäure befinden, unter Rühren eingetragen und auf dem Sandbad unter weiterem öfterem Rühren bis zum Entweichen von dichten Schwefelsäuredämpfen erhitzt. Nach etwa 2 Stunden wird der Schaleninhalt breiig und nimmt eine grauweiße Farbe an. Nach 1 bis 2 weiteren Stunden ist der Aufschluß meist beendet, was man daran erkennen kann, daß eine kleine Probe des aufgeschlossenen Materials, in wenig kaltes Wasser eingerührt, sich fast vollständig löst. Jedenfalls dürfen in dem etwaigen Bodensatz dem freien Auge oder mit dem Vergrößerungsglas keine gelben Monazitkörner sichtbar sein. Dann läßt man erkalten und trägt die Masse in einen 1000 cm³-Meßkolben ein, der $^3/_4$ seines Volumens eisgekühltes Wasser enthält. Die entstandenen Sulfate lösen sich langsam, und es bleibt nur eine mehr oder minder starke Trübung von Kiesel- und Titansäure und ein geringer Bodensatz, welcher aus den unaufgeschlossenen Mineralfragmenten: Titaneisen, Zirkon, Quarz usw. besteht. Nach erfolgter Lösung bringt man den Kolbeninhalt auf Zimmertemperatur, füllt bis zur Marke auf, schüttelt gut durch und läßt absitzen.

III. Bestimmung der Gesamtoxyde der seltenen Erden und des Thoriums.

Von der möglichst klar abgesetzten Lösung filtriert man einen Teil durch ein trockenes Faltenfilter; nach den ersten 50 cm³ ist das Filtrat meist schon voll-

---

[48] Naturwiss. 1925 S. 746.
[49] Handb. d. anorg. Chemie, 8. Aufl., System Nr. 39, 1. Liefg. 1938.
[50] Handb. d. Mineralchemie, Bd. III, 1. Abt. Leipzig: Steinkopf 1918.
[51] Die metallischen Rohstoffe, ihre Lagerungsverhältnisse und ihre wirtschaftliche Bedeutung. 2. Heft. Stuttgart: Ferd. Enke 1938.

ständig klar. 50 cm³ davon läßt man a) unter Rühren in 100 cm³ kalte, gesättigte Oxalsäurelösung eintropfen, verdünnt auf etwa 600 cm³ mit heißem Wasser und digeriert die ausgefallenen Oxalate auf dem Wasserbad. Man läßt über Nacht absitzen, gießt dann die klare darüberstehende Flüssigkeit ab, gibt nochmals 100 cm³ Oxalsäurelösung zu und wiederholt das Digerieren. Oder man gibt zu den 50 cm³ b) etwa 15 g feste, rückstandsfreie Oxalsäure zu, verdünnt mit kochendem destill. Wasser auf etwa 900 cm³ und stellt nach öfterem Rühren über Nacht beiseite. Dann nutscht man über ein doppeltes Blaubandfilter ab, wäscht mit verd. 2proz. Oxalsäurelösung, verascht noch feucht vorsichtig im Platin- oder Porzellantiegel und glüht dann $^1/_2$ Stunde bei etwa 1000° im elektrisch beheizten Ofen oder über dem Gebläse bis zur Gewichtskonstanz. Die Auswaage ergibt die Oxyde der seltenen Erden und ThO_2.

IV. Bestimmung des Cers.

Die erhaltenen Gesamtoxyde werden auf dem Sandbad in einer Platinschale in 40 cm³ Schwefelsäure (1 + 1) unter Hinzufügen von einigen Tropfen Wasserstoffperoxyd gelöst, die Lösung nach dem Erkalten in Wasser eingetragen und auf 200 cm³ verdünnt; davon nimmt man 50 cm³, entsprechend 0,2 bis 0,3 g CeO_2, zur maßanalytischen Bestimmung des Cers, wie im Abschnitt C. II beschrieben.

V. Bestimmung des Thoriums.

Diese kann entweder nach der Thiosulfatmethode erfolgen, wie im Abschnitt C. I beschrieben, oder nach der Jodatmethode. Arbeitet man nach der ersteren, so wird in 50 cm³ der Originallösung, wie im Abschnitt D. III beschrieben, mit Oxalsäure gefällt, der gewaschene Oxalatniederschlag samt dem Filter mit etwa 150 cm³ Wasser übergossen, nach Zugabe von 30 g festem Ätznatron (rein in rotulis) 20 min lebhaft gekocht und dann alles mit heißem Wasser auf etwa 1 l verdünnt. Nachdem sich der Niederschlag einigermaßen abgesetzt hat, filtriert man die darüberstehende Lösung durch 2 Blaubandfilter auf einem Büchnertrichter ab, rührt den im Becherglas verbleibenden Niederschlag wieder mit heißem Wasser und wiederholt dieses Dekantieren über die Nutsche noch dreimal. Dann wird der gesamte Inhalt des Becherglases abgesaugt und auf der Nutsche so lange mit heißem Wasser gewaschen, bis das ablaufende Filtrat rotes Lackmuspapier nicht mehr bläut. Die Oxydhydrate werden samt dem Filter in einem 400 cm³-Becherglas durch Kochen mit etwa 100 cm³ Salzsäure (1 + 3) in Lösung gebracht. Man nutscht vom Filterbrei ab und wäscht sorgfältig mit Salzsäure (1 + 3) und schließlich mit heißem Wasser nach. Das salzsaure Filtrat wird in einem 800 cm³-Becherglas mit Ammoniak neutralisiert (kongoviolett-schmutzigblau), auf 600 cm³ verdünnt und dann, wie im Abschnitt C. I beschrieben, weiterbehandelt. Zur Thoriumbestimmung nach der Jodatmethode kann man ohne weiteres 50 cm³ der schwefelsauren Originallösung verwenden und, wie im Abschnitt C. I beschrieben, weiterarbeiten.

In zwei Parallelbestimmungen dürfen die gefundenen Werte höchstens um 0,05% voneinander abweichen.

„Eine Methode zur Analyse sehr kleiner Monazitmengen" (Mikroanalyse) haben Hecht und Kroupa [52] ausgearbeitet. Zur Trennung des Thoriums von den seltenen Erden wird dabei in der Lösung der Nitrate das Thorium durch mehrmaliges Fällen mit Wasserstoffperoxyd und Ammoniumnitrat als Peroxydhydrat abgetrennt und bei 1000° zu Thoriumoxyd geglüht.

---

[52] Z. anal. Chem. Bd. 102 (1935) S. 81 — Chem. Zbl. 1935 II S. 3415.

E. Untersuchung von Metallen.

I. Cermetall, Ceritmetall oder Cermischmetall und pyrophore Legierungen.

Die Ceritmetalle sind an feuchter Luft wenig beständig; sie verbinden sich lebhaft mit Sauerstoff, Wasserstoff, Stickstoff und Schwefel. Lanthanmetall ist sogar schon bei Raumtemperatur mit Stickstoff reaktionsfähig. Die Entzündungstemperaturen von reinem Cer-, Praseodym- bzw. Neodymmetall in Luft liegen bei 165°, 290° bzw. 270° C, die von Lanthanmetall bei 400 bis 460°. Handelsübliches Cermetall enthält etwa:

Ce	Fe	Si
98,2%	0,6%	0,05%;

handelsübliches Lanthanmetall etwa:

La	Fe	Al	Ca	Mg	Si	C
98,28%	0,62%	0,05%	0,16%	0,96%	0,06%	Spuren.

Reines Cermetall soll frei von den Absorptionsbanden des Praseodyms und des Neodyms sein; ein braunes Oxyd deutet auf die Gegenwart dieser beiden Elemente. Der Gehalt an Lanthan kann auf folgende Weise ermittelt werden: Man bestimmt durch Verglühen der Oxalatfällung den Gehalt an Gesamtoxyd ($CeO_2 + La_2O_3$); der Cergehalt (CeO_2) wird maßanalytisch ermittelt, und die Differenz ergibt dann den Gehalt an Lanthan, sofern keine anderen seltenen Erden anwesend sind.

Ceritmetall, oder auch *Cermischmetall* genannt, ist pyrophor, jedoch für den praktischen Gebrauch zu weich. Deshalb legiert man härtende und sprödemachende Metalle wie Eisen, Magnesium, Zink u. a. m. zu; diese pyrophoren Legierungen (Zündmetall oder Cereisen oder Ferrocer) zeigen die bekannte Eigenschaft, beim Reiben oder Ritzen mit harten Gegenständen, kleine Teilchen abzuschleudern, welche sich dann an der Luft entzünden. Cermischmetall hat etwa folgende Zusammensetzung:

Ceritmetalle	Fe	Al	Ca	Si	C	Mg
93,5%	4,5%	0,5%	0,3%	0,5%	0,7%	—
98,4%	0,55%	0,03%	0,02%	0,13%	—	0,62%

Der Anteil an Ceritmetallen besteht aus etwa:

Ce	La + Pr + Nd	Yttererden
45 bis 55%	30 bis 45%	2 bis 4%
45 bis 50%	39 bis 46%	2 bis 4%
51,5%	46,9%	

Der Cergehalt des Mischmetalls soll mindestens 40% betragen.

Da sich die Ceritmetalle schnell und stetig an der Luft oxydieren, empfiehlt sich die Aufbewahrung unter Benzol oder Kohlenstofftetrachlorid.

Die *pyrophoren Legierungen* (Zündmetall oder Cereisen oder Ferrocer) enthalten gewöhnlich etwa:

Ceritmetalle	Fe	Mg	Cu	Si	Zn
70 bis 78%	20 bis 40%	2,5%	0,5%	1 bis 2%	bis zu 20%.

Der Kupferzusatz dient angeblich zur Erhöhung der Lagerbeständigkeit; zu dem gleichen Zwecke werden die fertigen Zündsteine sheradisiert. Gewöhnliches Zündmetall entzündet sich bei rund 150°; durch Zusatz von Zink wird die Entzündungstemperatur stark heraufgesetzt, deshalb verwendet man für das sog. Grubenlampenmetall einen hohen Zinkzusatz.

Analysenmethode. Von dem zu untersuchendem Metallstück werden 5 bis 10 g Metallaushübe oder Späne in einem Wägegläschen eingewogen und dann in Salzsäure gelöst; und zwar verwendet man für je 1 g Metall je 10 cm³ Salzsäure (1 + 3). Beim Auflösen scheiden sich meist kleine Flöckchen von Kohlenstoff ab. Nach erfolgter Lösung und Abkühlung wird in einem 1000 cm³-Meßkolben bis zur Marke aufgefüllt.

Die *Silicium*bestimmung wird durch Gelatinefällung, wie im Kap. „Silicium" beschrieben, vorgenommen.

Die *Eisen*bestimmung erfolgt nach Reinhardt-Zimmermann.

Bestimmung der *Schwermetalle.* Man entnimmt obiger Lösung einen 2 g Einwaage entsprechenden Anteil, verdünnt auf das doppelte Volumen und leitet Schwefelwasserstoff ein; das ausgefallene Kupfersulfid wird nach dem Abfiltrieren und Auswaschen in Salpetersäure gelöst, das Kupfer elektrolytisch bestimmt.

Im Filtrat von der Schwefelwasserstoffällung, welches die Ceritmetalle, Eisen, Aluminium, Magnesium und Zink enthält, wird nach dem Vertreiben des Schwefelwasserstoffs und nach der Oxydation des Eisens zweimal mit Ammoniak gefällt; im Filtrat werden Magnesium und Zink dadurch getrennt, daß man die Flüssigkeit mit verdünnter Schwefelsäure sehr schwach sauer macht (Methylorange-Umschlag), das *Zink* mit Schwefelwasserstoff ausfällt und das erhaltene Zinksulfid in Zinkoxyd überführt und auswägt. Das Filtrat von der Zinksulfidfällung wird zur Verjagung des Schwefelwasserstoffs gekocht und dann ammoniakalisch gemacht, das *Magnesium* mit Ammoniumphosphat gefällt und schließlich als $Mg_2P_2O_7$ ausgewogen.

Der Hydroxydniederschlag der Ceriterden, des Eisens und Aluminiums wird mit Salzsäure $(1+3)$ in der Wärme gelöst und die Lösung in reine, überschüssige Natronlauge eingegossen; nach dem Abfiltrieren wird der Niederschlag nochmals gelöst und ein zweites Mal mit Natronlauge behandelt. Die vereinigten Lösungen prüft man in bekannter Weise auf *Aluminium* bzw. bestimmt es quantitativ. Der verbleibende Niederschlag, welcher jetzt nur die *Ceriterden* und Eisen enthält, wird in Salzsäure $(1+3)$ gelöst, die Lösung in der Siedehitze mit überschüssiger, kochender (kalt gesättigter) Oxalsäurelösung versetzt und über Nacht stehengelassen. Die Weiterbehandlung des Oxalatniederschlages erfolgt, wie bereits beschrieben.

Die Oxalsäurefällung der Ceriterden neben viel Eisen ist nicht sehr genau. Nach H. Arnold[53] empfiehlt es sich, das Eisen aus alkalisch weinsaurer Lösung mit Ammoniumsulfid auszufällen, das Filtrat nach Zusatz von Kaliumchlorat und konz. Salpetersäure zur Trockene einzudampfen und nach Zerstörung der Weinsäure die seltenen Erden wie üblich mit Oxalsäure zu fällen. Ein anderer, einfacherer Weg ist der, das Eisen aus stark salzsaurer Lösung auszuäthern und dann in der fast eisenfreien Lösung die seltenen Erden mit Oxalsäure auszufällen.

Die maßanalytische Bestimmung von Cer, insbesondere neben anderen Ceritmetallen und neben Eisen, gelingt am sichersten nach der Methode von Browning und Palmer[44], wie im Abschnitt C. II beschrieben.

Die Ceritmetalle, das Cermischmetall und die pyrophoren Legierungen sollen möglichst frei von Kohlenstoff, Schwefel und Phosphor sein, weil sie sonst nicht lagerbeständig sind. Eine Methode zur Bestimmung von Kohlenstoff und Phosphor in Cer- und Ceritlegierungen gibt H. Arnold[53a] an.

II. Untersuchung von Thoriummetall.

Thoriummetall wird in Pulver-, Blech- und Drahtform in den Handel gebracht. Außerdem kommen Preßkörper von pulverförmigem Thorium mit anderen Metallpulvern in verschiedenen Mischungsverhältnissen zur Verwendung.

Thoriummetallpulver ist gewöhnlich hochprozentig: 97 bis 99,7% Th, Rest: Eisen und Thoriumoxyd, außerdem noch Spuren von Silicium, Wasserstoff und Sauerstoff. Es ist in Salzsäure leicht löslich, wobei schwarzes Thoriumhydrid zurückbleibt, welches durch einige Tropfen konz. Salpetersäure sofort in weißes Thoriumoxyd übergeht. Man rechnet das Thoriumhydrid (ThH_2) mit dem Metall zusammen, da es bei etwa 900° dissoziiert und sich legiert.

[53] Z. anal. Chem. Bd. 53 (1914) S. 498.
[53a] Z. anal. Chem. Bd. 53 (1914) S. 678.

Zur Analyse löst man 1 g Thoriummetallpulver in einem 500 cm³-Erlenmeyerkolben mit Salzsäure (1 + 1), erwärmt und gibt gegen Ende der Reaktion einige Tropfen Wasserstoffperoxyd hinzu; es hinterbleibt eine sehr geringe Menge eines weißen Rückstandes, welcher nicht abfiltriert wird; Kieselsäure ist gewöhnlich nicht vorhanden. Falls Schwermetalle vorhanden sein sollten, scheidet man diese mit Schwefelwasserstoff ab, verkocht den Schwefelwasserstoff im Filtrat und fällt die schwach salzsaure Lösung in der Siedehitze mit überschüssiger Oxalsäure. Den Oxalatniederschlag behandelt man wie bereits früher beschrieben. $ThO_2 \cdot 0{,}8788 = Th$.

Enthält das Metall Eisen, so bestimmt man dieses zweckmäßig in einer besonderen Einwaage von 1 bis 2 g in salzsaurer Lösung nach Reinhardt-Zimmermann.

F. Untersuchung von Legierungen.

I. Bestimmung der seltenen Erden, insbesondere Cer.

Geringe Mengen von Ceritmetallen werden den Nutzmetallen wie Stahl, Eisen, Kupfer, Aluminium, Blei zugesetzt, um einmal eine gewisse Vergütung derselben zu erzielen, und dann auch zu Desoxydationszwecken. Im letzteren Falle gehen die Ceritmetalle meist in die Oxyde über und finden sich dann vorwiegend in den Schlacken und an den Korngrenzen; oft treten sie dabei auch als Nitride, Phosphide oder Silicide auf. Die Feststellung der Verbindungsform in den Legierungen ist auf einfachem analytischem Wege meist nicht möglich, und man begnügt sich mit der Bestimmung der seltenen Erden im Unlöslichen und im Säurelöslichen, ohne daß man daraus Schlüsse auf die Verbindungsform in den Metallen ziehen darf.

1. Bestimmung des Cers in Edelstahl (Schnelldrehstählen) nach K. Swoboda und R. Horny[54].

2 g Probe werden in einem 500 cm³-Becherglas in 60 cm³ Salzsäure (1 + 1) unter Erwärmen gelöst. Nach beendeter Lösung wird tropfenweise so viel Salpetersäure zugesetzt, als zur Oxydation des Eisens und des Wolframs notwendig ist. Zu der noch heißen Lösung werden sogleich 60 cm³ einer 25 proz. Weinsäurelösung und 30 bis 35 cm³ einer 10 proz. salzsauren Zinn(II)-chloridlösung zugesetzt. Hierauf fällt man mit konz. Natronlauge in geringem Überschuß und führt in einen 500 cm³-Meßkolben über. Nach dem Abkühlen und Hinzufügen von 10 cm³ Alkohol wird zur Marke aufgefüllt, gut durchgeschüttelt und rasch durch zwei ineinandergelegte Faltenfilter auf 2 Trichter filtriert, um eine Oxydation des Eisen(II)-hydroxyds möglichst hintanzuhalten. Der Niederschlag enthält Eisen, Mangan, Kobalt und Nickel als Hydroxyde und Tantal; im Filtrat sind die weinsauren Salze von Cer, Chrom, von Wolfram-, Molybdän- und Vanadinsäure vorhanden. 250 cm³ des Filtrats werden in einem 500 cm³-Becherglas tropfenweise mit Salzsäure bis zur deutlich sauren Reaktion versetzt und zum Sieden erhitzt; nach dem Entfernen der Flamme werden etwa 2 g festes Ammoniumfluorid hinzugefügt. Die überstehende Flüssigkeit neutralisiert man mit Ammoniak, säuert mit 1 bis 2 Tropfen Salzsäure an und läßt 1 Stunde absitzen. Das ausgefallene Cerfluorid wird mit Hilfe von Filterschleim durch ein Barytfilter abfiltriert, mit heißem Wasser, dem man im Liter 3 g Ammoniumfluorid zugesetzt hat, alkalifrei gewaschen, der Niederschlag in einem Platintiegel verascht, geglüht und als CeO_2 ausgewogen.

2. Im Kupfer.

a) Bestimmung von Cer- oder Ceritmetall in Raffinadekupfer.

Man zersetzt zweimal mindestens 10 g Metallspäne mit Salpetersäure (1,2) und wäscht die Rückstände auf dem Filter aus. Nach dem Veraschen werden

---

[54] Z. anal. Chem. Bd. 67 (1926) S. 386.

diese mit wenig Kaliumhydrogensulfat geschmolzen; die Schmelze wird nach dem Erkalten in möglichst wenig Schwefelsäure $(1+10)$ gelöst und in dieser Lösung die Bestimmung der seltenen Erden wie folgt vorgenommen: Man leitet in die schwach saure Lösung Schwefelwasserstoff ein, filtriert die Sulfidfällung ab, verkocht aus dem Filtrat den Schwefelwasserstoff, oxydiert mit einigen Tropfen Wasserstoffperoxyd und fällt in der kochenden Lösung mit überschüssiger Oxalsäure. Nach 12stündigem Stehen werden die Erdenoxalate abfiltriert, gewaschen, geglüht und gewogen. Die erhaltenen Ceritoxyde sind gewöhnlich von brauner Farbe und enthalten etwa 50% Ceroxyd.

Die vereinigten Filtrate von den Rückständen macht man mit Ammoniak alkalisch, läßt 2 bis 3 Stunden absitzen, filtriert den Niederschlag ab, wäscht ihn mit ammoniakhaltigem Wasser aus und wiederholt die Fällung, indem man in verdünnter Salzsäure löst und nochmals mit Ammoniak fällt. Der gewaschene Hydroxydniederschlag wird gelöst und das Gemisch der seltenen Erden wie üblich mit Oxalsäure gefällt.

Da die Erdenhydroxyde nicht gänzlich unlöslich in der ammoniakalischen Flüssigkeit sind, besonders das von Lanthan, hat man mit Verlusten an seltenen Erden zu rechnen, welche um so stärker ins Gewicht fallen, als überhaupt meist nur sehr kleine Mengen an seltenen Erdmetallen vorhanden sind. In solchen Fällen empfiehlt es sich, zunächst die Schwermetalle aus schwefelsaurer Lösung an einer Quecksilberkathode abzuscheiden, wie im späteren Abschnitt F. II näher beschrieben wird.

b) Bestimmung des Cers in Kupfer-Schweißdrähten nach E. Pache[55].

10 g der Legierung werden in Königswasser gelöst, die Stickoxyde verkocht und die Hydroxyde nach Zusatz von 1 cm³ 10proz. Eisen(III)-chloridlösung mit Ammoniak im Überschuß gefällt. Man kocht auf, läßt $^1/_2$ Stunde stehen, filtriert und wäscht mit schwach ammoniakalischem Wasser. Den Niederschlag spritzt man in das ursprüngliche Becherglas, löst ihn in verd. Salzsäure, verdünnt auf etwa 200 cm³ und leitet etwa 20 min Schwefelwasserstoff ein, wodurch das restliche Kupfer und Antimon ausgefällt werden. Die Sulfide werden abfiltriert und mit Schwefelwasserstoffwasser gewaschen. Im Filtrat verkocht man den Schwefelwasserstoff, setzt einige Tropfen Wasserstoffperoxyd zu, engt auf 100 cm³ ein und filtriert vom ausgeschiedenem Schwefel ab. Das klare Filtrat macht man schwach ammoniakalisch, kocht auf und versetzt es mit 5 g fester Oxalsäure. Nach kurzem Kochen fällt weißes Cer(III)-oxalat aus, welches nach längerem Stehen abfiltriert, gewaschen und zu Oxyd geglüht wird.

3. Im Aluminium.

a) Bestimmung der Ceriterden in einer Zweistofflegierung (Al-Ce).

In einem 1000 cm³-Becherglas werden 100 g chemisch reines Ätznatron in 500 cm³ Wasser gelöst und in die Lösung etwa 20 g der genau eingewogenen Legierung in Form von Drehspänen langsam eingetragen. Das Becherglas ist dabei mit einem Uhrglas zu bedecken. Dann erhitzt man bis zur vollständigen Zersetzung der Späne, verdünnt mit warmem Wasser auf etwa 800 cm³ und filtriert sogleich. Der auf dem Filter verbleibende Rückstand von Oxydhydraten der seltenen Erden und Siliciden wird mit etwa 5proz. Natronlauge so lange gewaschen, bis eine Probe des Filtrates nach Ansäuern mit Salzsäure und Versetzen mit Ammoniak keinen Aluminiumniederschlag mehr ergibt. Der nun gewaschene Rückstand wird samt dem Filter in einem 600 cm³-Becherglas vorsichtig mit

---

[55] Chemiker-Ztg. Bd. 62 (1938) S. 102.

etwa 100 cm³ Salzsäure (1 + 3) gekocht, wobei sowohl die seltenen Erden als auch die Silicide in Lösung gehen. Nun versetzt man den Inhalt des Becherglases mit Natronlauge in starkem Überschuß, wodurch die seltenen Erden als Oxydhydrate gefällt werden und die Kieselsäure als Natriumsilicat in Lösung geht. Man filtriert ab und wäscht mit etwa 5proz. Natronlauge. Die Fällung wird auf dem Filter mit etwa 100 cm³ heißer 10proz. Salzsäure gelöst, die Lösung auf Violett, bei Kongo als Indicator, mit Ammoniak abgestumpft, in einem 1000 cm³-Becherglas mit etwa 20 g fester, rückstandfreier Oxalsäure versetzt und mit siedendem Wasser auf etwa 900 cm³ verdünnt. Der Niederschlag wird nach dem Stehen über Nacht abfiltriert, wie üblich gewaschen und geglüht.

b) Bestimmung der Ceriterden in technischen Aluminiumlegierungen mit Kupfer, Mangan und Magnesium (Ceralumin).

Nach der elektrolytischen Abscheidung des Kupfers aus saurer Lösung wird das Mangan mittels Peroxydisulfat ausgefällt. Im Filtrat davon zeigt sich dann die gelbe Farbe des Cer[IV]-Ions, welche unmittelbar für die photometrische Bestimmung des Cers im Pulfrich-Photometer verwendet werden kann. Die hierzu nötige Eichkurve läßt sich verhältnismäßig rasch durch die Ermittlung einiger Punkte in einer Standardlösung von Cer(IV)-nitrat gewinnen. Bei Cergehalten unter 1% ist dies eine schnelle und genügend genaue Methode.

Die colorimetrische Bestimmung des Cers kann man auch als Kaliumpercer(IV)-carbonat nach E. Plank[56] im Pulfrich-Stufenphotometer durchführen. Die Bestimmung mit dem lichtelektrischen Colorimeter beschreibt B. Lange[57].

4. Bestimmung des Cers in Bleilegierungen nach B. S. Evans[58].

Die Trennung kleiner Cermengen neben größeren Bleimengen macht einige Schwierigkeiten, da bei der Überführung des Cers in die höhere Oxydationsstufe das Cer(IV)-oxyd geringe Mengen von Bleidioxyd einschließt, und da auch bei der sonst üblichen Fällung des Bleis als Sulfat dieses immer etwas Cer(III)-sulfat enthält. Dagegen gelingt die quantitative Abscheidung des Cers, ohne vorhergehende Abtrennung des Bleis, durch die Fällung des Cers als *Percer(IV)-acetat*, welche Methode von K. Swoboda und R. Horny[54] ausgearbeitet wurde.

Arbeitsweise. 10 g der Legierung werden in Salpetersäure (1 + 1) gelöst; die Lösung wird mit Salzsäure (1 + 1) bis zur Zerstörung der Salpetersäure abgedampft. Die trocknen Salze nimmt man mit 20 cm³ konz. Salzsäure auf, kocht, verjagt den Überschuß der Säure, verdünnt mit 50 cm³ Wasser, macht schwach ammoniakalisch und neutralisiert sogleich mit Essigsäure gegen Lackmus. Dann setzt man noch 3 bis 4 Tropfen Essigsäure zu, erwärmt auf 90° und fällt mit 2 g Natriumperborat. Nach kurzem Rühren wird sogleich filtriert oder rasch abgekühlt, um zu vermeiden, daß das Percer(IV)-acetat unter Sauerstoffabgabe zerfällt und dann in Lösung geht. Der Niederschlag wird mit heißem Wasser gewaschen, in das vorhin verwendete Becherglas zurückgebracht, in Salpetersäure (1,2) gelöst, mit Ammoniak neutralisiert und die Fällung, wie vorher angegeben, wiederholt. Den Niederschlag löst man auf dem Filter mit 50 cm³ Schwefelsäure (1 + 3) und wäscht mit 150 cm³ heißem Wasser nach. Das Filtrat wird nun mit 2 g Natriumwismutat versetzt und zur Oxydation 5 min gekocht. Man filtriert über Asbest, wäscht mit 2proz. Schwefelsäure, fügt 1 cm³ einer 0,1proz. Disulphinblaulösung als Indicator hinzu, reduziert das Cer[IV]-Ion mit einer gemessenen

---

[56] Z. anal. Chem. Bd. 116 (1939) S. 312.
[57] Colorimetrische Analyse mit besonderer Berücksichtigung der lichtelektrischen Colorimetrie. Berlin: Verlag Chemie 1940.
[58] Analyst Bd. 58 (1933) S. 454.

Menge von $n/_{10}$-Eisen(II)-ammoniumsulfatlösung und titriert den Überschuß davon mit einer $n/_{100}$-Kaliumpermanganatlösung zurück. Der Umschlag ist scharf, und die Ergebnisse sind bis zu einem Cergehalt von 0,01% genau.

II. Die Bestimmung des Thoriums allein oder zusammen mit den seltenen Erden in zunderfesten Legierungen.

Die Thoriumgehalte der zunderfesten Cr-, Ni-, Fe-, Al-, Co-, Mo-Legierungen (darüber s. bei W. Hessenbruch[59]) bewegen sich zwischen 0,1 und 0,5% Th; die Cergehalte können bis zu 1% ansteigen.

Zur Bestimmung der Legierungselemente bei Anwesenheit großer Mengen Eisen, Chrom, Nickel od. dgl. eignet sich vor allem die Methode von A. T. Etheridge[60], welche dann von G. E. F. Lundell[61] und seinen Mitarbeitern, von P. Klinger[62] und seinen Mitarbeitern und von A. E. Pavlish und J. D. Sullivan[63] weiterbearbeitet wurde. Sie beruht auf der quantitativen Abscheidung und gleichzeitigen Amalgamierung von Chrom, Eisen, Nickel, Kupfer, Zink, Gallium, Germanium, Molybdän, Rhodium, Palladium, Silber, Cadmium, Indium, Zinn, Rhenium, Iridium, Platin, Gold, Quecksilber, Thallium, Wismut bei der Elektrolyse in schwach schwefelsaurer Lösung (Salzsäure und Salpetersäure sind nicht zulässig) mit Hilfe einer Quecksilberkathode. Abgeschieden, jedoch nicht in Quecksilber gelöst, werden Osmium, Arsen, Selen, Tellur, Blei, Ruthenium, Mangan und Antimon. Quantitativ in Lösung bleiben Aluminium, Zirkonium, Vanadium, Uran, Titan, Niob, Thorium, seltene Erden, Magnesium, Calcium, Bor und Phosphor. Als Anode dient ein Platinblech oder eine rotierende Platinanode. Gearbeitet wird bei Zimmertemperatur und mit einem guten Rührwerk. P. Klinger[62] beschreibt eine praktische Elektrolysiereinrichtung, Modell Krupp.

Arbeitsweise. 1 bis 6 g Späne, je nach dem Thorium- und dem Cergehalt, werden in Königswasser gelöst und mit 15 bis 50 cm³ Schwefelsäure (1 + 1) bis zum Entweichen von Schwefelsäuredämpfen auf dem Sandbad erhitzt. Hierauf bringt man die Sulfate mit Wasser in der Wärme in Lösung und filtriert die Kieselsäure ab. Diese wird durch Abrauchen mit Fluß- und Schwefelsäure auf Reinheit geprüft und ein etwaiger Rückstand durch Aufschließen mit Natriumhydrogensulfat in Lösung gebracht und dem Hauptfiltrat zugefügt. In diesem wird die überschüssige Schwefelsäure in der Kälte mit Natronlauge so weit abgestumpft, bis sich die Lösung durch basisches Eisensalz braun zu färben beginnt; dann fügt man noch 2 cm³ Schwefelsäure (1 + 1) zu und verdünnt auf 400 cm³. Nun erfolgt die Abtrennung der Hauptmenge von Cr, Ni, Fe, Co, Mo und teilweise von Mn durch elektrolytische Abscheidung an einer Quecksilberkathode. Die Stromstärke beträgt 4 A bei einer Quecksilberoberfläche von 40 cm², die dazu notwendige Spannung etwa 13 V und hängt von dem Badwiderstand ab. Für eine genügende Menge Quecksilber muß gesorgt werden, da sonst durch die Amalgambildung die Kathode nicht genügend freies Quecksilber enthält und die vollständige Abscheidung der obengenannten Metalle stark verzögert würde. Bei einer Einwaage von 2 g genügen 50 cm³ Quecksilber bei einer Kathodenoberfläche von 40 cm². Bei einer größeren Einwaage wird das Quecksilber öfter erneuert. Wird die Einwaage größer als 1 g gewählt, so ist es besser, die Abscheidung an der Quecksilberkathode nicht sofort mit der ganzen Lösung vorzunehmen, sondern die abgestumpfte Lösung in kleineren Anteilen nach und nach in dem Maße,

[59] Zunderfeste Legierungen. Berlin: Springer 1940.
[60] Analyst Bd. 54 (1929) S. 141 — Chem. Zbl. 1929 II S. 75
[61] Chemical Analysis of Iron and Steel. S. 47. New York u. London 1931.
[62] Arch. Eisenhüttenw. Bd. 13 (1933) S. 21 — Z. angew. Chem. Bd. 53 (1940) S. 548.
[63] Metals & Alloys Bd. 11 (1940) S. 56 — Chem. Zbl. 1940 I S. 3151.

wie das Metall an der Quecksilberkathode zur Abscheidung kommt, hinzuzufügen. Dadurch wird bei einer größeren Einwaage eine zu hohe Konzentration an Metallsalzen im Elektrolyt vermieden, wodurch unter Umständen Trübungen und sogar ein Stillstand der Abscheidung eintreten könnte. Bei der Elektrolyse muß das verwendete Quecksilber immer rein sein; nach Klinger ist es nach etwa 10 Analysen zu reinigen.

Bemerkung. Die Rückgewinnung des Quecksilbers erfolgt am besten durch Durchsaugen des nicht amalgamierten Quecksilberanteiles durch einen Schottschen Glasfiltertiegel 2 G, Korngröße 3, mittels einer Wasserstrahlpumpe. Das Amalgam selbst wird durch Destillation unter einem Abzug in Quecksilber und die amalgambildenden Metalle gespalten. Nach Pavlish und Sullivan[63] erfolgt die Regenerierung des Quecksilbers durch Hindurchsaugen von Luft durch das in einem Kolben befindliche, mit Wasser überschichtete Amalgam. Das Quecksilber kann vom Eisen als ausreichend gereinigt angesehen werden, wenn das Wasser nach seiner Erneuerung nicht mehr wolkig und gefärbt erscheint.

Nachdem der Elektrolyt farblos geworden ist, was nach 3 bis 10 Stunden, je nach Größe der Einwaage, der Fall ist, wird die Lösung abgehebert. Der Elektrolyt enthält nur noch Thorium und etwa vorhandene Ceriterden, Aluminium und Magnesium, neben kleinen Mengen von nicht abgeschiedenem Mangan und Chrom. Man versetzt mit etwas Wasserstoffperoxyd, fügt Ammoniak bis zur schwach ammoniakalischen Reaktion zu und läßt einige Stunden stehen.

1. Bestimmung von Thorium allein.

Man filtriert die Hydroxyde ab, löst sie mit verd. Salzsäure, läßt die Lösung, falls sie mehr als einige Zehntelgramm Aluminium enthält, in kochende 10proz. Kalilauge fließen, filtriert den Niederschlag ab und löst ihn in verd. Salzsäure. Ist wenig Aluminium vorhanden, so unterbleibt die Trennung mittels Lauge. Dann stumpft man nur mit Ammoniak ab, fügt 50 cm³ 50proz. Essigsäure und 5 cm³ gesättigte Ammoniumacetatlösung zu und fällt nach Rice, Fogg und James[64] mit 1 g Phenylarsinsäure in der Siedehitze das Thorium allein. Hat die Fällung 30 min über kleiner Flamme gestanden, so läßt man erkalten, filtriert ab, wäscht mit warmem Wasser und löst den Niederschlag mit wenig warmer Salzsäure $(1+1)$ auf, dampft auf dem Wasserbad zur Trockene ein, nimmt mit Wasser auf und verdünnt auf 100 cm³, erhitzt zum Sieden und fällt mit 2 g fester Oxalsäure das Thorium als Oxalat. Die Weiterbehandlung bis zum ThO_2 erfolgt, wie bereits früher beschrieben.

2. Bestimmung von Thorium und Ceriterden.

Ist außer der Bestimmung des Thoriums auch die der Ceriterden notwendig, so löst man die Hydroxyde mit verd. Salzsäure, dampft auf dem Wasserbad bis zur Trockne ein, nimmt mit Wasser auf, fällt mit 2 g fester Oxalsäure Thorium und die Ceriterden als Oxalate und glüht sie $(ThO_2 + R_2O_3)$. Diese Oxyde werden mit Natriumhydrogensulfat geschmolzen; die Schmelze wird in Lösung gebracht, in dieser die Fällung mit Ammoniak vorgenommen, der Niederschlag in warmer Salzsäure $(1+1)$ gelöst und hierauf die Fällung mit Phenylarsinsäure aus ammoniumacetathaltiger Lösung, wie oben beschrieben, ausgeführt. Nach dem Filtrieren und Waschen löst man in Salzsäure $(1+1)$, dampft auf dem Wasserbad fast bis zur Trockene ein, verdünnt mit Wasser, fällt mit 2 g fester Oxalsäure das Thorium als Oxalat und glüht es schließlich zu ThO_2. Aus der Differenz der beiden Wägungen errechnet man den Gehalt an Ceriterden. Bei der Umrechnung dieses Erdengemisches rechnet man mit dem Atomgewicht 140. $R_2O_3 \times 0,8536 = 2R$.

---

[64] J. Amer. chem. Soc. Bd. 48 (1926) S. 895 — Chem. Zbl. 1926 I S. 3498.

G. Untersuchung von Oxyden.

I. Cer- und Ceritoxyd.

Verwendung finden beide zur Glasfärbung und -entfärbung; das Ceroxyd dient als Trübungsmittel für Emaille (Opaline).

1. Aufschluß und Bestimmung des Oxydgehaltes.

Die Oxyde sind um so schwerer in Lösung zu bringen, je höher der Gehalt an CeO_2 ist und je stärker sie geglüht wurden. 1 g Einwaage des feinst gepulverten Materials wird in einem kleinen Erlenmeyerkölbchen mit etwa 10 bis 20 cm^3 konz. Schwefelsäure und 5 bis 10 cm^3 Wasserstoffperoxyd (30 proz.) versetzt und bei aufgesetztem Trichterchen auf dem Sandbad oder über kleiner Flamme erhitzt, wobei das Kölbchen öfter umzuschwenken ist. Dann setzt man nochmals Perhydrol zu, bis die Umsetzung zu Sulfat beendet ist. In dem weißen Sulfatbrei dürfen keine gefärbten Teilchen von nichtaufgeschlossenem Oxyd sichtbar sein; die Dauer des Aufschlusses beträgt bis zu einigen Stunden. Nach dem Erkalten bringt man den Aufschluß bzw. die Aufschlußlösung mit kaltem Wasser in ein 800 cm^3-Becherglas, füllt zur Hälfte mit Wasser, stumpft den Säureüberschuß mit Ammoniak ab, versetzt mit etwa 15 g fester Oxalsäure und füllt mit kochendem Wasser auf. Die Weiterbehandlung bis zum geglühten Oxyd erfolgt, wie bereits beschrieben. Sollte der Aufschluß nicht vollständig klar löslich sein, so filtriert man ab und schließt den Rückstand nochmals auf. Bleibt trotzdem noch ein geringer unlöslicher Rückstand, so besteht dieser meistens aus Kieselsäure. Sofern man in der Probe keine Alkalibestimmung durchführen will, kann der Aufschluß nach H. Heinrichs und G. Jaeckel[65] auch mit Hilfe von Kaliumjodid an Stelle von Perhydrol erfolgen, indem man in Abständen von 3 bis 5 min kleine Körnchen von Kaliumjodid zum Aufschluß hinzufügt.

Die Farbe des erhaltenen Oxyds ist entsprechend seiner Zusammensetzung ganz verschieden. Reines CeO_2 sieht fast weiß, mit einem gelblichen Stich (elfenfeinfarben) aus. Die geringsten Beimengungen, hauptsächlich von Praseodym- und Neodymoxyd, verändern die Farbe des Oxyds zunächst zu Rosa und mit steigendem Gehalt an den erwähnten Oxyden bis zu Rotbraun hin. Geringe Mengen von Praseodym, welche dem Cer hartnäckig anhaften, geben dem Oxyd eine rosa Färbung. Kieselsäure verleiht dem Ceroxyd eine weiße Farbe; löst man aber, wie vorhin beschrieben, trennt die Kieselsäure ab und fällt wie üblich mit Oxalsäure, so erhält man bei Abwesenheit von bunten Erden ein elfenbeinfarbenes Oxyd. Bei einiger Erfahrung kann man auf Grund der Färbung des Cerdioxyds dessen Reinheit beurteilen.

2. Bestimmung der Verunreinigungen s. Abschnitt H. I, 1, S. 140.

3. Bestimmung des CeO₂ s. Abschnitt C. II, S. 128.

4. Bestimmung des SO₃-Gehaltes.

Bei dem meist geringen Gehalt an SO_3 muß man etwa 5 g Material einwägen, mit der etwa 6fachen Menge eines Natriumkaliumcarbonatgemisches gut durchmischen, in einem geräumigen, bedeckten Platintiegel langsam zum Schmelzen bringen und die Schmelze etwa 1 Stunde auf Rotglut erhalten. Den Schmelzkuchen gibt man in ein 600 cm^3-Becherglas, behandelt mit heißem Wasser, kocht auf, nutscht heiß von den unlöslichen Carbonaten ab und wäscht mit sodahaltigem Wasser aus. Das Filtrat wird mit Salzsäure schwach angesäuert und nach völligem

---

[65] Sprechsaal Bd. 60 (1927) S. 706.

Verjagen der Kohlensäure siedend mit etwa 20 cm³ heißer Bariumchloridlösung versetzt. Die Weiterbehandlung erfolgt wie üblich. Der SO_3-Gehalt soll nur wenige Zehntelprozente betragen.

II. Thorium-Glühkörperasche.

Diese wird von den Thoriumfabriken zurückgekauft oder bei der Lieferung von Thoriumnitrat verrechnet.

Die Probe pulvert man feinst in einer Achatschale und wägt 2 g davon in ein Wägegläschen ein. In einem geräumigen Platintiegel werden etwa 20 g Natriumhydrogensulfat (wasserfrei) geschmolzen und darin die 2 g Einwaage eingerührt. Ist der Aufschluß beendet, läßt man erkalten und löst den Schmelzkuchen in etwa 600 cm³ heißem Wasser unter Zusatz von etwas Salzsäure (1,19), bis die Lösung klar wird. Man fällt nun in der Hitze mit Ammoniak, filtriert durch ein 15 cm-Weißbandfilter und wäscht mit heißem Wasser aus. Das Hydroxyd wird auf dem Filter in heißer verd. Salzsäure gelöst und mit heißem Wasser gut nachgewaschen. Ein kleiner unlöslicher Rückstand auf dem Filter besteht meist aus Asbestteilchen usw. Befürchtet man, daß bei einer größeren Rückstandsmenge der Aufschluß nicht vollständig sein sollte, so muß er wiederholt werden. Im Filtrat fällt man wie üblich mit Oxalsäure. Das Oxyd muß reinweiß sein; bei gefärbtem Oxyd muß eine Thoriumbestimmung ausgeführt werden. Zur Verrechnung der Ware sind von dem gefundenen Oxyd- bzw. ThO_2-Gehalt 4% abzusetzen.

Eine andere Methode, durch Aufschluß mit Schwefelsäure, ist bei Meyer und Hauser, S. 269[66], angeführt.

III. Hochfeuerfeste keramische Materialien aus Thoriumoxyd.

Thoriumoxyd wird für keramische Gegenstände nur in Form des reinsten, stark vorgeglühten (gesinterten) Materials verwendet; Zusätze irgendwelcher Art werden dabei grundsätzlich vermieden, da diese den hohen Schmelzpunkt des Thoriumoxyds herabsetzen würden. Dünnwandige Geräte aus Thoriumoxyd klingen beim Anschlagen mit einem harten Gegenstand hell wie eine Glocke.

Ein Aufschluß des Thoriumoxyds mit Alkalien ist nicht möglich; auch schmelzendes Soda-Borax-Gemisch greift nur wenig an. Führt ein Aufschluß mit konz. Schwefelsäure nicht zum Ziel, dann schmilzt man die feinst gepulverte Probe mit Natriumhydrogensulfat, wie im vorigen Abschnitt beschrieben.

H. Untersuchung von einigen technisch wichtigen Salzen.

I. Ceritsalze.

1. Untersuchung von Ceritchlorid.

Ceritchlorid kommt als wasserhaltiges Salz mit etwa 45% oder als wasserfreies Salz mit etwa 65% Gesamtoxyd (im folgenden als wasserhaltig und wasserfrei bezeichnet) in den Handel. Es ist das Ausgangsprodukt für die Herstellung der pyrophoren Legierungen (Cermischmetall). Bei der Analyse ist zu beachten, daß Ceritchlorid sehr hygroskopisch ist.

Der folgenden Untersuchungsmethode liegen die Vorschriften des früheren Cererdenverbandes zugrunde.

a) *Wasserunlöslicher Anteil (Ceroxychlorid-CeOCl).*

Eine Einwaage von 100 g wasserhaltigem oder 15 g wasserfreiem Salz wird in einem Becherglas in etwa 800 cm³ heißem Wasser gelöst. Man läßt über Nacht absitzen und filtriert durch ein bei 110° getrocknetes und gewogenes 9 cm-Weiß-

---

[66] Die Analyse der seltenen Erden und der Erdsäuren. Stuttgart: Ferd. Enke 1912.

bandfilter. Der Rückstand wird chlorfrei gewaschen, bei 110° getrocknet und dann gewogen. Der wasserunlösliche Anteil soll bei einem wasserhaltigen Produkt unter 0,2%, bei einem wasserfreien unter 4% betragen.

b) In Salzsäure unlöslicher Anteil.

100 g wasserhaltiges oder 50 bis 70 g wasserfreies Ceritchlorid werden ebenfalls in etwa 800 cm³ heißem Wasser unter Zusatz von einigen Tropfen Salzsäure gelöst; der Rückstand wird abfiltriert, gewaschen, geglüht und gewogen; er beträgt bei wasserhaltiger Ware etwa 0,02%. (Verwendung des Filtrates s. unter *g*, S. 142.)

Eine dritte Einwaage von 100 g wasserhaltiger oder 50 bis 70 g wasserfreier Ware wird in heißem Wasser und einigen Tropfen Salzsäure wie vorhin gelöst; man filtriert und füllt das Filtrat in einem 500 cm³-Meßkolben auf. Davon werden 100 cm³ in einen 1000 cm³-Meßkolben gebracht, mit 70 cm³ Salzsäure (1,175) versetzt und bis zur Marke aufgefüllt.

c) Ceritoxyd.

α) 100 cm³ obiger Lösung läßt man in 70 cm³ einer kaltgesättigten rückstandsfreien Oxalsäurelösung unter Rühren einfließen und rührt nach dem Verdünnen mit heißem Wasser auf etwa 300 cm³ auf dem Wasserbad öfter um. Der Niederschlag bleibt über Nacht stehen, wird dann abfiltriert, mit 2proz. kalter Oxalsäurelösung gewaschen und samt dem feuchten Filter vorsichtig schwach geglüht, bis das Filter vollständig verascht ist. Das erhaltene Oxyd wird nach dem Erkalten in 7 cm³ Salzsäure (1,175) gelöst (gegebenenfalls in der Hitze unter Zusatz von einigen Tropfen Perhydrol) und die Lösung auf 100 cm³ verdünnt. Darin wiederholt man die Oxalatfällung und wägt schließlich das 20 min auf dem Gebläse oder im elektrisch beheizten Ofen geglühte Oxyd. Dieses soll bei wasserhaltiger Ware etwa 45% und bei wasserfreier etwa 65% betragen.

β) 500 cm³ obiger Lösung läßt man in 200 cm³ Oxalsäure einfließen, behandelt wie vorher beschrieben, löst das schwach geglühte Oxyd in 34 cm³ Salzsäure (1,175), verdünnt auf 500 cm³, wiederholt die Fällung und glüht schließlich zum Oxyd. Die beiden Filtrate werden für die Bestimmung der Verunreinigungen verwendet.

d) Cerdioxyd CeO_2.

Von obigem Oxyd (unter *c*, β) werden 1,0 bis 1,5 g genau eingewogen und in 20 cm³ Schwefelsäure $(1+1)$ gelöst. Man verdünnt auf 250 cm³ und titriert davon 50 cm³ nach der modifizierten Methode von Knorre, wie bei C. II, S. 128, beschrieben. Außerdem ist hierfür die Cerobestimmung nach Ph. E. Browning und H. E. Palmer[44], wie auf S. 129 ausgeführt, sehr geeignet, Ceritoxyd minus Cerdioxyd gibt die Oxyde der übrigen seltenen Erden.

e) Verunreinigungen.

Die vereinigten Filtrate (von *c*, β) werden in einer Porzellanschale eingedampft; man zersetzt die Oxalsäure durch Erhitzen über einem Rundbrenner, zerstört die letzten Reste derselben mit rauchender Salpetersäure und dampft schließlich 2mal mit konz. Salzsäure zur Trockne. Der Rückstand wird bei 120° während 2 Stunden getrocknet, mit konz. Salzsäure befeuchtet, 15 min stehengelassen und dann mit heißem Wasser aufgenommen. Man filtriert durch ein Blaubandfilter, wäscht mit heißem Wasser chlorfrei (Filtrat 1), verascht, raucht mit konz. Schwefelsäure ab und wägt. Auswaage: SiO_2 + etwaiges $BaSO_4$. Nach dem Abrauchen mit Flußsäure erhält man aus der Differenz die Kieselsäure. Der Gehalt daran soll nicht mehr als 0,05 bis 0,1% betragen.

Filtrat 1 wird heiß tropfenweise mit 10 cm³ Normal-Schwefelsäure versetzt und das ausgefallene Bariumsulfat nach mindestens 3stündigem Stehen abfiltriert, gewaschen (Filtrat 2), geglüht und gewogen. Zu dieser Auswaage wird das Gewicht des etwa bei der Kieselsäurebestimmung verbliebenen Bariumsulfats addiert und dann alles auf Bariumchlorid umgerechnet. Der Gehalt daran soll bei wasserhaltiger Ware unter 0,3% betragen. Übersteigt er diese zulässige Höchstgrenze, so ist das erhaltene Sulfat in Carbonat überzuführen und das Barium von etwa mitgefallenem Calcium nach der Alkohol-Äther-Methode zu trennen.

Filtrat 2 wird mit carbonatfreiem Ammoniak versetzt und der Niederschlag abfiltriert (Filtrat 3a). Er wird schwach geglüht, in wenig Salzsäure und einigen Tropfen Wasserstoffperoxyd gelöst und in der Lösung die Fällung wiederholt (Filtrat 3b). Der gewaschene Niederschlag wird vom Filter mit wenig verd. heißer Salzsäure gelöst, die Lösung fast neutralisiert, mit wenig Oxalsäure gefällt und über Nacht auf dem Dampfbad stehengelassen. Das Filtrat (4) stellt man beiseite, glüht das Oxalat, wägt und zählt diese restlichen Erden dem unter *c, β* gefundenem Gesamtoxyd hinzu. Filtrat 4 wird in einer kleinen Platinschale eingedampft und abgeraucht; hat man den Rückstand geglüht, so wird er als Eisen-Aluminiumoxyd ausgewogen. Man schmilzt ihn mit einigen Körnchen Kaliumhydrogensulfat, löst die Schmelze in heißem Wasser unter Zusatz von einigen Tropfen Schwefelsäure und titriert die Lösung mit Kaliumpermanganat. Der Gehalt an Eisen(III)-chlorid soll 0,82, der an Aluminiumchlorid 0,5% nicht überschreiten.

Man versetzt die Filtrate 3a und b in der Wärme mit Ammonoxalat und etwas Ammoniak, läßt absitzen und filtriert (Filtrat 5). Der Niederschlag wird zu Calciumoxyd geglüht und soll, auf Calciumchlorid umgerechnet, bei wasserhaltiger Ware unter 2,5% liegen.

Filtrat 5 wird eingedampft, die Oxalsäure durch Erhitzen zerstört, der Rückstand mit einigen Tropfen Schwefelsäure abgeraucht, kurze Zeit geglüht und gewogen. Er besteht aus Na- + Mg- + etwaigen Spuren Ca-Sulfat. Man behandelt ihn mit wenig heißem Wasser und filtriert (Filtrat 6). Der Rückstand wird geglüht und als $CaSO_4$ ausgewogen; die gefundene Menge ist der früheren zuzuzählen. Filtrat 6 wird mit Ammoniak übersättigt, mit Natriumphosphat versetzt und das Magnesium als $Mg_2P_2O_7$ bestimmt. Der Gehalt an Magnesiumchlorid soll unter 0,3% liegen. Aus der Differenz ergibt sich der Gehalt an Alkali, welcher, als Natriumchlorid gerechnet, unter 1,5% liegen soll.

Die angeführten Höchstgrenzen für wasserhaltiges Chlorid gelten entsprechend dessen Oxydgehalt auch für wasserfreies Salz.

f) Qualitative Prüfung auf Arsen, Phosphor- und Schwefelsäure.

Herstellung einer 5proz. Lösung: 30 cm³ der Lösung der dritten Einwaage (unter b) sind auf 100 cm³ zu verdünnen.

Arsen.

10 cm³ dürfen bei der Bettendorfschen Probe keinen schwarzen Niederschlag geben.

Phosphorsäure.

10 cm³ werden mit 10 cm³ Salpetersäure (1 + 3) angesäuert und nach Zugabe von 10 cm³ 10proz. Ammoniumnitratlösung mit 20 cm³ einer Lösung von molybdänsaurem Ammonium auf 90° kurze Zeit erwärmt. Es darf kein gelber Niederschlag entstehen.

Schwefelsäure (Sulfate).

10 cm³ mit 5 cm³ konz. Salzsäure angesäuert und auf 100 cm³ verdünnt, dürfen mit 10 cm³ Bariumchloridlösung (1 + 10) versetzt und gekocht, höchstens eine schwache Trübung geben. Bei größeren Mengen ist die Schwefelsäure in 100 cm³ der Lösung von der Einwaage 3 quantitativ zu bestimmen.

g) Schwefelwasserstoffällung: Bestimmung von Arsen und Blei.

In das heiße Filtrat von der Bestimmung des in Salzsäure unlöslichen Anteiles (s. unter *b*, S. 141) leitet man 2 bis 3 Stunden Schwefelwasserstoff und filtriert dann durch ein bei 105° getrocknetes und gewogenes Filter. Der Niederschlag wird mit Schwefelwasserstoffwasser gewaschen, mit Alkohol entwässert und dann mit rückstandsfreiem Schwefelkohlenstoff zur Entfernung des freien Schwefels so lange extrahiert, bis eine Probe des Filtrats nach dem Verdampfen keinen Rückstand mehr zeigt. Das bei 105° getrocknete Filter wird dann ausgewogen. Der Rückstand soll, als Bleichlorid gerechnet, unter 0,075% liegen. In zweifelhaften Fällen müssen Arsen und Blei gewichtsanalytisch bestimmt werden.

Dazu werden 40 g wasserhaltiges Ceritchlorid in 250 cm³ Wasser unter Zusatz von einigen Tropfen Salzsäure gelöst und dann filtriert. Das Filtrat wird mit Ammoniak neutralisiert und mit 2 Tropfen Salpetersäure angesäuert. In diese Lösung leitet man in der Wärme Schwefelwasserstoff mindestens 3 Stunden ein und läßt erkalten. Die ausgefallenen Sulfide werden mit Ammoniumsulfid digeriert. Das dabei in Lösung gegangene Arsen(III)-sulfid wird durch Ansäuern mit verd. Schwefelsäure $(1+3)$ ausgefällt, abfiltriert, mit Königswasser oder Bromsalzsäure als Arsen^V-Verbindung in Lösung gebracht, aus dieser mit Magnesiamixtur gefällt und als $Mg_2As_2O_7$ ausgewogen. Das zurückgebliebene Bleisulfid löst man in Salpetersäure, dampft unter Zusatz von einigen Tropfen Schwefelsäure ein, nimmt mit höchstens 50 cm³ Wasser auf und filtriert. Der Niederschlag von Bleisulfat wird wie üblich behandelt.

h) Wasserbestimmung in wasserfreiem Ceritchlorid.

1 g Substanz wird mit etwa der gleichen Menge trockenem Bleioxyd in einem Porzellanschiffchen gemischt und in einem Verbrennungsrohr, das mit vorgeglühtem Bleioxyd beschickt ist, im Kohlensäurestrom auf etwa 400 bis 500° erhitzt. Das ausgetriebene Wasser fängt man in einem Calciumchloridrohr, welches zuvor mit Kohlensäure bis zur Gewichtskonstanz gesättigt wurde, auf und wägt.

2. Ceritfluorid.

Es findet Verwendung bei der Herstellung von Bogenlampenkohlen.

a) Bestimmung des Oxydgehaltes.

Etwa 1 g Probe wird in einer Achatschale feinst gepulvert und in einer Platinschale mit 20 cm³ konz. Schwefelsäure bis zur vollständigen Entfernung der Flußsäure unter öfterem Umrühren abgeraucht. Nach dem Erkalten werden noch 2 cm³ konz. Schwefelsäure und etwa 20 cm³ Wasserstoffperoxyd (30 proz.) tropfenweise zugegeben. Dabei muß die Schale mit einem Uhrglas bedeckt sein. Man raucht wieder zur Entfernung des Perhydrols ab, läßt erkalten und trägt den Schaleninhalt in 100 cm³ kaltes Wasser ein. Verbleibt in der Lösung ein Rückstand, so wird er abfiltriert, geglüht und nochmals wie oben aufgeschlossen. Die klare Lösung wird gegen Kongo mit Ammoniak neutralisiert, mit 20 bis 30 g fester Oxalsäure versetzt und mit kochendem Wasser auf 1 l verdünnt. Die weitere Behandlung erfolgt wie bereits beschrieben. Gehalt an Ceritoxyd etwa 80%.

b) Bestimmung des Fluorgehaltes.

Hierfür wird die maßanalytische Methode von A. Greeff[67] in der Abänderung von H. Spielhaczek[67a] empfohlen. Diese beruht auf der Bildung von Eisenkryolith beim Zutropfen einer Eisen(III)-chloridlösung zu einer Alkalifluoridlösung unter Verwendung von Kaliumrhodanid als Indicator für den Überschuß an Eisen(III)-chlorid.

Um das Fluor als wasserlösliches Alkalifluorid zu erhalten, wird etwa 1 g

---

[67] Ber. dtsch. chem. Ges. Bd. 46 (1913) S. 2511 — Z. anal. Chem. Bd. 55 (1916) S. 56 — Dissertation Dresden 1913.
[67a] Z. anal. Chem. Bd. 118 (1939) S. 161.

Einwaage an Ceritfluorid mit 1 g reiner Kieselsäure und 10 g Kaliumcarbonat im Platintiegel geschmolzen, die Schmelze in heißem Wasser gelöst und die Lösung im Meßkolben auf 250 cm³ gebracht. Je 100 cm³ der filtrierten Lösung werden mit Phenolphthalein und dann mit Salzsäure (1 + 1) bis zum Verschwinden der Rotfärbung versetzt. Man erhitzt die Lösung und beseitigt die wiederkehrende Rotfärbung durch erneuten Zusatz von n-Salzsäure — schließlich $n/_{10}$-Salzsäure — so lange, bis auch nach längerem Erhitzen keine Rotfärbung mehr auftritt. Die erkaltete Lösung wird auf 200 cm³ gebracht und von der ausgeschiedenen Kieselsäure durch Filtrieren befreit. 100 cm³ des Filtrates werden in einem 300 cm³ fassenden Erlenmeyerkolben auf etwa die Hälfte eingedampft und nach dem Erkalten mit 10 cm³ 10 proz. Kaliumrhodanidlösung versetzt. Dann fügt man so viel festes chemisch reines Natriumchlorid zu, daß dieses während der ganzen Titration stets als Bodenkörper vorhanden ist und titriert mit einer Eisen(III)-chloridlösung auf schwach Gelb. Nach Zusatz von je 10 cm³ Alkohol und Äther wird die Titration fortgesetzt, bis die Rotfärbung der Ätherschicht auch nach längerem Schütteln nicht mehr verschwindet.

Jedes Mol Eisen(III)-chlorid zeigt das Vorhandensein von 6 Molen Natriumfluorid an, gemäß der Gleichung:

$$6\,NaF + FeCl_3 = Na_3FeF_6 + 3\,NaCl.$$

Herstellung der Eisen(III)-chloridlösung. Man löst 12 bis 12,5 g Ferrum sesquichloratum cryst. pr. anal. (Merck) in 1 l Wasser, läßt längere Zeit stehen, filtriert von abgeschiedenen basischen Salzen ab und stellt die Lösung gegen chemisch reines, neutrales Natriumfluorid in der vorher beschriebenen Weise ein.

c) *Bestimmung von SO₃.*

Eine etwa notwendige Bestimmung kann wie folgt erfolgen: 2 g Fluorid werden mit der 6- bis 7 fachen Menge eines Natrium-Kaliumcarbonat-Gemisches etwa $^1/_2$ Stunde lang geschmolzen und die Erden nach dem Lösen der erkalteten Schmelze in Wasser abfiltriert. Das die Sulfate und Fluoride enthaltende Filtrat versetzt man in einer Porzellanschale mit etwa 3 bis 4 g fein verteilter, reiner, nach Möglichkeit leichter Kieselsäure, säuert mit Salzsäure stark an und dampft bis zur völligen Vertreibung der Flußsäure als SiF_4 ein. Der verbleibende Rückstand wird mit Wasser aufgenommen, die überschüssige Kieselsäure abfiltriert und das Filtrat für die SO₃-Fällung mit Bariumchlorid verwendet.

SO₃, CaO, SiO₂, P₂O₅ dürfen nur in Spuren vorhanden sein. Der Siebrückstand auf dem 10000-Maschensieb soll nur wenige Prozent betragen.

II. Thoriumnitrat.

Es findet Verwendung für Gasglühlichtkörper.

Nach den *Prüfungsvorschriften der ehemaligen Thoriumkonvention* sind zu bestimmen:

1. *Löslichkeit und Farbe.*

25 g Nitrat sollen sich in 25 cm³ Wasser in 10 min vollständig, klar und möglichst farblos lösen.

2. *Schwefelsäure.*

In einem 500 cm³-Meßkolben werden 10 g Nitrat in etwa 250 cm³ Wasser gelöst und mit 5 cm³ Salzsäure (1,19) versetzt; man fällt in der Lösung mit 5 g reiner Oxalsäure, füllt fast bis zur Marke auf, läßt über Nacht unter öfterem Umschütteln am Dampfbad absitzen, kühlt dann auf 15° ab, füllt bis zur Marke auf und filtriert durch ein trockenes Filter. 400 cm³ des Filtrates (entsprechend 8 g Substanz), welches nun thoriumfrei ist, werden zum Sieden erhitzt und tropfenweise mit 25 cm³ heißer Bariumchloridlösung (10% $BaCl_2 \cdot 2\,H_2O$) gefällt. Nach Absitzenlassen über Nacht wird filtriert, chlorfrei gewaschen, der Niederschlag noch feucht verascht und dann mäßig geglüht. Der SO₃-Gehalt soll für Glühkörperzwecke zwischen 0,8 und 1,5% betragen.

3. Oxydgehalt (Glührückstand).

2 g Einwaage werden im Platintiegel bei aufgelegtem Deckel über einer Asbestplatte langsam und vorsichtig erhitzt, bis die Substanz wasserfrei ist und sich nitrose Dämpfe entwickeln. Nach Aufhören der Gasentwicklung wird 20 min über dem Gebläse oder im elektrisch beheizten Ofen bei 1050 bis 1100° geglüht und dann gewogen. Der Glührückstand soll nicht unter 48% liegen und muß von rein weißer Farbe sein.

4. Eisen.

5 g Probe werden in einem 300 cm³-Becherglas in 200 cm³ Wasser gelöst, mit 5 cm³ 2n-Salpetersäure angesäuert und mit 15 cm³ Kaliumrhodanidlösung (10 proz.) versetzt. Es darf nur eine hellrosa Färbung entstehen. Bei stärkerer Färbung ist der Eisengehalt quantitativ nach einer colorimetrischen Methode zu bestimmen. Der Höchstgehalt darf 0,0025% Fe_2O_3 betragen.

5. Qualitative Prüfung auf Schwermetalle und Chloride.

20 cm³ einer 30 proz. Lösung werden mit 50 cm³ gesättigtem, frisch bereitetem Schwefelwasserstoffwasser versetzt; es darf höchstens eine schwache dunkle Färbung entstehen. In weiteren 20 cm³ Lösung dürfen auf Zusatz von 5 Tropfen 10 proz. Silbernitratlösung Chloride ebenfalls nur in Spuren nachweisbar sein.

6. Bunte Erden (Didym).

Die Anwesenheit von nur einigermaßen erheblichen Mengen anderer, insbesondere bunter Erden beeinflußt die Lichtemission in sehr ungünstiger Weise. Da aber im käuflichen Thoriumnitrat die Mengen von Didym, Lanthan usw. als Verunreinigungen sehr gering sind, so ist es zu ihrem Nachweis notwendig, eine Anreicherung derselben vorzunehmen. Dazu werden 21 g Thoriumnitrat, entsprechend 10 g ThO_2, in 50 cm³ Wasser gelöst oder 42 g einer Lösung (1 + 1) in einem 250 bis 300 cm³-Becherglas auf einer guten Tarawaage eingewogen und mit 29 g Wasser verdünnt. Dann setzt man 25 cm³ einer Schwefelsäure zu, welche durch Verdünnen von 500 g konz. chem. reiner Schwefelsäure auf 1 l hergestellt wurde, und rührt so lange, bis fast alles Thorium als Sulfat krystallinisch ausgefallen ist. Zur Beschleunigung kann man die Lösung mit einigen Körnchen von reinem Thoriumsulfat vor dem Rühren impfen. Während der Krystallisation ist es notwendig, mindestens 1 min gut zu rühren, damit die Fällung möglichst kleinkrystallinisch ausfällt. In der Lösung ist nun fast alles Didym, Lanthan usw. mit etwa 5% unausgeschiedenem Thorium enthalten. Nach einer Wartezeit von 1 Stunde wird der Inhalt des Becherglases gut aufgerührt, auf einer kleinen Porzellannutsche (Durchmesser 5,5 cm) abgesaugt, mit 20 cm³ 10 proz. Schwefelsäure unter Saugen schnell ausgewaschen und mit einem breitgedrückten Glasstab festgedrückt. Den Inhalt der Saugflasche spült man in ein 500 cm³-Becherglas, fällt mit chem. reinem Ammoniak in schwachem Überschuß, dekantiert dreimal mit heißem Wasser, saugt die ausgefallenen Oxydhydrate ab und wäscht mit 250 cm³ heißem Wasser nach. Dann löst man mit Hilfe eines kleinen Porzellan- oder Hornspatels diese festgedrückten Hydroxyde von dem Filter ab und bringt sie in ein sauberes Porzellanschälchen. Darin löst man sie in 4 cm³ Salpetersäure, hergestellt durch Verdünnen von 69 g Salpetersäure (1,41) auf 250 cm³, und tränkt mit dieser Lösung einen Glühstrumpf auf folgende Weise: Der saubere Strumpf wird am Kopfende mit Daumen und Zeigefinger gefaßt, in das Schälchen mit der Lösung gebracht und dann mit dem kleinen Spatel gut durchgeknetet. Nach gleichmäßiger Durchtränkung bringt man den so imprägnierten Körper auf einen reinen Glaskegel, so daß noch ein kleines Stück oben frei herausragt, streicht das Gewebe mit dem Spatel glatt nach unten und läßt trocknen. Bei dieser Operation ist peinlichst darauf zu achten, daß der Strumpf nicht durch Fremdkörper beschmutzt wird. Der getrocknete Glühkörper wird dann mit Asbestschnur genäht und mit einer Schlinge zum Aufhängen versehen, vom Glaskegel abgenommen, auf ein Gestell gehängt, von oben nach unten abgebrannt und 3 min in der Preßgasflamme ausgeglüht. Dabei ist zu beachten, daß das Gas frei von Schwefelwasserstoff sein muß, und die Flamme nicht rußen darf, weil sonst Flecken entstehen könnten. Nach dieser Operation hebt man den Glühkörper ab, legt ihn vorsichtig der Länge nach auf ein sauberes weißes Papier, drückt ihn etwas flach und trennt mit einem sauberen, scharfen Messer den Kopf ab. Da der Strumpf in den oberen und unteren Teilen weniger ausgeglüht ist als in der Mitte, schneidet man etwa 1 cm oben und unten ab und teilt dann das Übriggebliebene in 4 Teile. Diese legt man in folgender Reihenfolge 2-1-4-3 aufeinander und bringt diesen Stapel auf eine kleine saubere, farblose Glasplatte, setzt eine gleiche Platte darauf und verklebt die Ränder der Platten mit einem Klebestreifen. Nun vergleicht man die Farbe des so hergestellten Körpers mit einem Standardmuster; eine rötere Farbe zeigt einen unzulässigen, höheren Didymgehalt an.

7. Nachweis des Cers.

Einige Gramm Thoriumnitrat werden in destill. Wasser gelöst, mit Ammoniak übersättigt, mit Wasserstoffperoxydlösung versetzt und erhitzt. Der Niederschlag darf keine Gelbfärbung zeigen, wenn man von oben durch das Reagensglas sieht; Cer darf also nicht nachweisbar sein.

8. Verunreinigungen (Al, Ca, Mg und Alkalimetalle); sog. Rückstand.

50 g Nitrat werden in einem 500 cm³-Meßkolben in 200 cm³ heißem Wasser gelöst und mit 2,5 cm³ Salpetersäure (1,41) versetzt; dann wird mit einer kaltgesättigten Lösung von 19,5 g rückstandsfreier Oxalsäure gefällt. Die Fällung bleibt über Nacht stehen und wird dann durch Zugabe von 0,5 g Oxalsäure auf Vollständigkeit geprüft. Hat man zur Marke aufgefüllt, so filtriert man und dampft 200 cm³ des Filtrates in einer Platinschale ein. Nach dem Zerstören der Oxalsäure wird bis zur schwachen Rotglut erhitzt und der Rückstand gewogen; er darf 0,06 % nicht übersteigen.

9. Phosphorsäure.

50 g Nitrat werden in 125 cm³ Wasser gelöst und mit 25 cm³ Salpetersäure (1,41) versetzt. Hat man mit 125 cm³ Ammoniummolybdatlösung gefällt, so läßt man nach Zugabe von 50 g phosphorsäurefreiem Ammoniumnitrat über Nacht auf dem Wasserbade absitzen, filtriert und wäscht mit der Waschflüssigkeit so lange, bis das Filtrat mit Ammoniak keinen Niederschlag mehr gibt. Die Fällung wird mit 15 cm³ verdünntem, schwach erwärmten Ammoniak $(1+3)$ auf dem Filter gelöst, worauf man mit möglichst wenig heißem Wasser nachwäscht, so daß die Gesamtmenge der Lösung 40 cm³ nicht überschreitet. Diese wird mit Salzsäure (1,19) tropfenweise neutralisiert, bis sich der entstehende gelbe Niederschlag gelöst hat. Nach Zugabe von 10 cm³ Ammoniak (25 proz.) wird mit 8 cm³ Magnesiamixtur tropfenweise gefällt (Methode Fresenius). Man läßt die Fällung 4 Stunden stehen, filtriert, wäscht mit Ammoniak $(1+3)$, bis die Chlorreaktion mit Silbernitrat ausbleibt, trocknet den Niederschlag, glüht und wägt als $Mg_2P_2O_7$.

Ammoniummolybdatlösung. Lösung I: 40 g molybdänsaures Ammonium $+$ 335 g Wasser $+$ 65 cm³ Ammoniak (25 proz.). Lösung II: 230 cm³ Salpetersäure (1,41) $+$ 370 cm³ Wasser. Lösung I wird in Lösung II gegossen.

Waschflüssigkeit. 150 g Ammoniumnitrat $+$ 10 cm³ Salpetersäure (1,41) $+$ 1 l Wasser.

Magnesiamixtur. 100 g Magnesiumchlorid kryst. und 140 g Ammoniumchlorid werden in 2 l Wasser gelöst, mit 130 g Ammoniak (0,91) versetzt und dann durch ein Faltenfilter filtriert.

Die Bestimmung der Phosphorsäure kann man auch, nach dem Auswaschen der Molybdatfällung, maßanalytisch durchführen. Dazu wird der Niederschlag samt dem Filter in das Becherglas zurückgebracht, mit etwa 100 cm³ Wasser aufgeschlämmt und nach Zusatz von Phenolphthalein mit n-Natronlauge bis zur bleibenden Rotfärbung titriert. Manchmal hat die Flüssigkeit infolge eingetretener Reduktion einen blauen Stich, welcher aber nicht stört. Faktor: rechnerisch 3,084; empirisch 3,078.

Der Gehalt an Phosphorsäure soll 0,004 %, als P_2O_5 gerechnet, nicht übersteigen.

10. Basizität.

Man löst 1 g Einwaage in 250 cm³ Wasser, fügt etwa 10 cm³ $n/_5$-Natronlauge zu (für den Fall, daß die Basizität über 100 % beträgt) und erhitzt zum Kochen. Es wird dann weiter unter dauerndem Kochen mit $n/_5$-Natronlauge und Phenolphthalein als Indicator titriert. Den Endpunkt der Titration erkennt man daran, daß die überstehende Flüssigkeit gerade rot gefärbt ist. (Das ausgefallene Oxydhydrat ist infolge Anhaftens von Alkali immer rot gefärbt.) Aus der Menge der verbrauchten cm³ Natronlauge errechnet sich der Gehalt an Salpetersäure.

264,12 g ThO_2 entsprechen 252 g HNO_3. Bei sog. hochbasischem Salz beträgt die Basizität etwa 60 %.

III. Didym-Lanthanverbindungen.

Sie finden Verwendung zur Glasfärbung und -entfärbung und für Spezialgläser („Neophan").

1. Spektralanalytische Bestimmung von Didym.

Je nach dem Gehalt an Didym (Neodym und Praseodym) werden 1 bis 5 g der oxydischen oder carbonatischen Verbindung in Salpetersäure gelöst; die Lösung wird zur Sirupkonsistenz eingedampft und dann wieder auf 1 bis 5 Vol.% verdünnt. Wie bereits im qualitativen Teil erwähnt, müssen für den Fall, daß die zu prüfenden Lösungen noch Cer^{IV}-Ionen enthalten, diese durch einige Tropfen Perhydrol zu farblosen Cer^{III}-Ionen reduziert werden. Die Anwesenheit von Cer^{IV}-Ionen erkennt man meist daran, daß die Lösung eine gelbe bis bräunliche Farbe besitzt, welche dann durch den Zusatz von Perhydrol in eine rötlich-violette (Didymfarbe) übergeht. Durch Vergleich der charakteristischen Neodym- und Praseodym-Absorptionsbanden im sichtbaren Spektrum mit denen von Standardlösungen von bekanntem Gehalt an Neodym oder Praseodym kann man den Gehalt der zu untersuchenden Lösung an Nd oder Pr ziemlich genau bestimmen. Die üblichen Handelsprodukte enthalten etwa 12 bis 80, in seltenen Fällen bis 90 % Neodym- $+$ Praseodymoxyd auf 100 Gesamtoxyd; die Differenz auf 100 ist meist Lanthan- und Samariumoxyd und wenige Prozente Yttererdenoxyde. Neben dieser einfachen Methode, welche sich schon mit einem guten Taschen-spektroskop durchführen läßt, sind natürlich auch die anderen spektralanalytischen Methoden anwendbar.

2. Bestimmung von Cer.

Bei positivem Ausfall der qualitativen Probe wird das Cer maßanalytisch bestimmt, wobei zu berücksichtigen ist, daß bei größeren Mengen von Didym der Endpunkt der Titration etwas unsicher wird. Über die Ausführung dieser Bestimmung s. C. II, S. 128. Der Ceroxyd-gehalt soll etwa 1 bis 2% nicht übersteigen.

3. Qualitative Prüfungen.

In der oxydierten Lösung der Substanz prüfe man mit Ammoniumrhodanid auf *Eisen.*

Der Nachweis von *Mangan,* bei gleichzeitiger Anwesenheit von Cer, erfolgt durch Aus-fällen der seltenen Erden mit Flußsäure; nach Vertreiben der überschüssigen Flußsäure im Filtrat läßt sich darin Mangan u. a. mit Benzidin nachweisen. Andere Nachweismethoden s. bei Feigl[68].

Obige Methode kann auch zur quantitativen Analyse eines Cerit-Mangan-Gemisches, wie es beim Entfernen von Cer aus Lösungen der seltenen Erden mit Kaliumpermanganat anfällt, verwendet werden. Auch ferrometrisch läßt sich Cer neben Mangan nach der Methode von R. Lang und E. Faude[69] bestimmen.

Bei Oxydhydraten wird noch auf Säurereste wie Cl, NO_3 und SO_4 geprüft.

Im Filtrat von der Oxalatfällung kann man in üblicher Weise Calcium und Alkalien nach-weisen.

IV. Untersuchung von Gläsern auf Cer und Didym.

Krystallgläser mit Praseodym gefärbt sind prächtig gelbgrün. Mit Neodym ist eine ganz einzigartige Violettfärbung mit blaurotem Wechselschimmer zu erzielen, die in Verbindung mit Selen zu einem schönen Rubinrot vertieft werden kann. Cer in Verbindung mit Titan gibt Gelbfärbungen. Beleuchtungsglas mit einem Neodymgehalt zeigt ein warmes, getöntes Licht, in dem die Farben besser zur Geltung kommen; eine gesteigerte Wirkung wird durch das „Neophan"-Blendschutzglas erzeugt.

Seltene Erden können andererseits entfärbend wirken, da sie die durch Eisenverbindungen bedingten Gelbfärbungen infolge der Oxydationswirkung des Cers abschwächen und dann diese Restfärbung durch die Farbwirkung des Neodyms ausgleichen (Komplementärwirkung), so daß das Glas nahezu farblos wird. Das Vorhandensein von Didym im Glase läßt sich schon durch ein einfaches Taschenspektroskop, auch im reflektierten Licht, feststellen.

Über die Untersuchung von Gläsern kann hier nur auf die einschlägige Fachliteratur, auf die Handbücher wie z. B. Lunge-Berl, Chemisch-technische Untersuchungsmethoden[70] u. a. verwiesen werden. Vorerst muß man sich durch eine qualitative Untersuchung über die Art und ungefähre Menge der anwesenden Elemente orientieren, bevor man die quanti-tative Bestimmung durchführt. Für den üblichen Aufschluß mit der 5 bis 6fachen Menge Soda verwendet man 1 bis 2 g des feinst gepulverten Glasmusters. Die Schmelze wird dann mit heißem Wasser aufgenommen, der Rückstand gewaschen, in Salzsäure gelöst und die Kieselsäure abgeschieden; im Filtrat fällt man die seltenen Erden und vorhandene Begleit-stoffe mit Ammoniak. Zur weiteren Trennung werden die erhaltenen Hydroxyde in ver-dünnter Säure gelöst, wie bereits beschrieben, die seltenen Erden mit Oxalsäure gefällt, ge-waschen und schließlich als Gesamtoxyd ausgewogen. Oder man kann auch die Schwerlös-lichkeit der Fluoride der seltenen Erden in verd. Fluorwasserstoffsäure zur Abtrennung von den anderen Fällungselementen der Ammoniakgruppe verwenden.

Der *Cergehalt* des Gesamtoxydes wird maßanalytisch bestimmt, wie im Abschnitt C. II beschrieben. Den Oxydationsverhältnissen des Cers im Glas trägt man nach H. Heinrichs und G. Jaeckel[65] am besten Rechnung, wenn man das bei der Analyse gefundene Cer als Ce_2O_3 in Rechnung stellt und ebenso den als CeO_2 gefundenen Cergehalt des Ceritoxydes auf Ce_2O_3 umrechnet. Dazu s. auch die „Untersuchung von Oxydationsgleichgewichten" von P. Csaki und A. Dietzel[71].

Der Gehalt an *Didym* bzw. *Neodym* und *Praseodym* wird spektralanalytisch ermittelt, wie im Abschnitt H. III kurz beschrieben; der Rest an seltenen Erden ist meist *Lanthan.*

---

[68] Qualitative Analyse mit Hilfe von Tüpfelreaktionen. S. 237 u. 238. 3. Aufl. Leipz Akad. Verlagsges. 1938.

[69] Z. anal. Chem. Bd. 108 (1937) S. 181 — Chem. Zbl. 1937 I S. 4401.

[70] Chemisch-technische Untersuchungsmethoden. 8. Aufl.. Bd. III. Berlin: Springer 1932 und C T U, Ergänzungswerk, ebenda II. Teil, 1939.

[71] Glastechn. Ber. Bd. 18 (1940) S. 33 u. 65.

Kapitel 9.

Chrom*.

A. Bestimmungsmethoden des Chroms.
  I. Die jodometrische Bestimmung.
  II. Das potentiometrische Verfahren.
  III. Die Reduktion des Chromates durch Zusatz eines Überschusses von Eisen(II)-sulfat und dessen Rücktitration mit Kaliumpermanganat.

B. Untersuchung von Erzen und Hüttenerzeugnissen.
  I. Erze.
  II. Ferrochrom.
  III. Chrommetall.

A. Bestimmungsmethoden des Chroms.

Als zuverlässigste Bestimmungsmethoden des Chroms gelten die nachstehend angeführten *maßanalytischen*; sie werden für Schiedsanalysen ausschließlich angewandt.

I. Die jodometrische Bestimmung.

Hierbei wird in der Lösung eines Chromates durch Zusatz von Kaliumjodid und Schwefelsäure Jod in Freiheit gesetzt, das man mit einer eingestellten Natriumthiosulfatlösung titriert.

1 bis 2 g des feinst gepulverten (Sieb DIN 80) Erzes werden im chromfreien Eisen- oder Nickeltiegel oder aber im dickwandigen Porzellantiegel mit Natriumperoxyd aufgeschlossen. Die erkaltete Schmelze laugt man in einem Becherglas mit heißem Wasser aus, versetzt zur Beseitigung von etwa gebildetem mangansauren Natrium oder reduziertem Chromat mit etwas Natriumperoxyd (etwa 2 g) und kocht ungefähr 5 min. Läßt sich erkennen, daß bei einem einmaligen Aufschluß mit Natriumperoxyd nicht alles aufgeschlossen ist, so wird in einen 1000 cm³-Meßkolben filtriert, der am Filter verbliebene Rückstand mit sodahaltigem Wasser gewaschen, dann samt dem Filter in dem vorher benutzten Aufschlußtiegel getrocknet, verascht, zerrieben und erneut mit Natriumperoxyd aufgeschlossen. Die zweite Schmelze wird wiederum mit Wasser zersetzt und wie vorhin behandelt, worauf man Lösung und Niederschlag zum ersten Filtrat in den Meßkolben überspült.

Nach dem Auffüllen und Filtrieren wird je nach dem Chromgehalt ein Anteil von 100 bis 200 cm³ abgemessen, in einem 1500 cm³-Erlenmeyer auf 350 cm³ verdünnt und mit 2 g Kaliumjodid versetzt. Man neutralisiert unter Kühlung mit Schwefelsäure (1 + 3) und gibt weitere 25 cm³ davon im Überschuß hinzu. Die Lösung darf sich hierbei nicht erwärmen. Nach etwa 2 min wird das ausauschiedene Jod mit Natriumthiosulfat unter Benutzung von Stärke als Indicator bis zum Verschwinden der Blaufärbung titriert; der Stärkezusatz erfolgt erst gegen Ende der Titration.

Die *Natriumthiosulfatlösung* wird durch Auflösen von 15 g des reinen Salzes und 2 g Natriumkaliumcarbonat in Wasser und Auffüllen zum Liter hergestellt.

---

* Bearbeiter: **Wirtz.** Mitarbeiter: **Klinger, Richter.**

Ihre *Titerstellung* erfolgt mittels reinstem, bei 100° bis zur Gewichtskonstanz getrocknetem Kaliumbichromat. (Beim Trocknen muß es vor einer teilweisen Reduktion geschützt werden.) Man geht bei der Einstellung ungefähr von dem gleichen Chromgehalt aus, wie er in der zu untersuchenden Probe vorhanden ist, und behandelt das Kaliumbichromat genau wie das Chromerz oder das Ferrochrom.

Beispiel: 1,8387 g Kaliumbichromat (= 0,65 g Chrom) werden wie die zu untersuchende Probe aufgeschlossen und weiterbehandelt. Von der zum Liter aufgefüllten und filtrierten Lösung nimmt man 100 cm³ ab und verfährt weiter, wie oben angegeben. *Wirkungswert*: 0,065 g Chrom dividiert durch die Anzahl der verbrauchten cm³ Thiosulfatlösung.

II. Das potentiometrische Verfahren.

Chromathaltige Lösungen werden durch Eisen(II)-sulfat zu Cr^{III}-Verbindungen reduziert. Das Ende dieser Reaktion zeigt ein starker Potentialsprung an. Dabei wird, falls Vanadium vorhanden ist, was aber z. B. bei Ferrochrom nie beobachtet wurde, dieses mitbestimmt. Zur Ausführung kann man eine der verschiedenen im Handel befindlichen Apparaturen benutzen[1].

Der bei A. I beschriebene Aufschluß des Chromerzes hat auch hier Geltung. Man nimmt dann einen Anteil von 100 bis 200 cm³ der Chromatlösung, säuert sie in einem 600 cm³-Becherglas (unter Kühlung zur Verhinderung einer vorzeitigen Reduktion) mit Schwefelsäure (1 + 3) an, fügt 10 cm³ Phosphorsäure (1,7) hinzu und stellt in die Apparatur ein. Nun titriert man mit einer Eisen(II)-sulfatlösung, welche hergestellt wird, indem man 27 g $FeSO_4 \cdot 7$ aq in Wasser löst, 50 cm³ Schwefelsäure (1,84) hinzufügt und nach dem Abkühlen auf 1000 cm³ auffüllt.

Bei der *Titerherstellung* geht man von Kaliumbichromat aus, das man wie bei dem jodometrischen Verfahren behandelt. Man titriert dann 100 cm³ der Chromatlösung. *Wirkungswert* der Eisen(II)-sulfatlösung: 0,065 g Chrom dividiert durch die Anzahl der verbrauchten cm³ Eisenvitriollösung.

III. Die Reduktion des Chromates durch Zusatz eines Überschusses von Eisen(II)-sulfat und dessen Rücktitration mit Permanganat.

Auch hier geht man von der nach A. I erhaltenen Chromatlösung aus, gibt 100 cm³ davon in eine weiße Porzellanschale, verdünnt mit Wasser auf 600 cm³, säuert unter Kühlung mit Schwefelsäure (1 + 3) an, gibt dann noch etwa 50 cm³ davon zu und läßt aus einer Bürette eine gemessene Menge einer Eisen(II)-sulfatlösung (man kann die unter A. II angeführte Lösung benutzen) einfließen, so daß ein Überschuß davon vorhanden bleibt. Diesen titriert man mit Permanganat bis zum Umschlag der Färbung von Grün auf Graublau zurück.

Zur Feststellung des Wirkungswertes der Kaliumpermanganatlösung gegenüber der Eisen(II)-sulfatlösung wird nach der Titration zu der austitrierten Chromlösung noch einmal die gleiche Anzahl cm³ der Eisenvitriollösung hinzugesetzt wie vorher. Darauf titriert man bis zur gleichen Farbtönung und berechnet aus der Differenz zwischen den bei beiden Titrationen verbrauchten Kubikzentimetern Permanganat den Chromgehalt.

---

[1] Arch. Eisenhüttenw. Bd. 5 (1931/32) S. 109 — Handbuch f. d. Eisenhüttenlaborat. S. 78 — Chem. Fabrik Bd. 4 (1931) S. 145 bis 147 — Techn. Mitt. Krupp Bd. 3 (1935) S. 41 — Z. anal. Chem. Bd. 116 S. 240 — Verwendung findet auch das Triodometer nach W. Erhardt.

Die Titerstellung erfolgt auch hier mit Kaliumbichromat, wie bei der jodometrischen und potentiometrischen Methode beschrieben.

Nachfolgend ein praktisches Beispiel: Man hätte zur Reduktion (Überschuß) 50 cm³ Eisen(II)-sulfatlösung zugesetzt und für die Rücktitration des Überschusses 5 cm³ Permanganatlösung verbraucht; diese 50 cm³ Eisen(II)-sulfatlösung hätten bei der Feststellung des Wirkungswertes 60 cm³ Permanganatlösung erfordert: dann verbleiben 55 cm³ als Verbrauch für den Chromgehalt; der Titer ist also gleich 0,065 g Cr : 55 cm³ Permanganatlösung.

Bei der Titration wird ein Zusatz von 10 cm³ Phosphorsäure (1,7) empfohlen.

B. Untersuchung von Erzen und Hüttenerzeugnissen.

I. Erze.

Als Ausgangsmaterial für die Herstellung von Chrommetall und Ferrochrom dient *Chromeisenstein* (Chromit: $FeO \cdot Cr_2O_3$), ein Spinelltyp, meist von Serpentin begleitet.

In Deutschland werden hauptsächlich Transvaal-, türkische, indische, rhodesische, neukaledonische und auch Chromerze aus Griechenland, Bulgarien und Rußland verhüttet.

Als Hauptbestandteile eines Chromerzes sind Cr_2O_3, FeO, Fe_2O_3, MgO, Al_2O_3, SiO_2 und geringe Beimengungen von CaO, MnO, NiO und Sulfiden zu nennen.

Für die Analyse ist der Aufschluß mit Natriumperoxyd vollkommen und daher stets zu empfehlen; jedoch wird dabei die Wandung des Tiegels stark angegriffen; daher verwendet man zum Aufschluß auch ein Gemisch von Natriumperoxyd und Natriumkaliumcarbonat. Weiterhin kann man mit einer Mischung von Natriumkaliumcarbonat und kryst. Borax aufschließen; auch Kaliumhydrogensulfat findet Anwendung, doch tritt dabei leicht die Bildung eines schwer löslichen Doppelsalzes: $KCr(SO_4)_2$ auf; Schmelzen mit Natriumpyrosulfat oder mit Ätznatron-Salpeter sind bisweilen angewandt worden.

Als nasser Aufschluß wäre der mit Schwefelsäure oder einem Gemisch von Schwefelsäure und Perchlorsäure zu nennen, wobei das Erz in feinster Pulverform einer 10- bis 20stündigen Einwirkung der Säure ausgesetzt werden muß.

Chrom.

Zu seiner Bestimmung kann das unter A. I beschriebene jodometrische oder das unter A. II angegebene potentiometrische Verfahren in Anwendung kommen.

Gesamteisen.

Je nach der Höhe des Eisengehaltes werden 0,5 bis 2 g Chromerz in einem Alsinttiegel mit 20 g eines Gemisches von Natriumperoxyd und Natriumkaliumcarbonat im Verhältnis von 1 : 1 aufgeschlossen. Anfangs wird mit kleiner Flamme angeschmolzen, dann steigert man die Temperatur allmählich, bis die Masse bei Rotglut in Fluß ist, und hält dies ungefähr 5 min durch. Die erkaltete Schmelze wird in einem Liter-Becherglas mit Wasser gelaugt, der Aufschlußtiegel abgespritzt, die gelöste Schmelze mit etwas Natriumperoxyd versetzt, der überschüssige Sauerstoff verkocht und das Volumen im Becherglas auf etwa 600 cm³ gebracht. Man läßt die Lösung über Nacht stehen, damit etwa vorhandene Eisensäure sich in Eisen(III)-hydroxyd umsetzen kann. Nach dem Filtrieren wird der Niederschlag mit sodahaltigem Wasser chromfrei gewaschen, mit Salzsäure (1 + 1) gelöst, die Lösung verdünnt und ammoniakalisch gemacht. Die dabei entstehende Fällung filtriert man ab, löst wieder mit Salzsäure und titriert mit Kaliumpermanganat oder Titan(III)-chlorid.

Nach einem weiteren Verfahren kann obiger mit Wasser zersetzter Schmelzaufschluß, nachdem sämtliches Chrom in Chromat übergeführt ist, in Schwefelsäure gelöst und das Eisen mit Ammoniak gefällt werden. Zur Entfernung von

Chromresten löst man den Niederschlag nochmals mit Schwefelsäure vom Filter, oxydiert das 3-wertige Chrom mit Kaliumchlorat und fällt erneut mit Ammoniak.

Größere Mengen von Kieselsäure sind vorher durch Eindampfen abzuscheiden; dabei entstandenes Chrom^{III}-Salz ist in Chromat überzuführen.

Kieselsäure.

Ist das Erz durch verdünnte Schwefelsäure in Lösung zu bringen, so dampft man bei einer Einwaage von 1 bis 2 g bis zum Rauchen ein, wobei darauf zu achten ist, daß sich keine unlöslichen Chromsalze abscheiden, nimmt nach dem Abkühlen mit Wasser und etwas Salzsäure auf, erhitzt und filtriert. Zeigt sich nach dem Veraschen im Platintiegel die Kieselsäure stark verunreinigt, schließt man mit Natriumkaliumcarbonat auf, löst, dampft mit Salzsäure ein und scheidet im weiteren die Kieselsäure in üblicher Weise ab. Sie muß auf Reinheit geprüft werden.

Falls das Erz nicht in Schwefelsäure löslich ist, wird es in einem möglichst siliciumfreien Eisen- oder Nickeltiegel mit Natriumperoxyd und etwas Natriumkaliumcarbonat aufgeschlossen und die Schmelze in einem Becherglas, welches mehr als die zur Neutralisation des Alkalis benötigte Menge an Schwefelsäure (1 + 4) enthält, gelöst. Nun fügt man so viel konz. Schwefelsäure hinzu, daß ein Überschuß von etwa 30 cm^3 davon vorhanden ist und bringt die Lösung in einer Porzellanschale zum Rauchen. Dann verdünnt man auf ungefähr 800 cm^3, gibt etwas Salzsäure hinzu, kocht auf, filtriert und bestimmt die Kieselsäure in üblicher Weise. Enthält das Erz größere Mengen Kieselsäure, so wird mit dem Filtrat das Abrauchen wiederholt.

Bei beiden Verfahren ist darauf zu achten, daß nicht durch zu weit gehendes Abrauchen unlösliche Chromsulfate gebildet werden.

Den Schmelzaufschluß kann man natürlich auch mit Salzsäure lösen, worauf zur Trockne gedampft und die Kieselsäure durch Erhitzen auf 135° unlöslich gemacht wird.

Durch einen Blindversuch ist der durch Tiegel und Chemikalien eingebrachte Gehalt an Kieselsäure zu ermitteln und in Abzug zu bringen.

Calcium und Magnesium. (Aus dem Aufschlußrückstand.)

Man schließt 1 g Erz im Reinnickeltiegel durch Schmelzen mit reinem Natriumperoxyd und Natriumcarbonat (1 + 1) auf, laugt die Schmelze in einem Becherglas mit 300 cm^3 Wasser aus, versetzt mit etwas Natriumperoxyd, kocht und läßt den Rückstand absitzen. Dann wird filtriert und das Filter mit sodahaltigem Wasser chromfrei ausgewaschen. Der Rückstand, der sämtliches Calcium und Magnesium enthält, wird mit warmer Salzsäure (1 + 1) in ein 800 cm^3-Becherglas gelöst. Man dampft, falls das Erz viel Kieselsäure enthält, zur Trockne ein und scheidet sie auf diese Weise ab. Dann verdünnt man das Filtrat auf etwa 300 cm^3, fügt 10 g festes Ammoniumchlorid hinzu und fällt nach Zugabe von etwas Wasserstoffperoxyd mit kohlensäurefreiem Ammoniak in geringem Überschuß. Nach kurzem Aufkochen und einiger Wartezeit wird filtriert und das Lösen und Fällen noch 2mal wiederholt. Enthält das Erz Mangan, so ist dieses durch Zusatz von einigen cm^3 Bromwasser abzuscheiden. Die vereinigten Filtrate werden auf 400 cm^3 eingedampft und mit Oxalsäure in geringem Überschuß versetzt. Dann erhitzt man zum Sieden, setzt so viel Ammoniak hinzu, daß 1 bis 2 cm^3 davon im Überschuß vorhanden sind und fällt das Calcium unter Zugabe von Ammoniumoxalat aus. Da sich geringe Mengen von Calcium erst nach längerer Zeit ausscheiden, bleibt die Lösung über Nacht stehen; man filtriert dann und wäscht mit etwas ammoniumoxalathaltigem und anschließend mit heißem Wasser aus. Die weitere Bestimmung des Calciums kann nun auf gewichts- oder maßanalytischem Wege erfolgen.

Zur Ermittelung des *Magnesiumgehaltes* verwendet man das Filtrat von der Oxalatfällung, in dem nach einer starken Zugabe von Ammoniak mit Ammoniumphosphat gefällt wird.

Nickel.

2 bis 3 g Chromerz schließt man im nickelfreien Eisentiegel in üblicher Weise auf. Die Schmelze wird mit Wasser ausgelaugt, aufgekocht und der Rückstand, der alles Nickel enthält, abfiltriert. Nach gutem Auswaschen löst man ihn mit Salzsäure $(1+1)$ und bringt bei hohem Siliciumgehalt die Kieselsäure durch Eindampfen zur Abscheidung. Hat man sie abfiltriert, fügt man zum Filtrat 10 g Weinsäure und 30 g Ammoniumchlorid hinzu, macht schwach ammoniakalisch, erwärmt und fällt das Nickel bei 60 bis 70° mit Diacetyldioxim. Nach der Fällung muß die Lösung noch schwach ammoniakalisch sein, anderenfalls setzt man noch tropfenweise verdünntes Ammoniak zu. Da der Niederschlag meist mit etwas Eisen verunreinigt ist, wird er nach dem Filtrieren und Auswaschen mit heißer verdünnter Salzsäure vom Filter gelöst und aus der klaren Lösung unter Zusatz von etwas Weinsäure nochmals gefällt. Man filtriert durch einen gewogenen Glas- oder Porzellan-Filtertiegel, trocknet und wägt (s. Kap. „Nickel", S. 264).

Schwefel.

2,5 g feinst gepulvertes Material werden in einem Reinnickeltiegel mit etwa 10 g Natriumperoxyd und 5 g Natriumkaliumcarbonat aufgeschlossen. Dabei ist zu beachten, daß die schwefelhaltigen Flammengase nicht in die Schmelze eindringen. Deshalb setzt man den Tiegel zweckmäßig in die gut passende Öffnung einer größeren Asbestplatte. Die erkaltete Schmelze wird mit wenig Wasser gelaugt, aufgekocht und in einem 500 cm³-Meßkolben aufgefüllt. Nach dem Filtrieren versetzt man 400 cm³ ($= 2$ g Einwaage) mit Salzsäure im Überschuß und reduziert das Chrom auf einer nicht zu warmen Heizplatte mit etwa 5 cm³ Alkohol. Bei vollständiger Reduktion hat die Lösung eine bläulichgrüne Färbung angenommen. Nun neutralisiert man mit Ammoniak, versetzt mit 1 cm³ Salzsäure (1,19) im Überschuß, erwärmt zum Sieden und fällt mit heißer Bariumchloridlösung $(1+10)$ bei tropfenweisem Zusatz. Die Fällung bleibt auf einer bis etwa 40° erwärmten Heizplatte zum Absitzen längere Zeit stehen. Hat man filtriert, wird der Niederschlag mit schwach salzsäurehaltigem Wasser ausgewaschen und mit dem Filter im Platintiegel verascht.

Da das Bariumsulfat meist etwas verunreinigt ist, muß es umgefällt werden. Man schließt es daher mit etwas Soda auf, laugt die Schmelze mit Wasser aus, filtriert den Niederschlag, wäscht ihn mit sodahaltigem Wasser aus und säuert das Filtrat mit Salzsäure schwach an. Hat man die Kohlensäure verjagt, fällt man wiederum mit Bariumchlorid. Das gewogene Bariumsulfat ist durch Abrauchen mit Fluß- und Schwefelsäure von etwa vorhandener Kieselsäure zu befreien.

Um *geringe Mengen Sulfat* leichter zur Fällung zu bringen, empfiehlt sich der Zusatz einer abgemessenen Menge verd. Schwefelsäure von bekanntem Gehalt (0,2 cm³ Schwefelsäure (1,84) auf 1000 cm³; davon werden 20 oder 25 cm³ nach der Reduktion des Chromates zugesetzt). Erforderlich ist es auch, um bei Gehalten unter 0,03% S eine vollständige Fällung zu erzielen, die abgemessenen 400 cm³ der Chromatlösung auf 150 bis 100 cm³ einzudampfen.

Die oben beschriebene Reduktion des Chromates ist bei allen Gehalten an Schwefel, wie Versuche in den Laboratorien von Friedr. Krupp-Essen und vom Elektrowerk Weisweiler gezeigt haben, nicht nötig; die Fällung des Bariumsulfates ist auch in Chromatlösungen quantitativ.

Bei der Bestimmung des Schwefels sind die Ergebnisse eines Blindversuches abzusetzen.

II. Hüttenerzeugnisse.

1. Ferrochrom.

Man unterscheidet Ferrochrom suraffiné, affiné und carburé, je nach den Gehalten an Kohlenstoff. Als „suraffiné" wird ein Ferrochrom mit einem Kohlenstoffgehalt von 0,04 bis 0,7%, als „affiné" mit einem solchen von 0,7 bis 4% und als „carburé" mit einem von 4 bis 10% bezeichnet.

Annähernde Zusammensetzung der Ferrochromsorten:

	Ferrochrom affiné und suraffiné	Ferrochrom carburé
Chrom	60 bis 72%	60 bis 75%
Silicium	0,5 bis 1,5	0,1 bis 0,5
Phosphor	0,03	0,03
Stickstoff	0,02 bis 0,1	0,04 bis 0,1
Schwefel	etwa 0,03 bis 0,1	0,03 bis 0,06
Arsen	Spuren bis 0,05	Spuren bis 0,05
Mangan	max. 0,1	0,1 bis 0,3
Nickel	0,1 bis 0,4	etwa 0,1 bis 0,3
Aluminium	0,1 bis 0,3	Spuren bis 0,1

(Aluminothermisch hergestellte Sorten haben vielfach einen höheren Aluminiumgehalt.)

Niedriggekohlte Ferrochromsorten sind in verd. Schwefelsäure sowie Salzsäure löslich; hochgekohlte dagegen lösen sich nur langsam oder gar nicht in verd. Schwefelsäure. Soll mit Schwefelsäure gelöst werden, so verfährt man am besten derart, daß man die Einwaage mit 50 cm³ Wasser anfeuchtet, dann unter Erwärmen tropfenweise Schwefelsäure zusetzt und hierbei den günstigsten Lösungsmoment abwartet; dabei ist es ratsam, die verd. Schwefelsäure in der Wärme längere Zeit auf das Ferrochrom unter Ersatz des verdampften Wassers einwirken zu lassen. Bleibt bei diesem Lösen ein Rückstand, so muß er abfiltriert und verascht werden; dann schmilzt man ihn mit etwas Natriumperoxyd in einem geeigneten Tiegel oder mit Kaliumhydrogensulfat oder Natriumkaliumcarbonat im Platintiegel.

Am zweckmäßigsten ist es bei allen Ferrochromsorten, sie unmittelbar mit Natriumperoxyd unter Zusatz von etwas Carbonat aufzuschließen, und zwar je nach den geforderten Bestimmungen in einem Eisen-, Nickel-, Silber- oder Porzellantiegel.

Chrom. Seine Bestimmung kann nach dem jodometrischen oder potentiometrischen Verfahren (s. A. I und A. II) erfolgen.

1 g Material wird im chromfreien Eisentiegel oder starkwandigen Porzellantiegel mit etwa 15 bis 20 g Natriumperoxyd und 2 bis 3 g Natriumkaliumcarbonat innig gemischt und über einer nicht zu starken Flamme aufgeschlossen. Es empfiehlt sich, durch Umrühren mit einem Eisenstab das Anhaften der feinen Bohrspäne an der Wand und am Boden des Aufschlußtiegels zu verhindern.

Kohlenstoff. Für diese Bestimmung wird das Material mit geeigneten Zuschlägen im Verbrennungsofen erhitzt. Als Verbrennungszuschläge sind u. a. Bleiperoxyd, Mennige, Kobalt-, Wismut- und Kupferoxyd, Bleichromat, kohlenstoffarme unlegierte Stahlspäne und metallisches Zinn im Gebrauch. Am günstigsten wirkt bei allen Ferrochromsorten ein Zusatz von Bleiperoxyd und Stahlspänen. Für Ferrochrom mit einem Kohlenstoffgehalt von etwa 0,06 bis 0,3% empfiehlt es sich, besonders bei der gasanalytischen Bestimmung wegen des dabei erforderlichen geringen Blindwertabzuges, als Verbrennungszuschlag 1 g Zinnmetall und 1 g eines Gemisches von Bleiperoxyd, Bleichromat und Mennige im Verhältnis von 1:2:1.

Die gebildete Kohlensäure kann in kleinen Natronkalkröhrchen oder Natronasbeströhrchen gebunden oder gasvolumetrisch (wobei auf eine restlose Verbrennung geachtet werden muß) in den bekannten Kohlenstoffbestimmungsapparaten für niedrige und hohe Kohlenstoffgehalte, die in den verschiedensten Ausführungen erhältlich sind, vorgenommen werden. Mit diesen Zuschlägen wird innerhalb der kurzen Verbrennungszeit bei der gasanalytischen Bestimmung restlose Verbrennung erreicht. Für die gewichtsanalytische Bestimmung niedriger Kohlenstoffgehalte bis zu 0,10 % nimmt man eine Einwaage bis zu 3 g, die in Anteilen von 0,5 bis 1 g hintereinander bei Benutzung der gleichen Natronkalkröhrchen zur Verbrennung kommen. Für die gasanalytische Bestimmung kommt je nach dem Kohlegehalt eine Einwaage von 0,2 bis 2 g in Frage. Die Verbrennungstemperatur im Porzellanrohr des Verbrennungsofens muß 1300 bis 1350° betragen. Durch einen Blindversuch ist zu ermitteln, wieviel Kohlenstoff die verwendeten Zuschläge enthalten; dieser Wert muß in Abzug gebracht werden. Bei der Verbrennung des Kohlenstoffs wird auch der vorhandene Schwefel zu Schwefeltrioxydgas oxydiert, welches durch eine Vorlage von Chromschwefelsäure zu absorbieren ist.

Es empfiehlt sich, nach dem Einschieben der zu verbrennenden Probe in das Verbrennungsrohr einige Sekunden zu warten, ehe der Sauerstoff, der anfänglich in starkem Strom zugeführt werden kann, übergeleitet wird.

Silicium. Von *säurelöslichem* Ferrochrom werden je nach dem Siliciumgehalt 1 bis 5 g der feinst gepulverten Probe in Schwefelsäure (1 + 3) im Becherglas gelöst, nach dem Lösen einige Tropfen Salpetersäure zugesetzt und bis zum Auftreten von Schwefelsäuredämpfen erhitzt. Nach dem Erkalten verdünnt man mit 500 cm³ Wasser, setzt 3 cm³ Salzsäure hinzu und kocht auf, filtriert die ausgeschiedene Kieselsäure, wäscht mit heißem salzsäurehaltigem Wasser aus, verascht im Platintiegel und wägt. Die Kieselsäure ist durch Abrauchen mit Fluß- und Schwefelsäure auf Reinheit zu prüfen.

Für die Siliciumbestimmung *säureunlöslicher* Ferrochromsorten, die dann meistens hochsiliziert und hochgekohlt sind, wird die Bestimmungsmethode, wie für Chromerz beschrieben, angewandt (s. S. 151).

Die Siliciumbestimmung kann auch durch direktes Lösen und Abdampfen der Ferrochromprobe mit Überchlorsäure (Vorsicht! s. S. 409 Kap. „Wolfram") ausgeführt werden.

Phosphor. 2 g Ferrochrom werden mit Natriumperoxyd und Natriumkaliumcarbonat, wie bei der Bestimmungsmethode des Chroms beschrieben, im möglichst phosphorfreien Reinnickeltiegel oder Silbertiegel aufgeschlossen. Die Schmelze wird mit Wasser ausgelaugt, mit Salzsäure angesäuert und in einer Porzellanschale zur Ausscheidung der Kieselsäure eingedampft. Die Salze erwärmt man mit 80 cm³ Salzsäure (1 + 1) so lange, bis alles in Lösung gebracht ist, verdünnt hierauf mit 300 cm³ Wasser, erwärmt und filtriert die Kieselsäure ab. Im Filtrat werden Reste von Chromsäure durch Zugabe von schwefliger Säure unter Erwärmung zu Chrom^{III}-Salz reduziert. Der Überschuß von schwefliger Säure wird verkocht und die Lösung auf ein Volumen von 150 cm³ eingeengt. Man macht sie dann ammoniakalisch, versetzt mit etwa 5 g festem Ammoniumnitrat, bringt den Hydroxydniederschlag mit wenig Salpetersäure in Lösung und gibt weitere 5 cm³ Salpetersäure (1,40) im Überschuß zu. Die Phosphorsäure wird bei 60° durch Zusatz von Ammoniummolybdatlösung als Ammoniumphosphormolybdat gefällt. Nach Zugabe des Fällungsmittels muß die Lösung kräftig geschüttelt werden. Da die Ausscheidung des Ammoniumphosphormolybdatniederschlages meistens erst nach längerem Stehen beginnt, läßt man über Nacht in der Wärme absitzen, filtriert durch ein kleines Rundfilter mit Filterbrei, wäscht mit 1 proz. kalter Natriumsulfatlösung säurefrei aus und bestimmt Phosphor maßanalytisch nach bekanntem Verfahren mit Natronlauge und Schwefelsäure. Ein Umfällen des Niederschlages ist meistens erforderlich.

Soll die Bestimmung gewichtsanalytisch nach R. Finkener (getrocknet bei 105°) oder nach C. Meinecke (geglüht bei 450°) erfolgen, so filtriert man den Ammoniumphosphormolybdatniederschlag über einen gewogenen Glas- oder Porzellanfiltertiegel und wäscht mit einer Waschflüssigkeit, die 2% Salpetersäure (1,2) und 2,5% Ammoniumnitrat enthält, eisenfrei aus.

Verwiesen sei noch auf die vorzügliche Methode nach R. Weihrich[2]. Nach dieser wird das Ferrochrom im Silbertiegel mit Natriumperoxyd aufgeschlossen. Nach dem Auslaugen der Schmelze und Auffüllen auf einen Meßkolben wird partiell filtriert. Das Filtrat säuert man mit Salpetersäure schwach an, macht ammoniakalisch, dann wiederum salpetersauer und fällt den Phosphor unter Zusatz einiger cm³ einer 5proz. Eisen(III)-chloridlösung mit Ammoniak.

Nachdem der Niederschlag, der den gesamten Phosphor enthält, mit heißer Ammoniumnitratlösung ausgewaschen ist, wird er vom Filter mit Salpetersäure (1 + 1) heruntergelöst und in der Lösung der Phosphor, wie vorhin beschrieben, bestimmt.

Der Wert eines Blindversuches muß abgesetzt werden.

Mangan. (*Säurelösliches Ferrochrom.*) 5 bis 10 g säurelösliches Ferrochrom werden mit 50 bis 100 cm³ Salzsäure (1 + 1) in der Wärme in Lösung gebracht. Dann wird mit Wasserstoffperoxyd oxydiert und bis zum Verschwinden des Chlorgeruches gekocht. Hierauf spült man die Lösung in einen 1000 cm³-Meßkolben über und fällt durch Zusatz von in Wasser aufgeschlämmtem Zinkoxyd in geringem Überschuß Chrom und Eisen aus, füllt zur Marke auf, filtriert und entnimmt je nach der Einwaage und dem zu erwartenden Mangangehalt einen Anteil von 500 bis 750 cm³. Diesen bringt man in einen 1500 cm³-Erlenmeyer, setzt etwas aufgeschlämmtes Zinkoxyd hinzu, um die bei der Reaktion frei werdende Säure zu binden, kocht auf und titriert mit $n/_{20}$-Kaliumpermanganatlösung (s. auch Kap. „Mangan").

Von *säureunlöslichem Ferrochrom* werden 2 bis 3 g Material im Porzellantiegel mit Natriumperoxyd und etwas Natriumkaliumcarbonat aufgeschlossen. Durch einen zweiten Aufschluß von 2 bis 3 g in einem weiteren Porzellantiegel kann man die zur Analyse benötigte Materialmenge vergrößern. Die beiden Schmelzen werden in einem Becherglas mit Wasser zersetzt, nach Zusatz von etwas Natriumperoxyd zum Zerstören etwa gebildeter Manganate gekocht und die Oxyde des Mangans und Eisens abfiltriert. Hat man den Niederschlag mit heißem natriumkaliumcarbonathaltigem Wasser chromfrei ausgewaschen, so wird er vom Filter mit heißer verd. Salzsäure (1 + 1) und etwas Wasserstoffperoxyd gelöst und kann nach dem Verkochen des Chlors zur Manganbestimmung nach Volhard (s. Kap. „Mangan") weiter verwendet werden.

Für die gewichtsanalytische Manganbestimmung löst man wie oben die Oxyde des Mangans und Eisens vom Filter, engt zur Sirupdicke ein und entfernt das Eisen in einem Rotheschen Apparat durch Ausschütteln der salzsauren Lösung mit Äther. Aus der Restlösung werden die letzten Anteile des Eisens durch Ammoniumacetatlösung und Nickel und Kupfer gemeinsam durch Schwefelwasserstoff in schwach essigsaurer Lösung gefällt und abfiltriert. Aus dem Filtrat wird schließlich das Mangan mit Ammoniak und Brom gefällt, der entstandene Mang_niederschlag geglüht und durch Abrauchen mit Salzsäure und Schwefelsäure in Mangansulfat übergeführt und als solches gewogen.

Neben den oben aufgeführten Verfahren ist auch die Bestimmung des Mangans mit Silbernitrat-Ammoniumperoxydisulfat (s. Kap. „Mangan") sehr zu empfehlen. Die nach dem Verfahren für säureunlösliches Ferrochrom — der Aufschluß kann natürlich auch bei säurelöslichem Ferrochrom vorgenommen werden — erhaltene

---

[2] Die chemische Analyse in der Stahlindustrie. 1939. S. 139.

salzsaure Manganlösung wird für die Bestimmung herangezogen. Je nach der Einwaage und nach dem zu erwartenden Mangangehalt, der bei den meisten Chromsorten 0,1% nicht übersteigt, kann die Lösung aufgeteilt werden. Die gesamte salzsaure oder eine Abmessung der salzsauren Lösung wird mit 20 cm³ Schwefelsäure $(1+1)$ versetzt und bis zum starken Rauchen eingedampft, um alle Salzsäure zu entfernen. Empfehlenswert ist ein nochmaliges Abrauchen mit Schwefelsäure. Nun setzt man 50 cm³ Wasser und 10 cm³ Salpetersäure hinzu und kocht, bis die Lösung klar ist, die dann in ein Philippskölbchen übergespült wird. Sodann gibt man 50 cm³ Silbernitratlösung (1,7 g/1000 cm³) und 2 cm³ Ammoniumperoxydisulfatlösung (500 g/1000 cm³) hinzu und erwärmt einige Minuten bei 60° bis zum vollständigen Klarwerden der Lösung. Es oxydiert sich in Gegenwart von Silbernitrat als Katalysator das Mangan^{II}-Salz zu Übermangansäure. Die Lösung wird auf Zimmertemperatur abgekühlt, auf 100 bis 150 cm³ verdünnt und mit 3 cm³ Kochsalzlösung (12 g Natriumchlorid auf 1000 cm³ Wasser) versetzt, wodurch Silber ausgefällt und seine katalytische Wirkung aufgehoben wird. Nunmehr wird das gebildete Permanganat rasch mit Arsentrioxydlösung (etwa $^n/_{50}$: 0,666 g Arsentrioxyd und 2 g Natriumhydrogencarbonat oder wasserfreie Soda werden in heißem Wasser gelöst und zu 1000 cm³ verdünnt; statt der Carbonate können zur Lösung auch geringe Mengen reinster Natronlauge benutzt werden) bis zur gelblich grünen Färbung titriert. Die Titerstellung der Arsentrioxydlösung erfolgt mittels einer Normalstahlprobe für Mangan auf die gleiche Weise.

Stickstoff. In Ferrochrom liegt der Stickstoff fast ausschließlich in Form von Nitrid vor. Durch Lösen in Salzsäure oder verd. Schwefelsäure oder durch Aufschluß mit Schwefelsäure-Kaliumsulfat oder Schwefelsäure-Kaliumhydrogensulfat wird der Stickstoff über Ammoniak in ein Ammoniumsalz übergeführt. Dieses wird durch Natronlauge zerlegt, das freie Ammoniak abdestilliert und in einer Vorlage, die $^n/_{10}$-Schwefelsäure enthält, aufgefangen. Der Überschuß der $^n/_{10}$-Schwefelsäure wird durch $^n/_{10}$-Natronlauge zurückbestimmt. 1 cm³ $^n/_{10}$-Schwefelsäure entspricht 0,0014 g Stickstoff.

Zur Stickstoffbestimmung werden 10 g Ferrochrom — für hochstickstoffhaltiges Ferrochrom genügt eine niedrigere Einwaage — in einem Becherglas mittels verd. Schwefelsäure, möglichst unter Luftabschluß, zersetzt. Bohrspäne sind leicht durch Schwefelsäure $(1+3)$ restlos in Lösung zu bringen. Feinst gepulvertes Ferrochrom löst sich in den meisten Fällen ebenfalls in Schwefelsäure, wozu folgender Weg der beste ist:

Zu der Einwaage werden etwa 150 cm³ Wasser gegeben. Man fügt nun langsam unter leichtem Erwärmen tropfenweise Schwefelsäure hinzu, bis die beste Lösungsmöglichkeit zu erkennen ist. Ein ungelöster Rückstand zersetzt sich meistens durch längeres Behandeln in der Wärme mit der verd. Schwefelsäure, wenn nötig unter Zuhilfenahme von etwas Flußsäure. Bleibt aber dennoch ein Rückstand, so wird er durch ein Filterröhrchen abfiltriert. Nach H. Kempf und K. Abresch[3] verwendet man ein in einen Wittschen Topf hineingestelltes Becherglas als Auffanggefäß. Der Asbestpfropfen des Filterröhrchens wird samt dem ungelösten Anteil des Ferrochroms in einen Kjeldahl-Kolben gebracht und hier mit 15 g Kaliumsulfat und 30 cm³ Schwefelsäure (1,84) auf freier Flamme 1 Stunde lang aufgeschlossen. Man kann hierzu auch einen 500 cm³ Erlenmeyerkolben verwenden.

Benutzt man kein Filterröhrchen mit Asbest, so genügt auch ein einfaches Rundfilter, welches mit Schwefelsäure unter Erhitzen verkohlt wird, wozu man gleichzeitig auch das Kaliumsulfat hinzufügt. In beiden Fällen beträgt die Tem-

---

[3] Arch. Eisenhüttenw. Bd. 13 (1939/40) S. 423 u. Bd. 14 (1940/41) S. 255 bis 259 — Über die Bestimmung des gebundenen Stickstoffs in unlegierten und legierten Stählen. I. u. II. Teil.

peratur etwa 350°. Um ein Anhaften kleiner Teilchen an der Kolbenwandung oberhalb der Aufschlußmasse zu vermeiden, bedeckt man das Aufschlußgefäß zu $2/_3$ mit einem Deckglas. Nachdem der Aufschluß beendet und abgekühlt ist, gibt man etwa 100 cm³ Wasser hinzu und bringt die Lösung samt dem Filtrat in den Destillationskolben.

Dieser, der einige Zinkspäne enthält, wird durch einen doppelt durchbohrten Stopfen verschlossen. Durch die eine Bohrung führt der Destillationsaufsatz nach Kjeldahl mit Kugel, Tropfenfänger und Ableitungsrohr, welches mit der Kühlschlange verbunden ist. An die Kühlschlange schließt sich die Vorlage zum Auffangen des überdestillierten Ammoniaks an. Durch die zweite Bohrung führt ein Scheidetrichter. Zur Vermeidung etwa durch die Gummiverbindung entstehender Fehler ist es zweckmäßig, einen ganz aus Glas hergestellten Destillationsapparat mit gut sitzenden Schliffen zu verwenden.

Nachdem man den Destillationskolben verschlossen hat, wird durch den Scheidetrichter vorsichtig nach und nach so lange 50proz. ammoniakfreie reine Natronlauge zufließen gelassen, bis die Lösung stark alkalisch ist. Dann destilliert man durch langsames Erhitzen $1/_3$ des Volumens des Rundkolbens in die Vorlage über. Der Überschuß der $n/_{10}$-Schwefelsäure wird unter Verwendung des Thashiro-Indicators mit $n/_{10}$-Natronlauge zurückbestimmt (*Thashiro-Indicator:* Mischung von 100 cm³ einer 0,03proz. alkoholischen Lösung von Methylrot und 15 cm³ einer 0,1proz. wässerigen Lösung von Methylenblau). Die Arbeit muß in einem ammoniakfreien Raum durchgeführt und das destill. Wasser mit Kaliumpermanganat und Ätzkalk vorher noch ein zweites Mal destilliert werden. Der Wert eines Blindversuches ist abzusetzen. Der Blindwert kann entstehen durch die verwendeten Chemikalien sowie durch einen Alkaligehalt der benutzten Glasgefäße.

Nach P. Klinger[4] kann der Stickstoffgehalt auch durch Aufschluß im Vakuum auf gasanalytischem Wege bestimmt werden. Die Probe wird mit Natriumperoxyd in einem luftleer gepumpten Reagensrohr aus schwer schmelzbarem Glas (Supremaxglas) durch Erhitzen auf schwache Rotglut aufgeschlossen.

Die Nitride zersetzen sich dabei unter Abgabe des Stickstoffs in elementarer Form. Das entstandene Gasgemisch wird durch Überleiten über eine glühende Kupferspirale von Sauerstoff befreit, das Restgas abgepumpt und auf Kohlensäure, Kohlenoxyd, Wasserstoff und Sauerstoff untersucht. Der verbleibende Gasrest ist Stickstoff.

Nach Teil II des „Handbuches für das Eisenhüttenlaboratorium" erfolgt der Aufschluß des Ferrochroms in einer Platinschale mit 6 bis 10 g Kaliumhydrogensulfat unter Zugabe von 20 cm³ Schwefelsäure (1,84). Der Aufschluß wird mit Wasser aufgenommen und alsdann in den Destillationskolben gebracht.

Nickel. Es kann, wie bei „Chromerz" angegeben, bestimmt werden. Lösliches Ferrochrom wird in verd. Salzsäure gelöst.

Arsen. 5 g Ferrochrom werden durch Schmelzen mit Natriumperoxyd aufgeschlossen. Um bei der Destillation das „Stoßen" zu verringern, ist es empfehlenswert, möglichst wenig von dem Aufschlußmittel zu verwenden. Die Schmelze wird mit Wasser aufgenommen, aufgekocht und mit Salzsäure (1,19) im Überschuß angesäuert. Man füllt die Lösung in den Kolben eines Arsendestillationsapparates über und verfährt weiter wie im Kap. „Arsen" angegeben.

Lösliches Ferrochrom wird in möglichst wenig verd. Schwefelsäure aufgelöst. Die schwefelsaure Auflösung wird in den Destillationskolben gebracht und, wie oben beschrieben, unter Zusatz von Salzsäure destilliert.

Das Ergebnis eines Blindversuches ist abzusetzen.

---

[4] Arch. Eisenhüttenw. Bd. 5 (1931/32) S. 29.

Schwefel. Gleichwertig für die Schwefelbestimmung im Ferrochrom sind das Aufschluß- und die Verbrennungsverfahren.

a) Beim **Aufschlußverfahren** vermeidet man den Nachteil einer verhältnismäßig geringen Einwaage von 1,5 bis 2 g dadurch, daß man 2 Aufschlüsse vereinigt. Es werden also zweimal 2 g der fein gepulverten Probe im Nickeltiegel mit etwa 10 g Natriumkaliumcarbonat und 10 g Natriumperoxyd aufgeschlossen. Die weitere Durchführung der Analyse ist aus der Beschreibung bei „Chromerz“, S. 152 ersichtlich.

b) Die Verbrennungsverfahren. α) **Nach C. Holthaus[5].** Das Verfahren beruht auf der Verbrennung der Probe im Sauerstoffstrom bei 1350 bis 1400° mit anschließender maßanalytischer Bestimmung der gebildeten Schwefelsäure. Die dafür benötigte *Apparatur* besteht aus: Sauerstoffbombe, Calciumchloridrohr, Waschflasche mit Schwefelsäure, elektrisch beheiztem Ofen mit Porzellanrohr, Wattevorlage, Absorptionsgefäß, Feinbürette von 10 cm³ Inhalt mit 0,025 cm³-Teilung, 50 cm³-Pipette und einer solchen von 10 cm³. Die Verbrennungsgase werden in das Absorptionsgefäß geleitet, das mit 50 cm³ einer 0,5proz. Wasserstoffperoxydlösung und mit 10 cm³ einer $^n/_{20}$-Natronlauge beschickt ist. Zwischen Absorptionsgefäß und Verbrennungsofen ist ein mit Glaswolle gefülltes Röhrchen geschaltet, um etwa mitgerissene Partikel zurückzuhalten. Nach dem Abstellen des Sauerstoffstromes wird die Titration der überschüssigen Natronlauge vorgenommen. Bei Verwendung von $^n/_{20}$-Lösungen und bei einer Einwaage von 2 g entspricht 1 cm³ Natronlauge theoretisch 0,04% Schwefel. Zweckmäßig jedoch ist es, den Titer mit einem Normalstahl empirisch zu stellen; in diesem Falle fällt auch das zeitraubende Neutralisieren der meist sauer reagierenden Wasserstoffperoxydlösung fort.

Einstellung der Lösungen. Man gibt aus der Pipette 50 cm³ Wasserstoffperoxydlösung und aus der Feinbürette 10 cm³ $^n/_{20}$-Schwefelsäure [13 cm³ Schwefelsäure (1,84) auf 10 l Wasser] in das Absorptionsgefäß und titriert mit etwa $^n/_{20}$-Natronlauge, der man alizarinsulfosaures Natrium (0,2 g auf 1000 cm³ der Natronlauge) zugesetzt hat, bis zum Farbumschlag. Dann legt man die ermittelte Menge Lauge sowie 50 cm³ Wasserstoffperoxyd vor und titriert nun mit der Schwefelsäure bis zum Umschlag nach Grün, der genau beim Endstrich erfolgen soll. Es empfiehlt sich, zwecks besserer Erkennung des Umschlagpunktes während der Titration Sauerstoff durch das Gefäß zu leiten, den man durch eine zweite Leitung einführt.

Bei der Analyse beschickt man die Vorlage mit 50 cm³ Wasserstoffperoxyd und mit der durch die Einstellung ermittelten Menge Natronlauge und verbrennt die im Porzellanschiffchen befindliche Probe (1 g) im kräftigen Sauerstoffstrom bei etwa 1350°, nachdem man sie einige Sekunden im Rohr vorgewärmt hat (Zuschläge s. bei β S. 159). Der Schwefel wird nur dann restlos erfaßt, wenn das Material während der Verbrennung schmilzt. Nach Beendigung der Verbrennung, die sich durch stärkeres Auftreten von Gasblasen bemerkbar macht, leitet man noch 2 min lang Sauerstoff durch die Apparatur und titriert dann die verbleibenden cm³ Lauge mit der Schwefelsäure. (1 cm³ der Schwefelsäure entspricht bei 1 g Einwaage 0,08% Schwefel.)

β) **Nach K. Swoboda[6].** Das Wesen der Methode besteht darin, daß das Probegut im Sauerstoffstrom bei hoher Temperatur verbrannt wird und die entstandenen SO_2- und SO_3-Gase in eine neutrale Silbernitratlösung geleitet werden, in der sie sich zu den entsprechenden Silbersalzen umsetzen unter Freimachung einer äquivalenten Menge Salpetersäure. Diese Salpetersäure wird mit 0,005n-Natronlauge bei Gegenwart von Methylrot titriert. Die Werte sind äußerst genau.

---

[5] Stahl u. Eisen 1924 S. 1516 — Arch. Eisenhüttenw. Bd. 5 (1931/32) S. 95.
[6] Z. anal. Chem. Bd. 77 (1929) S. 269.

Apparatur. Sauerstoffbombe mit Ventil, 2 Waschflaschen mit Kalilauge, 1 Waschflasche mit $KMnO_4$-Lösung (40 g p. Liter), 1 Waschflasche mit konz. Schwefelsäure, 1 Rohr oder ein Turm mit NaOH-Stücken und 1 mit Calciumchlorid; es folgt ein Marsofen, dessen Rohr am Austritt in ein etwa 20 cm langes, mit Watte gefülltes Glasrohr übergeht. Von diesem Rohr, dessen Watte verstäubte Oxyde festhält, führt ein Rohr zu einem Gläschen mit 40 cm^3 Silbernitratlösung. Das Rohr ist an dem Tauchende zugeschmolzen, dort kugelförmig erweitert und mit 5 bis 6 Öffnungen von etwa 1 mm Durchmesser versehen.

Neutrale Silbernitratlösung. 25 g Silbernitrat werden in CO_2-freiem Wasser gelöst, mit 25 Tropfen Methylrot versetzt und zum Liter aufgefüllt. Die Lösung ist neutral, wenn 40 cm^3 mit 2 Tropfen 0,005n-Salpeter- oder Schwefelsäure deutlich rot werden, und immer wieder verwendbar, wenn man sie nach dem Gebrauch filtriert und erneut einstellt.

Methylrotlösung. 0,2 g Methylrot werden mit 100 cm^3 50proz. Alkohol übergossen und nach 12stündiger Einwirkung filtriert.

Maßflüssigkeit. 0,005n-Natronlauge (und zum Einstellen 0,005n-Salpeter- oder Schwefelsäure).

Der Schwefeltiter der 0,005n-NaOH wird mit Hilfe eines Normalferrochroms vom Staatlichen Materialprüfungsamt Berlin-Dahlem festgestellt.

Ausführung der Schwefelbestimmung. 0,5 g Ferrochrom werden in einem Porzellanschiffchen dünn ausgebreitet und mit 1 g Ferrum red. oder kleinen Spänen von Elektrolyteisen bzw. Weicheisen gemischt und überschichtet. Der Schwefelgehalt des Zuschlages wird durch eine Sonderverbrennung bestimmt und in Abzug gebracht. Bei einer möglichst hohen Temperatur (fast Erweichungspunkt des Porzellanrohres) von ungefähr 1300 bis 1400° verbrennt man im lebhaften Sauerstoffstrom und leitet die Gase in 40 cm^3 der neutralen Silbernitratlösung. Zur Entfernung der Kohlensäure aus der Silbernitratlösung wird das Durchleiten des Sauerstoffs nach der Verbrennung fortgesetzt, und zwar geschieht dies bei einem Ferrochrom mit max. 1% C 3 min, mit max. 4% C 6 min und für ein solches mit 8% C 9 min lang. Die Silbernitratlösung wird mit 0,005n-Natronlauge titriert, bis der Umschlag von Rot auf Gelb eingetreten ist. Bei einiger Übung kann man an der roten Farbe und an der Menge des ausgeschiedenen Silbersulfits den Schwefelgehalt abschätzen.

Die Methode ist sehr genau, einfach und schnell.

Chromoxyd. 2 g oder mehr des feinst gepulverten Ferrochroms werden unter Erwärmen mit Salzsäure (1 + 2) soweit als angängig in einer Platinschale in Lösung gebracht; schließlich gibt man zur Zerstörung der Chromsilicide etwas Flußsäure hinzu. Ist alles Lösliche in Lösung gegangen, so wird mit genügend Wasser zur Filtration verdünnt, der verbleibende Rückstand abfiltriert, ausgewaschen, zur vollständigen Zerstörung der Carbide vom Filter in ein Becherglas gespült und darin mit Salzsäure und Kaliumchlorat behandelt. Das zurückbleibende Unlösliche filtriert man durch das zuvor benutzte Filter ab, wäscht es mit salzsäurehaltigem Wasser, verascht im Eisentiegel und schmilzt mit Natriumperoxyd. In der Lösung erfolgt nun die Chrombestimmung jodometrisch oder potentiometrisch; der ermittelte Chromgehalt wird auf Oxyd (Cr_2O_3) berechnet.

Aluminium.

a) Fällung mit Ammoniak. Man schließt 2 bis 5 g Ferrochrom im aluminiumfreien Eisen- oder Nickeltiegel mit Natriumperoxyd auf, laugt die Schmelze in einem Becherglas mit Wasser aus, kocht auf und spült alles in einen Litermeßkolben über; das Aluminium ist als Aluminat in Lösung. Hat man aufgefüllt und filtriert, werden je nach der Höhe des Aluminiumgehaltes 500 bis 700 cm^3 der Lösung mit Salpetersäure angesäuert, mit 5 g Ammoniumnitrat versetzt und aufgekocht. Hierauf macht man schwach ammoniakalisch, kocht wiederum und läßt das Hydroxyd in der Wärme absitzen. Es wird dann abfiltriert, mit heißem, Ammoniumnitrat und etwas Ammoniak enthaltendem Wasser ausgewaschen und mit verd. Salpetersäure vom Filter heruntergelöst; man macht mit Natriumperoxyd alkalisch, säuert an und wiederholt die Fällung mit Ammoniak. Nach dem Abfiltrieren wird der Niederschlag im Platintiegel verascht, mit Fluß- und Schwefelsäure von der Kieselsäure befreit, stark geglüht (1200°) und gewogen (s. auch Kap. „Aluminium", S. 5).

Das Ergebnis einer Blindprobe ist ebenfalls zu berücksichtigen.

b) Fällung mit Phenylhydrazin. Man schließt wie vorher 2 bis 5 g in einem Reinnickeltiegel mit Natriumperoxyd auf, laugt die Schmelze in einem Becherglas mit Wasser aus und säuert mit Salzsäure an. Nach Zusatz von festem Ammoniumchlorid trennt man Chrom und Nickel unter mehrmaligem Fällen mit Ammoniak ab, löst schließlich die Hydroxyde mit Salzsäure, gibt 20 cm³ Schwefelsäure (1 + 1) hinzu und bringt zum starken Rauchen. Dann wird mit Wasser verdünnt, aufgekocht und von der Kieselsäure abfiltriert. Im Filtrat erfolgt die Fällung des Aluminiums mittels Phenylhydrazin. Hierzu stumpft man die saure Lösung mit Ammoniak ziemlich weit ab, versetzt sie mit 50 cm³ 6proz. Schwefligsäurelösung, kocht auf und neutralisiert mit verd. Ammoniak. Es ist vorteilhaft, den Neutralisationspunkt ganz schwach zu überschreiten, so daß eben eine schwache Fällung wahrgenommen werden kann. Durch 3 cm³ Phenylhydrazin wird nun das Aluminium in der Siedehitze gefällt, sofort durch ein schnell laufendes Filter filtriert und sorgfältig mit heißem phenylhydrazinhaltigem Wasser ausgewaschen. Man verascht, glüht und wägt.

Das nach beiden obigen Methoden erhaltene Aluminiumoxyd kann noch durch Eisen, Chrom oder Titan (durch letzteres nur bei b) verunreinigt sein. Zur Reinigung schließt man es im Silbertiegel mit wenig Natriumperoxyd auf, laugt die Schmelze aus, filtriert Eisen und Titan ab und fällt das Aluminium aus dem Filtrat erneut aus. Enthält das Ferrochrom Phosphor, so wird auch dieser als Verunreinigung des Aluminiumoxyds zu berücksichtigen sein; er wird in der Lösung eines Schmelzaufschlusses nach der Molybdatmethode bestimmt, auf P_2O_5 umgerechnet und von der Rohauswaage des Aluminiumoxyds abgesetzt.

Eine Trennung von Eisen und Aluminium kann auch durch eine Fällung des ersteren mit Kupferron[7] erfolgen. Ebenso eignet sich für diese Trennung die Bestimmung des Aluminiums als Phosphat[8]; dabei wird aber auch Titan mitgefällt und muß also vor oder nach der Ausführung des Phosphatverfahrens abgetrennt werden.

2. Chrommetall.

Es wird aus Chromoxyd auf aluminothermischem Wege hergestellt und hat etwa folgende Zusammensetzung:

Chrom	99,2 bis 99,5%
Eisen	0,2%
Aluminium	0,2%
Silicium	0,1%
Schwefel	0,01%
Kohlenstoff	0,01 bis 0,02%

Chrommetall ist in Salzsäure und Schwefelsäure löslich, kann aber auch mit Natriumperoxyd oder einem Gemisch von diesem und Natriumkaliumcarbonat aufgeschlossen werden.

Chrom.

Seine Bestimmung kann nach den Methoden unter A. I oder A. III erfolgen; man wählt eine Einwaage von 1 g, die man einem Schmelzaufschluß unterzieht.

---

[7] Z. anal. Chem. Bd. 90 (1932) S. 47. Th. R. Cunningham.
[8] Handbuch f. d. Eisenhüttenlaborat. Bd. I S. 44; auch Kap. „Aluminium", S. 5.

Eisen und **Aluminium.**

Je nach den Gehalten werden 2 bis 10 g Metall mit genügend Salzsäure $(1+1)$ im Becherglas unter Erwärmen gelöst. Die klare Lösung verdünnt man etwas mit Wasser, macht mit Natriumperoxyd eben alkalisch, gibt 2 kleine Löffel davon im Überschuß zu, kocht auf und läßt über Nacht absitzen. Dann wird der Niederschlag filtriert, gewaschen und mit Salzsäure vom Filter gelöst; falls erforderlich, muß umgefällt werden. Den Gehalt an Eisen stellt man in üblicher Weise fest.

Im Filtrat von dem mit Natriumperoxyd ausgefällten Eisen befindet sich das gesamte Aluminium. Man säuert mit Salpetersäure an, versetzt mit 10 g Ammoniumnitrat, macht schwach ammoniakalisch und kocht. Der Überschuß an Ammoniak soll nicht mehr als 15 Tropfen betragen. Der Niederschlag ist so oft umzufällen, bis er frei von Chrom ist, wofür meist eine doppelte Fällung genügt. Das Aluminiumhydroxyd wird im Platintiegel verascht, mit Fluß- und etwas Schwefelsäure abgeraucht, stark geglüht und gewogen. (Reinigung s. S. 160.)

Schwefel.

Für dessen Bestimmung kommt neben dem Verbrennungsverfahren, welches aber leicht zu niedrige Werte ergibt, an erster Stelle das *Aufschlußverfahren* (s. S. 152 und 158) in Frage. Daneben kann man auch das *Entwicklungsverfahren* anwenden, wie es nachstehend beschrieben ist*; jedoch muß berücksichtigt werden, daß es zeitraubender ist als die anderen Verfahren.

10 g des möglichst fein zerkleinerten Materials werden im Entwicklungskolben eines Schwefelbestimmungsapparates mit Salzsäure [50 cm³ Salzsäure (1,19) und 50 cm³ (1,12)] gelöst und die entweichenden Gase durch eine Vorlage mit Cadmiumacetatlösung geleitet. Das Lösen des Metalls wird durch Erwärmen unterstützt; ist es beendet, treibt man den noch im Lösungskolben vorhandenen Schwefelwasserstoffrest durch Einleiten von Kohlensäure über.

Das in der Vorlage ausgeschiedene Cadmiumsulfid wird in bekannter Weise jodometrisch oder gewichtsanalytisch bestimmt.

Die im Entwicklungskolben befindliche salzsaure Chromlösung sowie ein etwa ungelöst gebliebener Rest müssen auf Schwefel geprüft werden. Zu diesem Zweck saugt man den Rückstand mit Hilfe einer Nutsche oder eines Trichters mit Platinkonus auf ein gehärtetes Filter ab, pinselt ihn nach dem Auswaschen und Trocknen in einen Nickeltiegel und schließt ihn durch Schmelzen mit einer Mischung von sulfatfreiem Natriumkaliumcarbonat und Natriumperoxyd zu gleichen Teilen auf. Die Schmelze wird nach dem Aufschlußverfahren weiterbehandelt (S. 158), wobei die Schwefelsäure als Bariumsulfat zur Fällung kommt.

Die filtrierte salzsaure Chromlösung macht man mit Natriumperoxyd alkalisch, verkocht den überschüssigen Sauerstoff, füllt in einem Meßkolben auf und bestimmt in einem Anteil des Filtrats nach dem Aufschlußverfahren (s. S. 152) den Schwefel; dabei ist ein Impfen mit einer schwachen Schwefelsäure bekannten Gehaltes zweckmäßig.

Silicium.

Es kann nach dem bei „Ferrochrom" (säurelöslich) angeführten Verfahren bestimmt werden.

3. Chromoxyd.

Für die *Chrom*bestimmung wird am zweckmäßigsten das jodometrische Verfahren (unter A. I) angewandt. Die *Begleitelemente* können nach den bei der Analyse des Ferrochroms oder Chrommetalls angegebenen Methoden bestimmt werden.

---

* Nachgeprüft in den Laboratorien von Fried. Krupp, Essen, u. Elektrowerk Weisweiler.

Kapitel 10.

Edelmetalle*.

Probenahme edelmetallhaltiger Materialien:
1. von Erzen (Golderzen),
2. von Legierungen und Scheidegut,
3. von Gekrätzen, Schlämmen, Schliffen, Schlacken, Scherben und Rückständen aller Art:
    a) bei gleichmäßigem,
    b) bei ungleichmäßigem Material.

A. Bestimmungsmethoden.
   I. Die dokimastische oder trockne Probe:
     1. Allgemeines (Einwägen, Bleizusatz, Treiben, Quartieren, Auflösen, Auswaschen, Ausglühen, Auswaage, Gehaltsangabe),
     2. Ansiedeprobe,
     3. Tiegelprobe (im Eisen-, im Tontiegel),
     4. Abtreiben der Bleikönige,
     5. Scheiden des Kornes.
  II. Die kombinierte (naß-trockne) Methode:
     1. mit „direkter“ Platinbestimmung,
     2. mit „indirekter“ Platinbestimmung (Methode Eckert).
 III. Die nasse Silberbestimmung:
     1. Gewichtsanalytisch als Silberchlorid,
     2. Maßanalytisch nach Gay-Lussac.

B. Die Untersuchung von edelmetallhaltigen Erzen, Hütten- und Fabrikationserzeugnissen.
   I. Erze:
     1. Bleierze und bleiische Räumaschen,
     2. Zinkerze,
     3. Kupfererze,
     4. Wismuterze,
     5. Zinnerze,
     6. Antimonerze,
     7. Arsenerze,
     8. Nickel- und Kobalterze,
     9. Schwefelkiese und Abbrände.
  II. Hütten- und Fabrikationserzeugnisse:
     1. Rückstände:
       a) Gekrätze, Schliffe, Schlacken, Scherben,
       b) Anodenschlämme,
       c) Kupferroh- und Konzentrationsstein,
       d) Nickel- und Kobaltspeisen,
       e) Photographische Papiere und Filme,
       f) Photographische Fixierbäder.
     2. Metalle:
       a) Kupfer,
       b) Zink,
       c) Handelssilber [Wismutbest.: α) Methode nach Pufahl, β) Methode 1 nach Proske, γ) Methode 2 nach Proske].
     3. Legierungen:
       a) Platingüldischprobe auf trocknem Wege,
       b) Technisch und chemisch reines Platin [α) Gesamter Edelmetallgehalt, β) Palladium, γ) Gold],
       c) Dentallegierung.
     4. Salze.

* Bearbeiter: **Proske.** Mitarbeiter: **Ahrens, Block, Borkenstein, Buttig, Eckert, Ensslin, Georgi, Gottschall, Haufe, Janssen, Marr, Melzer, Mertens, Moser, Orlik, Raub, Richter, Toussaint, Wagenmann.**

Probenahme edelmetallhaltiger Materialien.

In Anbetracht der für die Analyse edelmetallhaltiger Materialien außerordentlichen Wichtigkeit einer sachverständig ausgeführten Probenahme soll diese zunächst besprochen werden:

1. Von Erzen (Golderzen).

Von den edelmetallhaltigen Erzen erfolgt die Probenahme nach den Vorschriften des Chemiker-Fachausschusses der früheren „Gesellschaft Deutscher Metallhütten- und Bergleute" (jetzt „Metall und Erz" e.V. im NSBDT.), Berlin — „Probenahme von Erzen und anderen metallhaltigen Verhüttungsmaterialien sowie von Metallen und Legierungen mit einem Anhang", Selbstverlag 1931.

Bei **quarzigen Golderzen,** die Edelmetalle in metallischem Zustand enthalten, muß genauestens darauf geachtet werden, daß Probe sowie Mahlrückstand auch dem Durchschnitt des Erzes entsprechen. Man hat hier so zu verfahren, daß man von der auf 2 mm Korngröße zerkleinerten Rohprobe etwa 30 kg in einer sieblosen Kugelmühle fein mahlt.

Wird von einer Partei wegen der Art des Erzes Wert darauf gelegt, eine größere Menge, etwa 10%, an Mahlrückstand zu erhalten, so wird kürzere Zeit, etwa 2 Stunden, gemahlen; soll der Mahlrückstand möglichst gering, gegen 1%, sein, so mahlt man längere Zeit, vielleicht 3 Stunden. Das Mahlgut wird durch ein Sieb DIN 16 oder 23 gegeben, wobei im allgemeinen kein Rückstand auf dem Sieb verbleibt. Man mischt nun gut durch und verjüngt auf etwa 3 bis 4 kg. Diese Probemenge wird nun ohne weitere Zerkleinerung durch ein Sieb DIN 40 oder 50 gegeben. Der auf dem Sieb verbleibende Rückstand wird:

a) entweder unverändert für sich eingebeutelt, wenn die Gesamtmenge der Mahlrückstände restlos von *einem* Laboratorium untersucht werden soll, oder

b) mit dem erstpassierten Feinen auf verschiedene Tüten verteilt; dann ist es erforderlich, ihn in einem Reibmörser oder auf der Reibplatte weiter zu zerkleinern, bis die Gesamtmenge die Maschen des Siebes passiert hat. Da dieses „Feine" sehr ungleichmäßig ist, muß darauf geachtet werden, es vor dem Eintüten sorgfältigst zu mischen und davon für die Analyse eine möglichst große Einwaage zu nehmen (nach Angabe einer Hütte bis zu 400 g für eine Schmelze).

2. Von Legierungen und Scheidegut.

Die edelmetallhaltigen Legierungen können sich beim Erstarren je nach Art und Menge der Nebenbestandteile in mehr oder weniger großem Maße entmischen. Eine einwandfreie Probenahme kann daher nur bei einem in feuerflüssigem Zustande befindlichen Material nach genügendem Umrühren der Schmelze mittels eines Graphitstabes durch Entnahme einer Schöpfprobe und Ausgießen in ganz dünner Planschen- bzw. Barren- oder Körnerform erfolgen. Ist die Masse in feuerflüssigem Zustande nicht homogen, so empfiehlt es sich, die Schöpfprobe erst nach Zusatz einer ausreichenden Menge Kupfer unter Steigerung der Temperatur zu entnehmen. Die Planschenprobe reinigt man nun von der Oberflächenhaut, entfernt die ersten Bohrspäne und durchbohrt dann an mehreren Stellen. Die hierbei gewonnenen Späne werden, gut durchgemischt, zur Einwaage benutzt.

Die Planschenprobe ist der Körnerprobe vorzuziehen, da besonders bei den weniger edelmetallhaltigen Legierungen auf der Oberfläche eine Oxydation der unedlen Metalle eintritt, die auf das Proberesultat von Einfluß sein kann*. Entfernt man diese Oxydschicht durch Abbeizen mit Säure, so tritt eine unerwünschte

---

* Ein Zusatz von Alkohol oder Formaldehyd zum Kühlwasser bei der Körnerprobe verhindert die Oxydation der Körneroberfläche weitgehend.

Anreicherung der Körner an Edelmetallen ein, und die Probe entspricht dann nicht mehr dem Durchschnitt der Schmelze.

Nur in Ausnahmefällen, wenn das Ein- bzw. Umschmelzen nicht angeht, und bei ganz kleinen Planschen sowie bei Legierungen über $^{700}/_{000}$ fein kann die Bohrprobe am Originalbarren für die Probenahme herangezogen werden, und zwar soll das Bohren bis mindestens in die Mitte des Barrens von oben und unten an je zwei verschiedenen Stellen, wie in Abb. 7 skizziert, erfolgen.

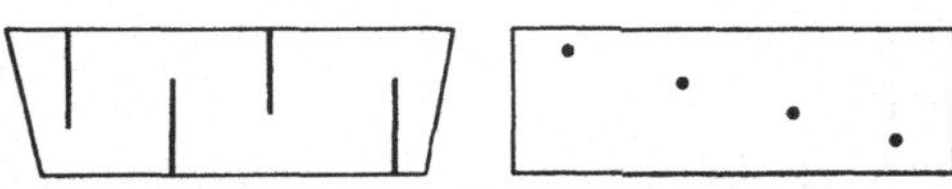

Abb. 7. Bohrschema bei Edelmetallbarren.

Das Bohren ist ohne Anwendung von Bohrflüssigkeit derart vorzunehmen, daß die ersten aus der Oberflächenhaut stammenden Bohrspäne entfernt werden.

Die Aushiebprobe soll nur als Kontrolle der Schöpfproben für die einzelnen Barren der Schmelze dienen, um die verschiedenen Barren, als zur angegebenen Schmelze gehörend, zu identifizieren und bei eingesandter Schöpfprobe gegebenenfalls zu kontrollieren.

3. Von Gekrätzen, Schlämmen, Schliffen, Schlacken, Scherben und Rückständen aller Art.

a) Bei *gleichmäßigem* Material wird der Inhalt der Fässer, Säcke oder Kisten zu einem Haufwerk aufgeschichtet, dann 3mal über einen Kegel gestürzt und nun beim Wiedereinfüllen in Säcke von jeder Schaufel 1 Löffel Probematerial genommen. Diese größere Probe wird nun nochmals je nach ihrer Größe mehrfach über den Kegel gebracht, dann ausgebreitet und durch Vierteilung verjüngt; hiervon werden etwa 500 g Probematerial entnommen.

Die Probenahme hat sofort bei der Gewichtsfeststellung der Partie zu erfolgen. Das Probematerial ist in Stöpselgläsern aufzubewahren, damit keinerlei Änderung des Feuchtigkeitsgehaltes eintritt. Ist der Nässegehalt des Materials so hoch, daß das Probematerial sich zusammenballt, so wird die Hälfte des Probematerials bei 105° getrocknet und diese trockene Substanz möglichst sofort zur Gehaltsfeststellung eingewogen; die andere Hälfte wird als Ersatz, zur Kontrolle usw. gut verschlossen zurückbehalten. Es empfiehlt sich auch, bei sehr nassem Material die Nässebestimmung unmittelbar bei der Probenahme auszuführen.

Enthält die Probe metallische Körnchen, so werden ebenfalls etwa 250 g bei obengenannter Temperatur getrocknet, wieder gewogen und dann erst fein gerieben, da beim Zurichten der Probe eine Änderung im Feuchtigkeitsgehalt eintritt. Die beim Feinreiben verbleibenden Metallkörner werden geschmolzen. Hiervon wird ein Teil angesotten bzw. abgetrieben und das Resultat auf den Gesamtinhalt bzw. -gehalt berechnet.

b) Bei *ungleichmäßigem Material*, besonders bei grobstückigen Tiegelresten, bei Gekrätzen, Aschen, Schlacken usw., wie sie in der edelmetallverarbeitenden Industrie anfallen, ist es unbedingt notwendig, daß eine Zerkleinerung der ganzen Partie in Kugelmühlen erfolgt, wobei natürlich bei feuchtem Material, besonders wenn organische Substanzen, wie Holz, Papier, Zelluloid usw., darin enthalten sind, zunächst ein Trocknen bzw. Ausbrennen der Partie voranzugehen hat. Es sind Kugelmühlen mit feinsten Sieben (Nr. 24 DIN 1171) anzuwenden, um ein gleichmäßiges Produkt zu erhalten, das dann durch mehrfaches Aufschichten zum Kegel gut durchgemischt wird, und von dem beim Einfüllen in Säcke zwecks Gehaltsfeststellung der Partie von jeder Schaufel mit einem Löffel eine Probe entnommen wird. Man verjüngt diese Probe, wie bereits oben angegeben, und füllt sie in Stöpselgläser.

Die in der Kugelmühle zurückbleibenden, plattgeschlagenen Metallkörner und sonstigen Metallteile werden — nach Entfernen der Eisenteile mit dem Magneten —

später umgeschmolzen, wobei der Schmelze, wie S. 163 unter „Legierungen und Scheidegut" angeführt, eine Schöpfprobe entnommen wird.

Enthalten die mit dem Magneten entfernten Eisenteile nennenswerte Mengen Edelmetalle, was nur selten der Fall sein dürfte, so muß das Eisen geschwefelt, das hierbei entstehende Eisensulfid ebenfalls gemahlen und bei der Gehalts- bzw. Inhaltsfeststellung berücksichtigt werden.

Bei ungleichmäßigem Material erfolgt also stets eine doppelte Abrechnung, erstens die des Feingemahlenen, das die Siebe passiert und keinen metallischen Charakter besitzt, und zweitens die des Rückstandes in der Kugelmühle, der fast ausschließlich Metalle enthält.

Es ist selbstverständlich, daß besonders bei den Edelmetallen infolge ihres hohen Wertes die Probenahme äußerst sorgfältig unter genauer Beobachtung der einzelnen Arbeitsgänge vorgenommen werden muß.

A. Bestimmungsmethoden.

I. Die dokimastische oder trockne Probe.

1. Allgemeines.

Vorweg soll bemerkt werden, daß bei den dokimastischen Edelmetallbestimmungen genaue Befunde nicht allein von der Art des Verfahrens, der Zuschläge usw. abhängig sind, sondern auch besonders von der persönlichen Geschicklichkeit des Probierers. Auch beides vorausgesetzt, können sich Differenzen zwischen dem tatsächlichen Gehalt und dem festgestellten Befund ergeben, vor allem durch Kapellenzug usw., für die man eine allgemeine Norm nicht aufstellen kann.

Sehr wichtige, darauf bezügliche Untersuchungen wurden von Heinrich Roessler u. a. auch in dieser Richtung wie folgt beurteilt: „Wieviel diese Verluste betragen, das läßt sich nur durch synthetische Versuche feststellen. Man muß gegebene Mengen von chemisch reinem Silber, Gold, Platin und ebensoviel von den verschiedenartigen Zuschlägen und genau unter denselben Bedingungen schmelzen, ansieden und abtreiben usw., wie das bei den betreffenden Proben geschieht."

Die nachstehenden Punkte sind bei dem Probierverfahren besonders genau zu beachten, da gerade diese fast immer zu Differenzen Veranlassung geben.

So wird man im allgemeinen einen zu hohen Silber- und Goldgehalt finden:

1. bei zu großer Einwaage,
2. bei Probierblei- und Quartiersilbersorten, die silber- bzw. goldhaltig sind,
3. wenn das Verhältnis des Silberzusatzes für die Goldprobe nicht richtig gewählt war,
4. wenn zu kalt getrieben wurde oder die Körner nicht heiß genug geblickt haben,
5. wenn nicht genau eingestellte und keine reine Salpetersäure verwendet wird,
6. bei falscher Behandlung beim Auskochen des Goldrückstandes,
7. bei falscher Behandlung beim Auswaschen des Goldrückstandes,
8. bei falscher Behandlung des Goldrückstandes beim Ausglühen,
9. wenn Platinmetalle in der Probe enthalten sind.

Dagegen wird man zu niedrige Gehalte finden, natürlich vorausgesetzt, daß keine Fehler beim Ein- und Auswägen, Verluste von Goldteilchen durch Wegspülen, Spritzen usw. entstehen:

1. wenn zu heiß getrieben wird,
2. wenn zuviel Blei beim Treiben verwendet wird,

3. wenn Salpetersäure verwendet wird, die Chlor, Schwefelsäure oder salpetrige Säure enthält,

4. wenn Körner verwendet werden, die ohne Silberzusatz abgetrieben wurden.

Um alle diese Differenzen auf ein Mindestmaß zu beschränken, sind nachstehend die günstigsten Bedingungen für die einzelnen Punkte kurz aufgeführt, soweit sie sich nicht aus den angeführten Fehlerquellen von selbst ergeben.

Einwägen und Bleizusatz. Da die sehr empfindliche Goldwaage durch Einflüsse verschiedener Art beim Einwägen Differenzen ergeben kann, ist es notwendig, daß ein Umschalen der Proben zur Kontrolle durchgeführt wird.

a) Bei Silberbarren und goldhaltigen Silberbarren wägt man 0,5 g ab. Der Bleizusatz in Form von Kugeln oder Bleischweren beträgt:

$$
\begin{array}{ll}
\text{bei 950 fein} & \text{3 g Blei,} \\
\text{bei 900 fein} & \text{4 g Blei,} \\
\text{bei 800 fein} & \text{5 g Blei,} \\
\text{bei 700 fein} & \text{6 g Blei,} \\
\text{bei 600 fein} & \text{7 g Blei,} \\
\text{bei 500 und darunter} & \text{10 g Blei.}
\end{array}
$$

b) Bei Güldischbarren wägt man 0,5 g ab. Der Bleizusatz in Form von Kugeln beträgt:

$$
\begin{array}{ll}
\text{bei 900 fein} & \text{5 g Blei,} \\
\text{bei 800 fein} & \text{6 g Blei,} \\
\text{bei 700 fein} & \text{8 g Blei,} \\
\text{bei 600 fein} & \text{10 g Blei,} \\
\text{bei 500 fein} & \text{12 g Blei,} \\
\text{darunter} & \text{14 g Blei.}
\end{array}
$$

c) Bei Goldbarren wägt man 0,25 g ab. Der Bleizusatz in Form von Kugeln beträgt:

$$
\begin{array}{ll}
\text{bei 900 fein} & \text{3 g Blei,} \\
\text{bei 800 fein} & \text{4 g Blei,} \\
\text{bei 700 fein} & \text{5 g Blei,} \\
\text{bei 600 fein} & \text{6 g Blei,} \\
\text{bei 500 fein} & \text{7 g Blei,} \\
\text{darunter} & \text{9 g Blei.}
\end{array}
$$

Bei höheren Gehalten an Nickel, Antimon, Zink usw. ist unmittelbares Abtreiben nicht vorzunehmen, besonders dann nicht, wenn sich auf der Kapelle ungeschmolzene, graupenförmige Teile zeigen sollten. In solchen Fällen hat dem Treiben ein Ansieden oder ein Aufschluß mit Schwefelsäure (kombinierte Methode) vorauszugehen.

Treiben. Beim Treiben von metallischem Material ist stets darauf zu achten, daß das Blei zuerst in die Kapelle gebracht und das Probematerial, in rückstandsfreiem Seidenpapier (oder Bleifolie) eingewickelt, erst dann eingetragen wird, wenn das Blei gerade zu treiben beginnt. Etwa vom Blei nicht aufgenommene, oberhalb des Bleispiegels befindliche Probeteilchen sind durch vorsichtiges langsames Bewegen der ganzen Kapelle einzutränken. Zum Abtreiben verwendet man Knochenaschekapellen oder harte Kapellen (Degussa, Mabor, Morgan, Velterith) je nach Art der Vereinbarung oder des Auftrages. Die Art der verwendeten Kapellen ist auf dem Probier- bzw. dem Befundschein anzugeben. Sollen die beim Treiben entstehenden Verluste ausgeglichen werden, so verfährt man wie auf S. 165 angegeben. Silber wird kühl getrieben und beim Blicken heiß gemacht. Gold wird heißer getrieben. Die genaue Beschreibung des Treibens, ebenso des Ansiedens und Schmelzens ist in „Bestimmung der Edelmetalle in Bleierzen" S. 168 enthalten.

Quartieren. Hierbei ist stets darauf zu achten, daß die 2,5fache Menge Silber, und zwar auf keinen Fall weniger, verwendet wird, und man hat sich stets zu vergewissern, daß das Quartiersilber auch tatsächlich goldfrei ist. Das in der Probe bereits enthaltene Silber wird in diese 2,5fache Menge verrechnet.

Auflösen. Sämtliche Körner, Plättchen usw. sind vor dem Auflösen zu glühen. Ist der Goldgehalt so hoch, daß ein Zerfallen zu Staub nicht eintritt, so ist das übliche Schlagen zu dünnen Plättchen, Ausglühen, Auswalzen, erneutes Ausglühen und Aufrollen vorzunehmen. Gelöst wird in Probierkölbchen oder Plattnerschälchen in Salpetersäure (1,2), die den oben angeführten Ansprüchen genügt, und zwar solange, bis keine braunen Dämpfe mehr entweichen. Hierauf wird nach Entfernen dieser Säure noch unbedingt 2mal mit ebenso reiner, chlorfreier Salpetersäure (1,3), und zwar jedesmal 10 min gekocht. Das Einbringen einer verkohlten Linse verhindert ein Aufwerfen der Flüssigkeit fast vollständig.

Bei Edelmetallkörnern, die aus Erzen stammen, kann man, um einen zusammenhängenden Goldschwamm zu bekommen, anstatt der oben angeführten Salpetersäure (1,2) eine Salpetersäure von geringerer Konzentration, und zwar vom spez. Gew. 1,09 verwenden. Es ist zu empfehlen, die Goldrückstände von mehreren Proben in Königswasser aufzulösen und auf zurückgebliebenes Silber zu prüfen, besonders wenn das Probematerial höhere Goldgehalte zeigt. Man dampft zu diesem Zweck die Lösung fast bis zur Trockene, versetzt dann mit Salzsäure und läßt in stärkerer Verdünnung längere Zeit stehen.

Das Gold muß die übliche *hellgelbe* Farbe besitzen; ist es *grau* gefärbt, so enthält es Platinmetalle, s. unten.

Auswaschen. Das Ausspülen mit heißem, destilliertem Wasser hat mindestens 3mal zu erfolgen. Der letzte Abguß ist zur Sicherheit mit wenig Salzsäure auf Silber zu prüfen.

Ausglühen. Das Gold wird in Ton- bzw. Porzellantiegeln geglüht, bis es eine rein gelbe Farbe zeigt. Es wird bei wichtigen Proben auf einen Silberrückhalt geprüft (s. Abschnitt „Auflösen"). Gelangt goldhaltiges, feines Silber ohne vorheriges Treiben zur Auflösung, so wird fast in allen Fällen Silber in dem Gold zurückbleiben. Man wägt, falls man nicht treibt, hier wegen der geringen Menge Gold 5 bis 10 g Material ein und löst, wie oben beschrieben, das Silber in Salpetersäure. Das zurückbleibende Gold wird nach dem Glühen gewogen, in wenig Königswasser gelöst, die Lösung mit destilliertem Wasser verdünnt, das Silberchlorid abfiltriert, das Filter verascht und das Gewicht des nach dem Treiben verbleibenden Silberkörnchens von dem des Rohgoldes abgesetzt, nachdem man sich noch vorher vergewissert hat, daß nun auch das Silberkörnchen frei von Gold ist.

Ist das aus der Probe erhaltene Gold nicht rein gelb, sondern durch Platin bzw. Platinmetalle grau gefärbt, so müssen diese, um den tatsächlichen Goldgehalt festzustellen, entfernt werden. Man löst hierfür das noch unreine Probegold in Königswasser auf, verjagt die Salpetersäure, filtriert einen etwaigen Rückstand ab und fällt im Filtrat das Gold mit frisch bereiteter Eisen(II)-chloridlösung in reichlichem Überschuß aus. Nach längerem Stehen setzt sich das in feiner Form ausgeschiedene Gold zu Boden und wird auf ein doppeltes Filter gebracht (hierbei ein hartes Filter). Man entfernt von dem Becherglas mit einem Filterstückchen etwa noch anhaftendes, fein verteiltes Gold, verascht sämtliche Filter entweder im Porzellantiegel oder besser unmittelbar auf der Kapelle, bringt die 2,5fache Menge Silber hinzu und treibt schließlich mit ganz wenig Blei. Nach dem Scheiden muß das Gold nunmehr in rein gelber Farbe vorliegen.

Auswaage und Gehaltsangabe. Da man zur Kontrolle stets mehrere Einwaagen nimmt, so wird der Durchschnittsgehalt der Auswaagen angegeben. Zeigt ein Korn eine sehr erhebliche Differenz gegenüber den anderen übereinstimmenden

Körnern, so wird es zur Durchschnittsberechnung nicht herangezogen. Besonders bei Goldproben wird eine sehr genaue Übereinstimmung verlangt. Die Gehaltsangabe soll bei Silber in Legierungen auf ganze 1000 Teile erfolgen, in Gekrätzen im allgemeinen auf 10 g je 100 kg, bei Erzen je Tonne. Bei Gold soll die Gehaltsangabe der Vereinbarung beider Teile überlassen bleiben. Jedenfalls ist es zwecklos, die Genauigkeit der Angabe zu weit treiben zu wollen; sie ist nur so weit vertretbar, als sie der Genauigkeit der Analysenmethoden Rechnung trägt.

Die Ermittlung des Edelmetallgehaltes erfolgt meistens auf trockenem Wege. Man unterscheidet zwischen Ansiedeprobe und Tiegelprobe. Bei Bleierzen, die viel Kupfer und Arsen enthalten, leistet für die Silberbestimmung auch die kombinierte (naß-trockene) Methode gute Dienste, während für Gold stets die nachstehend angeführte Ansiedeprobe angewendet wird.

2. Ansiedeprobe.

Sie eignet sich für jedes Erz, in dem der Edelmetallgehalt ermittelt werden soll. Die Festsetzung der Einzeleinwaage (0,5 bis 5 g) wird durch den Gehalt und die Zusammensetzung des Probematerials bestimmt. Bei Erzen sind im allgemeinen von jeder zu untersuchenden Probe mindestens 25 bis 50 g Material anzuwenden.

Verfahren beim Ansieden. Wir wählen für die Beschreibung der Methode *die Bedingungen bei einem Bleierz*:

Je nach dem Bleigehalt der Probe nimmt man zum Verbleien eine 3- bis 15fache Menge von edelmetallfreiem Kornblei. Eine Hälfte davon breitet man im Ansiedescherben aus, schüttet die Erzeinwaage auf, mischt diese gut mit dem Blei, gibt auf die Mischung sodann die andere Hälfte des erforderlichen Bleizusatzes und streut schließlich über diese den erforderlichen geschmolzenen, gepulverten Borax (etwa 0,5 g). Gewöhnlich beschickt man in der angegebenen Weise bei armen Erzen 10 bis 20 Proben von je 2,5 g Einwaage, deren Bleikönige zum Schluß zu einer Probe zusammengeschmolzen werden. Nun setzt man die Proben in die hellrotglühende Muffel. Wenn sie eingeschmolzen sind und eine glatte, fast weißglühende Oberfläche sowie am Rande einen dunkleren, nicht dampfenden Schlackenring zeigen, ist die Periode des ersten Heißtuns beendigt. Während dieser nimmt das Blei das im Probiergut enthaltene freie Silber sowie einen Teil des an Schwefel, Arsen, Antimon gebundenen Silbers auf. Zink verdampft aus zinkhaltigen Silber- und Bleierzen. Schwefel-, Arsen- und Antimonverbindungen bleiben zum Teil unzerlegt, zum Teil werden sie oxydiert und gehen mit der vorhandenen Gangart in die Schlacke.

Sobald die das Ende des ersten Heißtuns kennzeichnenden Erscheinungen auftreten, erniedrigt man die Temperatur und läßt zur Zerlegung der noch vorhandenen silberhaltigen Schwefel-, Arsen- und Antimonverbindungen Luft hinzutreten. Damit jedoch die vorderen Scherben nicht zu kalt werden, muß in die geöffnete Muffelmündung glühende Holzkohle gelegt werden. Während dieser zweiten Periode des Ansiedens bildet sich reichlich Bleioxyd, welches kräftiger als die zutretende Luft die Schwefel-, Arsen- und Antimonverbindungen oxydiert. Die gebildeten Metalloxyde gehen in die Schlacke, während das metallisch ausgeschiedene Silber sich im Blei ansammelt. Ist das Metallbad ganz oder nahezu mit Schlacke bedeckt, so nimmt man die Zersetzung als beendigt an. Zeigt die Schlacke aber eine unebene, höckerige Oberfläche und ist sie zu strengflüssig, so tut man gut, noch etwas Borax hinzuzufügen und die Temperatur zu steigern.

Auf das Kaltgehen folgt nunmehr ein mehrere Minuten langes zweites oder letztes Heißtun der Proben bei geschlossener Muffel und verstärktem Feuer, damit Metall und Schlacke genügend dünnflüssig werden und sich gut trennen.

Darauf nimmt man die Proben aus der Muffel und läßt sie entweder in den Scherben erkalten oder gießt sie zur rascheren Abkühlung in die mit Rötel oder Kreide ausgestrichenen Vertiefungen eines Buckelbleches aus. Beim Entfernen der Schlacken bringt man die Bleikönige; deren Gewicht um mindestens 2 bis 5 g geringer sein muß als das Gewicht der beim Abtreiben zu verwendenden Kapelle, am besten in Würfelform und untersucht die Schlacke auf etwa darin noch enthaltene Bleikörner. Zu schwere Bleikönige (über 20 g) müssen vor dem Abtreiben nochmals für sich ohne Zusatz von Blei, wohl aber unter Zusatz von etwas Borax verschlackt werden. Zeigen sich die Könige beim Hämmern spröde, so enthalten sie entweder noch Verunreinigungen oder es hat an Blei gemangelt; auch kann es während des letzten Heißtuns an Hitze gefehlt haben. In diesem Falle hat sich das Blei nicht vollständig von der Schlacke geschieden und ist noch mit einem Teil davon mechanisch gemengt.

Enthalten die Silber- und Bleierze *Kupfer*, *Antimon* oder *Zinn*, so ist das Verschlacken unter Zugabe von Kornblei so oft zu wiederholen, bis der zum Abtreiben bestimmte Bleikönig genügend rein ist, was am Aussehen der Schlacke und der Beschaffenheit des Bleikönigs erkannt wird. Je nach der Strengflüssigkeit und Zersetzbarkeit des Probegutes dauert der ganze Prozeß des Ansiedens $^3/_4$ bis $1^1/_4$ Stunde.

3. Tiegelprobe.

Die Tiegelschmelzprobe wird für die Silberbestimmung mit oder ohne Bleiglättezusatz ausgeführt bzw. mit oder ohne Nachschmelzen der Schlacke. Wird mit Bleiglättezusatz gearbeitet und ein Nachschmelzen der Schlacke ausgeführt, so nimmt man bei 5 bis 25 g Einwaage 10 bis 50 g Glättezusatz und zum Nachschmelzen der Schlacke 5 bis 10 g Glätte je nach den Verunreinigungen des Erzes. Die Möglichkeit, eine größere Einwaage anwenden zu können, gibt dieser Methode viele Vorzüge. Zur Ausführung der Probe kann man Tiegel aus Schmiedeeisen, Ton, Schamotte oder Graphit verwenden. Schmiedeeiserne Tiegel haben in der Regel eine Höhe von 8 bis 12 cm, eine Weite von 5,8 cm und eine Wandstärke von 10 bis 12 mm. Das Schmelzen führt man je nach Größe der Tiegel im Tiegel- oder Muffelofen aus.

Als reduzierende *Flußmittel* sind verschiedene Mischungen geeignet, so z. B.:

70 Teile Soda, 40 Teile Borax und 10 Teile Weinstein

oder

35 Teile Soda, 35 Teile Pottasche, 30 Teile Borax, 10 Teile Mehl

oder

100 Teile Bleiglätte, 10 Teile Pottasche, 10 Teile Mehl oder Kohle, darüber eine Decke aus 25 g Glätte und 4 g Borax.

Eine andere bewährte Beschickung ist folgende: 5 g Erz, 40 g Glätte, 5 g Weinstein bzw. die entsprechende Menge Holzkohlenpulver, 6 g Pottasche, 6 g Soda und 5 g Borax, darüber eine Decke von 20 g Bleioxyd.

Zeigt ein mittels der Tiegelprobe (s. nachstehend a oder b) ausgebrachter Bleiregulus keine einwandfreie Beschaffenheit, erweist er sich beim Hämmern als spröde oder ist er im Gewicht zu hoch, so muß er nochmals im Scherben angesotten werden. Auch Bleikrümchen, die an der Tiegelwand haften oder in der Schlacke suspendiert geblieben sind, vereinigt man mit dem Regulus durch nochmaliges Ansieden im Scherben.

Kupferreiche Erze bedürfen eines größeren Zusatzes von Bleiglätte, da sie sonst ein zu kupferreiches Bleikorn geben, welches nicht vollständig abtreibt; es ist vorher mehrmals zu verschlacken.

Von den zuzusetzenden Schmelzmitteln soll Pottasche oder Soda Kieselsäure und Silicate, Borax dagegen nur Basen verschlacken. Sind *Gips* oder *Schwer-*

spat (Unterharzer Erze) oder auch *Zinn* vorhanden, so gibt man wenige Gramm
Calciumfluorid zu, das mit diesen leicht zusammenschmilzt.

a) Im Eisentiegel.

Dieses Verfahren eignet sich hauptsächlich für Blei- und Zinkerze.

Den dunkelrot glühenden, schmiedeeisernen Tiegel beschickt man mit etwa
10 g Fluß, gibt sodann je nach dem Gehalt an Silber 10 bis 25 g des Probegutes,
welches vorher in einer Mengkapsel mit 40 bis 50 g Fluß und der nötigen Menge
edelmetallfreier Bleiglätte (s. oben) gut gemischt wurde, und zuletzt eine Decke
von 10 bis 20 g Fluß hinzu. Der beschickte Tiegel kommt jetzt in den nicht zu
heißen Ofen. Man läßt nun die Beschickung einschmelzen. Dies geschieht unter
leichtem Aufschäumen. Zeigt die Schmelze ruhigen Fluß, setzt man noch etwas
Schmelzmittel nach und steigert die Temperatur etwa 10 min. Dann nimmt
man den Tiegel aus dem Ofen, stößt ihn leicht auf eine harte Unterlage auf, um
alles Metall zu vereinigen, und gießt den Inhalt in einen angewärmten Einguß,
je nach Übung: getrennt in Blei und Schlacke oder beides zusammen. Hiernach
schlägt man den umgekehrten Tiegel auf eine eiserne Platte auf, um etwa im
Tiegel haftende Bleikörnchen zu gewinnen. Der von der Schlacke gesäuberte
Bleikönig wird unmittelbar abgetrieben, wenn er rein ist und nicht mehr als 20 g
wiegt. Andernfalls muß man ihn nochmals auf einem Scherben ansieden und
verschlacken, bis er die erforderliche Schwere und Reinheit erreicht hat.

b) Im Tontiegel.

Die Arbeitsweise ist im wesentlichen die gleiche wie die beim eisernen Tiegel.
Man beschickt den durch vorangegangenes Erwärmen vollständig getrockneten
Tiegel und fügt bei sulfidischen Erzen zur Bindung des Schwefels ein Stück Eisen-
draht oder einige größere Nägel zu. Man schmilzt wie vorher, nimmt, wenn die
Oberfläche der Schmelze vollkommen ruhig geworden ist, den Tiegel aus dem
Ofen, entfernt den Rest des Eisendrahtes aus der Schmelze, nachdem man etwa
anhaftende Bleikügelchen abgestreift hat, und läßt den Schmelzfluß im Tiegel
erkalten. Letzterer wird zerschlagen und der Regulus, wie vorher beschrieben,
weiter behandelt, d. h. durch Ansieden gereinigt bzw. im Gewicht vermindert.
Unter Umständen kann man den Regulus auch sofort abtreiben. Bei *Steinbildung*
ist darauf Rücksicht zu nehmen, daß der Stein gleichfalls auf den Scherben kommt,
da er meist edelmetallhaltig ist.

4. Abtreiben der Bleikönige.

In die vordere Hälfte der hellrot glühenden Muffel stellt man die erforderliche
Anzahl gut ausgetrockneter Kapellen (s. S. 166 über „Kapellen") in Reihen hintereinander, glüht sie zunächst mehrere Minuten lang gut aus und legt dann die
Könige in die Kapellen. Das Gewicht der Könige soll 20 g nicht wesentlich übersteigen und es soll 2 bis 5 g geringer sein als das der zu verwendenden Kapelle.
Nach dem Einsetzen der Kapellen gibt man bei geschlossener Muffelmündung
starke Hitze, damit die Proben möglichst rasch antreiben, d. h. einschmelzen
und bei blanker Oberfläche zu rauchen beginnen. Nach dem Antreiben öffnet
man die Muffelmündung und läßt Luft zu den Kapellen treten. Dadurch oxydiert
sich das Blei zu Bleioxyd, welches seinen Sauerstoff an die noch vorhandenen
unedlen Metalle abgibt und mit deren Oxyden zusammen in die Kapellenmasse
übergeht. Durch den Eintritt der kalten Luft sinkt die Temperatur in der Muffel.
Sollten trotzdem während der Periode des Abtreibens eine zu hohe Temperatur
und dadurch bedingte Silberverluste durch Verflüchtigung (auch Verluste durch
Kapellenzug) zu befürchten sein, so kann man sich des Kühleisens bedienen,

das man langsam über den Proben hin und her bewegt; auch kann man hinter die abtreibenden Kapellen kalte Kapellen stellen, um den Muffelraum abzukühlen. Bei richtiger Temperatur zeigt die Muffel eine dunkelrote Farbe, der Bleirauch wirbelt lebhaft auf, und es tritt am vorderen inneren Rande der Kapelle Bildung von Federglätte ein, die von dem geübten Probierer an ihrem Glanze im Feuer erkannt wird. Bei harten Kapellen ist die Bildung von Federglätte zu vermeiden, da sonst die Temperatur zu niedrig und das Korn unrein wird. Das Treiben hat begonnen; geht es zu Ende, so wird das Korn immer kleiner und runder, es leuchtet stärker als am Anfang, und das Blicken des Silbers beginnt. Im weiteren Verlauf des Prozesses vereinigen sich die netzartigen Gebilde zu einer feinen dünnen Haut, die infolge von Lichtbrechung und Reflexion die Farben des Regenbogens zeigt und schließlich verschwindet. Nunmehr wird die Kapelle in den mittleren Teil der Muffel zurückgeschoben, bis das Korn blank wird und blickt; ist es ruhig und starr geworden, so ist die Probe beendet.

Bei kleineren Körnern treten die eben beschriebenen Erscheinungen weniger deutlich auf, und das Ende des Abtreibens ist nur daran zu erkennen, daß die Kapellen dunkel werden und nicht mehr rauchen. Nach dem Blicken nimmt man die Proben bei kleineren Körnern sofort aus der Muffel. Sind die Körner größer, so muß man dagegen zur Verhütung des Spratzens die Kapellen durch Vorziehen in der Muffel zunächst abkühlen und dann beim Herausnehmen mit einer erwärmten Kapelle bedecken. Die Silberkörner werden nach völligem Erkalten der Kapelle mit der Kornzange abgehoben, mit der Kornbürste gereinigt und schließlich ausgewogen.

Die Probe ist einwandfrei, wenn die Körner glänzend und rund sind, eine silberweiße Oberfläche zeigen, keinen Spratz aufweisen und unten matt erscheinen. Zur Überwachung der Muffeltemperatur empfiehlt sich die Benutzung eines Thermoelementes.

5. Scheiden des Kornes.

Enthalten die Silberkörner Gold, so muß die Trennung nach der Auswaage mit halogenfreier Salpetersäure oder (wenn Platin vermutet wird) mit Schwefelsäure vorgenommen werden. Man erwärmt Salpetersäure (1,09) in einem Goldkochkölbchen oder in einem Plattnerschälchen und trägt die Körner in die warme Säure ein. Wenn die Gasentwicklung aufgehört hat und die braunen Dämpfe durch weiteres Erhitzen bis nahe zum Sieden verschwunden sind, gießt man die Säure ab und behandelt das zurückbleibende Gold mit Salpetersäure (1,30) unter Erwärmen, vermeidet aber auch jetzt ein Kochen. Bei dieser Behandlung wird sich fast nie Staubgold bilden. Bei den geringen, in Bleierzen auftretenden Goldgehalten, die meist einige zehntel Milligramm nicht überschreiten, genügt sogar eine einzige Scheidung mit verdünnter Säure von 1,09 spez. Gew.

Bei einem nennenswerten Gehalt an *Wismut* wird dieser im Edelmetallkorn am besten colorimetrisch ermittelt und vom Silbergehalt abgesetzt.

II. Die kombinierte (naß-trockne) Methode.

1. Mit „direkter" Platinbestimmung.

Statt für die Bestimmung der Edelmetalle unmittelbare Schmelzen auszuführen, läßt man bei einem mit unedlen Metallen verunreinigten Material zweckmäßig einen Aufschluß mit Schwefelsäure, eine Fällung des gelösten Silbers als Chlorid und eine Filtration vorausgehen. Hierdurch wird der größte Teil der Verunreinigungen aus der Probe entfernt und ein einwandfreies Schmelzen und Verschlacken des Rückstandes gewährleistet. Diese Arbeitsweise gestattet außerdem die Anwendung größerer Einwaagen. Es ist zu beachten, daß ein Nachschmelzen der Schlacken erforderlich wird, wenn die Verunreinigungen—besonders bei reichem Material — einen Edelmetallrückhalt in der Schlacke verursachen können. Zur Ermittlung der Silberverluste beim Treiben müssen gleichzeitig synthetische Proben neben den Hauptproben unter gleichen Bedingungen getrieben werden.

Beispiel. Bei *nicht zu reichen Anodenschlämmen* werden mehrere Einwaagen von je 12,5 bis 50 g der Probe im geräumigen Becherglas mit wenig Wasser aufgeschlämmt, mit 60 bis 120 cm³ konz. Schwefelsäure versetzt, zunächst vorsichtig erhitzt und dann 15 bis 20 min stark gekocht, bis eine vollständige Zersetzung der Probe eingetreten und eine von etwa vorhandenen organischen Substanzen herrührende Schwärzung oder Bräunung der Schwefelsäure verschwunden ist. Nach dem Erkalten nimmt man mit wenig Wasser auf, gibt bei Anwesenheit von Antimon oder Zinn 30 g gelöste Weinsäure hinzu, verdünnt mit Wasser auf etwa 300 cm³, kocht einige Minuten und fällt das Silber mit Natriumchloridlösung (6 g NaCl im Liter Wasser, davon 10 cm³ = 0,1 g Ag*). Man setzt dann etwas Bleiacetatlösung und schweflige Säure hinzu, rührt gut um und läßt über Nacht absitzen. Vor dem Filtrieren durch ein dichtes Doppelfilter erhitzt man die Lösungen bis annähernd zum Kochen, um vielleicht auskrystallisierte Sulfate wieder in Lösung zu bringen. Der mehrmals mit kaltem Wasser ausgewaschene Niederschlag wird etwas vorgetrocknet und mit dem Filter im Gekrätzprobentiegel, der am Boden einige Gramm Glätte enthält, vorsichtig verascht. Man schmilzt nach Zusatz von 40 g Glätte, etwa 100 g reduzierendem Fluß und einigen Gramm Eisenpulver im Tiegelofen zunächst bei nicht zu hoher Temperatur, um rasches Steigen zu vermeiden, bis zum ruhigen Fließen, dann noch etwa 30 min sehr heiß, wobei zum Schluß nochmals etwas Glätte und Fluß nachgesetzt werden.

Dann verschlackt man die erhaltenen Reguli 2mal und treibt anschließend unter Kontrolle mit Feinsilber.

Die aus je 50 g Einwaage erhaltenen Edelmetallkörner werden im Plattnerschälchen mit Salpetersäure (1,09) zersetzt; das Gold quartiert man so oft mit Silber und scheidet es mit Salpetersäure, bis es rein ist. Die vereinigten salpetersauren Lösungen mit den ersten Waschwässern, die alles Silber, Platin und Palladium enthalten, erhitzt man bis fast zum Sieden, fällt das Silber mit verd. Salzsäure und läßt unter öfterem Umrühren mehrere Stunden absitzen. Nach dem Abfiltrieren des Silberchlorids wird das Filtrat — zum Schluß auf dem Wasserbad — zur Sirupdicke eingedampft und dann das Palladium vom Platin, wie auf S. 184 beschrieben, getrennt. Da es zweckmäßig ist, mit kleinem Flüssigkeitsvolumen zu arbeiten, nimmt man mit 2 cm³ Königswasser auf, erwärmt bis zur klaren Lösung, kühlt ab, gibt 90 cm³ Wasser und 10 cm³ 1proz. alkoholische Diacetyldioximlösung hinzu und läßt etwa 1 Stunde unter öfterem Umrühren bei niedriger Temperatur (nicht über 12°) absitzen. Nach dem Filtrieren wird das Filtrat mit einigen cm³ Salzsäure versetzt und 2mal mit Salzsäure eingedampft, ohne hierbei den Rückstand zu sehr zu erhitzen. Man nimmt mit wenig Salzsäure auf, verdünnt mit Wasser auf etwa 100 cm³ und fällt Platin mit Zink- oder Magnesiumfeilspänen, indem man die Lösung etwa 1 Stunde im schwachen Sieden erhält und darauf achtet, daß dabei immer etwas ungelöste Späne vorhanden sind; erst zum Schluß soll alles Zink gelöst und nur wenig freie Säure vorhanden sein. Das auszementierte **Platin** wird auf ein möglichst kleines Filter abfiltriert und nach einer der folgenden Methoden bestimmt:

a) Man verascht das noch etwas feuchte und zusammengedrückte Filter auf einer ausgeglühten Kapelle, die mit einer Schicht Probierblei bedeckt ist, gibt die etwa 8fache (dem Platingehalt entsprechende) in Bleifolie eingewickelte Menge

---

* Es empfiehlt sich, statt Natriumchlorid Natriumbromid zu verwenden, da die Löslichkeit des Silberbromids geringer ist als die des Silberchlorids.

Quartiersilber hinzu und treibt so heiß wie möglich. Das Platin-Silberkorn wird 2mal mit konz. Schwefelsäure je 10 min ausgekocht und das Platin geglüht und gewogen.

Will man das Auszementieren des Platins oder die weiter unten beschriebene Fällung als Platinsalmiak umgehen, so dampft man das mit einigen cm^3 Salzsäure versetzte Filtrat vom Palladiumdioxim bis auf wenige Tropfen Flüssigkeit ein, spült diese mit heißem Wasser in kleine Bleischälchen aus Probierbleifolie und dampft auf einer Asbestplatte oder auf dem Wasserbad wieder trocken. Die zusammengefalteten Bleischalen werden einmal verschlackt; der dabei erhaltene Regulus wird mit der erforderlichen Menge Quartiersilber sehr heiß getrieben. Das Platin-Silberkorn wird 2mal je 10 min mit konz. Schwefelsäure, die im Liter etwa 12 g Arsentrioxyd enthält, erhitzt und das sorgfältig ausgewaschene Platin geglüht und gewogen. Der Zusatz von Arsentrioxyd verhindert das Lösen von Platin in kochender konz. Schwefelsäure.

b) Das trockene Filter wird in einem kleinen Porzellantiegel vorsichtig verascht, der Rückstand in ein kleines Becherglas gebracht und mit wenig Königswasser gelöst. Man dampft die Lösung zur Vertreibung der Salpetersäure und des Chlors wiederholt auf dem Wasserbad ein; dann werden die Salze mit der zum klaren Lösen eben ausreichenden Menge Wasser aufgenommen und mit kaltgesättigter Ammoniumchloridlösung versetzt. Man läßt den Platinsalmiak über Nacht absitzen, sammelt den Niederschlag auf einem kleinen Filter, verascht, glüht und wägt das Platin. (Dabei ist das Gewicht der Filterasche zu berücksichtigen.)

In Fällen, in denen wegen des überwiegenden Platingehaltes gegenüber dem Goldgehalt das Platin mit dem Silber durch Lösen mittels Salpetersäure vom Gold nicht getrennt werden kann, scheidet man zunächst mit Schwefelsäure, wäscht durch Dekantieren, löst das Platin-Gold in Königswasser, dampft 2mal mit Salzsäure vorsichtig ein, nimmt mit wenig Salzsäure und Wasser auf und fällt Gold mit etwa 5 cm^3 konz. Eisen(II)-chloridlösung. Nach mehrstündigem Absitzen wird filtriert, verascht, quartiert und das Gold wie üblich bestimmt. Im Filtrat fällt man mit reinem Zink Palladium und Platin aus, filtriert den Metallschwamm ab, löst ihn in Königswasser und fällt nun Palladium mit Diacetyldioxim. Platin wird aus dem Filtrat mit Zink gefällt und dann bestimmt.

2. Mit „indirekter" Platinbestimmung (Methode Eckert[1]).

Sind die Gold-Platin-Gehalte im Verhältnis zum Silbergehalt sehr niedrig, wie z. B. in den meisten Anodenschlämmen, so ist es nötig, für eine genaue Bestimmung der Gold-Platin-Gehalte große Einwaagen zu nehmen und von der Silberbestimmung ganz zu trennen. Der Weg der reinen dokimastischen Edelmetallbestimmung in Anodenschlämmen muß, wie bereits angegeben, verlassen werden, wenn man genaue und übereinstimmende Werte für alle Gehalte erhalten will. In bezug auf die Anzahl und Größe der Einwaagen wird man im allgemeinen mit 2mal 10 g für die Silberbestimmung und 10mal 10 g oder 20mal 5 g für die Gold-Platin-Bestimmung auskommen. Bei größeren Verunreinigungen der Schlämme, also bei hohen Gehalten an Kupfer, Nickel, Arsen, Antimon, Zinn usw., muß man für Gold und Platin selbstverständlich kleinere Einwaagen nehmen und dafür die Anzahl derselben erhöhen, um von vornherein mit der Tiegelschmelzprobe brauchbare Bleikönige zu erhalten.

Der Analysengang ist folgender:

Für die *Silberbestimmung*, z. B. in Anodenschlämmen, werden 2mal 10 g im Becherglas mit je 100 cm^3 Salpetersäure (1,2) gelöst, zum Schluß unter Auf-

---

[1] Metall u. Erz (1925) S. 595 bis 598.

kochen über der Flamme auf dem Drahtnetz. Durch Zugabe von noch etwas Salpetersäure überzeugt man sich, ob noch Stickoxydbildung stattfindet oder ob das Lösen beendet ist. Man verdünnt hierauf mit etwa 300 cm³ heißem Wasser, kocht ¹/₄ Stunde lang und läßt klar absitzen. Inzwischen löst man je 10 g Weinsäure in wenig Wasser auf und filtriert zur Beseitigung der Verunreinigungen ab. In diese klaren Weinsäurelösungen werden nun die klaren Lösungen vom Salpetersäureaufschluß durch ein doppeltes hartes Filter, auf dem etwas Filterbrei verteilt ist, hineinfiltriert. Der Rückstand wird mit salpetersäurehaltigem Wasser, ohne den Strahl der Spritzflasche darauf zu leiten, ausgewaschen. Vollständiges Auswaschen ist unnötig, da der im Rückstand noch verbleibende Rest des Silbers ohnedies auf dokimastischem Wege bestimmt werden muß. Die ganz klaren Filtrate werden zum Sieden erhitzt; das Silber wird mit verd. Salzsäure gefällt [1 cm³ Salzsäure (1,19), verdünnt auf 10 cm³, fällt etwa 1100 mg Silber]. Man kocht unter Umrühren etwas auf und läßt bei etwa 90° ganz klar absitzen, was 3 bis 4 Stunden dauert. Dieses Absitzenlassen in der Hitze muß eingehalten werden, um zu vermeiden, daß geringe Ausscheidungen von Blei, Antimon und Zinn stattfinden und so das Silberchlorid verunreinigen. Nun wird heiß durch einen Porzellanfiltertiegel filtriert, mit kaltem, salpetersäurehaltigem Wasser ausgewaschen und das Silberchlorid bei etwa 180° getrocknet. Das in den Rückständen beim gesamten Gold-Platin verbliebene Silber wird nun entweder durch Ansieden oder besser durch Tiegelschmelzprobe mit nachfolgendem wiederholtem Verschlacken der erhaltenen Bleikönige nur auf trockenem Wege bestimmt. Rückstände aus Schlämmen mit hohen Silbergehalten (10% und mehr) und geringen Gehalten an Arsen, Antimon, Zinn usw. kann man nach dem vorsichtigen Veraschen auf dem Scherben ohne weiteres ansieden. Liegen aber Schlämme mit niedrigen Silbergehalten (1 bis 2%) und starken Verunreinigungen vor, dann ist es nötig, die veraschten Rückstände für das Ansieden zu halbieren, wiederholt zu verschlacken und dann wieder zu konzentrieren oder im ganzen in Tiegeln niederzuschmelzen und die erhaltenen Bleikönige mit Zusatz von Kornblei ebenfalls bis zum Duktilwerden zu verschlacken. Von dem so im Rückstand gefundenen Gesamtgehalt an Edelmetallen wird der in besonderen großen Gesamteinwaagen ermittelte Gold- und Platingehalt abgezogen. Der verbleibende Silbergehalt wird zu dem im Silberchlorid ermittelten gerechnet und ergibt alsdann den Gesamtsilbergehalt.

Der im Rückstand vom Salpetersäureaufschluß verbleibende Silbergehalt ist verhältnismäßig am geringsten in Anodenschlämmen mit hohem Silbergehalt und geringen Verunreinigungen. Bei einem Gehalt von 1 bis 2% Silber im Schlamm verbleiben etwa 40% davon im Rückstand und bei einem Gehalt von etwa 10% Silber werden nur etwa 8% vom Silberinhalt zurückgehalten. Je höher also der Silbergehalt im Schlamm, um so notwendiger ist die Bestimmung desselben als Silberchlorid.

Gold-Platingehalt.

Im allgemeinen wird man mit 20mal 5 g Einwaage auskommen. Man erhält dann 2 Gold-Platin-Auswaagen aus je 50 g Einwaage. Von den vielen möglichen Beschickungen sei folgende angeführt: 60 g Soda, 40 g Pottasche, 15 g Borax, 30 g Bleiglätte und 5 g Weinstein.

Je 5 g Einwaage werden mit der Beschickung im Tontiegel gemischt, mit einer Schicht Kochsalz bedeckt und in einem Gastiegelofen in je 5 Tiegeln bis zum ruhigen Fließen niedergeschmolzen. Die Schmelzdauer sei etwa 1 Stunde bei einer Endtemperatur von etwa 1300°. Da man keine Rücksicht auf Silber zu nehmen hat, kann man sehr heiß schmelzen. Die Bleikönige, die im Gewicht ziemlich gleichmäßig ausfallen sollen und je nach dem Bleigehalte des

Anodenschlammes, im angenommenen Falle 20 bis 25 g wiegen, müssen je nach den Kupfer-, Antimon-, Zinn-, Arsen-, Nickel- usw. Gehalten mehrmals verschlackt werden, wobei jedesmal das Gewicht des Bleikönigs mit Probierblei auf 50 g erhöht wird. In den meisten Fällen wird man auf diese Weise mit einem 2maligen Verschlacken auskommen. Nun können die Bleikönige ohne Rücksicht auf Federglätte heiß getrieben werden. Die Auswaagen ergeben den Gesamtedelmetallgehalt mit etwas zu niedrigem Silbergehalt.

Je 10 der Edelmetallkörner werden in einem kleinen Becherglas mit etwa 40 cm³ Salpetersäure (1,09) gelöst. Das zurückbleibende Gold mit dem kleineren Teil des Platins wird abfiltriert und mit heißem Wasser gut ausgewaschen. Das aschefreie harte Filterchen wird in einem Porzellantiegelchen verascht, bis keine Spur von Filterkohle mehr vorhanden ist. Hat man gut ausgewaschen, so fällt das Rohgold leicht und ohne anzuhaften auf das Wägeschälchen. Es handelt sich hierbei z. B. um Auswaagen von 8 bis 10 mg.

Die Filtrate vom Rohgold enthalten das Silber und die Hauptmenge des Platins. Das Silber wird als Silberchlorid nach S. 174 ausgefällt. Die Filtrate hiervon werden in einer Porzellanschale auf dem Wasserbad eingedampft. Der Rückstand von Platinsalzen wird mit 2 bis 3 cm³ verdünnter Salzsäure (1 + 1) aufgenommen und mit heißem Wasser in Bleischalen übergeführt. Auf einer Asbestplatte wird der Inhalt bei etwa 180 bis 200° zur Trockene eingedampft. Die Bleischalen im Gewicht von etwa 35 g werden zusammengefaltet und in Ansiedescherben verschlackt. Die erhaltenen Bleikönige treibt man zusammen mit dem ausgewogenen Rohgold und dem dazu nötigen Quartiersilber unter Berücksichtigung auch des in Lösung gegangenen Platins sehr heiß ab. Zur Ermittlung der Gold-Platin-Verluste werden gleichzeitig synthetische Proben unter den gleichen Bedingungen neben den Hauptproben abgetrieben. Man gewinnt dadurch einen genauen Anhalt über die Größe der möglichen Fehler bei der Trennung des Platins vom Gold.

Die aus je 50 g Einwaage erhaltenen Edelmetallkörner werden, ohne sie auszuplatten, in Plattnerschen Schälchen in konz. Schwefelsäure gelöst. Man setzt in der Kälte an und steigert die Hitze bis zum lebhaften Lösen. Gleichzeitig werden auch die Kontrollproben unter den gleichen Bedingungen gelöst. Nach etwa ¹/₂ Stunde ist das Lösen beendet, wie auch am Aufhören der Löseblasen erkenntlich. Ohne das sonst übliche Nachkochen mit frischer Schwefelsäure wird nach gutem Auswaschen mit heißem Wasser in der Muffel geglüht.

Damit ist der Gesamt-Gold- und Platingehalt festgestellt. Nun folgt die übliche Trennung des Platins vom Gold durch wiederholtes Quartieren mit Silber und Lösen in Salpetersäure (1,2) bis zur Gewichtskonstanz.

Bei einer vom Chemiker-Fachausschuß im August 1930 ausgeführten kontradiktorischen Analyse eines stark verunreinigten Anodenschlammes wurden nach dieser Methode folgende Werte erhalten:

	Silber	Gold	Platin
1. Analyse g/t =	20730	155,8	23,0
2. Analyse g/t =	20790	156,6	23,0
3. Analyse g/t =	—	156,4	23,4

Diese scharfe Übereinstimmung der Gehalte ist mit dieser Methode für jeden Anodenschlamm ähnlicher Zusammensetzung zu erreichen. Bei bereits bekanntem Mengenverhältnis des Gold-Platin-Inhaltes können bei Wiederholungen die synthetischen Kontrollproben selbstverständlich wegfallen, namentlich wenn auf die durch die Kontrollproben festgestellten so geringen Verschiebungen im Gold-Platin-Gehalt (1 bis 2 g/t) kein Wert gelegt wird. Stets wird man sich aber über diese Gehaltsverschiebungen bei einem neuen Mengenverhältnis des Platins zum Gold durch synthetische Kontrollproben Klarheit verschaffen müssen, um bei ungünstigen Fällen größere Fehler zu vermeiden. Erwähnt sei noch, daß in der Angabe der Platingehalte auch alle anderen vorhandenen Platinmetalle zwar enthalten, aber aus 100 g Einwaage nicht bestimmbar waren.

III. Die nasse Silberbestimmung.

1. Gewichtsanalytisch als Silberchlorid.

1 g Probematerial (bei Feinsilber und legiertem Silber) wird in einem geräumigen Becherglas in 8 cm³ Salpetersäure (1,2) unter schwachem Erwärmen gelöst. Nach dem Austreiben der Stickoxyde durch gelindes Sieden verdünnt man mit Wasser auf etwa 200 cm³, fällt dann das Silber mit Salzsäure (1,12) in geringem Überschuß und hält die Lösung (nach Möglichkeit im Dunklen) unter häufigem Umrühren solange in schwachem Sieden, bis sich der Niederschlag vollständig absetzt. Man läßt erkalten, dekantiert über ein Filter, wäscht den Niederschlag im Becherglas mit kaltem, salpetersäurehaltigem Wasser des öfteren aus und bringt ihn aufs Filter. Nach vollständigem Auswaschen wird das Filter getrocknet, dann der Niederschlag vom Filter getrennt und letzteres im gewogenen Porzellantiegel besonders verascht. Den Rückstand behandelt man mit einigen Tropfen Salpetersäure, gibt 1 bis 3 Tropfen Salzsäure hinzu, dampft ab, fügt das Silberchlorid hinzu und erhitzt vorsichtig über dem Bunsenbrenner bis zum beginnenden Schmelzen. Der Tiegelinhalt ist dann AgCl. Zweckmäßiger verwendet man einen Porzellanfiltertiegel und bestimmt das Silberchlorid, wie beim Anodenschlamm, S. 174, angegeben; dann ist bei 180° zu trocknen.

Bei Anwesenheit von *Palladium* muß das Silber aus sehr stark verd. Lösung gefällt werden, um das Silberchlorid vollkommen palladiumfrei zu erhalten. Man fällt durch tropfenweisen Zusatz von höchstens 10proz. Salzsäure unter starkem Rühren. Der Grad der Verdünnung richtet sich nach dem Palladiumgehalt der Probe. Bei Gegenwart von viel *Kupfer* oder anderen unedlen Metallen ist das Silberchlorid mehr oder weniger unrein. Durch Lösen in verd. Ammoniak und Ausfällen mit Salzsäure kann es gereinigt werden.

2. Maßanalytisch nach Gay-Lussac.

Für Legierungen, die nicht zur Scheidung, sondern zur Weiterverarbeitung in der Industrie dienen und im allgemeinen nur aus Silber und Kupfer bestehen, ist die nasse Silberprobe durchzuführen. Hierfür wird in den Münzstätten und der einschlägigen Industrie grundsätzlich die Gay-Lussac-Probe ausgeführt.

Man stellt dafür eine Kochsalzlösung her durch Auflösen von 54,2 g Kochsalz in 10 l dest. Wasser, so daß 100 cm³ dieser Lösung 1 g Silber als Silberchlorid ausfällen. Zur Titerbestimmung wiegt man 1005 mg chemisch-reines Silber ein und löst dieses in Salpetersäure (1,3). Bei den Proben wird derart verfahren, daß man z. B. bei der gängigsten $^{800}/_{1000}$-Legierung 1000 mg dieser Legierung und 205 mg chemisch-reines Silber einwägt, so daß etwas mehr als 1000 mg vorhanden sind. Die Hauptmenge des Silbers wird durch 100 cm³ der starken Kochsalzlösung ausgefällt. Die noch in Lösung befindlichen geringen Silbermengen titriert man mit einer verdünnteren Kochsalzlösung (Verhältnis der starken zur verd. Lösung = 10 NaCl : 1 NaCl).

Diese Probe findet, wie bereits gesagt, nur dann Anwendung, wenn es sich um *reine* Silber-Kupfer-Legierungen handelt. Sind Verunreinigungen, wie Lot usw., in den Metallen enthalten, so wirken diese störend, da sie ein gutes Absetzen des Silberchlorids verhindern. In diesen Fällen ist also die Gay-Lussac-Methode nicht zu empfehlen. Für schiedsanalytische und kontradiktorische Analysen kommt dann die vorher beschriebene Fällung des Silbers als Chlorid in Betracht.

B. Die Untersuchung von edelmetallhaltigen Erzen, Hütten- und Fabrikationserzeugnissen.

I. Erze.

1. Bleierze und bleiische Räumaschen.

Bleierze s. A. I, 2 und 3 S. 168 und 169.

Bleiische Räumaschen.

Bei kohlehaltigen Räumaschen entfernt man die Kohle in der Hauptsache durch Abbrennen und Glühen bei 500 bis 600°. Dann schichtet man in einem Tontiegel von 12 bis 14 cm Höhe zuerst ein inniges Gemisch von 15 g äußerst fein geriebener Räumasche und 75 g Bleidioxyd (auf seinen etwaigen Gehalt an Silber geprüft), dann ein Gemisch von 10 g Sand, 45 g wasserfreier Soda und entsprechenden Reduktionsmitteln und bedeckt das Ganze mit 15 g wasserfreiem Borax (Boraxglas).

Der so beschickte Tiegel kommt in einen Kokswindofen und bleibt darin, je nach der Anfangstemperatur desselben, $^3/_4$ bis $1^1/_4$ Stunden. Nach dem Erkalten wird, wie üblich, ausgeschlackt. Die Schlacke erweist sich als homogen und frei von Bleikörnern. Der ungefähr 60 g wiegende Regulus wird einmal konzentriert und dann abgetrieben. Es sind mehrere Einwaagen zu machen; ihre Anzahl richtet sich nach dem Gehalt des Materials an Edelmetall.

2. Zinkerze.

Von *Rohblenden* werden 20 g Erz mit 20 g Glätte und einer genügenden Menge Zuschlag, der z. B. aus 40 Teilen Soda, 30 Teilen Borax und 2 Teilen Weinstein besteht, in einem eisernen Tiegel niedergeschmolzen. Der ausgegossene Bleikönig wird abgetrieben. Enthält das Silberkorn Gold, so werden die Körner von mehreren Einwaagen vereinigt und dann geschieden.

Der Zusatz an Bleiglätte wird bei *Galmei*, *Kieselzinkerz*, *Röstblenden*, *Flugstäuben* (*Bleischlämmen*), *Muffelrückständen und stark eisenhaltigen Proben* entweder erhöht oder man schmilzt nur 10 g Probegut mit 20 g Bleiglätte und einer genügenden Menge Zuschlag ein.

Bei *Räumaschen* und *kohlehaltigen Abgängen* empfiehlt es sich, nach dem ersten Niederschmelzen die Kohle mit Salpeter zu verbrennen und dann nach weiterem Zusatz von Zuschlag noch einmal niederzuschmelzen.

Alle Proben sind bei sehr langsam steigender Temperatur zu schmelzen, damit nicht durch plötzliches Entweichen von Zinkdämpfen mechanische Verluste entstehen.

Reguli, welche Arsen, Antimon oder Zinn enthalten, sind vor dem Abtreiben zu verschlacken. Bei höherem Arsengehalt der Erze ist die kombinierte naß-trockene Methode anzuwenden.

3. Kupfererze.

Die Edelmetallbestimmung in Kupfererzen wird nach der kombinierten naß-trocknen Methode ausgeführt (s. A. II, S. 171). Ist die Ansiedeprobe vereinbart, so sind gleichzeitig synthetische Proben auszuführen.

4. Wismuterze.

In Wismuterzen und wismuthaltigen Erzeugnissen werden Gold und Silber fast immer dokimastisch bestimmt. Bei silberreichen Wismuterzen ist die gewöhnliche Einwaage 4mal 2,5 g, bei goldhaltigen Erzen aber 8mal 2,5 g; im letzteren Falle setzt man dann, wenn kein oder sehr wenig Silber vorhanden ist, gewogene Mengen Silber zu. Man unterwirft die Proben dem Ansiedeverfahren.

Bei silberarmen Erzen wendet man das Tiegelschmelzverfahren mit Einwaagen von 10 bis 25 g an. Da Wismut häufig im Silberkorn zurückgehalten wird, ist ein Nachtreiben unter Kontrolle erforderlich. Schließlich prüft man das Silberkorn colorimetrisch auf Wismut.

5. Zinnerze.

Bei der Silberbestimmung in Zinnerzen ist zu berücksichtigen, daß bei größeren Zinngehalten die vollständige Entfernung des Zinns aus dem Bleiregulus nur durch mehrmals wiederholtes Verschlacken möglich ist. Man muß daher bei den Einwaagen auf den Zinngehalt der Erze Rücksicht nehmen: Bei Zinnerzen bis zu einem Zinngehalt von 20% empfiehlt sich eine Einwaage von 10 g Erz, bei höheren Zinngehalten eine solche von 5 g Erz.

Die Erzeinwaage wird mit der 10fachen Menge Bleiglätte und ungefähr 100 g eines Flußmittels, bestehend aus

> 6 Teilen Soda
> 5 Teilen Borax
> 1 Teil Weinstein
> 2 Teilen Flußspat

in üblicher Weise vermengt und in Tontiegeln im Koksofen eingeschmolzen. Man schmilzt bei hoher Temperatur, bis völlig ruhiger Fluß zu beobachten ist, setzt sodann einen Eisenstab ein und läßt nochmals mindestens $^1/_2$ Stunde im Fluß.

Die Tiegel werden nach dem Erkalten zerschlagen, die Schlacke wird gesammelt und nochmals unter Zusatz von 10 g Glätte nachgeschmolzen, um etwa in der Schlacke verbliebenes Silber zu erfassen.

Die gesammelten Bleireguli werden sodann im Muffelofen auf Ansiedescherben verschlackt. Die Verschlackung wird wiederholt, bis der Regulus vollkommen weich ist und ein Gewicht von ungefähr 18 g hat. Bei Einwaagen von 5 g Erz empfiehlt es sich, die Reguli zu konzentrieren, damit mindestens 10 g Einwaage zum Abtreiben gelangen.

6. Antimonerze.

Die Edelmetallbestimmung in diesen Erzen wird nach der kombinierten (naß-trocknen) Methode ausgeführt (s. A. II, S. 171).

7. Arsenerze.

Arsenreiche Materialien bilden beim Schmelzen im Tontiegel sog. Speisen, wodurch Verluste an Edelmetallen eintreten. Auch auf dem Ansiedescherben lassen sie sich meist nicht unmittelbar verarbeiten. In solchen Fällen ist es erforderlich, das Arsen vorher zu entfernen. Ein älteres Verfahren dafür beruht auf der Verflüchtigung des Arsens als Trioxyd durch Abrösten. Dabei können aber ebenfalls sehr leicht Edelmetallverluste entstehen. Am zweckmäßigsten erreicht man die Entfernung des Arsens durch eine Vorbehandlung des Materials mit Säuren.

Handelt es sich nur um die Bestimmung des Silbers, so zersetzt man je nach dem Silbergehalt Einwaagen von 5 bis 25 g unter Erwärmen mit 80 bis 150 cm³ Salpetersäure (1,3), entfernt die Stickoxyde durch Einblasen von Luft und verdünnt mit Wasser auf etwa 1 l. Das Silber fällt man mit einer Natriumchlorid-lösung aus (1 cm³ entsprechend 10 mg Silber) und vermeidet einen größeren Überschuß. Dann gibt man noch 5 cm³ konz. Schwefelsäure und 10 cm³ einer gesättigten Bleiacetatlösung hinzu, läßt den Niederschlag absitzen und filtriert durch ein doppeltes Filter. Man wäscht sorgfältig aus, trocknet das Filter, legt es auf einen mit Probierblei beschickten glasierten Ansiedescherben und verascht es bei niedriger Temperatur. Den Scherben beschickt man dann mit der noch fehlenden Menge Probierblei und setzt ihn zum Verschlacken in die Muffel. Ist die Menge des unlöslichen Rückstandes eines Erzes nach dem Behandeln mit Salpetersäure sehr groß, so muß man ihn im Tontiegel mit Bleioxyd und Flußmitteln niederschmelzen. Den Bleikönig verschlackt man nochmals auf dem Ansiedescherben und treibt ihn ab.

Soll in einem arsenhaltigen Material neben dem Silber auch das Gold bestimmt werden, so eignet sich besser der Aufschluß mit Schwefelsäure, weil dabei keine Goldverluste auftreten. Man behandelt ebenfalls Einwaagen von 5 bis 25 g mit Schwefelsäure (1,2) und dampft die Lösung bis zum starken Rauchen der Schwefelsäure ab. Nach dem Erkalten nimmt man mit verd. Schwefelsäure, dann mit heißem Wasser auf und fällt das Silber, wie auf S. 172 angegeben.

8. Nickel- und Kobalterze.

In Nickel- und Kobalterzen wird der Edelmetallgehalt nach der kombinierten naß-trocknen Methode ermittelt (s. A. II, S. 171).

9. Schwefelkiese und Abbrände.

Auch in diesen wird die Edelmetallbestimmung nach der kombinierten naß-trocknen Methode ausgeführt.

II. Hütten- und Fabrikationserzeugnisse.

1. Rückstände.

a) Gekrätze, Schliffe, Schlacken, Scherben.

Bis zu einem Edelmetallgehalt von etwa 5% werden die Gekrätze im Gekrätz-probentiegel geschmolzen, und zwar schmilzt man je nach dem Gehalt mindestens 4 Einwaagen von je 5 bis 25 g. Zur Beschickung wählt man einen fertig gemischten Fluß und führt das Füllen des Tiegels derart aus, daß man 50 g von diesem Fluß (a) auf den Boden des Tiegels bringt, dann die Probe hinzufügt, beides gut durchmischt und hierauf weitere 50 g des Flusses (b) in den Tiegel als Decke hineinbringt. Wenn die Gekrätze keine reduzierenden Bestandteile enthalten, fügt man vor dem Mischen noch 1 g Kohle, bei schwefelhaltigem Material etwas Eisen hinzu.

Zusammensetzung für Fluß a:

> 3 Teile calcinierte Soda
> 2 Teile Pottasche
> 2 Teile Kochsalz
> 6 Teile edelmetallfreie Glätte.

Zusammensetzung für Fluß b:

> 4 Teile calcinierte Soda
> 4 Teile Pottasche
> 3 Teile Kochsalz
> 1 Teil Glasmehl
> 5 bis 10% Borsäure.

Reiche Schliffe, ebenso andere Rückstände mit über 5% Edelmetall, werden angesotten. Man bemißt die Einwaage je nach dem Edelmetallgehalt, so daß das resultierende Edelmetallkorn im allgemeinen kein größeres Gewicht als etwa 0,5 g zeigt. Die Boraxmenge beträgt etwa 1,5 bis 2 g.

Bei den anzusiedenden Proben sind die Verunreinigungen so verschiedener Natur, daß eine bestimmte Bleimenge nicht festgesetzt werden kann; im allgemeinen sind 20 bis 50 g Blei erforderlich.

Bei halogenhaltigem Material soll das Silberchlorid der Probe mit Schwefelsäure unter Zusatz von reinem Zink zu metallischem Silber reduziert werden und dieses dann angesotten bzw. bei reinen Substanzen unmittelbar getrieben werden.

Um die Bleizusätze festzustellen, ist eine Vorprobe der zu untersuchenden Schlämme usw. notwendig, soweit nicht von anderer Seite die Gehalte angegeben sind.

b) Anodenschlämme.

Bei diesen erfolgt die Bestimmung der Edelmetalle nach der kombinierten naß-trocknen Methode (s. A. II S. 172).

c) Kupferroh- und Konzentrationssteine.

Auch bei diesem Material wird der Edelmetallgehalt nach der kombinierten naß-trocknen Methode ermittelt (s. A. II S. 171).

d) Nickel- und Kobaltspeisen.

In der Regel werden 2mal je 25 g Speise eingewogen und mit 100 cm³ Wasser in einem Becherglas von 1000 cm³ Inhalt gründlich gemischt. Man bedeckt mit einem Uhrglas und gibt 70 cm³ konz. Salpetersäure vorsichtig in kleinen Anteilen (jedesmal etwa 10 cm³) zu. Wenn alle Säure zugefügt und die Lösung praktisch vollständig ist, erhitzt man vorsichtig zum Sieden, bis die rotbraunen Dämpfe verjagt sind, gibt zu der kochenden Lösung 10 cm³ Schwefelsäure (1 + 1) und läßt 1 bis 2 min gelinde weiterkochen. Das Glas wird dann von der Kochplatte entfernt, die Lösung etwas abgekühlt, mit kaltem Wasser auf 500 bis 600 cm³ verdünnt und mit 10 cm³ einer 1proz. Kochsalzlösung und 2 g Bleiacetat (in Lösung) versetzt. (Nach jeder Zugabe ist stark umzurühren!) Man läßt über Nacht absitzen und filtriert durch ein doppeltes 15 cm-Filter. Auf den Niederschlag streut man einige Gramm Bleioxyd und bringt ihn, ohne das Filter zusammenzudrücken, in einen Tiegel. Dieser wird dann auf eine heiße Platte zum Trocknen gestellt und das Filter vor der Muffel bei möglichst niedriger Temperatur verbrannt. Die Asche zerdrückt man mit einem kleinen Pistill im Tiegel und mischt sie gründlich mit 40 g Bleioxyd, einigen Gramm Quarzsand und einer zur Reduktion der Bleiverbindungen ausreichenden Menge von Mehl oder einem anderen Reduktionsmittel. Nach Zugabe von 40 g Natriumhydrogencarbonat wird nochmals gemischt, mit 20 g Borax bedeckt und das Schmelzen bei gelinder Hitze, die man mit dem Fortschreiten des Schmelzprozesses ziemlich hoch steigert, begonnen. Das Verschlacken und Abtreiben der Reguli erfolgt in üblicher Weise.

Führt man das Lösen der genannten Materialien nur mit Schwefelsäure aus, so ist zu beachten: Einige Nickel-Kobaltspeisen lösen sich schwer in Schwefelsäure, so daß sich unter Umständen beim Verschlacken oder beim Niederschmelzen des Rückstandes etwas Stein bilden kann. Man kann dies dadurch vermeiden, daß man der Schwefelsäure etwas Salpetersäure zusetzt. In diesem Falle empfiehlt es sich, die Salpetersäure durch Eindampfen bis zum Rauchen der Schwefelsäure zu entfernen, der mit Wasser verdünnten schwefelsauren Lösung ein Reduktionsmittel (SO_2 usw.) hinzuzusetzen und die Lösung längere Zeit in der Wärme stehenzulassen, um dadurch geringe Mengen Gold zu fällen, die etwa unter der Einwirkung der Salpetersäure in Lösung gegangen sein könnten.

e) Photographische Papiere und Filme.

Bei der Bestimmung des Silbers in Abfällen photographischer Papiere und Filme wird das Muster nicht unmittelbar entnommen, sondern erst nach dem Verbrennen des Materials in größeren Flammöfen. Man mahlt die verbrannte

Asche, siebt sie durch ein Sieb von Nr. 24 DIN 1171 und zieht aus diesem Feinmaterial dann die Durchschnittsprobe. Zum Schmelzen werden 4mal 10 g der Asche verwandt. Geschmolzen wird im Gekrätzprobentiegel unter Zusatz der üblichen Verschlackungsmittel (s. A. I, 3). Die Papiere enthalten im allgemeinen etwa 6 bis 10 g Silber je Kilogramm im Rohzustande und etwa 30 bis 50 g Silber in der Asche.

f) Photographische Fixierbäder.

Diese entfallen im größeren Maße in der Filmindustrie. Nach gutem Durchrühren der Bäder kann eine Probe unmittelbar aus der Flüssigkeit entnommen werden. In 50 cm³ dieser Probe wird das Silber mit Natriumsulfid gefällt und das Silbersulfid abfiltriert, getrocknet und schließlich auf einem Ansiedescherben unter Zusatz von Borax usw. angesotten.

2. Metalle.

a) Kupfer
(kombinierte naß-trockne Methode).

Die Edelmetalle werden nach dem kombinierten Verfahren bei Auflösen des Kupfers in Salpetersäure oder besser in Schwefelsäure bestimmt. Zur Gold-Platin-Bestimmung wendet man den Schwefelsäureaufschluß an. Man löst 50 g nicht zu grober Späne mit 200 cm³ konz. Schwefelsäure und 50 cm³ Wasser durch starkes Kochen, läßt erkalten, verdünnt auf etwa 1 l und kocht wieder kurze Zeit. Ein noch vorhandener ungelöster Rückstand ist nach dem Dekantieren mit wenig frischer Säure nachzulösen. Die heiße, etwa 1700 cm³ betragende Lösung versetzt man mit etwas Natriumchlorid zur Silberfällung und etwa 1 g Bleiacetat, um durch den Bleisulfatniederschlag das Absetzen des Silberchlorids zu begünstigen und den Niederschlag besser filtrierbar zu gestalten. Nach gutem Durchrühren läßt man etwa 12 Stunden absitzen, filtriert und verascht das etwas getrocknete Filter mit dem Niederschlag vor der Muffelöffnung im Scherben, der als Unterlage einige Gramm Probierblei enthält. Nach völligem Veraschen des Filters wird mit 20 g Probierblei abgedeckt, wenig Borax hinzugegeben, verschlackt und wie üblich getrieben. Besser ist das Schmelzen des Niederschlages im Tontiegel mit Fluß und Glätte.

b) Zink.

Für die Silberbestimmung im Zink werden 100 g Späne in Schwefelsäure gelöst; um die Lösungsgeschwindigkeit zu erhöhen, wird etwas Kupfersulfat zugegeben. Nach dem Aufnehmen mit Wasser und einem Zusatz von 5 cm³ n-Natriumchloridlösung schüttelt man gut durch, fügt 5 g in 50 cm³ Wasser gelöstes Bleiacetat hinzu, läßt absitzen, filtriert, wäscht aus und bestimmt im Niederschlag das Silber auf dokimastischem Wege.

c) Handelssilber.

Wismutbestimmung: α) *Methode nach Pufahl.*

Man löst 5 bis 10 g in Salpetersäure, filtriert von etwa abgeschiedenem Gold ab, übersättigt die auf 200 bis 250 cm³ verdünnte und mit 10 g Ammoniumnitrat versetzte Lösung mit Ammoniak, erwärmt etwa ½ Stunde im Wasserbade, wobei sich der geringfügige Niederschlag gewöhnlich zusammenballt, kühlt ab und wäscht den auf einem kleinen Filter gesammelten Niederschlag mit ammoniakalischem Wasser silberfrei aus. Darauf löst man ihn in heißer, verd. Salzsäure, läßt die Lösung in eine konz. Lösung von 2,5 g Kaliumjodid fließen, kühlt ab, setzt einige cm³ 100fach verdünnter, wässeriger schwefliger Säure hinzu, verdünnt auf 250 cm³ und vergleicht die Intensität der Gelbfärbung mit der einer frisch bereiteten

Wismutlösung, wie dies bei der colorimetrischen Bestimmung des Wismuts (S. 386) angegeben ist.

Bis zu 5 mg Blei, das sich als Jodid farblos gelöst hat, bleiben so in Lösung und führen bei dieser Verdünnung zu keiner Ausscheidung von Bleijodid bei Zimmertemperatur; bei Anwesenheit von 10 mg Blei sind 5 g Kaliumjodid und eine Verdünnung auf 500 cm³ erforderlich. Ist reichlich Blei im Probematerial enthalten, wie z. B. im Blicksilber, dann löst man den silberfrei gewaschenen Niederschlag von Bleihydroxyd und basischem Wismutnitrat in heißer, verd. Salpetersäure, raucht mit einem Überschuß von Schwefelsäure ab und trennt das Blei vom Wismut durch Abscheidung als Sulfat. In diesem Falle genügen 2 g Kaliumjodid vollständig. Bei sehr geringen Gehalten an Wismut und Blei empfiehlt es sich, die Filtration der mit Ammoniak übersättigten Lösung erst nach einer längeren Wartezeit vorzunehmen.

β) *Methode 1 nach Proske.*

Durch nachstehende Methode läßt sich Wismut im Silber colorimetrisch innerhalb 1 Stunde bestimmen, da man hierbei das Wismut während des ganzen Prozesses in Lösung hält.

Man löst 10 g Silber in Salpetersäure und kocht so lange, bis die nitrosen Dämpfe verschwunden sind. Ein Überschuß an Salpetersäure ist zu vermeiden. Hierauf verdünnt man mit Wasser und setzt 1 bis 2 g Kaliumjodid gelöst in Wasser hinzu. Nun wird so viel Kochsalzlösung unter ständigem Umrühren hinzugefügt, bis das Silber vollständig ausgefällt ist. Der vorhergehende Zusatz von Kaliumjodid ist notwendig, da man sonst Gefahr läuft, daß Wismut bei sofortiger Zugabe von Kochsalz im Silberchlorid zurückgehalten werden kann. Man erhitzt nun einige Zeit, läßt erkalten und filtriert unmittelbar in die Vergleichsflasche, in die man vorher 2 g Kaliumjodid, in Wasser gelöst und mit 1 bis 2 Tropfen einer verd. Lösung von schwefliger Säure versetzt, hineingebracht hat. Dann wird die Intensität dieser Lösung mit einer Wismutlösung von bekanntem Gehalt verglichen (s. Kap. „Wismut", S. 386).

γ) *Methode 2 nach Proske.*

Diese Methode läßt sich ebenfalls innerhalb kurzer Zeit ausführen, da die quantitative Fällung der geringen Menge von Wismut durch das Mitfällen einer größeren Menge von Silber beschleunigt wird. Wie oben beschrieben, löst man das Silber in Salpetersäure, verdünnt mit Wasser und neutralisiert mit Soda. Hierauf setzt man 0,5 g Natriumhydrogencarbonat hinzu; dadurch fällt ein Teil des Silbers und das Wismut quantitativ aus. Der Silber-Wismut-Niederschlag wird nun abfiltriert und mit heißem Wasser ausgewaschen. In dem vorher benutzten Kolben hat man inzwischen 2 g Kaliumjodid gelöst und spült nun den Niederschlag mit Schwefelsäure (1 + 9) in den Kolben wieder zurück, kocht etwa 5 bis 10 min, filtriert, läßt das Filtrat, das sämtliches Wismut enthält, wie oben in ein Colorimetergefäß, in dem sich 2 g Kaliumjodid befinden, einlaufen und vergleicht, wie oben angegeben.

3. Legierungen.

a) **Platingüldischprobe auf trocknem Wege.**

Bei den Platingüldischproben kann nur Rücksicht auf das Platin, Gold und Silber genommen werden, und zwar allgemein nur bis zu einem Pt-Gehalt von $^{150}/_{1000}$ Teilen, nicht aber auf die anderen Platinmetalle. Sind diese vorhanden, so ist der naß-analytische Weg einzuschlagen und das Platin als Platinsalmiak zu bestimmen.

Bei sämtlichen Platinproben muß mindestens 4mal soviel Silber als Au + Pt vorhanden sein. Ist die Menge des vorhandenen Silbers geringer, so muß eine entsprechende Menge davon zulegiert werden.

Handelt es sich um einen Platingehalt von nur wenigen (höchstens 10) Tausendteilen bei Anwesenheit von mindestens der 5fachen Menge Gold, so wird das eine von zwei abgetriebenen und gegebenenfalls gleichmäßig quartierten Körnern auf 0,1 oder 0,05 mm ausgewalzt, geglüht und mit konz. Schwefelsäure behandelt. Das Auskochen mit konz. Schwefelsäure hat so lange zu geschehen, bis keine merkliche Entwicklung von schwefliger Säure mehr stattfindet, und zwar zuerst sehr vorsichtig, da gerade im Anfange des Silberlösens sich Platin mitlösen kann. Die Säure bzw. Silbersulfatlösung wird abgegossen; dann wird mit frischer Säure noch 2mal je 8 min gekocht, wobei die Schwefelsäure richtig im Wallen gehalten werden muß. Bimssteinstückchen verhindern das Stoßen. Hierauf wird mit heißem Wasser ausgewaschen, geglüht und gewogen. Etwa vorhandenes Blei als Bleisulfat muß mit Ammoniumacetat herausgelöst werden. Die Differenz zwischen dem Gewicht des ursprünglichen Kornes und dem des Au + Pt ergibt das Gewicht des vorhandenen Silbers.

Bei Proben, welche quartiert werden mußten, wird das Bruttogewicht Ag + Au + Pt so bestimmt, daß von dem Gewicht des quartierten Kornes das des zuquartierten Ag abgesetzt wird. Das andere Korn wird mit Salpetersäure vorschriftsmäßig ausgekocht. Das Mehrgewicht des Rückstandes der ersten Probe gilt als Platingehalt, da bei Gegenwart von Silber die geringe Menge von Platin sich in Salpetersäure so gut wie vollständig auflöst.

Beträgt der Platingehalt mehr als 10 Tausendteile, aber nicht über 80 Tausendteile, bei genügendem Gehalt an Gold (5fache Menge des Pt-Gehaltes), so ist der sich beim Auflösen in Salpetersäure ergebende Rückstand noch einmal mit Silber zu quartieren und nochmals mit Salpetersäure auszukochen. Bei noch höheren Platingehalten aber, also über 80 Tausendteile oder wenn weniger Gold als 5 Au : 1 Pt vorhanden ist, muß unbedingt, wie folgt, verfahren werden:

Nachdem das Silber vorschriftsmäßig durch wiederholtes Kochen mit konz. Schwefelsäure entfernt ist, wird der Rückstand gewogen, dann in Königswasser unter Vermeidung eines Salpetersäureüberschusses aufgelöst und die Lösung so oft eingedampft, bis alle freie Salpetersäure verschwunden ist. Etwa vorhandenes Iridium bleibt ungelöst zurück und kann abfiltriert und gewogen werden. Dann wird das gelöste Gold durch Eisen(II)-chlorid gefällt und abfiltriert. Das Filterchen mit dem Gold verascht man auf der Kapelle, fügt das nötige Quartiersilber hinzu und treibt ab. Aus dem erhaltenen Korn wird das Silber herausgelöst und das Gold gewogen. Pt ergibt sich aus der Differenz von Au + Pt + etwaigem Ir — (Au + etwaigem Ir).

Zur Kontrolle des aus der Differenz ermittelten Platins kann auch das Platin aus dem Filtrat von der Goldfällung unmittelbar bestimmt werden, indem es daraus mit Zink gefällt wird. Man setzt unter Kochen so lange Zink hinzu, bis die Lösung fast farblos geworden ist. Das auf diese Art ausgefällte Platin wird auf ein Filter gebracht, letzteres auf einer Kapelle verascht und mit der 4fachen Menge Silber quartiert. Das Silber-Platin-Korn wird wie oben mit Schwefelsäure behandelt und das zurückbleibende Platin nach dem Auswaschen geglüht und gewogen.

Platinproben müssen *wesentlich heißer* als Goldproben getrieben werden.

b) Technisch und chemisch reines Platin.

Eine Einwaage von 5 g wird in 100 bis 150 cm³ Königswasser gelöst und die Lösung im geeichten Meßkolben auf 500 cm³ verdünnt. Je 100 cm³ (= 1 g Substanz) werden für die drei folgenden Bestimmungen mit geeichten Pipetten entnommen. Ein 4. und 5. Anteil kann zu Kontrollbestimmungen verwandt werden.

— Bei wenig Material kann man auch mit einer Einwaage von 1 bis 2 g arbeiten. Zur Erreichung größter Genauigkeit empfiehlt es sich, die auspipettierten Mengen durch Wägung zu kontrollieren.

α) *Gesamter Edelmetallgehalt.*

100 cm³ obiger Lösung sind bis auf 15 bis 20 cm³ einzudampfen und mit 50 cm³ einer kaltgesättigten Ammoniumchloridlösung und 30 cm³ einer 1proz. alkoholischen Lösung von Diacetyldioxim zu versetzen; nach öfterem Umrühren läßt man mehrere Stunden — besser über Nacht — absitzen. Der Niederschlag wird filtriert, über einem Platinconus trockengesaugt, mit dem Filter in gewogenem Tiegel vorsichtig geglüht und mit Salzsäure ausgezogen. Aus dem vom überschüssigen Alkohol durch Abdunsten befreiten Filtrat und dem salzsauren Auszug fällt man die noch in Lösung befindlichen Edelmetalle mit chemisch reinem Zink oder Magnesium, filtriert den Niederschlag ab, befreit ihn von etwa mitgefallenen unedlen Metallen, z. B. von Kupfer, durch Kochen mit Salpetersäure (1 + 7), gibt ihn zur Hauptfällung hinzu, glüht mit dieser im Wasserstoffstrom stark und wägt.

Durch diese Arbeitsweise soll erreicht werden, das Palladium quantitativ als Dioxim mit dem Platinsalmiak zu fällen und dadurch der Zinkfällung zu entziehen.

β) *Palladium.*

100 cm³ der freies Königswasser enthaltenden Lösung werden mit 15 bis 20 cm³ 1proz. alkoholischer Diacetyldioximlösung versetzt, mit 900 cm³ kaltem Wasser verdünnt und kräftig umgerührt. Man läßt 2 Stunden bei einer Temperatur unter 15° stehen und filtriert den reingelb aussehenden Niederschlag durch einen Neubauer-Tiegel, wäscht erst mit kaltem, dann mit heißem Wasser und trocknet 1 Stunde im Trockenschrank bei 120°. Der Palladiumgehalt der Verbindung beträgt 31,635%.

Diese Art der Fällung in Anwesenheit von 2 bis 3% freiem Königswasser vorgenommen, verläuft durchaus quantitativ. Das freie Königswasser verhindert das Mitfällen von Platin und des in sehr geringen Mengen vorhandenen Goldes bei gewöhnlicher Temperatur. Das Oxydationsmittel (Königswasser) wirkt der reduzierenden Kraft der organischen Substanz (Diacetyldioxim in Alkohol) entgegen und macht besonders eine Reduktion des Platins zu einer geringeren Wertigkeitsstufe, in welcher es durch Diacetyldioxim fällbar ist, unmöglich. Die Fällung von Platin mit Dioxim ist bläulichbraun; geringste Spuren von mitgefälltem Platin lassen die reingelbe Palladiumfällung grünlich erscheinen.

γ) *Gold.*

100 cm³ Lösung dampft man zweimal mit Salzsäure zur Sirupdicke ein, nimmt mit wenig Salzsäure und Wasser auf und gibt 10 cm³ konz. Eisen(II)-chloridlösung hinzu; hat man einige Stunden — besser über Nacht — bei mäßiger Wärme stehengelassen, so filtriert man durch ein Blaubandfilter und wäscht mit salzsäurehaltigem heißem Wasser aus. Nun wird im Goldglühtiegel geglüht. Bei einigermaßen erheblichem Goldgehalt ist es zu empfehlen, das Gold mit Silber zu quartieren und das so erhaltene Gold-Silber-Korn mit Salpetersäure zu scheiden.

Der Wert für die Gesamtedelmetalle abzüglich des Wertes für Palladium plus Gold ergibt den Gehalt an Platin einschließlich Iridium und Rhodium.

c) Dentallegierung.

Man löst die Probespäne (je nach Zusammensetzung der Legierung 0,20 bis 0,50 g) in rauchender Salpetersäure zur Abscheidung des vorhandenen Zinns als

Metazinnsäure und glüht diese zu Zinndioxyd. Die Ermittlung mitgefällter geringerer Mengen von Gold oder Palladium im Zinndioxyd kann durch unmittelbares Quartieren mit Silber auf der Kapelle und Scheiden des Korns mit Schwefelsäure erfolgen. In goldhaltigen, aber zinnfreien Dentallegierungen verbleibt nach dem Lösen in konz. Salpetersäure Gold meistens genügend rein zurück, so daß es unmittelbar gewogen werden kann.

Silber wird als Silberchlorid gefällt, die Lösung mit dem Niederschlag 10 bis 15 min in der Schüttelflasche geschüttelt und filtriert. Schwachgelbliche Färbung des Silberchlorids ist auf einen geringen, meist zu vernachlässigenden Gehalt an Palladium zurückzuführen.

Das Filtrat dampft man unter Zusatz von Salzsäure bis fast zur Trockne, nimmt mit etwas Königswasser auf, verdünnt und fällt das Palladium mit Diacetyldioxim bei einer Temperatur der Lösung unter 15°. Den reingelben Niederschlag glüht man vorsichtig im Wasserstoffstrom zu metallischem Palladium.

Im Filtrat vom Palladiumniederschlag fällt man Platin plus Kupfer mit Schwefelwasserstoff aus stark salzsaurer Lösung (500 cm³ Lösung plus 50 cm³ konz. Salzsäure; H_2S in der Hitze einleiten, nach $^1/_2$ Stunde mit kochendem Wasser auf 750 cm³ verdünnen und erkalten lassen). Die abfiltrierten Sulfide röstet man vorsichtig ab und entfernt Kupfer durch Auskochen mit Salpetersäure (1 + 6). Der Rückstand (Pt) wird im Wasserstoffstrom geglüht und das Kupfer im salpetersauren Auszug elektrolytisch bestimmt.

Das Filtrat, enthaltend Cadmium, Zink und Nickel, wird unter Zugabe von 15 cm³ konz. Schwefelsäure bis zum Auftreten von SO_3-Dämpfen eingedampft und auf 100 bis 125 cm³ verdünnt. Man leitet in die heiße Lösung Schwefelwasserstoff ein und filtriert. Das Cadmiumsulfid wird in Salzsäure gelöst und in Sulfat übergeführt.

Im Filtrat werden Nickel und Zink nach den Methoden in den Kapiteln „Nickel" und „Zink" getrennt und bestimmt.

4. Salze.

Die Edelmetalle, Silber oder Gold, müssen zunächst aus ihren Salzen in metallische Form übergeführt werden. *Silbersalze* löst man in Wasser, fällt das Silber mit Salzsäure als Silberchlorid aus und setzt so lange Zinkabfälle hinzu, bis sämtliches Silber als Metall vorliegt.

Goldsalze werden gleichfalls in Wasser gelöst. Im allgemeinen fällt man daraus das Gold mit schwefliger Säure, wobei zu beachten ist, daß die schweflige Säure bis zur vollständigen Sättigung eingeleitet und das Filtrieren nach kurzem Abstehenlassen vorgenommen werden muß.

Die erhaltenen metallischen Rückstände werden dann, wie bereits vorher beschrieben, abfiltriert und samt den Filtern auf der Kapelle verascht. Nach Zusatz von Blei wird abgetrieben und bei einem etwaigen Goldgehalt nach dem Quartieren gelöst.

Wenn die Silberbestimmung auf nassem Wege ausgeführt wird, so soll sie wie unter „Bestimmung des Silbers als Chlorid", S. 176, vorgenommen werden.

Bei vielen Salzen, besonders bei den Goldsalzen, wie Goldchlorid usw., ist auf den stark hygroskopischen Charakter Rücksicht zu nehmen. Hier erfolgt die Einwaage im Wägegläschen.

Kapitel 11.

Kobalt*.

A. Bestimmungsmethoden des Kobalts unter Berücksichtigung der bei der Analyse störend wirkenden Elemente.
   I. Die elektroanalytische Methode.
  II. Die Fällung mit α-Nitroso-β-Naphthol:
     1. in essigsaurer,
     2. in salzsaurer Lösung.
 III. Die Ausätherung des Kobaltammoniumrhodanids.
 IV. Die Nitritfällung.
  V. Die colorimetrische Bestimmung mit β-Nitroso-α-Naphthol.

B. Die Untersuchung von Erzen und Hüttenerzeugnissen.
  I. Erze.
 II. Hüttenerzeugnisse:
    1. Speisen, Rückstände, Schlacken.
    2. Kobaltmetall.
    3. Legierungen.
    4. Oxyde und Salze:
      a) Kobaltoxyde,
      b) Smalten,
      c) Kobaltfarben,
      d) Kobaltsalze.

A. Bestimmungsmethoden des Kobalts unter Berücksichtigung der bei der Analyse störend wirkenden Elemente.

I. Die elektroanalytische Methode.

Das Kobalt wird am zuverlässigsten und vorteilhaftesten in gleicher Weise wie das Nickel elektrolytisch aus ammoniakalischer Sulfatlösung an der Kathode niedergeschlagen und als Metall zur Wägung gebracht.

Man gießt die ein Volumen von etwa 100 cm³ aufweisende, kalte, schwach schwefelsaure Kobaltsulfatlösung vorsichtig in etwa 100 cm³ 5 bis 10 g Ammoniumsulfat enthaltendes, pyridinfreies konz. Ammoniak; bei größeren Kobaltgehalten kann man noch 1 g Hydroxylaminsulfat hinzufügen; Ammoniak muß in starkem Überschuß vorhanden sein. Das Elektrolytvolumen für 50 bis 500 mg Co sei etwa 200 bis 400 cm³.

Die Abscheidung erfolgt aus ruhendem oder bewegtem Elektrolyt unter Verwendung der bekannten Platinblech- oder -drahtnetzelektroden zumeist bei gewöhnlicher Temperatur; sie läßt sich durch Erwärmen auf 60° beschleunigen. Die Stromdichte soll in ruhendem Elektrolyt 0,5 bis höchstens 1 A/dm² (Klemmenspannung etwa 4 V) betragen und darf erst gegen Ende auf das Doppelte gesteigert

---

werden; in bewegtem Elektrolyt kann man sie bis auf $3\ \text{A/m}^2$ erhöhen, wodurch
z. B. 100 mg Kobalt schon in 1 Stunde vollständig abgeschieden werden. Auf
Vollständigkeit der Fällung prüft man eine kleine Probe der Lösung mit Ammoniumsulfid; die herausgenommene Kathode wird mit Wasser und Alkohol gewaschen und getrocknet.

Unter den genannten Bedingungen wird das Kobalt völlig rein und fest als silber-
weißer bis mattgrauer Metallbelag auf der Kathode niedergeschlagen. Der große
Ammoniaküberschuß ist nötig, weil Kobalt in höherem Maße als Nickel die Neigung
besitzt, sich als schwarzes $Co(OH)_3$ an der Anode abzuscheiden. In Gegenwart
von Kalksalzen bilden sich auf der Kathode mitunter Gipskryställchen, die eine
Wiederholung der Elektrolyse nötig machen.

Der Elektrolyt muß frei sein von Nitraten, Nitriten und größeren Mengen
von Chloriden (s. Kap. „Nickel"), ferner darf er keine anderen in ammoniakalischer
Lösung kathodisch fällbaren oder zu einer niederen Oxydationsstufe reduzierbaren
Elemente (z. B. Cu, Zn, Mo) enthalten.

Der elektrolytischen Bestimmung des Kobalts hat also stets die *Abscheidung
der dabei störenden Elemente* vorauszugehen*, und zwar erfolgt zunächst die Fällung
der *Schwefelwasserstoffgruppe* in salzsaurer Lösung unter den bekannten Bedingungen; dabei sei besonders auf die schwierige Abscheidung der Sulfide des
Arsens und Molybdäns hingewiesen. Man kann diesen Schwierigkeiten entgehen,
wenn man zum Aufschluß des Probematerials die Natriumperoxydschmelze anwendet und die alkalische Lösung, die das gesamte Arsen, Molybdän und Chrom
als Natriumarsenat, -molybdat und -chromat enthält, abfiltriert. Zu diesem
Zweck wird 1 g der fein geriebenen Probe im Silber-, Tonerde- oder Porzellantiegel mit etwa 4 bis 5 g Natriumperoxyd unter Zugabe eines haselnußgroßen
Stückes Natriumhydroxyd rasch eingeschmolzen und die Schmelze nach etwa
3 min abgekühlt, mit Wasser im bedeckten Becherglas zersetzt und filtriert.
Das Kobalt befindet sich dann als leicht in Salzsäure lösliches Hydroxyd auf dem
Filter.

Von den Metallen der *Ammoniumsulfidgruppe* beeinträchtigen die elektrolytische Kobaltnickelfällung Zink und größere Mengen von Eisen, Aluminium,
Mangan und Chrom.

Größere Mengen an *Eisen und Aluminium* trennt man vom Kobalt durch
wiederholte Ammoniakfällung, besser aber je nach ihrer Menge durch das Acetatverfahren[1] oder durch Ausschütteln der 20% Salzsäure enthaltenden Lösung mit
Äther[2]. Hat der Eisenabscheidung die Fällung des Zinks zu folgen, so wendet
man auch das Formiatverfahren[3] an, weil die bei der Elektrolyse störende Ameisensäure durch Eindampfen der kobalthaltigen Lösung mit Schwefelsäure sich leichter
entfernen läßt als die ebenfalls störende Essigsäure. Die Eisenfällung ist stets
zu wiederholen, da der Eisenniederschlag besonders leicht Kobalt einschließt.
Enthält die Kobaltlösung nur geringe Mengen Eisen, wie es z. B. bei Kobaltoxyden, Kobaltmetall und Kobaltsalzen der Fall ist, so können sie in der Lösung
verbleiben. Das aus dem ammoniakalischen Elektrolyten ausgeschiedene Eisenhydroxyd enthält jedoch auch in diesem Falle stets Kobalt. Daher wird die
Elektrolyse nach der Entfärbung unterbrochen, der Niederschlag in Schwefelsäure gelöst, wieder durch Ammoniakzusatz ausgefällt und die Elektrolyse zu
Ende geführt. Verblieb das Eisenhydroxyd im Elektrolyten, so ist das abgeschiedene Kobalt auf Eisen zu prüfen. Zu diesem Zweck löst man das Kobalt von der

---

* Ausführlichere Angaben s. Kap. „Nickel".
[1] Brunck, O.: Chemiker-Ztg. Bd. 28 (1904) S. 514 — Funk, W.: Z. anal. Chem. Bd. 45
(1906) S. 181.
[2] v. Großmann, O.: Chemiker-Ztg. Bd. 54 (1930) S. 402.
[3] Funk, W.: Z. anal. Chem. Bd. 45 (1906) S. 489.

Kathode mit Salpetersäure ab, übersättigt die Lösung mit Ammoniak und bestimmt das Eisen colorimetrisch (s. Kap. „Nickel").

Zink wird nach der Fällung von Eisen und Aluminium mittels Schwefelwasserstoff als Zinksulfid abgeschieden, nachdem man die schwefelsaure Kobaltlösung mit Sodalösung gegen Kongorot neutralisiert hat. Nach der Fällung muß sofort filtriert werden, da sich durch längeres Stehen auch Kobaltsulfid abzuscheiden beginnt. Man kann die Zinksulfidfällung nach vollständiger Neutralisation auch bei Gegenwart von 3% Ameisensäure oder 4% Monochloressigsäure vornehmen. Da das Zinksulfid fast nie sofort rein ausfällt, muß die Fällung wiederholt werden. Ist das Kobalt gegenüber dem Zink nur in untergeordneter Menge vorhanden, so kann es oft erst nach dem Glühen des Zinksulfids zu Zinkoxyd durch die Färbung erkannt werden.

Die Abscheidung des *Mangans* erfolgt auf die gleiche Weise, wie im Kap. „Nickel" (S. 262) beschrieben. Kleinere Mengen Manganhydroxyd können nach der Oxydation mit wenig Bromwasser auch bei der elektrolytischen Bestimmung des Kobalts zugegen sein.

Chrom ist in den gewöhnlich vorkommenden Proben, abgesehen von neukaledonischen Erzen, meist nicht zu berücksichtigen. Sind größere Mengen Chrom, wie in den *Stelliten*, vorhanden, so trennt man sie, wie schon gesagt, durch eine voraufgehende Natriumperoxydschmelze oder durch mindestens 3maliges Fällen des Kobalts mit Wasserstoffperoxyd und Natronlauge. Das Wasserstoffperoxyd wird dabei vorteilhaft *vor* der Natronlauge zugesetzt.

Die Lösung, die nun frei von die Elektrolyse störenden Metallen ist und nur noch Kobalt und Nickel enthält, wird nötigenfalls zunächst durch Eindampfen mit etwa 10 cm³ konz. Schwefelsäure oder durch Ausfällen mit Sodalösung auch von den störenden Anionen befreit; dann elektrolysiert man nach dem Aufnehmen mit Wasser bzw. Lösen in verd. Schwefelsäure unter den genannten Bedingungen, wobei sich Kobalt und Nickel zusammen abscheiden, wägt die Summe Co + Ni aus, löst die Metalle mit Salpetersäure von der Kathode und erhält den Kobaltgehalt als Differenz, indem man das Nickel mittels Diacetyldioxim[4] ausfällt und zur Wägung bringt. Dazu ist bei überwiegendem Kobaltgehalt, wie im Kap. „Nickel" angegeben, ein besonders großer Überschuß an Reagens erforderlich. Genauere Ergebnisse erhält man, wenn zunächst der größte Teil des Kobalts nach einer der unten genannten Methoden entfernt und das Nickel in der kobaltarmen Lösung gefällt wird oder wenn man nach Feigl[5] das Nickel mit einem sehr großen Überschuß von festem Diacetyldioxim ausfällt und anschließend elektrolytisch bestimmt.

Der aus der Differenz errechnete Kobaltwert kann noch durch eine unmittelbare Kobaltbestimmung geprüft werden. Dazu dienen die α-Nitroso-β-Naphtholmethode sowie die Ausätherungs- und Nitritmethode. Die Summe der Einzelbestimmungen muß mit der ursprünglich ausgewogenen Summe Kobalt + Nickel übereinstimmen.

II. Die Fällung mit α-Nitroso-β-Naphthol.

Wie die Bestimmungsmethode mit Diacetyldioxim für Nickel liefert für Kobalt die Fällung mit α-Nitroso-β-Naphthol besonders bei geringen Gehalten recht genaue Werte. Man kann die Bestimmung in essig- sowie in salzsaurer Lösung vornehmen.

---

[4] Brunck, O.: Z. angew. Chem. Bd. 20 (1907) S. 1844; Bd. 27 (1914) S. 315 — Chemiker-Ztg. Bd. 33 (1909) S. 649.

[5] Feigl, F., u. H. J. Kapulitzas: Z. anal. Chem. Bd. 82 (1930) S. 417.

1. In essigsaurer Lösung[6].

Aus einer Lösung des Kobalt[II]-freien Kobalt(III)-acetats fällt essigsaure α-Nitroso-β-Naphthollösung das Kobalt als unlösliches reines Komplexsalz aus, das nach dem Trocknen die Zusammensetzung $Co[C_{10}H_6O(NO)]_3 \cdot 2H_2O$, also 9,645% Co besitzt. Die Lösung muß frei von Eisen sein und darf an weiteren Fremdmetallen nur Nickel, Aluminium und Zink enthalten, anderenfalls hat zunächst die Abscheidung der störenden Metalle wie oben zu erfolgen.

Zur Kobaltfällung engt man zunächst die schwach schwefel-, salz- oder salpetersaure Kobaltlösung mit nicht mehr als 50 mg Co auf etwa 20 cm³ ein, versetzt nach dem Erkalten mit 10 Tropfen Perhydrol und übersättigt schwach mit verdünnter, frisch filtrierter Natronlauge; hierauf bringt man den Niederschlag mit 20 bis 30 cm³ Eisessig wieder in Lösung, verdünnt mit siedendem Wasser auf etwa 200 cm³ und fällt mit 20 bis 30 cm³ des Reagenses. Dieses bereitet man als 2proz. Lösung aus reinem α-Nitroso-β-Naphthol und Eisessig, verdünnt mit Wasser auf das Doppelte und filtriert nötigenfalls. Nach der Fällung erhitzt man unter Umrühren, bis der Niederschlag sich zusammenballt, und filtriert durch einen dichten Glas- oder Porzellanfiltertiegel. Der mit heißer 33proz. Essigsäure und siedend heißem Wasser gewaschene Niederschlag wird bei 130° bis zur Gewichtskonstanz getrocknet und gewogen. Zur Umrechnung auf Kobalt dient der Faktor 0,09645.

2. In salzsaurer Lösung[7].

Auch die Kobaltfällung mittels α-Nitroso-β-Naphthol in salzsaurer Lösung nach M. Ilinski und G. v. Knorre ist besonders in der Abänderung der Duisburger Kupferhütte[8] zur Bestimmung kleiner Kobaltmengen bei Gegenwart von Nickel, Zink und kleinen Mengen Eisen geeignet und führt rasch zum Ziele. Die schwach salzsaure Kobaltlösung wird siedend heiß mit einem kleinen Überschuß von α-Nitroso-β-Naphthol in 2proz. alkoholischer Lösung versetzt, der rote Niederschlag nach kurzem Aufkochen und 2stündigem Absetzen abfiltriert und zunächst mit heißer, verd. Salzsäure, dann mit heißem Wasser gewaschen. Das Filter wird getrocknet, unter Zusatz von etwas Oxalsäure im Porzellantiegel vorsichtig verascht und der Rückstand stark geglüht. Bei sehr wenig Kobalt kann er mitunter einfach als Co_3O_4 angesehen und als solches zur Wägung gebracht werden, bei größeren Mengen ist er in Salzsäure zu lösen und durch Abrauchen mit Schwefelsäure oder nach K. Wagenmann unmittelbar durch Kaliumhydrogensulfatschmelze[9] in Kobaltsulfat überzuführen, worauf das Kobalt elektrolytisch bestimmt wird (Prüfung des Kobalts auf Nickel!).

III. Die Ausätherung des Kobaltammoniumrhodanids[10].

Die Ausätherung des komplexen Kobaltammoniumrhodanids eignet sich zur Trennung von Kobalt und Nickel bei jedem beliebigen Mischungsverhältnis. Sie setzt ebenfalls die voraufgegangene Abscheidung der Schwefelwasserstoffgruppe sowie von Zink und größeren Mengen Eisen, Aluminium und Mangan voraus; Salze des Calciums und Magnesiums stören nicht. Man dampft die Lösung mit Salzsäure zur Trockne, nimmt mit 1 bis 2 Tropfen Salzsäure und sehr wenig heißem Wasser auf und spült in ein geeignetes Extraktionsgläschen. Das Volumen der Lösung soll nicht mehr als 10 bis 25 cm³ betragen, sie wird mit etwa 3 bis 5 g

---

[6] Mayr, C., u. F. Feigl: Z. anal. Chem. Bd. 90 (1932) S. 15.

[7] Ilinsky, M., u. G. v. Knorre: Ber. dtsch. chem. Ges. Bd. 18 (1885) S. 699 — Z. anal. Chem. Bd. 24 (1885) S. 267 — Z. angew. Chem. Bd. 6 (1893) S. 595.

[8] Nach Mitteilung von R. Ahrens, Duisburger Kupferhütte.

[9] Wagenmann, K.: Metall u. Erz Bd. 18 (1921) S. 17 u. 447.

[10] v. Großmann, O.: Siehe Fußnote 2.

kryst. Ammoniumrhodanid versetzt und im Extraktionsaufsatz mit Rückflußkühler mittels Äther so lange (etwa 3 bis 5 Stunden) extrahiert, bis der über der wässerigen Lösung stehende, zuvor violettgefärbte Äther vollständig farblos geworden ist. Man unterbricht jetzt, destilliert den Äther der Kobaltsalzlösung auf dem Wasserbad ab, zersetzt das Komplexsalz im gleichen bedeckten Kolben vorsichtig mit 5 bis 10 cm³ Salpetersäure (1 + 1), dampft die Nitratlösung mit wenig Schwefelsäure bis zur Entfernung der Salpetersäure ab und bestimmt das Kobalt elektrolytisch. Es enthält höchstens Spuren von Nickel, wovon man sich nach dem Ablösen des Kathodenniederschlags stets überzeugen möge. Im anderen Falle muß der mittels Diacetyldioximfällung bestimmte Nickelgehalt abgesetzt werden.

IV. Die Nitritfällung[11].

Die Nitritmethode ermöglicht neben der Trennung des Kobalts vom Nickel auch die von Mangan, Zink und Chrom.

Vor der Fällung des Kobalts als Kaliumkobalt(III)-nitrit werden zunächst die Metalle der Schwefelwasserstoffgruppe abgeschieden. Von den Metallen der Ammoniumsulfidgruppe entfernt man meistens nur das Eisen durch wiederholte Fällung als basisches Acetat; bei geringen Gehalten erübrigt sich auch dies. Enthält die Lösung Calciumsalze, so muß der Trennung des Kobalts vom Nickel mittels der Nitritmethode erst die elektrolytische Abscheidung beider Metalle vorausgehen. Sonst fällt man, um die Salze zu entfernen, Kobalt und Nickel vorher mit Kalilauge und Bromwasser. Der Niederschlag wird abfiltriert und nach dem Lösen in Salzsäure zur Trockne gebracht, mit einigen Tropfen Salzsäure und wenig Wasser aufgenommen, in ein kleines Becherglas gespült und nötigenfalls eingeengt. Hierauf versetzt man mit starker Kalilauge in geringem Überschuß, bringt den Niederschlag wiederum mit wenig Eisessig in Lösung, so daß das Volumen nunmehr etwa 10 cm³ beträgt, und gibt etwa 8 cm³ 50proz. sorgfältig mit Essigsäure neutralisierte Kaliumnitritlösung und 10 Tropfen Essigsäure hinzu, worauf das Kobalt als gelbes Kaliumkobalt(III)-nitrit ausfällt. Man läßt über Nacht in der Wärme absitzen und prüft dann im Filtrat auf Vollständigkeit der Fällung durch nochmaligen Nitritzusatz. Vorbedingung für die quantitative Abscheidung des Kobalts ist hohe Konzentration und peinliches Einhalten der Vorschrift. Der gelbe Kobaltniederschlag wird auf dem Filter mit wenig 10proz. Kaliumacetatlösung, die außerdem 1% neutrales Kaliumnitrit enthält, später mit 80proz. Alkohol ausgewaschen und getrocknet. Den getrockneten Niederschlag gibt man in ein Becherglas, verascht das Filter, löst die Asche in etwas Salzsäure und setzt die Lösung zum Hauptniederschlag zu. Hierauf wird mit konz. Schwefelsäure bis zum Abrauchen eingedampft, mit Wasser aufgenommen und mit Ammoniak übersättigt. Die Kobaltlösung unterwirft man, wie unter A. I angegeben, der Elektrolyse.

Die Abtrennung des Nickels gelingt nicht, wenn gleichzeitig Salze von *Erdalkalimetallen* und *Blei* vorhanden sind und außerdem das verwendete Kaliumnitrit Kaliumhydroxyd und -carbonat enthält. In diesem Falle scheidet sich das Kaliumkobalt(III)-nitrit stets nickelhaltig ab. Daher ist das zu verwendende Kaliumnitrit einerseits auf Kalk und Blei zu prüfen und andererseits sorgfältig mit Essigsäure zu neutralisieren. Da man Kobalt aus sehr konz. Lösung fällt, kann leicht etwas Nickel mit niedergerissen werden. Zur Prüfung wird deshalb das elektrolytisch abgeschiedene Kobalt in Salpetersäure gelöst und die Nitritfällung ein zweites Mal in verdünnter Lösung (etwa 50 cm³ Gesamtvolumen) wiederholt. Im Filtrat, welches neben kleinen Mengen Kobalt sicher alles Nickel

---

[11] Brunck, O.: Z. angew. Chem. Bd. 20 (1907) S. 1847.

enthält, bestimmt man letzteres mittels Diacetyldioxim und bringt es von dem ersten Befund in Abzug. Wenn insbesondere Nickel gegenüber dem Kobalt vorwaltet, so wiederholt man besser die Nitritfällung, bestimmt das Kobalt elektrolytisch und fällt in den vereinigten nitritfreien Filtraten in bekannter Weise mit Diacetyldioxim. (Prüfung des Kobalts auf Nickel!)

Ist viel *Zink* vorhanden, so scheidet man es besser vor der Nitritfällung ab oder wiederholt die Kobaltfällung, bis das elektrolytisch gefällte Kobalt frei von Zink ist (s. Kap. „Nickel", S. 262).

Bei größeren Mengen von *Mangan* muß die Nitritfällung ebenfalls wiederholt werden, da das sonst eingeschlossene Mangan bei der Elektrolyse in geringen Mengen mit dem Kobalt abgeschieden werden kann.

Auch von viel *Chrom* (Cr^{III}) läßt sich das Kobalt durch die Nitritmethode nur bei doppelter Fällung gut trennen.

V. Die colorimetrische Bestimmung mit β-Nitroso-α-Naphthol.

Kap. „Kupfer" bei „Kupferoxychlorid", s. S. 231; Kap. „Zink", S. 447.

B. Die Untersuchung von Erzen und Hüttenerzeugnissen.

I. Erze.

In den Erzen ist Kobalt in der Hauptsache als Arsenid, Sulfid oder Oxyd enthalten. An erster Stelle stehen die arsenidischen Vorkommen mit den eigentlichen Kobaltmineralien *Speiskobalt* $CoAs_2$ und *Kobaltglanz* CoAsS (bis 30% Co) und das *Erdkobalt* oder *Asbolan*, ein kobaltoxydhaltiges Manganerz (bis 15% Co). Ferner ist Kobalt ein stetiger Begleiter aller Nickelerze und mancher Schwefelkiese und Manganeisensteine (bis 2% Co) sowie, vergesellschaftet mit Wismutmineralien, im sog. *Gemengkobalt* (bis 10% Co).

Als Begleitmetalle sind also regelmäßig Nickel und Eisen, ferner Mangan, Zink, Kupfer und Edelmetalle, diese oft in beträchtlichen Konzentrationen, vorhanden. Die Gangart ist zumeist silicatisch oder carbonatisch.

Bei der Bemusterung der sehr ungleichmäßig zusammengesetzten Erze muß möglichst ein Zehntel der Gesamtmenge entnommen und gemahlen werden. Hieraus wird nach sorgfältigem Mischen und Verjüngen die Durchschnittsprobe gezogen. Für die Verarbeitung fremder Erze wird meist eine Gesamtanalyse angefertigt, zur Verrechnung kommen dagegen nur die Gehalte an Co, Ni, Cu, Bi und Edelmetallen.

Fast sämtliche Kobalterze lassen sich durch Erhitzen mit Königswasser aufschließen. Man wägt je nach dem Kobaltgehalt 1 bis 10 g der feinst geriebenen Probe ein. Zur Beseitigung der Nitrate und um die Kieselsäure aufgeschlossener Silicate unlöslich zu machen, wird dann mit Salzsäure zur Trockne gedampft und zuletzt kurze Zeit auf 130° erhitzt. Die Chloride bringt man mit wenig verdünnter Salzsäure in Lösung und filtriert vom Unlöslichen ab. Ist der Rückstand dunkel gefärbt, so schließt man ihn im Platintiegel mit Kaliumhydrogensulfat oder Soda-Pottasche auf und gibt die filtrierte salzsaure Lösung zur Hauptmenge.

Liegt ein arsen- oder schwefelreiches oder molybdänhaltiges Erz vor, so ist es vorteilhaft, die feinst gepulverte Probe mit etwa der 6fachen Menge Natriumperoxyd im Porzellan-, Tonerde- oder Silbertiegel aufzuschließen (s. Abschnitt A. I, S. 187) und Arsen, Schwefel und Molybdän mit der alkalischen Schmelzlösung abzutrennen. Der auf dem Filter befindliche Niederschlag wird in Salzsäure gelöst und in üblicher Weise weiteruntersucht. Zunächst scheidet man die Metalle der Schwefelwasserstoffgruppe ab, verjagt aus dem Filtrat den Schwefelwasserstoff durch Einengen der Lösung, oxydiert das Eisen mittels Wasserstoffperoxyd oder wenig Bromwasser und scheidet es zusammen mit der Tonerde in bekannter Weise (s. A. I, S. 187) ab. Dann entfernt man, wie ebenfalls dort beschrieben, Mangan und Zink, dampft die Lösung mit Schwefelsäure bis zum Abrauchen ein und scheidet

Kobalt und Nickel zusammen elektrolytisch ab. Aus der Summe Co + Ni abzüglich des mit Diacetyldioxim ermittelten Nickels ergibt sich der Kobaltgehalt. Will man Kobalt unmittelbar bestimmen, so geschieht dies im Anschluß an die Eisenabscheidung nach einer der genannten Methoden. Das elektrolytisch bestimmte Kobalt ist zu prüfen, ob es frei von Nickel, Eisen und Gips ist.

Edelmetalle in Kobalterzen und Kobaltspeisen, s. Kap. „Edelmetalle", S. 179 und 180.

II. Hüttenerzeugnisse.

1. Speisen, Rückstände, Schlacken.

Bei der Analyse der Speisen wird in gleicher Weise wie bei den Erzen verfahren. Geröstete Speisen und Rückstände lassen sich mitunter nur unvollständig durch Königswasser aufschließen. Man schmilzt dann entweder den Löserückstand für sich mit Kaliumhydrogensulfat oder Natriumperoxyd oder schließt von vornherein mit Natriumperoxyd auf. Der Aufschluß mit Alkalicarbonat und Schwefel ist hier wegen der starken Neigung des Kobaltsulfids zur Bildung kolloider Lösungen in Polysulfiden nicht zu empfehlen.

Zur Untersuchung von Kobaltschlacken werden 2 bis 5 g der fein zerriebenen Probe mit Königswasser zersetzt; ein dunkel gefärbter Rückstand wird im Porzellantiegel verascht und im Platintiegel mit Soda-Pottasche unter Zusatz einer Messerspitze Salpeter aufgeschlossen. Der Zusatz von Salpeter schützt den Tiegel vor einem Angriff durch das in dem Löserückstand von Schlacken meist noch vorhandene Arsen, Antimon, Blei und W.smut. Die Schmelze löst man in Salzsäure, scheidet die Kieselsäure durch Eindampfen zur Trockne ab und verfährt im übrigen wie unter B. I angegeben.

2. Kobaltmetall.

Es kommt in den Handel als Würfelkobalt, Kobaltrondellen, Granalien, Anoden, Blech und Pulver und enthält neben 98 bis 99,7% Co an Verunreinigungen hauptsächlich Ni, Cu, Fe, As, C, S, CaO, Si und SiO_2.

Zur Bestimmung des Kobaltgehaltes werden 10 g der ölfreien und trockenen Durchschnittsprobe, die man durch Zerschlagen einer Anzahl Würfel bzw. Rondellen oder Anbohren der Anodenplatten erhält, in Salpetersäure (1 + 1) gelöst und im Meßkolben auf 1 l aufgefüllt. Ein 1,0 g Einwaage entsprechender Teil der Lösung wird mit konz. Schwefelsäure bis zum Abrauchen eingedampft. Nach dem Erkalten löst man in Wasser, entfernt die Metalle der Schwefelwasserstoffgruppe und ermittelt, da zumeist Zink nicht vorhanden ist, sofort Co + Ni elektrolytisch. Nun bestimmt man das Nickel, wie in Abschnitt A. I angegeben, und erhält als Differenz den Kobaltgehalt. Die übrigen Verunreinigungen des metallischen Kobalts werden in der gleichen Weise, wie bei „Nickel" angegeben, ermittelt.

3. Legierungen.

Da unter den Kobaltlegierungen nur die Kobaltstähle und Hartschneidemetalle von Wichtigkeit sind, sei hier bezüglich der analytischen Methoden auf die einschlägige Literatur verwiesen (z. B. Handbuch für das Eisenhüttenlaboratorium Bd. II, S. 107 u. 371).

4. Oxyde und Salze.

a) Kobaltoxyde.

Es handelt sich hierbei meist um die hochprozentigen, nur wenig durch Eisen, Nickel, Kupfer und Arsen verunreinigten Produkte für keramische Zwecke.

1,0 g einer guten Durchschnittsprobe wird in konz. Salzsäure gelöst. Bleibt ein unlöslicher schwarzer Rückstand, so kann er mit Schwefelsäure (1 + 1), Kaliumhydrogensulfat oder Borax im Platintiegel aufgeschlossen werden. Die Lösung der Schmelze wird der Hauptlösung zugegeben. Empfehlenswert ist es auch, das eingewogene Oxyd durch schwaches Glühen im Wasserstoffstrom zu Metall zu reduzieren und dieses in Königswasser zu lösen. Aus der salzsauren Lösung entfernt man die Metalle der Schwefelwasserstoffgruppe, dampft mit etwa 10 cm³ konz. Schwefelsäure bis zum Abrauchen ein, unterwirft die ammoniakalisch gemachte Lösung der Elektrolyse und bestimmt die Summe Co + Ni. Größere im Elektrolyten ausgeschiedene Eisenmengen sind auf eingeschlossenes Kobalt zu prüfen, ebenso der Co-Ni-Niederschlag auf einen möglichen Gehalt an Eisen (colorimetrisch). Der Kobaltgehalt ergibt sich durch die Bestimmung des Nickels als Nickeldioxim in bekannter Weise (Abschnitt A. I) aus der Differenz.

Als Verunreinigungen der Oxyde kommen neben Nickel insbesondere in Betracht: Eisen, Kupfer, Zink, Arsen, Kalk, Kieselsäure und Schwefelsäure.

Zur Bestimmung des *Eisens* verwendet man das im Elektrolyten ausgeschiedene Eisenhydroxyd, das man abfiltriert und nach nochmaliger Fällung titrimetrisch oder colorimetrisch bestimmt.

Kupfer wird elektrolytisch abgeschieden, indem 5 g des Oxydes in Salzsäure gelöst, in das Sulfat übergeführt und nach Zusatz von Ammoniumnitrat elektrolysiert werden.

Die Abtrennung des *Zinks* erfolgt, wie in Abschnitt A. I beschrieben, aus schwach schwefel- oder ameisensaurer Lösung.

Arsen bestimmt man in einer Einwaage von 5 g durch Destillation in bekannter Weise.

Calcium. Den Kalkgehalt ermittelt man nach der beim Kap. „Nickel" näher beschriebenen Weise.

Zur *Kieselsäure-* und *Schwefelsäurebestimmung* löst man 5 g in Salzsäure, schließt einen etwa vorhandenen dunklen Rückstand durch eine Sodaschmelze auf, dampft mit Salzsäure zur Trockne, scheidet dadurch die Kieselsäure ab und bestimmt sie nach bekannter Art. Im Filtrat fällt man die Schwefelsäure mit Bariumchlorid.

b) Smalten.

Für die Kobalt-Nickelbestimmung wird 1 g der fein zerriebenen Probe mit Flußsäure und Schwefelsäure in einer Platinschale wiederholt abgeraucht und der Rückstand mit Wasser aufgenommen. Aus der schwefelsauren Lösung entfernt man wie üblich die Metalle der Schwefelwasserstoffgruppe, bestimmt Kobalt + Nickel elektrolytisch und trennt dann mit Diacetyldioxim (s. Kap. „Nickel").

c) Kobaltfarben.

Da diese meistens in Säure unlöslich sind, wird 1 g mit Ätzkali und Natriumperoxyd im Silber-, Porzellan- oder Tonerdetiegel aufgeschlossen, die Schmelze mit Wasser zersetzt, filtriert, der Niederschlag im Porzellantiegel verascht und wiederum geschmolzen. In den vereinigten Filtraten bestimmt man *Chrom*, indem man mit Schwefelsäure ansäuert, Eisen(II)-ammoniumsulfat hinzusetzt und den Überschuß mit einer eingestellten Kaliumpermanganatlösung zurücktitriert (s. Kap. „Chrom", S. 149).

Das Filter wird verascht, der Rückstand in Salzsäure gelöst, das etwa aus einem Silbertiegel aufgenommene Silber damit als Silberchlorid gefällt, abfiltriert und im Filtrat Kupfer, Kobalt, Nickel und Eisen wie im Abschnitt A. I bestimmt. Zur Ermittlung des Kobaltgehaltes eignet sich hier wegen der dabei möglichen gleichzeitigen Trennung des Kobalts von Zink und Tonerde die Naphtholmethode nach Mayr und Feigl (A. II, 1).

d) Kobaltsalze.

Kobaltsulfat (Kobaltvitriol), $CoSO_4 \cdot 7\,H_2O$ mit einem theor. Gehalt von 20,98% Co.
Kobaltchlorid (Chlorkobalt), $CoCl_2 \cdot 6\,H_2O$ mit einem theor. Gehalt von 24,8% Co.
Kobaltacetat, $Co(CH_3 \cdot COO)_2 \cdot 4\,H_2O$ mit einem theor. Gehalt von 23,68% Co.
Kobalt-Linoleat mit einem handelsüblichen Gehalt von 4 bis 8% Co.

Als Verunreinigungen dieser Salze sind zu nennen: Nickel, Kupfer, Eisen, Zink, Arsen, Blei, Calciumsulfat und freie Säure.

Zur Bestimmung des Reingehalts an Kobalt werden 20 g zum Liter gelöst und davon 100 cm³ (= 2 g Salz) zur Analyse verwendet. Nach der üblichen Entfernung der Metalle der Schwefelwasserstoffgruppe wird mit konz. Schwefelsäure eingedampft und in der ammoniakalisch gemachten Sulfatlösung Kobalt + Nickel elektrolytisch bestimmt. Die meist geringen Mengen Nickel werden durch Fällung mit genügend Diacetyldioxim aus der Summe Co + Ni ermittelt, worauf sich der Kobaltgehalt aus der Differenz ergibt.

Bei der Bestimmung der anderen genannten Verunreinigungen verfährt man sinngemäß, wie bei den „Nickelsalzen" ausführlich angegeben.

Kapitel 12

Kupfer*.

A. Bestimmungsmethoden des Kupfers unter Berücksichtigung der bei der Analyse störend wirkenden Elemente.

a) Methoden:
  I. Elektroanalytische Bestimmung.
  II. Fällung mit Schwefelwasserstoff:
      1. Auswaage als Cu_2S, 2. als CuO, 3. als Cu.
  III. Fällung mit Natriumthiosulfat.
  IV. Maßanalytische Bestimmungen mit Natriumthiosulfat-Jod:
      1. nach Low,
      2. nach Orlik-Tietze.
  V. Potentiometrische Bestimmung.
  VI. Colorimetrische Bestimmungen:
      1. der ammoniakalischen Kupferlösung,
      2. mit Hilfe organischer Verbindungen:
          a) Natriumdiäthyldithiocarbamat,
          b) Diaminoanthrachinonsulfosäure,
          c) Dithizon.
  VII. Polarographische Bestimmung.

b) Trennung von den begleitenden Metallen.

B. Die Untersuchung von Erzen und Hüttenerzeugnissen.
  I. Erze:
      1. oxydische,
      2. sulfidische,
      3. Schiefer,
      4. Pyrite und Kiesabbrände.
  II. Hüttenerzeugnisse:
      1. Zwischen- und Nebenprodukte:
          a) Rohstein,
          b) Spur- (Konzentrations-) Stein,
          c) Schlacken,
          d) Krätzen, Rückstände, Aschen.
      2. Metalle:
          a) Zementkupfer,
          b) Rohkupfer (Schwarzkupfer, Anoden),
          c) Reinkupfer.
      3. Legierungen:
          a) Reinkupfer mit geringen Zusätzen,
          b) Zinnfreie und zinnarme Legierungen,
              Hinweise zur Analyse der Messingaschen und -rückstände,
              Methoden zur Ablösung der Auflage bei messing- und tombakplattiertem
              Flußeisen,
          c) Zinnhaltige Kupferlegierungen,
          d) Vorlegierungen.
      4. Salze des Kupfers:
          a) Kupfervitriol,
          b) Kupferoxychlorid.

---

* Bearbeiter: **Wagenmann, Block.** Mitarbeiter: **Ahrens, Borkenstein, Eckert, Ensslin, Fresenius, Melzer, Mertens, Orlik.**

A. Die Methoden der Kupferbestimmung unter Berücksichtigung der bei der Analyse störend wirkenden Elemente.

a) Methoden.

Von allen analytischen Bestimmungsmethoden des Kupfers ist unter Einhaltung der nachstehend angegebenen Bedingungen die elektroanalytische Fällung des Kupfers im ruhenden oder bewegten Elektrolyt die genaueste und zuverlässigste. Sie sollte für Schieds- und kontradiktorische Analysen grundsätzlich angewandt werden.

I. Die elektroanalytische Bestimmung des Kupfers.

Die elektroanalytische Kupferabscheidung kann bei ruhendem oder bewegtem Elektrolyt vorgenommen werden (ruhende und Schnellelektrolyse).

In schwefelsaurem oder salpeter-schwefelsaurem Elektrolyt können für beide Fällungsarten alle bekannten Elektrodenformen angewandt werden. Besonders bewährt haben sich für die ruhende Elektrolyse Zylinder und Spirale, Tiegel oder Netz und Spirale nach Winkler, für die Schnellelektrolyse Schalenkathode und rotierende Scheibenanode (A. Classen) oder noch allgemeiner verwendbar Doppelnetz (nach A. Fischer) mit Glasrührern.

Beste Elektrolyte sind Sulfate mit überschüssiger Salpetersäure oder Nitrate bei Gegenwart von Ammoniumnitrat. Zu einer etwa erforderlichen Umfällung verwende man stets eine Lösung von 5% Ammoniumnitrat oder Ammoniumsulfat mit 2% Salpetersäure (1,4; chlor- und stickoxydfrei!).

Freie Stickoxyde im Elektrolyt verhindern die Metallfällung und müssen durch Übersättigen mit Ammoniak (pyridinfrei!) und nachfolgendes Ansäuern mit NO_2-freier Salpetersäure unschädlich gemacht werden, einfacher durch mehrfachen Zusatz kleiner Mengen Hydrazinsulfat oder Harnstoff.

Für die *ruhende* Elektrolyse wählt man folgende Bedingungen:

Auswaage Cu g	Elektrolytmenge cm³	Stromstärke A	Dauer Stde.	Durchschnittliche Kathodenoberfläche cm²	
unter 0,1	200	0,1	8	etwa 70	
,, 0,2	200	0,15	8	,, 70	2 bis 5%
,, 0,5	200 bis 400	0,20 bis 0,25	8 bis 10	,, 70	HNO₃ (1,4)
,, 0,8	200 ,, 400	0,3	10	100 bis 120	im Elektrolyt
,, 1,5	300 ,, 400	0,4	10	100 ,, 120	
,, 2	300 ,, 400	0,5	10 bis 12	100 ,, 120	

Die vorstehend angeführten Stromstärken können annähernd verdoppelt werden, wodurch eine Zeitverkürzung um etwa ein Viertel eintritt. Das gleiche ist der Fall, wenn ein geringeres Volumen als das angegebene vorliegt. Bei dem größeren Elektrolytvolumen, 300 bis 400 cm³, verwendet man eine möglichst große Kathodenoberfläche.

Für die *Schnell*elektrolyse gelten etwa folgende Bedingungen:

Auswaage Cu g	Elektrolytmenge cm³	Stromstärke A	Dauer min	Durchschnittliche Kathodenoberfläche cm²	
unter 0,1	bis 200	3	20	100	
,, 0,2	,, 200	5	20	100	2 bis 5%
,, 0,5	,, 200	6	30	100	HNO₃ (1,4)
,, 0,8	,, 200	6	45	100	im Elektrolyt

Vorstehende Bedingungen können bei anderem Elektrolytvolumen, verkürzter Fällungsdauer oder anderer Kathodenoberfläche sinngemäß abgeändert werden. In allen Fällen soll der Elektrolyt 2 bis 5% freie Salpetersäure (1,4) enthalten, vorteilhaft auch noch 5% Ammoniumnitrat oder Ammoniumsulfat, und gut durchgerührt werden.

Eisen[III]-Salze in größerer Menge stören bei der Elektrolyse, besonders in der Wärme; ist kein Eisen zugegen, kann die Lösung erwärmt werden, was bei hoher Stromdichte von selbst eintritt und die Fällungsdauer verkürzt.

Spuren von mitgefallenem Schwefel und Selen, geringe Mengen Arsen, Blei, Wismut, Antimon, Silber und Zink verfärben sichtlich den sonst hellroten Metallniederschlag und wirken zum Teil auf schwammige Abscheidung des Kupfers, besonders gegen Ende der Fällung hin.

Für ruhende und Schnellelektrolyse gilt:

Nach beendeter Metallreduktion muß die Kathode tunlichst schnell herausgehoben werden; sie wird mit Wasser, dann mit Alkohol oder Aceton sorgfältig abgespült und schnell getrocknet; zweckmäßig bedient man sich dabei eines Warmluftventilators („Fön"). In vielen Fällen ist die Elektrolyse auf die Lösung des Untersuchungsmaterials unmittelbar anwendbar. Liegen jedoch Produkte mit solchen Elementen vor, die unter den Bedingungen der Kupferelektrolyse störend wirken, entweder infolge vollständiger oder partieller Reduktion an der Kathode oder durch Verhinderung der quantitativen Kupferabscheidung, so ist entweder zuvor eine Abscheidung jener Elemente auf analytischem Wege erforderlich oder, was meist einfacher ist, das Kupfer wird nach A. II, S. 198, gefällt und bestimmt (gegebenenfalls auch durch Elektrolyse des Niederschlags); näheres s. unter A. II, 3, S. 198.

Unter den oben angegebenen Bedingungen zur elektrolytischen Bestimmung des Kupfers in schwefel- oder salpetersaurem Elektrolyt können kathodisch reduziert werden:

1. Silber   quantitativ;
2. Arsen   teilweise, wenn Gehalte von etwa 1% vom Kupfergehalt oder
                   mehr vorliegen, oder in rein schwefelsaurem Elektrolyt; oder
                   wenn die Elektrolysendauer allzusehr überschritten wird;
3. Wismut   teilweise;
4. Molybdän   teilweise;
5. Phosphor   bei sehr hohen Gehalten (Phosphorkupfer);
6. Blei   bei hohen Bleigehalten, wenn die Salpetersäurekonzentration
                   im Elektrolyt zu gering, Bleisulfat darin suspendiert oder der
                   Elektrolyt chlorhaltig ist;
7. Sulfidschwefel, wenn er als Schwefelwasserstoff (auch in Spuren) im Elektro-
                   lyt vorhanden ist;
8. Antimon   in geringer Menge;
9. Selen, Tellur   teilweise, bei beachtlichen Gehalten im Ausgangsmaterial (etwa
                   über 0,01%).

Die Elemente unter 4., 5., 6., 8. und 9. können durch Umfällung in frischem Salpetersäure-Ammoniumnitrat-Elektrolyt entfernt werden, wenn sie in nur geringen Mengen mitgefallen sind. Bei Sulfidschwefel ist dies praktisch nicht möglich.

Sind Nickel oder Kobalt zugegen, so muß der Elektrolyt zur vollständigen Verhinderung ihrer Abscheidung die vorstehend angegebenen Mengen freie Salpetersäure enthalten; die gleiche Wirkung hat Ammoniumnitrat, so daß man zweckmäßig auch etwa 5% Ammoniumnitrat dem Elektrolyt zusetzt.

Ein hoher Eisengehalt verhindert meist die quantitative Kupferfällung. Kleine Eisenmengen schaden nicht, sofern der salpetersaure Elektrolyt kalt bleibt. In rein schwefelsaurem Elektrolyt macht sich ihr schädigender Einfluß am wenigsten bemerkbar, wobei ein Zusatz von wenig Weinsäure vorteilhaft ist. Größere Eisenmengen können auf alle Fälle nur durch mehrfachen Zusatz kleiner Mengen Hydrazinsulfat unschädlich gemacht werden.

II. Die Fällung mit Schwefelwasserstoff.

Für die Schwefelwasserstoffällung ist die Abwesenheit von Salpetersäure Grundbedingung. Man fällt in salz- oder schwefelsaurer Lösung, wobei erstere den Vorzug verdient. Der Säureüberschuß darf nicht zu hoch gewählt werden; es empfiehlt sich, einerseits die Grenzen von 20 cm^3 Salzsäure (1,12) oder 40 cm^3 Schwefelsäure (1 + 3) auf 100 cm^3 Fällungsvolumen nicht zu überschreiten, andererseits darf die Säurekonzentration nicht zu niedrig gewählt werden, um hauptsächlich das Mitfallen von Zink zu verhindern.

In die kalte oder schwach erwärmte Lösung leitet man Schwefelwasserstoff bis zur vollständigen Sättigung ein, läßt absitzen, filtriert und wäscht zuerst mit schwach salzsaurem, zuletzt mit säurefreiem Schwefelwasserstoffwasser vollständig aus, vermeidet aber dabei nach Möglichkeit Luftzutritt, um eine Oxydation des Kupfer(II)-sulfids (CuS) zu verhindern. Auf alle Fälle trocknet man Filter und Niederschlag.

Bei der Schwefelwasserstoffällung in salz- oder schwefelsaurer Lösung und bei unmittelbarer Auswaage als Cu_2S oder CuO ist die Anwesenheit anderer Metalle der Schwefelwasserstoffgruppe zu berücksichtigen; gegebenenfalls ist eine Trennung erforderlich. Die Sulfosalzbildner der Elemente der Schwefelwasserstoffgruppe können durch Digerieren mit reiner Natriummonosulfidlösung (nicht Ammoniumsulfid!) vom Kupfersulfid getrennt werden (zuletzt auswaschen mit H_2S-Wasser). Bei Anwesenheit größerer Mengen Nickel (oder Kobalt) ist eine sichere Trennung mit Schwefelwasserstoff bei einmaliger Fällung nicht möglich, da geringe Mengen Nickel mit dem Kupfersulfid fallen können.

1. Auswaage als Cu_2S.

Der Niederschlag wird vom Filter getrennt und letzteres gesondert verascht. Die beiden im Rosetiegel vereinigten Teile mischt man mit *rückstandfreiem* Schwefelpulver und glüht schwach im *reinen* Wasserstoffstrom bis zur Gewichtskonstanz. Wiederholtes Ausglühen erfolgt stets nach vorherigem Zusatz weiterer Mengen Schwefel. Der Tiegelinhalt ist dann Cu_2S (79,86% Cu).

2. Auswaage als CuO.

Das getrocknete Filter braucht man nicht vom Niederschlag zu trennen. Im Porzellantiegel wird langsam verascht, mit einigen Tropfen konz. Salpetersäure oxydiert und über dem Bunsenbrenner, zuletzt über dem Gebläse bis zur Gewichtskonstanz geglüht. — Bei größeren Mengen an Kupfer(II)-sulfid wird die Oxydation beschleunigt, wenn man die beim Glühen sich bildenden gröberen Teilchen zerdrückt. — Die Auswaage ist CuO (79,89% Cu).

3. Auswaage als Cu.

Werden Verunreinigungen im Sulfidniederschlag vermutet (Zink im Probematerial!), empfiehlt sich das Ausglühen desselben zu Kupferoxyd, Lösen des letzteren mit wenig Salpetersäure im Becherglas, Auskochen der Lösung, bis die NO_2-Dämpfe entwichen sind, Zugabe von Ammoniak in mäßigem Überschuß und Ansäuern, bis in der auf etwa 150 cm^3 aufgefüllten Lösung 3 bis 5 cm^3 konz. freie Salpetersäure vorhanden sind. Aus diesem Elektrolyt kann das Kupfer ruhend oder schnellelektrolytisch, wie unter A. I angegeben, bestimmt werden.

III. Die Fällung des Kupfers mit Natriumthiosulfat.

Die Fällung muß in schwach saurer Lösung vorgenommen werden, um einerseits das Mitfallen gewisser Metalle (s. unter A. b, S. 203), andererseits das Ausfallen größerer Schwefelmengen durch Zersetzung des Thiosulfats zu verhindern. Man fügt zur Kupferlösung 10proz. Natriumthiosulfatlösung bis zur Entfärbung hinzu und erhitzt einige Minuten zum Sieden, wobei schwarzbraunes Kupfer(I)-sulfid in leicht filtrierbarer Form ausfällt. Nach dem Absitzen kann sofort filtriert und mit heißem Wasser ausgewaschen werden. Im Gegensatz zu dem durch die Schwefelwasserstoffällung erhaltenen CuS ist das mit Natriumthiosulfat gefällte Cu_2S an der Luft sehr viel schwerer oxydierbar. Die Auswaage kann in einer der unter A. II (S. 198) angegebenen Form erfolgen. Mit Rücksicht auf einen möglichen Natriumsalzrückhalt im Kupferniederschlag nehme man die Fällung in nicht zu konzentrierter Lösung vor, wenn man nicht nach A. II, 3 (S. 198) auswägt.

Die Methode steht der elektroanalytischen an Genauigkeit nicht nach, hat aber einen Nachteil in den Fällen, wo zwecks Weiterbehandlung des Filtrats eine Zerstörung des Thiosulfatüberschusses erforderlich wird. Die dann meist auftretende lästige Schwefelabscheidung kann man nach Imre Sarudi[1] folgendermaßen beseitigen: Man dampft das Filtrat der Kupferfällung zur Trockne. Durch gelindes Erwärmen auf dem Sandbad fließt der ausgeschiedene Schwefel zusammen; den Salzrückstand nimmt man dann mit Wasser auf. Sollte die Lösung noch kolloiden Schwefel enthalten, so oxydiert man ihn mit etwas Brom, dessen Überschuß verkocht wird.

Ferner ist zu berücksichtigen:

Wismut	fällt mit aus;
Blei	muß aus demselben Grunde vorher (als Sulfat) abgeschieden werden;
Zinn, Antimon, Arsen	fallen in stark saurer Lösung zum Teil aus, wenn das entstehende SO_2 durch längeres Kochen verjagt wird. *Geringe Mengen* Arsen und Antimon können beim Ausglühen verflüchtigt werden;
Silber	fällt beim Sieden mit aus.

Bemerkung: Kleinere Mengen von Blei, Zinn, Antimon, Arsen und Wismut kann man vor der Anwendung der Methode nach Zusatz von Eisen[III]-Salz und Fällung mit Ammoniak praktisch vollständig aus der Lösung entfernen.

IV. Maßanalytische Bestimmungen mit Natriumthiosulfat-Jod.

Das Prinzip der maßanalytischen Kupferbestimmung mit *Thiosulfat-Jod* ist folgendes: Die kupferhaltige Lösung wird mit überschüssigem Kaliumjodid versetzt, wobei die Reaktion verläuft:

$$2\,CuSO_4 + 4\,KJ = Cu_2J_2 + 2\,K_2SO_4 + 2\,J.$$

Das frei werdende Jod löst sich im Überschuß von Kaliumjodid und kann mit eingestellter Thiosulfatlösung titriert werden. Ursprünglich wandte man diese Methode auf die Lösung des zu untersuchenden Materials (arme Erze) unmittelbar an. Bei höheren Kupfergehalten und in Gegenwart einiger Fremdkörper wird aber der Fehler zu groß. A. H. Low hat die Methode dahin abgeändert, daß er aus der Lösung des Ausgangsmaterials das Kupfer mit einem geeigneten metallischen Reduktionsmittel (Aluminium) zunächst abscheidet, filtriert, wieder in Lösung bringt und dann die Titration anwendet. Letztere Ausführungsweise empfiehlt sich um so mehr, als die meisten Erze Eisen enthalten, welches als Eisen(III)-sulfat ebenfalls Jod abspaltet.

---

[1] Die Trennung des Kupfers von Zink und Nickel mit Natriumthiosulfat in der Analyse des Neusilbers. Z. anal. Chem. Bd. 118 (1940) S. 13 bis 17.

1. Nach Low verfährt man in folgender Weise: In die salpetersäurefreie Sulfatlösung des Erzes wird ein Aluminiumdreieck eingesetzt. Man kocht 7 bis 10 min im bedeckten Becherglas, gießt schnell durch ein Filter und spritzt das Aluminiumdreieck mit Wasser ab. Der Filterinhalt wird mit Wasser ausgewaschen. Zum Filtrat gibt man wenig Schwefelwasserstoffwasser, um die geringen Mengen des bei der Filtration rückgelösten Kupfers auszufällen. Das ausgefallene CuS wird auf einem zweiten Filter aufgefangen, geglüht und dem zementierten Kupfer im ersten Filter zugefügt. Man löst nun den Filterinhalt mit warmer verdünnter Salpetersäure in das Becherglas mit dem Aluminiumdreieck zurück und wäscht das Filter mit Wasser nach. Das Aluminiumdreieck wird, sobald es kupferfrei ist, aus der Lösung herausgehoben und abgespritzt. Hierauf versetzt man, um die Stickoxyde zu zerstören, mit 5 cm³ gesättigtem Bromwasser. Die Lösung muß gelb gefärbt bleiben, also überschüssiges Brom enthalten, das dann durch Erhitzen verjagt wird. Man läßt erkalten, setzt Ammoniak in geringem Überschuß zu und kocht so lange, bis sich (infolge ausreichenden Ammoniakverlustes) basisches Kupfersalz als Trübung ausscheidet. Den Niederschlag löst man in möglichst wenig Essigsäure wieder auf, läßt erkalten, versetzt mit einigen Gramm Kaliumjodid, schüttelt um und titriert mit eingestellter Thiosulfatlösung (s. unten) bis zur Gelbfärbung, dann nach Zusatz von Stärkelösung* bis zum Verschwinden der blauen Farbe.

Will man die immerhin etwas umständliche Arbeitsweise nach Low umgehen, so kann man, um den schädlichen Einfluß des Eisens zu kompensieren, wie folgt verfahren:

a) nach A. Fraser[2] durch Zusatz einer entsprechenden Menge von gelöstem NaF, so daß das Eisen(III)-sulfat in (nicht jodverbrauchendes) Eisen(III)-fluorid übergeführt wird.

b) nach H. Ley[3] durch Abänderung der Jodidmethode in folgender Weise:

Die etwa 100 cm³ betragende Sulfatlösung wird nach dem Neutralisieren mit NaOH mit 5 cm³ einer 10proz. Dinatriumorthophosphatlösung (Lösung des gewöhnlichen Natriumphosphats) versetzt, wobei Kupfer(II)- und Eisen(III)-phosphat ausfallen. Durch einen Zusatz von 5 bis 10 cm³ 50proz. Essigsäure und Umrühren geht das Kupfer(II)-phosphat wieder in Lösung, während das Eisen(III)-phosphat ungelöst bleibt. Jetzt setzt man Kaliumjodid im Überschuß hinzu und titriert mit Thiosulfatlösung. Das Eisen(III)-phosphat wirkt nicht zersetzend auf Kaliumjodid ein[4].

Die *Titerstellung* erfolgt mit Elektrolytkupfer, welches in Salpetersäure gelöst wird; man versetzt mit Brom, Ammoniak usw. und verfährt, wie bei der Methode beschrieben.

2. Nach W. Orlik und W. Tietze[5] kann die maßanalytische Bestimmung des Kupfers in Produkten, die nur wenig Eisen enthalten, also vornehmlich in Kupferlegierungen, nach der Jodidmethode unter gleichzeitiger Anwendung von Kaliumrhodanid (zwecks Jodersparnis) in folgender Weise vorgenommen werden:

Erforderliche Lösungen:

Lösesäure	*Rhodanid-Jodlösung*	*Thiosulfatlösung*
Schwefelsäure (1 + 1) 500 cm³	Kaliumrhodanid . . 50 g	Natriumthiosulfat . 40 g
Salpetersäure (1,4) . 200 cm³	Kaliumjodid. . . . 6 g	Wasser . . . . . . 1000 cm³
Wasser . . . . . . 300 cm³	Wasser . . . . . . 1000 cm³	

---

* Die angewandte Stärkelösung muß stets frisch bereitet, klar und dextrinfrei sein. Es empfiehlt sich zur Vermeidung von Übelständen die Anwendung von wasserlöslicher Stärke.

[2] Chemiker-Ztg. Bd. 40 (1916) S. 818.   [3] Chemiker-Ztg. Bd. 41 (1917) S. 673.

[4] Aus Berl-Lunge: Chem.-techn. Untersuchungsmethoden, 7. Aufl. Bd. II (1922); 8. Aufl. Bd. II/2 (1932) S. 1195.

[5] Chemiker-Ztg. Bd. 54 (1930) S. 174.

0,5 g Bohrspäne bringt man in einen 300 cm³-Erlenmeyerkolben mit 10 cm³ Säuregemisch unter gelindem Erwärmen in Lösung. Man dampft auf dem Sandbad oder unter Schwenken des Kolbens über freier Flamme so lange ein, bis sich Kupfersulfatkrystalle ausscheiden. Durch Zusatz von 25 cm³ Wasser bringt man die Salze wieder in Lösung, kühlt ab, fügt 25 cm³ Rhodanidlösung hinzu und titriert sofort mit eingestellter Thiosulfatlösung. Der Zusatz der Stärkelösung erfolgt erst gegen Ende der Titration.

Bei Zusatz der Rhodanidlösung tritt zunächst eine Abscheidung von Kupfer(I)-jodid auf, bei weiterem Zusatz nimmt die Flüssigkeit eine schmutzig-grünschwarze Färbung an. Läßt man dann Thiosulfat zufließen, so hellt sich die Lösung zunehmend auf unter Abscheidung von Kupfer(I)-rhodanid und nimmt gegen Ende der Titration Lederfarbe an. Fügt man Stärke hinzu, so wird die Flüssigkeit dunkelviolett und hellt langsam auf, bis sie beim letzten Tropfen wieder in Lederfarbe umschlägt.

Die Titerstellung der Thiosulfatlösung nimmt man mit Elektrolytkupfer oder mit einer Messinglegierung vor, deren Kupfergehalt elektrolytisch bestimmt worden ist.

Eisen bis zu 0,1% stört nicht, größere Mengen werden durch Zusatz von einigen Gramm Natriumpyrophosphat (vor Zusatz der Rhodanidlösung!) unschädlich gemacht. Befürchtet man die Gegenwart restlicher salpetriger Säure, die bei richtiger Arbeitsweise aber nicht vorliegt, so fügt man etwas Harnstoff hinzu.

Die Methode steht zwar der elektroanalytischen hinsichtlich Genauigkeit nach (Höchstabweichungen = ±0,2% Cu), ist aber schnell und einfach zu handhaben und bietet gegenüber der älteren Jodidmethode den Vorteil der Jodersparnis, so daß dieses nicht zurückgewonnen zu werden braucht.

V. Die potentiometrische Bestimmung.

Siehe Kap. „Molybdän", S. 251.

VI. Colorimetrische Bestimmungen.

Sie werden im allgemeinen für die Bestimmung kleiner und kleinster Mengen Kupfer angewandt.

Für *kleine* Kupfermengen ist das

1. Colorimetrieren der ammoniakalischen Kupferlösung

die gebräuchlichste Methode. Sie gestattet, Kupfermengen von etwa 1 bis 50 mg mit ausreichender Genauigkeit zu bestimmen. Da die Färbung des Kupferammoniakkomplexes von der Art des Kupfersalzes, der Menge der vorhandenen Neutralsalze und des freien Ammoniaks abhängig ist, müssen die Vergleichs- oder Eichlösungen in derselben Weise hergestellt werden wie die der zu untersuchenden Proben. Zur Herstellung stets gleicher Bedingungen fällt man das Kupfer mit Schwefelwasserstoff, filtriert, trennt, wenn notwendig, in bekannter Weise von Zinn, Antimon und Arsen und verascht Filter und Niederschlag vorsichtig im Porzellantiegel. Der Glührückstand wird in Salpetersäure gelöst und mit einigen Tropfen Schwefelsäure abgeraucht. Man nimmt mit Wasser auf, neutralisiert unter Kühlung mit Ammoniak und versetzt mit einer abgemessenen Menge Ammoniak (20 cm³) im Überschuß. Die ammoniakalische Lösung wird durch ein dichtes Filter in einen 50 cm³-Meßkolben filtriert, mit kaltem Wasser aus dem Filter gewaschen und aufgefüllt. Anteile dieser Lösung werden entweder mit auf gleiche Weise hergestellten Lösungen bekannten Kupfergehaltes verglichen oder in einem beliebigen Colorimeter oder Photometer geschätzt oder gemessen.

Für die Bestimmung *sehr kleiner* Kupfermengen — unter 1 mg — eignen sich die außerordentlich empfindlichen Methoden des

2. Colorimetrieren mit Hilfe organischer Verbindungen:

a) Natriumdiäthyldithiocarbamat[6],

b) Diaminoanthrachinonsulfosäure[7],

c) Dithizon[8].

Alle drei Methoden müssen mit unbedingt kupferfreiem destilliertem Wasser durchgeführt werden. Für die beiden ersten Bestimmungsmethoden ist es notwendig, das Kupfer von den begleitenden Metallen ebenso wie bei der Ammoniakmethode zu trennen, nur muß man bei den vorhandenen kleinen Mengen noch sorgfältiger vorgehen und setzt daher nach der Sättigung mit Schwefelwasserstoff 1 cm³ einer Quecksilber(II)-chloridlösung (2 g $HgCl_2$ im Liter) als Spurenfänger zu. Nachdem sich der Niederschlag abgesetzt hat, wird über ein dichtes Glasfilter (G 4) filtriert, gut ausgewaschen und, wenn notwendig, auf dem Filtertiegel mit Natriumsulfid digeriert. Dann wechselt man das Saugkölbchen, überschichtet den gut gewaschenen Niederschlag auf der Glasfritte mit einigen cm³ Wasser, leitet von unten durch die Fritte Chlorgas ein, bis er sich gelöst hat, und saugt durch die Fritte ab. Die Lösung wird in einem kleinen Becherglas zur Entfernung des Quecksilbers 2mal mit Salzsäure zur Trockne gedampft und darauf mit einigen Tropfen Schwefelsäure abgeraucht. Die Salze nimmt man mit 2 cm³ konz. Ammoniak und etwas Wasser auf und filtriert durch ein hartes Filter in ein 50 cm³-Meßkölbchen. Hier setzt man entweder

a) zur ammoniakalischen Lösung 10 cm³ einer 0,1proz. wässerigen **Natriumdiäthyldithiocarbamatlösung** hinzu, füllt die braune Lösung auf, schüttelt gut durch und schätzt entweder gegen Lösungen bekannten Kupfergehaltes im Neßlerrohr oder bestimmt im Pulfrich-Photometer mit Cuvette 50 mm, Filter S 43, zwischen 5 und 70 γ mit ausreichender Genauigkeit.

(Eine weitere Ausführungsform der Natriumdiäthyldithiocarbamatmethode ist im Kap. „Zink", S. 448, beschrieben.)

oder **b)** zur ammoniakalischen Lösung 1 cm³ einer **Diaminoanthrachinonsulfosäurelösung** (0,5 g Sulfosäure, 340 cm³ H_2O, 100 cm³ NH_3, 40 cm³ NaOH etwa 35proz.[9]) hinzu, füllt auf, schüttelt gut durch und schätzt gegen den Farbstoff als Blindversuch im Pulfrich-Photometer, Cuvette 50 mm, Filter S 61, zwischen 5 und 70 γ mit ausreichender Genauigkeit.

c) Die Kupferbestimmung mit Dithizon ist ohne vorherige Trennung neben allen Elementen außer Quecksilber, Silber und Gold durchführbar. Große Eisen[III]-Mengen stören durch ihre oxydierende Wirkung auf das Dithizon und müssen zuvor entfernt werden.

Die annähernd neutrale kupferhaltige Lösung — ihr zu bestimmender Kupfergehalt kann zwischen etwa 4 und 50 γ liegen — wird auf je 10 cm³ mit etwa 2 cm³ 10proz. Schwefelsäure versetzt und im Scheidetrichter nach und nach mit kleinen Mengen Dithizonlösung so lange ausgeschüttelt, bis man an der Farbe der Reagenslösung erkennt, daß die Gesamtmenge des Kupfers extrahiert worden ist. Die Dithizonlösungen werden sämtlich in einem Glaszylinder vereinigt; das Abtrennen der letzten Reste der Dithizonlösung von der wässerigen Lösung geschieht durch Nachwaschen mit reinem Kohlenstofftetrachlorid. Zur Entfernung des Reagensüberschusses schüttelt man die vereinigten Extrakte mit etwa 5 cm³ einer sehr verd. wässerigen Ammoniaklösung (1 Teil konz. Ammoniak auf 200 Teile Wasser) und trennt vom Waschwasser im Scheidetrichter. Nachdem die violette kupferhaltige Dithizonlösung anschließend einmal mit 1proz. Schwefelsäure nach-

---

[6] Callan, Th., u. J. A. R. Henderson: Analyst Bd. 54 (1929) S. 650 — Chem. Zbl. 1930 II S. 2923.

[7] Uhlenhut, R.: Chemiker-Ztg. Bd. 34 (1910) S. 887.

[8] Fischer, H.: Z. angew. Chem. Bd. 47 (1934) S. 92.

[9] Dubsky, J. V., u. V. Bencko: Z. anal. Chem. Bd. 94 (1933) S. 19.

gewaschen und durch ein trockenes Filter filtriert wurde, ist sie zum Colorimetrieren gebrauchsfertig und wird zu diesem Zweck mit Kohlenstofftetrachlorid auf ein bestimmtes Volumen aufgefüllt. Die Vergleichslösungen werden aus einer Kupferlösung bekannten Gehaltes auf gleiche Weise hergestellt.

VII. Die polarographische Bestimmung des Kupfers.

Dieses Verfahren eignet sich besonders zur Analyse von Legierungen anderer Metalle mit wenig Kupfer, und zwar erreicht man damit bei Gehalten unter 1% Kupfer einen verhältnismäßig hohen Genauigkeitsgrad. Die Bestimmung des Kupfers kann aus Sulfat-, Nitrat- oder Chloridlösung stattfinden.

Es werden bis zu 25 g Probematerial eingewogen und in einer geeigneten Säure gelöst. Die Lösung wird je nach dem Kupfergehalt in einem entsprechenden Meßkolben aufgefüllt. Hiervon entnimmt man einen gemessenen Anteil, z. B. 5 cm³, versetzt sie mit 5 cm³ einer Grundlösung, die aus 1800 cm³ konz. Ammoniak und 200 cm³ Tyloselösung besteht und an Natriumsulfit gesättigt ist und polarographiert von 0 bis 0,8 V mit einer entsprechenden Empfindlichkeit. Die Tyloselösung wird aus 200 g einer 10proz. Paste von Tylose S unter Anrühren mit *kaltem* Wasser und Auffüllen auf 1 l hergestellt; beim Lösen der Tylose darf keinesfalls erwärmt werden, da sie in der Wärme unlöslich wird.

Bei der polarographischen Kupferbestimmung wirken *Blei, Cadmium* und *Indium störend*, weshalb sie vor dem Polarographieren entfernt werden müssen.

b) Trennung von den begleitenden Metallen.

Welche Metalle bei den einzelnen Methoden schädlich oder störend wirken, ist dort schon angegeben worden. Tabelle 1 stellt die Möglichkeit der unmittelbaren Trennung des Kupfers von den üblichen begleitenden Elementen mit den Methoden a) I bis IV zusammen.

Tabelle 1. Möglichkeit der unmittelbaren Trennung des Kupfers von den gewöhnlichen Begleitern bei Anwendung der Methoden a) I bis IV.

I Elektrolyse	II H_2S-Fällung	III Thiosulfatfällung	IV Maßanalytische Bestimmung mit Thiosulfat-Jod
von Blei (bei Abwesenheit von H₂SO₄) Cadmium (bei Anwesenheit von genügend HNO₃) Arsen (unter 1% des Cu-Gehaltes) Nickel (bei Anwesenheit von genügend Ammoniumnitrat) Kobalt Eisen (s. Text) Zink (sauer auswaschen) Mangan Aluminium Chrom Erdalkalimetallen Magnesium Alkalimetallen Phosphor*	von Metallen der Ammoniumsulfidgruppe, davon: Nickel Kobalt } genügend Zink } sauer Calcium Magnesium Alkalien	wie unter II und von Cadmium	von allen anderen Elementen; von Eisen s. Text

* Nur aus Lösungen mit *sehr hohen Phosphorgehalten* (Phosphorkupfer) fällt das Kupfer etwas phosphorhaltig aus; man wiederholt dann die Elektrolyse.

Für sämtliche Methoden gilt, daß vor ihrer Anwendung folgende Elemente quantitativ abgeschieden werden müssen:

Silber als Chlorid (bei nachfolgender Elektrolyse des Kupfers ist ein nur sehr geringer Überschuß von Salzsäure anzuwenden und dem Elektrolyt etwas Hydrazinsulfat zuzusetzen).

Blei als Sulfat (vor der Elektrolyse nur abscheiden, wenn der Sulfatelektrolyt angewandt wird, Sulfat entstehen kann oder sehr große Bleigehalte vorliegen).

Wismut durch Fällung mit Ammoniumkarbonat (wenn Gehalte vorliegen, die berücksichtigt werden müssen).

Zinn als Zinnsäure.

Wolfram als Wolframsäure.

Selen mit schwefliger Säure oder Hydrazinsulfat.

Barium als Sulfat.

Strontium als Sulfat.

B. Die Untersuchung von Erzen und Hüttenerzeugnissen.

I. Erze.

Vorkommen. Kupfer in gediegener Form ist nicht selten, größere Lagerstätten dieser Art befinden sich aber nur in Nordamerika (Lake superior) und Bolivien. Weit überwiegen die Erzvorkommen sulfidischer und oxydischer Natur.

Die bekanntesten Kupfermineralien der *ersteren* sind:

Kupferkies (Chalkopyrit), $Cu_2S \cdot Fe_2S_3$ mit 34,5% Cu — 30,5% Fe — 35% S.
Buntkupfererz (Bornit), $3 Cu_2S \cdot Fe_2S_3$ mit 55,5% Cu — 16,4% Fe — 28,1% S.
Kupferindig (Covellin), CuS mit 66,4% Cu — 33,6% S.
Kupferglanz (Chalkosin), Cu_2S mit 79,8% Cu — 20,2% S.
Fahlerz (Tetraedrit), $(Cu_2Ag_2FeZnHg)_3 \cdot (AsSb)_6$ mit 30 bis 40% Cu, die anderen Bestandteile wechselnd bzw. fehlend.
Bournonit $(PbCu_2)SbS_6$ mit 13% Cu — 42,6% Pb — 24,6% Sb — 19,8% S.
Enargit, Cu_3AsS_4 mit 48,42% Cu — 19,02% As — 32,56% S.

Die als *oxydische* Erze auftretenden bekanntesten Kupfermineralien sind:

Rotkupfererz (Cuprit), Cu_2O mit 88,8% Cu — 11,2% O.
Malachit, $CuCO_3 \cdot Cu(OH)_2$ mit 71,9% CuO (= 57,4% Cu) — 19,94% CO_2 — 8,16% H_2O.
Kupferlasur (Azurit), $2 CuCO_3 \cdot Cu(OH)_2$ mit 69,19% CuO (= 55,2% Cu) — 25,58% CO_2 — 5,23% H_2O.
Atakamit, $CuCl_2 \cdot 3 Cu(OH)_2$ (= Kupferoxychlorid) mit 59,43% Cu — 16,64% Cl — 11,20% O — 12,67% H_2O.

Stellenweise auffallend große Lagerstätten bilden Imprägnationen der Kupfermineralien in Schiefern (Mansfeld), Tuffen, Sandsteinen, Kalken und Konglomeraten (belgischer Kongo — Katanga).

Die meisten Pyrite und viele Magnetkiese sind kupfer-(kies-)haltig, bei ausreichenden Gehalten (etwa über 1% Cu) verhüttbar (auf Cu, Fe und S).

Viele Kupfererze sind silber- und goldhaltig, einige enthalten außerdem Platinmetalle. Ein Teil der armen Erze wird mechanisch zu Konzentraten aufbereitet.

Die Bestimmung des Kupfers in Erzen kann grundsätzlich durch Abscheidung als Kupfer(I)- oder -(II)-sulfid sowie auf elektrolytischem Wege erfolgen, unter Umständen kommt noch die nach Low abgeänderte Thiosulfat-(Jod-)Titration in Betracht. Ausschlaggebend für die Wahl sind die begleitenden Verunreinigungen.

Die anzuwendenden Lösungsmittel für Erze, Kiese und Schiefer sind verschieden. Bitumenhaltige Erze (Schiefer) werden vor dem Aufschluß bei *niedriger* Temperatur oxydierend geröstet.

Chlorhaltige Kupferprodukte zeigen eine beachtliche Kupferverflüchtigung, wenn die Glühtemperatur dunkle Rotglut (etwa 500°) nennenswert überschreitet.

Man röstet die Einwaage von derartigen Proben zweckmäßig in flach ausgebreiteter Schicht in Veraschungsschälchen aus Porzellan (notfalls auch in

einer Porzellanschale) über kleiner Flamme, in einer Muffel unter Temperaturkontrolle oder am besten über einem besonderen elektrisch beheizten Glührost*.

1. Oxydische Erze.

Man löst in einem Gemisch von Schwefel- und Salpetersäure, dampft auf
dem Sandbade bis zum starken Entweichen von SO_3-Dämpfen ein, nimmt mit
schwach schwefelsäurehaltigem Wasser auf, kocht, läßt erkalten und filtriert das
Unlösliche ab. (Prüfung auf Kupferrückhalt!) Die Bestimmung des Kupfers
geschieht nach A. I, II, III oder IV.

2. Sulfidische Erze.

Man löst das feingepulverte Erz, wie vorstehend bei den oxydischen Erzen
angegeben, nötigenfalls unter Zusatz von Salzsäure oder Chlorat. Wenn viel
Eisen vorhanden ist (Pyrite), wird nicht zur Trockne gedampft. Die Bestimmung
des Kupfers erfolgt nach A. I, II oder III. Bei sehr armen Pyriten empfiehlt
sich die Anwendung der Methode A. IV.

3. Schiefer.

Man löst den Schiefer (falls erforderlich, nach vorherigem Rösten der Einwaage
zur Zerstörung des Bitumens) mit einem Gemisch von Schwefel- und Salpetersäure,
raucht auf dem Sandbad teilweise ab und nimmt mit verd. Schwefelsäure unter
Erwärmen auf, wenn die Bestimmung des Kupfers nach II, III oder IV ausgeführt
werden soll, mit verd. Salpetersäure jedoch, wenn es nach A. I bestimmt wird. Die
ruhende Elektrolyse kann bei niedrigen Kupferkonzentrationen in Gegenwart des
Bodenkörpers ausgeführt werden. Geringe Silbermengen können unberücksichtigt
bleiben.

4. Pyrite und Kiesabbrände.

Pyrite werden mit einem Gemisch von konz. Schwefel- und Salpetersäure aufgeschlossen unter nachträglichem Zusatz von konz. Salzsäure; es wird so lange
eingedampft, bis Salpetersäure und Salzsäure verjagt sind, aber nur bis zur Sirupkonsistenz. Die letzten Reste von Salpetersäure können zur Beschleunigung durch
zeitweiligen Zusatz kleiner Mengen Natriumhydrogensulfit beim Sieden zerstört
werden. Man nimmt mit heißem Wasser auf, filtriert, glüht das Unlösliche im Tiegel
und behandelt dieses nochmals mit konz. Salzsäure. In den vereinigten Filtraten
erfolgt die Kupferbestimmung nach A. II oder III. Röstet man eine Einwaage
zuvor bei niedriger Temperatur vorsichtig ab**, so kann der Aufschluß mit starker
Salzsäure vorgenommen werden.

Die Kupferbestimmung kann auch nach der Methode der Duisburger Kupferhütte ausgeführt werden[10].

Kiesabbrände werden mit konz. Salzsäure aufgeschlossen; ist das Eisenoxyd
in Lösung gegangen, fügt man dieser etwas Salpetersäure hinzu und verfährt
weiter, wie bei den Pyriten angegeben.

In Kiesabbränden sind *Kupfer, Blei und Zink* selbst bei niedrigsten Gehalten
sehr genau in folgender Weise zu bestimmen[11]:

Man löst 5 g (staubfein geriebenes) Probematerial in 40 cm³ Salzsäure (1,19),
dampft die Lösung auf dem Wasserbade zur Trockne, nimmt mit 10 cm³ Salz-

---

* Vgl. Berl-Lunge: Chemisch-technische Untersuchungsmethoden, Ergänzungswerk zur
8. Aufl. 2. Teil S. 627 bis 628. Berlin: Springer 1939.

** Chlorhaltige Produkte dürfen nur bis zu etwa 500° abgeröstet werden, da bei höherer
Temperatur Kupferverluste durch Verflüchtigung eintreten.

[10] Berl-Lunge, 8. Aufl. Bd. II/1 (1932) S. 498 bzw. 494.

[11] Voigt, H.: Arch. Eisenhüttenw. 6 (1932/33) S. 433 bis 436.

säure (1 + 1) auf, erwärmt bis alle Eisensalze gelöst sind, verdünnt mit Wasser auf 300 cm³ und läßt über Nacht absitzen. Dann wird durch ein dichtes Filter in ein Liter-Becherglas (hohe Form) filtriert; Filter und Rückstand werden verascht und in einer Platinschale mit Flußsäure abgeraucht. Den dabei verbleibenden Rückstand nimmt man mit wenig heißer Salzsäure auf und läßt das Unlösliche vollständig absitzen. Dann wird zum Hauptfiltrat filtriert, gut ausgewaschen und der Rückstand nach dem Veraschen im Platintiegel mit Kaliumnatriumcarbonat aufgeschlossen. Hat man die Schmelze mit Wasser ausgelaugt, so werden die Carbonate des Bleies und Bariums abfiltriert und wieder in Salzsäure gelöst. Diese Lösung stumpft man bis zur schwach sauren Reaktion ab, sättigt sie mit Schwefelwasserstoff und filtriert die Sulfide ab.

Die obige Hauptlösung wird zum Sieden erhitzt und das Eisen(III)-chlorid reduziert, indem man in kurzen Zeitabständen mehrere Kubikzentimeter einer 10proz. Natriumhypophosphitlösung zufließen läßt, bis die Lösung hellgrün wird. Nach dem Erkalten neutralisiert man tropfenweise mit Ammoniak, bis die Lösung schwach danach riecht, und löst den entstandenen Eisenniederschlag durch Zusatz von möglichst wenig 3proz. Oxalsäurelösung wieder auf. Man verdünnt auf etwa 800 cm³ und fällt mit Schwefelwasserstoff. Die abfiltrierten und die aus obigem Carbonatniederschlag erhaltenen Sulfide löst man in Salzsäure und raucht mit Schwefelsäure ab. Den Rückstand nimmt man mit 100 cm³ Wasser + 50 cm³ Alkohol auf. Nach einigen Stunden wird der das gesamte Blei als Sulfat enthaltende Rückstand abfiltriert und darin das Blei nach einer der bekannten Methoden bestimmt.

Das Filtrat der ersten Bleisulfatfällung wird durch Kochen vom Alkohol befreit und mit Schwefelwasserstoff gesättigt. (Die Lösung muß genügend freie Schwefelsäure enthalten, um ein Mitfallen von Zink zu verhindern.) Der das gesamte Kupfer enthaltende Sulfidniederschlag wird in Salpetersäure gelöst und die Lösung mit Schwefelsäure abgeraucht. Ist Wismut vorhanden, so muß es aus der schwefelsauren Lösung durch Fällen mit Ammoniak und Ammoniumcarbonat abgetrennt werden. Die reine Kupfersulfatlösung wird gemäß A. I elektrolysiert.

Man befreit das Filtrat von der Kupfersulfidfällung durch Kochen vom Schwefelwasserstoff, fällt nach der Oxydation die geringen Mengen Eisen mit Ammoniak, filtriert, löst und wiederholt die Fällung. Aus der gegen Methylorange sorgfältig neutralisierten und mit 1 Tropfen Schwefelsäure (1 + 1) angesäuerten kalten Lösung (etwa 500 cm³) fällt man Zink mit Schwefelwasserstoff und bringt es als ZnO zur Auswaage.

II. Hüttenerzeugnisse.

Entstehung und Beschaffenheit.

Kupferrohstein und Spur-(Konzentrations-)Steine sind Zwischenerzeugnisse bei der hüttenmännischen Verarbeitung sulfidischer Erze. Dabei, wie bei der Verarbeitung oxydischer und kupfermetallhaltiger Ausgangsmaterialien, fallen Schlacken verschiedenster Zusammensetzung an, die das Kupfer als Cu_2O und Cu_2S, teilweise auch als Metall enthalten; das gleiche gilt von den Schlacken aus der Kupferkrätzarbeit.

Krätzen sind (überwiegend) oxydische, meist nur halb verflüssigte Erzeugnisse der thermischen Raffinationsverfahren.

Rückstände und Aschen (Kehrricht, Fegsel) fallen an verschiedenen Stellen der Hüttenarbeit in mannigfaltiger Zusammensetzung an.

Zementkupfer entsteht durch Fällung kupferhaltiger Laugen mit Eisen (Schrott).

Schwarzkupfer ist stark verunreinigtes, sauerstoffhaltiges Rohkupfer. Durch eine teilweise, thermische Raffination entsteht daraus das (edelmetallhaltige) Anodenkupfer, aus dem durch Elektrolyse das Elektrolytkupfer gewonnen wird. Wird das Schwarzkupfer, aus edelmetallarmen Ausgangsmaterialien gewonnen, flüssig fertig raffiniert, so entsteht *Raffinatkupfer*.

1. Zwischen- und Nebenprodukte.

a) Rohstein.

Eine Einwaage von etwa 1 bis 2 g wird mit einem Gemisch von Schwefel- und Salpetersäure auf dem Sandbad zur Trockne gedampft, wobei der ausgeschiedene Schwefel verbrennt. Der Salzrückstand wird mit verdünnter Schwefelsäure aufgenommen und etwa vorhandenes Silber mit einem nur sehr geringen Überschuß an Salzsäure zum Unlöslichen niedergeschlagen. Nach der Filtration kann das Kupfer nach A. I, II oder III (Blei!) bestimmt werden. Ist die Menge des Unlöslichen nur sehr gering, ebenso der Silbergehalt, kann die Filtration vor der Elektrolyse unterbleiben. Über den Einfluß des Eisens s. A. I (S. 197). Über die *Edelmetallbestimmung* s. Kap. „Edelmetalle" (S. 180).

b) Spur- (Konzentrations-) Stein.

Kupfer- und Edelmetallbestimmung wie bei Rohstein.

c) Schlacken.

Roh- und Spurschlacken können genau so behandelt werden wie die oxydischen Erze oder die Schiefer. Der säureunlösliche Rückstand ist bei den Schlacken ganz besonders auf einen Kupferrückhalt zu prüfen. Zutreffenden Falles muß der Rückstand einem Schmelzaufschluß unterzogen werden, oder man vervollständigt den Säureaufschluß, indem man mit Flußsäure behandelt: Dafür zersetzt man die eingewogene Probe in einem starkwandigen Glaskolben mit verd. Salpetersäure und verkocht die Stickoxyde. Dann fügt man 2 bis 3 cm³ Flußsäure hinzu und siedet weitere 15 min. In der Lösung oder in einem gemessenen Anteil derselben kann das Kupfer meist unmittelbar elektrolytisch bestimmt werden[12].

Enthalten die Schlacken kohlige Beimengungen, so entfernt man den Kohlenstoff (wenn dies bei der Probenahme nicht oder nur ungenügend geschehen ist) durch Ausglühen der Analyseneinwaage (s. B. I, S. 204).

d) Krätzen, Rückstände, Aschen.

Die kupferhaltigen Krätzen sind von außerordentlicher Mannigfaltigkeit. Man löst zunächst in Säure, unterzieht den verbleibenden Rückstand einem Schmelzaufschluß* und bestimmt in den gesammelten Filtraten das Kupfer nach A. II (S. 198) unter besonderer Berücksichtigung der Sulfosalzbildner der Schwefelwasserstoffgruppe. Die fraglichen Produkte enthalten häufig Kohlenstoff in Form von Kohle, Koks oder organischen Beimengungen; daher müssen sie unter den bei B. I (S. 204/05) angeführten Vorsichtsmaßregeln geglüht werden.

2. Metalle.

a) Zementkupfer.

Zementkupfer wird vielfach schon bei der Probenahme getrocknet. Das Analysenmuster ist in *dicht schließende Flaschen* zu füllen und vor der Untersuchung nochmals 1 Stunde bei der auf der Flasche angegebenen Temperatur, meist 105°, nachzutrocknen. Man läßt die Probe im Exsiccator erkalten und bis zur Beendigung der Untersuchung darin stehen.

Kupfer.

Die Einwaage soll 20 g betragen. Man löst im Erlenmeyerkolben mit Salpetersäure (1,2) und gibt zuletzt etwas Salzsäure hinzu, wonach mit Schwefelsäure

---

[12] **Block**, E.: Metall u. Erz Bd. 36 (1939) S. 544.

* Die Kupferbestimmung durch Säureaufschluß allein erfolgt nur auf besondere Vereinbarung.

abgeraucht wird. Der 10. Teil der Einwaage* gelangt zur Elektrolyse. Ein Zusatz von Weinsäure zum Elektrolyt ist vorteilhaft. Umfällen der ersten Abscheidung bietet Sicherheit für die Reinheit des abgeschiedenen Kupfers. Besondere Verunreinigungen, wie Edelmetalle, Arsen, Antimon, Wismut, müssen berücksichtigt werden (s. A. b, S. 203, und die zugehörige Tabelle).

Chlor.

5 g Zementkupfer werden mit 100 cm³ destill. Wasser, 80 cm³ chlorfreier Salpetersäure (1,2) und einer wenig mehr als dem Chlorgehalt entsprechenden Menge an Silbernitratlösung versetzt; nach beendetem Lösen kocht man eben auf, filtriert den Silberchloridniederschlag nach mehrstündigem Abstehen in der Kälte und wäscht mit *schwach* salpetersäurehaltigem Wasser aus. Der auf dem Filter befindliche Niederschlag wird mit verd. photographischer Entwicklerlösung *angefeuchtet* (wodurch das Silberchlorid zu Metall reduziert wird) und nach etwa 10 min Einwirkungsdauer mit *wenig* Wasser nachgewaschen. Das getrocknete Filter nebst dem Niederschlag wird dann mit Blei im Ansiedescherben verascht und der silberhaltige Bleikönig getrieben. Aus dem ausgewogenen Silberkorn errechnet sich der Chlorgehalt des Ausgangsmaterials nach dem Verhältnis Ag:Cl (1 Teil Ag = 0,3287 Teile Cl).

Die Bestimmung des Silbers im Silberchlorid kann auch auf schnellelektrolytischem Wege vorgenommen werden. Dazu muß das gefällte Silberchlorid im Dunkeln absitzen; nach der Filtration und dem Auswaschen wie oben wird es in warmem, verd. Ammoniak gelöst, das Filter gut mit ammoniakalischem Wasser nachgewaschen und das etwa 120 cm³ betragende Filtrat nach Zusatz von etwa 2 g Ammoniumnitrat unter Verwendung von Drahtnetzelektroden am Rührstativ heiß bei nicht höherer Klemmenspannung als 1,2 V elektrolysiert. (Bei höherer Klemmenspannung fällt Silber schwammig und man erhält Übergewichte!) Die Spannung muß dauernd überwacht werden. 0,2 g Silber werden in 10 min vollständig gefällt.

Die Silberbestimmung kann auch aus dem Cyanidelektrolyt vorgenommen werden: Man löst das abfiltrierte Silberchlorid mit 30 cm³ warmer 3proz. Kaliumcyanidlösung vom Filter, wäscht letzteres mit heißem Wasser aus und schlägt das Silber bei bewegtem Elektrolyt, dem 5 cm³ n-Kaliumhydroxydlösung zugesetzt wurden, bei etwa 60° mit 0,5 A in 20 min elektrolytisch auf einem Platinnetz nieder. 1 Teil Ag = 0,3287 Teile Cl.

Arsen. Aus 5 bis 10 g Einwaage durch Destillation gemäß S. 216.

Edelmetalle s. Kap. „Edelmetalle", S. 181.

b) Rohkupfer (Schwarzkupfer, Anoden).

Probenahme: Gegossene Formate aus Rohkupfer zeigen immer Seigerungen, die bei der Probenahme berücksichtigt werden müssen. Dieser ist daher besondere Beachtung zu schenken, weshalb auf die Mitteilungen des Chemiker-Fachausschusses der „Gesellschaft Deutscher Metallhütten- und Bergleute" über „Richtlinien für die Probenahme von Börsenrohkupfer und für die Kupferbestimmung"** besonders verwiesen sei.

α) Selenfreies Rohkupfer.

20 g Probematerial (Siebklassen sind im Verhältnis einzuwiegen) löst man in 150 cm³ Salpetersäure (1,2), vertreibt durch gelindes Sieden die nitrosen Gase aus der Lösung, setzt einige cm³ verd. Schwefelsäure hinzu und verdünnt auf etwa 500 cm³. Bleibt dann ein Rückstand oder ist eine auch nur geringe

---

* Die Entnahme eines bestimmten Teiles durch *Auswägen* ist die genaueste; zum *Ausmessen* sollen nur amtlich geeichte oder durch Kontrolle abgestimmte Meßgeräte angewandt werden.

** Börsenrohkupfer wird nach den Vorschlägen des Chemikerfachausschusses der Metall und Erz e. V. [Metall u. Erz Bd. 26 (1929) S. 535] immer nach b. β (S. 212) untersucht.

Trübung der Lösung wahrnehmbar (die bei einzelnen Kupfersorten — u. a. nickelhaltigen — nur sehr langsam absitzt), filtriert man nach dem Abkühlen in einen *geeichten* 1000 cm³-Meßkolben. Nach dem Auswaschen trocknet man Filter nebst Rückstand und verascht im Porzellantiegel, schließt den Tiegelinhalt durch Schmelzen mit wenig entwässertem Kaliumhydrogensulfat auf, löst die erkaltete Schmelze in heißem Wasser und filtriert die Lösung zum Meßkolbeninhalt hinzu. Besteht der unlösliche Rückstand des Probematerials nur aus Bleisulfat und ist dessen Menge gering, erübrigt sich der Schmelzaufschluß und das Filtrieren kann unterbleiben; dann muß aber nach ordnungsmäßigem Auffüllen des Meßkolbens das Bleisulfat vor der Entnahme des abgemessenen Anteiles für die elektrolytische Kupferbestimmung vollständig abgesetzt sein.

Eine sorgfältige Nachprüfung der elektrolytischen Kupferbestimmung an Hand entsprechender technischer Kupfersorten durch einige Ausschußmitglieder hat ergeben, daß Bleisulfat nicht im Elektrolyten suspendiert sein darf, weil es vom Metallniederschlag mehr oder weniger eingehüllt und daher mit auswogen werden kann. Da man in der Praxis, u. a. aus Gründen der Zeitersparnis, eine erneute Elektrolyse eines derart verunreinigten Kathodenniederschlags gern vermeiden wird, muß man unlösliches Bleisulfat vorher abfiltrieren oder, falls die Mengen gering sind, kann man den Niederschlag im Meßkolben absitzen lassen. Beim *Abmessen* der Anteile fällt der im letzteren Fall verursachte Fehler praktisch nicht ins Gewicht; beim *Auswägen* der Anteile muß natürlich unlösliches Bleisulfat vorher abfiltriert werden. Für selenhaltiges Probematerial konnte bestätigt werden, daß geringe Selenmengen auf die Kupferbestimmung ohne Einfluß sind. Bei beachtlichen Gehalten (etwa oberhalb 0,01%) fällt aber Selen mit dem Kupfer aus (meist mit dessen letzten Anteilen als mißfarbener Anflug). Das unter B. II, 2 b, β (S. 212) beschriebene, vom Chemiker-Fachausschuß nachgeprüfte Verfahren ermöglicht es, die die Kupferelektrolyse schädlich beeinflussenden Selenmengen in einfachster Weise zu beseitigen. Die beim vorgeschriebenen Säureaufschluß in Lösung gehenden, nur sehr geringen Selenmengen beteiligen sich an der elektrolytischen Kupferfällung nicht nachweislich.

Kupfer.

Die elektrolytische Bestimmung wird gemäß A. I aus $^1/_{10}$ der Einwaage = 100 cm³ = 2 g ausgeführt. Die genaueste Entnahme des Lösungsanteiles geschieht durch Auswägen; beim Ausmessen müssen *sehr genau geeichte* Meßgeräte verwendet werden (s. Fußnote S. 208).

Enthält das Probematerial Silber, so wird es quantitativ mit dem Kupfer ausgewogen. Findet eine Silberbestimmung aus besonderer Einwaage statt (s. unten), so ergibt sich der Kupferwert durch Abzug der Silbermenge von der Gesamtauswaage. Andernfalls scheidet man das Silber nach vollständigem Aufschluß des Probematerials und vor dem Auffüllen im Kolben aus der auf etwa 70° erwärmten Lösung in bekannter Weise quantitativ als Silberchlorid ab, unter Anwendung eines nur sehr geringen Überschusses von Salzsäure oder Natriumchloridlösung. Das Filtrat vom Silberchlorid füllt man im 1000 cm³-Meßkolben auf und verfährt zur Kupferbestimmung usw. wie vor- bzw. nachstehend angegeben.

Eisen.

Nach der Oxydation des entkupferten Elektrolyten mit Wasserstoffperoxyd wird mit Ammoniak gefällt, das Eisenhydroxyd nötigenfalls nochmals gelöst und wieder gefällt, dann mit verd. Säure gelöst und die Lösung titriert.

Nickel.

Man fällt es im Filtrat von der Eisenfällung mit Diacetyldioxim.
Enthält dieser Niederschlag
weniger als etwa 0,01 g Nickel, so glüht man ihn vorsichtig zu NiO (Ni-Faktor = 0,7858), indem man das feuchte Filter zuerst über dem Asbestdrahtnetz langsam verkohlt und dann die Temperatur allmählich auf helle Rotglut steigert, bis alle Kohle verbrannt ist;

mehr als etwa 0,01 g Nickel, so wägt man ihn (im Filtertiegel) nach dem Trocknen bei 130° als Nickeldiacetyldioxim aus (Ni-Faktor = 0,2032) oder man löst ihn in verd. Schwefelsäure wieder auf, zersetzt das Diacetyldioxim in der Lösung mit wenigen Tropfen Wasserstoffperoxyd und Salzsäure unter kurzem Sieden, macht die Lösung ammoniakalisch und fällt das Nickel schnellelektrolytisch[13].

(Letztere Bestimmungsmethode ist zu bevorzugen, wenn das Ausgangsmaterial nennenswerte Mengen Mangan enthält.)

Kobalt wird im Elektrolysat vom Kupfer nach einer der im Kap. „Kobalt" angeführten Methoden bestimmt; s. auch S. 231, „Kupferoxychlorid".

Zink.

Man engt das Filtrat vom Nickelniederschlag ein, säuert mit Ameisensäure an, fällt mit Schwefelwasserstoff und wägt das Zink als Oxyd; oder man benutzt zum Ansäuern Monochloressigsäure (4%) und fällt dann mit Schwefelwasserstoff. Das Zinksulfid wird nach dem Befeuchten des Filters mit Ammoniumnitratlösung durch vorsichtiges Einäschern im Porzellantiegel zu ZnO geglüht, wobei die Temperatur zuletzt über 950° gesteigert werden muß.

Zinn.

Zur Zinnbestimmung werden 20 g Material in verdünnter Salpetersäure im Becherglas gelöst; die Lösung wird unmittelbar zur Trockne gedampft. Dann nimmt man mit salpetersäurehaltigem heißem Wasser, dem etwas Ammoniumnitrat zugefügt ist, auf, kocht auf, läßt absitzen, filtriert durch ein dichtes Filter und wäscht die Zinnsäure sorgfältig mit heißem salpetersäurehaltigem Wasser aus. Hat man das Filter mit Inhalt getrocknet und im Porzellantiegel verascht, so erhält man *rohe* Zinnsäure. Man schmilzt sie mit Schwefel und Soda oder Natriumperoxyd und bestimmt das Zinn gewichts- oder maßanalytisch.

Soll das Filtrat von der unreinen Zinnsäure noch zur Bestimmung anderer Bestandteile verwendet werden, so sind die Verunreinigungen der Rohzinnsäure dabei zu berücksichtigen.

Schneller und *sicherer* erfolgt die Zinnbestimmung, besonders bei kleinen Gehalten, wenn man die Ausfällung der Zinnsäure nach der heute meist angewandten Methode von H. Blumenthal[14] vornimmt.

Die Methode ist Gegenstand besonders eingehender Nachprüfung durch eine große Zahl von Ausschußmitgliedern gewesen und hat sich als zuverlässig und sehr genau erwiesen, wobei die einfache Ausführungsweise einen großen Vorteil gegenüber den bisherigen Methoden bietet.

Ist in einem Kupfer Antimon vorhanden, so empfiehlt sich die Bestimmung des Zinns und Wismuts nach dieser Methode auf alle Fälle.

Die Behandlung des Mangandioxydniederschlags ist dieselbe wie nachfolgend bei der Antimonbestimmung beschrieben. Auch über die Zinnbestimmung s. dort S. 212).

Antimon[14].

Fällt man aus schwach salpeter- oder schwefelsauren antimonhaltigen Lösungen Mangandioxyd aus, etwa durch die Umsetzung von Mangan^{II}-Salzen mit Kaliumpermanganat, so reißt der Niederschlag Antimon mit. Durch mehrfache Wiederholung der Mangandioxydfällung im Filtrat erhält man das Antimon quantitativ im Niederschlag. Es ist festgestellt worden, daß sich Zinn und Wismut genau so verhalten wie Antimon; auch Arsen und Blei fallen zum Teil mit aus. Aus dem auch sonst noch verunreinigten Manganniederschlag wird im hier zu behandelnden Falle das Antimon nach bekannten quantitativen Methoden abgetrennt und bestimmt.

---

[13] Wagenmann, K.: Ferrum Bd. 12 (1914/15) S. 126 oder Z. anal. Chem. Bd. 55 (1916) S. 348.

[14] Blumenthal, H.: Z. anal. Chem. Bd. 74 (1928) S. 33 bis 39.

Die Einwaage des Metalls, welche je nach dem zu erwartenden Antimongehalt 25 bis 100 g beträgt, wird in der eben hinreichenden Menge Salpetersäure [(1,4), 35 cm³ je 10 g Einwaage] aufgelöst; die Lösung wird so lange gekocht, bis keine Stickoxyde mehr wahrzunehmen sind. Auf eine hierbei auftretende Trübung, die von etwa vorhandenem Zinn oder auch von Antimonverbindungen herrühren kann, wird zunächst keine Rücksicht genommen. Man verdünnt die Flüssigkeit nach dem Abkühlen mit kaltem Wasser je nach der Einwaage auf 250 bis 600 cm³ und setzt so lange verd. Ammoniak hinzu, bis eben eine Fällung bestehenbleibt. Diese wird mit *möglichst wenig Salpetersäure* in Lösung gebracht. Wismut fällt quantitativ nur dann, wenn die Lösung *sehr schwach* sauer ist. Jetzt fügt man 5 cm³ einer wässerigen Mangan(II)-nitratlösung hinzu, welche 8 g des krystallisierten Salzes in 100 cm³ enthält, ferner zunächst 3 cm³ einer etwa n-Kaliumpermanganatlösung und kocht unter häufigem Durchschütteln auf. Die Permanganatfärbung verschwindet hierbei, und es scheidet sich Mangandioxyd ab, das sich gut zusammenballt, während sich die überstehende Flüssigkeit klärt. Nach Zugabe von weiteren 3 cm³ n-Permanganatlösung und wiederholtem Aufkochen und Umschütteln kann filtriert und mit heißem Wasser ausgewaschen werden, was in kürzester Zeit vonstatten geht. Das Filtrat ist völlig klar, enthält aber in der Regel noch Spuren von Antimon und muß deshalb nochmals wie oben behandelt werden. Es genügt, wenn man die Fällung mit 2 cm³ der Mangan(II)-nitratlösung und 3 cm³ n-Kaliumpermanganatlösung wiederholt. Beide Niederschläge werden vereinigt, indem man sie in dasselbe Gefäß vom Filter abspritzt und die daran und an den Glaswandungen haftenden Mengen von Mangandioxyd mit verd. Salzsäure, der etwas Wasserstoffperoxyd zugesetzt wurde, ablöst. Man setzt Bromsalzsäure hinzu und kocht, wodurch meist vollständige Auflösung der Zinn- und Antimonverbindungen erreicht wird. Um Zinn- und Antimonverluste zu vermeiden, hält man aber ein Volumen von mindestens 50 cm³ ein. Verbleibt danach noch ein unlöslicher Rückstand (was besonders bei arsenhaltigen Kupfersorten häufiger der Fall ist), so wird dieser abfiltriert, mit heißem salzsaurem, dann mit reinem Wasser ausgewaschen und in einem kleinen Eisentiegel vorsichtig über dem Asbestdrahtnetz verascht. Den Tiegelinhalt schmilzt man mit wenig Natriumperoxyd, löst die Schmelze in Wasser, säuert mit Salzsäure an und vereinigt die Lösung mit dem obigen Filtrat vom unlöslichen Rückstand. Zwecks Entfernung des Arsens dampft man diese Lösung auf (*nicht weniger als*) 50 cm³ ein, setzt 75 cm³ konz. Salzsäure und etwa 2 g Natriumsulfit hinzu und kocht so lange, bis das Volumen von 50 cm³ wieder erreicht ist. Das Arsen ist dann als Trichlorid vollständig verflüchtigt. Nun leitet man, nachdem die Hauptmenge freier Säure mit Ammoniak abgestumpft wurde, Schwefelwasserstoff ein. Der Niederschlag, der alles Antimon neben mitgefälltem Zinn, Wismut, Blei und etwas Kupfer enthält, wird nach dem Abfiltrieren und Auswaschen mit Natriumsulfid ausgezogen. Man spritzt ihn zu diesem Zweck in das Gefäß, in welchem die Fällung vorgenommen wurde, zurück, übergießt das Filter mit etwa 20 cm³ heißer Natriumsulfidlösung (1 + 5) und wäscht mit Wasser nach. Zur Vervollständigung der Umsetzung wird die Flüssigkeit kurze Zeit aufgekocht, worauf man von den ungelösten Sulfiden abfiltriert und sie mit heißem natriumsulfidhaltigem Wasser auswäscht. Im Filtrat werden die Sulfide von Antimon und Zinn, die als Sulfosalze gelöst sind, durch Ansäuern mit verdünnter Schwefelsäure (1 + 2) wieder zur Abscheidung gebracht. Nachdem sie auf einem Filter gesammelt und ausgewaschen sind, spritzt man sie in das Fällungsgefäß zurück und löst am Filter haftende Anteile mit wenig Natriumsulfidlösung zurück. Man raucht mit 10 cm³ konz. Schwefelsäure solange ab, bis die Flüssigkeit farblos geworden ist und titriert das Antimon mit Kaliumbromat unter Verwendung von Methylorange als Indicator, wie im Kap. „Antimon" (S. 54) angegeben ist.

Zur *Zinnbestimmung* wird die Lösung nach der Titration des Antimons auf etwa 50 cm³ eingedampft. Man fällt das Antimon wie üblich durch Digerieren mit *reinem* Ferrum red., filtriert und titriert das Zinn im Filtrat mit Jodlösung, oder besser, man fällt das Zinn mit Schwefelwasserstoff und wägt als Zinnsäure (SnO_2) aus*.

Edelmetalle s. Kap. „Edelmetalle", S. 181.

β) **Selenhaltiges Rohkupfer.**

Kupfer.

Die Ausführungsweise unterscheidet sich von der unter 2b, α nur dadurch, daß zum Lösen stark verd. Salpetersäure angewandt, erst nach reichlicher Verdünnung aufgekocht und der Kaliumhydrogensulfataufschluß des Rückstands bei höherer Temperatur vorgenommen wird:

20 g Probematerial (Siebklassen sind im Verhältnis einzuwiegen) löst man in verd. Salpetersäure (75 cm³ konz. Salpetersäure + 250 cm³ Wasser) ohne zu kochen, verdünnt auf 600 cm³, läßt kurze Zeit sieden, um die Stickoxyde zu verjagen und setzt einige Kubikzentimeter verd. Schwefelsäure hinzu. Der unlösliche Rückstand enthält neben den unlöslichen Bestandteilen des Rohkupfers das Selen fast vollständig, teils als Selenkupfer und Selensilber, teils als freies Selen. Man filtriert vom Unlöslichen in einen *geeichten* 1000 cm³-Meßkolben, trocknet Filter nebst Rückstand, verascht im Porzellantiegel und schließt mit einigen Gramm entwässertem Kaliumhydrogensulfat in einem mit Uhrglas bedeckten Porzellantiegel auf, wobei man zuletzt die Temperatur einige Minuten auf Rotglut hält. Dadurch werden die letzten Spuren Selen im Rückstand verflüchtigt. Weiterhin verfährt man wie unter 2b, α angegeben.

Hat das zu untersuchende Rohkupfer einen *besonders hohen* Selengehalt, so können die in Lösung gegangenen Mengen Selen entsprechend beachtlich sein. Man verfährt dann folgendermaßen: Die dem Kolben entnommene Kupferlösung (2 g Einwaage) dampft man auf Zusatz von 15 cm³ Schwefelsäure (1 + 1) bis zum Rauchen ab. Nach vollständigem Abkühlen setzt man 10 cm³ konz. Salzsäure hinzu und läßt diese in gelinder Wärme abdunsten. Dann raucht man nochmals ab, und zwar völlig zur Trockne. Dadurch wird das beim obigen Aufschluß mit verd. Salpetersäure in Lösung gegangene Selen ausreichend verflüchtigt.

Selen und **Tellur** s. Kap. „Selen und Tellur", S. 288.

c) Reinkupfer** (Raffinat- und Elektrolytkupfer).

Für *Raffinatkupfer* kommt neben der Bestimmung der Verunreinigungen auch der Gehalt an Kupfer in Frage. Selbst für Raffinate mit 99,8% Kupfer ist bei sorgsamer Ausführung und unter Berücksichtigung der auf S. 197 aufgeführten störend wirkenden Bestandteile die unmittelbare elektroanalytische Bestimmung des Kupfers erfahrungsgemäß im allgemeinen völlig ausreichend. In Sonderfällen ist man auf die Differenzmethode angewiesen.

Elektrolytkupfer wird als praktisch reines Kupfer angesehen. Eine Bestimmung des Reingehalts durch unmittelbare analytische Feststellung des Kupfergehalts entspricht selten dem verfolgten Zweck und ist nicht mehr genau genug; man ist also unbedingt auf die Differenzmethode angewiesen.

Zur Bestimmung der Verunreinigungen in beiden Kupfersorten kann man die in den Grundzügen von Hampe und Fresenius angegebene Methode anwenden[15]. Die Verunreinigungen können auch nach den unter 2b (S. 209ff.) an-

---

* Aus unreinem Ferrum red. kann kolloidale Kieselsäure in das Filtrat gelangen, die, falls das Zinn als Sulfid gefällt wird, mit diesem ausfällt und mit dem SnO_2 zur Wägung gelangt.

** Bei der Festlegung der Methoden sind die Anforderungen von seiten der Deutschen Normen, 1935, „Kupfer in Halbzeug" berücksichtigt worden.

[15] Berl-Lunge, Bd. II/2 (1932) S. 1228.

gegebenen Methoden bestimmt werden, wobei man die Einwaagen unter Umständen auf das 5- bis 10fache vergrößert, um somit ausreichende Auswaagen zu erhalten. Für die Bestimmung des Zinns, Antimons und Wismuts wird man heute zweckmäßig die S. 211 angegebene Methode nach H. Blumenthal anwenden, da diese beliebig hohe Einwaagen gestattet, so daß auch die geringsten Mengen der bezeichneten Verunreinigungen, wie sie im Elektrolytkupfer vorkommen können, sehr genau festzustellen sind.

Kupfer. Die unmittelbare Kupferbestimmung im Raffinatkupfer erfolgt durch Elektroanalyse gemäß A. I (S. 196) gegebenenfalls unter besonderer Berücksichtigung der dort als störend gekennzeichneten Verunreinigungen.

Blei.

Für Gehalte von 0,001% Blei und darüber
wendet man **die Fällung als Phosphat** an (Verfahren von B. Park und E. J. Lewis[16]):
10 bis 50 g Probematerial löst man in 40 bis 200 cm³ konz. Salpetersäure auf, verkocht die Stickoxyde und verdünnt mit Wasser auf 800 bis 1200 cm³. Der Lösung setzt man 2 cm³ 50proz. Dinatriumphosphatlösung hinzu und so viel Ammoniak (etwa 70 bis 350 cm³), bis alles Kupferhydroxyd wieder gelöst ist, und weiterhin 10 bis 50 cm³ Ammoniumcarbonatlösung. Unter kräftigem Rühren tropft man 15 cm³ einer 10proz. Calciumchloridlösung zu und läßt über Nacht absitzen. Den Niederschlag filtriert man, löst ihn in verd. Salzsäure wieder auf und fällt das Blei aus *schwach* salzsaurer Lösung mit Schwefelwasserstoff. Der Sulfidniederschlag wird mit warmer verd. Salzsäure wieder gelöst und Blei in bekannter Weise elektrolytisch als Peroxyd (Pb-Faktor = 0,866) bestimmt*.

Für Gehalte von 0,005 bis 0,0005% Blei
ist **die Bestimmung mit Dithizon** nach H. Fischer (persönliche Mitteilung) sehr genau.

Man unterscheidet dabei die Bestimmungen:

a) in Gegenwart von Wismutmengen, die kleiner als die Bleimengen sind, und

b) in Gegenwart von Wismutmengen, die gleich groß oder größer als die Bleimengen sind:

*Erforderliche Reagenzien***:

    Salpetersäure konz.,
    Ammoniak 25proz. (z. B. zur Analyse von Merck),
    Kaliumcyanidlösung 10proz.***,
    Kaliumcyanidlösung 0,5proz.,
    Natriumthiosulfatlösung 50proz., frisch anzusetzen,
    Dithizonlösung, gereinigt, etwa 4 mg in 100 cm³ CCl_4,
    Silbernitratlösung: etwa 1 cm³ = 5 bis 6 γ Ag, hergestellt durch Verdünnen einer
        stärkeren Stammlösung,
    Kohlenstofftetrachlorid.

Herstellung der Analysenlösung.

Man stellt eine Lösung von etwa 20 mg Dithizon in 100 cm³ Kohlenstofftetrachlorid her, die zunächst noch von einem im handelsüblichen Dithizon enthaltenen, gelb gefärbten Oxydationsprodukt gereinigt werden muß. Dies geschieht durch Schütteln mit sehr verdünnter Ammoniaklösung (1 Teil 25proz. Ammoniak verdünnt mit 200 Teilen Wasser). Beim Schütteln geht alles Dithizon in die wässerige Phase über, während das gelbe Oxydationsprodukt in der Kohlenstofftetrachloridschicht zurückbleibt. Nach Abtrennung dieser Schicht wird

---

[16] Z. anal. Chem. Bd. 106 (1936) S. 204 oder Industr. Engng. Chem. Analyst Bd. 7 (1935) S. 182. Die Methode ist von mehreren Mitgliedern des Chem.-Fachausschusses an Hand von reinstem Kupfer unter Zusatz von 0,001 bis 0,01% Blei nachgeprüft worden und ergab sehr genaue Werte.

* Über eine weitere elektroanalytische Methode s. Fußnote bei „Schwefel", S. 217.

** Sämtlich, soweit möglich, *reinst* zur Analyse; sonst sind Blindproben zur Ermittlung des Bleiwertes nötig.

*** Reinheitsprüfung s. unten S. 215.

die wässerige Lösung im Scheidetrichter mit reinem Kohlenstofftetrachlorid (z. B. 200 cm³) unterschichtet, mit verd. Salzsäure angesäuert und sogleich geschüttelt. Das Dithizon geht wieder in die Kohlenstofftetrachloridschicht zurück. Die grüne Lösung wird abgetrennt und ein- bis zweimal mit destill. Wasser gewaschen. Sie kann unter einer Schicht von 1proz. Schwefelsäure in einer braunen Flasche zweckmäßig im Dunkeln aufbewahrt werden und ist so monatelang haltbar. Vor dem Gebrauch wird eine zur Analyse notwendige Menge abgetrennt, in eine trockene Flasche filtriert und auf das etwa drei- bis vierfache Volumen mit Kohlenstofftetrachlorid verdünnt.

Um einen guten Durchschnitt zur Analyse zu erzielen, werden 10 g Cu in etwa 50 cm³ konz. Salpetersäure gelöst. Durch kurzes Kochen verjagt man die Stickoxyde, versetzt mit 10 cm³ Wasser und kocht noch einmal einige Minuten. Nach dem Erkalten füllt man die Lösung im Meßkolben zu 100 cm³ auf.

10 cm³ der Lösung (= 1 g Cu) werden in einen etwa 100 cm³ fassenden Erlenmeyerkolben pipettiert und mit Ammoniak versetzt, bis das ausfallende Kupferhydroxyd soeben wieder gelöst ist. Man erwärmt, fügt 60 cm³ 10proz. Kaliumcyanidlösung und 2 cm³ 50proz. Natriumthiosulfatlösung hinzu und kocht kurze Zeit auf. Nach dem Erkalten (schnelles Abkühlen unter der Wasserleitung) bringt man die Lösung in einen 100 bis 150 cm³ fassenden Scheidetrichter mit kurzem Ablaufrohr.

Bleibestimmung:

a) In Gegenwart kleinerer Mengen Wismut. Man extrahiert anteilweise mit Dithizonlösung, bis die rote Farbe von Bleidithizonat nicht mehr auftritt; statt dessen wird die Kohlenstofftetrachloridschicht farblos bis hellgrün.

Tritt nach der roten Bleifarbe eine deutliche Orangefärbung auf, so ist Wismut vorhanden; s. unter b), S. 215.

Die vereinigten, roten bis rosa gefärbten Blei-Dithizonatauszüge werden im Schüttelzylinder 2- bis 3mal mit 0,5proz. Kaliumcyanidlösung gewaschen, anschließend 2mal mit Wasser. Die rote Lösung wird im Scheidetrichter mit 2 cm³ 10proz. Salpetersäure angesäuert und mit einer bekannten überschüssigen Menge Silberlösung umgesetzt. Das grüne Dithizon, das an Blei gebunden war, wandelt sich in gelbes Silberdithizonat um. Die Silberdithizonatlösung wird abgetrennt und die wässerige Schicht mit reinem Kohlenstofftetrachlorid nachgewaschen. Der Überschuß an Silber, der in der wässerigen Lösung verblieben ist, wird mit einer gegen Silber eingestellten Reagenslösung zurücktitriert.

Einstellung der Reagenslösung gegen Silber. Die zum Extrahieren für Blei angewandte Dithizonlösung wird etwa um die Hälfte verdünnt. 10 cm³ der Silbernitrattestlösung (50 bis 60 γ Ag) werden in einen Scheidetrichter pipettiert und mit 2 cm³ Salpetersäure (10proz.) versetzt. Zur ungefähren Ermittlung der Lage des Umschlagspunktes wird zunächst eine Vortitration mit anteilweisem Zusatz von einigen cm³ der Reagenslösung durchgeführt. Nach jedesmaligem Zusatz von Reagenslösung wird gut (z. B. $^1/_2$ min) durchgeschüttelt (Schüttelmaschine). Solange der Umschlagspunkt noch nicht erreicht ist, wandelt sich die Grünfärbung der Kohlenstofftetrachloridschicht stets in die reine gelbe Färbung des Silberdithizonats um. Nach jedesmaligem Zusatz trennt man die Kohlenstofftetrachloridschicht nach kurzem Absitzenlassen von der wässerigen Schicht. Ist der Farbton nicht mehr gelb, sondern gelbgrünlich bis grün, so ist der Umschlagspunkt überschritten.

Nachdem nun die zur Erreichung des Umschlagspunktes annähernd erforderliche Menge ermittelt worden ist, wird die Titration wiederholt. Man setzt zunächst unter gründlichem Durchschütteln wieder größere Anteile hinzu, bis man diejenige Menge Reagenslösung erreicht hat, welche bei der Vortitration noch mit Sicherheit eine reine Gelbfärbung der CCl$_4$-Schicht ergab. Nach dem Abtrennen wird die wässerige Schicht mit einigen cm³ reinem Kohlenstofftetrachlorid nachgewaschen. Von nun an werden kleinere Anteile Reagenslösung zugesetzt, z. B.

0,5 bis 0,1 cm³. Um die sehr kleinen Mengen Dithizon noch zur Wirkung zu bringen, muß selbstverständlich sorgfältig durchgeschüttelt werden (etwa $^1/_2$ min). Es wird bis zum ersten Auftreten einer grünlichen Färbung titriert (z. B.: für 60 γ Ag wurden verbraucht 13,1 cm³ Dithizonlösung; so ist der Titer für 1 cm³ Dithizonlösung = 4,58 γ Ag).

Die Ausführung der Titration des Silberrestes (in der Analysenprobe) geschieht in genau der gleichen Weise.

Berechnung: Nach der Umsetzung mit Dithizon entspricht:

$$1 \text{ Pb} = 2 \text{ Ag}; \text{ Faktor} = 0,9604$$

Zugesetzte Silberlösung   = 30,20 γ Ag
zurücktitrierte Silberlösung = 19,00 γ Ag (verbrauchte 4,15 cm³-Reagenslösung
$$\times \; 4,58)$$
11,20 γ Ag entspricht dem Dithizonrest, der an Pb gebunden war.
$$11,2 \times 0,9604 = 10,76 \; \gamma \text{ Pb}.$$

Bei der Titration ist die mögliche Veränderlichkeit der sehr verd. Reagenslösung in der Bürette zu berücksichtigen. Es ist nicht zweckmäßig, im direkten Sonnenlicht oder in ungewöhnlich heißen Räumen (Nähe eines Ofens) zu titrieren. An heißen Tagen darf der nach der Titration verbliebene Rest der Reagenslösung nicht in der Bürette stehengelassen werden, sofern nicht sofort weitertitriert wird. Vor Ausführung der Bestimmung wird der Titer neu gestellt.

b) In Gegenwart gleich großer und größerer Wismutmengen. Man extrahiert die vorbereitete Lösung im Scheidetrichter mit Dithizonlösung, bis die rote und orange Färbung nicht mehr auftritt — bei großem Wismutüberschuß wird die rote Färbung von der orangen Färbung verdeckt — und die Reagenslösung farblos bis hellgrün bleibt. Die vereinigten Dithizonauszüge werden einmal mit destill. Wasser gewaschen, gut abgetrennt und mit 5 cm³ 1proz. Salpetersäure geschüttelt. Die saure wässerige Lösung, die alles Blei und Wismut enthält, wird im Scheidetrichter mit etwa 1 cm³ Ammoniak-Kaliumcyanid-Gemisch* bis zur schwach alkalischen Reaktion versetzt. Mit 1proz. Salpetersäure stellt man gegen Thymolblau auf p_H 2,8 bis 3,2 ein (Umschlag nach orangegelb). Auf keinen Fall darf der p_H-Wert höher liegen, da Bleispuren von 1 bis 2 γ bei langer Schütteldauer mitreagieren. Spuren von Wismut, die bei dieser Einstellung nicht mehr erfaßt werden, stören bei späterer Bleiextraktion in stark kaliumcyanidhaltiger Lösung nicht mehr. Man extrahiert nun in der Schüttelmaschine anteilweise mit kleinen Dithizonmengen solange, bis der anfangs orangebräunliche Ton von Wismutdithizonat nicht mehr auftritt und das Dithizon nach etwa 3 min Schütteldauer rein grün bleibt.

Man wäscht mit reinem Kohlenstofftetrachlorid nach, stellt die Lösung auf p_H 9 ein (Thymolblauumschlag von gelb nach blau) und fügt 10 cm³ 10proz. Kaliumcyanid hinzu. Das Blei wird extrahiert usw. (s. unter a).

Prüfung der Kaliumcyanidlösung auf Reinheit. 50 cm³ 10proz. Lösung werden im Scheidetrichter mit ungefähr 11 cm³ Schwefelsäure (20proz.) versetzt, bis sie gegen Lackmus sauer reagiert; dann gibt man weitere 10 cm³ Kaliumcyanidlösung hinzu und extrahiert mit 2 cm³ Dithizonlösung. Ist die Kohlenstofftetrachloridschicht farblos, wird abgetrennt und noch einmal extrahiert. Tritt Farblosigkeit oder ganz schwache Rosafärbung auf, so kann das Kaliumcyanid als einwandfrei verwendet werden. Bei stärkerer Rotfärbung muß der Bleigehalt ermittelt und von dem Ergebnis in Abzug gebracht werden.

Nickel.

Je nach dem Gehalt wählt man Einwaagen von 2 bis 10 g, die man mit Salpetersäure in Lösung bringt. Es ist darauf zu achten, daß die verd. Lösung un-

---

* 75 cm³ 25proz. Ammoniak und 100 cm³ 10proz. Kaliumcyanidlösung : 1 l Wasser.

bedingt klar ist. Geringfügige, oft schwer erkennbare Trübungen von Unlöslichem können nennenswerte Anteile von Nickel enthalten[17]. In solchem Falle muß durch ein dichtes Filter filtriert und der Rückstand nach dem Schmelzen mit Kaliumhydrogensulfat der Hauptlösung zugefügt werden. Man entkupfert die Lösung in salpetersaurem, *ammoniumsalzhaltigem* Elektrolyt, fällt im Elektrolysat nach Zusatz von 1 bis 2 g Weinsäure Nickel mit Diacetyldioxim in schwach ammoniakalischer Lösung und bestimmt es nach S. 209.

Aluminium.

Die salpetersaure Auflösung von 5 bis 10 g Probematerial entkupfert man in salpeter- oder schwefelsaurem Elektrolyt; zum Elektrolysat fügt man 10 g Ammoniumchlorid hinzu und fällt Aluminium und Eisen mit Ammoniak in geringem Überschuß. Den abfiltrierten Niederschlag löst man nochmals mit wenig Salzsäure, fällt mit Schwefelwasserstoff etwa noch vorhandene Schwermetalle, filtriert, vertreibt den Schwefelwasserstoff, oxydiert und trennt Eisen und Aluminium mit frisch bereiteter Natronlauge (Natriumhydroxyd e natrio!). In der vom Eisenhydroxyd abfiltrierten Lösung fällt man das Aluminium durch Ansäuern und darauf folgendes Versetzen mit Ammoniak.

Arsen.

α) **Durch Anfällung mit Soda und anschließende Destillation.** Je nach dem Arsengehalt werden 10 bis 50 g der Probe in einem 500 cm³-Becherglas mit möglichst wenig Salpetersäure gelöst; die salpetrige Säure wird durch Kochen verjagt, die Lösung auf etwa 200 cm³ verdünnt, zur vollständigen Oxydation des Arsens mit kleinen Mengen Wasserstoffperoxyd oder Permanganat versetzt und nochmals aufgekocht. Dann gibt man Ammoniak *bis fast zur Neutralisation* sowie 5 bis 6 Tropfen Eisen(III)-chloridlösung (1 + 9) unter gutem Umrühren hinzu und fällt mit Sodalösung (1 + 9), bis ein bleibender, nicht allzu großer Niederschlag entstanden ist. Nach etwa einstündigem Stehen auf dem Sand- oder Wasserbad wird filtriert und mit heißem Wasser gut ausgewaschen. Die an den Wandungen des Becherglases festhaftenden Teile löst man in konz. Salzsäure, verdünnt mit wenig heißem Wasser und gießt durch das Filter in ein 500 cm³-Destillationsgefäß, wobei sich der Niederschlag leicht löst. Über die nachfolgende Destillation s. Kap. „Arsen", S. 60.

β) **Durch Fällung mit Magnesiamixtur und anschließende Destillation.** 10 g (bis 50 g) werden mit 90 cm³ (bis 450 cm³) Salpetersäure (1,2) gelöst und die Stickoxyde durch Kochen verjagt; die Lösung wird mit etwas Wasserstoffperoxyd nachoxydiert. Dann verdünnt man auf etwa 1 l, übersättigt mit Ammoniak, fügt 2 bis 3 cm³ gesättigte Natriumphosphatlösung hinzu und fällt mit 40 bis 50 cm³ Magnesiamixtur. Nach 24stündigem Stehen der Lösung wird filtriert und der Niederschlag mit ammoniakhaltigem Wasser ein wenig nachgewaschen.

Hat man über einen Filtertiegel filtriert, so kann der Magnesiumniederschlag unmittelbar mit konz. Salzsäure in den Arsendestillierkolben gelöst werden.

Bei Verwendung eines Papierfilters löst man den Magnesiumniederschlag mit wenig warmer verd. Schwefelsäure in den Arsendestillierkolben und raucht nach Zusatz von 10 cm³ verdünnter Salpetersäure auf dem Sandbad bis annähernd zur Trockne.

Die anschließende Destillation des Arsens wird, wie beim Kap. „Arsen" beschrieben, ausgeführt.

γ) **Die Bestimmung größerer Arsengehalte** (Arsenkupfer, Feuerbuchskupfer, Bronzen, Zementkupfer u. a. m.) kann durch *unmittelbare Destillation mit*

---

[17] Berl-Lunge: Chemisch-technische Untersuchungsmethoden, 8. Aufl. 1932, Bd. II/2 S. 1249, Fußnote 2.

Eisen(III)-chlorid geschehen. Das Probematerial muß in zerkleinerter, mindestens (nicht zu grob-) späniger Form vorliegen. 5 bis 10 g Probe gibt man unmittelbar in den Arsendestillierkolben und fügt 50 g grob zerstoßenes Eisen(III)-chlorid (käuflich etwa 60proz.) und 120 cm³ konz. Salzsäure hinzu. Ist nach wiederholtem Schwenken des Kolbens das Eisen(III)-chlorid gelöst, schließt man die Destilliervorlage an und erhitzt zunächst mäßig zwecks Zersetzung der Kupferprobe. Dann destilliert man, gegebenenfalls 2mal, in bekannter Weise.

Wismut.

Nach den folgenden Bestimmungsmethoden ist Wismut, wenn auch zunächst in noch unreiner Form, quantitativ von der Hauptmenge Kupfer abzutrennen. Man wendet dazu an:

α) Die *Mangandioxydfällung in sehr schwach* salpetersaurer Lösung nach H. Blumenthal: Den, wie bei der Antimonbestimmung im Rohkupfer (s. S. 210) beschrieben, in Natriumsulfid ungelöst bleibenden Sulfidniederschlag (Bi, Cu, Pb) löst man in warmer verd. Salpetersäure auf und fällt Wismut mit Ammoniak und Ammoniumcarbonat. Den abfiltrierten Niederschlag löst man in heißer verd. Schwefelsäure auf; tritt in der Lösung eine Trübung auf ($PbSO_4$), filtriert man durch ein dichtes Filter. Das Filtrat ist damit zur colorimetrischen Bestimmung des Wismuts nach der Kaliumjodidmethode geeignet (s. Kap. „Wismut", S. 386).

β) Die *Quecksilberoxydfällung* aus salpetersaurer Auflösung des Kupfers, wie sie von H. Blumenthal zur Wismutbestimmung im Handelsblei angegeben wird[18] und im Kap. „Wismut" (S. 387) im einzelnen beschrieben ist:

Die salpetersaure Kupferlösung wird zu diesem Zweck in der Hitze so lange mit Sodalösung versetzt, bis sie noch eben deutlich sauer reagiert. Ist die Kohlensäure dann durch Kochen verjagt, so gibt man aufgeschlämmtes, selbstbereitetes Quecksilberoxyd in der Siedehitze so lange hinzu, bis ein geringer Überschuß zu erkennen ist. Nunmehr wird kurze Zeit gekocht und die Fällung weiterbehandelt, wie im Kap. „Wismut" beschrieben ist.

Zinn, Antimon, Selen und Tellur fallen mit dem Quecksilberoxydniederschlag aus, die beiden letzteren Elemente als Kupferverbindungen. Zinn stört bei der colorimetrischen Wismutbestimmung nicht, ebensowenig eine geringe Menge Antimon; Selen und Tellur scheiden sich elementar ab, wenn die zu colorimetrierende Lösung wie üblich mit Kaliumjodid und schwefliger Säure versetzt wird. Man entfernt den Niederschlag vorher durch Filtration. Über die colorimetrische Bestimmung selbst s. Kap. „Wismut", S. 386.

Antimon nach der Methode H. Blumenthal s. S. 210.

Zinn s. vorstehend bei Antimon.

Schwefel.

α) *Für Kupfersorten mit besonders niedrigem Schwefelgehalt*, die größere Einwaagen an Probematerial erfordern, empfiehlt sich folgende Methode[19]*:

Von einer Gesamteinwaage von 50 g werden 10 g in einem geräumigen breiten Becherglas in 50 cm³ Salpetersäure (1,4) gelöst. Nach dem Verkochen der Stickoxyde wird mit etwa 500 cm³ Wasser verdünnt.

Man stellt in diese Lösung eine aus einem ungefähr 1 mm starken Kupferblech geschnittene Mantelelektrode gemäß Abb. 8, die man als Kathode schaltet; als Anode dient ein Platinkorb aus etwa 0,1 mm starkem Platindrahtnetz, der einen 1 mm starken Stengel zentral angeordnet besitzt und die restlichen 40 g

---

[18] Z. anal. Chem. Bd. 78 (1929) S. 208.
[19] Nach W. Orlik: Metall u. Erz 1939 S. 575.
* Nach E. Block (Metall u. Erz 1940 S. 79) können vermittelst des gleichen Verfahrens auch *Bleigehalte* bis zu 0,0005% im Kupfer als PbO_2 sehr genau bestimmt werden.

Probematerial aufnimmt. Enthält das Muster neben groben Spänen auch feine, so werden die letzteren abgesiebt und, wie oben, in Lösung gebracht. Man elektrolysiert mit 10 A, wobei man zur beschleunigten Abscheidung Luft durchleitet. Das als Anode geschaltete Kupfer löst sich im Laufe der Elektrolyse auf und scheidet sich zusammen mit dem gelösten an der Kupferkathode ab.

Man unterbricht die Elektrolyse, bevor alles Kupfer abgeschieden ist, was nach 8 bis 10 Stunden der Fall ist, hebt die Elektroden aus der Flüssigkeit und spült sie mit Wasser gut ab.

Die Lösung wird 2 mal mit Salzsäure zur Trockne gedampft und mit wenig Salzsäure und 50 cm³ Wasser aufgenommen. In der kochenden, falls erforderlich, filtrierten Lösung wird jetzt der als Sulfat vorliegende Schwefel in üblicher Weise mittels Bariumchlorid gefällt und als Bariumsulfat bestimmt.

*β) Enthält das zu untersuchende Kupfer geringe Mengen Arsen oder Antimon**, so kann die Bestimmung des Sulfidschwefels auch nach dem Destillationsverfahren von H. Leysahͭ[20] ausgeführt werden:

5 bis 10 g Späne werden im Zersetzungskolben eines Schwefelbestimmungsapparates (etwa nach Art des bei der Stahlanalyse gebräuchlichen) mit 50 bzw. 100 cm³ starker Bromwasserstoffsäure** (1,49, etwa 48 proz.) übergossen und durch allmähliches

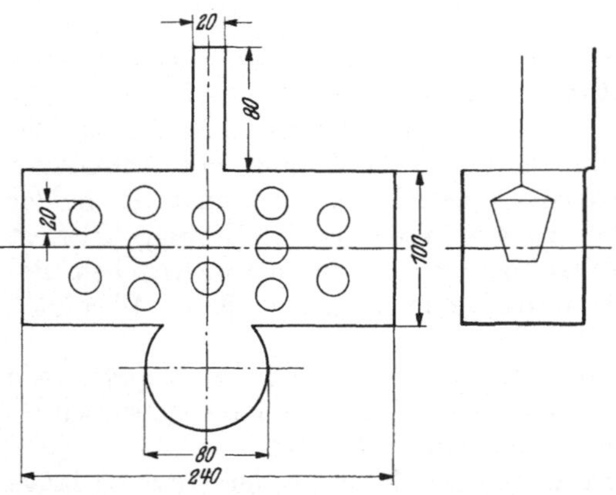

Abb. 8. Kupferblechelektrode für die S-Bestimmung im Kupfer.

Erwärmen in Lösung gebracht. Durch den Apparat wird ein langsamer Strom von Kohlendioxyd geleitet. Die Gase werden zur gewichtsanalytischen Bestimmung des Schwefels durch ein vorgelegtes Absorptionsgefäß geleitet, das mit Bromsalzsäure zur Oxydation des Schwefelwasserstoffs beschickt ist.

Nach beendetem Lösen der Probe ist sämtlicher Schwefel in Form von Schwefelsäure in der Bromsalzsäurevorlage vorhanden; die Schwefelsäure wird nach dem Verdampfen der Bromsalzsäurelösung (unter Zusatz von etwas Natriumchlorid) in bekannter Weise als Bariumsulfat gefällt und gewogen.

Statt die Schwefelbestimmung gewichtsanalytisch auszuführen, kann man sich auch des jodometrischen Verfahrens bedienen, und zwar benutzt man als Vorlage einen der Absorptionsapparate, wie sie bei der Schwefelbestimmung in Eisen und Stahl üblich sind; die Gase werden durch Cadmiumacetatlösung geleitet, wobei eine dem Schwefelgehalt entsprechende Menge Cadmiumsulfid gebildet wird. Der Cadmiumsulfidniederschlag wird mit einer gemessenen Menge Jodlösung versetzt und der Jodüberschuß mit Thiosulfat zurücktitriert.

Selen und *Tellur* s. Kap. „Selen und Tellur", S. 288.

Phosphor.

Ist das zu untersuchende Kupfer völlig arsenfrei, so kann die Fällung mit Ammoniummolybdat unmittelbar aus einer salpetersauren Auflösung von 5 bis

---

* Kupfersorten (und Kupferlegierungen), die kein Arsen oder Antimon enthalten, lösen sich in Bromwasserstoffsäure nicht vollständig auf, so daß das Verfahren dafür nicht anwendbar ist.

[20] Z. anal. Chem. Bd. 75 (1928) S. 169.

** Sollte die Bromwasserstoffsäure durch freies Brom gelb gefärbt sein (wodurch ein Teil des Schwefels zu Sulfat oxydiert und der Bestimmung entzogen würde), so muß die Säure vor ihrer Verwendung mit Zinn(II)-chloridlösung entfärbt werden.

10 g Probematerial, die man mit Wasserstoffperoxyd oder Bromwasser nach-oxydiert hat, vorgenommen werden.

Für arsenhaltiges Kupfer (ebenso für Arsen-Feuerbuchs- und Stehbolzen-kupfer) verfährt man folgendermaßen:

Man löst 5 g Probematerial in 25 cm³ Salpetersäure $(1+1)$, verkocht die Stickoxyde, oxydiert mit Wasserstoffperoxyd oder Bromwasser den Phosphor vollständig zu Phosphorsäure, fügt etwas Eisen(III)-chlorid zur Lösung hinzu und fällt mit Ammoniak in der Siedehitze. Den Niederschlag filtriert man ab und löst ihn in verd. Salzsäure wieder auf. Aus der heißen Lösung fällt man Arsen durch längeres Einleiten von Schwefelwasserstoff, filtriert, verjagt aus dem Filtrat den Schwefelwasserstoff durch Kochen, oxydiert die Lösung mit Brom-wasser und fällt nochmals mit Ammoniak. Den abfiltrierten, den gesamten Phos-phor enthaltenden Eisenniederschlag löst man in verd. Salpetersäure. Aus dieser Lösung fällt man Phosphor wie üblich mit Ammoniummolybdatlösung.

Bemerkung. Zur Beseitigung des Arsens kann man auch gemäß S. 229 verfahren.

Sauerstoff[21]. „Die Methode der Bestimmung des Glühverlustes eines sauer-stoffhaltigen Kupfers im Wasserstoffstrom ist für technische Zwecke ausreichend, wenn das Probematerial kein Blei oder Selen enthält und eine Glühtemperatur von 800° C nicht überschritten wird.

Für alle Fälle brauchbar ist aber die nachstehende Methode der Reduktion im reinen Wasserstoffstrom und Absorption und Auswägen des entstehenden Wassers. Damit ist die Sauerstoffbestimmung selbst für die praktisch vorkommen-den niedrigsten Sauerstoffgehalte im Reinkupfer (wenige Hundertstel Prozente) bis auf wenige Tausendstel Prozente genau möglich. (Die früheren Schwierig-keiten waren aus der Verwendung von Gummischlauchstücken zur Verbindung der Apparateteile nach der Wasserstofftrocknung entstanden.)

Probematerial. Sofern die Probenahme es ermöglicht, ist stückiges Material spänigem vorzuziehen, da die restlose Reinigung der Bohr-, Hobel- oder Feil-späne von anhaftenden, fehlerbringenden Verunreinigungen (Öl, Fett, Rost u. dgl.) immer mit Unsicherheiten behaftet ist. Bei der verhältnismäßig großen Oberfläche von Spanproben kann auch eine geringe Oxydation für Material mit niedrigem Sauerstoffgehalt einen gro-ßen Fehler verursachen. Wenn eben möglich, ver-wende man daher stückiges Probematerial, dessen Ober-fläche mechanisch oder durch leichtes Abbeizen mit Salpetersäure gereinigt wer-den kann. Da die Zeitdauer

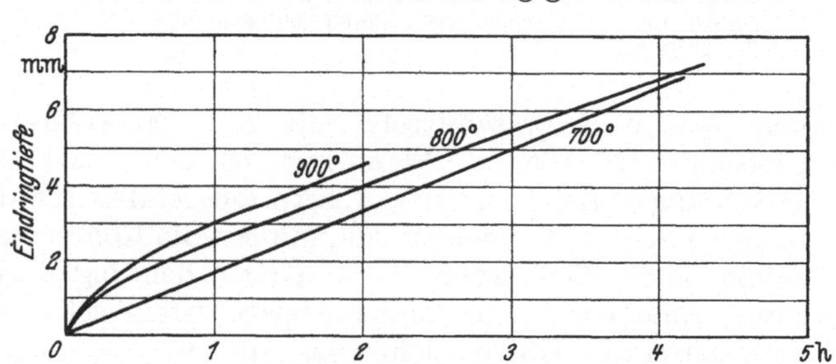

Abb. 9. Reduktionsgeschwindigkeit des Kupfer(I)-oxyds durch Wasser-stoff in Kupfer.

einer Bestimmung bei einer bestimmten Reduktionstemperatur im wesentlichen von der Dicke der Probestücke abhängig ist, wird man diese möglichst dünn-blechförmig gestalten. Die Eindringtiefe des Wasserstoffes in Kupfer für die vollständige Reduktion des Kupfer(I)-oxyds für verschiedene Glühtemperaturen ist aus Abb. 9 zu entnehmen. Die für eine angewandte Probestückdicke zu wählende Glühdauer ist dann minimal halb so groß.

Einwaage. Selbst für Sauerstoffgehalte von wenigen Hundertstel Prozenten genügt schon eine Einwaage von 20 bis 25 g Probematerial; für stark inhomogenes Kupfer können bis etwa 100 g angewandt werden.

---

[21] Aus Berl-Lunge: Chemisch-technische Untersuchungsmethoden, Ergänzungswerk zur 8. Aufl. 2. Teil S. 629 (Berlin: Springer 1939), wörtlich wiedergegeben.

Apparatur. Für die Ausführung der Bestimmung eignet sich bestens die in Abb. 10 skizzierte Apparatur. Zur Aufnahme der Probe — unmittelbar oder im Glühschiffchen — dient ein Rohr aus geschmolzenem, durchsichtigem Bergkrystall, der Form und ungefähr in den Abmessungen, wie sie Oberhoffer[21a] angegeben hat. Ein verschiebbarer elektrischer Röhrenofen, dessen Temperatur eingestellt sein muß, dient zum Erhitzen. Der einer Flasche entnommene oder elektrolytisch erzeugte Wasserstoff muß durch Überleiten über glühenden Platinasbest (oder ähnliches) vollständig von Sauerstoff gereinigt werden. Die Trocknung erfolgt durch Calciumchlorid und Phosphorpentoxyd*. Der Wasserstoff verläßt das Glührohr durch einen nur *ganz schwach* eingefetteten Glaskonus, dessen Spitze mit Glaswolle ausgefüllt ist, um Pb-, Se- usw. Dämpfe zurückzuhalten, soweit sich diese nicht schon an der kalten Rohrwand niedergeschlagen haben. Das Verbrennungswasser wird durch Phosphorpentoxyd in einem geeigneten Absorptionsgefäß zurückgehalten; am Anfang und Ende der Apparatur befindet

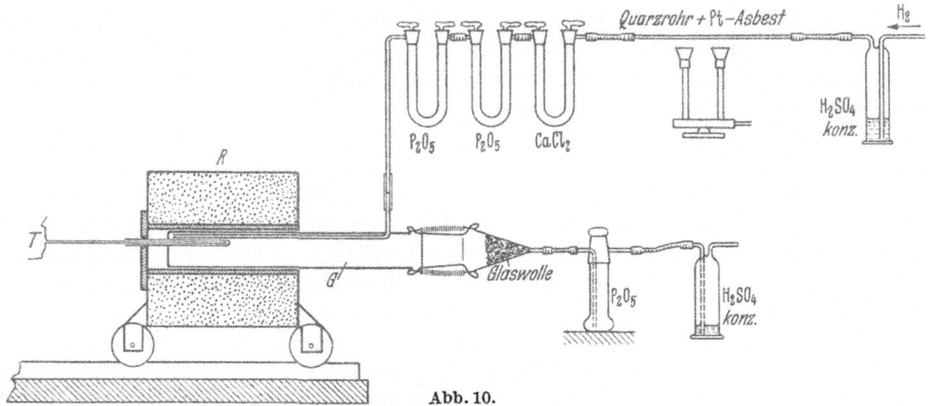

Abb. 10.

R = Elektrisch heizbarer Röhrenofen — 120 mm Rohrlänge, 40 mm lichter Durchmesser.
G = Glührohr aus geschmolzenem, durchsichtigem Bergkrystall — 250 mm Länge, 35 mm Durchmesser.
T = Thermoelement.

sich je eine Gaswaschflasche mit konz. Schwefelsäure, um den Gasdurchgang beobachten zu können. Wenn man bei den Anschlüssen der Phosphorpentoxyd-Trocknungsvorlage und des Absorptionsgefäßes für das Wasser an das Glührohr (Kugel-) Schliffe vermeiden will, müssen die Röhrenenden möglichst sauber stumpf aufeinanderstoßen, wonach die *völlige* Dichtung durch Gummischlauch erfolgen kann. Eine Verbindung dieser Apparaturteile selbst durch kurze Stücke Gummischlauch ergibt Übergewichte der Absorptionsvorlage, da ein mit Phosphorpentoxyd getrockneter Gasstrom Wasser aus dem Gummi aufnimmt, was bei einem Leergangversuch feststellbar ist.

Ausführung der Bestimmung. Nachdem das Glührohr mit der eingewogenen Probemenge beschickt und mit dem Glaskonus verschlossen ist, wird etwa $^1/_2$ Stunde ein kräftiger Wasserstoffstrom durch die Apparatur geleitet. Nach Herabsetzen der Gasgeschwindigkeit auf etwa drei Blasen in der Sekunde schließt man das tarierte (mit H_2-Gas gefüllte!) Absorptionsgefäß an (Glas an Glas!) und schiebt den auf 800° geheizten Röhrenofen über das Glührohr. Die minimale Zeitdauer, welche die Reduktion benötigt, ist aus obigem ersichtlich. Man wendet der Sicher-

---

[21a] Oberhoffer, P.: Metall u. Erz 1918 S. 33.
* Das Verstopfen der mit Phosphorpentoxyd gefüllten Absorptionsgefäße läßt sich (bei gleichzeitiger Steigerung der Wirksamkeit) dadurch vermeiden, daß man sie mit Bimssteinkörnchen (etwa 3 mm) füllt, die zuvor in P_2O_5 geschüttelt wurden.

heit halber die etwa $1^1/_2$fache Zeit auf. Bei größeren Einwaagen oder hoch sauerstoffhaltigem Probematerial kann sich Wasser im Glaskonus kondensieren, das durch entsprechend langes Durchleiten von Wasserstoff in das Absorptionsgefäß überzuführen ist. Tarieren und Auswägen des letzteren darf bekanntlich erst nach $^1/_4$stündigem Stehen in der Waage vorgenommen werden."

Edelmetalle s. Kap. „Edelmetalle", S. 181.

3. Legierungen.

Die Vielzahl der Kupferlegierungen kann aus den Normenblättern: DIN 1705 (Bl. 1/2), 1709 (Bl. 1/2), 1714, 1716, 1774—76, 1785 entnommen werden; dort sind auch ihre Zusammensetzung und die zulässige Höhe der schädlichen Beimengungen angegeben.

Für die Analyse interessieren im allgemeinen 4 Gruppen:

a) Reinkupfer mit geringen Zusätzen wie As, Ni, Si, P.

Man benutzt es zur Herstellung von Feuerbuchsen, Postdraht usw.

Die Untersuchung erfolgt analog der von „Reinkupfer", s. S. 212.

b) Zinnfreie und zinnarme (bis 1% Sn) Kupferlegierungen.

Unter diese Gruppe fallen alle Sorten von *Messing, Tombak, Bleizweistoffbronzen, Aluminiumzweistoffbronzen, Neusilber* und andere.

Zinn.

Für seine Abscheidung hat sich das Mangandioxydverfahren von H. Blumenthal bewährt (s. S. 210). Man kann dafür je nach dem Zinngehalt Einwaagen von beliebiger Höhe wählen und sie dann in Salpetersäure lösen. Mit dem Zinn werden auch *Antimon* und bei möglichst weitgehendem Abstumpfen der Säure auch *Wismut* quantitativ abgeschieden.

Kupfer.

Man löst 10 g Späne in 50 cm³ Salpetersäure (1,4), erwärmt, bis die braunen Dämpfe verjagt sind, verdünnt mit heißem Wasser auf etwa 300 cm³, kocht zur restlosen Entfernung der Stickoxyde und läßt dann etwas abkühlen. Ist die Lösung vollständig klar, spült man sie unmittelbar in einen 500 cm³-Meßkolben, zeigt sie einen Niederschlag oder eine Trübung, wird sie hineinfiltriert. Nach dem Auffüllen werden 100 cm³ (= 2 g Einwaage) abgenommen und unter Zusatz von 10 cm³ Schwefelsäure (1+1) bis zum starken Rauchen eingedampft. Man nimmt mit Wasser auf, bringt die Salze in Lösung und filtriert abgeschiedenes Bleisulfat ab. Im Filtrat wird nach Zusatz vón 20 cm³ Salpetersäure (1+1) bei einem Gesamtvolumen von 200 cm³ Kupfer elektroanalytisch bestimmt.

Blei.

Das vor der Kupferbestimmung abgeschiedene Bleisulfat wird zwecks Trennung von gegebenenfalls mitausgefallener Kieselsäure mit Ammoniumacetat in Lösung gebracht; man fällt mit Schwefelwasserstoff, filtriert das Sulfid ab, löst es in Salpetersäure, raucht wiederum mit Schwefelsäure ab und bringt das Bleisulfat zur Wägung.

Bei Gehalten von etwa 0,1 bis 2% Pb kann die Bleibestimmung auch auf elektrolytischem Wege erfolgen: Die salpetersaure zinnfreie Lösung von 1 bis 2 g Einwaage mit etwa 10% freier Salpetersäure wird unter Verwendung einer mattierten Platinanode elektrolysiert. Das abgeschiedene Bleidioxyd wird bei 180° getrocknet (Faktor: 0,866).

Bei *manganhaltigem* Material gelingt es nicht, das Bleidioxyd frei von Mangan zu erhalten. In diesem Falle muß die Abscheidung als Sulfat erfolgen.

Für *Gehalte unter 0,1% Pb* empfiehlt sich die Fällung des Bleis als Phosphat und bei Gehalten unter 0,005% die Bestimmung mit Dithizon (s. unter „Reinkupfer", S. 213).

Silicium.

1 bis 5 g Material werden in Salpetersäure (1,4) gelöst und 2mal mit Salzsäure zur Trockne gedampft. Zwecks quantitativer Abscheidung der Kieselsäure wird der Eindampfrückstand 1 Stunde bei etwa 180° erhitzt. Man nimmt mit verd. Salzsäure auf, erwärmt, bis alles gelöst ist, verdünnt mit kochendem Wasser und filtriert die Kieselsäure ab. Nach dem Veraschen, Glühen und Wägen wird sie durch Behandeln mit Flußsäure auf Reinheit geprüft.

Ist die geglühte Kieselsäure gefärbt, was auf nichtlegiertes Silicium schließen läßt, hat ein Schmelzaufschluß mit Natriumkaliumcarbonat zu erfolgen. Die weitere Abscheidung geschieht dann in üblicher Weise.

Mangan. Verfahren nach Procter Smith:

Erforderliche Lösungen. Silbernitrat: 4 g/l; Ammoniumperoxydisulfat: 10proz.; Natriumchlorid: 1,4 g/l; Arsen(III)-oxyd: 0,8 g des Oxydes und 7 g Natriumhydrogencarbonat werden in 50 cm³ Wasser unter Erwärmen gelöst; die Lösung wird auf 1 l aufgefüllt.

0,1 bis 0,2 g der Legierung werden, falls man nicht schon einen dieser Einwaage entsprechenden Lösungsanteil zur Verfügung hat, in 25 cm³ Salpetersäure (1+1) gelöst. Legierungen, die neben Mangan auch Silicium enthalten, lösen sich oft unter Hinterlassung eines schwarzen Rückstandes, der aus unlöslichen Mangansiliciden besteht. Durch Zusatz von 1 bis 2 Tropfen Flußsäure bringt man den Rückstand in Lösung. Nach dem Verkochen der Stickoxyde fügt man 10 cm³ Silbernitratlösung und 25 cm³ Peroxydisulfatlösung hinzu und erwärmt, bis eine starke Sauerstoffentwicklung einsetzt. Man läßt etwa 15 min stehen, kühlt ab, fügt zur Ausfällung des Silbers 10 cm³ Natriumchloridlösung hinzu und titriert mit obiger Arsenlösung, bis die durch Übermangansäure hervorgerufene Rotfärbung verschwunden ist.

Die Titerstellung der Arsen(III)-oxydlösung erfolgt in genau der gleichen Weise mit einem Normalstahl bekannten Mangangehaltes. Die Methode ist geeignet für Mangangehalte bis zu 4%; bei größeren Gehalten ist das Volhardsche Verfahren anzuwenden (s. S. 230).

Arsen s. „Reinkupfer", S. 216.

Eisen *und* **Aluminium.** *Zu beachten ist dabei, daß, wenn die Fällung mit Ammoniak aus dem Elektrolysat von Kupfer und Blei erfolgt, eine voraufgehende Reinigung der Lösung von Resten Sn, Sb, Pb mittels einer Schwefelwasserstoffällung zu geschehen hat.*

Bei *manganfreien* Legierungen benützt man das gereinigte Elektrolysat von 2 g Einwaage mit einem Zusatz von 5 g festem Ammoniumchlorid und fällt die Hydroxyde des Eisens und Aluminiums durch Kochen mit einem geringen Überschuß an Ammoniak aus. Nach dem Filtrieren wäscht man mit Wasser und etwas Ammoniumchlorid aus und wiederholt die Fällung nach dem Lösen des Niederschlages in Salzsäure. Der nun zinkfreie Niederschlag wird im Porzellantiegel verascht, bei mindestens 1000° geglüht und gewogen. Man erhält dadurch *die Summe der Oxyde.*

In einem zweiten Elektrolysat fällt man gleichfalls die Hydroxyde mit Ammoniak, löst sie in Salzsäure und titriert das *Eisen.* Der auf Fe_2O_3 umgerechnete Gehalt wird vom Gewicht obiger Oxyde abgesetzt und aus dem Rest der Gehalt an *Aluminium* errechnet.

Vielfach wird auch so verfahren, daß man die abfiltrierten und gut gewaschenen Hydroxyde in Salzsäure löst und das Eisen durch Zugabe von reinstem Ätznatron im Überschuß ausfällt. Das Aluminium bleibt in Lösung; man macht das Filtrat salzsauer, gibt Ammoniumchlorid hinzu, fällt mit Ammoniak das Aluminiumhydroxyd aus, glüht es und wägt.

Die Bestimmung des Eisens kann auch *durch Titration mit Titantrichlorid* erfolgen[22] (s. Kap. „Aluminium", S. 32).

Die Bestimmung des **Aluminiums** kann auch unmittelbar erfolgen. Es eignet sich dafür das *Phosphatverfahren*, wie es bei einer Gemeinschaftsarbeit unseres Chemiker-Fachausschusses und des Chemikerausschusses des VDEh. in der Versuchsanstalt des Dortmund-Hoerder Hüttenvereins, Werk Hörde, von H. Grewe angegeben worden ist. Diese Methode hat sich besonders bei größeren Aluminiumgehalten als vorteilhaft erwiesen (s. Kap. „Aluminium", S. 5).

Man kann bei ihr von der salzsauren Lösung der durch Ammoniak gefällten Hydroxyde des Eisens und Aluminiums ausgehen, aber auch unmittelbar das Elektrolysat vom Kupfer benutzen. Dieses wird mit etwas Schwefelsäure versetzt und bis fast zur Trockne abgeraucht; dann löst man mit Wasser und spült in, einen Meßkolben über. Die kalte Lösung wird nach Zusatz von Methylorange mit Natriumcarbonatlösung genau neutralisiert und mit einem Tropfen Schwefelsäure $(1+1)$ eben angesäuert. Man leitet nun zur Fällung der Hauptmenge Zink Schwefelwasserstoff ein, füllt auf und filtriert durch ein Faltenfilter. Zur Aluminiumbestimmung nimmt man so viel vom Filtrat ab, daß höchstens 0,05 g Al in der Lösung vorhanden ist, verkocht den Schwefelwasserstoff, oxydiert mit etwas Wasserstoffperoxyd, zersetzt den Überschuß durch Kochen, neutralisiert mit Ammoniak (Methylorange) und setzt 4 cm³ Salzsäure (1,124) zu. Nach dem Verdünnen auf 500 cm³ werden 20 cm³ einer Ammoniumthiosulfatlösung (100 g Thiosulfat auf 350 cm³ Wasser) sowie 15 cm³ einer 80proz. Essigsäure und 20 cm³ einer Diammoniumphosphatlösung $(1+10)$ zugesetzt. Man kocht 15 min, läßt absitzen und filtriert. Gewaschen wird 6- bis 7mal mit heißem Wasser. Ist das Filter gut abgetropft, so bringt man es samt dem Niederschlage in einen gewogenen Porzellantiegel und stellt zum langsamen Trocknen. Sobald letzteres erreicht ist, gibt man ihn zum langsamen Abbrennen und Verkohlen an den Rand einer vorgeheizten elektrischen Muffel und läßt dort stehen, bis sämtliche Kohle verbrannt ist. Dann wird der Tiegel etwas in die Muffel vorgeschoben und nach einiger Zeit in das hintere Ende der Muffel gebracht, die allmählich auf 1200 bis 1300° erhitzt wird. Bei dieser Temperatur, die für die Erzielung eines konstanten Gewichtes unbedingt erforderlich ist, bleibt er 1 Stunde, wird dann herausgenommen, im Exsiccator erkalten gelassen und gewogen ($AlPO_4$; Faktor für Al = 0,2211).

Für *kleinere Mengen Aluminium* kann auch die Bestimmung nach *der Oxychinolinmethode*[23] erfolgen: Man löst den durch eine doppelte Fällung mittels Ammoniak erhaltenen Niederschlag von Eisen- und Aluminiumhydroxyd in verd. Schwefelsäure $(1+1)$, fügt 10 bis 15 g Weinsäure hinzu, verdünnt auf 200 cm³ und leitet zur Reduktion des Eisens Schwefelwasserstoff ein. Durch einen darauffolgenden Zusatz von Ammoniak wird es dann als Eisensulfid gefällt. Nach dem Absitzen des Niederschlages filtriert man und wäscht mit einer etwas Ammoniumtartrat enthaltenden Ammoniumsulfidlösung aus. Das Filtrat muß farblos bis höchstens schwach gelb und völlig klar sein. Der Niederschlag wird im Porzellantiegel verascht und bis zur Gewichtskonstanz geglüht (Auswaage: Fe_2O_3). Zur Kontrolle kann man ihn in Schwefelsäure lösen und das Eisen titrieren.

Die Reduktion mit Schwefelwasserstoff ist erforderlich, um ein gut filtrierbares Eisensulfid zu erhalten, das keine Neigung hat, kolloidal durch das Filter zu laufen!

---

[22] Biltz, H., u. W. Biltz: Ausführung quantitativer Analysen. S. 135. 1937.
[23] Berg, R.: Das o-Oxychinolin. Stuttgart: F. Enke 1938. S. 11.

Das Filtrat vom Eisenniederschlag wird auf etwa 70° erwärmt und tropfenweise mit einer Oxinlösung versetzt, bis keine Fällung mehr auftritt.

Die *Oxinlösung* wird hergestellt durch Auflösen von 3 bis 4 g des Salzes in möglichst wenig Eisessig; man füllt auf 100 cm³ mit Wasser auf und fügt tropfenweise Ammoniak hinzu, bis die Flüssigkeit sich zu trüben anfängt. Die Trübung wird dann mit verd. Essigsäure beseitigt. Die Lösung ist unbegrenzt haltbar.

Man erwärmt dann noch 5 min, filtriert die grünlichgelbe Verbindung durch einen Glasfiltertiegel (Körnung 3), wäscht erst mit warmem, dann mit kaltem Wasser und trocknet bei 120° (Faktor: Al = 0,0587).

Bei Aluminiumgehalten über 0,5% empfiehlt es sich, wegen des voluminösen Niederschlages das Filtrat vom Eisensulfid in einem 500 cm³-Meßkolben aufzufüllen und 200 cm³ davon (= 0,4 g Einwaage) zur weiteren Verwendung zu entnehmen.

Ist die Legierung *manganhaltig*, werden in dem gereinigten Elektrolysat von 2 g Einwaage nach Zusatz von Ammoniumchlorid und Bromwasser, das auch vorteilhaft durch etwas Ammoniumperoxydisulfat ersetzt werden kann, Eisen, Aluminium und Mangan in der Hitze gefällt. Nach dem Filtrieren löst man den Niederschlag in verd. Salzsäure unter Zugabe von etwas Wasserstoffperoxyd und trennt Eisen und Aluminium vom Mangan nach der *Acetatmethode*. Dafür wird die Lösung bei einem Volumen von etwa 200 cm³ in der Kälte so lange mit Sodalösung versetzt, bis eben eine bleibende Trübung auftritt, die durch einen Tropfen verd. Salzsäure wieder zum Verschwinden gebracht wird. Man fügt nun 2 bis 3 g festes Natriumacetat und 2 Tropfen verd. Essigsäure hinzu und kocht, bis der Niederschlag der basischen Acetate des Eisens und Aluminiums ausgeflockt ist, der sofort abfiltriert und ausgewaschen wird. *Mangan* befindet sich im Filtrat. Der Niederschlag wird in Salzsäure gelöst und kann nach der Entfernung der Essigsäure zur Bestimmung des Eisens und Aluminiums nach einer der vorstehenden Methoden Verwendung finden.

Nickel. Es wird im Filtrat von den durch Ammoniak gefällten Niederschlägen des Eisens, Aluminiums und Mangans mit Diacetyldioxim abgeschieden und entweder als Nickeldiacetyldioxim gewogen oder nach dessen Zersetzung mit Schwefelsäure und Wasserstoffperoxyd elektrolytisch bestimmt*.

Zu beachten ist, daß die obigen Hydroxyde hartnäckig Nickel zurückhalten, weshalb bei größeren Gehalten eine Umfällung erforderlich wird.

Soll in den behandelten Legierungen nur Nickel ohne Berücksichtigung von Eisen, Aluminium und Mangan bestimmt werden, so hält man diese durch Zusatz von Weinsäure in Lösung, macht ammoniakalisch und fällt unmittelbar mit Diacetyldioxim. Es empfiehlt sich aber dann ein nochmaliges Umfällen des Niederschlages.

In gleicher Weise verfährt man bei *Neusilber*, das gewöhnlich 10 bis 20% Ni enthält. Man füllt das Elektrolysat vom Kupfer und Blei in einem Literkolben zur Marke auf und entnimmt ihm einen Anteil, der 0,2 g Einwaage entspricht. Dieser wird mit etwas Weinsäure versetzt, schwach ammoniakalisch gemacht und in der Wärme mit Diacetyldioxim versetzt. Den Niederschlag saugt man in einem Glasfiltertiegel ab, trocknet ihn bei 120° und wägt (Faktor: Ni = 0,2032). Auch kann man nach der Zersetzung des Niederschlages das Nickel elektroanalytisch bestimmen.

Zink. Geringe Mengen bestimmt man nach der doppelten Fällung von Eisen, Aluminium, Mangan und Entfernung des Nickels in ammoniakalischer Lösung aus dem Elektrolysat vom Kupfer; zur Erzielung eines besser filtrierbaren Niederschlages setzt man etwas Quecksilber(II)-chloridlösung hinzu und fällt mit Natrium-

---

* Vgl. auch „Nickel im Rohkupfer", S. 209.

sulfid als Zinksulfid. Der Niederschlag wird unter dem Abzug verglüht und als Zinkoxyd gewogen (s. auch Kap. „Zink", S. 414).

Bei größeren Zinkmengen raucht man das gereinigte Elektrolysat vom Kupfer mit etwas Schwefelsäure zur Trockne, nimmt mit Wasser und 1 Tropfen Schwefelsäure $(1+1)$ auf, fällt mit Schwefelwasserstoff und bestimmt das Zink, wie beim Kap. „Zink", S. 414, angegeben.

Ferner kann Zink in dem wie oben zur Trockne gerauchten Elektrolysat nach der Entfernung von Fe, Al, Mn und bei Abwesenheit von Nickel unmittelbar durch Titration mit Kaliumcyanoferrat(II) ermittelt werden.

Magnesium[24]. Das salpetersaure, etwa 15 cm³ freie Salpetersäure $(1+1)$ enthaltende Elektrolysat von 5 g Einwaage wird auf etwa 200 cm³ eingedampft, mit 5 g Ammoniumperoxydisulfat versetzt und aufgekocht. Das Mangan scheidet sich dabei als gut filtrierbares Dioxyd ab und wird abfiltriert. Nach der Zersetzung des Peroxydisulfates durch weiteres Kochen fügt man 20 cm³ Weinsäurelösung $(1+1)$ und so lange 25 proz. Ammoniak hinzu, bis der zuerst auftretende Niederschlag sich wieder gelöst hat. Sodann gibt man noch weitere 50 cm³ Ammoniak hinzu, erwärmt auf etwa 60°, fällt mit 50 cm³ Diammoniumphosphatlösung (20 proz.), rührt die Flüssigkeit gut durch und läßt den hierbei sich bildenden Niederschlag mehrere Stunden absitzen. Man filtriert durch ein dichtes Filter und wäscht mit ammoniakhaltigem Wasser (2,5 proz.) aus. Das Filter mit dem Niederschlag wird durch Erhitzen mit Salpeter- und Schwefelsäure zerstört. Nach dem Aufnehmen mit 50 cm³ Wasser filtriert man gegebenenfalls von Kieselsäure und wenig Bleisulfat ab. In einem Volumen von etwa 100 cm³ wird alsdann die Fällung des Magnesiums nach Hinzufügen von 5 cm³ Weinsäurelösung $(1+1)$ und einem Überschuß von 50 cm³ 25 proz. Ammoniak, nachdem wieder auf 60,° erwärmt worden ist, mit 15 cm³ 20 proz. Diammoniumphosphatlösung wiederholt. Man läßt den Niederschlag ebenfalls längere Zeit absitzen, filtriert, wäscht wie oben aus und verascht im gewogenen Porzellantiegel. Zur Prüfung auf Mangan kann man den Niederschlag in Säure lösen, das Mangan bestimmen, auf Pyrophosphat umrechnen und von der Auswaage absetzen.

Phosphor.

Von *zinnfreien* Legierungen werden 5 g in 25 cm³ konz. Salpetersäure gelöst. Nach dem Verjagen der Stickoxyde setzt man zwecks vollständiger Oxydation des Phosphors so lange Kaliumpermanganatlösung hinzu, bis die Rotfärbung bestehen bleibt. Man kocht wiederum, löst ausgeschiedenes Mangandioxyd durch tropfenweisen Zusatz von Kaliumnitrit, verkocht die gebildeten Stickoxyde und fällt die Phosphorsäure in üblicher Weise mit Ammoniummolybdatlösung. Der Niederschlag wird nach mehrstündigem Stehen in einem Glasfiltertiegel (Körnung 4) gesammelt, mit 1 proz. Salpetersäure gewaschen, bei 130° getrocknet und gewogen.

Zinnhaltige Legierungen werden in Königswasser gelöst. Zu der verd. Lösung fügt man etwas Eisen(III)-chloridlösung hinzu und fällt mit Ammoniak. Der Niederschlag wird abfiltriert, mit ammoniakhaltigem Wasser gewaschen und in verd. Salzsäure gelöst. Man leitet Schwefelwasserstoff ein, filtriert, verjagt den Schwefelwasserstoff, oxydiert mit Bromwasser und fällt wiederum mit Ammoniak. Der Niederschlag wird in verd. Salpetersäure gelöst und Phosphor, wie oben angegeben, gefällt. Den gleichen Gang wählt man bei *arsenhaltigen Proben*.

Sind die Legierungen *siliciumhaltig*, löst man sie gleichfalls in Königswasser. Man dampft dann 2 mal mit Salzsäure zur Trockne, filtriert die ausgeschiedene Kieselsäure ab und wäscht sie mit schwach salzsäurehaltigem Wasser. Zum Filtrat

---

[24] Orlik, W.: Metall u. Erz 1939 S. 407. — Blumenthal, H.: Ebenda 1940 S. 23.

fügt man etwas Eisen(III)-chloridlösung und Ammoniak im Überschuß und verfährt weiter wie oben.

Sulfid-Schwefel wie bei „Reinkupfer", S. 217.

Einige Hinweise zur Analyse der **Messingaschen und -rückstände.**

Die in den Gießereien anfallenden Aschen (Krätzen) sind ein Gemisch von Metall und Oxyden, mehr oder weniger verunreinigt durch Abdeckmittel wie Holzkohle, Salze (meist Chloride) usw. Sie werden meist auf Basis ihres Kupfergehaltes an die Kupferhütten verkauft, wobei *Strafen* für *Nickel* und *Chlor* vorgesehen sind.

Zur Analyse nimmt man 20 g Material. Der metallische Anteil wird in Salpetersäure (1,40) gelöst; das Feine befreit man durch schwaches Glühen vom Kohlenstoff, versetzt es mit Salpetersäure und dampft mit Schwefelsäure bis zum starken Rauchen ein. Nach dem Aufnehmen mit Wasser spült man alles, zusammen mit der Lösung des metallischen Teiles, in einen Litermeßkolben über, füllt auf und filtriert durch ein Faltenfilter. In 100 cm³ davon wird *Kupfer* durch Elektrolyse bestimmt und im Elektrolysat *Nickel*. Für die *Chlorbestimmung* kocht man 10 g (nur der Anteil des Feinen wird genommen!) mit 100 cm³ einer 10proz. chlorfreien Sodalösung, füllt auf 500 cm³ auf und entnimmt je nach dem Chlorgehalt 100 bis 200 cm³ der filtrierten Lösung. Darin wird Chlor nach den auf S. 208 angegebenen Methoden bestimmt.

Methoden zur Ablösung der Auflage bei **messing- oder tombakplattiertem Flußeisen.**

Es handelt sich dabei um die Feststellung des Gewichtes der Auflage sowie des Kupfers in der Auflage; das Eisen soll nach Möglichkeit nicht angegriffen werden. Im Laboratorium bedient man sich zur Ablösung im allgemeinen zweier Methoden, der mit Ammoniumperoxydisulfat und Ammoniak sowie der mit Kaliumnitrit und Essigsäure[25].

Ablösen mit Ammoniumperoxydisulfat. 10 bis 15 g Material in kompakten Stücken (bei Blechabschnitten ist durch Umbiegen zu verhindern, daß sie ganz auf dem Boden aufliegen) werden mit 100 cm³ Ammoniak [1 Teil Ammoniak (0,91) und 2 Teile Wasser] übergossen. Man fügt ungefähr 10 g festes Ammoniumperoxydisulfat hinzu und läßt einige Stunden unter öfterem Rühren stehen. Dann werden die Stücke aus der Lösung herausgenommen und mit Wasser gut abgespült. Man trocknet nach dem Eintauchen in Alkohol und wägt zurück. Die Differenz ist gleich dem Gewicht der Auflage. Bei *sehr starken Auflagen* gelingt es meist nicht, das vollständige Ablösen mit *einer* Behandlung zu erreichen; man wiederholt daher die Behandlung mit Peroxydisulfat. Die ammoniakalischen Lösungen werden vereinigt und durch Eindampfen stark eingeengt.

Nach dem Ansäuern mit Salpetersäure und Zusatz von etwas Schwefelsäure wird das Kupfer elektrolytisch bestimmt.

Ablösen mit Kaliumnitrit. Dabei erfolgt das Ablösen durch Behandlung mit einer Lösung, die 20% Kaliumnitrit und 20% konz. Essigsäure enthält, bei 40°, bis die Gasentwicklung aufgehört hat. Nach dem Abspülen mit Wasser und Alkohol wird das zurückgebliebene Eisen gewogen. Die Lösung raucht man mit Schwefelsäure ab, fügt etwas Salpetersäure hinzu und bestimmt das Kupfer elektrolytisch.

c) Zinnhaltige Kupferlegierungen.

Dazu gehören: Rotguß, Bronzen, Glanzmetall und ähnliche.

Bei der Zersetzung dieser Legierungen mit Salpetersäure ist zu berücksichtigen, daß — besonders bei hohen Zinngehalten — die ausgefallene Zinnsäure stets mehr oder minder große Mengen anderer Metalle, wie Kupfer, Blei, Eisen usw., enthält. Darauf muß bei der Bestimmung dieser Metalle geachtet werden.

---

[25] Siehe auch C. Schaarwächter: Z. Metallkde. 1937 S. 273.

Zinn, Antimon und Wismut können nach der Methode *Blumenthal* (s. S. 210) zusammen abgeschieden werden; soll auch *Wismut* bestimmt werden, so ist die Lösung nur ganz schwach sauer zu halten. Das Verfahren eignet sich besonders auch für Legierungen mit *höheren Eisengehalten,* da Eisen die Abscheidung nicht stört.

Man zersetzt 1 bis 5 g Späne mit der ausreichenden Menge Salpetersäure (1,4), verdünnt mit Wasser, verkocht die Stickoxyde und fällt in einem Volumen von 300 bis 400 cm³ mit Mangan(II)-nitrat und Permanganatlösung. Nach einer Siededauer von 15 min wird filtriert, gut mit heißem Wasser gewaschen und im Filtrat die Fällung wiederholt. Den nun entstandenen Niederschlag sammelt man auf einem zweiten Filter und wäscht wiederum gut aus. Die beiden Niederschläge samt den Filtern werden in einen Eisentiegel gegeben, vorsichtig über einer kleinen Flamme getrocknet und dann erhitzt, bis die Filter vollständig verbrannt sind. Nun erfolgt der Aufschluß mit Natriumperoxyd. Den abgekühlten Tiegel gibt man in ein 600 cm³-Becherglas, fügt vorsichtig kaltes Wasser zu, bedeckt mit einem Uhrglas und läßt die Schmelze sich zersetzen. Ist dies geschehen, holt man den Tiegel mit einer Zange heraus, spült ihn gut mit Wasser und verd. Salzsäure ab und löst den Inhalt des Becherglases mit Salzsäure (1 + 1) im Überschuß. Beim nun folgenden Verkochen des Chlors lösen sich die manchmal vom Tiegel abgeblätterten kleinen Mengen Eisenhammerschlags. Dann spült man die etwas abgekühlte Lösung, welche ganz klar sein muß, in einen Meßkolben über, füllt nach dem vollständigen Erkalten auf und entnimmt für die weiteren Bestimmungen entsprechende Anteile.

Für die **Zinnbestimmung** wird ein Anteil mit Eisenpulver reduziert, der ausgeschiedene Metallschwamm in einem mit einem Zellstoffbausch versehenen Trichter gesammelt und das Filtrat nach den Vorschriften des Kap. „Zinn“, S. 468 weiterbehandelt. Ist der Metallschwamm sehr voluminös, empfiehlt sich ein nochmaliges Auflösen und Umfällen.

Antimon ist in dem Metallschwamm quantitativ enthalten. Man löst diesen in Bromsalzsäure und verkocht das überschüssige Brom, doch darf man dabei nicht zu weit eindampfen, damit sich Antimon nicht verflüchtigt (s. S. 211). In die abgekühlte Lösung leitet man Schwefelwasserstoff ein, bis sich der Niederschlag gut absetzt. Er wird abfiltriert, in das Fällungsgefäß zurückgespritzt und mit Natriumsulfidlösung behandelt. Die in Lösung gehenden Sulfosalze des Antimons und Arsens werden zur Bestimmung des Antimons weiterbehandelt, wie auf S. 211 angegeben.

Die abfiltrierten Sulfide werden in Salpetersäure gelöst und mit etwas Schwefelsäure abgeraucht. Nach dem Aufnehmen mit Wasser und Abfiltrieren des Bleisulfats sättigt man die Lösung nochmals mit Schwefelwasserstoff, wobei die Sulfide des Wismuts und etwa mitgerissenen Kupfers ausfallen. In ihnen wird **Wismut** nach einer der im Kap. „Wismut“ angegebenen Methoden bestimmt.

Soll in einer Legierung *nur Zinn* bestimmt werden, so kann man auch folgendermaßen verfahren: Man zersetzt 5 g Späne vorsichtig mit Salpetersäure (1,4) und dampft bis zur Trockne ein. Nach Zusatz von 10 cm³ Salpetersäure (1,2) wird erwärmt, Ammoniumnitrat (2 g) hinzugefügt, mit kochendem Wasser auf 300 cm³ verdünnt und so lange absitzen gelassen, bis die überstehende Flüssigkeit vollkommen klar ist. Man filtriert durch ein *dichtes* Filter, wäscht mit heißem, ammoniumnitrathaltigem Wasser mehrmals aus, verascht den Niederschlag und schmilzt ihn im Eisen- oder Nickeltiegel mit Natriumperoxyd. Weiter verfährt man, wie im Kap. „Zinn“, S. 469, angegeben. Falls kein Antimon in der Legierung vorhanden ist, empfiehlt es sich, besonders bei Anwesenheit von Kupfer, der Lösung vor der Reduktion mit Eisenpulver etwas von einer Antimonlösung zuzusetzen.

Will man das Eindampfen des Salpetersäureaufschlusses der Legierung vermeiden, so kann man zur quantitativen Abscheidung des Zinns folgendermaßen verfahren[26]:

In einem 500 cm³-Becherglas (hohe Form) gibt man zu 1 bis 2 g Einwaage (Späne) 5 bis 10 cm³ rauchende Salpetersäure und fügt bei aufgelegtem Uhrglas nach und nach 4 bis 8 cm³ Wasser hinzu. Wenn die Zersetzung nachgelassen hat, vervollständigt man sie durch Erwärmen. Man verdünnt dann mit 100 cm³ kochendem Wasser und läßt $^1/_2$ Stunde in der Wärme absitzen. Das quantitativ abgeschiedene (unreine) Zinndioxyd wird über ein dichtes Filter abfiltriert. Sollten ausnahmsweise die ersten Anteile des Filtrates etwas trübe durchlaufen, so gießt man sie nochmals über das Filter. Man wäscht mit heißem, ammoniumnitrathaltigem Wasser mehrmals aus und verfährt weiter wie oben angegeben ist.

Eine weitere Bestimmungsmethode *nur für Zinn* in Kupfer-Zinn-Legierungen, besonders solchen, die beachtliche Eisengehalte aufweisen, ist folgende: 5 g Bohrspäne werden in einem 300 cm³-Erlenmeyerkolben mit 40 cm³ Salzsäure (1,12) und 20 cm³ Salpetersäure (1,4) unter Zusatz von 20 cm³ verd. schwach salzsaurer Eisen(III)-chloridlösung bei mäßiger Wärme in Lösung gebracht. Man dampft bis auf 30 cm³ ein, verdünnt mit Wasser auf 150 cm³, setzt 5 g Ammoniumnitrat hinzu und fällt mit Ammoniak. Nach kurzem Aufkochen filtriert man den Niederschlag ab, wäscht ihn mit heißem Wasser und spritzt ihn in den Erlenmeyerkolben zurück. Der Niederschlag wird mit verd. Salzsäure wieder in Lösung gebracht und die Fällung mit Ammoniak wiederholt. Dann löst man die Hydroxyde wieder in verd. Salzsäure, fügt 30 cm³ konz. Salzsäure hinzu, kocht kurze Zeit auf und reduziert die Lösung mit Ferrum red. Nach etwa 20 min ist die Reduktion vollständig. Man filtriert durch ein Zellstoffwattefilter, wäscht mit salzsaurem Wasser aus und titriert die Lösung nach Zusatz von Stärkelösung.

Bemerkung. Bei dieser Methode muß alles Zinn der Probesubstanz als Metall vorliegen, da Zinndioxyd sich im obigen Säuregemisch nicht löst.

Kupfer, Blei, Zink, Eisen, Aluminium, Nickel.

5 bis 10 g Späne werden in einem 500 cm³-Erlenmeyerkolben mit 20 bis 30 cm³ Salpetersäure (1,4) zersetzt; die Lösung wird erwärmt, bis die Stickoxyde verjagt sind. Man fügt etwa 300 cm³ kochendes Wasser hinzu und läßt absitzen, bis die überstehende Flüssigkeit vollkommen klar ist. Dann filtriert man durch ein *dichtes* Filter in einen 500 cm³-Meßkolben und wäscht den Niederschlag mit heißem Wasser aus. Er wird vom Filter in das Fällungsgefäß zurückgespritzt und das Filter mit verd. Bromsalzsäure behandelt, um die anhaftenden kleinen Mengen des Niederschlages vollständig zu entfernen. Man löst nunmehr den im Fällungsgefäß befindlichen Niederschlag in Salzsäure, fügt 5 cm³ einer gesättigten Weinsäurelösung hinzu, versetzt mit Natronlauge bis zur alkalischen Reaktion und dann mit 5 cm³ starker Natriumsulfidlösung und bringt so die im Rückhalt der Zinnsäure verbliebenen Reste von Kupfer, Blei, Eisen usw. zur Ausfällung.

Handelt es sich bei dem Material um eine *stark zinnhaltige Legierung*, so daß zu befürchten ist, die unreine Zinnsäure würde sich nicht vollständig in Salzsäure lösen, kann man den Rückstand samt dem Filter vorsichtig in einem Porzellantiegel veraschen. Hierauf mischt man ihn mit der 6- bis 8fachen Menge eines Gemisches von 1 Teil wasserfreier Soda und 1 Teil reinem Schwefelpulver und bedeckt ihn mit einer Schicht dieses Gemisches. Man erwärmt den bedeckten Tiegel zunächst 10 min mit kleiner Flamme, bis das Brodeln aufgehört hat, und steigert dann die Temperatur allmählich bis zur hellen Rotglut, die man höchstens 10 min hält. Der Tiegel wird durch Verkleinern der Flamme ganz allmählich abgekühlt, um ein nachträgliches Springen zu vermeiden, und nach völligem

---

[26] Siehe auch W. Tilk u. R. Höltje: Z. anorg. allg. Chem. Bd. 218 (1934) S. 314.

Abkühlen in einem Becherglas mit Wasser übergossen. Hat sich die Schmelze zersetzt, so wird der Tiegel herausgenommen und abgespült. Zu der Lösung, die eine gelbe bis braune Farbe zeigt, fügt man Kaliumcyanid in kleinen Anteilen hinzu, bis sie nur schwach gelb gefärbt ist. Man filtriert die Sulfide ab, wäscht sie mit heißem Wasser und löst sie mit verd. Salpetersäure.

Ebenso hat man die aus dem voranstehenden Verfahren abgeschiedenen Sulfide in Salpetersäure gelöst.

Man fügt sie der im 500 cm³-Meßkolben befindlichen salpetersauren Hauptlösung zu, füllt auf und entnimmt entsprechende Anteile für die weitere Analyse.

Zu beachten ist folgendes: Sind größere Mengen Eisen vorhanden, so können bei der Fällung mit Natriumsulfid geringe Anteile in Lösung gehen; ebenso kann dies bei der Schmelze mit Soda-Schwefel der Fall sein, wobei auch die Gefahr nicht ausgeschlossen ist, daß etwas Aluminium aus dem Tiegel herausgelöst wird und die zu bestimmenden Aluminiumwerte unrichtig ausfallen läßt.

Man verfährt daher zur Bestimmung des *Eisens und Aluminiums* wie folgt: 5 g Späne werden in 50 cm³ Salzsäure (1,19) unter allmählicher Zugabe von Salpetersäure gelöst. Man verjagt durch Eindampfen den Hauptteil der Säure, verdünnt und spült in einen 500 cm³-Meßkolben über. Nun wird Schwefelwasserstoff eingeleitet, bis die Sulfide sich klar absetzen. Man füllt auf, filtriert durch ein Faltenfilter und entnimmt entsprechende Anteile für die weitere Analyse, die sich auf Eisen, Aluminium, Mangan und Nickel erstrecken kann. Die weitere Ausführung geschieht, wie bei 3b, S. 222, angegeben.

Die Analyse auf *Kupfer, Blei, Zink, Mangan, Nickel* wird in Anteilen der oben beschriebenen, vereinigten salpetersauren Lösungen vorgenommen und erfolgt gleichfalls nach 3b. Nach den dort beschriebenen Methoden werden auch die Bestimmungen von *Arsen, Silicium, Phosphor* und *Schwefel* ausgeführt.

Ein weiteres Verfahren gibt H. Blumenthal[27]; es beruht auf der Verflüchtigung der Legierungsbestandteile: Zinn, Antimon und Arsen *mittels Brom-Bromwasserstoffsäure*. Eine Einwaage von 2 g wird in einer geräumigen Porzellanschale, die man während des stürmisch verlaufenden Lösungsvorganges mit einem Uhrglas bedeckt hält, vorsichtig mit 6 cm³ Bromwasserstoffsäure (1,49) und 5 cm³ Brom versetzt. Ist alles gelöst, wird auf dem Wasserbade abgedampft, der Abdampfrückstand nochmals mit der gleichen Mischung befeuchtet und erneut zur Trockne gebracht. Die Schale erhitzt man schließlich etwa 1 Stunde lang bei 130° im Trockenschrank. Der Schaleninhalt wird sodann (unter dem Abzug) mit Salpetersäure (1,2) aufgenommen, die Lösung wiederum auf dem Wasserbade eingedampft und diese Operation wiederholt. Man gewinnt dadurch die Nitrate der Begleitmetalle, die man nun nach den bekannten Verfahren trennen und bestimmen kann.

Auch die *Phosphorbestimmung* läßt sich nach dieser Vorschrift rasch ausführen. Man verfährt wie angegeben, röstet den salpetersauren Abdampfrückstand auf dem Sandbade, um eine völlige Oxydation des Phosphors zu Phosphorsäure zu bewirken, und löst in Salzsäure (1,12). Die Lösung wird auf dem Wasserbade möglichst weit eingeengt, mit heißem Wasser aufgenommen und zur Phosphorbestimmung benutzt.

d) Vorlegierungen.

Es kommen hauptsächlich Legierungen des Kupfers mit Phosphor (10%), Mangan (30%), Eisen (30%) und Silicium (10%) in Frage.

α) *Phosphorkupfer.* 5 g fein gepulverte Legierung werden in 50 cm³ Salpetersäure (1,4) gelöst. Nach dem Verkochen der Stickoxyde oxydiert man in der Siedehitze mit Permanganat, s. S. 225, füllt nach dem Erkalten zu 500 cm³ auf

---

[27] Metall u. Erz 1940 S. 234.

und entnimmt 50 cm³ (= 0,5 g Einwaage) zur Fällung mit Ammoniummolybdat. Löst sich die Legierung nicht vollständig in Salpetersäure auf (Zinn), wird der unlösliche Rückstand abfiltriert und in Königswasser gelöst; man fällt dann Zinn mit Schwefelwasserstoff, wie S. 225 ausgeführt.

Die *Kupferbestimmung* geschieht in einem 1 g Einwaage entsprechenden Anteil der Lösung. Da das abgeschiedene Kupfer phosphorhaltig ist, muß die Elektrolyse wiederholt werden.

β) *Mangankupfer.* Zur *Manganbestimmung* werden 10 g in 50 cm³ Salpetersäure (1,4) gelöst. Von der zum Liter aufgefüllten Lösung gibt man 100 cm³ in einen Litermeßkolben, verdünnt auf etwa 500 cm³, versetzt mit aufgeschlämmtem Zinkoxyd, bis die Säure neutralisiert und ein kleiner Überschuß von ZnO vorhanden ist und kocht auf. Nach dem Abkühlen füllt man zur Marke auf, filtriert durch ein trockenes Faltenfilter und entnimmt 400 cm³ (= 0,4 g Einwaage). Sie werden zum Kochen gebracht und unter ständigem Umschütteln so lange mit einer eingestellten Permanganatlösung versetzt, bis die über dem Niederschlag stehende Flüssigkeit Rosafärbung zeigt.

Kupfer bestimmt man in 2 g Einwaage elektroanalytisch; das abgeschiedene Kupfer ist umzufällen.

Eisen. 1 g wird in Salpetersäure gelöst. Man verdünnt, gibt einige Gramm Ammoniumchlorid hinzu, macht ammoniakalisch und kocht auf. Den abfiltrierten Niederschlag benutzt man zur Eisenbestimmung nach bekannten Methoden.

γ) *Eisenkupfer.* Da sich Eisen mit Kupfer nicht legiert, ein Umstand, der schon bei der Probenahme zu berücksichtigen ist, müssen größere Einwaagen genommen werden.

20 g gut gemischter Späne werden in 100 cm³ Salpetersäure (1,4) gelöst; man verdünnt, setzt, falls sich basische Salze ausscheiden sollten, noch etwas Salpetersäure zu, verkocht die Stickoxyde und füllt in einem Litermeßkolben zur Marke auf. 50 cm³ werden daraus entnommen und mit Salzsäure 2 mal zur Trockne gedampft. Dann nimmt man mit Salzsäure auf, verdünnt auf ungefähr 200 cm³, reduziert in der Wärme mit Natriumhypophosphit, das man in kleinen Mengen zusetzt, bis die gelbe Farbe des Eisen(III)-chlorids verschwunden ist, und leitet in die warme Lösung Schwefelwasserstoff ein. Nach dem Abfiltrieren des Kupfersulfids, das nach dem Lösen in Salpetersäure zur Kupferbestimmung benützt wird, kann man im Filtrat das Eisen bestimmen.

δ) *Siliciumkupfer.* 0,5 g der fein gepulverten Legierung werden in Salpetersäure gelöst und mit Schwefelsäure bis zum starken Rauchen eingedampft. Man nimmt mit Wasser auf, filtriert den Rückstand ab und schließt ihn nach dem Veraschen mit Natriumkaliumcarbonat im Platintiegel auf. Die weitere Abscheidung und Bestimmung der *Kieselsäure* erfolgt in der üblichen Weise.

Für die *Kupferbestimmung* löst man 1 g in Salpetersäure unter Zugabe von etwas Flußsäure, raucht mit Schwefelsäure ab, nimmt mit Wasser auf, filtriert und scheidet im Filtrat das Kupfer elektrolytisch ab.

4. Salze des Kupfers.

Es sind hauptsächlich zwei Salze, die in großen Mengen von den Hütten hergestellt werden: *Kupfervitriol* und *Kupferoxychlorid.*

a) Kupfervitriol wird nach Reinheitsgraden gehandelt, die durch einen Gütestempel garantiert sind. Verunreinigungen durch Salze anderer Metalle können nach den Methoden für die Untersuchung des Reinkupfers bestimmt werden, s. S. 212.

Zur Bestimmung des *Eisengehaltes,* der für manche Zwecke 0,025% nicht übersteigen darf, wird eine größere Menge des Salzes (bis 25 g) in Wasser gelöst; man kocht zur Oxydation des Eisens mit etwas Salpetersäure auf, übersättigt mit Ammoniak und läßt den Eisenhydroxydniederschlag absitzen. Nach dem

Filtrieren wird er mit heißem, schwach ammoniakalischem Wasser ausgewaschen, in Salzsäure gelöst und nochmals umgefällt; schließlich bringt man ihn mit Säure wieder in Lösung und bestimmt darin das Eisen nach einer der bekannten Methoden.

b) Kupferoxychlorid. In reiner Form findet es hauptsächlich in der Kunstseidenindustrie Verwendung.

Gesamtchlor. Man löst 1 g Salz in einem Meßkolben nach Zusatz von 55 cm^3 $n/_{10}$-Silbernitratlösung in Salpetersäure, füllt auf und titriert in einem abgemessenen Teil des klaren Filtrates den Überschuß an Silberlösung mit $n/_{10}$-Rhodanidlösung zurück. Eine weitere Bestimmung s. bei „Zementkupfer", S. 208.

Wasserlösliches Chlor. 25 g Salz werden in einem Meßkolben mit kaltem Wasser gelaugt; nach dem Auffüllen und Filtrieren wird ein 10 g Einwaage entsprechender Teil des klaren Filtrates nach Zugabe von 5 cm^3 konz. Schwefelsäure potentiometrisch in der Kälte mit Silbernitrat titriert.

Kobalt.

Diese Bestimmung ist besonders wichtig für die Bewertung des Salzes in der Kunstseidenindustrie. Deshalb wurde in der Kupferhütte Duisburg[28] eine besonders für kleinste Mengen genaue Methode ausgearbeitet. Sie gestattet, den Kobaltgehalt im Oxychlorid von 1 Zehntausendstel bis 6 Tausendstel Prozent mit der in dieser Größenordnung ausreichenden Genauigkeit von 0,0001 bis 0,001% Co zu bestimmen.

Man löst 20 g Salz in einem Litermeßkolben mit 50 cm^3 konz. Salzsäure, verdünnt auf 600 cm^3, leitet Schwefelwasserstoff bis zur Sättigung ein und füllt auf. Je nach dem Kobaltgehalt werden 50 bis 200 cm^3 des Filtrates ($= 1$ bis 4 g Einwaage) zur Verjagung des Schwefelwasserstoffs gekocht, dann mit Salpetersäure oxydiert und zur Trockne gedampft. Man nimmt mit 2 cm^3 konz. Salzsäure auf, verdünnt mit Wasser auf 80 cm^3, versetzt zur Tarnung des Eisens mit etwas Ammoniumphosphat, macht mit 3 cm^3 Ammoniak alkalisch und färbt mit 2 cm^3 β-Nitroso-α-Naphthollösung an. 5 min nach der Farbstoffzugabe wird mit 5 cm^3 konz. Salzsäure angesäuert und gut durchgeschüttelt. Dann wird im Neßler-Rohr mit auf gleiche Weise hergestellten Vergleichslösungen colorimetriert; diese sind 24 Stunden haltbar. Die Zugaben an Säuren, Ammoniak und Farbstoff müssen mit einer Pipette erfolgen. Ferner ist darauf zu achten, daß die Lösungen während und nach der Farbstoffzugabe Zimmertemperatur haben und der Kobaltgehalt 80 γ in 100 cm^3 nicht übersteigt, da die Lösungen sich sonst trüben.

Erforderliche Reagenslösung: 1 g β-Nitroso-α-Naphthol wird in 200 cm^3 Wasser und 30 cm^3 n-Natronlauge gelöst; die Lösung wird aufgekocht, filtriert und auf 1000 cm^3 aufgefüllt; sie ist unbegrenzt haltbar.

---

[28] Metall u. Erz 1939 S. 595.

Kapitel 13.

Magnesium*.

A. Bestimmung des Magnesiums.

B. Untersuchung der Rohstoffe und metallischen Erzeugnisse.

  I. Rohstoffe.

  II. Metallische Erzeugnisse.

    1. Reinmagnesium.

     Bestimmungen von:

      a) Silicium und Kupfer, b) Eisen, c) Aluminium, d) Mangan, e) Natrium, f) Chlor.

    2. Magnesiumlegierungen.

     Bestimmungen von:

      a) Aluminium, b) Zink, c) Mangan, d) Cer, e) Calcium, f) Silicium und Blei,
      g) Kupfer, h) Eisen.

A. Die Bestimmung des Magnesiums.

Die Analyse von Reinmagnesium und Magnesiumlegierungen wird bei Schiedsuntersuchungen ausnahmslos derart durchgeführt, daß man die Legierungszusätze und Verunreinigungen prozentual bestimmt und als Magnesiumgehalt die restlichen Prozente betrachtet. Eine unmittelbare Bestimmung des Magnesiumgehaltes ist nicht üblich. Soll sie aus besonderen Gründen doch einmal durchgeführt werden müssen, so fällt man das Magnesium am besten in üblicher Weise als Ammoniummagnesiumphosphat, nachdem vorher nach bekannten Verfahren die störenden Begleitmetalle abgetrennt wurden. Hiervon kommen vor allem in Frage: Metalle der Schwefelwasserstoffgruppe (Kupfer, Blei), ferner Aluminium, Zink, Mangan, Eisen, Silicium sowie unter Umständen Calcium und Cer.

B. Untersuchung der Rohstoffe und metallischen Erzeugnisse.

I. Rohstoffe.

Ausgangsstoffe für die Magnesiumerzeugung sind in der Hauptsache das in den Kalisalzlagerstätten vorkommende Mineral *Carnallit* ($KCl \cdot MgCl_2 \cdot 6\,H_2O$) sowie die Carbonate *Magnesit* ($MgCO_3$) und *Dolomit* (Calcium-Magnesium-Carbonat). Diese Mineralien sind als Rohstoffe für die Magnesiumgewinnung keine Handelsprodukte, sondern werden von den Magnesiumherstellern im eigenen Abbau gewonnen. Ihre analytische Kontrolle hat nur internes Interesse für die Magnesiumwerke, so daß von einer Beschreibung der hierfür üblichen Methoden an dieser Stelle abgesehen werden kann.

II. Metallische Erzeugnisse.

1. Reinmagnesium.

Reinmagnesium kommt mit einem Reinheitsgrad von etwa 99,9% in den Handel. Es enthält als hauptsächliche Verunreinigungen Eisen, Aluminium, Mangan, Kupfer, Silicium, ferner Natrium und Spuren Chlor.

---

* Bearbeiter: **Rauch.** Mitarbeiter: **Bauer, Steinhäuser.**

Ausführung der Bestimmungen von:

a) Silicium und Kupfer.

10 bis 15 g Metallspäne werden in einem 500 cm^3-Erlenmeyerkolben aus gutem Geräteglas mit etwa 200 cm^3 Wasser versetzt und unter Kühlung durch vorsichtige Zugabe von konz. Salpetersäure in Lösung gebracht. Um zu verhindern, daß Siliciumwasserstoffe unzersetzt entweichen, regle man die Säurezugabe so, daß der Kolben stets mit nitrosen Gasen gefüllt bleibt. Nach beendeter Reaktion spült man die Lösung in eine geräumige, etwa 500 cm^3 fassende Porzellanschale über, gibt zur vollständigen Zersetzung des in der Regel verbleibenden grauschwarz gefärbten Rückstandes, der neben Silicium noch beträchtliche Eisenmengen enthalten kann, 20 cm^3 konz. Salzsäure, sodann für je 10 g Metalleinwaage 50 cm^3 Schwefelsäure (1,84) hinzu und dampft bis zum Auftreten von Schwefelsäurenebeln ein. Nach dem Erkalten nimmt man mit Wasser auf, bringt die Sulfate durch Erwärmen in Lösung und filtriert. Die *Kieselsäure* wird mit heißem Wasser bis zum Verschwinden der Sulfatreaktion im Waschwasser gewaschen und dann in bekannter Weise nach dem Glühen im Platintiegel, Wägen und Abrauchen mit einigen Tropfen Flußsäure-Schwefelsäure aus der Gewichtsdifferenz bestimmt.

Zur Bestimmung des **Kupfers** leitet man in die von der Kieselsäure befreite Lösung Schwefelwasserstoff ein. Da die vorhandenen Kupfermengen in der Regel nur sehr gering sind, ist es von Vorteil, wenn man die Fällung unter Zusatz von etwas Quecksilber(II)-chlorid vornimmt. Zweckmäßig gibt man hierbei eine Lösung von etwa 0,01 g $HgCl_2$ in wenig Wasser erst zu, nachdem schon einige Zeit Schwefelwasserstoff eingeleitet wurde. Der aus Kupfer- und Quecksilbersulfid bestehende Niederschlag wird nach dem Abfiltrieren mit schwach schwefelsaurem, schwefelwasserstoffhaltigem Wasser gewaschen und dann in einem Porzellantiegel unter dem Abzug samt dem Filter verascht und schwach geglüht. Zur vollständigen Entfernung von Spuren von Filterkohle, die beim nachfolgenden Colorimetrieren unter Umständen stören würden, wird der Glührückstand mit einigen Tropfen konz. Salpetersäure versetzt und nach dem Eindampfen zur Trockne nochmals auf schwache Rotglut erhitzt. Schließlich löst man das Kupferoxyd im Tiegel mit 5 cm^3 Salpetersäure (1 + 4), filtriert durch ein kleines Filter in ein Neßler-Glas und verdünnt nach dem Zusatz von 1 cm^3 10proz. Weinsäure und 5 cm^3 Ammoniak (1 + 2) auf 25 cm^3. In einen zweiten Neßler-Zylinder gibt man ebenfalls die vorstehend angegebenen Reagenzienmengen, verdünnt mit Wasser auf 24 cm^3 und fügt aus einer Bürette eine Kupfersulfatlösung bekannten Gehaltes (1 cm^3 = 1 mg Cu) bis zur gleichen Farbstärke hinzu.

b) Eisen.

Es kann sowohl maßanalytisch wie colorimetrisch bestimmt werden. Im ersteren Falle versetzt man 10 g Metallspäne in einem 800 cm^3 Becherglas mit etwa 200 cm^3 Wasser und löst durch langsame Zugabe von Salzsäure (1 + 1). Dann oxydiert man in der Hitze das Eisen mit etwas Bromwasser oder mit einigen cm^3 Salpetersäure, gibt etwa 10 g Ammoniumchlorid hinzu, versetzt die mit Ammoniak (1 + 1) nahezu neutralisierte heiße Lösung mit Ammoniak (1 + 1) in geringem Überschuß und kocht eben auf. Der abfiltrierte, mit wenig heißem Wasser gewaschene Niederschlag wird vom Filter mit etwa 20 cm^3 heißer Salzsäure (1 + 1) in einen 300 cm^3-Erlenmeyerkolben abgelöst und die Lösung auf 100 bis 150 cm^3 verdünnt. Hierauf kocht man zur Entfernung von gelöstem Luftsauerstoff kurz auf und titriert die auf 30 bis 40° abgekühlte Lösung *sofort* nach der Zugabe von etwa $^1/_2$ g Natriumhydrogencarbonat und 5 cm^3 20proz. Kaliumrhodanidlösung mit Titan(III)-chloridlösung, von der 1 cm^3 etwa 0,5 bis 1 mg Fe entspricht, auf farblos. Einwirbeln von Luftsauerstoff durch zu starkes Schwenken des Titrierkolbens ist hierbei zu vermeiden. Da der Verbrauch an Maßlösung in der Regel nur einige cm³ betragen wird, benützt man zweckmäßig eine in 0,05 cm³ geteilte 25 cm³-Bürette. Über Herstellung, Aufbewahrung und Einstellung von Titan(III)-chloridlösungen s. Kap. „Aluminium“, S. 14.

Die *colorimetrische* Bestimmung von Eisen kann auf Grund der Farbreaktion mit Sulfosalicylsäure erfolgen:

Nach R. Bauer und J. Eisen[1] werden 5 g Späne mit etwa 20 cm³ Wasser und dann vorsichtig mit 100 cm³ Salzsäure (1 + 1) versetzt. Nach beendigter Lösung gibt man 2 cm³ Wasserstoffperoxyd (3 proz.) zu, kocht 1 bis 2 min, kühlt ab und neutralisiert dann mit Ammoniak (1 + 1), bis die Gelbfärbung des Eisen(III)-chlorids eben verschwindet. Dann säuert man mit 5 cm³ Salzsäure (1 + 1) wieder an, puffert mit 20 cm³ Ammoniumacetatlösung (40 proz.) und gibt 5 cm³ Sulfosalicyl-säurereagens hinzu. Die Lösung wird in einen 200 cm³-Meßkolben übergespült und bis zur Marke aufgefüllt. Man filtriert von etwaigen geringfügigen Trübungen ab und photometriert innerhalb 8 Stunden unter Verwendung eines Grünfilters (etwa 530 mμ). Zur Bereitung des Sulfosalicylsäurereagenses werden 100 g Sulfosalicyl-säure in etwa 300 cm³ Wasser gelöst, mit 2 bis 3 Tropfen Tropäolin 00 versetzt und mit Ammoniak (1 + 1) bis zum Umschlag neutralisiert. Gegen Mercks Universal-indicatorpapier oder Lyphanpapier wird dann auf p_H 4 eingestellt und schließlich mit Wasser auf 500 cm³ aufgefüllt.

Zur Herstellung der Eichlösung bereitet man sich eine schwach saure Eisen-lösung, die in 1 cm³ 0,1 mg Fe enthält. Von dieser mißt man verschiedene Mengen in 200 cm³-Meßkolben ab und fügt 100 cm³ einer Lösung von 400 g kryst. Magne-siumchlorid in 700 cm³ Wasser zu (das verwendete kryst. Magnesiumchlorid ist auf Abwesenheit von Eisen zu prüfen!). Man versetzt dann mit 5 cm³ Salzsäure (1 + 1), 1 cm³ Wasserstoffperoxyd (3 proz.), 20 cm³ Ammoniumacetatlösung (40 proz.) und 5 cm³ Sulfosalicylsäurereagens, füllt auf, mischt durch und colori-metriert innerhalb 8 Stunden. Unterläßt man bei der Eichung den Zusatz der Magnesiumchloridlösung, so betragen die hierdurch entstehenden Fehler etwa +2% des Eisenwertes.

Ausdrücklich sei darauf hingewiesen daß die angegebenen Reagenzienmengen genau eingehalten werden müssen, da die Farbintensität stark von der Säure-konzentration der Lösung abhängig ist. Eichung und Analyse müssen beim gleichen p_H-Wert, der etwa bei 4 liegen soll, ausgeführt werden.

c) Aluminium.

Soll außer Eisen auch Aluminium bestimmt werden, so verfährt man zunächst, wie vorstehend zur maßanalytischen Eisenbestimmung angegeben, und löst dann den bei der ersten Fällung mit Ammoniak erhaltenen Niederschlag, der neben Eisen- und Aluminiumhydroxyd noch etwas Magnesiumhydroxyd enthält, mit wenig Salzsäure vom Filter in ein 200 cm³-Becherglas und fällt nach Zugabe von 5 g Ammoniumchlorid ein zweites Mal in der Hitze mit Ammoniak. Der mit heißem Wasser gewaschene Niederschlag wird wieder in möglichst wenig Salzsäure gelöst, die Lösung mit Natriumcarbonat fast neutralisiert und dann zu 50 cm³ frisch bereiteter, etwa 1 proz. siedender Natriumhydroxydlösung gegeben. Man hält etwa 2 min im Sieden und filtriert nach 5 bis 6 Stunden vom ausgefallenen Nieder-schlag ab. Nach dem Auswaschen mit wenig heißem Wasser wird dieser in Salz-säure gelöst und das Eisen, wie unter b angegeben, entweder mit Titantrichlorid titriert oder colorimetrisch bestimmt.

Das aluminiumhaltige Filtrat säuert man mit Essigsäure an und fällt das Aluminium mit essigsaurer o-Oxychinolinlösung. Das Fällungsreagens, eine 3- bis

---

[1] Z. angew. Chem. Bd. 52 (1939) S. 459.

4proz. Oxychinolinacetatlösung, wird nach R. Berg[2] bereitet, indem man 3 bis 4 g Oxychinolin in möglichst wenig Eisessig löst, mit Wasser auf 100 cm^3 verdünnt und dann tropfenweise mit Ammoniak bis zur beginnenden Trübung versetzt, worauf man die Lösung mit verd. Essigsäure wieder klärt.

Zur Ausfällung des Aluminiums erwärmt man die schwach essigsaure Aluminiumlösung auf etwa 60°, gibt 2 bis 3 cm^3 der Oxinacetatlösung hinzu und nach dem Erhitzen zum Sieden 10 cm^3 20proz. Natriumacetatlösung. Der gebildete Niederschlag wird in der Hitze in einem Glasfiltertiegel 1 G4 abfiltriert und zuerst mit wenig heißem, dann mit kaltem Wasser bis zur Farblosigkeit des Filtrates gewaschen. Nach dem Trocknen bei 120 bis 130° ergibt die mit 0,059 multiplizierte Auswaage an Aluminiumoxinat die Menge des Aluminiums.

d) Mangan.

Die Bestimmung der geringen im Reinmagnesium vorhandenen Manganmengen wird colorimetrisch durchgeführt. Die Lösung von 2 g Metallspänen in 20 cm^3 Schwefelsäure $(1 + 1)$ wird auf etwa 90 cm^3 verdünnt und das Mangan in bekannter Weise nach Zugabe von etwa 1 cm^3 $n/_{10}$-Silbernitratlösung mit 1 g Ammoniumperoxydisulfat bei etwa 80° zu Übermangansäure oxydiert. Nach dem Abkühlen wird die Färbung der auf 100 cm^3 verdünnten Lösung mit jener von Permanganatlösungen bekannten Mangangehaltes verglichen.

e) Natrium.

Die Bestimmung beruht auf der Ausfällung des Natriums als Natrium-Magnesium-Uranylacetat mit einer wässerig-alkoholischen Lösung von Magnesium-Uranylacetat[3].

Das Fällungsreagens wird hergestellt, indem man 10 g Uranylacetat (kryst.) sowie 33 g wasserfreies Magnesiumacetat nach Zusatz von 12 g Eisessig in 200 cm^3 Wasser löst und die wässerige Lösung dann mit dem gleichen Volumen 96proz. Alkohol vermischt. Da das käufliche Magnesiumacetat nie völlig natriumfrei ist, bildet sich immer etwas Niederschlag, von dem nach einer mehrstündigen Wartezeit abfiltriert wird.

Zur Natriumbestimmung löst man in einem Erlenmeyerkolben (aus Jenaer Geräteglas 20) 4 g Metall nach dem Versetzen mit etwas Wasser unter Kühlung in etwa 60 cm^3 Salzsäure $(1 + 1)$. Hierauf wird die Lösung in eine etwa 200 cm^3 fassende Porzellan- oder Quarzschale abfiltriert und bis zur beginnenden Krystallisation eingeengt. Man setzt dann 75 bis 100 cm^3 96proz. Alkohol zu und dampft zur Entfernung der Hauptmenge des Wassers und der freien Säure auf dem Wasserbad so weit als möglich ein. Nach dem Erkalten wird der Eindampfrückstand mit etwa 2 cm^3 konz. Essigsäure durchfeuchtet und dann mit 100 cm^3 frisch filtriertem, klarem Reagens versetzt. Durch Zerdrücken des Rückstandes mit einem Glasstab und Rühren bringt man das Magnesiumchlorid in Lösung und läßt das Ganze dann mehrere Stunden, am besten über Nacht, stehen. Hierauf wird durch einen Glasfiltertiegel filtriert, zuerst mit etwas Reagenslösung, dann mit 96proz. Alkohol gewaschen und 1 Stunde bei 110 bis 120° getrocknet. Da der getrocknete Niederschlag die Zusammensetzung $3\,UO_2(CH_3COO)_2 \cdot Mg(CH_3COO)_2$ $Na(CH_3COO) \cdot 8\,H_2O$ besitzt, ergibt sich die Natriummenge durch Multiplikation der Auswaage mit 0,0150. Es hat sich als zweckmäßig erwiesen, zur Filtration Tiegel 1 G3 zu verwenden, durch die eine feine Aufschlämmung von Goochtiegelasbest in Wasser filtriert wurde, bis sich eine Schicht von 1 mm Dicke gebildet hat. Man wäscht unter gutem Aufwirbeln des Asbestes einige Male mit

---

[2] Berg, R.: Die analytische Verwendung von o-Oxychinolin und seiner Derivate. S. 15. 2. Aufl. Stuttgart: Ferd. Enke 1938.

[3] Rauch, A.: Z. anal. Chem. Bd. 98 (1934) S. 385.

Wasser, dann mit Alkohol und trocknet 1 Stunde bei 120°. Es ist zu empfehlen, durch einen Blindversuch, bei dem man ein größeres Volumen der zum Lösen des Metalles verwendeten Säure abdampft und dann mit 50 cm³ Reagens versetzt, zu prüfen, ob die Säure Natrium enthält. Gegebenenfalls wird für den Natriumgehalt des Metalles eine entsprechende Korrektur angebracht oder die Bestimmung unter Verwendung von frisch destillierter (man verwende ein Kühlrohr aus Quarzglas) oder durch Einleiten von HCl-Gas in Wasser hergestellter Salzsäure durchgeführt.

f) Chlor.

Die Bestimmung der geringen Chlormengen, die in Magnesium enthalten sein können, wird nephelometrisch durchgeführt. Man löst hierzu 4 g Metallspäne in 30 cm³ chlorfreier Schwefelsäure $(1+1)$, filtriert in einen 100 cm³-Meßkolben ab und füllt mit reinstem, destill. Wasser auf. 50 cm³ der vollkommen klaren Lösung (entsprechend 2 g Metalleinwaage) werden in einem Neßler-Zylinder mit 5 cm³ $n/_{10}$-Silbernitratlösung vermischt und 20 min, möglichst in einem verdunkelten Raum, stehengelassen; dann vergleicht man die aufgetretene Trübung mit jener, die unter gleichen Bedingungen, d. h. nach derselben Zeit, bei ähnlicher Salz- und Säurekonzentration mit Lösungen von bekanntem Chlorgehalt sich einstellt.

Zur Herstellung der Vergleichslösungen wird eine Lösung von 40 g Reinmagnesium in 300 cm³ Schwefelsäure $(1+1)$ bereitet, die man nach dem Versetzen mit 50 cm³ $n/_{100}$-Silbernitratlösung nach längerem Stehen filtriert und mit chlorfreiem Wasser zum Liter auffüllt. In einen Neßler-Zylinder werden aus einer 1 cm³-Meßpipette 0,2, 0,4, 0,6 usw. cm³ einer Natriumchloridlösung mit 0,2 mg Chlor im cm³ (0,330 g NaCl im Liter) entsprechend 0,002, 0,004, 0,006 usw. Prozent Chlor sowie 5 cm³ Wasser gegeben und dann 50 cm³ der silberhaltigen Magnesiumsulfatlösung.

Die Beurteilung der Trübung erfolgt entweder in den Neßlerzylindern gegen einen schwarzen Hintergrund oder genauer mit Hilfe einer der im Handel befindlichen Nephelometer, z. B. einem Dubosq-Colorimeter mit Nephelometeransatz.

2. Magnesiumlegierungen.

Die genormten Magnesiumlegierungen enthalten als Legierungsbestandteile Aluminium, Zink, Mangan und Silicium. In Speziallegierungen der Gattung Mg-Mn können ferner als Legierungszusätze noch Calcium oder Cer vorliegen. An Verunreinigungen müssen bei der Analyse von Magnesiumlegierungen vor allem Kupfer, Eisen und Silicium, in seltenen Fällen auch Blei berücksichtigt werden.

Ausführung der Bestimmungen von:

a) Aluminium.

Es wird durch Fällung als Phosphat aus essigsaurer Lösung bestimmt.

Eine Lösung der Legierung in verd. Schwefelsäure, die nicht mehr als 0,1 g Aluminium enthalten soll, wird mit Ammoniak bis zum Umschlag von Methylorange neutralisiert. Hierauf wird nach einer von H. Grewe vorgeschlagenen Abänderung der Arbeitsweise von Wöhler und Chancel mit 4 bis 5 cm³ Salzsäure $(1+1)$ angesäuert, mit 10 bis 15 cm³ Essigsäure (80proz.) versetzt und nach dem Verdünnen auf etwa 500 cm³ zum Sieden erhitzt. Dann gibt man 20 cm³ Ammoniumthiosulfatlösung (100 g Thiosulfat auf 350 cm³ Wasser) und 20 cm³ 20proz. Ammoniumphosphatlösung hinzu und kocht 15 bis 20 min. Man läßt absitzen, filtriert durch ein Weißbandfilter und wäscht mit heißem Wasser bis zum Verschwinden der Chlorreaktion im mit Salpetersäure angesäuerten Waschwasser. Filter samt Niederschlag werden in einem gewogenen Porzellantiegel getrocknet und dann vorsichtig verascht. Schließlich glüht man in einem elektrisch beheizten Muffelofen unter langsamer Temperatursteigerung 1 Stunde bei 1200 bis 1300°. Die mit 0,2212 multiplizierte Auswaage an Aluminiumphosphat ergibt die Aluminiummenge.

Metalle der Schwefelwasserstoffgruppe (Kupfer) und Silicium stören bei der Bestimmung. Beträgt der Silicium- und Kupfergehalt der zu untersuchenden Legierung nicht mehr als 0,05%, so wird beim Lösen in verd. Schwefelsäure das als Magnesiumsilicid vorliegende Silicium praktisch vollkommen als Siliciumwasserstoff verflüchtigt, während die geringen Kupfermengen, bis auf unwirksame Spuren, die unter Umständen durch Einwirkung von Luftsauerstoff in Lösung gehen können, als schwarze Flocken zurückbleiben. Man filtriert hiervon rasch durch ein Schwarzbandfilter ab, wäscht mit ausgekochtem heißem Wasser nach und führt dann mit dieser Lösung die Aluminiumbestimmung, wie vorstehend angegeben, aus. Ist der Aluminiumgehalt von Legierungen zu bestimmen, die Kupfer und Silicium in der Größenordnung von Zehntelprozenten und mehr enthalten, so müssen diese beiden Elemente nach bekannten Verfahren abgetrennt werden. Zweckmäßig nimmt man einen gemessenen Anteil des bei der Bestimmung von Kupfer und Silicium anfallenden Filtrates, wobei man einen nach dem Abrauchen der Kieselsäure mit Flußsäure-Schwefelsäure verbleibenden Rückstand durch Schmelzen mit Kaliumhydrogensulfat aufschließt und zur Hauptmenge der Lösung hinzufügt (s. unter B. II, 2f und g).

b) Zink.

Man fällt Zink aus schwach schwefelsaurer Lösung als Zinksulfid und bringt es entweder als Zinkoxyd zur Wägung oder titriert nach dem Wiederauflösen des Niederschlages in verd. Schwefelsäure potentiometrisch mit Kaliumcyanoferrat(II).

Zur *gewichtsanalytischen* Bestimmung löst man 2 bis 4 g Metallspäne in 10 bis 20 cm³ Schwefelsäure (1 + 1), fügt einige Tropfen Salpetersäure hinzu und dampft bis zum beginnenden Rauchen ein. Nunmehr wird mit Wasser aufgenommen, zur Ausfällung des Kupfers Schwefelwasserstoff eingeleitet und filtriert. Im Filtrat verkocht man den Schwefelwasserstoff und neutralisiert die etwa 200 cm³ betragende Lösung bis zum Umschlag von Methylorange mit Ammoniak. Dann wird mit etwa 2 cm³ n-Schwefelsäure wieder angesäuert und in die Lösung, deren Wasserstoffionenkonzentration zwischen p_H 2,5 und p_H 3,5 liegen soll (Prüfung mit Lyphanpapier), 30 bis 45 min Schwefelwasserstoff eingeleitet. Man läßt absitzen, filtriert durch einen Porzellanfiltertiegel und glüht den mit schwefelwasserstoffhaltigem Wasser gewaschenen Niederschlag im elektrischen Ofen bei 900 bis 950° bis zur Gewichtskonstanz (Prüfung des Zinkoxyds auf Reinheit).

Die *potentiometrische* Bestimmung des Zinks neben größeren Mengen Aluminium, Mangan und Magnesium ist schlecht durchführbar. Man trennt deshalb von der Hauptmenge dieser Metalle durch eine Sulfidfällung ab. Hierzu löst man 2 bis 4 g Metall in verd. Schwefelsäure, filtriert gegebenenfalls von ungelöst gebliebenem Kupfer ab, leitet in die auf p_H 2,5 bis 3,5 gebrachte Lösung Schwefelwasserstoff ein und filtriert vom Niederschlag, welcher durch Spuren Kupfersulfid verunreinigt sein kann, durch ein Weißbandfilter ab. Nach 1- bis 2maligem Waschen mit Wasser wird auf das Filter heiße Schwefelsäure (1 + 5) gegeben und dadurch das Zinksulfid gelöst, während Kupfersulfid zurückbleibt. Die Lösung wird in dem zur Sulfidfällung benützten Becherglas aufgefangen und zur vollständigen Entfernung des Schwefelwasserstoff einige Zeit gekocht. Sodann neutralisiert man mit Ammoniak, säuert mit 1 bis 2 cm³ Schwefelsäure (1 + 4) wieder an und titriert die 60 bis 70° heiße Lösung mit Kaliumcyanoferrat(II) unter Verwendung von Platin als Indicatorelektrode bis zum Potentialsprung.

Die Maßlösung, von der 1 cm^3 etwa 2 mg Zn entspricht, enthält im Liter 10 g $K_4Fe(CN)_6 \cdot 3H_2O$ und 0,5 g $K_3Fe(CN)_6$. Ihre Einstellung erfolgt gegen bekannte Zinkmengen unter ähnlichen Bedingungen, wie sie bei der Bestimmung vorliegen, d. h. in schwach schwefelsaurer, ammoniumsulfathaltiger Lösung bei etwa 60°.

c) Mangan.

Zur Bestimmung der niedrigen, zwischen 0 und 0,5% liegenden Mangangehalte in Mg-Al-Legierungen oxydiert man das Mangan in salpetersaurer Lösung mit Natriumwismutat zu Übermangansäure und verfährt dann entweder colorimetrisch oder maßanalytisch weiter. 1 g Legierungsspäne werden mit 50 cm^3 Wasser versetzt und durch Zugabe von 25 cm^3 Salpetersäure (1,4) in Lösung gebracht. Nun kocht man zur Entfernung nitroser Gase kurze Zeit auf, kühlt durch Einstellen in fließendes Wasser auf 15 bis 20° ab, gibt dann 0,5 bis 1 g Natriumwismutat zu und schüttelt 1 bis 2 min. Nach weiteren 15 min wird durch einen Glasfiltertiegel 1 G4 filtriert und mit 3proz. Salpetersäure nachgewaschen. Je nach der Stärke der Färbung wird nunmehr der Mangangehalt entweder colorimetrisch oder maßanalytisch bestimmt. Im letzteren Falle reduziert man in der Kälte mit überschüssiger $n/_{50}$-Eisen(II)-ammoniumsulfatlösung und titriert mit $n/_{50}$-Kaliumpermanganatlösung zurück (1 cm^3 $n/_{50}$-Lösung entspricht 0,220 mg Mn).

Höhere bis zu 2,5% betragenden Mangangehalte, wie sie in den Magnesiumlegierungen der Gattung Mg-Mn vorliegen, werden durch Titration mit Permanganat nach Volhard-Wolff bestimmt. Man löst 1 g Späne in 10 cm^3 verd. Schwefelsäure (1+1), wobei man zum Schluß einige Zeit zum Sieden erhitzt. Verbleibt ein aus Kupfer bestehender dunkler Rückstand, so filtriert man hiervon ab. Das heiße Filtrat wird nach der Oxydation des Eisens mittels etwas Salpetersäure mit überschüssigem Zinkoxyd versetzt und dann die etwa 200 cm^3 betragende Lösung in bekannter Weise mit $n/_{20}$-Kaliumpermanganatlösung titriert. Die Klärung der Lösung und damit die Erkennung des Endpunktes wird erleichtert, wenn man gegen Ende der Titration einige Tropfen verd. Schwefelsäure oder etwas kalt gesättigte Kaliumaluminiumsulfatlösung zugibt. Der Mangantiter der Permanganatlösung wird gegen Mangansulfatlösungen bekannten Gehaltes ermittelt. Letztere bereitet man durch Reduktion von 2,877 g Kaliumpermanganat mit schwefliger Säure in schwefelsaurer Lösung, Entfernung des überschüssigen Reduktionsmittels durch Kochen und Verdünnen auf 1 l; sie enthält in 1 cm^3 1 mg Mn. Zur Einstellung wird eine Lösung von 10 g krystalliertem Magnesiumsulfat, entsprechend etwa 1 g Mg, mit abgemessenen Mengen der Mangansulfatlösung, 5 cm^3 Schwefelsäure (1+4) sowie überschüssigem Zinkoxyd versetzt, auf 200 cm^3 verdünnt und dann wie üblich titriert.

Sind Mg-Mn-Legierungen zu analysieren, die Cer enthalten, so ist zu beachten, daß Cer in neutraler Lösung durch Permanganat ebenfalls oxydiert wird. In diesem Falle wird zur Manganbestimmung wie unter d angegeben verfahren.

d) Cer.

Man löst 5 g Metall in verd. Salzsäure, oxydiert mit einigen Tropfen konz. Salpetersäure, gibt etwa 5 g Ammoniumchlorid zu und macht die heiße Lösung schwach ammoniakalisch. Nach einiger Zeit wird der im wesentlichen aus den Hydroxyden von Cer, Aluminium und Eisen bestehende, mit etwas Magnesium- und Manganhydroxyd verunreinigte Niederschlag abfiltriert und mit wenig heißem, schwach ammoniakalischem, ammoniumsalzhaltigem Wasser gewaschen. Nunmehr wird der Niederschlag unter Zusatz einiger Tropfen Wasserstoffperoxydlösung (3proz.) mit heißer, verd. Salzsäure vom Filter gelöst und die Lösung in einem 200 cm^3-Becherglas auf dem Wasserbad zur Trockne eingedampft. Den Eindampfrückstand löst man wieder mit 10 cm^3 Salzsäure (1 + 9) und 10 cm^3 Wasser, erhitzt zum Sieden und fällt durch Zugabe von etwa 50 cm³ einer siedend heißen, kalt gesättigten Oxalsäurelösung. Nach mehrstündigem Stehen wird filtriert, mit 3proz. Oxalsäurelösung gewaschen, das Filter samt dem Niederschlag verascht, geglüht und das Cer als Cerdioxyd zur Wägung gebracht.

Nach Abtrennung des Cers kann in den Filtraten Mangan bestimmt werden. Hierzu versetzt man das ammoniakalische Filtrat der ersten Fällung mit Ammoniumperoxydisulfat und kocht bis zum Verschwinden des Ammoniakgeruches. Nach erneuter Zugabe von Peroxydisulfat und Ammoniak wird kurze Zeit weitergekocht und die noch schwach ammoniakalische Lösung filtriert. Den Niederschlag löst man vom Filter mit verd. wasserstoffperoxydhaltiger Schwefelsäure in einen 250 cm³-Meßkolben. Das Filtrat von der Oxalsäurefällung, das etwas Mangan enthalten kann, wird eingedampft und die Oxalsäure durch schwaches Glühen verjagt. Der Glührückstand wird ebenfalls mit Schwefelsäure und Wasserstoffperoxyd gelöst, die Lösung zur Hauptmenge im Meßkolben gegeben und zur Marke aufgefüllt. Die Mangantitration wird mit 50 cm³ (entsprechend 1 g Metalleinwaage) durchgeführt, nachdem vorher zur Zerstörung des Wasserstoffperoxydes die Lösung im Titrationskolben gekocht und bis zum beginnenden Rauchen eingeengt worden war.

e) Calcium.

Zur Bestimmung des Calciums wird dieses durch Abscheiden als Sulfat aus wässerig alkoholischer Lösung angereichert und nach dem Wiederauflösen als Oxalat gefällt.

Man löst 4 g der Legierung mit 20 cm³ Schwefelsäure (1 + 1) und engt bis zum Auftreten von Schwefelsäurenebeln ein. Dann wird mit etwa 100 cm³ Wasser aufgenommen und die erkaltete, nahezu gesättigte Lösung mit dem 4fachen Volumen eines Gemisches aus 90 Volumteilen Methyl- und 10 Teilen Äthylalkohol versetzt. Nach mehrstündigem Absitzenlassen, am besten über Nacht, filtriert man vom Niederschlag durch ein Weißbandfilter ab und wäscht mit einem Gemisch aus 95 Teilen Methyl- und 5 Teilen Äthylalkohol aus. Das Filter mit dem Niederschlag wird dann in ein Becherglas gegeben und mit heißem Wasser, dem etwas Salzsäure zugefügt ist, behandelt, wobei man das Filter mit einem Glasstab zerkleinert. Man macht nun die heiße, etwa 300 cm³ betragende Lösung mit kohlensäurefreiem Ammoniak schwach alkalisch, filtriert und wäscht reichlich mit heißem Wasser nach. Zur Ausfällung des Calciums als Oxalat wird das Filtrat nach Zugabe von 10 g Ammoniumchlorid zum Sieden erhitzt und mit siedend heißer Ammoniumoxalatlösung in großem Überschuß versetzt. Nach etwa 5 Stunden wird filtriert und Calcium entweder als Oxyd zur Wägung gebracht oder maßanalytisch bestimmt. Im letzteren Falle hat es sich als vorteilhaft erwiesen, durch einen Glasfiltertiegel G 3 unter schwachem Saugen über Asbest abzufiltrieren. Nachdem zuerst mit 1 proz. Ammoniumoxalatlösung und dann mit wenig heißem Wasser gewaschen worden war, spült man den Tiegel außen sorgfältig ab, gibt ihn samt dem Asbestfilter in verd. warme Schwefelsäure und titriert wie üblich mit $n/_{20}$-KMnO$_4$. Man verwende einen Goochtiegelasbest, der zur Zerstörung reduzierender Substanzen einige Zeit mit heißer, schwefelsaurer Permanganatlösung behandelt und nach der Reduktion des Permanganat mittels Oxalsäurelösung oder schwefliger Säure mit Wasser ausgewaschen wurde.

f) Silicium und Blei.

Die Bestimmung der zwischen 0,5 und 2% betragenden Siliciumgehalte in Magnesiumgußlegierungen der Gattung G Mg-Si wird mit 2 bis 4 g Einwaage, wie bei „Reinmagnesium“ unter a angegeben, ausgeführt. Liegt Silicium nur in geringen Mengen, als Verunreinigung, vor, so setzt man die Bestimmung mit einer entsprechend erhöhten Einwaage (10 bis 15 g) an.

Enthält die zu untersuchende Legierung Blei, so bleibt dieses nach dem Abrauchen mit Schwefelsäure zusammen mit der Kieselsäure als Sulfat im unlöslichen Rückstand. Man wäscht in diesem Falle nach dem Filtrieren mit 1proz. Schwefelsäure aus. Dann wird der Niederschlag auf dem Filter mit etwa 50 cm³ heißer, 20proz. Ammoniumacetatlösung ausgezogen, wobei man die durchgelaufene heiße Lösung einige Male auf das Filter zurückgibt. Schließlich wird noch mit wenig Wasser nachgewaschen und die bleifreie Kieselsäure wie üblich weiterbehandelt.

Aus dem Filtrat wird nach dem Ansäuern mit Essigsäure und Erhitzen zum Sieden das Blei durch Zusatz von Kaliumbichromatlösung ausgefällt. Man läßt 1 bis 2 Stunden auf dem Wasserbad absitzen, filtriert durch einen Filtertiegel (G 4 oder Porzellanfiltertiegel), wäscht mit Wasser und bringt das Bleichromat nach dem Trocknen bei 200° zur Wägung (s. auch Kap. „Blei", S. 85).

g) Kupfer.

Zu seiner Bestimmung wird es aus dem Filtrat von der Kieselsäureabscheidung als Sulfid gefällt und der Niederschlag nach dem üblichen Auswaschen in Kupferoxyd übergeführt. Je nach den vorliegenden Mengen verfährt man nach dem Lösen des Glührückstandes in Salpetersäure entweder, wie im Abschnitt „Reinmagnesium" unter a angegeben, nach der colorimetrischen Methode oder man scheidet das Kupfer elektrolytisch ab.

h) Eisen.

Der Eisengehalt von Magnesiumlegierungen wird entweder maßanalytisch oder colorimetrisch festgestellt.

Zur *maßanalytischen* Bestimmung führt man das Eisen in die 3-wertige Form über und titriert, wie im Abschnitt „Reinmagnesium" unter b angegeben, mit Titan(III)-chloridlösung. Hierbei ist zu beachten, daß Kupfer von Titan(III)-chlorid ebenfalls reduziert wird, so daß es bei der Analyse kupferhaltiger Legierungen vom Eisen abgetrennt werden muß.

Man löst 5 bis 10 g Metall in verd. Salzsäure, oxydiert das Eisen in heißer Lösung mit Wasserstoffperoxyd oder Bromwasser und macht dann mit Ammoniak schwach alkalisch. Nach einiger Zeit wird filtriert und der mit heißem Wasser gewaschene Niederschlag in heißer, verd. Salzsäure gelöst, wobei man einige Tropfen Wasserstoffperoxyd hinzugefügt, falls Mangandioxydhydrat schwer in Lösung gehen sollte. Nun wird zur Entfernung von gelöstem Sauerstoff und Chlor bzw. zur Zerstörung des Wasserstoffperoxydes etwa 15 min gekocht, dann auf etwa 40° abgekühlt und, wie unter B. II, 1b angegeben, titriert.

Bei Legierungen mit hohem Aluminiumgehalt sind die nach vorstehend angegebener Arbeitsweise beim Versetzen mit Ammoniak ausfallenden großen Aluminiumhydroxydmengen etwas lästig. Enthalten solche Legierungen kein Kupfer oder nur Mengen von einigen Tausendstel Prozenten, so löst man das Metall in verd. Schwefelsäure und oxydiert das Eisen durch tropfenweise Zugabe von etwa $n/_{20}$-KMnO$_4$-Lösung bis zur bleibenden Rosafärbung. Dann wird die etwa 200 cm³ betragende Lösung mit 10 bis 20 cm³ konz. Salzsäure versetzt, 10 min lang ausgekocht und nach Zugabe von Natriumhydrogencarbonat und Rhodanid bei 30 bis 40° auf farblos titriert.

Liegen Legierungen mit höherem Kupfergehalt vor, so sind, falls das Lösen in Schwefelsäure und das Abfiltrieren von ungelöstem Kupfer nicht mit besonderen apparativen Hilfsmitteln unter vollkommenem Luftabschluß durchgeführt wird, die durch etwa in Lösung gegangenes Kupfer entstehenden Fehler nicht mehr zu vernachlässigen. In solchen Fällen muß eine Abtrennung des Kupfers als Sulfid erfolgen. Man führt dann die Eisenbestimmung zweckmäßig im Filtrat nach erfolgter Abscheidung von Silicium und Kupfer durch, nachdem durch Kochen der Schwefelwasserstoff verjagt und die Lösung auf ein entsprechendes Volumen (für je 5 g Einwaage etwa 100 bis 150 cm³) eingeengt wurde.

Bei der Untersuchung siliciumhaltiger Legierungen ist noch zu beachten, daß der nach dem Abrauchen mit Flußsäure-Schwefelsäure verbleibende Rückstand unter Umständen geringe Eisenmengen enthalten kann, die durch Schmelzen mit etwas Kaliumhydrogensulfat aufgeschlossen und zur Hauptmenge im Filtrat gegeben werden müssen.

Die *colorimetrische* Bestimmung des Eisengehaltes in Magnesiumlegierungen wird in ähnlicher Weise durchgeführt, wie im Abschnitt „Reinmagnesium" unter b angegeben.

Man löst 5 g Späne nach dem Versetzen mit etwa 20 cm³ Wasser in 100 cm³ Salzsäure (1+1), gibt dann 2 cm³ 3proz. Wasserstoffperoxydlösung hinzu und kocht 1 bis 2 min. Nach dem Abkühlen werden 5 cm³ 20proz. Sulfosalicylsäurelösung und Ammoniak (1+2) tropfenweise hinzugefügt, bis eben die Rotfärbung des Eisensulfosalicylates auftritt*. Nun versetzt man mit 25 cm³ Ammoniumacetatlösung (40proz.), spült in einen 200 cm³-Meßkolben, füllt auf, filtriert und colorimetriert. Bei aluminiumfreien Legierungen oder solchen, deren Aluminiumgehalt nicht mehr als 0,3% beträgt, kann die Auswertung der erhaltenen Extinktions- oder Absorptionswerte mit Hilfe einer für Reinmagnesium aufgestellten Eichkurve vorgenommen werden. Für Legierungen mit höherem Aluminiumgehalt muß die Eichung mit Lösungen durchgeführt werden, die Aluminiumchlorid enthalten und bei denen das Verhältnis Mg:Al ungefähr dem in der zu untersuchenden Legierung gleich ist.

---

* Bei Eisengehalten unter 0,01% ist unter Verwendung von Lyphanpapier auf einen p_H-Wert von 2,5 einzustellen; man fügt dann 5 cm³ Salzsäure (1+1) hinzu und „puffert" wie oben mit Ammoniumacetat.

Kapitel 14.

Mangan*.

A. Die Bestimmungsmethoden des Mangans unter Berücksichtigung der bei der Analyse störend wirkenden Elemente.

    I. Gewichtsanalytische Methoden.

    II. Maßanalytische Methoden:
        1. Verfahren nach Volhard.
        2. Verfahren nach Procter Smith.
        3. Wismutatverfahren.

    III. Colorimetrische Methode.

B. Die Untersuchung von Erzen und Hüttenerzeugnissen.

    I. Erze. Die Wertbestimmung des Braunsteins.

    II. Hüttenerzeugnisse:
        1. Manganmetall und Ferromangan.
        2. Legierungen: Die Untersuchung auf Mangan in chrom- und kobalthaltigen Legierungen.

A. Bestimmungsmethoden des Mangans unter Berücksichtigung der bei der Analyse störend wirkenden Elemente.

I. Gewichtsanalytische Methoden.

Diese werden meist bei *geringen Mengen* Mangan angewandt; die Auswaage geschieht als Mn_3O_4, $MnSO_4$ und $Mn_2P_2O_7$.

Bei Anwesenheit von Eisen und Aluminium ist eine Trennung nach der Acetatmethode vorzunehmen unter Zusatz geringer Mengen von Wasserstoffperoxyd. Ist der dabei auftretende Niederschlag erheblich, muß nochmals umgefällt werden. Das Filtrat wird dann etwas eingedampft und schwach ammoniakalisch gemacht. Man fällt Mangan mit Bromwasser oder Ammoniumperoxydisulfat in der Siedehitze, filtriert den Niederschlag ab, glüht und wägt als Mn_3O_4 (Faktor: 0,7203).

Zur Kontrolle dampft man den Tiegelinhalt mit konz. Schwefelsäure zur Trockne, glüht schwach bis zur Gewichtskonstanz und wägt das entstandene $MnSO_4$ (Faktor: 0,3638).

Man kann auch das oben gefällte Manganoxydhydrat in Salzsäure unter Zusatz von etwas Wasserstoffperoxyd lösen, auf 200 cm³ verdünnen, einige Gramm Ammoniumchlorid sowie 2 g Diammoniumphosphat hinzufügen, schwach ammoniakalisch machen und erwärmen. Es scheidet sich dann quantitativ Manganammoniumphosphat aus. Dieses wird nach einigen Stunden in einen Filtertiegel abgesaugt, mit schwach ammoniakalischem Wasser gewaschen, getrocknet und in der elektrisch beheizten Muffel bei etwa 1000° geglüht. Die Auswaage ist $Mn_2P_2O_7$ (Faktor: 0,3871).

---

* Bearbeiter: **Richter.** Mitarbeiter: **Wirtz.**

II. Maßanalytische Methoden.

1. Verfahren nach Volhard. Dieses wird im „Handbuch für das Eisenhüttenlaboratorium", Bd. I, S. 28, ausführlich beschrieben. Danach versetzt man die heiße, schwach salzsaure, oxydierte Lösung nach dem Verjagen des Chlors in einem 500 cm³-Meßkolben mit einer Aufschlämmung von Zinkoxyd in geringem Überschuß und schüttelt durch, bis sich der Niederschlag absetzt. Man läßt erkalten, füllt auf, filtriert durch ein Faltenfilter und nimmt vom Filtrat entsprechende Anteile ab, die je in einem Liter-Erlenmeyerkolben mit etwas Zinkoxyd versetzt und auf etwa 400 cm³ verdünnt werden. Nun bringt man zum Kochen und titriert heiß mit einer Permanganatlösung, wie sie zur Eisentitration gebraucht wird. Ihr Wirkungswert gegen Mangan wird in gleicher Arbeitsweise mit reinem Permanganatsalz von bekanntem Mangangehalt festgestellt.

Bei Anwesenheit von Kobalt führt die Bestimmung zu unrichtigen Resultaten, und es muß deshalb wie unter B. II, 2, S. 245, verfahren werden.

2. Verfahren nach Procter Smith[1]. Es eignet sich besonders für manganhaltige Stähle und Legierungen mit nicht mehr als 2% Mangan. Auch hier stören Kobalt und größere Mengen Chrom.

0,2 g Späne werden in einem Erlenmeyerkolben in 15 cm³ Salpetersäure $(1+1)$ gelöst und die nitrosen Dämpfe verkocht. Man versetzt mit 50 cm³ Silbernitratlösung (1,7 g im Liter) und 2 cm³ 50proz. Ammoniumperoxydisulfatlösung (bei Legierungen über 1% Mn entsprechend mehr) und erwärmt 5 min auf 60°. Dann wird die Lösung abgekühlt und auf etwa 150 bis 200 cm³ verdünnt, worauf man durch Zugabe von 3 cm³ Natriumchloridlösung (12 g im Liter) das Silber ausfällt. Nun wird sofort mit Arsentrioxydlösung bis zum Verschwinden der Permanganatfarbe titriert. Die Arsentrioxydlösung stellt man durch Lösen von 0,666 g As_2O_3 in 2,0 g Natriumhydrogencarbonat und Auffüllen mit Wasser auf 1000 cm³ her. Die Titerstellung erfolgt mit einem Normalstahl von bekanntem Mangangehalt.

3. Das Wismutatverfahren. Es beruht auf der Oxydation einer salpetersauren Mn^{II}-Lösung durch Schütteln mit Natriumwismutat ($NaBiO_3$) zu Permanganat; die Lösung wird unter Vorsichtsmaßregeln abgesaugt und mit einer Eisen(II)-sulfatlösung von bestimmtem Wirkungswert versetzt, deren Überschuß mit $^n/_{10}$-Permanganat sofort zurücktitriert wird. Eine genaue Vorschrift ist zu ersehen aus: H. Biltz und W. Biltz, Ausführung quantitativer Analysen 1937, S. 282.

III. Colorimetrische Methoden.

Die nach dem Procter Smith- oder dem Bismutatverfahren erhaltenen Farblösungen von Permanganat können auch im Neßlerzylinder oder in einem der gebräuchlichen Colorimeter mit einer Permanganatlösung bekannten Gehaltes verglichen werden (s. auch Kap. „Aluminium", S. 15 u. 35).

B. Untersuchung von Erzen und Hüttenerzeugnissen.

I. Erze.

Die wichtigsten Manganerze sind: *Pyrolusit* (Weichmanganerz, Braunstein), *Psilomelan* (Hartmanganerz) und *Manganspat*; als ihre hauptsächlichsten Fundstätten kommen der Kaukasus, Indien, Java, Südafrika, Brasilien und Chile in Betracht. Die meisten Manganerze finden in der Eisenindustrie Verwendung, ein geringerer Teil auch in der chemischen Industrie (Glas-, Erdfarbenfabrikation) und in der Elektroindustrie (Batterien).

---

[1] Chem. News Bd. 90 (1904) S. 237; bearbeitet v. d. Chemikerkommission d. V. D. Eh. Stahl u. Eisen Bd. 35 (1915) S. 917.

Die Bestimmung des *Mangans, Eisens, Kupfers, Schwefels, Phosphors* und der *Kieselsäure* erfolgt nach den im „Handbuch für das Eisenhüttenlaboratorium Bd. I" angegebenen Methoden.

Die Wertbestimmung des Braunsteins (Bestimmung des Gehaltes an MnO_2) geschieht meist nach der Eisen(II)-sulfatmethode von Levol und Poggiale, modifiziert von G. Lunge[2]:

$$1000 \text{ cm}^3 \text{ n-KMnO}_4 = \frac{MnO_2}{2} = \frac{86{,}93}{2} = 43{,}465 \text{ g } MnO_2 \,.$$

Man bringt 1,0866 g des feinst gepulverten und bei 100° getrockneten Braunsteins in einen 250 cm³ fassenden langhalsigen Ventilkolben oder einen Kolben mit Contatschem Aufsatz, verdrängt die Luft durch Einleiten von Kohlensäure, fügt 75 cm³ einer sauren Eisen(II)-sulfatlösung (in 500 cm³ Wasser werden 200 cm³ konz. Schwefelsäure unter Rühren gegossen und in die heiße Lösung 100 g pulverisiertes Eisenvitriol eingetragen) hinzu, verschließt den Kolben und erhitzt mit anfangs kleiner Flamme, bis keine dunklen Teile mehr zu sehen sind. Nun kühlt man den Kolben rasch ab, verdünnt den Inhalt mit 200 cm³ ausgekochtem destill. Wasser und titriert den Überschuß des Eisen(II)-sulfates mit $n/_2$-$KMnO_4$-Lösung zurück. Unmittelbar vor der Titration stellt man den Titer der Eisen(II)-sulfatlösung, indem man 25 cm³ davon mit Wasser auf 200 cm³ verdünnt und mit $n/_2$-Permanganatlösung titriert.

$$MnO_2 + 2\,FeSO_4 + 2\,H_2SO_4 = Fe_2(SO_4)_3 + MnSO_4 + 2\,H_2O \,.$$

Die Berechnung des MnO_2-Gehaltes ergibt sich aus folgendem:

75 cm³ $FeSO_4$	erfordern	T cm³ $n/_2$-$KMnO_4$
75 „ „ + 1,0866 g Braunstein	„	t „ „
1,0866 g Braunstein erfordern		$(T-t)$ cm³ $n/_2$-$KMnO_4$

entsprechend $(T - t) \cdot 0{,}02173$ g MnO_2 und in Prozenten:

$$\frac{(T - t)\,0{,}02173 \cdot 100}{1{,}0866} = 2\,(T - t)\% \; MnO_2 \,.$$

II. Hüttenerzeugnisse.

1. Manganmetall und Ferromangan. Zur ***Manganbestimmung*** löst man 1 g Manganmetall oder Ferromangan in einer Glas- oder Platinschale vorsichtig unter allmählicher Zugabe von 10 cm³ konz. Salpetersäure, dampft auf dem Wasserbade zur Trockne und glüht zunächst sehr vorsichtig, um ein Spritzen zu vermeiden, bis alle Salpetersäure zerstört ist. Nun wird mit 20 cm³ konz. Salzsäure aufgenommen und erwärmt, bis alles in Lösung gegangen ist. Man dampft dann noch etwas ein, um die überschüssige Salzsäure möglichst zu entfernen, und spült in einen 1000 cm³-Meßkolben über. Bei Manganmetall wird noch etwa 0,2 g Eisen als Eisentrichlorid zugegeben. Hierauf verdünnt man mit Wasser auf etwa 400 cm³, erwärmt, setzt aufgeschlämmtes Zinkoxyd hinzu und schüttelt, bis der Eisenniederschlag geronnen ist. Nach dem Erkalten füllt man zur Marke auf, filtriert und mißt mehrfach 200 cm³ (= 0,2 g Einwaage) ab, die nach Zugabe von etwas Zinkoxydmilch mit $n/_5$-Permanganat auf schwach Rot titriert werden.

Die Titerstellung erfolgt mit einer dem Mangangehalt des zu untersuchenden Materials annähernd gleichen Menge Mangans in Kaliumpermanganat, dessen salzsaurer Lösung Eisen(III)-chlorid zugesetzt wird, oder mit einer Normalprobe.

Eisen im Manganmetall. 2 g werden in Salpetersäure, wie oben, gelöst, zur Trockne gedampft und geröstet. Man nimmt mit Salzsäure auf, kocht bis

---

[2] Lunge-Berl, Chem.-techn. Untersuchungsmethoden, 6. Aufl. Bd. I S. 569.

zur klaren Lösung, reduziert mit Zinn(II)-chlorid und bestimmt das Eisen maßanalytisch mit $n/_{10}$-Permanganatlösung.

Schwefel wird durch Verbrennen im Sauerstoffstrom in der bei „Ferrochrom“, S. 158, angegebenen Weise bestimmt.

Silicium. 2 g Material werden in 20 cm³ konz. Salpetersäure gelöst, eingedampft und etwa 30 min auf 130° erhitzt. Dann nimmt man mit Salzsäure $(1+1)$ auf, kocht kurze Zeit und filtriert die ausgeschiedene Kieselsäure ab, welche wie bei Ferromolybdän, S. 255, weiterbehandelt wird.

Phosphor. Das Filtrat von der Kieselsäureabscheidung wird mit einigen Körnchen Kaliumpermanganat etwa 5 min gekocht und dann zum Reduzieren überschüssigen Permanganats und Lösen etwa ausgeschiedenen Mangandioxyds mit etwas Kaliumoxalat versetzt. Dann macht man ammoniakalisch, gibt 10 g Ammoniumnitrat hinzu, säuert mit Salpetersäure an und fällt Phosphor mit Ammoniummolybdatlösung bei 60° unter kräftigem Rühren; das Volumen der Flüssigkeit soll etwa 150 bis 200 cm³ betragen. Die weitere Bestimmung erfolgt in üblicher Weise.

2. Legierungen. Für *Mangankupfer* s. Kap. „Kupfer“, S. 230.

Bei weiteren Manganlegierungen und Manganstählen erfolgt die *Manganbestimmung* für höhere Mangangehalte nach dem Verfahren von Volhard. Mengen bis zu 2% Mn können nach dem Verfahren von Procter Smith bestimmt werden. Da größere Mengen an *Kobalt* und *Chrom* stören, ist in solchen Legierungen, wie folgt, zu verfahren:

2 bis 2,5 g löst man in einem 500 cm³-Meßkolben in 40 cm³ Salpetersäure $(1+1)$; in Salpetersäure unlösliche Stähle werden in Schwefelsäure unter Zusatz von etwas Salpetersäure oder in Königswasser gelöst. Nach dem Lösen wird aufgekocht, um die nitrosen Dämpfe zu vertreiben, und abgekühlt. Darauf fällt man mit aufgeschlämmtem Zinkoxyd und füllt auf. Nach der Filtration mißt man je nach dem Mangangehalt 50 bis 400 cm³ ab. Alles Chrom befindet sich beim Eisenniederschlag, während Kobalt und Nickel zum größten Teil ins Filtrat gehen. Man fällt daraus Mangan unter Zusatz von Brom und etwas Ammoniak oder mit Ammoniumperoxydisulfat bei Gegenwart von Ammoniumchlorid; die Fällung wird nach dem Lösen des Niederschlages wiederholt. Nach gutem Auswaschen kann der Niederschlag entweder für die gewichtsanalytische oder maßanalytische Bestimmung des Mangans benutzt werden. Bei hartnäckigem Kobaltrückhalt muß im gelösten Niederschlag das Kobalt nach der Nitritmethode abgeschieden und dann im Filtrat davon die Manganbestimmung nach einer der angegebenen Methoden vorgenommen werden.

Kapitel 15.

Molybdän*.

A. Bestimmungsmethoden des Molybdäns unter Berücksichtigung der bei der Analyse störend wirkenden Elemente.

    I. Fällung als Sulfid und Überführung in Trioxyd.
    II. Fällung mit Bleiacetat.
    III. Fällung mit α-Benzoinoxim.
    (Sonstige Verfahren.)

B. Die Untersuchung von Erzen und Hüttenerzeugnissen.

    I. Erze.
    [Kupfer: a) mit Salicylaldoxim, b) durch Elektrolyse nach Abscheidung mit Natronlauge, c) auf potentiometrischem Wege; Wismut.]
    II. Hüttenerzeugnisse:
    Ferromolybdän: [Molybdän, Kohlenstoff, Silicium, Phosphor, Schwefel, Kupfer, Arsen, Wolfram: a) aus dem Filtrat von der Molybdänsulfidfällung, b) aus der Bleiacetatfällung, c) durch Abscheiden mit Säure. Reinigung der Wolframsäure; Mangan.]

A. Bestimmungsmethoden des Molybdäns unter Berücksichtigung der bei der Analyse störend wirkenden Elemente.

I. Fällung als Sulfid und Überführung in Trioxyd.

Die Abscheidung des Molybdänsulfids erfolgt aus der dunkelroten Sulfosalzlösung durch Zugabe von verd. Salzsäure; durch Glühen bei höchstens 475° wird es dann in Molybdäntrioxyd übergeführt. *Wolfram* oder *Vanadium* wird durch Zugabe von Weinsäure in Lösung gehalten. *Kupfer* kann durch Fällen mit Natronlauge abgetrennt werden. Für das Ansäuern der sulfoalkalischen Lösung ist Salzsäure der Schwefelsäure vorzuziehen, da mit Salzsäure gefälltes Molybdänsulfid sich flockiger abscheidet und besser filtrierbar ist als das oft schleimige, durch Ansäuern mit Schwefelsäure ausgefällte Sulfid. Durch einen Zusatz von etwas verd. Gelatinelösung wird hier der Molybdänniederschlag leichter filtrierbar gemacht.

Schwierigkeiten bietet das Überführen des Molybdänsulfids in Molybdäntrioxyd. Es können beim Glühen Spuren von Molybdänsulfidresten verbleiben oder durch die Filterkohle geringe Mengen von reduziertem Molybdän entstehen, die beide dadurch, daß sie bei der Prüfung des geglühten Molybdäntrioxyds auf Reinheit mit Ammoniak nicht in Lösung gehen, Fehler hervorrufen; deshalb ist es zweckmäßig, statt des üblichen Lösens in Ammoniak das geglühte Oxyd durch eine Schmelze mit Kaliumhydrogensulfat aufzuschließen, die dann in ammoniumcarbonathaltigem Wasser zu lösen ist. Eine weitere Schwierigkeit kann beim Auswaschen des Sulfidniederschlages auftreten infolge der Neigung des Molybdänsulfids zur Kolloidbildung. Es ist auch darauf zu achten, daß nach dem Ansäuern der ammoniakalischen Sulfosalzlösung das Filtrat nicht mehr oder minder blau erscheint; dann ist die Abscheidung nicht vollständig, sondern Molybdän durch

---

* Bearbeiter: **Wirtz.** Mitarbeiter: **Boy, Klinger, Richter.**

Reduktion, hervorgerufen u. a. durch Verwendung von altem Ammoniumsulfid oder unreinem Alkalisulfid, als Dioxydverbindung in Lösung geblieben. In einem solchen Fall müßte die Analyse verworfen werden.

Anstatt frisch bereitetem Ammoniumsulfid wird zweckmäßiger Ammoniumpolysulfid angewandt. Man stellt es her durch Einleiten von Schwefelwasserstoff in ein Gemisch von einem Teil konz. Ammoniak und einem Teil Wasser bis zur Sättigung; dann gibt man zu 100 cm³ dieser Lösung 10 g Schwefel und fährt mit dem Einleiten fort, bis aller Schwefel aufgenommen ist. Von diesem Polysulfid werden bei der nachfolgend beschriebenen Bestimmung 20 bis 30 cm³ verwandt.

Die vorhin erwähnten Fehlermöglichkeiten beim Veraschen des Molybdänsulfids gelten für den Fall, daß der Niederschlag auf einem Papierfilter gesammelt wurde; sie fallen aber bei der Filtration durch einen Porzellanfiltertiegel A 2 fort. Hier wird das Sulfid in dem Tiegel selbst geglüht und ergibt ein Molybdäntrioxyd, das sich vollständig in warmem verd. Ammoniak löst; nur Kieselsäure, Eisenoxyd und Tonerde bleiben zurück. Spuren *Kupfer* können in der Lösung colorimetrisch bestimmt werden.

Ausführung der Bestimmung. 1,25 g des getrockneten Molybdänglanzes werden in einem 600 cm³-Becherglas mit etwa 30 cm³ Salpetersäure (1 + 1) auf dem Sandbade zersetzt und geringe ungelöste Reste durch Zugabe von 20 cm³ konz. Salpetersäure in Lösung gebracht. Nun gibt man noch 20 bis 30 cm³ Salzsäure zu, worauf die Zersetzung bis auf einen weißen Rückstand von Kieselsäure vollständig ist. Weiterhin fügt man 20 cm³ Schwefelsäure (1 + 1) hinzu, erhitzt bis zum Auftreten von Schwefelsäuredämpfen, um die Salpetersäure zu verjagen und die Kieselsäure abzuscheiden, verdünnt mit 100 cm³ Wasser und kocht auf. Die Kieselsäure wird abfiltriert und das Filter erst mit heißem, dann mit schwach ammoniakalischem und schließlich wiederum mit heißem Wasser molybdänfrei ausgewaschen. Will man den Rückstand auf Molybdän prüfen, so wird vorsichtig im Platintiegel verascht und die Kieselsäure durch Abrauchen mit Fluß- und Schwefelsäure entfernt. Eine Blaufärbung des Rückstandes zeigt Molybdän an. In diesem Falle schmilzt man mit wenig Natriumkaliumcarbonat, löst in Wasser und filtriert zur Hauptlösung.

Die vereinigten Lösungen werden auf ein Volumen von etwa 150 cm³ eingeengt und mit einigen Tropfen Wasserstoffperoxyd sowie mit Natronlauge (20%) im Überschuß versetzt. Beim Aufkochen scheiden sich Eisen, Kupfer, Wismut usw. als Hydroxyde ab. Man spült das Ganze in einen 1000 cm³-Meßkolben über und füllt zur Marke auf. Nach dem Filtrieren wird ein Anteil von 400 cm³ abgenommen, mit Salzsäure (1 + 1) eben angesäuert — ist Wolframsäure vorhanden, so gibt man vorher eine zur Verhinderung ihres Ausfallens ausreichende Menge Weinsäure hinzu — und mit weiteren 50 cm³ Salzsäure (1,19) im Überschuß versetzt. Nun macht man schwach ammoniakalisch und fügt 40 cm³ Ammoniumsulfid oder 25 cm³ Ammoniumpolysulfid (beide frisch bereitet) hinzu. Die Lösung wird aufgekocht und über Nacht stehengelassen. Hat sich ein Niederschlag ausgeschieden, so wird er abfiltriert und mit schwach ammoniumsulfidhaltigem Wasser molybdänfrei ausgewaschen.

Die kalte sulfoalkalische Lösung wird auf etwa 1000 cm³ verdünnt. Dann säuert man mit Salzsäure (1 + 3) an, gibt etwa 5 cm³ davon im Überschuß zu und erhitzt bis eben zum Kochen. Nach kurzer Zeit setzt sich der Molybdänsulfidniederschlag ab. Man läßt ihn kurze Zeit stehen, filtriert und wäscht zuerst mit heißem Wasser, dem einige Tropfen Salzsäure zugefügt sind (5 Tropfen Salzsäure auf 1 l Wasser), dann mit reinem Wasser chloridfrei aus. Es empfiehlt sich, den Molybdänsulfidniederschlag mittels einer Nutsche auf ein 15 cm-Filter zu filtrieren, da hierdurch die Möglichkeit eines vollständigeren Auswaschens gegeben ist und das

Filter trocken gesaugt werden kann, was beim Veraschen des Molybdänsulfids von Vorteil ist. Filtriert man durch einen Trichter, so bilden sich leicht Kanäle, die ein gutes Auswaschen des Niederschlages verhindern können. Noch besser ist es, den Sulfidniederschlag durch einen Porzellanfiltertiegel A2 zu filtrieren.

Will man Filtrat und Waschwasser auf Vollständigkeit der Fällung prüfen, so wird bis auf ungefähr 300 cm³ eingedampft, mit Wasserstoffperoxyd versetzt, gekocht, ammoniakalisch gemacht und etwa vorhandenes Molybdän unter erneutem Zusatz von Ammoniumsulfid und Salzsäure als Sulfid gefällt.

Zum Veraschen wird das Filter samt dem Sulfid so in einen hohen, neuen Porzellantiegel gebracht, daß der trocken gewordene Niederschlag leicht auf den Boden des Tiegels abfallen kann. Man drückt das Filter nicht zusammen, sondern bringt es lose mit der Öffnung nach unten in den Porzellantiegel hinein. Bei anfänglich niedriger Temperatur verkohlt es langsam und bleibt dabei meistens oben am Tiegelrand hängen, so daß das Molybdänsulfid zum größten Teil auf den Boden des Tiegels absinkt. Dann wird die Temperatur langsam gesteigert und bei *höchstens 475°* noch eine Zeitlang gehalten. Hat man durch einen Porzellanfiltertiegel abfiltriert, so stellt man ihn in einen Porzellantiegel, leitet die Oxydation mit kleiner Flamme ein und steigert die Temperatur wie vorhin. ($MoO_3 \cdot 0{,}6667 = Mo$)

Es ist notwendig, das Molybdäntrioxyd zu reinigen. Dies geschieht am besten durch Aufschluß mit Kaliumpyrosulfat in dem vorhin benutzten Porzellantiegel. Die Schmelze wird dann in einem Becherglas in ammoniumcarbonathaltigem Wasser gelöst und aufgekocht. Ist die Lösung stark ammoniakalisch, so wird ein Teil des Ammoniaks verkocht. Den entstandenen Niederschlag läßt man absitzen, filtriert, glüht, wägt ihn und bringt sein Gewicht von der ausgewogenen verunreinigten Molybdänsäure in Abzug.

Das Filtrat davon ist noch auf Kupfer zu prüfen. Dazu erwärmt man die ammoniakalische Molybdänlösung und setzt tropfenweise 1proz. Natriumsulfidlösung unter Vermeidung eines Überschusses so lange hinzu, bis keine Fällung von schwarzem Kupfersulfid mehr auftritt. Dieses wird abfiltriert, mit schwach ammoniumsulfidhaltigem Wasser ausgewaschen, zu Oxyd geglüht und gewogen. Der Niederschlag kann molybdänhaltig sein und muß daher gelöst und umgefällt werden. Zweckmäßig ist auch die Abtrennung des Kupfers durch Salicylaldoxim aus der ammoniakalischen Lösung (s. S. 251).

Beim Arbeiten mit Porzellanfiltertiegeln ist eine Reinheitsprüfung durch Lösen mit Ammoniak vorzuziehen.

II. Fällung mit Bleiacetat.

Dieses Verfahren ist einfach und in den meisten Fällen anwendbar. Unter anderen beeinflussen *Kupfer, Kobalt, Nickel, Zink* und *Magnesium* die Fällung in Gegenwart von Essigsäure nicht; *Wolfram* dagegen darf, da es mit Bleiacetat gleichfalls niedergeschlagen wird, nicht vorhanden sein und muß gegebenenfalls vorher abgeschieden werden. *Phosphor, Arsen* und *Antimon* entfernt man unter Zusatz von Eisen(III)-chlorid durch Ammoniakfällung; dabei scheidet sich auch *Aluminium* ab. *Chrom*, welches hin und wieder, aber höchstens bis zu 0,1% im Ferromolybdän vorkommt, kann nach der Reduktion des Chromates durch Alkohol zu Chrom[III]-Salz als Hydroxyd mit Ammoniak abgetrennt werden.

Bei der Untersuchung von Molybdänglanz tritt durch die Anwesenheit von Sulfaten bei ungenügendem Zusatz von Ammoniumacetat und zu großem Überschuß an Bleiacetatlösung leicht die Bildung von *Bleisulfat* auf; auf dieses ist dann das Bleimolybdat zu prüfen.

Vanadin würde mit Bleiacetat ebenfalls zur Fällung kommen; es ist aber mit seiner Anwesenheit im Molybdänglanz und Ferromolybdän nicht zu rechnen.

Bei ärmeren Molybdänerzen, die größere Mengen an Eisen oder Tonerde enthalten, wird die Fällung mit Ammoniak wiederholt.

Ausführung der Bestimmung. 1,25 g des getrockneten Molybdänerzes werden in einem 600 cm³-Becherglas mit etwa 30 cm³ Salpetersäure $(1 + 1)$ auf dem Sandbad zersetzt, bis sich fast alles Erz gelöst hat, geringe ungelöste Reste durch Zugabe von weiteren 20 cm³ Salpetersäure (1,4) in Lösung gebracht (5 min in der Wärme behandeln) und hierauf noch 20 bis 30 cm³ Salzsäure hinzugesetzt.

Dabei löst sich das Material restlos auf, so daß nur ein weißer Rückstand von Kieselsäure verbleibt. Die Lösung wird eingedampft, 1 Stunde auf dem Sandbad erhitzt und der Rückstand mit 50 bis 75 cm³ Wasser aufgenommen. Man gibt einige cm³ Wasserstoffperoxyd hinzu, erwärmt (hierbei löst sich schon fast alles Molybdän auf) und versetzt mit 100 cm³ Ammoniak (0,91). Molybdän geht in Lösung, Eisen usw. scheidet sich als Hydroxyd aus. Das Ganze wird aufgekocht und in einen 1000 cm³-Meßkolben übergeführt. Hierbei ist das Becherglas gründlich mit Ammoniak auszuspülen. Nach dem Filtrieren wird ein Anteil von 400 cm³ $(= 0,5$ g$)$ abgenommen, mit Salzsäure eben angesäuert, mit Ammoniak schwach alkalisch gemacht, mit 40 cm³ Ammoniumchloridlösung (50proz.) und 60 cm³ Ammoniumacetatlösung (50proz.) versetzt (die Lösung muß hierbei ammoniakalisch bleiben), aufgekocht und über Nacht stehengelassen, wobei sich meistens noch ein ganz geringer Niederschlag abscheidet. Diesen filtriert man ab und wäscht ihn mit schwach ammoniakalischem Wasser aus. Das Filtrat wird mit Salzsäure neutralisiert (Lackmuspapier), mit 10 cm³ Essigsäure im Überschuß versetzt und zum Sieden erhitzt. Nun läßt man langsam unter kräftigem Rühren aus einer Bürette Bleiacetatlösung zulaufen, bis 1 Tropfen der Lösung, in Tanninlösung getüpfelt, keine Braunfärbung mehr zeigt, und gibt noch weitere 25 Tropfen Bleiacetatlösung nach. Die Fällung wird 5 bis 10 min gelinde gekocht und 1 Stunde absitzen gelassen. Nun filtriert man die klare Lösung und dekantiert den Niederschlag erst 2mal mit einer Lösung, die 20 g Ammoniumnitrat und 20 g Ammoniumacetat auf 1000 cm³ Wasser enthält, und dann 2mal mit 2proz. ammoniumnitrathaltigem Wasser, bringt ihn aufs Filter (Filterschleim) und wäscht gründlich mit ammoniumnitrathaltigem Wasser weiter aus. Das Filter wird in einem Porzellantiegel getrocknet, verascht und der Rückstand als Bleimolybdat gewogen. Faktor auf Molybdän = 0,2614.

Das Bleimolybdat (s. S. 248) kann noch *Schwefel* in Form von Bleisulfat enthalten. Man bestimmt ihn durch Verbrennen im Sauerstoffstrom und Auffangen der Verbrennungsprodukte in Silbernitratlösung. (Methode Swoboda: s. „Schwefelbestimmung im Ferrochrom", S. 158.) Aus der Differenz der Gewichte des unreinen Bleimolybdats und des Bleisulfats (errechnet aus dem Schwefelgehalt) ergibt sich das Gewicht des reinen Bleimolybdats.

Bleiacetatlösung; 40 g Bleiacetat in 1000 cm³ Wasser und 15 cm³ Essigsäure.

III. Fällung mit α-Benzoinoxim.

Das Benzoinoximverfahren nach H. B. Knowles[1], welches nur für niedrigprozentige Erze zu empfehlen ist, sieht die Fällung des 6-wertigen Molybdäns bei 5° am besten in einer etwa 12 Vol.% Schwefelsäure enthaltenden Lösung mit einem 2- bis 5fachen Überschuß des Fällungsmittels in Abwesenheit von Weinsäure und Flußsäure vor. Vor der Fällung wird genügend Bromwasser zur Verhinderung einer Reduktion des 6-wertigen Molybdäns zugesetzt. *Kieselsäure* und *Wolframsäure* müssen abwesend sein, ebenso *6-wertiges Chrom* sowie *5-wertiges Vanadin*, die gegebenenfalls mit schwefliger Säure oder Eisen(II)-sulfat zu redu-

---

[1] Bur. Stand. J. Res., Wash. Bd. 9 (1932) Nr. 453.1, geprüft durch eine Gemeinschaftsarbeit innerhalb des Chemiker-Fachausschusses.

zieren sind. Kupfer, Wismut, Blei, Arsen, Eisen, Aluminium, Titan, Mangan, Zirkonium, Nickel, Kobalt und Zink werden mit Benzoinoxim nicht gefällt. Wegen des voluminösen, schleimig-flockigen Niederschlages können höchstens 0,15 g Molybdän zur Analyse kommen.

Ausführung der Bestimmung. 3,5 g des getrockneten niedrigprozentigen Erzes werden am zweckmäßigsten mit Salpetersäure (1,4) unter Zusatz von Brom oder mit Bromsalzsäure gelöst. Eine weitere Aufschlußmöglichkeit gibt ein Gemisch von 2 Teilen Salpetersäure und 1 Teil Schwefelsäure unter Zusatz von Bromsalzsäure. Nach dem Auflösen dampft man mit Schwefelsäure bis zum starken Rauchen ein, nimmt mit Wasser auf, filtriert ab und wäscht mit 2proz. Schwefelsäure aus. Die schwefelsaure Lösung, jetzt frei von Kieselsäure und Wolframsäure, bringt man auf ein Volumen von 200 cm³, in dem 25 cm³ Schwefelsäure (1,84) enthalten sein sollen. Da die Fällung mit Benzoinoxim sehr voluminös ist, darf der Molybdängehalt der Lösung nicht mehr als 0,15 g betragen. Im anderen Falle ist die Lösung in einem Meßkolben aufzufüllen und eine entsprechende Menge davon abzunehmen.

Sie wird bei Zimmertemperatur zur Oxydation des Molybdäns mit Permanganat angerötet und mit 10 cm³ Schwefligsäurelösung (6proz.) versetzt, um etwa vorhandenes Chrom und Vanadin zu reduzieren, worauf man den Überschuß der schwefligen Säure verkocht und die Lösung auf 5° abkühlt. Die Fällung erfolgt unter Umrühren durch α-Benzoinoxim (2 g werden in 100 cm³ Alkohol gelöst) — für 0,15 g Molybdän sind 50 cm³ dieser Lösung nötig. Unter fortgesetztem Rühren wird darauf so lange Bromwasser zugesetzt, bis die Lösung schwach gelb ist, und die Vollständigkeit der Fällung mit einigen weiteren cm³ α-Benzoinoximlösung geprüft. Man läßt 5 bis 10 min bei einer Temperatur von 5 bis 10° stehen, rührt einige Male um und bringt schließlich den Niederschlag mit Filterschleim auf ein Blaubandfilter. Er wird mit kaltem Wasser, welches 25 cm³ des Fällungsreagenses und 10 cm³ Schwefelsäure auf 1000 cm³ enthält, ausgewaschen, das Filter dann in einen Porzellantiegel gegeben, vorsichtig getrocknet, langsam verkohlt und der Niederschlag zu Molybdäntrioxyd bis zur Gewichtskonstanz geglüht.

Die Reinigung des Molybdäns kann nach dem bei A. I beschriebenen Verfahren vorgenommen werden. Es ist auch hier empfehlenswert, die Fällung mittels einer Nutsche abzufiltrieren.

Sonstige Verfahren. Molybdän kann auch maßanalytisch nach Reissaus bzw. Döring[2] bestimmt werden, ferner auf potentiometrischem Wege durch oxydimetrische Titration nach Klinger, Stengel, Koch[3], durch reduktometrische Titration nach H. Wirtz[4], nach E. Schäfer[5], der eine potentiometrische Bestimmung von Molybdän und Kupfer nebeneinander im Stahl angibt, und schließlich auch, ebenso wie Wolfram, durch Fällung mit Quecksilber(I)-nitrat.

B. Die Untersuchung von Erzen und Hüttenerzeugnissen.

I. Erze.

Zur Herstellung von Ferromolybdän wird in Deutschland zum größten Teil amerikanischer Molybdänglanz verarbeitet. Dieser (*Molybdänit*: MoS_2) findet sich im Staate Colorado (USA.) in Quarz-Feldspat-Gesteinen in Mengen von 0,5 bis 1,5%. Durch Aufbereitung und Flotation wird daraus ein Konzentrat mit 85 bis 96% MoS_2 gewonnen; seine Zusammensetzung ist ungefähr folgende:

MoS_2 . . . 85 bis 96%	Al_2O_3 . . . . 1 bis 2%*	P . . . . Spuren
SiO_2 . . . 4 „ 12%	As . . . . Spuren	Cu . . . einige Zehntel %

---

[2] Z. anal. Chem. Bd. 82 (1930) S. 193.
[3] Techn. Mitt. Krupp Bd. 3 (1935) S. 41; Arch. Eisenhüttenw. Bd. 8 (1934/35) S. 433.
[4] Z. anal. Chem. Bd. 116 (1939) S. 240.
[5] Arch. Eisenhüttenw. 1937 Heft 6 S. 297.
* Dabei etwas Eisen, wahrscheinlich als Schwefelverbindung.

Ein aus diesem Erz erschmolzenes Ferromolybdän ist von großer Reinheit. Chinesischer Molybdänglanz, der in glänzenden, graphitähnlichen, schuppenartigen Blättchen, die klumpenartig verwachsen sind, gefunden wird, hat aufbereitet einen Gehalt von 80 bis 86% MoS_2.

Ein ähnliches Erz kommt aus Australien; dieses weist gewöhnlich einen bemerkenswerten Wismutgehalt auf. Auch aus Peru werden Molybdänerze ausgeführt. Europäische Vorkommen von Bedeutung finden sich nur in Norwegen. Alle diese Erze kommen aufbereitet, meist flotiert, zur Einfuhr.

Der Probenahme dieser Konzentrate muß besondere Sorgfalt zugewandt werden, hauptsächlich gilt dies für die Entnahme der Feuchtigkeitsprobe bei den flotierten Erzen.

Der *nasse Aufschluß* des fein gepulverten Molybdänglanzes wird durch Lösen mit Salpetersäure unter Zuhilfenahme von Kaliumchlorat, Brom oder Salzsäure unter Zusatz von Schwefelsäure vorgenommen, der *Schmelzaufschluß* mit Natriumperoxyd und Natriumkaliumcarbonat oder mit Natriumkaliumcarbonat und Kaliumnitrat.

Molybdän. Seine Bestimmung kann nach den unter A angegebenen Verfahren ausgeführt werden.

Kupfer.

a) Mit Salicylaldoxim[6, 7]. 2 bis 4 g des Erzes werden mit Salpetersäure (1,4) in Lösung gebracht und in einen 500 cm^3-Meßkolben übergespült. Man macht stark ammoniakalisch, füllt nach dem Abkühlen zur Marke auf, filtriert durch ein Faltenfilter und nimmt 250 cm^3 ab. Sie werden in einem 600 cm^3-Becherglas mit Essigsäure schwach angesäuert. Man erwärmt gelinde und versetzt mit 20 cm^3 Salicylaldoximlösung. Um die frei werdende Säure unschädlich zu machen, gibt man etwas Natriumacetat hinzu. Durch Rühren ballt sich der Niederschlag zusammen; man läßt ihn absitzen und filtriert durch einen Glasfiltertiegel Nr. 3. Er wird zuerst mit heißem Wasser, dann mit Alkohol ausgewaschen und bei 105° bis zur Gewichtskonstanz getrocknet. Man wägt als $(C_7H_6O_2N)_2Cu$ aus. Faktor für Kupfer: 0,1893.

Salicylaldoximlösung. Zu 800 cm^3 Wasser von etwa 80° gibt man eine Auflösung von 5 g Salicylaldoxim in 40 bis 50 cm^3 Alkohol. Ist die Lösung trüb, so wird sie filtriert.

Das Verfahren ist geeignet für Erze, die bis etwa 7% Kupfer enthalten.

b) Durch Elektrolyse nach Abscheidung mit Natronlauge. 1 g des getrockneten Erzes löst man in Salpeter-Schwefelsäure, wie bei der Bestimmung des Molybdäns beschrieben. Die heiße, saure Lösung wird dann in dünnem Strahl in so viel heiße Natronlauge (50 g auf 1000 cm^3) unter Umrühren eingegossen, daß noch ein geringer Überschuß an Lauge verbleibt. Nun gibt man etwas Natriumperoxyd hinzu und kocht einige Zeit. Der Niederschlag wird nach dem Absitzen abfiltriert, mit 1proz. Natronlauge ausgewaschen, dann vom Filter mit Bromsalzsäure gelöst und erneut wie oben gefällt. Nach 2maliger Fällung ist meist eine gute Trennung des Molybdäns vom Kupfer erreicht. Der Niederschlag wird nunmehr mit verd. Salzsäure gelöst, in der Lösung das Kupfer mit Schwefelwasserstoff gefällt, abfiltriert, in Salpetersäure gelöst und dann elektrolytisch bestimmt.

Das Filtrat von der Natronlaugefällung muß auf Kupfer geprüft werden, wie bei der Reinigung des Molybdäntrioxyds (S. 248) beschrieben.

Das Verfahren ist besonders für Erze mit hohem Kupfergehalt geeignet.

Verwiesen sei hier auch auf die elektrolytische Kupferbestimmung in Molybdänerzen nach H. Blumenthal[8].

c) Auf potentiometrischem Wege[9]. Das potentiometrische Verfahren sieht ein Arbeiten mit Umschlagelektrode nach W. Bohnholtzer und Fr. Heinrich[10] vor.

---

[6] Ephraim, F.: Z. anal. Chem. Bd. 83 (1930) S. 114.
[7] Wirtz, H.: Metall u. Erz 1939 S. 512.   [8] Metall u. Erz 1939 S. 479 bis 480.
[9] Metall u. Erz 1940 S. 424. Wirtz, H.: Die potentiometrische Kupferbestimmung.
[10] Chemiker-Ztg. Bd. 53 (1929) S. 471 — Z. anal. Chem. Bd. 87 (1932) S. 401 — Z. angew. Chem. Bd. 42 (1929) S. 591.

Fügt man zu einer ammoniakalischen Kupfersalzlösung Kaliumcyanidlösung, so bildet Kupfer das beständige Komplexsalz Kaliumkupfercyanid.

Ist sämtliches Kupfer an Cyan gebunden, so ändert sich durch den Überschuß der ersten freien Cyanionen das Potential. Die Galvanometernadel geht daher durch den Nullpunkt. Im Endpunkt der Titration ist das Potential der austitrierten Lösung gleich dem Potential der Umschlagselektrode.

Für die Kupferbestimmung ist nur eine einfache Apparatur notwendig, die aus Flüssigkeitsschlüssel, Galvanometer und der üblichen Rührapparatur besteht. Hinzu kommen zwei Silberelektroden, die mit den Polen des Galvanometers verbunden sind. Der Flüssigkeitsschlüssel stellt wie üblich die Verbindung der zu titrierenden Lösung mit der Umschlagselektrode dar. Die Umschlagselektrode (nach Bohnholtzer und Heinrich) ist angefüllt mit einer Lösung, die sich aus 20 cm^3 $n/_{20}$-Silbernitratlösung und 20 cm^3 $n/_5$-Kaliumjodidlösung zusammensetzt. Die eine Silberelektrode führt von dieser Lösung zum Galvanometerpol, während die andere Silberelektrode als Indicatorelektrode vom Galvanometerpol ausgehend in die zu titrierende Flüssigkeit eintaucht.

1 bis 2 g des getrockneten Erzes löst man in 20 cm^3 eines Gemisches von 1 Teil Salzsäure (1,19), 1 Teil Salpetersäure (1,4) und 2 Teilen Wasser in einem 600 cm^3-Becherglas. Die nitrosen Dämpfe werden verjagt. Nun setzt man 30 cm^3 Ammoniumchloridlösung (250 g auf 1000 cm^3 Wasser) und 80 cm^3 Ammoniak (0,91) hinzu und ferner eine genau abgemessene Menge einer $n/_{100}$-Silbernitratlösung (10 cm^3). Die so zur Titration fertige Lösung wird in die Rührapparatur eingesetzt, mit Kaliumcyanidlösung titriert und die Titration so lange fortgesetzt, bis die Galvanometernadel eben den Nullpunkt durchschritten hat. Da in ammoniakalischer Lösung titriert wird, das Eisen also als Hydroxyd noch in der Lösung vorhanden ist, muß mit 1 bis 2 Tropfen übertitriert werden. Diese Tropfen dienen dazu, auch das noch im Hydroxydniederschlag vorhandene Kupfer zu erfassen. Setzt man also 1 bis 2 Tropfen im Überschuß zu, so geht die Galvanometernadel nach einer Wartezeit von $^1/_2$ min auf den Nullpunkt zurück. Dies ist der Endpunkt der Titration. Für die 10 cm^3 Silbernitratlösung muß der Blindwert ermittelt werden, der bei jeder Bestimmung abzusetzen ist. Entsprechend dem annähernden Eisengehalt der zu untersuchenden Probe wird die entsprechende Menge Eisen, genau wie oben bei der Analyse beschrieben, gelöst, mit 10 cm^3 Silbernitratlösung versetzt und, wie vorhin ausgeführt, titriert. Die dabei verbrauchte Kaliumcyanidlösung gilt als Blindwert.

Die Titerstellung kann mit einer Ferromolybdän-Normalprobe für Kupfer ermittelt werden; oder aber man fügt zu der Auflösung von 1 g Cu-, Ni- und Co-freiem Carbonyleisen eine bekannte Menge Kupferlösung. Die Titerstellung wird dann genau so durchgeführt, wie bei der zu untersuchenden Probe beschrieben.

Kaliumcyanidlösung. 6 g Kaliumcyanid und 5 g Kaliumhydroxyd gelöst zu 1000 cm^3.

Nickel und Kobalt stören die Bestimmung des Kupfers und dürfen nicht zugegen sein. Bei den zu untersuchenden Erzen trifft dies meist zu. Das Verfahren kann für schnelle Betriebsuntersuchungen empfohlen werden.

Wismut.

5 g des getrockneten Erzes werden in Salpetersäure (1,4) gelöst, wie bei der Molybdänbestimmung unter A. I beschrieben (S. 247). Nach Zugabe von 40 cm^3 Schwefelsäure (1 + 1) raucht man kräftig ab, nimmt mit kaltem Wasser auf, kocht kurze Zeit auf und macht dann mit starker Natronlauge und etwas Soda alkalisch. Nach abermaligem Kochen läßt man, am besten über Nacht, absitzen. Der Niederschlag wird durch ein Blaubandfilter abfiltriert und mit heißem, sodahaltigem Wasser ausgewaschen. Das Filtrat säuert man mit Salzsäure an, macht mit

Ammoniak stark alkalisch und leitet Schwefelwasserstoff ein, bis die Lösung tiefrot aussieht. Hat sich nach längerem Stehen bei mäßiger Wärme ein schwarzer Niederschlag abgeschieden, so wird er abfiltriert und mit ammoniumsulfidhaltigem Wasser ausgewaschen. Den mit Natronlauge erhaltenen Hauptniederschlag löst man in Schwefelsäure und etwas Wasserstoffperoxyd, verkocht letzteres und leitet in die Lösung Schwefelwasserstoff ein. Der erhaltene Niederschlag wird ebenso wie der aus der roten Sulfosalzlösung abfiltrierte vom Filter gespritzt und mit Ammoniumsulfid behandelt. Hierauf löst man die wieder abfiltrierten Sulfide in heißer Salpetersäure, gibt Schwefelsäure zu und raucht ab. Man nimmt nun mit etwas Schwefelsäure $(1+5)$ auf, gibt etwa $100\ cm^3$ kaltes Wasser hinzu, kocht auf und läßt über Nacht absitzen. Etwa ausgefallenes Bleisulfat wird abfiltriert. Im Filtrat stumpft man die überschüssige Säure mit Ammoniak ab und fällt sodann Wismut (und Kupfer) durch Einleiten von Schwefelwasserstoff aus. Der abfiltrierte Niederschlag wird in heißer Salpetersäure gelöst. Man kocht, bis der Schwefel rein gelb ist, verdünnt mit etwas kaltem Wasser, filtriert und gibt Ammoniak bis zur schwach alkalischen Reaktion sowie einige Gramm Ammoniumcarbonat zu. Hat man das Ammoniak verkocht, kühlt man ab, filtriert nach einigen Stunden das basische Wismutcarbonat ab und wäscht es mit kaltem Wasser aus. Es wird mit heißer Salpetersäure vom Filter (Uhrglas auflegen, da Kohlensäureentwicklung!) ins gleiche Becherglas zurückgelöst und mit heißem Wasser nachgewaschen (Flüssigkeitsvolumen 60 bis $100\ cm^3$). Nun stumpft man vorsichtig mit Ammoniak ab, bis eine bleibende Trübung entsteht, die man durch Zusatz einiger Tropfen Salpetersäure wieder zum Verschwinden bringt, kocht auf und gibt unter Umrühren anfangs tropfenweise, später in Anteilen von einigen Kubikzentimetern 10proz. Ammoniumphosphatlösung hinzu, insgesamt etwa 20 bis $30\ cm^3$. Nun wird mit heißem Wasser auf 400 bis $500\ cm^3$ verdünnt und längere Zeit, am besten über Nacht, stehengelassen. Die über dem Niederschlag stehende Flüssigkeit gießt man sodann durch ein Blaubandfilter ab, dekantiert 2mal mit heißer 3proz. Ammoniumnitratlösung, der man 1 bis 2 Tropfen verd. Salpetersäure zugesetzt hat, bringt den Niederschlag auf das Filter und wäscht gut aus. Nach dem Veraschen des Filters wird 10 min geglüht und dann das Wismutphosphat ausgewogen; s. Kap. „Wismut", S. 385.

II. Hüttenerzeugnisse — Ferromolybdän.

In Deutschland hergestelltes Ferromolybdän enthält etwa:

Mo . . . . 60 bis 75%
S . . . . max. 0,1%
Si . . . . 0,1 bis 0,6%
As . . . . Spuren
P . . . . bis 0,05%
Mn . . . . unter 0,1%
Cu . . . . . je nach dem Ausgangsmaterial einige Zehntel %
C . . . bei Qualität I max. 0,1%, bei Qualität II max. 1%

Durch Schmelzen mit Natriumperoxyd im Eisentiegel wird für Ferromolybdän der schnellste und sicherste Aufschluß erzielt. Doch läßt es sich auch meist in verd. Salpetersäure unter Zusatz von etwas Salzsäure lösen. Es ist vorteilhaft, Ferromolybdän besonders dann in Säure zu lösen, wenn eine ungleichmäßige Probe zur Analyse vorliegt, die Einwaage also zur Erfassung eines guten Durchschnitts entsprechend hoch bemessen werden muß. Hat sich alles gelöst, raucht man mit Schwefelsäure stark ab.

Vielfach jedoch bleibt beim Säureaufschluß ein ungelöster Rückstand; er wird abfiltriert, samt dem Filter in einem Eisentiegel verascht und hier mit Natriumperoxyd aufgeschlossen.

Molybdän.

Soll das *Sulfidverfahren* angewandt werden, so ist 1 g des feinst gepulverten Materials mit etwa 25 g Natriumperoxyd im Eisentiegel innig zu mischen. Diese Mischung wird mit kleiner Flamme in Fluß gebracht und darin einige Minuten mit voller Bunsenflamme in Rotglut gehalten. Bei einiger Übung ist es stets möglich, mit einem Aufschluß auszukommen, besonders, wenn man die Schmelze mit einem dünnen Eisenstab rührt oder den Tiegel ständig schwenkt, wodurch ein Legieren des Ferromolybdäns mit dem Eisentiegel verhindert wird.

Die Schmelze wird in einem Becherglas mit Wasser ausgelaugt, zur Oxydation mit wenig Natriumperoxyd versetzt und gekocht. Ist ein zweiter Aufschluß nötig, filtriert man in einen Liter-Meßkolben, wäscht das Filter mit sodahaltigem Wasser, trocknet und verascht im vorher benutzten Eisentiegel. Die Asche wird fein zerrieben, nochmals, wie oben, geschmolzen, gelöst und die Lösung samt dem Niederschlag mit der Hauptlösung vereinigt. Man füllt zur Marke auf, filtriert und entnimmt 500 cm³ (= 0,5 g).

Falls mit einem Wolframgehalt zu rechnen ist, wird zur alkalischen Molybdänlösung Weinsäure hinzugesetzt. Dann säuert man mit Salzsäure (1 + 1) eben an, gibt weitere 50 cm³ Salzsäure (1,19) hinzu und macht schwach ammoniakalisch. Nach Zusatz von 40 cm³ frisch bereiteter Ammoniumsulfidlösung oder 30 cm³ Ammoniumpolysulfid wird weiter verfahren wie unter A. I.

Ist das Ferromolybdän *in Säure löslich*, so verdünnt man nach dem Abrauchen mit Schwefelsäure und dem Erkalten mit 200 cm³ Wasser; ein unlöslicher Rückstand muß mit Natriumperoxyd aufgeschlossen werden. Hat man die Lösung aufgekocht, wird sie in heiße Natronlauge eingegossen, mit etwas Natriumperoxyd versetzt und wieder einige Minuten gekocht. Nun füllt man sie samt dem Aufschluß des Rückstandes zum Liter auf, filtriert 500 cm³ ab und verfährt damit, wie im vorigen Abschnitt angegeben.

Für das *Bleiacetatverfahren* wird 1 g feinst gepulverten Materials in der gleichen Weise aufgeschlossen wie bei der Sulfidmethode. Die entnommene Abmessung von 500 cm³ (= 0,5 g Einwaage) spült man in ein 800 cm³-Becherglas über, säuert mit Salzsäure (Methylorange) an, versetzt mit 10 cm³ konz. Salzsäure und engt auf etwa 300 cm³ ein. Nach Zugabe von 5 cm³ Alkohol und weiteren 30 cm³ konz. Salzsäure wird zur Reduktion des etwa vorhandenen Chromats (Gelbfärbung) zu einem Volumen von 200 cm³ eingekocht. Dann gibt man 10 cm³ Eisen(III)-chloridlösung (1 g $FeCl_3 \cdot 6 H_2O$ in 500 cm³ Wasser; 10 cm³ davon = 4 mg Fe) hinzu, versetzt mit Ammoniak und kocht auf; es fallen Eisen und Chrom als Hydroxyde aus und gleichzeitig damit etwa vorhandene Phosphate und Arsenate. Die Ammoniakmenge muß so bemessen sein (5 bis 10 cm³ im Überschuß), daß kein Molybdän in der Fällung zurückgehalten wird. Man spült alles in einen 500 cm³-Meßkolben über, füllt zur Marke auf, filtriert und gibt vom Filtrat 400 cm³ (= 0,4 g Einwaage) in ein 800 cm³-Becherglas (hohe Form).

Diese Abmessung versetzt man mit 30 cm³ einer 50proz. Ammoniumacetatlösung, säuert mit Essigsäure eben an und gibt weitere 10 cm³ Essigsäure (96proz.) zu. In der kochenden Lösung fällt man nun das Molybdän mit Bleiacetat und bestimmt es, wie unter A. II angegeben. Doch dekantiert man hier einige Male mehr, da durch den Schmelzaufschluß die Lösung an Alkalisalzen angereichert worden ist. Das geglühte Bleimolybdat muß rein weiß aussehen.

Ferromolybdän kann auch hier in Säure gelöst werden, wobei jedoch Schwefelsäure zu vermeiden ist.

Kohlenstoff.

Die Einwaage wird je nach der Höhe des zu erwartenden Kohlenstoffgehaltes bemessen. Die Verbrennung erfolgt bei 1100°. Als Zuschlag kann 1 g Bleisuperoxyd verwandt werden. Hierdurch wird auch die Sublimation des Molybdäns verhindert. Für die Bestimmung des Kohlenstoffs kommen dieselben Einrichtungen in Frage, wie bei der Bestimmung des Kohlenstoffs in „Ferrochrom“. Ein Blindwert ist abzusetzen.

Silicium.

2 bis 5 g Ferromolybdän löst man in einem Becherglas mit Königswasser, gibt eine ausreichende Menge Schwefelsäure $(1+1)$ hinzu und erhitzt bis zum starken Rauchen. Nach dem Erkalten nimmt man mit 400 bis 500 cm³ Wasser auf, fügt einige Tropfen Salzsäure hinzu und kocht bis zur klaren Lösung. Die ausgeschiedene Kieselsäure, die fast immer frei von Molybdänsäure ist, wird abfiltriert und mit salzsäurehaltigem Wasser ausgewaschen. Nach dem Veraschen und Glühen im Platintiegel wird sie gewogen und dann durch Abrauchen mit Fluß- und Schwefelsäure auf Reinheit geprüft.

Löst sich das Ferromolybdän nicht vollkommen in Säure, so erfolgt ein trockner Aufschluß im Nickeltiegel. Die mit Wasser zersetzte Schmelze wird mit Schwefelsäure stark angesäuert und die Kieselsäure wie oben bestimmt. Durch einen Blindversuch ist die durch die Reagenzien eingebrachte Kieselsäure zu ermitteln und in Abzug zu bringen.

Phosphor.

2 bis 3 g Ferromolybdän löst man in einem Becherglas mit Salpeter-Salzsäure $(3+1)$, oxydiert durch Zugabe von Kaliumpermanganat, dampft zur Trockne und erhitzt auf etwa 135°, um die Kieselsäure unlöslich zu machen. Dann wird mit 40 cm³ Salzsäure $(1+1)$ sowie 100 cm³ heißem Wasser aufgenommen, gekocht und filtriert. Setzt man beim Lösen einige Tropfen Flußsäure hinzu und dampft ein, so erübrigt sich die Abscheidung der Kieselsäure.

Das Filtrat wird auf 100 cm³ eingeengt und mit 5 g Ammoniumnitrat sowie mit Ammoniak in geringen Überschuß versetzt. Das ausgefallene abfiltrierte Eisenhydroxyd löst man in Salpetersäure $(1+4)$ und gibt noch 5 cm³ davon im Überschuß hinzu. Das Volumen der Lösung soll nunmehr 150 bis 200 cm³ betragen. Bei 60° wird dann die Phosphorsäure mit Ammoniummolybdat zur Fällung gebracht. Der Niederschlag muß umgefällt werden, da sich mit ihm oft Molybdänsäure ausscheidet.

Die weitere Bestimmung erfolgt, wie bei „Ferrochrom“, S. 154, beschrieben.

Die Bestimmung kann auch nach Woy[11] ausgeführt werden.

Merkliche Mengen *Arsen*, die aber im handelsüblichen Ferromolybdän kaum vorkommen, stören bei der Phosphorbestimmung. Das Arsen muß in solchen Fällen vorher entfernt werden.

Für die Phosphorbestimmung kann man auch das Verfahren nach R. Weihrich, s. Kap. „Chrom“, S. 155, anwenden.

Schwefel.

a) Durch Verbrennung im Sauerstoffstrom. Die Bestimmung wird wie bei „Ferrochrom“ vorgenommen. Die Einwaage beträgt je nach der Höhe des Schwefelgehaltes 0,5 bis 2 g. Um das sublimierte Molybdän aufzufangen, muß eine genügend große Auffangvorrichtung — eine mit Watte gefüllte Waschflasche, in der die sublimierte Molybdänsäure vollkommen zurückgehalten wird — hinter das Verbrennungsrohr geschaltet werden. Das Sublimieren des Molybdäns kann man auch durch Zusatz von Kobaltoxyd als Zuschlag verhindern. Ein Verbrennungszuschlag ist nicht erforderlich.

Die Verbrennungstemperatur beträgt etwa 1200°.

---

[11] Treadwell: Quantitative Analyse. S. 368. 1913.

b) Durch Reduktion im Wasserstoffstrom[12]. 2 bis 3 g Ferromolybdän werden in ein Porzellanschiffchen eingewogen und damit in einen Verbrennungsofen gebracht. Das Wasserstoffgas geht, bevor es in das Porzellanrohr des Verbrennungsofens eintritt, durch eine Vorlage von Cadmiumacetatlösung, um den Schwefelwasserstoff, den das Wasserstoffgas mit sich führen kann, zurückzuhalten. Hinter dem Porzellanrohr streichen die Gase durch zwei hintereinandergeschaltete Vorlagen von ammoniakalischer Cadmiumsulfat- oder essigsaurer Cadmiumacetatlösung. Bevor das Verbrennungsrohr erhitzt wird, ist die Apparatur erst durch Durchleiten von Wasserstoffgas von Luft zu befreien; alsdann bringt man den Ofen auf eine Temperatur von 1100° und behält diese 2 Stunden bei. In der Cadmiumacetatvorlage wird der Schwefel als Cadmiumsulfid ausgeschieden. Er kann darin nun maßanalytisch durch Titration mit Jodlösung oder aber gewichtsanalytisch durch Umsetzen mit Kupfersulfatlösung bestimmt werden. Vielfach schaltet man auch noch unmittelbar vor dem Verbrennungsrohr eine Vorlage ein, die 1 Teil konz. Salzsäure und 2 Teile Wasser enthält. Das Wasserstoffgas sättigt sich hierbei mit Salzsäure und reduziert sodann etwa vorhandenen Sulfatschwefel leichter zu Schwefelwasserstoff.

Kupfer.

Will man es mit *Salicylaldoxim* bestimmen, so werden 1 bis 2 g Ferromolybdän mit 30 cm³ Königswasser in einem 600 cm³-Becherglas in Lösung gebracht. Die Lösung wird mit 40 cm³ Wasser verdünnt, in 150 cm³ Ammoniak (0,91) eingegossen, aufgekocht, in einen 500 cm³-Meßkolben filtriert und der Niederschlag mit ammoniakalischem Wasser ausgewaschen. Man löst ihn in 30 cm³ Salzsäure (1 + 1) und gießt erneut in 100 cm³ Ammoniak (0,91) ein. Diese Lösung samt dem Niederschlag wird nun zum ersten Filtrat in den 500 cm³-Meßkolben gebracht, worauf man auffüllt, filtriert und 250 cm³ abnimmt. Sie werden schwach mit Essigsäure angesäuert und bei etwa 50° mit 20 cm³ Salicylaldoximlösung versetzt. Die weitere Durchführung der Analyse ist unter „Kupfer in Molybdänerz", S. 251, beschrieben.

Die *elektrolytische und potentiometrische Kupferbestimmung* geschieht nach dem auf S. 251/52 beschriebenen Verfahren „Kupfer im Molybdänerz".

Arsen.

2 bis 5 g Ferromolybdän werden in Salpetersäure unter Zusatz von etwas Salzsäure gelöst und nach Zugabe von 20 bis 40 cm³ Schwefelsäure (1 + 1) bis zum starken Rauchen eingedampft. Um die Salpetersäure restlos auszutreiben, wird nach Zusatz von etwas Wasser ein zweites Mal abgeraucht. Man nimmt mit Wasser und etwas Salzsäure auf, spült in einen Destillationskolben über und verfährt weiter nach den Angaben im Kap. „Arsen".

Wolfram.

Zur *qualitativen* Prüfung des Ferromolybdäns auf Wolfram bringt man 2 g der Probe in ein Becherglas und gibt konz. Salzsäure sowie tropfenweise verd. Salpetersäure dazu. Nachdem völlige Lösung der Probe erreicht ist, erhitzt man (unter Zugabe einiger Porzellansiedesteinchen zum Verhindern des Siedeverzuges) während 15 min zum Kochen, verdünnt dann die kochende salzsaure Lösung durch Einspritzen von kochendem Wasser in dünnem Strahl (Spritzflasche) auf etwa das doppelte Volumen und versetzt mit 3 bis 4 Tropfen einer 2proz. Gelatinelösung. Die Wolframsäure scheidet sich dabei gut filtrierbar ab. Die Fällung wird filtriert und mit heißer verd. Salzsäure ausgewaschen. Dann wird die Wolframsäure auf dem Filter mit etwas Ammoniak ausgelaugt, die ammoniakalische Lösung in einem Porzellantiegel durch Abdampfen vom Ammoniaküberschuß befreit und mit Salzsäure und Zinn(II)-chlorid auf Wolfram geprüft. Blaufärbung der Lösung (W_2O_5) zeigt Wolfram an[13]. Hat die qualitative Prüfung das Vorhandensein von Wolfram ergeben (es kommt nur gelegentlich und in geringen Mengen im Ferromolybdän vor), so kann für seine Bestimmung eines der nachstehenden Verfahren benutzt werden:

---

[12] Johnson: Rapid methods for the chem. anal. of special steels. 4. Aufl. S. 76
[13] Treadwell: Quantitative Analyse. S. 536. 1913.

a) Abscheiden der Wolframsäure aus dem Filtrat von der Molybdänsulfidfällung. Man zersetzt den alkalischen Aufschluß von 2 g Ferromolybdän mit Wasser, filtriert vom Unlöslichen ab, gibt dem Filtrat Weinsäure und Ammoniumsulfid (s. S. 247) zu und fällt das Molybdän durch Ansäuern mit Schwefelsäure als Sulfid aus. Die schwefelsäurehaltigen Filtrate davon werden samt den Waschwässern in einem Rundkolben über freier Flamme stark eingedampft; die darin enthaltene Weinsäure wird vor dem Einsetzen der Verkohlung durch Zugabe kleiner Mengen konz. Salpetersäure allmählich oxydiert.

Ist der Inhalt des Kolbens beim Sieden über freier Flamme hell geworden und findet beim Zusatz von Salpetersäure keine Stickoxydbildung mehr statt, so spült man den Kolbeninhalt in eine Porzellanschale über, löst einen etwa an den Kolbenwänden festhaftenden Wolframsäureniederschlag mit Ammoniak und gibt diese Lösung zur Hauptmenge. Das Ganze wird nun auf einer Asbestplatte oder auf einem Finkenerturm erhitzt, bis die Schwefelsäure zum größten Teil abgeraucht ist. Den Rückstand läßt man abkühlen, gibt Salzsäure hinzu und vertreibt sie wieder durch Abdampfen auf dem Wasserbad. Schließlich nimmt man mit wenig Salzsäure auf, verdünnt mit Wasser, kocht 15 min und filtriert die abgeschiedene, gelbe Wolframsäure ab. Sie wird mit salzsäurehaltigem Wasser ausgewaschen. Etwa an der Schalenwand festsitzende Wolframsäure wird durch Ausreiben der Schale mit Hilfe kleiner, mit ganz wenig Ammoniak befeuchteten Filtrierpapierstückchen entfernt, die dann im Platintiegel zusammen mit der Hauptmenge der Wolframsäure zur Veraschung kommen. Die erhaltene Wolframsäure muß noch auf Reingehalt (s. Kap. „Wolfram", S. 397) untersucht werden. Wegen der anwesenden erheblichen Alkalisalzmengen bei der Wolframsäureabscheidung müssen die Filtrate durch wiederholtes Eindampfen mit Salzsäure auf noch vorhandene Reste an Wolframsäure geprüft werden.

b) Abscheiden der Wolframsäure aus der Bleiacetatfällung. Hat man das Molybdän mit Bleiacetat gefällt, so befindet sich dabei auch das gesamte Wolfram als Bleiwolframat. Da meist nur kleine Mengen Wolfram in Frage kommen, ist es nötig, von zweimal je 1 g Einwaage auszugehen. Das daraus erhaltene Blei-Molybdat-Wolframat-Gemisch löst man in Bromsalzsäure und dampft auf dem Wasserbade zur Trockne. Man wiederholt dies 2- bis 3 mal, wobei die Wolframsäure sich abscheidet, nimmt dann mit verd. Bromsalzsäure auf, filtriert und bestimmt die Wolframsäure; sie ist auf Molybdän und Blei zu prüfen.

c) Bestimmung von Wolfram durch Abscheiden mit Säure. 3 g Material werden auf dem Sandbad mit 80 cm³ Salzsäure (1 + 1) unter tropfenweiser Zugabe von möglichst wenig Salpetersäure bis zur Auflösung behandelt. Die Auflösung läßt man längere Zeit bei 90° stehen und dampft schließlich ein. Es wird mit 40 cm³ Salzsäure (1 + 1) aufgenommen, 10 min in der Wärme digeriert, mit 100 cm³ heißem Wasser verdünnt und aufgekocht. Man läßt den Niederschlag (WO_3-Niederschlag 1) absitzen, filtriert über Filterschleim und wäscht mit salzsäurehaltigem heißem Wasser aus.

Das salzsaure Filtrat wird zur Abscheidung der Reste von Wolframsäure eingedampft. Es empfiehlt sich, den Rückstand mit 30 cm³ konz. Salzsäure aufzunehmen, nochmals einzudampfen und dann schwach zu rösten. Man nimmt nun wieder mit Salzsäure (1 + 1) auf und fährt in der Analyse, wie oben beschrieben, fort (WO_3-Niederschlag 2). Die beiden Niederschläge werden zusammen verascht, geglüht und ausgewogen. Die Kieselsäure wird mit Flußsäure und etwas Schwefelsäure entfernt.

Zur *Reinigung der Wolframsäure* von etwa mitgerissenem Molybdän, Eisen usw. seien hier einige Verfahren angeführt.

α) Man bringt das Gemisch von Wolfram- und Molybdänsäure mit Ammoniak in Lösung und scheidet nach dem vorhin beschriebenen Säureverfahren die Wolframsäure erneut ab; sie ist dadurch fast immer rein.

β) Eine weitere Reinigungsart beruht darauf, daß Molybdänsäure bei 150 bis 200° im trockenen Salzsäurestrom verflüchtigt wird. Wolframsäure wird hierbei nicht verändert.

γ) Das Gemisch von Wolfram- und Molybdänsäure wird mit etwas Natronlauge gelöst, worauf man zu der Lösung so lange Ameisensäure hinzusetzt, bis sie fast neutral ist. Nun gibt man Ammoniumsulfidlösung hinzu und säuert mit Ameisensäure an, wobei sich das Molybdän, falls größere Mengen vorhanden sind, als Sulfid abscheidet, wogegen bei geringen Mengen nur eine Braunfärbung der Lösung erfolgt. Molybdän ist dann in ganz geringen Mengen kolloidal in Lösung. Man läßt die Lösung einige Zeit auf dem Sandbad stehen; das Molybdänsulfid scheidet sich dabei langsam aus. Man filtriert ab, setzt zu dem ameisensauren Filtrat etwas Schwefelsäure und dampft ab. Die Wolframsäure kann nun — frei von Molybdänsäure — abfiltriert werden[14].

Mangan. Für die Manganbestimmung wird der molybdänfrei ausgewaschene Aufschlußrückstand einer Natriumperoxydschmelze (s. S. 254) im Porzellantiegel benutzt. Die Durchführung der Bestimmung erfolgt nach einem der unter „Ferrochrom" angegebenen Verfahren. Die Einwaage beträgt bei dem niedrigen Mangangehalt von Ferromolybdän zweckmäßig 4 g, die in zwei Schmelzen zu je 2 g aufgeschlossen werden können.

---

[14] Es sei hier auf das im Handbuch f. d. Eisenhüttenlaboratorium Bd. II S. 275 angeführte Verfahren nach G. E. F. Lundell verwiesen.

Kapitel 16.

Nickel*.

A. Bestimmungsmethoden des Nickels unter Berücksichtigung der bei der Analyse störend wirkenden Elemente.

A. Bestimmungsmethoden des Nickels unter Berücksichtigung der bei der Analyse störend wirkenden Elemente.

I. Die elektroanalytische Methode.

Die Bestimmung des Nickels durch Elektrolyse des Nickelsulfates in ammoniakalischer Lösung nach H. Fresenius und Bergmann[1] übertrifft an Einfachheit und Genauigkeit alle früher angewandten gewichtsanalytischen Methoden. Die Bedingungen für eine einwandfreie Abscheidung sind fast die gleichen wie die bei der elektrolytischen Kobaltfällung, halten sich aber in ziemlich weiten Grenzen.

Der Elektrolyt soll bei ungefähr 150 bis 400 cm³ Gesamtvolumen etwa 10 g reinstes Ammoniumsulfat und einen Überschuß von mindestens 50 cm³ pyridinfreiem Ammoniak (0,91) enthalten und wird zweckmäßig durch Eingießen der Nickelsulfatlösung in die Ammoniak-Ammoniumsulfatlösung hergestellt, wobei die Gefahr des Einschlusses von bas. Nickelsalz in etwa ausfallendem Eisenhydroxyd am geringsten ist.

Die Elektrolyse kann in ruhendem und bewegtem Elektrolyt ausgeführt werden. In *ruhendem* Elektrolyt lassen sich bei gewöhnlicher Temperatur mit einer Stromstärke von 0,5 bis 1,0 A und einer Spannung von 4 V in etwa 12 Stunden bis zu 1 g Nickel aus 300 cm³ Lösung vollständig abscheiden. Will man die Elektrolysendauer abkürzen, so nimmt man das Gesamtvolumen nur halb, die Stromstärke aber doppelt oder 3fach so groß, wie oben angegeben. Man kann auf diese Weise

---

* Bearbeiter: **Georgi.** Mitarbeiter: **Ahrens, Borkenstein, Orlik, Wagenmann, Wirtz.**
[1] Z. anal. Chem. Bd. 19 (1880) S. 320.

in ruhendem Elektrolyt 0,5 g Nickel mit 2 A Stromstärke in 2 bis 3 Stunden ausfällen, was sich durch Erwärmen des Elektrolyten noch weiter beschleunigen läßt.

Zur Schnellanalyse in *bewegtem* Elektrolyt benutzt man am besten Netzelektroden und bei Einhaltung obengenannter Konzentrationen Stromstärken bis 5 A und kann so 0,5 g Nickel innerhalb 1 Stunde niederschlagen.

Ehe man die Elektrolyse unterbricht, prüfe man 1 cm³ des farblosen Elektrolysats mit einer geringen Menge alkoholischer Diacetyldioximlösung auf Nickel. 0,001 mg Nickel in 1 cm³ läßt sich nach einigen Minuten durch eine schwache, aber erkennbare Rotfärbung noch nachweisen.

Die elektroanalytische Bestimmung des Nickels ist nur dann unmittelbar anzuwenden, wenn der Elektrolyt völlig frei von Nitraten, Nitriten und möglichst frei von Chloriden ist, nötigenfalls also zuvor durch Abrauchen mit Schwefelsäure davon befreit worden ist. Weiterhin ist es bei Anwesenheit von essigsauren Salzen ratsam, das Nickel zunächst mit heißer Sodalösung auszufällen, den basischen Nickelcarbonatniederschlag gut auszuwaschen und in Schwefelsäure zu lösen. Das angewandte Ammoniak und Ammoniumsulfat soll rein und frei von Pyridin usw. sein, da sich sonst kleine Mengen Platin anodisch lösen und mit dem Nickel an der Kathode niederschlagen können. Dieser Einschluß zeigt sich beim Lösen der Metalle mit verdünnter, chlorfreier Salpetersäure teils als feine Trübung in der Lösung, teils als abwischbarer Überzug auf der Kathode; er muß unter Umständen berücksichtigt werden. Bei Gegenwart von Chloriden ist die anodische Löslichkeit des Platins noch erheblicher.

Ferner darf der ammoniakalische Elektrolyt keine Fremdmetalle enthalten, die unter den angegebenen Bedingungen kathodisch reduziert werden, wie Silber, Kupfer, Blei, Cadmium, Kobalt, Zink, Mangan, Chrom, Molybdän usw. Zur Entfernung dieser Elemente empfiehlt es sich, wie auch im Kap. „Kobalt" angegeben, zunächst die Metalle der Schwefelwasserstoffgruppe — möglichst unter den Bedingungen der quantitativen Arsenfällung — abzuscheiden. Nach der Fällung des Arsens aus stark salzsaurer, heißer Lösung, die hier im Gegensatz zu der aus einer Kobaltlösung bedeutend rascher verläuft, wird reichlich verdünnt und Schwefelwasserstoff bei gewöhnlicher Temperatur weiter in die Lösung eingeleitet, bis das Blei vollständig ausgeschieden ist. Sind nur einzelne Metalle zu berücksichtigen, so kann man zur Trennung von Nickel auch wie folgt verfahren:

Kupfer wird entweder durch Fällung als Kupfersulfid oder durch Elektrolyse in saurer Lösung vom Nickel getrennt. Liegt ein schwefelsaurer Elektrolyt vor, so gibt man 2% Salpetersäure bzw. Ammoniumnitrat hinzu. In den meisten Fällen aber trennt man das Kupfer aus salpetersaurer Lösung, der man bis zu 5% Ammoniumnitrat zufügt, elektrolytisch ab.

Blei kann unmittelbar durch Abdampfen mit Schwefelsäure als Bleisulfat abgeschieden werden, wenn es in größeren Mengen vorhanden ist. Man achte aber darauf, daß das mitausgefallene wasserfreie Nickelsulfat völlig wieder in Lösung gebracht ist. In Legierungen, welche kleine Mengen Blei neben großen Mengen Kupfer enthalten, wird ersteres bei der elektrolytischen Kupferfällung in rein salpetersaurer Lösung gleichzeitig vollkommen als Dioxyd (PbO_2) an der Anode abgeschieden und kann als solches ausgewogen werden.

Silber wird aus salpetersaurer Lösung als Silberjodid* abgetrennt. Man löst 1 g der silberhaltigen oder versilberten Legierung in 15 cm³ Salpetersäure (1,4), verdünnt auf etwa 75 cm³, gibt eine entsprechende Menge Kaliumjodid (oder Natriumchlorid) hinzu und kocht, bis keine Joddämpfe mehr entweichen bzw. der Niederschlag von Silberhalogenid sich völlig zusammengeballt hat. Nach

---

* Die Silberchloridfällung dürfte in den meisten Fällen auch genügen; man vermeide dabei einen größeren Überschuß an Fällungsmittel.

dem Abfiltrieren desselben und Abstumpfen eines Teiles der Säure mit Ammoniak werden Kupfer und Blei elektrolytisch ausgefällt und die Nickellösung wie unter „Legierungen" weiterbehandelt. Das Silberjodid kann man im Chlorstrom in Silberchlorid umwandeln und als solches zur Wägung bringen. Über potentiometrische Silberbestimmung s. das einschlägige Schrifttum.

Bei kleinen Mengen Silber kann man auch Salzsäure in geringem Überschusse zugeben und dann ohne abzufiltrieren das Kupfer elektrolytisch ausfällen. In Erzen oder Hüttenprodukten werden Silber und andere Edelmetalle immer in besonderer Einwaage dokimastisch bestimmt.

Zinn kann durch Fällen mit Schwefelwasserstoff in salzsaurer Lösung abgeschieden werden, in Legierungen aber wird es nach der im Kap. „Kupfer", S. 221, angegebenen Methode bestimmt.

Die Bestimmung des Nickels durch Elektrolyse setzt weiterhin die Abwesenheit größerer Mengen von *Eisen* und *Aluminium* voraus; nur bei geringen Mengen dieser Elemente kann von einer Entfernung vor der Elektrolyse abgesehen werden.

Die Abscheidung von Eisen und Aluminium erfolgt durch 2malige Fällung entweder mittels Ammoniak bei Gegenwart von reichlich Ammoniumsalz oder noch sicherer mittels Natriumacetat oder -formiat. Die basischen Acetate bzw. Formiate werden in Salzsäure gelöst und die Hydroxyde nach dem Verkochen der organischen Säuren mit Ammoniak gefällt, geglüht und als Summe $Fe_2O_3 + Al_2O_3$ zur Wägung gebracht. Die Oxyde löst man in Salzsäure oder schmilzt sie mit Kaliumpyrosulfat, titriert das Eisen auf bekannte Weise und errechnet dann die Tonerde aus der Differenz.

Die eisen- und aluminiumfreie Nickellösung wird bei Verwendung von Natriumformiat vor der Elektrolyse mit Schwefelsäure eingedampft, während man bei Anwendung von Natriumacetat das Nickel mit Sodalösung ausfällt und dann in Sulfat überführt.

Wenn Eisen allein in größerer Menge zugegen ist oder nicht näher bestimmt werden soll, kann es bis auf einen kleinen Rest in 20% Salzsäure enthaltender Lösung durch das bekannte Rothesche Ausätherungsverfahren oder in dem für die Kobaltammoniumrhodanidausätherung verwendeten Extraktionsapparat[2] entfernt werden.

Hat man Nickel (+ Kobalt) in Gegenwart von etwas Eisenhydroxyd elektrolytisch abgeschieden, so überzeuge man sich durch Lösen des Nickels in Salpetersäure und Übersättigen der Lösung mit Ammoniak stets davon, daß kein Eisenhydroxyd mit eingeschlossen war, im anderen Falle bestimme man die kleine Menge Eisen colorimetrisch und bringe sie in Abzug.

Kobalt wird durch die elektrolytische Methode stets mit Nickel zusammen bestimmt und z. B. bei Handelsnickel und dessen Legierungen auch als Nickel berechnet. Sollen aber Nickel und Kobalt getrennt bestimmt werden, so ermittelt man gewöhnlich zuerst elektrolytisch die Summe beider und trennt dann das Nickel nach dem in folgendem Abschnitt A. II beschriebenen Verfahren mittels Diacetyldioxim ab.

Bei vielen Analysen genügt es, das Kobalt aus der Differenz zu berechnen, bei Schiedsanalysen jedoch muß in der Kontrollprobe Kobalt auch unmittelbar nach einem der im Kap. „Kobalt" erwähnten Verfahren bestimmt werden.

Wenn neben viel Nickel nur ganz geringe Mengen Kobalt vorhanden sind, wie z. B. im Handelsnickel, so empfiehlt es sich meistens, zuerst ebenfalls elektrolytisch die Summe zu bestimmen, dann entweder die Fällung des Kobalts mit α-Nitroso-β-Naphthol vorzunehmen oder das Kobaltammoniumrhodanid auszuäthern[2] (s. Kap. „Kobalt") und darauf den Nickelgehalt aus der Differenz zu berechnen.

---

[2] v. Großmann, O.: Chemiker-Ztg. Bd. 42 (1930) S. 402.

Hat man aber neben viel Kobalt nur sehr wenig Nickel zu bestimmen, wie z. B. in Kobaltoxyden, so ermittelt man elektrolytisch die Summe beider und entfernt nach dem Lösen in Salpetersäure entweder den größten Teil des Kobalts nickelfrei nach der Ausätherungs- oder Nitritmethode oder fällt das Nickel vollständig, aber kobalthaltig, in Kaliumcyanidlösung mittels Brom (nach Liebig). In der kobaltarmen Nickellösung wird Nickel mit Diacetyldioxim bestimmt. Aus der Differenz ergibt sich der Kobaltgehalt.

Zink muß bei der elektrolytischen Nickelbestimmung, wenn es sich nicht nur um Spuren handelt, vorher abgeschieden werden. Man fällt es in einer gegen Kongorot neutralisierten schwach schwefelsauren oder am besten in einer mit Ameisensäure angesäuerten (3%) Lösung mittels Schwefelwasserstoff. Das Zinksulfid muß möglichst weiß aussehen. Sollte jedoch etwas Nickelsulfid mit ausgefallen sein, so löst man den abfiltrierten Niederschlag in Königswasser und fällt das Zink nochmals in gleicher Weise. Die Bestimmung des Zinks erfolgt dann wie üblich (s. Kap. „Zink").

Unerhebliche Mengen Zink, namentlich solche, die bei der Elektrolyse unbemerkt mit Nickel (und Kobalt) niedergeschlagen worden sind, kann man auf folgende Weise nachweisen und abscheiden: Man löst die Metalle mit Salpetersäure von der Kathode ab, dampft die überschüssige Säure weg und fällt nach dem Verdünnen der Lösung auf etwa 100 cm³ einen kleinen Teil des Nickels bzw. Kobalts mit Sodalösung aus. Dann gibt man so viel reines Kaliumcyanid zu, daß sich der Niederschlag wieder löst und die Metalle als Doppelcyanide vorhanden sind. Aus der kochend heißen Lösung werden nun durch Zusatz von Natriummonosulfid Zink und etwa vorhandene kleine Mengen *Mangan* abgeschieden. Nach einigen Stunden wird filtriert, das Filtrat mit Königswasser zersetzt und nach Zugabe von Schwefelsäure in einer geräumigen Schale scharf eingedampft. Die nunmehr vollkommen reine Nickellösung wird dann erforderlichenfalls nochmals elektrolysiert. Zur Trennung größerer Mengen Zink vom Nickel eignet sich das Verfahren nicht, da das Zinksulfid dann meist schleimig ausfällt; zur Prüfung des elektrolytisch abgeschiedenen Nickels und zur Entfernung größerer Mengen Mangan aber ist es sehr zu empfehlen. Mangan wird schon in der Kälte durch Natriumsulfid niedergeschlagen, Zink aber erst bei längerem Erwärmen bzw. beim Kochen.

Die Trennung von Zink und Nickel mittels Diacetyldioxim ist wesentlich einfacher, doch muß man dann etwa vorhandenes Kobalt noch vom Zink trennen. Das Zink kann im Filtrate durch Schwefelwasserstoff gefällt und in der üblichen Weise bestimmt werden.

Die elektrolytische Nickelbestimmung setzt auch die Abwesenheit größerer Mengen *Mangan* voraus, nur bei Gegenwart geringer Mengen, wie dies z. B. bei der Analyse von Neusilberlegierungen der Fall ist, läßt sich Nickel ohne Abtrennung des ausgeschiedenen Hydroxydes unmittelbar und zuverlässig elektrolysieren, sofern man zur voraufgehenden Oxydation Bromwasser verwendet hat. Sind neben Eisen größere Mengen von Mangan zugegen, namentlich wenn Mangan das Eisen überwiegt, so wird immer etwas davon in den Nickelniederschlag an der Kathode aufgenommen. Diese Verunreinigungen können zwar ebenso wie ein etwaiger Zinkgehalt mittels Ammoniumsulfidfällung hinterher erkannt und abgetrennt werden; größere Mengen Mangan entfernt man aber am besten vor der Elektrolyse entweder nach diesem oder dem folgenden Verfahren.

Die Trennung des Mangans vom Nickel vor der Elektrolyse kann durch Fällen als Dioxydhydrat durch Brom und Ammoniak erfolgen. Dieses Verfahren dient auch namentlich zur Bestimmung des Mangans in Nickelmetallen und Legierungen in besonderer Einwaage und wird wie folgt ausgeführt:

Von dem Nickelmetall oder der Legierung werden 5 g in verd. Salpetersäure gelöst; die Lösung wird eingedampft und der Rückstand mit wenig Salpetersäure und Wasser aufgenommen. Die Lösung übersättigt man schwach mit Ammoniak und gibt abwechselnd kleine Mengen Brom und Ammoniak zu, bis alles Mangan abgeschieden ist. Nach kurzem Stehenlassen in der Wärme wird der Niederschlag, welcher immer etwas Nickel und besonders Kobalt einschließt, abfiltriert und mit ammoniakhaltigem Wasser ausgewaschen. Das Filtrat prüft man mit Brom und Ammoniak unter Erhitzen auf Vollständigkeit der Fällung. Die Oxyde werden mit Salzsäure vom Filter gelöst, worauf die Lösung zur Vertreibung von Chlor und überschüssiger Salzsäure eingedampft wird. Nach dem Aufnehmen des Rückstandes mit wenig verd. Salzsäure und Zugabe von einigen Tropfen Wasserstoffperoxyd wird das mitgefällte Eisen (Aluminium) durch Kochen mit Ammoniumacetat und starkes Verdünnen der Lösung ausgefällt. Das Filtrat vom Eisenniederschlag versetzt man noch mit einer weiteren Menge Ammoniumacetat und leitet Schwefelwasserstoff ein. Die Sulfide von Nickel und Kobalt werden abfiltriert, ebenso die beim Eindampfen des Filtrats nach Zugabe von Schwefelwasserstoffwasser sich noch ausscheidenden Reste von Sulfiden. In dem nunmehr völlig nickelfreien Filtrat scheidet man das Mangan nochmals mit Brom und Ammoniak ab und bestimmt es nach den gebräuchlichen Verfahren (s. Kap. „Mangan").

Zur Trennung und Bestimmung des Mangans besonders in *kobaltarmem* Nickel und seinen Legierungen, bei Anwendung einer besonderen Einwaage, eignet sich auch folgendes Verfahren:

2 g des Metalles werden in Salpetersäure gelöst, die Lösung wird zur Trockne gedampft, mit 10 cm³ Schwefelsäure (1 + 1) versetzt und vorsichtig abgeraucht, bis SO_3-Dämpfe entweichen. Nach dem Erkalten gibt man etwas Wasser zu und dampft nochmals bis zum Abrauchen ein, um jede Spur Salpetersäure auszutreiben. Die erkaltete Salzmasse wird mit 100 cm³ Wasser unter Erwärmen gelöst, die Lösung mit Ammoniak neutralisiert und dann mit ein paar Tropfen verd. Schwefelsäure wieder angesäuert. Nun gibt man 100 cm³ 6proz. Ammoniumperoxydisulfatlösung zu, kocht 10 bis 15 min unter Benutzung eines Siedestäbchens, filtriert die heiße Lösung sofort durch ein doppeltes, dichtes Filter und wäscht gut aus. Das Filter mit dem Niederschlag wird in das Fällgefäß zurückgegeben und mit 25 cm³ Eisen(II)-sulfatlösung [25 g Eisen(II)-sulfat, 30 cm³ konz. Schwefelsäure auf 1 l] gelinde erwärmt, bis alles gelöst ist. Man verdünnt mit kaltem Wasser auf etwa 150 cm³ und titriert mit $n/_{20}$-Permanganat. Die Titerstellung wird in genau derselben Weise mit 25 cm³ Eisen(II)-sulfatlösung unter Zugabe gleicher Filter ausgeführt.

Das Filtrat von der Peroxydisulfatfällung wird noch auf Mangan geprüft, indem man etwas Silbernitratlösung sowie einen kleinen Löffel voll Peroxydisulfat hinzugibt und aufgekocht. Entfärbung bzw. Rotfärbung zeigen einen Mangangehalt an, doch ist unter Einhaltung der oben gegebenen Bedingungen die Ausfällung durchweg vollständig.

Ist neben Nickel nur Mangan vorhanden, wie das nach dem Ausfällen von Eisen und Aluminium als basische Acetate der Fall sein kann, so läßt sich ohne weiteres das Nickel in der heißen Lösung mit Diacetyldioxim in essigsaurer Lösung ausfällen und bestimmen.

Wenn **Chrom** von Nickel getrennt werden soll, so geschieht dies am besten nach Zugabe von genügend Weinsäure und Ammoniumsalzen mit Diacetyldioxim in ammoniakalischer Lösung.

Man kann Chrom auch durch Überführung in Chromat mittels Wasserstoffperoxyd in alkalischer Lösung vom Nickel trennen (s. auch Kap. „Kobalt", A. I, S. 188).

Arsen trennt man vom Nickel im allgemeinen als Sulfid durch Fällen aus der heißen, stark salzsauren Lösung mittels Schwefelwasserstoff. Das Arsensulfid fällt dabei mit den Metallen der Schwefelwasserstoffgruppe, von welchen es durch Behandeln mit Natriummonosulfid getrennt wird. In dieser Lösung scheidet man es wieder durch Ansäuern mit Schwefelsäure aus und bestimmt es durch Destillation (s. Kap. „Arsen").

Soll Arsen in einem Handelsnickel für sich allein bestimmt werden, so verfährt man genau wie bei der Bestimmung des Arsens im Raffinatkupfer angegeben (s. Kap. „Kupfer", S. 216).

II. Die Fällung mit Diacetyldioxim.

Wird eine schwach essigsaure bzw. ammoniakalische Nickellösung mit einer Lösung von Diacetyldioxim in Äthylalkohol oder Methanol versetzt, so fällt Nickel als rotes Nickeldiacetyldioxim ($C_8H_{14}N_4O_4Ni$ mit 20,32% Ni) aus. Kobalt wird nicht mitgefällt. Diese Bestimmungsmethode, die zuerst von O. Brunck[3] mitgeteilt wurde, gehört zu den genauesten Verfahren der analytischen Chemie. Sie eignet sich zur unmittelbaren Bestimmung des Nickels bei nicht zu großen Mengen von Zink und Mangan, sofern in *essigsaurer* Lösung gearbeitet wird; sind Chrom, Eisen oder Aluminium zugegen, so wird nach Weinsäurezusatz in *ammoniakalischer* Lösung gefällt. Als Fällungsmittel dient eine 1proz. Lösung von Diacetyldioxim in etwa 80proz. Äthylalkohol bzw. eine 2proz. in Methanol, die unter Erwärmen bereitet werden. Da der Nickel-Diacetyldioximniederschlag in Alkohol und in heißem Wasser merklich löslich ist, darf bei der Fällung nicht viel mehr als die erforderliche Menge der alkoholischen Lösung des Fällungsmittels zugegen sein; es muß in nicht zu konzentrierter Lösung gefällt und *nicht heiß* filtriert werden. Für einen Teil Nickel sind theoretisch etwa 4 Teile Fällungsmittel erforderlich. Fügt man die 5fache Menge, d. h. bei einer Menge von 0,1 g Nickel 50 cm³ der 1proz. alkoholischen Diacetyldioximlösung hinzu, so ist die Fällung jedenfalls vollständig; mehr als 0,1 g Nickel soll möglichst nicht angewandt werden. Die Fällung wird in der Wärme (bei etwa 70°) vorgenommen. Man läßt dann die Flüssigkeit etwa 1 Stunde bei der gleichen Temperatur stehen, wobei der Niederschlag sich vervollständigt und zusammenballt, kühlt etwas ab, filtriert durch einen Glasfiltertiegel (G 3) und wäscht mit destill. Wasser von 50 bis 60° aus. Darauf wird bei 120° getrocknet und nach dem Erkalten gewogen. Der Umrechnungsfaktor auf Nickel beträgt 0,2032.

Im einzelnen wird wie folgt gearbeitet:

a) In essigsaurer Lösung.

Zu der mit Ammoniak abgestumpften, aber noch schwach sauren etwa 70° heißen Nickellösung, die ein Volumen von etwa 250 cm³ haben soll, wird die zur Fällung notwendige Menge filtrierter alkoholischer Diacetyldioximlösung hinzugefügt und sodann so viel einer Natriumacetatlösung, bis sich der Niederschlag nicht mehr sichtbar vermehrt. Nun gibt man noch etwa 1 g Natriumacetat im Überschuß hinzu und behandelt die Flüssigkeit weiter, wie oben beschrieben.

b) In ammoniakalischer Lösung.

Die schwach ammoniakalische Nickellösung wird unter sonst gleichen Bedingungen wie oben mit der berechneten Menge Diacetyldioximlösung gefällt. Soll die Fällung in Gegenwart von Eisen, Aluminium oder Chrom ausgeführt werden, so ist vor dem Übersättigen mit Ammoniak zunächst Weinsäure hinzuzufügen

[3] Z. angew. Chem. Bd. 20 (1907) 1844; Bd. 27 (1914) S. 315 — Chemiker-Ztg. Bd. 33 (1909) S. 649.

und zwar z. B. für 1 g Eisen 10 cm³ einer wässerigen Weinsäurelösung $(1+1)$. Das gesamte Eisen muß in *3-wertiger* Form vorliegen. Beim Hinzufügen von Ammoniak scheidet sich zunächst ein gelber Niederschlag von weinsaurem Eisen[III]-Salz ab, der sich auf weiteren Ammoniakzusatz wieder auflöst. Die Fällung des Nickels wird dann unter den obigen Bedingungen vorgenommen. Bei Gegenwart beträchtlicher Eisenmengen kann es angezeigt sein, den Niederschlag nach dem Abfiltrieren auf ein Papierfilter durch Auflösen in Salzsäure und nochmaliges Fällen zu reinigen.

An die Fällung des Nickels mit Diacetyldioxim kann eine elektrolytische Bestimmung des Metalls[4] angeschlossen werden. Zu diesen Zweck wird der Niederschlag mit heißer Salpetersäure (1,2), der etwas Wasserstoffperoxyd hinzugefügt wurde, gelöst und diese Lösung mit Schwefelsäure bis zum Entweichen von SO_3-Nebeln erhitzt. Weiteres s. unter A. I.

Zu erwähnen wäre zu den beiden Anwendungsformen der *Fällung mit Diacetyldioxim* noch, daß auch hier die Entfernung der Schwefelwasserstoffgruppe vorauszugehen hat. Sind *kleinere* Mengen von Eisen bei der Fällung in essigsaurer Lösung zugegen, so müssen sie vorher durch Erwärmen mit schwefliger Säure zu Eisen[II]-Salz reduziert worden sein. Dafür versetzt man die Lösung mit Alkalilauge bis zur bleibenden Fällung, löst diese mit wenig Salzsäure, fügt 5 cm³ einer gesättigten Schwefeldioxydlösung hinzu, erwärmt und fällt dann das Nickel.

Enthält die Nickellösung wenig Kobalt, so genügt zur Fällung mit Diacetyldioxim, wie bereits erwähnt, die 5- bis 6fache Menge des Reagenses; überwiegt Kobalt, so muß sie auf mindestens das 10- bis 12fache erhöht werden und die Fällung in essigsaurer Lösung erfolgen, weil der Niederschlag aus ammoniakalischer Lösung unter diesen Bedingungen schwer abfiltrierbar ist.

Zum Schluß sei auf die *colorimetrische Nickelbestimmung* in Feinstzink (Kap. „Zink", S. 451) hingewiesen.

B. Die Untersuchung von Erzen und Hüttenerzeugnissen.

I. Erze.

Unter den nutzbaren Nickelerzen stehen an erster Stelle die *sulfidischen,* von denen *Kupfer-* und *Eisennickelkies* [(FeNiS)-haltiger *Magnetkies*] mit 1 bis 5% Ni zugleich das wichtigste Nickelerz überhaupt ist. Von Bedeutung sind auch die *oxydischen Vorkommen* in Form des kupferarmen *Garnierits,* eines wasserhaltigen Nickel-Magnesium-Silicates mit 4 bis 10% Ni sowie ähnlich zusammengesetzte tonige Verwitterungsprodukte mit 1 bis 3% Ni.

Demgegenüber gibt es keine eigentlichen *arsenidischen* Nickelerze; die Nickelarsenide sind nur Begleitmineralien anderer Erze (z. B. Kobalt-, Kupfer- und Bleierze), deren Verarbeitung das Nickel in Speisen und Steinen anreichert. Nennenswert sind *Rotnickelkies* NiAs, *Weißnickelkies* $NiAs_2$, *Arsennickelkies* NiAsS, sowie die stets Nickel enthaltenden Kobaltmineralien (s. Kap. „Kobalt").

Fast alle Nickelerze enthalten neben wechselnden Eisenmengen auch Kobalt, die sulfidischen und arsenidischen außerdem Kupfer, Blei, Mangan, Zink und Edelmetalle.

Bei der *Bemusterung* der Nickelerze empfiehlt es sich, ebenso wie bei den nickelhaltigen Hüttenerzeugnissen, mit Rücksicht auf die ungleichmäßige Beschaffenheit des Materials möglichst ein Zehntel des Gesamtgewichtes auszuhalten und daraus nach genügender Zerkleinerung die Durchschnittsprobe zu ziehen (s. auch Kap. „Kobalt").

Der Aufschluß, besonders von arsen- oder schwefelreichen Nickelerzen, -speisen und -steinen, erfolgt zweckmäßig in der Weise, daß 1 g der Probe, wie im Kap. „Kobalt" angegeben, im Porzellan-, Tonerde- oder Silbertiegel mit Natriumperoxyd geschmolzen und der größte Teil des *Arsens* oder *Schwefels* mit der alkalischen Lösung der Schmelze abgetrennt wird.

Im allgemeinen wird von dem fein geriebenen Erz 1 g mit Königswasser gekocht, die Lösung 2mal mit Salzsäure zur Trockne gedampft, dann mit verd.,

---

[4] **Wagenmann, K.**: Ferrum Bd. 12 (1914/15) S. 126 — Z. anal. Chem. Bd. 55 (1906) S. 348.

heißer Salzsäure wieder aufgenommen und vom Unlöslichen durch Filtrieren befreit. Ist der Rückstand nicht rein weiße Kieselsäure, so schmilzt man ihn mit Kaliumnatriumcarbonat, löst die Schmelze in Wasser und filtriert den Niederschlag ab. Dieser wird mit Salzsäure vom Filter gelöst und dem Filtrat der Hauptlösung zugegeben. In den vereinigten Lösungen scheidet man die Elemente der Schwefelwasserstoffgruppe zunächst unter den Bedingungen der quantitativen Arsenfällung, dann weiter in verd. Lösung ab; *Kupfer, Blei, Arsen (Antimon)* können wie üblich getrennt und bestimmt werden. Das Filtrat vom Sulfidniederschlag wird eingedampft, mit Bromwasser oder Wasserstoffperoxyd oxydiert und nun *Eisen (Aluminium)* 1- bzw. 2mal mittels Ammoniak oder nach dem Formiatverfahren gefällt. Die vereinigten Filtrate dampft man mit Schwefelsäure ein, bestimmt *Nickel* und *Kobalt* elektrolytisch und trennt beide mittels Diacetyldioxim.

Ist nur Nickel zu bestimmen, so kann man es ohne weiteres im Filtrat der Eisenfällung als Nickeldioxim ausfällen.

Die Anwesenheit größerer Mengen *Zink*, welche aber bei Nickelerzen kaum in Frage kommt, ebenso wie die von *Mangan*, würde eine Abscheidung dieser Elemente mittels Schwefelwasserstoff in schwach schwefel- oder 3proz. ameisensaurer Lösung bzw. mit Ammoniak und Brom vor der Elektrolyse notwendig machen. In letzterem Falle verbindet man gleichzeitig damit die Eisenabscheidung. Kleine Mengen Zink und Mangan können auch nach der elektrolytischen Abscheidung des Nickels bzw. Kobalts mittels Ammoniumsulfid in Kaliumcyanidlösung entfernt werden, wie unter A. I, S. 262, angegeben ist.

Silber und *andere Edelmetalle* werden in Nickelerzen und in den verschiedenen nickelhaltigen Hüttenprodukten stets dokimastisch bestimmt (s. Kap. „Edelmetalle", S. 179 und 180).

II. Hüttenerzeugnisse.

Fast in allen Hüttenerzeugnissen des Nickels ist eine kleinere oder größere Menge Kobalt enthalten, welche oft als Nickel mit zur Berechnung kommt. Man bestimmt daher Nickel und Kobalt meistens elektroanalytisch zusammen, und dann erst erforderlichenfalls Nickel für sich mittels Diacetyldioxim, den Kobaltgehalt also als Differenz. Nur bei sehr kleinen Kobaltgehalten oder bei entscheidenden Proben wird der Kobaltgehalt unmittelbar mittels der üblichen Methoden festgestellt.

1. Steine, Speisen, Schlacken, Krätzen.

Aufschluß und Untersuchung erfolgen bei den *Nickelsteinen* und *-speisen* in der gleichen Weise wie bei den Erzen. Auf *Zink* ist Rücksicht zu nehmen.

Von *Schlacken* nimmt man 2 bis 5 g zur Untersuchung. Der beim Kochen mit Königswasser verbliebene Rückstand wird, falls er nicht rein weiße Kieselsäure ist, am besten durch Schmelzen mit Kaliumnatriumcarbonat und einer kleinen Menge Kaliumnitrat aufgeschlossen.

Die salzsauren Lösungen werden vereinigt und nach wiederholtem Eindampfen zwecks Unlöslichmachen der Kieselsäure wie bei den Erzen weiterbehandelt. Auch hierbei ist ein etwaiger Gehalt an *Zink* zu beachten.

Nickelkrätzen sind naturgemäß außerordentlich verschieden in der Zusammensetzung. Es müssen je nach der Art 5, 10 oder 20 g, aus feinen und gröberen Teilen prozentual zusammengesetzt, zur Untersuchung genommen werden. Ein in Königswasser unlöslicher Rückstand wird durch Schmelzen mit Soda — Pottasche — Salpeter oder durch Verflüchtigung der Kieselsäure mit Fluorwasserstoff- und Schwefelsäure aufgeschlossen. Bleibt hierbei noch ein unlöslicher Rückstand, so schmilzt man mit Borax und löst die Schmelze in Salzsäure. Die Lösungen werden vereinigt und zu 1 l aufgefüllt, worauf der 1 g entsprechende Anteil der Lösung, wie bei den Erzen beschrieben, weiterbehandelt wird. Auf *Zink* ist bei Nickelkrätzen stets Rücksicht zu nehmen (Neusilberkrätze).

2. Nickelmetall.

Das Nickelmetall kommt in den Handel hauptsächlich als

Carbonylnickel, auch Mond- oder Kugelnickel, mit etwa 99,8% Ni, Co-frei.

Elektrolyt- oder *Kathodennickel* in Form von Kathodenplatten oder Nickelanoden, auch gewalzt, mit etwa 99,4% Ni, etwa 0,4% Co.

Würfel- und *Rondellennickel* mit etwa 98,0 bis 99,0% Ni, etwa 0,5 bis 1,0% Co.

Granaliennickel mit Gehalten wie Würfelnickel, ohne Kohlenstoff.

Blocknickel, raffiniert, mit etwa 99,2% Ni + Co.

Nickelpulver und *-schwamm*, mit etwa 98% Ni + Co.

Die Bemusterung erfolgt bei Platten und Blöcken durch die Bohrprobe; die Späne sind zu entfetten, zu trocknen und mittels eines Magneten von Eisensplitterchen zu befreien. Von Würfeln und Kugeln entnimmt man einen gewissen Teil und zerkleinert ihn mit Hammer und Meißel.

Im *Handelsnickel* sind hauptsächlich folgende Begleitelemente bzw. Verunreinigungen zu beachten:

im Carbonylnickel: Eisen, Kohlenstoff, Schwefel und Silicium;

im Elektrolytnickel: Kobalt, Eisen, Kupfer, Blei, Zink, Schwefel, Arsen;

im Würfel-, Granalien- und Blocknickel: Kobalt, Eisen, Kupfer, Schwefel, Kohlenstoff, Silicium, Mangan, Aluminium, Magnesium, Calcium.

Nickelwaren und Nickelformguß enthalten meist größere Mengen von Blei, Zinn, Zink, Magnesium u. a.

Der **Kobaltgehalt** gilt im allgemeinen nicht als Verunreinigung und wird als Nickel mitgerechnet. Den Reingehalt des Nickels bestimmt man bei den reineren Sorten nicht unmittelbar, sondern als Differenz nach Feststellung aller Verunreinigungen. Andernfalls verbindet man beides in einer Probe.

Reingehalt bzw. Kupfer, Blei, Zink, Eisen, Aluminium, Mangan, Arsen und Silicium können gemeinsam in einer Einwaage ermittelt werden.

Man löst je nach der Güte des Nickels 10 bzw. 25 g einer genauen Durchschnittsprobe in etwa 100 bis 150 cm³ Salpetersäure (1,4), dampft mehrmals mit Salzsäure auf dem Dampfbad zur Trockne und erhitzt schließlich zum Unlöslichmachen der Kieselsäure im Sandbad oder Trockenschrank $^{1}/_{2}$ Stunde auf 130°. Die Masse wird mit heißer verd. Salzsäure wieder in Lösung gebracht, der Rückstand abfiltriert, gut gewaschen und nach dem Veraschen und Glühen als SiO_2 ausgewogen. Ein Kohlenstoffgehalt des Rückstandes bleibt dabei unberücksichtigt. Ist die Kieselsäure nicht rein weiß, so wird sie mit Soda-Pottasche geschmolzen und die Schmelze in Wasser gelöst, worauf die Metallcarbonate bzw. -oxyde abfiltriert werden. In der alkalischen Lösung bestimmt man die *Kieselsäure* in bekannter Weise und gibt sie als Si-Gehalt an. Die Metalloxyde löst man in Salzsäure und fügt sie der Hauptlösung bei.

In diese leitet man zuerst unter Erwärmen, dann nach weiterem Verdünnen in der Kälte Schwefelwasserstoff ein, um Kupfer, Blei, Arsen, Zinn als Sulfide zu fällen, die dann in bekannter Weise (*Kupfer* kathodisch als Cu, *Blei* anodisch als PbO_2, *Arsen* durch Destillation, *Zinn* als SnO_2) getrennt und bestimmt werden.

Das Filtrat vom Sulfidniederschlag wird durch Eindampfen vom überschüssigen Schwefelwasserstoff befreit und zur Oxydation von *Eisen* und *Mangan* mit Wasserstoffperoxyd oder Bromwasser versetzt. Man verdünnt dann nötigenfalls wieder mit heißem Wasser, setzt etwa 10 g Ammoniumsulfat und Ammoniak in geringem Überschuß zu (bei Anwesenheit von Mangan außerdem noch Bromwasser), filtriert nach einiger Zeit den eisen-, mangan- und aluminiumhaltigen Niederschlag ab und trennt ihn in üblicher Weise mittels des Acetatverfahrens (Fe + Al von Mn) und Titration mit Permanganat (Fe von Al) nach A. I. Das Filtrat von der Eisen- bzw. Manganfällung setzt man, da es meist kleine Mengen Nickel enthält, der Hauptlösung zu und erhitzt diese bis zur Entfernung des freien Ammoniaks.

Zur Fällung des *Zinks* macht man die Lösung jetzt ameisensauer (3 %) und verfährt weiter, wie bereits beschrieben. Die Lösung enthält nunmehr von den gesamten Verunreinigungen höchstens noch Spuren der genannten Elemente sowie Magnesium und Calcium; sie wird zu 1000 cm³ aufgefüllt; man entnimmt davon 2mal einen je 1 g Nickel entsprechenden Anteil. In diesem bestimmt man nach dem Eindampfen mit Schwefelsäure elektrolytisch Nickel und Kobalt gemeinsam. Den Kobaltgehalt ermittelt man in einem anderen Teil der Lösung durch α-Nitroso-β-Naphthol und anschließende elektrolytische Fällung und verwendet den so erhaltenen Nickelwert am besten lediglich zur Kontrolle des genauer aus der Summe der Verunreinigungen sich ergebenden Reingehalts.

Zur Bestimmung des **Kohlenstoffs** werden von der möglichst gut zerkleinerten Probe 2 bis 3 g im Marsofen bei 1000 bis 1100° im Sauerstoffstrom erhitzt. Der Zuschlag eines Oxydationsmittels ist nicht nötig, wohl aber muß man Kobalt-oxyd und Chromatgemisch hinter das Verbrennungsschiffchen einschalten, um einesteils Kohlenoxyd vollständig zu oxydieren und andernteils entstandenes Schwefeldioxyd zu binden. Kohlendioxyd wird entweder volumetrisch bestimmt oder im Natronkalkröhrchen aufgefangen und zur Wägung gebracht.

Auch nach dem Chromschwefelsäureverfahren erhält man richtige Ergebnisse, nur ist dieses sehr zeitraubend.

Zur Bestimmung des **Sulfidschwefels** löst man nach dem Verfahren des Staat-lichen Materialprüfungsamtes Berlin-Dahlem 10 bis 20 g des gut zerkleinerten Nickels mit konz. Bromwasserstoffsäure (1,49) im Schwefelbestimmungsapparat. Den dabei entwickelten Schwefelwasserstoff läßt man im Zehnkugelrohr durch Bromsalzsäure absorbieren und bestimmt die entstandene Schwefelsäure in be-kannter Weise als Bariumsulfat. Das Verfahren von Schulte[5], bei dem der ent-wickelte Schwefelwasserstoff zunächst als Cadmiumsulfid ausgefällt wird und nach der Umsetzung mit Kupfersulfat als Kupferoxyd zur Wägung kommt, kann zur Bestimmung des Sulfidschwefels ebenfalls angewandt werden.

Der **Gesamtschwefel** kann durch Lösen des Nickels mit Salpetersäure in Schwe-felsäure übergeführt und als Bariumsulfat bestimmt werden. Zu diesem Zwecke löst man 10 g Nickel in 50 cm³ Salpetersäure (1,4), dampft die Lösung zur Ab-scheidung der Kieselsäure mehrmals mit Salzsäure ein und filtriert nach Auf-nahme mit verd. Salzsäure die Kieselsäure ab. In dem etwa 300 bis 400 cm³ betragenden Filtrate wird die Schwefelsäure in der Siedehitze mit 10 cm³ heißer Bariumchloridlösung gefällt und das Kochen noch einige Minuten fortgesetzt.

Nach 12 Stunden filtriert man die heiße Lösung durch ein dichtes Filter, wäscht den Niederschlag gut aus, glüht ihn und wägt als $BaSO_4$ aus. Nebenher läuft ein Blindversuch, da die als „chemisch rein" bezeichnete Salpeter- und Salzsäure meist geringe Mengen Schwefelsäure enthält. Nach Abzug dieser Menge Bariumsulfat von der oben erhaltenen kann man dann den wahren Schwefel-gehalt des Nickelmetalls berechnen.

In *geschmolzenem* Nickel kann ferner **Magnesium** vorhanden sein, in *gefrittetem* neben **Magnesiumoxyd** noch **Calciumoxyd**. Zur Bestimmung dieser Verunreini-gungen werden 5 bis 10 g der Probe in Salpetersäure gelöst. Die Lösung dampft man mehrmals mit Salzsäure zur Trockne, filtriert, macht dann stark ammoniaka-lisch und scheidet daraus Kupfer, Nickel und Kobalt zusammen elektrolytisch ab. Nach beendeter Elektrolyse wird das ausgeschiedene Eisenhydroxyd abfiltriert, wieder in Salzsäure gelöst und nochmals mit Ammoniak gefällt. Nach der Ver-einigung beider Filtrate wird am besten in einer Platinschale eingedampft und die Salzmasse zur Vertreibung der großen Menge Ammoniumsalze geglüht. Den Rückstand löst man in Salzsäure, versetzt die Lösung mit einem für beide Ele-mente berechneten Überschusse von Ammoniumoxalat und fällt nach Zugabe

---

[5] Stahl u. Eisen Bd. 26 (1906) S. 985.

von Ammoniak Calciumoxalat aus. Nach 12stündigem Stehenlassen in der Kälte dekantiert man durch ein Filter, wäscht den Niederschlag im Glase oberflächlich aus, löst ihn in Salzsäure und fällt, unter Zusatz von etwas Ammoniumoxalat, durch Ammoniak das Calciumoxalat nunmehr frei von Magnesium aus. Das Calciumoxalat wird in $CaSO_4$ übergeführt, gewogen und als CaO berechnet, oder man titriert es mit Permanganat.

Die Filtrate vereinigt man, engt sie stark ein oder dampft besser zunächst zur Trockne, nimmt mit wenig Wasser auf und gibt zur siedenden Lösung Natriumphosphat und reichlich Ammoniak hinzu. Nach 24 Stunden filtriert man den Niederschlag ab, löst ihn in Salzsäure und fällt in gleicher Weise um. Er wird dann in Magnesiumpyrophosphat übergeführt, gewogen und als Mg bzw. MgO berechnet.

Hat man in *geschmolzenem Nickel* Magnesium zu bestimmen, so dampft man nach der Trennung von Kupfer, Nickel, Kobalt und Eisen (s. oben) die Lösung ein und fällt das Magnesium mit Ammoniumphosphat ebenfalls 2mal.

Bei diesen Bestimmungen ist zu beachten, daß das gewöhnlich benützte Ammoniak mehr oder weniger große, aus den Glasballons stammende Mengen Calcium- und Magnesiumhydroxyd enthält. Hat man nicht frisches, aus flüssigem Ammoniak hergestelltes Reagens zur Verfügung, so entwickele man aus dem gewöhnlichen Ammoniak durch Kochen Ammoniakgas und leite dieses in die Lösungen oder vorerst in Wasser ein.

Einen **Zinngehalt** im Nickel ermittelt man nach dem im Kap. „Kupfer“, S. 211, angegebenen Verfahren.

3. Nickellegierungen.

a) Nickel-Kupfer-Legierungen.

Zinkfreie Legierungen von Nickel und Kupfer in den verschiedensten Verhältnissen sind z. B. *Monelmetall, Münzlegierung, Konstantan, Nickelin* usw.; sie enthalten nebenher noch kleine Mengen von Eisen, Mangan, Blei, Zinn, Kobalt, Schwefel, Arsen.

Zur Bestimmung von **Kupfer, Nickel** und **Eisen** löst man von der zerkleinerten und entölten, trockenen Bohr- oder Abschlagprobe 10 g in 80 bis 100 cm³ Salpetersäure (1,4) und 100 cm³ Wasser, kocht zur Vertreibung der nitrosen Gase und bringt, gegebenenfalls nach dem Abfiltrieren von ausgeschiedener **Zinnsäure** auf 1 l. Hiervon entnimmt man 100 cm³ (= 1 g Einwaage) und bestimmt darin nach Zugabe von etwa 5 g Ammoniumnitrat Kupfer elektrolytisch. Etwa vorhandenes **Blei** geht dabei als Bleidioxyd an die Anode; es wird aber wegen der Unzuverlässigkeit der elektrolytischen Bleibestimmung in Gegenwart von Mangan, das in solchen Legierungen selten fehlt, in dieser Form nicht gewogen, sondern besser in einem anderen Teil (250 cm³) der Einwaage als Sulfat abgeschieden und bestimmt.

Die entkupferte und entbleite Lösung füllt man in einem 500 cm³-Kolben auf und fällt — je nach dem Nickelgehalt — in 50 bis 100 cm³ davon nach Zusatz von Weinsäure Nickel mittels Diacetyldioxim und Ammoniak in bekannter Weise. In einem 3. Teil (250 cm³) der Hauptlösung wird nach Zusatz von Ammoniumsalz *Eisen* mittels Ammoniak durch 2malige Fällung abgeschieden; die Bestimmung erfolgt maßanalytisch.

Den **Mangangehalt** ermittelt man am besten in 0,2 bis 0,5 g Einwaage nach Procter Smith (s. Kap. „Kupfer“, S. 222), den **Schwefel-** und **Arsengehalt** wie in „Nickelmetall“.

Soll auch der **Kobaltgehalt** in Nickellegierungen festgestellt werden, so entkupfert man einen 4. Teil (100 cm³) der Hauptlösung elektrolytisch, dampft die salpetersaure Lösung mit Schwefelsäure zur Beseitigung der Salpetersäure ein, fällt das Kobalt entweder unmittelbar mit α-Nitroso-β-Naphthol oder nach voraufgehender elektrolytischer Abscheidung der Summe Co + Ni in der üblichen Weise und bestimmt es dann elektrolytisch (s. Kap. „Kobalt“).

Phosphorbestimmung s. Kap. „Kupfer“, S. 225.

b) Nickel-Kupfer-Zink-Legierungen.

Diese Legierungen, die ebenfalls in den verschiedensten Verhältnissen hergestellt und zusammenfassend als **Neusilber** bezeichnet werden, führen im Handel allerlei Namen wie: *Argentan, Pakfong, Rheotan* und in versilberter Ausführung *Alfenide-, Alpakasilber* u. ä.

Die Untersuchung auf *Kupfer, Nickel, Zink, Zinn, Blei, Eisen, Mangan, Kobalt, Schwefel* und *Arsen* geht in der gleichen Weise vor sich wie bei der von „Kupfer-Nickel-Legierungen“ bzw. von „Messing“.

Beim Lösen sich abscheidende ***Zinnsäure*** filtriert man ab und bestimmt darin das Zinn in bekannter Weise. Den entkupferten und entbleiten Elektrolyt macht man schwach alkalisch, gibt überschüssige Ameisensäure (3% an freier Säure) hinzu und fällt ***Zink*** in der Wärme als Sulfid, erforderlichenfalls 2 mal. Die Endbestimmung s. Kap. „Zink“. Die nunmehr kupfer- und zinkfreie Lösung dampft man mit Schwefelsäure ein, oxydiert mit Wasserstoffperoxyd oder Bromwasser und verfährt zur ***Nickel-*** und ***Eisen***bestimmung wie unter „Nickel-Kupfer-Legierungen“ angegeben, ***Mangan*** wird nach dem Verfahren von Procter Smith ermittelt.

Die Bestimmung von ***Schwefel*** und ***Arsen*** erfolgt wie im „Nickelmetall“, die von ***Phosphor*** s. Kap. „Kupfer“, S. 225.

c) Nickelplattierungen.

Bei der Untersuchung von Nickelplattierungen[6] ist zu berücksichtigen, daß sich zwischen Grundmetall und Auflage eine Legierungsschicht befindet, die nur durch Behandeln mit Bromsalzsäure in Lösung geht.

Eine Durchschnittsprobe mit etwa 1 g Auflagemetall wird mit einem Gemisch von 3 Teilen Salpetersäure (1,4) und 1 Teil Salpetersäure (1,52) in der Kälte behandelt. Die Auflage löst sich rasch auf, ohne daß das Grundmetall angegriffen wird. Man gießt die Lösung in eine Eindampfschale ab, wäscht gut mit Wasser nach und dampft völlig ein.

Die Salzmasse nimmt man mit heißer, verd. Salpetersäure auf, gibt Ammoniumnitrat und etwa 5 cm³ konz. Schwefelsäure zu und scheidet das ***Kupfer*** durch Elektrolyse ab. Die entkupferte Lösung dampft man dann mit Schwefelsäure bis zur völligen Verflüchtigung der Salpetersäure ein und fällt nötigenfalls geringe Kupferreste als Sulfid, das abfiltriert und als Oxyd oder colorimetrisch bestimmt wird. Nach der Vertreibung des überschüssigen Schwefelwasserstoffs und Oxydation mit Bromwasser oder Wasserstoffperoxyd wird ***Nickel*** in ammoniakalischer Lösung bei Gegenwart einer größeren Ammoniumsulfatmenge elektrolytisch abgeschieden.

Das von der Hauptmenge der Auflage befreite Grundmetall wird mit 50 cm³ einer kalten Lösung von 13 cm³ Brom in 1 l Salzsäure (1,12) unter häufigem Umschwenken etwa 10 min behandelt, die Lösung abgegossen und das verbleibende Grundmetall nachgewaschen. Dadurch wird auch die Zwischenschicht abgelöst. Nach dem Verkochen des Bromüberschusses fällt man Kupfer in üblicher Weise als Sulfid (Bestimmung colorimetrisch) und Nickel schließlich mittels Diacetyldioxim und Ammoniak bei Gegenwart von Weinsäure. Man überzeuge sich durch erneutes Behandeln mit Bromsalzsäure von der vollständigen Ablösung der Kupfer-Nickel-Schicht!

Aus den erhaltenen Kupfer- und Nickelwerten sowie der Einwaage berechnet man die Zusammensetzung, das Gewicht der Auflage und das Gewichtsverhältnis

---

[6] **Deiß-Blumenthal**: Mitt. dtsch. Mat.-Prüf.-Anst. 1934 Heft 17 u. 1933 Sonderheft XXII.

von Grundmetall zur Auflage. Die geringe gelöste Eisenmenge kann man in den meisten Fällen vernachlässigen.

An Stelle des Salpetersäuregemisches zum Ablösen der Deckschicht kann auch ein Gemisch von 75 cm³ 20proz. Kaliumnitritlösung und 15 cm³ Eisessig[7] oder eine Lösung von Ammoniak und Ammoniumperoxydisulfat verwendet werden. Die Zwischenschicht ist auch dann mit Bromsalzsäure zu lösen.

4. Oxyde und Salze.

a) Nickeloxyde.

Für die Untersuchung der Nickeloxyde gilt das über die Kobaltoxyde Gesagte. Einen **Kobaltgehalt** bestimmt man am besten in der elektrolytisch abgeschiedenen Summe Co + Ni mittels der α-Nitroso-β-Naphthol-Fällung und Elektrolyse (s. Kap. „Kobalt").

b) Nickelsalze.

Die gangbarsten Nickelsalze sind:

Nickelsulfat, $NiSO_4 + 7\,H_2O$, theoretisch mit 20,89% Ni.

Nickelammoniumsulfat, $NiSO_4(NH_4)_2SO_4 + 6\,H_2O$, theoretisch mit 14,86% Ni.

Nickelformiat, wasserfrei $Ni(HCO_2)_2$, theoretisch mit 39,6% Ni.

Vernickelungssalze, zumeist Nickelsulfat mit Zusätzen von Nickelchlorid, Natriumchlorid, Natriumsulfat, Magnesiumsulfat, Borsäure, Citronensäure u. a., ferner unreine Nickelsalze als Zwischen- und Abfallprodukte.

Für die Untersuchung solcher Salze gilt grundsätzlich das schon bei der Analyse anderer Nickelerzeugnisse Gesagte. An Verunreinigungen sind im allgemeinen vorhanden neben einem *Kobaltgehalt:*

Kupfer, Eisen, Zink, Blei, Arsen, Calciumsulfat, Cl' im Sulfat, SO_4'' im Formiat, freie Säure. Bei der Analyse kommt es sowohl auf die Ermittlung des Nickelgehaltes wie auf die der Begleitelemente bzw. der Verunreinigungen an.

Das Durchschnittsmuster wird zunächst in einer Porzellanreibschale zerrieben; davon werden je nach der Reinheit der Salze 10 bis 100 g eingewogen, in heißem, schwach schwefelsaurem Wasser gelöst und auf 1 l aufgefüllt. Der Löserückstand ist erforderlichenfalls abzufiltrieren und für sich zu untersuchen. Er besteht in der Regel bei unreinen Salzen aus Holzfasern, Sand, Bleisulfat oder Arsentrioxyd. Letzteres kann man in wenig Natronlauge lösen und der Hauptlösung zugeben.

Bei *reinen*, vor allem arsen- und zinkfreien *Salzen* löst man 10 g zu 1000 cm³ und scheidet zur Abkürzung der Analyse in 100 cm³ der Lösung nach Zugabe von 5 g Ammoniumsulfat und überschüssigem Ammoniak sofort **Nickel** zusammen mit Kobalt und Kupfer elektrolytisch ab; das in einem zweiten Anteil von 250 cm³ der Lösung nach Zusatz von Salpetersäure und Ammoniumnitrat ebenfalls elektrolytisch bestimmte **Kupfer** wird von der Summe Ni + Cu abgezogen und so der Reingehalt ermittelt. **Kobalt** rechnet im allgemeinen zum Reingehalt mit. Soll es aber für sich bestimmt werden, so fällt man es in einem dritten Anteil nach Zugabe von einigen Kubikzentimetern Salzsäure mit α-Nitroso-β-Naphthol und scheidet es nach dem Veraschen und Wiederlösen des Niederschlages in Salzsäure elektrolytisch ab (s. Kap. „Kobalt"). Der **Eisengehalt** wird in der von Nickel, Kobalt und Kupfer befreiten Lösung je nach der Höhe maßanalytisch oder colorimetrisch ermittelt.

Für *unreine Salze* empfiehlt sich in allen Fällen, eine größere Einwaage von 20 bis 50 g der sorgfältig gezogenen und gemischten Durchschnittsprobe in verd. heißer Salzsäure zu lösen; der Rückstand wird wie oben behandelt. Von der auf 1 oder 2 l aufgefüllten Lösung nimmt man einen etwa 1 bis 10 g Einwaage entsprechenden Anteil, fällt nach Zugabe von mehr Salzsäure zuerst in der Hitze

---

[7] Schaarwächter, C.: Z. Metallkde. 1937 Heft 8.

Arsen, dann nach dem Verdünnen mit kaltem Wasser *Blei* und *Kupfer* als Sulfide und bestimmt diese in bekannter Weise. Das Filtrat wird eingedampft, mit Bromwasser oder Wasserstoffperoxyd oxydiert und nach Zugabe von etwa 2 g Ammoniumsulfat schwach ammoniakalisch gemacht. Den Eisen- (und Aluminium-) Hydroxydniederschlag untersucht man — nötigenfalls nach dem Umfällen — in bekannter Weise auf *Eisen* und *Aluminium.* Bei sehr großen Mengen Eisen ist die Ätherextraktion des Eisen(III)-chlorids nach Rothe zu empfehlen; unter Umständen ist auch auf *Mangan* zu achten.

Aus dem ammoniakalischen Filtrat vertreibt man durch Erhitzen das überschüssige Ammoniak, macht die Lösung ameisensauer (mit 3% Überschuß) und fällt *Zink,* gegebenenfalls 2mal, als Sulfid (Endbestimmung s. Kap. „Zink").

Zur Entfernung von Schwefelwasserstoff und Ameisensäure wird nun mit Schwefelsäure eingedampft und nach Zugabe von 5 g Ammoniumsulfat und überschüssigem Ammoniak elektrolysiert. In der Summe Ni + Co sind schließlich beide Metalle einzeln mittels Diacetyldioxim bzw. α-Nitroso-β-Naphthol-Fällung (oder Ätherextraktion usw.) zu bestimmen.

Dieser Analysengang ist natürlich der Reinheit der vorliegenden Probe anzupassen und läßt sich gewöhnlich weitgehend abkürzen.

Zur Bestimmung eines kleinen Gehaltes an *Calciumsulfat* bringt man zunächst ungelöst gebliebene Anteile durch etwas mehr Salzsäure in Lösung, scheidet dann nach Zugabe von überschüssigem Ammoniak Ni + Co + Cu elektrolytisch ab, filtriert den Eisen- (und Aluminium-) Hydroxydniederschlag im Elektrolysat ab und dampft das Filtrat ein. Zur Vertreibung der Ammoniumsalze wird zuletzt in einer Platinschale schwach geglüht. Den Rückstand löst man in verd. Salzsäure, fällt durch Zugabe von Ammoniak und Ammoniumoxalat 2mal Calciumoxalat aus und bestimmt es wie bekannt; s. B. II, 2 S. 269. Größere Mengen von Gips, die beim Lösen der Einwaage zurückbleiben, setzt man durch Kochen mit überschüssiger Sodalösung zunächst zu Calciumcarbonat um, löst dieses in Salzsäure und ermittelt hierin neben der Hauptlösung den Gehalt an Calciumsulfat wie oben. Im Filtrat wird gegebenenfalls das *Magnesium* bestimmt, wie bei der Analyse des „Nickelmetalls" angegeben.

Den *Chloridgehalt* ermittelt man in der filtrierten schwach salpetersauren Lösung (destill. Wasser!) von z. B. 10 g Einwaage mit 10proz. Silbernitratlösung, den *Sulfatgehalt* von Nickelformiat in der schwach salzsauren Lösung mittels 10proz. Bariumchloridlösung in der üblichen Weise.

Zur Bestimmung des Gehaltes an *freier Schwefelsäure* werden 10 g der grob gepulverten Probe mit wenig kaltem Wasser oder reinem Alkohol geschüttelt; in dem auf etwa 300 cm³ verd. Filtrat titriert man die Säure mit $^n/_{10}$-Natronlauge gegen Methylorange; der Vergleich mit einer austitrierten Probe erleichtert die Erkennung des Umschlagpunktes in der gefärbten Lösung.

Über die Untersuchung von *Vernickelungssalzen* s. das Fachschrifttum.

Kapitel 17

Quecksilber*.

A. Bestimmungsmethoden des Quecksilbers.

    I. Die elektrolytische Methode.

    II. Das Verfahren nach Eschka.

    III. Das Dithizon-Verfahren.

B. Untersuchung von Erzen und Hüttenerzeugnissen.

        1. Die Destillation im Chlorstrom.

        2. Die Destillation im Kohlensäurestrom.

    I. Erze.

    II. Hüttenerzeugnisse.

        1. Flugstäube und Metalloxyde.

        2. Quecksilbermetall.

        3. Legierungen.

A. Bestimmungsmethoden des Quecksilbers.

I. Die elektrolytische Methode.

Die elektrolytische Bestimmung erfolgt am besten aus salpetersaurer Lösung. Der Säuregehalt der Lösung kann zwischen 1 und 5 cm³ Salpetersäure (1,4) auf 100 cm³ Volumen und die Stromstärke je nach der Analysendauer zwischen 1 und 5 A schwanken. Zur Abscheidung sind bei unbewegtem Elektrolyten Netz und Spirale und bei der Schnellelektrolyse unter Bewegung des Elektrolyten Doppelnetze zu verwenden. Es ist zweckmäßig, die Platinkathode stark zu verkupfern. Innerhalb 40 min können bis 0,5 g Quecksilber schnellelektrolytisch niedergeschlagen werden. Man wäscht dann ohne Stromunterbrechung aus und trocknet die Elektrode nach der Behandlung mit Alkohol und Äther im Exsiccator. Das abgeschiedene Metall ist hellglänzend.

II. Das Verfahren nach Eschka.

Bei diesem Verfahren wird Quecksilber dadurch bestimmt, daß man das Analysengut in einem mit Golddeckel bedeckten Tiegel erhitzt, das Quecksilber an dem mit Wasser gekühlten, gewogenen Golddeckel als Amalgam niederschlägt und aus der Gewichtszunahme des Deckels den Quecksilbergehalt errechnet.

Der Tiegel steht so weit in einer gelochten Asbestplatte, daß die Beschickung unterhalb der Asbestplatte liegt. Die Größe des Tiegels sowie des darauf genau passenden Golddeckels richtet sich nach der angewandten Einwaage und letztere nach dem Quecksilbergehalt des zu untersuchenden Materials. Man wählt bei einem Quecksilbergehalt

bis 1% eine Einwaage von 10 g,	bis 20% eine Einwaage von 1 g,
„ 10% „ „ „ 5 g,	über 20% „ „ „ 0,5 g.

Die Vertiefung des Golddeckels muß sich genau der oberen Öffnung des Tiegels anpassen (s. Abb. 11). Als Zuschlag zum Analysengut kann Hammerschlag oder

---

* Der Inhalt des Kapitels wurde in der Bearbeitung von **Darius, Fresenius** und **Seel** fast unverändert aus der 2. Auflage der „Ausgewählten Methoden" übernommen und nur etwas umgestellt und erweitert von **Melzer.**

Eisenpulver angewandt werden. Es ist zweckmäßig und bei bitumenhaltigem Material unerläßlich, die Beschickung mit Zinkoxyd zu bedecken.

Ausführung. Die dem ungefähren Quecksilbergehalt entsprechende Einwaage (s. oben) wird mit etwa der Hälfte ihres Gewichtes an Hammerschlag oder Eisenpulver im Tiegel sorgfältig gemischt und mit einer Schicht von Zinkoxyd bedeckt. Dann stellt man den Tiegel so tief in die gelochte Asbestplatte, daß die Beschickung unterhalb der Platte liegt, legt den Golddeckel gut schließend auf und füllt seine Vertiefung mit kaltem Wasser.

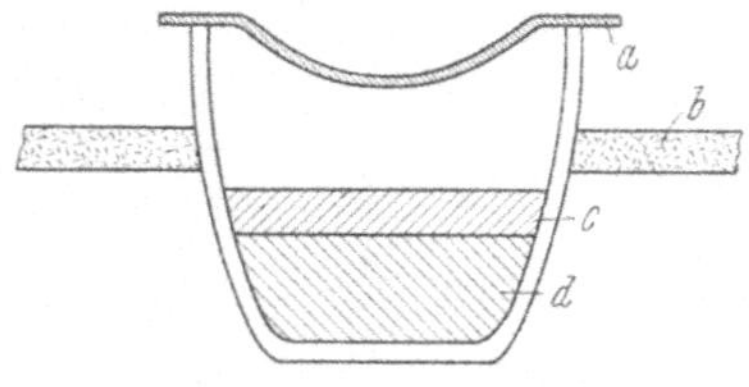

Abb. 11. Tiegel für die Eschka-Methode.
a Golddeckel, *b* Asbestplatte, *c* Zinkoxyd, *d* Beschickung.

Nun wird allmählich mit einer Bunsenflamme so weit erhitzt, daß der Tiegelboden nach 10 min schwache Rotglut zeigt. Dann erhitzt man weitere 20 min mit einer den unteren Teil des Tiegels umspülenden Flamme. Das aus der Vertiefung des Deckels verdunstende Kühlwasser muß stets ersetzt werden.

Ist die Reaktion beendet, läßt man langsam abkühlen, wäscht den Deckel mit Alkohol und Äther und trocknet ihn im Exsiccator; letzteren mit Quecksilber zu beschicken ist unnötig. Das gebildete Amalgam entfernt man durch erst schwaches Erhitzen und späteres Ausglühen des Golddeckels.

Das Verfahren nach Eschka ist trotz der von verschiedenen Seiten erhobenen Einwände als Schiedsmethode aufgenommen worden, da es in der Hüttenpraxis zur Bestimmung des Quecksilbers meist angewandt wird. Doch muß betont werden, daß zur einwandfreien Ausführung eine große Erfahrung nötig ist; mangelt diese, so ist eine der unten beschriebenen Destillationsmethoden anzuwenden.

III. Das Dithizon-Verfahren[1].

Es eignet sich hauptsächlich für die Bestimmung geringerer Mengen von Quecksilber in Zink, Blei, Cadmium, Wismut, Silber und Kupfer. Als Beispiel sei hier die **Quecksilberbestimmung im** *Zink* angeführt:

Ausführung. 2 bis 5 g Zink werden in einem hohen, 400 cm³ fassenden Becherglas mit etwa 20 bis 50 cm³ Salpetersäure (1 + 1) gelöst; die Lösung wird auf ein kleineres Volumen (10 bis 20 cm³) eingedampft. Man versetzt dann mit heißem Wasser, kocht nach Zugabe von 0,5 bis 1 g festem Harnstoff zur Zerstörung etwa noch vorhandener Reste an salpetriger Säure auf, spült, ohne zu filtrieren, in einen 100 cm³-Meßkolben und füllt zur Marke auf. 5 bis 10 cm³ dieser Lösung werden mittels einer Pipette in einen 100 cm³ fassenden, mit einem kurzen Ablaufrohr versehenen Scheidetrichter gebracht, mit einigen Tropfen Ammoniak (1 + 1) bis zur eben beginnenden Fällung neutralisiert, dann mit Salpetersäure (1 + 9) bis zum Umschlag der Farbe von Kongopapier nach Blau angesäuert und mit 5 cm³ der gleichen Salpetersäure, 1 bis 2 Tropfen einer 0,1proz. Silbernitratlösung sowie etwa 20 cm³ Wasser versetzt. Das Endvolumen soll dabei etwa 50 bis 60 cm³ betragen.

Um den ungefähren Gehalt an Quecksilber festzustellen, ist es ratsam, eine Vortitration auszuführen. Bei größeren Quecksilbermengen, z. B. 15 bis 25 γ, kann man selbstverständlich mit größeren Dithizonanteilen arbeiten, um die Extraktionen abzukürzen, besonders solange die Orangefärbung der Quecksilberreaktion rasch auftritt.

Zu der vorbereiteten Lösung im Scheidetrichter läßt man aus einer Bürette etwa 6 bis 7 cm³ der hellgrünen Dithizonlösung (s. unten) fließen und schüttelt etwa ¹/₂ Minute kräftig durch; die Benutzung einer Schüttelmaschine ist dabei sehr zu empfehlen. Wird nicht lange genug geschüttelt oder gleich zu Anfang mit einer größeren Dithizonmenge versetzt, so bildet sich gegebenenfalls Silber-

[1] Fischer, H., u. G. Leopoldi: Metall u. Erz 1941 S. 154.

dithizonat, welches von geringen Quecksilbermengen nicht mehr verdrängt wird. Die dabei auftretende gelborange gefärbte Kohlenstofftetrachloridschicht läßt man nach völliger Abscheidung von der wässerigen Lösung in einen Glaszylinder (mit eingeschliffenem Stopfen und Marken bei 25 bzw. 10 und 50 cm³) ab. Der Extrakt wird mit etwa 3 cm³ $n/_2$-Salzsäure geschüttelt. Bleibt die Farbe bestehen, so ist nur Quecksilberdithizonat vorhanden, und man setzt die Extraktion mit etwa 3 cm³ Dithizonlösung im Scheidetrichter fort. Man extrahiert 2mal bis zum Auftreten der reinen Gelbfärbung von Silberdithizonat und läßt auch diese Auszüge in den Glaszylinder fließen. Die letzten Anteile spült man mit 1 bis 2 cm³ Kohlenstofftetrachlorid nach. Beim Schütteln mit der Salzsäure entsteht nun eine orangebräunliche Mischfarbe, hervorgerufen durch das frei gewordene grüne Dithizon der zersetzten Silberdithizonatverbindung. Der genaue Endpunkt wird auf diese Weise nicht ermittelt; es ist nötig, die Extraktion mit kleineren Anteilen Dithizonlösung, zuerst mit 3 bis 4 cm³, dann mit 1 bis 2 cm³ zu wiederholen, besonders nachdem die Hauptmenge Quecksilber abgeschieden ist. Bei einem Gehalt von unter 8 γ Quecksilber extrahiert man anfangs mit 2 cm³ Dithizonlösung, dann mit 0,5 bis 1 cm³ und so fort, wie vorher. Zum besseren Vergleich der Mischfarbe läßt man gegebenenfalls noch einige Kubikzentimeter grüne Dithizonlösung hinzufließen und schüttelt durch.

Zur Ausführung der Vergleichsextraktion läßt man in einen Glaszylinder von gleicher Höhe und gleichem Durchmesser wie bei der Versuchslösung genau soviel Kubikzentimeter der grünen Dithizonlösung und Kohlenstofftetrachlorid fließen, wie bei der Quecksilberextraktion verbraucht wurden. Dann setzt man etwa 5 cm³ Wasser sowie 0,5 cm³ Salpetersäure $(1+9)$ hinzu und titriert aus einer Bürette — bei jedesmaligem kräftigem Umschütteln — so lange mit der Quecksilbertestlösung bekannten Gehaltes (s. unten), bis die anfänglich grüne Dithizonlösung den gleichen Ton der Mischfarbe wie die Versuchslösung mit unbekanntem Gehalt angenommen hat. Es bleibt dem Ausführenden überlassen, ob grünbraune Töne mit stärkerem Dithizonüberschuß oder mehr bräunlichorange Töne für den Vergleich gewählt werden. Die Vergleichslösung ist längere Zeit, etwa 24 Stunden, haltbar, nur muß sie vor jedem Vergleich umgeschüttelt werden.

Sind wider Erwarten größere Quecksilbermengen vorhanden, so nimmt man entsprechend weniger Zink zur Analyse oder führt die Extraktion mit einer stärkeren Dithizonlösung aus.

Dithizonlösung. Es ist eine gereinigte hellgrüne Lösung von etwa 2,5 mg Dithizon in 100 cm³ Kohlenstofftetrachlorid zu verwenden.

Quecksilbertestlösung. Sie enthält in 1 cm³ 3 bis 5 γ Hg und wird aus einer 20fach stärkeren Quecksilber(II)-nitratlösung bekannten Gehaltes durch entsprechendes Verdünnen etwa jeden 2. Tag frisch bereitet.

B. Untersuchung von Erzen und Hüttenerzeugnissen.

Die Vorbehandlung quecksilberhaltiger Materialien ist je nach der Form, in welcher das Quecksilber vorhanden ist, verschieden. In jedem Falle muß das gesamte Probematerial sorgfältig durchgemischt werden, da durch das hohe spez. Gew. des Quecksilbers und seiner Verbindungen leicht eine Entmischung der Probe eintreten kann. Beim Trocknen der Probe ist zu unterscheiden, ob das Quecksilber als Metall oder als Sulfid vorliegt; im ersteren Fall muß von einem Trocknen bei 100° abgesehen werden, da hierbei Verluste durch Verflüchtigung eintreten würden. Das Material ist dann so, wie es vorliegt, zu untersuchen; dabei darf aber die Methode nach Eschka nicht angewandt werden, da das ausgetriebene und kondensierte Wasser die Bestimmung stört. Im anderen Falle kann ohne Gefahr eines Quecksilberverlustes bei 100° getrocknet werden.

Will man in quecksilberhaltigen Materialien die Bestimmung des Quecksilbers nicht nach dem Eschka-Verfahren vornehmen, so kann man sich anderer Destillationsmethoden bedienen, von denen zwei hier angeführt werden sollen:

1. Die Destillation im Chlorstrom.

Das Analysengut wird in einem Porzellanschiffchen im schwer schmelzbaren Glasrohr im Chlorstrom 30 min auf 500° erhitzt, das sich bildende Sublimat in schwach salpetersaurem Wasser aufgefangen und diese Lösung dann 30 min bei 4 A der Elektrolyse unterworfen. Zur Destillation bedient man sich der in Abb. 12 gezeigten Apparatur.

Das Glasrohr ist mit einem besonders geformten Schutzmantel aus Eisenblech umgeben, der eine gleichmäßige Erwärmung des Rohres ermöglicht. Dieses ragt an beiden Seiten des Schutzmantels heraus; es ist an einem Ende verjüngt und damit an ein Absorptionsgefäß angeschlossen, welches mit schwach salpetersaurem Wasser beschickt ist. Das Absorptionsgefäß soll eine möglichst große Oberfläche besitzen, um ein weiteres Gefäß zu sparen. Die dann folgende Waschflasche enthält Natronlauge, um überschüssiges Chlor aufzufangen. Durch das andere Ende des schwer schmelzbaren Glasrohres wird Chlor eingeleitet und nach Beendigung der Destillation Luft. Vor Beginn der Destillation wird zunächst die

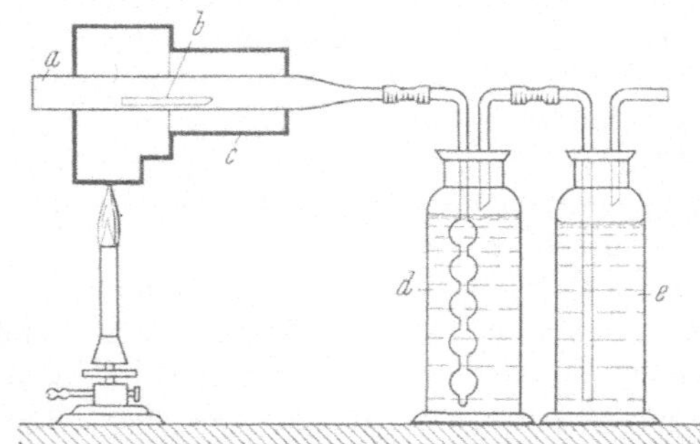

Abb. 12. Schema der Apparatur für die Destillation im Chlorstrom.
a Glasrohr, b Porzellanschiffchen, c Eisenmantel, d verd. Salpetersäure, e Natronlauge.

Luft in der Apparatur durch den Chlorstrom verdrängt; dann beginnt man langsam mit der Erwärmung, welche nach 10 min etwa 500° erreicht haben soll. Man hält noch 20 min bei dieser Temperatur und läßt sodann im Luftstrom erkalten. Den Beginn der Reaktion zeigt das Auftreten von weißen Sublimatdämpfen an. Das Durchleiten von Luft nach beendeter Destillation dient neben der Abkühlung auch zum Verjagen des Chlors aus dem Absorptionsgefäß.

Nach dem Erkalten wird das Schiffchen aus dem Glasrohr gezogen und letzteres in ein Becherglas sorgfältig ausgespült. Man gießt dann die sublimathaltige Lösung in das gleiche Becherglas, fügt etwas Kaliumnitrat hinzu und engt auf etwa 500 cm³ ein. Aus der erkalteten Lösung wird unter Rühren bei Verwendung eines Doppelnetzes, dessen Kathode man vorher gut verkupfert hat, das Quecksilber bei 4 A während 30 min elektrolytisch niedergeschlagen.

2. Die Destillation im Kohlensäurestrom.

Ein schwer schmelzbares Glasrohr wird an dem einen Ende ausgezogen; dann gibt man durch die andere Öffnung des Rohres bis zur verjüngten Stelle nacheinander folgende Schichten: einen Asbestpfropfen, eine 1 cm lange Schicht ausgeglühte reine Eisenfeilspäne, darauf die Mischung von 2 g der Probe mit 6 bis 8 g Eisenfeilspänen, nun wieder 1 cm lang Eisenfeilspäne, einen 2. Asbestpfropfen, eine 1 cm lange Lage von ausgeglühtem Zinkoxyd zum Zurückhalten von Bitumen und zum Abschluß einen 3. Asbestpfropfen. Nachdem das Rohr in dieser Weise beschickt worden ist, wird das nicht verjüngte Ende etwa 10 cm zurück fast rechtwinklig umgebogen. Man legt das Rohr nun auf eine kurze, mit wenig Asbest bedeckte Eisenrinne und hängt ein Eisendach darüber. Am umgebogenen Rohrende stellt man ein mit kaltem Wasser beschicktes Becherglas auf, in das das Rohrende nur eben eintaucht (s. Abb. 13).

Nun leitet man zunächst kurze Zeit, ohne zu erwärmen, vom verjüngten Ende aus trockene Kohlensäure durch die Apparatur, zündet den Flachbrenner unter der Rinne an, erhitzt dann erst mit kleiner Flamme und steigert schließlich die Temperatur innerhalb 10 min derart, daß die Blechrinne eben dunkelrot glühend wird. Nach etwa 20 bis 30 min ist alles Quecksilber ausgetrieben und hat sich im kalten Teile des Rohres kondensiert. Man läßt nun erkalten und sprengt den Teil mit der Beschickung ab. Aus dem mit Quecksilber behafteten Stück werden die großen Metalltröpfchen in die Vorlage gegossen und die kleinen mit heißer verd. Salpetersäure gelöst. Ist das Rohrende sorgfältig ausgespült, so fügt man noch etwas Salpetersäure

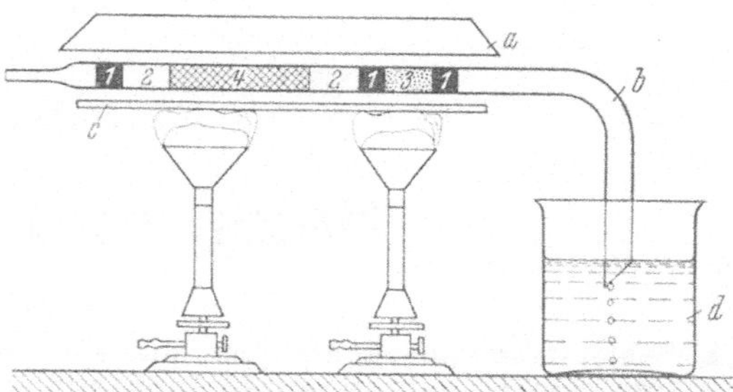

Abb. 13. Schema der Apparatur für die Destillation im Kohlensäurestrom.

a Eisendach, *b* schwer schmelzbares Glasrohr, *c* Eisenschiene, *d* Wasser.
1 Asbest, *2* Eisenfeilspäne, *3* Zinkoxyd, *4* Beschickung.

zur vorgelegten Flüssigkeit und erwärmt, bis alles Quecksilber gelöst ist. Hierauf neutralisiert man mit Natronlauge, säuert mit 1 cm³ konz. Salpetersäure an und elektrolysiert, wie bei A. I angegeben.

I. Erze.

Als hauptsächlichstes Quecksilbererz ist der **Zinnober** zu betrachten, meist hellrot gefärbtes Sulfid (HgS); eine schwarze Abart ist der **Metacinabarit.** Die Hauptfundorte liegen in Almaden (Spanien), Idria und Monte Amiata (Italien), weitere in Kalifornien, Texas, Mexiko und Rußland. Auch quecksilberhaltige **Fahlerze** kommen vor.

Die Bestimmung des Quecksilbers in den Erzen erfolgt meist nach dem Eschka-Verfahren (s. A. II, S. 273).

II. Hüttenerzeugnisse.

1. Flugstäube und Metalloxyde. Häufig treten in den Flugstäuben von Röst- und Zinkhütten Gehalte von Quecksilber auf, welche nach den Destillationsverfahren B. 1 und 2 ermittelt werden können.

2. Quecksilbermetall. Die in Eisenflaschen (Bomboli) in den Handel kommende Ware ist in der Regel sehr rein.

Eine Prüfung auf Reinheit kann nach E. Merck: „Prüfung der chem. Reagenzien auf Reinheit" (5. Aufl. 1939, Verlag Chemie) vorgenommen werden.

3. Legierungen. In einigen Weißmetallen kommt Quecksilber vor. Zu seiner Bestimmung gibt man 2 bis 10 g des Metalls in ein Schiffchen und erhitzt im Glasrohr unter Durchleiten von Wasserstoff auf dunkle Rotglut. Das verjüngte Ende des Glasrohres ist nach unten umgebogen und mündet in eine Vorlage (Peligotrohr) mit Wasser. Ist das Rohr erkaltet und das Schiffchen entfernt, wird der am Rohr gegebenenfalls noch haftende Rest des Quecksilbers mit heißem Wasser in die Vorlage gespült und durch Schütteln sowie etwas Erwärmen mit dem Hauptteil des Metalls zu einer Kugel vereinigt. Letztere gibt man in einen gewogenen Porzellantiegel, gießt das Wasser ab, entfernt den Rest davon durch Abtupfen mit Filtrierpapier, trocknet über Phosphorpentoxyd im Exsiccator und wägt.

Man kann auch, wie bei B. 2 das Quecksilber in Salpetersäure lösen und dann durch Elektroanalyse bestimmen. Ebenso führt die Methode nach Eschka zum Ziel, wenn man Späne der Legierung im Porzellantiegel mit Eisen- und Kupferfeilspänen mischt und mit einer Schicht von Magnesiumoxyd bedeckt.

Kapitel 18.

Selen und Tellur*.

Selen.

A. Bestimmungsmethoden des Selens unter Berücksichtigung der bei der Analyse störend wirkenden Bestandteile.

Allgemeines.

a) Die Methoden:
   I. Die Fällung mit schwefliger Säure.
   II. Die Fällung mit Hydrazinsulfat.
   III. Die Fällung mit Eisen(II)-sulfat.

b) Die Trennung von begleitenden Metallen.
   I. Allgemeines.
   II. Die Trennung des Selens vom Tellur.

B. Untersuchung von Erzen und Hüttenerzeugnissen.
   I. Erze.
      1. Schwefelkies.
      2. Kupfererze und -konzentrate:
         a) Nach einem Schmelzaufschluß,
         b) Nach dem Lösen in Salpetersäure.
   II. Hüttenerzeugnisse.
      1. Kupferrohstein (und selenarme Flugstäube).
      2. Reiche Flugstäube und Anodenschlämme.
      3. Bleischlämme.   4. Kupfer.
      5. Silber.   6. Blei.
      7. Schwefelsäure.   8. Selenigsaures Natrium.
      9. Technisch reines Selen (Bestimmung des Selens und der wichtigsten Verunreinigungen).

Tellur.

C. Bestimmungsmethoden des Tellurs unter Berücksichtigung der bei der Analyse störend wirkenden Bestandteile.

Allgemeines.

a) Die Methoden:
   I. Die Fällung mit schwefliger Säure.
   II. Die Fällung mit Hydrazinsulfat oder -chlorid.
   III. Die Fällung mit Natriumhypophosphit.

b) Die Trennung von begleitenden Metallen.

D. Untersuchung von Erzen und Hüttenerzeugnissen.
   I. Erze.
      1. Kupfererze und -konzentrate.
      2. Bleierze und -konzentrate.
   II. Hüttenerzeugnisse.
      1. Kupferrohstein (und tellurarme Flugstäube).
      2. Reiche Flugstäube und Anodenschlämme.
      3. Bleischlämme.   4. Kupfer.
      5. Silber.   6. Blei.
      7. Schwefelsäure.   8. Technisch reines Tellur.

---

* Bearbeiter: **Wagenmann.** Mitarbeiter: **Blumenthal, Borkenstein, Boy, Fresenius, Lenk, Melzer.**

A. Bestimmungsmethoden des Selens unter Berücksichtigung der bei der Analyse störend wirkenden Bestandteile.

Allgemeines.

Für genaue analytische Bestimmungen ist zu berücksichtigen, daß beim Sieden saurer, besonders Halogensäuren enthaltender Lösungen beachtliche Selenmengen verflüchtigt werden können, was bei Tellur nicht der Fall ist[*]. Man arbeitet daher in Gläsern hoher Form und vermeidet jedenfalls ein Überhitzen der oberen Gefäßwandungen. Muß die selenhaltige Lösung längere Zeit sieden, so geschieht dies unter dem Rückflußkühler; für kurzes Aufsieden genügt das Bedecken des Gefäßes mit einem Uhrglas. Aus demselben Grunde ist ein Eindampfen saurer Selenlösungen *zur Trockne* zu vermeiden. Saure Lösungen, die nur *sehr geringe* Mengen Selen enthalten, können nötigenfalls bei mäßiger Wärme (auf dem Wasserbad oder einer schwach beheizten Wärmeplatte) abgedunstet werden; man hält dann die Lösung nur schwach sauer.

Im Gegensatz zu Tellur ist Selen in verd. Salpetersäure nicht leicht löslich; sehr stark verd. Salpetersäure greift auch in der Siedehitze praktisch nicht an. Selen kann daher aus Lösungen, die *geringe* Mengen freie Salpetersäure enthalten, noch quantitativ gefällt werden.

Selen tritt sowohl in 4- als auch in 6-wertiger Form auf, in den Oxydationsstufen SeO_2 und SeO_3, von denen die erstere die häufigere ist und im allgemeinen beim Auflösen selenhaltiger Produkte in Säuren (auch Salpetersäure) erhalten wird. Die höhere Oxydationsstufe, welche Selenate bildet, entsteht nur durch die stärkst wirkenden Oxydationsmittel (Peroxydisulfate, Permanganat usw.), wie auch bei oxydierendem alkalischem Schmelzaufschluß, u. a. mit Natriumperoxyd. Aus den Selenaten wird nach den Methoden A. I und A. II Selen nicht unmittelbar gefällt, zum mindesten so langsam, daß davon kein Gebrauch gemacht werden kann. Die Selenate müssen zuvor zu Seleniten reduziert werden, was durch 1- bis 2stündiges Kochen mit Salzsäure (unter dem Rückflußkühler) quantitativ zu erreichen ist. Schneller und einfacher ist die Reduktion der Selensäure zu seleniger Säure mit einem Eisen[II]-Salz [Eisen(II)-chlorid oder -sulfat] in salzsaurer Lösung zu erreichen[1]. Während die Reduktion der Selensäure mit Salzsäure nur bis zur selenigen Säure verläuft, kann sie mit Eisen[II]-Salzen, bei ausreichendem Überschuß davon, bis zum Selen weitergehen (vgl. auch Bemerkung bei A. III, S. 281).

Bei der Fällung des Selens aus einer selenige Säure enthaltenden Lösung entsteht zunächst immer die rote Modifikation, die oberhalb etwa 90° in die graue, feinkrystalline übergeht. Das rote Selen haftet stark an der Gefäßwand und schmilzt schon bei etwa 60°, so daß größere Selenmengen zu gröberen Teilchen zusammenfritten können, wodurch Salze eingehüllt werden, die nicht vollständig auszuwaschen sind. Beide Übelstände werden behoben, wenn man die bei den Methoden angegebenen Konzentrationen der zu fällenden Lösung innehält und den Selenniederschlag nach der Fällung noch einige Stunden auf dem Wasserbad absitzen läßt.

Konzentrationen von 7 bis 15 Gew.% freies HCl in der zu fällenden Lösung sind allgemein zu bevorzugen, in einzelnen Fällen (s. auch unter Tellur) sogar innezuhalten; man erreicht sie mit genügender Genauigkeit durch Zusatz von

---

[*] Von dieser Möglichkeit wird bei der Trennungsmethode Selen-Tellur nach Lenher und Smith quantitativ Gebrauch gemacht, s. S. 282.

[1] Wagenmann, K., u. H. Gill: Metall u. Erz Bd. 37 (1940) S. 59.

konzentrierter Salzsäure zur neutralen Lösung nach folgendem Mengenverhältnis:

1 Vol. Salzsäure (1,19) $+ 2$ Vol. Flüssigkeit ergeben $\sim 14\%$ HCl.
1 „ „ (1,19) $+ 5$ „ „ „ $\sim 7{,}5\%$ HCl.

Bei den angeführten Methoden wird das Selen entweder über ein tariertes, trockenes, dichtes Papierfilter oder über ein Asbeströhrchen, einen Goochtiegel, einen Jenaer Glasfiltertiegel (Porenweite 4) oder einen Porzellanfiltertiegel mittlerer Dichte (A. 2) filtriert; Filtertiegel sind zu bevorzugen. Ist man nicht unbedingt sicher, das Selen vollkommen rein zur Auswaage bringen zu können, empfiehlt sich das Auswägen im tarierten Filter, das verascht, oder besser im Porzellanfiltertiegel, der ausgeglüht werden kann, wobei zur vollständigen Verflüchtigung des Selens zuletzt eine Temperatur von mindestens 720° angewandt werden muß. In allen Fällen wird der Selenniederschlag zunächst mit heißem, salzsäurehaltigem Wasser, dann mit wenig reinem Wasser ausgewaschen und hierauf 2 Stunden lang bei höchstens 105° getrocknet, wonach vollständige Gewichtskonstanz erreicht ist. Verdrängt man bei der Filtration das letzte Auswaschwasser durch Alkohol und Äther oder Aceton (womit auch das Klettern feiner Niederschlagsteile aufhört), so genügt einstündiges Trocknen.

Die folgenden Methoden A. I und A. II können auch vorteilhaft durch gleichzeitige Verwendung der beiden Fällungsmittel vereinigt werden, womit eine entsprechende Ersparnis an Hydrazinsulfat eintritt. Man prüfe die Filtrate stets auf Vollständigkeit der Fällung durch Zusatz von etwas Hydrazinsulfat und viertelstündiges Sieden.

Einige der grundlegenden Methoden sind von mehreren Fachausschußmitgliedern nachgeprüft worden [2]. Die an Hand praktisch vorkommender Probematerialien erzielten Befunde zeigten außerordentlich weitgehende Übereinstimmung, so daß die Methoden in allen ihren Einzelheiten als zuverlässig bestätigt wurden. Unter der großen Zahl der im Schrifttum bekanntgewordenen Methoden sind hier nur die wenigen gewichtsanalytischen ausgewählt worden, weil sie für die Praxis verläßlich und allgemein anwendbar sind.

Die empirische Nachprüfung hat u. a. gezeigt, daß *allzu große Mengen* Alkalisulfat die quantitative Fällung des Selens beeinträchtigen.

a) Methoden.

I. Die Fällung mit schwefliger Säure.

Die das Selen als selenige Säure enthaltende salzsaure Lösung wird mit Schwefligsäuregas kalt gesättigt und etwa $^1/_2$ Stunde im schwachen Sieden erhalten, wobei das anfangs rot ausfallende Selen allmählich schwarzgrau wird. Ist die Lösung annähernd erkaltet, so leitet man nochmals schweflige Säure ein und läßt den Niederschlag einige Stunden auf dem Wasserbad absitzen. Dann filtriert man die heiße Lösung, wie unter „Allgemeines" angegeben.

Ist die Menge des ausfallenden Selens geringer als etwa 0,1 g, so kann man ebensogut auch mit gesättigter Schwefligsäurelösung fällen, indem man etwa zu 100 cm³ der zu fällenden Lösung 200 cm³ Reagens zusetzt.

Der Verdünnungsgrad der Lösung hat auf die Vollständigkeit der Abscheidung des Selens keinen Einfluß; in der Regel fällt man aus einem Volumen von 300 bis 600 cm³. In *nitratfreien* Lösungen beeinflussen sehr hohe Konzentrationen an freier Salzsäure (bis 25 Gew.% freies HCl!) die Vollständigkeit der Fällung nicht. Die für das Verhalten und die Beschaffenheit des gefällten Selens günstigste Salzsäurekonzentration liegt bei etwa 12 bis 15 Gew.% freiem HCl.

Nitrathaltige Lösungen fällt man zweckmäßig nach Methode A. II.

---

[2] Alle hierüber vorgenommenen Untersuchungen sind von K. Wagenmann u. H. Triebel in Metall u. Erz Bd. 27 (1930) S. 231 veröffentlicht.

Bemerkung. Bei Anwesenheit von Tellur fällt dieses quantitativ mit aus, wenn die dazu erforderliche Salzsäurekonzentration innegehalten wird, d. h. wenn der Gehalt der zu fällenden Lösung an freiem HCl zwischen 7 und 15 Gew.% liegt. Sonst fällt das Tellur *nur teilweise* mit dem Selen aus. (Vgl. „Tellur", C. Allgemeines, S. 293.)

II. Die Fällung mit Hydrazinsulfat.

Die das Selen als selenige Säure enthaltende saure Lösung wird mit reinem Hydrazinsulfat versetzt und im gut bedeckten Glas zum gelinden Sieden gebracht; zeitweilig fügt man kleinere Mengen Hydrazinsulfat hinzu (1 g Selen benötigt etwa 3 g Hydrazinsulfat). Das geeignetste Fällungsvolumen ist 300 bis 600 cm^3, die beste Konzentration an freier Salzsäure etwa 12 bis 15 Gew.%. Salpetersäure- oder nitrathaltige Lösungen neutralisiert man mit Ammoniak und säuert mit Salzsäure nur *schwach* an. Nach etwa halbstündigem schwachem Sieden läßt man die Fällung einige Stunden auf dem Wasserbad stehen. Filtration, Auswaschen und Auswaage erfolgen wie unter „Allgemeines", S. 280, angegeben.

Bezüglich des Verhaltens des Tellurs gilt dasselbe, was oben unter „Bemerkung" zu Methode A. I angegeben ist.

Bemerkung. Die Fällung mit Hydrazinsulfat wird heute meist der mit schwefliger Säure vorgezogen. Man achte aber darauf, nur reines, jedenfalls in saurem Wasser rückstandfrei lösliches Hydrazinsulfat zu verwenden. Es kann auch Hydroxylaminchlorid angewandt werden.

III. Die Fällung des Selens mit Eisen(II)-sulfat*.

Die etwa 12 bis 15 Gew.% freies HCl, das Selen als selenige Säure enthaltende heiße Lösung (etwa 300 cm^3) versetzt man mit reinstem, krystallisiertem Eisen(II)-sulfat (etwa das 50fache der Selenmenge; s. unten) und kocht $^1/_4$ Stunde. Man läßt einige Stunden auf dem Wasserbad absitzen, filtriert die heiße Lösung durch einen Porzellanfiltertiegel mittlerer Dichte (A. 2), wäscht *reichlich* mit heißem, salzsaurem Wasser, dann mit heißem Wasser aus und bestimmt das Selen wie unter „Allgemeines" angegeben. Nach der Auswaage prüft man das Selen auf Glührückstand (Eisenoxyd), den man gegebenenfalls von der Auswaage in Abzug bringt.

Bemerkung. Die Fällung des Selens verläuft bei Verwendung von Eisen(II)-sulfat nach der Gleichung:

$$3\,SeO_2 + 12\,FeSO_4 + 12\,HCl \rightleftharpoons 3\,Se + 4\,Fe_2(SO_4)_3 + 4\,FeCl_3 + 6\,H_2O.$$

Für 1 Teil Selen sind also 7,7 Teile FeSO$_4$ oder 14 Teile FeSO$_4 \cdot 7\,H_2O$ erforderlich. Da die Umsetzung aber reversibel ist, muß zur vollständigen Selenfällung ein mehrfacher Überschuß an Eisen(II)-sulfat angewendet werden. Die Eisensalzkonzentration wird also eine verhältnismäßig hohe, weshalb man aus normalem Fällungsvolumen (300 cm^3) nicht mehr als wenige Zehntel Gramm Selen fällen sollte. Die Konzentration an freier Salzsäure sei die oben angegebene hohe, um die Fällung basischer Eisen^{III}-Salze zu verhindern; deshalb muß auch das erste Auswaschen mit reichlichen Mengen salzsaurem Wasser vorgenommen werden.

Die Methode kann auch zur unmittelbaren Fällung des Selens aus Lösungen der Selensäure angewandt werden. Man wendet dann eine etwa 60fache Menge (des Selengehaltes) krystallisierten Eisenvitriols an. Es findet zuerst die Reduktion der Selensäure zu seleniger Säure (nach K. Wagenmann und G. Hill, s. Fußnote 1) und weiterhin die Fällung des Selens statt. Tellurige Säure gibt die obigen Reaktionen nicht, so daß die Methode der Fällung des Selens mit Eisen^{II}-Salzen gleichzeitig eine Trennung vom Tellur darstellt (s. unten, „Selen-Tellur-Trennung", S. 284).

---

* Die in den „Ausgewählten Methoden" angeführte III. Methode zur Fällung des Selens aus Selenocyankaliumlösung ist gestrichen worden, da sie stets etwas zu niedrige Werte liefert: Beim *Schmelzen* selenhaltiger Produkte mit Kaliumcyanid entsteht immer etwas Kaliumselenid, das beim Ansäuern der Lösung zwecks Fällung des Selens Selenwasserstoff entwickelt, der zum großen Teil entweicht.

b) Die Trennung von begleitenden Metallen.

I. Allgemeines.

Die Methoden A. I, II und III sind überall da unmittelbar anwendbar, wo durch den Zusatz der Reagenzien bei der Selenfällung keine Fällung anderer Metalle eintritt. Alle schwer- und unlöslichen Chloride und Sulfate müssen zuvor abgeschieden werden (**Silber** als Chlorid, **Blei** als Sulfat). Es genügt, das Bleisulfat zum größten Teil abzuscheiden, da bei der Fällung etwa mitgehendes Bleisulfat durch Auswaschen des Selens mit heißer Salzsäure entfernt werden kann. Bei Anwendung des Schmelzaufschlusses wird eine Reihe von Metalloxyden beim Aufnehmen der Schmelze mit Wasser zum größten Teil im Unlöslichen zurückgehalten.

Weiterhin besteht die Möglichkeit, aus schwach sauren Lösungen der Selenate die Metalle der Schwefelwasserstoffgruppe durch Schwefelwasserstoff *in der Kälte* als Sulfide auszufällen, wodurch u. a. **Kupfer, Antimon, Wismut** und letzte Spuren von **Silber** quantitativ beseitigt werden.

Tellur

fällt nach den Methoden A. I und II quantitativ mit dem Selen aus, wenn, wie dort angegeben, die Konzentration an freier Salzsäure in der zu fällenden Lösung mindestens 7 Gew.% und nicht mehr als 15 Gew.% beträgt (über die nachträgliche Trennung Selen-Tellur s. A. b, II α und β, S. 282 unten und 284).

Nach Methode A. III fällt es *nicht* mit aus.

Bemerkung. Die analytische Untersuchung der Bestandteile von Probematerialien, die mehr als einige Zehntel Prozent Selen enthalten, stößt häufig auf Schwierigkeiten, da Selen (meist nur zum Teil) mit den verschiedensten Niederschlägen ausfällt. Der einfachste Weg, diese Schwierigkeit zu umgehen, ist der, die Probesubstanz mit Kaliumhydrogensulfat auf eine Temperatur oberhalb 720° zu erhitzen. Dadurch destilliert das Selen in kurzer Zeit restlos ab. Im Schmelzaufschluß können dann alle Bestandteile quantitativ ermittelt werden, die unter den Bedingungen des Aufschlusses nicht flüchtig sind.

Ausführung. Man erhitzt die eingewogene Probemenge mit entwässertem Kaliumhydrogensulfat in einem geräumigen Porzellantiegel, der mit einem genau auf die Tiegelöffnung passenden Uhrglas bedeckt ist, zunächst über dem Bunsenbrenner, dann über einem Mekerbrenner. Der Verlauf des Aufschlusses kann durch das Glas dauernd überwacht werden; er ist beendet, wenn am Rande des Tiegels keine Dämpfe mehr entweichen, die eine Bunsenflamme blau färben.

II. Die Trennung des Selens vom Tellur.

α) Nach *Lenher und Smith*[3].

Bemerkung. Die alte Trennungsmethode Selen-Tellur durch Schmelzen der beiden Elemente mit Kaliumcyanid ist hier nicht aufgenommen, weil sie tatsächlich mit Ungenauigkeiten behaftet ist, worauf auch im Schrifttum des öfteren hingewiesen wird. Die verhältnismäßig neue Methode nach Lenher und Smith hat sich bei ihrer Nachprüfung als ausgezeichnet erwiesen, wobei jedoch einige Bedingungen gegenüber der Originalabhandlung verändert werden mußten. In der nunmehr vorliegenden Form ist die quantitative Trennung *beliebiger* Mischungsverhältnisse Selen-Tellur möglich. Infolgedessen eignet sich die Methode u. a. auch dazu, die geringsten Mengen Selen im Tellur und seinen Verbindungen nachzuweisen.

Aus einer Lösung von Selen und Tellur in konz. Schwefelsäure kann unter Durchleiten von Chlorwasserstoffgas bei der Siedetemperatur der Schwefelsäure das Selen vollständig als Chlorid abdestilliert werden, wogegen das Tellur quantitativ zurückbleibt. Das Chlorid des Selens kann im Wasser absorbiert und in der üblichen Weise als Selen bestimmt werden. In den wenigsten Fällen dürfte die Trennungsmethode auf das zu untersuchende Ausgangsmaterial unmittelbar

---

[3] Originalabhandlung in Industr. Engng. Chem. Bd. 16 (1924) S. 837; Referat darüber **s.** Z. anal. Chem. Bd. 67 (1925/26) S. 116.

anwendbar sein, so daß im allgemeinen zuerst eine quantitative Abscheidung des Selens und Tellurs vorausgehen muß. Dazu verfährt man in folgender Weise:

Man fällt zunächst unter den Bedingungen, wie sie voranstehend für eine quantitative Fällung des Selens und des Tellurs angegeben sind. Den Niederschlag filtriert man über wenig Asbest ab, trocknet und führt ihn mit dem Asbest in das Destillationsgefäß über.

Die abgebildete Apparatur ist sehr geeignet und unterscheidet sich von der von Lenher und Smith angegebenen in folgendem: Der Destillationskolben hat einen eingeschliffenen Stopfen, so daß das Einführen der Probe gut möglich ist. Von der Anwendung eines Kühlers wurde abgesehen, da er leicht Veranlassung zur Abscheidung fester Selenverbindungen geben kann, die man bei der Apparatur ohne Kühler durch Erwärmen des Ableitungsrohres in das Absorptionsgefäß über-

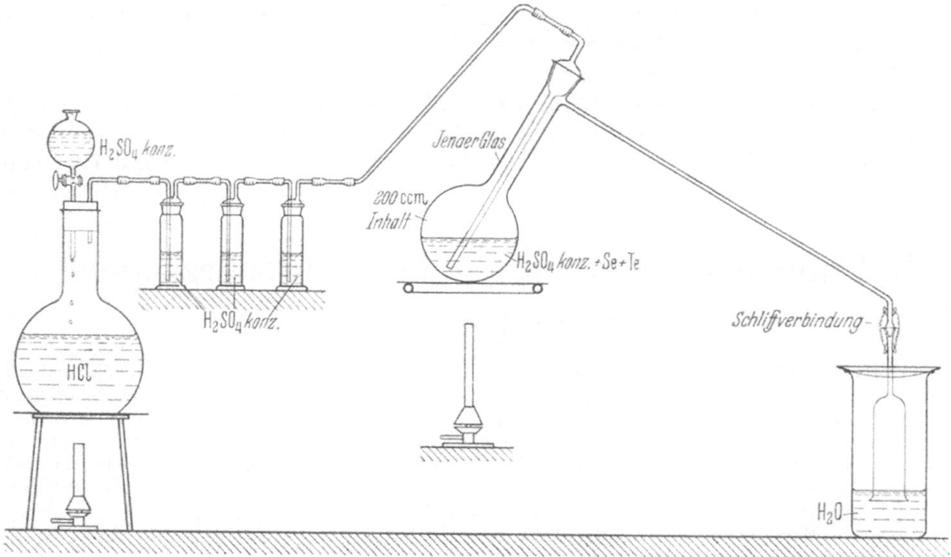

Abb. 14. Apparatur für die Trennung des Selens vom Tellur nach der Methode Lenher und Smith.

leiten kann. Die Absorption geschieht zweckmäßig und gefahrlos in einem Becherglas; es hat sich gezeigt, daß ein einziges Absorptionsgefäß vollkommen ausreichend ist. Das Ende des Austrittsrohres ist, wie die Abbildung zeigt, zylindrisch erweitert, um anhaftendes Selen leicht entfernen zu können. Es muß darauf geachtet werden, daß das Austrittsrohr des Destillationskolbens dem Stopfen möglichst nahe angesetzt ist.

Zur Ausführung der Bestimmung gebe man die Probe in das trockene Destillationsgefäß und setze etwa 60 cm³ konz. Schwefelsäure hinzu. Dann wird die Vorlage nur so hoch mit destill. Wasser gefüllt, daß das Austrittsrohr des Destillationskolbens nur eben eintaucht, und durch den Apparat ein trockener Chlorwasserstoffstrom geleitet. Ist die Luft verdrängt, erhitzt man den Destillationskolben zum schwachen Sieden und regelt den Chlorwasserstoffstrom so, daß alles Gas in der Vorlage absorbiert wird. Bei 0,5 g Selen muß die Destillation mindestens 5 Stunden unterhalten werden; es empfiehlt sich, auch bei geringeren Mengen diese Zeit nicht wesentlich zu verkürzen. Der größte Teil des übertretenden Selenchlorids zersetzt sich schon bei der Absorption. Nach der Destillation vervollständigt man die Fällung, indem man den Inhalt der Vorlage mit Wasser auf das Dreifache verdünnt und 1 g Hydrazinsulfat hinzugibt (s. Methode A. II, S. 281).

Zur Bestimmung des Tellurs gießt man den Inhalt des Destillationskolbens nach dem Abkühlen in Wasser, neutralisiert mit Ammoniak und fügt mindestens 7 Gew.% freies HCl hinzu; die Bestimmung des Tellurs erfolgt nach Methode C. I oder II (S. 294).

β) *Durch Fällung mit Eisen(II)-sulfat.*

Bemerkung. Die auf S. 281 zur Selenfällung angegebene Methode A. III ist gleichzeitig eine Trennungsmethode für Selen vom Tellur. Sind aber nur *geringe* Mengen Tellur vorhanden, so reißt das mit Eisen^{II}-Salz gefällte Selen einen beachtlichen Teil des Tellurs mit. Zur genauen Tellurbestimmung ist in solchen Fällen eine nochmalige Fällung des zuerst gefallenen Selens erforderlich.

Das nach den Methoden A. I oder II gemeinsam gefällte Selen und Tellur bringt man mit Kaliumbromat, wie bei der Selenbestimmung im technisch reinen Selen (s. S. 290) beschrieben, in Lösung. Die durch Einleiten von Luft vom Brom befreite Lösung wird dann mit Eisen(II)-sulfat gemäß Methode A. III, S. 281, gefällt und das Selen abfiltriert.

Das Filtrat vom Selen verdünnt man mit Wasser auf etwa das doppelte Volumen, setzt so viel Salzsäure (1,19) hinzu, daß die Lösung zwischen 7 und 15 Gew.% freies HCl enthält und fällt das Tellur gemäß Methode C. II, S. 294, mit Hydrazin-sulfat.

B. Untersuchung von Erzen und Hüttenerzeugnissen.

I. Selenbestimmung in Erzen.

Vorkommen. Selen in einigen vulkanischen Schwefelsorten sowie die verhältnismäßig seltenen Selenmineralien, wie Selenblei (*Clausmannit*), Selensilber (*Naumannit*), Selenqueck-silber (*Tiemannit*), Selenkupfer (*Berzelianit*), Selengold, die komplexen Mineralien *Eukairit* und *Crookesit* und einige Selenite des Kupfers, Bleis und Kobalts spielen praktisch nur eine untergeordnete Rolle. Verbreitet, aber in niedrigen Gehalten findet sich das Selen in vielen Schwefelkiesen (wie in denen von Falun, Graslitz und Luckewitz/Böhmen, Theux/Frank-reich, Oneux/Belgien, Rio Tinto u. a. m.) und in Kupferkiesen (wie z. B. vom Rammelsberg-Goslar, im Mansfeldschen Kupferschiefer u. a. m.).

1. In Schwefelkiesen.

Selengehalte in der Regel einige 0,01%.

Die Bestimmung des Selens wird genau wie später unter B. II (Beispiel Kupferrohstein), S. 286, beschrieben, vorgenommen und die Einwaage so ge-wählt, daß Auswaagen von mindestens 3 mg Selen erfolgen; 10 g Erzeinwaage sind also hinreichend.

2. In Kupfererzen und -konzentraten.

Selengehalte in Kupfererzen in der Regel einige 0,001 bis einige 0,01%, in Konzentraten einige 0,01%.

a) Nach einem Schmelzaufschluß:

α) *Ohne quantitative Bestimmung des Tellurs.*

Man schmilzt mit Natriumperoxyd im eisernen Tiegel wie unter B. II (Bei-spiel Kupferrohstein), S. 286, beschrieben. Bei Kupfererzen wähle man Einwaagen von 100 bzw. 2mal 100 g, bei Konzentraten 50 bis 100 g.

Bemerkung. Das bei Gegenwart von Tellur durch den Schmelzaufschluß mit Natrium-peroxyd entstehende Natriumtellurat geht nur mit geringerem Anteil in die wässerige Auf-lösung der Schmelze, wird also bei der Selenbestimmung *nicht quantitativ* erfaßt. Das gefällte Selen ist vom Tellur, soweit dieses mitgefallen ist, nach einer der beiden Methoden zur Selen-Tellur-Trennung abzutrennen. Über die quantitative Tellurbestimmung s. unter Tellur, S. 295.

β) *Mit quantitativer Bestimmung des Tellurs.*

10 g Probematerial schmilzt man im Eisentiegel mit 40 g Natriumperoxyd, löst die erkaltete Schmelze in 1000 cm³ Wasser, neutralisiert mit Salzsäure und fügt 500 cm³ Salzsäure (1,19) hinzu. Zwecks Reduktion der Eisensalze wird zur warmen Lösung Natriumhypophosphit ($NaH_2PO_2 \cdot H_2O$) in kleinen Mengen so lange hinzugegeben, bis keine weitere Entfärbung der Flüssigkeit mehr eintritt. Nach Zusatz von 25 bis 30 g Eisen(II)-sulfat erhitzt man langsam zum gelinden Sieden, läßt den entstandenen Niederschlag (unreines Selen + Tellur) einige Stunden in der Wärme absitzen und filtriert die warme Lösung durch einen Glasfiltertiegel. Sollte infolge Ausscheidung geringer Kieselsäuremengen die Filtration erschwert werden, so versetzt man die warme Lösung mit wenigen Tropfen Flußsäure. Das Rohselen mit dem Tellur wird rasch ausgewaschen und mit Kaliumbromat (+ etwas Salzsäure), wie auf S. 290 beschrieben, wieder in Lösung gebracht. Das etwa 50 cm³ betragende Filtrat, dem man 25 cm³ Salzsäure (1,19) zusetzt, erwärmt man $^1/_2$ Stunde auf 70° und leitet so lange gefilterte Luft hindurch, bis annähernd Entfärbung eingetreten ist. Selen wird dann durch Zusatz von 5 bis 10 g reinem Eisen(II)-sulfat gefällt und gemäß Methode A. III, S. 281, bestimmt. Um im Filtrat zur nachfolgenden Tellurbestimmung unmittelbar die richtige Säurekonzentration zu bekommen, erfolgt das Auswaschen des Selens mit Salzsäure (1+2).

Zur *Tellur*bestimmung versetzt man das Filtrat — etwa 250 cm³ — mit 10proz. Natriumhypophosphitlösung bis zur Entfärbung, fügt weitere 50 cm³ des Reagenses hinzu und erhitzt langsam unter Durchleiten von gefilterter Luft zu 15 min währendem Sieden. Hat das gefällte Tellur sich während 1 bis 2 Stunden in der Wärme abgesetzt, filtriert man durch einen Filtertiegel und wäscht mit salzsaurem Wasser oberflächlich aus. Da das Tellur durchweg noch kupferhaltig ist, wird es wiederum mit Kaliumbromat aufgelöst und nach dem Verjagen von Brom und Chlor wie oben mit Hydrazinsulfat gemäß Tellur, Methode C. II, S. 294, gefällt.

b) Nach dem Lösen in Salpetersäure.

Bemerkung. Voraussetzung ist, daß das Probematerial durch Salpetersäure vollständig aufgeschlossen werden kann, was bei sehr fein gepulvertem Material meist der Fall ist.

Soll Tellur nicht gleichzeitig mitbestimmt werden, ist folgendermaßen zu verfahren:

Bis zu 50 g Probematerial werden in einem 1000 cm³-Becherglas mit 200 cm³ Salpetersäure (1,3) übergossen, worauf man *auf dem Wasserbad* langsam zur Trockne dampft. Den Rückstand nimmt man mit 200 cm³ Salzsäure (1+1) auf, filtriert das Unlösliche ab und wäscht es mit heißem, salzsaurem Wasser aus. Dem Filtrat setzt man 50 cm³ gesättigte Schwefligsäurelösung hinzu, erwärmt etwa 1 Stunde auf dem Wasserbad, fügt dann weitere 150 cm³ Schwefligsäurelösung und 1 g Hydrazinsulfat hinzu und läßt die Fällung — aus etwa 1000 cm³ — über Nacht auf dem Wasserbad absitzen. Der unreine Niederschlag, der alles Selen, aber nur einen Teil des Tellurs enthält, wird auf einem Filtertiegel abgesaugt und mit Wasser ausgewaschen.

Ist *kein Tellur im Probematerial vorhanden*, so löst man den Niederschlag mit wenigen Tropfen rauchender Salpetersäure wieder auf, macht das Filtrat schwach ammoniakalisch, säuert mit Salzsäure schwach an und fällt das Selen nach Methode A. II, S. 281, oder man löst das Selen aus dem Niederschlag mit etwa 10 cm³ konz. heißer Kaliumcyanidlösung heraus und fällt es aus dem klaren Filtrat (etwa 100 bis 200 cm³), wie unter „Technisch reines Selen", S. 290, angegeben.

Ist *Tellur im Probematerial vorhanden,* so bestimmt man Selen aus dem unreinen, tellurhaltigen Niederschlag nach einer der beiden unter „Selen-Tellur-Trennung" angegebenen Methoden, S. 282 ff.

Soll Tellur gleichzeitig mit dem Selen bestimmt werden, so wird die Probe, wie vorstehend beschrieben, in Säure gelöst. Im Filtrat vom Unlöslichen bestimmt man aber Selen und Tellur, wie unter B. I, 2a, *β*, S. 285, angegeben ist, d. h. man fällt mit Natriumhypophosphit und Eisen(II)-sulfat.

II. Selenbestimmung in Hüttenerzeugnissen.

Vorkommen. Beim Rösten selenhaltiger Schwefelkiese zur Schwefelsäuregewinnung geht ein Teil des Selens hauptsächlich als SeO_2 mit den Röstgasen über und findet sich teils im Flugstaub, teils im Bleikammerschlamm (Rotfärbung), teilweise auch in der rohen Schwefelsäure. Bei der Verarbeitung selenhaltiger Kupferkiese auf Kupfer tritt das Selen in den verschiedensten Hüttenprodukten, im Rohstein, im Schwarzkupfer, in den dabei anfallenden Flugstäuben und im Anodenschlamm der Kupferelektrolyse auf. Diese technischen Produkte zeigen teilweise erhebliche Selengehalte, so daß Selen aus einem Teil von ihnen gewonnen wird. Bei Gegenwart von Tellur in den Erzen tritt auch dieses neben dem Selen in den Hüttenprodukten auf.

Verwendung. Selenigsaures Natron wird in der Glasindustrie zum „Entscheinen" besserer Glassorten bzw. zum Rotfärben von Glas verwendet. Dasselbe gilt vom techn. Selen, das außerdem, nach nochmaliger Reinigung, in der Elektroindustrie (Selenzellen) Verwendung findet. Selenhaltigen Bleilegierungen wird erhöhte Korrosionsbeständigkeit zugesprochen.

1. Im Kupferrohstein (und selenarmen Flugstäuben).

Selengehalte: einige 0,001 bis einige 0,01%.

a) Durch Schmelzaufschluß ohne quantitative Bestimmung des Tellurs.

100 g pulverisierter Rohstein werden im geräumigen Eisentiegel* mit 400 g Natriumperoxyd gemischt und mit einer geringen Menge davon abgedeckt. Da die Reaktion bei hochschwefelhaltigen Produkten beim Erhitzen des ganzen Tiegels unter plötzlichem Einsetzen sehr stürmisch verläuft, versuche man stets zuerst, die Reaktion von der Oberfläche aus einzuleiten, indem man ein brennendes Streichholz in die obere Schicht des Schmelzgemisches einführt oder einen darin steckenden kleinen Holzspan entzündet. Wird die Schmelze nicht gut dünnflüssig, ist ein nachträgliches Erhitzen über dem Bunsenbrenner oder in einem Ofen erforderlich. Nach dem Erkalten behandelt man die Schmelze mit etwa 2 bis 3 l Wasser und entfernt die unlöslichen Oxyde unter mehrfachem Dekantieren mit Wasser zweckmäßig auf einer Nutsche. Das *kalte* Filtrat wird mit Salzsäure** *schwach* angesäuert; dabei ist durch Kühlen ein Erwärmen der Lösung zu verhindern. Unbekümmert um einen etwa auftretenden Mangandioxydniederschlag leitet man dann in der Kälte zur Fällung der Schwefelwasserstoffgruppe kurze Zeit Schwefelwasserstoff ein. Der Niederschlag wird abfiltriert und mit schwefelwasserstoffhaltigem Wasser ausgewaschen. Aus dem Filtrat entfernt man die größte Menge des Schwefelwasserstoffes durch Einleiten eines Luft- oder Kohlensäurestromes, den Rest durch Einengen auf das Volumen, das zur Fällung des Selens mit Hydrazinsulfat im Kolben unter dem Rückflußkühler angewandt wird. Zu je 1 l Fällungsvolumen setzt man etwa 100 cm³ Salzsäure (1,19) hinzu, kocht etwa 3 Stunden unter dem Rückflußkühler zwecks Reduktion des Selenats zu Selenit und fällt dann, wie auf S. 281 beschrieben, mit Hydrazinsulfat. Das ausgewogene Selen ist durch Verglühen auf Reinheit zu prüfen (SiO_2!).

---

* Hierzu bewähren sich gut Tiegel schwach konischer Form, aus Flußeisenblech geschweißt, von etwa 9 cm mittlerem Innendurchmesser, bei etwa 16 cm Höhe und 0,5 cm Wandstärke.

** Zur Neutralisation darf keine Schwefelsäure verwendet werden, da *allzu große* Mengen von Alkalisulfaten die quantitative Fällung des Selens verhindern.

Enthält der Rohstein neben Selen auch Tellur, so wird ein kleiner Teil des letzteren mit dem Selen ausgewogen. Zur Selenbestimmung ist dann eine der beiden Trennungsmethoden anzuwenden (s. S. 282 ff).

b) Durch Schmelzaufschluß mit quantitativer .Bestimmung des Tellurs.

Man verfährt genau wie unter „Kupfererzen und -konzentraten" B. I, 2a, β, S. 285, angegeben, wobei man von 10 g (oder 2mal 5 g) Einwaage, bei sehr niedrigen Gehalten von mehrmals 10 g ausgeht und die gefällten Mengen Rohselen und -tellur vereinigt.

2. In reichen Flugstäuben und Anodenschlämmen.

Selengehalt bis einige Prozente (vereinzelt bis 15%).

a) Bei Abwesenheit von Tellur.

1,5 g Probematerial werden im Eisentiegel mit der etwa 6fachen Menge Natriumperoxyd vorsichtig bis zu ruhigem Fluß (dunkle Rotglut) geschmolzen. Die mit etwa 100 cm³ Wasser behandelte Schmelze führt man in einen 300 cm³-Meßkolben über, füllt zur Marke auf, filtriert durch ein trockenes, doppeltes, dichtes Faltenfilter und gibt 250 cm³ des Filtrates in einen 500 cm³-Meßkolben. Hier säuert man nach Zusatz einiger Tropfen Methylorange mit Salzsäure *schwach* an, leitet *in der Kälte* 10 bis 15 min Schwefelwasserstoff ein, füllt mit Schwefelwasserstoffwasser zur Marke auf, läßt wenige Stunden absitzen und filtriert dann durch ein doppeltes, dichtes Faltenfilter. Aus 400 cm³ des Filtrates wird in einem 1000 cm³-Becherglas (hohe Form) die Hauptmenge des Schwefelwasserstoffs durch Einleiten von Luft verjagt und die letzte Gasmenge verkocht; fallen dabei geringe Schwefelmengen aus, so werden sie abfiltriert. Nun setzt man 50 cm³ Salzsäure (1,19) und 5 bis 6 g reinstes Eisen(II)-sulfat hinzu und erhitzt 10 bis 15 min zu gelindem Sieden. Nach Zugabe von weiteren 50 cm³ Salzsäure (1,19) und einigen Gramm Hydrazinsulfat und etwa halbstündigem Sieden läßt man das gefällte Selen auf dem Wasserbad einige Stunden absitzen. Die Filtration und Bestimmung des Selens werden ausgeführt wie unter „Allgemeines", S. 280, angegeben; die Reinheitsprüfung erfolgt durch Verglühen und Abzug eines etwaigen Glührückstandes.

b) In Gegenwart von Tellur.

1,25 g (oder 2,5 g) Probematerial werden im Eisentiegel mit der etwa 6fachen Menge Natriumperoxyd vorsichtig bis zu ruhigem Fluß (dunkle Rotglut) geschmolzen. Die wässerige Lösung der Schmelze säuert man mit Salzsäure schwach an, führt alles in einen 250 cm³- (bzw. 500 cm³-) Meßkolben über, füllt zur Marke auf und läßt einen etwaigen unlöslichen Rückstand (Silberchlorid, Bleisulfat, Bariumsulfat, Kieselsäure) mehrere Stunden absitzen. Dann wird durch ein trockenes, dichtes Filter filtriert und ein Anteil des Filtrates (200 cm³ bzw. 400 cm³) zur Selen- und Tellurbestimmung verwendet, wie unter B. I, 2a, β, S. 285, angegeben ist.

3. Selenbestimmung in Bleischlämmen.

Selengehalte: einige 0,1% bis mehrere Prozente.

10 g Bleischlamm werden mit 30 cm³ konz. Salpetersäure in einer Porzellanschale im Wasserbad digeriert, bis der Bleisulfatrückstand vollständig weiß geworden ist; dann verdünnt man mit 200 cm³ Wasser, erwärmt schwach, läßt in der Kälte einige Stunden absitzen, filtriert unter häufigem Dekantieren und wäscht mit schwach salpetersäurehaltigem Wasser sorgfältig aus. Für sehr genaue Bestimmungen empfiehlt es sich, den auf dem Filter verbleibenden Rückstand mehrfach der gleichen Behandlung zu unterziehen und die Filtrate zu sammeln.

Die Fällung des Selens erfolgt nach dem Neutralisieren mit Ammoniak und schwachem Ansäuern der Lösung mit Salzsäure nach Methode A. II, S. 281.

Bemerkung. Tellur wird damit nicht ganz vollständig erfaßt; über seine Bestimmung s. S. 297.

4. Selenbestimmung im Kupfer.

Selengehalte: einige 0,001% bis wenige 0,01%.

a) Methode mit nicht vollständiger Erfassung des Tellurs.

50 g Kupferspäne werden mit *wenig mehr als* der erforderlichen Menge verd. Salpetersäure — etwa 400 cm³ (1 + 1) — in einem hohen bedeckten Becherglase gelöst; man kocht kurze Zeit auf, um die Hauptmenge der Stickoxyde zu verjagen, und neutralisiert vorsichtig mit Ammoniak, bis der entstandene Kupferniederschlag sich wieder aufzulösen beginnt. Dann wird mit Salzsäure schwach angesäuert, die Lösung in einen großen Kochkolben übergeführt und mit Wasser auf 3 bis 4 l verdünnt. Nach Zusatz von 500 g Natriumchlorid* erhitzt man unter dem Rückflußkühler und fügt während 2- bis 3stündiger Siededauer eine heiße, reine, konzentrierte Hydrazinsulfatlösung von Zeit zu Zeit hinzu, insgesamt etwa 20 g Salz. Nach etwa eintägigem Abstehen der Lösung filtriert man durch einen Glasfiltertiegel (Porenweite 4). Der Niederschlag wird mit heißem, schwach salzsäurehaltigem Wasser ausgewaschen und etwa im Kolben haftendes Selen durch Erwärmen mit konz. Salpetersäure gelöst. Das im Filtertiegel befindliche Selen wird ebenfalls durch Erwärmen mit Salpetersäure im Becherglas in Lösung gebracht (die Filterplatte muß rein weiß werden) und mit der Salpetersäurelösung aus dem Kolben vereinigt. Aus der auf 300 cm³ verd. Lösung fällt man Silber mit Salzsäure quantitativ als Chlorid. Das Filtrat vom Silberchloridniederschlag wird unter Verwendung von Methylorange als Indicator schwach ammoniakalisch gemacht und dann mit Salzsäure *eben* angesäuert. In der zum Sieden erhitzten Lösung fällt man Selen mit Hydrazinsulfat wieder aus (s. Methode A. II, S. 281).

Bemerkung. Enthält das zu untersuchende Kupfer auch Tellur, so wird nur ein Teil davon mit dem Selen ausgewogen. Zur Selenbestimmung löst man dann den Selen-Tellur-Niederschlag wieder auf und verfährt zur Trennung nach einer der Methoden unter „Selen-Tellur-Trennung", S. 282ff.

b) Methode mit gleichzeitiger Bestimmung des Tellurs.

In einem geräumigen Rundkolben zersetzt man 50 g Kupferspäne mit einer Lösung, die 250 g Eisen(III)-chlorid (FeCl₃ + 6H₂O) in 275 cm³ Wasser und 125 cm³ Salzsäure (1,19) enthält, durch Sieden (3 bis 4 Stunden) unter dem Rückflußkühler. Durch das entstehende Eisen(II)-chlorid wird Selen quantitativ gefällt, während Tellur in Lösung bleibt.

Das noch unreine Selen wird über einen Filtertiegel abfiltriert, durch Erwärmen mit starker, reiner Kaliumcyanidlösung (einige Gramm in 10 cm³ Wasser) wieder gelöst und vom Unlöslichen durch den gleichen Filtertiegel abgetrennt. Aus dem Filtrat — etwa 100 cm³ —, welches das Selen als KCNSe enthält, fällt man es mit Salzsäure und Hydrazinsulfat (Abzug!), wie unter „Selen im technisch reinen Selen", S. 290, beschrieben, oder man löst das Rohselen in konz. Salpetersäure, filtriert und fällt im Filtrat das Selen, nach Neutralisation mit Ammoniak, aus *schwach* salzsaurer Lösung mit Hydrazinsulfat gemäß Methode A. II, S. 281.

Im Filtrat vom Rohselen wird das Tellur (gemäß C. III, S. 294) mit Natriumhypophosphit neben etwas Kupfer zur Fällung gebracht; man löst es mit Kaliumbromat wieder auf, wie unter „Selenbestimmung im technischen Selen", S. 290, beschrieben, und fällt es mit Hydrazinsulfat aus salzsaurer Lösung in nunmehr reiner Form nach C. II, S. 294.

---

* Dies soll das Ausscheiden schwer löslicher Kupfersalze verhindern.

5. Selenbestimmung im Silber.

Selengehalte: einige 0,0001 bis einige 0,001%.

Man löst 50 bis 100 g Silber in Salpetersäure von mindestens 1,3 spez. Gew., verdünnt mit Wasser und filtriert vom ungelöst gebliebenen Gold ab. Im Filtrat wird das Silber quantitativ mit Salzsäure (in ganz geringem Überschuß) gefällt. Im Filtrat vom Silberchlorid kann Selen nach Methode A. II, S. 281, unmittelbar bestimmt werden, wenn die Salpetersäure durch Ammoniak neutralisiert und die Lösung *schwach* salzsauer gemacht wird.

6. Selenbestimmung im Blei.

Selengehalte: einige 0,001 bis einige 0,01%, in Selen-Blei-Legierungen 0,01 bis 0,1%.

Bei Gehalten von einigen Hundertsteln Prozent Selen zersetzt man 12,5 g Probematerial im 500 cm³-Meßkolben mit 30 cm³ Salpetersäure (1,2), zuletzt unter gelindem Erwärmen und bringt durch Zusatz von 250 cm³ heißem Wasser das Bleinitrat in Lösung. Darin wird das Silber mit einigen Tropfen Salzsäure als Chlorid und das Blei mit 30 cm³ Schwefelsäure (1,2) als Sulfat gefällt. Man kühlt die Lösung ab, fügt 125 cm³ Alkohol hinzu, füllt den Kolben mit Wasser zur Marke auf, schüttelt gründlich durch und läßt das Bleisulfat einige Stunden absitzen. Dem Kolben entnimmt man unter Dekantieren genau 400 cm³ Lösung (= 10 g Einwaage), filtriert sie durch ein dichtes Filter in ein 600 cm³-Becherglas und wäscht das Filter mit verd. Alkohol aus. Dieses Filtrat wird nach Zusatz einiger Tropfen Methylorange schwach ammoniakalisch gemacht, auf dem Wasserbad bis auf etwa 50 cm³ eingedampft und dann mit Salzsäure angesäuert, so daß etwa 5 cm³ Salzsäure (1,12) im Überschuß vorhanden sind. Einen etwa bleibenden oder auftretenden Niederschlag (meist AgCl) filtriert man durch ein kleines, dichtes Filter ab und fällt im Filtrat das Selen durch Zusatz einiger Gramm Hydrazinsulfat. Man erhitzt eine Viertelstunde zu gelindem Sieden, läßt den Selenniederschlag auf dem Wasserbad einige Stunden absitzen, filtriert durch einen tarierten Porzellanfiltertiegel (A. 2) und wäscht mit schwach salzsaurem Wasser, zuletzt mit Alkohol. Nach einstündigem Trocknen bei 105° wird ausgewogen und dann durch Verglühen das Selen auf Reinheit geprüft; einen etwaigen Rückstand (i. w. AgCl) bringt man von der Auswaage in Abzug.

Enthält das Probematerial auch Tellur, so wird ein größerer Teil desselben mit dem Selen ausgewogen, ein restlicher ist aus der nitrathaltigen Lösung nicht ausgefallen und befindet sich noch im Filtrat von der Selenfällung. Die Bestimmung des Selens im Selen-Tellurgemisch (im Filtertiegel) erfolgt dann nach einer der beiden Methoden für Selen-Tellur-Trennung (S. 282ff).

Soll Tellur ebenfalls bestimmt werden, so dampft man das Filtrat vom Selen (+ Tellur) auf dem Wasserbad mit Salzsäure mehrfach zur Trockne, um die Salpetersäure zu entfernen, und fällt die letzten Reste des Tellurs aus der Lösung gemäß Methode C. II, S. 294. Aus den vereinigten Selen- und Tellurmengen bestimmt man Selen und Tellur nach einer der beiden Trennungsmethoden auf S. 282ff.

Bei höheren oder niedrigeren Selengehalten werden kleinere bzw. größere Einwaagen an Probematerial gewählt und die Säuremengen sinngemäß geändert.

7. Selenbestimmung in Schwefelsäure.

Selengehalte: einige 0,01 bis einige 0,1%.

50 cm³ der zu untersuchenden Säure werden mit 400 cm³ Wasser verdünnt und mit 30 bis 50 cm³ verd. Salzsäure versetzt. Das Selen wird dann nach Methode A. I oder A. II gefällt.

8. Selenbestimmung in selenigsaurem Natrium.

Selengehalt des Na_2SeO_3: 45,73%, des $Na_2SeO_3 + 5 H_2O$: 30,09%.

1 g Salz löst man in 50 cm³ Wasser auf, säuert mit Salzsäure schwach an, filtriert von einem etwa verbleibenden Rückstand ab und fällt in dem etwa 200 cm³ betragenden Filtrat nach Zusatz von 100 cm³ Salzsäure (1,19) das Selen nach Methode A. II, S. 281.

9. Technisch reines Selen[3a].

Reinheitsgrad normal 99,5% Se (bis 99,9%).
Verunreinigungen: i. w. Kieselsäure, Alkalisulfat und -chlorid; daneben — meist in Spuren — Eisen, Kupfer, Silber, Blei, Arsen und Schwefel, teilweise Tellur.

Selenbestimmung.

a) Durch Lösen in Kaliumcyanid.

Enthält das Selen weniger als etwa 0,1% Tellur, so wird dieses mit dem Selen bestimmt. Größere Tellurmengen bleiben im Kaliumcyanid ungelöst.

1 g Selenpulver löst man in einem 100 cm³-Bechergläschen in 15 cm³ Wasser und 2 bis 2,5 g reinem Kaliumcyanid unter schwachem Erwärmen auf, verdünnt auf 50 cm³, erhitzt bis fast zum Sieden und filtriert vom Unlöslichen durch ein kleines Filter mittlerer Dichte in ein 1000 cm³-Becherglas (hohe Form) ab; dann wird mit heißem Wasser vollständig ausgewaschen und das Filtrat auf 250 cm³ verdünnt. Diesem setzt man etwa 1 g *reines* Hydrazinsulfat hinzu und erhitzt zum Sieden. Durch Zusatz von 125 cm³ Salzsäure (1,19) wird das KCNSe unter Selenabscheidung zersetzt, was nach 10 min langem schwachem Sieden vollständig zu erreichen ist. (Dabei entweicht Blausäure, daher Abzug benutzen!) Man läßt die Fällung einige Stunden auf dem Wasserbad absitzen, filtriert die heiße Lösung durch einen tarierten Porzellanfiltertiegel mittlerer Dichte (A 2), wäscht mit heißem Wasser gründlich aus, verdrängt das Waschwasser mit etwas Alkohol oder Aceton, trocknet 1 Stunde bei 105° und wägt aus. Das ausgewogene Selen wird durch Verglühen auf Reinheit geprüft und ein geringfügiger Rückstand gegebenenfalls von der Auswaage in Abzug gebracht.

Bemerkungen. Unter den angegebenen Bedingungen fällt das Selen in feinpulveriger, gut auswaschbarer Form aus und haftet so gut wie gar nicht an den Wandungen des Fällgefäßes.

Bei 2 g Einwaage an Probematerial, doppelter Reagensmenge und doppeltem Fällungsvolumen erreicht man eine entsprechend größere Genauigkeit.

Beim Lösen in reinem Kaliumcyanid entsteht kein Kaliumselenid wie beim Schmelzen, weshalb die Verlustquelle der Schmelzmethode hier nicht auftritt.

b) Durch Lösen in Kaliumbromat.

Tellur wird quantitativ mit dem Selen zusammen ausgewogen!

1 g feinst gepulvertes Material wird in einem 300 cm³-Becherglas (hohe Form) mit einigen Tropfen Alkohol benetzt und mit 25 cm³ Wasser aufgeschlämmt. Durch kleine Zusätze von insgesamt 3 g Kaliumbromat bringt man das Selenpulver *ohne zu erwärmen* unter zeitweiligem Schwenken des mit einem Uhrglas bedeckten Gefäßes in Lösung; die Zusätze müssen derart erfolgen, daß das gepulverte Bromat auf noch ungelöstes Selen fällt. Nach beendetem Lösen läßt man auf einer mäßig warmen Stelle des Wasserbades (70°) bis auf 20 cm³ abdunsten, filtriert die Lösung durch ein kleines Filter mittlerer Dichte in ein 1000 cm³-Becherglas (hohe Form), wäscht mit heißem Wasser aus, bis das Filtrat 100 cm³ beträgt, fügt diesem 125 cm³ Salzsäure (1,19) hinzu und leitet, um Brom zu vertreiben, gefilterte Luft durch die Lösung, letztere ständig auf einem warmen Platz haltend, bis sie — etwa nach 1 Stunde — fast farblos wird. Unter Rühren

---

[3a] Text entsprechend der ausführlichen Zusammenstellung von K. Wagenmann: Metall u. Erz 1941 S. 281.

werden der Lösung dann 50 cm³ einer gesättigten Schwefligsäurelösung hinzugesetzt, wonach sie einige Zeit auf dem Wasserbad stehenbleibt. Dann gibt man weitere 100 cm³ Schwefligsäurelösung und etwas Hydrazinsulfat hinzu und läßt einige Stunden oder über Nacht auf dem Wasserbad absitzen. Das gefällte Selen wird in einen Porzellanfiltertiegel wie vorstehend bei Methode a filtriert und bestimmt.

Bestimmung der wichtigsten Verunreinigungen:

Glührückstand. 2 bis 5 g Probematerial raucht man im Porzellantiegel über kleiner Flamme *langsam* ab, erhitzt zuletzt $^1/_4$ Stunde auf mäßige Rotglut und wägt den Glührückstand aus.

Bemerkung. Der Glührückstand besteht aus den nichtflüchtigen Verunreinigungen des Selens, aus Kieselsäure, Alkalisalzen und den Schwermetalloxyden; Arsen, Schwefel und Tellur werden mit dem Selen verflüchtigt. Für techn. Selen, das praktisch keine flüchtigen Verunreinigungen enthält, ist die Ermittlung des Glührückstandes eine häufig ausreichend genaue Reingehaltsbestimmung.

Tellur.

20 g pulverisiertes Probematerial bringt man in einem 500 cm³-Erlenmeyerkolben durch allmählichen Zusatz von 60 cm³ konz. Salpetersäure unter häufigem Schwenken des Kolbens, zuletzt unter Erwärmen in Lösung. Der Kolbeninhalt wird in eine flache Porzellanschale gespült, mit 20 cm³ konz. Schwefelsäure versetzt und zur Verflüchtigung der Hauptmenge des Selens auf dem Sandbad zur Trockne abgeraucht.

Zur Bestimmung des im Rückstand (R) befindlichen Tellurs entfernt man die letzten Selenmengen:

α) *Entweder durch Destillation im Chlorwasserstoffstrom*

(gemäß „Selen-Tellur-Trennung" nach Lenher-Smith, vgl. S. 282).

Man bedient sich der Apparatur nach Abb. 14, S. 283, oder einfacher: man verwendet an Stelle des Destillationskolbens mit eingeschliffenem Einleitrohr einen etwa 200 cm³-Rundkolben (oder Destillierkolben), in den man das Salzsäuregas durch ein Rohr (Pipette) einleitet, das an der Stelle, an der es in den Kolbenhals eintritt, eine kugelige Erweiterung besitzt, die auf dem Kolbenhals aufsitzt. (Man erreicht damit genügende Abdichtung, um das Eintreten von feuchter Luft in den Kolben zu verhindern.)

Den in der Porzellanschale abgerauchten Rückstand (R) nimmt man mit 20 cm³ Salzsäure ($1+1$) unter Erwärmen auf und führt die Lösung unter Nachspülen mit etwa 30 cm³ Schwefelsäure ($1+3$) in den Destillierkolben über. Den Kolbeninhalt dampft man auf dem Sandbad zur Trockne und destilliert dann den Rückstand mit 50 bis 60 cm³ konz. Schwefelsäure unter Durchleiten von trockenem Chlorwasserstoffgas 4 bis 5 Stunden lang, wie auf S. 283 angegeben. Das Selen ist dann vollständig verflüchtigt. Nach dem Erkalten entleert man den Kolben in etwa 200 cm³ Wasser, filtriert vom Unlöslichen, neutralisiert das Filtrat mit Ammoniak, fügt $^1/_5$ des Volumens Salzsäure (1,19) hinzu und bestimmt das Tellur gemäß Methode C. II, S. 294.

β) *Oder durch Fällung mit Eisen(II)-sulfat.*

Man nimmt den beim Abrauchen verbliebenen Rückstand (R) mit 20 cm³ heißer Salzsäure ($1+1$) auf, spült alles in ein Becherglas über, verdünnt mit warmem Wasser auf 300 cm³ und leitet Schwefelwasserstoff ein. Der Sulfidniederschlag wird abfiltriert, in Salpetersäure aufgelöst und die Lösung nach Zusatz von Schwefelsäure auf dem Sandbad nochmals zur Trockne abgeraucht. Dann nimmt man mit 20 cm³ Salzsäure ($1+2$) auf und fällt in diesem kleinen Volumen durch 2 Zusätze von je 0,25 g Eisen(II)-sulfat bei Wasserbadtemperatur die letzten Selenreste aus. Diese filtriert man durch einen kleinen Filtertiegel ab und wäscht mit Salzsäure (1 + 1) aus. Im etwa 100 cm³ betragenden Filtrat fällt man das Tellur gemäß Methode C. III, S. 294.

Arsen.

5 bis 10 g pulverisiertes Probematerial bringt man in einem 300 cm³-Erlenmeyerkolben durch allmählichen Zusatz von 20 bis 30 cm³ konz. Salpetersäure unter häufigem Schwenken des Kolbens, zuletzt unter Erwärmen in Lösung und raucht diese in einer flachen Porzellanschale nach Zugabe von 30 bis 60 cm³ Schwefelsäure (1 + 1) auf dem Sandbad zur Trockne; das Abrauchen wiederholt man nach erneutem Zusatz von 10 bis 20 cm³ konz. Schwefelsäure. Der nunmehr nur noch wenig Selen enthaltende Rückstand wird mit heißer Salzsäure (1 + 2) aufgenommen und die Lösung in einen 250 cm³-Arsendestillierkolben unter Verwendung von Salzsäure (1 + 2) zum Nachspülen übergeführt. Die im Kolben befindliche Lösung, deren Volumen etwa 50 bis 60 cm³ betragen soll, kocht man nach Zusatz von 5 g Hydrazinsulfat und Aufsetzen eines reichlich dimensionierten Rückflußkühlers 1 Stunde lang zur Fällung der letzten Selenmengen. Ist die Lösung im Kolben erkaltet, wird sie mit 1 bis 2 g Kaliumbromid und 75 bis 100 cm³ Salzsäure (1,19) versetzt und das Arsen in bekannter Weise überdestilliert. Man bestimmt es durch Fällen mit Schwefelwasserstoff gewichtsanalytisch als Arsentrisulfid gemäß Kap. „Arsen", S. 61.

Schwefel.

5 bis 10 g (oder mehr) Selenpulver bringt man in einem 300 bis 500 cm³-Erlenmeyerkolben durch allmählichen Zusatz von 40 bis 80 cm³ konz. Salpetersäure unter häufigem Schwenken des Kolbens, zuletzt unter gelindem Erwärmen in Lösung und dampft diese in einer flachen Porzellanschale nach Zusatz von 0,5 bis 1 g Natriumchlorid (z. Anal.) auf dem Wasserbad zur Trockne. Die letzten Reste Salpetersäure und die Hauptmenge des Selens werden durch Erhitzen auf dem Sandbad (wie beim Abrauchen von Schwefelsäure) entfernt. Zwecks Verflüchtigung weiterer Selenmengen nimmt man, vom Rande der Schale aus, den Rückstand mit Salzsäure (1 + 1) auf und dampft auf dem Wasserbad und zuletzt auf dem Sandbad nochmals zur Trockne. Bleibt dann noch ein beachtlicher Salzrückstand, wiederholt man das Aufnehmen und Abdampfen. Der letzte Eindampfrückstand wird mit etwa 25 cm³ heißem Wasser und einigen Tropfen Salzsäure aufgenommen, in ein 200 cm³-Becherglas übergeführt und daraus die letzte Selenmenge nach Methode A. II, S. 281, mit *Hydroxylaminchlorid* (*z. Anal.*) aus 50 bis 75 cm³ Volumen gefällt. Man setzt einige Gramm Fällungsmittel hinzu, erhitzt $^1/_4$ Stunde zu schwachem Sieden und läßt mehrere Stunden oder über Nacht heiß absitzen.

Das Selen filtriert man durch ein sehr dichtes Filter (oder einen dichten Filtertiegel) ab und wäscht mit schwach salzsaurem Wasser aus. Im Filtrat wird der Schwefel als Bariumsulfat gefällt und bestimmt.

Schwermetalle (*Kupfer, Silber, Eisen*).

10 bis 20 g Probematerial werden wie S. 291 unter „Glührückstand" angegeben behandelt. Den Rückstand im Porzellantiegel schmilzt man mit wenigen Gramm entwässertem Kaliumhydrogensulfat und bestimmt in der Lösung der Schmelze:

Silber als Chlorid (s. auch Kap. „Kupfer", Zementkupfer, S. 208).

Kupfer elektrolytisch.

Eisen durch Fällen mit Ammoniak, anschließend maßanalytisch oder bei sehr kleinen Mengen colorimetrisch.

Silber kann auch in einfachster Weise dokimastisch bestimmt werden, indem man 10 bis 20 g Probematerial im Ansiedescherben bei *niedriger* Temperatur langsam abraucht, den Rückstand verbleit und kupelliert.

C. Bestimmungsmethoden des Tellurs unter Berücksichtigung der bei der Analyse störend wirkenden Bestandteile.

Allgemeines.

Da Tellur unter Bedingungen, wie sie bei der Analyse auftreten, aus seinen Lösungen nicht flüchtig ist, dürfen letztere in der üblichen Weise abgedampft werden, so daß man stets zu nitratfreien, salz- oder schwefelsauren Lösungen kommen kann, in denen die Fällung vorgenommen wird. Tellur ist in Salpetersäure leicht löslich, weshalb Salpetersäure bzw. Nitrate aus sauren Lösungen vor der Fällung entfernt werden müssen. Lösungen mit höheren Tellurgehalten dampft man mit konz. Schwefelsäure nur bis zum beginnenden Rauchen ein, damit die tellurige Säure leicht löslich bleibt; sonst ist zum Aufnehmen starke, heiße Salzsäure anzuwenden.

Auch Tellur tritt in 4- und 6-wertiger Form auf; es gilt dafür in diesem Zusammenhang das gleiche, wie es unter Selen (S. 279) mitgeteilt ist. Für die nachstehend angegebenen Methoden ist außerdem noch folgendes zu berücksichtigen:

Die Acidität einer nach Methode C. I oder C. II zu fällenden salzsauren Telluritlösung darf 15 Gew.% freies HCl nicht überschreiten, sonst ist die Fällung unvollständig. Andererseits müssen mindestens 7 Gew.% freies HCl zugegen sein, wenn das Tellur quantitativ ausfallen soll. Über die einfachste, ausreichend genaue Einstellung dieser Säurekonzentration s. unter „Selen", S. 280. Größere Mengen freie Schwefelsäure oder besonders hohe Konzentrationen an Alkalisulfaten beeinträchtigen ebenfalls die Vollständigkeit der Fällung. Freie Schwefelsäure wird daher mit Ammoniak, freies Alkali mit Salzsäure neutralisiert. Organische Säuren können die Vollständigkeit der Fällung beeinträchtigen.

Unter den vorgeschriebenen Bedingungen ergeben alle drei Fällungsmethoden Tellur in feinkrystalliner Form, in welcher es gut filtrier- und auswaschbar ist und sich beim Trocknen nicht so schnell oxydiert wie die amorphe, schwammige Form.

Im Vergleich zu Selen ist gefälltes feuchtes Tellur leichter oxydierbar; feuchte Zimmerluft wirkt beim Erwärmen im Trockenschrank zwar nur sehr langsam ein, doch trocknet man das gefällte und zuletzt gut mit Alkohol und Äther oder mit Aceton ausgewaschene Tellur nicht länger als 1 Stunde bei 105°. Der hierbei auftretende geringfügige Fehler kann durch Trocknen im Kohlensäurestrom bei 105° oder im Exsiccator vollständig vermieden werden.

Die Behandlung des gefällten Tellurs ist im übrigen die gleiche wie die des Selens. Das erste Auswaschen darf aber nicht mit allzu starker Salzsäure vorgenommen werden (s. oben). Eine unter Umständen erforderliche nachträgliche Prüfung des Tellurniederschlages auf seine Reinheit kann nicht durch Verglühen vorgenommen werden, da sowohl Tellur als auch die beim Verbrennen entstehende tellurige Säure sehr viel schwerer flüchtig sind als Selen und selenige Säure. Man löst in reiner konz. Schwefelsäure oder schmilzt mit reinem Kaliumhydrogensulfat, wonach die Verunreinigungen als Unlösliches oder in der Lösung selbst nachgewiesen werden können.

Unreine, umzufällende Tellurniederschläge werden in heißer konz. Schwefelsäure gelöst; nach dem Verdünnen filtriert man vom Unlöslichen ab und neutralisiert die Schwefelsäure mit Ammoniak; dann fällt man erneut bei Anwesenheit von 7 bis 15 Gew.% freiem HCl gemäß Methode C. II, S. 294.

a) Methoden.

Die nachstehend angegebenen Methoden I und II können vorteilhaft auch durch gleichzeitige Verwendung der beiden Fällungsmittel vereinigt werden.

I. Die Fällung mit schwefliger Säure.

Die das Tellur als tellurige Säure enthaltende, *nitratfreie*, salz- oder schwefelsaure Lösung wird mit Ammoniak neutralisiert, mit $^1/_5$ des Volumens an Salzsäure (1,19) versetzt, mit Schwefligsäuregas kalt gesättigt und *langsam* zu schwachem Sieden erhitzt, bis sich der Niederschlag gut absetzt. Nach dem Erkalten leitet man erneut Schwefligsäuregas ein, erhitzt nochmals zum Sieden und läßt in der Wärme vollständig absitzen. Den Niederschlag filtriert man, wie bei „Selen" S. 280 angegeben, wäscht mit *schwach* salzsäurehaltigem, dann mit destill. Wasser aus und zuletzt mit Alkohol und Äther oder Aceton. Man trocknet bei 105° nicht länger als 1 Stunde, erforderlichenfalls unter Überleiten von Kohlensäure oder im Exsiccator.

Störend wirken bei der Fällung Salpetersäure oder Nitrate, die deshalb durch Abrauchen mit Schwefelsäure vorher entfernt werden müssen, ferner nennenswerte Mengen freie Schwefelsäure, die zuvor mit Ammoniak zu neutralisieren sind, und beachtliche Mengen Eisen[III]-Salze, die rücklösend wirken und durch schweflige Säure nur zum Teil reduziert werden.

Das Fällungsvolumen kann in weiten Grenzen gewählt werden, ohne daß eine nachteilige Beeinflussung der Fällung eintritt. Tellurate müssen zuvor durch längeres Sieden mit Salzsäure zu Telluriten reduziert werden.

II. Die Fällung mit Hydrazinsulfat oder -chlorid.

Die Fällung wird unter denselben Bedingungen wie bei Methode C. I ausgeführt, nur daß an Stelle von schwefliger Säure eine gesättigte Lösung von Hydrazinsulfat oder -chlorid oder unmittelbar *reines* Salz zugesetzt wird. Während des Siedens fügt man von Zeit zu Zeit kleinere Mengen Fällungsmittel hinzu.

Über *störend* wirkende Bestandteile in der zu fällenden Lösung, Flüssigkeitsvolumen sowie über Tellurate gilt dasselbe, wie bei der vorstehenden Methode I angegeben.

III. Die Fällung mit Natriumhypophosphit[4].

Die möglichst annähernd 15 Gew.% freies HCl enthaltende Lösung (etwa 300 cm³) wird kalt mit der erforderlichen Menge 10proz. Natriumhypophosphitlösung versetzt. Für 0,2 g Tellur sind etwa 100 cm³ erforderlich. Man erhitzt *langsam*, am besten im Wasserbad, und leitet gefilterte Luft hindurch, bis die Lösung völlig klar erscheint, läßt wenige Stunden auf dem Wasserbad absitzen und filtriert heiß über einen Filtertiegel mittlerer Dichte. Man wäscht zuerst mit *schwach* salzsaurem, dann mit reinem Wasser aus, zuletzt mit Alkohol und Äther oder mit Aceton und trocknet 1 Stunde bei 105°.

Über *störend* wirkende Bestandteile in der zu fällenden Lösung und das Lösungsvolumen gilt das gleiche, wie für die vorstehende Methode I angegeben ist. Eisen[III]-Salze stören aber nicht, da sie durch das Fällungsmittel sofort vollständig reduziert werden, wobei jedoch ein entsprechender Mehrverbrauch an Hypophosphit eintritt. Fällt man Tellur nach dieser Methode aus kupferhaltigen Lösungen, so werden stets beachtliche Kupfermengen mitgerissen; man fällt dann das Tellur nach der Methode C. II um, die eine einwandfreie Trennung vom Kupfer gestattet. *Selen* fällt unter obigen Bedingungen *nicht vollständig* aus!

---

[4] Vgl. auch O. E. Clauder: Z. anal. Chem. Bd. 89 (1932) S. 270.

b) Die Trennung von begleitenden Metallen.

Dafür gilt das im Abschnitt Selen unter A. b, S. 282, Gesagte mit folgenden Abweichungen bzw. Ergänzungen:

1. Es empfiehlt sich, **Blei** als Sulfat in bekannter Weise vor der Fällung *quantitativ* abzuscheiden, da ein nachträgliches Auswaschen mitgefallenen Bleisulfats mit heißer Salzsäure wegen ungenügender Widerstandsfähigkeit des Tellurs nicht anzuraten ist.

2. Tellur ist in sauren Eisen^{III}-Salzlösungen noch leichter löslich als Selen; bei deren Anwesenheit ist also eine Reduktion zu Eisen^{II}-Salzen notwendig, die aber mit den Methoden C. I und C. II nur ungenügend erreicht wird, während sie mit Natriumhypophosphit quantitativ erfolgt. Methode III ist daher bei Gegenwart von Eisen^{III}-Salzen anzuwenden; Natriumhypophosphitlösung setzt man dann so lange hinzu, bis die zu fällende Lösung entfärbt ist oder sich nicht mehr weiter aufhellt.

3. Bei Gegenwart von **Kupfer** *und* **Eisen** scheidet man Tellur zunächst nach Methode C. III ab und fällt das kupferhaltige Tellur nach dem Wiederauflösen nach Methode C. II um.

4. Über die Trennung des Tellurs vom Selen s. S. 282 ff.

D. Untersuchung von Erzen und Hüttenerzeugnissen.

*Die folgenden Tellurbestimmungsmethoden gelten für selenfreie Probematerialien. Sollte aber auch Selen vorhanden sein, so ist zur Tellurbestimmung zu berücksichtigen, daß nach den Bestimmungsmethoden C. I und C. II, S. 294, das Selen quantitativ, nach Methode C. III, S. 294, teilweise mit dem Tellur abgeschieden wird, eine nachträgliche Abtrennung des Selens vom Tellur gemäß S. 282 also erforderlich ist. Die quantitative Bestimmung des Tellurs **neben** der des Selens ist vorstehend bei den selenhaltigen Materialien angegeben.*

I. Tellurbestimmung in Erzen.

Vorkommen. Tellur ist seltener als Selen und tritt teilweise in Begleitung desselben auf, selten gediegen, meist in Verbindung mit Kupfer, Blei, Gold und Silber.

Selbständige Mineralien sind: Tellurwismut (*Tetradymit*), Tellurblei, Tellursilber (*Hessit*), Tellurgoldsilber und *Schrifterz, Blättererz* (Goldantimontellurid).

1. In Kupfererzen und -konzentraten.

Tellurgehalte: einige 0,001 bis einige 0,01%.

a) Nach einem Schmelzaufschluß.

Man schmilzt 10 g Probematerial im Eisentiegel mit 40 g Natriumperoxyd, löst die erkaltete Schmelze in etwa 200 cm³ Wasser, säuert mit Salzsäure an und scheidet die Kieselsäure in der üblichen Weise durch Abdampfen zur Trockne vollständig ab. Dann wird mit Salzsäure und heißem Wasser aufgenommen, filtriert, ausgewaschen und im Filtrat das Tellur mit Natriumhypophosphit gemäß Methode C. III, S. 294, gefällt. Das noch unreine ·Tellur löst man mit konz. Salpetersäure wieder auf, dampft mit einigen Kubikzentimeter Schwefelsäure bis zum starken Rauchen ab, nimmt mit Salzsäure (1 + 2) auf, filtriert, wäscht mit Salzsäure (1 + 2) aus und fällt im etwa 100 cm³ betragenden Filtrat das Tellur mit Hydrazinsulfat gemäß Methode C. II, S. 294.

Enthält das Probematerial Selen, so fällt *ein Teil* davon bei der ersten Tellurfällung mit aus. Dann trennt man nach dem Wiederauflösen des Rohtellurs das

Selen mit Eisen(II)-sulfat gemäß Methode A. III, S. 281, ab. Im Filtrat vom Selen bestimmt man das Tellur mit Natriumhypophosphit gemäß Methode C. III, S. 294.

Bemerkung. Soll das Selen im Probematerial ebenfalls quantitativ bestimmt werden, so verfährt man im ganzen gemäß B. I, 2 a, β, S. 285.

b) Nach dem Lösen in Säure.

Bemerkung. Voraussetzung ist, daß das Probematerial durch Salpetersäure-Schwefelsäure sich vollständig aufschließen läßt.

Bis zu 50 g *fein pulverisiertes* Probematerial werden in einer geräumigen Porzellanschale mit 200 cm³ Salpetersäure $(1 + 2)$ unter langsamem Erwärmen aufgeschlossen. Man dampft nach Zusatz von 100 cm³ Schwefelsäure $(1 + 1)$ zuerst auf dem Wasserbad, dann auf dem Sandbad ab, bis die Schwefelsäure *zum größten Teil* abgeraucht ist, nimmt mit Salzsäure $(1 + 2)$ unter Erwärmen auf, filtriert das Unlösliche ab, wäscht mit Salzsäure $(1 + 2)$ aus und fällt im Filtrat das Tellur mit Natriumhypophosphit gemäß Methode C. III, S. 294. Das Rohtellur ist weiter zu behandeln, wie vorstehend unter a angegeben ist.

Bemerkung. Soll Selen im Probematerial ebenfalls quantitativ bestimmt werden, so verfährt man im ganzen wie unter B. I, 2 a β, S. 284/85, beschrieben ist.

2. In Bleierzen und -konzentraten.

Die Tellur- (und Selen-) Bestimmung kann grundsätzlich ausgeführt werden, wie vorstehend für Kupfererze und -konzentrate angegeben, für praktisch kupfer- und eisenfreie Produkte auch wie auf S. 297 zur Bestimmung des Tellurs im Blei beschrieben ist. Es ist aber besonders darauf zu achten, daß beim Aufschließen das Unlösliche bzw. die großen Mengen entstehenden Bleisulfats *nie bis zur Trockne* abgeraucht werden dürfen und letzteres gegebenenfalls unter häufigem Dekantieren mit salzsaurem Wasser abfiltriert werden muß.

II. Tellurbestimmung in Hüttenerzeugnissen.

Vorkommen. Bei der Verarbeitung tellurhaltiger Bleierze (z. B. australischer) geht Tellur in das Werkblei, Rohsilber und den Bleikammerschlamm über, bei der Verhüttung von Kupfererzen (z. B. Colorado) in verschiedene Zwischenprodukte und reichert sich im Anodenschlamm der Kupferelektrolyse erheblich an.

Tellur ist — zumeist versuchsweise — auf den verschiedensten Gebieten (Therapie, Photographie, zum Färben von Glas und Porzellan, zur Vulkanisation von Kautschuk, in der Legierungstechnik) angewandt worden. Anwendung in beachtlichen Mengen findet es nicht. Als Verunreinigung in verschiedenen technischen Produkten ist es vielfach von schädlichem Einfluß, so daß seine analytische Bestimmung von diesem Gesichtspunkt aus von Bedeutung ist.

Die meisten tellurhaltigen Produkte enthalten auch Selen.

1. In Kupferrohstein (und tellurarmen Flugstäuben).

Tellurgehalte: einige 0,001 bis einige 0,01%.

Man verfährt mit 10 g Einwaage wie unter D. I, 1 a, S. 295 (s. auch oben D. I, 2) beschrieben, durch Schmelzaufschluß mit Natriumperoxyd, doch bei den durch Salpeter- und Schwefelsäure *vollständig aufschließbaren* Produkten besser mit größeren Einwaagen bis zu 50 g gemäß D. I, 1 b, s. oben.

Bemerkung. Zur gleichzeitigen Selenbestimmung s. unter B. I, 2 a, β, S. 285.

2. In reichen Flugstäuben und Anodenschlämmen.

Tellurgehalte: einige Prozent.

Man verfährt wie unter B. II, 2 b, S. 287.

Dabei kann Selen ebenfalls bestimmt werden.

3. Tellurbestimmung in Bleischlämmen.

Tellurgehalte: einige 0,1 bis mehrere Prozent.

10 g Bleischlamm behandelt man mit Salpetersäure (1,4) wie unter B. II, 3, S. 287, beschrieben, um alles Tellur in Lösung zu bringen. Das salpetersaure Filtrat vom Bleisulfat dampft man nach Zusatz von 5 cm³ Schwefelsäure (1 + 1) ab bis zum starken Rauchen (nicht zur Trockne!). Man nimmt mit salzsaurem Wasser auf, filtriert die geringen Bleisulfatmengen durch ein dichtes Filter ab und wäscht mit salzsaurem Wasser aus. Das etwa 200 cm³ betragende Filtrat wird mit 100 cm³ Salzsäure (1,19) versetzt und das Tellur nach Methode C. I, II oder III gefällt. Enthält der Bleischlamm *auch Selen*, so wird ein Teil davon mit dem Tellur ausgewogen. Man löst dann das ausgewogene Te + Se mit Kaliumbromat (s. S. 290) auf und bestimmt das Selen aus der Lösung durch Fällung mit Eisen(II)-sulfat gemäß Methode A. III, S. 281. Man bringt es von der Te + Se-Auswaage in Abzug und erhält das Tellur als Differenz; zur Kontrolle kann das Tellur im Filtrat vom Selen auch nach Methode C. III, S. 294, bestimmt werden.

Bemerkung. Zur quantitativen Bestimmung des Selens geht man von einer zweiten Einwaage aus, die man gemäß B. II, 3, S. 287, behandelt. Mit dem damit quantitativ abgeschiedenen Selen fällt aber auch der größere Teil des im Bleischlamm enthaltenen Tellurs, weshalb eine Trennung gemäß A. b, S. 282, vorzunehmen ist.

4. Tellurbestimmung in Kupfer.

Tellurgehalte: einige 0,001 bis wenige 0,01%.

50 g Kupferspäne bringt man mit 400 cm³ Salpetersäure (1 + 1) in Lösung, fügt 90 cm³ Schwefelsäure (1 + 1) hinzu und dampft — zuletzt auf dem Sandbad — bis zu kräftigem Rauchen ab. Dann wird mit 400 cm³ Salzsäure (1 + 2) unter Erwärmen aufgenommen; einen unlöslichen Rückstand filtriert man ab und wäscht ihn mit Salzsäure (1 + 2) aus. Im Filtrat scheidet man das Tellur gemäß Methode C. III, S. 294, quantitativ ab. Da es stark kupferhaltig ist, wird es mit Kaliumbromat (S. 290) wieder aufgelöst und mit Hydrazinsulfat gemäß Methode C. II, S. 294, gefällt.

Enthält das Kupfer *auch Selen*, so wird ein Teil davon mit dem Tellur ausgewogen. Zur Tellurbestimmung trennt man das Selen nach dem Wiederauflösen mit Eisen(II)-sulfat ab und verfährt, wie oben unter D. II, 3 angegeben.

Bemerkung. Soll *Selen* ebenfalls quantitativ bestimmt werden, so verfährt man im ganzen, wie unter B. II. 4 b, S. 288, angegeben ist.

5. Tellurbestimmung in Silber.

Tellurgehalte: einige 0,0001 bis einige 0,001%.

Zur Tellurbestimmung verfährt man bis zur Silberfällung, wie unter B. II, 5, S. 289, angegeben. Das Filtrat vom Silberchlorid wird auf dem Wasserbad zur Trockne gedampft und das Abdampfen auf Zusatz von 20 cm³ Salzsäure (1 + 1) so oft wiederholt, bis alle Salpetersäure vertrieben ist.

Dann nimmt man mit 50 cm³ Salzsäure (1 + 2) auf, filtriert, falls erforderlich, durch ein kleines Filter, wäscht mit Salzsäure (1 + 2) aus und fällt im etwa 100 cm³ betragenden Filtrat das Tellur mit Hydrazinsulfat nach Methode C. II, S. 294.

Bemerkung. Zur quantitativen Bestimmung des Selens geht man von einer zweiten Einwaage aus, mit der man gemäß B. II. 5, S. 289, verfährt. Dann ist eine Selen-Tellur-Trennung erforderlich, die am besten nach A. b, S. 282, vorgenommen wird.

6. Tellurbestimmung in Blei.

Gehalte: einige 0,001% bis einige 0,01% Te, in Tellur-Blei-Legierungen von 0,01 bis 0,1% Te.

Bei Gehalten von einigen 0,01% Tellur zersetzt man 12,5 g Probematerial im 500 cm³-Meßkolben mit 30 cm³ Salpetersäure (1,2), zuletzt unter Erwärmen, bringt durch Zusatz von 250 cm³ heißem Wasser das Bleinitrat in Lösung und fällt das Silber mit einigen Tropfen Salzsäure als Chlorid und das Blei mit 30 cm³ Schwefelsäure (1,2) als Sulfat. Nun wird abgekühlt, der Kolben zur Marke aufgefüllt und gründlich durchgeschüttelt.

Nach dem Absitzen des Bleisulfats entnimmt man dem Kolben 400 cm³ Lösung durch ein trockenes Filter und dampft das Filtrat bis zum beginnenden Rauchen ab. Da das Tellur fast immer von Selen begleitet wird, ist letzteres durch wiederholtes Abrauchen zu verflüchtigen, nachdem mit Wasser und einigen Tropfen Salzsäure aufgenommen wurde. Den letzten Eindampfrückstand nimmt man schließlich ebenso mit schwach salzsaurem Wasser auf, filtriert das restlich ausgeschiedene Bleisulfat durch ein kleines dichtes Filter ab und bestimmt in der Lösung das Tellur mit Hydrazinsulfat gemäß Methode C. II, S. 294.

Für höhere oder niedrigere Tellurgehalte nimmt man größere bzw. kleinere Einwaagen an Probematerial und ändert sinngemäß das Volumen. Über Tellur- *und* Selenbestimmung s. unter „Selenbestimmung im Blei", S. 289.

7. Tellurbestimmung in Schwefelsäure.

50 cm³ der zu untersuchenden Säure verdünnt man mit 200 cm³ Wasser, neutralisiert mit Ammoniak und fügt zu dieser Lösung die Hälfte ihres Volumens Salzsäure (1,19) hinzu. Das Tellur fällt man nach Methode C. I, II oder III.

Ist *Selen* zugegen, so wird es quantitativ mit dem Tellur ausgewogen. Über die Trennung beider s. A. b, S. 282.

8. Technisch reines Tellur.

Tellurgehalte: normal über 99%, meist Se-haltig; übrige Verunreinigungen wie beim Selen, S. 290.

Tellurbestimmung. 1 g gepulvertes Tellur wird mit Kaliumbromat in Lösung gebracht, wie beim Selen, S. 290, beschrieben. Das Filtrat vom Unlöslichen verdünnt man auf 200 cm³, setzt 100 cm³ Salzsäure (1,19) hinzu und fällt das Tellur nach Methode C. II, S. 294.

Ist *Selen* zugegen, so wird es quantitativ mit dem Tellur ausgewogen. Man bringt die Auswaage mit Kaliumbromat wieder in Lösung und trennt aus dieser (bei einem Volumen von etwa 100 cm³) das Selen mit Eisen(II)-sulfat ab gemäß A. b, *β*, S. 284 bzw. A. a, III, S. 281; Tellur + Selen abzüglich Selen ergibt den Reingehalt an Tellur.

Selenbestimmung. Zur genauen Bestimmung *besonders kleiner Selengehalte* geht man von größeren Einwaagen — 10 bis 20 g — an Probematerial aus und bestimmt darin das Selen nach einer der beiden Trennungsmethoden unter A. b, S. 282.

Kapitel 19

Silicium*.

Vorkommen und Nachweis.

A. Bestimmung der Kieselsäure.
  I. Aufschließen.
  II. Abscheiden:
    1. durch Eindampfen,
    2. durch Gelatinezusatz.
  III. Glühen und Abrauchen.
  IV. Sonderfälle.

B. Untersuchung von Erzeugnissen.
  I. Karborund:
    1. Allgemeines.
    2. Oberflächenanalyse.
    3. Gesamtanalyse.
  II. Silicium und Ferrosilicium.
  III. Calciumsilicium.
  IV. Silical.
  V. Alsical.

Vorkommen und Nachweis.

In der Natur kommen nur Verbindungen des Siliciums mit Sauerstoff (Quarz) vor; dieses *Siliciumdioxyd* in Verbindung mit Metalloxyden bildet die große Zahl der Silicate, von denen einige wenige überdies noch *Fluor* und *Chlor* (Topas, Sodalithgruppe), *Bor* (Turmalin) oder *Titan* (Titangruppe) sowie *Zirkonium* (Zirkonsilicat) enthalten. Kieselsäure oder Silicate finden sich als Gangart in den meisten Mineralien, Erzen und Gesteinen und sind auch Bestandteile vieler technischen Erzeugnisse, wie Gläser, Schlacken, Zement usw.

Elementares Silicium ist häufig — meist in kleinen Mengen — in Metallen und deren Legierungen teils als Verunreinigung, teils als absichtlicher Zusatz enthalten; metallisches Silicium und eine Reihe von hochsilicierten Metallen sind Erzeugnisse der Elektroschmelzwerke.

Der **Nachweis von Kieselsäure** kann mittels der *Phosphorsalzperle* geführt werden. Man verwende dabei nicht allzu feines Pulver (nur etwa in der Gröbe des Seesandes); die Kieselsäure bleibt ungelöst in Form einer weißen, gallertartigen Masse (Kieselskelett). Viele Silicate, namentlich Zeolithe, werden jedoch vollständig gelöst, die Reaktion versagt also bisweilen, auch ist sie nicht zum Nachweis geringer Gehalte an Kieselsäure geeignet.

Die *Siliciumtetrafluoridmethode* nach K. Daniel[1] beruht auf der Verflüchtigung der Kieselsäure durch Flußsäure und der Ausscheidung von amorphem Kieselsäurehydrat durch die Einwirkung von SiF_4 auf Wasser: $3\,SiF_4 + 4\,H_2O = Si(OH)_4 + 2\,H_2SiF_6$. Vorweg sei bemerkt, daß krystallisierte Kieselsäure (Quarz) von Flußsäure stärker angegriffen wird als amorphe. — Die Probesubstanz wird in einem Platintiegelchen mit der 3fachen Menge Kaliumnatriumcarbonat geschmolzen, die Schmelze mit wenig heißem Wasser aufgeweicht, mit verd. Schwefelsäure zersetzt und zum Rauchen erhitzt. Nach dem Erkalten der fast zur Trockne abgerauchten Masse vermischt man sie mit Hilfe eines Platindrahtes mit 3mal soviel Volumteilen gefälltem Flußspat, einigen Körnchen Magnesit und so viel konz. Schwefelsäure, daß ein dünner Brei entsteht, und legt den Platindeckel auf, welcher auf seiner Unterseite zum großen Teil mit Asphaltlack geschwärzt ist und dort einen Tropfen Wasser trägt. Es wird nun gelinde erwärmt und der Deckel öfters gelüftet, um zu beobachten, ob eine Trübung stattgefunden hat; da diese Trübung durch viel Flußsäure zum Verschwinden kommen kann, ist ein häufiges Nachsehen angeraten.

Schließlich kann der Kieselsäurenachweis auch durch die *Gelatineprobe* nach L. Weiss und H. Sieger (s. A. II, 2) erfolgen. Diese ist rasch ausführbar. Das fein gepulverte Probematerial wird mit der 10fachen Menge Kaliumnatriumcarbonat auf dem Platindeckel geschmolzen; wirksamer ist ein Gemisch von 336 g $KNaCO_3$ und 231 g $Na_2B_4O_7 \cdot 10$ aq., welches schwer aufschließbare Körper in wenigen Minuten restlos auflöst.

Sofern Zirkonium, Thorium und viel Titan zusammen mit Phosphorsäure nicht vorhanden sind, und auch Tantal, Niob und Molybdän fehlen, kann man die Schmelze sogleich in Salzsäure (1+1) lösen und mit Gelatine versetzen; sind die genannten Elemente aber zugegen, so kocht man die Schmelze mit ein wenig Wasser aus, filtriert das Ungelöste ab, säuert das Filtrat mit konz. Salzsäure stark an (ausfallendes WO_3, KCl oder NaCl schaden nicht), kocht

---

* Bearbeiter: (Bis zum Abschnitt B. I, 3) **Weiss.** (Von B. II bis B. V) **Enk.** Mitarbeiter: **Klinger, Wirtz.**

[1] Z. anorg. Chem. Bd. 38 (1904) S. 299.

etwas im Reagensglas ein und versetzt bei etwa 60° mit 5 Tropfen einer frisch bereiteten 1,5- bis 5proz. Gelatinelösung. Darauf wird tüchtig geschüttelt und mit Wasser verdünnt, bis die ausgefallenen Salze gelöst sind. Bei Anwesenheit von Kieselsäure entsteht eine gallertartige Fällung von Kieselhydrogel, welche rasch filtrierbar ist. Wolframsäure erkennt man an der gelben Farbe eines gegebenenfalls ausgeschiedenen Pulvers; es ist in Ammoniak löslich. Zu beachten ist, daß beim unmittelbaren Lösen der Schmelze in Salzsäure Zirkonium, Thorium und viel Titan in Gegenwart von Phosphorsäure und auch Niob-Tantal wie die Kieselsäure gefällt werden und Täuschungen hervorrufen können.

Ist Kieselsäure *neben Chlor oder Fluor* nachzuweisen, so verfährt man nach Treadwell[2].

Zum Nachweis des *Siliciums* (elementar) sei bemerkt: Es ist unlöslich in Mineralsäuren — auch in Flußsäure —, löst sich dagegen leicht in starker heißer Alkalilauge. Viele Silicide, besonders die der leichteren Metalle, werden durch Salzsäure unter Bildung von Siliciumwasserstoff, der wegen des dabei fast auch immer vorhandenen Wasserstoffs selbstentzündlich ist, gelöst, wobei ein Teil des Siliciums in Siloxan ($H_2Si_2O_3$: Silicoameisensäureanhydrid) übergeführt wird. Beim Lösen in Salpetersäure, Königswasser usw. entsteht Kieselsäure. Schwermetallsilicide sind in der Regel durch eine Schmelze mit Natriumperoxyd und Soda oder mit Soda-Salpeter aufzuschließen; in den Lösungen wird dann die Kieselsäure durch die Gelatineprobe nachgewiesen.

A. Bestimmung der Kieselsäure.

Es sollen hier nur einige Einzelheiten hervorgehoben werden:

I. Aufschluß.

Aufschlußmittel sind: Kaliumnatriumcarbonat, Natriumhydroxyd, Natriumperoxyd, ein Gemisch von Natriumkaliumcarbonat (336 g) und Borax (231 g kryst.*), ein solches von Calciumcarbonat (8 g) und Ammoniumchlorid (1 g) — dieses zur gleichzeitigen Bestimmung der Alkalien nach Smith im Fingertiegel — oder auch Bleioxyd, das ebenso für die Analyse von Siliciden dienen kann.

Für Aufschlüsse mit Natriumhydroxyd, Natriumperoxyd oder Mischungen davon werden vielfach Sinterkorund- oder Alsinttiegel verwandt, besonders bei Metallanalysen, bei denen Alkalien und Tonerde nicht bestimmt werden müssen.

Will man Platintiegel für den Aufschluß benützen, so mag man beachten, daß nach G. Bauer[3] bei Verwendung von

NaOH	die Korrosion beginnt bei 500°
KOH.	„ „ „ über 400°
$Ba(OH)_2$	„ „ „ „ 400°
$NaNO_3$ oder KNO_3	„ „ „ „ 800°
$Ba(NO_3)_2$	„ „ „ „ 700°
NaOH + $NaNO_3$	„ „ „ „ 700°
Na_2CO_3 + K_2CO_3 im bedeckten Tiegel .	„ „ „ „ 900°
Na_2CO_3 + K_2CO_3 (2 : 1) selbst in Gegenwart blei- oder eisenhaltiger Silicate	„ „ „ „ 700°
NaOH + Na_2O_2 (13 : 7)	„ „ „ „ 500°
NaCN oder KCN	stets heftiger Angriff erfolgt.

[2] Lehrbuch der analyt. Chemie. Bd. I S. 437. 1930.

* Man verwendet kryst. Borax, weil der sog. geschmolzene gewöhnlich Kieselsäure und andere Verunreinigungen enthält. Die Beigabe von Kaliumnatriumcarbonat hat den Zweck, solche Schmelzen in Salzsäure rasch löslich zu machen, wozu meist 4 min genügen. Dieses Gemisch hat sich als ausgezeichnetes Aufschlußmittel erwiesen z. B. für Zirkonsilicat oder geschmolzene Tonerde, bei denen der Aufschluß in etwa 20 min erreicht wird anstatt mehreren Stunden bei Verwendung von Kaliumhydrogensulfat oder etwa $1/_2$ Stunde mit Pyrosulfat. — Zunächst schmilzt man das Aufschlußmittel bei seitlich gestelltem Brenner und fast bedecktem Tiegel so langsam ein, daß die entwickelten Gase durch einen Spalt entweichen können, ohne daß die Schmelze überschäumt; erst nach klarem Fluß und nach dem Erkalten des Tiegels wird die Analysenprobe zugegeben.

Die Soda-Boraxschmelze wird beim Abkühlen unterhalb ihres Schmelzpunktes durchsichtig, wodurch man leicht die Vollständigkeit des Aufschlusses erkennen kann.

[3] Z. anal. Chem. Bd. 120 (1940) S. 198.

II. Abscheiden.

1. Durch Eindampfen.

Es erfolgt meist in salzsauren, seltener in salpetersauren, oft in schwefelsauren Lösungen. Maßgebend für den Erfolg ist die Endtemperatur. Das früher übliche 2- bis 3malige Abdampfen auf dem Wasserbad wird bei genauen Bestimmungen nicht mehr ausgeführt; man erhitzt die *salzsauren* Lösungen zum Schluß auf etwa 135°, in manchen Fällen sogar bis zu 150° und bringt die *schwefelsauren* Lösungen bis zur Entwicklung von SO_3-Dämpfen. Durch Erhitzen, besonders bis zu 150°, entstehen oft basische Salze anderer vorhandener Elemente: Meta-Titan- und -Zinnsäure, Meta-Thoriumsalze, Zirkonylchloride, welche alle um so schwerer löslich sind, je höher die Endtemperatur war. Man setzt deshalb zu der abgedampften Masse so viel konz. Salzsäure hinzu, daß ein dünner Brei entsteht, läßt damit 10 min stehen, verdünnt dann auf etwa 20 cm³, kocht auf und verdünnt während des Siedens auf 100 cm³, wobei dann die meisten Anteile der genannten Verbindungen gelöst sein werden. Reste davon dürften aber häufig noch bei der Kieselsäure zu finden sein, die auch immer Chloride der Alkalimetalle einschließt, falls solche vorhanden sind, und die deshalb „knirscht" — übrigens nur ein Zeichen von Unreinheit der Kieselsäure. Diese kann weiterhin noch unzersetzte Erz- und Metallteilchen, Al_2O_3, Cr_2O_3, TiO_2, Quarzkörner und schwerlösliche Sulfate, wie Barium- und Strontiumsulfat, enthalten. Unaufgeschlossene Reste der Probe sind nochmals durch eine Schmelze im Platintiegel zum Aufschluß zu bringen und nach der oben angegebenen Behandlung mit der Hauptmenge zu vereinigen. Das Filtrieren soll durch ein feinporiges Filter und das Auswaschen mit heißem, gegebenenfalls mit etwas Salzsäure angesäuertem Wasser geschehen.

2. Durch Gelatinezusatz[4].

Dabei soll die salzsaure Lösung etwa 20 Gew.% oder mehr HCl enthalten; bei Anwesenheit von erheblichen Mengen an Chloriden des Eisens, Aluminiums und der Erdalkalimetalle genügt entsprechend weniger HCl manchmal bis zu 5% herab.

Die Gelatine ist in 90° heißem Wasser zu lösen; da eine 3- bis 5proz. Lösung beim Erkalten gerinnt, ist es zweckmäßiger, zum Aufbewahren eine mit 1,5% Gelatine zu verwenden, da sie flüssig bleibt; doch soll sie höchstens 8 Tage alt sein. Besser noch ist es, sie täglich frisch herzustellen.

Die salzsaure Lösung der Probe oder ihres Schmelzaufschlusses wird 10 min im Kochen gehalten, dann auf 60° abgekühlt und nun mit der Gelatinelösung tropfenweise versetzt, wobei 1 bis 2 min gründlich gerührt werden muß. Für je 1 g Kieselsäure beträgt die erforderliche Gelatinemenge höchstens 0,1 g = 2 cm³ einer heißen 5proz. Lösung. Man erkennt die beendete Fällung an einer klaren Oberschicht (Spiegel), welche sich nach etwa 20 Sekunden zeigt. Tritt dieser Spiegel nicht auf, so muß noch etwas Gelatine nachgesetzt werden. Neben Kieselsäure sich abscheidende Salze, wie NaCl, KCl, $FeCl_2$ usw., sind ohne Nachteil, da sie sich beim Auswaschen wieder lösen, wenn sie nicht schon vorher bei dem nun folgenden Verdünnen auf das doppelte Volumen der Flüssigkeit, welches nach etwa 5 min vorgenommen wird, in Lösung gegangen sind.

Die mit dem Gelatinezusatz ausgeschiedene Kieselsäure ist rasch filtrierbar; man bedient sich eines Weißbandfilters und wäscht mit heißem Wasser. Sollte Titan in größeren Mengen vorhanden sein, muß erst mit Salzsäure (1 + 9) und dann mit reinem Wasser gewaschen werden. Der Niederschlag wird naß verascht und darauf geglüht.

Bemerkungen. Je mehr Salzsäure und Salze in der zu fällenden Lösung zugegen sind, um so sicherer erfolgt die quantitative Fällung der Kieselsäure. Es

---

[4] Weiss, L., u. H. Sieger: Z. anal. Chem. Bd. 119 (1940) S. 245 bis 280.

kann daher unter Umständen zweckmäßig sein, die Gelatine in fester Form einzurühren; dafür läßt man das Gelatineblättchen auf der Oberfläche der auf 60° abgekühlten Lösung zunächst schmelzen und rührt hierauf kräftig um.

Mit Gelatinezusatz werden außerdem abgeschieden: Zirkoniumphosphat aus stark saurer, Titansäure und Titanphosphat, Wolfram-, Niob- und Tantalsäure aus schwach saurer Lösung; Molybdänsäure fällt nur teilweise und beim Zusatz von viel Gelatine aus. Ein Überschuß von Gelatine ist, falls vor der Fällung der Phosphorsäure mittels Molybdänsalzlösung eine Kieselsäureabscheidung mit Gelatine vorgenommen wurde, durch Kochen mit Salpetersäure unwirksam zu machen.

Auch aus salpeter- oder schwefelsauren Lösungen kann die Kieselsäure mit Gelatinezusatz abgeschieden werden; dabei sollen jene wenigstens 45 Gew.% HNO_3 bzw. 35 Gew.% H_2SO_4 enthalten.

An Stelle von Gelatine sind auch Hautleim und Hausenblase verwendbar.

Siloxan, welches sich beim Zersetzen von Siliciden mit Salzsäure bildet, geht bei langandauerndem Waschen mit heißem Wasser in Kieselsäuresol über und führt somit zu Verlusten. Man vermeide deshalb seine Bildung durch Zugabe von Oxydationsmitteln beim Löseprozeß.

III. Glühen und Abrauchen.

Die gefällte und ausgewaschene, meist etwas unreine Kieselsäure wird mit dem Filter in einem Platintiegel vorsichtig und langsam erhitzt; bei raschem Anheizen können Teile der wasserhaltigen Substanz auf den heißen Tiegelboden fallen und verstäuben; daher empfiehlt es sich, einen Deckel aufzulegen und das Filter bei mäßiger Hitze abbrennen zu lassen, dann stärker und schließlich bei 1200° zu glühen. Siloxanhaltige, aus Siliciden stammende Kieselsäure muß vorsichtig und unter Luftzutritt geglüht werden.

Die *Rohkieselsäure* kann enthalten: $NaCl$, KCl, $BaCl_2$, $BaSO_4$, Fe_2O_3, Al_2O_3, Cr_2O_3, ZrP_2O_7, $Ti_2P_2O_9$, TiO_2, WO_3, $Ta(Nb)_2O_5$; basische Zirkoniumsalze und Sulfate sowie Carbide.

Durch möglichst starkes Erhitzen verflüchtigen sich besonders die Chloride der Alkalimetalle, während die übrigen Verunreinigungen mehr oder weniger mit SiO_2 reagieren, wobei etwa vorhandenes SO_3 ausgetrieben wird.

Will man die Kieselsäure durch *Differenzbestimmung* ermitteln, so wird die Rohkieselsäure nach dem Glühen bei 1200° zunächst mit Schwefelsäure $(1+4)$ angefeuchtet, zur Trockne geraucht, um Sulfate zu bilden, und auf 800° erhitzt, wobei einige Sulfate unzersetzt bleiben, andere in Oxyde übergeführt werden. Dann wägt man. Hierauf versetzt man mit 0,5 cm³ Schwefelsäure $(1+4)$ und 10 cm³ Flußsäure, raucht ab, gibt nochmals 5 cm³ Flußsäure und diesmal 0,1 cm³ Schwefelsäure (1,84) zu und erhitzt wiederum auf 800°. Dadurch wird erreicht, daß die verbleibenden Verunreinigungen wieder als das gleiche Sulfat-Oxyd-Gemisch vorliegen wie bei der ersten Wägung — es kann auch etwas Phosphate enthalten. Der Unterschied zwischen den beiden Wägungen entspricht dem Gewicht an SiO_2 (SiO_2 mal 0,4672 = Si).

Bemerkungen. Die *Chloride der Alkalimetalle* sind viel leichter flüchtig als die *Sulfate*, etwa im Verhältnis von 10:1; oberhalb von 900° erst beginnen *Alkalisulfate* merklich flüchtig zu werden und zersetzen sich erst oberhalb 1000° durch die Einwirkung von SiO_2. $MgSO_4$ zersetzt sich bei Temperaturen über 900° merklich, während dies bei $CaSO_4$, $SrSO_4$ und $BaSO_4$ erst bei 1100° zu beachten ist. Von *Metallsulfaten* ist $ZnSO_4$ bis 830° beständig, $CdSO_4$ bis 820° $PbSO_4$ etwa bis 900°; $Al_2(SO_4)_3$, $Fe_2(SO_4)_3$, $Cr_2(SO_4)_3$, $CuSO_4$, $Bi_2(SO_4)_3$, $CoSO_4$, $NiSO_4$. $MnSO_4$, $Zr(SO_4)_2$ und $Th(SO_4)_2$ werden unterhalb 800° zu Oxyden und SO_3 dissoziiert. Die Temperatur von 800° ist somit ein Grenzwert, bei dem ein Teil der in der

Rohkieselsäure oder im Rückstand nach der Behandlung mit Fluß- und Schwefelsäure vorhandenen Sulfate in Oxyde übergegangen ist, während der Rest als
Sulfat erhalten bleibt. Man wird also beim Verjagen der Kieselsäure und ihrer
Ermittelung aus der Gewichtsdifferenz stets nur ein ungefähr sicheres Resultat
erhalten, das um so genauer wird, je geringer der Anteil der Verunreinigungen
ist; dieser Forderung wird man bei Anwendung der Gelatinefällung eher gerecht
werden als beim Abdampfverfahren.

Die Phosphate von Zirkonium und Titan sind nach dem Glühprozeß als ZrP_2O_7
bzw. $Ti_2P_2O_9$ vorhanden.

AlF_3, TiF_4 und in geringerem Maße auch FeF_3 und CrF_3 sind nach Torsten
Kvist[5] schon beim Eindampfen mit zu wenig Schwefelsäure und erst recht beim
stärkeren Glühen etwas flüchtig.

Die Menge der Schwefelsäure zum Zersetzen der Fluoride richtet sich nach
der Menge der verunreinigenden Salze, nicht nach der der Kieselsäure; um zu
vermeiden, daß SiF_4 nicht zu $SiO_2 \cdot$ aq. hydrolysiert wird, soll man beim zweiten
Abrauchen *konzentrierte* Schwefelsäure verwenden.

IV. Sonderfälle.

Die Bestimmung der Kieselsäure in *fluorhaltigen* Substanzen, wie z. B. Flußspat, kommt in Metallhütten seltener vor. Man verfährt dabei meist so, daß man
zunächst Carbonate und Eisenoxydhydrat mit starker Essigsäure auslaugt, die
Gewichtsdifferenz feststellt, dann mit reiner Flußsäure ohne Zusatz von Schwefelsäure die Kieselsäure verjagt (Gewichtsdifferenz $= SiO_2$) und den verbleibenden
Rückstand als CaF_2 betrachtet oder ihn nach dem Abrauchen mit Schwefelsäure
auf Eisen, Calcium und Barium untersucht. Vorschriften über die genaue Analyse
fluorhaltiger Silicate sind bei Treadwell II, 11. Aufl., S. 403, oder im „Handbuch
für das Eisenhüttenlaboratorium" Bd. I, S. 16 bis 19 zu finden.

Wird die *Bestimmung der Alkalimetalle neben Kieselsäure* gefordert, so verfährt man entweder nach Treadwell (s. oben) oder nach Lawrence Smith[6]
(Aufschluß mit Ammoniumchlorid 1 Teil und Calciumcarbonat 8 Teile) oder nach
P. Jannasch[7] (Aufschluß mit Bleioxyd bzw. -carbonat) oder nach Berzelius
durch Abrauchen mit Fluß- und Schwefelsäure.

Si neben SiO_2. Mit NaOH entsteht aus Si Wasserstoff gemäß der Gleichung:
$Si + 4\,NaOH = Na_4SiO_4 + 2\,H_2$; der entwickelte Wasserstoff wird gemessen[7a] und
in einer zweiten Probe das Gesamtsilicium nach einem Aufschluß mit $NaOH + Na_2O_2$
ermittelt.

B. Untersuchung von Erzeugnissen.

I. Carborundum (Siliciumcarbid, SiC)[8].

1. Allgemeines.

Sein spez. Gew. beträgt 3,2, die Härte 9 bis 10. Letztere wird nur von der des Borcarbids
und des Diamanten übertroffen. Das Lichtbrechungsvermögen ist beträchtlich. Die reinen
Krystalle sind wasserklar, meist grün, häufig mit Anlauffarben. Carborund ist chemisch sehr
widerstandsfähig und beginnt im Sauerstoffstrom erst bei 1370 bis 1380° zu verbrennen.
Durch Chlor wird es bis 600° nur oberflächlich, durch Flußsäure oder Salpeter- und Flußsäure gar nicht angegriffen; Schmelzen mit Alkalien schließen es auf. Es schmilzt nicht bei

[5] Z. anal. Chem. Bd. 114 (1938) S. 21.
[6] J. Amer. chem. Soc. Bd. 1 (2) S. 269 — Ann. Chem. Pharm. Bd. 49 (1871) S. 82.
[7] Prakt. Leitfaden der Gewichtsanalyse. S. 235. Leipzig 1897.
[7a] Eine neuere Arbeit über Gasmessung s. Thilenius, R.: Z. anal. Chem. Bd. 122 (1941)
S. 385.
[8] Zum Teil nach Untersuchungsvorschriften der Industrie (Firma: Mayer & Schmidt,
Offenbach a. M.).

gewöhnlichem Druck und verflüchtigt sich unterhalb seines Schmelzpunktes unter teilweiser Zersetzung zu Siliciumdampf und Graphit (bei etwa 2000 bis 2200°). Die Verdampfung beginnt bei 1670 bis 1750° meßbar zu werden.

Im Handel unterscheidet man zwei Sorten:

Bei der Qualität I soll der Gehalt an *Silicium* 68 bis 69% (theor. 70%), an *Eisen* weniger als 0,3, an *Aluminium* weniger als 0,1% betragen.

Die Qualität II enthält durchschnittlich 65% Silicium, das entspricht einem Gehalt von 93% SiC.

Carborundum wird hauptsächlich als Schleifmittel verwendet und außerdem zur Herstellung von hochfeuerfesten Stampfmassen, Steinen — Refraxsteine sind im elektrischen Ofen gebrannte Steine ohne Bindemittel, Carbofraxsteine sind tongebundene Steine — und Anstrichmassen. Die Ware soll staubfrei und von gleichmäßiger Körnung sein; metallisches Eisen soll darin nicht auftreten, weil sonst die Schleifscheiben „forellenfleckig" werden.

Für die Bewertung des Schleifmittels ist die chemische Vollanalyse weniger maßgebend; vielmehr sind es die auf der Oberfläche der Körner sitzenden Verunreinigungen und die Staubbestandteile, welche die Güte, insbesondere die Festigkeit der hergestellten Schleifscheiben nachteilig beeinflussen, und zwar dadurch, daß die Oberflächenverunreinigungen mit den Bindemitteln unter Aufblähen und Blasenbildung reagieren.

Diese Verunreinigungen bestehen hauptsächlich aus Siliciumhäutchen, Kalk, Eisen, gelegentlich auch aus Kryställchen von Ferrosilicium und anderen Metallsiliciden; sie alle sollen durch Säuren oder Laugen soweit als irgend möglich weggelöst sein.

Der Anteil an „Staub" soll nicht mehr als 3% betragen. Die schädlichste Verunreinigung ist *Kalk*, dessen Wirkung darin besteht, daß er die Krystalle erweicht und die Scheibe beim Brand verfärbt. Er wie die anderen störenden Bestandteile sammeln sich hauptsächlich auf der Oberfläche der Carborundkrystalle an. Da sie im Gegensatz zu den Krystallen stark reaktionsfähig sind, genügt in vielen Fällen ihre Bestimmung durch die sog. *Oberflächenanalyse* (siehe unten, B. I, 2).

Vor ihrer Ausführung empfiehlt es sich, folgende *Vorproben* vorzunehmen:

10 g der Originalkörner werden 10 min mit konz. Salzsäure gekocht; man verdünnt auf etwa 30 cm³ und filtriert. Hat man das Filtrat mit einigen Tropfen Salpetersäure oxydiert, so engt man stark ein, fällt Eisen und Aluminium mit Ammoniak, filtriert und prüft das Filtrat auf Kalk mit Ammoniumoxalat. Durch Schätzung der Niederschlagsmengen gewinnt man einen gewissen Anhalt für den Wert des Materials.

Eine weitere Prüfung kann durch die Brennprobe erfolgen: Man formt einen „Kontrollkörper" aus dem Bindematerial *ohne* Carborund und einen zweiten aus Bindematerial *und* dem zu prüfenden Carborund zu gleichen Teilen, wobei die Komponenten naß gemischt und dann getrocknet werden. Darauf findet das Brennen im Betriebsofen statt. Wenn dann der Kontrollkörper eine dichte, blasenfreie Masse ergibt, der carborundhaltige aber Blasen zeigt, so ist das Carborundum zu beanstanden.

2. Oberflächenanalyse.

Nach den vorhergehenden Ausführungen wird bei ihr nur die Bestimmung der auf der Oberfläche der Krystallkörner befindlichen Verunreinigungen vorgenommen. Es kommt deshalb das Material in dem Zerkleinerungszustand (Körnung) zur Untersuchung, in dem es zur Verarbeitung gelangen soll; man trocknet es lediglich bei 120° bis zur Gewichtskonstanz.

Freies Silicium.

a) Man bestimmt zunächst durch einen Vorversuch, welche Mengen Wasserstoff durch Einwirkung von Natronlauge auf das Material entwickelt werden, und nimmt dann je nach dem Ergebnis dieses Versuches 2 bis 20 g des gekörnten Carborundums zur Analyse. Die Einwaage wird in einem 100 cm³-Rundkolben mit 50 cm³ 10proz. Natronlauge so lange auf etwa 80 bis 90° erwärmt, als noch die Entwicklung von Wasserstoff zu beobachten ist. Dieses Gas leitet man durch ein Capillarrohr mit seitlichem Auslaßhahn von oben in ein 150 bis 250 cm³ fassendes

Meßrohr — es soll 0,1 cm³-Einteilung und ein angeschlossenes Niveaurohr haben — und liest nach dem Temperaturausgleich das entwickelte Gasvolumen, den Barometerstand und die Temperatur ab. (Angaben über Apparat und Berechnung s. Kap. „Zirkonium", S. 490.) Hat man auf 0° und 760 mm Druck umgerechnet, so entspricht 1 cm³ Wasserstoff 0,6259 mg Si.

b) Ein *weiteres Verfahren* zur Bestimmung von metallischem Silicium beruht darauf, daß in Anwesenheit von Silberfluorid freies Silicium durch Flußsäure gelöst und durch den dabei entwickelten Wasserstoff metallisches Silber abgeschieden wird.

$$Si + 6\,HF = H_2SiF_6 + 2\,H_2; \quad 4\,AgF + 2\,H_2 = 4\,Ag + 4\,HF.$$

Man behandelt 2 bis 5 g Carborund in einer Platinschale mit 50 cm³ einer etwa $n/_{10}$-Silberfluoridlösung und 2 bis 5 cm³ Flußsäure und rührt im Laufe 1 Stunde öfters mit einem Platinspatel um. (Beim Umrühren Gummihandschuhe anziehen!) Ein geringer Silberniederschlag ist kaum bemerkbar, da er an den Carborundkrystallen anhaftet; größere Mengen sind deutlich als flockige, graue Ausscheidungen zu erkennen. Man filtriert auf einem in einem Hartgummitrichter befindlichen 11 cm-Filter ab, wäscht mit heißem Wasser, bis das Filtrat silberfrei ist, behandelt den Rückstand auf dem Filter mit 25 cm³ heißer Salpetersäure $(1+3)$ — diese wird in der benützten Platinschale erwärmt, um etwa dort anhaftendes Silber aufzulösen —, wäscht mit heißem Wasser alles Silber aus und bestimmt dieses. Die Bestimmung kann z. B. nach Zusatz von 2 cm³ einer etwa normalen Eisen(III)-sulfatlösung als Indicator mit einer $n/_{10}$-Ammoniumrhodanidlösung geschehen, wobei man bis zur schwachen Rosafärbung titriert, welche $^1/_2$ Minute bestehen bleiben soll. 1 cm³ $n/_{10}$-Ammoniumrhodanid = 0,71 mg Si.

Freie Kieselsäure.

a) Man raucht 5 bis 10 g der Probe in einer Platinschale mit 10 cm³ Flußsäure, 1 cm³ konz. Schwefelsäure und 0,5 cm³ konz. Salpetersäure zunächst auf dem Wasserbad, dann auf dem Sandbad zur Trockne, setzt einige Kubikzentimeter einer starken Ammoniumcarbonatlösung hinzu, verjagt die Ammoniumsalze mit den Säureresten durch Erhitzen auf etwa 700° und glüht schwach bis zur Gewichtskonstanz. Die Gewichtsdifferenz gegenüber der Einwaage umfaßt den Verlust an SiO_2 + freiem Si + freiem C; hat man den vorhin gefundenen Wert für freies Silicium und den für freien Kohlenstoff (s. unten) von der obigen Summe abgesetzt, so erhält man die Menge an freier Kieselsäure.

b) Man kann auch 5 g Material in einem Nickeltiegel mit 20 g eines Gemisches von 10 g Kaliumnatriumcarbonat und 1 g Kaliumnitrat bei möglichst niedriger Temperatur 20 min schmelzen, die erkaltete Schmelze mit Wasser ausziehen und im Filtrat die in Lösung gegangene Kieselsäure bestimmen; der auf SiO_2 berechnete Gehalt an freiem Silicium ist abzusetzen.

Eisen- und Aluminiumoxyd.

2 bis 10 g Carborund werden mit so viel Kaliumhydrogensulfat eingeschmolzen, daß eine dünne Schmelze entsteht, und bis zum starken Rauchen erhitzt. Man nimmt dann mit Wasser und etwas Schwefelsäure auf, kocht, filtriert, fällt im Filtrat mit einem geringen Ammoniaküberschuß Eisen und Aluminium aus und bringt die Summe der Oxyde zur Wägung, nachdem man vorher mit einigen Tropfen Flußsäure abgeraucht hatte.

Will man Eisen noch gesondert bestimmen, so teilt man entweder die obige Lösung von der Kaliumhydrogensulfatschmelze in zwei gleiche Teile, bestimmt in der einen Hälfte die Summe von Eisen- und Aluminiumoxyd und in der anderen das Eisen nach Reinhardt-Zimmermann oder colorimetrisch, oder man nimmt für die Eisenbestimmung eine gesonderte Schmelze. Die Berechnung hat als Fe und Al zu erfolgen.

Calcium und Magnesium.

Ihre Bestimmung ist im Filtrat von der Eisen- und Aluminiumfällung mittels Ammoniumoxalat bzw. Ammoniumphosphat vorzunehmen.

Freier Kohlenstoff.

2 g Carborund werden im Marsofen ohne irgendwelche Zuschläge auf nicht mehr als 800° erhitzt und 1 Stunde — bei einem hohen Gehalt an freiem Kohlenstoff (mehr als 3%) bis zu 3 Stunden — im Sauerstoffstrom verbrannt. Die Gase leitet man über Kupferoxyd und absorbiert die gebildete Kohlensäure in Natronkalk. CO_2 mal $0,2729 = C$.

3. Gesamtanalyse.

Die Krystallkörner werden im Diamantmörser so weit zerkleinert, daß das Pulver restlos durch ein Prüfsieb 0,20 DIN 1171 geht; dabei ist darauf zu achten, daß von dem in der Originalware vorhandenen Staub nichts verloren wird. Es dürfte zweckmäßig sein, zunächst den Staub von 100 g Originalsubstanz abzusieben, zu wägen und ihn bei der Analyse anteilmäßig zur gepulverten Probe hinzuzugeben. Eisenteilchen werden mit dem Magneten herausgeholt. Es ist bei 120° zu trocknen.

Gesamtsilicium (freies und an Carbid gebundenes Si und SiO_2).

Man schmilzt 10 g Natriumkaliumcarbonat oder 15 g eines Gemisches von 336 g $NaKCO_3$ und 231 g $Na_2B_4O_7 \cdot 10$ aq. in einem etwa 60 cm³ fassenden Platintiegel bis zur Entwässerung ein, läßt abkühlen und gibt auf die Oberfläche der Schmelze, möglichst in die Mitte, 0,5 g des gepulverten Carborundums. Dann erhitzt man durch eine den Tiegel seitlich berührende, mittelstarke Bunsenflamme, so daß sich ein Kanal flüssiger Schmelze vom Tiegelboden bis zur Oberfläche bildet, durch den die Kohlensäure leicht entweichen kann, ohne daß die Schmelze überquillt; von dem allmählich zunehmenden Schmelzfluß wird die Probe nach und nach erfaßt und zersetzt. Um Verluste durch Versprühen zu vermeiden, ist der Deckel so aufzulegen, daß nur ein schmaler Spalt frei bleibt. Wenn nach etwa 1 Stunde die Hauptreaktion vorüber ist, läßt man abkühlen, gibt von neuem 0,5 g Substanz auf, verfährt wie vorhin und erhitzt schließlich 30 min über dem Gebläse, bis keine Gasentwicklung mehr stattfindet. (Der Aufschluß im elektrisch beheizten Öfchen ist unzweckmäßig, da die Schmelze dabei leicht übergeht.) Während des Erhitzens über dem Gebläse schwenkt man den Tiegel öfters um. Hat man als Schmelzmittel obiges Boraxgemisch verwendet, so wird die Schmelze kurz vor dem Erstarren vollständig durchsichtig, so daß man leicht etwa unaufgeschlossene Teilchen erkennen kann.

Der erkaltete Tiegel wird dann in ein 500 cm³-Becherglas *gelegt* und mit 100 cm³ Wasser und 100 cm³ Salzsäure (1,19) bei aufgelegtem Uhrglas übergossen; nach etwa 5 min ist die Schmelze zersetzt. Am Platintiegel bleiben geringe Eisenmengen legiert zurück; man schließt sie durch Schmelzen mit etwas Kaliumhydrogensulfat auf, löst die Schmelze in Wasser und vereinigt die Lösungen. Sie werden 15 min gekocht, nochmals mit 50 cm³ konz. Salzsäure versetzt, wiederum zum beginnenden Sieden gebracht und dann auf etwa 70° abgekühlt. Nun setzt man tropfenweise unter kräftigem Rühren 1,5proz. Gelatinelösung so lange hinzu, bis die Kieselsäure ausgeflockt und die überstehende Lösung klar geworden ist, was in etwa 20 Sekunden erreicht wird. (Bedarf an Gelatinelösung etwa 5 cm³.) Beim Abkühlen sich abscheidende Alkalichloride und Borsäure sind unschädlich.

Die Fällung bleibt 15 min stehen; dann kühlt man ab, setzt 50 cm³ kaltes Wasser zu, filtriert, wäscht mit heißem, schwach angesäuertem Wasser gründlich aus und verascht den feuchten Niederschlag. Er wird bei bedecktem Tiegel (SiO_2

spritzt!) bei 1100 bis 1200° geglüht, mit 3 bis 5 Tropfen Schwefelsäure $(1+1)$ abgeraucht, wieder bis 800° erhitzt und gewogen. Dann verjagt man die Kieselsäure durch Abrauchen mit Fluß- und Schwefelsäure, glüht wieder auf 800° und stellt die Gewichtsdifferenz fest. SiO_2 mal $0,4672 = Si$.

Ein etwaiger Rückstand wird mit Kaliumhydrogensulfat aufgeschlossen und mit dem Filtrat von der Rohkieselsäure vereinigt.

Eisen, Aluminium, Calcium, Magnesium.

Aus den vereinigten Filtraten fällt man zunächst in der Hitze das aus dem Aufschlußtiegel stammende Platin mit Schwefelwasserstoff, engt das Filtrat davon auf etwa 200 cm³ ein, oxydiert das Eisen, neutralisiert mit Ammoniak, wobei sich genügend Ammoniumchlorid bildet, und fällt mit einem geringen Ammoniaküberschuß Eisen und Aluminium aus (s. B. I, 2, S. 305). Im Filtrat davon können Calcium und Magnesium in bekannter Weise ermittelt werden.

Bei Anwesenheit sehr geringer Eisenmengen wird zu ihrer Bestimmung folgendes *colorimetrisches Verfahren* empfohlen:

Man oxydiert die salzsaure Lösung der Hydroxyde mit einigen Tropfen Salpetersäure, verjagt die Hauptmenge der Säure durch Eindampfen, spült in einen 250 cm³-Meßkolben über und füllt zur Marke auf. 50 cm³ davon ($= 0,2$ g Einwaage) werden in einem Neßlerzylinder mit 2 bis 3 cm³ einer 10proz. Kaliumcyanoferrat(II)-lösung versetzt. In einem anderen Zylinder gleichen Durchmessers verdünnt man die gleiche Menge Kaliumcyanoferrat(II) und 3 bis 4 Tropfen Salpetersäure auf etwa 50 cm³ und gibt unter Umrühren tropfenweise gemessene Standard-Eisenlösung zu, bis Farbgleichheit vorhanden ist.

Die *Standard-Eisenlösung* wird hergestellt durch Auflösen von 1 g reinstem Eisen in 100 cm³ Schwefelsäure $(1+4)$ und 3 cm³ konz. Salpetersäure; man verkocht die Stickoxyde und verdünnt nach Abkühlung und Zusatz von 50 cm³ Salzsäure (1,19) auf 2000 cm³.

1 cm³ dieser Lösung entspricht 0,5 mg Eisen.

Freies Silicium und freie Kieselsäure werden im gepulverten Carborundum bestimmt, wie bei der „Oberflächenanalyse", S. 304/305, angegeben. Setzt man die Werte für das freie Silicium und für das Silicium in der freien Kieselsäure vom Wert des Gesamtsiliciums ab, so erhält man den des *gebundenen Siliciums*.

Freier Kohlenstoff wird wie bei der „Oberflächenanalyse" bestimmt.

Gebundener Kohlenstoff kann aus dem Wert für gebundenes Silicium nach der Formel SiC berechnet werden: Si (geb.) mal $0,4280 = C$ (geb.).

Gesamt-Kohlenstoff. Die Verbrennung im Sauerstoffstrom unter Zuschlag von Bleichromat, Kaliumbichromat oder anderen starken Oxydationsmitteln ist nicht durchführbar, da sie explosionsartig vor sich gehen würde und somit Verluste unvermeidlich wären. Schlägt man aber metallisches Blei oder Wismut zu, so erfolgt die Verbrennung ruhig und ohne Explosionserscheinungen.

Man mischt 0,25 g Carborundpulver mit 2,5 g fein gekörntem metallischem Blei oder Wismut, gibt die Mischung in ein Verbrennungsschiffchen, führt es in den vorher auf 400° erwärmten Verbrennungsofen ein und verbrennt im Sauerstoffstrom, wobei die Temperatur schließlich bis auf 1200° gesteigert wird. Die Verbrennungsprodukte werden über eine auf 750° erhitzte Kupferspirale oder durch eine rotglühende Platincapillare geführt und dann in einem mit Natronkalk beschickten Rohr absorbiert und gewogen. CO_2 mal $0,2729 = C$.

II. Silicium und Ferrosilicium.

Allgemeines und Probenahme.

Ferrosilicium wird mit verschiedenen Gehalten an Si in den Handel gebracht. Während ein Ferrosilicium mit weniger als 15% Si noch im Hochofen erschmolzen werden kann, stellt man die Sorten mit 25, 45, 75 und 90% Si sowie das Reinsilicium auf elektrothermischem

Wege her. Alle Sorten dienen als Desoxydationsmittel in der Metallindustrie und, besonders das hochprozentige Ferrosilicium, zur Herstellung siliciumhaltiger Legierungen. Für die Verwendung sind neben dem Silicium- und bei eisenarmen Qualitäten außer dem Eisengehalt auch die Begleitelemente Mn, Al, Ti, Ca, Mg, S, P, und C von Interesse. Ferrosilicium mit weniger als 15% Si ist in Salzsäure löslich. Die höherprozentigen Sorten müssen für die Siliciumanalyse durch alkalischen Aufschluß zersetzt werden. In einem Gemisch von Salpetersäure und Flußsäure lösen sich alle Sorten.

Zur Bemusterung soll etwa ein Viertel der insgesamt zu probenden Menge herangezogen werden. Hiervon ist zunächst der Anteil an grobstückigem Material und an Feinzeug zu bestimmen und beides anteilmäßig in die Rohprobe aufzunehmen, die etwa 2% der zu bemusternden Ware umfassen soll. Das grobstückige Material ist in einem Brecher aus Sonderstahl oder durch Zerschlagen auf einer Eisenplatte zu zerkleinern, und von diesem zerkleinerten Gut ist eine anteilmäßige Menge in die Rohprobe aufzunehmen. Nach weiterem Zerkleinern verjüngt man diese Rohprobe in bekannter Weise und pulvert dann die Endprobe in einem Mörser aus Sonderstahl, bis sie restlos durch ein Sieb mit 900 Maschen/cm² (Prüfsiebgewebe-Nr. 30, DIN 1171) hindurchgeht. Beim Zerkleinern und Pulvern ist jede Erwärmung zu vermeiden, da besonders bei hochprozentigen Sorten leicht eine geringe Oxydation eintreten kann. Deshalb ist auch die Anwendung von Preßlufthämmern unzulässig. Die fertige Probe wird mit Hilfe eines starken Magneten von dem beim Zerkleinern eingebrachten Eisen befreit.

Bestimmungen.

Silicium.

In einem Nickeltiegel werden 6 g Natriumhydroxyd zum Schmelzen gebracht. Kurz vor dem Erstarren wird durch Schwenken des Tiegels die Tiegelwand mit einer dünnen Schicht von Natriumhydroxyd überzogen. Auf den erkalteten Schmelzkuchen gibt man 0,5 g gepulvertes Ferrosilicium, feuchtet mit 3 Tropfen 30proz. Natronlauge an, bedeckt den Tiegel mit einem Nickeldeckel und fügt nach 1 min 4 g gut getrocknetes Kaliumnatriumcarbonat hinzu. Der Aufschluß wird mit kleiner Flamme eingeleitet und dann die Hitze langsam gesteigert, bis die Schmelze ruhig fließt. Nach etwa 10 min läßt man etwas abkühlen, fügt 2 g Natriumperoxyd hinzu und glüht nochmals kräftig durch. Nach dem Erkalten des Aufschlusses wird der Tiegel mit der Schmelze sowie der Deckel in einen Kochbecher von 12 cm Durchmesser und etwa 10 cm Höhe aus Porzellan gebracht. in den vorher 100 cm³ 18proz. Salzsäure und 100 cm³ kochendes destill. Wasser gegeben wurden. Zur Vermeidung von Verlusten bedeckt man den Becher sofort mit einem Uhrglas. Hierbei löst sich die Schmelze ohne weiteres Erwärmen leicht aus dem Tiegel. Dieser wird dann unter Zuhilfenahme eines Gummiwischers mit heißem, destill. Wasser ausgespült und der Deckel ebenso gereinigt. Jetzt dampft man den Becherinhalt auf einer Heizplatte, die etwa eine Temperatur von 150° hat, bis zur Trockne ein und röstet den Rückstand noch etwa 2 Stunden auf dieser Platte. Dabei kann man kurz vor dem Eintrocknen ein Drahtnetz unter den Porzellanbecher legen, um ein Spritzen zu vermeiden. Nach dem Abkühlen wird der geröstete Rückstand mit 20 cm³ konz. Salzsäure befeuchtet und nach 10 min mit 100 cm³ heißem, destill. Wasser versetzt. Nach kurzem Aufkochen wird durch ein Weißbandfilter von 11 cm Durchmesser filtriert. Das Auswaschen der gefällten Kieselsäure erfolgt mit möglichst wenig heißem, salzsäurehaltigem Wasser [30 cm³ HCl (1,19) auf 1 l Wasser] bis zum Verschwinden der Eisenreaktion. Das Filtrat wird nochmals bis zur Trockne eingedampft und der Rückstand in gleicher Weise wie bei der ersten SiO_2-Abscheidung behandelt. Die beiden Filter werden feucht in einem Platintiegel verascht und stark geglüht; der Glührückstand wird gewogen. Das Glühen hat bei aufgelegtem Platindeckel zu erfolgen, da sonst leicht Verluste durch Verspritzen auftreten. Dann raucht man die nicht ganz reine Kieselsäure mit reiner Flußsäure unter Zusatz einiger Tropfen verd. Schwefelsäure ab, glüht den Rückstand bis zur Gewichtskonstanz und bestimmt so aus der Gewichtsdifferenz den Gehalt an Kieselsäure, die 46,72% Si enthält.

Aluminium.

1 g Ferrosilicium wird in einer mit Platindeckel versehenen Platinschale, die 20 cm³ Salpetersäure (1,4) enthält, unter allmählichem Zusatz von 10 cm³ Flußsäure gelöst und der Schaleninhalt auf dem Wasserbad zur Trockne eingedampft. Hierauf fügt man 3 cm³ Schwefelsäure (1,84) hinzu, raucht ab, glüht zuerst vorsichtig und dann stark, da sonst bei Anwesenheit von Fluoriden später ein zu geringer Aluminiumwert gefunden wird. Zu dem geglühten Schaleninhalt gibt man etwa 10 g Kaliumhydrogensulfat ($KHSO_4$) und schließt bei aufgelegtem Platindeckel vorsichtig auf. Die Schmelze wird mit heißem Wasser und Salzsäure gelöst, in ein Becherglas gespült und gekocht, bis die Lösung vollkommen klar ist. Sollte noch ein geringer Rückstand bleiben, so wird er abfiltriert, verascht, mit Kaliumnatriumcarbonat aufgeschlossen und dem Filtrat hinzugefügt. Aus diesem fällt man Eisen, Aluminium, Titan und Phosphor mit einem geringen Überschuß an Ammoniak, nachdem man 20 cm³ kaltgesättigte Ammoniumchloridlösung und etwas Salpetersäure zur Oxydation hinzugegeben und aufgekocht hatte. Nach kurzem Stehen wird der Niederschlag abfiltriert und mit heißem Wasser ausgewaschen. Wenn das Filtrat zur Mangan-, Calcium- und Magnesiumbestimmung Verwendung finden soll, empfiehlt es sich, den Niederschlag nochmals in Salzsäure zu lösen und ein zweites Mal mit Ammoniak, wie beschrieben, zu fällen. Dann wird der Niederschlag mit Salzsäure von Filter gelöst, die Lösung mit Natronlauge neutralisiert und mit Salzsäure schwach angesäuert. Die alles Aluminium, Titan und Eisen enthaltende heiße Lösung gibt man in einen Tropftrichter und läßt sie daraus langsam in siedende Natronlauge (15 g NaOH in 150 cm³ Wasser gelöst) fließen, die sich in einer Reinnickelschale von ungefähr 850 cm³ Inhalt befindet. Dann hält man die Natronlauge unter ständigem Rühren mit einem Nickeldraht 5 min nahe am Kochen. Nach dem Abkühlen spült man den Schaleninhalt in einen 500 cm³-Meßkolben, füllt bis zur Marke auf, schüttelt durch und filtriert durch ein trockenes Faltenfilter. 450 cm³ des Filtrats werden in einem Becherglas mit Salzsäure angesäuert, mit 30 cm³ kaltgesättigter Ammoniumchlorid- und 20 cm³ gesättigter Natriumphosphatlösung versetzt und aufgekocht. Hierauf fällt man das Aluminium mit einem geringen Überschuß von Ammoniak als Aluminiumphosphat ($AlPO_4$) und kocht noch einmal kurze Zeit auf. Nach 1 stündigem Stehen wird der Niederschlag durch ein Weißbandfilter abfiltriert und mit heißem ammoniumacetathaltigen Wasser gründlich ausgewaschen, getrocknet und bei 1200° bis 1300° verascht. Der Niederschlag enthält 22,12% Al.

Bei Ferrosilicium unter 90% Silicium empfiehlt es sich, die Hauptmenge des Eisens durch Ausäthern zu entfernen, um keine zu großen Niederschläge an Eisenhydroxyd bei der Trennung vom Aluminium mittels Natronlauge zu erhalten. Das Ausäthern erfolgt nach den Angaben S. 310/311.

Calcium.

Das Filtrat von der Fällung des Aluminiums mit Ammoniak wird zur Abscheidung des Mangans mit 1 bis 2 cm³ Brom und Ammoniak bis zur alkalischen Reaktion versetzt und längere Zeit gekocht. Sobald sich der Niederschlag grobflockig zusammengeballt hat, unterbricht man das Kochen, läßt absitzen, filtriert und wäscht mit heißem Wasser aus. Dieser Niederschlag kann zur Bestimmung des Mangans verwendet werden. Das Filtrat wird auf etwa 200 cm³ eingedampft, mit Salzsäure angesäuert und nach Zugabe von 20 cm³ kaltgesättigter Ammoniumoxalatlösung zum Kochen erhitzt. Dann fügt man Ammoniak in geringem Überschuß hinzu und kocht noch kurze Zeit. Nach 6 stündigem Stehen wird der Niederschlag abfiltriert, mit heißem ammonoxalathaltigem Wasser ausgewaschen, verascht, auf dem Gebläse stark geglüht und das Calcium als CaO gewogen, das 71,47% Ca enthält.

Magnesium.

Das Filtrat von der Calciumfällung dampft man auf etwa 200 cm³ ein, setzt 20 cm³ kaltgesättigte Natriumphosphatlösung und einen starken Überschuß an Ammoniak (0,91) hinzu (die Ammoniakmenge soll ungefähr $^1/_5$ des Volumens betragen) und rührt 30 min. Nach 24stündigem Stehen wird der Magnesium-ammoniumphosphatniederschlag abfiltriert, mit 3proz. Ammoniak ausgewaschen, verascht und zu Magnesiumpyrophosphat geglüht. Dieses enthält 21,85% Mg.

Mangan.

a) *Colorimetrisch.* Für die Manganbestimmung verwendet man entweder den bei der Fällung des Calciums abgetrennten Niederschlag oder besser einen neuen Aufschluß, der durch Lösen von 1 g Ferrosilicium mit 20 cm³ Salpetersäure und 10 cm³ Flußsäure, wie bei „Aluminium" beschrieben, gewonnen wurde. Nachdem die in dem Salpetersäure-Flußsäuregemisch unlöslichen Anteile mit Kaliumhydrogensulfat aufgeschlossen sind, wird die Lösung auf 50 cm³ eingedampft, in einen 100 cm³-Meßkolben gespült und mit 2 cm³ $^n/_{10}$-Silbernitratlösung versetzt. Nach dem Auffüllen zur Marke entnimmt man 10 cm³ der Lösung und füllt sie in ein mit Marken versehenes Reagenzglas, setzt 2,5 cm³ frisch bereitete 20proz. Ammoniumperoxydisulfatlösung hinzu und erhitzt in einem Wasserbad auf 80 bis 90°, bis die aufsteigenden Bläschen zahlreicher werden und oben einige Sekunden bestehen bleiben. Dann kühlt man ab und vergleicht in einem gleichartigen Reagenzglas mit einer Kaliumpermanganatlösung von bekanntem Gehalt bei horizontaler Durchsicht. Die Kaliumpermanganatlösung wird durch Lösen von 0,1438 g $KMnO_4$ (zur Analyse) in 1000 cm³ Wasser hergestellt. 1 cm³ dieser Lösung enthält 0,00005 g Mangan.

b) *Maßanalytisch.* Für siliciumärmere Sorten, die meist einen etwas höheren Mangangehalt aufweisen, empfiehlt es sich, die Bestimmung nach der Methode von Volhard (s. Kap. „Mangan", S. 243) durchzuführen.

Es werden 2 g Ferrosilicium in einer Platinschale mit 30 cm³ Salpetersäure (1,4) versetzt und durch allmählichen Zusatz von 10 cm³ Flußsäure in Lösung gebracht. Diese Lösung dampft man auf dem Wasserbad ein, fügt 10 cm³ Salpetersäure (1,4) hinzu, dampft wieder ein und wiederholt diese Behandlung. Dann wird schwach geglüht und der Rückstand in Salzsäure (1 + 1) gelöst. Ungelöste Anteile werden mit Natriumkaliumcarbonat aufgeschlossen und nach dem Lösen der Schmelze in Wasser und Salzsäure dem ersten Filtrat hinzugefügt. Die auf 200 cm³ verd. Lösung wird mit Kaliumchlorat vollständig oxydiert und nach dem Verkochen des Chlors mit einer Aufschlämmung von Zinkoxyd versetzt, bis alles Eisen ausgefällt und ein geringer Überschuß von Zinkoxyd vorhanden ist. Dann spült man in einen 500 cm³-Meßkolben über, füllt zur Marke auf, filtriert durch ein Faltenfilter (die zuerst durchgelaufenen 5 cm³ werden weggeschüttet) und entnimmt einen Anteil von 200 cm³, in dem man die Titration des Mangans ausführt.

Titan.

1 g Ferrosilicium wird wie bei der Bestimmung des „Aluminiums" mit Salpeter- und Flußsäure gelöst und ein etwa verbleibender Rückstand mit Kaliumhydrogensulfat aufgeschlossen. Aus den vereinigten Lösungen fällt man Eisen, Aluminium und Titan mit Ammoniak, löst den sorgfältig ausgewaschenen Niederschlag mit Salzsäure vom Filter und dampft die Lösung bis zur Sirupkonsistenz ein. Die so konzentrierte Lösung gießt man in die untere Kugel des Schüttelapparates nach Rothe oder in einen einfachen Scheidetrichter und spült das Eindampfgefäß mehrmals mit insgesamt 10 bis 12 cm³ Salzsäure (1,10) aus. Nach Vermischen der Lösungen wird unter fließendem Wasser auf etwa 15° abgekühlt. Nun setzt

man 15 cm³ Äthersalzsäure (1,19) hinzu, schüttelt durch, füllt mit Äther bis zu ³/₄ des Kugelinhaltes auf und schüttelt dann nochmals kräftig durch. Sollte sich die Lösung noch etwas erwärmen, so wird wieder unter fließendem Wasser gekühlt. Nach kurzer Zeit trennen sich die beiden Lösungen. Dabei geht das Eisen größtenteils in die darüberstehende Ätherschicht. Bei hochprozentigen Sorten genügt zur Entfernung des Eisens einmaliges Ausäthern, während es bei 15- bis 25proz. Ferrosilicium wiederholt wird. Die saure Lösung ist nach dem Klären in ein Becherglas abzulassen. Dann spült man den Scheidetrichter 3- bis 4mal mit 10 bis 15 cm³ Äthersalzsäure (1,10) nach, schüttelt immer gut durch und läßt die wässerige Lösung zur ersten Lösung abfließen. Die gesammelten Salzsäureauszüge werden zum Vertreiben des Äthers erst vorsichtig erwärmt und dann bis auf 15 cm³ eingedampft. Jetzt wird die Lösung mit Wasser auf 50 cm³ verdünnt und nach Zugabe von 10 cm³ Schwefelsäure (1,84) und 5 cm³ Phosphorsäure (1,7) in einen Colorimeterzylinder gegeben. Hier setzt man noch 3 cm³ 3proz. Wasserstoffperoxyd hinzu, füllt bis zur Marke auf, schüttelt durch und vergleicht mit einer Titanlösung von bekanntem Gehalt.

Der Schüttelapparat nach Rothe soll einen Kugelinhalt von je etwa 250 cm³ haben. Falls er nicht zur Verfügung steht, genügt ein Scheidetrichter mit einem Inhalt von 250 cm³. Die Äthersalzsäure-1,19 erhält man durch Sättigen von Salzsäure (1,19) mit Äther unter Kühlung. 100 cm³ Salzsäure (1,19) nehmen etwa 150 cm³ Äther auf. Die Äthersalzsäure-1,10 wird in gleicher Weise durch Sättigen von Salzsäure (1,10) mit Äther erhalten. Es lösen sich etwa 30 cm³ Äther in je 100 cm³ Salzsäure (1,10).

Eisen.

Die Bestimmung des Eisens hat nur bei Ferrosilicium mit über 90% Si Bedeutung. Es wird wieder 1 g Ferrosilicium in der bei Abschnitt „Aluminium" beschriebenen Weise mit Salpeter- und Flußsäure in Lösung gebracht und ein verbleibender Rückstand durch Schmelzen mit Kaliumhydrogensulfat aufgeschlossen. Die vereinigten Lösungen werden mit Salpetersäure oxydiert; aus ihnen fällt man Eisen und Aluminium bei Siedehitze mit einem geringen Überschuß an Ammoniak aus. Nach kurzem Stehen wird der Niederschlag abfiltriert, mit heißem Wasser gewaschen und dann mit heißer Salzsäure vom Filter gelöst. Die Lösung erhitzt man zum Sieden und versetzt sie, um das Eisen zu reduzieren, mit Zinn(II)-chlorid in geringem Überschuß bis zum Verschwinden der Gelbfärbung. Nach dem Abkühlen gibt man 25 cm³ einer 5proz. Quecksilber(II)-chloridlösung hinzu, um überschüssiges Zinn(II)-chlorid in Zinn(IV)-chlorid überzuführen. Dabei darf nur eine schwache Trübung von Quecksilber(I)-chlorid auftreten; fällt ein stärkerer Niederschlag aus, so wurde ein zu großer Überschuß an Zinn(II)-chlorid angewandt, und damit ist die Probe unbrauchbar.

Nach 1 min setzt man 50 cm³ Mangansulfat-Phosphorsäure-Schwefelsäurelösung (s. unten) hinzu, verdünnt auf etwa 1000 cm³ und titriert mit etwa $n/10$-Kaliumpermanganatlösung bis zur schwachen Rotfärbung. Die Farbe muß mindestens 1 min bestehen bleiben. Das Einstellen der Kaliumpermanganatlösung wird unter gleichen Bedingungen durchgeführt wie die Eisenbestimmung.

Als *Urtitersubstanz* ist sorgfältig getrocknetes Eisenoxyd nach Brandt zur Analyse zu empfehlen. Die *Zinn(II)-chloridlösung* wird bereitet durch Auflösen von 30 g Zinn(II)-chlorid in 400 cm³ Salzsäure (1,19) und Auffüllen mit Wasser zu 1 l. Zur Herstellung der *Mangansulfat-Phosphorsäure-Schwefelsäurelösung* werden 90 g Mangansulfat in 1 l Wasser gelöst und mit 180 cm³ Schwefelsäure (1,84) und 220 cm³ Phosphorsäure (1,3) versetzt.

Bei der Untersuchung von *Reinsilicium* mit weniger als 0,7% Eisen empfiehlt es sich, statt der etwa $n/10$-KMnO₄-Lösung eine $n/100$-Lösung zu verwenden.

Kupfer.

Da im Ferrosilicium nur geringe Mengen Kupfer enthalten sind, müssen für die Bestimmung 5 g Ferrosilicium angewendet werden.

Der Aufschluß erfolgt wieder mit Salpeter- und Flußsäure und Schmelzen des Rückstandes mit Kaliumhydrogensulfat. Aus den vereinigten Lösungen wird Kupfer mit Schwefelwasserstoff gefällt, abfiltriert und das Kupfersulfid durch Glühen in Kupferoxyd übergeführt; es enthält 79,89% Cu.

Sollten im Ferro- oder *Reinsilicium* noch andere durch Schwefelwasserstoff fällbare Bestandteile enthalten sein, kann der Schwefelwasserstoffniederschlag in Salpetersäure gelöst und das Kupfer aus dieser Lösung mit Salicylaldoxim gefällt werden. Zu diesem Zweck wird die salpetersaure Lösung mit einem geringen Überschuß von Ammoniak versetzt und mit Essigsäure schwach angesäuert. Ein hierbei etwa auftretender Niederschlag ist abzufiltrieren. Dann fällt man das Kupfer unter Vermeidung eines größeren Überschusses bei gewöhnlicher Temperatur mit einer Lösung von Salicylaldoxim, wobei man etwas Natriumacetat zum Abstumpfen der frei werdenden Mineralsäure zusetzt. Die Salicylaldoximlösung wird bereitet durch Auflösen von 1 g Salicylaldoxim in 5 cm³ Alkohol und Verdünnen mit 95 cm³ warmem Wasser von 80°. Vor dem Gebrauch wird die Lösung filtriert.

Der beim Fällen des Kupfers mit Salicylaldoxim entstehende Niederschlag ballt sich beim Umrühren leicht zusammen. Er wird nach ¹/₂ stündigem Stehen durch einen gewogenen Glasfilter- oder Goochtiegel abgesaugt und mit kaltem Wasser gründlich ausgewaschen. Nach dem Trocknen bei 105° bis zur Gewichtskonstanz wird das Salicylaldoxim-Kupfer $(C_7H_6O_2N)_2Cu$ gewogen. Es enthält 18,93% Cu.

Phosphor.

2 g Ferrosilicium werden in einer Platinschale mit 30 cm³ Salpetersäure und allmählichem Zusatz von 10 cm³ Flußsäure in Lösung gebracht. Dann dampft man auf dem Wasserbad ein und wiederholt das Eindampfen noch 2 mal, nachdem man jeweils 10 cm³ Salpetersäure zugesetzt hatte. Jetzt wird geglüht und der Glührückstand mit Salzsäure in Lösung gebracht. Sollten ungelöste Anteile verbleiben, so werden diese mit Natriumkaliumcarbonat aufgeschlossen und nach dem Lösen der Schmelze in Wasser und Salpetersäure dem Filtrat zugefügt. Dieses dampft man nun wieder bis zur beginnenden Krystallisation ein, um den größten Teil der Salzsäure zu entfernen; dann wird mit etwas Wasser verdünnt, mit Ammoniak in geringem Überschuß versetzt und mit Salpetersäure angesäuert. Zum Oxydieren des Phosphors werden 5 cm³ Kaliumpermanganat (40 g/l) hinzugegeben, worauf man kocht. Das ausgeschiedene Mangandioxyd wird mit wenig Salzsäure in Lösung gebracht, die überschüssige Salzsäure mit Ammoniak neutralisiert und die Lösung nach dem Ansäuern mit Salpetersäure bis auf etwa 50 cm³ eingedampft. Jetzt gibt man 25 g Ammoniumnitrat hinzu, erwärmt auf 70° und versetzt mit 30 bis 50 cm³ ebenfalls auf 70° erwärmter Ammoniummolybdatlösung. Um eine rasche und vollständige Fällung zu erzielen, wird die Lösung 2 min gerührt und dann 30 min auf etwa 40° gehalten. Hierauf filtriert man den Niederschlag durch einen gewogenen Glasfiltertiegel, wäscht ihn mit heißer 1 proz. Salpetersäure aus, trocknet bei 105° und wägt. Der Niederschlag enthält 1,64% P.

Bei dem geringen Phosphorgehalt des Ferrosiliciums empfiehlt sich eine Blindwertbestimmung der Reagenzien und Abzug des dabei gefundenen Wertes.

Schwefel.

Die Bestimmung des Schwefels erfolgt durch Verbrennen der Probe im Sauerstoffstrom. 0,5 g Ferrosilicium, das in einer Achatschale so fein als möglich verrieben ist, wird in einem Porzellanschiffchen, in dem sich bereits 1 g Zinnspäne befindet, gleichmäßig verteilt. Dann wird die Probe nochmals mit 1 g Zinn überdeckt und in einem vollständig trockenen, lebhaften Sauerstoffstrom bei 1350 bis 1400° verbrannt. Als Vorlage verwendet man 25 cm³ 1 proz. Wasserstoffperoxyd und 25 cm^3 $n/_{10}$-Natronlauge. Nach der Verbrennung, die etwa 15 min erfordert, wird der Inhalt der Vorlage in ein Becherglas gespült, mit 10 cm^3 $n/_{100}$-Schwefelsäure versetzt, mit Salzsäure schwach angesäuert und zum Sieden erhitzt. Man fällt mit Bariumchlorid, filtriert nach einigen Stunden, wäscht mit heißem Wasser, glüht und wägt.

Der Zusatz der $n/_{100}$-Schwefelsäure erfolgt, um bei dem geringen Schwefelgehalt des Ferrosiliciums eine größere Menge Niederschlag und damit eine vollständige Fällung zu erhalten. Der Schwefelgehalt des Zusatzes wird zusammen mit dem Schwefel der anderen zur Bestimmung erforderlichen Reagenzien in einer Blindprobe ermittelt und von dem oben erhaltenen in Abzug gebracht. Bariumsulfat enthält 13,73% S.

Kohlenstoff.

Er wird ebenfalls durch Verbrennen im Sauerstoffstrom bei 1300° und Absorbieren der Kohlensäure mit Natronasbest bestimmt.

Zur Apparatur gehören:

1 Sauerstoffflasche mit Druckminderungsventil,
2 Waschflaschen mit 50proz. Kalilauge,
1 Waschflasche mit konz. Schwefelsäure,
1 elektrisch heizbarer Widerstandsofen mit Regulierwiderstand und Temperaturmeßgerät,
1 Absorptionsvorlage mit konzentrierter Chromschwefelsäure,
2 Phosphorpentoxydrohre,
1 Absorptionsrohr mit Natronasbest,
1 leere Waschflasche mit abgekürztem Einleitungsrohr,
1 Waschflasche mit konz. Schwefelsäure als Schutz gegen Feuchtigkeit und als Blasenzähler.

Für die Füllung des Absorptionsrohres dient eine Mischung von einem Teil Calciumchlorid, das in einem Porzellantiegel über freier Flamme frisch geglüht wurde, mit 6 bis 8 Teilen Natronasbest „Merck" (beides zur Mikroanalyse), die in einem Pulverfläschchen innig gemischt wurde. Dann wird in das Absorptionsrohr auf beiden Seiten ein Wattebausch eingeschoben. Natronasbest hat gegenüber Natronkalk den Vorteil, daß ein einziges Absorptionsrohr zur quantitativen Absorption der Kohlensäure genügt, und daß man den verbrauchten Natrongehalt an seiner Farbe erkennen kann. Ein Röhrchen kann für mehrere Bestimmungen verwendet werden. Die Füllung wird erneuert, sobald sie zur Hälfte verbraucht ist.

Nachdem die gesamte Apparatur zusammengestellt und das Absorptionsrohr mit Natronasbest eingesetzt worden ist, wird mit dem Anheizen des Ofens begonnen und gleichzeitig Sauerstoff hindurchgeleitet. Ist die Temperatur auf 1000° gestiegen, so wird das Absorptionsrohr abgenommen und nach Temperaturausgleich gewogen.

Für die Kohlenstoffbestimmung pulverisiert man das Ferrosilicium so fein, daß es durch ein Sieb von 3600 Maschen hindurchgeht. 1 g davon wird eingewogen, mit 2 g Mennige (nach Dennstedt) innig gemischt und in ein ausgeglühtes Verbrennungsschiffchen gegeben. Dazu kommen noch 1 g geraspelte Kupferspäne, die je zur Hälfte auf dem Schiffchenboden und über die Mischung verteilt werden. Nach dem Einsetzen des gewogenen Absorptionsrohres wird das Schiffchen bei 1000° eingeschoben und die Sauerstoffzufuhr so geregelt, daß die als Blasenzähler an das Ende der Apparatur angeschlossene, mit Schwefelsäure gefüllte Waschflasche einen gleichmäßigen Gasdurchgang zeigt. Dann erhöht man innerhalb kürzester Zeit durch Zurücknehmen des Regulierwiderstandes die Temperatur auf 1300° und führt die Verbrennung durch. Von den Zuschlagsmitteln muß eine

Blindwertbestimmung ausgeführt und bei der Berechnung des Kohlenstoffgehaltes in Abzug gebracht werden. Die gewogene Kohlensäure enthält 27,29% C.

III. Calciumsilicium.

Allgemeines und Probenahme.

Calciumsilicium ist eine auf elektrothermischem Wege hergestellte Legierung, die hauptsächlich als Desoxydationsmittel in der Stahlindustrie verwendet wird und sich durch besondere Reaktionsfähigkeit auszeichnet. Sie enthält

etwa 30% Calcium
„ 60% Silicium
1 bis 3% Aluminium
0,3 bis 0,7% Kohlenstoff;
der Rest ist Eisen.

Die Probenahme erfolgt in der gleichen Weise wie bei „Ferrosilicium" (s. S. 308). Beim Zerkleinern ist auf die große Reaktionsfähigkeit des Calciumsiliciums Rücksicht zu nehmen und noch mehr als bei Ferrosilicium sorgfältig darauf zu achten, daß *jede Erwärmung* vermieden wird, um eine Oxydation zu verhindern.

Silicium.

Seine Bestimmung erfolgt ebenso wie bei „Ferrosilicium" nach Aufschluß von 0,5 g der fein gepulverten Probe mit Ätznatron im Nickeltiegel (s. S. 308).

Calcium.

0,5 g Calciumsilicium werden in einer Platinschale, die ebenso wie bei der Aluminiumbestimmung im Ferrosilicium 20 cm^3 Salpetersäure (1,4) enthält, unter allmählichem Zusatz von 10 cm^3 Flußsäure in Lösung gebracht, die man auf dem Wasserbad zur Trockne eindampft. Dabei ist, um Verluste durch Verspritzen zu vermeiden, die Schale mit einem Platindeckel abzudecken. Nach dem Eindampfen gibt man 4 cm^3 Schwefelsäure (1,84) hinzu, raucht vorsichtig ab und glüht zuerst leicht und später stark, bis die Fluoride zerstört sind. Jetzt fügt man 10 g Kaliumpyrosulfat hinzu und schließt bei aufgelegtem Platindeckel den Rückstand vorsichtig auf. Die Verwendung von Kaliumpyrosulfat ist hier vorzuziehen, da bei Anwendung von Kaliumhydrogensulfat in Gegenwart größerer Rückstandsmengen die Schmelze zum Spritzen neigt. Nach dem Aufschluß wird die Schmelze mit Wasser und 10 cm^3 Salzsäure (1,19) in Lösung gebracht und so lange gekocht, bis die Flüssigkeit vollkommen klar ist. Sollte ein Rückstand geblieben sein, so wird er abfiltriert, verascht und mit Kaliumnatriumcarbonat aufgeschlossen. Die vereinigten Lösungen werden mit Salpetersäure oxydiert, nach Zusatz von Ammoniumchlorid zum Sieden erhitzt und mit Ammoniak in geringem Überschuß versetzt, um Eisen und Aluminium zu fällen. Nach dem Absitzen des Niederschlages wird dieser abfiltriert und mit heißem Wasser ausgewaschen; gegebenenfalls ist er nochmals zu lösen und umzufällen. Er kann zur Aluminium- oder Eisenbestimmung Verwendung finden.

Das Filtrat wird mit Salzsäure angesäuert und mit 30 cm^3 kaltgesättigter Ammoniumchlorid- sowie 40 cm^3 gesättigter Ammoniumoxalatlösung versetzt, aufgekocht und dann das Calcium mit einem geringen Überschuß an Ammoniak als Calciumoxalat gefällt. Nach 4 stündigem Stehen wird der Niederschlag abfiltriert, mit heißem ammoniumoxalathaltigem Wasser ausgewaschen, im Platintiegel verascht und 20 min bei 1050 bis 1100° geglüht. Das so erhaltene Calciumoxyd wird gewogen, wobei eine Aufnahme von Luftfeuchtigkeit zu vermeiden ist. Calciumoxyd enthält 71,47% Ca.

Das Calciumoxalat kann auch nach dem Lösen in Schwefelsäure mit $n/10$-Kaliumpermanganatlösung titriert werden. 1 cm^3 $n/10$-Kaliumpermanatlösung entspricht 2,004 mg Ca.

Die Bestimmung der *weiteren Bestandteile* erfolgt wie bei „Ferrosilicium", S. 309.

IV. Silical.

Allgemeines und Probenahme.

Silical ist eine in der Stahlindustrie ebenfalls als Desoxydationsmittel häufig verwendete Legierung. Sie enthält

$$80 \text{ bis } 85\% \text{ Si und}$$
$$8 \text{ „ } 10\% \text{ Al};$$
der Rest ist hauptsächlich Eisen.

Die Probenahme erfolgt in der gleichen Weise wie bei „Ferrosilicium"; es ist hier ebenfalls sorgfältig jede Erwärmung beim Zerkleinern der Probe zu vermeiden.

Silicium wird in der gleichen Weise wie bei „Ferrosilicium" nach einem alkalischen Aufschluß im Nickeltiegel bestimmt (s. S. 308).

Aluminium.

Für die Ermittlung des Aluminiumgehaltes werden 0,5 g der fein gepulverten Probe mit 20 cm³ Salpetersäure (1,4) in einer Platinschale übergossen und durch tropfenweisen Zusatz von 10 cm³ Flußsäure in Lösung gebracht. Es wird auf dem Wasserbad eingedampft und hierauf mit 4 cm³ Schwefelsäure (1,84) vorsichtig abgeraucht und geglüht. Den Glührückstand schmilzt man mit 10 g Kaliumpyrosulfat bei aufgelegtem Platindeckel und löst die Schmelze in Wasser und 10 cm³ Salzsäure (1,19). Ein etwa verbliebener Rückstand wird abfiltriert, nach dem Veraschen des Filters mit Kaliumnatriumcarbonat aufgeschlossen und die Schmelze mit verd. Salzsäure in Lösung gebracht. In den vereinigten Lösungen fällt man das Aluminium wie bei „Ferrosilicium" (s. S. 309) nach dem Oxydieren mit Salpetersäure zusammen mit dem Eisen durch Ammoniak, bringt es mit Natronlauge als Aluminat in Lösung und trennt es so vom Eisen. Nach dem Auffüllen der Natriumaluminatlösung in einem 500 cm³-Meßkolben werden 250 cm³ davon mit Salzsäure angesäuert, zum Kochen erhitzt und zur Fällung des Aluminiums als Aluminiumhydroxyd mit einem geringen Überschuß an Ammoniak versetzt. Dann wird kurze Zeit aufgekocht und der Niederschlag nach etwa einstündigem Stehen abfiltriert. Man wäscht mit heißem Wasser aus, löst in Salzsäure und fällt Aluminium nochmals mit Ammoniak. Dieser Niederschlag wird nach dem Auswaschen mit heißem Wasser verascht, bis zur Gewichtskonstanz bei mindestens 1100° geglüht und als Al_2O_3 ausgewogen. Er enthält 52,91% Al.

Die Bestimmung der *weiteren Bestandteile* erfolgt wie bei „Ferrosilicium".

V. Alsical.

Allgemeines.

Alsical ist ebenfalls ein in der Stahlindustrie häufig angewandtes Desoxydationsmittel. Handelsüblich sind die Sorten mit etwa

$$15\% \text{ Al, } 25\% \text{ Ca, } 53\% \text{ Si und}$$
$$20\% \text{ Al, } 23\% \text{ Ca, } 50\% \text{ Si.}$$

Beide Legierungen zeichnen sich, ebenso wie das Silical, durch besondere Reaktionsfähigkeit aus. Deshalb hat man auch hier bei der Bemusterung und dem Zerkleinern der gezogenen Probe besondere Vorsicht walten zu lassen (s. S. 308).

Die Bestimmung des *Siliciums* wird ebenso wie bei Ferrosilicium (s. S. 308) nach dem alkalischen Aufschluß im Nickeltiegel vorgenommen, nur verzichtet man zweckmäßigerweise auf das Anfeuchten mit 30proz. Natronlauge, da hierbei infolge der damit verbundenen lebhaften Reaktion leicht Verluste auftreten.

Aluminium kann in der gleichen Weise wie bei „Silical" bestimmt werden (s. oben).

Calcium.

Das Filtrat von der mit Ammoniak vorgenommenen Eisen-Aluminiumfällung wird mit Salzsäure schwach angesäuert und das Calcium als Oxalat gefällt wie bei „Calciumsilicium" (s. S. 314).

Kapitel 20.

Tantal und Niob*.

A. Bestimmungs- und Trennungsmethoden für Tantal und Niob.
   I. Bestimmung der Summe der Oxyde von Tantal und Niob:
      1. in einem Tantal-Niob enthaltenden Zinnerz,
      2. im Columbit oder Tantalit,
      3. im Ferrotantalniob.
   II. Die Trennung von Tantal und Niob:
      1. nach dem Fluoridverfahren,
      2. nach dem Tanninverfahren,
      3. nach dem photometrischen Verfahren,
      4. nach dem Reduktionsverfahren mittels Wasserstoff.
B. Untersuchung von Erzen und Erzeugnissen.
   I. Erze.
   II. Hüttenerzeugnisse:
      1. Ferrotantalniob,
      2. Tantalmetall.

A. Bestimmungs- und Trennungsmethoden für Tantal und Niob.

I. Bestimmung der Summe der Oxyde von Tantal und Niob.

Für die Trennung der Elemente Tantal und Niob ist eine Reihe von Methoden in Gebrauch, die sämtlich zur Voraussetzung haben, daß erst einmal die Gesamtoxyde quantitativ und rein erfaßt werden. Da diese Bestimmung jedoch recht schwierig ist, wird sie oft der Ausgangspunkt für Differenzen bei der Trennung von Tantal und Niob. Als Verunreinigungen sind fast immer Kieselsäure, Titan- und Zinndioxyd zu berücksichtigen[1].

1. Oxyde von Tantal-Niob in einem tantalniobhaltigen Zinnerz.

Das Erz wird im Achatmörser zu feinstem Pulver zerrieben. Die Einwaage beträgt 2 g bei Erzen, die nur 10 bis 15% Ta_2O_5 + Nb_2O_5 enthalten, bei höheren Gehalten ist sie geringer. Man schließt sie mit Natriumperoxyd im Reinnickeltiegel auf, löst die Schmelze im Liter-Becherglas mit warmem Wasser und versetzt mit Salzsäure im Überschuß sowie mit etwas Wasserstoffperoxyd. Die Lösung wird erwärmt, bis die Flüssigkeit eine hellgrüne Farbe angenommen hat. Hierbei kann sich bereits ein Teil der Erdsäuren abscheiden. Man verkocht das Wasserstoffperoxyd, kühlt die Lösung ab und neutralisiert mit einer 10proz. Sodalösung, bis Kongopapier eine Mischfarbe zwischen Rot und Blau angenommen hat. Nun wird mit Wasser auf 800 cm³ verdünnt, zum Sieden erhitzt und nach Zugabe von 50 cm³ einer 6proz. Schwefligsäurelösung $^1/_2$ Stunde gekocht. Tantal- und Niobsäure sind nun vollständig abgeschieden. Nach dem Absitzen der ausgefällten

---

* Bearbeiter: **Wirtz.** Mitarbeiter: **Klinger, Richter.**
[1] Brüning, K., K. Meier u. H. Wirtz: Die Bestimmung von Tantal und Niob im Ferrotantal, Ferroniob und Ferrotantalniob. Metall u. Erz 1939 S. 551.

Erdsäuren wird durch ein doppeltes Weißbandfilter von 15 cm Durchmesser abfiltriert und mit schwefligsäurehaltigem Wasser dekantiert und ausgewaschen.
Auf dem Filter befinden sich Tantal und Niob quantitativ, Zinn, Titan, Wolfram
und Kieselsäure zum größten Teil, dazu geringe Mengen von Eisen und Aluminium.

Man verascht und glüht in einem Porzellantiegel, pinselt den Inhalt in ein
Quarzschiffchen über und behandelt in einem elektrisch beheizten Röhrenofen
bei Rotglut 2 bis 3 Stunden im trockenen Wasserstoffstrom. Alles Zinndioxyd
wird dabei zu Metall reduziert. Man läßt das Schiffchen im Wasserstoffstrom
erkalten, legt es dann in ein 800 cm³-Becherglas und setzt so viel abgemessene
Salzsäure (1,19) zu, daß es eben damit bedeckt ist. Durch Erwärmen auf dem
Sandbad wird das metallische Zinn restlos herausgelöst. Hat man das Schiffchen
entfernt, setzt man so viel Wasser zu, daß eine 10- bis 15proz. salzsaure Lösung
entsteht. Das Volumen soll nicht mehr als 150 cm³ betragen. Nach dem Aufkochen werden die Erdsäuren abfiltriert und mit salzsäurehaltigem Wasser (10- bis
15proz.) ausgewaschen. Alles Zinn (mit etwas Titan, Aluminium und Eisen) ist
somit abgetrennt. Der Niederschlag samt dem Filter wird nun in einer geräumigen
Platinschale verascht und der Veraschungsrückstand mittels eines Platindrahtes
in der Schale ausgebreitet, damit der Flußsäure zur Entfernung der Kieselsäure
eine genügend große Angriffsfläche geboten wird. Man setzt 10 cm³ Flußsäure
und 4 cm³ Schwefelsäure (1 + 1) zu und erhitzt vorsichtig zum Abrauchen. Es
ist nicht notwendig, bis zum vollständigen Entweichen der Schwefelsäurenebel
einzudampfen.

Der Schaleninhalt wird nun zur Reinigung der Erdsäuren mit einer hinreichenden Menge von Kaliumpyrosulfat aufgeschlossen; dabei schmilzt man über der
Gasflamme erst mit kleiner, später mit größerer Flamme unter öfterem Umschwenken und sieht den Aufschluß als beendet an, wenn die Farbe der Schmelze
von Dunkelrot in Hellrot übergegangen ist; diese Temperatur wird noch 1 bis 2 min
beibehalten. Bei dem Aufschluß ist die Platinschale mit einem Deckel zu versehen, um ein Verspritzen zu verhüten. Die Schmelze läßt man in einer dünnen
Schicht an Boden und Wandung der Platinschale erstarren und bringt den erkalteten Schmelzkuchen mit Hilfe von Gummiwischer und heißem Wasser in
das vorhin schon benutzte 800 cm³-Becherglas, worin sich 6 g Hydroxylamin-
hydrochlorid und 30 cm³ Schwefelsäure (1 + 3) befinden. Nun setzt man noch
so viel heißes Wasser zu, daß das Volumen etwa 150 cm³ beträgt, und läßt den
Schmelzkuchen einige Zeit in der Wärme lösen. Hierbei scheiden sich schon
Tantal und Niob teilweise ab. Alsdann werden noch 300 bis 400 cm³ heißes Wasser
hinzugefügt, worauf man zur Abscheidung der Erdsäuren 20 bis 30 min kräftig
kocht. Hat sich die Fällung gut abgesetzt, filtriert man durch ein Weißbandfilter
und wäscht mit hydroxylaminhydrochloridhaltigem Wasser (2 g auf 1000 cm³)
genügend aus. Der Niederschlag wird dann vom Filter in das vorhin benutzte
Becherglas zurückgespritzt, zur Entfernung der *Wolframsäure* mit 20 cm³ Ammoniak (0,91) verrührt und einige Zeit in der Wärme stehengelassen. Alsdann
filtriert man durch das vorhin benutzte Filter, wäscht die Erdsäuren erst mit
ammoniakalischem und dann mit salzsäurehaltigem Wasser aus, verascht, glüht
bis zur Gewichtskonstanz und wägt als $Ta_2O_5 + Nb_2O_5$. Bei hohen Wolframge-
halten ist ein 2maliger Ammoniakauszug zur restlosen Entfernung des Wolframs
notwendig. Enthält das Erz viel Titan, so empfiehlt es sich, statt der Hydroxyl-
aminhydrochloridfällung die Durchführung einer 2maligen Fällung der Erdsäuren
mit Wasserstoffperoxyd und Salzsäure wie auf S. 319 angegeben.

Sind größere Mengen Kieselsäure vorhanden, so ist es zweckmäßig, das Erz
schon vor der Reduktion des Zinns mit Flußsäure und Schwefelsäure zur Beseitigung des größten Teils der Kieselsäure zu behandeln.

2. Oxyde von Tantal-Niob im Columbit oder Tantalit.

(Fällung durch Salzsäure und Kupferron.)

1,0 g des äußerst fein geriebenen Erzes schmilzt man im Nickeltiegel mit Natriumperoxyd. Die Schmelze wird in einem 600 cm³-Becherglas mit Wasser ausgelaugt und dann mit Salzsäure (1,19) versetzt, bis alles Lösliche in Lösung gegangen ist; Tiegel und Deckel werden mit Salzsäure abgespült. Nun wird 10 min gekocht und über Nacht absitzen gelassen. Dann filtriert man durch ein 15 cm-Blaubandfilter und wäscht mit heißem, salzsäurehaltigem Wasser, bis im Waschwasser kein Nickel mehr nachzuweisen ist. Auf dem Filter befinden sich Tantal und Niob mit Spuren von Titan, in der Lösung dagegen der Rest des Titans mit meist sehr geringen Mengen Niob, ferner Zinn, Eisen, Zirkonium usw. Diese Lösung wird etwa zur Hälfte eingeengt und nach dem Abstumpfen der überschüssigen Säure mit Schwefelwasserstoff gesättigt. Das ausgefällte Zinnsulfid prüft man durch Lösen in Ammoniumsulfid auf Erdsäuren*. Im Filtrat von der Schwefelwasserstoffällung werden nach dem Verkochen des Schwefelwasserstoffs und der Oxydation mit Bromwasser Eisen, Titan, Niob usw. mit Ammoniak gefällt. Die Hydroxyde filtriert man ab und löst sie in Schwefelsäure. Nach Zugabe von Weinsäure und Ammoniak wird Eisen als Sulfid abgeschieden und im Filtrat Titan und Niob mit Kupferron gefällt und bestimmt (s. Kap. „Titan", S. 342). Der auf dem ersten Filter befindliche Tantal- und Niobniederschlag wird in eine Platinschale gespült, das Filter verascht und der Rückstand zur Hauptmenge in die Schale gegeben. Nun fügt man 30 cm³ Schwefelsäure (1 + 1) und etwa 10 cm³ Flußsäure hinzu und dampft auf dem Finkener Turm bis zum Rauchen ab. Man nimmt mit schwefelsäurehaltigem Wasser auf, erwärmt und spült sorgfältig in ein 600 cm³-Becherglas über. Es wird mit Ammoniak versetzt, Filterschleim zugegeben und etwa 5 min gekocht. Dann filtriert man ab, verascht das Filter im Porzellantiegel und glüht bei etwa 1000° bis zur Gewichtskonstanz Man erhält die Oxyde von Tantal und Niob mit ganz geringen Mengen Titan. Zusammen mit den aus der Kupferronfällung erhaltenen Tantalniobmengen ergibt sich dann die Summe der Erdsäuren.

3. Fällung und Reinigung der Oxyde im Ferrotantalniob[1].

Aufschluß. 1 bis 2 g der Legierung (bei Gehalten bis zu etwa 30 % Ta und Nb 2 g Einwaage, bei höheren Gehalten 1 g Einwaage) werden in einer geräumigen, bedeckten Platinschale mit einigen cm³ Wasser aufgeschlämmt, mit 3 bis 4 cm³ Salpetersäure (1,40) versetzt und, wenn nötig, unter geringem Erwärmen durch allmähliche Zugabe von Flußsäure (40 proz.) in Lösung gebracht. Hat sich die Einwaage klar gelöst, so wird der Platindeckel mit Wasser abgespritzt und entfernt. Man fügt 10 cm³ Schwefelsäure (1 + 2) hinzu, dampft die Lösung vorsichtig auf einer Heizplatte ein und läßt einige Zeit rauchen. Hierauf schmilzt man die Salze in der wieder mit Deckel versehenen Platinschale mit Kaliumpyrosulfat vorsichtig über der Gasflamme erst bei kleiner, später bei größerer Flamme unter öfterem Umschwenken und sieht den Aufschluß als beendigt an, wenn die Farbe der Schmelze von Dunkelrot in Hellrot übergegangen und bei dieser Temperatur noch 2 bis 3 min stark erhitzt worden ist. Nach dem Erkalten bringt man die Schmelze aus der Schale restlos in ein 1000 cm³-Becherglas und löst mit 200 bis 300 cm³ Wasser bei mäßiger Temperatur. Nun wird mit Wasser auf etwa 800 cm³ verdünnt und nach Zufügen von 50 cm³ einer 6 proz. Lösung von schwefliger Säure $^1/_2$ Stunde lang gekocht. Dadurch werden Tantal und Niob vollständig abgeschieden. Nach dem Absetzen ist durch ein doppeltes 15 cm-Weißbandfilter zu filtrieren und mit schwefligsäurehaltigem Wasser zu dekantieren und auszu-

---

[1] Siehe auch „Fällung und Reinigung der Oxyde", S. 319.

waschen. Auf dem Filter befinden sich sämtliches Tantal und Niob, das Zinn fast quantitativ sowie der größte Teil des Titans und geringe Mengen Eisen. Die Kieselsäure ist restlos entfernt.

Der Aufschluß kann auch unmittelbar mit Kaliumpyrosulfat in einer Platinschale oder in einem geräumigen Porzellantiegel ausgeführt werden. Die Fällung mit schwefliger Säure erfolgt dann, wie vorher beschrieben. Außer den oben angeführten Elementen scheidet sich dabei aber der größte Teil der Kieselsäure mit ab. Zu ihrer Entfernung wird der Niederschlag filtriert, ausgewaschen und in einem Platintiegel oder einer Platinschale verascht. Anschließend raucht man mit 10 cm³ Schwefelsäure $(1+1) + 10$ cm³ Flußsäure (40proz.) vorsichtig bis fast zur Trockne ab. Der Schaleninhalt wird nochmals mit Kaliumpyrosulfat aufgeschlossen und die Schmelze im 800 cm³-Becherglas zur Fällung und Reinigung der Oxyde wie nachfolgend, weiterbehandelt.

Ferner kann der Aufschluß durch Schmelzen im Nickeltiegel mit einem Gemisch von Natriumperoxyd und Natriumkaliumcarbonat $(3+1)$ erfolgen. Die Schmelze wird im Liter-Becherglas aus dem Nickeltiegel mit Wasser herausgelöst und mit Salzsäure im Überschuß sowie mit etwas Wasserstoffperoxyd versetzt. Man erwärmt die Lösung, bis die Flüssigkeit eine hellgrüne Farbe angenommen hat. Hierbei kann sich bereits ein Teil der Erdsäuren abscheiden. Hierauf verkocht man das Wasserstoffperoxyd, kühlt die Lösung ab und neutralisiert mit einer etwa 10proz. Sodalösung, bis Kongopapier eine Mischfarbe zwischen Rot und Blau angenommen hat. Nun wird mit Wasser auf 800 cm³ verdünnt, zum Sieden erhitzt, mit 50 cm³ Schwefligsäurelösung (6proz.) versetzt und $^1/_2$ Stunde gekocht. Tantal- und Niobsäure werden dadurch vollständig abgeschieden. Auch bei diesem Aufschluß muß die mitausgefallene Kieselsäure, wie oben beschrieben, entfernt werden.

Fällung und Reinigung der Oxyde. Zur Abtrennung des Zinns, Titans und der geringen Mengen Eisen wird der Niederschlag sorgfältig mit heißem Wasser vom Filter in ein 800 cm³-Becherglas gespritzt (Filter 1). Man behandelt die unreinen Erdsäuren mit 100 cm³ Salzsäure $(1+1)$ und 25 cm³ Perhydrol (30 Gew.% H_2O_2) bei mäßiger Wärme so lange, bis klare Auflösung erreicht ist, und verdünnt dann mit Wasser auf 500 cm³. *Dieses Volumen muß genau eingehalten werden.* Nun kocht man 20 min. Nach kurzem Absetzen wird der Niederschlag, wie vorhin, auf ein doppeltes 15 cm-Weißbandfilter abfiltriert und mit heißem Wasser 2- bis 3mal gewaschen. Bei diesem Verfahren ist fast alles Tantal und Niob abgeschieden; nur geringe Mengen befinden sich noch mit dem überwiegenden Anteil von Zinn, Eisen und Titan im Filtrat. Der Niederschlag wird nun mit heißem Wasser vom Filter (Filter 2) in das 800 cm³-Becherglas zurückgespritzt und das Lösen und Fällen, wie oben beschrieben, wiederholt. Es lösen sich jedoch bei der zweiten Behandlung mit Salzsäure-Perhydrol die Erdsäuren meist nicht mehr vollkommen klar auf, was aber ohne Bedeutung ist. Nach dieser zweiten Fällung befindet sich fast alles Tantal und Niob, frei von jeder Verunreinigung, auf dem Filter (Niederschlag 1).

Zur Rückgewinnung der letzten Reste von Tantal und Niob werden die Filtrate vereinigt, bis auf etwa 500 cm³ eingedampft und in der Kälte mit so viel Ammoniak (0,91) versetzt (etwa 60 cm³), daß die Lösung noch 30 bis 40 cm³ freie Salzsäure enthält. Man erwärmt auf etwa 90° und läßt 12 Stunden stehen. Sofern ein Niederschlag entstanden ist, wird er auf ein doppeltes Filter abfiltriert, mit salzsäurehaltigem Wasser ausgewaschen und (als Niederschlag 2) beiseite gestellt. Dieser Niederschlag ist wieder reine Tantalniobsäure, frei von Zinn und Titan. Das Filtrat wird dann auf 40 bis 50° erhitzt, worauf man bis zur Sättigung Schwefelwasserstoff einleitet. Hat sich der Sulfidniederschlag abgesetzt, filtriert man ihn ab und wäscht mit ammoniumnitrathaltigem Wasser aus. Er ist frei von Tantal und Niob. Will man das obenerwähnte, etwa 12stündige Stehenlassen vermeiden, so kocht man nach dem Abstumpfen mit Ammoniak etwa 10 min und filtriert den entstandenen Niederschlag ab (Niederschlag 2). In die Lösung wird dann, wie oben beschrieben, Schwefelwasserstoff eingeleitet. Es kann vorkommen, daß sich etwas Tantal-Niob mit dem Zinnsulfid abscheidet; daher ist es notwendig, das abfiltrierte Zinnsulfid mit Ammoniumsulfid vom Filter zu lösen. Ist Tantal-Niob mitausgefallen, so verbleibt es nun auf dem Filter (Filter 3). Dieses Filter muß später mitverarbeitet werden. In beiden Fällen befinden sich im Schwefelwasserstoff enthaltenden Filtrat die letzten Reste von Tantal und Niob; sie werden nach dem Verjagen des Schwefelwasserstoffs mit Ammoniak gefällt. Man kocht kurze Zeit auf, filtriert und verascht den Niederschlag in einem Porzellantiegel zusammen mit den Filtern 1, 2 und 3. Die Oxyde werden dann in einem Porzellantiegel mit Kaliumpyrosulfat aufgeschlossen und in einem 600 cm³-Becherglas mit 30 cm³ Salzsäure (1,19) aufgelöst, worauf man mit Wasser auf etwa 300 cm³ verdünnt und mit Ammoniak neutralisiert. Nach Zugabe von wiederum 30 cm³ Salzsäure (1,19) wird die Flüssigkeitsmenge mit Wasser auf 500 cm³ gebracht und 20 min gekocht. Die Reste von Tantal- und Niobsäure scheiden sich ab, während Titan in Lösung bleibt. Die Fällung wird abfiltriert und mit salzsäurehaltigem Wasser ausgewaschen (Niederschlag 3). Niederschlag 1, 2 und 3 werden zusammen im Porzellantiegel zu Ta_2O_5 und Nb_2O_5 verascht. In der Gesamtauswaage der Oxyde befinden sich höchstens noch einige Hundertstel Prozent Titan, die in Anbetracht der Schwierigkeit der Analyse selbst ohne jede Bedeutung sein dürften.

II. Die Trennung von Tantal und Niob[1].

1. Nach dem Fluoridverfahren.

Das Verfahren zur Trennung von Tantal und Niob, welches die Arbeiten von C. Marignac[2] zur Grundlage hat, beruht darauf, daß sich Kaliumtantalfluorid in schwach flußsaurer Lösung in Form von Krystallen abscheidet, während das Kaliumniobfluorid in Lösung bleibt.

Die nach den vorigen Ausführungen A. I, 1 bis 3 erhaltenen Erdsäuren werden in einer Platinschale mit Flußsäure zur Lösung gebracht und auf dem Sandbad auf 4 bis 5 cm³ eingedampft. Dann wird mit einigen cm³ Wasser verdünnt, fast bis zum Kochen erhitzt und langsam unter ständigem Umrühren mit einem Platinspatel eine Lösung von 0,8 g Kaliumhydroxyd, die man in einem Bechergläschen mit wenig Wasser bereitet hat, hinzugefügt. Nun gibt man noch etwas heißes Wasser zu, bis das Volumen der Flüssigkeit im Platingefäß schließlich 15 bis 20 cm³ beträgt (zweckmäßig wird eine entsprechende Marke im Platintiegel angebracht). Zu beachten ist, daß ein geringer Überschuß von Flußsäure vorhanden sein muß. Nun wird abgekühlt und einige Zeit stehengelassen, bis Krystallisation aufgetreten ist. Von den ausgeschiedenen Krystallen wird mit einem Platinspatel eine kleine Probe auf einen Objektträger gebracht und unter dem Mikroskop untersucht (bei etwa 100facher Vergrößerung). Das Kaliumtantalfluorid, K_2TaF_7, bildet stets kleinere oder größere rhombische Nadeln, während die Kaliumnioboxyfluoridverbindung je nach der Zusammensetzung in verschiedenen Krystallformen auftritt. Am häufigsten zeigen sich die Niobkrystalle aus den schwach sauren Lösungen als viereckige, oft recht unregelmäßige Blättchen.

Ist die Lösung stärker flußsauer, dann erscheinen sie in langen, breiten Blättern, die an den Rändern unregelmäßig mehr oder weniger tief gezackt sind, so daß sie ungefähr aussehen wie Sägeblätter. Diese Blätter sind auch oft spießförmig

---

[2] Z. anorg. Chem. Bd. 156 (1926) S. 213 bis 215.

und zu Büscheln vereinigt. Typisch für alle hier erscheinenden Arten der Niobkrystalle aber ist, daß sie niemals ganz regelmäßig sind oder gerade verlaufende Kanten haben, sondern stets eingebuchtet, eingeschnürt oder eingezackt sind. (Doch auch als rhombische Nadeln können die Niobkrystalle auftreten; das ist das normale Niobkaliumfluorid, welches dem Tantalsalz isomorph ist und sich aus sehr stark flußsauren Lösungen bildet. Aus diesem Grunde darf also die Lösung, aus der die Krystallisationen erfolgen, nicht zu stark flußsauer sein.)

Hat die mikroskopische Untersuchung keine Niobkrystalle gezeigt, so wird die Flüssigkeit aus dem Platingefäß durch ein 9 cm-Weißbandfilter (Trichter aus Hartgummi) in eine untergestellte Platinschale gegossen; der vorhandene Krystallbrei soll dabei möglichst im Tiegel zurückbleiben und das wenigste davon auf das Filter gelangen. Man läßt die Flüssigkeit an dem Platinspatel entlanglaufen, schiebt dann den Krystallbrei vom Ausguß etwas zur Seite und befreit die Krystalle durch leichtes Drücken mit dem Spatel möglichst weitgehend von der Flüssikeit. Sie werden 2 mal kurze Zeit mit 2 cm³ Wasser von 20°, welches etwas Kaliumfluorid gelöst enthält, dekantiert, wobei das Waschwasser ebenfalls durch das Filter (wie geschildert) in die Platinschale gegossen wird. Dann wäscht man das Filter noch einmal unter Drehen des Trichters und gleichzeitigem Beträufeln mit der erwähnten Wassermenge ganz kurze Zeit aus. Die Lösung in der Platinschale enthält nun alles Niob und vielleicht etwas Tantal, das sich beim Nachwaschen herausgelöst haben kann. Sie wird bis auf ungefähr zwei Drittel der Anfangsmenge (das waren 15 bis 25 cm³) eingedampft und abgekühlt; etwa ausgeschiedene Krystalle werden wieder unter dem Mikroskop untersucht.

Im allgemeinen kann gesagt werden, daß bei den in dieser Methode angegebenen Ausgangsmengen und bei einer Flüssigkeitsmenge von etwa 20 cm³ alles vorhandene Tantal als Kaliumtantalfluorid frei von Niob quantitativ ausgefällt wird; erst nach weiterem Eindampfen bis herab zu etwa 10 cm³ treten nach dem Abkühlen wieder neue Krystallisationen auf, die, ganz gleich, welche Krystallformen sie aufweisen, nur aus Niobverbindungen bestehen. Es ist also zwischen dem Auftreten der Krystalle von Tantal und der von Niob ein ziemlich großes Intervall. Während der Spanne des Eindampfens von 20 cm³ auf 10 cm³ treten beim Abkühlen meistens überhaupt keine Krystalle auf (es sei denn, daß ein Niobit bzw. Columbit mit einem sehr hohen Niobgehalt vorliegt), höchstens ein paar Kaliumtantalfluoridnädelchen, die von dem Nachwaschen der abfiltrierten Tantalkrystalle herrühren können. Man soll jedenfalls das Nachwaschen sehr vorsichtig und kurz gestalten, dann gelangen überhaupt keine oder nur ganz geringfügige Mengen Tantal in das Niobfiltrat, welche in den meisten Fällen vernachlässigt werden können.

Gewöhnlich genügt eine einmalige Abscheidung der Tantalkrystalle, und es erübrigt sich eine zweite Filtration von den beim weiteren Eindampfen der Lösung auftretenden Tantalkrystallen. Doch muß diese Trennung erfolgen, wenn kurz vor dem Erscheinen der Niobkrystalle neue Tantalkrystalle in größerer Menge auftreten oder wenn unter den Niobkrystallen sich noch nennenswert Tantalkrystalle zeigen. Ist das letztere eingetreten, so gibt man wieder etwas Wasser zu der Flüssigkeit, erhitzt und läßt wieder krystallisieren, bis die Tantalnadeln nur für sich auftreten und das Niob nur noch eben in Lösung bleibt.

Hat man nun die Trennung ausgeführt, so werden die Tantalkrystalle nach Zugabe von 30 cm³ Schwefelsäure (1+1) auf dem Sandbad eingedampft und nach dem Auftreten dichter weißer Nebel ¹/₂ Stunde lang kräftig abgeraucht. Nach dem Abkühlen wird in ein Becherglas gespült [zunächst mit Schwefelsäure (1+1)] und Wasser hinzugegeben, bis die Flüssigkeit etwa 300 cm³ beträgt. Dann neutralisiert man mit Ammoniak, macht mit einigen Tropfen Schwefelsäure schwach sauer, kocht 1 bis 2 min und filtriert nach dem Absitzen des Niederschlages durch ein 12,5 cm-Filter. Zuletzt wird noch einige Male mit heißem Wasser (schweflige Säure) nachgewaschen, im Platin- oder Porzellantiegel verascht, zur restlosen Entfernung der Schwefelsäure mit Ammoniumcarbonatpulver bestreut, geglüht und als Ta_2O_5 gewogen.

Die das Niob enthaltende Lösung wird ebenfalls mit 30 cm³ Schwefelsäure (1 + 1) abgeraucht, sonst in der gleichen Weise, wie es beim Tantal geschieht, weiterbehandelt, und der Niederschlag schließlich als Nb_2O_5 zur Wägung gebracht.

2. Nach dem Tanninverfahren.

Das Verfahren nach Th. R. Cunningham[3] sieht zur Trennung die Titration des durch Zink in schwefelsaurer Lösung von der 5- zur 3-wertigen Stufe reduzierten Niobs mit Kaliumpermanganat vor. Das Verfahren gründet sich darauf, daß mittels Tanninlösung unter Verwendung von Bromphenolblau als Indicator[4] von der Gesamtauswaage an $Ta_2O_5 + Nb_2O_5$ sämtliches Tantal mit nur einem geringen Teil des Nioboxydes (nicht mehr als 0,01 g Nb_2O_5) ausgefällt wird. Hierdurch ist es möglich, diesen Niobgehalt titrimetrisch mit Kaliumpermanganatlösung zu bestimmen.

Zur *Durchführung der Trennungsanalyse* wird die Auswaage der Summe der Oxyde von $Ta_2O_5 + Nb_2O_5$ nach gutem Durchmischen so aufgeteilt, daß etwa 0,3 bis 0,4 g davon mit 7 g Kaliumpyrosulfat in einem neuen hohen und schlanken Porzellantiegel aufgeschlossen werden. Die Auflösung der Schmelze nimmt man in 100 cm³ warmer 5proz. Ammoniumoxalatlösung unter Zusatz von etwa 2 bis 4 cm³ Schwefelsäure (1 + 1) vor. Die Lösung wird mit Wasser auf 400 cm³ verdünnt und dann mit einigen Tropfen (6 bis 8) einer Bromphenolblaulösung versetzt. (Die Bromphenolblaulösung [Tetrabromphenolsulfophthalein] wird hergestellt durch Auflösen von 0,1 g Bromphenolblau in 3 cm³ n/20-Natronlauge und Verdünnen mit Wasser auf 200 cm³. Bromphenolblau hat einen p_H-Meßbereich von 3,0 bis 4,6. In maximalsaurer Lösung zeigt Bromphenolblau einen gelben und in maximalalkalischer Lösung einen blauvioletten Farbton.) Nach dem Aufkochen läßt man aus einer Tropfflasche vorsichtig Ammoniak (1 + 3) zutropfen, bis die gelblich aussehende Lösung, die am zweckmäßigsten auf einer weißen Unterlage steht, eine wahrnehmbare Purpurfarbe annimmt. (Beim Kochen und Abstumpfen mit Ammoniak kommt es vor [besonders bei höheren Tantalgehalten], daß durch Hydrolyse eine geringe Abscheidung von Tantaloxalsäure beginnt; die Fällung geht jedoch beim Kochen wieder in Lösung.) Sobald der Purpurfarbton erreicht ist, setzt man der Lösung 10 g Ammoniumchlorid zu und fällt mit 50 cm³ einer 2proz. Tanninlösung. Alles Tantal und Titan — falls letzteres nach der Durchführung der Summenbestimmungsmethode überhaupt noch vorhanden ist, was dann aber nur bis zu einigen Hundertstel Prozenten der Fall sein dürfte — sowie ein geringer Teil des Niobs sind nun ausgefallen.

Hierauf wird die Fällung 20 bis 30 min gekocht. Während des Kochens muß durch Zusatz von Wasser das Volumen von 400 cm³ beibehalten werden. Nach Beendigung des Siedens werden noch 100 bis 200 cm³ heißes Wasser zugesetzt; nachdem sich der Niederschlag abgesetzt hat, wird er mit Filterbrei durch ein 2- oder 3faches Filter (Macherey 200) mittels einer Saugflasche abfiltriert. Dieser sehr voluminöse Niederschlag wird mit einer heißen 2proz. Ammoniumchloridlösung ausgewaschen, trocken gesaugt, im Porzellantiegel verascht und bis zur Gewichtskonstanz geglüht. Es wird notwendig sein, durch einige Vorversuche den Purpurfarbton kennenzulernen. Nach einigen Vorproben erlangt man genügend

---

[3] Industr. Engng. Chem., Anal. Ed. Bd. 10 (1938) Nr. 5 S. 233 bis 235 — Chem. Zbl. 1938 II S. 2308.
[4] Z. anal. Chem. Bd. 117 (1939) S. 6 bis 9.

Sicherheit, neben sämtlichem Tantal nur einen geringen Anteil des Niobs mitzufällen. Das Gewicht des mit dem Tantal ausgefallenen Niobs soll möglichst nicht mehr als 0,01 g Nb_2O_5 betragen.

Die Auswaage, bestehend aus dem gesamten Tantal und etwas Niob, wird nun zur Reduktion vorbereitet. Zur Bestimmung des Niobs wird das Oxydgemisch in dem vorhin zum Glühen benutzten Porzellantiegel unter Zusatz von 0,07 g Titandioxyd mit 7 g Kaliumpyrosulfat aufgeschlossen. Zu der erkalteten Schmelze setzt man in den Tiegel 10 cm³ konz. Schwefelsäure zu und erhitzt so lange, bis die Auflösung klar ist. Der Tiegelinhalt wird dann in ein trockenes 400 cm³-Becherglas übergeführt und der Tiegel 6mal mit je 5 cm³ konz. Schwefelsäure ausgespült. Nun gibt man der Lösung 2 g wasserfreie, chemisch reine Bernsteinsäure zu und rührt, bis vollständige Lösung erreicht ist. Zu der Lösung werden jetzt noch 20 cm³ einer gesättigten Bernsteinsäurelösung in feinem Strahl zugesetzt. Darauf verdünnt man vorsichtig mit kaltem Wasser bis auf 200 cm³, erhitzt auf 75° und läßt durch einen Jones-Zinkreduktor — wie nachfolgend beschrieben — in 50 cm³ Eisen(III)-sulfatlösung [durch Lösen von 50 g Eisen(III)-sulfat oder 87 g Eisen(III)-ammoniumsulfat in einem Gemisch von 425 cm³ Wasser, 75 cm³ Phosphorsäure (1,72) und 10 cm³ Schwefelsäure (1 + 1) hergestellt] einfließen, wonach das gebildete Eisen(II)-sulfat mit einer $n/_{10}$-Kaliumpermanganatlösung gemessen wird.

Für die Füllung des *Jones-Reduktors* zur Reduktion des Niob^V-Salzes wird chemisch reines Zink zur Analyse von Merck, für forensische Zwecke, verwendet. Das in Granalien bezogene Zink wird vorteilhaft zu kleinen Barren verschmolzen und dann so gefräst oder gehobelt, daß die anfallenden kurzen dicken Späne durch ein Sieb von 3 mm Maschenweite eben durchfallen. Der stets mitanfallende feine Anteil des Zinks wird durch ein Sieb von 1,5 mm Maschenweite abgesondert. Man amalgiert das so gewonnene Zink, indem man es in einer 5proz. Quecksilber(II)-chloridlösung 1 min durchrührt. Alsdann wird die Lösung abgegossen und das Zink mehrfach mit Wasser gewaschen. Der Jones-Reduktor wird bis auf eine Höhe von 45 cm mit diesem amalgamierten Zink angefüllt. Um ein Verstopfen des Ablaufhahns oder ein Durchgehen von feinen metallischen Anteilen des Zinks zu verhindern, dichtet man den Jones-Reduktor über dem Hahn mit Glaswolle, Porzellanscherben und Glasperlen in einer Schichthöhe von ungefähr 5 cm ab.

Die Reduktion des Niobsalzes ist nun wie folgt durchzuführen:

Unmittelbar vor der Benutzung des Jones-Reduktors wird der Apparat mit 200 cm³ heißem Wasser zum Erwärmen der Zinkkolonne angefüllt und dann das Wasser abgelassen. Anschließend gießt man 200 cm³ 5proz., etwa 75° heiße Schwefelsäure hindurch. Diese Lösung wird ebenfalls entfernt. Der Reduktor wird dann unverzüglich mit einer Saugflasche von 1000 cm³ Inhalt derart verbunden, daß seine Ausflußröhre in 50 cm³ Eisen(III)-sulfatlösung eintaucht. Hierauf füllt man den Jones-Reduktor mit einer 20proz., ebenfalls 75° heißen Schwefelsäurelösung so weit auf, daß die Zinkkolonne damit benetzt ist. Dann wird die auf 75° erwärmte Tantalnioblösung hinzugefügt und der Ablaufhahn so eingestellt, daß der Ablauf der Lösung 17 bis 20 min anhält und somit das Niob diese Zeit über der Reduktion ausgesetzt ist. Die so reduzierte Nioblösung läßt man nur bis zur obersten Schicht der Zinkspäne ablaufen. Hierauf werden 50 cm³ 20proz. Schwefelsäure, worin 1 g Bernsteinsäure gelöst ist, zugesetzt und die Lösungen vollständig ablaufen gelassen. Nun wäscht man den Reduktor mit 200 cm³ 5proz. Schwefelsäure und dann 2mal mit kaltem Wasser nach.

Die oben angeführte Reduktionsdauer versteht sich nur für die durchlaufende Nioblösung. Durch langsames Zutröpfeln einer gesättigten Natriumhydrogencarbonatlösung mittels eines Tropftrichters, der ebenso wie der Jones-Reduktor durch den Stopfen der Saugflasche führt, wird über der Eisen(III)-sulfatlösung eine Kohlensäureatmosphäre erzeugt. Den Inhalt der Saugflasche kühlt man während der Reduktion und läßt auch die Temperatur zur Titration mit $n/_{10}$-Kaliumpermanganatlösung auf höchstens 20° ansteigen.

Zur Errechnung des Tantalgehaltes ist es notwendig, den Kaliumpermanganatverbrauch für die zugesetzten 0,07 g Titandioxyd zu ermitteln. Es werden daher 0,07 g Titandioxyd, wie vorhin beschrieben, geschmolzen und weiterbehandelt. Die für das Titan verbrauchten Kubikzentimeter der Kaliumpermanganatlösung und der sich gleichzeitig hiermit ergebende Blindwert für die angewandten Reagenzien müssen von dem erstgefundenen Verbrauch abgesetzt werden. Der Rest gibt die Menge der Kaliumpermanganatlösung an, die für die Oxydation des 3-wertigen zum 5-wertigen Niob bzw. des gebildeten Eisen(II)-sulfats verbraucht wurde. Der theoretische Titer einer $n/_{10}$-Kaliumpermanganatlösung beträgt 0,006645 g Nb_2O_5; 10 Fe (558,4) = 5 Nb (464,55). Der Eisentiter der Kaliumpermanganatlösung multipliziert mit 0,8319 ergibt also den Nb-Titer, der umgerechnet auf den Nb_2O_5-Titer 0,006645 lautet.

Die so ermittelten Gramm Nb_2O_5 werden von der Auswaage, bestehend aus dem Gesamttantaloxyd und dem geringen Anteil Nb_2O_5, abgesetzt. Es ergibt sich dann das Gewicht an Ta_2O_5. Dieses wird von der Summenauswaage der Oxyde abgesetzt; der Rest ist Nb_2O_5. (Umrechnungsfaktor für Niob = 0,6991, für Tantal = 0,8189.)

In dem Filtrat von der Tanninfällung kann jetzt die Hauptmenge des Niobs durch Fällung mit Kupferron oder Ammoniak bestimmt werden. Zur Kontrolle des wie vorhin errechneten Niobgehaltes ist diese Restbestimmung des Niobs angebracht.

Bemerkung. Eine reine Tantalfällung mit Tannin ist quittengelb, eine reine Niobfällung hat dagegen eine intensive rote Färbung. Bei der Fällung von Tantal zur Trennung von Niob hat die gelbe Tantalfärbung von dem mitgefällten Niob einen rötlichen Farbton (Orange). Dieser ist bei Mitfallen von mehr oder weniger Niob stark wechselnd, so daß er auch als Merkmal für den richtigen Fällungspunkt herangezogen werden kann.

Hier sei noch angeführt, daß bei steigender Acidität der Tantalnioblösung immer weniger Niob mit dem Tantal ausfällt. In stark saurer Lösung fällt also nur Tantal, während in schwach saurer auch das Niob mitfällt. Ist die Lösung aber sehr stark sauer, so ist die Fällung auch für Tantal nicht quantitativ[5]. Durch eine Fällung mit Tanninlösung ist unter gewissen Umständen auch eine unmittelbare Trennung von Tantal und Niob zu erreichen, jedoch gestaltet sich der Analysengang recht schwierig und zeitraubend. Er beruht darauf, daß durch stufenweise Fällung Tantal mit Tannin abgeschieden und so vom Niob getrennt wird. Es darf also bei dieser Art der Arbeit nur die reine gelbe Tantalfärbung auftreten. Bei hohen Tantal- und sehr niedrigen Niobgehalten kann dieser Weg immerhin gangbar sein.

3. Nach dem photometrischen Verfahren.

Für seine Durchführung sei auf die Originalarbeit von P. Klinger und W. Koch verwiesen[6]. Es gründet sich auf die Unterschiede in der Farbtiefe, welche Titan und Niob, in Schwefelsäure verschiedener Konzentrationen gelöst, mit Wasserstoffperoxyd erreichen. Da aber nach dem vorher beschriebenen Summenbestimmungsverfahren, sei es für Erz oder Ferrotantalniob, entgegen dem von P. Klinger und W. Koch dort angeführten Beispiel, nur Spuren von Titan bei den Erdsäuren auftreten, kann Niob unmittelbar photometriert werden. Zur Vorbereitung für die Photometrie des Niobs, besonders bei großen Niobgehalten, empfiehlt sich die Anwendung des Tannintrennungsverfahrens (s. unter A. II, 2) zwecks Abscheidung von sämtlichem Tantal und wenig Niob. Die photometrische Bestimmung des geringen Anteils an dem mit sämtlichem Tantal ausgefallenen Niob ergibt dann recht genaue Resultate.

---

[5] Wirtz, H.: Über die Trennung von Tantal und Niob (II). Z. anal. Chem. Bd. 122 (1941) S. 88. Als Hilfsmittel wird die p_H-Messung herangezogen. Die Fällungsbedingungen für Tantal, Niob und für beide Elemente zusammen werden beschrieben.

[6] Techn. Mitt. Krupp, Sept. 1939 Heft 14.

4. Nach dem Reduktionsverfahren mittels Wasserstoff[7]
(mitgeteilt vom Hüttenlaboratorium der Hansestadt Hamburg).

Hiernach wird zunächst in einem Gemisch von Tantal- und Niobpentoxyd Nb_2O_5 zu Nb_2O_4 bei hoher Temperatur im Wasserstoffstrom reduziert (Tantalpentoxyd bleibt unverändert) und dann durch Glühen in einem Platintiegel das Niobtetroxyd wieder zu -pentoxyd oxydiert, worauf man aus der Gewichtszunahme den Niobgehalt berechnet.

0,3 bis 0,4 g der erhaltenen feinst zerriebenen und vor der Einwaage nochmals geglühten Oxyde bringt man in ein ausgeglühtes, gewogenes Schiffchen aus Porzellan oder Quarz, schiebt es in das Quarzrohr des Röhrenofens ein und leitet, zunächst ohne zu erhitzen, etwa $^1/_2$ Stunde Wasserstoff hindurch, bis alle Luft verdrängt ist. Dann schaltet man den Strom ein, erhitzt auf 900 bis 950° und läßt den Wasserstoff 1 Stunde bei dieser Temperatur einwirken. Wie gesagt, wird Niobpentoxyd hierdurch zu Niobtetroxyd reduziert, Tantalpentoxyd jedoch nicht angegriffen. Nun schaltet man den Strom ab, klappt den Ofen auf und läßt unter weiterem Durchleiten des Wasserstoffstromes abkühlen. Ist die Temperatur unter 100° gesunken, zieht man das Schiffchen vorsichtig heraus, läßt es im Exsiccator *vollständig* erkalten und wägt. Die vorher weißen oder gelblichweißen Oxyde zeigen jetzt, je nach dem Niobgehalt, eine graue oder schwarze Farbe. Die Reduktion wird in gleicher Weise bis zur Gewichtskonstanz der Oxyde wiederholt. Dann schüttet man das reduzierte Gemisch in einen ausgeglühten, gewogenen Platintiegel, wägt Tiegel plus Substanz und glüht zunächst vorsichtig, später mit voller Flamme des Bunsenbrenners. Nach beendeter Oxydation und Abkühlung im Exsiccator wird erneut gewogen. Die Gewichtsdifferenz zeigt den aufgenommenen Sauerstoff an; da 1 mg Sauerstoff 16,61 mg Nb_2O_5 entspricht, kann man hieraus die Menge des vorhandenen Niobpentoxydes errechnen.

Setzt man das Gewicht des so ermittelten Niobpentoxydes vom Gesamtgewicht der im Platintiegel befindlichen Oxyde ab, erhält man als Differenz das Gewicht des Tantalpentoxydes

Apparatur: 1 elektrischer Röhrenofen, möglichst aufklappbar,
            1 Quarzrohr 400 mm lang, 14 mm Innendurchmesser,
            1 Schiffchen (aus Quarz oder glasiertem Porzellan, möglichst flach),
            1 Kippscher Apparat zur Erzeugung von Wasserstoff,
            1 Waschflasche mit Schwefelsäure,
            2 U-Rohre gefüllt mit Calciumchlorid.

Bemerkung. Titandioxyd wird ebenfalls reduziert, und zwar zu Ti_2O_3. Es ist daher empfehlenswert, zu dieser Bestimmung ein Oxydgemisch zu benutzen, bei dem das Titan bereits vollständig oder zum größten Teil abgeschieden wurde. Erforderlich bleibt aber immer eine Prüfung des Oxydgemisches auf einen Gehalt an Titan, um daraus berechnen zu können, wieviel Sauerstoff zu seiner Wiederoxydation nötig ist. (1 mg Sauerstoff entspricht 10,0 mg TiO_2.)

Das Verfahren ist nur anwendbar bei Tantalnioboxyden mit mindestens 10% Niobpentoxyd, bei geringeren Gehalten kann es zum qualitativen Nachweis dienen. Die bei hohen Gehalten an Niob erzielte Genauigkeit liegt bei $\pm 2\%$; jedoch kann man bei mehrfacher Ausführung der Analyse zu einem Durchschnittswert gelangen, der dem Wirklichkeitswert ziemlich nahe kommt.

B. Untersuchung von Erzen und Erzeugnissen.

I. Erze.

Tantal und Niob kommen gemeinsam in australischen Tantaliten und nordamerikanischen Niobiten oder Columbiten, und zwar meistens an Eisen gebunden vor. Bei den *Tantaliten* überwiegt der Tantalgehalt (bis 70% Ta_2O_5) erheblich, bei den *Columbiten* der Niobgehalt. Ein Columbit kann etwa folgende Gehalte aufweisen:

Nb_2O_5 . . . . 56%	SnO_2 . . . . 6%	CaO 1%
Ta_2O_5 . . . . 5%	FeO 19%	SiO_2 . . . . . 4%
TiO_2 . . . . 6%	MnO 2%	Al_2O_3 . . . . 1%;

dabei ist Eisen bisweilen durch Mangan ersetzt.

Außer obigen Erzen werden für die Herstellung von Ferrolegierungen auch tantalniobhaltige Zinnerze aus Südwestafrika und Belgisch-Kongo herangezogen, welche etwa 10 bis 30% $Ta_2O_5 + Nb_2O_5$, 40 bis 60% Kassiterit, 10% Kieselsäure und 6% Tonerde neben den Oxyden von Eisen, Mangan, Titan, Wolfram u. a. m. aufweisen. In Kamerun, Norwegen und Grönland werden gleichfalls Tantalite und Columbite als tantal- oder niobsaure Eisenverbindungen gefunden.

---

[7] Ruff, O., u. F. Thomas: Z. anorg. allg. Chem. Bd. 156 (1939) S. 213.

Vor der Analyse müssen die Erze äußerst fein zerrieben werden (Sieb: DIN 1171 0,07). Ein sicherer Aufschluß ist durch Schmelzen mit Natriumperoxyd im Nickeltiegel sowie mit Soda-Borax zu erreichen; weiterhin können Aufschlüsse mit Kaliumhydrogensulfat im Porzellantiegel sowie mit Kaliumcarbonat und Borax erzielt werden; auch Vorbehandeln mit Flußsäure und Schwefelsäure und ein nachfolgender Aufschluß des unzersetzten Anteiles mit Kaliumpyrosulfat ergeben brauchbare Aufschlußmöglichkeiten. Dagegen sind tantalniobhaltige Zinnerze mit Kaliumpyrosulfat nicht aufschließbar, sondern nur mit Natriumperoxyd.

Tantal und **Niob.** Bestimmungsmethoden dafür sind unter A. I, 1 und 2, S. 316 und 318, angeführt.

Zinn. 1,25 bis 2,5 g des Erzes schmilzt man mit Natriumperoxyd im Nickeltiegel. Die Schmelze wird in einem Becherglas ausgelaugt und dann mit Salzsäure (1,19) versetzt, bis alles Lösliche in Lösung gegangen ist; Tiegel und Deckel werden mit Salzsäure gesäubert.

Nun spült man das Ganze in einen 500 cm³-Meßkolben über, läßt es eine Zeitlang in der Wärme stehen, kühlt ab, füllt zur Marke auf und mißt nach der Filtration 400 cm³ (1 bis 2 g) ab. Bei hochzinnhaltigen Erzen ist die Abmessung entsprechend geringer zu wählen. Man gibt dann Weinsäure zu, stumpft die Hauptmenge der Säure ab und leitet einige Zeit Schwefelwasserstoff ein. Die ausgeschiedenen Sulfide werden abfiltriert und mit salzsäurehaltigem Schwefelwasserstoffwasser ausgewaschen. Man löst sie mit Bromsalzsäure vom Filter in einen 250 cm³-Meßkolben, in dem sie über Nacht in der Wärme stehenbleiben, bis das Brom zum größten Teil abgedunstet ist. Nach der Reduktion des 4-wertigen Zinns mit Eisenpulver erfolgt die Bestimmung des Zinns durch Titration mit $n/_{20}$-Jodlösung.

Bei *tantalniobhaltigen Zinnerzen* empfiehlt sich noch folgende Arbeitsweise:

Hat man die Einwaage, wie oben beschrieben, aufgeschlossen, so wird genügend Weinsäure zur Komplexbildung zugesetzt, hierauf die Lösung mit Salzsäure schwach angesäuert und das Zinn durch Einleiten von Schwefelwasserstoff als Sulfid gefällt. Enthält das Erz sehr große Mengen Zinn, so können bei der Schwefelwasserstoffällung bisweilen geringe Mengen Tantalniob mitausfallen. Zur Reinigung des Zinnsulfids wird daher die Schwefelwasserstoffällung in Bromsalzsäure gelöst, das Brom verjagt und die Fällung erneut vorgenommen. Die Weiterbehandlung des Zinnsulfids erfolgt dann nach den Methoden des Kap. „Zinn".

Titan.

         a) *Maßanalytisches Verfahren* nach Chr. Winterstein[8].

Der maßanalytischen Bestimmung des Titans muß im allgemeinen die Bestimmung der Summe der Oxyde von Tantal, Niob und Titan vorausgehen. Bei reinen Erzen, die keine die Titration störenden Elemente, wie Arsen, Antimon, Vanadium und Molybdän, Wolfram, Chrom und Uran, enthalten, kann man auch unmittelbar vom Erz ausgehen.

0,625 g der ausgewogenen Oxyde oder des Erzes werden im Quarzglastiegel mit Kaliumpyrosulfat aufgeschlossen. Die Schmelze wird in 40 cm³ Schwefelsäure (1 + 1) und etwa 200 cm³ Wasser unter Erwärmen auf dem Wasserbade zersetzt. Nach Entfernung des Tiegels verdünnt man etwas mit kaltem Wasser, macht dann schwach ammoniakalisch und kocht kurze Zeit auf. Der Niederschlag wird abfiltriert und mit heißem Wasser einige Male ausgewaschen. Nun bringt man die Hauptmenge des Niederschlages mittels eines Platinspatels in das vorher benutzte Becherglas zurück und spritzt die am Filter anhaftenden Reste mit heißem Wasser ab. Da das Filter noch hartnäckig Reste der Erdsäuren zurückhält, wird es im Platintiegel bei möglichst niedriger Temperatur verascht und der Glührück-

---

[8] Z. anal. Chem. Bd. 119 (1940) S. 385.

stand mit wenig Flußsäure und etwa 10 Tropfen Schwefelsäure (1 + 1) abgeraucht. Die schwefelsaure Lösung spült man sodann zur Hauptlösung. Nachdem man 70 bis 75 cm³ Salzsäure (1,12) hinzugegeben hat, läßt man am besten aus einer Bürette 60 cm³ einer 5proz. Natriumfluoridlösung (Natriumfluorid, rein, Schering-Kahlbaum) unter gutem Umrühren zutropfen. Die Erdsäuren gehen dabei vollständig in Lösung; letztere füllt man im 250 cm³-Meßkolben zur Marke auf, schüttelt gut durch (Vorsicht! Kolben nicht mit der ungeschützten Hand verschließen!) und läßt sie 4 bis 5 Stunden stehen. Nach dieser Wartezeit schüttelt man nochmals durch, pipettiert sodann 100 cm³ ab, bringt die Abmessung in den Reduktor nach Nakazono-Someya[9] und reduziert durch 8 bis 10 min währendes Schütteln mit Zinkamalgam.

Die Titration erfolgt mit einer Eisen(III)-chloridlösung, die 2 g Eisenoxyd nach L. Brandt im Liter enthält und deren Titerstellung unter den gleichen Bedingungen mit reinstem Titandioxyd geschieht; dabei ist ein Zusatz von titanfreier Niob- oder Tantalsäure anzuraten.

Titanmengen unter 5 mg bestimmt man besser colorimetrisch. Stehen weniger als 0,625 g Summe der Oxyde (Ta_2O_5 + Nb_2O_5 + TiO_2) zur Verfügung, so verringert man zweckmäßig auch den Natriumfluorid- und Salzsäurezusatz im entsprechenden Verhältnis.

b) Photometrisches Verfahren nach P. Klinger und W. Koch[10].

Es wird hier auf die Originalarbeit verwiesen sowie auf die Titanbestimmung im Ferrotantalniob (S. 328).

II. Erzeugnisse.

1. Ferrotantalniob.

Man unterscheidet Ferrotantal, Ferroniob und Ferrotantalniob oder Ferroniobtantal, je nach dem Element, welches vorwiegend vorhanden ist. Die Herstellung der Ferrolegierungen erfolgt im Elektroofen, wobei bei tantalniobhaltigen Zinnerzen das Zinn als Metall gewonnen wird. Eine Ferrolegierung von Tantal oder Niob oder Tantal und Niob zusammen kann daher neben den Gehalten von Tantal und Niob in verschiedenen Größenordnungen und wechselnden Zusammensetzungen aus dem Erz und den Verschmelzungszuschlägen Kohlenstoff, Silicium, Aluminium, Titan, Zinn, Mangan, Schwefel, Arsen und Eisen enthalten. Legierungen mit einem hohen Kohlenstoffgehalt werden als Tantalniob-Carbid bezeichnet.

Die Ferrolegierungen von Tantal und Niob sind fast immer in Flußsäure unter Zusatz von Salpetersäure (Platinschale) löslich. Neben dem Aufschluß mit Natriumperoxyd im Nickeltiegel gelingt auch vielfach der Aufschluß mit Kaliumpyrosulfat im Porzellantiegel.

Tantal und ***Niob***. Ihre Bestimmung s. unter A. I, 3 und II, 1 bis 4.

Kohlenstoff. Die Bestimmung kann maß- oder gewichtsanalytisch durchgeführt werden. Die Verbrennung wird bei einer Temperatur von etwa 1200° vorgenommen. Als Verbrennungszuschlag kommen Bleiperoxyd, Späne von Weicheisen oder metallisches Zinn in Frage. (Über die Kohlenstoffbestimmung siehe „Ferrochrom", Kap. „Chrom", S. 153.)

Silicium. Je nach der Höhe des zu erwartenden Siliciumgehaltes werden 1 bis 2 g Ferrotantalniob mit Natriumperoxyd und Natriumkaliumcarbonat (3 + 1) im Nickeltiegel aufgeschlossen. Die Schmelze wird in einem Becherglas mit Wasser herausgelöst und so viel Schwefelsäure (1,84) zugesetzt, daß 10 bis 20 cm³ davon im Überschuß vorhanden sind. Ein wesentlich größerer Überschuß an Schwefelsäure darf nicht genommen werden, da sonst eine vollständige Abscheidung der Kieselsäure nicht erfolgt, diese vielmehr teilweise mit den Erdsäuren in Lösung

---

[9] Z. anal. Chem. Bd. 66 (1925) S. 281; Abbildung s. Kap. „Titan", S. 350.
[10] Techn. Mitt. Krupp 1939 Heft 14.

bleibt. Man dampft nun bis zum Rauchen der Schwefelsäure ein, kühlt ab, verdünnt mit Wasser auf 200 bis 300 cm³, kocht auf und filtriert die Kieselsäure nebst der ausgeschiedenen Tantal- und Niobsäure ab. Das Filter wird mit salzsäurehaltigem Wasser ausgewaschen, in einem Platintiegel verascht, bis zur Gewichtskonstanz geglüht, gewogen und die Kieselsäure mit 4 cm³ Flußsäure unter gleichzeitigem Zusatz von 1 bis 2 cm³ Schwefelsäure (1+1) verjagt. Man verdampft die Schwefelsäure restlos, glüht und wägt zurück. Die Gewichtsdifferenz ist Kieselsäure.

Will man statt mit Schwefelsäure die Kieselsäure mit Salzsäure abscheiden, so kann eine beliebige Menge davon beim Ansäuern der Schmelze im Überschuß zugesetzt werden.

Aluminium. Für seine Bestimmung werden sämtliche tantal- und niobfreien Filtrate der Summenbestimmung der Erdsäuren auf ein Volumen von 300 bis 400 cm³ eingedampft, wobei gleichzeitig der Schwefelwasserstoff entweicht. Alsdann wird mit einigen Tropfen Wasserstoffperoxyd oxydiert, sein Überschuß verkocht und Aluminium sowie Eisen, Titan usw. mit Ammoniak gefällt. Man filtriert die Hydroxyde ab, wäscht sie mit heißem Wasser und löst sie mit einigen cm³ verd. Salzsäure vom Filter.

Zur Trennung des Eisens und Titans vom Aluminium wird die Lösung auf 200 bis 300 cm³ verdünnt; man kocht auf und fällt nun das Eisen und Titan durch Eingießen der heißen Lösung in eine 20proz. Natronlauge aus, kocht wieder auf und filtriert. Bei großen Eisenmengen ist es erforderlich, die Trennung mit Natronlauge 2mal zu wiederholen.

In der alkalischen Lösung kann Aluminium nun mittels einer der Methoden, wie sie unter „Aluminiumbestimmung im Ferrochrom", S. 159, angegeben sind, bestimmt werden.

Ebenso läßt sich durch Schmelzen der geglühten Hydroxyde von Aluminium, Titan und Eisen mit Natriumcarbonat und etwas Natriumperoxyd das Aluminium abtrennen. Zersetzt man die in einem Silber- oder Nickeltiegel durchgeführte Schmelze mit Wasser, so befinden sich sämtliches Titan und Eisen im unlöslichen Rückstand; Aluminium ist als Aluminat in Lösung. Der unlösliche Rückstand wird abfiltriert und im Filtrat das Aluminium, wie oben angeführt, bestimmt. Die Bestimmung des Aluminiums nach dem Phosphatverfahren s. unter „Aluminiumbestimmung" in „Ferrochrom", S. 160.

Titan kann aus dem Niederschlag bei der Natronlaugefällung, wie sie zur Abtrennung des Eisens und Titans vom Aluminium vorgenommen wurde, ermittelt werden. Die Hydroxyde des Eisens und Titans bringt man mit verd. Schwefelsäure in Lösung und bestimmt darin das Titan colorimetrisch im Colorimeter oder Photometer unter Zusatz von Phosphorsäure und Wasserstoffperoxyd bei Gegenwart von 10% Schwefelsäure.

Für eine unmittelbare Titanbestimmung in Ferrotantalniob kann das *Verfahren mit Chromotropsäure*[11] herangezogen werden. Niob und Tantal ergeben mit Chromotropsäure keine Färbung.

Zur Ausführung dieser Bestimmung wird 1 g feinst gepulvertes Ferrotantalniob mit 10 g Kaliumpyrosulfat in einem hohen Porzellantiegel aufgeschlossen, die erkaltete Schmelze unter Erwärmen in 150 cm³ einer 2proz. Oxalsäure gelöst, die Lösung in einen 200 cm³-Meßkolben übergespült und mit 2proz. Oxalsäure zur Marke aufgefüllt.

Gelingt der Aufschluß mit Kaliumpyrosulfat nicht, so löst man 1 g Einwaage wie unter A I, 3 beschrieben ist, mit Salpetersäure und Flußsäure und raucht mit Schwefelsäure vollkommen zur Trockne. Die dabei entstehenden Salze werden

---

[11] Klinger, P., u. W. Koch: Techn. Mitt. Krupp 1939 Heft 14.

nun, wie oben angeführt, mit Kaliumpyrosulfat aufgeschlossen und weiterbehandelt.

Aus dem 200 cm³-Meßkölbchen nimmt man 20 cm³ (= 0,1 g Einwaage) ab, bringt sie in einen 100 cm³-Meßkolben und verdünnt auf etwa 80 cm³ mit Wasser. Die Lösung wird nun durch Zugabe von 10 cm³ einer 6proz. wässerigen Chromotropsäurelösung angefärbt und auf 100 cm³ aufgefüllt; dann wird im blauen Licht unter Verwendung des Filters S 47 in einer 20 mm-Cuvette photometriert. Mit den angewandten Chemikalien usw. muß zur Kompensation der Eigenfärbung der Chromotropsäure eine Blindprobe angestellt werden

Ferner kann Titan auch aus dem Rückstand der unter „Aluminium" (S. 328) angeführten Schmelze ermittelt werden.

Für *größere Mengen Titan* sei auf das maßanalytische Verfahren nach Chr. Winterstein (S. 326) verwiesen.

Schwefel. Seine Bestimmung erfolgt durch Verbrennung im Sauerstoffstrom nach Swoboda. Die Methode ist unter „Schwefelbestimmung im Ferrochrom" (S. 158) ausführlich beschrieben. Die Verbrennungstemperatur beträgt 1200 bis 1300°. Als Verbrennungszuschlag kommen u. a. Kobaltoxyd oder metallisches Zinn in Frage.

Mangan. Hier wird ebenfalls die Einwaage nach der Höhe des Mangangehaltes bemessen. Der Aufschluß erfolgt mit Natriumperoxyd und Natriumkaliumcarbonat in einem Porzellantiegel. Die Schmelze wird in Wasser herausgelöst, mit Salzsäure angesäuert, Chlor verkocht und hierauf die Lösung samt der Ausscheidung von Tantal und Niob in einem Meßkolben von 500 oder 1000 cm³ aufgefüllt. Man filtriert, entnimmt einen Anteil, fällt mit Zinkoxyd und bestimmt das Mangan durch Titration mit Kaliumpermanganatlösung.

Arsen. Es wird aus weinsaurer-schwefelsaurer Lösung mit Schwefelwasserstoff ausgefällt und so vom Tantal und Niob getrennt. Diese Abtrennung ist unter der nachfolgenden Methode „Zinn" ausführlich beschrieben. Die Sulfide werden, wie dabei ebenfalls angeführt ist, mit Schwefelsäure abgeraucht. Die klare schwefelsaure Lösung bringt man in den Arsendestillationsapparat und destilliert unter Zusatz von 100 cm³ Salzsäure (1,19), Kaliumbromid und Hydrazinsulfat, wie im Kapitel „Arsen" angegeben.

Zinn. Dabei handelt es sich meistens um die Bestimmung von geringen Zinnmengen. Für die quantitative und reine Erfassung dieser geringen Zinnmengen ist daher ein besonderes Verfahren notwendig, welches darin besteht, daß das Zinn mit Schwefelwasserstoff aus weinsaurer-schwefelsaurer Lösung gefällt und im späteren Verlauf der Analyse als Tetrachlorid abdestilliert wird. Die Einwaage wird je nach der Höhe des zu erwartenden Zinngehaltes bemessen, das Ferrotantalniob wie üblich mit Natriumperoxyd und Natriumkaliumcarbonat im Nickeltiegel aufgeschlossen und die Schmelze in Wasser gelöst. Zu der alkalischen Schmelzauflösung setzt man bei einer Einwaage von 3 bis 5 g etwa 20 g feste kryst. Weinsäure hinzu und säuert hierauf mit verd. Schwefelsäure an. In die heiße Lösung wird nun etwa 5 min lang Schwefelwasserstoff eingeleitet, hierauf wird auf etwa 1000 cm³ mit Wasser verdünnt und das Einleiten erneut 20 min fortgesetzt. Man läßt die Fällung absitzen, filtriert dann durch ein Weißbandfilter und wäscht mit schwefelsäurehaltigem Wasser (1proz.) aus. Das Filter, auf dem sich alles Zinn als Sulfid befindet, bringt man in einen 500 cm³-Erlenmeyerkolben und setzt erst 5 cm³ konz. Schwefelsäure hinzu, erhitzt zum Austreiben des Wassers und zum Verkohlen des Filters, wobei man achtgeben muß, daß das Filter nicht aus dem Erlenmeyerkolben herausquillt, setzt hierauf weitere 8 cm³ Schwefelsäure (1,84) zu und kocht über starker Flamme bis zur klaren Lösung. Zur Zerstörung der Filterkohle empfiehlt sich zu Anfang der Zusatz einiger Tropfen Salpetersäure.

Die klare schwefelsaure Lösung bringt man nun in den Destillationskolben des Zinndestillationsapparates nach Plato-Hartmann. Der weitere Verlauf der Analyse ist unter Zinnbestimmung im Kap. „Wolfram" (S. 399) ausführlich beschrieben.

2. Tantalmetall.

Wir führen hier die Veröffentlichung an: „*Beitrag zur Analyse des Tantalmetall*" von P. Klinger, E. Stengel und H. Wirtz[12]:

Das Tantalmetall kommt je nach dem Verwendungszweck in einer Reinheit von etwa 99,5 bis 99,9% Ta[13] in den Handel. Die Verunreinigungen, deren Art und Menge naturgemäß von den Ausgangsstoffen und dem Gewinnungsverfahren abhängen, sind daher verhältnismäßig gering. Ihr Nachweis wird vielfach, soweit überhaupt möglich, mit Hilfe der Emissionsspektralanalyse durchgeführt. Für die chemisch-analytische Bestimmung einiger Elemente, deren Anwesenheit auf Grund der im Schrifttum bekanntgewordenen Gewinnungsverfahren[14] möglich erscheint, werden nachstehend einige Untersuchungsmethoden angegeben.

Tantal.

Wesen des Verfahrens: Nach dem Aufschluß mit Salpetersäure, Flußsäure und Kaliumpyrosulfat wird das Tantal frei von jeder Verunreinigung durch Kochen aus salzsaurer und wasserstoffperoxydhaltiger Lösung ausgefällt[1].

a) *Aufschluß.*

1 g feinst gepulvertes Tantalmetall wird in einer geräumigen Platinschale mit 20 cm³ Salpetersäure (1,4) auf einer Heizplatte erwärmt. Alsdann läßt man aus einer Tropfflasche Flußsäure zutropfen, bis eine klare Lösung erreicht ist. Tantalmetall löst sich mit Salpetersäure und Flußsäure bei Erwärmung sehr leicht und ohne Spritzen auf. Nachdem sich das Material gelöst hat, setzt man 5 cm³ Schwefelsäure (1 + 1) zu und läßt einige Zeit stark rauchen. Hierauf schließt man mit etwa 20 g Kaliumpyrosulfat vorsichtig über der Gasflamme, erst bei kleinerer, später bei größerer Flamme, auf; hierbei ist die Platinschale mit einem Deckel zu versehen. Zum Schluß erhitzt man auf dem Gebläsebrenner noch 2 bis 3 min. Man läßt den Schmelzkuchen erstarren und bringt ihn dann restlos in einen 1000 cm³-Erlenmeyerkolben. Durch leichtes Drücken der Platinschale bröckelt der Schmelzkuchen aus der Schale heraus; Schale und Deckel werden mit Salzsäure (1 + 1), wovon man 100 cm³ in eine Spritzflasche gefüllt hat, gereinigt.

b) *Fällung und Reinigung der Oxyde.*

Nun fügt man den Rest der 100 cm³ Salzsäure (1 + 1) zu dem Schmelzkuchen, setzt 25 cm³ Perhydrol hinzu und behandelt zur Auflösung des Schmelzkuchens bei mäßiger Wärme. Ein Teil des Tantals scheidet sich jetzt schon aus. Alsdann verdünnt man mit Wasser auf 500 cm³. *Dieses Volumen muß genau eingehalten werden.* Man kocht 20 min vorsichtig, filtriert, sobald der Niederschlag sich abgesetzt hat, durch ein doppeltes 15 cm-Weißbandfilter und wäscht mit heißem Wasser 3 mal aus. Der Niederschlag wird nun vom Filter in den Erlenmeyer-

---

[12] Mitteilung aus den chemischen Laboratorien der Firma Fried. Krupp A.-G., Essen, und dem chemischen Laboratorium der Firma Elektrowerk Weisweiler in Weisweiler. Metall u. Erz 1941 S. 124.

[13] Harbison, R. W.: Metallbörse Bd. 24 (1934) S. 533 bis 534. — Siemens: Tantal und seine Verwendung in der Industrie. Siemens & Halske A.-G., Wernerwerk Berlin-Siemensstadt 1939.

[14] Ullmann, F.: Enzyklopädie der techn. Chemie. 2. Aufl. 9. Bd. S. 767 bis 769. — Balke, Cl. W.: Industr. Engng. Chem. Bd. 27 (1935) S. 1166 bis 1169 u. Bd. 30 (1938) S. 251 bis 254. — Siemens: Tantal wie unter [13].

kolben zurückgespritzt und erneut, wie oben, mit 100 cm³ Salzsäure (1 + 1) und 25 cm³ Perhydrol behandelt. Zum Filtrieren werden wiederum die ersten Filter benutzt. Es empfiehlt sich, diese Operation auch noch ein drittes Mal vorzunehmen. Nach dem bisherigen Analysengang ist nun fast sämtliches Tantal frei von jeder Verunreinigung auf dem Filter (Niederschlag 1). Geringe Mengen befinden sich noch in den Filtraten.

c) Gewinnung der bei der Reinigung in Lösung gegangenen Reste von Tantal (und Niob).

Zur Gewinnung der letzten Reste von Tantal werden die Filtrate vereinigt und bis auf ein Volumen von 500 cm³ abgedampft. Es wird so viel Ammoniak zugesetzt, daß die Lösung noch 30 bis 40 cm³ freie Salzsäure enthält. Man kocht nun die Lösung etwa 10 min. Tritt dabei ein Niederschlag auf, so handelt es sich um Tantalsäure, die wieder vollkommen rein von jeder Beimengung ist; sie wird abfiltriert und mit heißem Wasser ausgewaschen (Niederschlag 2).

Das Filtrat wird dann bis auf 40 bis 50° erwärmt, worauf man zur Zinnfällung Schwefelwasserstoff einleitet, sofern überhaupt mit einem Zinngehalt zu rechnen ist. Hat sich der Sulfidniederschlag abgesetzt, filtriert man ihn ab und wäscht mit ammoniumnitrathaltigem Wasser aus. Bei geringem Zinngehalt ist der Niederschlag frei von Tantal. Größere Mengen können jedoch Tantal enthalten. Es ist dann notwendig, das abfiltrierte Zinnsulfid mit Ammoniumsulfid vom Filter zu lösen. Ist Tantal vorhanden, so verbleibt dies auf dem Filter (Filter 1). Im Filtrat vom Zinnsulfid befinden sich die letzten Reste von Tantal. Zu ihrer Erfassung verkocht man den Schwefelwasserstoff und fällt Tantal, Eisen, Titan usw. mit Ammoniak. Der Hydroxydniederschlag wird abfiltriert und in einem Porzellantiegel (hohe Form) mit Filter 1 verascht und hierin mit Kaliumpyrosulfat aufgeschlossen. Hat man die Schmelze in einem 600 cm³-Becherglas mit 30 cm³ Salzsäure (1,19) aufgelöst, so fügt man 300 cm³ Wasser hinzu und neutralisiert mit Ammoniak. Nach Zusatz von 30 cm³ Salzsäure (1,19) wird die Flüssigkeitsmenge mit Wasser auf 300 cm³ gebracht, 20 min gekocht und einige Zeit stehengelassen. Die Reste von Tantalsäure scheiden sich ab, Eisen und Titan bleiben in Lösung. Die Fällung wird abfiltriert und mit salzsäurehaltigem Wasser ausgewaschen (Niederschlag 3).

Die Niederschläge 1, 2 und 3 werden zusammen im Porzellantiegel verascht, stark geglüht und als Ta_2O_5 ausgewogen. Der Umrechnungsfaktor auf Ta ist 0,8189.

Vorstehende Bestimmung des Tantals sieht die Durchführung der Analyse in Gegenwart größerer Zinn- und Titanmengen vor. Da im Tantalmetall meist nur mit einem Zinn- und Titangehalt von zusammen unter 0,1% zu rechnen ist, kann man die Methode, wie nachfolgend angeführt, wesentlich vereinfachen.

Nach der Durchführung des Aufschlusses (a) und der 2- bis 3maligen Fällung (b) genügt folgende Arbeitsweise:

Die vereinigten Filtrate werden auf ein Volumen von 300 cm³ eingedampft, schwach ammoniakalisch gemacht und alsdann mit so viel Salzsäure versetzt, daß 30 cm³ Salzsäure (1,19) im Überschuß vorhanden sind. Diese Lösung wird nun etwa ½ Stunde gekocht. Gegebenenfalls setzt man der Abscheidung etwas Gelatine zu[15]. Die Fällung läßt man 2 bis 3 Stunden in der Wärme absitzen. Tantal hat sich dann quantitativ abgeschieden und kann mit dem Niederschlag 1 verascht werden.

Enthält das Tantalmetall Niob, so befindet sich dieses bei dem ausgewogenen Tantalpentoxyd.

---

[15] Weiss, L., u. H. Sieger: Z. anal. Chem. Bd. 119 (1940) S. 245 bis 280.

Niob*.

Zur Bestimmung des meistens sehr geringen Niobgehaltes wird das photometrische Verfahren[16] angewandt, das die Gelbfärbung der Niobsäure in 100proz. Schwefelsäure durch Wasserstoffperoxyd zur Grundlage hat.

100 mg der Probe werden in einem Platintiegel mit Salpetersäure und einigen Tropfen Flußsäure zersetzt und nach Zugabe von 4 cm³ Schwefelsäure (1,84) bis zum starken Entweichen von Schwefelsäuredämpfen erhitzt. Nach dem Erkalten gibt man 3proz. Wasserstoffperoxyd hinzu, spült den Tiegelinhalt in einen 20 cm³-Meßkolben und füllt zur Marke auf. Die Lösung wird zunächst zur Ermittlung des Titangehalts im violetten Licht mit Filter Hg 436 in einer 150 mm-Mikrocuvette photometriert.

Zur Berechnung dient

$$c = 1{,}55 \cdot k \text{ mg Ti}/20 \text{ cm}^3,$$

wobei k, wie auch in den übrigen Gleichungen, der Extinktionskoeffizient ist.

Die zum Photometrieren gebrauchte Lösung wird vollständig in ein kleines Becherglas gespült, die im Meßkolben verbliebene Lösung ebenfalls hinzugegeben, darauf eingeengt und zum kräftigen Rauchen gebracht. Man spült die warme, konzentrierte schwefelsaure Lösung in einen trockenen 20 cm³-Meßkolben und wäscht das Glas mehrfach mit 100proz. Schwefelsäure (spez. Gew. 1,845/15°), entsprechend einem geringen Gehalt freien Schwefeltrioxyds, nach. Der Meßkolben wird abgekühlt, mit obiger Schwefelsäure zur Marke aufgefüllt und mehrfach gut durchgeschüttelt. Den Kolbeninhalt teilt man in zwei gleiche Teile, indem man einen trockenen 10 cm³-Meßkolben damit füllt. In diesen gibt man 0,1 cm³ 30proz. Wasserstoffperoxyd und schüttelt den Inhalt gut durch. Dann bringt man die Lösung in eine 150 mm-Mikrocuvette und photometriert in violettem Licht unter Verwendung des Filters Hg 436. Als Kompensationslösung verwendet man den Rest der Lösung im 20 cm³-Meßkölbchen.

Zur Berechnung dient

$$c = 10{,}9 \cdot k \text{ mg Nb}/20 \text{ cm}^3.$$

Für die Zugabe von 0,1 cm³ Wasserstoffperoxyd über das Volumen des 10 cm³-Meßkolbens hinaus ist das Ergebnis um 1% der gefundenen Menge zu erhöhen.

Wurde bei der vorhergehenden Bestimmung Titan ermittelt, so ist für je 1 mg Titan ein Abzug von 1,66 mg Niob zu machen. Bei der Ausführung der Bestimmungen ist es notwendig, daß sämtliche Glasgefäße vor dem Gebrauch sorgfältig mit Chromschwefelsäure gereinigt werden.

Zinn**.

Für die Bestimmung des Zinns wird zweckmäßig eine Einwaage von 5 bis 10 g Tantalmetall angewandt, welche in Anteilen zu 2,5 g genau wir zur Tantalbestimmung (s. a und b) behandelt werden.

Die Filtrate von der Tantalfällung aus salzsaurer und wasserstoffperoxydhaltiger Lösung werden vereinigt, auf ein Volumen von 500 cm³ eingeengt und mit Ammoniak bis zur schwach salzsauren Reaktion abgestumpft. Die Lösung wird erwärmt, das Zinn mit Schwefelwasserstoff gefällt, der Zinnsulfidniederschlag, der noch etwas Tantalsäure enthalten kann, abfiltriert und mit schwach schwefelsaurem Wasser (1 proz.) ausgewaschen. Zur Reingewinnung des Zinns bringt man Filter samt Sulfidniederschlag in einen 500 cm³-Erlenmeyerkolben, erhitzt

---

* Zur Prüfung des Tantalmetalls auf Verunreinigungen kann die Spektralanalyse herangezogen werden. Es muß dabei aber berücksichtigt werden, daß die untere Nachweisgrenze hierbei bezüglich der Metalle Niob, Zinn, Calcium und Titan zur Zeit bei etwa 0,1% liegt.

[16] Klinger, P., u. W. Koch: Techn. Mitt. Krupp, Forschungsberichte 2. Jg. (1939) Heft 14 S. 179 bis 185. — Vgl. Arch. Eisenhüttenw. Bd. 13 (1939/40) S. 127 bis 132.

** Siehe Fußnote bei „Niob".

und gibt allmählich 15 cm³ konz. Schwefelsäure zu, wobei zu beachten ist, daß der Brei nicht überschäumt. Es wird bei starker Flamme so lange weiter erhitzt, bis eine helle und klare Lösung entsteht. Zur Zerstörung der Filterkohle kann man aus einer Tropfflasche, die mit Salpetersäure-Schwefelsäure (2 + 1) angefüllt ist, von Zeit zu Zeit einige Tropfen zufügen. Man raucht weiter ab bis auf ein Volumen von etwa 5 cm³ und bringt diese Lösung in den Destillationskolben eines Zinndestillationsapparates nach Plato-Hartmann[17]. Im weiteren verfährt man wie im Kap. „Wolfram", S. 399, angegeben.

Calcium*.

Für die Bestimmung des Calciums wird die Einwaage, der Aufschluß und die Abtrennung der Tantalsäure genau so durchgeführt, wie bei der Bestimmung des Zinns angegeben. Zu bemerken ist noch, daß die Fluoride durch Glühen vollständig zerstört werden müssen. Man dampft daher die Auflösung zur Trockne und glüht den Rückstand schwach. Die Filtrate von der Tantalsäureabscheidung werden auf ein Volumen von etwa 150 cm³ eingedampft und zur Abtrennung von Eisen, Zinn und etwaiger kleiner Mengen Tantalsäure mit Ammoniak in ganz geringem Überschuß versetzt. Die Ammoniakfällung läßt man einige Zeit in der Wärme stehen, damit der Hydroxydniederschlag sich zusammenballt und besser filtrierbar wird, filtriert dann durch ein kleines Weißbandfilter, wäscht mit ammoniumchloridhaltigem Wasser, dem 2 Tropfen Ammoniak zugefügt wurden, löst in Salzsäure (1 + 3) und fällt unter Zusatz von etwa 5 g Ammoniumchlorid nochmals mit Ammoniak. Die beiden Filtrate werden vereinigt und auf ein Volumen von 100 bis 150 cm³ eingedampft. Alsdann wird etwas Ammoniak zugesetzt und Calcium mit festem Ammoniumoxalat in der Hitze gefällt. Die Fällung kocht man einige Minuten gelinde und läßt dann 1 bis 2 Stunden bei etwa 40° stehen, bis sich der Niederschlag auf dem Boden abgesetzt hat. Alsdann wird durch ein kleines aschefreies Filter filtriert und der Niederschlag mit ammoniumoxalathaltigem Wasser ausgewaschen und im Porzellantiegel zu Calciumoxyd geglüht. Zweckmäßig ist es, den Calciumoxalatniederschlag nach dem Auswaschen mit ammoniumoxalathaltigem Wasser mit verd. Salzsäure herunterzulösen und nochmals zu fällen.

$$CaO \cdot 0{,}7147 = Ca.$$

Es hat sich als vorteilhaft erwiesen, dem Tantalmetall zur Calciumbestimmung etwas Calcium bzw. Calciumoxyd zum Impfen zuzusetzen; hierdurch wird eine bessere Trennung und Fällung des geringen Calciumgehaltes herbeigeführt. Der Zusatz soll jedoch nur etwa ein Drittel der in der Tantalmetalleinwaage vorhandenen Calciummenge betragen. Auch hier muß eine Blindbestimmung durchgeführt werden.

Eisen.

1 bis 2 g Probegut werden in einer Platinschale in 20 cm³ bzw. 30 cm³ Salpetersäure (1,4) durch vorsichtiges Hinzutropfen von Flußsäure gelöst. Nach Zugabe von 40 bzw. 80 cm³ Schwefelsäure (1,84) wird bis zum Entweichen von Schwefelsäuredämpfen eingeengt und nach dem Erkalten die schwefelsaure Lösung mit 100 cm³ einer 40proz. Weinsäurelösung** in einen 750 cm³-Erlenmeyerkolben übergespült.

---

[17] Hartmann, W.: Z. anal. Chem. Bd. 58 (1919) S. 148.

  * Siehe Fußnote bei „Niob".

  ** *Weinsäurelösung.* Eine größere Menge Weinsäure löst man in heißem Wasser, macht die Lösung ammoniakalisch und leitet Schwefelwasserstoff ein. Der Sulfidniederschlag wird abfiltriert und das Filtrat gekocht. Abscheidungen, die beim Kochen entstehen, werden ebenfalls abfiltriert. Die Lösung wird eingeengt, so daß 40 g Weinsäure in je 100 cm³ enthalten sind.

Löst sich das Tantalmetall nicht restlos in Salpetersäure und Flußsäure, so dampft man nach Zugabe von etwas Schwefelsäure fast vollkommen ein, schließt den Rückstand mit Kaliumpyrosulfat auf, bringt die erkaltete Schmelze samt Tiegel in ein 600 cm³-Becherglas und setzt 40 cm³ Schwefelsäure (1,84) zu. Es wird solange erhitzt, bis eine klare Lösung vorliegt und nach Zugabe von Weinsäure, wie oben angegeben, in einen 750 cm³-Erlenmeyerkolben übergespült.

Man macht die Lösung vorsichtig ammoniakalisch, versetzt mit 5 cm³ einer 0,5proz. Mangan(II)-chloridlösung, leitet bei Zimmertemperatur $^1/_4$ Stunde Schwefelwasserstoff ein und läßt über Nacht absitzen. Den ausgeschiedenen Sulfidniederschlag filtriert man über ein kleines doppeltes, gehärtetes Filter ab und wäscht mit schwach ammoniakalischem und mit Schwefelwasserstoff gesättigtem Wasser, das in 500 cm³ 2 g Weinsäure enthält, sorgfältig aus. Er wird mit Salzsäure (1 + 4) vom Filter gelöst und die Lösung vorsichtig auf etwa 1 cm³ eingeengt, nachdem man etwa 2 cm³ 3proz. Wasserstoffperoxydlösung hinzugegeben hat. Dann spült man mit Wasser in ein 50 cm³-Meßkölbchen über, kühlt auf 20° ab, gibt 1 cm³ Kaliumrhodanidlösung (40 g auf 100 cm³ Wasser) hinzu und füllt zur Marke auf. Nach 5 min wird mit Filter S 47 in einer 10- oder 20 mm-Cuvette je nach der Farbintensität photometriert.

Berechnung: $c = 0{,}485 \cdot k$ mg Fe/50 cm³.

Eine Blindbestimmung muß mit allen Chemikalien nebenher ausgeführt und das Ergebnis in Abzug gebracht werden. Wichtig ist auch, daß die Platingefäße nicht mit Eisen verunreinigt sind, wie es meist bei länger gebrauchten Geräten der Fall sein kann.

Titan*.   *a) Colorimetrisches Verfahren.*

0,5 bis 1 g Tantalmetall schließt man in einem Porzellantiegel (hohe Form) mit Kaliumpyrosulfat auf und löst die Schmelze in 30 cm³ Schwefelsäure (1,84) unter Zusatz von etwa 8 g Bernsteinsäure. Die Lösung wird mit etwas Wasser verdünnt, dann mit 30 cm³ Phosphorsäure (1,7) und 20 cm³ einer Wasserstoffperoxydlösung versetzt und in einen 200 cm³-Meßkolben gespült, der schließlich mit Wasser zur Marke gefüllt wird. Zur colorimetrischen Bestimmung benutzt man eine Titan-Vergleichslösung, die gleiche Mengen aller Salze und Säuren, die bei der Analyse verwandt wurden, enthält.

b) Photometrisches Verfahren.

Zur Erfassung geringer Titanmengen ist das photometrische Verfahren, das die Farbreaktion des 4-wertigen Titans mit Chromotropsäure benutzt, gut geeignet:

50 mg des gepulverten Tantalmetalls werden in einem Platintiegel mit Salpetersäure und einigen Tropfen Flußsäure zersetzt. Nach Zugabe von einigen Tropfen Schwefelsäure (1,84) wird der Tiegelinhalt zur Trockne gedampft und bis zur völligen Vertreibung der Schwefelsäure schwach geglüht.

Danach gibt man 2 g Kaliumpyrosulfat in den Tiegel, schließt bis zum klaren Fluß auf, kühlt ab, fügt 1 g Oxalsäure und anschließend etwas warmes Wasser hinzu und erwärmt, bis sich alles klar gelöst hat. Der heiße Tiegelinhalt wird mit heißem Wasser in ein 50 cm³-Meßkölbchen gespült, so daß etwa 40 cm³ Flüssigkeit vorhanden sind, die Lösung auf 20° abgekühlt, mit 5 cm³ einer 6proz. wässerigen Chromotropsäure angefärbt und zur Marke mit Wasser aufgefüllt. Zur Kompensation der Eigenfärbung der Chromotropsäure stellt man eine Lösung her, die alle Chemikalien in gleicher Menge enthält und nach der gleichen Arbeits-

---

* Siehe Fußnote bei „Niob", S. 332.

weise wie die Lösung der Probe vorbereitet wird. Man photometriert nun die Lösung der Probe im blauen Licht unter Verwendung des Filters S 47 in einer 10 mm-Cuvette gegen die Kompensationslösung. Zur Berechnung dient die Formel:

$$c = 0{,}36 \cdot k \text{ mg Ti/50 cm}^3.$$

Kohlenstoff.

Der Kohlenstoff kann in bekannter Weise volumetrisch, gewichtsanalytisch oder maßanalytisch[18] nach Verbrennen im Sauerstoffstrom unter Zusatz von Bleiperoxyd als Verbrennungszuschlag bestimmt werden. Als Verbrennungstemperatur genügen 1200 bis 1300°.

Sauerstoff, Stickstoff und Wasserstoff.

Infolge der großen Neigung des Tantalmetalls, bei Temperaturen über 300°, besonders aber im glühenden Zustand, neben Sauerstoff große Mengen von Stickstoff und Wasserstoff aufzunehmen[13, 14], ist bei seiner Untersuchung immer auf diese Gase Rücksicht zu nehmen.

Die Bestimmung des *Sauerstoffs* kann nach dem Vakuumschmelzverfahren im Kohletiegel erfolgen, wobei die Versuchsanordnung nach G. Thanheiser und E. Brauns[19] zu empfehlen ist.

Die Ermittlung des *Stickstoffs* läßt sich nach dem Aufschlußverfahren mit Natriumperoxyd im Vakuum[18] durchführen.

Für die Bestimmung des *Wasserstoffs* ist das Heißextraktionsverfahren im Vakuum[18] anwendbar.

Die vorstehenden Analysenmethoden wurden zur Untersuchung von 2 Proben Tantalmetallpulver angewandt, wobei folgende Ergebnisse erhalten wurden:

	Tantalmetallpulver	
	Probe I	*Probe II*
Ta	99,4 % (+Nb)	99,45 %
Nb	n. b.	0,1 %
Sn	θ %	θ %
Ca	0,23 %	θ %
Fe	0,03 %	0,026 %
Ti	θ %	0,01 %
C	0,025 %	0,035 %
O_2	0,29 %	0,25 %
N_2	n. b.	0,015 %
H_2	n. b.	0,17 %

Ferner wurden die Verfahren zur Bestimmung der metallischen Elemente noch an synthetischen Gemengen mit bekannten Gehalten geprüft. Auf Grund der dabei erzielten befriedigenden Ergebnisse konnte ihre Brauchbarkeit sichergestellt werden.

---

[18] Handb. f. d. Eisenhüttenlaborat. Bd. II, hrsg. v. Chemikerausschuß des Vereins dtsch. Eisenhüttenleute, (1941) S. 23 bis 28. Düsseldorf: Verlag Stahleisen m. b. H.

[19] Thanheiser, G., u. E. Brauns: Arch. Eisenhüttenw. Bd. 9 (1935/36) S. 435 bis 439 (Ber. Chemikerausschuß Nr. 112). — Thanheiser, G., u. H. Ploum: Arch. Eisenhüttenw. Bd. 11 (1937/38) S. 81 bis 88 (Ber. Chemikerausschuß Nr. 123).

Kapitel 21.

Thallium*.

A. Bestimmungsmethoden des Thalliums unter Berücksichtigung der bei der Analyse störend wirkenden Elemente.

    Die Fällung als Thallium(I)-jodid.

B. Untersuchung von Erzen und Hüttenerzeugnissen.

    I. Erze und Ausgangsprodukte.

    II. Hüttenerzeugnisse:
        1. Thalliummetall.
        2. Thalliumsalze.

A. Bestimmungsmethoden des Thalliums unter Berücksichtigung der bei der Analyse störend wirkenden Elemente.

Thallium wird in den letzten Jahren in steigendem Maße als Nebenprodukt metallurgischer Verfahren gewonnen. Es kommt vorzugsweise als Thallium(I)-sulfat und als Metall in den Handel. Bei deren Darstellung ist als Zwischenprodukt Thallium(I)-chlorid, welches hauptsächlich durch Blei, Zink und Cadmium verunreinigt sein kann, zu nennen.

Zur Feststellung des Thalliumgehaltes sind im Schrifttum Angaben über die Bestimmung als Thallium(I)-jodid und Thalliumchromat vorhanden. Für Schiedsanalysen verdient die Jodidmethode den Vorzug.

Die Fällung als Thallium(I)-jodid.

Als Hauptverunreinigungen in den Thalliumpräparaten treten Blei, Kupfer, Cadmium, Arsen, Antimon und Zink auf, welche bei der Bestimmung abgetrennt werden müssen. Bei der Jodidmethode werden *Cadmium* und *Zink* bei der ersten Fällung mit Kaliumjodid vollkommen und *Blei* bis auf geringe Mengen schon vorher durch Abrauchen mit Schwefelsäure als Bleisulfat entfernt. *Arsen* und *Antimon* fallen bei der ersten Jodidfällung teilweise mit aus; ebenso wird *Kupfer* mit Kaliumjodid als Kupfer(I)-jodid niedergeschlagen. Diese mitgefallenen Schwermetalle entfernt man aus dem ersten Jodidniederschlag durch Einleiten von Schwefelwasserstoff in die saure Lösung.

Die Ausführung der Jodidmethode geschieht wie folgt:

Je nach dem zu erwartenden Thalliumgehalt werden 1 bis 10 g Substanz mit 20 bis 50 cm³ Salpetersäure (1 + 1) und 40 bis 60 cm³ Schwefelsäure (1 + 1) versetzt und letztere weitgehend abgeraucht. Dabei ist darauf zu achten, daß die Sulfate nicht trocken werden, da sonst das Thallium schwer wieder in Lösung zu bringen ist. Nach dem Erkalten verdünnt man mit Wasser, kocht auf und filtriert vom Bleisulfat ab. Nun kann entweder das Filtrat in einem Meßkolben aufgefüllt und ein Anteil zur weiteren Behandlung abgenommen werden oder das gesamte Filtrat zur Analyse dienen. Man stumpft mit Ammoniak (0,91) so weit ab, daß die Lösung noch schwach sauer bleibt und keinerlei Niederschlag

---

* Bearbeiter: **Ensslin.** Mitarbeiter: **Boy, Milde.**

ausfällt. Zur Reduktion etwa vorhandenen 3-wertigen Thalliums setzt man etwas Natriumpyrosulfit oder einige Kubikzentimeter einer gesättigten Lösung von schwefliger Säure zu und kocht, bis nur noch ein schwacher Geruch von SO_2 wahrnehmbar ist. Nach dem Abkühlen auf etwa 60° wird festes Kaliumjodid hinzugegeben (1 g auf je 100 cm³ Flüssigkeit). Man läßt die Fällung über Nacht absitzen, filtriert durch ein dichtes Filter und wäscht mit kaliumjodidhaltigem Wasser, welches 5 g dieses Salzes im Liter enthalten soll, aus. Der Niederschlag wird samt dem Filter in das für die Fällung benützte Becherglas zurückgegeben, darin mit 30 cm³ Salpetersäure (1 + 1) und 12 cm³ Schwefelsäure (1 + 1) versetzt und die Lösung zum Rauchen erhitzt; zur vollständigen Zerstörung des Filters fügt man ihr tropfenweise ein Gemisch (1 + 1) von konz. Salpetersäure und konz. Schwefelsäure zu, bis sie wasserhell geworden ist.

Nach dem Erkalten nimmt man mit etwa 100 cm³ Wasser auf und leitet in die heiße, 4 Vol.% Schwefelsäure enthaltende Lösung Schwefelwasserstoff ein. Eine etwa entstandene Fällung wird abfiltriert und mit schwefelwasserstoffhaltigem, schwefelsaurem (4 Vol.%) Wasser ausgewaschen. Nach dem Verkochen des Schwefelwasserstoffs und Filtrieren etwa ausgeschiedenen Schwefels engt man das Filtrat auf 100 cm³ ein und verfährt mit dem Zusatz von Ammoniak, schwefliger Säure und Kaliumjodid, wie vorhin angegeben wurde. Den Niederschlag läßt man über Nacht absitzen. Wie Versuche ergeben haben, ist die Ausfällung des Thallium(I)-jodids jeweils bei Mengen über 100 mg nach 3 Stunden vollkommen; bei geringeren Mengen dauert es etwas länger, so daß es ratsam ist, die Flüssigkeit über Nacht stehenzulassen. Man filtriert dann durch einen gewogenen Porzellanfiltertiegel A 1 oder A 2 und wäscht den Niederschlag mit kaliumjodidhaltigem Wasser (5 g des Salzes im Liter) und anschließend mit Alkohol aus. Nach dem Trocknen bei 100° bis zur Gewichtskonstanz wägt man das Thallium(I)-jodid aus (Faktor: 0,6169).

B. Untersuchung von Erzen und Hüttenerzeugnissen.

I. Erze und Ausgangsprodukte.

Wirkliche Thalliumerze sind nicht bekannt; Thalliummineralien, wie *Crookesit*, *Vrbait*, *Lorandit* und *Hutchinsonit* kommen selten vor und spielen für die technische Gewinnung keine Rolle. Das Thallium tritt hauptsächlich als Begleiter des Schwefelkieses, der Zinkblende und einiger anderer sulfidischer Erze auf.

Deshalb sind hauptsächliche Ausgangsprodukte zu seiner Gewinnung die Flugstäube von der Röstung dieser sulfidischen Erze, daneben auch Schlämme, z. B. Bleischlamm. Bei der Verarbeitung dieser Materialien entstehen an Thallium angereicherte Zwischenerzeugnisse, welche das Element hauptsächlich als Chlorid (TlCl) enthalten.

Die Analyse der Ausgangs- und Zwischenprodukte wird nach der unter A beschriebenen Methode ausgeführt.

II. Hüttenerzeugnisse.

1. Thalliummetall.

20 g des Metalls werden in Salpetersäure (1,2) gelöst und mit Schwefelsäure bis zum Auftreten starker SO_3-Dämpfe (s. S. 336 und 337) erhitzt. Dann nimmt man mit Wasser und etwas Schwefelsäure auf und filtriert nach dem Erkalten vom ausgeschiedenen Bleisulfat ab. Das Filtrat wird bei 60° mit einer 5proz. Kaliumjodidlösung in geringem Überschuß versetzt (s. unter A), wobei alles Thallium als TlJ (auch Kupfer) ausfällt. Der Niederschlag wird nach mehreren Stunden in einen Glasfiltertiegel abfiltriert und wie bei A ausgewaschen. Im

Filtrat befinden sich die Begleitelemente, mit Ausnahme des vorher abgeschiedenen Bleis und des Kupfers.

Man verkocht den Alkohol, leitet in die ungefähr 5 Vol.%-freie Schwefelsäure enthaltende heiße Lösung Schwefelwasserstoff bis zum Erkalten ein und filtriert von den Sulfiden des Wismuts, Cadmiums und Arsens ab, soweit diese Elemente überhaupt als Verunreinigungen vorhanden sind. *Arsen* kann dann durch eine Natriumsulfidlösung herausgelöst und darin bestimmt werden (siehe Kap. „Arsen"). Die Sulfide des Cadmiums und Wismuts bringt man durch etwas Salpetersäure (1 + 1) in Lösung, versetzt diese mit Natriumhydroxyd und Natriumcarbonat bis zur alkalischen Reaktion sowie weiter mit 0,5 g Kaliumcyanid, kocht und filtriert den Wismutniederschlag ab. Die Bestimmung des *Wismuts* erfolgt auf colorimetrischem Wege. Im Filtrat wird *Cadmium* polarographisch oder nach einer der sonstigen Methoden bestimmt (s. Kap. „Cadmium").

Das Filtrat von obigem Schwefelwasserstoffniederschlag enthält Eisen und Zink. *Eisen* scheidet man in üblicher Weise mit Ammoniak ab, titriert es oder ermittelt seine Menge auf colorimetrischem Wege mittels Kaliumrhodanid.

Im ammoniakalischen Filtrat vom Eisen wird *Zink* entweder polarographisch oder gewichtsanalytisch bestimmt. Zu letzterem Zweck fällt man mit Natriumsulfid unter Zusatz von etwas Quecksilber(II)-chloridlösung, wodurch der Niederschlag von Zinksulfid leichter filtrierbar wird; das mit ihm ausgefallene Quecksilbersulfid entfernt man durch Glühen und wägt das ZnO. Man kann auch die Zinkfällung nach K. Bornemann[1] mit Schwefelwasserstoff in stark essigsaurer Lösung vornehmen, wobei man eine geringe Menge von schwefliger Säure zusetzt; der dabei entstehende kolloidale Schwefel bewirkt die restlose Abscheidung und gute Filtrierbarkeit des Zinksulfids.

Zur Bestimmung des *Kupfers* wird 1 g Thalliummetall in Schwefelsäure (1 + 1) unter Zusatz von Wasserstoffperoxyd gelöst. In dieser Lösung ermittelt man das Kupfer nach der colorimetrischen Methode mit Natrium-Diäthyldithiocarbamat (s. Kap. „Kupfer", S. 202). Die Gegenwart von mehr als 1 g Thallium wirkt störend auf diese Methode; es ist daher mit ihr nur möglich, Kupfergehalte bis herab zu 0,001% zu bestimmen, was im allgemeinen ausreichend sein dürfte[2].

2. Thalliumsalze.

Das einzige als Verkaufsprodukt in Frage kommende Salz ist das *Thallium(I)-sulfat*. Als Verunreinigungen treten bei ihm die gleichen Elemente wie beim Thalliummetall auf und werden wie dort bestimmt; außerdem muß auf Gehalte an freier Säure und Chlor geprüft werden. Zur Bestimmung der *freien Säure* löst man 5 g Substanz in Wasser und titriert mit $n/_{10}$-Natronlauge; als Indicator dient Methylorange; berechnet wird auf freie Schwefelsäure.

Zur Ermittelung des *Chlorgehaltes* versetzt man die kochend heiße Lösung von 5 g Thalliumsulfat mit einigen Tropfen Salpetersäure, fällt mit Silbernitrat und filtriert das ausgeschiedene Silberchlorid ab. Man kann es entweder unmittelbar wägen oder mit Blei auf einer Kapelle abtreiben und aus dem Gewicht des Silberkorns das Chlor berechnen.

---

[1] Z. anorg. allg. Chem. Bd. 82 (1913) S. 216 bis 232.
[2] Ensslin, F.: Metall u. Erz (1941) S. 78.

Kapitel 22.

Titan*.

Nachweis von Titan: 1. Mit Perhydrol. 2. Mit Chromotropsäure.

A. **Bestimmungsmethoden des Titans unter Berücksichtigung der bei der Analyse störend wirkenden Elemente.**

Allgemeines — Abscheiden der Kieselsäure und Untersuchung des nach ihrem Verjagen verbleibenden Rückstandes — Lösen und Aufschluß.

   I. Gewichtsanalytische Bestimmungen:
      1. Das Kupferronverfahren.
      2. Das Acetatverfahren.
      3. Das Phosphatverfahren.
  II. Colorimetrische Titanbestimmung.
 III. Maßanalytische Titanbestimmungen:
      1. im Titanweiß (Reduktion mittels Amalgam),
      2. im Ferrotitan (Methylenblau).
 IV. Potentiometrische Titanbestimmung:
      1. im Titanstahl,
      2. im Ferrotitan.
   V. Photometrische Bestimmung neben Niob-Tantal.

B. **Untersuchung von Erzen und Erzeugnissen.**

   I. Erze.
  II. Erzeugnisse:
      1. Legierungen:
         a) Titanstähle,
         b) Ferrotitan,
         c) Ferrotitansilicium, Ferrocarbontitan.
      2. Titanweiß.

Nachweis von Titan.

1. Mit Perhydrol. Man schmilzt eine Probe des Erzes oder den beim Verjagen der Kieselsäure verbleibenden Rückstand mit etwa der 10fachen Menge Soda, laugt die Schmelze mit Wasser, filtriert und löst den Rückstand mit Schwefelsäure $(1+5)$ vom Filter; der kalten Lösung setzt man etwas Phosphorsäure zu, bis die Färbung des Eisen^{III}-Salzes verschwunden ist, und dann Wasserstoffperoxyd, worauf bei Gegenwart von Titan eine gelb-orange Färbung von Pertitansäure eintritt. Nähere Angaben über diese Reaktion s. S. 347.

Man kann auch eine Schmelze mit Natriumhydrogensulfat ausführen, diese mit Wasser ausziehen und die Lösung nach dem Ansäuern mit verd. Schwefelsäure wie oben prüfen. Liegt eine Soda-Borax-Schmelze oder eine Phosphorsalzperle vor, so kocht man mit Wasser aus, löst den Rückstand mit Schwefelsäure und benutzt diese Lösung zur Prüfung.

J. O. Arnold und E. Ibbotson[1] trennen Titan von Vanadin, Chrom, Molybdän usw. durch Abscheidung des Titans als Phosphat: Sie lösen 2 g einer fein gepulverten Probe unter Zusatz von 1 g Ammoniumphosphat in 25 cm³ Salzsäure (1,19) durch Kochen, verdünnen auf 100 cm³ und filtrieren den alles Titan als Phosphat enthaltenden Rückstand ab. Nach dem Auswaschen mit 2proz. Salzsäure ist er eisenfrei; er wird mit Soda geschmolzen, worauf man, wie oben angegeben, weiterverfährt.

2. Mit Chromotropsäure. Die Erzprobe wird mit der 10fachen Menge Natriumhydrogensulfat aufgeschlossen, die Schmelze mit 2 bis 3 cm³ Salzsäure $(1+1)$ ausgelaugt, das Eisen durch einige Körnchen Zinkmetall entfärbt und die Lösung in ein Reagensglas abgelassen.

---

* Bearbeiter: **Weiss.** Mitarbeiter: **Klinger, Richter.**
[1] Steel Works Analysis 4. Ed. (1919) S. 295.

22*

Man stumpft mit Natronlauge ab, setzt in der Kälte 10 Tropfen einer 5proz. Chromotropsäurelösung* hinzu und schüttelt durch. Hat man dann mit einer 15proz. Natriumacetatlösung tropfenweise überschichtet, erhält man bei Gegenwart von Titan an der Trennungsstelle einen rötlichen Ring. Die Reaktion ist sehr empfindlich und für Titan charakteristisch.

A. Bestimmungsmethoden des Titans unter Berücksichtigung der bei der Analyse störend wirkenden Elemente.

Allgemeines. — Abscheiden der Kieselsäure und Untersuchung des nach ihrem Verjagen verbleibenden Rückstandes. — Lösen oder Aufschluß.

Die quantitative Bestimmung des Titans erfolgt gewöhnlich bei *kleinen Gehalten* (bis zu 1%) auf colorimetrischem Wege; dabei kommt es in manchen Fällen erst vorher mit Aluminium zusammen als Oxyd oder Phosphat zur Wägung, wird dann durch eine Sodaschmelze vom Aluminium getrennt und bleibt beim Auslaugen mit Wasser als Natriumtitanat im Rückstand. Man schließt diesen mit Kaliumhydrogensulfat auf, löst die Schmelze in verd. Schwefelsäure und benützt dann diese Lösung zur colorimetrischen Bestimmung.

Größere Titanmengen bestimmt man häufig gewichtsanalytisch über die Fällung mit Kupferron als Titanoxyd oder -phosphat. Diese Fällung ist auch für titanarme Substanzen (z. B. viele Stähle) zweckmäßig, da der Niederschlag trotz eines Eisen- und Kupfergehaltes zur colorimetrischen Bestimmung verwendbar gemacht werden kann.

Bei den meisten Erzen und Ferrotitanlegierungen wird zunächst aus saurer Lösung die immer vorhandene *Kieselsäure* abgeschieden; dies geschieht entweder durch Eindampfen mit Schwefelsäure bis zum starken Entweichen von SO_3-Dämpfen oder durch Eindampfen mit Salzsäure bis zur Trockne und Erhitzen des Rückstandes auf 135° oder auch durch Zusatz von Gelatinelösung in stark salzsaurer Lösung (s. Kap. „Silicium", S. 301).

Die **Rohkieselsäure** ist in den meisten Fällen mit Titan, Zirkonium, Aluminium, Chrom, Vanadium, Wolfram, Niob-Tantal, Phosphorsäure oder Carbiden (Carbide verbrennen beim alkalischen Aufschluß mit oxydierenden Zusatzmitteln) verunreinigt; ein Teil von ihnen hat sich dem Aufschluß entzogen, ein anderer hat schwer- oder nicht lösliche Phosphate gebildet (Titan- und Zirkoniumphosphat). Hat man nun die Kieselsäure durch Abrauchen mit Fluß- und Schwefelsäure verjagt (Reste von Borsäure sind als Bortrifluorid flüchtig), so muß der verbleibende Rückstand auf die darin enthaltenen Elemente untersucht werden:

Von den obengenannten bleiben *Titan* und *Zirkonium* durch eine Soda- oder Ätznatronschmelze und nachfolgendes Auslaugen mit kaltem Wasser ungelöst zurück (Natriumtitanat und -zirkonat), während *Aluminium, Chrom, Vanadium, Wolfram*, besonders wenn beim Schmelzen oxydierende Zusatzmittel verwandt wurden, mit Wasser in Lösung gehen; gleichzeitig geben *Phosphate* von Titan und Zirkonium ihre Phosphorsäure an die wässerige Lösung ab. Im Falle der Anwesenheit von *Tantal* ist anstatt Natriumcarbonat (-borat) die entsprechende Kaliumverbindung zu verwenden, da Natriumhexatantalat schwer löslich ist.

Säuert man die wässerige Lösung der Schmelze mit Essigsäure an, so fällt bei Gegenwart von *Phosphorsäure* Aluminiumphosphat aus und kann abfiltriert werden. Das Filtrat wird nun mit Salzsäure eingedampft, wobei *Wolfram- und*

---

* 5 g käufliche Chromotropsäure werden in 50 cm³ Wasser eben aufgekocht und über Tierkohle filtriert; das grünlich oder bräunlich gefärbte Filtrat versetzt man bis nahe zur Entfärbung mit Zinn(II)-chloridlösung, füllt es auf 100 cm³ auf und bewahrt es in einer braunen Tropfflasche auf.

Tantal-Niobsäure zur Ausscheidung kommen; einige Tropfen Gelatinelösung vervollständigen die Fällung und fördern die Filtrierbarkeit. Man glüht und wägt; war auch *Zinnsäure* in geringer Menge vorhanden, kann man sie durch mehrmaliges Glühen mit reinem Salmiak verflüchtigen. Die geglühten Oxyde werden nach der Wägung mit Soda geschmolzen; man säuert die Schmelze mit Salzsäure an, versetzt darauf mit Ammoniak im Überschuß und kocht auf; Wolfram ist in Lösung, während die Erdsäuren als Hydroxyde ausfallen, abfiltriert, geglüht und gewogen werden. Will man Wolfram bestimmen, so neutralisiert man das ammoniakalische Filtrat und gießt es in heiße konz. Salzsäure, verdünnt dann mit kochendem Wasser und kocht, wobei die Wolframsäure sich abscheidet und nach dem Filtrieren geglüht und gewogen werden kann. *Chrom* ist zu Chromat — falls es nicht schon als solches vorliegt — zu oxydieren und nach einem der im Kapitel „Chrom" angegebenen Verfahren zu bestimmen.

Die von Phosphor- und anderen Säuren befreiten *Natriumzirkonate* und *-titanate* sind in heißer Salz- oder Schwefelsäure löslich; aus dieser Lösung können beide Elemente mit Ammoniak oder Kupferron gefällt und dann zu Oxyden geglüht werden. Letztere schmilzt man mit Pyrosulfat, löst die Schmelze in verd. Schwefelsäure und bestimmt Titan mit Wasserstoffperoxyd colorimetrisch; dann fällt man aus der 10proz. Schwefelsäure enthaltenden Lösung mit Ammoniumphosphat Zirkonium und wägt es als Phosphat (s. Kap. „Zirkonium", S. 485).

Die Erdsäuren, Wolfram sowie Zirkoniumphosphat sind meist im Rückstand vom Verjagen der Kieselsäure restlos, Titanphosphat ganz oder teilweise vorhanden. Es ist daher zu empfehlen, diese Metalle und Säuren getrennt von dem Hauptfiltrat (von der Rohkieselsäure) zu bestimmen und nur die phosphatfreie Chromat- oder Vanadatlösung nach der Abscheidung des Aluminiumphosphats mittels Essigsäure jenem Filtrat beizugeben (Aluminiumphosphat s. Kap. „Aluminium", S. 5).

Lösen oder Aufschluß. *Titanmetall* ist in Salzsäure löslich unter Bildung von blauem Titantrichlorid, das an der Luft sich sehr rasch zu Tetrachlorid oxydiert. Bei gleichzeitiger Anwesenheit von Eisen geht zunächst dieses in Lösung, und es gelingt bei einiger Aufmerksamkeit, den Zeitpunkt der völligen Lösung des Eisens an dem Auftreten einer blauen Farbe zu erkennen.

Titanoxydhydrat oder *schwach geglühtes Oxyd* lösen sich in heißen konz. Mineralsäuren, *stärker geglühtes* nur beim Abrauchen mit Schwefelsäure, besser noch nach einer Schmelze mit Kaliumhydrogensulfat.

Titansalze scheiden um so leichter basische, schwer filtrierbare Produkte aus, je weniger freie Säure vorhanden ist; auch das vielfach empfohlene Kochen mit 6proz. Essigsäure liefert selbst bei längerer Dauer noch ein sehr schlecht filtrierendes Titansäurehydrat. Setzt man dagegen der aufgekochten, nahezu mit Alkali neutralisierten Lösung etwas 2proz. Gelatinelösung zu, so erhält man bei 50 bis 70° eine gut filtrierbare Fällung.

Ein *bewährtes Aufschlußmittel* für *Titanerze* besteht aus einem Gemisch von 336 g $KNaCO_3$ und 231 g $Na_2B_4O_7 \cdot 10$ aq.; damit wird die Schmelze beim Erkalten klar durchsichtig, so daß man gut erkennen kann, ob der Aufschluß vollständig ist. Man löst dann in Salzsäure $(1+1)$, kocht 15 min unter Zusatz von 50 bis 100 cm³ konz. Salzsäure (je nach den Mengen an Titan), ersetzt die verdampfte Säuremenge, erhitzt wieder bis zum beginnenden Sieden, kühlt auf 60 bis 70° ab und fällt die Rohkieselsäure durch Zusatz von Gelatinelösung.

Das salzsaure Filtrat wird nach genügender Verdünnung zunächst in der Wärme mit Schwefelwasserstoff gesättigt (Platin und andere Schwermetalle), filtriert, eben mit Ammoniak neutralisiert und mit gelbem Ammoniumsulfid versetzt. Hat man von dem nun ausgefallenen Niederschlag abfiltriert, so ist damit sogleich die große Menge an Borax und Alkalien abgetrennt; ein Umfällen des

Niederschlages wird meist zweckmäßig sein. Man kann ihn schließlich in Salzsäure (1 + 1) lösen und die Lösung nach dem Verjagen des Schwefelwasserstoffs
oxydieren und im Meßkolben auffüllen. Bei großen Eisenmengen werden diese
durch Ausäthern* der eingedampften salzsauren Lösung entfernt, worauf man
nach der Vertreibung des Äthers auffüllt.

I. Gewichtsanalytische Bestimmungen.

1. Das Kupferronverfahren.

Eisen[III]-Salze, Kupfer, Wolfram, Molybdän, Silicium und Niob-Tantal müssen
vor der Titanfällung abgetrennt werden; für Eisen, z. B. bei Stahlanalysen, geschieht dies am besten durch Ausäthern; Aluminium, Chrom und Phosphorsäure
fallen mit Kupferron bei einem genügenden Säuregehalt der Lösung nicht aus,
wohl aber Zirkonium und Vanadin, die zunächst mit dem Titan zusammen geglüht und dann nach einer Sodaschmelze unter Zusatz von oxydierenden Mitteln
abgetrennt werden. (s. S. 340/41).

a) Sind Zr, V, W, Ta-Nb nicht vorhanden, so löst man je nach dem zu erwartenden Titangehalt 2 bis 5 g *Ferrotitan, Titanmetall* oder *Titanstahl* in 50 bis
100 cm³ Salzsäure (1 + 1), oxydiert mit Salpetersäure, dampft zur Trockne, nimmt
mit konz. Salzsäure auf, kocht und gibt einige Tropfen 2proz. Gelatinelösung
hinzu. Die ausfallende Kieselsäure reißt einen Teil des Titans als Phosphat mit,
der nach dem Verjagen der Kieselsäure mit Fluß- und Schwefelsäure im Rückstand bleibt und mit Natriumcarbonat geschmolzen wird. Man laugt mit Wasser
aus und hat so die Phosphorsäure entfernt; das auf dem Filter verbleibende
Natriumtitanat löst man in Schwefelsäure (1 + 3) und benutzt die Lösung zur
colorimetrischen Bestimmung des Titans oder gibt sie dem Hauptfiltrat von der
Rohkieselsäure zu.

Dieses hat man (bei Eisensorten) inzwischen zur Sirupdicke eingedampft und
zur Entfernung des Eisens mit Äther behandelt. Nach dem Abdunsten des Ätherrestes wird die gesamte oder ein abgemessener Anteil der aufgefüllten Lösung
mit 5 bis 30 g Weinsäure versetzt (je nach dem Gehalt an Titan oder Chrom),
mit Ammoniak neutralisiert und mit Schwefelsäure (1 + 1) schwach sauer gemacht.
Durch Schwefelwasserstoff fällt man nun in der Wärme Kupfer und Molybdän aus,
läßt bei etwa 50° über Nacht absitzen (1 bis 2 Tropfen Gelatinelösung) und filtriert.
Das schwefelwasserstoffhaltige Filtrat wird schwach ammoniakalisch gemacht und
auf 70° erwärmt, wodurch Eisenreste, Nickel und Kobalt als Sulfide ausfallen;
diese filtriert man ab und wäscht sie mit heißem, ammoniumsulfidhaltigen Wasser
aus. (Dabei kann etwas Nickelsulfid mit brauner Farbe in Lösung gehen.)

Das titanhaltige Filtrat neutralisiert man mit Schwefelsäure (1 + 1), fügt auf
500 cm³ Flüssigkeit weitere 30 cm³ dieser Säure hinzu und filtriert etwa ausgefallene Nickelreste ab. Nun wird auf weniger als 15° abgekühlt und mit 5 bis
15 cm³ einer 6proz. wässerigen Kupferronlösung** unter Rühren versetzt; der
Niederschlag setzt sich rasch ab. Nach dem Prüfen auf vollständige Fällung durch
Zusatz einiger Tropfen Kupferronlösung, wobei kein *gelber* Niederschlag ausfallen
darf — ein *weißer* (Nitrosophenylhydroxylamin) zeigt einen Überschuß des Fällungsmittels an —, filtriert man, wäscht mit Salzsäure (1 + 9) sulfatfrei, verascht und
glüht auf dem Gebläse bis zur Gewichtskonstanz. Die Auswaage ist *Titandioxyd*.

Statt des Ausätherns kann die Entfernung des Eisens auch durch eine Fällung
aus weinsaurer und alkalisch gemachter Lösung mittels Schwefelwasserstoff[2] vorgenommen werden; aus dem angesäuerten Filtrat vom Eisen(II)-sulfid ist nach

---

* Ammoniumsalze oder Salze der Alkalimetalle dürfen nicht vorhanden sein.
** 25 cm³ der 6proz. Kupferronlösung fällen 0,1050 g TiO_2.
[2] Gooch: Chem. News Bd. 52 (1885) S. 68.

W. M. Thornton[3] Titan unmittelbar mit Kupferron fällbar, ohne vorhergehende Zerstörung der Weinsäure.

b) Bei der Anwesenheit von Zirkonium und Phosphorsäure fallen diese, soweit die Phosphorsäure zur Bindung des Zirkoniums (Titans) ausreicht, aus; darüber hinausgehende Mengen an Zirkonium bleiben im Filtrat von der Rohkieselsäure und werden zusammen mit Titan durch Kupferron gefällt. Da der geglühte Kupferronniederschlag nun frei von Phosphorsäure ist, wird er mit Kaliumhydrogensulfat aufgeschlossen. Man löst die Schmelze in 10 proz. Schwefelsäure und fällt in der Lösung Zirkonium mit Ammoniumphosphat aus. Nach einstündigem Absitzen bei 70 bis 80° wird es abfiltriert, mit 2 proz. Schwefelsäure, die in 100 cm³ 2 bis 3 cm³ Perhydrol enthält, gründlich ausgewaschen und geglüht (s. Kap. „Zirkonium", S. 485).

Die mit der Kieselsäure ausgefallenen Mengen Zirkonium- und Titanphosphat befinden sich nach der Beseitigung der Kieselsäure im Rückstand und werden mit Soda geschmolzen; man laugt mit Wasser, filtriert und löst das auf dem Filter befindliche Natriumzirkonat und -titanat in Schwefelsäure. Titan wird darin colorimetrisch, Zirkonium als Phosphat bestimmt.

c) Ist Vanadin vorhanden, so fällt es mit dem Titan (wie Zirkonium). Man muß die geglühten Kupferronniederschläge mit Soda aufschließen, das Natriumvanadat auslaugen und das verbleibende Natriumtitanat mit Schwefelsäure (1 + 1) lösen oder es mit Kaliumhydrogensulfat schmelzen. Darauf erfolgt eine nochmalige Fällung mit Kupferron.

d) Wolfram und Erdsäuren sind im Rückstand nach dem Verjagen der Kieselsäure zu finden. Man schmilzt mit Soda und löst Wolfram- und Phosphorsäure mit Wasser heraus. Will man *Tantal-Niob* bestimmen, so schmilzt man entweder mit einem Gemisch von Pottasche und Kaliumchlorid oder Pottasche und Kaliumborat (100 g Pottasche und 32,3 g H_3BO_3) im Platintiegel bei möglichst niedriger Temperatur. Durch Auslaugen der kalten Schmelze mit Wasser gehen Niob und Tantal mit etwas Kaliumtitanat in Lösung. In dieser kann nach dem Ansäuern, Aufkochen und Perhydrolzusatz Titan colorimetrisch bestimmt werden, während man Tantal-Niobsäure nach annäherndem Neutralisieren der Lösung mit Ammoniak durch Gelatinezusatz zur Fällung bringt.

2. Das Acetatverfahren.

Nach dieser Methode können Eisen, Aluminium und Titan von den 2-wertigen Metallen der Ammoniumsulfidgruppe sowie von den alkalischen Erden (einschließlich Magnesium) getrennt werden. Voraussetzung ist die Abscheidung der Kieselsäure, der Elemente der Schwefelwasserstoffgruppe, das Verjagen des Schwefelwasserstoffs und die nachfolgende Oxydation des Eisens.

Wenn große Mengen an Alkalien und Borax vorhanden sind, ist eine Ausfällung der Ammoniumsulfidgruppe zweckmäßig; darauf wird der Ballast der Aufschlußmittel abfiltriert. Den Niederschlag löst man in Salzsäure und Kaliumchlorat (oder Wasserstoffperoxyd).

Hat man nur mit *geringen Kalkmengen* zu rechnen und sie zu bestimmen, so wählt man eine größere Einwaage, fällt ebenfalls mit Ammoniumsulfid, bestimmt im *gesamten* Filtrat Kalk usw., löst den Sulfidniederschlag in Salzsäure auf, verkocht den Schwefelwasserstoff, oxydiert und füllt auf ein bestimmtes Volumen auf. In Anteilen davon bestimmt man *das Eisen, die Summe von Eisen, Aluminium und Titan* oder *die Phosphorsäure* (s. auch Kap. „Aluminium", S. 13).

Sind aber noch *Zink, Mangan, Nickel* und *Kobalt* vorhanden, so muß man die Acetattrennung ausführen. Sie beruht auf der quantitativen Fällung von

---

[3] Chem. Zbl. 1914 I S. 1605.

Eisen, Aluminium, Titan (auch Zirkonium) durch Kochen der genau neutralisierten Lösung mit Natriumacetat, das völlig neutral sein muß. Der Niederschlag besteht aus den basischen Acetaten besagter Elemente (auch Phosphate fallen aus). Zink, Mangan und Nickel-Kobalt bleiben in Lösung. Salpetersäure darf nicht vorhanden sein und muß gegebenenfalls durch 2maliges Eindampfen mit Salzsäure beseitigt werden.

Das Neutralisieren der salzsauren Lösung muß *in der Kälte* und mit größter Sorgfalt vorgenommen werden. Dafür stumpft man zunächst mit calcinierter Soda ab, die man in kleinen Mengen zugibt, rührt um und wartet, bis alles wieder klar gelöst ist; schließlich verwendet man eine etwa 10proz. Sodalösung, die man aus einer Tropfflasche unter ständigem Rühren so lange hinzufügt, bis der sich anfangs immer wieder lösende Niederschlag als feiner Schleier bestehenbleibt. Hat man zuviel Soda zugesetzt, so löst man den Niederschlag durch tropfenweise Zugabe von Salzsäure $(1+20)$, bis der Schleier sich bildet.

Die Fällung wird am besten mit *Natriumacetat* vorgenommen, von dem man einen größeren Vorrat an Lösung $1+10$ herstellt, ihn mit Soda neutralisiert und weiter folgendermaßen prüft: 3 bis 5 cm³ versetzt man mit 1 Tropfen verd. Kobaltnitratlösung; dabei darf kein Aufbrausen (CO_2) stattfinden, und die Flüssigkeit muß sofort eine schwache Trübung zeigen; beim Aufkochen soll eine Violettfärbung, aber kein Niederschlag entstehen. Ist ein solcher aufgetreten, fügt man dem gesamten Lösungsvorrat einige Tropfen Essigsäure zu, bis beim Zusatz von Kobaltnitrat höchstens die besagte Trübung sichtbar wird. Bei Verwendung einer auf diese Weise neutralisierten Natriumacetatlösung genügt stets eine einmalige Fällung.

Die zu fällende Lösung darf nicht mehr als 0,5 g an Oxyden von Titan, Eisen und Aluminium in einem Volumen von 100 cm³ enthalten. Nach der Neutralisation versetzt man sie in der Kälte mit 20 bis 50 cm³ obiger Acetatlösung, erhitzt zum starken Sieden, hält mindestens eine, höchstens 3 min im Kochen, setzt das Fällungsgefäß auf eine heiße Unterlage, damit der Niederschlag sich absetzen kann und die darüberstehende Flüssigkeit klar und farblos wird, und dekantiert 2- bis 3mal mit kochendem Wasser; dann gibt man den Niederschlag, der nicht kalt werden darf, auf das Filter und wäscht mit kochendem Wasser nach. Nur bei Anwesenheit von viel *Zink usw.* ist eine Wiederholung der Fällung zweckmäßig.

Der feuchte Niederschlag wird im Platintiegel getrocknet, geglüht, mit reiner Soda verrieben (*nicht* mit Soda-*Pottasche*, da Kaliumtitanat beim folgenden Lösen etwas ins Filtrat gehen würde) und geschmolzen. Hat man gelaugt und abfiltriert, so wäscht man den Rückstand mit sodahaltigem Wasser aus, glüht, schmilzt wieder mit Soda und laugt erneut aus (Rückstand A).

Die vereinigten Filtrate enthalten nunmehr alles *Aluminium* und gegebenenfalls die *Phosphorsäure*. Man säuert sie mit Salzsäure an, kocht auf, leitet zur Fällung des Platins Schwefelwasserstoff ein, filtriert, verkocht im Filtrat den Schwefelwasserstoff und oxydiert mit etwas Wasserstoffperoxyd. Dann wird mit Ammoniak annähernd neutralisiert (Methylorange), zum Kochen erhitzt und bei tropfenweiser Zugabe von Ammoniak bis zur Gelbfärbung gefällt. Man kocht, bis kein Ammoniakgeruch mehr merkbar ist, setzt noch 2 Tropfen Ammoniak (nicht mehr!) hinzu, läßt absitzen, filtriert und wäscht mit heißem, 1% Ammoniak enthaltendem Wasser aus. Diese Fällung wird wiederholt und der Niederschlag mit ammoniumnitrathaltigem Wasser möglichst chlorfrei gewaschen. Er kann verascht und bei 1200° geglüht werden; in ihm enthaltene *Phosphorsäure* ist zu bestimmen (s. auch Kap. „Aluminium", S. 11) und von der Auswaage abzusetzen, wodurch man das Gewicht an reinem Al_2O_3 erhält.

Der Rückstand A wird in Salzsäure $(1+2)$ gelöst, mit Ammoniak einmal umgefällt (wie oben beim Aluminium), chlorfrei ausgewaschen, verascht und bei etwa 850° geglüht. Hat man die Summe der Oxyde von Eisen, Titan und Zirkonium gewogen, so löst man das Eisen mit konz. Salzsäure heraus, titriert es nach Zimmermann-Reinhardt (s. Kap. „Aluminium", S. 10) und setzt den auf Oxyd um-

gerechneten Gehalt von der obigen Gesamtsumme ab. Man kann auch mit Kaliumhydrogensulfat schmelzen oder den Rückstand A unmittelbar in Schwefelsäure
$(1+2)$ lösen und die Lösungen auf ein bestimmtes Volumen auffüllen; in Anteilen
davon lassen sich *Titan* colorimetrisch, *Zirkonium* als Phosphat und *Eisen* nach
der Reduktion durch Schwefelwasserstoff (damit wird nur Eisen^{III}, nicht Titan^{IV}
reduziert) und dessen Verjagen unter Benutzung eines Bunsenventils mit Permanganat bestimmen.

Bauxite, Kohlenaschen, Petrolaschen, ferner *Stähle* und *Schlacken* enthalten gewöhnlich neben Titan noch geringe Mengen von *Chrom* und *Vanadin;* in manchen
Eisenerzen und *Zuschlägen* (insbesondere manganhaltigen) sind auch *Barium* und
Strontium vorhanden. Die genannten Elemente, wie auch *Wolfram,* stören bei
der Analyse nach dem Acetatverfahren und müssen vorher entfernt werden.
Barium und Strontium werden als Sulfate zusammen mit Kieselsäure, Wolframsäure, Titan- und Zirkoniumphosphat, Tantal-Niobsäure, etwas Vanadin, Chrom
und Carbiden ausgeschieden und durch Zusatz von einigen Tropfen Gelatinelösung
gut filtrierbar gemacht. Sie verbleiben nach dem Verjagen der Kieselsäure im
Rückstand.

Liegen Barium und Strontium allein und nicht als Sulfate vor, so werden 1
bis 2 g Erz mit Salzsäure (1,19) in einer Porzellanschale mehrfach zur Trockne
gedampft oder besser mit einem Soda-Boraxgemisch aufgeschlossen. Im letzteren
Falle löst man die Schmelze mit Salzsäure $(1+1)$, scheidet die Kieselsäure ab,
dampft das Filtrat mit 10 bis 15 cm³ Schwefelsäure $(1+2)$ bis zur starken Entwicklung von SO$_3$-Dämpfen ein und kocht nach dem Verdünnen mit Wasser
auf. Das Volumen soll 50 bis 100 cm³ betragen. Bei der Anwesenheit von Strontium fügt man nach dem Erkalten noch 15 bis 20 cm³ Alkohol sowie 5 cm³ gesättigte Ammoniumsulfatlösung hinzu. Durch Zugabe von Gelatinelösung und
etwas Filterschleim läßt sich der Niederschlag gut abfiltrieren und wird mit warmem
Wasser, dem 1 cm³ konz. Schwefelsäure je Liter und bei strontiumhaltigen Erzen
50 cm³ Alkohol zugesetzt wurden, ausgewaschen (Filtrat A). Man verascht ihn
im Platintiegel, fügt 4 bis 5 Tropfen konz. Salpetersäure und 10 Tropfen Schwefelsäure $(1+1)$ hinzu, raucht wieder ab, glüht und wägt. Nach dem Verjagen der
Kieselsäure nimmt man den noch feuchten Rückstand mit 5 bis 10 cm³ Schwefelsäure $(1+3)$, gegebenenfalls auch noch mit 5 cm³ Alkohol auf, filtriert (Filtrat B),
wäscht wie oben aus und wägt (Barium- und Strontiumsulfat). Die Filtrate A
und B werden vereinigt; der Alkohol, falls vorhanden, wird verkocht. Dann verfährt man weiter nach den Angaben bei A. I, 2, S. 343.

Von den in Lösung befindlichen Elementen ist beim Acetatverfahren besonders
Cr^{III} als störend hervorzuheben, da es die quantitative Abscheidung von Eisen,
Aluminium und Titan beeinträchtigt; man muß es, wenn möglich, zu Chromat
oxydieren, weil dann der störende Einfluß aufgehoben wird. *Vanadin* fällt nicht
mit aus.

Die im Rückstand (nach dem Verjagen der Kieselsäure) verbleibenden Elemente
werden nach den im Eingang des Abschnittes A, S. 340, angeführten Methoden
bestimmt.

3. Das Phosphatverfahren.

Dieses eignet sich zur Bestimmung von *wenig* Titan neben *viel* Aluminium
und Eisen. Es beruht auf der Fällung von Ti(OH)PO$_4$ (das beim Glühen Ti$_2$P$_2$O$_9$
ergibt), zusammen mit Aluminiumphosphat in Anwesenheit von schwefliger Säure,
die sich bei Gegenwart einer abgemessenen Menge von Salzsäure aus Thiosulfat
entwickelt; als Fällungsmittel dient Diammoniumphosphat; ein Zusatz von Essigsäure ist zweckmäßig (s. auch „Phosphatverfahren" im Kap. „Aluminium", S. 5).
Eisen wird dabei reduziert und bleibt in Lösung.

Zur Trennung der geglühten Phosphate von Aluminium und Titan werden sie mit Soda geschmolzen; die Schmelze laugt man mit Wasser, wobei Aluminiumphosphat und die Phosphorsäure des $Ti_2P_2O_9$ in Lösung gehen:

$$AlPO_4 + 3\,Na_2CO_3 = Al(ONa)_3 + Na_3PO_4 + 3\,CO_2$$
$$Ti_2P_2O_9 + 5\,Na_2CO_3 = 2\,Na_2TiO_3 + 2\,Na_3PO_4 + 5\,CO_2\,.$$

Das als Rückstand verbleibende Natriumtitanat ist in Säuren löslich; in dieser Lösung kann Titan gewichtsanalytisch oder colorimetrisch bestimmt werden.

Aus der Aluminatlösung fällt beim Ansäuern mit Essigsäure wieder Aluminiumphosphat aus; ein Überschuß an Essigsäure ist zu vermeiden, da Aluminiumphosphat darin etwas löslich ist.

Ausführung: Hat man 1 g des titanhaltigen Materials in Säuren gelöst oder durch eine Schmelze aufgeschlossen und die Rohkieselsäure abfiltriert, so schmilzt man den nach dem üblichen Verjagen der Kieselsäure verbleibenden Rückstand mit Soda, laugt mit Wasser, filtriert und vereinigt die salzsaure Lösung des Natriumtitanats mit dem Hauptfiltrat. Dieses wird darauf mit Schwefelwasserstoff gesättigt, nach dem Abfiltrieren von den Sulfiden zur Verjagung des Schwefelwasserstoffs auf etwa 300 cm³ eingeengt, oxydiert und genau neutralisiert (Methylorange). Nun fügt man 4 cm³ Salzsäure (1,124) hinzu, wartet bis zur vollständigen Klärung, versetzt bei Zimmertemperatur mit 15 cm³ 80proz. Essigsäure und zur Reduktion des Eisens mit 50 cm³ 30proz. Ammoniumthiosulfatlösung, erhitzt zum Sieden und fällt nach erfolgter Reduktion des Eisens mit 20 cm³ Diammoniumphosphatlösung (1 + 10). Man kocht weitere 20 min unter Verwendung eines Siedestabes, filtriert durch ein dichtes Filter und wäscht mit kochendem Wasser 3mal aus. Die Fällung wird wiederholt: Dazu löst man den in das Fällungsgefäß zurückgespritzten Niederschlag mit heißer Salzsäure (1 + 3), wäscht das Filter mit der gleichen Säure nach und kocht die durch Schwefel getrübte Flüssigkeit, bis die Phosphate gelöst sind und der Schwefel sich zusammengeballt hat. Dieser wird abfiltriert — eine Trübung des Filtrates ist ohne Bedeutung — und die Fällung, wie vorhin, wiederholt; diesmal setzt man aber die Thiosulfat- (20 cm³) und Phosphatlösung (20 cm³) nacheinander in der Kälte hinzu, kocht dann wieder 15 min, filtriert und wäscht mit heißem Wasser chlorfrei aus. Der Niederschlag wird nach dem restlosen Verbrennen des Filters erst bei 1100°, dann im elektrisch beheizten Muffelofen bei 1300° 1 Stunde geglüht. Es ist auf Gewichtskonstanz zu prüfen!

Die gewogene Substanz verreibt man dann mit der 10fachen Menge an Soda oder Soda-Borax und schmilzt sie im Platintiegel. Ein Soda-Pottasche-Gemisch darf dabei nicht verwandt werden. Durch Auslaugen mit Wasser unter Kochen lösen sich Aluminiumphosphat und die Phosphorsäure des Titanphosphates und werden vom unlöslichen Natriumtitanat abfiltriert, das man mit sodahaltigem, heißem Wasser auswäscht. Aus dem Filtrat kann durch schwaches Ansäuern mit Essigsäure Aluminiumphosphat wieder gefällt und weiterhin bestimmt werden. Der Titanatrückstand ist in heißer Salzsäure (1 + 3) löslich; aus dieser Lösung wird Titanoxydhydrat durch Zugabe von Ammoniak (bis eben zur alkalischen Reaktion) in der Siedehitze gefällt, abfiltriert, gut ausgewaschen und bei 1200° zu TiO_2 geglüht.

TiO_2 mal 1,888 $= Ti_2P_2O_9$; dieser Wert von der Summe der Gesamtphosphate abgesetzt, ergibt $AlPO_4$, woraus (mal 0,4180) Al_2O_3 errechnet wird.

Bei Anwesenheit von Ba, Sr, Cr, V gelten sinngemäß die gleichen Vorschriften wie beim Acetatverfahren. *Chrom* und *Vanadin* können durch Titanphosphat teilweise mitgerissen werden. Dann ist der geglühte Niederschlag mit der 10fachen Sodamenge zu schmelzen, bei großen Chrommengen unter Zusatz der einfachen Salpetermenge zur rascheren Oxydation des Chroms. Chromat und Vanadat werden nun mit Wasser ausgelaugt; den ausgewaschenen Rückstand schließt man durch eine Kaliumhydrogensulfatschmelze auf, löst diese in kalter Schwefelsäure $(1+10)$, filtriert von etwa vorhandenem Bariumsulfat ab und verwendet das Filtrat zur colorimetrischen Bestimmung des Titans.

II. Die colorimetrische Titanbestimmung nach A. Weller[4].

Sie eignet sich besonders zur raschen Bestimmung kleinerer Titanmengen und beruht auf der Bildung von gelborange gefärbter Pertitansäure bei Einwirkung von Wasserstoffperoxyd in kalter saurer (insbesondere schwefelsaurer) Lösung.

$$TiO_2 + H_2O_2 = TiO_3 + H_2O.$$

Die Genauigkeit ist bei Titangehalten von 0,1 bis 2% etwa $\pm 0,02$ bis 0,07%. Als *störend* machen sich bemerkbar:

Eisen.

2-wertige Salze werden zu 3-wertigen oxydiert; durch Zugabe von Phosphorsäure oder Phosphaten kann man Eisen[III]-Salze fast vollständig entfärben und dadurch ihre störende Farbwirkung aufheben. Doch ist es zweckmäßig, große Eisenmengen vorher zum größten Teil durch Ausäthern zu entfernen. Da auch durch Phosphorsäure die Gelbfärbung der Pertitansäure beeinflußt wird, gibt man zur Vergleichslösung und der zu untersuchenden die gleichen Phosphorsäuremengen.

Vanadium.

Seine Salze werden gleichfalls in kalten sauren Lösungen gelb gefärbt. Da es beim Phosphatverfahren teilweise mit Titan und Aluminium fällt, ist es durch eine Sodaschmelze und Auslaugen mit Wasser abzutrennen.

Chrom, Molybdän und *Wolfram* geben mit Perhydrol ebenfalls störende Färbungen, gehen aber nicht in den Titanniederschlag und werden durch eine alkalische Schmelze bzw. Abdampfen vorher abgetrennt.

Fluorwasserstoff stört die Reaktion; man darf daher kein fluorhaltiges Wasserstoffperoxyd, sondern nur reinstes, verd. Perhydrol verwenden.

Die zu untersuchende wie die Vergleichslösung sollen den Zusatz an Wasserstoffperoxyd erst kurz vor der Farbenvergleichung und in der Kälte erhalten, weil längeres Stehen im Tages- und besonders im Sonnenlicht die gelbe Farbe stark abschwächt; man nimmt daher den Vergleich zweckmäßig in einem dunklen Raum bei einer *Tageslichtlampe* vor. Die Lösungen müssen mindestens 5% Schwefelsäure enthalten.

Zur Herstellung der Vergleichslösung kann man vom Kaliumtitanfluorid ausgehen, das man durch mehrmaliges Umkrystallisieren aus flußsäurehaltigem Wasser reinigt, und dessen Titangehalt man nach Abrauchen mit Schwefelsäure und nachfolgender Fällung mit Ammoniak (2mal) feststellt (K_2TiF_6 enthält oft K_3TiF_7). Für die Vorratslösung wird so viel Kaliumtitanfluorid mit Schwefelsäure (4 Teile Säure, 1 Teil Wasser) in einem Platintiegel abgeraucht, daß 1 g TiO_2 vorhanden ist. Dann nimmt man mit etwa 20 Tropfen konz. Schwefelsäure auf, läßt erkalten, löst in 5proz. Schwefelsäure und füllt damit auf 1000 cm³ auf; somit entspricht 1 cm³ dieser Lösung 1 mg TiO_2. Durch entsprechendes Verdünnen mit 5proz. Schwefelsäure lassen sich nun weitere Vergleichslösungen herstellen.

Hat man *reinste Titansäure* zur Verfügung, so kocht man 1,668 g ausgeglühtes Oxyd in einem kleinen Kjeldahlkolben mit etwa 20 cm³ konz. Schwefelsäure, bis alles gelöst ist, läßt abkühlen, gießt dann in 200 cm³ Schwefelsäure $(1+1)$

---

[4] Ber. dtsch. chem. Ges. Bd. 15 (1882) S. 25 u. 92.

und verdünnt schließlich auf 1000 cm³. Diese Lösung kann durch eine Titanfällung mit Kupferron geprüft werden, wofür man 100 cm³ Schwefelsäure (1 + 1)
versetzt, auf 400 cm³ verdünnt, dann mit Kupferron fällt, den Niederschlag
abfiltriert, mit Salzsäure (1 + 10) wäscht und glüht.

Der *colorimetrische Vergleich* kann in roherer Weise in Vergleichsrohren, besser
aber mit Hilfe von verschiedenen im Handel befindlichen Colorimetern durchgeführt werden. Starke Titankonzentrationen sollen vermieden werden, da ihre
Färbungen unsichere Ergebnisse liefern; gegebenenfalls sind Verdünnungen vorzunehmen, bis nur hellgelbe Färbungen auftreten.

Von größeren Mengen *Eisen* trennt man entweder nach dem Phosphatverfahren oder durch Ausäthern. Bei *ersterem* stellt man erst die Summe von Titan-
und Aluminiumphosphat fest, schmilzt dann die Phosphate mit Soda, laugt mit
Wasser aus und hat nun Titan als Natriumtitanat im Rückstand; er kann in heißer
Salz- oder Schwefelsäure (1 + 2) gelöst werden, wird aber besser mit der 10fachen
Menge an Kaliumhydrogensulfat aufgeschlossen. Darauf löst man in verd. Schwefelsäure (1 + 5), spült in einen Meßkolben über, gibt je nach der Menge Titan 2 bis
5 cm³ 3proz. Wasserstoffperoxyd sowie etwa 10 bis 20 cm³ Natriumphosphatlösung (1 + 10) hinzu und füllt auf.

Soll das *Ausätherungsverfahren* zur Entfernung des Eisens angewandt werden,
so löst man die Probe (Erz oder Stahl) zunächst in Salzsäure (1 + 1), und zwar
so viel, daß etwa 2 mg Titan vorhanden sind. Etwa vorhandenes Titancarbid im
Rückstand geht erst beim nun folgenden Oxydieren der Lösung mit konz. Salpetersäure (tropfenweise Zugabe) in Lösung. Man dampft dann zur Sirupkonsistenz
ein, nimmt mit 20 cm³ Salzsäure (1,19) auf, verdünnt mit 150 cm³ Wasser, filtriert
die Kieselsäure ab und wäscht sie mit Salzsäure (1 + 9) aus. Da sie immer Titan
enthält, wird sie verjagt und der verbleibende Rückstand mit Kaliumhydrogensulfat aufgeschlossen. Man löst die Schmelze in Schwefelsäure (1 + 5) und setzt
die Lösung der ausgeätherten Hauptlösung zu. Für dieses Ausäthern wird das
Filtrat von der Kieselsäure auf dem Wasserbad weitgehend eingedampft, mit
50 cm³ konz. Salzsäure aufgenommen und zur restlosen Entfernung der Salpetersäure nochmals bis auf 20 cm³ eingeengt. Diese spült man mit konz. Salzsäure
in einen Schütteltrichter über, versetzt mit Äther und schüttelt aus. Der eisenfreie Ablauf gelangt auf einer Heizplatte zum Eindampfen, um die Ätherreste
zu verflüchtigen. Dann vereinigt man mit der Lösung des vorher angegebenen
Kaliumhydrogensulfataufschlusses, bringt zum Sieden und sättigt die Lösung
bis zu ihrem Erkalten mit Schwefelwasserstoff. Das Filtrat von den ausgefallenen
Sulfiden wird durch Kochen vom Schwefelwasserstoff befreit, oxydiert, mit 20 cm³
Schwefelsäure (1 + 1) versetzt und bis zum starken Rauchen eingeengt.

Dann verdünnt man mit kaltem Wasser, setzt erst tropfenweise verd. Alkali-
phosphatlösung zu, bis die Flüssigkeit ganz farblos wird, schließlich 10 cm³ 3proz.
Wasserstoffperoxyd (fluorfrei!) und vergleicht mit einer Lösung bekannten Titangehaltes.

Es ist wesentlich, daß Vergleichs- und Analysenlösung frei von Salzsäure
sind und im übrigen den bereits angeführten Bedingungen entsprechen.

Beim colorimetrischen Verfahren braucht die Kieselsäure nicht bis zum letzten
Rest entfernt zu sein, desgleichen stören Tonerde und geringe Mengen Eisen
nicht; schädlich aber sind Chrom, Vanadium, Molybdän, Nickel, Kobalt und
Mangan.

Mangan (Gehalt von mehr als 1% [5]). Nach dem Verdampfen des Äthers
setzt man der Lösung 10 bis 15 g Ammoniumchlorid und so viel Ammoniak zu,
daß die Flüssigkeit deutlich danach riecht. Das nach dem Aufkochen mit den

---

[5] Verfahren des Chemikerausschusses des VDEh., s. Handbuch f. d. Eisenhüttenlaboratorium Bd. II S. 151.

restlichen Eisenspuren ausgefallene Titan ist dann manganfrei; man löst es nach dem Filtrieren in heißer Salzsäure, bringt mit Schwefelsäure zum Rauchen, verdünnt mit kaltem Wasser und benutzt die Lösung zur colorimetrischen Bestimmung.

Chrom, Nickel, Kobalt, Molybdän.

Die vom Äther befreite Lösung wird auf etwa 30 cm³ eingedampft und dabei mit 30 cm³ rauchender Salpetersäure (1,5) sowie nach und nach mit 4 g Kaliumchlorat versetzt. Zur Oxydation von mehr als 400 mg Chrom ist die Chloratmenge entsprechend größer zu nehmen. Nach beendeter Chromatbildung kocht man noch einige Minuten, verdünnt dann auf 250 cm³ mit kaltem Wasser und fällt mit Ammoniak, wobei Chrom, Molybdän, Nickel und Kobalt in Lösung bleiben. Nach kurzem Aufkochen wird rasch filtriert, der Niederschlag in das Fällungsgefäß zurückgespritzt, mit Salzsäure (1+3) nachgewaschen und die Oxydation mit Salpetersäure und Kaliumchlorat wiederholt. Das dann mit Ammoniak gefällte Titanoxydhydrat ist in Sulfat überzuführen.

Vanadium muß durch eine Fällung mit Natronlauge vom Titan getrennt werden. Bei gleichzeitiger Anwesenheit von Cr, Ni, Co, Mo werden diese zuerst durch eine Ammoniakfällung beseitigt; dann macht man nach der Umfällung des dabei erhaltenen Titanniederschlages dessen salzsaure Lösung mit Natronlauge alkalisch, läßt 10 min bei etwa 50° absitzen, kocht auf, filtriert und wäscht mit heißem Wasser sorgfältig aus.

Wolfram wird zusammen mit der Rohkieselsäure ausgeschieden; man laugt es aus dieser mit Ammoniak aus, wäscht mit ammoniakhaltigem Wasser nach und bestimmt es in der Lösung nach S. 487.

III. Maßanalytische Titanbestimmungen.

Diese Bestimmungen beruhen auf der Reduzierbarkeit des farblosen 4-wertigen Titanions zu blauviolett gefärbtem 3-wertigem (z. B. mittels aus Zink erzeugtem Wasserstoff) und der darauf folgenden Wiederoxydation des 3-wertigen Titans zu 4-wertigem (z. B. mit Permanganat). $Ti_2O_4 + H_2 = Ti_2O_3$; $Ti_2O_3 + O = Ti_2O_4$.

Im nachfolgenden geben wir 2 Beispiele für die maßanalytische Bestimmung des Titans:

1. **Im Titanweiß** (nach der Reduktion mittels Amalgam) (Analysenvorschrift der *Titangesellschaft für Titanweiß*).

Nach dieser titriert man das Titan^{III}-Salz nicht unmittelbar, sondern läßt es erst auf überschüssige Eisen(III)-ammoniumsulfatlösung reduzierend einwirken und bestimmt dann das gebildete Eisen^{II}-Salz. $Ti_2O_3 + Fe_2O_3 = Ti_2O_4 + 2\,FeO$; $2\,FeO + O = Fe_2O_3$.

0,5 g Trockenfarbe werden in einem Jenaer Becherglas von 250 cm³ Inhalt mit 20 cm³ konz. Schwefelsäure und 8 g Ammoniumsulfat versetzt und gut durchgemischt. Die Mischung wird erwärmt, bis Schwefeltrioxyddämpfe entweichen und völlige Umsetzung eingetreten ist. Dann läßt man abkühlen, verdünnt mit 100 cm³ Wasser und schüttelt um. Sollen Bariumsulfat und Kieselsäure nicht bestimmt werden, so benutzt man die jetzt meistens trübe Lösung unmittelbar für die Reduktion im Reduktor; anderenfalls wird sie nach dem Verdünnen mit Wasser 15 min zum Sieden erhitzt, nach dem Absetzen eines Niederschlages von diesem durch Filtrieren (Weißbandfilter) getrennt, wieder auf 50° erwärmt und im Reduktor reduziert. Der besagte Niederschlag war mit kalter 5proz. Schwefelsäure titanfrei gewaschen worden.

Als Reduktionsgefäß eignet sich der in Abb. 15 abgebildete *Reduktor nach T. Nakazono:* Es wird die untere Flasche (*g*) mittels Gummischlauch (*f*) mit dem unteren Hahn (*e*) verbunden und durch den Trichter (*a*) so viel 2proz. Schwefelsäure gegeben, daß die Flasche (g) gefüllt ist und die Flüssigkeit eben über dem Hahn (e) steht. Diesen schließt man jetzt. Dann werden durch den Trichter (a) 10 bis 15 cm³ des Zinkamalgams (s. unten) sowie die auf 50° erwärmte Titanlösung eingefüllt, wobei man mit etwas Wasser nachspült. Dann leitet man Kohlensäure durch den Hahn (c) in den Reduktor und schließt, wenn die Luft vollständig verdrängt ist, beide Hähne. Der Apparat wird nun 3 min kräftig geschüttelt; nach dieser Zeit liegt alles Titan in der violetten 3-wertigen Form vor. Nun wird der Hahn (e) vorsichtig geöffnet, wodurch das Amalgam in die Flasche (g) hinunterläuft und gleichzeitig von der hinaufströmenden Flüssigkeit gewaschen wird. Hahn (e) ist dann zu schließen und die Flasche (g) zu entfernen.

Nach dem Schütteln herrscht im Reduktor wegen der Absorption der Kohlensäure Unterdruck. In den Trichter (a) gibt man jetzt 20 cm³ 5proz. Eisen(III)-ammoniumsulfatlösung, öffnet den Hahn (b) und läßt die Lösung in (d) eintreten. Nach dem Umschütteln werden die Hähne (b, c) geöffnet; man läßt die Lösung in einen Erlenmeyerkolben durch den Hahn (e) ab und spült den Reduktor nach. In der Lösung befindet sich nun eine dem 3-wertigen Titan äquivalente Menge Eisen[II]-Salz, die mit $^n/_{10}$-Kaliumpermanganat bis zur Rotfärbung titriert wird.

1 cm³ $^n/_{10}$-KMnO$_4$ = 1,6% TiO$_2$ (8 mg TiO$_2$ bei 0,5 g Einwaage).

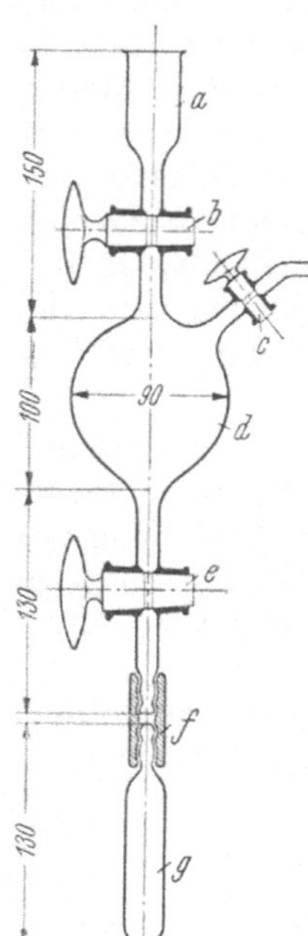

Abb. 15. Reduktor nach T. Nakazono.

Das *Zinkamalgam* wird bereitet, indem man 200 g Quecksilber in einer Porzellanschale mit 6 g granuliertem Zink versetzt und nach Zugabe von etwas verd. Schwefelsäure auf dem Wasserbade erwärmt. Ist das Zink gelöst, wird abgekühlt und die kleine Menge festen Amalgams, die sich oft bildet, durch einen Goochtiegel mit großen Löchern abgetrennt; dieses feste Amalgam wird aufbewahrt und dem flüssigen nach und nach zugesetzt, wenn dieses ärmer an Zink geworden ist. Vor dem Gebrauch ist das Amalgam mit etwas verd. Schwefelsäure zu schütteln und mit Wasser zu spülen.

Bei der angeführten Methode wird etwa vorhandenes Eisen mitreduziert und zusammen mit Titan titriert.

Anstatt mit Permanganat kann man Titantrichlorid auch nach E. Knecht[6], ferner nach E. Hibbert[7], B. Neumann und R. K. Murphy[8] sowie G. H. Röhl[9] *mit Methylenblau* titrieren.

Bei der *Methylenblaumethode* ist, da der Wassergehalt des Farbstoffes stark schwankt, die Maßflüssigkeit erst auf reines Titandioxyd einzustellen; falls solches nicht vorhanden, wird die reduzierte Titanlösung in der Siedehitze mit einer eingestellten Eisen[III]-Salzlösung oxydiert, wobei man (nach E. Knecht) einen Tropfen Methylenblaulösung hinzufügt.

Sonst wird die stark salzsaure Titanlösung unter Kohlensäureschutz mit Zink zu Titantrichlorid reduziert und dann unter Luftabschluß und bei Siedehitze mit eingestellter Methylenblaulösung titriert; ist die Oxydation des Trichlorids beendet, bleibt die blaue Farbe des Farbstoffes bestehen; der Umschlag ist sehr deutlich.

2. Im Ferrotitan: 0,5 g sehr fein geriebenes Ferrotitan werden mit der 5- bis 6-fachen Menge Eschka-Mischung (1 Gwt. Natriumcarbonat und 2 Gwt. Magnesiumoxyd) innig gemischt. Vorher hat man den Boden eines Platintiegels mit einer

[6] Chemiker-Ztg. Bd. 31 (1907) S. 639.
[7] Stahl u. Eisen Bd. 29 (1909) S. 997.
[8] Stahl u. Eisen Bd. 34 (1914) S. 589.
[9] Chemiker-Ztg. Bd. 40 (1916) S. 105.

Schicht der Eschka-Mischung belegt und eingefrittet; dann gibt man die Analysen-mischung darauf und erhitzt 30 min mit der Bunsenflamme, später weitere 30 min mit dem Mecker-Gebläsebrenner. Die stark gesinterte Masse wird in einem Erlen-meyerkolben mit wenig Wasser durchfeuchtet, zerdrückt und mit 200 cm³ konz. Salzsäure unter Erwärmen gelöst; dabei erhält man sehr rasch eine klare Lösung (mit einigen Kieselsäureflöckchen), die auf 500 cm³ aufgefüllt wird. 100 cm³ davon versetzt man in einem 500 cm³-Erlenmeyerkolben mit 50 bis 70 cm³ konz. Salzsäure, dann mit 4 bis 5 g Zinkgranalien, leitet Kohlensäure zur Luftverdrängung ein und setzt später ein Bunsenventil auf. Ist fast alles Zink gelöst, gibt man rasch einige weitere Zinkstückchen zu und wiederholt dies unter Erwärmen mindestens 30 min lang.

Zum Schluß setzt man etwa 3 g geraspeltes Zink hinzu, erhitzt vorsichtig bis zum *eben beginnenden Sieden* und stellt nach völliger Lösung des Zinks die Kohlensäurezufuhr ab. Nach Zusatz *eines* Tropfens verd. Methylenblaulösung als Indicator wird mit einer eingestellten Eisen(III)-chloridlösung (etwa 6 g/l reines Salz) titriert, die man durch den durchbohrten Stopfen des Erlenmeyers zulaufen läßt. Die Anwesenheit von Eisen stört bei diesem Verfahren nicht.

Nach Chr. Winterstein[10] wird die Titration des salzsauren, mit Zinkamalgam redu-zierten Titan(III)-chlorids mittels einer eingestellten Eisen(III)-chloridlösung unter Verwen-dung von Ammoniumrhodanid als Indicator empfohlen (s. S. 326 u. 355).

IV. Potentiometrische Titanbestimmung.

(Nach P. Klinger, E. Stengel und W. Koch[11] mit Dickens-Thanheiser-Potentiometer[12], Modell Krupp; s. auch „Handbuch f. d. Eisenhüttenlaboratorium Bd. I, S. 74 u. 102.)

Die Bestimmung beruht darauf, daß die Oxydation des 3-wertigen Titans zu 4-wertigem nach vorher erfolgter Reduktion mit Zink und Chrom(II)-chlorid in salzsaurer Lösung sicher ausführbar ist; Beginn und Endpunkt der Oxydation sind durch zwei scharf ausgeprägte Sprünge im Potentialverlauf gekennzeichnet. Die Oxydation erfolgt durch Kaliumchromat. Dieses oxydiert zunächst alles Chrom^{II}-Salz zu Chrom^{III}-Salz, wobei das Ende dieser Oxydation durch den ersten Sprung kenntlich gemacht wird; darüber hinaus zugeführtes Chromat be-wirkt die Oxydation des Ti^{III} zu Ti^{IV}, deren Ende an dem zweiten Sprung des Potentials erkennbar ist. Die für die letztere Oxydation benötigte Chromatmenge entspricht der gesuchten des Titans (1 K_2CrO_4 entspricht 3 Ti).

Bei der Auflösung von titanhaltigem Stahl in Salzsäure wird selbst bei scheinbar klarer, rückstandfreier Lösung noch etwas Salpetersäure hinzugefügt, um schwer-lösliche Carbide zu zersetzen. Die Oxydation mit Chromat wird unter Stickstoff-schutz durchgeführt.

Man benötigt folgende Lösungen: *Chromat*: 14 g Kaliumchromat (zur Mikro-analyse von Merck) werden in 10 l Wasser gelöst, durch das vorher 30 min lang kohlensäurefreie Luft geleitet wurde; dabei darf die Temperatur der Flüssig-keit 18° nicht übersteigen. *Chrom(II)-chlorid*: 20 g elektrolytisch gewonnenes, arsenfreies, grobkörniges Chrommetall werden in einem 500 cm³-Erlenmeyer-kolben mit 200 cm³ heißer Salzsäure (1+1) übergossen, worauf die Säure mit einer 2 cm hohen Schicht Petroleum überschichtet wird. Während das Chrom sich löst, gibt man über 2,5 l vorher ausgekochtes Wasser in einer braunen Tubus-

---

[10] Z. anal. Chem. Bd. 117 (1939) S. 81.

[11] Techn. Mitt. Krupp Bd. 3 (1935) S. 41 — Arch. Eisenhüttenw. Bd. 8 (1933/34) S. 436 — Koch, W.: Dissert. Münster 1935.

[12] Thanheiser, G., u. P. Dickens: Arch. Eisenhüttenw. Bd. 3 (1929/30) S. 297; Bd. 4 (1931/32) S. 105.

flasche von 3 l Inhalt eine 2 cm hohe Schicht von Petroleum und leitet einen lebhaften, durch Pyrogallol gereinigten Stickstoffstrom darüber. Nach der Auflösung des Chroms im Erlenmeyerkolben pipettiert man die Chromlösung in die
Tubusflasche. Diese Lösung ist mindestens 2 Monate haltbar und ausreichend
für 1000 Analysen und kann unter Luftabschluß mittels einer Meßbürette entnommen werden[13] (s. Abb. 16).

Da der aktive Sauerstoffgehalt der Chromatlösung sowohl
Chrom[II]-Salz als auch Titan- ebenso Molybdäntrichlorid oxydiert, andererseits aber der Sauerstoffgehalt von destilliertem
Wasser fast konstant ist, ist es zweckmäßig, die Chromatlösung
empirisch auf eine bekannte Substanzmenge einzustellen. Um
die bei Titanverbindungen meist erforderlichen Reinigungsprozesse zu vermeiden, wählt man subl. Molybdänsäureanhydrid (Merck) und glüht davon etwa 5 g gelinde (bei 500°). Von
diesen wägt man 3,6000 g genau ab, löst sie in 20 cm³ Natronlauge (30proz.) und bringt die Lösung im Meßkolben auf
1000 cm³. 10 cm³ davon (entsprechend 24 mg Mo) versetzt
man in 500 cm³-Erlenmeyerkolben mit 20 cm³ Salzsäure (1,19),
2,5 g Eisen(II)-chlorid, einigen Tropfen Wasserstoffperoxyd
(15proz.) und erhitzt zum Kochen. Die heiße Lösung wird
dann mit 3 bis 4 Stück grob granuliertem Zink (5 bis 8 g)
reduziert (Kolben mit Glasaufsatz bedeckt), mit weiteren
100 cm³ Salzsäure (1,19) versetzt (Lösung muß jetzt klar und
braun sein), in den 400 cm³-Titrierbecher übergespült, mit
Wasser auf 250 cm³ verdünnt und unter den Titrierapparat
gestellt. Hierauf verdrängt man die Luft durch sauerstofffreien Stickstoff und erwärmt während des Einleitens von
Stickstoff auf 80°. Man läßt nun vorsichtig aus der Bürette
so viel Chrom(II)-chloridlösung zufließen, bis das Potential
nicht mehr stark abfällt und mindestens −0,180 Volt erreicht
hat. Anschließend erfolgt die Titration und Feststellung des
zwischen den 2 Potentialsprüngen verbrauchten Chromatvolumens (a cm³). Der Titer lautet:

$$1\ \mathrm{cm^3\ Chromatlösung} = \frac{24}{a}\ \mathrm{mg\ Mo\ oder\ Ti.}$$

Die Apparatur (s. Abb. 17 und 18) ist vollständig aus Glas
hergestellt; als Indicatorelektrode wird ein Platinnetz verwendet und als Meßbrücke ein 2 m langer Platiniridiummeßdraht; als Vergleichselektrode dient die gesättigte Kalomelelektrode. In besonderen Fällen wurden die Messungen auch
mit Hilfe eines Röhrenpotentiometers vorgenommen.

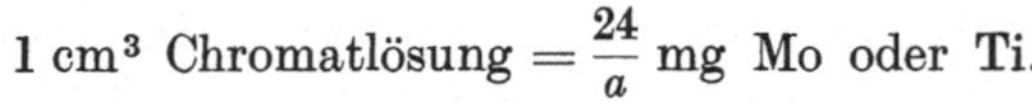

Abb. 16. Eine Bürette für luftempfindliche Titerlösungen. Nach P. Dickens, Chem. Fabr. Bd. 4 (1931) S. 185.

Die Titration erfolgt unter Stickstoffschutz (mit Pyrogallol gereinigt). Gleichzeitig anwesendes Mangan, Nickel, Kobalt, Chrom, Aluminium, Zirkonium (Kaliumhydrogensulfatschmelze) sind ohne Einfluß auf das Ergebnis; anwesendes
Kupfer wird durch Chrom(II)-chlorid zu Metall reduziert. Da dieses bei der
folgenden Oxydation mit Chromat zu Kupfer(I)-chlorid gelöst werden und der
Potentialsprung einen scharfen Knick erleiden würde, ist es zweckmäßig, entweder das Kupfermetall abzufiltrieren oder (besser) seine Abscheidung durch nur
wenige Tropfen überschüssiges Chrom(II)-chlorid zu vermeiden; auf alle Fälle
aber wird man das bei der Vorreduktion mit Zink ausgefallene Kupfer abfiltrieren.

---

[13] Zintl, E.: Z. anorg. allg. Chem. Bd. 149 (1924) S. 397.

Bei Anwesenheit von *Vanadin* zeigen die Analysenwerte (bis zu 125 mg V) keine Schwankungen und sind ebenso genau wie bei seiner Abwesenheit. *Molybdän* wird von der 3-wertigen zur 5-wertigen Stufe oxydiert, Titan zur 4-wertigen. Da der Titan- und der Molybdänfaktor der Chromatlösung gleich groß sind, wird also stets die Summe beider Metalle ermittelt.

Der Potentialverlauf der Oxydation des Titantrichlorids in Gegenwart von *Eisen* ist dem der Molybdäntitration sehr ähnlich, mit dem Unterschied, daß bei Titan nach der Rücktitration des 2-wertigen Chroms bei 80° ein äußerst scharfer Knick bei —0,125 Volt auftritt; der Endpunkt liegt bei +0,110 Volt (gegen die gesättigte Kalomelelektrode).

Das Verfahren eignet sich besonders für *Titanstahl* und *Ferrotitan* und ist brauchbar bei Anwesenheit von Eisen, Kohlenstoff, Silicium, Mangan, Phosphor, Schwefel, Chrom, Nickel, Kobalt, Aluminium, Zirkonium, Zink, Vanadium, Calcium, Magnesium. Molybdän wird, wie bereits erwähnt, zusammen mit Titan ermittelt; Wolfram scheidet man vorher als Wolframsäure ab.

Was den Einfluß von Schwefelsäure, Wasserstoffperoxyd, Brom, Salpeter-, Phosphor- und Flußsäure sowie Bromwasserstoffsäure anbetrifft, so bringen 10 cm³ konz. Schwefelsäure — für 1 g Stahl eine zur Lösung sicher ausreichende Menge — keine Störung; Chlor und Brom werden bei der Vorreduktion mit Zink in die entsprechenden unschädlichen Zinksalze übergeführt, und selbst größere Mengen von Bromwasserstoff sind ohne Einfluß. Auch Salpetersäure (bis zu 5 cm³) wird durch Zink unschädlich gemacht, und kleine Mengen Flußsäure, 10 cm³ Phosphorsäure (1,7) sowie 2 g Kaliumhydrogensulfat rufen keine Störungen hervor.

Abb. 17. Gesamtansicht der Apparatur zur Titration sauerstoffempfindlicher Lösungen.
Techn. Mitt. Krupp Bd. 3 (1935) S. 41 bis 57.

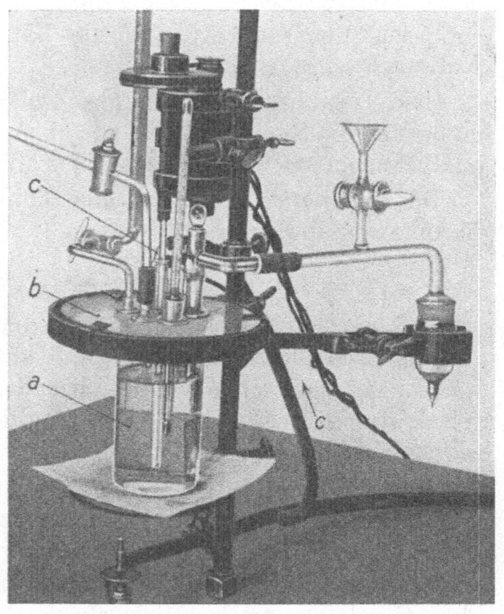

Abb. 18. Titrierbecher der Apparatur zur Titration sauerstoffempfindlicher Lösungen.
Techn. Mitt. Krupp Bd. 3 (1935) S. 41 bis 57.

1. Im Titanstahl.

Nach vorstehenden Ausführungen können zur Lösung des Titanstahls außer Salzsäure noch Bromwasserstoffsäure, Schwefelsäure, Phosphorsäure, Flußsäure, Brom, Chlor und Wasserstoffperoxyd verwendet werden; auch die Beigabe der

Lösung einer Kaliumhydrogensulfatschmelze ist ohne Einfluß. Im allgemeinen führt man die Analyse folgendermaßen aus:

1 g Titanstahl wird in einem 500 cm³-Erlenmeyerkolben mit 100 cm³ Salzsäure (1 + 1) in der Siedehitze gelöst, mit Salpetersäure oxydiert — wobei auch Titancarbid zersetzt wird — mit 10 cm³ Phosphorsäure (1,7) versetzt und eingedampft. Dann nimmt man mit 30 cm³ Salzsäure (1,19) auf. Ist die unvollständige Lösung des Stahles durch den Einschluß kleiner Stahlteilchen in Kieselsäure bedingt, so sucht man die Lösung durch Zugabe von einigen Tropfen Flußsäure zu vervollständigen; bleibt trotzdem noch ein dunkel gefärbter Rückstand, so filtriert man diesen ab, schließt ihn mit Kaliumhydrogensulfat auf, löst die Schmelze in Wasser und fügt sie der Hauptlösung bei. (Man kann auch den abfiltrierten Rückstand durch Abrauchen mit Flußsänre und Schwefelsäure von der Kieselsäure befreien, den verbliebenen Rest durch eine Alkalischmelze aufschließen, in Salzsäure lösen und die Lösung dem Hauptfiltrat beigeben.) Die vereinigten Lösungen werden auf ein Volumen von 30 cm³ eingeengt und im gleichen Gefäß, das bedeckt zu halten ist, zur Reduktion mit 5 bis 6 g grob granuliertem Zink versetzt. Nach eingetretener Entfärbung gibt man 100 cm³ Salzsäure (1,19) hinzu, verdünnt etwas und filtriert ausgeschiedenes Kupfer, überschüssiges Zink, Kieselsäure und kaum sichtbare Graphitteilchen ab. Das Filter wird mehrfach mit Salzsäure (1 + 1) gewaschen, die Lösung in einen 400 cm³-Titrierbecher auf 250 cm³ verdünnt, auf 80° erwärmt und unter die Titrierapparatur gestellt. Hat man das Gefäß mit einer durchlochten Glasplatte bedeckt, wird die Luft über der Lösung durch Stickstoff verdrängt und so viel Chrom(II)-chlorid zugesetzt, bis das Potential (gegen gesättigte Kalomelelektrode gemessen) mindestens —0,180 Volt beträgt. Nunmehr titriert man mit Kaliumchromatlösung und liest die Skala beim ersten und zweiten Potentialsprung ab. Die Differenz zwischen beiden Ablesungen entspricht dem zur Oxydation des Titans (Molybdän) verbrauchten Volumen an Kaliumchromatlösung.

Sind Titan und Molybdän gleichzeitig vorhanden, so bestimmt man am zweckmäßigsten die Summe beider, wie oben, und dann das Titan für sich auf gewichtsanalytischem oder colorimetrischem Wege.

Der *qualitative Nachweis* von Titan neben Molybdän kann mit Hilfe von Chromotropsäure erbracht werden (s. Eingang dieses Kapitels).

2. Im Ferrotitan.

Da dieses häufig bis zu 50% Ti enthält, muß die zur Analyse verwendete Menge sich auf 100 mg beschränken. Bei einer Fehlergrenze von ±0,10 cm³ bei der Endpunktsbestimmung würden sich dann bereits beträchtliche Unterschiede ergeben; deshalb wird hier das empfindlichere Röhrenpotentiometer mit Kompensationsschaltung empfohlen (Abb. 19).

Man schlämmt 0,5 g der fein gepulverten Probe mit 100 cm³ Wasser auf und setzt 5 cm³ Brom hinzu, wonach leicht angewärmt wird. Nach etwa 15 min werden 50 cm³ Salzsäure (1,19) beigefügt und die Dämpfe des Broms verkocht. Man filtriert vom Rückstand ab, wäscht 2mal mit Salzsäure (1 + 1) aus, verascht im Platintiegel, benetzt mit Schwefelsäure, gibt 5 cm³ Flußsäure hinzu und raucht zur Trockne. Der verbleibende Rest wird mit Kaliumhydrogensulfat aufgeschlossen, die Schmelze in wenig Wasser gelöst und mit der Hauptlösung vereinigt, die man dann in einem 250 cm³-Meßkolben auffüllt. Davon wird ein Anteil von 50 cm³ mit 10 cm³ Salzsäure (1,19) versetzt, mit 5 bis 8 g grob granuliertem Zink vorreduziert, nach Zusatz von weiteren 100 cm³ Salzsäure (1,19) filtriert und in einem Titrierbecher, wie im vorigen Abschnitt angegeben, titriert, aber diesmal unter Verwendung eines Röhrenpotentiometers.

Bemerkung. Die Ausführung der potentiometrischen Titanbestimmungen erfordert eine Vorreduktion mit metallischem Zink. Dafür aber ist wieder die Abwesenheit von *Wolfram* vorausgesetzt, das man also, wenn es vorhanden ist, abscheiden muß. Nach J. Kaßler[14] verfährt man dabei wie folgt: Es wird das Doppelte der gewöhnlichen Einwaage in 100 cm^3 Salzsäure (1,19) gelöst und dann bei 90° mit 10 cm^3 konz. Salpetersäure oxydiert; dabei schüttelt man den bedeckten Kolben (etwa 30 min lang) häufig um. Nun wird mit 50 cm^3 Wasser verdünnt, wieder während 30 min bei einer Temperatur von 90° gehalten und kräftig geschüttelt; diesmal bleibt der Kolben unbedeckt. Niederschlag und Lösung werden nun in einen 200 cm^3-Meßkolben übergespült, worauf man zur Marke auffüllt, durch ein doppeltes

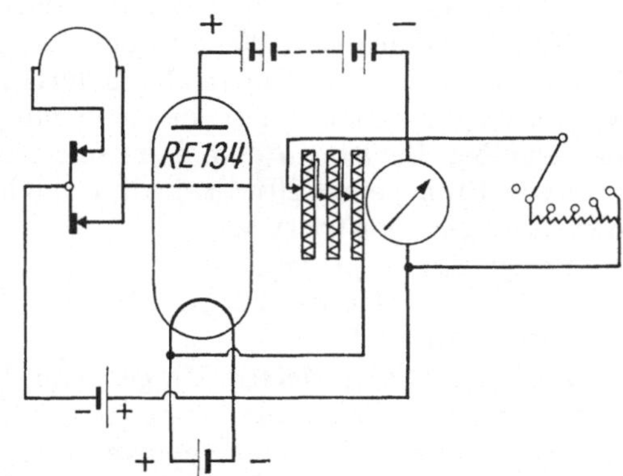

Abb. 19. Schaltschema nach Techn. Mitt. Krupp Bd. 3 (1935) S. 36.

Filter filtriert und 100 cm^3 des Filtrates mit 10 cm^3 Phosphorsäure (1,7) eingedampft. Hat man dann mit 30 cm^3 Salzsäure (1,19) aufgenommen, so wird, wie bereits beschrieben, weiter analysiert. Will man die Einwaage auch zur *Molybdän*bestimmung verwenden, darf der Wolframniederschlag mit Kaliumxanthogenat keine Molybdänreaktion ergeben.

V. Photometrische Bestimmung des Titans neben Tantal und Niob.

Die Farbenreaktion des Titans mit *Chromotropsäure*[15] wird von Niob, Tantal und Eisen nicht gestört und kann deshalb zur Bestimmung des Titans neben der Erdsäure in Stählen und Hartmetallen verwendet werden; eine Abtrennung des Eisens und der Legierungsmetalle ist hierbei nicht nötig.

B. Untersuchung von Erzen und Erzeugnissen.

I. Erze.

Wichtige Titanmineralien sind: *Rutil* (TiO_2), der immer krystallin vorkommt und einen Titanoxydgehalt von 90% aufweist, und *Titaneisenerz* (*Ilmenit:* $FeTiO_3$), das sehr verbreitet ist und in vielen Silicaten, Tonen, Bauxiten, Niobaten usw. angetroffen wird.

Der Aufschluß der Erze und die Trennung des Titans von den begleitenden Elementen sind unter A. „Bestimmungsmethoden" eingehend behandelt. Im nachstehenden sei die bereits S. 351 erwähnte Bestimmung des Titans in einem Titanerz nach Chr. Winterstein angeführt:

Man schließt 0,625 g des Titanerzes im Quarztiegel mit Kaliumpyrosulfat auf, löst die Schmelze in Wasser und reichlich Salzsäure, filtriert von einem etwaigen Rückstand ab, verascht und behandelt mit Fluß- und Schwefelsäure. Der dabei verbleibende Rückstand wird erneut mit Pyrosulfat geschmolzen, die Schmelze gelöst und der Hauptlösung beigefügt. Nun fällt man mit Natronlauge, filtriert die Hydroxyde ab, löst sie in etwa 60 cm^3 Salzsäure (1,12) und füllt die *klare*

---

[14] Untersuchungsmethoden für Roheisen, Stahl und Ferrolegierungen. S. 72 bis 73. Stuttgart: Ferd. Enke 1932.

[15] Klinger, P., u. W. Koch: Arch. Eisenhüttenw. Bd. 13 (1939/40) S. 127 bis 134 — Techn. Mitt. Krupp Bd. 2 (1939) S. 179 bis 185.

salzsaure Lösung im Meßkolben auf 250 cm³ auf. Die Lösung darf Arsen, Antimon, Zinn, Vanadium, Molybdän, Chrom, Uran und Niob nicht enthalten; diese Elemente sind daher vor der Fällung mit Natronlauge, soweit sie nicht durch diese vom Titan getrennt werden, zu entfernen.

Nun bringt man je 100 cm³ der Lösung in den Reduktor (s. S. 350), schüttelt 5 bis 6 min kräftig mit Zinkamalgam durch, trennt das Amalgam von der reduzierten Titanlösung und läßt diese in einen mit Kohlendioxyd gefüllten 500 cm³-Erlenmeyerkolben fließen, in dem dann sogleich mit Eisen(III)-chloridlösung unter Zusatz von 10 cm³ einer 20proz. Kaliumrhodanidlösung als Indicator bis zur bleibenden Rotfärbung titriert wird.

Die *Eisen(III)-chloridlösung* stellt man durch Lösen von 4,9962 g „Eisenoxyd nach L. Brandt" in Salzsäure und Auffüllen auf 1000 cm³ her. Sie wird mit Titankaliumfluorid (s. S. 347) eingestellt.

Zur Ermittlung *kleiner Mengen* von Titan, z. B. bei *Gesteinsanalysen*, eignet sich folgendes Verfahren:

Man schließt das fein gepulverte Material auf (s. S. 341), entfernt aus der Lösung der Schmelze Kieselsäure und Schwermetalle, fällt mittels Ammoniak die Hydroxyde von Eisen, Aluminium und Titan, filtriert sie ab und verascht. Die Oxyde werden mit Kaliumpyrosulfat geschmolzen; falls dies im Platintiegel geschieht, muß das gelöste Platin dann durch eine Schwefelwasserstoffällung entfernt werden. Die mit Salzsäure angesäuerte Lösung der Schmelze wird mit Weinsäure (3fache Menge des Gewichtes der Oxyde) versetzt, mit Schwefelwasserstoff gesättigt und ammoniakalisch gemacht. Nach dem Abfiltrieren des Eisen(II)-sulfids und Auswaschen mit schwefelwasserstoffhaltigem Wasser säuert man das Filtrat mit Schwefelsäure an, verkocht den Schwefelwasserstoff und setzt $2^1/_2$mal soviel Kaliumpermanganat, als Weinsäure verwendet wurde, nach und nach zur Zerstörung der letzteren zu. Den ausgefallenen Braunstein bringt man mit schwefliger Säure in Lösung, neutralisiert mit Ammoniak, gibt für je 100 cm³ Lösung 7 bis 10 cm³ Eisessig hinzu, kocht 1 Minute, läßt absitzen, dekantiert und filtriert durch ein Schleicher- und Schüll-Filter Nr. 589. Es wird dann mit 7proz. Essigsäure, schließlich mit heißem Wasser gewaschen und der Niederschlag geglüht (mangan- und aluminiumhaltiges TiO_2). Durch Schmelzen mit Soda und Auslaugen der grünen Schmelze mit *kaltem* Wasser bleibt Natriumtitanat mit etwas Tonerde ungelöst zurück; nachdem das Schmelzen mit Soda wiederholt wurde, kann man mit etwas Schwefelsäure (1 + 1) lösen und Titan nach der colorimetrischen Methode bestimmen (s. S. 347).

II. Erzeugnisse.

1. Legierungen.

Titan wirkt in Legierungen kornverfeinernd und in komplexen Legierungen ausscheidungshärtend (1 bis 5% Ti); es bildet das stabilste Carbid (TiC); Molybdän- und Chrom-Molybdän-Stähle werden durch Titancarbid standfester und schnitthaltiger. Geringe Titangehalte (0,5% Ti) befördern die Korrosionsbeständigkeit der Stähle, da das Titan Carbidausscheidungen an den Korngrenzen vermindert. Es verbindet sich leicht mit Sauerstoff, Stickstoff und Wasserstoff (unter 900°) sowie Kohlenstoff, weshalb sein Oxyd, Nitrid und Carbid in den Legierungen auftritt; doch kann es bei geringem Kohlenstoffgehalt auch als Titanmetall vorhanden sein.

Als Titanlegierungen kommen hauptsächlich *Titanstähle, Ferrotitan, Ferrotitansilicium* und *Ferrocarbontitan* in Betracht.

Bei der Analyse der titanreichen Legierungen, welche hauptsächlich zur Schweißdrahtherstellung Verwendung finden, ist damit zu rechnen, daß bei der Abscheidung der Kieselsäure durch Abdampfen der Salzsäure und nachfolgendes Erhitzen auf 135° die Titansäure ganz oder teilweise in Salzsäure unlöslich wird und also nur sehr unvollkommen von der Kieselsäure zu trennen ist. Es ist daher zweckmäßig, in einer mindestens 20 Gew.% HCl enthaltenden Auflösung nach 10 min langem Kochen, Ersatz der verdampften Chlorwasserstoffsäure durch 40 bis 50 cm³ Salzsäure (1,19) und Erhitzen bis eben zum Kochen die Kieselsäure mit 2proz. Gelatinelösung unter Rühren auszufällen (s. Kap. „Silicum", S. 301); auf diese Weise wird kein Titan mitfallen. Man wäscht dann erst mit 5proz., schließlich mit 2proz. Salzsäure aus. Zirkonium fällt mit der Phosphorsäure als Zirkoniumphosphat aus, dagegen Titan nicht, da Titanphosphat in 20proz. Salzsäure löslich ist.

Auch die Abscheidung der Kieselsäure durch Kochen in stark schwefelsaurer Lösung [mindestens Schwefelsäure (1 + 1)] kann in Frage kommen, da dabei Titan gleichfalls in Lösung bleibt.

a) Titanstähle.

Sie enthalten meistens weniger als 3% Titan als Nitrid und Carbid (TiC und Ti_2C), deren Doppelverbindung als bronzefarbige Würfel oder Oktaeder im Schliffbild erkennbar ist; man findet es auch in gesinterten Schneidmetallen und Ziehsteinen. Titancarbid ist in Salzsäure unlöslich, doch geht als Metall legiertes Titan durch verd. Säure zusammen mit dem Eisen in Lösung.

Geringere Titanmengen werden vorteilhaft colorimetrisch, größere gewichtsanalytisch, maßanalytisch oder potentiometrisch bestimmt (s. A. IV, 1, S. 351).

b) Ferrotitan.

Es enthält 10 bis 80% Titan und kann, wenn aluminothermisch hergestellt, einen Aluminiumgehalt bis zu 8% aufweisen.

Ferrotitan ist löslich in Salzsäure, Königswasser, Salpeter-Schwefelsäure oder aufschließbar durch eine Kaliumhydrogensulfatschmelze[16].

Für die Analyse kommen in Betracht die Bestimmungen von Ti, Fe, Si, C, Zr, Cu, Ni, Mn, V, P, S. Davon wird Phosphor als Zirkoniumphosphat gebunden; sollte die vorhandene Zirkoniummenge dafür nicht ausreichen, so fügt man der Lösung in Königswasser so viel von einer Zirkoniumlösung bekannten Gehaltes hinzu, daß alle Phosphorsäure gebunden werden kann und berücksichtigt später bei der Zirkoniumbestimmung diesen Zusatz.

0,2 bis 0,5 g der Legierung werden in 30 bis 60 cm³ konz. Salzsäure und 10 bis 20 cm³ konz. Salpetersäure gelöst; nach Zusatz von 10 bis 20 cm³ konz. Schwefelsäure wird auf dem Sandbad bis zum beginnenden starken Rauchen eingedampft, nach der Abkühlung mit 75 bis 150 cm³ Salzsäure (1 + 5) versetzt, umgerührt, bis sich alle Salze gelöst haben, filtriert und mit heißer Salzsäure (1 + 9) ausgewaschen (Rückstand A; Filtrat A).

Der Rückstand A enthält *Kieselsäure* und *Zirkonium-(Titan-)phosphat;* er wird zunächst schwach geglüht und mit einigen Tropfen Schwefelsäure (1 + 1) abgeraucht, bis zu 850° geglüht und gewogen; dann verjagt man die Kieselsäure mit Fluß- und Schwefelsäure, glüht wieder bei 850° und wägt. Die Gewichtsdifferenz ist SiO_2. Der im Tiegel verbliebene Rückstand wird nun mit Soda geschmolzen, die Schmelze mit kaltem Wasser ausgelaugt, der Niederschlag abfiltriert und mit sodahaltigem Wasser ausgewaschen (Rückstand B, der Zirkonium und etwas Titan enthält; Filtrat B mit *Phosphor* und *Vanadin*).

Der Rückstand B ist in Salzsäure löslich und kann mit dem Filtrat A vereinigt werden; doch ist es zweckmäßiger, ihn mit Kaliumhydrogensulfat zu schmelzen, die Schmelze in Schwefelsäure (1 + 9) zu lösen und Titan colorimetrisch zu bestimmen. Darauf versetzt man die gleiche Lösung mit etwas schwefliger Säure, verjagt deren Überschuß durch Kochen und fällt die Hydroxyde des Zirkoniums und Titans mit Ammoniak. Die Fällung wird wiederholt. Nach dem Glühen

---

¹⁶ Arch. Eisenhüttenw. 1929 S. 10 bis 11.

und Wägen setzt man von der Summe der Oxyde den vorhin ermittelten Titangehalt (als Oxyd) ab und erhält den Wert für das Zirkoniumoxyd.

Das Filtrat A versetzt man mit 5 bis 10 g Weinsäure, neutralisiert eben mit Ammoniak, macht mit 2 bis 3 cm³ Schwefelsäure (1,84) wieder sauer und sättigt es zur Reduktion des Eisens mit Schwefelwasserstoff bei Zimmertemperatur. Hat man dann mit Ammoniak neutralisiert, so fügt man weitere 20 cm³ Ammoniak hinzu, leitet wiederum Schwefelwasserstoff bis zur Sättigung ein (diesmal bei 60 bis 70°), erwärmt dann bis zum Sieden, läßt den Niederschlag absitzen, dekantiert ihn mit heißem Wasser, dem einige Tropfen Ammoniumsulfid beigegeben sind, und löst ihn wieder in Salzsäure (1 + 5) auf; nach Zusatz von 5 g Weinsäure wiederholt man die eben beschriebene Fällung.

Im Sulfidniederschlag können neben *Eisen* noch *Mangan, Nickel, Kobalt* (bis auf Spuren) und *Kupfer* vorhanden sein (ihre Bestimmung siehe bei den entsprechenden Kapiteln!).

Die vereinigten weinsäurehaltigen Filtrate (mit Titan, etwa gelöstem Zirkonium und Vanadium) werden mit Schwefelsäure neutralisiert und mit weiteren je 6 bis 10 cm³ konz. Schwefelsäure für je 100 cm³ Flüssigkeitsvolumen versetzt. Man verkocht den Schwefelwasserstoff, fällt Titan und Zirkonium mit 20 bis 60 cm³ Kupferronlösung (6proz.), filtriert, wäscht mit Salzsäure (1 + 9) sulfatfrei, verascht, glüht und wägt.

Der Tiegelinhalt wird mit 10 g Soda-Borax aufgeschlossen, die Schmelze mit Wasser gekocht, das Unlösliche abfiltriert, in heißer Schwefelsäure (1 + 3) gelöst, die Lösung nach dem Erkalten mit Wasserstoffperoxyd oxydiert und gegebenenfalls colorimetriert und dann bei 60° zur Fällung von Zirkoniumphosphat mit Ammoniumphosphat versetzt; die Lösung muß dabei mindestens 10% Schwefelsäure enthalten. Der meist noch titanhaltige Niederschlag wird abfiltriert, nochmals mit Soda-Borax geschmolzen und die Schmelze ausgelaugt. Nun dekantiert man — ohne zu filtrieren — und fährt mit dem Analysengang, wie vorhin, weiter fort. Schließlich wird das *Zirkoniumphosphat* (ZrP_2O_7) gewogen und auf Oxyd umgerechnet, dessen Menge man vom Gesamtgewicht der Oxyde absetzt. Die im Rückstand B ermittelten Gehalte an Titan und Zirkonium sind zu berücksichtigen.

Sollte bei der Kupferronfällung *Vanadium* mit niedergeschlagen worden sein, wird das geglühte Oxyd zunächst mit Soda geschmolzen und das Natriumvanadat mit Wasser ausgelaugt. In der Lösung kann das Vanadin ermittelt werden.

Weitere Bestimmungen s. auch im folgenden Abschnitt c.

c) Ferrotitansilicium, Ferrocarbontitan.

Diese Legierungen werden im elektrischen Ofen unter Kohlezusatz erschmolzen und können bis 8% Kohlenstoff enthalten. Sie sind in Königswasser unlöslich, löslich dagegen in einem Gemisch von Salpetersäure und Flußsäure; durch eine alkalische Schmelze werden sie aufgeschlossen.

Beim *sauren Aufschluß* wird 0,5 bis 1 g Material in einer Platinschale mit 30 bis 50 cm³ Salpetersäure (1 + 1) und 20 cm³ Flußsäure gelöst; dann erhitzt man mit 10 cm³ Schwefelsäure (1,84) bis zum starken Rauchen, setzt Salzsäure zu und führt die Analyse weiter, wie bei „Ferrotitan" angegeben.

R. Weihrich[17] empfiehlt die Vertreibung der Flußsäurereste als BF_3 mit 1 bis 2 g Borax; man läßt kurze Zeit in der Wärme (Wasserbad) einwirken, filtriert in einen 400 cm³-Meßkolben und wäscht mit salzsäurehaltigem Wasser aus.

Für den *alkalischen Schmelzaufschluß* wird 1 g der gepulverten Legierung im chromfreien Eisentiegel auf die Oberfläche eines erkalteten Schmelzflusses von

---

[17] Die chemische Analyse. Bd. 31 S. 161. Stuttgart: Ferd. Enke 1939.

5 g Natriumcarbonat gebracht, mit 5 g Natriumperoxyd bedeckt und bis zur Beendigung der Hauptumsetzung mit schwacher Flamme erhitzt. Dann setzt man weitere 5 g Natriumperoxyd zu und steigert die Temperatur, bis nach etwa 30 min volle Brennerstärke erreicht ist; während des Schmelzvorganges bleibt der Tiegel bedeckt und wird so gegen das Eindringen schwefelhaltiger Flammengase geschützt. Man löst die Schmelze in wenig Wasser, filtriert den Rückstand ab und wäscht ihn gut aus. Im Filtrat befinden sich Aluminium, Phosphor und Sulfat sowie andere säurebildende Elemente. Sollen diese bestimmt werden, so verascht man den beim Auslaugen verbleibenden Rückstand, verreibt ihn mit Natriumcarbonat und schmilzt nochmals, wie oben. Die Filtrate werden dann vereinigt.

Der obige Rückstand enthält Titan, Eisen, Zirkonium, Mangan, Kupfer, Nickel, Kobalt und den Rest an Kieselsäure; er wird in Salzsäure gelöst und die Kieselsäure, wie bei „Ferrotitan", abgeschieden.

Einzelbestimmungen. Sie gelten auch für „Ferrotitan".

Kohlenstoff [17].

1,3636 g Ferrotitan, 0,5 g Ferrotitansilicium oder 0,2 g Ferrocarbontitan werden mit 3 g Zuschlag (dafür wird besonders ein Gemisch von 2 Gwt. PbO_2 und 1 Gwt. Co_2O_3 empfohlen) bei 950 bis 1250° im Verbrennungsofen erhitzt. Bei Legierungen mit einem sehr hohen Kohlenstoffgehalt (über 10%) ist die Einschaltung eines auf 750° erhitzten Kupferrohres zweckmäßig. Die entstandene Kohlensäure wird gewichtsanalytisch ermittelt.

Schwefel.

Im Ferrotitan kann seine Bestimmung durch Verbrennen von 0,5 g Material mit 0,2 g Ferrovanadin und 1 g Co_2O_3 bei 1350 bis 1400° und nachfolgender jodometrischer Bestimmung oder durch Verbrennen von 1 g Ferrotitan mit 1 g Zinn (s. „Ferrosilicium", S. 312) erfolgen; doch ist das *Aufschlußverfahren* genauer. Dafür erfolgt der Aufschluß im Nickeltiegel, den man in einen kreisrunden Ausschnitt einer Asbestplatte setzt, um den Zutritt schwefelhaltiger Flammengase zum Schmelzgut zu verhindern. Man schmilzt zunächst 5 g SO_3-freier Soda ein, läßt etwas abkühlen und gibt 2 g Probe und sodann ein Gemisch von 5 g Soda und 5 g Natriumperoxyd darüber. Es wird nun vorsichtig bis zur Beendigung des Aufglühens und weiterhin mit voller Flamme 30 min lang erhitzt. Man läßt die Schmelze abkühlen und kocht sie dann bis zum völligen Zerfall mit Wasser unter Zusatz von einigen Tropfen Alkohol. In der Lösung wird die gebildete Schwefelsäure wie in Ferrochrom s. Kap. „Chrom", S. 152, bestimmt.

Phosphor.

Der Aufschluß und das Auslaugen der Schmelze werden wie bei der Schwefelbestimmung ausgeführt. Man füllt alles in einen Meßkolben von 500 cm³ Inhalt auf, filtriert und entnimmt bei 2 g Einwaage einen Anteil von 250 cm³. Sind nennenswerte Siliciummengen vorhanden, muß man die Kieselsäure durch Eindampfen der salzsauer gemachten Lösung und nachfolgendes Erhitzen der Salze auf 110° (nicht höher wegen der sonst unlöslich werdenden Titansäure) abscheiden, mit Salzsäure (1 + 1) aufnehmen (Titanphosphat ist etwas schwer löslich), filtrieren und mit Salzsäure (1 + 3) auswaschen. Im Filtrat wird die Salzsäure durch 3maliges Eindampfen mit je 20 cm³ konz. Salpetersäure beseitigt. Dann setzt man 0,5 g Eisennitrat zu und fällt mit Ammoniak in der Kälte. Der die Phosphorsäure enthaltende Niederschlag wird nach dem Auswaschen mit ammoniakhaltigem Wasser in Salpetersäure (1 + 2) gelöst, die Lösung mit Ammoniak neutralisiert und wieder schwach salpetersauer gemacht; darin wird die Phosphorsäure gefällt.

Silicium.

Es ist das eingangs B. II, 1, S. 356, Gesagte zu beachten.

Man löst die feinst gepulverte Probe mit einer Mischung von 1 Vol. Salpetersäure (1 + 1) und 4 Vol. Schwefelsäure (1 + 3) unter Erwärmen oder verfährt nach W. M. Thornton[18], der 0,5 g Ferrotitan mit 50 cm³ Schwefelsäure (1 + 4) versetzt, nach einiger Zeit 15 cm³ Salzsäure (1,124) und 10 cm³ Salpetersäure (1,4) hinzufügt und nach kurzer Zeit einen vollständigen Aufschluß erreicht. Dann wird in einer Porzellanschale die Salz- und Salpetersäure völlig abgedampft und die Schwefelsäure bis zum starken Rauchen gebracht, ohne sie jedoch vollständig zu verjagen. Die erkalteten Sulfate nimmt man mit Salzsäure (1 + 9) auf, erwärmt, bis sie gelöst sind, filtriert die Kieselsäure durch ein dichtes Filter ab, wäscht mit Salzsäure (1 + 9) — nicht mit Wasser —, verascht, raucht mit einigen Tropfen Schwefelsäure (1 + 1) ab, glüht bei 850° und wägt. Darauf raucht man mit Fluß- und Schwefelsäure ab, glüht wieder bis zu 850° und wägt. Die Gewichtsdifferenz zwischen den beiden Wägungen entspricht dem Gewicht der Kieselsäure; es ist auf Silicium umzurechnen.

Ungelöste Anteile der Probe werden zusammen mit der Kieselsäure abgeschieden, weshalb der nach dem Verjagen der Kieselsäure verbleibende Rückstand aufgeschlossen und nach S. 340 weiterbehandelt werden muß.

Arsen.

Man verwendet den wässerigen Auszug einer Soda-Natriumperoxydschmelze; wegen der meist geringen Arsengehalte sind Einwaagen bis zu 5 g zu nehmen. Salpetersäurelösliche Proben werden in dieser Säure gelöst und mit Schwefelsäure abgeraucht, bis die letzten Reste Salpetersäure verjagt sind. Dann spült man in einen Destillationskolben über und destilliert nach den Angaben im Kap. „Arsen", S. 59.

Aluminium.

Da Gehalte bis zu 8% vorkommen können, ist die Einwaage entsprechend zu wählen. Das Aluminium bleibt bei der Fällung des Titans mit Kupferron im Filtrat. Dieses wird bis zum Rauchen der vorhandenen Schwefelsäure eingedampft, wobei man tropfenweise konz. Salpetersäure hinzufügt, bis die organische Substanz völlig zerstört ist. Bei Anwesenheit von Chrom folgt nun die Oxydation zu Chromat mittels Kaliumchlorat und Salpetersäure; ist auch Vanadium zugegen, wird es durch Zusatz von Wasserstoffperoxyd oxydiert. Darauf gibt man Ammoniumchlorid hinzu und fällt das Aluminiumhydroxyd mit Ammoniak. Es wird ausgewaschen und in heißer Salzsäure (1 + 3) gelöst.

Man fällt Aluminium als Phosphat und bringt dieses zur Wägung.

Ist bei der Legierung ein alkalischer Aufschluß erforderlich, so verwende man dafür kein kaliumhaltiges Schmelzmittel, weil Kaliumtitanat etwas löslich ist. Das Aluminium befindet sich im wässerigen Auszug der Schmelze, der salzsauer gemacht und zur Abscheidung der Kieselsäure eingedampft wird. Hat man diese abfiltriert, so kann dann im Filtrat das Aluminium, wie vorhin angegeben, bestimmt werden.

Eisen.

Man löst 0,5 g Probematerial wie vorhin bei „Silicium" nach Thornton, erhitzt mit Schwefelsäure zum Rauchen, verdünnt mit Wasser und filtriert. Der Rückstand wird nach dem Auswaschen verascht und mit Kaliumhydrogensulfat aufgeschlossen. Hat man die Schmelze in schwefelsäurehaltigem Wasser gelöst, filtriert man von der Kieselsäure ab und vereinigt die sauren Lösungen. Sie werden

---

[18] Die Bestimmung des Titans in Gegenwart von Eisen. Amer. J. Sci. Bd. 34 (1912) S. 214.

auf 150 bis 200 cm³ eingedampft, mit 5 g Weinsäure versetzt, mit Ammoniak neutralisiert und nach Zusatz von 10 cm³ Schwefelsäure $(1+10)$ mit Schwefelwasserstoff gesättigt; einen ausgefallenen Sulfidniederschlag filtriert man ab. Nun macht man mit Ammoniak alkalisch und leitet wieder Schwefelwasserstoff ein, bis die Sulfide von Eisen, Mangan, Nickel und Kobalt ausgefallen sind; die Lösung muß am Ende der Fällung noch alkalisch sein. Der Niederschlag wird abfiltriert, von den weinsauren Salzen durch sorgfältiges Waschen mit ammoniumsulfidhaltigem Wasser befreit und in Salzsäure gelöst. Hat man den Schwefelwasserstoff verjagt, so bestimmt man das Eisen nach Reinhardt-Zimmermann.

Da bei größeren Niederschlägen ein restloses Auswaschen der weinsauren Salze nur schwer erreichbar ist, verascht man besser, löst dann in Salzsäure und titriert.

Mangan.

2 g der feinst gepulverten Probe werden zur Oxydation zunächst im Porzellantiegel bei etwa 900° 1 Stunde erhitzt, wobei man den Tiegel öfters bewegt, damit die Substanz nicht zusammenfrittet, sondern alle Teile oxydiert werden. Dann schmilzt man im gleichen Tiegel mit Soda und Natriumperoxyd vorsichtig ein, zersetzt die Schmelze mit Wasser, löst alles in Salzsäure, verkocht das freie Chlor, füllt im 500 cm³-Meßkolben auf und verwendet davon 250 cm³ zur Manganbestimmung nach Volhard (s. Kap. „Mangan", S. 243). Dabei stören Chrom, Molybdän und Wolfram und täuschen einen zu hohen Mangangehalt vor.

Man kann auch 0,2 g der Probe mit Soda-Natriumperoxyd aufschließen, die Schmelze in Salpetersäure (1,2) lösen, die Lösung stark konzentrieren, mit 50 cm³ $n/_{100}$-Silbernitrat und 15 cm³ Ammoniumperoxydisulfatlösung (15proz.) versetzen und vorsichtig auf 60° erwärmen; nach 5 min wird die Flüssigkeit abgekühlt, auf 150 cm³ verdünnt und mit Arsentrioxydlösung unter Umschwenken rasch bis zum Umschlag der roten Farbe nach Gelbgrün titriert.

Kupfer.

Nach Thornton[18] löst man je nach dem Kupfergehalt 2 bis 5 g in 100 cm³ Schwefelsäure $(1+4)$, fügt nach einiger Zeit 30 cm³ Salzsäure (1,124) und 20 cm³ Salpetersäure (1,4) hinzu und erhitzt bis zum starken Rauchen der Schwefelsäure. Es wird dann mit Salzsäure $(1+9)$ aufgenommen, erwärmt, bis die Salze gelöst sind, die Rohkieselsäure abfiltriert, mit Salzsäure $(1+9)$ gewaschen, verascht und mit Kaliumhydrogensulfat aufgeschlossen. Man löst die Schmelze mit Salzsäure $(1+9)$, filtriert vom Unlöslichen ab und vereinigt die Filtrate. Hat man sie bei 80 bis 90° mit Schwefelwasserstoff gesättigt, filtriert man das unreine Kupfersulfid ab, löst es in Salpetersäure und fällt Titan, Eisen usw. mit überschüssigem Ammoniak aus. Die Hydroxyde werden abfiltriert und abermals mit Kaliumhydrogensulfat geschmolzen. Man löst in verd. Säure, macht ammoniakalisch, filtriert und vereinigt die kupferhaltigen Filtrate. Nach dem Ansäuern mit Salzsäure erfolgt die nochmalige Fällung des nun reinen Kupfersulfids; in ihm wird Kupfer nach den Verfahren des Kap. „Kupfer" bestimmt.

Chrom.

1 bis 2 g der fein gepulverten Probe werden mit 10 g Natriumperoxyd im Eisen-, Nickel-, Alsint- oder Sinterkorundtiegel aufgeschlossen. Man schmilzt zunächst bis zum ruhigen Fluß und steigert dann die Hitze allmählich, wobei man bei kohlenstoffreichen Legierungen vorsichtig verfahren und längere Zeit schmelzen muß. Der Tiegel mit der Schmelze wird nun in einem Becherglase mit Wasser bedeckt und 10 min lang gekocht, wobei man zu Beginn des Kochens noch einige Körnchen Natriumperoxyd hinzugibt, um etwa reduziertes Chrom wieder zu oxydieren. Das überschüssige Natriumperoxyd wird durch Kochen zersetzt, der Tiegel abgespritzt und der Inhalt des Becherglases in einen 1000 cm³-

Meßkolben übergespült. Man füllt auf, filtriert, entnimmt einen Anteil von 100 bis 200 cm^3 und bestimmt darin Chrom (s. Kap. „Chrom").

Für säurelösliche Legierungen wird vom *Chemikerausschuß* des VDEh. das *Silbernitrat-Peroxydisulfat-Verfahren* empfohlen[19]:

Man löst 1,5 g feine Späne oder Pulver in 80 cm^3 Salzsäure (1 + 1) und 90 cm^3 eines Schwefelsäure-Phosphorsäure-Gemisches [320 cm^3 Schwefelsäure (1 + 1) und 80 cm^3 Phosphorsäure (1,72) mit Wasser zum Liter verdünnt] unter Erwärmen auf, dampft ein, oxydiert kurz vor dem Rauchen der Schwefelsäure mit 10 cm^3 tropfenweise zugegebener Salpetersäure (1 + 1), vertreibt Salz- und Salpetersäure bis zum starken Rauchen der Schwefelsäure, verdünnt mit heißem Wasser auf 300 cm^3 (ohne die ausgeschiedene Titansäure zu berücksichtigen), versetzt mit 2 cm^3 einer 2,5 proz. Silbernitratlösung und kocht auf. Dann werden 20 cm^3 15 proz. Ammoniumperoxydisulfatlösung hinzugesetzt, wodurch man Chrom und Mangan zu Chromat bzw. Permanganat oxydiert. Nach Zugabe von 5 cm^3 5 proz. Kochsalzlösung werden durch 10 min langes Kochen Übermangansäure und das überschüssige Peroxydisulfat zerstört. Dann kühlt man ab, verdünnt mit Wasser, setzt eine gemessene überschüssige Menge einer eingestellten Eisen(II)-ammoniumsulfatlösung hinzu und titriert den Überschuß des Eisen^{II}-Salzes mit $n/_{10}$-Permanganat zurück.

$$100 \text{ cm}^3 \; n/_{10}\text{-}KMnO_4 = \frac{1}{10} FeO = \frac{Cr}{30} = 1{,}73367 \text{ g Cr}.$$

Stickstoff.

Ferrotitan und ähnliche Legierungen enthalten meist 2 bis 3% Stickstoff als Titannitrid oder (und) Cyanstickstofftitan wegen der großen Affinität des Titans zum Stickstoff.

Maßanalytisch erfolgt seine Bestimmung, indem man 2 g der gepulverten Probe in einem Becherglas mit Schwefelsäure (1 + 4) kocht, einen unlöslichen Rückstand über Asbest abfiltriert und mit Kaliumhydrogensulfat (3 g) und konz. Schwefelsäure (5 g) aufschließt. Dieser Aufschluß wird zusammen mit der Hauptlösung in einem Kjeldahlkolben mit Destillieraufsatz, absteigendem Kühler und Kugelrohr nach Zusatz von 50 proz. Kalilauge destilliert. Das Destillat nimmt man in $n/_{50}$-Schwefelsäure, die durch Methylrot schwach angefärbt ist, auf. (0,02 g Methylrot werden in 100 cm^3 heißem Wasser gelöst und nach dem Erkalten filtriert; für je 100 cm^3 der zu titrierenden Flüssigkeit setzt man 2 bis 3 Tropfen Indicator zu.)

Der Apparat muß vor der Destillation mit Wasser ausgekocht werden. Blindversuche mit der zur Verwendung kommenden Kalilauge und dem benutzten Wasser sind anzustellen.

Die $n/_{50}$-Schwefelsäure wird auf chemisch reine, geschmolzene Soda eingestellt; zum Zurücktitrieren des Überschusses an Schwefelsäure verwendet man eine $n/_{50}$-Natronlauge, welche auf die $n/_{50}$-Schwefelsäure unter Verwendung obiger Methylrotlösung als Indicator eingestellt wurde.

Gasvolumetrisch nach P. Klinger[20] erfolgt die Bestimmung des Stickstoffs folgendermaßen: Das Substanzpulver, welches sich in einem Supremax-Reagierrohr befindet, wird im Vakuum mit Natriumperoxyd geschmolzen. Man leitet die dabei entstehenden Gase über eine glühende Kupferspirale, pumpt sie ab und erhält nach Absorption von Kohlensäure, Kohlenoxyd, Sauerstoff und Wasserstoff den Stickstoff als Rest.

2. Titanweiß.

Titanweiß ist ein wichtiger Farbkörper, der in großem Maße, gewöhnlich mit Bariumsulfat vermischt, hergestellt wird. Man unterscheidet:

---

[19] Philips, M.: Stahl u. Eisen Bd. 27 (1907) S. 1164 — Arch. Eisenhüttenw. 1930/31 S. 7.
[20] Arch. Eisenhüttenw. 1931/32 S. 29.

a) Trockenfarbe für Anstrichzwecke . . . . . mit mindestens 18% TiO$_2$
b) Titanweiß für Industriezwecke, Sorte I . . „ „ 96 bis 100% „
   „ „ „ „ II . . „ „ 50% „
   „ „ „ „ III . . „ „ 25% „

Alle 4 Produkte dürfen einen zulässigen Höchstgehalt von 3% an Kalkverbindungen, Tonerde und Kieselsäure aufweisen; die Trockenfarbe muß einen Mindestgehalt von 18% Zinkoxyd haben.

Nach der Vorschrift der *Titangesellschaft m. b. H., Leverkusen,* ist der *Titangehalt* bei Schiedsanalysen nach dem Amalgamverfahren (s. S. 349) zu ermitteln.

Zinkoxyd. Genau 0,5 g Titanweiß werden in einem 500 cm^3-Becherglas mit 30 cm^3 Salzsäure (1 + 2) 2 bis 3 min gekocht; man fügt dann 200 cm^3 Wasser und ein Stückchen rotes Lackmuspapier hinzu und versetzt mit 20proz. Ammoniak bis zur alkalischen Reaktion und wieder mit Salzsäure, bis die Lösung eben sauer ist. Dann kommen weitere 10 cm^3 Salzsäure (1 + 2) hinzu, worauf schwach erwärmt wird. Nun titriert man mit einer Kaliumcyanoferrat(II)-Lösung (s. unten), bis 1 Tropfen aus dem Becherglas zu 1 Tropfen des Uranylindicators (s. unten) auf die Tüpfelplatte gegeben, eine braune Farbe erzeugt. Die Titration muß bei der gleichen Temperatur und dem gleichen Säuregehalt und Flüssigkeitsvolumen ausgeführt werden, wie bei der Einstellung der Kaliumcyanoferrat(II)-Lösung.

Diese Einstellung erfolgt in der Weise, daß man etwa 0,2 g reines, frisch geglühtes Zinkoxyd auflöst und titriert, wie beim Titanweiß angegeben.

Die *Maßlösung* wird hergestellt durch Lösen von 22 g Kaliumcyanoferrat(II) in Wasser und Auffüllen zu 1000 cm^3. Es wird auch eine Blindtitration mit den angewandten Reagenzien ausgeführt, wobei der Verbrauch an Kaliumcyanoferrat(II)-Lösung bei den späteren Berechnungen in Abzug gebracht werden muß.

Uranylindicator. 5 g Uranylacetat werden in Wasser gelöst, das mit Essigsäure schwach angesäuert ist und genau auf 100 cm^3 aufgefüllt.

Kieselsäure, Kalkverbindungen usw. Hatte sich bei der Titanbestimmung (s. S. 349) nicht alles in der konz. Schwefelsäure gelöst, so wird der Rückstand abfiltriert, getrocknet, verascht und gewogen. Dann schließt man ihn durch eine Sodaschmelze auf, laugt sie mit Wasser aus, wäscht den Rückstand (*Barium-*carbonat) bis zum Verschwinden der alkalischen Reaktion mit heißem Wasser und löst ihn in verdünnter Salzsäure. Aus der Lösung wird **Barium** als Sulfat mit Schwefelsäure in der Siedehitze gefällt, dann geglüht und gewogen. Sein Gewicht wird von dem des Gesamtrückstandes abgesetzt und die Differenz als Gewicht der Kieselsäure betrachtet.

Zur *Kalk*bestimmung (einschließlich löslicher Tonerde) wird 1 g Titanweiß mit 100 cm^3 5proz. Schwefelsäure übergegossen, die Mischung zum Sieden erhitzt und darin 5 min gehalten. Man filtriert die heiße Lösung, wäscht mit warmer 5proz. Schwefelsäure aus, übersättigt das Filtrat mit Ammoniak und versetzt es ohne Rücksicht auf einen etwa entstandenen Niederschlag mit Ammoniumoxalatlösung. Hierauf wird filtriert und der Niederschlag bis zur Gewichtskonstanz geglüht. Er wird als Summe von Kalk und Tonerde betrachtet.

Ergibt die Kalkbestimmung nach diesem Verfahren einen Wert in der Nähe des höchstzulässigen, so ist die Kalkbestimmung so auszuführen, daß die abgewogene Probe so oft mit verd. Salzsäure ausgekocht wird, bis keine Kalkverbindungen mehr gelöst werden. Durch langes Kochen der verd. Lösung ist das etwa mitgelöste Titan auszuscheiden und im Filtrat der Kalk zu bestimmen. Bei Schiedsanalysen ist stets so zu verfahren.

Kapitel 23.

Uran*.

Nachweis von Uran.

A. Trennung von anderen Elementen und Bestimmungsmethoden des Urans.
   a) Trennungen.
   b) Bestimmungsmethoden:
      I. Die Fällung mit Ammoniak.
      II. Die Fällung mit Ammoniumsulfid.
      (Fällung mit Oxalsäure.)
      III. Maßanalytisch mit Permanganatlösung.

B. Untersuchung von Erzen und Erzeugnissen.
   I. Erze. (Uranpecherz und -glimmer, Carnotit, Methode C. Scholl.)
   II. Erzeugnisse:
      1. Uranmetall,
      2. Uranstahl,
      3. Ferrouran.

Nachweis von Uran.

$Uran^{IV}$-Salze — ausgenommen Uran(IV)-oxalat — werden durch die Einwirkung der Luft sehr rasch oxydiert; in Anwesenheit größerer Mengen von Schwefelsäure ist U^{IV} beständiger und kann in der Kälte einige Zeit (5 bis 10 min) mit Luft gerührt werden, ohne Oxydation bis zu U^{VI} befürchten zu müssen; U^{III} wird mit Luft rasch zu U^{IV} oxydiert. Uranylverbindungen (Uranyl $= UO_2''$) geben mit Kaliumcyanoferrat(II) eine rotbraune Fällung und in sehr verdünnter Lösung eine rotbraune Färbung; diese Reaktion ist sehr empfindlich. Dabei stören $Eisen^{III}$- und $Kupfer^{II}$-Salze und müssen vorher durch Kaliumjodidzusatz unschädlich (Fe^{II} und Cu^{I}) gemacht werden; gleichfalls rotbraune Niederschläge mit Kaliumcyanoferrat(II) bilden Ti^{IV}- und Mo^{VI}-Verbindungen. Zur Prüfung tüpfelt man einen mit konz. Kaliumjodidlösung befeuchteten Filtrierpapierstreifen mit der eisen- und kupferhaltigen Uransalzlösung, bindet mit etwas Thiosulfatlösung das ausgeschiedene Jod und gibt dann einen Tropfen einer Kaliumcyanoferrat(II)-lösung hinzu; ein rotbrauner Fleck oder ein ebenso gefärbter Kreis zeigen die Gegenwart von Uran an. Alkalien, Ammoniak und Ammoniumcarbonat führen den Niederschlag in gelbe Uranate über (Unterschied von Kupfer, dessen Cyanoferrat(II)-Verbindung sich dabei schwarz bzw. blau färbt). Kaliumcyanid fällt aus Uranlösungen einen gelben Niederschlag; metallisches Zink scheidet in salpetersaurer Lösung einen gelben Beschlag von $UO_3 \cdot 2 H_2O$ ab.

Die Sodaschmelze (insbesondere von Gesteinen) gibt nach O. Hackl[1] mit Wasserstoffperoxyd bei Anwesenheit geringer Uranmengen eine deutliche Gelbfärbung; nur größere Mengen von Molybdän oder Vanadin — mehr als 1 mg Mo oder V in 50 cm³ Sodalösung — zeigen gleichfalls Gelbfärbung, die aber bald, spätestens nach 1 Stunde, verblaßt; Chromat ist schon ohne Zusatz von Wasserstoffperoxyd gelb; Cer löst sich nicht in verd. Sodalösung, kommt also nicht in Betracht; Titan reagiert nur in saurer Lösung.

Die Borax- und Phosphorsalzperle ist in der oxydierenden Flamme gelb, beim Erkalten blaßgrün, in der reduzierenden Flamme grün.

Das *Absorptionsspektrum* zeigt charakteristische Banden.

Der Nachweis durch die Prüfung auf *Radioaktivität* ist nur bei der Abwesenheit von Thorium sicher beweisend, und zwar einmal durch die Einwirkung auf die photographische Platte, dann durch die Entladung des Elektroskopes und schließlich durch verstärkte Leuchterscheinungen phosphorescierender Substanzen.

---

* Bearbeiter: **Weiss.** Mitarbeiter: **Richter.**
[1] Z. anal. Chem. Bd. 119 (1940) S. 321 bis 326.

A. Trennung von anderen Elementen und Bestimmungsmethoden des Urans.

a) Trennungen.

Uran gehört analytisch zur Ammoniumsulfidgruppe. Seine Abtrennung von den *Metallen der Schwefelwasserstoffgruppe* (einschließlich Silber und Blei) in mineralsauren Lösungen bietet keinerlei Schwierigkeiten. Die *Gruppe der Erdalkalimetalle* wird bei der Ammoniumsulfidfällung in Lösung gehalten, sofern Carbonate oder Luftkohlensäure ferngehalten werden; man fällt also aus einer salmiakhaltigen Lösung das Uran mit Ammoniak oder Ammoniumsulfid (beide frei von Carbonat!), läßt den Niederschlag unter Luftabschluß über Nacht stehen, filtriert, wäscht mit dem verd. Fällungsmittel aus, löst und fällt nochmals um.

Die Trennung des Urans *innerhalb der Ammoniumsulfidgruppe*: Der Ammoniumsulfidniederschlag enthält Uran als UO_2S. Aus der salzsauren Lösung dieses Niederschlages lassen sich alle Elemente dieser Gruppe bis auf Uran (Thorium) mit Ammoniumsulfid unter Zusatz einer reichlichen Menge von Ammoniumcarbonat ausfällen. Ist *Thorium*, das sich in Ammoniumcarbonat viel schwerer löst als Uran, vorhanden, so muß es vorher mit Fluß- oder Oxalsäure in saurer Lösung abgetrennt werden; nach dem Abrauchen des Filtrates mit Schwefelsäure bzw. Zerstören der Oxalsäure durch Eindampfen mit konz. Salpetersäure, Glühen des Rückstandes und Wiederauflösen in Säure kann die weitere Trennung des Urans mit Ammoniumcarbonat und -sulfid erfolgen. Auch *Yttriumhydroxyd* ist etwas in starker Ammoniumcarbonatlösung löslich; man fällt es daher mit einem Oxalsäureüberschuß in schwach saurer Lösung und trennt es mit dem Thorium zugleich ab.

Nach W. Riss[2] kann man Uran und Thorium zusammen durch eine Fällung mit Thiosulfat von den *seltenen Erden* abtrennen, die in Lösung bleiben und für sich durch Oxalsäure gefällt werden können, während die Trennung von Uran und Thorium wie vorher angegeben erfolgt; die vereinigten Filtrate raucht man mit Schwefelsäure ab und bestimmt im gelösten Salzgemisch Uran in bekannter Weise.

Die Trennung des Urans von den *Erdsäuren* (Ti, Nb, Ta) kann erfolgen durch annäherndes Neutralisieren der salz- oder schwefelsauren Lösung (auch eines Aufschlusses mit Kaliumhydrogensulfat) mittels Ammoniak, Fällung der Erdsäuren mit Gelatinezusatz bei etwa 60 bis 70° und Verdünnung oder nach W. R. Schoeller und H. W. Webb[3] in schwach oxalsaurer Lösung, die reichlich Ammoniumchlorid enthält, mittels Tannin, wodurch die Erdsäuren ausfallen, Uran aber in Lösung bleibt.

Von *Nickel, Kobalt, Mangan, Zink und Eisen*[II] wird Uran getrennt durch seine Fällung mit Bariumcarbonat (frei von Alkalicarbonaten) in Anwesenheit von Salmiak. Da Uran in einer 2 bis 8% Schwefelsäure enthaltenden Lösung durch 6proz. frisch bereitete Kupferronlösung gefällt wird, ist seine Trennung von *Aluminium, Zink, Calcium, Magnesium und Phosphorsäure* möglich (nach J. A. Holladay und Th. R. Cunningham[4]).

Eisen(III)-chlorid kann von Uran mit alkoholfreiem Äther (nach Rothe) fast völlig getrennt werden. H. Fucke und J. Daubländer[5] haben aber gefunden, daß Äther Uran in nicht zu vernachlässigender Menge löst. Man vermeidet daher bei genauen Analysen das Ausschütteln mit Äther, trennt durch Sodaüberschuß

---

[2] Chemiker-Ztg. Bd. 47 (1923) S. 765.
[3] Analyst Bd. 58 (1933) S. 145.
[4] Trans. Amer. electr. Soc. Bd. 43 (1923) S. 329.
[5] Mitteilung von Krupp, Essen.

(fest) und fällt schließlich als Ammoniumdiuranat, nachdem man in der salzsauren Lösung durch Brom alles Uran zur 6-wertigen Stufe oxydiert hat (Genaueres s. S. 369).

Hat man *Uran von Phosphorsäure* zu trennen, so fällt man letztere in schwach salpetersaurer Lösung bei Gegenwart von Ammoniumnitrat mit Ammonium-molybdat; das überschüssige Molybdän wird durch mehrmaliges längeres Einleiten von Schwefelwasserstoff in der Wärme zum größten Teil ausgeschieden. Man filtriert, verjagt den Schwefelwasserstoff durch Kochen, oxydiert mit etwas Salpetersäure und bringt das Uran mit Ammoniak zur Fällung.

Auch die Abscheidung der Phosphorsäure aus salpetersaurer Lösung durch Kochen mit Zinnfolie ist zur restlosen Trennung (uranfreies Zinnphosphat) geeignet.

Am einfachsten fällt man die Phosphorsäure mit Hilfe von Eisen[III]-Salz; man läßt die schwach saure, Eisen, Phosphor und Uran enthaltende Lösung langsam in warme Ammoniumcarbonatlösung einlaufen, wobei Uran nicht gefällt wird (nach F. Glaser[6]). Man kann auch mit Natronlauge neutralisieren und die Phosphorsäure mit Natriumacetat und Eisen(III)-chlorid durch Kochen fällen (heiß filtrieren und auswaschen!) oder die Phosphorsäure samt überschüssigem Eisen durch Ammoniumcarbonat abscheiden, wobei Uran in Lösung bleibt.

Nickel fällt in schwach essigsaurer, acetathaltiger, siedender Lösung durch $^1/_2$stündiges Einleiten von Schwefelwasserstoff als Nickel(II)-sulfid.

Die Fällung des *Chroms* als Quecksilber(I)-chromat kann zur Trennung von Uran dienen, und zwar in genau neutraler Lösung, die frei von Chloriden ist. Auch kann man in der Wärme mit Brom und Natronlauge oxydieren, wobei $Na_2U_2O_7$ (chromhaltig) fällt; dieses löst man in Salpetersäure und schlägt das Chrom mit Quecksilber(I)-nitrat nieder; alles Uran bleibt dann im Filtrat.

Mangan, Aluminium und Eisen können bei Gegenwart von Salmiak in stark ammoniumcarbonathaltiger Lösung durch Ammoniumsulfid von Uran getrennt werden. Allerdings wird dabei Aluminium nicht restlos ausgefällt.

Aluminium wird bei Gegenwart eines Überschusses von Ammoniumcarbonat durch o-Oxychinolin (Oxin) zur Fällung gebracht.

Eisen[III] läßt sich von Uran durch $^1/_2$stündiges Kochen aus stark sodahaltiger Lösung restlos abtrennen.

Vanadium ist neben Uran aus fast neutraler Lösung durch Bleiacetat oder Quecksilber(I)-nitrat fällbar; das überschüssige Blei oder Quecksilber schlägt man dann aus dem Filtrat durch Schwefelwasserstoff nieder, filtriert die Sulfide ab, oxydiert und fällt Uran mit Ammoniak unter Kochen[7].

Ferner fällt aus einer vanadiumhaltigen Uranlösung bei Zusatz eines Überschusses an Ammoniumcarbonat und Ammoniumsulfid durch Ansäuern mit Essigsäure nur Vanadiumsulfid, während Uran in Lösung bleibt und nach der Oxydation daraus mit Ammoniak abgeschieden werden kann[8].

Dampft man nach F. L. Ransome und W. E. Hillebrand bzw. C. A. Pierlé[9] eine salpetersaure uran- und vanadinhaltige Lösung ein und nimmt die Salze mit kaltem Wasser oder besser mit wasserfreiem Äther auf, so ist nur Uranylnitrat in Lösung und Vanadin bleibt zurück.

Wolframsäure wird durch Eindampfen der Lösung mit Salz- oder Salpetersäure, auch durch Zugabe einiger Tropfen 1,5proz. Gelatinelösung abgeschieden;

---

[6] Chemiker-Ztg. Bd. 36 (1912) S. 1166.

[7] Langmuir, A. C.: Chem. News Bd. 84 (1901) S. 224.

[8] König, H.: Chemiker-Ztg. Bd. 37 (1913) S. 1106.

[9] Hillebrand, W. F., u. F. L. Ransome: Amer. J. Sci. Bd. 10 (1900) S. 120. — Hillebrand, W. F.: U. S. geol. Surv. Bull. Bd. 78 (1891) S. 43. — Pierlé, C. A.: J. ind. eng. Chem. Bd. 12 (1920) S. 60.

hat man eingedampft, so kann Uran (und etwa vorhandenes *Molybdän*) dann durch Erwärmen mit Salzsäure $(1 + 9)$ herausgelöst werden. In den meisten praktischen Fällen dürften mit der Wolframsäure auch Kieselsäure, Titan, Niob, Tantal, Zirkoniumphosphat usw. zur Abscheidung gebracht werden. Über die Untersuchung dieses Rückstandes nach dem Verjagen der Kieselsäure s. Kap. „Titan", S. 340.

Wie Chromsäure lassen sich auch Wolfram und Molybdän mittels Quecksilber(I)-nitrat aus neutraler Nitratlösung fällen.

b) Bestimmungsmethoden.

Uran wird gewöhnlich gewichtsanalytisch bestimmt, doch werden einige maß-analytische Methoden heute den gewichtsanalytischen als gleichwertig erachtet.

I. Die Fällung mit Ammoniak.

4-wertige Uransalze müssen vorher mit Salpetersäure oder Brom zu 6-wertigen oxydiert werden. Carbonatfreies Ammoniak fällt in Anwesenheit von Ammonium-nitrat oder -chlorid, aber in Abwesenheit von Oxalsäure, Weinsäure oder nicht-flüchtiger organischer Substanzen Uran als $(NH_4)_2U_2O_7$. G. E. F. Lundell und H. B. Knowles[10] geben dafür folgende Vorschrift:

Die schwefelsaure Lösung mit 1% oder weniger Schwefelsäure, frei von Kohlen-säure, organischen Substanzen und solchen Elementen, welche durch Ammoniak gefällt werden oder sich mit Uran in alkalischer Lösung verbinden, wird mit Methylrot angefärbt, bis zum Kochen erhitzt und mit verdünntem, carbonatfreiem Ammoniak bis zur deutlichen Gelbfärbung versetzt. Dann rührt man die Hälfte eines aschefreien 9 cm-Filters ein, macerisiert dieses, kocht noch 20 min, um den Niederschlag körnig zu machen, filtriert und wäscht mit heißer 2 proz. Ammonium-nitratlösung (Ammoniumchlorid ist unzweckmäßig bzw. muß aus dem Nieder-schlag verdrängt werden, weil sonst beim Glühen Verluste durch Entweichen von UO_2Cl_2 eintreten können) aus. Man trocknet, verascht in einem schräg ge-stellten Platintiegel und glüht dann im elektrisch beheizten Ofen bei $1100°$, um die Einwirkung von reduzierenden Gasen zu vermeiden. Die Auswaage ist U_3O_8 (mal $0,8480 = U$); s. auch B. I, S. 369. Die bisweilen empfohlene Reduktion des geglühten U_3O_8 mit Wasserstoff zu UO_2 verbessert das Ergebnis nicht.

Die Fällung muß bei Anwesenheit von Salzen der Alkalimetalle oder Erd-alkalimetalle mindestens einmal wiederholt werden.

II. Die Fällung mit Ammoniumsulfid.

Diese Methode ist vorteilhaft zur raschen Abtrennung der Alkali- und Erd-alkalimetalle von Uran. Die Fällung wird mit carbonatfreiem Ammoniumsulfid in Gegenwart von Ammoniumchlorid vorgenommen. Darauf läßt man den Nieder-schlag 30 min auf dem siedenden Wasserbad absitzen, um ihn besser filtrierbar zu machen, filtriert die warme Lösung und wäscht sorgfältig mit heißem ammonium-sulfidhaltigem Wasser aus. Die Fällung ist zweckmäßig zu wiederholen. Der Niederschlag (UO_2S) wird getrocknet, vorsichtig geröstet und bei $1100°$ geglüht, damit kein Sulfat im Glühprodukt verbleibt. Auch hier ist die Auswaage U_3O_8.

Vorstehende beide Methoden werden heute hauptsächlich für Schiedsanalysen angewandt; ihre Ausführung s. auch unter „Uranerz", S. 370, und „Uranmetall", S. 371.

Kurz erwähnt sei noch die **Fällung mit Oxalsäure** (s. auch V. Kohlschütter u. H. Rossi[11]):

---

[10] J. Amer. chem. Soc. Bd. 47 (1925) S. 2637 — Z. anal. Chem. Bd. 68 (1925) S. 306.
[11] Über die Uranoxalsäure. Ber. dtsch. chem. Ges. Bd. 34 (1902) S. 1472 bis 1479.

Nach den Arbeiten der Auergesellschaft AG. wird die Uranlösung im Kölbchen, das mit einem Bunsenventil versehen ist, mittels Zink und Salz- oder Schwefelsäure reduziert und mit Oxalsäure gefällt; dabei ist die Fällung bei 60 bis 70° zu erwärmen (*nicht zu kochen!*), bis der Niederschlag von Uran(IV)-oxalat sich zu Boden setzt. Beim Kochen würde etwas Zinkoxalat mit zur Fällung kommen und dadurch das Resultat um 1 bis 2% zu hoch ausfallen. Den abfiltrierten Niederschlag wäscht man mit oxalsäurehaltigem Wasser aus und glüht ihn dann zu U_3O_8. — Auch U^{IV} neben U^{VI} läßt sich nach dieser Methode bestimmen.

III. Maßanalytisch mit Kaliumpermanganatlösung.

Bei dieser Titrationsmethode ist zunächst das 6-wertige Uran so zu reduzieren, daß nur 4-wertiges und nicht auch 3-wertiges entsteht. Nach Lundell und Knowles[10] ist die Reduktion in einem *Iones*-Reduktor mit Zink oder Cadmium bei Zimmertemperatur (nicht in der Hitze) vorzunehmen; überreduziertes Uran (U^{III}) wird durch rasches, kräftiges Rühren mit Luft (5 min) in den 4-wertigen Zustand übergeführt; eine längere Luftberührung ist zu vermeiden.

Ausführung. Die Lösung darf höchstens 1% Uran, 5 Vol.% Schwefelsäure und keine anderen reduzierbaren Substanzen enthalten, wenn sie in den Reduktor kommt; Eisen, Titan, Chrom, Vanadin, Molybdän und Wolfram sowie Salpetersäure oder Nitrate müssen also entfernt sein; Salzsäure verlangt die Berücksichtigung eines Korrekturfaktors, der empirisch zu ermitteln ist.

Zunächst oxydiert man die Lösung bei 60 bis 70° mit Permanganat bis zur bleibenden Rotfärbung, kühlt sie dann auf Zimmertemperatur ab und schickt sie durch den Reduktor, und zwar mit einer Geschwindigkeit von 50 bis 100 cm^3 je Minute. Ist die Reduktion beendet, so bläst man durch die Lösung 5 min lang reine, durch Watte filtrierte Luft, führt in eine Kasserolle über, rührt weitere 5 min und titriert dann mit $n/_{10}$-Permanganatlösung, die gegen reines Natriumoxalat eingestellt wurde. Es ist mit dem bei einem blinden Versuch ermittelten Faktor zu korrigieren.

$1\ cm^3\ n/_{10}\text{-}KMnO_4 = 0,0119035\ g\ U.$

Der Reduktor soll etwa 19 mm weit sein und eine 40 bis 45 cm hohe Säule von Zinkgranalien (Durchmesser der Körner etwa 1 bis 2 mm) besitzen, die mit 1 bis 2% Quecksilber amalgamiert sind.

Die Permanganatmethode kann nach Treadwell[12] auch zur maßanalytischen Bestimmung von U^{VI} neben U^{IV} in der Pechblende angewandt werden.

B. Untersuchung von Erzen und Erzeugnissen.

I. Erze.

Als technisch wichtigste Uranerze gelten: die *Pechblende* (Uranpecherz) (UO_3 mit Fe, Al, Th, Nb, Y, La, Pb, He, Ca, Mg), der *Carnotit*, im wesentlichen ein Kaliumuranylvanadat ($K_2O \cdot 2\ UO_2 \cdot V_2O_5 \cdot 3\ H_2O$) und der *Uranglimmer* (phosphorsäurehaltig). Alle Uranmineralien sind radiumhaltig.

Uranbestimmung in Uranpecherz und Uranglimmer[13].

Je nach dem zu erwartenden Urangehalt werden 1 bis 3 g des fein gepulverten Erzes in einem Erlenmeyerkolben mit 25 cm^3 konz. Salpetersäure und 10 cm^3 Salzsäure (1,19) in der Wärme gelöst; nach dem Verkochen der Stickoxyde wird 2mal mit Salzsäure zur Trockne gedampft, dann mit Salzsäure aufgenommen und die Kieselsäure in üblicher Weise abgeschieden und bestimmt. Den nach ihrem Verjagen durch Fluß- und Schwefelsäure verbleibenden Rückstand schließt man mit Kaliumhydrogensulfat auf und vereinigt die wässerige Lösung der Schmelze mit der Hauptlösung. *Blei* scheidet man durch Abrauchen mit Schwefelsäure

---

[12] Kurzes Lehrbuch der analyt. Chemie. 10. Aufl. Bd. II S. 531.
[13] Im wesentlichen nach H. Bornträger: Z. anal. Chem. Bd. 37 (1898) S. 136 bis 137

und im Filtrat davon die *Elemente der Schwefelwasserstoffgruppe* ab, filtriert und engt die Lösung durch Kochen ein, wobei zugleich der Schwefelwasserstoff entweicht. Nach der Oxydation mittels Wasserstoffperoxyd, dessen Überschuß durch Kochen zerstört wird, ist die Lösung auf 200 cm³ zu verdünnen und mit fester Soda zu neutralisieren. Man gibt dann 1 g Soda im Überschuß hinzu, kocht kurze Zeit, filtriert und wäscht den Niederschlag mit heißem Wasser aus. Zur vollständigen Abtrennung des Urans von den Begleitelementen wird der Niederschlag in Salzsäure gelöst und, wie vorhin, nochmals mit Soda im Überschuß gefällt.

Der Niederschlag enthält alles *Eisen, Mangan, Kobalt, Nickel, Zink* und die Hauptmenge des *Aluminiums;* im Filtrat befinden sich Uran und ein Teil des Aluminiums.

Die vereinigten Filtrate werden mit Salzsäure angesäuert, nach dem Verjagen der Kohlensäure mit Natronlauge übersättigt, eben aufgekocht, 30 min auf das Dampfbad gestellt und dann filtriert; das Filtrat enthält den *Aluminiumrest*, der bei der Sodafällung in Lösung blieb. Der Niederschlag ($Na_2U_2O_7$) wird in Salzsäure gelöst, die Lösung auf 200 bis 400 cm³ verdünnt, mit Bromwasser oxydiert[14] und in der Siedehitze mit Ammoniak in geringem Überschuß versetzt. Man filtriert den Niederschlag ab, wäscht mit ammoniumnitrathaltigem Wasser aus, verascht im Platintiegel und glüht im elektrisch beheizten Öfchen bei 1000 bis 1100° bis zur Gewichtskonstanz. Die Auswaage ist schwarzes bis schmutziggrünes U_3O_8 (mal 0,8480 = U).

Vorhandenes *Vanadium* und die Phosphorsäure fallen mit Uran aus, während *Molybdän* in Lösung bleibt. Die *Phosphorsäure* wird entfernt durch Auflösen der mit Ammoniak erhaltenen Fällung in Salpetersäure (1 + 1), Oxydation der Lösung mit Kaliumpermanganat und Fällen mit Molybdänlösung. Hat man den Niederschlag nach einigen Stunden abfiltriert und mit verdünnter Salpetersäure gewaschen, so kann darin die Phosphorsäure ermittelt werden. Im Filtrat fällt man Uran mit Vanadium zusammen durch Ammoniak und trennt sie nach A. „Trennungen", S. 366.

Das *Hüttenlaboratorium der Hansestadt Hamburg* führt die Uranbestimmung in *Pechblende* und *Carnotit* nach der *Methode Ledoux*[15] aus; beim Carnotit wird genau nach dem dort beschriebenen Verfahren gearbeitet, bei Uranpecherzen, die gewöhnlich nicht vanadinhaltig sind, wird die für Vanadium vorgesehene Fällung mit Bleiacetat weggelassen und Uran nach dem Ansäuern der Sodalösung, Verkochen der Kohlensäure, Oxydieren und Neutralisieren mit Ammoniumsulfid zur Fällung gebracht. Die Einwaage beträgt 1 g Erz.

Uranbestimmung in vanadiumhaltigen Erzen (Carnotit).

A. Blair[16] fällt Uran mit Vanadium zusammen als $(NH_4)_2O \cdot 2\,UO_2 \cdot V_2O_5 \cdot H_2O$, das nach der Entfernung von Aluminium und Kieselsäure auf Rotglut geglüht und als $UO_2 \cdot OVO_2$ gewogen wird.

W. W. Scott[17], A. H. Low[18] und R. B. Moore und K. L. Kithil[19] haben im Bureau of Mines eine Standardmethode für vanadinhaltige Uranerze ausgearbeitet, bei der die Vanadinsäure gesondert als Bleivanadat bestimmt wird. Man verfährt dabei wie folgt:

Das Erz wird mit Königswasser zersetzt, zur Trockne gedampft und die Kieselsäure durch Erhitzen auf 130° unlöslich gemacht. Man nimmt mit Salzsäure

---

[14] Nach Fucke und Daubländer (Mitteilung von Krupp, Essen).
[15] In R. B. Moore: Die chem. Analyse seltener techn. Metalle. Übersetzt und umgearbeitet von Dr. H. Eckstein. S. 186. Leipzig: Akad. Verlagsges. mbH. 1927.
[16] Proc. Amer. philos. Soc. Bd. 52 (1913) S. 201.
[17] Standard methods of chem. analysis. S. 458 bis 462. New York 1917.
[18] Technical methods of ore analysis. S. 273 bis 278. New York 1914.
[19] Bull. 70. Bur. of Mines 1916 S. 85 bis 91.

auf, filtriert und verjagt aus dem Rückstand, wenn er erheblich ist, die Kieselsäure mit Flußsäure. Der Rückstand davon wird mit Salzsäure ausgezogen und die Lösung mit dem Hauptfiltrat vereinigt. Diese vereinigten Lösungen verdünnt man, sättigt sie mit Schwefelwasserstoff, filtriert die ausgefallenen Sulfide ab und untersucht sie gesondert. Das Filtrat wird nach dem Verjagen des Schwefelwasserstoffs mit Wasserstoffperoxyd oxydiert. Nun fällt man Eisen, Aluminium, Calcium, Magnesium als Carbonate mit überschüssiger Soda, löst den abfiltrierten Niederschlag in wenig Salpetersäure, kocht nach Zugabe von 10 cm³ 5proz. Wasserstoffperoxyd und Soda im Überschuß auf, filtriert und vereinigt die sodahaltigen Filtrate. Diese enthalten das *Uran und Vanadium.* Nachdem man mit Salpetersäure angesäuert hat, wird die Kohlensäure restlos weggekocht, die Lösung mit Natronlauge neutralisiert, bis eben eine Trübung entsteht, und mit 4 cm³ konz. Salpetersäure auf je 100 cm³ Flüssigkeit versetzt. Nun scheidet man in der Kälte das Vanadium mit 10 cm³ einer 20proz. Bleiacetatlösung unter gleichzeitigem Zusatz von neutralem Ammoniumacetat als Bleivanadat ab und wäscht es mit etwas essigsäurehaltigem Wasser aus. Der Niederschlag enthält etwas Uran und wird daher in Salpetersäure gelöst und nochmals wie vorhin gefällt.

Die vereinigten Filtrate vom Bleivanadat werden durch Zusatz von Schwefelsäure von der Hauptmenge des Bleis befreit; den Rest sowie das Uran fällt man aus der neutralisierten Lösung, welche ein Volumen von höchstens 800 cm³ haben soll, mit frisch bereitetem Ammoniumsulfid, löst den Niederschlag in heißer Salpetersäure $(1+2)$ und raucht mit etwa 5 cm³ konz. Schwefelsäure ab. Hat man dann mit Wasser aufgenommen, kocht man auf, läßt langsam erkalten und filtriert die kleinen Mengen Bleisulfat ab. Das Filtrat kann noch einen Rest von Aluminium enthalten; dieser wird durch Ammoniumcarbonat, das man bei höchstens 30° zusetzt (Überschuß von 2 g), abgeschieden, wobei man 12 Stunden wartet, damit die Fällung restlos erfolgt. Dann filtriert man, säuert das Filtrat mit Schwefelsäure an, verjagt die Kohlensäure vollständig durch Kochen und fällt das Uran mit Ammoniak. Beim Abfiltrieren des Niederschlages ist darauf zu achten, daß an den Glaswänden keine Teilchen eintrocknen. Es wird mit 2proz. Ammoniumnitratlösung gewaschen, dann getrocknet, im Porzellantiegel verascht, bei etwa 1100° geglüht und als U_3O_8 gewogen.

Zur Prüfung auf Reinheit (Vanadium oder Aluminium) löst man den Niederschlag nochmals in wenig Salpetersäure und versetzt die Lösung mit Wasserstoffperoxyd und mit Ammoniumcarbonat.

Eine weitere Methode zur Uranbestimmung im *Carnotit* ist die von C. Scholl[20] (s. auch R. B. Moore[15] S. 192):

Die Erzprobe, welche nicht mehr als 0,2 g U_3O_8 enthalten soll, wird mit 25 bis 50 cm³ Salpetersäure $(1+1)$ gekocht, bis sich alles Uran gelöst hat und der Rückstand hell geworden ist. Die Lösung bleibt über Nacht in der Wärme stehen, wird dann mit warmem Wasser auf 250 cm³ verdünnt, 5 min gekocht und filtriert. Das Filtrat versetzt man nun mit Eisen(III)-chlorid in der 3fachen Menge des vorhandenen Vanadingewichtes, neutralisiert vorsichtig mit fester Soda, gibt 1 g davon im Überschuß zu, erwärmt 15 min bei 90° auf dem Wasserbad und filtriert. Im Niederschlag befindet sich alles Eisen, fast alles Vanadium und die Hauptmenge des Aluminiums. Er wird vom mitgefällten Uran durch Lösen in Salpetersäure $(1+1)$ und Umfällen mit Soda nach Zusatz von Eisen(III)-chlorid befreit. Die vereinigten Filtrate sind vorsichtig mit Salpetersäure zu neutralisieren, bis Uran auszufallen beginnt. Dann verkocht man die Kohlensäure, setzt Natronlauge im Überschuß hinzu, kocht 15 min und filtriert. Der Niederschlag enthält alles Uran, das Filtrat den Rest des Aluminiums und Spuren von Vanadium. Die Uranfällung wird in verdünnter Salpetersäure gelöst, die Lösung bei 90° mit

---

[20] J. Ind. Engng. Chem. Bd. 11 (1919) S. 842.

einem Überschuß von Ammoniak versetzt, aufgekocht, filtriert und der Niederschlag nach dem Glühen als U_3O_8 gewogen. Zur Prüfung auf Reinheit löst man das geglühte Oxyd in heißer Salpetersäure $(1+3)$, filtriert das Unlösliche (SiO_2) ab, bestimmt nach dem Glühen sein Gewicht und setzt es von der ersten Auswaage ab; auf Vanadium prüft man gegebenenfalls in der salzsauren Lösung mit Wasserstoffperoxyd.

II. Erzeugnisse.

Uranmetall stellt je nach der Herstellungsart ein schwarzes Pulver oder eine bröcklige, beim Schütteln funkende Masse dar, oder es besteht aus stahlartig aussehenden Kugeln; nur dieses letztere hat einen Urangehalt von 97 bis 98% U (neuestens bis zu 99,8%) und ist frei von Kohlenstoff. Es ist für die Herstellung von Glüh- und Antikathoden von Röntgenröhren vorgeschlagen worden. *Uranlegierungen*, auch Ferrouran und Uranstahl, haben z. Zt. noch keine größere Bedeutung. *Uranverbindungen* werden in der keramischen Industrie zur Herstellung von gelbgrün fluorescierenden Gläsern und intensiv roten Gläsern (mit Urangelb, Natriumdiuranat) verwendet; U_3O_8 gibt grün gefärbte Schmelzflüsse, die je nach der Abänderung in der Salz- und Glasurzusammensetzung in dunkelgrünen, braunen, schwarzen, orange bis gelben Tönen erhalten werden. Uransalze finden Verwendung in der chemischen Analyse, in der Photographie als Sensibilisatoren oder Verstärker sowie zur Verbesserung der Sidotschen Blende, Urannitrid auch als Katalysator.

1. Uranmetall.

1 g des Metalls wird in einem 500 cm³-Erlenmeyerkolben in etwa 30 cm³ Salzsäure $(1+1)$ und einigen Tropfen Salpetersäure in der Wärme gelöst. Dann dampft man auf dem Sandbad bis fast zur Trockne ein, nimmt mit 20 cm³ Salzsäure (1,19) auf, kocht 5 min, versetzt bei 60 bis 70° mit 5 Tropfen 1,5proz. Gelatinelösung und wartet 2 Stunden. Hat man dann mit Wasser auf das doppelte Volumen verdünnt, wird durch ein Blaubandfilter in einen 250 cm³-Meßkolben filtriert und mit heißem Wasser ausgewaschen. Die *Kieselsäure* — meist sind nur Spuren oder gar keine vorhanden — wird geglüht, gewogen, mit Fluß- und Schwefelsäure abgeraucht, ein etwaiger Rückstand mit Kaliumhydrogensulfat aufgeschlossen, die Lösung dieser Schmelze mit dem Hauptfiltrat vereinigt und dieses zur Marke aufgefüllt.

100 cm³ davon werden mit einer gesättigten Ammoniumcarbonatlösung neutralisiert und mit weiteren 20 cm³ im Überschuß versetzt. Durch Zugabe von einigen Tropfen Ammoniumsulfid fällt das *Eisen;* man läßt über Nacht in der Wärme absitzen, filtriert dann den Niederschlag ab, wäscht ihn mit ammoniumsulfidhaltigem, kaltem Wasser aus, löst ihn in warmer Salzsäure $(1+1)$, oxydiert und fällt mit Ammoniak. Das Eisen(III)-hydroxyd wird geglüht und als Fe_2O_3 gewogen.

Das uranhaltige Filtrat von der Sulfidfällung wird inzwischen auf dem Sandbad eingedampft und der ausgeschiedene Schwefel mit Bromwasser beseitigt, wodurch zugleich eine Oxydation des Urans stattfindet. Ist das überschüssige Brom durch Kochen ausgetrieben, so fällt man *Uran* mit carbonatfreiem Ammoniak in der Siedehitze, säuert bis zur Lösung des Niederschlages wieder an und gibt nunmehr während des Kochens tropfenweise Ammoniak hinzu, bis die Flüssigkeit eben alkalisch ist; dann fügt man weitere 10 Tropfen Ammoniak im Überschuß zu und kocht 5 min unter Zusatz von nochmals einigen Tropfen Ammoniak. Dadurch wird der Niederschlag flockig und setzt sich klar ab. Man filtriert nach etwa 2 Stunden, wäscht mit ammoniumnitrathaltigem Wasser aus, glüht und wägt.

2. Uranstahl.

Er enthält in der Regel 0,2 bis 0,6% Uran. Dieses wirkt desoxydierend und steigert bei kohlenstoffarmen Stählen die Streckgrenze, Festigkeit und Härte, ohne die Dehnung zu erniedrigen; es ist im Stahl in Form von Carbiden enthalten.

Zur Untersuchung eines Uranstahls verfährt man nach G. L. Kelley, F. B. Myers und C. B. Illingworth[21] etwa folgendermaßen:

[21] J. Ind. Engng. Chem. Bd. 11 (1919) S. 316 bis 317.

Man löst entsprechend dem Urangehalt 2 bis 10 g Späne in 75 bis 200 cm³ Salzsäure (1 + 1) und 2 bis 5 cm³ Salpetersäure (1,40) unter Erwärmen auf, verdünnt auf 300 bis 500 cm³, kocht und dampft schließlich 2mal auf dem Wasserbade, zuletzt auf dem Sandbade bei etwa 135° zur Trockne. Nach dem Aufnehmen mit Salzsäure wird filtriert und der Rückstand (SiO_2, WO_3, Nb_2O_5, Ta_2O_5, Zirkoniumphosphat und Carbide) für sich untersucht (s. Kap. „Titan", S. 340). Das Filtrat verdünnt man so weit, daß es nicht mehr als 3 Vol.% freie Salzsäure enthält, sättigt es mit Schwefelwasserstoff in der Siedehitze bis zum Erkalten, filtriert die Sulfide (von As, Sn, Pb, Cu) ab und bestimmt sie gesondert. Hat man das Filtrat vom Schwefelwasserstoff durch Kochen befreit, mit Wasserstoffperoxyd oxydiert und zur Sirupkonsistenz eingedampft, so wird die Hauptmenge des Eisens durch Ausäthern nach Rothe entfernt; dabei bleibt etwas Uran und Molybdän im ätherischen Auszug. Die Salzlösung dampft man zur Entfernung der Ätherreste auf dem Wasserbade ein, verdünnt sie auf 150 bis 300 cm³, neutralisiert mit Soda und fällt mit einem Überschuß davon den Eisenrest, Chrom, Mangan, Aluminium, Titan, Nickel und Kobalt sowie Spuren von Kieselsäure, Molybdän und Vanadium aus. Der Niederschlag wird mit heißem Wasser ausgewaschen, in Salzsäure (1 + 3) gelöst und zur völligen Abtrennung des Urans und Vanadins nochmals mit Soda im Überschuß gefällt. Die vereinigten Filtrate werden mit Schwefelsäure schwach angesäuert und nach dem Verkochen der Kohlensäure mit Bromwasser oxydiert (U^{VI}). Dann fällt man in der Siedehitze mit carbonatfreiem Ammoniak in geringem Überschuß das Uran, das noch einen Teil des Vanadins mit Spuren von Eisen, Alumininm enthält, während Reste von Molybdän und Vanadin in Lösung bleiben.

Dieser Niederschlag (A) wird nach dem Auswaschen mit heißem Wasser in ein Becherglas gespült und mit Ammoniumcarbonatlösung in der Wärme gelaugt, worauf man alles zur Abkühlung und Ausscheidung von Resten an Eisen und Aluminium über Nacht stehenläßt. Dann filtriert man diese Reste ab, säuert das uran- und etwas vanadinhaltige Filtrat mit Schwefelsäure an, entfernt die Kohlensäure vollständig durch Kochen und fällt mit Ammoniak. Nach dem Auswaschen mit heißem Wasser wird der Niederschlag im Platintiegel geglüht und gewogen (U_3O_8 + etwas V_2O_5). Man löst diese Oxyde in konz. Salzsäure, versetzt mit 30 cm³ Schwefelsäure (1,58) und dampft bis zum Auftreten von SO_3-Dämpfen ein. Dann wird mit 250 cm³ heißem Wasser aufgenommen und bei 80° mit $n/10$-Kaliumpermanganatlösung bis zur schwachen Rotfärbung titriert (1 cm³ $n/10$-$KMnO_4$ = 0,009095 g V_2O_5). Nach Abzug des so ermittelten *Vanadingehaltes* von der obigen Auswaage erhält man das Gewicht für U_3O_8.

Falls *Phosphorsäure* im Niederschlag (A) enthalten ist, muß sie entfernt werden. Dazu löst man ihn in Salpetersäure, oxydiert die Lösung mit Permanganat bis eben zur Rotfärbung und fällt die Phosphorsäure mit Molybdänreagens. Der Niederschlag wird abfiltriert und das Filtrat nach Zugabe von einigen Tropfen Schwefelsäure und wenig Ammoniumperoxydisulfat mit carbonatfreiem Ammoniak versetzt. Es fallen Uran, Vanadin und Mangan aus; sie werden, wie oben, mit Ammoniumcarbonat weiterbehandelt.

Neben der *Vanadintitration* ist zur Ermittelung eines Korrekturabzuges die gleiche Menge an Salz- und Schwefelsäure bis zum Auftreten von SO_3-Dämpfen zu erhitzen und nach dem Aufnehmen mit Wasser mittels $n/10$-Permanganat bis zur Rotfärbung zu titrieren. Die bei diesem Blindversuch ermittelte Menge an Permanganatlösung bringt man dann von der bei der Probe verbrauchten in Abzug.

3. Ferrouran.

Es hat einen Urangehalt von 30 bis 90%, einen Kohlenstoffgehalt von 2 bis 5% und ist häufig vanadiumhaltig.

Man löst 2 g der fein zerriebenen Probe in 15 cm³ konz. Salpetersäure und gibt zum Schluß noch 20 cm³ konz. Salzsäure vorsichtig hinzu, damit Carbidreste völlig in Lösung gehen. Dann dampft man in einer Porzellanschale zur Trockne, nimmt mit 10 cm³ Salzsäure (1,19) auf, wiederholt das Eindampfen und erhitzt schließlich bis zu 130° auf dem Sandbad. Nach dem Aufnehmen mit Salzsäure filtriert man vom Unlöslichen ab und untersucht dies, wie im Kap. „Titan", S. 340, angegeben. Aus dem Filtrat fällt man mit Schwefelwasserstoff die Metalle dieser Gruppe, filtriert, verjagt den Schwefelwasserstoff durch Kochen und oxydiert wie beim Uranstahl. Hat man dann die Lösung mit Soda neutralisiert und 2 g dieses Salzes im Überschuß zugesetzt, wird kurze Zeit aufgekocht, in einen Meßkolben von 500 cm³ Inhalt übergespült und nach dem Abkühlen zur Marke aufgefüllt. Man filtriert, nimmt 400 cm³ des Filtrates ab, säuert sie mit Salzsäure an, verjagt die Kohlensäure restlos durch Kochen und oxydiert mit Bromwasser. Nun wird mit Ammoniak gefällt, 30 min gekocht, der Niederschlag abfiltriert, geglüht und auf Reinheit geprüft.

Bei einem *Vanadin- und größeren Phosphorgehalt* verfährt man wie auf S. 369.

Bei *kleinem* Phosphorgehalt wird schon mit der ersten Eisenfällung alle Phosphorsäure mitgefällt und somit abgetrennt. Man spült (nach der Methode des VDEh.*) den ersten mit Ammoniak erzeugten Niederschlag mit Wasser in ein Becherglas, setzt festes Ammoniumcarbonat im Überschuß hinzu und kocht. Dabei lösen sich Uran und ein Teil des Vanadiums auf, während die Beimengungen von Eisen, Mangan und anderen Metallen ungelöst bleiben. Nach dem Abfiltrieren und Auswaschen mit ammoniumcarbonathaltigem Wasser wird das Filtrat mit Schwefelsäure angesäuert und die Kohlensäure restlos verjagt. Hierauf fällt man Uran mit carbonatfreiem Ammoniak, filtriert, verascht im Platintiegel, glüht zu U_3O_8 (etwas vanadiumhaltig) und wägt (A).

Die geglühten Oxyde werden in 50 cm³ Salzsäure (1,19) gelöst; die Lösung versetzt man mit 40 cm³ Schwefelsäure (1 + 1) und erhitzt bis zum Entweichen von SO_3-Dämpfen. Nach dem Erkalten verdünnt man auf 250 cm³ und titriert Vanadium mit Permanganat. Das als V_2O_5 berechnete Vanadium wird von der obigen Summe (A) abgesetzt; es verbleibt der Rest als U_3O_8 (mal 0,8480 = U).

Bei Ferrouran kommt meist nur die Bestimmung von *Uran, Eisen, Mangan, Silicium und Phosphor* in Betracht. Bei uranreichen Sorten kann man die Entfernung des Eisens durch Ausäthern (s. „Uranstahl") unterlassen: Man verjagt nach der Fällung der Schwermetalle den Schwefelwasserstoff, oxydiert mit Wasserstoffperoxyd oder Kaliumchlorat, kocht das Chlor fort, läßt erkalten, neutralisiert mit Ammoniak, gibt konz. Ammoniumcarbonatlösung (oder festes Salz) im Überschuß sowie etwa 10 cm³ Ammoniumsulfid hinzu, füllt auf 1000 cm³ auf und läßt mindestens 4 Stunden bei etwa 40° absitzen. Von der Lösung, die (praktisch) alles Uran enthält, werden nach dem Filtrieren 500 cm³ (= 1 g Einwaage) entnommen, mit Salzsäure angesäuert und durch Kochen von Schwefelwasserstoff und durch Filtrieren vom Schwefel befreit. Dann bestimmt man Uran gewichtsanalytisch oder maßanalytisch.

Soll **Eisen** bestimmt werden, so löst man 2 g Einwaage in Salpeter- und Salzsäure, wie oben, füllt zu 500 cm³ auf und entnimmt 100 cm³. Diese werden auf etwa 250 cm³ verdünnt, mit festem Natriumcarbonat neutralisiert, mit 1 g Überschuß davon versetzt und aufgekocht. Den Niederschlag filtriert man ab, wäscht ihn mit heißem Wasser aus, löst ihn in Salzsäure (1 + 3) und wiederholt in der Lösung die Fällung mit Soda. In dem sorgfältig ausgewaschenen Niederschlag kann nun das Eisen in bekannter Weise bestimmt werden.

Die Bestimmung des **Mangans** und **Phosphors** erfolgt wie im Stahl.

---

* Chemikerausschuß des Vereins Deutscher Eisenhüttenleute.

Kapitel 24.

Vanadium*.

A. Bestimmungsmethoden des Vanadins.
  I. Das Verfahren nach E. Eckert.
  II. Das potentiometrische Verfahren.
  III. Die Methode nach Eder (verbessert durch W. Kriesel).
  IV. Das Verfahren nach Dickens-Thanheiser.
  V. Das Verfahren von A. Lang und F. Kurtz.

B. Untersuchung von Erzen und Hüttenerzeugnissen.
  I. Erze.
  II. Hüttenerzeugnisse:
    1. Ferrovanadin,
    2. Vanadinschlacken,
    3. Vanadinsäure.

A. Bestimmungsmethoden des Vanadins.

I. Das Verfahren nach E. Eckert.

Dieses sieht nach der Entfernung von Eisen usw. mit Natronlauge die
Reduktion des 5-wertigen Vanadins zu 4-wertigem in schwefelsaurer Lösung
mittels schwefliger Säure vor. Anschließend erfolgt die Oxydation mit einer
eingestellten Kaliumpermanganatlösung. Die Ausführung der Analyse s. bei
„Vanadinerz", B. I, S. 375.

II. Das potentiometrische Verfahren.

Nach diesem wird das 5-wertige Vanadin mittels Eisen(II)-sulfat zu 4-wertigem
reduziert. Die Titration erfolgt dann mit einer Kaliumpermanganatlösung bis
zum größten Potentialsprung, wobei das 4-wertige Vanadin wieder zur 5-wertigen
Stufe oxydiert wird. Die Gegenwart von Chrom stört bei diesem Verfahren nicht.
Die Ausführung ist bei „Ferrovanadin" B. II, 1, S. 378, beschrieben.

III. Die Methode nach A. Eder[1].

Bei ihr ist für die Vanadinbestimmung die Entfernung des Eisens nicht not-
wendig. 5-wertiges Vanadin wird mit Eisen(II)-sulfat (nach Eder mit schwefliger
Säure) zur 4-wertigen Stufe reduziert; das gleichfalls reduzierte Eisen oxydiert
man wieder durch Zugabe von Ammoniumperoxydisulfat in der Kälte. Auch hier
titriert man mit Kaliumpermanganatlösung; ein Überschuß davon wird mit
Arsentrioxydlösung zurückbestimmt; die Gegenwart von Chrom stört nicht. Die
Methode ist (mit einer Verbesserung nach W. Kriesel) bei „Vanadiumerzen"
B. Ic, S. 377, angeführt.

---

* Bearbeiter: **Wirtz**. Mitarbeiter: **Eckert, Klinger, Kriesel, Richter**.
[1] Stahl u. Eisen Bd. 51 (1931) S. 1236.

IV. Das Verfahren nach Dickens-Thanheiser[2].

Seine Ausführung ist bei „Vanadinschlacken" B. II, 2, S. 382, zu ersehen.

V. Das Verfahren von R. Lang und F. Kurtz[3].

Wie bei der vorigen Methode erfolgt auch hier die reduktometrische Titration des Vanadins mit einer Eisen(II)-sulfatlösung. Bei Zusatz einiger Tropfen Diphenylaminlösung wird der Titrationsendpunkt durch einen Farbenumschlag nach Grün angezeigt. Die Ausführung der Analyse s. unter „Vanadinschlacken", S. 382.

An obiges Verfahren lehnt sich die reduktometrische Titration des 5-wertigen Vanadins mit Eisen(II)-sulfat in schwefelsaurer Lösung unter Benutzung von *Ferroin*[4] als Indicator an. Die Farbe der Lösung schlägt im Endpunkt der Titration von Grünlichblau nach Rötlichgrün um. Die Titration kann in Gegenwart beliebiger Eisenmengen vorgenommen werden. Enthält die Lösung jedoch sehr viel Eisen, so ist die Färbung des Eisen[III]-Salzes durch Zusatz einiger cm^3 Phosphorsäure aufzuheben. Kobalt läßt den Farbumschlag schwieriger erkennen; man kann dies aber durch einen Zusatz von einigen cm^3 einer Kupfersulfatlösung (10proz.) kompensieren. Chromoxydsalze und Molybdän stören nicht; Chromate reduziert man mit Eisen(II)-sulfat und oxydiert dann mit Kaliumpermanganat. Beachtliche Mengen von Metallen der Schwefelwasserstoffgruppe müssen vor der Titration entfernt werden.

B. Untersuchung von Erzen und Hüttenerzeugnissen.

I. Erze.

Zur Gewinnung von Vanadinsäure und Ferrovanadin kommen in Deutschland als Erze *Vanadinit*, ein chlorhaltiges Vanadinbleierz von der Zusammensetzung $Pb_5(VO_4)_3Cl$, und *Mottramit*, $(CuPb)_5V_2O_{10} \cdot H_2O$, in Betracht; beide werden in Mexiko und Kalifornien gefördert und enthalten als geringe Verunreinigungen etwas Arsen und Phosphor. Weiterhin verarbeitet man *Descloizit* und *Cuprodescloizit*, Vanadate von Blei, Kupfer und Zink, die aus Südafrika stammen.

Fast alle Vanadinerze sind in Säuren löslich; meistens genügt Salpetersäure (1,2), anderenfalls setzt man noch etwas Salzsäure oder bei silicatreichen Erzen etwas Flußsäure hinzu.

Vanadin.

a) Verfahren nach E. Eckert.

1 g der Erzprobe wird im 250 cm^3-Becherglas mit Salpetersäure (1,2) unter Erwärmen gelöst. Ist der Lösungsvorgang vollkommen beendet, so werden zur Fällung des Bleis 20 cm^3 Schwefelsäure $(1+1)$ hinzugegeben, worauf man auf einer Asbestplatte abraucht, bis der Inhalt des Becherglases noch etwa 7 cm^3 beträgt. Ein stärkeres Abrauchen der Schwefelsäure ist nicht vorteilhaft, weil dann kein reinweißes Bleisulfat erhalten wird; es schließt etwas Vanadin ein und zeigt deutliche Gelbfärbung. Ist dieser Fall einmal eingetreten, so läßt man abkühlen, gibt etwas Salzsäure (1,19) hinzu, um das ausgeschiedene Vanadin wieder in Lösung zu bringen, und raucht nach Zugabe von etwas Schwefelsäure wiederum ab.

Nach dem Abkühlen wird mit Wasser aufgenommen, das abgeschiedene Bleisulfat abfiltriert und mit verd. Schwefelsäure gewaschen. Zum Filtrat gibt man 10 cm^3 einer gesättigten Schwefligsäurelösung und etwas Salzsäure, kocht zur Vertreibung des Arsens und des Überschusses an schwefliger Säure und fällt Kupfer und etwaige Reste an Arsen mit Schwefelwasserstoff.

[2] Arch. Eisenhüttenw. (1931) S. 107; (1933) S. 385.
[3] Z. anal. Chem. Bd. 86 (1931) S. 288.
[4] Merck, E.: Der Tri-o-Phenanthrolin-Ferrokomplex als Redoxindikator. Selbstverlag.

Hat man die Sulfide abfiltriert und ausgewaschen, so dampft man das Filtrat zwecks Vertreibung der Salzsäure zur Trockne ein, nimmt mit 5 cm³ Schwefelsäure (1 + 1) und mit etwa 20 cm³ Wasser unter Erwärmen auf und bringt das Volumen mit heißem Wasser auf etwa 150 cm³. Nun oxydiert man das Eisen mit etwas Wasserstoffperoxyd und fällt es, indem man erst heiße 10proz. Natronlauge bis zum Umschlag von Lackmuspapier nach Blau und dann weiter 5 cm³ davon im Überschuß zugibt. Nach dem Absitzen des Niederschlages (1) wird durch ein doppeltes 11 cm-Filter* in ein Becherglas filtriert und mit heißem sodahaltigen Wasser gut ausgewaschen. Das Filtrat wird aufgekocht und einige Zeit stehengelassen; hat es sich dabei getrübt (Niederschlag 2), so filtriert man in einen Liter-Erlenmeyerkolben.

Die auf dem Filter befindlichen Eisenniederschläge (1 und 2) werden mit verdünnter heißer Schwefelsäure in das Fällungsbecherglas zurückgelöst; nach Zugabe von 2 Tropfen Wasserstoffperoxyd verdünnt man diese Lösung mit heißem Wasser auf 150 cm³ und wiederholt die Fällung mit heißer 10proz. Natronlauge. Statt der wiederholten Fällung ist ein Schmelzaufschluß des veraschten Niederschlages mit Soda-Pottasche zu empfehlen; doch achte man darauf, daß beim Filtrieren der gelösten Schmelze kein fein verteiltes Eisenoxyd in das Filtrat gelangt, da sonst bei der Titration des Vanadins zu hohe Werte erhalten werden.

Die in dem Liter-Erlenmeyerkolben vereinigten Filtrate werden nun mit Schwefelsäure (1 + 1) angesäuert und mit 20 cm³ Schwefelsäure (1,84) sowie mit 20 cm³ $n/_{10}$-Kaliumpermanganatlösung versetzt. Man kocht nun mindestens 20 min, fügt 30 bis 40 cm³ einer 6proz. Schwefligsäurelösung zu und verjagt den Überschuß an schwefliger Säure durch Einleiten von Kohlensäure und schwaches Kochen (1 bis 1½ Stunden), bis das Volumen etwa 400 cm³ beträgt. Die auf 70° abgekühlte Vanadinlösung wird nun mit $n/_{10}$-Permanganat bis zum Farbumschlag titriert.

Die Erkennung des Endpunktes der Titration erfordert eine gewisse Übung, da — besonders beim Vorliegen größerer Vanadinmengen — nicht die scharfe Permanganatrötung auftritt; sobald alles 4-wertige Vanadin zu 5-wertigem oxydiert ist, zeigt die Lösung reine Gelbfärbung. Ein geringer Überschuß an Permanganat, den man zur Erkennung des Endpunktes zusetzen muß, ruft einen bräunlichen Farbton hervor, der somit bereits eine geringe Übertitrierung anzeigt.

Die Titration *muß wiederholt werden*; dies läßt sich in einfacher Weise ausführen, indem man die austitrierte Lösung wieder mit schwefliger Säure reduziert, den Überschuß davon wie oben entfernt und nun erneut titriert.

Die *Titerstellung* erfolgt mit Natriumoxalat nach Sörensen oder mit einer Normal-Ferrovanadinprobe (*Staatl. Mat.-Prüfungsamt* Berlin-Dahlem).

1 cm³ $n/_{10}$-KMnO₄ = 0,005095 g V.

b) *Nach dem potentiometrischen Verfahren*[5].

Einwaage und Behandlung des Erzes sind die gleichen, wie bei der Methode nach Eckert bis nach der Ausfällung der Sulfide und dem Eindampfen des Filtrates zur Trockne. Man nimmt dann mit 30 cm³ Schwefelsäure (1 + 1) auf, verdünnt mit Wasser auf etwa 100 cm³ und versetzt mit 6 cm³ Phosphorsäure (1,7). Die weitere Ausführung s. bei „Ferrovanadin", S. 378.

---

* Das Filter muß vorher mit heißer Natronlauge ausgewaschen werden, weil sonst leicht organische Bestandteile in das vanadiumhaltige Filtrat gehen, die sich beim späteren Oxydieren mit Permanganat störend bemerkbar machen.

[5] Potentiometrische Bestimmung des Vanadins von H. Blumenthal: Metall u. Erz 1940 S. 119. — Die Methode wurde durch die Laboratorien des Staatl. Materialprüfungsamtes Berlin-Dahlem sowie der Gesellschaft für Elektrometallurgie, Dr. Heinz Gehm, überprüft.

c) Nach der Ederschen (von W. Kriesel verbesserten) Methode.

Einwaage und Behandlung des Erzes sind die gleichen wie bei der Eckertschen Methode bis nach der Abscheidung des Bleisulfates. Da *Kupfer* die Titration nicht beeinflußt, braucht es nicht abgeschieden zu werden, sofern es nicht in derartig großen Mengen vorliegt, daß es den Farbumschlag stört. *Arsen* wird vor der Titration in As_2O_5 übergeführt und ist als solches ebenfalls ohne Einfluß auf die Titration.

Das Filtrat vom Bleisulfat (bzw. bei hohen Kupfergehalten von den Sulfiden) wird in einem Liter-Erlenmeyerkolben nach Zusatz von 15 cm³ Salpetersäure (1,4) und 25 cm³ Schwefelsäure (1,84) — abzüglich bereits vorhandener Schwefelsäure — auf dem Sandbade eingedampft. (Falls eine Sulfidfällung vorausging, wird vor dem Salpetersäurezusatz der Schwefelwasserstoff verkocht.) Nach dem Auftreten von Schwefelsäurenebeln setzt man das Abrauchen noch 20 min fort. Der erkaltete Kolbeninhalt wird dann mit etwa 50 cm³ Wasser aufgenommen, bis zur völligen Lösung gekocht, auf 20° abgekühlt, mit kaltem Wasser auf 400 cm³ verdünnt, zur Reduktion des Vanadiums mit 20 cm³ Eisen(II)-sulfatlösung [100 g $FeSO_4$ bzw. 183 g $FeSO_4 \cdot 7 H_2O$ + 100 cm³ H_2SO_4 (1,84) zu 2000 cm³] versetzt und gut durchgeschüttelt. Nach 1 bis 2 min erfolgt die Zugabe von 5 cm³ Phosphorsäure (1,7) und 10 cm³ Ammoniumperoxydisulfatlösung (20 g/100 cm³, täglich nach Bedarf frisch angesetzt). Hat man durchgeschüttelt und 1 min gewartet, so wird mit $^n/_{10}$-Permanganatlösung bis zur bleibenden deutlichen Rotfärbung titriert.

Nach $^1/_2$ min wird der geringe Überschuß an Permanganat mittels eingestellter Arsentrioxydlösung zurücktitriert, bis ein weiterer Zusatz den aufgetretenen rein gelben Farbton nicht mehr ändert. Der so ermittelte Überschuß (er soll nicht mehr als etwa 0,5 cm³ betragen) ist von dem vorherigen Verbrauch an Permanganat abzusetzen. Bei einem höheren Verbrauch an Arsentrioxydlösung wird der Umschlag unscharf; es empfiehlt sich daher, bei fehlender Übung eine Bestimmung *mehr* anzusetzen und die erste Titration als Tastprobe zur Ermittelung des Permanganatverbrauches zu betrachten.

Arsentrioxydlösung: 1,63 g reinstes, gut getrocknetes Arsentrioxyd werden mit 1 g Natriumhydroxyd und Wasser unter Erwärmen gelöst, mit 1 cm³ Schwefelsäure (1,84) versetzt und zum Liter aufgefüllt. Die Einstellung auf Permanganat wird vorgenommen, indem man zu einer genau austitrierten Vanadinprobe nochmals 0,5 cm³ $^n/_{10}$-Permanganatlösung zusetzt und mit der Arsentrioxydlösung zurücktitriert.

II. Hüttenerzeugnisse.

1. Ferrovanadin.

Ein 60- oder 80proz. Ferrovanadin hat z. Zt. ungefähr folgende Zusammensetzung:

Vanadium	60 oder 80 %
Aluminium	1,5 bis 2 %
Mangan	0,4 %
Phosphor	0,1 %
Schwefel	0,06%
Kohlenstoff	0,01%
Arsen	0,04%
Silicium	1,30%
Eisen	Rest

Die beste und fast ausschließlich angewandte Aufschlußmöglichkeit für Ferrovanadin ist die mit Salpetersäure (1 + 1) unter Zusatz von etwas Schwefelsäure und meistens auch etwas Salzsäure. Der Schmelzaufschluß mit Natriumperoxyd wird nur für sehr unreine Sorten benutzt.

Vanadin.

a) Nach dem Verfahren von E. Eckert.

Von 80 proz. Material werden 2,5 g, von 60 proz. 3,5 g in einem 1000 cm³-Meß-kolben mit 75 cm³ Schwefelsäure $(1+2)$ versetzt. Dann erfolgt allmähliche Zu-gabe von 30 cm³ Salpetersäure $(1+1)$, wobei man vorsichtig und langsam in der Wärme lösen läßt; nach etwa 15 min werden noch etwa 10 Tropfen Salzsäure $(1,19)$ zugefügt. Ist vollständige Lösung eingetreten, wird mit Wasser auf 150 cm³ verdünnt, zum gelinden Sieden erhitzt, abgekühlt und zur Marke aufgefüllt. Um die ausgeschiedene Kieselsäure zu entfernen, filtriert man durch ein Faltenfilter, nimmt für die Einzelbestimmung 100 cm³ ab und dampft auf dem Sandbade vorsichtig zur Trockne. Die weitere Bestimmung erfolgt nun nach der Vorschrift bei „Vanadinerz". S. 375.

b) Nach dem potentiometrischen Verfahren.

Dieses beruht, wie bereits kurz angeführt, darauf, daß 5-wertiges Vanadin mittels Eisen(II)-sulfatlösung zu 4-wertigem unter Zuhilfenahme eines Nullinstru-mentes und einer Umschlagselektrode nach G. Thanheiser und P. Dickens[6] als Bezugselektrode (s. S. 382) reduziert wird. Hierauf erfolgt sofort die Oxy-dation mit Kaliumpermanganat unter Anwendung der Normal-Kalomelelektrode als Bezugselektrode und der üblichen Kompensationsschaltung nach Poggen-dorf[7], bis zum größten Potentialsprung. Einfacher jedoch gestaltet sich das Arbeiten mit dem Triodometer.

Die Einwaage, das Lösen und Auffüllen erfolgt wie vorhin bei der Eckertschen Methode. Hat man die Abmessung von 100 cm³ in einem 600 cm³-Becherglas zur Trockne gedampft, so nimmt man mit 30 cm³ Schwefelsäure $(1+1)$ auf, verdünnt mit Wasser auf 100 cm³ und versetzt mit 6 cm³ Phosphorsäure $(1,7)$. Nun oxydiert man mit $n/5$-Kaliumpermanganatlösung bis zur Rotfärbung unter 1 bis 2 min währendem Kochen und kühlt ab. Dieses Oxydieren beim Sieden erfolgt zur Zerstörung etwa vorhandener organischer Substanzen.

Sofern ein Triodometer zur Verfügung steht, wird nun die Lösung unter An-wendung dieses und einer Normal-Kalomelelektrode als Bezugselektrode mit Eisen(II)-sulfatlösung (27,8 g $FeSO_4 \cdot 7 H_2O$ in 1000 cm³ 20 vol.-proz. Schwefel-säure) in der Kälte reduziert. Der Endpunkt der Reduktion ist an einem deutlichen Wandern des Zeigers über die Skala zu erkennen. Anschließend wird die Vanadin-lösung auf 75° erwärmt und sofort mit $n/10$-Kaliumpermanganatlösung unter Verwendung des Triodometers titriert.

Steht ein solches nicht zur Verfügung, so wird auf 180 cm³ verdünnt und die Vanadinlösung unter Anwendung eines Nullinstrumentes und einer Umschlag-elektrode als Bezugselektrode (s. S. 382) mit $n/10$-Eisen(II)-sulfatlösung bis zum Wandern der Nadel durch den Nullpunkt in der Kälte titriert. Die Messung ist sehr empfindlich, so daß es vorteilhaft ist, bei der Reduktion mit Eisen(II)-sulfat mit einem kleinen Überschuß davon zu arbeiten. Anschließend erfolgt die Oxy-dation dieses geringen Überschusses mit einigen Tropfen Permanganatlösung. Nun wird erneut, aber nur mit einer $n/50$-Eisen(II)-sulfatlösung bis zum Wandern der Nadel durch den Nullpunkt genau eingestellt. (Es empfiehlt sich, bei der letzten Reduktion zum Schluß zumindest mit einem Dritteltropfen Eisen(II)-sulfatlösung zu arbeiten.)

Die so für die oxydimetrische Titration vorbereitete Vanadinlösung wird auf 250 cm³ verdünnt, auf 70° erhitzt und mit $n/10$-Permanganatlösung unter An-wendung der Normal-Kalomelelektrode als Bezugslektrode und der Kompensations-

---

[6] Arch. Eisenhüttenw. Bd. 5 (1931/32) S. 109.
[7] Siehe Kap. „Chrom" Fußnote 1.

schaltung nach **Poggendorf** bis zum größten Potentialsprung titriert. Diese Titration muß sofort anschließend an die Reduktion erfolgen. Die verbrauchten Kubikzentimeter an Kaliumpermanganatlösung werden auf Vanadium umgerechnet

Für die Reduktion des 5-wertigen Vanadins werden die Umschlagselektrode sowie die **Winkler**sche Platinnetzelektrode als Indicatorelektrode, welche in die zu titrierende Lösung eintaucht, mit den Polen des Galvanometers verbunden. Die Walzenmeßbrücke ist hierbei abgeschaltet. Ist die Reduktion mittels Eisen(II)-sulfat beendet — die Galvanometernadel durchschreitet im Endpunkt der Reduktion den Nullpunkt des Galvanometers —, so wird die Verbindung der Umschlags-elektrode abgeklemmt und mit der Normal-Kalomelelektrode hergestellt; desgleichen wird jetzt die Meßbrücke eingeschaltet. Dann erfolgt die Oxydation des 4-wertigen Vanadins unter Messung des größten Potentialsprungs.

Da die Titration des Vanadins mit Permanganat bei 70° vorgenommen werden muß, steht bei der Titration das Becherglas zweckmäßig auf einer regulierbaren Heizplatte.

Die Einstellung der Permanganatlösung erfolgt potentiometrisch mit 0,25 g des bei genau 105° getrockneten Natriumoxalats nach **Sörensen**, das man in 200 cm³ Wasser löst und mit 40 cm³ Schwefelsäure $(1+1)$ und 6 cm³ Phosphor-säure (1,7) versetzt. 1 cm³ $n/10$-$KMnO_4$ = 0,005095 g V.

c) *Nach der Eder*schen (von *W. Kriesel verbesserten*) *Methode.*

Einwaage, Lösen und Auffüllen erfolgt wie bei den vorher beschriebenen Methoden. Von der Lösung werden 100 cm³ nach Zusatz von 25 cm³ Schwefel-säure (1,84) — abzüglich der bereits vorhandenen Schwefelsäure — in einem 1 Liter-Erlenmeyerkolben auf dem Sandbade eingedampft. Nach dem Auftreten von Schwefelsäurenebeln setzt man das Abrauchen noch 20 min fort und verfährt weiter wie nach der Vorschrift bei „Vanadinerz", S. 377.

Liegt das Ferrovanadin hinreichend fein gepulvert vor, so kann vom 80proz. Material eine direkte Einwaage von 0,25 g und vom 60proz. eine solche von 0,35 g erfolgen. Das Lösen wird im 1 Liter-Erlenmeyerkolben in 50 cm³ Wasser, 5 cm³ Salpetersäure (1,4) und 25 cm³ Schwefelsäure (1,84) vorgenommen und weiterhin wie oben verfahren.

Kohlenstoff.

1 bis 2 g des fein gepulverten Materials werden im elektrisch beheizten Röhren-ofen mit Sauerstoff bei 1200° verbrannt, worauf man die entstandene Kohlen-säure entweder gewichtsanalytisch oder volumetrisch bestimmt. Als Verbrennungs-zuschlag genügt 1 g Mennige oder Bleiperoxyd (s. Kap. „Chrom", S. 153).

Silicium.

Man löst 5 g der Probe in bedeckter Porzellanschale mit Salpetersäure (1,2), dampft die Lösung zur Trockne und erhitzt danach stärker zur Zerstörung der Nitrate. Nach dem Abkühlen nimmt man mit Salzsäure (1,12) auf, dampft wieder ab und erhitzt 1 Stunde bei 130°. Nach dem Wiederaufnehmen mit Salzsäure, Verdünnen mit Wasser und Aufkochen filtriert man die Kieselsäure ab, die mit heißem, salzsäurehaltigen Wasser gewaschen wird. Man bringt sie zur Auswaage und prüft sie in der üblichen Weise auf Reinheit.

Das Filtrat kann für die Phosphorbestimmung Verwendung finden. Statt des Abdampfens mit Salzsäure kann die Lösung des Ferrovanadins auch mit Schwefelsäure abgeraucht und hierauf die Kieselsäure bestimmt werden.

Phosphor.

Für dessen Bestimmung muß das Vanadin von der 5-wertigen zur 4-wertigen Stufe reduziert werden, da 5-wertiges Vanadin, mit Ammoniummolybdat versetzt, mit dem Phosphor als Komplexverbindung ausfallen würde. Als Reduktionsmittel kommen u. a. Eisen(II)-sulfat und schweflige Säure in Frage. Bei längerem Stehen kann das 4-wertige Vanadin durch die Salpetersäure der Ammoniummolybdatlösung langsam wieder oxydiert werden, daher ist nach dem Absetzen des Phosphorniederschlages, also nach etwa 1 Stunde, zu filtrieren; auch darf bei dem Fällungsvorgang eine Temperatur von 50° nicht überschritten werden.

Man verfährt zunächst, wie oben unter „Silicium" beschrieben, und benutzt das Filtrat von der Siliciumbestimmung. Ein beim Abrauchen der Kieselsäure mit Fluß- und Schwefelsäure verbleibender Rückstand wird mit wenig Kaliumnatriumcarbonat aufgeschlossen, die Schmelze mit Wasser ausgelaugt, mit Salzsäure angesäuert, die Kohlensäure verkocht und die Lösung zum Hauptfiltrat gegeben. Dieses engt man auf 100 cm³ ein, macht ammoniakalisch, löst den Niederschlag eben mit Salpetersäure und setzt noch so viel Salpetersäure (1,4) zu, daß 2 cm³ davon im Überschuß vorhanden sind. Diese Operation wird unter Kühlung vorgenommen, damit das Vanadin, das schon beim Eindampfen mit Salzsäure größtenteils zu 4-wertigem reduziert worden war, nicht durch die Salpetersäure wieder oxydiert wird. Zur vollständigen Reduktion gibt man noch etwas Eisen(II)-sulfatlösung hinzu, vermeidet jedoch einen größeren Überschuß davon. Nun wird bei einem Volumen von etwa 200 cm³ und einer Temperatur von 50° Phosphor durch Zusatz von Ammoniummolybdat gefällt und der Niederschlag nach 1 Stunde abfiltriert.

Gute Resultate erhält man auch nach *folgendem Verfahren:*

Das Filtrat von der Kieselsäure wird in einem Erlenmeyerkolben mit 40 cm³ einer gesättigten Schwefligsäurelösung versetzt, vom Überschuß an schwefliger Säure durch Kochen befreit und auf etwa 100 cm³ eingeengt. Nach dem Erkalten macht man eben ammoniakalisch, bis gerade ein Niederschlag erscheint, kühlt weiter ab und setzt Ammoniummolybdatlösung zu, deren Salpetersäuregehalt den geringen, durch Ammoniak bewirkten Niederschlag in Lösung bringt. Hat man nun auf 50° erwärmt, läßt man 1 Stunde absitzen und filtriert.

Schwefel.

Er kann nach den *Verbrennungsverfahren* nach Holthaus oder Swoboda (s. Kap. „Chrom", S. 158) bestimmt werden. Die Einwaage richtet sich nach der Höhe des Schwefelgehaltes; als Zuschlag dient Zinnmetall; die Verbrennungstemperatur beträgt 1200 bis 1300°.

Es kann auch das *Aufschlußverfahren* angewandt werden. Dafür schließt man 1 bis 2 g im Nickeltiegel mit einem Gemisch von Kaliumnatriumcarbonat und Natriumperoxyd (2 + 1) auf, wobei man das Eindringen schwefelhaltiger Flammengase in die Schmelze vermeidet. Der Tiegelinhalt wird dann mit Wasser zersetzt, in einen Meßkolben übergespült, aufgefüllt und filtriert. In einem Anteil, der sich nach der Höhe des Schwefelgehaltes richtet, fällt man nach dem Ansäuern mit Salzsäure den Schwefel mittels Bariumchlorid.

Mangan.

Das bei der Siliciumbestimmung erhaltene Filtrat wird zur Entfernung der Hauptmenge der Salzsäure eingedampft, wieder mit Wasser verdünnt und mit 10proz. Natronlauge versetzt, bis die Hydroxyde ausgefallen sind; dabei fügt man zwecks Oxydation des Mangans und Vanadins etwas Natriumperoxyd hinzu. Hat sich der Niederschlag abgesetzt, so wird er abfiltriert, ausgewaschen und mit etwas warmer Salzsäure (1 + 1) vom Filter gelöst, worauf man wiederum mit Natronlauge und Natriumperoxyd fällt.

Der alles Eisen und Mangan enthaltende Niederschlag wird nun mit heißem

Wasser ausgewaschen und zur Bestimmung des Mangans, wie bei „Ferrochrom“, S. 155, angeführt, verwendet.

Arsen.

5 g des Materials werden in einer Porzellanschale mit Salpetersäure (1,2) in Lösung gebracht; diese dampft man nach Zugabe von 10 cm³ konz. Schwefelsäure bis zum völligen Verjagen der Salpetersäure ein. Dann wird mit Wasser aufgenommen, mit etwas Salzsäure versetzt und das Arsen durch Einleiten von Schwefelwasserstoff ausgefällt. Man filtriert die Sulfide ab, bringt sie mit Salzsäure und etwas Kaliumchlorat in Lösung, verkocht den Chlorüberschuß und destilliert das Arsen in dem dafür bestimmten Apparat (s. Kap. „Arsen“) nach Zugabe von Hydrazinsulfat und Kaliumbromid über.

Nickel.

Man löst wie bei der Siliciumbestimmung 5 g Material, scheidet die Kieselsäure ab, befreit das Filtrat durch Eindampfen von der Hauptmenge der Salzsäure, verdünnt mit Wasser, setzt Weinsäure hinzu und macht ammoniakalisch. Sollte hierbei ein Niederschlag entstehen, so ist der Weinsäurezusatz zu erhöhen. Dann wird die ammoniakalische Lösung schwach essigsauer gemacht, auf 70° erwärmt und mit Diacetyldioximlösung versetzt. Der ausgefallene Nickelniederschlag wird umgefällt und dann die Bestimmung nach den Angaben des Kap. Nickel, S. 264, fortgeführt.

Aluminium (säurelöslich).

1 g Ferrovanadin wird in einem Becherglas mit 15 cm³ Salpetersäure (1 + 1) und 5 cm³ Salzsäure (1 + 1) gelöst. Man verdünnt mit Wasser auf etwa 300 cm³, neutralisiert mit einer frisch bereiteten 10proz. Natriumperoxydlösung und fügt weitere 50 cm³ davon zu. Nun wird zum Sieden erhitzt und nach 1 min Siededauer die Lösung samt dem Niederschlage in einen 500 cm³-Meßkolben übergespült. Hat man abgekühlt, aufgefüllt und durch ein hartes Faltenfilter filtriert, so entnimmt man 250 cm³ (= 0,5 g Einwaage) und neutralisiert sie in einem 800 cm³-Becherglas mit Schwefelsäure (1 + 1) (Prüfung mit Lackmus); dann setzt man weitere 10 cm³ der Schwefelsäure sowie 5 Tropfen Wasserstoffperoxyd zu und bringt mit heißem Wasser auf ein Volumen von 500 cm³. Nun werden 10 g Ammoniumchlorid hinzugefügt, worauf man unter ständigem Rühren so lange 10proz. Ammoniak zulaufen läßt, bis ein beigegebenes Stückchen Lackmuspapier gerade blau bleibt, und nach Zusatz von weiteren 5 bis 10 Tropfen Ammoniak 1 min im Sieden erhält. Der ausgeflockte Niederschlag wird durch ein Weißbandfilter filtriert und mit einer heißen 2proz., mit etwas Ammoniak versetzten Ammoniumnitratlösung ausgewaschen. Man spritzt ihn dann in das vorher benutzte Becherglas zurück, löst die Reste mit etwas heißer, verd. Salpetersäure vom Filter und wäscht ausreichend mit heißem Wasser nach.

Nach dem Aufkochen wird die salpetersaure Aluminiumlösung mit 5 Tropfen Wasserstoffperoxyd und 15 g Ammoniumnitrat versetzt und darin die Fällung mit Ammoniak wiederholt. Der Niederschlag ist im Platintiegel zu glühen und zur Entfernung der Kieselsäure mit Fluß- und Schwefelsäure abzurauchen. Darauf erhitzt man 15 min mit aufgelegtem Deckel bei 1400° auf dem Gebläse, kühlt ab und wägt als Al_2O_3. Das Oxyd muß auf Phosphor und Eisen geprüft werden; dazu benützt man das bei „Ferrochrom“, S. 160, angegebene Verfahren.

2. Vanadinschlacken.

Für **die Bestimmung des Vanadiums,** die auch nach der Eckertschen oder der potentiometrischen Methode vorgenommen werden kann, eignen sich zwei weitere Verfahren, die im folgenden angegeben werden:

a) *Das Verfahren nach Dickens-Thanheiser.*

Die je nach der Höhe des zu erwartenden Vanadiumgehaltes (vanadinhaltige Schlacken können bis zu 8% V und mehr enthalten), bemessene Einwaage wird in einem Gemisch von konz. Salz- und Salpetersäure im 400 cm³-Becherglas gelöst. Ist dies erfolgt, setzt man 30 cm³ 15 proz. Schwefelsäure zu und raucht ab. Es wird mit Wasser aufgenommen und mit Kaliumpermanganatlösung (25 g Kaliumpermanganat auf 1000 cm³ Wasser) bis zur starken Rotfärbung versetzt. Eisen, Vanadin und etwa vorhandenes Chrom werden hierdurch oxydiert. Man hält die Lösung 2 bis 3 min im Kochen und fügt dann einige Körnchen Eisen(II)-sulfat zu, wobei das 6-wertige Chrom zu 3-wertigem und das 5-wertige Vanadin zu 4-wertigem reduziert werden. Nun wird mit 200 cm³ einer 10proz. Schwefelsäure verdünnt, unter 30° abgekühlt, mit 5 cm³ Phosphorsäure (1,7) versetzt und in die Rührapparatur eines Potentiometers eingestellt, wonach man unter Rühren mit Kaliumpermanganatlösung bis zur schwachen Rotfärbung oxydiert und mit weiteren 5 cm³ Kaliumpermanganatlösung (6 g auf 1000 cm³) versetzt, die 1 bis 2 min einwirken sollen. Das 4-wertige Vanadin wird dabei zu 5-wertigem, Chrom dagegen nicht oxydiert. Nun werden 6 bis 7 cm³ Oxalsäurelösung (12,5 g auf 1000 cm³) zur Zerstörung des überschüssigen Permanganats hinzugefügt; man wartet die konstante Einstellung der Galvanometernadel ab und titriert hierauf in der kalten Lösung mit Eisen(II)-sulfatlösung, bis die Galvanometernadel den Nullpunkt erreicht bzw. eben überschritten hat. Dies kann durch den Zusatz eines Dritteltropfens der Titrierlösung erzielt werden.

Die Eisen(II)-sulfatlösung, die 50 g des Salzes in 1000 cm³ 20 vol.-proz. Schwefelsäure enthält, wird gegen Kaliumpermanganat eingestellt.

Die Füllung der von Dickens und Thanheiser angegebenen *Umschlagselektrode* wird, wie folgt, hergestellt: Man löst 225 g Eisen(III)-ammoniumsulfat und 1,5 g Eisen(II)-sulfat in 500 cm³ 20proz. Schwefelsäure, nimmt von dieser Lösung 10 cm³ und verdünnt mit Wasser auf 100 bis 200 cm³. Damit wird die Umschlagselektrode gefüllt. Das Potential ändert sich durch die Verdünnung kaum; es bleibt während mehrerer Tage innerhalb weniger Millivolt konstant.

b) *Das Verfahren nach R. Lang und F. Kurtz.*

Dieses für Vanadingehalte bis zu 20% anwendbare Verfahren gestaltet sich folgendermaßen:

Die Einwaage wird in einem 600 cm³-Becherglas mit einigen Kubikzentimetern Wasser aufgeschlämmt, mit etwa 20 cm³ Salzsäure (1,19) und etwa 20 Tropfen Flußsäure versetzt und auf einer Heizplatte gelöst. Nach etwa 10 min werden zur Oxydation 5 cm³ Salpetersäure (1,4) nach weiteren 10 min 20 cm³ Schwefelsäure (1 + 1) zugegeben, worauf man bis zum Auftreten von Schwefelsäuredämpfen eindampft. Nach 15 min kräftigem Rauchen wird auf Zimmertemperatur abgekühlt und mit so viel Wasser versetzt, daß das Volumen 100 cm³ beträgt. Zur vollständigen Reduktion von Vanadin und etwa vorhandenem Chrom wird 40proz. Eisen(II)-sulfatlösung hinzugegeben, bis die Lösung eine blaue Farbe angenommen hat; darauf oxydiert man in der Kälte das Vanadin mit einer 5proz. Kaliumpermanganatlösung, die man so lange zusetzt, bis die Lösung eine bleibende Rotfärbung aufweist. Den Überschuß an Kaliumpermanganat zerstört man durch Zugabe einer 0,5proz. Kaliumnitritlösung bis zur hellgelben Färbung der Flüssigkeit; in Gegenwart von viel Chrom ist der Farbton hellgrün.

Der Überschuß an Kaliumnitrit wird durch sofortige Zugabe von etwa 5 g Harnstoff zerstört. Nach 15 min gibt man 10 cm³ Phosphorsäure (1,7) sowie 3 Tropfen Diphenylaminlösung [1proz., gelöst in Phosphorsäure (1,7)] hinzu und titriert mit $^n/_{10}$-Eisen(II)-sulfatlösung bis zum Farbumschlag nach Grün.

Die Titerstellung der Eisen(II)-sulfatlösung erfolgt mit Kaliumbichromat.

Löst sich die Schlacke nicht in Säure, so schließt man 1 g in einem Alsint- oder Reinnickeltiegel mit Natriumperoxyd und Kaliumnatriumcarbonat (3 + 1) auf, laugt die Schmelze in einem 500 cm³-Becherglas mit wenig Wasser aus, neutralisiert mit Schwefelsäure (1 + 1) und gibt 20 cm³ davon im Überschuß zu. Die Lösung wird einige Minuten gekocht, tropfenweise mit 40proz. Eisen(II)-sulfatlösung versetzt, bis sie klar geworden ist (was meistens mit einigen Tropfen zu erreichen ist), auf 100 cm³ eingeengt und abgekühlt. Dann reduziert man vollständig mit Eisen(II)-sulfatlösung und verfährt weiter wie oben.

3. Vanadinsäure.

Für die *Vanadinbestimmung* sind das Verfahren nach Eckert und das potentiometrische Verfahren am geeignetsten; auch kann man die Methode nach Eder-Kriesel anwenden, wobei man ohne Zusatz von Salpetersäure in Schwefelsäure löst.

Kapitel 25

Wismut[*].

A. Methoden der Wismutbestimmung.
  I. Bestimmung als Oxyd.
  II. Bestimmung als Phosphat.
  III. Bestimmung als Metall durch Reduktion.
  IV. Elektroanalytische Bestimmung.
  V. Bestimmung auf colorimetrischem Wege.

B. Die Trennung von den begleitenden Metallen und deren Bestimmung.
  I. Sulfosäuren (As, Sb, Sn, Mo, W, Te).
  II. Blei, Kupfer und Silber:
    a) mittels Quecksilberoxyd (nach H. Blumenthal),
      Blei im Handelswismut,
    b) Verfahren von Löwe,
    c) Trennung des Wismuts und Bleis vom Kupfer und Silber:
      α) mittels Kaliumcyanids, β) mittels Ammoniumcarbonats.
  III. Silber und Gold.
  IV. Eisen, Kobalt, Nickel.

C. Die Untersuchung von Erzen und Hüttenerzeugnissen.
  I. Erze (Fällung des Wismuts bei unreinen Materialien mit Eisenpulver).
  II. Oxychloride.
  III. Rückstände.
  IV. Raffinatwismut.
  V. Legierungen.
  VI. Wismutsalze.

A. Die Methoden der Wismutbestimmung.

I. Bestimmung als Oxyd.

Wismut läßt sich aus seiner salpetersauren Lösung durch Eindampfen und vorsichtiges Glühen des Rückstandes im Porzellantiegel unmittelbar als Wismutoxyd bestimmen. Ebenso lassen sich Wismutsalze mit organischen Säuren unter gewissen Vorsichtsmaßregeln durch Glühen in Bi_2O_3 überführen.

Gewöhnlich aber geht der Bestimmung als Oxyd eine *Fällung als Carbonat* voraus. Diese Fällung muß in rein salpetersaurer Lösung ausgeführt werden, da bei Gegenwart von Schwefelsäure oder Salzsäure deren basische Salze mitausfallen. Waren Cl- und SO_4-Ionen bei der Fällung zugegen, so muß diese unbedingt noch einmal wiederholt werden.

Man stumpft die verdünnte salpetersaure Lösung des Wismuts mit Ammoniak so weit ab, daß sie eben anfängt sich zu trüben, gibt dann Ammoniumcarbonatlösung in geringem Überschuß zu und kocht oder läßt so lange nahe der Siedetemperatur auf dem Sandbade stehen, bis die Flüssigkeit nur noch schwach nach

---

[*] Bearbeiter: **Blumenthal.** Mitarbeiter: **Buttig, Fresenius, Toussaint.**

Ammoniak riecht. Den abfiltrierten Wismutcarbonatniederschlag löst man entweder mit Salpetersäure vom Filter in einen gewogenen Porzellantiegel und dampft ein, oder man trocknet ihn, entfernt die Hauptmenge des Niederschlages vom Filter, löst Reste mit Salpetersäure in den gewogenen Tiegel, dampft ein und gibt die Hauptmenge des Niederschlages dazu. Bei beiden Arbeitsweisen wird die im Tiegel befindliche Wismutverbindung bis zum unveränderlichen Gewicht geglüht, jedoch soll das Glühen nicht bis zum beginnenden Schmelzen des Wismutoxyds gesteigert werden, weil der Tiegel angegriffen und dadurch die Prüfung auf Reinheit erschwert wird. Das gewogene Wismutoxyd muß sich klar in Salpetersäure lösen (SiO_2, Sn). Kocht man die Lösung mit Ammoniumcarbonat, so muß sie ein farbloses Filtrat geben (Cu), und dieses darf nach dem Ansäuern mit Salpetersäure weder durch Bariumnitrat noch durch Silbernitrat getrübt werden (SO_4, Cl). Auf das Vorhandensein von Bleiverbindungen wird, wie später beschrieben, zu prüfen sein.

Man kann auch das Wismutoxyd durch Schmelzen mit Kaliumcyanid in Metall überführen, das Metall zur Kontrolle auswägen und es, wie dort angegeben, auf Zinn, Blei und Kupfer prüfen. Kleine Mengen Kieselsäure, Zinn und Kupfer (auch Molybdän) gehen in die Schmelze über, worauf zu achten ist, falls die Bestimmung als Metall nicht mit derjenigen als Oxyd übereinstimmt. Bei Schiedsanalysen sollte diese Kontrolle keinesfalls unterlassen werden!

II. Bestimmung als Phosphat.

Die weniger als 100 cm³ betragende salpetersaure Wismutlösung wird vorsichtig mit konz. Ammoniak versetzt, bis ein schwacher Niederschlag entsteht, der wieder mit 10 cm³ Salpetersäure (1,2) gelöst wird. Die klare Flüssigkeit erhitzt man zum Kochen und fällt während des Siedens mit einer 10proz. Lösung von Diammoniumhydrogenphosphat [$(NH_4)_2HPO_4$], die man anfangs tropfenweise unter Rühren zufließen läßt, um einen grobkrystallinischen Niederschlag zu erhalten. Es ist ein erheblicher Überschuß des Fällungsmittels nötig; bei 0,05 g Bi nimmt man 20 cm³, bei 0,4 bis 0,5 g Bi 60 cm³ der Lösung. Nach dem Fällen läßt man absitzen, gießt die klare Flüssigkeit ab, dekantiert den Niederschlag 2mal mit heißem Wasser, sammelt ihn auf dem Filter, wäscht völlig aus, verascht und wägt als $BiPO_4$. Eine quantitative Trennung des Wismuts vom Blei ist durch die Phosphatfällung nicht zu erzielen. Die Fällung ist im übrigen nur in Abwesenheit von Cl- und SO_3-Ionen vollständig.

III. Bestimmung als Metall durch Reduktion.

Diese Bestimmung wird im allgemeinen selten in Frage kommen, soll aber der Vollständigkeit wegen hier dennoch beschrieben werden:

In die schwach saure, nicht zu konzentrierte, kalte Lösung des reinen Wismutsulfats oder -chlorids gibt man etwas aschefreien Filterbrei* und leitet Schwefelwasserstoff ein. Das ausgeschiedene Wismutsulfid wird dann auf dem Filter mit Schwefelwasserstoffwasser gut ausgewaschen, getrocknet oder auch gleich naß im Porzellantiegel bei möglichst klein gestellter Flamme abgeröstet. Erst zuletzt wird die Flamme verstärkt, um Reste von Filterkohle oder Teerbeschlag zu verbrennen. Das entstandene Wismutsulfat bzw. -oxyd wird im Tiegel mit 3 bis 4 g reinsten Kaliumcyanids (Kal. cyanat. puriss. z. Anal.**) gemischt, dann gibt man

---

* Eine halbe Tablette Filterstoff Nr. 292 von Schleicher & Schüll genügt.
** Die Brauchbarkeit des Kaliumcyanids stellt man durch einen Vorversuch fest: Es muß sich nach dem Schmelzen in Wasser zu einer klaren Flüssigkeit auflösen.

eine Decke von ungefähr 2 g Kaliumcyanid darüber, die mit einem Pistill festgedrückt wird. Der Tiegel wird nun anfangs mit ganz kleiner Flamme und erst,
nachdem das Salz anfängt zu schmelzen, etwas stärker und zuletzt einige Minuten
mit voller Flamme erhitzt. Beim Umschwenken erhält man dann meist nur *ein*
Korn und *wenig* metallischen Belag am Tiegel*. Nach vollständigem Auswaschen
der Schmelze im Tiegel mit heißem Wasser bei gleichzeitigem, vorsichtigem Ab-
gießen durch ein kleines Filterchen spült man Tiegel und Filter 2 mal mit absolutem
Alkohol aus, trocknet, verascht das Filter an der Zange und wägt das Wismut
als Metall aus.

Zur Prüfung auf Reinheit wird das Wismutmetall in möglichst wenig Salpetersäure aufgelöst. Die Lösung muß klar sein (Sn, SiO_2). Gibt man zu der Lösung
20 bis 30 cm^3 Schwefelsäure (1 + 2), so zeigt sich jede Spur Blei durch eine mehr
oder weniger starke Trübung. Ist die Lösung 12 Stunden klar geblieben, oder
hat man etwa abgesetztes Bleisulfat abfiltriert, so prüft man mit 2 Tropfen Salzsäure auf Silber und dann durch Übersättigen mit Ammoniak auf Kupfer.

IV. Elektroanalytische Bestimmung.

Unter geeigneten Bedingungen kann Wismut auch mit Hilfe der Elektrolyse
bestimmt und hierbei von Blei abgetrennt werden. Da dieses Verfahren nur ausnahmsweise zur Anwendung gelangt, weil die dazu erforderliche Einrichtung nicht
immer verfügbar ist, so sei hier nur auf das Schrifttum hingewiesen. Näheres
darüber bringen A. Fischer und A. Schleicher in „Elektroanalytische Schnell-
methoden", 2. Aufl., S. 321 ff.; Verlag F. Enke, Stuttgart.

V. Bestimmung auf colorimetrischem Wege.

Versetzt man eine schwefelsaure Wismutlösung mit einer genügenden Menge
von Kaliumjodid, so löst sich das entstehende Wismutjodid im Kaliumjodidüber-
schuß mit gelber Farbe auf. Die Farbtiefe der Lösung stellt ein Maß für die vorhandene Wismutmenge dar. Die Reaktion ist so empfindlich, daß noch 0,1 mg Bi
in einem Volumen von 100 cm^3 deutlich nachweisbar ist. Durch Einwirkung
etwa vorhandener oxydierender Stoffe entstandenes Jod muß durch Hinzufügen
von geringen Mengen von Natriumsulfit oder wässeriger schwefliger Säure eben
beseitigt werden, da es sonst einen zu hohen Wismutgehalt vortäuschen könnte.
Ein Überschuß von schwefliger Säure ist zu vermeiden, da diese mit wässeriger
Kaliumjodidlösung ebenfalls unter Gelbfärbung reagiert. Bleisalze stören infolge
von Abscheidung gelb gefärbten Bleijodids.

Das Verfahren ermöglicht die Bestimmung von Wismut in Mengen von 0,5 mg
abwärts, sofern ohne Colorimeter gearbeitet wird; bei Anwendung eines Colori-
meters oder Photometers können auch größere Mengen noch mit hinreichender
Genauigkeit ermittelt werden. Als Vergleichslösung bzw. zum Eichen des Photometers bedient man sich einer schwefelsauren Wismutlösung, die man durch
Auflösen von 100 mg Bi in Salpetersäure, Erhitzen der Lösung mit Schwefelsäure bis zum Rauchen und Verdünnen mit Wasser auf 1000 cm^3 hergestellt hat.
1 cm^3 dieser Lösung enthält sodann 0,1 mg Bi. Der Schwefelsäuregehalt der
Lösung ist so groß zu halten, daß sich beim Verdünnen kein basisches Wismutsulfat ausscheidet.

---

* Ein ganz geringer Bleigehalt erschwert die Vereinigung zu *einer* Kugel sehr; bei
einem Gehalte von nur wenigen Prozenten Blei erhält man zahlreiche, verschieden große
Kügelchen. Ist im Wismut noch Kupfer vorhanden, so wird das Korn walzenförmig statt
rund.

B. Die Trennung von den begleitenden Metallen und deren Bestimmung.

Bei der Untersuchung von Wismuterzen und Hüttenerzeugnissen ist auf die Anwesenheit von Arsen, Antimon, Zinn, Molybdän, Wolfram, Tellur, Kupfer, Silber, Gold, Blei, Eisen, Kobalt und Nickel Rücksicht zu nehmen.

Zur Trennung vom Wismut und zur Bestimmung der begleitenden Elemente verfährt man wie folgt:

I. Sulfosäuren (As, Sb, Sn, Mo, W, Te).

Bei der Fällung des Wismuts in saurer Lösung durch Schwefelwasserstoff scheiden sich die Sulfosäuren, mit Ausnahme derjenigen des Molybdäns und des Wolframs, vollständig mit dem Wismutsulfid zusammen aus. Molybdän wird unter den angegebenen Verhältnissen nicht vollständig als Sulfid gefällt, Wolframlösungen werden nur reduziert, nicht gefällt.

Die Sulfide werden abfiltriert, mit schwach schwefelsaurem Schwefelwasserstoffwasser ausgewaschen, bis im Filtrat keine Spur von Eisen mit Ammoniak (Grünfärbung) mehr nachweisbar ist, und vom Filter in das Fällungsgefäß zurückgespritzt. Nun gibt man 50 cm³ Kalium- oder Natriumpolysulfidlösung (50 proz.) hinzu* und läßt etwa 2 Stunden nahe der Siedetemperatur stehen, um die Metallsulfide der Sulfogruppe zu lösen. Dann verdünnt man auf mindestens 300 cm³, läßt einige Zeit stehen, filtriert durch das erste Filter von der Schwefelwasserstofffällung und wäscht mit heißem alkalipolysulfidhaltigem Wasser aus. Diese Behandlung wird wiederholt, um namentlich alles Zinnsulfid in Lösung zu bringen. Das die Sulfosäuren enthaltende Filtrat zersetzt man mit Schwefelsäure und bestimmt die einzelnen Elemente nach bekannten Methoden.

Zinn, Wolfram und Molybdän wird man von vornherein durch einen Schmelzaufschluß mit Natriumperoxyd von Wismut, Blei usw. trennen. Das beim Behandeln der Schmelze mit Wasser im Rückstand verbleibende Wismuthydroxyd wird nach dem Abfiltrieren in Salzsäure gelöst und als Sulfid gefällt. Dieses behandelt man mit Alkalipolysulfid und vereinigt diesen Auszug mit dem Filtrat von der Schmelze. Die Bestimmung der obengenannten drei Elemente wird in den vereinigten Lösungen nach bekannten Methoden vorgenommen.

Arsen und *Tellur* können auf ähnliche Weise wie unter C. IV, S. 392, angegeben, in besonderer Einwaage bestimmt werden.

II. Blei, Kupfer und Silber.

a) Trennung mittels Quecksilberoxyds. Verfahren von H. Blumenthal.

Die Abtrennung des Wismuts von Blei, Kupfer und Silber kann nach dem von H. Blumenthal[1] für die Bestimmung kleiner Mengen von Wismut im Handelsblei beschriebenen Verfahren ausgeführt werden. Dieses lehnt sich an die Methode von Löwe an, bei der durch wiederholtes Abdampfen der salpetersauren Nitratlösung schließlich das Wismut als basisches Nitrat gefällt und als solches von den Begleitmetallen geschieden wird. Nach dem Verfahren von H. Blumenthal wird die zur völligen Fällung des Wismuts als basisches Nitrat erforderliche Wasserstoffionenkonzentration durch Neutralisation der abgestumpften salpeter-

---

* Falls Kupfer zugegen ist und dieses bestimmt werden soll, muß man die Sulfide längere Zeit mit Natriummonosulfid in der Wärme behandeln, da Kupfersulfid in Alkalipolysulfid etwas löslich ist.

[1] Z. anal. Chem. Bd. 78 (1929) S. 206ff.

sauren Lösung der Metalle mit aufgeschlämmtem Quecksilberoxyd erreicht; zu diesem Zweck wird wie folgt verfahren:

Die heiße salpetersaure Lösung wird so lange mit Natriumcarbonatlösung versetzt, bis sie nach dem Verkochen des Kohlendioxyds gegen Methylorange noch *eben deutlich sauer* reagiert. Das Volumen der Lösung soll hierbei schließlich etwa 100 cm³ betragen. Sodann fügt man der heißen Flüssigkeit, die gegebenenfalls von bereits gefälltem basischem Wismutnitrat getrübt ist, so viel aufgeschlämmtes Quecksilberoxyd hinzu, daß nach dem Aufkochen ein geringer Überschuß zu erkennen ist.

Das Neutralisationsmittel wird auf nassem Wege durch Fällen von Quecksilber(II)-chloridlösung mit reinem Natriumhydroxyd und häufiges Dekantieren des Niederschlages mit Wasser bis zur neutralen Reaktion der Waschflüssigkeit hergestellt.

Nunmehr wird auf etwa 250 cm³ verdünnt, gekühlt und der Niederschlag, nachdem er sich abgesetzt hat, durch ein Weißbandfilter von Schleicher & Schüll abfiltriert und mit kaltem, eine geringe Menge von Kaliumnitrat enthaltenden Wasser so lange gewaschen, bis das Filtrat keine Verfärbung mit Schwefelwasserstoffwasser zeigt. Der Niederschlag, der alsdann frei von Blei, Kupfer und Silber* ist, wird vom Filter in das Fällungsgefäß zurückgespritzt und durch Kochen mit Salpetersäure in Lösung gebracht. In der salpetersauren Lösung kann nunmehr Wismut entweder als Phosphat gefällt oder bei geringer Menge nach Eindampfen der Flüssigkeit mit 5 cm³ konz. Schwefelsäure colorimetrisch ermittelt werden. In beiden Fällen stört die Anwesenheit von Quecksilbersalzen nicht.

Das Filtrat von der Quecksilberoxydfällung versetzt man mit Salzsäure und fällt *Silber* als Silberchlorid aus. Dieses wird als AgCl gewogen. In das Filtrat davon wird Schwefelwasserstoff eingeleitet; die Sulfide von Kupfer und Quecksilber werden mit Salpetersäure (1,2) gekocht, wobei *Kupfer* in Lösung geht; nach dem Abfiltrieren des ungelösten Quecksilbersulfides wird Kupfer elektrolytisch bestimmt.

Das Quecksilberoxydverfahren von H. Blumenthal eignet sich auch zur Abtrennung und Bestimmung kleinster Wismutmengen im Handelsblei wie zur Untersuchung von Handelswismut auf Bleigehalt[2]. Bei der Analyse von *Handelsblei* auf Wismutgehalt ist der oben beschriebene Arbeitsgang einzuhalten, während bei der Analyse von **Handelswismut** auf Bleigehalt wie folgt zu verfahren ist:

Eine entsprechend große Einwaage des auf seinen Bleigehalt zu untersuchenden Wismutmetalls (10 g) wird in Salpetersäure (1,2) gelöst. Nach dem Verdünnen der Lösung mit Wasser auf etwa 100 cm³ und nach Zusatz von etwa 10 g Alkalinitrat wird in der Kälte so lange Natriumcarbonatlösung (etwa 20 proz.) zugesetzt, bis ein Überschuß davon mit Methylorange zu erkennen ist. Es fällt hierbei krystallisiertes basisches Wismutnitrat aus. Sodann wird durch tropfenweisen Zusatz von verdünnter Salpetersäure wieder angesäuert. Hierbei muß der Überschuß an Salpetersäure möglichst gering gehalten werden, die Lösung muß aber schließlich noch deutlich sauer reagieren. Jetzt wird gekocht, um alle Kohlensäure auszutreiben, und auf nassem Wege bereitetes aufgeschlämmtes Quecksilberoxyd in der Siedehitze in geringem Überschuß zugefügt. Nach nochmaligem Aufkochen wird auf etwa 600 cm³ verdünnt und 12 Stunden stehengelassen. Der Niederschlag setzt sich hierbei gut ab und läßt sich mit alkalinitrathaltigem, kaltem Wasser leicht dekantieren und auswaschen. Ohne daß ein nennenswerter Fehler zu befürchten wäre, könnte auch zusammen mit dem Wismutniederschlag in einem Meßkolben auf 1000 cm³ aufgefüllt und die Bleibestimmung in einem abgemessenen

---

* Hierbei ist Voraussetzung, daß chloridfreie Reagenzien verwendet werden.
[2] Metall u. Erz Bd. 37 (1940) S. 23.

Teil des Filtrates ausgeführt werden. Man erspart auf diese Weise das Auswaschen. Das Filtrat wird mit Natriumsulfidlösung gefällt, die Fällung nach dem Abfiltrieren mit Salpetersäure unter Zusatz einiger Tropfen Salzsäure aufgenommen und mit Schwefelsäure abgeraucht. Das abgeschiedene Bleisulfat wird gewogen und wie üblich auf Reinheit geprüft.

Eine vollständige Trennung des Wismuts von Blei durch Ausfällen des Bleis als Sulfat ist unsicher, da die Gefahr besteht, daß basisches Wismutsulfat mitgefällt wird, sie ist im übrigen nur noch nach dem bereits erwähnten Verfahren von Löwe zu erwarten, das wie folgt auszuführen ist:

b) Verfahren von Löwe.

Die Lösung der Nitrate wird in einer Schale auf dem Wasserbade zur Trockne gedampft, der Rückstand mit Wasser übergossen, wieder eingedampft und diese Operation 3- bis 4mal wiederholt, bis die entweichenden Dämpfe keine saure Reaktion mehr zeigen. Man behandelt das basische Wismutnitrat zur Entfernung des Bleinitrates mit einer Lösung von Ammoniumnitrat (1 + 500), filtriert durch ein nicht zu großes Filter und wäscht mit derselben Ammoniumnitratlösung aus. Das Filtrat wird nach dem Ansäuern mit einigen Tropfen Salpetersäure mit Schwefelsäure abgeraucht, um das Blei auszufällen, und das Filtrat von der Bleisulfatfällung mit Schwefelwasserstoff auf Wismut geprüft. Ein etwa entstandener Niederschlag wird in Salpetersäure gelöst, die Lösung mit Schwefelsäure abgeraucht, der Rückstand mit Wasser aufgenommen und im Filtrat das Wismut mit Ammoniumcarbonat ausgefällt. Das Blei wird als $PbSO_4$, das Wismut als Oxyd oder Phosphat bestimmt.

c) Trennung vom Kupfer und Silber.

Diese beiden Elemente werden vom Wismut und Blei nach folgenden Methoden getrennt:

α) *Mittels Kaliumcyanids.*

Die verdünnte, salpetersaure Lösung der Metalle wird mit so viel Natriumcarbonatlösung versetzt, daß Lackmuspapier eben noch rot gefärbt bleibt. Dann gibt man eine dem größeren oder geringeren Kupfer- und Silbergehalte entsprechende Menge reinen Kaliumcyanids zu, läßt 1 Stunde auf dem Wasserbade absitzen und filtriert. Hat man genau nach Vorschrift gearbeitet, so ist der Niederschlag des Wismut-Bleicarbonates frei von Kupfer und Silber, und es ist auch kein Wismut im Filtrat mittels Ammoniumsulfid nachweisbar; doch kann bei dieser Prüfung etwas Silber ausfallen, wenn die Menge des Kaliumcyanids zu gering gewesen ist. Zur Sicherheit löst man den Niederschlag in wenig Salpetersäure, fällt das Silber mit Salzsäure aus und scheidet etwa vorhandenes Wismut noch als basisches Carbonat ab. Der Niederschlag von Wismut-Bleicarbonat wird nach S. 387 weiterbehandelt.

Das Kaliumcyanid, Kupfer und Silber enthaltende Filtrat wird mit verdünnter Salpetersäure zersetzt*, etwa $^1/_4$ bis $^1/_2$ Stunde zum Sieden erhitzt, bis sich das mitausgeschiedene Kupfer(I)-cyanid wieder gelöst hat. Zu der Lösung gibt man einige Tropfen Salzsäure, um etwa mitgelöstes Silbercyanid als Chlorid wieder auszufällen, verdünnt und filtriert nach einiger Zeit. Dem Waschwasser werden einige Tropfen Salpetersäure zugesetzt. Das Filtrat dampft man mit Schwefelsäure ein, gibt Ammoniumnitrat hinzu und bestimmt das Kupfer elektrolytisch. Der Silberniederschlag kann durch Glühen im Chlorstrom in Silberchlorid übergeführt und als solches gewogen werden.

---

* Man nehme etwa **3%**, bei viel Kupfer **5%** überschüssige Salpetersäure. O. Brunck: Ber. dtsch. chem. Ges. Bd. **34** (1901) S. 1604.

β) *Mittels Ammoniumcarbonats.*

Die verdünnte salpetersaure Lösung der Metalle stumpft man mit Ammoniak so weit ab, daß sie eben anfängt, sich leicht zu trüben, gibt Ammoniumcarbonat im geringen Überschuß zu und verfährt genau, wie S. 384 angegeben. Die Fällung muß wiederholt werden, da leicht etwas Kupfer von dem Wismut-Bleicarbonat zurückgehalten wird. In den vereinigten Filtraten kann man nach dem Ansäuern mit Salpetersäure und Zugabe einer zur Fällung des Silbers entsprechenden Menge Salzsäure das Kupfer elektrolytisch bestimmen. Eine dunkle Färbung des ausgeschiedenen Kupfers deutet auf eine Verunreinigung durch Silber oder Wismut hin. In einem solchen Falle muß man die Elektrolyse nach entsprechender Behandlung (s. Kap. „Kupfer") wiederholen. Die Bestimmung des Silbers erfolgt, wie nachstehend unter B. III angegeben ist.

III. Silber und Gold.

Diese beiden Edelmetalle können in besonderer Einwaage dokimastisch bestimmt werden (s. Kap. „Edelmetalle", S. 177.

IV. Eisen, Kobalt und Nickel.

Diese drei Elemente, welche sich nach dem Fällen des Wismuts aus saurer Lösung mit Schwefelwasserstoff vollständig im Filtrat befinden, werden wie im Kap. „Nickel", S. 261, angegeben, voneinander getrennt und bestimmt.

C. Die Untersuchung von Erzen und Hüttenerzeugnissen.

I. Erze.

Wismut wird in der Natur entweder gediegen, in Granit, Glimmerschiefer und Gneis eingesprengt, häufig in Begleitung von Nickel-, Kobalt- und Silbererzen, ferner als Oxyd (*Wismutocker*, Bi_2O_3) und als Sulfid (*Wismutglanz*, Bi_2S_3), mitunter als Doppelsulfid mit Kupfer, Silber, Kobalt, Nickel, Selen und Tellur gefunden. Als *Wismutspat* liegt es an Kohlensäure gebunden vor. — Bei der Probenahme ist besondere Sorgfalt anzuwenden, weil Wismuterze sehr oft metallisches Wismut und andere spezifisch schwerere Bestandteile neben leichterer Gangart enthalten. Man wird also die ganze Erzpartie möglichst weit zerkleinern müssen, bevor Teilproben entnommen werden können. — Der Feuchtigkeitsgehalt des Erzes wird in einer besonderen Probe bestimmt.

Zur Analyse *reiner* Wismuterze löst man 0,5 bis 1 g Erz durch Kochen in Königswasser, dampft auf dem Wasserbade wiederholt mit Salzsäure zur Trockne, filtriert nach dem Aufnehmen mit verd. Salzsäure vom Unlöslichen (reinweiße Kieselsäure!) ab und wäscht mit salzsäurehaltigem Wasser sorgfältig nach. In das Filtrat wird Schwefelwasserstoff eingeleitet und der Sulfidniederschlag, wie unten angegeben, weiterbehandelt.

Von *gemischten* Erzen und Rückständen, namentlich solchen, die Zinnstein, Wolframit und Molybdänit enthalten, schmilzt man 1,25 g der feinst gepulverten Probe im Eisentiegel mit Natriumperoxyd und Soda (1 + 1) bis zum ruhigen Fluß. Die Schmelze wird in einem 600 cm³-Becherglase mit Wasser ausgelaugt und der Tiegel gut abgespült und beiseite gestellt. Die ausgelaugte Schmelze verdünnt man auf etwa 500 cm³, läßt sie über Nacht stehen, filtriert ab und wäscht den Rückstand mit sodahaltigem Wasser aus. Im Filtrat befindet sich der größte Teil des im Erz vorhandenen *Tellurs, Arsens, Antimons, Zinns, Wolframs und Molybdäns*. Den Rückstand spült man in das benutzte Becherglas zurück, löst die Reste auf dem Filter und im Schmelztiegel mit Salzsäure dazu und erwärmt alles mit einem weiteren Zusatz von Salzsäure, bis es klar gelöst ist. Diese Lösung wird in einen 250 cm³-Meßkolben gespült, abgekühlt und zur Marke aufgefüllt. Dann mißt man je nach dem Wismutgehalt 100 bis 200 cm³ (= 0,5 bis 1,0 g Einwaage) in eine Porzellanschale ab. Diese Lösung dampft man auf dem Wasserbade zur Trockne, nimmt den Rückstand mit Salzsäure wieder auf und filtriert. Man verdünnt das Filtrat auf 200 bis 300 cm³ und leitet in die *nicht zu schwach saure* Lösung Schwefelwasserstoff ein.

Die in dem einen oder dem anderen Falle erhaltenen Sulfide werden sorgfältig ausgewaschen und dann nach B. I, S. 387, mit Alkalipolysulfid- bzw. Natriummonosulfidlösung zur Abtrennung der Sulfosäuren erhitzt. War nicht mit Natriumperoxyd aufgeschlossen worden, so muß die Behandlung wiederholt werden.

Die Sulfide von *Wismut, Blei, Kupfer und Silber (Cadmium und Quecksilber* s. unter C. V, S. 394) können nun, wie vorher beschrieben, voneinander getrennt werden:

Man löst sie in verd. Salpetersäure, gießt die Lösung durch das vorher benutzte Filter und wäscht gut nach. Das Filter verascht man, erwärmt die Asche mit Salpetersäure und gibt das Filtrat zur Hauptlösung. Hierauf werden nach S. 390 Wismut und Blei als Carbonate abgetrennt. Den gut ausgewaschenen Niederschlag von Wismut-Bleicarbonat löst man in Salpetersäure und trennt Wismut und Blei nun nach der Blumenthal-Methode (s. S. 387).

Blei wird als Sulfat, *Wismut* als Oxyd oder Phosphat gewogen.

Den Wismutgehalt von *unreinen Materialien*, die insbesondere viel Zinn und Blei aufweisen, kann man auf schnellem Wege nach folgendem Verfahren ermitteln:

Eine Einwaage von 1 g wird im Eisentiegel mit Natriumperoxyd unter Zusatz von etwas Natriumhydroxyd geschmolzen, die Schmelze mit heißem Wasser zersetzt und das Ganze mit Salzsäure angesäuert, so daß in einem Volumen von etwa 200 cm³ etwa 25 cm³ Salzsäure (1,19) im Überschuß vorhanden sind. Die heiße Lösung wird nunmehr mit Eisenpulver (Ferrum reductum) unter häufigem Umrühren reduziert, wobei dafür Sorge zu tragen ist, daß dieses in kleinen Anteilen eingetragen wird und nach Aufhellung der Lösung noch etwa 10 min lang einwirkt. *Wismut, Kupfer, Antimon und Arsen* fallen als Metalle aus, *Zinn und Blei* gehen (bei letzterem ist Voraussetzung, daß genügend freie Salzsäure vorhanden war) in das Filtrat. Man wäscht mit heißem, salzsaurem Wasser aus und spritzt den Metallniederschlag in das Fällungsgefäß zurück, wobei man die am Filter anhaftenden Reste mit Salzsäure und Kaliumchlorat in Lösung bringt. Durch Hinzufügen weiterer Kaliumchloratmengen wird der Niederschlag völlig gelöst; sodann verkocht man das Chlor und leitet in die Lösung Schwefelwasserstoff ein. Die Sulfide werden mit schwefelsaurem, schwefelwasserstoffhaltigem Wasser *eisenfrei* gewaschen, mit Wasser zurückgespritzt und mit Natriumpolysulfidlösung heiß digeriert. Man filtriert durch das vorher verwendete Filter und wäscht mit heißem polysulfidhaltigem Wasser aus. Durch Aussalzen mit etwa 20 g Ammoniumsulfat prüft man das Filtrat auf etwa kolloidal gelöste Sulfide und filtriert diese gegebenenfalls ab. Beide Filter mit den Sulfiden werden durch Erhitzen mit 30 cm³ Salpetersäure (1,4) und 10 cm³ konz. Schwefelsäure zerstört, bis eine farblose Lösung erzielt ist. Nunmehr wird mit Wasser aufgenommen, aufgekocht und nach dem Erkalten von etwa abgeschiedenem Bleisulfat, das aber nur noch in kleinen Mengen vorhanden sein darf, abfiltriert. Über die Sulfide führt man die gelösten Metalle in die Nitrate über, indem man mit Schwefelwasserstoff ausfällt und die Fällung sodann mit Salpetersäure kocht, bis der sich abscheidende Schwefel reingelb gefärbt erscheint. Durch doppelte Fällung mit Ammoniak und Ammoniumcarbonat wird das Wismut aus dieser Lösung als Carbonat abgeschieden und wie unter A. I, S. 384, beschrieben, als Oxyd gewogen. Im Filtrat vom Wismutcarbonat läßt sich erforderlichenfalls das *Kupfer* bestimmen.

II. Oxychloride.

Für die Untersuchung von Oxychloriden eignet sich, sofern sie nicht auf nassem Wege durch Kochen mit Salzsäure vollständig in Lösung gebracht werden können, das unter C. I, S. 391, beschriebene Aufschlußverfahren unter Reduktion der Schmelzlösung mit Eisenpulver.

III. Rückstände.

Auch diese werden zweckmäßig mit Natriumperoxyd und Natriumhydroxyd aufgeschlossen und auf ihren Wismutgehalt, wie unter C. I, S. 391, beschrieben, untersucht.

IV. Raffinatwismut.

Für die Untersuchung von Handelswismut, das als Raffinatwismut mit einem Reingehalt von 99,95 % in den Handel kommt und zur Herstellung von Legierungen und medizinischen Präparaten Verwendung findet, werden häufig die Vorschriften des Deutschen Arzneibuches als Grundlage dienen, die sich allerdings nur auf die Prüfung von daraus gewonnenen Präparaten, wie *Wismutsubnitrat* usw., erstrecken. Für das Metall selbst gelten aber sinngemäß diese Anforderungen auch, so daß hinsichtlich seines Reinheitsgrades die im Deutschen Arzneibuch mitgeteilten Vorschriften maßgebend sind. Diese beziehen sich auf den Gehalt an Arsen, Tellur und Blei und gestatten den qualitativen Nachweis dieser Elemente. Auf diese Vorschriften sei hier verwiesen. Ergeben sich bei der qualitativen Prüfung deutlich Mengen von Beistoffen dieser Art, so können sie wie folgt ihrer Menge nach ermittelt werden:

Arsen.

5 oder 10 g Wismut löst man in Salpetersäure und dampft die Lösung mit 15 bzw. 30 cm^3 Schwefelsäure $(1+2)$ bis zum Rauchen ein. Das Wismutsulfat spült man dann mit Salzsäure in einen Rundkolben und bestimmt Arsen nach dem Abdestillieren, wie im Kap. „Arsen", S. 60ff., angegeben ist, mit $^1/_{100}$ n-Jodlösung oder durch Auswaage als As$_2$S$_3$.

Tellur.

20 g Wismut löst man in 100 cm^3 Königswasser und dampft die Lösung unter Zugabe von 5 g Natriumchlorid und etwas Salzsäure auf dem Wasserbade ein. Das Wismutchlorid nimmt man dann mit 50 cm^3 Salzsäure (1,124) und der gleichen Menge heißen Wassers wieder auf und leitet in die Lösung unter gelindem Erwärmen längere Zeit Schwefeldioxyd ein, wodurch Tellur gegebenenfalls zusammen mit Spuren von Gold und Silber ausfällt*. Den Niederschlag läßt man in der Wärme absitzen, filtriert ihn dann ab und wäscht ihn mit salzsäure- und schwefligsäurehaltigem Wasser gut aus. Nach dem Wiederauflösen des Rohtellurs in Salpetersäure filtriert man etwa vorhandenes Gold ab und dampft unter Zugabe von Salzsäure vom ausgeschiedenen Silberchlorid ab. In das erwärmte Filtrat leitet man wiederum längere Zeit Schwefeldioxyd ein. Das ausgefällte Tellur wird nach dem Absitzenlassen auf ein gewogenes Filter oder besser noch auf einen Jenaer Glasfiltertiegel oder einen Berliner Filtertiegel gebracht, wie oben ausgewaschen, dann aber mit reinem Wasser und zuletzt mit etwas Alkohol nachgewaschen. Das nunmehr reine, elementare Tellur wird bei 105° getrocknet und dann gewogen.

---

* Selen, das ebenfalls ausfallen würde, kommt im Handelswismut kaum vor, gegebenenfalls müßte es dann vom Tellur getrennt werden, wie bei Kap. „Selen und Tellur" A. b, S. 282, angegeben.

Blei.

Das hier anzuwendende Verfahren wurde bereits unter B. II, S. 388, beschrieben.

Sonstige Verunreinigungen des Handelswismuts können *Kupfer, Silber, Gold* und *Schwefel* sein. Der **Kupfer**gehalt kann durch Analyse des bei der Bleibestimmung nach dem Quecksilberoxydverfahren gewonnenen Filtrates vom Bleisulfat ermittelt werden. Wurde mit chlorfreien Reagenzien gearbeitet, so enthält dieses auch das gesamte **Silber,** das im Wismut vorhanden war. Anweisungen für die Bestimmung des Kupfers und Silbers wurden unter B. II, S. 389, gegeben. Die Bestimmung des **Goldes** erfolgt auf dokimastischem Wege (s. Kap. „Edelmetalle", B. I, 4, S. 177).

V. Legierungen.

Wismutlegierungen kommen mit einem Gehalt von 40 bis 60% Wismut in den Handel und führen als Beimetalle wechselnde Mengen an Zinn, Antimon, Cadmium und Blei, gelegentlich auch Antimon als Härtungsmetall. Ihr Verwendungszweck ergibt sich aus ihren Eigenschaften, nämlich aus dem niedrigen Schmelzpunkt, niedrigen Erstarrungsintervall und aus der Tatsache, daß die meisten Wismutlegierungen „nichtschrumpfende" Legierungen sind. Verwendet werden sie vornehmlich als Lagermetalle, im Flugzeugbau, in Druckereien, Dentallaboratorien, Schriftgießereien usw.

Für die Analyse von Wismutlegierungen kann folgender Analysengang eingeschlagen werden:

Zinn- und Antimonbestimmung.

1 g der zerkleinerten Legierung wird mit Salzsäure (1,19) unter Erwärmen zersetzt, bis keine Wasserstoffentwicklung mehr zu beobachten ist; sodann wird mit Kaliumchlorat oxydiert und dadurch der nicht gelöste Anteil an Antimon, Kupfer, Wismut und Arsen in Lösung gebracht. Nachdem das Chlor verkocht worden ist, kann nunmehr die Zinnbestimmung durch Reduktion mit Eisenpulver und Titration mit Jodlösung angeschlossen werden (s. Kap. „Zinn"). Der durch Eisenpulver erzeugte Metallniederschlag enthält das gesamte Antimon (neben Wismut und Kupfer). Er wird mit Salzsäure unter Oxydation mit Kaliumchlorat gelöst, sodann die Lösung mit Schwefelwasserstoff gesättigt und die Weiterverarbeitung der Sulfide und Bestimmung des Antimons, wie im Kap. „Antimon", S. 57, beschrieben, durchgeführt.

Arsenbestimmung.

Die Arsenbestimmung wird mit einer Einwaage von 2,5 g durch Aufschluß mit 20 cm³ konz. Schwefelsäure und Destillation als Arsen(III)-chlorid ausgeführt (s. Kap. „Arsen").

Wismut-, Kupfer-, Blei- und Cadmiumbestimmung.

Eine Einwaage von 1 g der zerkleinerten Legierung wird mit Salpetersäure (1,2) zersetzt, die Flüssigkeit zur Trockne gedampft (Wasserbad) und der Rückstand mit Salpetersäure und Wasser aufgenommen, wobei sich kein basisches Wismutnitrat abscheiden darf. Der Niederschlag, der aus Metazinnsäure und Antimonpentoxydhydrat besteht, wird abfiltriert, mit salpetersäurehaltigem Wasser gewaschen und sodann vorsichtig verascht. Da er etwas Wismut, Blei und Kupfer einschließen kann, wird er wie üblich mit Soda und Schwefel aufgeschlossen und dann weiterbehandelt. Die salpetersaure Lösung der Sulfide dieser Metalle vereinigt man mit dem Hauptfiltrat von der Metazinnsäure, stumpft zur Abscheidung des Wismuts als basisches Nitrat mit Sodalösung ab und versetzt mit Quecksilberoxyd (s. S. 387). (Bestimmung des Wismuts als Phosphat s. S. 385.) Das Filtrat vom Quecksilberoxydniederschlag wird mit Natriumsulfid versetzt, wodurch die Sulfide von Blei, Kupfer, Cadmium sowie von Quecksilber, das durch die Fällung des Wismuts mit Quecksilberoxyd hinzugetreten ist, zur Abscheidung gelangen. Man filtriert, wäscht und zerstört das Filter mit Schwefelsäure und Salpetersäure. Nach dem Erhitzen bis zum Entweichen von SO_3-Dämpfen wird mit Wasser aufgenommen. *Blei* ist als Sulfat ausgefallen und wird als solches gewogen. Hieran schließt sich die Abtrennung des *Quecksilbers* auf dem üblichen Wege: Das Filtrat wird mit Schwefelwasserstoff behandelt, die Sulfide werden nach dem Filtrieren mit Salpetersäure (1,2) gekocht, wobei Quecksilbersulfid zurückbleibt, vom Ungelösten wird abfiltriert und das Filtrat, das nunmehr *Kupfer* und *Cadmium* enthält, auf diese beiden Metalle nach bekannten Verfahren untersucht (s. Kap. „Cadmium"). Etwa vorhandenes *Silber* befindet sich auch in dieser Lösung und kann als Silberchlorid oder dokimastisch bestimmt werden.

VI. Wismutsalze.

Wismutsalze finden vornehmlich in der Heilkunde Verwendung. Das Wismut liegt bei diesen Salzen entweder an organische oder an anorganische Säuren gebunden vor. Für die Prüfung dieser Salze gibt das Deutsche Arzneibuch, 6. Ausgabe, eingehende Vorschriften. Auf diese Vorschriften sei hier verwiesen. Soweit sie nur Anweisungen für die qualitative Untersuchung bringen, läßt sich aus den hier geschilderten Verfahren ohne weiteres ein geeigneter Arbeitsgang für die quantitative Analyse auf anorganische Bestandteile herleiten.

Kapitel 26.

Wolfram*.

A. Bestimmungsmethoden des Wolframs.
   Fällung mit Quecksilber(I)-nitrat.

B. Untersuchung von Erzen und Hüttenerzeugnissen.
   I. Erze [Wolfram, Zinn (Trennung von Sb, As nach Plato-Hartmann), Schwefel].
   II. Hüttenerzeugnisse:
      1. Ferrowolfram.
      2. Wolframmetall.
      3. Wolframhammerschlag und -sinter.

A. Bestimmungsmethoden des Wolframs.

Für die Bestimmung des Wolframs kommt fast ausschließlich die Fällungsmethode mit Quecksilber(I)-nitrat in Frage. Bei ihr wird die Fällung des Wolframs aus neutraler Lösung mit Quecksilber(I)-nitrat als Quecksilber(I)-wolframat vorgenommen, das man dann durch Glühen in Wolframtrioxyd überführt.

Vor dieser Fällung wird Wolfram durch eine Schmelze mit Natriumkaliumcarbonat in wasserlösliches Alkaliwolframat übergeführt und dadurch von den meisten Begleitelementen getrennt. *Chrom* und *Molybdän* bilden ebenfalls lösliche Alkaliverbindungen und werden auch durch Quecksilber(I)-nitrat gefällt. Das geglühte Wolframtrioxyd muß daher auf diese Verunreinigungen geprüft werden. Chrom kommt hin und wieder im Ferrowolfram vor, Molybdän dagegen nur in den seltensten Fällen. Die Reinigung des Oxyds erstreckt sich außer auf die vorgenannten Elemente noch auf geringste Gehalte an *Kieselsäure, Eisen, Zinn, Aluminium und Phosphor*.

Die *Ausführung der Bestimmung* s. unter B. I, „Erze".

Andere Methoden: Wolfram kann auch durch Abscheiden mit Säure sowie maßanalytisch bestimmt werden; doch haben diese Verfahren wegen ihrer geringeren Genauigkeit wenig Eingang gefunden. Ebensowenig eignen sich für Schiedsanalysen die Fällungen mit Benzidinchlorhydrat und Cinchonin.

B. Untersuchung von Erzen und Hüttenerzeugnissen.

I. Erze.

Wolframit und *Scheelit* sind die hauptsächlichsten Ausgangsstoffe zur Herstellung von Ferrowolfram. Wolframit ist ein Eisenmanganwolframat $(FeMn)WO_4$, Scheelit ein Calciumwolframat $CaWO_4$ (Tungstein). Große Lagerstätten von Wolframit befinden sich in China, weitere in Australien, Argentinien, Bolivien, Chile, Japan, Burma, Portugal usw. Chine-

---

* Bearbeiter: **Wirtz.** Mitarbeiter: **Boy, Klinger, Richter.**

sischer Wolframit wird in Deutschland überwiegend verarbeitet; er kommt mit ungefähr folgenden Gehalten in den Handel:

WO_3 . . . . . . 65 bis 70 %		Sn . . . . 0,1 bis 1,5%	
MnO 12,5%		Arsen . . . . Spuren bis 0,2%	
FeO 12,5%		SiO_2 . . . . . . 1 bis 2 %	

dazu: einige Zehntel Prozent Schwefel in Form von Pyrit und Arsenkies.

Ferner werden größere Mengen Scheelit (aus Bolivien, Mexiko, Japan usw.) nach Deutschland eingeführt. Scheelit enthält bis zu 75% WO_3, dazu die entsprechende Menge Kalk; Zinn und Arsen sind meistens nur bis zu 0,1%, von Eisen und Mangan einige Zehntel Prozent vorhanden. Je nach der Höhe des WO_3-Gehaltes ist mit Kieselsäure bis zu 10% zu rechnen; Schwefel ist in Form von Schwerspat oder Gips anwesend, manchmal auch als Sulfid gebunden.

Der Aufschluß von Wolframerzen kann durch Schmelzen mit Natriumperoxyd, Natriumkaliumcarbonat, einem Gemisch beider oder Kaliumpyrosulfat vorgenommen werden. Für die Wolframbestimmung ist der Aufschluß mit Natriumkaliumcarbonat dem mit Natriumperoxyd vorzuziehen, da bei letzterem sämtliches Zinn als Stannat in Lösung geht, während es beim Schmelzen mit Natriumkaliumcarbonat im Rückstand verbleibt.

Durch Säuren läßt sich Wolframerz ebenfalls zersetzen. Hierfür werden Gemische von Salzsäure mit Salpetersäure, Kaliumchlorat, Flußsäure, Brom oder aber Salzsäure mit Salpetersäure unter Zusatz von Flußsäure verwendet.

Im Wolframerz ist die Feststellung der Gehalte an *Wolframtrioxyd, Arsen und Zinn* wesentlich; für Scheelite wird außerdem häufig die Bestimmung des *Schwefelgehaltes* verlangt.

Wolfram.

1 g der feinst gepulverten und getrockneten Wolframerzprobe wird im Nickeltiegel mit etwa 20 g Natriumkaliumcarbonat geschmolzen. Bei starker Flamme ist der Aufschluß, wenn die Schmelze in Fluß geraten ist, bei Wolframiten innerhalb 5 bis 6 min vollständig; Scheelite dagegen schließen sich meist schwerer auf. Die Schmelze wird in einem Becherglas mit etwa 500 cm³ Wasser unter Kochen ausgelaugt, was bei Scheeliten wieder langsamer vonstatten geht. Zur Zerstörung gebildeter Manganate setzt man dabei etwas Natriumperoxyd zu, kocht die Lösung auf und filtriert die Carbonate ab. Das Filter wird mit heißem sodahaltigem, dann mehrere Male nur mit heißem Wasser ausgewaschen, im benutzten Nickeltiegel verascht, der Rückstand fein zerrieben, mit Natriumkaliumcarbonat gemischt und erneut aufgeschlossen. Diese zweite Schmelze ist besonders bei Scheeliten notwendig. Sie wird wie vorher gelöst und der verbleibende Rückstand wolframfrei ausgewaschen. Die beiden Filtrate vereinigt man, säuert mit Salpetersäure (1 + 3) schwach an und verkocht die Kohlensäure.

Zur Entfernung von *Arsen-, Zinn- und Phosphorsäure*, die mit Wolfram in Lösung gegangen sein können, wird nun die kalte Wolframatlösung ammoniakalisch gemacht und ihr etwas Magnesiumnitratlösung oder 5 cm³ kaltgesättigter Natriumcarbonatlösung zugesetzt. Nach längerem Stehen (mindestens 6 Stunden) wird filtriert und mit ammoniakalischer, verd. Ammoniumnitratlösung ausgewaschen. Das Filtrat säuert man mit Salpetersäure (1 + 3) schwach an, stumpft die freie Säure bis zum Neutralisationspunkt mit Natronlauge oder Natriumkaliumcarbonatlösung ab (Methylorange als Indicator) und erhitzt zum Sieden.

Aus der neutralen Lösung wird sodann in der Siedehitze das Wolfram durch Zugabe einer möglichst neutralen Quecksilber(I)-nitratlösung* ausgefällt, worauf

---

* 100 g Quecksilber(I)-nitrat werden in etwa 200 bis 300 cm³ Wasser in einem Becherglas langsam bis zum Kochen erwärmt und nach dem Lösen zum Liter verdünnt. Da meist ein Rückstand bleibt, ist er während des Erwärmens durch vorsichtige, tropfenweise Zugabe von verd. Salpetersäure (es soll möglichst wenig Salpetersäure dazu verwendet werden) in Lösung zu bringen.

man durch Zusatz von einigen Tropfen verd. Ammoniaks die Lösung unter Benutzung von Methylorangepapier wieder bis zur ganz schwach sauren Reaktion abstumpft. 1 Tropfen der Lösung darf auf dem Methylorangepapier nur noch in der Mitte der befeuchteten Stelle eine schwachrote Färbung erkennen lassen. Beim Abstumpfen mit Ammoniak scheidet sich Quecksilber als schwarzes $NH_2Hg_2NO_3$ aus; dadurch nimmt die gelbe Quecksilber(I)-wolframatfällung eine mausgraue Färbung an. Hat sich der Niederschlag abgesetzt, so prüft man durch Zugabe einiger Tropfen Quecksilber(I)-nitratlösung auf Vollständigkeit der Fällung, kocht nun nochmals eben auf und läßt absitzen. Die überstehende Flüssigkeit wird filtriert und der Niederschlag etwa 5mal mit 300 bis 400 cm³ heißem quecksilber(I)-nitrathaltigem Wasser (etwa 5 cm³ Quecksilber(I)-nitratlösung auf 1000 cm³ Wasser) dekantiert. Hiernach bringt man den Niederschlag aufs Filter und wäscht ihn alkalifrei aus.

Statt die überschüssige Säure der Quecksilber(I)-nitratlösung mit Ammoniak abzustumpfen, kann man auch 2proz. Natriumcarbonatlösung oder Quecksilberoxyd zur Bindung der Säure zusetzen. Der Zusatz des in Wasser aufgeschlämmten Quecksilberoxyds erfolgt nach der Fällung des Wolframs.

Das Filter mit dem Niederschlag wird in einem gewogenen Platintiegel unter dem Abzug zunächst getrocknet, dann vorsichtig verascht, der Niederschlag bis zur Gewichtskonstanz geglüht und als Wolframtrioxyd gewogen. Die Glühtemperatur soll 800° nicht übersteigen; das Glühen der Wolframsäure darf nicht in der Gasflamme erfolgen, sondern ist in einem elektrisch beheizten Tiegelofen vorzunehmen. Beim Veraschen ist darauf zu achten, daß nicht durch feines Zerstäuben der Wolframsäure Verluste entstehen. Das Filter im Tiegel wird daher erst über dem Tiegelofen vorgetrocknet und langsam so weit verascht, bis der Hauptanteil des Quecksilbers verdampft ist. Dann erst setzt man den Tiegel in den Tiegelofen hinein.

Da bei der Fällung mit Quecksilbersalzlösung außer Wolframsäure noch andere vorhandene Elemente mitgefällt werden, wie z. B. Chrom, Molybdän, Arsen, Phosphor, die zum Teil im geglühten Niederschlag verbleiben, und da außerdem meist mit geringen Mengen Kieselsäure, Eisenoxyd und Tonerde usw. als Verunreinigungen des Niederschlages gerechnet werden muß, stellt der geglühte Niederschlag noch keineswegs reine Wolframsäure dar; es muß erst noch die Menge der darin enthaltenen Verunreinigungen bestimmt und in Abzug gebracht werden.

Die in dem geglühten Oxyd enthaltene *Kieselsäure* wird zunächst durch Abrauchen mit einigen Tropfen Flußsäure verjagt und die Wolframsäure in gleicher Weise wie zuvor zur Gewichtskonstanz geglüht. Zur weiteren Reinigung schmilzt man sie mit etwas Natriumkaliumcarbonat bei möglichst niedriger Temperatur und löst die Schmelze in Wasser in einem Becherglas. Verbleibt ein unlöslicher Anteil, welcher meistens aus Eisenoxyd und Chromoxyd besteht, wird er abfiltriert und erst mit sodahaltigem, dann nur mit heißem Wasser wolframfrei ausgewaschen (Reinigungsrückstand 1).

Erscheint die filtrierte Lösung des Natriumkaliumcarbonataufschlusses gelb gefärbt, so weist das auf *Chrom* hin; bei einer völlig farblosen Lösung erübrigt sich eine Untersuchung auf Chrom. Ist die Gelbfärbung schwach, so bestimmt man am besten Chrom colorimetrisch mit Diphenylcarbazid nach W. W. Scott[1].

Bei starker Gelbfärbung titriert man Chrom mit Natriumthiosulfatlösung unter Zusatz von Kaliumjodid. Für diese Bestimmung bringt man die Lösung in einen 250 cm³-Meßkolben, nimmt hiervon 100 cm³ ab, setzt verd. Salzsäure bis zum Ausscheiden weißer Wolframsäure zu, kühlt ab und fügt einige Krystalle Kaliumjodid und etwas Stärkelösung zu. Die durch die Jodabscheidung blau gefärbte Lösung wird mit $n/_{10}$-Thiosulfatlösung titriert (s. Kap. „Chrom").

---

[1] Standard methods of chemical analysis. S. 163.

Empfehlenswerter noch ist die potentiometrische Bestimmung mit Eisen(II)-sulfatlösung (s. ebenda). Man berechnet aus dem Thiosulfat- oder Eisen(II)-sulfatverbrauch die in Abzug zu bringende Menge Chromoxyd (Cr_2O_3).

Zur Bestimmung der weiteren Verunreinigungen benutzt man das gesamte Filtrat oder eine zweite Abmessung aus dem 250 cm^3-Meßkolben. Die Lösung wird mit Salzsäure neutralisiert, mit einem kleinen Überschuß von Salzsäure versetzt, ammoniakalisch gemacht, nach Zugabe von etwas Ammoniumcarbonat aufgekocht und längere Zeit stehengelassen. Ein ausgeschiedener Niederschlag kann aus *Tonerde, Zinnsäure* sowie *Phosphorsäure* bestehen (Reinigungsrückstand 2). Man filtriert ab und wäscht mit kaltem Wasser wolframfrei aus. Reinigungsrückstände 1 und 2 werden zusammen verascht.

Die vom Reinigungsrückstand 2 abfiltrierte Lösung wird in einem Becherglas mit genügend Weinsäurelösung versetzt, bis durch Zusatz von verd. Schwefelsäure in der Lösung keine Ausscheidung oder Trübung durch Wolframsäure mehr eintritt. Ist dieser Punkt erreicht, so macht man die Lösung ammoniakalisch und sättigt sie mit Schwefelwasserstoff. Dann säuert man mit Schwefelsäure (1 + 3) an, wobei vorhandenes *Molybdän* als braunes Sulfid ausfällt. Dieses wird nach dem Absitzenlassen abfiltriert, sorgfältig mit schwefelwasserstoffhaltigem, schwach mit Salzsäure angesäuertem Wasser gewaschen, getrocknet, im Porzellantiegel geglüht und als *Molybdäntrioxyd* gewogen (s. Kap. „Molybdän" A. I).

Die gesamten Reinigungsabzüge bestehen aus Reinigungsrückstand 1 und 2 sowie Kieselsäure, Chromoxyd und Molybdäntrioxyd; ihre Mengen werden von der Auswaage der Rohwolframsäure abgesetzt, womit das Gewicht des reinen Wolframtrioxyds verbleibt.

Bemerkungen. Die Prüfung auf Vollständigkeit der Wolframfällung geschieht durch Zusatz von weiteren 2 cm^3 Quecksilber(I)-nitratlösung zum Filtrat. Nach Zugabe von Ammoniak wird dann eine erneute Fällung erzeugt, welche man abfiltriert und verascht.

Beim Glühen von Wolframtrioxyd verflüchtigt sich anwesendes Arsen, ebenso der Anteil von Molybdäntrioxyd, der nicht von der Wolframsäure eingeschlossen ist. Wolframerz sowie Ferrowolfram sind meistens frei von Molybdän und Chrom. Die gesamten Verunreinigungen der geglühten Wolframsäure von Ferrowolfram betragen meistens bei sorgfältiger Durchführung der Analyse nicht mehr als 2 bis 3 mg.

Zinn.

a) Fällung als Sulfid. 2,5 g der fein gepulverten Probe schmilzt man in einem Eisentiegel mit Natriumperoxyd. Die Schmelze wird mit Wasser zersetzt, mit Salzsäure angesäuert und in einen 500 cm^3-Meßkolben übergespült. Nun gibt man etwas Eisenpulver zu, um Zinn(IV)-chlorid zu reduzieren und vorhandene Schwermetalle (Kupfer, Wismut) abzuscheiden (wobei gleichzeitig ein Teil der Wolframsäure in blaues Wolframoxyd übergeht) und läßt das Ganze etwa 1 Stunde lang in der Wärme stehen. Nach dem Abkühlen füllt man die Lösung mit Wasser im Kolben zur Marke auf, mischt gut durch, filtriert und nimmt je nach der voraussichtlich zu erwartenden Zinnmenge 200 oder 400 cm^3 ab. Zu dieser Lösung gibt man Weinsäure, macht ammoniakalisch, säuert dann wieder an und leitet in die ganz schwach saure Lösung Schwefelwasserstoff ein. Die ausgeschiedenen Sulfide werden abfiltriert, mit schwach salzsäurehaltigem Schwefelwasserstoffwasser ausgewaschen, dann in das bei der Fällung benutzte Becherglas zurückgespült und darin so lange in mäßiger Wärme mit Bromsalzsäure behandelt, bis sie in Lösung gegangen sind. Man verjagt das überschüssige Brom nach Zugabe von wenig Kaliumchlorid, befreit die verbleibende salzsaure Lösung von ausgeschiedenem Schwefel und etwaiger Wolframsäure durch Filtrieren, versetzt wieder mit etwas Weinsäure und scheidet das Zinn nochmals aus schwach salzsaurer Lösung als Sulfid aus.

Nach dem Abfiltrieren wird es im Porzellantiegel getrocknet und kräftig geglüht. Das noch nicht ganz reine Zinndioxyd ist durch Behandeln mit Fluß-, Salz- und Salpetersäure auf Verunreinigungen zu prüfen.

Liegen titrierbare Mengen Zinndioxyd vor, so empfiehlt es sich, das Zinn nach einem der maßanalytischen Verfahren zu bestimmen.

b) Destillierverfahren nach Plato-Hartmann*. Die Durchführung des Verfahrens erfolgt zunächst genau wie im vorigen Abschnitt a) angegeben ist; vgl. auch c, β, S. 400.

Die danach erhaltenen Sulfide werden abfiltriert und mit schwach schwefelsäure- und schwefelwasserstoffhaltigem Wasser ausgewaschen. Dann bringt man das Filter samt dem Niederschlag in einen 500 cm³-Erlenmeyerkolben, gibt nach und nach 15 cm³ konz. Schwefelsäure hinzu und erhitzt so lange, bis eine helle und klare Lösung entsteht. Dabei setzt man zum Zerstören der Filterkohle aus einer Tropfflasche, die mit konz. Salpetersäure-Schwefelsäure $(2+1)$ gefüllt ist, von Zeit zu Zeit einige Tropfen zu. Man raucht dann weiter bis auf ein Volumen von etwa 5 cm³ und führt diese in den Destillierkolben eines Zinndestillationsapparates nach Plato-Hartmann über. Das für das Ausspülen des Erlenmeyerkolbens benutzte Wasser muß jetzt durch Abdampfen wieder aus dem Destillationskölbchen vertrieben werden. Nun setzt man der Lösung im Destillationskölbchen 7 cm³ Phosphorsäure (1,7) und 10 cm³ Salzsäure (1,19) zu. Unter stetigem Zutröpfeln von Salzsäure aus einem Tropftrichter erfolgt bei einer Temperatur von 155 bis 165° das Abdestillieren von Arsen und Antimon. Um die Temperatur konstant einzuhalten, reguliert man mit dem Hahn des Tropftrichters das regelmäßige Zutröpfeln der Salzsäure und arbeitet außerdem nach Bedarf mit einer stärkeren oder schwächeren Gasflamme. Von Zeit zu Zeit wird eine Probe des Destillats mittels Schwefelwasserstoff auf die Gegenwart von Arsen und Antimon geprüft und die Destillation so lange fortgesetzt, als jene Elemente noch nachweisbar sind. Ist dies nicht mehr der Fall, so wird die Vorlage ausgewechselt und der Tropftrichter mit einer Lösung von 1 Teil Bromwasserstoffsäure (1,38) und 3 Teilen Salzsäure (1,19) beschickt. Nun erfolgt die Destillation des Zinns als Tetrachlorid bei einer Temperatur von 130 bis 140°. Ist die Destillation beendet (Prüfen mit Schwefelwasserstoff), so wird das Destillat unter Kühlung mit Ammoniak abgestumpft und Zinn in der schwach sauren, warmen Lösung mit Schwefelwasserstoff gefällt. Nach dem Absitzen des Niederschlags filtriert man ihn ab, wäscht mit schwefelwasserstoffhaltigem Wasser, das 2% Ammoniumnitrat enthält, aus, verascht und wägt das geglühte Zinndioxyd.

Die Destillation geschieht unter ständigem Durchleiten von Kohlensäure, um ein Festsetzen von Bestandteilen am Kolben zu vermeiden und ein gleichmäßiges Sieden zu ermöglichen. Das Ergebnis eines Blindversuches ist abzusetzen.

Der verwendete Apparat besteht aus einem Destillationskölbchen mit Tropftrichter und Thermometer, einer Kühlschlange und dem Auffanggefäß (Rundkolben) für das Destillat. Der Tropftrichter dient zur Aufnahme und Zugabe der Salzsäure für die Destillation des Arsens sowie der Bromwasserstoff- und Salzsäure für die des Zinns. Die Einstellung des Tropftrichterhahns muß so erfolgen, daß das Flüssigkeitsvolumen im Destillationskölbchen beim Abdestillieren des Arsens kaum und beim Abdestillieren des Zinns etwa nur um das 2- bis 3fache anwächst, daß man also bei entsprechender Regulierung der Gasflamme die Temperaturen, wie sie für die beiden Destillationen erforderlich sind, leicht erreichen und konstant halten kann. Weiter ist zu beachten, daß der in das Destillationskölbchen

---

* Siehe Fußnote 17 Kap. „Tantal und Niob", S. 333.

hineinragende Teil des Thermometers nicht das Zuführungsrohr des Tropftrichters berühren darf, sonst würde das Thermometer zu niedrige Temperaturen anzeigen. Um eine Erwärmung des Tropftrichters und des Kühlers durch die Gasflamme zu verhindern, ist es zweckmäßig, sie durch Asbestpapier zu schützen.

c) Maßanalytische Zinnbestimmung (für Erze mit höherem Zinngehalt).

α) *Verfahren des Hüttenlaboratoriums der Hansestadt Hamburg.* 1,5625 g des Erzes schließt man im Eisentiegel mit Natriumperoxyd auf. Die Schmelze wird mit wenig Wasser zersetzt, mit Salzsäure stark angesäuert und in einen 500 cm³-Meßkolben übergespült. Nach Zugabe von Eisenpulver läßt man die Lösung etwa 1 Stunde in der Wärme stehen, bis die vorhandenen störenden Metalle (Kupfer, Wismut, Antimon) abgeschieden sind, Zinn(IV)-chlorid reduziert und eine Blaufärbung von reduzierter Wolframsäure entstanden ist. Man kühlt nunmehr ab, füllt mit salzsäurehaltigem Wasser zur Marke auf, filtriert durch ein dichtes Faltenfilter und nimmt 400 cm³ (= 1,25 g Einwaage) ab. Zu dieser Abmessung werden 20 cm³ Weinsäurelösung (25 proz.) und so viel Ammoniak zugesetzt, daß die Lösung deutlich alkalisch reagiert. Danach säuert man mit Salzsäure wieder schwach an und leitet in die heiße Lösung Schwefelwasserstoff ein. Das unreine Zinnsulfid wird abfiltriert, ausgewaschen, in wenig Bromsalzsäure gelöst und in einen 250 cm³-Meßkolben gebracht. Die Lösung läßt man zum Abdünsten des überschüssigen Broms über Nacht in der Wärme stehen, gibt dann 1 bis 2 Löffel Eisenpulver zu und wartet, bis die Lösung einen grünen Farbton angenommen hat. Nach dem Erkalten und Auffüllen mißt man 2 mal je 100 cm³ (0,5 g Einwaage) ab und bestimmt darin Zinn nach Behandlung mit Aluminiumpulver durch Titration mit Jodlösung (s. auch die nachfolgende Methode).

β) *Ein weiteres Verfahren.* Je nach der Höhe des Zinngehaltes werden 1 bis 5 g Wolframerz in einem Reinnickeltiegel mit Natriumperoxyd und etwas Natriumkaliumcarbonat innigst vermischt und aufgeschlossen. Die Schmelze wird in einem Becherglas mit etwa 300 cm³ Wasser herausgelöst und in einen 1500 cm³-Erlenmeyerkolben, worin sich schon ungefähr 20 bis 40 g Weinsäure befinden, übergeführt; man erhitzt, bis die Lösung klar ist, und säuert hierauf mit Schwefelsäure schwach an. Beim Ansäuern mit Schwefelsäure schlägt die bräunlichgrüne Farbe der Lösung in eine reingrüne Farbe um. Die Lösung, die jetzt ein Volumen von 500 bis 600 cm³ haben kann, wird aufgekocht, mit Schwefelwasserstoff gesättigt, mit Wasser auf etwa 1200 cm³ verdünnt und weiterhin mit Schwefelwasserstoff versetzt. Nach beendigter Fällung läßt man die Sulfide absitzen, filtriert, wäscht mit schwach schwefelsaurem Schwefelwasserstoffwasser aus und spritzt sie mit heißem Wasser vom Filter in einen 500 cm³-Erlenmeyerkolben; die am Filter verbleibenden Reste werden mit möglichst wenig Natriumsulfidlösung hinzugelöst. Man kann auch das Filter samt dem Niederschlag in einem Becherglas mit 15 cm³ konz. Schwefelsäure unter Zutropfen von einem Gemisch konz. Schwefel- und Salpetersäure (1 + 2) so lange erhitzen, bis eine klare schwefelsaure Lösung erzielt ist. Diese wird mit 30 cm³ Wasser und etwas Salzsäure aufgenommen, in einen 500 cm³-Meßkolben übergespült und mit etwa 100 bis 125 cm³ Salzsäure (1,19) und 3 bis 5 g möglichst kohlenstofffreiem Eisenpulver versetzt. Nach erfolgter Reduktion und Erkalten der Lösung füllt man zur Marke auf, filtriert und entnimmt 250 cm³; darin wird Zinn maßanalytisch bestimmt (s. Kap. „Zinn").

Wolfram beeinflußt den Analysengang und gibt beim Behandeln der salzsauren Lösung mit Ferrum reductum zu einer Blaufärbung Anlaß. Deshalb muß bei seiner Gegenwart eine erneute Fällung mit Schwefelwasserstoff unter Weinsäurezusatz, wie vorhin, erfolgen. Hierzu wird der nach dem Behandeln mit Eisenpulver entnommene Lösungsanteil verdünnt und mit Weinsäure versetzt, worauf man die Säure abstumpft und Zinn erneut mit Schwefelwasserstoff fällt.

Arsen sowie etwa vorhandenes Kupfer und Antimon werden bei der Reduktion im 500 cm³-Meßkolben ausgeschieden und dann abfiltriert. Enthält das Wolframerz größere Mengen Kupfer und ist es gleichzeitig *frei von Antimon*, so kann Zinn mit dem Metallschwamm niedergeschlagen werden. Ein Zusatz von Antimonlösung vor der Reduktion beseitigt diese Fehlerquelle; einige Kubikzentimeter der nachfolgend angegebenen Antimonlösung genügen dafür: 10 g Antimon werden in konz. Schwefelsäure gelöst; man dampft zur Trockne, nimmt mit Salzsäure (1,19) auf und verdünnt mit Salzsäure (1+1) auf 1000 cm³. Von dieser Lösung werden etwa 5 bis 10 cm³ als Zusatz verwendet.

Arsen.

a) Ohne Abtrennung der Wolframsäure. Je nach der Höhe des Arsengehaltes werden 1 bis 5 g Erz im Reinnickeltiegel mit einem Gemisch von Natriumperoxyd und Natriumkaliumcarbonat aufgeschlossen. Man laugt die Schmelze mit Wasser aus und säuert mit einer genügenden Menge Phosphorsäure an, um die Wolframsäure als komplexe Säure in Lösung zu halten; etwa gebildete Manganate werden durch tropfenweisen Zusatz von Wasserstoffperoxyd zerstört. Es wird erwärmt und die klare Lösung in den Destillationskolben gebracht. Hierzu setzt man 100 cm³ Salzsäure (1,19) und destilliert nach Zugabe von Hydrazinsulfat und Kaliumbromid (s. Kap. „Arsen"). Man wiederholt die Destillation.

Das Wolframerz kann auch mit einer Mischung von Salpetersäure (1,4) und etwas Salzsäure (1,19) behandelt und dann mit Schwefelsäure bis zum starken Entweichen von SO_3-Dämpfen erhitzt werden. Man nimmt schließlich mit Wasser auf und spült alles zur Destillation in den dafür bestimmten Kolben über.

b) Nach Abtrennung der Wolframsäure. Die Trennung des Arsens vom Wolfram geschieht durch Schwefelwasserstoffällung. Man verfährt hierfür genau so wie bei der „Zinnbestimmung im Wolframerz"-Verfahren β, S. 400, bis zum erfolgten Zersetzen der Sulfide mit konz. Schwefelsäure. Die klare schwefelsaure Lösung wird mit 80 cm³ Wasser versetzt, aufgekocht (zum Vertreiben der schwefligen Säure) und in den Arsendestillationskolben übergespült. Nach Zugabe von Kaliumbromid und Hydrazinsulfat sowie von 100 cm³ Salzsäure (1,19) erfolgt die Destillation. Das Ergebnis eines Blindversuches muß abgesetzt werden.

Schwefel.

1,25 bis 2,5 g Erz werden im Eisentiegel mit einem Gemisch von Natriumperoxyd und Soda (1+1) geschmolzen. Die Schmelze wird mit Wasser ausgelaugt und die Lösung samt dem Niederschlag dann in einen 500 cm³-Meßkolben übergespült. Man filtriert 400 cm³ ab, säuert mit Salzsäure an und dampft in einer Porzellanschale auf dem Wasserbade zur Trockne. Den Rückstand nimmt man mit Salzsäure auf, verdünnt mit Wasser und spült ihn in einen 250 cm³-Meßkolben über. Nach dem Auffüllen und Filtrieren werden nun 200 cm³ des Filtrates mit Ammoniak neutralisiert, mit 1 cm³ Salzsäure (1,19) versetzt und mit Bariumchloridlösung gefällt. Das erhaltene Bariumsulfat ist meist noch nicht ganz rein und muß deshalb nochmals umgefällt werden.

Nach Angaben von H. Wirtz kann man die Schwefelbestimmung vorteilhaft auch derart vornehmen, daß man die 400 cm³ obiger Wolframatlösung mit genügend Weinsäure versetzt und sie dann für die Fällung mit Bariumchlorid schwach salzsauer macht; dadurch entfällt die Abscheidung des Wolframs. Das Bariumsulfat wird hierauf erst mit schwach salzsaurem, etwas Weinsäure enthaltendem und schließlich mit salzsaurem [2 cm³ Salzsäure (1,19) je Liter] Wasser ausgewaschen. Ein Blindversuch unter den gleichen Bedingungen ist durchzuführen und die gefundene Schwefelmenge in Abzug zu bringen.

II. Hüttenerzeugnisse.

1. Ferrowolfram.

Die Zusammensetzung eines auf elektrothermischem Wege erschmolzenen Ferrowolframs ist ungefähr folgende:

```
Wolfram . . . . . . . . . . 80 bis 85   %
Kohlenstoff . . . . . . . . 0,5  „    1   %
Mangan  . . . . . . . etwa 0,3  „    0,7 %
Silicium . . . . . . . .    „   0,1  „    0,2 %
Phosphor . . . . . . . Spuren bis 0,05 %
Arsen . . . . . . . . .      „    „   0,1 %
Zinn . . . . . . . . . .     „    „   0,05 %
Schwefel . . . . . . .       „    „   0,1 %
```

Nickel und Kobalt sind in einem handelsüblichen Ferrowolfram nicht enthalten; Molybdän und Kupfer können in ganz geringen Anteilen, je nach der Zusammensetzung des Wolframerzes, vorhanden sein.

Ferrowolfram ist in Salpetersäure unter tropfenweisem Zusatz von Flußsäure löslich. Alle übrigen Säuren lösen es nicht. Mit Natriumperoxyd ist Ferrowolfram ohne Vorbehandlung aufzuschließen; dagegen muß es für den Aufschluß mit Natriumkaliumcarbonat vorher durch Glühen oxydiert werden.

Wolfram.

a) **Aufschluß im Platintiegel.** 1 g feinst gepulvertes Ferrowolfram wird in einem Platintiegel unter häufigem Umrühren mit einem Platindraht geglüht, wobei die Flamme an den unteren Teil des schrägstehenden Platintiegels gestellt wird und, um ein Anbacken des Ferrowolframs zu verhindern, nicht zu stark sein darf. Glüht das Metall beim Umrühren nicht mehr auf, so ist es vollkommen oxydiert. Die Oxyde werden im bedeckten Tiegel mit 15 g Kaliumnatriumcarbonat und 3 bis 4 Körnchen Salpeter vermischt und bei 800 bis 900° aufgeschlossen. Die Schmelzdauer beträgt 20 min. Die erkaltete Schmelze wird in einem Becherglas mit warmem Wasser durch Kochen zersetzt, worauf man etwa gebildete Manganate durch Zusatz von etwas Natriumperoxyd und Aufkochen zerstört. Nun wird in ein großes Becherglas filtriert und der auf dem Filter verbleibende Rückstand erst mit natriumkaliumcarbonathaltigem Wasser und zum Schluß 2 mal mit heißem Wasser ausgewaschen. Man verascht das Filter in dem vorher benutzten Platintiegel, zerreibt den Rückstand für den zweiten Aufschluß fein und schließt nochmals auf. Die Schmelze wird ausgelaugt, wie oben weiterbehandelt und das zweite Filtrat mit dem ersten vereinigt. Die Weiterbehandlung geschieht in der gleichen Weise wie bei „Wolfram in Wolframerz", S. 396.

b) **Aufschluß mit Natriumperoxyd im Eisentiegel.** 2 g feinst gepulvertes Ferrowolfram mischt man innigst mit etwa 20 g Natriumperoxyd und 10 g Natriumkaliumcarbonat in einem genügend großen Eisentiegel und erhitzt erst mäßig, um dann mit kräftiger Flamme aufzuschließen. Es empfiehlt sich, die Schmelze mit einem dünnen Eisenstab zu rühren oder den Tiegel ständig zu schwenken, um ein Legieren des Ferrowolframs mit dem Eisentiegel zu verhindern. Nach dem Erkalten wird die Schmelze mit Wasser in einem Becherglas zersetzt, zur Zerstörung etwa vorhandener Manganate mit genügend Natriumperoxyd versetzt und der Sauerstoffüberschuß verkocht. Die Lösung samt dem Niederschlag spült man in einen 1000 cm³-Meßkolben über, kühlt ab, füllt zur Marke auf, filtriert, mißt 500 cm³ (= 1 g Ferrowolfram) ab und neutralisiert mit Salpetersäure $(1+1)$ unter Zugabe einiger Tropfen Methylorangelösung. Die Fällung und Reinigung geschieht in der gleichen Weise, wie beim „Wolframerz" angegeben.

Kohlenstoff.

Je nach der Höhe des Kohlenstoffgehaltes werden 0,5 bis 2 g des fein gepulverten Ferrowolframs bei 1200° unter Zusatz von etwas Bleiperoxyd im Röhrenofen verbrannt; der Kohlenstoff ist entweder gasanalytisch oder gewichtsanalytisch zu bestimmen (s. die „Bestimmung des Kohlenstoffs im Ferrochrom", S. 153).

Silicium.

2 g der fein gepulverten Probe werden im Platintiegel durch Glühen oxydiert und dann mit Natriumkaliumcarbonat aufgeschlossen. Man löst die Schmelze in einer Porzellanschale mit Wasser heraus und versetzt dabei schon mit Salzsäure im Überschuß. Sollten sich in der salzsauren Lösung neben der ausgeschiedenen Wolframsäure noch unlösliche Teile von nicht aufgeschlossenem Ferrowolfram vorfinden, so müssen diese nach dem Dekantieren der darüberstehenden Flüssigkeit auf einem kleinen Filter abfiltriert und nach dem Verglühen nochmals in gleicher Weise wie zuerst aufgeschlossen werden; dieser Aufschluß wird mit Wasser gelöst und der Hauptmenge zugegeben.

Die mit Salzsäure angesäuerten Lösungen der Aufschlüsse werden in der Porzellanschale eingedampft, die Salze zur Abscheidung von Kieselsäure (und Wolframsäure) auf 120 bis 130° erhitzt und danach wieder mit Salzsäure (1,19) aufgenommen.

Man verdünnt mit heißem Wasser, kocht auf und filtriert den aus Kieselsäure und Wolframsäure bestehenden Niederschlag durch ein aschefreies Filter ab; er wird mit heißem, salzsäurehaltigem Wasser alkalifrei ausgewaschen. Filtrat samt Waschwässern werden in der Porzellanschale nochmals eingedampft, wieder auf 120 bis 130° erhitzt und nach dem Aufnehmen mit Salzsäure und heißem Wasser durch ein kleines Filter filtriert. Dieses wird nach dem Auswaschen mit salzsäurehaltigem Wasser zunächst für sich im Platintiegel verascht, dann die zuerst abfiltrierte Hauptmenge des Rückstandes (Wolframsäure und Kieselsäure) hinzugefügt und der Tiegel samt Inhalt über der nicht zu großen Bunsenflamme geglüht.

Nun mischt man die Oxyde mit kieselsäurefreiem Kaliumhydrogensulfat, schmilzt, bis alle Wolframsäure in Lösung gegangen ist, und löst die Schmelze in Wasser und Ammoniumcarbonatlösung. Man kocht auf und filtriert den die gesamte Kieselsäure enthaltenden Niederschlag ab. Das Auswaschen erfolgt mit ammoniumcarbonathaltigem Wasser. Der Niederschlag wird im Platintiegel geglüht und gewogen. Nach dem Abrauchen mit Fluß- und Schwefelsäure wiederholt man das Glühen und Wägen. Aus der Differenz der beiden Wägungen ergibt sich der Siliciumgehalt.

Ein Blindversuch muß unter den gleichen Bedingungen durchgeführt werden.

Phosphor[2].

2 bis 3 g feinst gepulvertes Ferrowolfram werden vorsichtig mit Natriumperoxyd im phosphorfreien Reinnickeltiegel aufgeschlossen. Die Schmelze wird in einem Becherglas mit Wasser herausgelöst, die Auflösung mit genügend Natriumperoxyd versetzt, der Überschuß an Sauerstoff verkocht und die Lösung nach dem Erkalten auf einen 1000 cm³-Meßkolben aufgefüllt.

Man filtriert, mißt 800 cm³ zur Phosphorbestimmung ab, säuert mit Salzsäure schwach an, kocht zur Vertreibung der Kohlensäure auf und versetzt mit etwa 0,5 g Kaliumaluminiumsulfat. Nach Zusatz von einigen Tropfen Wasserstoffperoxyd wird mit Ammoniak in geringem Überschuß gefällt. Hierbei scheidet sich mit dem Aluminiumhydroxyd der gesamte Phosphor als Aluminiumphosphat ab. Die Fällung wird abfiltriert und mit heißem ammoniak- und ammoniumchloridhaltigem Wasser ausgewaschen. Man löst den Niederschlag mit möglichst wenig heißer Salzsäure (1 + 3) vom Filter. — Enthält das Ferrowolfram nennens-

---

[2] Weihrich, R.: Die chemische Analyse in der Stahlindustrie. — Kassler, J.: Untersuchungsmethoden für Roheisen, Stahl- und Ferrolegierungen.

werte Mengen Arsen, so müssen diese durch Schwefelwasserstoff oder Abdampfen mit Bromwasserstoffsäure und etwas schwefliger Säure entfernt werden. — Nun fügt man zu der Lösung 25 cm³ Salpetersäure (1,4) und engt ein. Gegebenenfalls scheidet sich hierbei noch etwas Wolframsäure ab, die geringste Mengen an Phosphorsäure enthalten kann. Will man diese Phosphorsäure erfassen, so empfiehlt sich eine nochmalige Ammoniakfällung unter Zusatz von Kaliumaluminiumsulfat. Die vereinigten Lösungen werden mit Ammoniak neutralisiert und mit Salpetersäure wieder schwach angesäuert; dann erfolgt die Phosphorbestimmung wie im „Ferrochrom", S. 154.

Man kann Phosphor auch nach dem folgenden Verfahren bestimmen:

Den Anteil von 800 cm³ (s. oben) säuert man mit Salzsäure an, kocht zum Vertreiben der Kohlensäure und bringt die ausgeschiedene Wolframsäure mit Ammoniak in Lösung.

Nach dem Abkühlen fällt man Phosphor und Arsen (Zinn) mit Magnesiamixtur (s. S. 146), wobei man 20 cm³ Ammoniak (0,91) im Überschuß hinzugibt. Nach mindestens 6 stündiger Wartezeit wird abfiltriert, mit 3 proz. Ammoniak ausgewaschen und dann mit heißer Salzsäure (1 + 1) in ein Becherglas gelöst. Aus dieser salzsauren Lösung entfernt man Arsen und Zinn durch Ausfällen mit Schwefelwasserstoff, filtriert die Sulfide ab, dampft das Filtrat ein und nimmt den Rückstand mit verd. Salpetersäure auf. In dieser Lösung wird der Phosphor, wie bereits angegeben, gefällt.

Schwefel.

a) Verfahren durch Verbrennen im Sauerstoffstrom. Die Bestimmung des Schwefels im Ferrowolfram erfolgt wie bei „Ferromolybdän", S. 255, angegeben. Ein Verbrennungszuschlag ist nicht erforderlich. Ofentemperatur: 1200°.

b) Fällen mit Bariumchlorid. 2 bis 3 g Ferrowolfram werden im Kohlenstoffverbrennungsofen ohne Zuschlag verbrannt und dabei entstandenes Schwefeldioxyd und Schwefeltrioxyd in einer mit Bromsalzsäure oder ammoniakalischer Wasserstoffperoxydlösung beschickten Waschflasche aufgefangen, wobei sie sich zu Schwefelsäure bzw. Sulfat umsetzen. Nach der Verbrennung spült man den Inhalt der Vorlage in ein Becherglas über, dampft unter Zusatz von etwas Ammoniumchlorid ein und nimmt den Rückstand mit einigen Kubikzentimetern Salzsäure und 100 cm³ Wasser auf. In dieser Lösung wird der Schwefel mit Bariumchlorid ausgefällt.

Arsen.

3 bis 5 g Ferrowolfram behandelt man in der Platinschale unter Erwärmen mit Salpetersäure (1,4) bei gleichzeitiger Zugabe kleiner Mengen von Flußsäure bis zur völligen Auflösung der Probe. Die Lösung wird nach Zusatz von 20 cm³ Schwefelsäure (1 + 1) zur Verjagung der Salpetersäure und Flußsäure bis zum Rauchen der Schwefelsäure eingedampft, worauf man etwas Wasser hinzufügt und das Abrauchen wiederholt. Nach dem Erkalten wird mit Salzsäure aufgenommen und das Ganze in ein Becherglas übergespült. Die an der Schale haftenden Reste der Wolframsäure löst man mit Natronlauge (2 proz.) und fügt sie der Hauptmenge bei. Den Inhalt des Becherglases versetzt man nun mit einem Überschuß von Natronlauge, um die Wolframsäure in Lösung zu bringen, säuert mit Phosphorsäure (1,7) an, spült in den Destillierkolben eines Arsenbestimmungsapparates über und destilliert nach Zugabe von Salzsäure und Reduktionsmitteln gemäß den Angaben im Kap. „Arsen" ab.

Ist Ferrowolfram in Salpeter- und Flußsäure *nicht löslich*, so können auch die Verfahren unter „Arsenbestimmung im Wolframerz", S. 401, angewandt werden.

Mit den Reagenzien ist ein Blindversuch in gleicher Weise durchzuführen.

Zinn.

Man röstet zwei Einwaagen zu je 5 g des fein gepulverten Materials im Eisentiegel und schmilzt danach mit Natriumperoxyd. Dann laugt man jede Schmelze für sich mit Wasser aus, säuert mit Salzsäure an und spült jede der beiden Lösungen in je einen 500 cm³-Meßkolben über, ohne zur Marke aufzufüllen. Nun wird in die Kolben etwas Eisenpulver gegeben und etwa 1 Stunde lang in der Wärme reduzieren gelassen. Nach dem Erkalten der Lösung und Auffüllen bis zur Marke filtriert man jeden Kolbeninhalt, mißt je 400 cm³ ab, fügt 25 cm³ Weinsäurelösung (25 proz.) hinzu, stumpft die Hauptmenge der freien Säure ab, erwärmt und leitet Schwefelwasserstoff ein. Die erhaltenen Sulfide werden abfiltriert, mit schwach angesäuertem, schwefelwasserstoffhaltigem Wasser ausgewaschen und dann mit Bromsalzsäure in das zur Fällung benutzte Becherglas zurückgespült, in welchem sie so lange mäßig erwärmt werden, bis sie in Lösung gegangen sind und das überschüssige Brom verdampft ist. Dabei darf jedoch wegen der Flüchtigkeit des Zinn(IV)-bromids nicht unter ein Volumen von 50 cm³ eingeengt werden. Die noch salzsaure Lösung wird dann von ausgeschiedenem Schwefel und etwaiger Wolframsäure durch Abfiltrieren befreit. Die Filtrate von beiden Anteilen werden jetzt vereinigt, so daß damit die Lösung einer Einwaage von 8 g entspricht Nach Zugabe von wenig Weinsäure fällt man aus der schwach salzsauren Lösung mit Schwefelwasserstoff die Sulfide erneut aus, filtriert, wäscht mit schwefelwasserstoffhaltigem Wasser aus, verascht vorsichtig und glüht im Porzellantiegel, wobei schließlich mit kräftiger Flamme erhitzt wird. Das erhaltene Zinndioxyd kann auf Reinheit durch Aufschluß und Titration geprüft werden.

Hat man mit Schwefelwasserstoff gefällt, so kann bei den Sulfiden auch die Trennung nach Plato-Hartmann (s. S. 399) mit bestem Erfolg angewandt werden.

Mangan.

a) Aufschlußverfahren. 2 bis 5 g Ferrowolfram werden geröstet und mit Natriumperoxyd im Porzellantiegel aufgeschlossen. Bei 5 g Einwaage ist diese in zwei Aufschlüsse aufzuteilen. Die Schmelzen zersetzt man in einem Becherglas mit Wasser, säuert mit Salzsäure an und verkocht das Chlor. Die saure Lösung wird mit Natronlauge abgestumpft und heiß mit Zinkoxydmilch versetzt. Ein Anteil der auf 1000 cm³ aufgefüllten Lösung (s. im Kap. „Chrom" die „Bestimmung des Mangans", S. 155) wird mit Kaliumpermanganat titriert.

Zur Manganbestimmung kann man auch die beim Aufschluß im Platintiegel für die Wolframbestimmung (s. S. 402) sich bildenden Carbonate verwenden. Man löst sie mit Salzsäure (1+1) vom Filter (ebenso die am Platintiegel haftenden Reste), setzt zur Lösung 20 cm³ Schwefelsäure (1+1) hinzu und raucht stark ab, so daß alle Salzsäure entfernt ist. Die Bestimmung kann nun, wie im Kap. „Chrom", S. 156, beschrieben, nach dem Silbernitrat-Ammoniumperoxydisulfatverfahren zu Ende geführt werden. Je nach der Höhe des Mangangehaltes nimmt man nur einen Teil der Manganlösung zur Titration.

b) Lösungsverfahren. 2 bis 5 g werden in einer geräumigen Platinschale mit aufgelegtem Deckel mit etwas Wasser aufgeschlämmt, mit etwa 15 cm³ Salpetersäure (1,4) versetzt und dann durch tropfenweise Zugabe von Flußsäure unter leichtem Erwärmen in Lösung gebracht. Man gibt nun 30 cm³ Schwefelsäure (1+1) hinzu und raucht ab. Nachdem die Lösung erkaltet ist, nimmt man mit heißem Wasser unter Zusatz von etwas Salpetersäure auf, kocht 1 bis 2 min, spült in einen 1000 cm³-Meßkolben über und fällt mit aufgeschlämmtem Zinkoxyd. Dann wird in bekannter Weise mit Kaliumpermanganatlösung titriert.

Kupfer.

5 bis 10 g feinst gepulvertes Ferrowolfram werden in einer Platinschale mit Salpetersäure unter Zugabe von Flußsäure aus der Tropfflasche in Lösung

gebracht. Ist alles Material gelöst, so wird mit 20 bis 30 cm³ konz. Schwefelsäure bis zum starken Rauchen erhitzt, die abgerauchte Lösung verdünnt und mit Natronlauge alkalisch gemacht. In die alkalische Lösung gibt man entsprechend der Einwaage genügend Weinsäure, säuert schwach mit Salzsäure an und fällt Kupfer usw. mit Schwefelwasserstoff aus. Die Sulfide werden nach dem Absitzen abfiltriert, ausgewaschen und mit Salpetersäure (1 + 1) vom Filter heruntergelöst. Kupfer kann nun elektrolytisch oder gewichtsanalytisch bestimmt werden.

Molybdän.

Man schließt 2 bis 3 g Ferrowolfram im Eisentiegel mit Natriumperoxyd und etwas Natriumkaliumcarbonat auf, laugt die Schmelze mit Wasser aus, oxydiert mit genügend Natriumperoxyd, zersetzt den Überschuß durch Kochen und spült in einen 1000 cm³-Meßkolben über. Nach dem Auffüllen und Filtrieren werden 750 cm³ mit so viel Weinsäure versetzt, bis eine kleine entnommene Probe auf Zusatz von verd. Schwefelsäure keine Wolframsäurefällung mehr ergibt. Dann macht man die Lösung ammoniakalisch und bestimmt das Molybdän weiter nach der Sulfidmethode, wie im Kap. „Molybdän" A. I beschrieben. Die gewogene Molybdänsäure ist auf Verunreinigungen zu untersuchen.

Verwiesen sei auch auf das Verfahren des Chemikerausschusses des VDEh.[3]

Aluminium.

a) Aufschlußverfahren. 2mal 3 g Material werden mit Natriumperoxyd im Eisentiegel aufgeschlossen, die Schmelzen zusammen in einem Becherglas gelöst, mit etwas Natriumperoxyd versetzt, aufgekocht und in einen 1000 cm³-Meßkolben gebracht. Nach dem Auffüllen nimmt man 500 cm³ ab, verdünnt mit Wasser auf etwa 800 cm³, säuert mit Salzsäure an und fällt das Aluminium unter Zusatz von 10 g Ammoniumchlorid in der Siedehitze mit Ammoniak (0,91) (davon 8 cm³ im Überschuß). Der eben abgesetzte Niederschlag wird abfiltriert und mit ammoniakhaltigem und mit 1% Ammoniumnitrat versetztem Wasser ausgewaschen. Man bringt Filter samt Niederschlag in das Fällungsgefäß zurück, löst mit verd. Salzsäure und leitet in die heiße schwachsaure Lösung Schwefelwasserstoff ein. Hat man die Sulfide abfiltriert, den Schwefelwasserstoff verkocht und die Lösung oxydiert, so wird Aluminium erneut wie oben gefällt und im Platintiegel geglüht. Die Kieselsäure wird mit Flußsäure-Schwefelsäure verjagt, der Tiegelinhalt erneut geglüht und zur nochmaligen Reinigung mit Kaliumhydrogensulfat aufgeschlossen. Man löst die Schmelze in Wasser und fällt das Aluminium wiederum mit Ammoniak, worauf es im Platintiegel verascht und als Aluminiumoxyd gewogen wird. Das Ergebnis einer Blindprobe muß abgesetzt werden.

b) Lösungsverfahren. Will man den Aufschluß umgehen, so ist das Ferrowolfram durch Salpetersäure-Flußsäure in einer Platinschale in Lösung zu bringen und mit Schwefelsäure abzurauchen. Hierauf erfolgt Fällen und mehrmaliges Umfällen mit Ammoniak und Lösen mit Salzsäure. Schließlich wird die salzsaure Lösung durch Schwefelwasserstoff von Arsen und Zinn befreit, der Schwefelwasserstoff verkocht, die Lösung mit Wasserstoffperoxyd oxydiert, der Überschuß davon verkocht, die Fällung von Eisen und Aluminium erneut mit Ammoniak vorgenommen und abfiltriert. Die Hydroxyde löst man mit verd. Salzsäure vom Filter und bestimmt das Aluminium mit Phenylhydrazin (s. die Bestimmung von Aluminium im „Ferrochrom", S. 160). Ist das geglühte Aluminiumoxyd nicht rein weiß, sondern durch Eisen verunreinigt, so muß letzteres colorimetrisch zurückbestimmt werden. Sonstige gegebenenfalls erforderliche Reinigungsarten s. bei „Ferrochrom", S. 160. Die Bestimmung des Aluminiums nach dem Phosphatverfahren ist ebenda angegeben.

---

[3] Handbuch für das Eisenhüttenlaboratorium Bd. II S. 261.

Eisen.

Zur Eisenbestimmung im Ferrowolfram kann der nach dem Aufschluß im Platintiegel für die Bestimmung des Wolframs auf dem Filter verbleibende Rückstand (s. S. 402) verwandt werden. Er wird mit verd. Salzsäure vom Filter gelöst und mit der Lösung der am Tiegel haftenden Eisenreste vereinigt. Aus der salzsauren Lösung fällt man Eisen durch Ammoniak. Die Titration erfolgt wie üblich nach Zimmermann-Reinhardt. Für die Eisenbestimmung kann auch das unter „Bestimmung des Aluminiums", S. 406, beschriebene Lösungsverfahren angewandt werden.

Kobalt.

2 bis 3 g werden im Eisen- oder Porzellantiegel geröstet und mit Natriumperoxyd aufgeschlossen, nach der Zersetzung durch Wasser mit Schwefelsäure $(1+3)$ schwach angesäuert und eben aufgekocht. Man bringt die Lösung in einen 500 cm³-Meßkolben und fällt nach und nach durch Zugabe von Zinkoxydmilch in kleinen Anteilen in der Siedehitze Eisen, Wolfram usw. Das Zinkoxyd darf nur in geringem Überschuß zugesetzt werden. Nach dem Erkalten wird im Meßkolben zur Marke aufgefüllt, filtriert und dem Filtrat ein Anteil von 250 cm³ entnommen. Man verdünnt auf rund 300 cm³, macht schwach salzsauer und fällt kochend mit frischer heißer Lösung von α-Nitroso-β-Naphthol (2proz. Lösung in 50proz. Essigsäure). Das Fällungsmittel darf nicht in großem Überschuß zugegeben werden. Wenn überhaupt, so liegen nur ganz geringe Mengen an Kobalt vor. Bei der Fällung werden zuerst etwa 10 cm³ Fällungslösung zugesetzt. Nach erfolgtem Absetzen des Niederschlages prüft man durch weiteren tropfenweisen Zusatz des Fällungsmittels auf Vollständigkeit der Fällung. Man läßt möglichst über Nacht absitzen, filtriert und wäscht zuerst mit kalter, dann mit warmer 12proz. Salzsäure und zuletzt mit warmem Wasser aus. Der feuchte Niederschlag wird vorsichtig im Platintiegel im elektrisch beheizten Tiegelofen verascht und, um allen Kohlenstoff zu verbrennen, stark geglüht. Das Kobaltoxyd löst man dann in Salzsäure (1,19), verdampft die Lösung zur Trockne und nimmt die Salze zur Wiederholung der Fällung mit einigen Tropfen Salzsäure und 100 cm³ Wasser auf. Es wird erneut wie oben gefällt, die Fällung abfiltriert, verascht und als Co_3O_4 gewogen. Das ausgewogene Kobaltoxyd muß auf Reinheit geprüft werden, da es sehr leicht durch etwas Eisen verunreinigt sein kann. Man löst daher in Salzsäure, macht ammoniakalisch und filtriert, falls ein Niederschlag vorhanden, ab, glüht, wägt und bringt die Auswaage vom Rohkobaltoxyd in Abzug (s. auch Kap. „Kobalt", S. 189).

Da beim alkalischen Aufschluß im Platintiegel das Kobalt im Rückstand vom wässerigen Auszug verbleibt, kann es darin ebenfalls bestimmt werden.

Nickel.

Dabei gilt das eben Gesagte; es wird zweckmäßig eine Einwaage von 2 bis 3 g gewählt. Der Rückstand bei der mit Wasser zersetzten Natriumkaliumcarbonatschmelze wird mit heißer Salzsäure $(1+1)$ vom Filter gelöst und Nickel nach Zusatz von 2 g Weinsäure mit Diacetyldioxim in schwach ammoniakalischer Lösung (s. Kap. „Nickel", S. 264) gefällt.

2. Wolframmetall.

Im Handel führt man zwei Qualitäten von Wolframmetall:

Qualität I hat eine Zusammensetzung von

Wolfram . . . . mind. 99,5 %
Kohlenstoff . . . . etwa 0,10%
Silicium . . . . unter 1,0 %

und als hauptsächlichste Verunreinigung Eisen, während Mangan, Calcium und Arsen in ganz geringen Anteilen auftreten.

Qualität II hat dagegen etwa

Wolfram . . . . 96 bis 98   %
Kohlenstoff . . . . 0,1 %
Silicium 0,25%

der Rest ist hauptsächlich Eisen.

Mangan, Calcium und Arsen sind in geringen Mengen vorhanden. In beiden Qualitäten kann Sauerstoff vorkommen, der aus unreduzierter Wolframsäure stammt.

Die *Untersuchungsmethoden* für Wolframmetall sind die gleichen wie die bei Ferrowolfram.

Hinzu kommen die Bestimmung von *Calcium* und *Sauerstoff*.

Calcium.

5 g Wolframmetall werden in einer Platinschale durch Schmelzen mit Natriumkaliumcarbonat unter Zusatz einiger Körnchen Kaliumnitrat aufgeschlossen. Die erkaltete Schmelze zersetzt man mit Wasser und filtriert den unlöslichen Rückstand, der u. a. das gesamte Calcium enthält, ab. Der mit sodahaltigem Wasser wolframfrei ausgewaschene Rückstand wird mit warmer Salzsäure (1+1) vom Filter gelöst und in dieser Lösung das Eisen mit Ammoniak unter Zusatz von etwas Ammoniumchlorid gefällt und abfiltriert. Im Filtrat erfolgt die Fällung des Calciums nach der Ammoniumoxalatmethode. Wegen des geringen Calciumgehaltes läßt man die Fällung über Nacht stehen und filtriert dann den Niederschlag ab. Er wird mit verd. Ammoniumoxalatlösung, der einige Tropfen Ammoniak beigegeben sind, ausgewaschen, verascht und als Calciumoxyd ausgewogen.

Sauerstoff.

Die hierzu benötigte *Apparatur* ist folgende: Wasserstoffentwickler, Reinigungs- und Trockeneinrichtung für den Wasserstoff, Glührohr aus geschmolzenem Bergkrystall oder schwer schmelzbarem Glas, elektrischer Widerstandsofen als Heizvorrichtung, mit Phosphorpentoxyd angefülltes U-Rohr zur Absorption des gebildeten Wassers und Wasserstrahlpumpe.

Zur Sauerstoffbestimmung werden 5 bis 10 g Wolframmetall in einem unglasierten Porzellanschiffchen in das Glührohr aus Bergkrystall eingeführt (jede Berührung des Materials, des Schiffchens usw. mit den Händen ist zu vermeiden!), worauf das Glührohr mit der Wasserstoffzuleitung verbunden wird. Man evakuiert die Apparatur mit der Wasserstrahlpumpe soweit wie möglich und füllt dann von neuem mit Wasserstoff. Dies wird 3mal wiederholt. Nachdem hierauf noch etwa 2 bis 3 min Wasserstoff durch die Apparatur geleitet worden ist, wird der bereits angeheizte Ofen über das Reaktionsrohr geschoben. Die Erhitzungstemperatur beträgt 1100°, die Wasserstoffströmungsgeschwindigkeit etwa 2000 bis 3000 cm³ je Stunde. Nach 1½ Stunden wird der Ofen zurückgeschoben; nach einer weiteren ½ Stunde schließt man die Hähne des Wägerohres, nimmt letzteres ab und wägt nach längerem Liegenlassen im Exsiccator bei gleicher Temperatur wie bei der ersten Wägung zurück. Die Gewichtszunahme entspricht dem gebildeten Wasser. Hieraus errechnet sich der Sauerstoffgehalt. Der Umrechnungsfaktor ist 0,8881.

Unter gleichen Bedingungen ist ein Leerversuch (Schiffchen ohne Substanz) auszuführen. Der Leerwert, der bei der Berechnung zu berücksichtigen ist, soll nicht mehr als 0,2 bis 0,3 mg betragen.

Es ist zu empfehlen, hinter das für die Sauerstoffbestimmung erforderliche Phosphorpentoxydröhrchen noch ein zweites zu schalten, welches lediglich etwa zurücktretenden Wasserdampf aufnehmen soll.

Zweckmäßiger jedoch wird der Sauerstoff nach dem *Vakuum-Heißextraktions-verfahren*[4] bestimmt. Dieses Verfahren ermöglicht die sicherste Gesamtsauerstoffbestimmung, da beim Wasserstoffreduktionsverfahren gegebenenfalls Alkaligehalte der Probe die Rohre angreifen.

3. Wolframhammerschlag und -sinter.

Wolfram. Für die Untersuchung von Wolframhammerschlag oder Wolframsinter auf Wolfram bringt man 1 g Material in ein 600 cm³-Becherglas und versetzt unter Erwärmen mit etwa 50 bis 70 cm³ Salzsäure (1,19). Das Material löst sich meistens restlos, besonders wenn die Probe auf DIN 80 gepulvert ist. Andernfalls setzt man noch etwas Salpetersäure und Flußsäure hinzu.

Nach dem Auflösen gibt man 30 cm³ Perchlorsäure (1,67) hinzu (*Achtung!* *) und dampft bis zum beginnenden Rauchen sowie noch weitere 5 min ab. Wolfram scheidet sich restlos ab. Ist die Lösung erkaltet, so wird sie mit 100 cm³ Wasser verdünnt, mit 20 cm³ Salzsäure (1,19) versetzt und einige Minuten gekocht. Dann verdünnt man weiter mit heißem Wasser auf etwa 500 cm³, kocht auf und läßt die Wolframsäure in der Wärme absitzen. Nun filtriert man durch ein doppeltes kleines Weißbandfilter (Filterschleim) ab und wäscht mit heißer 10proz. Salzsäure, zum Schluß 2mal mit heißem Wasser aus. Zur Reinigung löst man den Wolframsäureniederschlag mit warmem Ammoniak in das vorhin benutzte Becherglas zurück, verkocht das Ammoniak, setzt 25 cm³ Perchlorsäure hinzu und läßt damit 5 min rauchen. Es wird verdünnt und filtriert, genau wie bei der ersten Abscheidung, verascht und im Platintiegel gewogen. Das erhaltene Wolframtrioxyd ist frei von jeder Verunreinigung (Cr, Mo, V). Etwa noch vorhandene Kieselsäure kann durch Flußsäure entfernt werden.

Ist das Material nicht säurelöslich (dies ist aber ganz selten der Fall), so wird eine Einwaage von 1 g in einem Reinnickeltiegel mit Natriumkaliumcarbonat gesintert. Die Aufschlußtemperatur soll etwa 800 bis 900° betragen. Aus der Wolframatlösung wird das Wolfram, wie bei der „Wolframbestimmung im Ferrowolfram" beschrieben (S. 402), gefällt. Das geglühte Wolframoxyd wird aus dem Porzellantiegel in ein 600 cm³-Becherglas gebracht und mit etwas heißem verd. Ammoniak gelöst. Ammoniak wird verkocht und die Wolframsäure alsdann durch Zusatz von Perchlorsäure, wie oben beschrieben, abgeschieden.

---

[4] Thanheiser, G., u. E. Brauns: Arch. Eisenhüttenw. 1936 Heft 9 S. 435. — Thanheiser, G., u. H. Ploum: Arch. Eisenhüttenw. 1937 Heft 2 S. 81. — Thanheiser, G., u. R. Paulus: Untersuchung über den Einfluß der Eisenverdampfung auf die Sauerstoffbestimmung im Ferrowolfram nach dem Heißextraktionsverfahren. Mitt. K.-Wilh.-Inst. Eisenforschg. Bd. XXII Liefg. 14.

* Es muß darauf hingewiesen werden, daß beim Eindampfen mit Perchlorsäure Explosionen in Gefäßen und Abzügen aufgetreten sind, deren Gründe noch nicht restlos geklärt werden konnten. Auf alle Fälle vermeide man das Eindringen von Staub in die abdampfende Lösung und hölzerne Abzugsschächte bei den Abzügen.

Kapitel 27

Zink*.

A. Bestimmungsmethoden des Zinks.
  I. Maßanalytische Verfahren.
    1. Titration nach Schaffner (mit Natriumsulfid)
       a) *mit* Ausgleich, b) *ohne* Ausgleich (belgische Methode).
    2. Titration nach Galetti [mit Kaliumcyanoferrat(II)]
       a) Tüpfelmethode, b) nach Urbasch, c) potentiometrisch.
  II. Gewichtsanalytische Bestimmung als Zinkoxyd.
  III. Colorimetrische Bestimmung.
  IV. Polarographische Bestimmung.

B. Untersuchung von Erzen und Hüttenerzeugnissen.
  I. Roh- und Rösterze.
    1. Zinkbestimmung:
       a) mit einmaliger Eisenfällung,   b) nach der belgischen Methode,
       c) mit mehrfacher Eisenfällung,   d) gewichtsanalytisch,
       e) Behandlung besonderer Fälle.
    2. Bestimmung der Nebenbestandteile:
       a) Ausführliche Analyse, b) Einzelbestimmungen.
  II. Aschen, Schlacken, Stäube usw.
    1. Aschen, unreine Oxyde, Rückstände, Flugstäube, Salmiakschlacken:
       a) Zinkbestimmung, b) Nebenbestandteile.
    2. Zinkstaub (Wertbestimmung):
       a) titrimetrisch nach Wahl, b) nach Fresenius, c) gasvolumetrisch.
  III. Zinksorten.
    1. Umschmelzzink, Hüttenrohzink, raffiniertes Hüttenzink:
       a) Zinkbestimmung, b) Vollanalyse, c) Einzelbestimmungen.
    2. Feinzink und Feinstzink.
    3. Hart- und Bodenzink:
       a) Zinkbestimmung, b) Einzelbestimmungen.
  IV. Zinklegierungen.
    1. Allgemeines.
    2. Methoden.
  V. Reinoxyde und Salze.
    1. Zinkweiß (Metallzinkweiß):
       a) „Direkte" Zinkoxydbestimmung,
       b) Bestimmung der Verunreinigungen,
       c) Bestimmung des in Wasser löslichen Anteils,
       d) Bestimmung des in Essigsäure unlöslichen Rückstandes.
    2. Zinkvitriol.

A. Bestimmungsmethoden des Zinks.

Als gebräuchlichste Bestimmungsmethoden des Zinks gelten schon wegen der rascheren Ausführung die *maßanalytischen*.

Die *gewichtsanalytische* Methode wird seltener angewandt und hat den Nachteil, daß das ausgewogene Zinkoxyd nicht immer ganz rein ist und deshalb einer Reinheitsprüfung unterworfen werden muß; man wird sich ihrer vor allem in

---

* Bearbeiter: **Janssen, Ahrens**. Mitarbeiter: **Becker, Blumenthal, Boy, Ensslin, Fischer, Fresenius, Kilian, Lahaye, Melzer, Milde, Sellmer, Wagenmann**.

Fällen bedienen, bei denen eine Trennung des Zinks von Kobalt und Nickel erforderlich ist. Die *potentiometrische* Bestimmung des Zinks findet vielfach bei der Untersuchung von Zinkoxyden Anwendung. *Polarographisch* werden geringe Zinkgehalte z. B. im Weichblei bestimmt. Auch die *colorimetrische* Methode kommt nur für kleinste Mengen Zink in Frage.

I. Maßanalytische Bestimmungsmethoden.

Die für die Titration vorbereiteten Lösungen dürfen keine Metalle der Schwefelwasserstoffgruppe enthalten und müssen von den übrigen Gliedern der Ammoniumsulfidgruppe befreit sein; organische Substanzen sind vollkommen zu zerstören.

Im Gang der üblichen Zinkbestimmung in Erzen wird auf Cadmium nur zum Teil, auf Nickel und Kobalt gar keine Rücksicht genommen. Die Trennung des Zinks von Eisen, Aluminium und Mangan mittels *einmaliger* Fällung der Hydroxyde durch Ammoniak ist nicht quantitativ; aber für den durch einen Rückhalt von Zink im Eisenniederschlag bedingten Verlust kann dadurch ein Ausgleich geschaffen werden, daß man zur Titerlösung eine dem Gehalt an Eisen, Aluminium und Mangan annähernd entsprechende Menge Eisen(III)-sulfatlösung hinzusetzt. Bei der sog. belgischen Methode geschieht dies nicht. Die Rechtfertigung für diesen bewußt begangenen Fehler wird in dem Rapport 19 der Association belge de standardisation u. a. wie folgt begründet:

„Dieser Fehler ist von geringer Bedeutung (0,25% Zink für 10% Eisenoxyd) und bei industriellen Analysen zu vernachlässigen, um so mehr als die stark eisenhaltigen Mineralien schwerer zu verhütten sind und somit weniger Wert haben als ein Erz von gleichem Zinkgehalt, welches weniger Eisen enthält. Man hat dadurch also einen Ausgleich (der aber dem Minderwert des eisenhaltigen Erzes nicht ganz entspricht) zwischen dem Verlust an Zink, hervorgerufen durch den Zinkrückhalt im Eisenniederschlag, und der Entwertung, die durch den Eisengehalt eingetreten ist."

1. Titration mit Natriumsulfid (nach Schaffner*).

Die zur Anwendung kommende Natriumsulfidlösung enthält 23 g kryst. Natriumsulfid im Liter. Für Proben über 50% Zink empfiehlt sich die Benutzung einer stärkeren Lösung.

Da der Wirkungswert der Natriumsulfidlösung nicht konstant bleibt, müssen Probe- und Titerlösung mit zwei geeichten Büretten nebeneinander titriert werden; außerdem sind sie im Zinkgehalt annähernd gleichzuhalten und dürfen darin einen Unterschied von nicht mehr als etwa 2% aufweisen. Ist der ungefähre Zinkgehalt nicht bekannt, so muß er durch eine Vorprobe festgestellt werden. Auch die Gehalte der beiden Lösungen an freiem Ammoniak und an Ammoniumsalzen müssen annähernd die gleichen sein. Die beiden Lösungen, die sich in einem starkwandigen Titrierglas befinden, sollen ein gleiches Volumen von etwa 300 cm³ haben** und müssen möglichst kalt gehalten werden. Ein Überschuß von Wasserstoffperoxyd in der Probelösung muß durch Zusatz von 5 cm³ einer 10proz. Natriumsulfitlösung kurz vor der Titration zerstört werden. Die Titration geschieht unter Verwendung von glänzendem Bleipapier, wobei das Tüpfeln *gleichzeitig* auf demselben Streifen des Reagenspapiers vorgenommen wird. Man läßt die Tropfen etwa 10 Sekunden auf das Papier einwirken, spült dann ab und setzt die Titration fort, bis die Flecken von Titer und Probe gleich starke Färbung

---

* Die Übernahme dieser Methode in das vorliegende Werk ist nur deshalb erfolgt, weil sie in den Erzverträgen noch oft verlangt wird. Die mit dieser Methode erzielten Ergebnisse sind zweifellos sehr gute, aber die Titration mit zwei Büretten ist recht umständlich und zeitraubend.

** Ist zu befürchten, daß für das zur Verfügung stehende Bleipapier die Lösung zu stark ammoniakalisch ist, so kann man auch bis auf 400, höchstens 500 cm³ verdünnen. Selbstverständlich muß dann die Titerlösung ebensoweit verdünnt werden.

aufweisen. Nach dem Ablesen der Skala überzeugt man sich von der Gleichwertigkeit der Farbe von Titer- und Probelösung dadurch, daß man in das eine der beiden Gefäße 0,2 cm³ der Natriumsulfidlösung hinzufügt, wodurch sich eine Übertitration in dieser Lösung bemerkbar machen muß.

a) Arbeitsweise *mit* Ausgleich.

Die Herstellung der *Probelösung* geschieht nach den Angaben im Abschnitt B, S. 416. Für die *Titerlösung* wird eine dem annähernden Gehalt der Probe und der Einwaage entsprechende Menge Zink in einem amtlich geeichten Meßkolben von 500 cm³ Inhalt mit dem gleichen Quantum und der gleichen Art Säure, wie sie bei der Behandlung der Probe nach dem Abrauchen zur Trockne zur Anwendung kamen, gelöst. Hierauf fügt man eine dem Gehalt an Eisen, Mangan und Aluminium annähernd entsprechende Menge Eisen(III)-sulfatlösung hinzu, verdünnt bis zum gleichen Volumen, welches die Erzlösung nach der Oxydation mit Salpeter- und Salzsäure hatte, und fällt mit 60 cm³ Ammoniak (0,91). Ist das Gewicht der Summe von Eisen(III)-oxyd, Manganoxyd und Tonerde nicht bekannt, so muß man es durch eine Vorprobe ermitteln. Wasserstoffperoxyd darf bei der Titerlösung nicht zugesetzt werden, wohl aber 5 cm³ Natriumsulfitlösung, falls dies auch bei der Probelösung geschehen ist. Die Titerlösung wird dann aufgefüllt und durch ein Faltenfilter filtriert. Man entnimmt dem Filtrat 200 cm³, bringt sie in ein Titrierglas und verdünnt die Flüssigkeit bis auf annähernd 300 cm³.

b) Arbeitsweise *ohne* Ausgleich (belgische Methode).

Der Aufschluß der Erze für diese Methode ist unter B. I, S. 416, beschrieben. Die Rechtfertigung für das Unterlassen des Ausgleichs ist auf S. 411 angegeben. Die Titration wird genau so ausgeführt wie bei der Schaffner-Methode *mit* Ausgleich, wobei nur der einzige Unterschied darin besteht, daß zum Titer kein Ausgleich, also *keine* Eisenlösung, hinzugefügt wird.

2. Titration mit Kaliumcyanoferrat(II) (Galetti).

21,6 g kryst. Kaliumcyanoferrat(II) (z. Anal.) werden in Wasser zu 1 Liter gelöst. Die Lösung wird mit chemisch reinem Zink so eingestellt, daß 1 cm³ annähernd 0,005 g Zn, bei Verwendung von 0,5 g Substanz mithin annähernd 1% Zink entspricht. Bei hochprozentigen Proben oder bei der Arbeitsweise mit mehrfacher Eisentrennung benutzt man eine doppelt so starke Kaliumcyanoferrat(II)-lösung.

Die endgültige Titerstellung wird in der gleichen Weise wie die Titration der Probe ausgeführt.

Bei der Titration mit Kaliumcyanoferrat(II) dürfen Nitrate *nicht* zugegen sein. Es ist deshalb sowohl bei der Probe als auch beim Titer zur Oxydation des Eisens Bromwasser oder Wasserstoffperoxyd anstatt Salpetersäure anzuwenden. Der Überschuß muß sorgfältig durch längeres Kochen entfernt werden. Die Zinkgehalte der Probe- und Titerlösung müssen auch hier annähernd die gleichen sein.

Bei *einmaliger* Eisentrennung wird dem Titer als Ausgleich für den Zinkrückhalt im Niederschlag eine gleiche Menge Eisen in Form von Eisen(III)-sulfatlösung zugesetzt, wie sie dem Gehalt an Eisen, Mangan und Aluminium in der Probe entspricht (s. Schaffner-Methode mit Ausgleich, oben unter a). Die gleichen Säure- und Ammoniakkonzentrationen sind einzuhalten. Sollen auch hier die gleichen Gesichtspunkte wie bei der belgischen Methode beachtet werden, so fällt der Ausgleich zum Titer fort.

a) Tüpfelmethode.

Die Erkennung des Reaktionsendpunktes geschieht durch eine Tüpfelprobe gegen eine 1proz. Ammoniummolybdat- oder Uranylacetatlösung als Indicator.

Von der nach Abschnitt B, S. 416/17, vorbereiteten ammoniakalischen Erzlösung bzw. von der Titerlösung entnimmt man 200 cm³ oder bei der nach mehrfacher Eisentrennung erhaltenen Lösung die gesamte Menge, gibt diese in einen 750 cm³ fassenden Erlenmeyerkolben, verkocht das überschüssige Ammoniak und fügt sodann genau 10 cm³ Salzsäure (1,19) hinzu, verdünnt auf 450 cm³, erhitzt und titriert sofort nach dem Aufkochen.

Hat man durch eine Vorprobe den annähernden Verbrauch an Maßflüssigkeit festgestellt, so läßt man davon in die siedend heiße salzsaure Zinklösung ¹/₂ cm³ weniger als erforderlich einlaufen, schüttelt kräftig um und setzt dann tropfenweise weitere Mengen zu, bis 3 Tropfen der Lösung mit 3 Tropfen Indicatorlösung, die sich in den Vertiefungen einer Tüpfelplatte befinden, eine schwache, aber leicht erkennbare Braunfärbung ergeben.

b) Titration nach Urbasch[1].

Der Reaktionsendpunkt ist an dem durch zugesetzte Eisen(III)-chloridlösung bewirkten Farbumschlag zu erkennen.

Der nach Abschnitt B, S. 416/17, vorbereiteten ammoniakalischen Probe- oder der Titerlösung entnimmt man 200 cm³ (bei der nach mehrfacher Eisentrennung erhaltenen Lösung die gesamte Menge), gibt sie in einen 500 cm³ Erlenmeyerkolben, verkocht das überschüssige Ammoniak, setzt 3 Tropfen Methylorange (0,05 g im Liter, nicht stärker, da organische Substanzen stören) hinzu, neutralisiert genau mit Salzsäure (1 + 1), versetzt dann mit 3 Tropfen Salzsäure (1 + 1), hierauf mit 2 bis 3 Tropfen einer Eisen(III)-chloridlösung, welche im Liter 3 g Eisen enthält, und erhitzt die nicht mehr als 250 cm³ betragende Flüssigkeit zum Sieden. In die siedend heiße Lösung läßt man unter stetem Umschwenken Kaliumcyanoferrat(II)-lösung hinzufließen, verlangsamt gegen Ende den Zulauf so, daß die Reagenslösung nur noch schnell zutropft, und hört mit dem weiteren Zusatz auf, sobald man ein Verblassen der hellblauen Lösung beobachtet. Dann schwenkt man einige Sekunden um und fügt, falls der Farbumschlag nach Schwachgelb jetzt noch nicht eintritt, einige Tropfen der Kaliumcyanoferrat(II)-lösung hinzu, wobei dann sicher der Umschlag erfolgt. Darauf wird der Überschuß mit einer neutralen Zinklösung zurücktitriert bis zum Umschlag nach Schwachbläulich.

Die Reaktion ist ungemein empfindlich, doch muß ein Übertitrieren um mehrere Kubikzentimeter vermieden werden und ist nur dann zulässig, wenn die Titerstellung analog erfolgt. Gewöhnlich verbraucht man bei der Rücktitration nur 0,1 bis 0,2 cm³. Der Zusatz an Eisen(III)-chloridlösung muß bei Titer und Erzlösung genau abgemessen werden.

Die *Zinklösung zum Zurücktitrieren* wird wie folgt bereitet:

5 g chemisch reines Zink werden in 20 cm³ Salzsäure unter Zugabe von Wasser in der Wärme gelöst. Man neutralisiert genau mit Ammoniak (Methylorange, 0,05 g im Liter) und versetzt mit einigen Tropfen Salzsäure (1 + 1), so daß etwa ausgeschiedenes Zink sich eben wieder löst. Hierauf wird zum Liter verdünnt.

c) Potentiometrische Methode.

Für die potentiometrische Bestimmung wird eine Kaliumcyanoferrat(II)-lösung angewandt, von der 1 cm³ ungefähr 1% Zink entspricht, und die je Liter 1 g Kaliumcyanoferrat(III) enthält.

Zur Titerstellung mit reinem Zink wird in gleicher Weise verfahren wie bei der Probelösung. Es gelten die gleichen Gesichtspunkte wie auf S. 412 angegeben; Nitrate dürfen also *nicht* vorhanden und der Zinkinhalt der Titerlösung soll ungefähr dem der Probelösung gleich sein. Bei einmaliger Eisenfällung wird je nach den Verträgen mit oder ohne Ausgleich im Titer gearbeitet.

---

[1] Urbasch, St.: Chemiker-Ztg. Bd. 46 (1922) S. 54.

Von der nach Abschnitt B, S. 416/17, vorbereiteten ammoniakalischen Erzlösung bzw. von der Titerlösung entnimmt man mit einem Meßkolben 200 cm³ oder bei der nach mehrfacher Eisentrennung erhaltenen Lösung die gesamte Menge, spült in ein Liter-Becherglas, verkocht das Ammoniak, um gegebenenfalls vorhandenes Wasserstoffperoxyd zu zerstören, und säuert mit 20 cm³ Salzsäure (1,19) an. Die auf 500 bis 600 cm³ verdünnte, auf 80° erhitzte Lösung wird nunmehr unter Benutzung eines *Röhrenvoltmeters* und einer *Kalomel-Platin*-Elektrode titriert.

90 bis 95% der notwendigen Kaliumcyanoferrat(II)-menge läßt man in einem Guß zulaufen und titriert nach Einstellung des Instrumentes mit je 3 Tropfen (0,15 bis 0,20 cm³) bis zum größten Zeigerausschlag, der unverkennbar ist und als Endpunkt angenommen wird. Nach jeder Zugabe wartet man, bis sich der Zeiger beruhigt hat.

II. Gewichtsanalytische Bestimmung als Zinkoxyd.

Die nach Abschnitt B. I, 1d, S. 418, erhaltene und von den Elementen der Schwefelwasserstoffgruppe befreite Zinklösung wird nach dem Verkochen des Schwefelwasserstoffs in der Kälte unter Benutzung von Methylorange oder Kongorot als Indicator genau neutralisiert. Hierauf säuert man mit 1 cm³ Normalschwefelsäure an, verdünnt auf etwa 800 cm³ und leitet $1^1/_2$ bis 2 Stunden Schwefelwasserstoff ein. Bei geringen Mengen Zink empfiehlt es sich, etwas Quecksilbersalz oder eine geringe Menge Schwefeldioxydlösung hinzuzusetzen.

Man läßt die Fällung über Nacht stehen, filtriert das Zinksulfid ab und wäscht es mit schwefelwasserstoffhaltigem Wasser aus, welches etwa 5% reines Ammoniumsulfat enthält. Bei kobalt- und nickelhaltigen Proben sind vor der Zinkfällung, die gegebenenfalls zu wiederholen ist, 15 bis 20 g Ammoniumsulfat zuzusetzen. Das Filtrat von der Zinkfällung wird eingeengt und nach dem Verjagen des Schwefelwasserstoffs gegen Methylorange eben angesäuert. Man leitet einige Zeit Schwefelwasserstoff ein und filtriert einen etwa noch entstandenen Niederschlag ab. Das Zinksulfid wird getrocknet und, ohne es vom Filter zu trennen, bei möglichst niedriger Temperatur verascht. Hierauf glüht man bei mindestens 950°, entfernt die letzten Reste Schwefelsäure durch vorsichtiges Behandeln mit Ammoniumcarbonat, glüht wieder bei mindestens 950° bis zur Gewichtskonstanz und wägt als Zinkoxyd aus.

Das ausgewogene Zinkoxyd wird zur Prüfung auf Verunreinigungen in verd. Salzsäure gelöst. Falls erforderlich, wird nach dem Aufkochen abfiltriert, das Filtrat mit Bromsalzsäure oxydiert und ammoniakalisch gemacht. Entsteht ein Niederschlag — Aluminium, Eisen, Mangan —, so ist er zu lösen und die Fällung mit Ammoniak zu wiederholen. Das Filtrat prüft man mit Ammoniumsulfid und durch Ansäuern mit verd. Salzsäure auf Kobalt und Nickel. Außerdem kann das Zinkoxyd noch Sulfate enthalten. Etwa vorhandene Verunreinigungen sind zu bestimmen und vom Gewicht der Rohauswaage in Abzug zu bringen. Bei kalk- und magnesiareichen Proben empfiehlt sich auch die Nachprüfung auf Calcium- und Magnesiumoxyd.

III. Colorimetrische Bestimmungsmethode.

Die colorimetrische Bestimmung des Zinks mit Dithizon ist ohne vorherige Trennung neben allen Elementen ausführbar. Zur Tarnung von Silber, Kupfer, Quecksilber, Wismut, Blei eignet sich Thiosulfat, von Kobalt und Nickel Kaliumcyanid. In allen Metallen, außer Cadmium, können unmittelbar noch Zinkspuren von 10^{-2} bis 10^{-3} und Zinkgehalte bis etwa 1% bestimmt werden. Die Zinkbestimmung neben Cadmium gelingt bei nicht zu großem Überschuß an Cadmium.

Zur Untersuchung verwendet man etwa 10 bis 20 cm³ der zinkhaltigen Lösung, deren Zinkgehalt am besten zwischen 5 bis 40 γ liegt. Die Lösung soll nur schwach sauer sein — etwa 1 bis 3% Mineralsäure — ein großer Säureüberschuß ist durch Abdampfen zu entfernen. Die restliche Mineralsäure wird mit einer 5proz. Natriumacetatlösung gepuffert (bis p_H 4 bis 6) und zur Tarnung von etwa vorhandenem Kobalt und Nickel mit 1 cm³ einer 5proz. Kaliumcyanidlösung versetzt, deren Alkalität mit etwa 15 Tropfen normaler Salzsäure neutralisiert wird (Kongopapier). Sind größere Mengen an Nickel oder Kobalt vorhanden, so wird die Kaliumcyanidlösung so lange hinzugesetzt, bis die ausfallenden Cyanide wieder gelöst sind. Nach dem Umschlag verdünnt man die Lösung um die Hälfte ihres Volumens mit der 5proz. Natriumacetatlösung und fügt zur Tarnung aller übrigen Metalle (je nach deren Menge) 2 bis 10 cm³ einer 50proz. Thiosulfatlösung zu. Die Lösung wird nun in bekannter Weise anteilsweise mit Dithizonlösung (4 bis 6 mg in 100 cm³ Kohlenstofftetrachlorid) ausgeschüttelt, bis man an der Farbe der Reagenslösung erkennt, daß die Gesamtmenge des Zinks extrahiert worden ist. Die vereinigten Extrakte werden auf ein bestimmtes Volumen aufgefüllt und einmal mit einer Lösung durchgeschüttelt, die 300 cm³ 5proz. Natriumacetatlösung $+$ 10 cm³ 50proz. Natriumthiosulfatlösung $+$ 40 cm³ 10proz. Salpetersäure auf 500 cm³ (mit doppeltdestilliertem Wasser aufgefüllt) enthält. Zur Entfernung des überschüssigen Dithizons schüttelt man anschließend mehrmals mit einer verd. Natriumsulfidlösung (hergestellt durch Verdünnen von 40 cm³ einer 1proz. Vorratslösung mit 1000 cm³ doppeltdestilliertem Wasser), bis die wässerige Phase farblos bleibt. Durch schwaches Ansäuern mit verd. Salzsäure wird das rote Zinkdithizonat zerstört. Nach Abtrennen der Schichten filtriert man die grüne Dithizonlösung in ein trockenes 50 cm³-Meßkölbchen, füllt mit Kohlenstofftetrachlorid auf und colorimetriert.

Man colorimetriert entweder mit auf gleiche Weise hergestellten Vergleichslösungen bekannten Zinkgehalts oder besser im Stufenphotometer, Filter S 57, Cuvette 20 mm zwischen 5 und 60 γ Zink mit ausreichender Genauigkeit (Reagenzien und destilliertes Wasser müssen absolut zinkfrei sein[2]).

IV. Polarographische Bestimmungsmethode.

Von der zu untersuchenden Zinklösung werden 5 cm³ abpipettiert, welche zwischen 0,01 und 10 mg Zink enthalten sollen. Die genau abgemessene Menge von 5 cm³ wird mit genau 5 cm³ einer Grundlösung versetzt, welche aus 1800 cm³ konz. Ammoniak, 200 cm³ einer 2proz. Tyloselösung zusammengesetzt ist und mit Natriumsulfit gesättigt wird. Die so vorbereitete Lösung wird mit dem Polarographen mit einer entsprechenden Empfindlichkeit aufgenommen. Die Abscheidungsspannung des Zinks beträgt etwa 1,1 bis 1,2 Volt. Dabei stören Eisen, Aluminium sowie geringe Mengen Kupfer, Cadmium und Blei nicht; größere Mengen von letzteren müssen kompensiert oder vorher abgetrennt werden.

B. Untersuchung von Erzen und Hüttenerzeugnissen.
I. Roh- und Rösterze.

Das am meisten verbreitete Zinkerz ist die *Zinkblende*. Sie kommt gewöhnlich, durch Flotation angereichert, mit über 60% Zn in den Handel. Für die Verhüttung kommen ferner vor allem *Galmei*, *Kieselzinkerz*, *Franklinit* und *Willemit* in Frage.

Blende läßt sich im allgemeinen leicht aufschließen; die anderen Erze sowie auch die geröstete Blende müssen besonders fein gerieben und langsam und sorgfältig aufgeschlossen werden, damit alles Zink in Lösung geht.

---

[2] Fischer, H., u. G. Leopoldi: Z. anal. Chem. Bd. 107 (1936) S. 241 bis 269.

1. Zinkbestimmung.

a) Arbeitsweise mit einmaliger Eisentrennung.

Von dem fein gepulverten und bei 100° bis zur Gewichtskonstanz getrockneten
Material werden 1,25 g eingewogen.

Rohblenden und sonstige stark sulfidische Proben werden zuerst mit 15 bis
20 cm³ Salzsäure (1,19) erhitzt, bis kein Schwefelwasserstoff mehr entwickelt
wird, dann nach kurzem Abkühlen mit 5 bis 10 cm³ Salpetersäure (1,4) versetzt
und erwärmt, bis der Aufschluß vollzogen ist.

Röstblenden, *Galmei* und *Kieselzinkerze* schlämmt man mit etwas Wasser auf,
um ein Anbacken am Boden des Becherglases zu vermeiden, versetzt dann mit
etwa 20 bis 30 cm³ Salzsäure (1,19), erwärmt bis zur vollständigen Zersetzung
und gibt hierauf 5 cm³ Salpetersäure (1,4) hinzu. Man dampft nunmehr bis zur
Trockne ab, befeuchtet mit etwas Salzsäure (1,19), wiederholt das Abdampfen
und nimmt mit 20 cm³ Salzsäure (1 + 1) auf.

Hierauf setzt man bei Rohblenden 5 cm³, bei Röstblenden usw. 10 cm³ Schwefelsäure (1 + 1) hinzu und dampft ein, bis keine Schwefelsäuredämpfe mehr entweichen*. Schwärzt sich hierbei die Flüssigkeit infolge ölhaltiger Substanzen
(Flotationsblenden), so ist mit Salpeter- und Schwefelsäure wiederholt abzudamp-
fen (s. S. 433), bis die organische Substanz zerstört ist. Gelingt dies nicht, so ist
die Probe nach S. 419 zu behandeln.

Den Trockenrückstand nimmt man mit 5 cm³ Salzsäure (1,19) und 30 cm³
Wasser auf, erwärmt, bis die Salze gelöst sind, und fügt 75 cm³ gesättigtes Schwefelwasserstoffwasser hinzu. Bei Proben, die sehr viel Blei oder Eisen enthalten,
leitet man noch kurze Zeit Schwefelwasserstoff ein. Man läßt in gelinder Wärme
stehen, bis die Fällung sich zusammengeballt hat und filtriert in einen geeichten
500 cm³-Meßkolben. Den Niederschlag wäscht man mit einer lauwarmen (nicht
heißen) Mischung aus, die auf 100 cm³ 5 cm³ Salzsäure (1,19) und etwas Schwefelwasserstoffwasser enthält (100 bis 150 cm³ Waschwasser genügen im allgemeinen).
Hierauf verjagt man den Schwefelwasserstoff — nach Zusatz von Siedesteinchen —
durch Kochen und setzt zu der noch heißen Lösung 5 cm³ Salpetersäure (1,4)
hinzu, um das Eisen zu oxydieren, und hierauf 5 cm³ Salzsäure (1,19).

Soll die Probelösung nicht mit Natriumsulfid, sondern mit Kaliumcyano-
ferrat(II) titriert werden, so darf zur Oxydation keine Salpetersäure verwandt
werden. Man fügt dann 10 cm³ Salzsäure (1,19) hinzu und oxydiert das Eisen
mit etwas Wasserstoffperoxyd oder Bromwasser und kocht den Überschuß fort.

Nach dem Erkalten fügt man unter Umschütteln nach und nach 60 cm³ Ammoniak
(0,91) und, falls Mangan vorhanden ist, 3 proz., aus Perhydrol hergestelltes Wasserstoffperoxyd (unter Vermeidung eines Überschusses) oder Bromwasser hinzu. Am
nächsten Tage füllt man bis zur Marke auf, mischt, filtriert durch ein trockenes
Faltenfilter in einen trockenen Kolben, entnimmt dem Filtrat 200 cm³ (= 0,5 g
Einwaage) mittels eines Meßkolbens und fährt fort, wie unter A. I bei der jeweils
in Betracht kommenden Bestimmungsmethode beschrieben ist.

b) Arbeitsweise nach der belgischen Methode.

Es werden 1,25 g des fein gepulverten und bei 100° bis zur Gewichtskonstanz
getrockneten Materials eingewogen.

Rohblenden und *stark sulfidhaltige Materialien* werden erst mit 25 cm³ Salzsäure (1,19) gekocht, bis kein Schwefelwasserstoff mehr entweicht; sodann setzt
man 10 cm³ Salpetersäure (1,4) hinzu.

Röstblenden, *Galmei*, *Kieselzinkerze* usw. werden mit 20 cm³ Salzsäure (1,19)
und 10 cm³ Salpetersäure (1,4) aufgeschlossen. Hierbei sind dieselben Vorsichtsmaßregeln, wie oben bei a) beschrieben, anzuwenden.

---

* Sollen andere Aufschlußmittel angewandt werden, so muß dies besonders vereinbart sein.

Die belgische Methode schreibt nur für stark kieselsäurehaltige Proben ein Abrauchen mit Schwefelsäure vor. Es empfiehlt sich aber, alle Proben mit Schwefelsäure bis eben zur Trockne abzurauchen, und zwar nimmt man für Rohblenden 5 cm³ Schwefelsäure (1 + 1), für Galmei usw. 10 cm³ Schwefelsäure (1 + 1). Das Abdampfen muß langsam erfolgen, etwa innerhalb von 2 bis 3 Stunden. Den Trockenrückstand nimmt man mit 5 cm³ Salzsäure (1,19) auf, läßt, ohne zu erhitzen, 5 min einwirken, fügt dann 20 cm³ heißes Wasser hinzu, kocht auf, um alle Salze zu lösen, gibt zur heißen Lösung gesättigtes Schwefelwasserstoffwasser bis zum Gesamtvolumen von 100 cm³ und erwärmt gelinde. Sobald die Sulfide sich abgesetzt haben, wird in einen 500 cm³-Meßkolben filtriert und mit 150 cm³ warmem Wasser, welches 5 cm³ Salzsäure (1,19) und etwas Schwefelwasserstoffwasser enthält, ausgewaschen. Hierauf kocht man, um den Schwefelwasserstoff auszutreiben und um die Lösung auf ein Volumen von etwa 200 cm³ einzuengen. Zur heißen Lösung setzt man 10 cm³ Salpetersäure (1,4) hinzu, um das Eisen zu oxydieren, läßt erkalten und fügt, falls Mangan vorhanden, je nach dessen Menge bis zu 5 cm³ aus Perhydrol hergestelltes 3proz. Wasserstoffperoxyd unter Vermeidung eines Überschusses hinzu. Hierauf versetzt man mit 60 cm³ Ammoniak (0,91). Hat man mehrmals kräftig durchgeschüttelt, so bleibt die Lösung an einem kühlen Orte stehen. Am folgenden Tage wird bis zur Marke aufgefüllt, umgeschüttelt und durch ein trockenes Faltenfilter in einen trockenen Kolben filtriert. Man entnimmt dem Filtrat 200 cm³, bringt diese in ein Titrierglas und titriert, wie unter A. I, 1 auf S. 412 angegeben.

c) Arbeitsweise mit mehrfacher Eisentrennung.

Es wird 1 g des fein gepulverten und bei 100° bis zur Gewichtskonstanz getrockneten Materials in der gleichen Weise mit Säure aufgeschlossen und mit Schwefelwasserstoff behandelt, wie auf S. 416 angegeben ist. Das Filtrat wird in einem Erlenmeyerkolben aufgefangen und die gesamte Menge für die weitere Verarbeitung benutzt. Nach dem Verkochen des Schwefelwasserstoffs oxydiert man mit starkem Bromwasser unter Zusatz von 5 cm³ Salzsäure (1,19), verkocht das überschüssige Brom vollständig und gibt bei gelinder Wärme 25 cm³ Ammoniak (0,91) und, falls Mangan vorhanden, 3proz., aus Perhydrol hergestelltes Wasserstoffperoxyd (unter Vermeidung eines Überschusses) oder Bromwasser hinzu. Es wird kurze Zeit aufgekocht und filtriert. Man wäscht das Filter nach Ablauf der Flüssigkeit mit ammoniakhaltigem heißem Wasser aus, wofür 40 cm³ genügen. Die ausgefällten Oxydhydrate werden darauf mit Wasser in den Fällungsbecher zurückgespült, mit 10 cm³ Salzsäure (1 + 1) gelöst und mit 20 cm³ Ammoniak (0,91) — gegebenenfalls unter Zusatz von Wasserstoffperoxyd oder Bromwasser — wieder ausgefällt. Nach kurzem Aufkochen bringt man sie auf dasselbe Filter zurück und wäscht sie wiederum mit heißem Ammoniakwasser (40 cm³) aus; sie werden darauf — falls erforderlich — noch einmal in der gleichen Weise gelöst, gefällt und gewaschen, wodurch die völlige Eisen-Zink-Trennung sichergestellt ist. In das gesammelte Filtrat gibt man 5 cm³ Salzsäure (1,19), verkocht das noch überschüssige Ammoniak und verfährt weiter, wie bei der Titration mit Kaliumcyanoferrat(II) auf S. 412 angegeben ist. Von einer Titration mit Natriumsulfid ist hier abzusehen, da über die Menge des freien Ammoniaks keine Gewißheit besteht.

Die Titerlösung wird wie folgt bereitet:

Die Einwaage an chemisch reinem Zink richtet sich nach dem Gehalt des Erzes. Zum Lösen wird mit 3 cm³ Schwefelsäure (1 + 1) und so viel Salzsäure (1,19) angesetzt, wie bei der Bereitung der Erzlösung — vom Aufnehmen des Trockenrückstandes an gerechnet — verwendet worden ist, in der Regel 30 cm³. Nach erfolgter Lösung verdünnt man mit etwa 200 cm³ Wasser, neutralisiert genau mit Ammoniak, setzt hierauf 10 cm³ Salzsäure (1,19) hinzu und titriert.

d) Arbeitsweise für die gewichtsanalytische Zinkbestimmung als Zinkoxyd.

Man schließt etwa 1 g des fein gepulverten und bei 100° getrockneten Zinkerzes mit Königswasser unter Erwärmen auf und dampft nach Zugabe von 10 cm³ konz. Schwefelsäure ein, bis reichlich Schwefelsäuredämpfe entweichen. Den dickflüssigen Rückstand nimmt man nach dem Erkalten mit Wasser auf, verdünnt auf 200 cm³, erwärmt und leitet Schwefelwasserstoff bis zum Erkalten der Lösung ein. Der Sulfidniederschlag wird abfiltriert und mit warmer 5 vol.-proz. Schwefelsäure, die etwas Schwefelwasserstoff enthält, ausgewaschen. Hierauf löst man ihn mit warmer Salpetersäure, dampft die Lösung mit 5 cm³ Schwefelsäure bis zum starken Auftreten von Schwefelsäuredämpfen ein und nimmt den Rückstand mit 100 cm³ Wasser auf. Die Fällung mit Schwefelwasserstoff wird wiederholt. Nach dem Abfiltrieren und sorgfältigem Auswaschen mit obengenannter Waschflüssigkeit werden die vereinigten Filtrate, wie auf S. 414 beschrieben, weiterbehandelt.

e) Behandlung besonderer Fälle.

α) Cadmiumhaltige Materialien.

1,25 g des fein gepulverten und bei 100° bis zur Gewichtskonstanz getrockneten Materials werden genau so aufgeschlossen und mit Schwefelsäure zur Trockne gebracht, wie auf S. 416 beschrieben.

Den Trockenrückstand nimmt man mit 10 cm³ Schwefelsäure $(1+1)$ und 50 cm³ Wasser auf und kocht einige Minuten, um alle löslichen Sulfate in Lösung zu bringen. Die auf 100 cm³ verdünnte, erhitzte Lösung wird mit Schwefelwasserstoff bis zum Erkalten und dann noch weitere 30 min behandelt. Man filtriert und wäscht mit einer lauwarmen 5 vol.-proz. Schwefelsäure, die etwas Schwefelwasserstoff enthält, 3- bis 4mal aus.

Der Niederschlag wird mit Salz- und Salpetersäure gelöst. Nach dem Abrauchen mit Schwefelsäure zur Trockne nimmt man mit 10 cm³ Schwefelsäure $(1+1)$ und 90 cm³ Wasser auf und wiederholt die Behandlung mit Schwefelwasserstoff, wie oben beschrieben. Nach dem Absetzen des Niederschlages wird filtriert und mit der Waschflüssigkeit obengenannter Konzentration ausgewaschen. Die Menge des angewandten Waschwassers ist abzumessen; im allgemeinen genügen insgesamt 100 bis 150 cm³. Man bringt das Filtrat zum Kochen, um den Schwefelwasserstoff zu verjagen und engt die Flüssigkeit so weit ein, daß sie nach der Oxydation mit 5 cm³ Salpetersäure und nach dem Überspülen in einen 500 cm³-Meßkolben ein Volumen von etwa 200 cm³ einnimmt. Soll mit Kaliumcyanoferrat(II) titriert werden, so wird mit Wasserstoffperoxyd oder Bromwasser oxydiert. Der weitere Gang der Analyse ist der gleiche, wie unter A. I, 1 und 2 beschrieben.

Die Bereitung der Titerlösung und die Ausführung der Titration geschieht in derselben Weise und unter Beachtung der gleichen Gesichtspunkte, wie bei den Methoden A. I, 1 und 2 angegeben ist.

β) Nickel- und kobalthaltige Erze.

1,25 g Einwaage behandelt man genau so, wie bei cadmiumhaltigen Materialien beschrieben. Zur Oxydation des Eisens im Schwefelwasserstoffiltrat wird Wasserstoffperoxyd verwandt. Nach dem Abmessen von 200 cm³ (= 0,5 g Einwaage) kocht man das Ammoniak fort, säuert unter Benutzung von Methylorange oder Kongorot mit 1 cm³ Normalschwefelsäure an, setzt 15 bis 20 g Ammoniumsulfat hinzu und leitet nach dem Verdünnen auf 800 cm³ 2 Stunden lang Schwefelwasserstoff ein. Die Fällung ist gegebenenfalls zu wiederholen. Das ausgewaschene Zinksulfid wird vom Filter gelöst und mit einigen Kubikzentimetern Schwefelsäure zur Trockne geraucht.

Man nimmt mit 6 cm³ Salzsäure (1,19) und 2 cm³ Salpetersäure (1,4) auf, gibt 24 cm³ Ammoniak (0,91) hinzu, spült die Lösung in ein Titriergefäß über, füllt mit Wasser auf 300 cm³ auf und titriert mit Natriumsulfid. Will man mit Kaliumcyanoferrat(II) titrieren, so wird der trockne Rückstand mit 8 cm³ Salzsäure (1,19) aufgenommen. Die Titerlösung wird nach den bei den einzelnen Methoden angegebenen Gesichtspunkten bereitet (s. A. I, 1 und 2).

γ) *Stark ölhaltige Erze.*

Ölhaltige Proben, die beim Aufschluß und trotz wiederholten Abrauchens mit Salpeter- und Schwefelsäure eine braune oder schwarze Lösung geben, werden nach dem für nickel- und kobalthaltige Materialien angegebenen Analysengange untersucht.

2. Bestimmung der Nebenbestandteile.

a) Ausführliche Analyse.

Erste Methode. 2 bis 5 g der bei 100° getrockneten Probe werden mit konz. Salzsäure gekocht und mit Salpetersäure oxydiert. Die Lösung wird 2 mal mit Salzsäure zur Trockne gedampft und der Rückstand mit 5 cm³ Salzsäure und 20 cm³ Wasser aufgenommen. Man verdünnt auf 100 cm³, filtriert die kochend heiße Lösung und wäscht zuerst mit heißem salzsäurehaltigem und sodann mit heißem Wasser bleifrei aus. Enthält das Erz viel *Blei*, so muß der Rückstand mit verd. Salpetersäure ausgekocht werden. Die salpetersäurehaltige Lösung wird für sich aufgefangen und später nach der Abscheidung von etwa gelöster Kieselsäure (durch Abdampfen zur Trockne und Aufnehmen des Rückstandes in verd. Salpetersäure) zum Lösen des Schwefelwasserstoffniederschlages benutzt. Die auf dem Filter verbliebene unreine *Kieselsäure* wird im Platintiegel durch Schmelzen mit Soda aufgeschlossen und in bekannter Weise weiterbehandelt. Die Lösung der Verunreinigungen der Kieselsäure wird nach dem Abfiltrieren etwa vorhandenen Baryts mit dem Hauptfiltrat vereinigt. Dieses Filtrat versetzt man, falls Barium vorhanden ist, in der Siedehitze mit einigen Tropfen Schwefelsäure, filtriert vom Bariumsulfat ab, wäscht mit heißem salzsäurehaltigem Wasser aus, erwärmt und leitet in die eben saure Lösung bis zum Erkalten Schwefelwasserstoff ein. Der Niederschlag wird nach dem Absitzen abfiltriert, nach dem Behandeln mit Natriumsulfid mit verd. Salpetersäure gelöst und die Lösung mit Schwefelsäure bis zum Auftreten von Schwefelsäuredämpfen abgeraucht. Man nimmt mit Wasser auf, erhitzt eine Zeitlang, filtriert nach dem Erkalten das Bleisulfat ab, löst es mit Ammoniumacetat und bestimmt Blei nach einer der im Kap. „Blei“ angeführten Methoden. Im Filtrat vom Bleisulfat wird *Kupfer* nach Zusatz von Salpetersäure elektrolytisch bestimmt, nachdem vorhandenes *Silber* und *Wismut* abgeschieden wurden. Die entkupferte Lösung wird sodann durch Abrauchen von der Salpetersäure befreit, *Cadmium* aus einer etwa 5 Vol.% freie Schwefelsäure enthaltenden Lösung mit Schwefelwasserstoff gefällt, das Cadmiumsulfid abfiltriert, in etwas Salpetersäure gelöst und die Lösung mit 5 cm³ Schwefelsäure abgeraucht. Die Sulfate nimmt man mit 100 cm³ Wasser auf und fällt nochmals mit Schwefelwasserstoff in einer etwa 5 Vol.% freie Schwefelsäure enthaltenden Lösung, um das Cadmium dann in üblicher Weise nach nochmaliger Umfällung mit Schwefelwasserstoff als $CdSO_4$ auszuwägen, elektrolytisch abzuscheiden oder polarographisch zu bestimmen. (Vorzuziehen ist es, das Cadmium aus einer gesonderten Einwaage zu bestimmen, da die Fällung in salzsaurer Lösung durch Schwefelwasserstoff nicht immer ganz quantitativ ist.)

Das Filtrat von der Schwefelwasserstofffällung wird eingeengt und mit Wasserstoffperoxyd oder Bromwasser oxydiert. *Eisen, Tonerde* und *Mangan* trennt man durch doppelte bis dreifache Fällung mit Ammoniak unter Zusatz von Ammoniumchlorid und Wasserstoffperoxyd oder Bromwasser von Calcium und Magnesium. Die Trennung des Eisens und der Tonerde von Mangan geschieht durch Acetatfällung. Im Filtrat davon wird Mangan mit Ammoniak und Wasserstoffperoxyd oder Bromwasser gefällt und nach der Filtration entweder gewichtsanalytisch oder maßanalytisch bestimmt. Aus dem ammoniakalischen Filtrat von der Eisenfällung (s. oben) wird *Calcium* durch Ammoniumoxalat ausgefällt und im Filtrat davon das *Magnesium* durch 2malige Fällung als Magnesiumammoniumphosphat abgeschieden. (Näheres über die Calcium- und Magnesiumbestimmung s. Kap. „Nickel", S. 268.)

Zweite Methode. (*Nicht für stark kieselsäure- und schwerspathaltige Erze verwendbar*, da in diesen Fällen bei der Behandlung mit Ammoniumacetat Blei hartnäckig zurückgehalten wird. Solche Erze müssen nach der ersten Methode behandelt werden.)

Das Erz wird mit Königswasser aufgeschlossen und mit Schwefelsäure abgeraucht. Man filtriert vom unlöslichen Rückstand und Bleisulfat ab. Die Bestimmung von *Kupfer, Cadmium, Eisen usw.* im Filtrat geschieht, wie im vorigen Abschnitt beschrieben. Das unreine *Bleisulfat* wird mit Ammoniumacetat ausgezogen, der Auszug mit Essigsäure angesäuert, mit Schwefelwasserstoff gesättigt und filtriert. Das Filtrat von der Schwefelwasserstoffällung wird mit dem Hauptfiltrat vereinigt. Das abgeschiedene Bleisulfid wird nach der Behandlung mit Natriumsulfidlösung in Salpetersäure gelöst und mit Schwefelsäure abgeraucht. Das Blei ist dann gewichtsanalytisch oder maßanalytisch zu bestimmen.

b) Einzelbestimmungen.

Blei.

Bei der Bestimmung des Bleis kann man, anstatt nach S. 419 zu verfahren, auch den Natriumperoxydaufschluß (s. Kap. „Blei") anwenden. Bei Gehalten bis zu 5% Blei läßt sich Blei colorimetrisch mit Dithizon bestimmen. Nach dem Aufschluß des Erzes mit Königswasser und Eindampfen wird Blei unmittelbar mit Dithizon extrahiert.

Barium.

Man zersetzt die Probe mit Königswasser und dampft mit Schwefelsäure bis zum starken Rauchen ab, spült in eine Platinschale über, setzt Flußsäure hinzu und wiederholt das Abrauchen. Nach dem Aufnehmen mit Wasser und Filtrieren wird der das Bariumsulfat neben Bleisulfat enthaltende Rückstand vorsichtig im Porzellantiegel* verascht und mit Natriumkaliumcarbonat im Platintiegel geschmolzen. Die Schmelze wird mit Wasser ausgelaugt. Man filtriert, löst den Rückstand in Salzsäure und leitet in die verdünnte, möglichst schwach saure Lösung Schwefelwasserstoff ein. Während des Einleitens wird mit Schwefelwasserstoffwasser verdünnt. Man filtriert, kocht im Filtrat den Schwefelwasserstoff fort und fällt Barium in heißer Lösung als Sulfat aus. Das ausgewogene $BaSO_4$ muß auf Calciumsulfat geprüft werden.

Cadmium.

α) 3 bis 10 g Einwaage behandelt man mit Salzsäure (1,19), kocht den Schwefelwasserstoff fort, fügt Salpetersäure hinzu, dampft mit 20 bis 40 cm³ Schwefelsäure $(1+1)$ bis zum starken Rauchen vorsichtig ab, verdünnt mit Wasser, kocht einige Zeit, filtriert nach dem Erkalten ab und arbeitet weiter, wie im Kap. „Cadmium", S. 113, vorgeschrieben.

β) *Polarographische Bestimmung des Cadmiums.* Die Einwaage richtet sich nach dem zu erwartenden Cadmiumgehalt und beträgt 2 bis 10 g. Das Erz wird

---

* Vorsicht bei Verwendung von Platintiegeln wegen Korrosionsgefahr! Vor dem darauffolgenden Schmelzen sind etwa reduzierte Anteile wieder in $PbSO_4$ überzuführen.

in Königswasser gelöst, die Lösung nach Zusatz von 40 cm³ Schwefelsäure $(1+1)$ abgeraucht, mit Wasser aufgenommen und in einem 100 cm³-Meßkolben aufgefüllt. Von dieser Lösung werden ohne Rücksicht auf den Rückstand 5 cm³ abgenommen und mit 5 cm³ Grundlösung (1800 cm³ konz. NH_3, 200 cm³ Tyloselösung, gesättigt an Na_2SO_3) versetzt und polarographiert. Die Abscheidungsspannung des Cadmiums beträgt unter diesen Bedingungen 0,6 bis 0,8 V. Vor der polarographischen Aufnahme ist 10 bis 15 min lang Wasserstoff durch die Proben zu leiten!

Nickel.

Je nach dem Nickelgehalt werden 10 bis 20 g Erz eingewogen und in konz. Salzsäure unter Erwärmen gelöst. Nach beendeter Reaktion oxydiert man mit Salpetersäure (1,4) und raucht mit einer ausreichenden Menge Schwefelsäure bis fast zur Trockne. Der Rückstand ist nach dem Erkalten mit 5 vol.-proz. Schwefelsäure aufzunehmen, die Lösung aufzukochen und nach dem Abkühlen vom Unlöslichen samt dem Bleisulfat abzufiltrieren. In das zum Sieden erhitzte klare Filtrat wird bis zum Erkalten Schwefelwasserstoff eingeleitet, worauf man die Sulfide der Schwefelwasserstoffgruppe abfiltriert und mit schwefelwasserstoffhaltiger, 5 vol.-proz. Schwefelsäure nachwäscht. Das Filtrat ist durch Kochen vom Schwefelwasserstoff zu befreien und dann mit Brom oder Wasserstoffperoxyd zu oxydieren.

Man versetzt die klare Lösung mit Weinsäure und überschüssigem Ammoniak, verjagt das überschüssige Ammoniak durch Kochen bis zur eben beginnenden Abscheidung von Zinkhydroxyd, setzt 20 bis 50 cm³ 1 proz. alkoholische Diacetyldioximlösung vorsichtig hinzu und fällt Nickel unter stetem Rühren und Abkühlen der Lösung aus. Größere Nickelmengen fallen leicht und schnell aus, geringe Nickelgehalte erfordern kräftiges, schlagartiges Ausrühren, gegebenenfalls unter tropfenweisem Abstumpfen des Ammoniaks mit verd. Salzsäure und längerem Kochen.

Nach einer längeren Absetzzeit — bei kleinen Nickelmengen am besten über Nacht — filtriert man durch ein Papierfilter, löst den noch verunreinigten Niederschlag mit heißer Salzsäure vom Filter und wäscht mit heißem Wasser nach. Die Diacetyldioximfällung ist in der Lösung in gleicher Weise wie eben beschrieben, nur bei entsprechend niedrig gehaltenem Volumen zu wiederholen, die nunmehr reine Fällung durch einen Glasfiltertiegel (1 G 4 oder 10 G 4) abzufiltrieren und zunächst mit schwach ammoniakalischem, anschließend mit reinem warmem Wasser auszuwaschen. Das Trocknen erfolgt bei 120°. Faktor für Nickeldiacetyldioxim 0,2032.

Enthält das Erz *Mangan*, so befindet sich dieses zum Teil im ersten Oximniederschlag. In diesem Falle wird die salzsaure Lösung des Nickeldiacetyldioxims eingeengt und das Oxim nach dem Neutralisieren der Salzsäure in essigsaurer Lösung ausgefällt.

Kobalt.

Je nach dem Kobaltgehalt werden 10 bis 50 g Erz eingewogen und in konz. Salzsäure unter Erwärmen gelöst. Nach beendeter Reaktion oxydiert man mit Salpetersäure (1,4) und raucht mit einer ausreichenden Menge Schwefelsäure bis fast zur Trockne. Der Rückstand ist nach dem Erkalten mit 5 vol.-proz. Schwefelsäure aufzunehmen, die Lösung aufzukochen und nach dem Abkühlen vom Unlöslichen samt dem Bleisulfat abzufiltrieren. In das zum Sieden erhitzte klare Filtrat wird bis zum Erkalten Schwefelwasserstoff eingeleitet, die Sulfide der Schwefelwasserstoffgruppe werden abfiltriert und mit schwefelwasserstoffhaltiger, 5 vol.-proz. Schwefelsäure nachgewaschen. Das Filtrat ist durch Kochen vom Schwefelwasserstoff zu befreien und dann mit Brom zu oxydieren.

Nach restlosem Verjagen des Bromüberschusses wird die Lösung gegebenenfalls verdünnt und zunächst mit fester, wasserfreier Soda, zum Schluß mit Sodalösung (10proz.) unter gutem Rühren neutralisiert, bis ein bleibender Niederschlag eintritt; dieser ist durch tropfenweisen Zusatz von verdünnter Salzsäure wieder zu lösen. Man erhitzt nunmehr zum Sieden, fällt in der Siedehitze mit 5 bis 8 kleinen Löffeln Natriumacetat, verdünnt auf das doppelte Volumen mit kochendem Wasser, läßt nochmals aufwallen und nimmt dann sofort von der Flamme. Sobald der Niederschlag der basischen Acetate, der eine hellgelbbraune Farbe mit Graustich besitzen soll, sich abgesetzt hat, wird er noch heiß abfiltriert, wobei auf ein völlig klares Filtrat zu achten ist und unter Umständen die ersten Anteile nochmals zurückzugießen sind. Dann wäscht man mit heißem, natriumacetathaltigem Wasser aus. Ist das Filtrat nicht völlig wasserklar und farblos, zeigt es z. B. auch nur einen Anflug einer Gelbfärbung oder Trübung, so erhitzt man es, fügt eine Messerspitze Gelatine hinzu, läßt kurze Zeit sieden, dann etwas abkühlen und filtriert nochmals. Nachzuwaschen ist mit heißem Wasser.

Das Filtrat wird je Liter mit 20 cm³ Salzsäure (1,19) und 100 cm³ Eisessig versetzt und zum Sieden erhitzt. Man fällt dann durch langsame Zugabe mit einer ausreichenden Menge α-Nitroso-β-Naphthol-Lösung (2proz. Lösung in 50proz. Essigsäure, die man vorher nochmals filtriert hat), ohne daß die Flüssigkeit aus dem Sieden gerät, nimmt von der Flamme und läßt das Gefäß auf einer heißen Platte unbedeckt stehen. Nach 2 bis $2^1/_2$ Stunden ballt sich der α-Nitroso-β-Naphthol-Niederschlag zu Flocken zusammen. Wenn die überstehende Lösung völlig klar geworden ist, wird heiß filtriert und mit heißer Salzsäure (1,03) gut nachgewaschen, bis das Filter reinweiß und völlig zinkfrei ist. Filter und Niederschlag werden in einem 300 cm³-Becherglas mit 50 cm³ Salpetersäure (1,4) und 10 cm³ Schwefelsäure (1,84) zersetzt; die Lösung wird zur Trockne geraucht. Die Zersetzung ist gegebenenfalls zu wiederholen. Die Schwefelsäure muß zum Schluß nahezu abgeraucht, der Rückstand (Kobaltsulfat) aber noch feucht sein.

Je nach der Menge des Kobaltniederschlages bei der Fällung mit α-Nitroso-β-Naphthol entscheidet man, ob die Ermittlung des Gehaltes besser *colorimetrisch* oder *elektrolytisch* zu erfolgen hat.

α) Colorimetrische Bestimmung des Kobalts*.

Den wie oben erhaltenen Rückstand (Kobaltsulfat) nimmt man mit 50 bis 100 cm³ Wasser auf, kocht, filtriert in einen 200 cm³-Meßkolben (bei Mengen unter 0,2 mg Co absolut in einen 100 cm³-Meßkolben) und wäscht mit heißem Wasser gut nach. Nach dem Abkühlen, Auffüllen zur Marke und Durchschütteln werden 0,25 bis 20 cm³ davon, je nach dem Kobaltgehalt, in eine 100 cm³-Colorimetertube pipettiert, auf 25 cm³ mit Wasser verdünnt, geschüttelt, mit 5 cm³ Ammoniak (0,91) aus der Bürette versetzt, wieder geschüttelt, auf 100 cm³ mit destill. Wasser aufgefüllt und nochmals geschüttelt. Man läßt nun 1 cm³ α-Nitroso-β-Naphthol-Lösung (Lösung I) tropfenweise hinzufließen, schüttelt durch und vergleicht mit entsprechenden, in genau gleicher Art wie die Proben aus einer gestellten Kobaltlösung (Lösung II) bereiteten Titern. (Lösungen s. unten.)

Hat man auf diese Weise den Kobaltgehalt der Analysenprobe vorbestimmend annähernd ermittelt, so schaltet man zur endgültigen genauen Bestimmung zwei etwa 0,02 mg Co enthaltende anteilmäßige Abmessungen der Analysenprobe zwischen 3 um je 0,002 mg Co abweichende Titer, indem man zunächst die Proben- und Titermengen in die Tuben abpipettiert und die weiteren Operationen mit peinlicher Gleichmäßigkeit und ohne zeitliche Pausen in Reihe ausführt, d. h. zunächst alle 5 Tuben auf 25 cm³ auffüllt und schüttelt, dann in gleicher Reihenfolge 5 cm³ Ammoniak zusetzt und schüttelt usw.

---

* Über die colorimetrische Bestimmung des Kobalts mit β-Nitroso-α-Naphthol s. S. 447 und Kap. „Kupfer", S. 231, bei „Kupferoxychlorid".

Das endgültige Colorimetrieren soll nach Möglichkeit bei einem absoluten Kobaltgehalt von etwa 0,02 mg und nicht über einem solchen von 0,025 mg erfolgen. Es muß daher — um ein Beispiel herauszugreifen — für eine Probe, deren Vorbestimmung einen absoluten Gehalt von etwas unter 0,02 mg Co für eine bestimmte Kubikzentimeteranzahl Probelösung ergeben hat, zur Endbestimmung folgende Reihe angesetzt werden:

Titer 0,02 mg Co, Probe a, Titer 0,018 mg Co, Probe b, Titer 0,016 mg Co.

Vorbedingung für einwandfreie, genaue Werte ist peinlichst sauberes, genaues und gleichmäßiges Arbeiten. Die Berechnung erfolgt unter Anwendung des jeweils den Abnahmeverhältnissen entsprechenden Multiplikationsfaktors.

Bereitung von Lösung I. 0,1 g α-Nitroso-β-Naphthol werden in wenig Wasser unter Zusatz von 2 bis 3 Tropfen Natronlauge (1,3) unter Kochen gelöst, auf 200 cm³ aufgefüllt und filtriert. Das Filtrieren ist gegebenenfalls zu wiederholen, falls sich die Lösung beim Stehen trübt oder absetzt.

Bereitung von Lösung II. 10 g Kobaltsulfat, reinst, nickelfrei ($CoSO_4 \cdot 7\,H_2O$) werden in 1 l Wasser gelöst. Der Gehalt der Lösung wird elektrolytisch festgestellt und dürfte etwas über 2 g Co pro Liter betragen. Die Lösung verdünnt man mit Wasser aus einer Bürette so weit, daß sie dann genau 2,0000 g Co im Liter enthält (Stammlösung). Von dieser Lösung werden zur Herstellung der Titerlösung II 50 cm³ auf 1000 cm³ verdünnt; 1 cm³ dieser Lösung enthält dann 0,1 mg Co. Die verdünnte Lösung ist nicht unbegrenzt haltbar, sondern muß aus der konz. Stammlösung in kürzeren Zeitabständen immer wieder neu angesetzt werden.

β) Elektrolytische Bestimmung des Kobalts.

Die elektrolytische Bestimmung des Kobalts, die bei einer Absolutmenge von etwa 20 mg Co und mehr angebracht sein dürfte, erfolgt aus ammoniakalischer Sulfatlösung nach den im Kap. „Kobalt", S. 186, gemachten Angaben.

Arsen.

Man fügt zu 5 g des Erzes allmählich konz. Salpetersäure und nach beendeter Reaktion 15 cm³ Schwefelsäure (1 + 1). Nun wird zur Trockne gedampft und weiter verfahren, wie im Kap. „Arsen", S. 59, angegeben.

Antimon, Zinn und Wismut.

Man löst eine der Menge obiger Bestandteile entsprechende Einwaage in Salpetersäure (1 + 1) und kocht längere Zeit unter Ergänzung des verdampfenden Wassers. Hierauf stumpft man mit Ammoniak so weit ab, daß die Lösung eben noch sauer ist. Sodann wird mit Mangannitrat und Kaliumpermanganat nach Blumenthal (Kap. „Kupfer" s. S. 211) gefällt. Die weitere Trennung der drei Elemente s. in den betreffenden Kapiteln.

Die Bestimmung des Wismuts kann auch nach einer der im Kap. „Blei" (S. 91) aufgeführten Methoden erfolgen.

Die Bestimmung des **Silbers** s. unter „Edelmetalle", S. 177, und des **Quecksilbers** s. im Kap. „Quecksilber", S. 276.

Gesamtschwefel.

α) *Nasser Aufschluß* (Bariumsulfat wird nicht miterfaßt).

Bei *Rohblenden*: 0,5 g sehr fein gepulverte Blende wird in einem trockenen Gefäß mit einer Mischung von 5 cm³ Salzsäure (1,19) und 15 cm³ Salpetersäure (1,4) übergossen unter gleichzeitigem Zusatz von einigen Tropfen Brom oder von etwas Kaliumchlorat. Dann läßt man unter Abkühlen etwa $^1/_4$ Stunde einwirken. Schwimmt nichtangegriffener Schwefel auf der Oberfläche, so setzt man etwas rauchende Salpetersäure hinzu und erwärmt gelinde. Hierauf dampft man 2- bis 3 mal auf dem Wasserbade mit Salzsäure ab, nimmt mit 1 cm³ Salzsäure (1,19) und 100 cm³ heißem Wasser auf, filtriert die heiße Lösung, wäscht mit heißem, etwas salzsäurehaltigem Wasser aus und scheidet im Filtrat durch gegebenenfalls doppelte Fällung mit Ammoniak Eisen usw. aus. Der Niederschlag wird unter

Aufwirbeln mit heißem Wasser sorgfältig ausgewaschen. Im Filtrat, welches ungefähr 400 cm³ betragen soll, fällt man nach dem Ansäuern mit 1 cm³ Salzsäure den Schwefel in üblicher Weise als Bariumsulfat. Ein blinder Versuch ist anzustellen.

Bei *Röstblenden, Galmei* und *Kieselzinkerzen* werden 1 bis 2 g eingewogen und die Säuremengen entsprechend erhöht.

Auch hier ist ein Zusatz von Brom zu empfehlen.

β) *Schmelzaufschluß.* 0,625 g Blende oder 1 bis 2 g von anderen Substanzen werden mit Natriumperoxyd unter Zusatz von etwas Soda geschmolzen. In die wässerige Lösung der Schmelze leitet man längere Zeit Kohlensäure ein, um Blei vollkommen zu fällen. Dann füllt man in einem Meßkolben auf, filtriert, mißt einen Anteil ab, dampft zur Abscheidung von Kieselsäure 2 mal mit Salzsäure (1,19) zur Trockne, nimmt mit Salzsäure auf, filtriert und fällt im Filtrat mit Bariumchlorid. Ein blinder Versuch ist anzustellen!

Sulfidschwefel.

1 g *Röstblende* wird in einem geeigneten Apparat* mit 100 cm³ einer Lösung, welche auf 1 l 40 g Zinn(II)-chlorid und 750 cm³ Salzsäure (1,19) enthält, gekocht. Die Apparatur ist vorher durch einen Kohlensäurestrom luftfrei zu machen, auch während des Erhitzens muß Kohlensäure hindurchgeleitet werden. Die schwefelwasserstoffhaltigen Gase durchstreichen einen aufrecht stehenden Kühler, werden dann durch eine Vorlage geführt, die mit $n/_{10}$-Jodlösung (20 cm³ genügen meistens) beschickt ist, und zuletzt durch ein 2 cm³ $n/_{10}$-Thiosulfatlösung und einige Kubikzentimeter Wasser enthaltendes Gefäß. Man kocht etwa 20 min, stellt die Flamme ab und leitet noch etwa 10 min Kohlensäure hindurch. Die vorgelegten Flüssigkeiten werden vereinigt, worauf man das unverbrauchte Jod mit

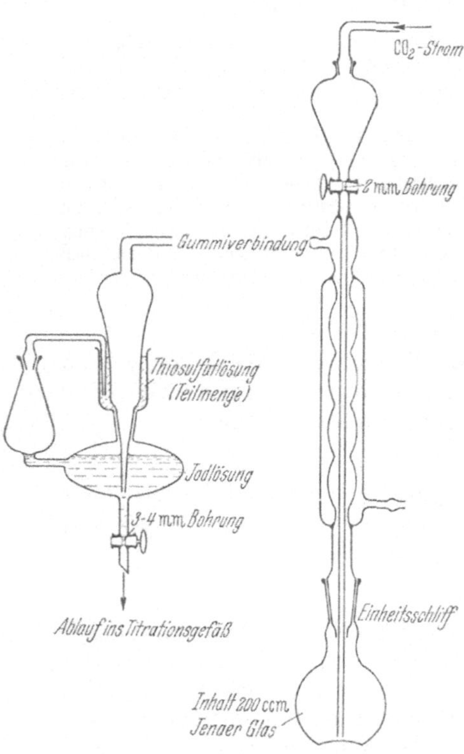

Abb. 20. Apparatur zur Bestimmung des Sulfidschwefels.

$n/_{10}$-Thiosulfatlösung zurücktitriert. Ein blinder Versuch ist anzustellen. Etwa vorhandene Sulfite werden nach diesem Verfahren mitbestimmt. Bei Anwesenheit von *Arsen* tritt durch übergegangenes Arsen(III)-chlorid ein Jodverbrauch ein; deshalb muß nach der Titration das im Destillat befindliche Arsen bestimmt und der entsprechende Jodanteil abgesetzt werden.

Chlor.

5 bis 10 g Erz läßt man in der Kälte mit 50 cm³ Salpetersäure (1 + 4) 5 bis 6 Stunden stehen. Man filtriert dann ab, fällt im Filtrat mit einer gemessenen Menge $n/_{10}$-Silbernitratlösung und titriert unter Verwendung von Eisen(III)-ammoniumsulfat als Indicator mit Ammoniumrhodanidlösung zurück oder man wägt das Silberchlorid aus. Bei Rohblenden muß dieses, falls es noch etwas Silbersulfid enthält, mit Ammoniak gelöst, nach dem Filtrieren wieder gefällt und gewichtsanalytisch bestimmt werden.

---

* Als sehr geeignet hat sich die Apparatur Abb. 20 erwiesen.

Bestimmungsmethoden des Fluors.

Für die Fluorbestimmung in Blenden werden 3 Methoden aufgeführt: Die gewichtsanalytische Methode nach Berzelius, die verbesserte Destillationsmethode nach Penfield-Treadwell-Koch und die Wasserdampf-Destillationsmethode nach Kilian. Alle 3 Methoden stellen keine allgemeingültige Lösung der mannigfachen Schwierigkeiten dar, die mit der quantitativen Bestimmung kleiner Mengen Fluor verknüpft sind. Die Anforderungen, die an die Genauigkeit, Einfachheit und schnelle Ausführbarkeit gestellt werden, sind hiermit nur teilweise zu erreichen.

α) Gewichtsanalytische Bestimmung nach Berzelius. Fällung als CaF_2 [3].

Aufschluß. 2 bis 5 g (je nach dem Fluorgehalt) werden mit der 6fachen Menge Natriumkaliumcarbonat und etwa 0,2 bis 0,5 g Kieselsäure (Kieselsäureanhydrid von Kahlbaum) im Nickeltiegel geschmolzen, die Schmelze wird nach dem Erkalten in Wasser ausgelaugt; ist sie durch Bildung von Manganat etwas grün gefärbt, so fügt man dem Wasser etwas Alkohol hinzu. Man filtriert und wäscht mit sodahaltigem heißem Wasser gründlich aus. Das Filtrat enthält das Alkalifluorid.

Behandlung der Lösung. Man beseitigt zunächst die Hauptmenge des Alkalicarbonates, indem man erst einige Tropfen Phenolphthaleinlösung und dann langsam so viel verd. Salzsäure zugibt, daß die Lösung eben noch alkalisch bleibt, und fügt dann etwa 4 bis 6 g festes Ammoniumcarbonat hinzu. Nach längerem Erwärmen bei 40° läßt man über Nacht absitzen, filtriert Kieselsäure und Aluminiumhydroxyd ab und wäscht den Rückstand mit ammoniumcarbonathaltigem Wasser aus. Das Filtrat (im 500 cm³-Becherglas), welches nunmehr nur noch sehr geringe Mengen von Kieselsäure enthält, wird im Wasserbade eingeengt und mit Wasser in eine flache Porzellanschale von etwa 12 cm Durchmesser übergespült. Man fügt einige Tropfen Phenolphthalein hinzu und hierauf so viel Salzsäure (1 + 1), bis die rotgefärbte Lösung eben farblos erscheint; nun erhitzt man zum Sieden, wobei die Lösung sich wieder rot färbt und entfärbt sie von neuem nach dem Erkalten. Diese Operation wird so lange wiederholt, bis nur noch etwa 1 bis 2 cm³ Salzsäure (1 + 1) zur Entfärbung benötigt werden und bis sich zuletzt auf Zusatz von etwa 1 cm³ n-Salzsäure die rote Lösung eben entfärbt.

Dieses vorsichtige Vorgehen ist notwendig, um einerseits die Lösung eben noch alkalisch zu halten, andererseits einen gewissen Überschuß an Carbonat zu besitzen (höchstens 1 cm³ 2 n-Sodalösung). Bei der späteren Fällung mit Calciumchlorid besteht der Niederschlag somit aus Calciumfluorid und Calciumcarbonat und ist seines Carbonatgehaltes wegen leicht abzufiltrieren. Der Anteil des Niederschlages an Calciumcarbonat darf aber auch wieder nicht zu groß sein, damit er bei dem späteren Auszug mit Essigsäure keine Schwierigkeit bereitet.

Man versetzt nunmehr die Lösung mit 2 cm³ einer ammoniakalischen Zinkoxydlösung (zur Bereitung der ammoniakalischen Zinkoxydlösung löst man feuchtes reines Zinkhydroxyd in Ammoniak auf) und kocht, bis das Ammoniak vollständig vertrieben ist. — Ammoniumsalze vergrößern durch Komplexbildung die Löslichkeit des Calciumfluorids. — Durch die Zinkoxydlösung wird der Rest der Kieselsäure als Zinksilicat gefällt. Der Niederschlag enthält überschüssiges Zinkoxyd und Zinkcarbonat; er wird abfiltriert und mit heißem Wasser ausgewaschen.

Fällung als Calciumfluorid. Das Filtrat, welches Fluorid, Chlorid und Carbonat enthält, wird zum Sieden erhitzt, mit überschüssiger Calciumchloridlösung (eine filtrierte, gesättigte Calciumchloridlösung, hiervon 25 bis 30 cm³) gefällt und nach

---

[3] Ruff, O.: Die Chemie des Fluors. S. 88 bis 90. Berlin: Springer. — Treadwell: 11. Aufl. Bd. II S. 401.

etwa $^1/_2$ Stunde filtriert. Den aus Calciumfluorid und -carbonat bestehenden Niederschlag trocknet man, bringt soviel wie möglich in einen Platintiegel, verascht das Filter für sich und glüht bei aufgelegtem Deckel etwa 10 min lang.

Das gesonderte Veraschen von Filter und Niederschlag ist deshalb notwendig, weil das Calciumfluorid durch die aus dem Filter entwickelten Gase nicht nur leicht fortgerissen, sondern durch Wasserdampf bei Rotglut allmählich auch hydrolytisch gespalten wird; deshalb ist auch eine direkte Berührung des glühenden Fluorids mit den Flammengasen und unnötig langes Glühen zu vermeiden.

Nach dem Erkalten behandelt man den Niederschlag mit verdünnter Essigsäure im Überschuß, um Calciumoxyd in Acetat überzuführen, dampft im Wasserbad zur Trockne und wiederholt das Lösen und Eindampfen mindestens noch 2 mal. (Spuren von Calciumcarbonat zeigen sich beim Eindampfen durch weiße Ringe.) Die trockene Masse nimmt man mit heißem Wasser auf, filtriert, wäscht mit heißem Wasser aus (Waschwassermenge etwa 150 cm^3) und trocknet. Dann bringt man so viel von dem Niederschlag wie möglich in einen gewogenen Platintiegel, verascht das Filter für sich, fügt die Asche der Hauptmasse zu, glüht und wägt das Calciumfluorid.

Zur Kontrolle raucht man das Calciumfluorid nach dem Wägen mit wenig überschüssiger konz. Schwefelsäure sorgfältig ab, glüht schwach, wägt das Calciumsulfat und vergleicht die Auswaage mit der aus dem Calciumfluorid errechneten Menge.

$$1\,g\ CaF_2\ bzw.\ 0{,}4867\,g\ F\ liefern\ dabei\ 1{,}7436\,g\ CaSO_4$$

$$CaF_2:CaSO_4 = 78{,}08:136{,}14.$$

Enthält die Blende Phosphate, so muß in dem ausgewogenen Calciumfluorid der etwa vorhandene Phosphorgehalt bestimmt, als Calciumphosphat umgerechnet und vom Gesamtgewicht abgesetzt werden. Man löst in Königswasser, dampft mit Salzsäure ein und bestimmt den Phosphatgehalt wie üblich als Ammoniumphosphormolybdat.

Bemerkung: Diese Methode, die zwar durch den Aufschluß das Gesamtfluor erfaßt, ist sehr zeitraubend (wenigstens 3 Tage), erfordert größte Sorgfalt und krankt außerdem daran, daß nach dem Schrifttum Verluste durch die Löslichkeit des Calciumfluorids in den Waschwässern und in den Kieselsäureabscheidungen unvermeidlich sind. C. Boy* hat über den Einfluß dieser Verluste Versuche im Bereich von 0,1 bis 1% F angestellt und gefunden, daß bei 0,1% F nur gegen 78%, bei 0,5% F nur gegen 83% und bei 1% F nur gegen 86% F wiedergefunden werden. Rund 50% dieser Verluste sind auf die Löslichkeit in den Waschflüssigkeiten zurückzuführen. Es sind somit bei dieser Methode *Korrekturen* vorzunehmen, und zwar für Gehalte von Fluor von:

0,1% etwa 0,03% F (absolut)
0,5% etwa 0,08% F (absolut)
1,0% etwa 0,15% F (absolut).

β) Destillationsmethode nach Penfield-Treadwell-Koch[4],

verbessert von F. Bullnheimer[5], Drawe[6], da Rocha-Schmidt-Krüger[7].

Erforderlich sind:

Reines Quarzpulver. Es wird geglüht, noch warm in eine trockene Flasche mit eingeschliffenem Glasstöpsel gefüllt und diese geöffnet zum Erkalten in einen Exsiccator gestellt. Nach dem Erkalten wird die Flasche geschlossen.

---

* Private Mitteilung.
[4] Treadwell: Lehrbuch d. analyt. Chem. 11. Aufl. Bd. II S. 405.
[5] Z. angew. Chem. Bd. 14 (1901) S. 103.
[6] Z. angew. Chem. Bd. 25 (1912) S. 1371.
[7] Z. anal. Chem. Bd. 63 (1923) S. 29.

Reinster Seesand. Er wird mit konz. Schwefelsäure ausgekocht, gewaschen, getrocknet, stark geglüht und wie das Quarzpulver im Exsiccator aufbewahrt.

Chemisch reine Schwefelsäure. Sie wird in einem kleinen Becherglase bis zu zwei Drittel ihres Volumens abgeraucht und in einem leeren, völlig trockenen Exsiccator bis zum Erkalten aufbewahrt. Man darf entgegen den Angaben von Treadwell[4] die zur Analyse vorbereitete konz. Schwefelsäure nicht über Phosphorpentoxyd erkalten lassen, da heiße Schwefelsäure und Phosphorpentoxyd unter Bildung von Schwefeltrioxyd miteinander reagieren[8]. Das von der Schwefelsäure wieder aufgenommene SO_3 würde während der Analyse ausgetrieben und auch in den zur Absorption von mitgerissener Schwefelsäure dienenden Absorptionsrohren nicht zurückgehalten werden, somit in die alkoholische Kaliumchloridlösung gelangen und dadurch das Analysenresultat erhöhen.

Chromsäure puriss. bei 110° völlig getrocknet,

Kupfer(II)-sulfat puriss. bei 200° völlig entwässert,

Glas- oder Quarzperlen. Die Perlen werden gewaschen und getrocknet, schwach geglüht und im Exsiccator erkalten gelassen.

Apparatur. Als Zersetzungsgefäß benutzt man einen Kolben von 300 bis 500 cm³ Inhalt, der mit einem 4fach durchbohrten Gummistopfen (für Thermometer, Tropftrichter, Zu- und Ableitungsrohr) versehen ist.

An den Kolben schließen sich zwei 30 cm lange, mit Glasperlen gefüllte U-Rohre mit Glasstopfen an; hiernach kommt ein ebenfalls mit Glasstopfen versehenes Péligot Rohr, welches mit getrockneter Chromsäure beschickte, wasserfreie Schwefelsäure enthält und mit Wasser gekühlt wird. Jetzt folgt vorsichtshalber noch ein mit Glasperlen gefülltes Glasstöpsel-U-Rohr. Vorgelegt werden entweder zwei Péligotrohre oder eine Drehschmidtsche Waschflasche. Die Péligotrohre enthalten je 15 bis 20 cm³ 50proz. mit Kaliumchlorid gesättigten Alkohol, die Drehschmidtsche Waschflasche füllt man mit 50 cm³ dieser Lösung. Alle Teile der Apparatur werden in einem elektrisch beheizten Trockenschrank bei 110° getrocknet. Nachdem sie über Phosphorpentoxyd erkaltet sind, füllt man sie mit den geglühten bzw. getrockneten Substanzen und verschließt sie mit den Glasstöpseln. Die Apparatur wird dann zusammengestellt, wobei man darauf achtet, daß auch die zu verwendenden Schläuche vollkommen trocken sind. Es muß darauf hingewiesen werden, daß diese Vorbereitungen vor *jeder* Bestimmung ausgeführt werden müssen, und daß es nicht angeht, dieselbe Apparatur für zwei Analysen hintereinander zu gebrauchen, ohne daß vorher alle Teile einer nochmaligen Trocknung unterworfen werden.

Ausführung der Analyse. In das ebenfalls getrocknete Zersetzungsgefäß werden je nach dem Fluorgehalt 1 bis 5 g fein gepulverte, bei 100° getrocknete, gegebenenfalls vorher von Öl (Äther) und Chloriden (Wasser) befreite Blende, die man mit 2 bis 10 g (entsprechend der Einwaage) ausgeglühtem Quarzpulver, 2 bis 10 g Seesand (Vorbehandlung s. oben) und 5 bis 25 g noch heißem entwässertem Kupfer(II)-sulfat möglichst schnell innig gemischt hat, hineingebracht. Man fügt 10 bis 50 g getrocknete noch warme Chromsäure hinzu, schließt den Kolben ohne Zeitverlust an die Apparatur an und läßt ungefähr $^1/_2$ Stunde einen völlig trocknen, kohlensäurefreien Luftstrom, der zuerst durch Kalilauge, dann über Calciumchlorid, ferner durch wasserfreie Schwefelsäure und schließlich durch Phosphorpentoxyd geleitet wird, hindurchstreichen (2 bis 3 Blasen in der Sekunde).

Durch den Tropftrichter gibt man dann, ohne den Luftstrom zu unterbrechen, 30 bis 150 cm³ wasserfreie Schwefelsäure und schüttelt kräftig um. Nach dem Eintragen der Schwefelsäure stellt man das Zersetzungsgefäß in ein Paraffinbad, das man allmählich (innerhalb von 2 bis 3 Stunden) unter öfterem Schütteln des Kolbens auf 130 bis 140° erhitzt. (Man kann auch das Paraffinbad ausschalten

---

[8] Dammer: Handbuch d. anorg. Chem. Bd. I S. 627. 1892.

und den Kolben auf eine Eisen- oder Aluminiumplatte stellen, muß aber darauf achten, daß keine lokale Überhitzung eintritt.)

Die Zersetzung ist beendet, wenn man etwa 5 bis 6 Stunden bei 130 bis 140° erhitzt hat. Man stellt den Brenner ab und läßt die Luft eine knappe Stunde lang in stärkerem Strom (etwa 3 bis 4 Blasen in der Sekunde) durchstreichen. Dann wird die Vorlage abgenommen und in dieser die Salzsäure mit $n/_{10}$-Natronlauge titriert.

$$3\,SiF_4 + 2\,H_2O = 2\,H_2SiF_6 + SiO_2;$$

$$2\,H_2SiF_6 + 4\,KCl = 2\,K_2SiF_6 + 4\,HCl.$$

Hierbei muß die ausgeschiedene gallertartige Kieselsäure, welche Salzsäure einschließt, mit einem umgebogenen Glasstabe durchgearbeitet und zerdrückt werden. Als Indicator verwendet man zweckmäßig frische Cochenillelösung (einige Körnchen werden in $5\,cm^3$ 30 proz. Alkohol einige Minuten gekocht, worauf man abkühlt). Beim Umschlag geht die Farbe von Gelb in Rot über. Bei weiterem Zerdrücken der Gallerte darf die rote Farbe nicht mehr verschwinden. Statt mit Cochenille kann man auch mit Methylorange als Indicator titrieren.

$1\,cm^3\ n/_{10}$-Natronlauge $= 0,0057\,g\ F$.

Bemerkung: Diese Methode gibt wohl bei sorgfältiger und gleichmäßiger Arbeit bei Wiederholung die gleichen Befunde an Fluor; ob diese aber immer dem wirklichen Fluorgehalt entsprechen, muß nach den verschiedenen Fehlerquellen, die dieser Bestimmung anhaften, bezweifelt werden. Denn

1. werden komplexe Fluorsilicate durch diesen Aufschluß nur unvollständig zersetzt; enthält die Blende amorphe Kieselsäure, so gelingt die Bildung von Siliciumfluorid nur teilweise;

2. ist die hohe Empfindlichkeit des beim Aufschluß gebildeten Fluorsiliciums gegen die geringsten Spuren Wasser zu berücksichtigen. Bedarf schon die vollkommene Trockenhaltung der Apparatur peinlichster Umsicht und Sorgfalt, so ist noch weiter zu bedenken, daß bei der Umsetzung Wasser im Reaktionskolben entsteht:

$$2\,CaF_2 + 2\,H_2SO_4 + SiO_2 = 2\,CaSO_4 + 2\,H_2O + SiF_4$$

und

$$8\,CrO_3 + 3\,ZnS + 12\,H_2SO_4 = 4\,Cr_2(SO_4)_3 + 3\,ZnSO_4 + 12\,H_2O.$$

Art und Menge der Trockenmittel müssen deshalb so gewählt sein, daß ihre Tension in bezug auf Wasserdampf genügend ist, um bei der Reaktionstemperatur von 140° Wasser völlig zurückzuhalten. Bei geringen Fluorgehalten fallen diese Verluste so stark ins Gewicht, daß nach L. Fresenius[9] die Methode für Fluorgehalte unter 0,5% nicht mehr als hinreichend genau angesehen werden kann;

3. müssen die Blenden frei von Chloriden und organischen Substanzen sein. In manchen Fällen werden die organischen Substanzen durch Äther und die Chloride durch Wasser vorher entfernt werden können. Nach Penfield können Chloride durch Zwischenschalten eines U-Rohres zwischen Zersetzungskolben und Absorptionsgefäß, das mit wasserfreies Kupfer(II)-sulfat enthaltenden Bimssteinstücken gefüllt ist, zurückgehalten werden. Dagegen ist entgegen manchen Anschauungen Kohlensäure nicht von schädlichem Einfluß, denn durch das Durchleiten von CO_2-freier Luft wird etwa in Lösung gegangene Kohlensäure aus der Kaliumchlorid enthaltenden alkoholischen Flüssigkeit wieder restlos ausgetrieben;

4. können Schwefelsäuredämpfe und auch infolge lokaler Überhitzung SO_3-Dämpfe mitgerissen werden. Das zwischengeschaltete Péligotrohr mit Chromschwefelsäure wird, zumal wenn es möglichst kühl gehalten wird, diese Dämpfe in kleinen Mengen zurückhalten. Aber es ist unbedingt erforderlich, die titrierte Lösung zu filtrieren, mit Salzsäure in einer Platinschale mehrmals einzudampfen, mit Salzsäure aufzunehmen, zu filtrieren und mit Bariumchloridlösung zu prüfen.

---

[9] Z. anal. Chem. Bd. 73 (1928) S. 66.

Eine entstehende Fällung von Bariumsulfat wird abfiltriert und das $BaSO_4$ ausgewogen; man berechnet ungefähr, wieviel an $n/_{10}$-Natronlauge für die übergegangene Schwefelsäure verbraucht worden ist.

L. Fresenius[9] macht hier einen gangbaren Vorschlag:

Hat man die gebildete Salzsäure mit $n/_{10}$-Kalilauge unter Verwendung von Methylorange titriert, so kann man die alkoholische Lösung mit Wasser auf etwa das 10fache Volumen verdünnen und in der Wärme unter Verwendung von Phenolphthalein als Indicator weitertitrieren. Hierbei setzt sich das vorher entstandene Kaliumsilicofluorid zu Kieselsäure und Kaliumfluorid nach folgender Gleichung um:

$$K_2SiF_6 + 4\,KOH = SiO_2 + 6\,KF + 2\,H_2O.$$

Hierbei werden also für 3 Atome Fluor 2 Mol. Kaliumhydroxyd verbraucht. Der Laugenverbrauch bei dieser zweiten Titration muß also doppelt so groß sein wie bei der ersten, was nur dann zutrifft, wenn keine Schwefelsäuredämpfe übergegangen sind;

5. Nach Angabe von da Rocha-Schmidt[7] entwickeln manche Blenden trotz übergroßer Mengen von Chromsäure schweflige Säure. Falls diese (SO_2) durch die zwischengeschaltete Chromschwefelsäure nicht oxydiert wird, muß man sich vor der Titration durch eine Geruchsprobe von der Abwesenheit von SO_2 überzeugen.

γ) Destillation im Wasserdampf.

Das Prinzip dieser von W. Kilian* ausgearbeiteten Methode ist: Alkalischer Schmelzaufschluß, Abtrennung des Fluors als H_2SiF_6 mittels Wasserdampfdestillation, Fällung als $PbClF$[10] im Destillat, Titration der dem Fluor äquivalenten Cl-Menge mit Silbernitratlösung.

10 g Erz werden in einem geräumigen Nickeltiegel mit 20 g Natriumperoxyd innig gemischt und mit 15 g Natriumperoxyd abgedeckt. Diese so vorbereitete Mischung wird über dem Bunsenbrenner aufgeschlossen und die Schmelze in ruhigem Fluß gehalten, bis unzersetzte Erzteilchen nicht mehr wahrzunehmen sind.

Den abgekühlten Nickeltiegel bringt man in ein Jenaer Liter-Becherglas und laugt die Schmelze bei aufgelegtem Uhrglas mit etwa 100 bis 150 cm³ Wasser aus. Nach Aufhören der zuerst stürmisch einsetzenden Reaktion werden Uhrglas und Tiegel sorgfältig mit heißem Wasser abgespült. Das Volumen der so erhaltenen Lösung soll ungefähr 200 bis 250 cm³ betragen. Bei größerem Volumen empfiehlt

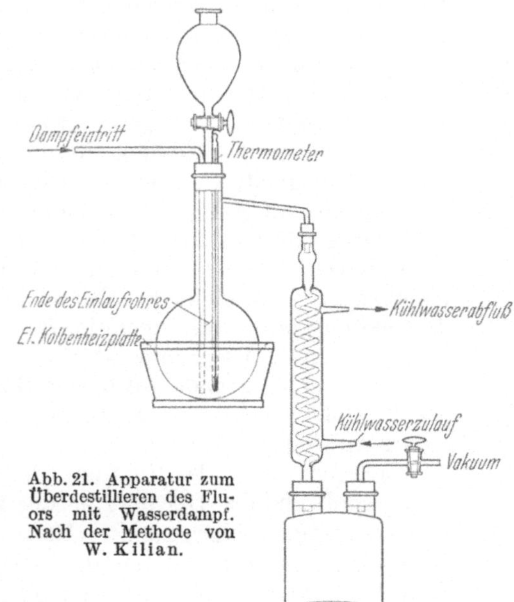

Abb. 21. Apparatur zum Überdestillieren des Fluors mit Wasserdampf. Nach der Methode von W. Kilian.

sich ein Einengen (Dampfplatte), um bei der späteren Destillation nicht unnötig große Flüssigkeitsmengen zu erhalten. Auch ist bei hohem Chloridgehalt des Erzes außerdem eine dem Chloridgehalt entsprechende Menge Silbernitrat der zur Destillation bestimmten Flüssigkeit zuzusetzen, um den größten Teil der Chlorionen im Destillationskolben zu binden.

Die für die Destillation erprobte Form der Apparatur ist folgende (s. Abb. 21):

---

* Nach einer privaten Mitteilung.

[10] Siehe J. Fischer u. H. Peisker: Z. anal. Chem. Bd. 95 (1933) S. 225 bis 235.

Sie besteht aus einem Jenaer Liter-Fraktionskolben mit hochangesetztem Rohr, welches zweckmäßig im letzten Viertel senkrecht nach unten abgebogen wird und mit diesem Teil in einen Schlangenkühler (etwa 20 cm Mantellänge) mündet. Durch den Hals des Kolbens führen:

1. das Dampfeinleitungsrohr bis dicht an den Boden reichend;

2. ein Thermometer bis 200°, dessen Kugel sich ebenfalls im unteren Teil des Kolbens, d. h. in der Destillationsflüssigkeit befinden muß;

3. ein Tropftrichter mit etwa 250 cm³ Fassungsvermögen.

Der Kühler ist an seinem unteren Ende mit einer Woulffschen Flasche (2fach tubuliert, Fassungsvermögen etwa 1 l) als Vorlage verbunden, deren anderer Tubus die Möglichkeit gewähren muß, mit einer Wasserstrahlpumpe verbunden zu werden.

Der zur Destillation erforderliche Dampf muß, wenn unmittelbarer Dampfanschluß nicht vorhanden ist, in einem Sondergefäß erzeugt werden.

Zur Destillation wird die alkalische, gegebenenfalls vorher eingeengte Aufschlußlösung unter sparsamer Wasserverwendung in den Destillationskolben übergespült. Zur Lösung werden einige Stücke Glasfritte (aus alten Glasfiltertiegeln) und ein Löffel grobes Quarzpulver (etwa 10 g Quarzsand Art. Merck 7530) hinzugegeben.

Dann saugt man durch die geschlossene Apparatur während der nun folgenden Periode des Ansäuerns bei angestellter Kühlung des Schlangenkühlers mittels der Wasserstrahlpumpe einen Luftstrom, so daß eine gute Mischung der Lösung gewährleistet wird. Um die im Kolben selbst zunächst sehr heftig auftretende Reaktionswärme zu mindern, legt man anfänglich eine kleine Bleikühlschlange um dessen Hals, wobei man das ablaufende Kühlwasser in einem unter dem Kolben leicht entfernbar angebrachten größeren Glastrichter ableitet.

Durch den Tropftrichter läßt man darauf etwa 250 cm³ konz. Schwefelsäure zunächst tropfenweise, später etwas schneller zulaufen, wobei trotz der eben beschriebenen Außenkühlung eine Erwärmung der Lösung auf 70 bis 80° eintritt. Ist die Flüssigkeit, wie eben beschrieben, angesäuert worden, baut man die Außenkühlung ab und ersetzt den erwähnten Ablauftrichter durch einen Brenner bzw. noch besser durch einen regulierbaren elektrischen Kolbenheizer.

Man schaltet das Vakuum bzw. den Luftrührstrom ab, heizt den Kolben bis etwa 110° an, stellt den Dampf an und rührt während der folgenden Hauptdestillationsperiode mit einem kräftigen Dampfstrom, so daß die Lösung in starkes Wallen kommt. Die Temperatur wird während dieser Zeit zunächst bis auf 150° gesteigert und 1 Stunde auf dieser Höhe gehalten. Die Menge bzw. Schnelligkeit des Dampfstromes ist so zu regeln, daß die Gesamtdestillationsmenge in dieser Zeit etwa 750 cm³ beträgt.

Nach beendeter Destillation wird der Kühler mit destill. Wasser sorgfältig nachgespült und das Destillat aus der Vorlage (Woulffsche Flasche) in ein Jenaer Liter-Becherglas übergespült. Man setzt zum Destillat tropfenweise 20proz. Natronlauge bis zur schwach alkalischen Reaktion gegen Lackmuspapier zu. Das Destillat wird nunmehr auf etwa 50 cm³ eingeengt und dann in einen Philippsbecher von 500 cm³ übergespült. Die kalte Lösung wird mit einigen Tropfen Methylorange versetzt und mit etwa $n/_2$-Salpetersäure aus einer Bürette bis zum Umschlag in einen rötlichgelben Farbton titriert. Nach Erreichung dieses Farbtons gibt man noch 3 bis 4 Tropfen Salpetersäure hinzu, so daß die Lösung nun schwachrosa erscheint, und fällt jetzt in der so vorbereiteten Lösung bei 50 bis 60° das Fluor als PbClF durch Zugabe von 100 cm³ Bleichloronitratlösung. Diese wird hergestellt durch Lösen von 20,5 g Bleinitrat + 3,3 g Ammoniumchlorid je Liter. Die Zugabe des Fällungsreagenses soll unter Umschütteln der Lösung in dünnem Strahl erfolgen. Am besten verwendet man hierzu eine verengte 100 cm³-Pipette.

Nach 3 stündigem Stehen bei Zimmertemperatur kann bereits mit dem Abfiltrieren des Niederschlages begonnen werden. Um aber in jedem Falle Fehler auszuschalten, ist es besser, die Fällung für den Nachmittag einzurichten und dann die Proben über Nacht stehenzulassen.

Die Filtration erfolgt durch Glasfiltertiegel 1 G 4. Ein trüb durchlaufendes Filtrat ist nicht zu erwarten.

Zu Beginn dieser Filtration dekantiert man zunächst die überstehende Flüssigkeit vorsichtig vom Niederschlage ab. Sollten hierbei geringe Mengen des Niederschlages mit in den Filtertiegel gelangen, so schadet dies nicht. Der im Philippsbecher befindliche Niederschlag wird nun mit 5 cm³ destill. Wasser versetzt und tüchtig umgeschüttelt, um die Reste der Mutterlauge aus dem Niederschlage zu entfernen; dann erst wird damit die Hauptmenge des Niederschlages in den Glasfiltertiegel gebracht. Das Auswaschen von Fällgefäß und Glasfiltertiegel erfolgt mit gesättigter PbClF-Lösung*. Unnötiges Waschen ist zu vermeiden. Es wird darauf scharf abgesaugt, um auch die letzten Reste der Waschflüssigkeit zu entfernen. Man nimmt den Filtertiegel ab, entfernt das Filtrat und wäscht Vorstoß und Filterstutzen sorgfältig mit destill. Wasser. Der PbClF-Niederschlag ist mit warmer Salpetersäure (1 + 1) in den Filtrierstutzen zu lösen. Bei größeren Fluormengen empfiehlt es sich, zunächst den größten Teil des Niederschlages mit heißem Wasser in das Fällgefäß zurückzuspritzen. Man hat hierbei den Vorteil, daß man mit einer Füllung Salpetersäure für den Glasfiltertiegel, der dann noch mit heißem Wasser ausgewaschen wird, auskommt, und daß man immer mit gleichen Mengen Salpetersäure arbeitet, was für die nachfolgende Titration von Vorteil ist.

Die Lösung des PbClF-Niederschlages wird aus dem Filtrierstutzen in das Fällgefäß zurückgegossen und dieser Stutzen mit Wasser nachgewaschen.

Nach dem Erkalten erfolgt die Titration der Lösung.

Man versetzt in geringem Überschuß mit einer abgemessenen Menge $n/_{10}$-Silbernitratlösung, gibt als Indicator 20 cm³ einer Eisen(III)-ammoniumsulfatlösung (20 proz., salpetersauer) hinzu und titriert mit $n/_{10}$-Ammoniumrhodanidlösung bis zur schwachen Rotfärbung zurück.

$$1\ cm^3\ n/_{10}\text{-}AgNO_3 = 0{,}0019\ g\ F.$$

Bei Mengen unter 0,03% F empfiehlt es sich, 2 mal je 10 g in Arbeit zu nehmen. Man verfährt, wie beschrieben, und vereinigt dann die eingeengten Destillate.

Zu bemerken ist, daß in jedem Falle bei Zusatz der Bleichloronitratlösung eine geringe Trübung eintritt — auch wenn kein Fluor vorhanden ist —, da bei der Destillation geringe Mengen Schwefelsäure mit übergehen. Aus diesem Grunde kann auch keine gewichtsanalytische Bestimmung der PbClF-Niederschläge erfolgen.

Die vorstehend angegebene Durchführungsform der Methode ist für Fluormengen von 3 bis 30 mg absolut, d. h. bei 10 g Erzeinwaage für 0,03 bis 0,3% F anwendbar, bei höheren bzw. geringeren Gehalten an Fluor sind die Einwaagen entsprechend zu gestalten. Die Erfassung des Fluorgehaltes beläuft sich dabei nach bisherigen Erfahrungen auf etwa 95%.

Über die Bestimmung des Fluors ist ein sehr umfangreiches Schrifttum vorhanden (s. Gmelins Handbuch der anorganischen Chemie).

---

* *Bereitung gesättigter, wässeriger PbClF-Lösung.* 4 g Natriumfluorid werden in etwa 500 cm³ Wasser gelöst und mit $n/_2$-Salpetersäure schwach angesäuert (Methylorange). Man gießt diese Lösung langsam in 2 l Bleichloronitratlösung — 41 g Pb (NO₃)₂ + 6,6 g NH₄Cl in 2000 cm³ Wasser —, saugt den gebildeten Bleichlorofluoridniederschlag auf der Nutsche ab, wäscht gut mit Wasser aus und überführt ihn in eine 2- bis 5 l-Vorratsflasche. Die dann mit Wasser gefüllte Flasche wird öfters umgeschüttelt; sie kann so lange immer wieder aufgefüllt werden, als PbClF als Bodenkörper vorhanden ist. Zum Gebrauch wird das mit PbClF gesättigte Wasser vom Bodenkörper abgegossen und filtriert.

II. Untersuchung von Aschen, Schlacken, Stäuben usw.

1. Aschen, unreine Oxyde, Rückstände, Flugstäube, Salmiakschlacken und Krätzen.

a) *Bestimmung des Zinks.*

Die Zinkbestimmung erfolgt, abgesehen von den hierunter besonders aufgeführten Fällen, nach den bei den Erzen geschilderten Arbeitsweisen. Soweit obige Erzeugnisse *nur geringe Mengen Zink* enthalten, empfiehlt es sich z. B., bei der Arbeitsweise nach Urbasch der Probelösung unmittelbar vor der Titration aus der Zinklösung zur Rücktitration eine etwa 10% Zink entsprechende Menge hinzuzugeben. Ferner ist es erforderlich, bei größeren Beimengungen von Blei oder Eisen nach der Zugabe von Schwefelwasserstoffwasser noch einige Zeit Schwefelwasserstoff durchzuleiten, um alles Blei auszufällen bzw. alles Eisen zu reduzieren. *Räumaschen* müssen mehrere Male mit Salpeter-Schwefelsäure behandelt werden, um alle organische Substanz zu oxydieren.

In Salmiakschlacken.

Salmiakschlacken enthalten im allgemeinen 40 bis 60% Zink, und zwar teils als Metall, teils als Oxyd und zum größten Teil als Chlorid. Sie kommen im Handel meistens in Form von Platten, Krusten oder großen Klumpen vor, die infolge des hohen Gehaltes an Zinkchlorid große Mengen Feuchtigkeit enthalten. Da das Trocknen von Salmiakschlacken, wie sonst bei der Vorbereitung von Erzen und Rückständen zum analysenfertigen Muster üblich, nicht ausführbar ist und hierbei meistens ein Zusammenschmelzen der Masse eintritt, sieht man bei der Bemusterung davon ab. Man zerkleinert das Probegut bis auf Haselnußgröße und füllt davon schnell etwa 1 kg als Analysenmuster in luftdicht schließende trockene Flaschen ab. Bei weitergehender Zerkleinerung liegt die Gefahr vor, daß die Probe durch den hohen Gehalt an Zinkchlorid Wasser aufnimmt; da man bei dieser groben Zerkleinerung kein ganz gleichmäßiges Analysenmuster erhält, sind zur Analyse mehrere Einwaagen von mindestens 100 g Probegut zu verwenden.

α) *Gesamtzink.*

Mehrere Einwaagen von je 100 g der Probe werden längere Zeit mit Salpetersäure (1 + 2) erwärmt. Der verbleibende Rückstand wird abfiltriert, vom Filter in das Zersetzungsgefäß zurückgespritzt und mit 50 cm³ Schwefelsäure (1 + 1) bis zum Auftreten starker SO_3-Dämpfe abgeraucht. Der Abdampfrückstand wird mit 200 cm³ aufgenommen, aufgekocht und dem Hauptfiltrat hinzugefügt. Von der Lösung der Probe entnimmt man nunmehr eine Menge, die 1,25 g Einwaage entspricht, raucht mit 5 cm³ Schwefelsäure (1 + 1) ab, bis keine Schwefelsäuredämpfe mehr entweichen, und bestimmt das Zink sodann nach einer der unter A. angegebenen Methoden.

β) *In Salpetersäure lösliches Zink*.*

Die Analyse wird genau so ausgeführt wie unter α), nur daß das Abrauchen des verbleibenden Rückstandes mit Schwefelsäure fortfällt.

In Zinkaschen, Zinkrückständen, Zinkkrätzen und unreinen Oxyden.

Zinkaschen werden bei der Musternahme meistens getrocknet und müssen in luftdicht schließende Gefäße gefüllt werden, da bei der Aufbewahrung in Papierbeuteln und längerem Lagern meist eine Veränderung der Proben durch Aufnahme von Wasser, Sauerstoff und Kohlensäure eintritt. Dann dürfte es nicht in allen Fällen möglich sein, derartig veränderte Muster durch Trocknen bei 105 bis 110° in den ursprünglichen Zustand zurückzuführen.

Beim Trocknen dieser Produkte vor der Analyse ist die Verwendung eines elektrisch beheizten Trockenschrankes und die Innehaltung einer Temperatur von 105 bis 110° erforderlich. Das Trocknen ist bis zur Gewichtskonstanz fortzusetzen,

---

* Bei dieser Methode wird das als Aluminat vorhandene Zink nicht mit bestimmt.

da obige Produkte oft wesentliche Mengen von Zinkchlorid aufweisen, die das Wasser hartnäckig festhalten. Die Einwaage ist bei chloridhaltigen Materialien im Wägeglas vorzunehmen, da die getrockneten Proben an der Luft begierig Feuchtigkeit aufnehmen.

α) Gesamtzink.

Man berechnet zunächst die Anteile von „Staub" und „Grobes" der Probe für 12,5 g Einwaage und wägt dann die erforderliche Menge des *Staubes* ein, behandelt sie vorsichtig unter Erwärmen mit 150 cm³ Salpetersäure (1 + 2), verdünnt mit 100 cm³ Wasser und filtriert die heiße Lösung in einen amtlich geeichten Literkolben. Das Filtrat muß klar sein.

Sollte durch ausgeschiedene gelatinöse Kieselsäure die Filtration beeinflußt werden, so gibt man in die heiße Lösung ein wenig Flußsäure (Jenaer Glas zu verwenden!).

Vom *Groben* wägt man ein Vielfaches des errechneten Anteiles (die Menge richtet sich nach der Ungleichmäßigkeit und der Menge des vorhandenen Materials) in einen Meßkolben ein, löst es in einer genügenden Menge Salpetersäure (1 + 2) auf, entnimmt nach dem Abkühlen und Auffüllen den entsprechenden Anteil und vereinigt ihn mit der Lösung vom Feinen.

Den beim Filtrieren der Lösung des *Staubes* verbleibenden Rückstand gibt man in das Aufschlußglas zurück und schließt ihn mit einem Gemisch von 50 cm³ Salpetersäure (1,4) und 25 cm³ konz. Schwefelsäure auf. Sobald die Schwefelsäure stark zu rauchen beginnt, wird die Lösung, falls sie schwärzlich geworden ist, so lange mit Salpetersäure oxydiert, bis sie vollständig wasserhell geworden ist. Hierfür benutzt man eine Tropfflasche, die mit 2 Teilen konz. Salpetersäure und einem Teil konz. Schwefelsäure gefüllt ist. Dieses Gemisch kann man unbedenklich — ohne Gefahr des Verspritzens — in die stark rauchende Lösung eintropfen lassen.

Meist ist durch die obenbeschriebene Arbeitsart nur noch ein ganz geringer unlöslicher Rückstand vorhanden, den man unmittelbar zu dem Filtrat in den Literkolben geben kann; ist jedoch ein größerer Rückstand vorhanden, so filtriert man ihn ab.

Der Inhalt des Meßkolbens wird abgekühlt. Man füllt zur Marke auf, filtriert von dem ausgeschiedenen Bleisulfat und säureunlöslichen Rückstand durch ein trockenes Faltenfilter in einen trockenen Kolben ab, entnimmt mittels eines amtlich geeichten Meßkolbens 100 cm³ (= 1,25 g Einwaage), raucht unter Zusatz von 10 cm³ Schwefelsäure (1 + 1) vollständig zur Trockne und behandelt weiter, wie unter A. angegeben. Ein Eisenausgleich zum Titer erübrigt sich, soweit er nicht vertraglich vereinbart ist.

β) In Salpetersäure lösliches Zink*.

Man löst die Einwaage von 12,5 g in Salpetersäure (1 + 2), filtriert in einen Literkolben, füllt nach dem Erkalten auf, entnimmt 100 cm³ (= 1,25 g), raucht mit Schwefelsäure zur Trockne und verfährt weiter nach A.

b) Bestimmung der Nebenbestandteile.

Schwefel.

Bei Zinkaschen und Zinkoxyden, die wenig Schwefel enthalten, werden 1 bis 5 g mit 50 bis 100 cm³ mit Brom gesättigter Salzsäure in der Kälte digeriert; sodann wird das überschüssige Brom verkocht und die Flüssigkeit, ohne abzufiltrieren, mit Ammoniak übersättigt. Man filtriert und fällt in dem mit Salzsäure angesäuerten Filtrat mit Bariumchlorid. Zinkaschen oder Zinkoxyde, die sich mit Bromsalzsäure schwer zersetzen oder viel Schwefel enthalten, müssen ebenso wie Flugstaub mit Natriumperoxyd geschmolzen werden (s. S. 424).

---

* Siehe Fußnote S. 432.

Chlorid.

Von Salmiakschlacken, Zinkaschen und Zinkoxyden werden 5 bis 10 g (mitunter eine noch größere Einwaage) in einem 500 cm³ Meßkolben unter öfterem Umschütteln ungefähr 2 Stunden mit 100 cm³ Salpetersäure (1 + 2) in der Kälte behandelt.

Bei stark zinn- oder bleihaltigen Proben werden 5 bis 10 g des Probegutes 1 bis 2 Stunden lang mit einer 10proz. Sodalösung gelinde erwärmt. Man filtriert sodann in einen 500 cm³ fassenden Meßkolben und wäscht sorgfältig aus.

Man entnimmt den nach obigen Angaben erhaltenen Lösungen je nach dem Chloridgehalt eine Menge, die 0,5 bis 5 g der Probe entspricht, säuert die Soda enthaltende Lösung an und vertreibt durch Erwärmen auf 60° die Kohlensäure, titriert das Chlor oder bestimmt es gewichtsanalytisch.

Indium.

Von bleihaltigem Flugstaub wird eine Einwaage, deren Höhe sich nach dem Indiumgehalt und dem Material richtet, in Königswasser unter Erwärmen gelöst und mit Schwefelsäure abgeraucht. Nach dem Erkalten verdünnt man mit Wasser, so daß mindestens eine 10 vol.-proz. schwefelsaure Lösung erhalten wird. Man filtriert vom Bleisulfat ab, fällt im Filtrat die Hydroxyde mit Ammoniak, kocht kurze Zeit auf und filtriert. Dieser Hydroxydniederschlag wird gelöst und die Lösung in Gegenwart von Sulfosalicylsäure in ameisensaurer Lösung mit Schwefelwasserstoff weiterbehandelt, wie auf S. 447 beschrieben.

Die übrigen Nebenbestandteile werden bestimmt, wie unter B. I, S. 420 ff., ausgeführt. Von den groben Anteilen sind entsprechend größere Einwaagen erforderlich.

2. Zinkstaub.

Proben von Zinkstaub sind in völlig trockenen Flaschen mit gutschließenden Glasstopfen aufzubewahren, und die Flaschen mit der Substanz *ganz* anzufüllen. Mit der Zeit tritt eine Wertverminderung des Staubes ein.

α) *Wertbestimmung*:

a) Die titrimetrische Methode nach Wahl (für Hüttenzinkstaub geeignet).

0,3 bis 0,5 g Staub werden in einen trockenen Erlenmeyerkolben von 300 bis 500 cm³ Inhalt gebracht, mit wenig Wasser benetzt, zur Vermeidung von Knötchenbildung stark geschwenkt, mit 50 bis 70 cm³ Eisen(III)-sulfatlösung*, die gegen Permanganat indifferent ist — blinder Versuch! — übergossen und sofort anhaltend geschüttelt, bis vollkommene Lösung erfolgt ist.

Kleine erdige Rückstände bleiben unberücksichtigt. Die Dauer des Lösungsvorganges beträgt ungefähr 5 min. Man verdünnt nunmehr mit 250 cm³ verd. Schwefelsäure (1 + 19) und titriert mit einer Kaliumpermanganatlösung, die 10 g im Liter enthält und auf Natriumoxalat (chemisch rein) eingestellt ist. Eisentiter mal 0,58541 = metallisches Zink oder 1 g Natriumoxalat = 0,48791 g Zink. Eine während des Lösens stattfindende geringe Gasentwicklung ist auf das Resultat ohne Einfluß.

b) Die gewichtsanalytische Methode nach R. Fresenius[11].

Die angewandte Apparatur, Lösungskolben, Rückflußkühler, Trockenvorrichtung, Glührohr mit Kupferoxyd, Absorptionsgefäß für Wasser, ist aus der Originalabhandlung ersichtlich.

---

* 320 g wasserfreies, reinstes, salpetersäurefreies Eisen(III)-sulfat werden in der Siedehitze in 1 l Wasser gelöst. Eine etwaige geringe Trübung wird nach dem Erkalten abfiltriert. Statt Eisen(III)-sulfat kann auch Eisen(III)-ammoniumsulfat angewandt werden. Auf größte Reinheit des Salzes ist ganz besonders zu achten, da z. B. schon ein ganz geringer Kupfergehalt das Resultat sehr erheblich herabmindert (0,01 g Cu beinahe um $1/_2$%).

[11] Fresenius, R.: Z. anal. Chem. Bd. 17 (1878) S. 465 — Anleitung zur quantitativen chemischen Analyse. 6. Aufl. Bd. II S. 376.

Im Lösungskolben werden 3 g Zinkstaub mit etwa 60 cm³ Schwefelsäure (1 + 2) in Lösung gebracht. Zur leichteren und vollständigeren Auflösung des Zinkstaubs wird der Schwefelsäure Platinchlorid zugesetzt, wobei zu berücksichtigen ist, daß ein zu großer Zusatz einen Fehlbetrag an Wasserstoff eintreten läßt. Nach den Angaben von de Koninck genügen 0,75 mg Platin zum Auflösen von 1 g Zink. Die Trocknung des Wasserstoffgases wird mit konz. Schwefelsäure vorgenommen. Zur Absorption des Verbrennungswassers eignet sich konz. Schwefelsäure (6 cm³). Durch die Apparatur wird ein schwefelwasserstofffreier Luftstrom durchgesaugt. Die Schwefelsäure zum Auflösen wird mittels Scheidetrichter tropfenweise in den Lösungskolben eingeführt, so daß die Gasentwicklung eine gleichmäßige ist. Die Zinkstaubeinwaage im Kolben benetzt man zuvor mit wenig Wasser.

Es muß darauf geachtet werden, daß die zum Lösen angewandte Schwefelsäure vollständig nitratfrei ist, ebenso die Platinchloridlösung. Die Ausführung des Verfahrens wird im übrigen genau den angegebenen Literaturstellen entsprechend ausgeführt.

c) Die gasvolumetrische Methode (besonders für Verblasezinkstaub geeignet).

Die Anwendung dieser Methode verlangt einen Arbeitsraum mit gleichbleibender Temperatur, genau geeichte Meßinstrumente und kohlensäurefreies Ausgangsmaterial.

Für die Ausführung der Methode hat sich die in Abb. 22 skizzierte Apparatur bewährt.

1 g Zinkstaub gibt man in das vorher mit etwas Wasser beschickte Lungesche Anhängefläschchen. Hierauf bringt man mittels einer Pipette ungefähr 8 cm³ verd. Schwefelsäure — 300 Vol.-Teile Wasser, 100 Vol.-Teile konz. Schwefelsäure und 10 Vol.-Teile einer 1proz. Platinchloridlösung — in das innere Gefäß, stellt durch Aufsetzen des Kautschukstopfens die Verbindung mit der mit einem luftleeren Mantel versehenen Meßröhre her, beseitigt durch Lüften des Hahnschlüssels den im Inneren des Anhängefläschchens erzeugten Überdruck, bringt das Sperrwasserniveau auf den Nullpunkt, neigt das Anhängefläschchen mit der linken Hand, bis die Säure zum Zinkstaub gelangt, und leitet so die Gasentwicklung ein.

Sobald diese aufgehört hat, wartet man bis zum Ausgleich der Temperatur. Wenn das Niveau in der Meßröhre konstant geworden ist — nach ungefähr einer halben Stunde —, liest man das Gasvolumen, die Temperatur und den Barometerstand ab und besitzt so alle für die

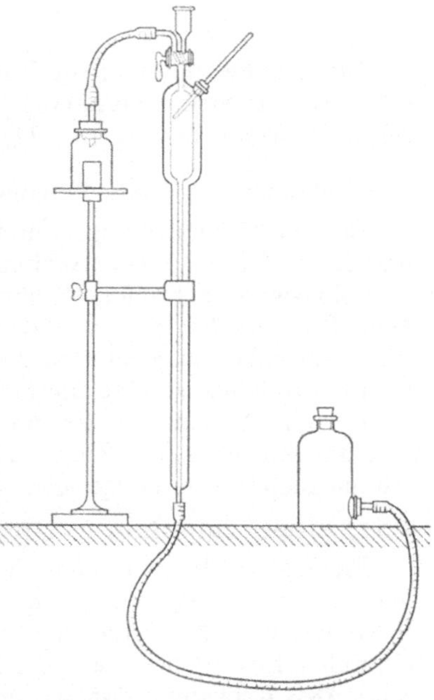

Abb. 22. Apparatur zur gasvolumetrischen Wertbestimmung des Zinkstaubes.

Berechnung notwendigen Daten. 1 cm³ entspricht bei 0° und 760 mm Druck 2,9150 mg Zink[11a]. Auch bei dieser Methode ist auf die Abwesenheit aller Nitrate zu achten. Die Absorption des Wasserstoffes durch das Sperrwasser kann dadurch vollständig ausgeschaltet werden, daß man letzteres vor dem Gebrauch mit diesem Gas kräftig schüttelt.

Das Volumen etwa mitentwickelter Kohlensäure ist festzustellen und vom Gesamtvolumen abzusetzen.

β) Gesamtanalyse:

Die Untersuchung des Zinkstaubes auf **Zink** und **Chlorid** geschieht, wie bei den Zinkaschen angegeben.

Die Bestimmung **der übrigen Bestandteile** erfolgt nach einer der bei der Untersuchung des Handelszinks angeführten Methoden.

[11a] Siehe Küster-Thiel: Logarithmische Rechentafeln. 46. bis 50. Aufl. S. 217.

III. Die Untersuchung der Zinksorten.

Nach dem Normenblatt DIN 1706 unterscheidet man folgende Zinksorten: *Umschmelzzink, Hüttenrohzink, raff. Hüttenzink, Feinzink.* Das durch Umschmelzen von Altzink hergestellte Umschmelzzink kann bis zu 4% Verunreinigungen enthalten, das Hüttenrohzink darf bis $2^1/_2$% und das raff. Hüttenzink 1 bis $1^1/_2$% Beimengungen aufweisen. Die Feinzinksorten haben je nach ihrem Reinheitsgrad 99,5 bis 99,995% Zink. In neuester Zeit hergestelltes *Feinstzink* besitzt einen noch höheren Reinheitsgrad.

Für die Analyse verwendet man Sägespäne oder Granalien, mitunter auch ausgewalzte und geschnittene Streifen. Bohrspäne sind zu verwerfen, da beim Bohren, namentlich in Sorten mit höherem Eisengehalt, neben eisenarmen gröberen Spänen eisenreiche, fast pulvrige Bestandteile anfallen. Bestimmt werden — abgesehen vom Umschmelzzink — nur die Beimengungen. Der Zinkgehalt wird aus der Differenz berechnet.

1. Umschmelzzink, Hüttenrohzink, raffiniertes Hüttenzink.

a) Zinkbestimmung.

Die Zinkbestimmung im Umschmelzzink wird wie im *Hartzink* (S. 453) ausgeführt. Ist Nickel vorhanden, so muß das Zink durch Schwefelwasserstoff in schwach saurer Lösung (S. 414) abgeschieden werden.

b) Vollanalyse (für die Vollanalyse ist mindestens 1 kg Material erforderlich).

Bei der Untersuchung kommen in Betracht vor allem Blei, Eisen, Cadmium und Zinn, ferner Arsen, Antimon und Kupfer, seltener Nickel und Aluminium, ausnahmsweise Schwefel, Wismut, Silicium, Silber und Quecksilber. Abfälle, die zum Teil aus Legierungsabfällen stammen können, werden nach den bei den Zinklegierungen angegebenen Methoden untersucht. Für die **Sauerstoffbestimmung im Zink** ist eine Methode noch *nicht bekannt.*

Für die Vollanalyse ist eine Einwaage für Blei, Kupfer, Cadmium, Eisen, eine für Antimon und Zinn (Wismut) und je eine für die anderen noch zu bestimmenden Verunreinigungen zu wählen.

Blei, Eisen, Cadmium und ***Kupfer (Nickel).***

Erste Methode (besonders für unreinere Zinksorten geeignet). Man löst das Material, von dem man je nach der Qualität 25 bis 100 g* einwägt, in verd. Schwefelsäure (30 bis 120 cm³ konz. Säure und 200 bis 500 cm³ Wasser) auf, läßt abkühlen, filtriert nach längerer Zeit ab, wäscht gut aus und stellt das Filtrat beiseite. Den Rückstand löst man in Salpetersäure (1,2)**, raucht mit Schwefelsäure ab, filtriert vom Bleisulfat ab und vereinigt das Filtrat mit dem beiseite gestellten. Das Bleisulfat wird mit Ammoniumacetat gelöst und nach dem Umfällen mit Ammoniumsulfid und Abrauchen mit Salpeter- und Schwefelsäure als $PbSO_4$ ausgewogen oder in der Acetatlösung unmittelbar titriert. Die Filtrate, welche keine Abscheidung von Bleisulfat mehr zeigen dürfen, werden mit Salpetersäure oxydiert und mit Ammoniak übersättigt. Man filtriert vom Eisenniederschlag ab, fällt nochmal um und bestimmt das Eisen durch Titration oder colorimetrisch. Bei arsenhaltigen Proben wird vor der Titration eine Schwefelwasserstoffällung eingeschaltet. In den ammoniakalischen Filtraten werden Kupfer und Cadmium durch Anfällen mit 2proz. Natriumsulfidlösung, wie unter „Zweite Methode" beschrieben, abgeschieden, getrennt und bestimmt. Die Trennung von Kupfer und

---

* Wegen der sehr ungleichmäßigen Verteilung der Verunreinigungen, vor allem des Bleis, im Rohzink, sind größere Einwaagen notwendig.

** Ergibt sich keine klare Lösung, so dampft man mit Salpetersäure ein, nimmt mit verd. Salpetersäure auf, filtriert ab und schließt den Rückstand durch Schmelzen mit Schwefel-Soda-Mischung auf.

Cadmium geschieht hier am zweckmäßigsten mit Salzsäure (1 + 3) (s. Kap. „Cadmium"). Bei einer größeren Cadmiummenge kann dieses Metall auch elektrolytisch bestimmt werden.

Vorhandenes Nickel wird im Filtrat von der Natriumsulfidanfällung bestimmt unter Berücksichtigung einer manchmal im Sulfidniederschlag befindlichen Spur Nickel.

Zweite Methode [besonders für raff. Zink zu empfehlen (auch für Feinzink bis 99,975%)].

50 bis 100 g Zink löst man in einem Erlenmeyerkolben unter Zusatz von 200 bis 300 cm³ Wasser und allmählichem Eintragen von 150 bis 250 cm³ Salpetersäure (1,4). Nach erfolgter Lösung macht man ammoniakalisch und gibt so viel Ammoniak hinzu, bis das sich ausscheidende Zinkhydroxyd eben wieder gelöst ist. Hierauf wird tropfenweise so viel einer 2proz. Natriumsulfidlösung hinzugesetzt, bis ein weiterer Zusatz nur noch eine reinweiße Fällung von Zinksulfid erzeugt. Während des Zusatzes von Natriumsulfid schüttelt man stark um. Man verdünnt nunmehr mit etwa 600 cm³ Wasser, läßt einige Stunden unter wiederholtem Umrühren bei gelinder Wärme absitzen, dekantiert die überstehende klare Flüssigkeit, wiederholt dies und filtriert die gefällten Metallsulfide, ohne auszuwaschen, ab. Im Filtrat, welches meist noch geringe Spuren Cadmium enthält, wird die Anfällung wiederholt.

Den Niederschlag löst man in Salpetersäure (1,2) und raucht mit einer abgemessenen Menge Schwefelsäure ab. Man verdünnt sodann mit Wasser, kocht auf und läßt erkalten. Nach mehrstündigem Absitzenlassen wird das Bleisulfat abfiltriert, mit 0,7% Ammoniumsulfat enthaltendem Wasser ausgewaschen, in Ammoniumacetatlösung gelöst, darin das Blei mit Schwefelwasserstoff wieder ausgefällt und dann gewichtsanalytisch als Bleisulfat wie üblich bestimmt. Das Filtrat vom Bleisulfat, welches Kupfer, Cadmium, Eisen und Zink enthält*, verdünnt man mit Wasser so weit, daß die Flüssigkeit etwa 5 bis 6 Vol.% freie Schwefelsäure enthält, erhitzt und leitet in die heiße Lösung Schwefelwasserstoff bis zum Erkalten ein, um *Kupfer* und *Cadmium* zu fällen. Nach dem Absitzen werden die gefällten Sulfide abfiltriert, mit schwach angesäuertem Schwefelwasserstoffwasser sorgfältig gewaschen, worauf man das Filtrat durch Verdünnen und nochmaliges Einleiten prüft, ob alles Cadmium gefällt ist. Der Niederschlag wird auf dem Filter mit heißer Kaliumcyanidlösung ausgezogen, um das Kupfersulfid zu lösen, die Lösung zur Zerstörung des Cyanids mit 10 cm³ konz. Schwefelsäure abgeraucht (Abzug!) und das Kupfer sodann colorimetrisch (s. Kap. „Kupfer", S. 201), bei größeren Mengen elektrolytisch bestimmt. Das vom Kupfersulfid befreite Cadmiumsulfid wird in Salpetersäure gelöst, die Lösung mit 5 cm³ konz. Schwefelsäure abgeraucht, der Rückstand sodann mit 100 cm³ Wasser aufgenommen und Cadmium nochmals in der Hitze mit Schwefelwasserstoff gefällt. Man filtriert das nunmehr reine Cadmiumsulfid ab, wäscht es mit Schwefelwasserstoffwasser aus, löst es mit verd. Salpetersäure vom Filter und dampft die Lösung unter Zusatz von einigen Tropfen konz. Schwefelsäure auf dem Sandbade ein. Der Rückstand wird nach schwachem Glühen als $CdSO_4$ gewogen.

Kupfer und Cadmium lassen sich auch durch heiße Salzsäure (1 + 3) trennen (siehe Kap. „Cadmium"); größere Kupfermengen kann man auch elektrolytisch abscheiden.

Im Filtrat von der ersten Schwefelwasserstoffällung wird zur Bestimmung des *Eisens* der Schwefelwasserstoff verjagt, das Eisen mit 3 cm³ Salpetersäure (1,4) oxydiert, mit Ammoniak gefällt und der Niederschlag abfiltriert. Man löst ihn in Salzsäure und bestimmt das Eisen nach Zimmermann-Reinhardt oder colorimetrisch.

---

* Ist das Zink aluminium- oder nickelhaltig, so befinden sich auch diese Beimengungen im Filtrat.

Zur Bestimmung eines im allgemeinen selten vorkommenden *Nickel*gehaltes vereinigt man das Hauptfiltrat der partiellen Natriumsulfidfällung mit dem Filtrat von der Eisenfällung, neutralisiert bis zum beginnenden Ausfallen von Zinkhydroxyd und löst dieses durch Zusatz von etwas Essigsäure wieder auf. In dieser Lösung fällt man dann Nickel mit Diacetyldioxim. Der Niederschlag wird nach dem Umfällen auf einen Filtertiegel abfiltriert, ausgewaschen, getrocknet und gewogen (s. Kap. „Nickel", S. 264).

c) Einzelbestimmungen.

Aluminium.

Für ganz geringe Aluminiummengen kommt die auf S. 446 bei Feinzink angegebene *colorimetrische* Bestimmung mit Eriochromzyanin in Frage. Übersteigt der Eisengehalt 0,01%, so muß nach der in Fußnote 15 angegebenen Veröffentlichung verfahren werden. Es ist ferner zu beachten, daß Kupfer durch Schwefelwasserstoff entfernt werden muß und daß Thallium nicht vorhanden sein darf.

Gewichtsanalytisch kann Aluminium nach der auf S. 455 beschriebenen Oxychinolatmethode bestimmt werden.

Antimon, Zinn (Wismut).

Methode nach Blumenthal[12]. Eine nach der Menge des zu bestimmenden Bestandteiles bemessene Einwaage von 50 bis 100 g wird mit Salpetersäure (1,2) in möglichst geringem Überschuß unter Erwärmen und Kochen zersetzt. Nach dem Verjagen der salpetrigen Säure verdünnt man die Flüssigkeit auf 300 bis 400 cm^3 mit kaltem Wasser und fügt 5 cm^3 einer 5proz. Mangan(II)-nitratlösung und 3 cm^3 n-Kaliumpermanganatlösung hinzu. Nun wird unter häufigem Umschütteln aufgekocht (wobei sich Mangandioxyd abscheidet), durch ein schnell laufendes Filter abfiltriert und mit heißem Wasser ausgewaschen. Im Filtrat wird diese Fällung mit 3 cm^3 Mangan(II)-nitratlösung und 2 cm^3 $^1/_1$ n-Kaliumpermanganatlösung wiederholt. Man löst die vereinigten Niederschläge mit Salzsäure und Wasserstoffperoxyd, verascht einen ungelösten Rest im Nickeltiegel und schmilzt ihn mit Natriumperoxyd und etwas Natriumhydroxyd. Die erkaltete Schmelze wird ausgelaugt und mit Salzsäure (1,19) angesäuert. Dann wird bis zur vollständigen Auflösung des Niederschlages gekocht. Man vereinigt die beiden Salzsäurelösungen und bestimmt in ihnen Zinn und Antimon maßanalytisch. Zu diesem Zwecke reduziert man mit Carbonyleisen, filtriert und titriert im Filtrat nach einer weiteren Reduktion mit Aluminium das Zinn mit $^n/_{10}$- oder $^n/_{100}$-Jodlösung unter Stärkezusatz.

Für die Bestimmung des Antimons löst man den bei der ersten Reduktion entstandenen Metallschwamm in Bromsalzsäure auf, verdünnt, verkocht das überschüssige Brom und leitet Schwefelwasserstoff in die Lösung ein. Der Sulfidniederschlag wird abfiltriert und eisenfrei ausgewaschen. Sein Antimongehalt wird, nachdem mit Schwefelsäure zersetzt worden ist, durch Titration ermittelt.

Bei *sehr geringen Mengen* von Antimon und Zinn kommt zweckmäßig die gewichtsanalytische Bestimmung in Frage. Hierfür werden die vereinigten salzsauren Lösungen stark verdünnt, mit Schwefelwasserstoff gesättigt und die abfiltrierten Niederschläge mit Natriumsulfidlösung behandelt, wobei Antimon und Zinn in Lösung gehen. Die Lösung wird weiterverarbeitet, wie im Kap. „Kupfer", S. 211, beschrieben.

Es muß unter allen Umständen ein blinder Versuch mitangesetzt werden.

Wismut befindet sich in dem von Zinn und Antimon befreiten Sulfidniederschlag und kann wie üblich bestimmt werden (s. Kap. „Wismut", S. 384 ff.).

---

[12] Z. anal. Chem. Bd. 74 (1928) S. 33.

Arsen.

Man löst 100 bis 200 g Zink vorsichtig in Salpetersäure (1,2), verjagt die salpetrige Säure durch Kochen, oxydiert mit Wasserstoffperoxyd, um alles Arsen in die 5-wertige Oxydationsstufe überzuführen, setzt genügend* Eisen(III)-chloridlösung hinzu und übersättigt mit Ammoniak. Dann wird der arsenhaltige Eisenniederschlag abfiltriert und ausgewaschen. Man löst ihn in Salzsäure, wiederholt das Fällen und Lösen und destilliert das Arsen in üblicher Weise als Trichlorid ab. In der Vorlage kann es entweder gewichtsanalytisch oder maßanalytisch mit Kaliumbromat oder Jodlösung in bekannter Weise bestimmt werden.

Blei.

Sulfatmethode (für Rohzink). Man löst 25 bis 50 g Zink** in Schwefelsäure (30 bis 60 cm³ konz. Schwefelsäure auf 200 bis 400 cm³ Wasser), filtriert nach dem Erkalten vom ungelösten Rückstand ab***, wäscht diesen sorgfältig aus und löst ihn in Salpetersäure (1,2). Die salpetersaure Lösung raucht man mit Schwefelsäure ab, nimmt mit Wasser auf, löst das abgeschiedene Bleisulfat nach mehrstündigem Absitzen und Abfiltrieren in heißer Ammonacetatlösung und bestimmt Blei als Bleichromat oder als Bleisulfat (s. Kap. „Blei", S. 85).

(Für raff. Zink): Die salpetersaure Lösung von 25 bis 50 g Zink wird ammoniakalisch gemacht, mit 2proz. Natriumsulfidlösung angefällt und weiterbehandelt, wie auf S. 437 ausgeführt. (Siehe auch S. 441.)

Elektrolytische Methode (nur bei Abwesenheit von Arsen, Antimon und Mangan anwendbar). 25 bis 50 g Zink** werden in Salpetersäure (1,2) gelöst. Man bringt auf ein bestimmtes Volumen, entnimmt einen gemessenen Anteil und gibt so viel Salpetersäure (1,4) hinzu, daß ungefähr 10 Vol.% im Überschuß vorhanden sind. Hierauf versetzt man die Lösung mit Kupfernitrat und scheidet das Blei elektrolytisch als Bleidioxyd an mattierter Elektrode ab. Die zuerst mit 5 vol.-proz. Salpetersäure und dann mit Wasser gewaschene Elektrode wird bei 180° getrocknet und ausgewogen (s. Kap. „Blei", S. 87). Zur Kontrolle kann das Dioxyd mit Salpetersäure und einigen Tropfen Wasserstoffperoxyd abgelöst, mit Schwefelsäure abgeraucht und als $PbSO_4$ ausgewogen werden.

Blei kann auch *polarographisch* (s. Feinzink) bestimmt werden.

Cadmium.

10 bis 50 g Zink, gegebenenfalls aus der Lösung einer größeren Einwaage entnommen, werden in Salpetersäure (1,2) gelöst; nach dem Lösen macht man ammoniakalisch und fällt mit 2proz. Natriumsulfidlösung an, wie bei Methode 2 auf S. 437 beschrieben. Den ausgewaschenen Niederschlag löst man mit heißer Salzsäure (1 + 3) vom Filter, wobei schon ein großer Teil des Kupfers zurückbleibt und dampft die Lösung mit einer angemessenen Menge konz. Schwefelsäure bis zum Auftreten von SO_3-Dämpfen ein. Dann nimmt man mit Wasser auf, filtriert vom Bleisulfat ab, verdünnt mit so viel Wasser, daß die Lösung 5- bis 6 Vol.-% freie Schwefelsäure enthält, erhitzt zum Kochen und leitet bis zum Erkalten Schwefelwasserstoff ein. Der Niederschlag wird abfiltriert, ausgewaschen, mit heißer Salzsäure (1 + 3) gelöst und mit 5 cm³ konz. Schwefelsäure bis zum Auftreten von SO_3-Dämpfen abgeraucht. Man verdünnt mit 95 cm³ Wasser und fällt noch einmal, wie oben beschrieben, mit Schwefelwasserstoff, um die letzten Spuren Zink zu entfernen. Nach dem Filtrieren wird das reine Cadmiumsulfid mit wenig heißer Salzsäure (1 + 3) gelöst und Cadmium nach dem Abrauchen mit Schwefelsäure als Cadmiumsulfat bestimmt.

---

* Fünffache Eisenmenge im Verhältnis zu Arsen.
** Siehe erste Fußnote S. 436.
*** Das Filtrat muß klar bleiben und darf kein Bleisulfat absetzen.

Enthält die Probe Zinn bzw. Antimon, so löst man sie statt in Salpetersäure in Königswasser, behandelt den ersten Schwefelwasserstoffniederschlag mit Natriumsulfid, verfährt aber sonst wie oben.

Das ausgewogene Cadmiumsulfat muß auf Abwesenheit von Kupfer geprüft werden.

Polarographische Bestimmung. 500 g Zink werden in 1200 cm³ Salpetersäure (1 + 1) und 100 cm³ Salpetersäure (1,4) gelöst. Ist das Zinkmaterial gleichmäßig, nimmt man eine entsprechend kleinere Einwaage. Man verkocht die Stickoxyde und bringt die Lösung in einen 2-Liter-Meßkolben. Von dieser Lösung werden genau 5 cm³ mit genau 10 cm³ einer Grundlösung versetzt, welche aus 1800 cm³ konz. Ammoniak und 200 cm³ Tyloselösung, gesättigt an Natriumsulfit, besteht, und im Polarographen bei der entsprechenden Empfindlichkeit aufgenommen.

Eisen.

α) In Rohzink und bleireichem raff. Zink wird Eisen nach S. 436, „Erste Methode", bestimmt.

β) Man löst 50 bis 100 g (bei ungleichmäßigem Material auch mehr) in Salpetersäure, verjagt die Stickoxyde, übersättigt die Lösung mit Ammoniak, erwärmt einige Zeit, filtriert den Niederschlag ab und löst ihn nach dem Auswaschen mit heißer verd. Salzsäure. Diese Lösung wird verdünnt, mit Schwefelwasserstoff gesättigt, der Niederschlag abfiltriert und ausgewaschen und aus dem Filtrat der Schwefelwasserstoff durch Kochen verjagt. Nach dem Oxydieren fällt man mit Ammoniak, filtriert ab, löst mit höchstens 10 cm³ verd. Salzsäure und titriert nach Reinhardt-Zimmermann.

Colorimetrisch: Man entnimmt dem schwefelwasserstoffhaltigen Filtrat nach dem Verjagen des Schwefelwasserstoffs eine 1 bis 2 g Zink entsprechende Menge, oxydiert mit 1 cm³ Salpetersäure, füllt auf 100 cm³ auf und bestimmt nach Zusatz von 10proz. Kaliumrhodanidlösung das Eisen in einem Hellige-Komparator oder in einem anderen Colorimeter. Es ist darauf zu achten, daß die verwendeten Reagenzien eisenfrei sind. (Über Haltbarkeit der Färbung bei Verwendung einer Kaliumrhodanidlösung in Aceton s. unter Feinzink S. 445/46.

Indium, s. unter Feinzink, S. 447.

Kupfer.

Man löst 50 bis 100 g Zink (bei höheren Kupfergehalten entsprechend weniger) in 200 bis 600 cm³ Schwefelsäure (60 bis 100 cm³ konz. Schwefelsäure auf 150 bis 500 cm³ Wasser), kocht, gibt etwas Natriumthiosulfatlösung hinzu, um etwa in Lösung gegangenes Kupfer zu fällen, kocht nochmals bis zum Zusammenballen des ausgeschiedenen Schwefels, filtriert ab und löst den Niederschlag in Salpetersäure (1,2). Diese Lösung wird mit 10 cm³ Schwefelsäure abgedampft, das Bleisulfat abfiltriert und im Filtrat Kupfer, je nach der Menge, colorimetrisch oder elektrolytisch (s. Kap. „Kupfer", S. 201) bestimmt.

Nickel.

Zur Nickelbestimmung löst man 10 bis 50 g in Salzsäure unter Zusatz von Wasserstoffperoxyd, verkocht dessen Überschuß und leitet Schwefelwasserstoff ein. Man filtriert, befreit das Filtrat durch Kochen vom Schwefelwasserstoff, oxydiert es mit etwas Salpetersäure, fügt einige Kubikzentimeter einer gesättigten Weinsäurelösung hinzu, macht schwach ammoniakalisch und kocht, bis etwas Zinkhydroxyd ausfällt. Hierauf wird Diacetyldioximlösung hinzugefügt, längere Zeit gekocht, filtriert und der Niederschlag durch nochmalige Umfällung gereinigt.

Über die colorimetrische Bestimmung s. unter Feinzink S. 451.

Quecksilber, s. unter Feinzink, S. 452.

Schwefel.

Man löst 100 g Zink in reiner, völlig schwefelsäurefreier Salzsäure (1 + 1) auf, leitet die entweichenden Gase in Cadmiumacetatlösung, filtriert das in der Vorlage ausgefällte Cadmiumsulfid ab, löst es in verd. Salpetersäure, raucht die Lösung mit wenig konz. Schwefelsäure ab und wägt das Cadmiumsulfat; oder man setzt das Cadmiumsulfid mit Kupfersulfat um und ermittelt den Schwefelgehalt aus der Kupferoxydauswaage.

Silber, s. Kap. „Edelmetalle" und unter Feinzink, S. 452.

Silicium.

Die Siliciumbestimmung wird nach der Methode Otis Handy (s. Kap. „Aluminium", S. 31) ausgeführt. Man bringt eine genügend große Menge Zink mittels des Säuregemisches in Lösung, z. B. für 10 g Zink: 120 cm³ Schwefelsäure (1 + 1), 30 cm³ Salpetersäure (1,42) und 60 cm³ Salzsäure (1,19). Nach der Zersetzung des Metalls wird bis zum Auftreten von Schwefelsäuredämpfen abgeraucht und mit Wasser verdünnt; dann erwärmt man, bis alles Lösliche gelöst ist, und filtriert nach dem Erkalten. Den Rückstand spritzt man in eine Porzellanschale und kocht $^1/_4$ Stunde mit 10proz. Sodalösung (blinden Versuch anstellen!), filtriert durch dasselbe Filter, wäscht aus, versetzt das Filtrat mit Salzsäure und dampft es 2mal mit Salzsäure ab. Der Rückstand auf dem Filter wird in Salpetersäure gelöst und 2mal mit Salpetersäure zur Trockne gedampft. Die Rückstände werden mit verd. Salzsäure bzw. verd. Salpetersäure aufgenommen, filtriert und ausgewaschen. Hat man die Filter zusammen verascht, so bestimmt man die Kieselsäure in bekannter Weise durch Abrauchen mit Flußsäure und Schwefelsäure.

Wismut, s. unter Antimon S. 438.

Zinn, s. unter Antimon S. 438.

2. Feinzink und Feinstzink.

In dem deutschen Normenblatt DIN 1706 sind für die zulässigen Beimengungen Grenzwerte angegeben und zwar für Blei, Cadmium, Zinn und Eisen. Ferner können noch vorhanden sein: Kupfer, Wismut, Antimon, Arsen, Aluminium, Mangan, Thallium, Indium, Silber, Nickel, Kobalt und Quecksilber.

Blei, Eisen, Kupfer und Cadmium können in Feinzinksorten bis 99,975% aus *einer* Einwaage nach der auf S. 437 beschriebenen „Zweiten Methode" bestimmt werden. (Einwaage mindestens 200 g.)

Blei.   α) *Gewichtsanalytisch (nach Fällung mit Thioharnstoff* [13]).

100 bis 200 g Feinzink (je nach dem Bleigehalt) werden in konz. Salzsäure (1,19) unter anteilweisem Zusatz von konz. Salpetersäure (1,4) gelöst, wobei ein größerer Säureüberschuß tunlichst zu vermeiden ist. Nach entsprechender Verdünnung auf 1000 bis 2000 cm³ versetzt man mit Ammoniak (0,91), bis sich alles Zinkhydroxyd wieder komplex gelöst hat, und gibt noch 100 bis 200 cm³ im Überschuß hinzu.

Nach Zusatz von 3 bis 5 g festem Thioharnstoff wird aufgekocht und 5 bis 10 min im schwachen Sieden erhalten. Dabei hat man darauf zu achten, daß infolge des Verkochens des Ammoniaküberschusses neben dem schwarzen Sulfidniederschlag keine wesentliche Ausscheidung von weißem, basischem Zinksalz eintritt, und muß diese gegebenenfalls durch erneute Zugabe von Ammoniak verhindern bzw. rückgängig machen. Man läßt abkühlen, filtriert und wäscht mit kaltem ammoniakhaltigem Wasser nach. Filter samt Niederschlag werden nunmehr in einem 500 cm³-Weithals-Erlenmeyerkolben mit Salpeter- und Schwefel-

---

[13] Kröner, E.: Metall u. Erz Bd. 28 (1931) S. 304 bis 305.

säure abgeraucht, wobei gegebenenfalls rauchende Salpetersäure tropfenweise nachzusetzen ist.

Ist alle Säure verjagt, so wird mit 50 cm³ einer Lösung von 15 Teilen Wasser, 3 Teilen absol. Alkohol und 2 Teilen verd Schwefelsäure (1,28) aufgenommen und aufgekocht. Nach dem Kühlen und möglichst 1- bis 2stündigem Absitzen- lassen filtriert man durch ein kleines Filter und wäscht mit dem gleichen Ge- misch von Wasser, Alkohol und Schwefelsäure (wie oben) 3mal nach.

Filter samt Niederschlag werden in einem 500 cm³-Weithals-Erlenmeyerkolben mit etwa 70 cm³ schwach essigsaurer Ammoniumacetatlösung* zerschlagen und zu Schleim zerkocht. Nach Verdünnen auf etwa 100 bis 120 cm³ und nochmaligem Kochen filtriert man heiß und wäscht zunächst mit heißer verd. Ammonium- acetatlösung und dann mit heißem Wasser nach.

Aus der Acetatlösung wird Blei entweder als Chromat, als Sulfat oder besser elektrolytisch bestimmt.

Auch nach der im Kap. „Kupfer", S. 213, angeführten Phosphatmethode kann Blei im Feinzink bestimmt werden.

β) Polarographisch[14].

100 g Feinzink werden in 240 cm³ Salpetersäure $(1+1)$ und 200 cm³ konz. Salpetersäure gelöst, aufgekocht und in einen 500 cm³-Meßkolben übergespült. Nach dem Auffüllen werden genau 5 cm³ abpipettiert und mit 5 cm³ einer Grund- lösung versetzt, welche aus 1800 cm³ gesättigter Ammoniumchloridlösung und 200 cm³ Tyloselösung (2proz.) besteht. Die so vorbereitete Lösung nimmt man mit dem Polarographen mit einer Empfindlichkeit von $^1/_5$ bis $^1/_2$ auf. Die Oszillationen sind verhältnismäßig stark, so daß bei Gehalten unter 0,003% mit einer Fehler- grenze von 10% vom Bleiwert gerechnet werden muß. Die Methode ermöglicht es, Bleigehalte bis $5 \cdot 10^{-4}$% zu bestimmen.

γ) Colorimetrisch

mit Dithizon, s. Kap. „Blei", S. 88.

Cadmium.

Cadmium läßt sich gewichtsanalytisch bis herab zu 0,005% nach der Methode auf S. 439 bestimmen. Sonst wird sein Gehalt polarographisch ermittelt.

Für die Cadmiumbestimmung[14] werden von der hergestellten Zinklösung (siehe bei Blei) ebenfalls 5 cm³ abpipettiert und mit 10 cm³ einer Grundlösung versetzt, welche 1800 cm³ konz. Ammoniak sowie 200 cm³ einer 2proz. Tyloselösung ent- hält und mit Natriumsulfit gesättigt ist. Die so vorbereitete Lösung wird mit dem Polarographen mit einer Empfindlichkeit von $^1/_2$ bis $^1/_1$ aufgenommen. Die Ab- scheidungsspannung des Cadmiums beträgt etwa 0,6 V.

Blei und Cadmium.

Für die *polarographische* Bestimmung von Blei und Cadmium im zinn- und thalliumfreien Elektrolytzink eignet sich auch folgende Methode**:

25 g Feinzink-Sägespäne, bei deren Probenahme peinlichst auf Sauberkeit des Sägeblattes zu achten ist, löst man in Salzsäure (1,19) mit tropfenweisem Zusatz von Wasserstoffperoxyd unter Erwärmen und füllt die Lösung nach dem Ab- kühlen in einem 250 cm³-Meßkolben zur Marke auf. 25 cm³ dieser Lösung, ent- sprechend 2,5 g Zink, werden in einem 250 cm³-Griffinkochbecher zur Trockne gedampft.

---

* 230 cm³ 96proz. Essigsäure werden durch Eingießen in 430 cm³ Wasser verdünnt und unter Kühlung mit 300 cm³ Ammoniak (0,91) versetzt.

[14] Ensslin, F.: Die Analyse des Feinzinks. Metall u. Erz Bd. 37 (1940) S. 171.

** Nach einer privaten Mitteilung von W. Kilian.

Ist es zur Erzielung eines guten Durchschnitts (z. B. bei Granalien) erforderlich, größere Zinkmengen von 100 bis 500 g der Analyse zugrunde zu legen, löst man zweckmäßigerweise in Salz- und Salpetersäure, nimmt von der Lösung ebenfalls einen 2,5 g Zink entsprechenden Anteil ab und dampft ihn zur Trockne ein. Der Trockenrückstand ist in diesem Falle zur Verdrängung der Salpetersäure 3- bis 5mal mit etwas Salzsäure (1,19) aufzunehmen und erneut einzudampfen.

Schließlich löst man ihn in etwas Wasser und 5 Tropfen Salzsäure (1,05) auf, spült die Lösung in einen 25 cm³-Meßkolben und füllt nach Zusatz von 2 cm³ einer 1proz. Gummi arabicum-Lösung zur Marke auf. Zweimal je 10 cm³ dieser Lösung — jeweilig 1 g Zink entsprechend — werden in zwei 50 cm³-Bechergläschen abgenommen. In eines der Gläschen fügt man mittels einer Mikrobürette (s. Abb. 23) 2 cm³ einer neutralen Eichlösung hinzu, welche Bleichlorid und Cadmiumchlorid in solchen Mengen enthält, daß sie größenordnungsmäßig den Gehalten der zur Untersuchung angewandten Zinkmengen an diesen Verunreinigungen entsprechen. Dem anderen Gläschen wird die gleiche Menge Wasser zugesetzt. Nach gutem Durchrühren gibt man die Lösungen in je ein Elektrolysiergefäßchen, von denen sich solche der skizzierten Form (s. Abb. 24) bestens bewährt haben. Durch die beiden Proben leitet man

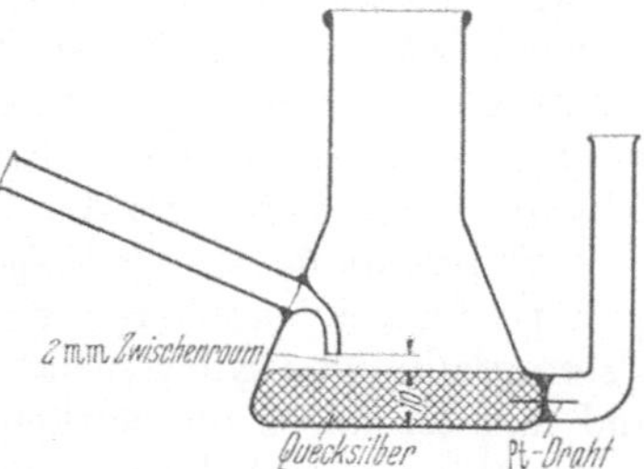

Abb. 23. Mikrobürette.

Abb. 24. Gefäß für polarographische Bestimmungen.

10 bis 15 min reinen Wasserstoff hindurch und vollzieht anschließend die polarographischen Aufnahmen.

Bei Zinksorten mit einem Blei- bzw. Cadmiumgehalt von 0,001 bis 0,05% ist dabei unter Zugrundelegung der Leyboldschen Apparatur des Polarographen die Einstellung des Galvanometers auf eine Empfindlichkeitsstufe von $^1/_5$ bis $^1/_{20}$ am Platze.

Die Auswertung der erhaltenen Polarogramme sei an dem in der Abb. 25 wiedergegebenen Beispiel eines Elektrolytzinks besprochen.

Das einer bestimmten Konzentration eines zu bestimmenden Ions entsprechende Ausmaß des Anstiegs der Stromstärke, welches sich im Polarogramm als Ordinate, d. h. als senkrechte Komponente der Stromspannungskurve, auswirkt, ist bekanntlich grundlegend von den chemischen und physikalischen Bedingungen der polarographierten Elektrolytlösung bei der Aufnahme abhängig. Faktoren, wie Konzentration der Lösung

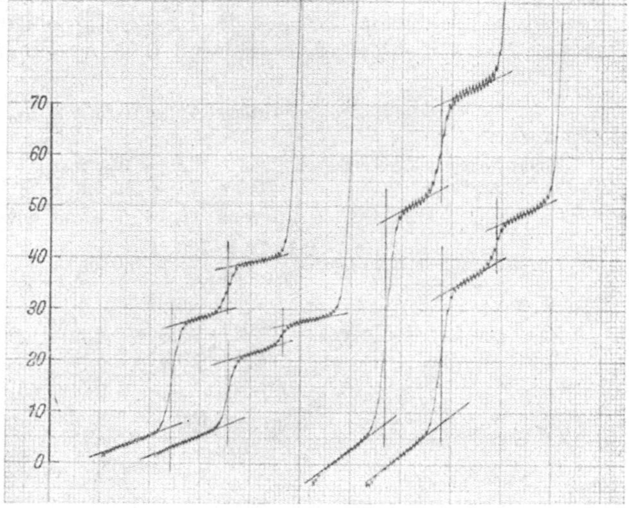

Abb. 25. Polarogramm einer Bestimmung von Blei und Cadmium im Elektrolytzink. Nach W. Kilian.

an zu bestimmenden Ionen sowie Fremdionen (insonderheit Anionen), p_H-Wert und Temperatur der Lösung u. a., sind also bei der Aufnahme bzw. der Auswertung zu berücksichtigen. Bei peinlichster Konstanthaltung der Aufnahmebedingungen in diesem Sinne ist es angängig, mit einem unter gleichen Umständen ermittelten Eichwert bzw. einer Eichkurve zu arbeiten. Da aber im praktischen Betrieb diese Einhaltung konstanter Bedingungen nicht immer ganz einfach ist, wird in der vorliegenden Ausführungsform so gearbeitet, daß jede zu untersuchende Lösung geteilt und in der einen Hälfte (a) als solche — unter Ausgleich des Zusatzvolumens von b) durch destill. Wasser — aufgenommen, in der anderen Hälfte (b) durch Zusatz einer bekannten Menge der zu bestimmenden Stoffe gleichsam geeicht wird.

Man führt entsprechend zwei Aufnahmen kurz hintereinander nach gleicher Vorbehandlung und unter peinlichst gleichzuhaltenden Temperaturbedingungen durch; der zeitliche Mehraufwand durch die Doppelaufnahme ist nur gering. Es ergeben sich zwei Kurven, von denen eine der Originallösung, die andere der gleichen Lösung unter Zusatz von *bekannten* Mengen der zu bestimmenden Ionen entspricht. Die jeweilig auftretenden Unterschiede im Ausmaß der vergleichbaren Wellen entsprechen den zugesetzten Metallmengen, so daß sich aus der zahlenmäßigen Differenz der jeweilige Eichwert ergibt.

Die *praktische Auswertung* der Polarogramme wird folgendermaßen durchgeführt: Man extrapoliert die einzelnen Ionenwellen, indem man die letzten bzw. ersten gradlinigen Kurvenäste vor und nach der auszuwertenden Welle verlängert und mit der durch die zeitliche bzw. spannungsmäßige Mitte der Welle gelegten Senkrechten zum Schnitt bringt. Bei Verwendung eines harten Bleistiftes oder einer feinen Reißfeder sowie eines geeigneten Vergrößerungsglases (Visolettglaslupe) ist eine Ablesung der Schnittpunkte mit einer Genauigkeit bis zu 0,1 mm möglich.

Das oben wiedergegebene Polarogramm sei als Beispiel ausgewertet. Es zeigt die Blei- und Cadmiumwellen eines Elektrolytzinks, und zwar im linken Teil mit $^1/_{10}$ Empfindlichkeit, im rechten Teil mit $^1/_5$ Empfindlichkeit aufgenommen. Die angewandte Zinkmenge beträgt je 1 g gemäß obiger Vorschrift. Zum Zusatz kommen 2 cm³ Eichlösung, enthaltend 0,05 mg Pb/cm³ und 0,02 mg Cd/cm³.

Wertermittlung der linken Aufnahmen mit $^1/_{10}$ Empfindlichkeit.

Pb-Welle:

Zusatzprobe, Wellenhöhe: 26,7 − 6,9 = 19,8 mm
Originalprobe, „ 20,0 − 7,6 = 12,4 mm
Differenz $\varDelta_1$ = 7,4 mm entsprechend 0,1 mg Pb.

$$\text{Pb-Gehalt des Zinks} = \frac{0{,}1 \cdot 12{,}4 \cdot 100}{7{,}4 \cdot 1000} = 0{,}016_8\,\%.$$

Cd-Welle:

Zusatzprobe, Wellenhöhe: 38,2 − 29,8 = 8,4 mm
Originalprobe, „ 26,8 − 23,3 = 3,5 mm
Differenz $\varDelta_2$ = 4,9 mm entsprechend 0,04 mg Cd.

$$\text{Cd-Gehalt des Zinks} = \frac{0{,}04 \cdot 3{,}5 \cdot 100}{4{,}9 \cdot 1000} = 0{,}002_9\,\%.$$

Wertermittlung der rechten Aufnahmen mit $^1/_5$ Empfindlichkeit.

Pb-Welle:

Zusatzprobe, Wellenhöhe: 47,5 − 7,7 = 39,8 mm
Originalprobe, „ 33,0 − 8,0 = 25,0 mm
Differenz $\varDelta_3$ = 14,8 mm entsprechend 0,1 mg Pb.

$$\text{Pb-Gehalt des Zinks} = \frac{0{,}1 \cdot 25{,}0 \cdot 100}{14{,}8 \cdot 1000} = 0{,}016_9\,\%.$$

Cd-Welle:

Zusatzprobe, Wellenhöhe: 70,4 − 53,6 = 16,8 mm
Originalprobe,   „   46,4 − 39,4 = 7,0 mm

Differenz $\Delta_4 =$ 9,8 mm entsprechend 0,04 mg Cd.

$$\text{Cd-Gehalt des Zinks} = \frac{0{,}04 \cdot 7{,}0 \cdot 100}{9{,}8 \cdot 1000} = 0{,}002_9 \%.$$

Während die Ablesung der Schnittpunkte bei der Extrapolation sehr genau erfolgen kann, wie bereits erwähnt wurde, dürfte die Extrapolation der Kurvenäste vor und nach den Wellen gegebenenfalls einem in der Auswertung noch ungeübten Analytiker nicht immer zwangsläufig eindeutig erscheinen. Es sei daher darauf hingewiesen, daß vergleichbare Kurventeile der jeweilig zusammengehörigen beiden Stromspannungskurven der gleichen Probe in den Grenzstromgebieten, d. h. zwischen den einzelnen Wellen, bei richtiger Analysendurchführung gleichartig, d. h. angenähert parallel, verlaufen. Ebenso dürfen bei gleichmäßiger Reihenarbeit die entsprechenden Δ-Werte der einzelnen Proben nicht allzusehr voneinander abweichen. Ein dabei stark herausfallender Δ-Wert deutet meist auf einen Fehler in der Analysendurchführung oder bei der Auswertung hin; in einem solchen Falle ist eine zweite Analyse zur Klärung zweckmäßig.

Da ein Zinngehalt die Bleiwelle und ein Thalliumgehalt die Cadmiumwelle beeinflussen bzw. vergrößern oder verschmieren können, gilt vorstehende Analysendurchführung nur unter der allerdings meist begründeten Voraussetzung, daß das Elektrolytzink keine bzw. nicht meßbare Anteile an Zinn und Thallium enthält. Die nur sehr kleine Metallsalzkonzentrationen enthaltende Eichlösung hat sich als nicht unbedingt beständig erwiesen und muß daher in kürzeren Zeitabständen aus einer konzentrierten Stammlösung durch entsprechende Verdünnung jeweilig neu hergestellt werden.

Nach H. Hohn werden für die Bestimmung von Blei und Cadmium, um die kleinen Stufen bei Werten unter eintausendstel Prozent mit genügender Genauigkeit auswerten zu können, von jedem Elektrolysenansatz 4 Kurven aufgenommen. Die erste Kurve ohne Zusatz, die anderen nach Zusätzen von je drei Zehntausendstel Prozent Blei und Cadmium, so daß der Gehalt der Probe aus der Differenz errechnet werden kann. Der Gang der Analyse ist kurz folgender:

5 g der Zinkprobe werden in einem Becherglas mit konz. Salzsäure gelöst, oder es wird ein entsprechender Anteil aus der Lösung einer größeren Einwaage genommen und in einem Porzellantiegel von ungefähr 30 cm³ Inhalt auf der Flamme eingedampft, bis das Zinkchlorid zu einem großoberflächigen Schaum erstarrt. Nun spritzt man einige Kubikzentimeter Wasser auf den Schaum, löst kurze Zeit auf der Flamme und spült die erhaltene klare Lösung in ein graduiertes Meßgläschen, kühlt dann ab und füllt auf 12 cm³ auf. In den so erhaltenen Analysenansatz wird zur Verjagung des Sauerstoffs 10 min Wasserstoff eingeleitet und hierauf unmittelbar mit der Galvanometerempfindlichkeit $^1/_5$ bis $^1/_{30}$ im Spannungsbereich 0 bis 0,6 V polarographiert.

Eisen.

Es wird colorimetrisch bestimmt. Man löst 50 g Zink in Salzsäure, füllt die Lösung auf 500 cm³ auf und entnimmt je nach dem Eisengehalt eine höchstens 10 g Einwaage entsprechende Menge, oxydiert mit 5 cm³ Salpetersäure, bringt auf 100 cm³, setzt 20 cm³ 10proz. Kaliumrhodanidlösung hinzu und vergleicht in einem Komparator gegen eine Farbscheibe oder in einem anderen Colorimeter. Der Eisengehalt in den verwendeten Reagenzien ist zu berücksichtigen.

Farbbeständiger als die wässerige Rhodanlösung ist nach R. Ahrens* die *Lösung in Aceton.*

---

* Nach einer privaten Mitteilung.

Da die vorhandene Zinkmenge die Farbintensität dämpft, müssen die Vergleichs- bzw. Eichlösungen ebenfalls Zink enthalten. Arbeitet man mit dem Pulfrich-Photometer, so stellt man die Eichlösungen mit einer Zinkchloridlösung gleichen Zinkgehaltes auf, der bestimmte Eisenmengen hinzugefügt werden. Der Eisengehalt der Zinkchloridlösung wird aus der Kurve ermittelt und abgesetzt; geschätzt wird gegen Wasser, Cuvette 50 mm, Filter S 50. Der Eisengehalt des Lösungsmittels muß ebenfalls, und zwar mit Hilfe einer Kurve, die mit zinkfreien Lösungen ermittelt worden ist, bestimmt und abgesetzt werden.

Analysengang: 10 g Zinkmetall (oder 12 g Zinkoxyd) werden in Salzsäure gelöst und mit 5 cm^3 Salpetersäure oxydiert. Man spült die Lösung in einen 200 cm^3-Meßkolben, versetzt mit 50 cm^3 einer 5proz. Rhodanidlösung in Aceton, füllt auf und schätzt im Stufenphotometer. Der Eisenwert der Salz- und Salpetersäure und des destill. Wassers wird auf dieselbe Weise ermittelt und in Rechnung gesetzt. Man schätzt zwischen 20 und 500 γ entsprechend zwei Zehntausendstel bis fünf Tausendstel Prozent mit ausreichender Genauigkeit.

Zinn.

200 g Feinzink werden in Salpetersäure gelöst und nach Blumenthal weiterbehandelt (s. unter B. III, 1, S. 438). Es wird als SnO_2 ausgewogen.

Aluminium.

Gewichtsanalytisch: Die gewichtsanalytische Bestimmung des Aluminiums wird nach der auf S. 455 beschriebenen Oxychinolatmethode ausgeführt.

Colorimetrisch: Aluminium wird photometrisch mit *Eriochromcyanin*[15] bestimmt. Nach R. Ahrens* kann man unmittelbar anfärben und colorimetrieren, und zwar gegen eine auf gleiche Weise behandelte Blindprobe aus aluminiumfreiem Zinkmetall, da der Farbstoff eine starke Eigenfarbe besitzt. Man stellt die Eichkurve unter Zusatz bestimmter Mengen Aluminium mit diesem Metall auf.

Kupfer und Thallium dürfen nicht vorhanden sein. Eisen stört bis zu 0,001% nicht, sind größere Mengen bis zu 0,01% vorhanden, so fügt man der Farbstoffblindlösung die gleiche Eisenmenge hinzu und kompensiert auf diese Weise die Farbtönung des Eisens.

Ausführung: Man löst 1 g Zink im Quarztiegel mit Salzsäure oder entnimmt einen entsprechenden Anteil aus der Lösung einer größeren Einwaage, dampft zur Trockne ein, nimmt mit Wasser auf und spült in ein 100 cm^3-Meßkölbchen. Nun läßt man aluminiumfreie Natronlauge bis zum ersten bleibenden Niederschlag zutropfen, löst diesen durch tropfenweise Zugabe von n-Salzsäure und versetzt mit 15 Tropfen n-Salzsäure im Überschuß. Nach Zusatz von 15 cm^3 einer 0,1proz. wässerigen Eriochromcyaninlösung sowie von 25 cm^3 einer Pufferlösung, die 247 g Ammoniumacetat, 109 g Natriumacetat und 6 cm^3 Eisessig im Liter enthält, wird $^1/_4$ Stunde gewartet und dann im Stufenphotometer gegen den ebenso hergestellten Blindversuch aus aluminiumfreiem Zink colorimetriert. Cuvette 5 mm, Filter S 53. Man schätzt zwischen 2 und 50 γ entsprechend zwei Zehntausendstel bis fünf Tausendstel Prozent mit ausreichender Genauigkeit.

Antimon.

Es wird wie Zinn nach Blumenthal abgeschieden und dann gewichtsanalytisch bestimmt (Blindversuch), s. S. 438.

Arsen.

Gewichtsanalytisch: Die Bestimmung wird, wie bei Rohzink, S. 439, beschrieben, ausgeführt mit einer Einwaage von mindestens 200 g.

Colorimetrisch, s. Kap. „Arsen", S. 62.

---

[15] Techn. Mitt. Krupp, Forschungsbericht Heft 2 (1938) S. 37 bis 46.
* Siehe Fußnote S. 445.

Falls das Zink sich zu langsam in Schwefelsäure löst, setzt man einige Kubikzentimeter einer Silbersulfat- oder einer arsenfreien Kupfersulfatlösung hinzu, oder das Zink wird im Kölbchen mit Salpeter- und Schwefelsäure gelöst und die Lösung zur Trockne geraucht, wobei zu beachten ist, daß die letzten Reste Salpetersäure verjagt sein müssen. Vor Zugabe der 10 bis 15 cm³ verd. Schwefelsäure setzt man 2 g arsenfreies Zink hinzu.

Indium[16].

Je nach dem zu erwartenden Indiumgehalt werden 50 bis 200 g Zink in Schwefelsäure $(1+1)$ so lange gelöst, bis keine Wasserstoffentwicklung mehr stattfindet. Für 100 g Zink sind 175 g Schwefelsäure (1,84) erforderlich. Es bleibt dann ein kleiner Rest von metallischem Zink ungelöst sowie das gesamte, in der Probe enthaltende Cadmium und Indium. Der Metallschlamm, der etwas basische Sulfate enthält, wird abfiltriert und mit heißem Wasser ausgewaschen. Man löst ihn in Salpetersäure $(1+1)$ und raucht die Lösung mit 30 cm³ Schwefelsäure $(1+1)$ ab. Es müssen beim Abrauchen mindestens 10 cm³ freie Schwefelsäure als Rest bleiben, da sonst beim Auffüllen mit Wasser auf 100 cm³ Verluste durch Ausscheidung von basischem Indiumsulfat zu befürchten sind. Das abgeschiedene Bleisulfat wird abfiltriert, das Filtrat mit 5 g Sulfosalicylsäure versetzt, mit Ammoniak schwach ammoniakalisch gemacht und mit Ameisensäure angesäuert, so daß auf 100 cm³ Flüssigkeit 5 cm³ Ameisensäure im Überschuß vorhanden sind. In die erwärmte Lösung leitet man bis zum Erkalten Schwefelwasserstoff ein.

Hierbei fällt Indium zusammen mit den Sulfiden des Kupfers, Cadmiums und Wismuts aus, während Eisen und Zink in Lösung bleiben. Die abfiltrierten Sulfide werden in Salpetersäure gelöst und mit etwa 30 cm³ Schwefelsäure $(1+1)$ abgeraucht. Nach dem Erkalten verdünnt man auf 200 cm³ und leitet in die schwefelsaure Lösung Schwefelwasserstoff ein, wodurch die Sulfide der Schwermetalle Kupfer, Wismut, Cadmium wieder ausfallen, während Indium in Lösung bleibt. Im Filtrat wird der Schwefelwasserstoff verkocht und etwa noch vorhandenes Eisen mit Brom oxydiert. Dann werden aus der mit Brom oxydierten Lösung Eisen und Indium mit Ammoniak als Hydroxyde ausgefällt. Hierbei ist darauf zu achten, daß längere Zeit gekocht werden muß, damit das Indiumhydroxyd quantitativ ausfällt.

Zur Reinigung und zur Entfernung der letzten Spuren von Eisen wird der Hydroxydniederschlag in Salzsäure gelöst, die Lösung mit 5 g Sulfosalicylsäure versetzt, ammoniakalisch gemacht und dann nach Zugabe von Ameisensäure (auf 100 cm³ Lösung 5 cm³ im Überschuß) das Indium mit Schwefelwasserstoff als reines Sulfid ausgefällt.

Das abfiltrierte Sulfid löst man in Salpetersäure, raucht es mit Schwefelsäure ab und trennt es nach dem Verdünnen mit Wasser von ausgeschiedenem Schwefel durch Filtration. Im Filtrat wird Indium wieder mit Ammoniak als Indiumhydroxyd ausgefällt und nach längerem Kochen abfiltriert, das Filter in einem gewogenen Porzellantiegel getrocknet, vorsichtig verascht und dann bei 850° bis zur Gewichtskonstanz geglüht. Die Auswaage besteht aus Indiumoxyd (In_2O_3).

Kobalt[17].

(*Colorimetrische Bestimmung im Feinzink.*) Für die Bestimmung des Kobalts löst man (nach privater Mitteilung von R. Ahrens) 100 g Zink in 400 cm³ konz. Salzsäure, füllt zu 1000 cm³ auf, pipettiert 20 cm der salzsauren Zinklösung (= 2 g Einwaage) in ein Nesslerrohr, fügt 25 cm³ einer 25proz. Ammoniumchloridlösung hinzu und zur Tarnung des stets vorhandenen Eisens 1 cm³ einer 1proz. Diammoniumphosphatlösung. Nun macht man mit 20 cm³

---

[16] Ensslin F.: Metall u. Erz Bd. 37 (1940) S. 118.
[17] Jones, E. G.: Analyst Bd. 43 (1918) S. 317 bis 319 — Chem. Zbl. 1919 II S. 815.

konz. Ammoniak ammoniakalisch und setzt 2 cm³ einer β-Nitroso-α-Naphthollösung[18] hinzu (1 g β-Nitroso-α-Naphthol wird in 200 cm³ Wasser und 30 cm³ normaler Natronlauge gelöst, aufgekocht, filtriert und auf 1000 cm³ aufgefüllt; die Lösung ist unbegrenzt haltbar). Nach 5 min wird mit 20 cm³ konz. Salzsäure angesäuert, auf 100 cm³ aufgefüllt und schnell abgekühlt. Nach dem Abkühlen wird mit Testlösungen verglichen.

Für die *Testlösungen* nimmt man zum Ausgleich für den Zink- und Ammoniumsalzgehalt der Probe je 40 cm³ der 25proz. Ammoniumchloridlösung, fügt entsprechende Mengen einer Kobaltlösung bekannten Gehalts hinzu, macht mit 5 cm³ konz. Ammoniak ammoniakalisch und färbt mit 2 cm³ der β-Nitroso-α-Naphthollösung an. Nach 5 min wird mit 10 cm³ konz. Salzsäure angesäuert, auf 100 cm³ aufgefüllt und gekühlt. Man schätzt zwischen 5 und 60 γ Kobalt mit ausreichender Genauigkeit. Die üblichen Verunreinigungen des Reinstzinks stören in den vorhandenen Größenordnungen nicht.

Kupfer.

Neben dem im Abschnitt „Roh- und raff. Zink", S. 440, angegebenen Verfahren kommen für die Kupferbestimmung im Feinzink noch die im folgenden angeführten colorimetrischen Bestimmungen mit Natriumdiäthyldithiocarbamat, mit Dithizon und endlich mit Diaminoanthrachinonsulfosäure in Betracht. Für alle Methoden sind absolut kupferfreie Reagenzien anzuwenden. Man darf nur mit doppelt destill. Wasser arbeiten.

a) Colorimetrische Bestimmung mit Natriumdiäthyldithiocarbamat[19].

Dafür werden 10 bis 20 g Feinzink in Salpetersäure gelöst; die Lösung wird bis zur Sirupdicke eingedampft (die im Feinzink enthaltenen geringen Mengen Blei stören nicht; sind größere Mengen vorhanden, so müssen sie durch Abrauchen mit Schwefelsäure entfernt werden) und auf 100 cm³ aufgefüllt. Von dieser Lösung versetzt man 50 cm³ mit 10 cm³ einer 20proz. Citronensäurelösung und stellt durch Zugabe von verd. Ammoniak einen p_H-Wert von mindestens 9,0 her. Das Zink muß hierbei vollkommen in Lösung sein. Nach dem Verdünnen auf 70 cm³ werden 10 cm³ einer 0,1proz. Lösung Natriumdiäthyldithiocarbamat — $(C_2H_5)_2N \cdot CSSNa$ — zugesetzt; man mischt gut durch und extrahiert nacheinander mit 2,5 cm³, und dann 3mal mit 1,5 cm³ Kohlenstofftetrachlorid. Die Extraktion wird so lange fortgesetzt, bis das Kohlenstofftetrachlorid praktisch farblos ist. Die verschiedenen gelb gefärbten Auszüge werden vereinigt und von mitgerissenen Wassertröpfchen mittels Filtration durch ein trockenes Filter befreit. Der so gereinigte gelb gefärbte Auszug wird mit Kohlenstofftetrachlorid auf 10 oder 20 cm³ aufgefüllt und entweder mit einer Kontrollösung im Pulfrich-Photometer oder aber mit einer geeigneten Farbscheibe mit dem Komparator verglichen. Es ist darauf zu achten, daß das gelb gefärbte Kohlenstofftetrachlorid nicht dem direkten Sonnenlicht ausgesetzt ist, da sonst eine Verfärbung eintritt. Die Lösungen sind bei der Aufbewahrung in einem vor Licht geschützten Raum bis zu 24 Stunden ohne Zersetzung haltbar. Mit den angewandten Reagenzien ist eine Kompensationsflüssigkeit herzustellen und auszuwerten.

Für den *Hellige-Komparator* hat die Firma Hellige, Freiburg, eine Farbscheibe herausgebracht, welche Standardfärbungen für 1,25 bis 50 γ Kupfer in 10 cm³ Farblösung enthält. Für das Photometer können Eichlösungen mit entsprechenden Kupfergehalten hergestellt werden.

Mit dieser Methode gelingt es, bis zu 10^{-4}% Kupfer mit Sicherheit zu bestimmen.

---

[18] **Atack**, F. W.: J. Soc. chem. Ind. Bd. 34 S. 641 — Bellucci Gazz. Bd. 49 II (1919) S. 294 — Chem. Zbl. 1920 IV S. 216 — Gmelins Handbuch, 8. Aufl., Bd. Kobalt, Teil A, S. 169.
[19] **Callan**, Th., u. J. A. Russel-Henderson: Analyst Bd. 54 (1929) S. 650 bis 653. — Ensslin, F.: Metall u. Erz Bd. 37 (1940) S. 171.

b) Colorimetrische Methode mit Dithizon[20] (Diphenylthiocarbazon).

Am besten geeignet ist das sog. Mischfarbenverfahren. Dieses besitzt den Vorteil, daß sich noch Kupfermengen von wenigen Gamma quantitativ erfassen lassen.

Erforderliche Reagenzien:

Verdünnte Dithizonlösung. Man stellt eine Lösung von etwa 20 mg Dithizon in 100 cm³ Kohlenstofftetrachlorid her, die zunächst von einem im handelsüblichen Dithizon enthaltenen, gelb gefärbten Oxydationsprodukt gereinigt werden muß. Dies geschieht durch Schütteln mit sehr verd. Ammoniaklösung (1 Teil 25proz. Ammoniak verdünnt mit 200 Teilen Wasser). Beim Schütteln geht alles Dithizon in die wässerige Phase über, während das gelbe Oxydationsprodukt in der Kohlenstofftetrachloridschicht zurückbleibt. Nach Abtrennung dieser Schicht wird die wässerige Lösung im Scheidetrichter mit reinem Kohlenstofftetrachlorid (z. B. 200 cm³) unterschichtet, mit verd. Salzsäure angesäuert und sogleich geschüttelt. Das Dithizon geht wieder in die Kohlenstofftetrachloridschicht zurück. Die grüne Lösung wird abgetrennt und 1- bis 2mal mit destill. Wasser gewaschen. Sie kann unter einer Schicht von 1proz. Schwefelsäure in einer braunen Flasche zweckmäßig im Dunkeln aufbewahrt werden und ist so monatelang haltbar. Vor Gebrauch wird ein Teil der Lösung filtriert und mit etwa 7 bis 9 Teilen reinem, doppelt destill. Kohlenstofftetrachlorid verdünnt.

Doppelt destill. Wasser (käufliches destill. Wasser enthält meist Kupferspuren).

10proz. Schwefelsäure, kupferfrei (Prüfung mit Dithizon).

1proz. Schwefelsäure, kupferfrei (Prüfung mit Dithizon).

Ammoniaklösung (1+1), mit destill. Wasser verdünnt, kupferfrei. Die Chemikalien, ebenso wie das Wasser, müssen selbstverständlich frei von Kupfer sein. Oxydierende Stoffe dürfen auch nicht in Spuren vorhanden sein. (Es ist notwendig, alle Gefäße mit Dithizon auszuschütteln.)

Ausführung der Bestimmung. 10 g Zink löst man in 100 bis 125 cm³ Salpetersäure (1,2) in einem geräumigen Becherglas und dampft bis fast zur Sirupdicke ein. Man nimmt (gegebenenfalls unter Zusatz von einigen Tropfen konz. Salpetersäure) mit heißem Wasser auf, kocht unter Zusatz von 0,5 bis 1 g festem Harnstoff (zur Zerstörung etwa noch vorhandener Reste von salpetriger Säure) und füllt nach dem Abkühlen im Meßkolben, ohne zu filtrieren, mit Wasser zu 100 cm³ auf. Man pipettiert 10 cm³ (= 1 g Einwaage) in einen 100 cm³ fassenden Scheidetrichter mit kurzem Ablaufrohr, versetzt mit etwa 10 cm³ Wasser, neutralisiert mit einigen Tropfen Ammoniak (1+1) bis Kongopapier eben rot wird, säuert tropfenweise mit 10proz. Schwefelsäure an bis zur deutlich blauen Färbung des Reagenspapieres und fügt noch 1,0 cm³ 10proz. Schwefelsäure hinzu. Bei der Extraktion mit Dithizon setzt sich Kupfer bedeutend träger mit Dithizon um als Blei. Es ist daher empfehlenswert, zur Extraktion eine mechanische Schüttelvorrichtung zu verwenden.

Zu der angesäuerten Lösung läßt man aus einer Bürette 8 bis 10 cm³ der hellgrünen Dithizonlösung fließen und in der mechanischen Schüttelvorrichtung 5 bis 10 min kräftig durchschütteln. Tritt dabei eine deutlich violette Färbung auf, so läßt man die Kohlenstofftetrachloridschicht in einen Glaszylinder mit eingeschliffenem Glasstopfen ab und extrahiert mit noch weiteren 2 bis 3 cm³ Dithizonlösung. Sind die Extrakte beim Verbrauch von etwa 20 cm³ noch reinviolett gefärbt, so ist für die Bestimmung zuviel Kupfer in der Lösung enthalten. Man nimmt für diesen Fall nur etwa die Hälfte der Lösung und extrahiert wie vorher. Die Extraktion wird so lange wiederholt, bis die Reagenslösung grün bleibt. Bei großem Zinküberschuß kann der Dithizonextrakt zum Schluß blaugrün bleiben, wobei diese Färbung möglicherweise nicht mehr durch Kupfer, sondern durch bereits entstandene Spuren Zinkdithizonat hervorgerufen wird. Man wäscht diese Fraktion im Schüttelzylinder mit etwa 1 cm³ $n/_2$-Salzsäure. Wird die Färbung dabei reingrün, so ist kein Kupfer mehr vorhanden; die Verfärbung rührt dann von Zink her (Zinkdithizonat wird mit Säure zersetzt). Bleibt sie bestehen, so

---

[20] **Fischer, H.,** u. **G. Leopoldi:** Z. angew. Chem. Bd. 47 (1934) S. 90 — Metall u. Erz Bd. 35 (1938) S. 87.

wiederholt man die Extraktion, z. B. mit 1 cm³ Dithizonlösung, weiter, bis beim Waschen mit Säure die reine Grünfärbung des Reagenses auftritt. Reste des grünen Extraktes wäscht man mit einer genau abgemessenen Menge reinen Kohlenstofftetrachlorids heraus und vereinigt alle Extrakte nebst Waschflüssigkeit in dem Glaszylinder.

Zur Ausführung der Vergleichsextraktion läßt man in einen Glaszylinder von gleicher Höhe und gleichem Durchmesser wie bei der Versuchslösung genau soviel Kubikzentimeter der grünen Dithizonlösung und reines Kohlenstofftetrachlorid fließen, als bei der Kupferextraktion im ersten Falle verbraucht wurden, säuert mit 0,2 cm³ $n/_{10}$-Schwefelsäure unter Zugabe von 5 cm³ Wasser an und titriert alsdann aus einer Mikrobürette von etwa 3 bis 5 cm³ Inhalt so lange mit einer Kupferlösung bekannten Gehaltes (in 1 cm³ = 3 bis 4 γ Cu), bis die anfänglich grüne Dithizonlösung den gleichen Ton der Mischfarbe angenommen hat wie die Versuchslösung mit unbekanntem Kupfergehalt. Die verbrauchten Kubikzentimeter der Kupfertestlösung, auf Kupfer umgerechnet, ergeben den gesuchten Kupfergehalt der zu analysierenden Lösung. Die Farbtöne der Mischfarben werden bei einiger Übung leicht getroffen, wenn man beide Zylinder gegen das Licht hält. Es bleibt dabei völlig gleich und dem Ausführenden vorbehalten, ob grünblaue Mischtöne mit stärkerem Dithizonüberschuß oder mehr violette Töne für den Vergleich gewählt werden. Die Farben verändern sich bei mehrstündigem Stehenlassen in geringfügiger Weise. Der hierbei auftretende Fehler fällt kaum ins Gewicht.

α) *Bestimmung von Kupfer neben Silber.* Sind in dem zu untersuchenden Zink noch geringe Mengen Silber vorhanden, so entfernt man zunächst das Silber durch stufenweise Extraktion mit sehr kleinen Volumina der grünen Dithizonlösung. Silber reagiert vor Kupfer; es ist daher beim Extrahieren zuerst die gelbe Färbung des Silberdithizonates zu beobachten. Die letzten Spuren Silber reagieren träger. Wenn also der Farbton bei kurzem Schütteln (2 bis 3 Sekunden) mit z. B. 0,5 cm³ Dithizonlösung nicht mehr reingelb erscheint, ist der größte Teil des Silbers entfernt. Man beginnt nunmehr ohne Rücksicht auf noch vorhandene Silberreste mit der Extraktion des Kupfers, wie vorher beschrieben.

Praktisch dürfte es im allgemeinen recht selten sein, daß der Silbergehalt die Größenordnung von 10^{-3}% übersteigt und den Kupfergehalt überwiegt. In einem solchen Falle wählt man zur Abtrennung des Silbers eine stärkere Dithizonlösung und verwendet die dünnere Reagenslösung nur in der Nähe des Endpunktes.

Die Auszüge werden in einem Zylinder mit Glasschliffstopfen vereinigt und zur Entfernung der mitextrahierten Silberreste mit 3 bis 5 cm³ verd. $n/_2$-Salzsäure geschüttelt. Silberdithizonat wird durch Salzsäure zerlegt (Bildung des komplexen Chlorides), außerdem wird mitgerissenes Zinkdithizonat zersetzt.

Über die Auswertung im Pulfrich-Photometer s. Kap. „Aluminium", S. 30.

β) *Bestimmung von Kupfer neben Quecksilber im Reinzink.* Da im Reinzink zuweilen auch Quecksilber enthalten ist und dieses mit Dithizon in saurer Lösung vor Silber und Kupfer reagiert, muß Quecksilber also vor der Kupferbestimmung entfernt werden.

Man verfährt hierbei wie folgt[21]:

0,5 g Zink (= 5 cm³ der aufgefüllten Zinklösung) oder mehr, je nach dem Kupfergehalt, pipettiert man in den Scheidetrichter, setzt 3 cm³ Salpetersäure (1 + 10) auf 10 cm³ Volumen hinzu und schüttelt kurze Zeit mit 1 bis 2 cm³ der grünen Dithizonlösung. Quecksilber reagiert leicht bei stärkerem Säuregrad, während die Extraktion von Kupfer äußerst träge vonstatten geht. Man erhält bei Anwesenheit von Quecksilber eine gelbbraune bis gelborange Farbe, die abgetrennt

---

[21] Fischer, H., u. G. Leopoldi: Metall u. Erz Bd. 35 (1938) S. 86.

wird. Die Verbindung ist stabil gegen $n/_2$-Salzsäure, während die Silberverbindung zerstört wird. Man extrahiert so lange, bis das Dithizon grün bleibt. Die Hauptmenge bis auf einige Spuren Quecksilber sind hierbei entfernt worden. Um die letzten Anteile herauszubringen, fügt man 10 bis 15 γ Silber (Silbernitratlösung) hinzu, neutralisiert mit Ammoniak $(1 + 1)$, bis Kongopapier eben rot wird, und stellt auf die Säurestufe ein, die bei der Extraktion von Kupfer angegeben ist. Man setzt nun weiter 1 cm³ der Dithizonlösung hinzu, schüttelt gut durch und trennt ab. Mit der Extraktion von Silber werden auch die letzten Anteile Quecksilber entfernt. Man verfährt nun weiter, wie bei der Bestimmung von Kupfer neben Silber angegeben ist, s. S. 450.

c) Colorimetrische Bestimmung mit Diaminoanthrachinonsulfosäure[22].

5 g Zink werden in 50 cm³ konz. Salpetersäure gelöst und mit 25 cm³ konz. Schwefelsäure abgeraucht. Die Salze löst man in 300 bis 400 cm³ Wasser und stumpft die Säure mit 15 cm³ Ammoniak ab. Man sättigt mit Schwefelwasserstoff, setzt nach dem Sättigen eine Quecksilber(II)-salzlösung, die ungefähr 2 mg Quecksilber enthält, als Spurenfänger hinzu und filtriert durch einen Glasfiltertiegel G 4 ab. Die mit Königswasser wieder in Lösung gebrachten Sulfide saugt man durch die Fritte in ein kleines Becherglas, dampft 2 mal zur Entfernung des Quecksilbers mit Salzsäure zur Trockne, nimmt mit 2 cm³ Ammoniak auf, verdünnt mit Wasser und filtriert in ein 50 cm³-Meßkölbchen. Es wird nunmehr mit 1 cm³ einer Diaminoanthrachinonsulfosäurelösung nach Uhlenhut angefärbt und im Pulfrich-Photometer gegen den Farbstoff als Blindprobe colorimetriert. Filter S 61, Cuvette 50 mm. Man schätzt zwischen 5 und 70 γ mit ausreichender Genauigkeit.

Das Reagens stellt man her durch Lösen von 0,5 g in 340 cm³ Wasser, unter Zusatz von 100 cm³ Ammoniak und 40 cm³ Natronlauge von 40° Be.

Nickel[23].

Colorimetrische Bestimmung im Feinzink. 100 g Zink werden (nach privater Mitteilung von R. Ahrens) in 400 cm³ konz. Salzsäure gelöst und auf 1000 cm³ aufgefüllt. 20 cm³ (= 2 g Einwaage) werden in ein Nesslerrohr abpipettiert, mit 25 cm³ einer 25proz. Ammoniumchloridlösung versetzt und mit 5 cm³ gesättigtem Bromwasser in der Kälte oxydiert.

Nach etwa 5 min macht man mit 20 cm³ konz. Ammoniak ammoniakalisch, fügt 2 cm³ einer 1proz. alkoholischen Diacetyldioximlösung hinzu und füllt auf 100 cm³ auf. Die entstandene schwachbraune bis rote Färbung wird mit Testlösungen verglichen.

Für die *Testlösungen* nimmt man zum Ausgleich für den Zink- und Ammoniumsalzgehalt der Probe je 40 cm³ der 25proz. Ammoniumchloridlösung, setzt entsprechende Mengen einer Nickellösung bekannten Gehalts sowie 1 cm³ konz. Salzsäure hinzu und verfährt wie bei der Probe. Man schätzt zwischen 5 und 60 γ Nickel mit ausreichender Genauigkeit. Die üblichen Verunreinigungen des Feinzinks außer Eisen stören in den vorhandenen Größenordnungen nicht. Eisen ist bis zu einem Gehalt von 0,001% nicht störend; sind größere Mengen vorhanden, filtriert man die mit Brom oxydierte ammoniakalische Lösung, löst den Niederschlag vom Filter, fällt noch einmal, verkocht im Filtrat das überschüssige Ammoniak, engt die Flüssigkeit auf 50 cm³ ein, macht mit 2 cm³ Salzsäure sauer, oxydiert nochmals mit Brom und verfährt weiter wie oben.

---

[22] Uhlenhut, R.: Chemiker-Ztg. Bd. 34 (1910) S. 887. — Dubsky, J. V., u. V. Bencko: Z. anal. Chem. Bd. 94 S. 19.

[23] Rollet, A. P.: C. R. Acad. Sci., Paris Bd. 183 (1926) S. 212 — Chem. Zbl. 1926 II S. 1671.

Mangan.

Es wird *colorimetrisch* nach M. Marshall und H. E. Walters[24] bestimmt.

Man geht dabei von einer größeren Einwaage aus, die man in Salpetersäure löst. Im Feinzink ist der Mangangehalt in den meisten Fällen geringer als $5 \cdot 10^{-5}$, so daß man anreichern muß. Man entnimmt der Lösung eine 10 g Einwaage entsprechende Menge, versetzt die Lösung mit so viel Ammoniak, daß sich das zuerst ausfallende Zink wieder auflöst und fällt mit Ammoniumperoxydisulfat Mangan als Dioxydhydrat aus. Der abfiltrierte Niederschlag wird in Salzsäure gelöst und mit wenig Schwefelsäure abgeraucht. Man verdünnt mit Wasser, setzt einige Zehntel Kubikzentimeter Silbernitratlösung (1,38 g Silbernitrat in 1 l Wasser) hinzu und hierauf einige Kubikzentimeter Ammoniumperoxydisulfatlösung (200 g im Liter Wasser), spült sodann in ein Colorimeterglas, erwärmt dieses zur Entwicklung der Permanganatfärbung einige Minuten auf 80 bis 90° und vergleicht die erkaltete Lösung mit einer Kaliumpermanganatlösung von bekanntem Gehalt.

Quecksilber.

5 g Zink werden in 50 cm³ konz. Salpetersäure gelöst und mit 25 cm³ konz. Schwefelsäure abgeraucht. Die Salze löst man in 3 bis 400 cm³ Wasser und stumpft die Säure mit 15 cm³ konz. Ammoniak ab. Bei kleinen Quecksilbermengen unter 1 mg fügt man 2 mg Kupfer hinzu und fällt mit Schwefelwasserstoff. Man filtriert über ein Glasfilter G 4, wäscht gut aus, spritzt den Niederschlag wieder in den Kolben zurück und löst das stets mitgefallene Zink mit 10 cm³ konz. Salzsäure bei einem Volumen von ungefähr 300 cm³. Nun leitet man nochmals Schwefelwasserstoff ein, filtriert über den gleichen Filtertiegel und wäscht gut aus. Man überschichtet den Niederschlag auf der Glasfritte mit ein paar Kubikzentimeter Wasser und leitet von unten durch die Fritte Chlorgas ein, bis sich der Niederschlag gelöst hat. Dann wird die Lösung durch die Fritte in ein Becherglas gesaugt. Größere Mengen Quecksilber über 1 mg bestimmt man nach dem Verjagen des überschüssigen Chlors mit Luft und nach dem Ansäuern mit Salpetersäure elektrolytisch nach S. 273. Kleine Mengen Quecksilber unter 1 mg ermittelt man colorimetrisch mit Dithizon nach H. Fischer und G. Leopoldi[25] entweder im Anschluß an den beschriebenen Analysengang oder unmittelbar nach Kap. „Quecksilber", S. 274.

Silber.

Siehe Kap. „Edelmetalle", S. 181. Als Einwaage nimmt man 1000 g, die man in Schwefelsäure (1 + 4) löst. Der Rückstand wird auf trockenem Wege verarbeitet.

Es kann auch das von H. Fischer, G. Leopoldi und H. von Uslar[26] beschriebene Titrationsverfahren mit Dithizonlösung angewandt werden. Noch einfacher und rascher ist jedoch auch hier die Anwendung des von den beiden erstgenannten Verfassern angegebenen Mischfarbenverfahrens.

Ausführung des Verfahrens. Es unterscheidet sich in seiner Durchführung grundsätzlich nicht von dem bereits S. 449 beschriebenen Verfahren zur Bestimmung des Kupfers. An Stelle der grünen Dithizonlösung wird jedoch in diesem Falle eine violette Lösung von Kupferdithizonat für die Umsetzung verwendet. Man erhält sie durch Schütteln der für die Kupferbestimmung benutzten grünen Reagenslösung mit einer schwach angesäuerten, sehr verdünnten Lösung von

[24] Marshall, M.: Chem. News Bd. 83 (1904) S. 76. — Walters, H. E.: Chem. News Bd. 84 (1904) S. 239. — Treadwell: Bd. 2 S. 108, 11. Aufl.
[25] Metall u. Erz Bd. 38 (1941) S. 154.
[26] Z. anal. Chem. Bd. 101 (1935) S. 1. — Metall u. Erz Bd. 35 (1938) S. 119.

Kupfersulfat. Die sehr verdünnte Kupferdithizonlösung ergibt bei Verwendung im Überschuß mit einer schwach sauren (Acidität wie bei der Kupferbestimmung) silberhaltigen Lösung gelblichorange bis orangeviolette Mischfarben.

Thallium.

Man bestimmt es aus einer Einwaage von 100 bis 200 g. Die Granalien oder Späne werden mit einer nicht ausreichenden Menge Schwefelsäure unter Zusatz von einigen Tropfen einer verd. Kupfersulfatlösung (3proz.) gelöst, so daß etwa 5 bis 10 g zurückbleiben. Dieser Metallschlamm wird nach Entfernung der entstandenen Zinksulfatlösung mit Salpetersäure in Lösung gebracht und mit Schwefelsäure abgeraucht. Das vom Bleisulfat befreite Filtrat wird mit 5 cm^3 einer 3proz. Lösung von Wasserstoffperoxyd versetzt und bis zu dessen Zerstörung gekocht. Zum Abstumpfen der vorhandenen Schwefelsäure setzt man so lange Ammoniak hinzu, bis eben ein Niederschlag bestehenbleibt, der durch einige Tropfen Schwefelsäure wieder in Lösung gebracht wird. Nunmehr wird Thallium in der Hitze mit einer 10proz. Lösung von Kaliumjodid gefällt. Nach längerem Warten filtriert man den Niederschlag ab, löst ihn nochmals in Salpetersäure, raucht mit Schwefelsäure ab und sättigt die Lösung zur Entfernung des Kupfers mit Schwefelwasserstoff. Im Filtrat wird nach dem Verkochen des Schwefelwasserstoffs die Fällung des Thallium(I)-jodids wiederholt. Die Weiterbehandlung des Niederschlages geschieht, wie im Kap. „Thallium" angegeben.

Wismut.

Wird zusammen mit Zinn und Antimon nach Blumenthal s. S. 438 gefällt und colorimetrisch mit Kaliumjodid bestimmt.

3. Hartzink (Bodenzink).

a) Zinkbestimmung.

Man wägt 12,5 bis 25 g Zink ein, löst in Salpetersäure (1,2), spült die Lösung in einen Meßkolben über und entnimmt diesem eine Menge, die 1,25 g Einwaage entspricht. Nach dem Abrauchen mit Schwefelsäure verfährt man weiter, wie bei den „Methoden" unter A. ausgeführt ist.

b) Einzelbestimmungen.

Der Untersuchungsgang für die Einzelbestimmungen entspricht dem für „Rohzink" angegebenen. Für die Bestimmung der Metalle, von denen größere Gehalte vorhanden sind, insbesondere von *Blei* und *Eisen,* genügen entsprechend kleinere Einwaagen. Wegen der Ungleichheit des Materials empfiehlt es sich jedoch, von größeren Einwaagen auszugehen, diese nach dem Lösen mittels Salpetersäure in einem Meßkolben aufzufüllen und entsprechende Mengen zum Analysengang abzumessen. Bei der *Eisenbestimmung* muß ein verbleibender unlöslicher Rückstand durch eine Schmelze aufgeschlossen werden, da er oft säureunlösliche Eisenverbindungen enthält.

IV. Zinklegierungen.

1. Allgemeines.

Die meisten Zinklegierungen sind auf Basis Feinzink 99,99 aufgebaut, einige wenige auf Basis Feinzink 99,975, Raffinade oder Rohzink. Man unterscheidet Zinkspritzguß-, Zinkformguß- und Zinkknetlegierungen, die wieder in Zinkpreß- und Zinkwalzlegierungen eingeteilt werden. Für die Untersuchung kommen nicht nur die Legierungszusätze in Frage, sondern auch die Verunreinigungen. Da die Abfälle verwertet werden müssen, werden gewollte Zusätze vielfach zu ungewollten Beimengungen. Hinsichtlich der Zusammensetzung der Legierungen wird auf die Merkblätter der Zinkberatungsstelle verwiesen.

2. Methoden.

Aluminium.

a) *Bestimmung als Oxyd.*

a_1) Für Legierungen *über* 1% Al.

Man löst eine größere Einwaage in konz. Salzsäure unter Zusatz einer eben hinreichenden Menge von Wasserstoffperoxyd, füllt die Lösung nach dem Erkalten in einem Meßkolben zur Marke auf und entnimmt ihr für Legierungen mit 1 bis 5% Aluminium einen 2 g Einwaage entsprechenden, für Legierungen über 5% Aluminium einen 1 g Einwaage entsprechenden Anteil, kocht einige Zeit, um die Reste des Peroxyds zu zerstören und bringt die Lösung in einen 500 cm³ Meßkolben. Die erkaltete Lösung neutralisiert man vorsichtig mit verd. Ammoniak bis zum Auftreten eines bleibenden Niederschlages, den man dann durch tropfenweisen Zusatz von verd. Schwefelsäure eben wieder löst. Dann wird noch 1 cm³ n-Schwefelsäure hinzugefügt, auf 400 cm³ verdünnt und Schwefelwasserstoff eingeleitet. Ist die Lösung damit gesättigt, füllt man bis zur Marke auf, schüttelt um und filtriert durch ein trockenes Filter in einen trockenen Kolben. Man entnimmt dann 250 cm³, verkocht den Schwefelwasserstoff, fällt Aluminium (s. Kap. „Aluminium", S. 5) mit Ammoniak und filtriert. Das Filtrat ist durch längeres Kochen auf vollständige Ausfällung von Aluminium zu prüfen. Den Niederschlag löst man in verd. Salzsäure und fällt ein zweites Mal um. Das Filtrat muß zinkfrei (gegebenenfalls manganfrei) sein, sonst muß noch einmal gefällt werden. Das abfiltrierte Hydroxyd wird nach den Angaben im Kap. „Aluminium", S. 5, bis zur Gewichtskonstanz geglüht. (Als Temperaturkontrolle setzt man, wie bei der Phosphatmethode, s. S. 455, einen Tiegel mit Aluminiumhydroxyd, aus einer Lösung von bekanntem Gehalt erhalten, zu gleicher Zeit in die Muffel.) Im Oxyd etwa vorhandenes Eisen muß bestimmt und als Fe_2O_3 vom Gewicht abgesetzt werden.

a_2) Bei Legierungen *unter* 1% Aluminium löst man die Einwaage in Salpetersäure, entnimmt der Lösung eine 2,5 bis 5 g Einwaage entsprechende Menge und entfernt das Kupfer durch Elektrolyse. In der kupferfreien Lösung wird nun mit Ammoniak gefällt. Um eine vollständige Ausfällung zu erzielen, muß das Filtrat vom Aluminiumhydroxyd so lange gekocht werden, bis etwas Zink ausgefallen ist. Man filtriert diese Fällung ab, löst die beiden Niederschläge in verd. Salzsäure und nimmt in der in einen 500 cm³-Meßkolben übergespülten Lösung nach dem Neutralisieren und darauffolgendem Ansäuern mit Schwefelsäure die Ausfällung des Zinks vor. Die weitere Ausführung s. im vorigen Abschnitt.

In Legierungen mit *höherem Mangangehalt* kann Aluminium nicht nach dieser Methode bestimmt werden.

b) *Bestimmung als Phosphat*[27].

Die Einwaage eines größeren Durchschnittes der Probe wird in Salzsäure (1,12) gelöst, indem man die Lösung nach Beendigung der Wasserstoffentwicklung mit Kaliumchlorat oxydiert und das Chlor verkocht. Hierauf wird in einem Meßkolben aufgefüllt, und dieser Lösung eine etwa 0,05 bis höchstens 0,1 g Aluminium entsprechende Menge entnommen. Diese bringt man in einen 500 cm³-Meßkolben und neutralisiert mit Ammoniak, bis sich Aluminiumhydroxyd gerade auszuscheiden beginnt. Man fügt etwas Methylorange und in der Kälte tropfenweise verd. Schwefelsäure hinzu, bis die Lösung eben sauer reagiert; ein Niederschlag von Aluminiumhydroxyd darf nicht mehr zu erkennen sein. Nunmehr wird auf ein Volumen von etwa 400 cm³ verdünnt und Schwefelwasserstoff eingeleitet. Zink fällt bei Legierungen mit etwa 5% oder mehr Aluminium bis auf

---

[27] Blumenthal, H.: Metall u. Erz Bd. 37 (1940) S. 315 bis 316.

einen sehr kleinen Rest, der später nicht mehr stört, als leicht filtrierbares Zinksulfid aus, ebenso wird gegebenenfalls vorhandenes Kupfer abgeschieden. Der Meßkolben wird dann mit Wasser aufgefüllt und ein Volumen von 250 cm³ abfiltriert. Man verkocht daraus den Schwefelwasserstoff, kühlt ab und versetzt so weit mit Ammoniak, daß eben ein Niederschlag von Aluminiumhydroxyd entsteht. Dieser wird mit Salzsäure gerade wieder in Lösung gebracht. Bei Legierungen, welche weniger als 5% Aluminium enthalten, wird nach dem Verdünnen auf 400 cm³ der Rest des Zinks mit Schwefelwasserstoff ausgefällt. Man filtriert vom Zinksulfid ab und wäscht das Filter sorgfältig aus. Sodann werden 25 cm³ einer kaltgesättigten wässerigen Lösung von Schwefeldioxyd hinzugegeben, ferner 20 cm³ einer 10proz. Diammoniumphosphatlösung und 15 cm³ Essigsäure (aus einem Teil Eisessig und 3 Teilen Wasser hergestellt). Die schweflige Säure muß hinreichen, um eine Fällung von Aluminiumphosphat zunächst zu verhindern. Nunmehr wird auf etwa 400 cm³ verdünnt und etwa 20 min gekocht. Ein gleichmäßiges Sieden der Flüssigkeit ist dadurch zu erreichen, daß man ein Stückchen aschefreies Filtrierpapier hineingibt und dieses durch einen Glasstab am Boden des Glasgefäßes festhält. Schon während des Erwärmens entsteht ein dichter Niederschlag von Aluminiumphosphat, der durch das Verkochen der schwefligen Säure vollständig wird, sich dann gut absetzt und sich sehr schnell durch ein Weißbandfilter von Schleicher & Schüll filtrieren läßt. Er wird mit heißem Wasser chlorfrei gewaschen, sodann in einem Porzellantiegel getrocknet und auf der Bunsenflamme verascht. Platintiegel sind aus bekanntem Grunde nicht verwendbar! Um zu erreichen, daß der Niederschlag nach dem Veraschen der Zusammensetzung $AlPO_4$ entspricht, ist es unerläßlich, ihn bei einer Temperatur von etwa 1250° bis zur Gewichtskonstanz zu glühen. Hierzu kommt er in eine Muffel, deren Temperatur mit Hilfe eines Pyrometers überwacht wird, und wird darin zunächst 1 Stunde lang belassen. Auf die Einhaltung der Temperatur ist besonders Rücksicht zu nehmen, und in der Praxis wird es deshalb angezeigt sein, bei der Analyse von aluminiumhaltigen Materialien nach dem Phosphatverfahren nebenher durch Versuche mit Lösungen bekannten Aluminiumgehaltes sich laufend davon zu unterrichten, ob die erforderlichen Versuchsbedingungen, vor allem hinsichtlich der Glühtemperatur, eingehalten worden sind.

Erwähnt soll schließlich noch werden, daß sich der geglühte Aluminiumphosphatniederschlag in der Wärme leicht in Mineralsäure auflösen läßt, es somit möglich ist, darin etwa vorhandene Verunreinigungen zu ermitteln, ohne, wie bei der Bestimmung als Aluminiumoxyd, erst einen Schmelzaufschluß vornehmen zu müssen.

Die nach dieser Methode erhaltenen Resultate fallen ein wenig zu hoch aus.

c) *Bestimmung als Oxychinolat*[28]

Nach dieser Methode lassen sich Legierungen mit 0,1 bis 30% Al bestimmen.

Prinzip: Lösen in Salzsäure. Abtrennung der Schwefelwasserstoffgruppe; Trennung des Aluminiums und Eisens vom Magnesium und der Hauptmenge Zink mit Hexamethylentetramin in stark ammoniumsalzhaltiger Lösung; Abtrennung des Eisens und der letzten Anteile Zink in weinsaurer Lösung mit Ammoniumsulfid; gewichtsanalytische Aluminiumbestimmung als Oxychinolat.

Ausführung. α) *Trennungsgang.* 0,5 bis 5 g und mehr völlig trockene Legierungsspäne werden in einem 500 cm³ Weithals-Erlenmeyerkolben in 40 cm³ Salzsäure (1,19) gelöst, wobei zum Schluß unter gleichzeitigem Erwärmen einige Tropfen Perhydrol zuzusetzen sind, um das auszementierte Kupfer ebenfalls in Lösung zu bringen. Zur Erzielung einer Aluminiumchinolatauswaage in zweckmäßiger

---

[28] Kilian, W.: Metall u. Erz Bd. 37 (1940) S. 264.

Größenordnung ist dabei folgende Staffel der Einwaagen bzw. der Entnahme von Lösungsanteilen zu beachten:

Al-Gehalt der Legierung	Einwaage	
etwa 30 bis 15 %	0,10 g	oder aus den Lö-
„ 15 „ 8 %	0,25 g	sungen größerer
„ 8 „ 4 %	0,5 g	Einwaagen
„ 4 „ 2 %	1 g	
„ 2 „ 1 %	2 g	
„ 1 „ 0,5%	4 g	
„ 0,5 „ 0,1%	5 g	

Die auf etwa 300 cm³ verd. Lösung wird bis nahe zum Sieden erhitzt und dann bis zum Erkalten mit Schwefelwasserstoff gesättigt. Der Sulfidniederschlag wird abfiltriert und mit kalter 5 vol.-proz. Salzsäure, welche etwas Schwefelwasserstoff enthält, gut ausgewaschen. Das Filter ist vor dieser Filtration mit der sauren Waschflüssigkeit in den Trichter einzulegen. Das Filtrat der Sulfidfällung wird zur Entfernung des Schwefelwasserstoffs erhitzt, eine Zeitlang im Sieden gehalten (Siedestäbchen) und dann mit Bromwasser oxydiert. Anschließend ist der Bromüberschuß restlos zu verkochen, wobei man auf ein Volumen von etwa 200 cm³ einengt. Man neutralisiert nach Zusatz von etwa 15 g Ammoniumchlorid mit Ammoniak bis zur beginnenden Fällung von Aluminiumhydroxyd und löst dieses wieder durch vorsichtigen, tropfenweisen Zusatz von verd. Salzsäure.

Die siedende Lösung wird nunmehr mit 20 cm³ einer 30proz. Hexamethylentetraminlösung gefällt, nochmals kurze Zeit aufgekocht, sofort filtriert (Lösung dauernd heiß halten!) und mit heißem, ammoniumchloridhaltigem (50 g/l) Wasser gut nachgewaschen. Das Filtrat muß völlig klar sein oder nach Zusatz von Ammoniak völlig klar werden. Der Niederschlag wird samt dem Filter in das Fällungsgefäß zurückgegeben, mit 20 cm³ Salzsäure (1,19) versetzt (den Trichter damit auswaschen) und unter öfterem Schütteln auf der Dampfplatte erhitzt, bis das Filter völlig zu Schleim zerschlagen und zerfallen ist. Man spült den Brei in einen 500 cm³-Meßkolben, setzt 50 cm³ Weinsäurelösung (10proz.) zu, macht ammoniakalisch und fällt mit 20 cm³ frisch bereiteter Ammoniumsulfidlösung. Es wird geschüttelt, 10 bis 15 min stehengelassen, abgekühlt, zur Marke aufgefüllt und wiederum kräftig durchgeschüttelt. Davon werden 100 cm³, bei Aluminiumgehalten unter 0,5% 200 cm³ nach dem Filtrieren entnommen, von der Hauptmenge des Ammoniumsulfids durch Kochen befreit und mit verd. Salzsäure angesäuert (Methylorange). Der restliche Schwefelwasserstoff und der ausgeschiedene Schwefel sind darauf mit Bromwasser zu oxydieren und das überschüssige Brom durch Sieden völlig zu verjagen.

β) *Gewichtsanalytische Al-Chinolatbestimmung*[29]. Die so vorbereitete Lösung wird ammoniakalisch gemacht (Methylorange), mit 5 cm³ Überschuß an Ammoniak (0,91) versetzt und bei 70° langsam mit 10 cm³ o-Oxychinolinlösung* gefällt. Man läßt etwa 15 min auf der Dampfplatte stehen, filtriert durch einen Schottschen Glasfiltertiegel 1 G 4, wäscht zunächst mit kaltem ammoniakalischem Wasser (20 cm³/l) und dann 3mal mit heißem reinen Wasser nach, trocknet bei 105° bis zur Gewichtskonstanz (etwa 1 Stunde) und wägt nach dem Erkalten.

Der Faktor des nach obigem Trennungsgang erhaltenen Aluminium-Oxychinolats auf Al entspricht nicht ganz dem theoretischen und wurde empirisch zu 0,0600 bestimmt.

---

[29] Nach R. Berg: Das o-Oxychinolin „Oxin“. Stuttgart: F. Enke.

* 3 g o-Oxychinolin z. Anal. werden mit 3 cm³ 96proz. Essigsäure angeteigt, mit 100 cm³ kaltem Wasser aufgenommen, bis nahe zum Sieden erhitzt, abgekühlt und vom Ungelösten durch ein Faltenfilter befreit. Die Lösung ist in einer Glasstöpselflasche im Dunkeln aufzubewahren.

Kupfer.

Man löst eine größere Einwaage in Salpetersäure, füllt in einem Meßkolben auf, entnimmt einen einer Kupferauswaage von 0,05 bis 0,2 g entsprechenden Anteil, gibt etwas Ammoniumnitrat hinzu und elektrolysiert in bekannter Weise. Das Kupfer wird von der Elektrode abgelöst, und noch einmal elektrolytisch abgeschieden. Ist die Legierung wismuthaltig, so trennt man nach dem Ablösen von der Elektrode das Wismut vom Kupfer in bekannter Weise durch doppelte Fällung mit Ammoniak und Ammoniumcarbonat und bestimmt dann in der nunmehr wismutfreien Lösung das Kupfer elektrolytisch.

Hat man in Verbindung mit einer anderen Bestimmung mit Schwefelwasserstoff gefällt, so bestimmt man das Kupfer aus diesem Niederschlag elektrolytisch unter vorheriger Trennung von etwa vorhandenem Wismut in bekannter Weise. Über die *polarographische* Bestimmung des Kupfers s. Kap. „Kupfer", S. 203.

Magnesium.

Erste Methode[30] (geeignet für Legierungen ohne oder mit nur geringen Spuren Mangan). 10 g der Legierung löst man in einem 600 cm^3-Becherglas in 50 cm^3 Salpetersäure (1,3). Nach dem Verkochen der Stickoxyde werden 80 cm^3 destill. Wasser, 20 cm^3 Weinsäurelösung (1+1) und so lange Ammoniak (25proz.) hinzugegeben, bis sich der zunächst auftretende Niederschlag wieder gelöst hat. Sodann fügt man noch weitere 50 cm^3 Ammoniak (25proz.) hinzu, erwärmt auf etwa 60°, fällt mit 50 cm^3 Diammoniumphosphatlösung (20proz.), rührt die Flüssigkeit kräftig durch und läßt den hierbei sich bildenden Niederschlag mehrere Stunden, am besten über Nacht, absitzen. Man filtriert ihn durch ein dichtes Filter und wäscht mit ammoniakalischem Wasser (2,5proz.) aus. Das Filter mit dem Niederschlag wird durch Erhitzen mit Salpeter- und Schwefelsäure zerstört. Nach dem Aufnehmen mit 50 cm^3 Wasser filtriert man gegebenenfalls von Kieselsäure und Bleisulfat ab. In einem Volumen von etwa 100 cm^3 wird alsdann die Fällung des Magnesiums nach Hinzufügen von 5 cm^3 Weinsäurelösung (1 + 1) und einem Überschuß von 50 cm^3 Ammoniak (25proz.), nachdem wieder auf etwa 60° erwärmt worden ist, mit 15 cm^3 20proz. Diammoniumphosphatlösung wiederholt. Man läßt den Niederschlag ebenfalls längere Zeit absitzen, filtriert ihn ab, wäscht wie oben aus und verascht im gewogenen Porzellantiegel. — Durch einen nebenher ausgeführten Leerversuch überzeugt man sich, ob die verwendeten Reagenzien sowie das Wasser magnesiumfrei sind. Bei *manganhaltigen* Legierungen wird ein Teil des Mangans als Pyrophosphat mit dem Magnesiumpyrophosphat ausgewogen. Es muß deshalb bestimmt und von der Auswaage abgesetzt werden. Bei *calciumhaltigen* Legierungen muß das Calcium vor der zweiten Phosphatfällung in essigsaurer Lösung als Oxalat abgetrennt werden.

Zweite Methode (anzuwenden bei Legierungen, die mehr als Spuren Mangan enthalten). Magnesium kann auch durch Natronlauge abgeschieden und dann als Pyrophosphat bestimmt werden.

10 g Legierung werden in üblicher Weise mit Salzsäure unter Zusatz von Wasserstoffperoxyd zur Lösung auszementierten Kupfers behandelt.

Die Lösung wird durch Kochen weitgehendst vom Wasserstoffperoxyd befreit, auf etwa 500 cm^3 mit Wasser verdünnt, auf ungefähr 70° erhitzt und mit Schwefelwasserstoff gesättigt. Der Sulfidniederschlag ist mit Wasser nachzuwaschen, dem auf 100 cm^3 5 cm^3 Salzsäure (1,19) zuzusetzen sind. Im Filtrat verkocht man den Schwefelwasserstoff, oxydiert mit Bromwasser und engt auf ein Volumen von etwa 100 cm^3 ein, wobei gleichzeitig überschüssiges Brom verjagt wird. Die Lösung wird dann in dünnem Strahl unter Rühren in 250 bis 300 cm^3 30proz. Natronlauge eingegossen, wobei Zink und Aluminium als Zinkat

---

[30] Blumenthal, H.: Metall u. Erz Bd. 37 (1940) S. 23.

bzw. Aluminat restlos in Lösung gehen müssen, widrigenfalls noch Natronlauge nachzusetzen ist. Nach Zugabe von etwa 1 g Soda läßt man die Lösung über Nacht abgedeckt auf der Dampfplatte stehen. Man dekantiert dann durch einen Glasfiltertiegel 1 G 4 und spült zum Schluß den Niederschlag mit über, indem man mit natriumhydroxydhaltigem heißem Wasser nachwäscht. Der Niederschlag ist mit verd. Salzsäure aus dem Tiegel zu lösen.

Ist nur Eisen und *kein Mangan* in der Legierung, wird die Lösung auf 100 cm³ mit Wasser verdünnt, mit 10 cm³ 10proz. Weinsäurelösung und dann mit Ammoniak im Überschuß versetzt und das Magnesium in üblicher Weise mit Ammoniumphosphat gefällt und bestimmt. Bei *Gegenwart von Mangan* wird dieses mit dem Eisen durch Ammoniak und Ammoniumperoxydisulfat entfernt; dann setzt man ebenfalls etwas Weinsäure zu und verfährt wie vorher.

In jedem Falle ist ein Blindversuch mit genau den gleichen Reagenzienmengen durchzuführen, um deren etwaigen Eigengehalt an Magnesium festzustellen und bei den Bestimmungen in Abzug bringen zu können.

Ebenfalls ist durchgängig die Magnesiumphosphatauswaage auf Mangan zu prüfen.

Die Werte nach der Blumenthalschen Methode fallen etwas höher aus.

Eisen.

Einer in Salzsäure und Wasserstoffperoxyd gelösten Einwaage wird eine dem vorhandenen Eisengehalt angemessene Menge entnommen; man fällt daraus mit Schwefelwasserstoff Kupfer usw., engt das Filtrat ein, versetzt es mit 1 cm³ Salpetersäure und ermittelt das vorhandene Eisen colorimetrisch mit Rhodanid, s. S. 445.

Mangan.

a) Größere Mengen als Legierungsbestandteile. 5 bis 10 g sind wie üblich in Salzsäure und Wasserstoffperoxyd zu lösen. Nach der Schwefelwasserstofffällung oxydiert man das Filtrat mit Bromwasser, verjagt den Bromüberschuß und titriert nach Zusatz von etwas Eisen(III)-chlorid nach Volhard-Wolff in bekannter Weise.

b) Geringe Mengen als Verunreinigung. Man löst 5 bis 10 g in Salpetersäure, entfernt Kupfer durch Elektrolyse, oxydiert die entkupferte salpetersaure Lösung unter Einbeziehung einer etwaigen anodischen Peroxydabscheidung mit Ammoniumperoxydisulfat/Silbernitrat und bestimmt das gebildete Permanganat colorimetrisch oder maßanalytisch nach Procter Smith mit Arsentrioxydlösung (s. Kap. „Mangan").

Blei und Cadmium.

Blei kann, wenn sein Gehalt über 0,1 % beträgt und die Legierung manganfrei ist, elektrolytisch als PbO_2 bestimmt werden (s. S. 439).

*Polarographische Bestimmung (unter 0,1 %)**. 5 g der Legierung werden in einem 200 cm³ Meßkolben in etwa 100 cm³ Salzsäure (1,1) gelöst, wobei zum Schluß nur wenige Tropfen Wasserstoffperoxyd zuzusetzen sind. In die warme Lösung wird Schwefelwasserstoff bis zum Erkalten (etwa 1 Stunde) eingeleitet, das Einleitungsröhrchen mit Salzsäure (1,1) ausgespült und der Kolben mit der gleichen Säure zur Marke aufgefüllt. Von der durchgeschüttelten Lösung filtriert man 100 cm³ durch ein Faltenfilter ab und dampft in einem 250 cm³-Griffinbecher zur Trockne, wobei nach dem Verjagen der Hauptmenge des Schwefelwasserstoffs einige Tropfen Bromwasser zugegeben werden. Der Rückstand ist zweckmäßig nochmals mit etwas Wasser aufzunehmen und das Eindampfen zu wiederholen.

---

* Nach Angaben von Wilh. Müller.

Der mit Wasser und wenigen Tropfen Salzsäure in Lösung gebrachte Trockenrückstand wird dann polarographisch auf Blei und Cadmium untersucht (s. S. 442).

Wismut.

Wismut wird zusammen mit Zinn und Antimon aus einer salpetersauren Lösung nach Blumenthal abgeschieden (s. S. 438). Bei der Trennung des Zinns vom Antimon mittels Eisenpulver geht Wismut mit in den Metallschwamm. Weiterbehandlung s. Kap. „Wismut".

Bei Speziallegierungen wie z. B. ZL 6, die größere Mengen Wismut enthalten, empfiehlt es sich, die Proben in Salzsäure unter Zusatz von etwas Kaliumchlorat oder Wasserstoffperoxyd zu lösen, Wismut, Kupfer usw. mit Schwefelwasserstoff auszufällen, den Niederschlag abzufiltrieren und darin die Wismutbestimmung nach den Angaben im Kap. „Wismut" auszuführen.

Thallium.

Es fällt nach der von H. Blumenthal[31] für die Abscheidung von Antimon usw. angegebenen Methode mit Kaliumpermanganat und Mangannitrat ebenfalls quantitativ aus. Die Arbeitsweise ist folgende:

50 g der Legierung werden im 750 cm³-Erlenmeyerkolben (Weithals) in der soeben ausreichenden Menge Salpetersäure gelöst. Nach dem Vertreiben der Stickoxyde setzt man etwa 1 g Kaliumchlorat hinzu und dampft die Lösung noch bis zur Sirupdicke ein, verdünnt dann bis auf etwa 500 cm³ mit heißem Wasser und gibt 5 cm³ Mangan(II)-nitratlösung (5 g Mangan(II)-nitrat in 100 cm³ Wasser) sowie 3 cm³ einer gesättigten Kaliumpermanganatlösung hinzu. Die Lösung ist dann 10 min zu kochen. Darauf setzt man wiederum 2 cm³ Mangan(II)-nitratlösung und 3 cm³ gesättigter Kaliumpermanganatlösung hinzu und kocht. Nach dem Absetzen des Niederschlages filtriert man durch ein gewöhnliches Filter und wäscht mit heißem Wasser sorgfältig aus. Den Niederschlag löst man in Salzsäure (1 + 1) und Wasserstoffperoxyd, setzt 20 cm³ Schwefelsäure (1 + 1) hinzu und dampft bis zum Entweichen von SO_3-Dämpfen ein. Die Lösung wird nach dem Erkalten mit 100 cm³ Wasser aufgenommen und durch Schwefelwasserstoff von Wismut, Antimon und Zinn befreit. Nach dem Abfiltrieren der Sulfide verkocht man im Filtrat den Schwefelwasserstoff, macht ammoniakalisch und säuert mit Schwefelsäure eben an. Es wird etwas Natriumsulfit hinzugegeben und bei etwa 60° mit Kaliumjodid das Thallium als Thallium(I)-jodid gefällt. Der Niederschlag wird durch einen Porzellanfiltertiegel abfiltriert, mit kaltem Wasser kurze Zeit gewaschen und bei 100° getrocknet.

Antimon. Fällung nach Blumenthal, s. S. 438.

Zinn wird ebenfalls nach Blumenthal gefällt, s. S. 438.

Wasser, Öl und Sand in Legierungsabfällen.

Von Zinklegierungen entstehen bei der Verarbeitung Abfälle in Form von Blechabschnitten, Bohr- und Feilspänen, welche wieder an die Hütten zurückverkauft werden. Die in diesen Abfällen vorhandenen Gehalte an Wasser, Öl und Sand bedingen gewisse Abzüge beim Preis; ihre Bestimmung ist daher erforderlich.

Zur Bestimmung des *Wassers* werden 100 g Späne bei 100° getrocknet. Die getrockneten und gewogenen Späne werden zur *Ölbestimmung* mit Äther und Benzin gewaschen, wiederum getrocknet und gewogen. Die Gewichtsdifferenz ergibt den Gehalt an Öl. Die beim Waschen verwendeten Mengen an Äther und Waschbenzin filtriert man durch ein gewogenes Filter, das dann getrocknet wird. Da beim Waschen der Späne der *gesamte Sand* ebenfalls aus den Spänen herausgespült wird, bleibt er nun auf dem Filter zurück und kann ebenfalls gewogen werden. Die aus den Spänen mitherausgewaschenen feinen Metallteilchen sind vorher aus dem getrockneten Sand mittels einer Pinzette zu entfernen.

---

[31] Z. anal. Chem. Bd. 74 (1928) S. 33/39.

V. Reinoxyde und Salze.
1. Zinkweiß (Metallzinkweiß).

Metallzinkweiß soll nach dem RAL. (Reichsausschuß für Lieferungsbedingungen) mindestens 99% ZnO enthalten. Die Summe der Verunreinigungen einschließlich der Feuchtigkeit soll nicht mehr als 1% betragen, der Bleioxydgehalt höchstens 0,4%.

Die „direkte" Zinkoxydbestimmung ist nicht genau genug, um bei den Sorten, deren ZnO-Gehalt nahe der Grenze von 99% liegt, angewandt zu werden. In diesen Fällen muß die Summe der Verunreinigungen ermittelt werden.

a) „Direkte" Zinkoxydbestimmung.

Die Zinkbestimmung wird nach den Vorschriften A. I, 2 auf S. 412 ausgeführt. Es genügt, statt mit Königswasser mit Salzsäure und einigen Tropfen Perhydrol aufzuschließen. Ferner erübrigt sich auch der Ausgleich im Titer.

Die „International Federation of the National Standardising Association" (ISA. 35) hat folgende beiden Bestimmungsmethoden für alle Farbkörper, die auf ZnO-Gehalt zu untersuchen sind, als international gültige Vorschrift angenommen:

α) *Gewichtsanalytische Bestimmung als Zinkpyrophosphat.*

α_1) *Bestimmung des ZnO-Gehaltes in bleihaltigem Zinkweiß.* 1,25 g Zinkweiß werden in 5 cm³ verd. Salzsäure gelöst, mit 30 cm³ Wasser versetzt und gekocht, bis alles Zinkoxyd in Lösung gegangen ist. Alsdann gibt man 75 cm³ gesättigtes Schwefelwasserstoffwasser hinzu, bringt die Flüssigkeit auf 40° und läßt sie 1 Stunde bei dieser Temperatur stehen. Nach dem Absetzen des Sulfidniederschlags filtriert man in einen 500 cm³-Meßkolben und wäscht das Filter mit einem Gemisch von 25 cm³ Schwefelwasserstoffwasser, 5 cm³ Salzsäure und 75 cm³ Wasser. Ist das Filter gründlich gewaschen, so verkocht man den Schwefelwasserstoff (Prüfung mit Bleiacetatpapier). Nach dem Erkalten gibt man Wasserstoffperoxyd hinzu, um das Eisen und Mangan in die höheren Wertigkeitsstufen zu überführen, fügt darauf 60 cm³ konz. Ammoniak hinzu und füllt zur Marke auf. Hierauf läßt man die Flüssigkeit 2 Stunden stehen. Zur Filtration benutzt man nun ein Faltenfilter. Filter, Trichter und Kolben müssen vollkommen trocken sein. Von dem Filtrat nimmt man 200 cm³, verkocht das Ammoniak, macht dann ganz schwach salzsauer (Prüfung durch Lackmuspapier) und erhitzt auf dem Wasserbade. Zu der warmen Flüssigkeit setzt man eine Lösung zu, die 10mal soviel Ammoniumphosphat enthält, als Zink vorhanden ist. Das sich abscheidende Zinkammoniumphosphat ist zuerst amorph, verwandelt sich aber bald in einen feinen krystallinen Niederschlag, und zwar findet diese Umwandlung um so rascher statt, je mehr Ammoniumsalz in der Lösung enthalten ist. Nachdem man das Erhitzen etwa $^1/_4$ Stunde fortgesetzt hat, wird filtriert, der Tiegel mit dem getrockneten Zinkammoniumphosphat langsam im elektrischen Ofen zur hellen Rotglut (900 bis 1000°) erhitzt und das entstandene Pyrophosphat gewogen.

α_2) *Bestimmung des ZnO-Gehaltes in bleifreiem Zinkweiß.* 1,25 g Zinkweiß werden in 5 cm³ Salzsäure gelöst, mit Wasser auf 200 cm³ verdünnt und nach Zugabe von Wasserstoffperoxyd und etwas Ammoniumchlorid mit Ammoniak versetzt. Nach dem Abfiltrieren in einen 500 cm³-Meßkolben macht man ganz schwach salzsauer (Lackmuspapier), füllt bis zur Marke auf, pipettiert 200 cm³ ab und verfährt genau wie unter α_1) angegeben, weiter.

β) *Maßanalytische Bestimmung mit Kaliumcyanoferrat (II) unter Verwendung von Diphenylamin als Indicator.*

β_1) *Bestimmung des ZnO-Gehaltes in bleihaltigem Zinkweiß.* Das Lösen der Einwaage von 1,25 g Zinkweiß und Weiterbehandeln der erhaltenen Lösung bis zum schwachen Ansäuern der entnommenen 200 cm³ (= 0,5 g Substanz) mit Salzsäure geschieht genau so, wie unter α_1) beschrieben.

Dann setzt man als *Indicator* 10 Tropfen 5proz. alkoholische *Diphenylamin*lösung hinzu und titriert die kochend heiße Flüssigkeit. Hat man den Umschlagspunkt erreicht, titriert man mit $^1/_2$proz. Zinkchloridlösung bis zum Umschlag in Blau zurück. Die Menge Zink, die man zum Zurücktitrieren gebraucht, errechnet man und bringt sie von der durch die Titration ermittelten Menge in Abzug.

β_2) *Bestimmung des ZnO-Gehaltes in bleifreiem Zinkweiß.* 1,25 g Zinkweiß werden in 5 cm³ Salzsäure gelöst, die Lösung wird mit Wasser bis auf 200 cm³ verdünnt und nach Zugabe von Wasserstoffperoxyd und etwas Ammoniumchlorid mit Ammoniak versetzt. Man filtriert in einen 500 cm³-Meßkolben, füllt bis zur Marke auf, läßt 2 Stunden stehen, filtriert, entnimmt 200 cm³, kocht Ammoniak fort, macht eben salzsauer und behandelt genau so weiter wie bei Bestimmung β_1.

Titerstellung der Kaliumcyanoferrat(II)-lösung. 5 g chemisch reines Zink sind in verd. Salzsäure zu lösen und auf 1000 cm³ aufzufüllen. 100 cm³ dieser Lösung sind abzupipettieren und so lange mit verd. Ammoniak zu versetzen, bis sich die entstehende Fällung von Zinkhydroxyd wieder auflöst. Hierauf wird vorsichtig mit verd. Salzsäure neutralisiert und dann noch einige Tropfen im Überschuß hinzugegeben, bis die Lösung schwach sauer ist (Prüfung durch Lackmuspapier). Die zum Sieden erhitzte Flüssigkeit titriert man dann nach Zugabe von 10 Tropfen 5proz. alkoholischer Diphenylaminlösung, bis der Umschlag nach Weiß erreicht ist. Darauf titriert man mit der ¹/₂proz. Zinkchloridlösung zurück. Die Menge Zink, die man zum Zurücktitrieren gebraucht, errechnet man und zählt sie zur vorgelegten Zinkmenge hinzu.

b) Bestimmungen der Verunreinigungen.

Feuchtigkeit. 5 bis 10 g Zinkweiß werden in einem gut verschließbaren Wägegläschen bei 100° bis zur Gewichtskonstanz getrocknet, am besten in einem elektrisch beheizten Trockenschrank mit automatischer Temperaturregelung. Es ist dafür zu sorgen, daß während des Trocknens keine feuchten Substanzen in den Trockenschrank gebracht werden, da Zinkweiß diese Feuchtigkeit unter Hydratbildung aufnimmt und sie bei 100° nicht wieder abgibt. Das getrocknete Zinkweiß wird aus dem Trockenschrank in einen Exsiccator (beschickt mit P_2O_5) mit seitlichem Hahn gebracht. Dieser bleibt geöffnet und trägt ein U-Rohr, dessen innerer Schenkel mit Calciumchlorid und dessen äußerer Schenkel mit Natronkalk gefüllt ist. Man ist wegen der beim Zinkweiß außerordentlich hohen Zerstäubungsgefahr zu dieser Vorsichtsmaßregel gezwungen.

Glühverlust. Das getrocknete Material wird mehrere Stunden vorsichtig bei langsam steigender Temperatur, um Verlust durch Zerstäubung zu verhindern, im elektrischen Ofen bei 600° geglüht. Die Temperatur ist genau einzuhalten. Die Probe wird heiß in einen Exsiccator gebracht, der die gleiche Anordnung besitzt, wie im vorigen Abschnitt beschrieben. Nach der Wägung wird wieder geglüht, bis Gewichtskonstanz eintritt. Der Gewichtsverlust ist bei Abwesenheit von Sulfid und Sulfit durch Kohlendioxyd, Kohle (Fasern) und stärker gebundenes Wasser veranlaßt. Sind *Sulfide oder Sulfite* vorhanden, so wird nur ein Teil des Schwefels als SO_2 entweichen. Ein anderer Teil setzt sich zu Sulfat um. Wird der Zinkoxydgehalt auf indirektem Wege ermittelt, wird also die Summe der Verunreinigungen bestimmt, so muß dieser Umstand berücksichtigt werden. Es ist dann in dem Glührückstand eine Schwefelbestimmung nach S. 462 auszuführen.

Es ist darauf zu achten, daß in die Nähe der Proben keine anderen gebracht werden, welche Gase abgeben, die vom Zinkweiß aufgenommen, aber bis 600° nicht wieder abgegeben werden, wie z. B. SO_3.

Blei, Kupfer, Cadmium und Eisen. Diese werden nach den beim „Feinzink“ oder „Rohzink“ angegebenen Methoden untersucht, Blei und Cadmium am besten polarographisch, Kupfer und Eisen colorimetrisch.

Oxyde des Mangans, Calciums, Magnesiums und Bariumsulfat. Je nach Art des Materials und der zu bestimmenden Verunreinigungen werden 10, 50 oder 100 g eingewogen. Das Zinkweiß wird in Salz- oder Salpetersäure gelöst und die Lösung gegebenenfalls heiß filtriert.

Filter und Rückstand verascht man und schmilzt mit Soda im Platintiegel, löst die Schmelze in Salzsäure und vereinigt die Lösung mit der Hauptlösung. Diese wird mit Ammoniak übersättigt und mit 2proz. Natriumsulfidlösung angefällt, wie auf S. 437 angegeben. Die Abtrennung von Blei, Kupfer, Cadmium und Eisen geschieht ebenfalls, wie dort beschrieben.

Bei Zinkweiß, welches mit *Calcium- oder Bariumsulfat* verfälscht ist, wird die Schmelze in Wasser gelöst und filtriert. Die Carbonate werden in Salzsäure gelöst und der Hauptlösung beigefügt.

Mangan, Calcium, Magnesium und Bariumsulfat kommen in reinen Metallzinkweißsorten gar nicht oder nur in nicht bestimmbaren Spuren vor. In unreinen Sorten geschieht die Bestimmung derart, daß das Filtrat von der Anfällung mit Natriumsulfidlösung mit dem Filtrat der Ammoniakfällung vereinigt und Mangan durch Wasserstoffperoxyd oder Brom in bekannter Weise abgeschieden wird. Das Filtrat von der Manganfällung teilt man dann für die Calcium-, Barium- und Magnesiumbestimmung derart, daß nicht mehr als 10 g Einwaage für die Bestimmung verwandt werden. Die Bestimmung selbst erfolgt nach den üblichen Methoden.

Schwefel.
α) Gesamtschwefel.

10 g Zinkweiß werden mit Salzsäure, welche einige Tropfen Brom enthält (notwendig, da sehr oft geringe Mengen Sulfit vorhanden sind), gekocht. Statt Brom kann man auch Mercksches Perhydrol verwenden, aber nur die reinste Qualität; im letzteren Falle ist längeres Kochen erforderlich, um das Perhydrol vollständig zu zersetzen. Die gegebenenfalls filtrierte Lösung wird mit Ammoniak übersättigt und weiterbehandelt, wie auf S. 433 angegeben. Enthält das Zinkweiß Barium- oder Calciumsulfat, so muß der in Salzsäure unlösliche Rückstand mit Soda geschmolzen werden. Die Schmelze wird in Wasser gelöst, filtriert, das Filtrat mit Salzsäure eben angesäuert und nach Abscheidung der Kieselsäure mit der Hauptlösung vereinigt.

Enthält das Zinkweiß *Zinksulfid*, so muß in Königswasser unter Bromzusatz gelöst werden. Man dampft 2- bis 3mal mit Salzsäure zur Trockne, nimmt mit 5 cm³ Salzsäure auf, fällt kochend mit Ammoniak und verfährt weiter wie oben.

Die Schwefelbestimmung erfordert eine von Schwefelverbindungen freie Laboratoriumsluft. Muß geschmolzen werden, so ist streng darauf zu achten, daß keine Verbrennungsgase der Flamme in den Tiegel gelangen. Zweckmäßig ist es, Gasflammen ganz auszuschalten und nur mit elektrischen Wärmequellen zu arbeiten. Auf jeden Fall muß stets ein blinder Versuch mit durchgeführt werden. Der gefundene Schwefel kommt nach Abrechnung des als Sulfit oder auch als Sulfid vorhandenen Schwefels als SO_3 in Anrechnung.

β) Sulfit- und Sulfidschwefel.

Vorprüfung. In arsen- und antimonfreiem Zinkweiß wird die Prüfung folgendermaßen ausgeführt: 10 g werden mit ausgekochtem Wasser angeschlämmt. Man gibt $n/_{100}$-Jodlösung im Überschuß hinzu, schüttelt etwas durch, säuert mit verd. Salzsäure an und titriert sofort das unverbrauchte Jod mit Thiosulfat zurück. Wird die Prüfung schnell durchgeführt, so stört die im Zinkweiß vorhandene geringe Menge Eisen nicht.

Summe des Sulfit- und Sulfidschwefels. 10 g oder, falls die Vorprüfung die Anwesenheit von größeren Mengen angezeigt hat, eine geringere Einwaage werden in einem mit einem aufrechten Kühler versehenen Sulfidschwefelbestimmungsapparat, s. Abb. 20 auf S. 424, in zinn(II)-chloridhaltiger Salzsäure [40 g $SnCl_2$, 750 cm³ HCl (1,19) und 200 cm³ H_2O] unter Durchleiten von Kohlensäure gelöst. Vorgelegt werden $n/_{10}$- oder $n/_{100}$-Jodlösung im Überschuß (je nach dem zu erwartenden Verbrauch) und ferner hinter der Jodlösung Wasser mit einem Zusatz von 2 cm³ Thiosulfatlösung. Man hält unter stetem Durchleiten von Kohlensäure ungefähr $1/_4$ Stunde lang im Kochen, läßt abkühlen und titriert mit Thiosulfatlösung zurück.

γ) Sulfidschwefel.

Eine dem zu erwartenden Gehalt entsprechende Menge von Zinkweiß wird, wie unter S. 464 angegeben, in Essigsäure gelöst. Den Rückstand kocht man, um basisches Zinksulfit in Lösung zu bringen, mit Ammoniak und gibt ihn dann in den Sulfidschwefelbestimmungsapparat, in dem er genau so, wie im vorherigen Absatz angegeben, behandelt wird. Der Sulfitschwefel kommt als SO_2, der Sulfidschwefel als S in Anrechnung.

Arsen, Zinn, Antimon.

Dieselben Methoden, wie die beim „Feinzink" bzw. „Rohzink" angegebenen, führen zum Ziel.

Kieselsäure.

Auch hier wird dieselbe Methode wie beim Zink, s. S. 441 unter „Silicium", angewandt.

Tonerde.

Außer den bei Zink für Aluminium angegebenen Methoden kann man hier die Trennung mittels Bariumcarbonat anwenden.

Man löst zu diesem Zwecke das Zinkweiß in Salz- oder Salpetersäure, schmilzt einen etwa verbleibenden Rückstand mit Soda im Platintiegel, löst die Schmelze in Salz- oder Salpetersäure, vereinigt diese Lösung mit der Hauptlösung, stumpft mit Sodalösung ab, bis sich eine geringe bleibende Trübung zeigt, nimmt diese mit verd. Salz- oder Salpetersäure gerade eben fort und gibt nun in Wasser aufgeschlämmtes, reines, alkalifreies Bariumcarbonat hinzu, bis nach mehrmaligem Umschütteln unverbrauchtes Fällungsmittel am Boden des Kolbens bemerkbar ist. Man verschließt den Kolben, schüttelt häufig um und filtriert nach einigen Stunden ab. Der Niederschlag wird in Salzsäure gelöst und die Kohlensäure vollständig verkocht. Man leitet Schwefelwasserstoff ein, filtriert und trennt im Filtrat nach dem Verjagen des Schwefelwasserstoffes und Oxydieren das Aluminium und Eisen durch doppelte Fällung mit Ammoniak vom Barium. Der Niederschlag wird ausgewogen, das in ihm befindliche Eisen durch Titration mit Permanganat festgestellt und das Aluminium durch Differenzberechnung ermittelt.

Kohlensäure.

Nach Fresenius-Classen[32] werden 10 g Zinkweiß im Zersetzungskolben mit verd. Schwefelsäure $(1+4)$, die wegen vorhandenen Sulfits einige Tropfen Perhydrol enthält, gelöst und erwärmt. Im übrigen wird genau so verfahren, wie bei Treadwell angegeben.

Kohlenstoff bzw. organische Substanz (Kohle).

Der Kohlenstoff wird durch Glühen des bei 100° getrockneten, in Essigsäure unlöslichen Rückstandes (s. S. 464) bestimmt.

Bei Anwesenheit von unlöslichen Schwefelverbindungen muß der Rückstand im Sauerstoffstrom verbrannt werden.

Chlorid.

Die Chloridbestimmung wird nach S. 434 ausgeführt.

Metallische Bestandteile (metallisches Zink und Eisen):

Die Prüfung auf einen Gehalt an metallischen Bestandteilen wird nach dem gasvolumetrischen Verfahren ausgeführt (s. S. 435). Falls sich bei der Prüfung (10 g) eine Gasentwicklung zeigt, so ist das entstehende Gas durch Absorption mit Kalilauge von einem etwaigen Gehalt an Kohlensäure, Schwefelwasserstoff oder schwefliger Säure zu befreien.

---

[32] Siehe Treadwell: Bd. 2 (1930) S. 322, 11. Aufl.

c) Bestimmung des in Wasser löslichen Anteils.

(Zinksulfat, Zinksulfit, Cadmiumsulfat, Spuren Kupfersulfat usw., mitunter auch Zinkchlorid.)

α) *Bestimmung des gesamten wasserlöslichen Anteils.*

10 bis 20 g werden mit ausgekochtem, kohlensäurefreiem Wasser übergossen, schwach erwärmt und geschüttelt. Nach dem Absitzen und dem Erkalten filtriert man und behandelt den Rückstand noch einmal in der gleichen Weise. Die vereinigten Filtrate werden auf dem Wasserbade eingedampft; der Rückstand wird bei 100° getrocknet und gewogen.

β) *Die Bestimmung der einzelnen Anteile.*

50 bis 100 g werden in der gleichen Weise behandelt, wie soeben beschrieben. Man engt das Filtrat ein, füllt es in einem Meßkolben auf 500 cm³ auf und entnimmt davon für die Schwefelbestimmung und für die Bestimmungen der Metalle gemessene Anteile.

Der Anteil für die *Schwefelbestimmung* wird mit Salzsäure versetzt, welche bei Anwesenheit von Sulfit etwas Brom enthalten muß. Man verkocht das Brom und fällt mit kochender Bariumchloridlösung. Das Bariumsulfat wird in üblicher Weise zur Wägung gebracht.

In einem anderen Teile wird, wenn erforderlich, die *Sulfitbestimmung* ausgeführt (s. S. 462).

Der Anteil für die *Bestimmung der Metalle* wird mit 1 bis 2 cm³ konz. Schwefelsäure bis zur Trockne abgeraucht, dann mit 4 cm³ Salzsäure und 100 cm³ Wasser aufgenommen und mit Schwefelwasserstoff behandelt. Man filtriert ab, löst den Niederschlag mit verd. Salpetersäure und dampft mit 2 cm³ konz. Schwefelsäure bis zum Rauchen ein. Dann nimmt man mit 40 cm³ Wasser auf und sättigt die Lösung wieder mit Schwefelwasserstoff, befreit die vereinigten Filtrate vom Schwefelwasserstoff durch Kochen und oxydiert mit Wasserstoffperoxyd. Vorhandenes *Eisen* wird durch doppelte Ammoniakfällung abgeschieden. Im Filtrat verkocht man den Überschuß des Ammoniaks, säuert nun ganz schwach an und titriert in der zum Sieden erhitzen Lösung das Zink mit Kaliumcyanoferrat(II). Will man nach Urbasch titrieren (s. S. 413), so empfiehlt es sich, falls nur sehr wenig Zink vorhanden ist, der Probe 10 cm³ der für die Rücktitration bestimmten Zinklösung zuzusetzen.

Die Bestimmung des *Cadmiums* und *Kupfers* geschieht genau wie auf S. 461 angegeben.

Sollten *Chloride* im Zinkweiß vorhanden sein, so wird in einem weiteren Anteil des wässerigen Auszugs das wasserlösliche Chlorid in bekannter Weise bestimmt.

d) In Essigsäure unlöslicher Rückstand.

Die Methode zur Ermittlung des in Essigsäure unlöslichen Anteils wird angewandt zur Charakterisierung des Zinkweißes. Das Ergebnis gestattet aber keinen sicheren Rückschluß auf den ZnO-Gehalt.

100 g Zinkweiß werden mit 200 cm³ Wasser aufgeschlämmt, mit 200 cm³ konz. Essigsäure versetzt, hierauf mit 200 cm³ Wasser verdünnt und unter häufigem Schütteln erhitzt. Der unlösliche Rückstand wird durch einen Berliner Porzellanfiltriertiegel abfiltriert, mit heißem Wasser ausgewaschen, bei 100° getrocknet und gewogen.

Die Bestimmung des *Kohlenstoffs* bzw. der organischen Substanz im Rückstand s. S. 463.

Die Bestimmung des *Sulfidschwefels* im Rückstand s. S. 462. Der Rückstand kann auch *basisches Sulfit* enthalten.

2. Zinkvitriol.

Zink.

Man löst 25 bis 50 g in einem 500 cm³-Meßkolben in heißem Wasser, füllt auf, entnimmt der Lösung je nach der anzuwendenden Methode eine 1,25 oder 1 g Einwaage entsprechende Menge und verfährt genau so, wie bei den Methoden der Zinkbestimmung angegeben (S. 411 bis 415). Ein Ausgleich zum Titer erübrigt sich.

Sulfat.

Man löst eine größere Einwaage in einem Meßkolben in Salzsäure, entnimmt eine 0,5 g Zinkvitriol entsprechende Menge und fällt in dieser Lösung nach dem Abscheiden des Unlöslichen in üblicher Weise mit Bariumchlorid.

Freie Schwefelsäure.

Man behandelt 10 g Zinkvitriol längere Zeit mit 96 vol.-proz. säurefreiem Alkohol, filtriert und titriert mit $n/_{10}$-Natronlauge und Methylrot als Indicator.

Wasser.

2 bis 3 g Zinkvitriol werden im Wägegläschen mit eingeschliffenem Stopfen bei 220° bis zur Gewichtskonstanz getrocknet.

Chlorid.

5 bis 10 g oder mehr Zinkvitriol löst man in 300 cm³ Wasser unter Zusatz von wenig Salpetersäure und filtriert etwa vorhandenes Unlösliches ab. Dann fällt man das Chlorid mit Silbernitratlösung in der Wärme ohne zu kochen, rührt gut durch, läßt absitzen und filtriert das Silberchlorid ab. Es wird nach dem Umfällen ausgewogen, oder man bestimmt in ihm das Silber schnellelektrolytisch aus ammoniakalischer oder kaliumcyanidhaltiger Lösung (s. Kap. „Kupfer", Chlor im Zementkupfer, S. 208). Faktor aus AgCl = 0,3287.

Eisen, Aluminium, Mangan.

200 g Probematerial löst man in 800 cm³ Wasser und etwa 30 cm³ verd. Salzsäure; Unlösliches filtriert man ab. Zur Fällung von Eisen, Tonerde und Mangan wird die Lösung, aus der etwa vorhandenes Blei durch Schwefelwasserstoff zu entfernen ist, mit so viel Ammoniak versetzt, bis sich das zunächst ausfallende Zinkhydroxyd wieder vollständig gelöst hat. Ein zu großer Ammoniaküberschuß ist zu vermeiden. Nach Zusatz von etwas Bromwasser erhitzt man bis fast zum Sieden und läßt einige Stunden bei abgedecktem Gefäß in der Wärme stehen. Der abfiltrierte, mit heißem Wasser gewaschene Niederschlag wird getrocknet und im Porzellantiegel geglüht. Das Oxydgemisch schmilzt man mit wenig Kaliumhydrogensulfat, löst die Schmelze in Wasser unter Zusatz von etwa 25 cm³ verd. Salzsäure und fällt *Eisen* und *Aluminium* nach der Acetatmethode, wägt beide zusammen als Oxyde aus und bestimmt Eisen maßanalytisch oder colorimetrisch. Im Filtrat von der Acetatfällung wird *Mangan* mit Ammoniak und Bromwasser gefällt. Filter und Niederschlag glüht man zu Mn_3O_4 oder bestimmt das Mangan colorimetrisch.

Calcium und Magnesium.

200 g Zinkvitriol werden in 800 cm³ Wasser und etwa 30 cm³ verd. Salzsäure gelöst und Eisen, Aluminium und Mangan, wie oben beschrieben, durch doppelte Fällung abgeschieden. Im Filtrat bestimmt man Calcium in bekannter Weise durch doppelte Fällung mit Ammoniumoxalat und Magnesium im Filtrat mit Natriumphosphat. Bei der Fällung des Calciums muß längere Zeit gekocht werden.

Blei und Kupfer.

200 g Zinkvitriol werden in 500 bis 600 cm³ Wasser unter Zusatz einiger Tropfen Schwefelsäure gelöst; das Bleisulfat wird nach längerem Absitzen abfiltriert.

Dann löst man es in Ammoniumacetat wieder auf, filtriert, falls nötig, gibt zum Filtrat Schwefelsäure und Alkohol, läßt einige Stunden absitzen und bestimmt als Bleisulfat.

Aus der Ammoniumacetatlösung kann Blei auch als Chromat ausgefällt und bestimmt werden (s. Kap. „Blei", S. 85). Das Filtrat von der ersten Bleisulfatfällung säuert man mit etwa 30 cm³ verd. Salzsäure an, und fällt das Kupfer mit Schwefelwasserstoff aus anfangs heißer Lösung. Der Sulfidniederschlag wird abfiltriert, mit schwefelwasserstoffhaltigem Wasser ausgewaschen und geglüht. Darin bestimmt man das Kupfer schnellelektrolytisch oder colorimetrisch (siehe Kap. „Kupfer"). Auch die polarographische Bestimmungsmethode kann angewandt werden.

Cadmium.

200 g Probematerial werden in 800 cm³ Wasser gelöst. Man macht ammoniakalisch, bis das sich ausscheidende Zinkhydroxyd wieder gelöst ist. Dann setzt man tropfenweise unter kräftigem Rühren eine 2proz. Natriumsulfidlösung hinzu und behandelt weiter, wie bei „Rohzink" auf S. 439 angegeben. Cadmium kann auch polarographisch bestimmt werden.

Nickel.

Es kann unmittelbar aus dem Filtrat von den Hydroxyden des Eisens, Mangans und der Tonerde bestimmt werden. Man versetzt dieses mit Diacetyldioxim in der Siedehitze, kocht längere Zeit, läßt 3 bis 4 Stunden bei bedecktem Gefäß auf der Wärmeplatte absitzen und filtriert den Niederschlag ab. Er muß nach dem Rücklösen in schwacher Säure aus schwach ammoniakalischer Lösung umgefällt werden. Das nunmehr reine Nickeldiacetyldioxim wägt man aus oder verglüht es vorsichtig im Porzellantiegel zu NiO.

Schneller und ebenso genau ist eine unmittelbare Bestimmung des Nickels aus einer Sondereinwaage von 200 g Probematerial. Man löst diese in 500 bis 600 cm³ Wasser auf und setzt 1 bis 2 g Ammoniumacetat hinzu. Sollte das zu untersuchende Material beachtliche Mengen an freier Schwefelsäure enthalten, so muß es zuvor mit Natriumhydroxyd annähernd neutralisiert werden. Die schwach essigsaure Lösung wird auf etwa 70° erhitzt, mit Diacetyldioxim versetzt und 3 bis 4 Stunden warm gestellt. Dann filtriert man den Niederschlag ab und fällt ihn aus ammoniakalischer Lösung, wie oben beschrieben, um. Über die *colorimetrische* Bestimmung s. S. 451.

Kobalt.

200 g Vitriol löst man in 800 cm³ Wasser, filtriert und fällt in der mit Salzsäure versetzten Lösung das Kobalt mit α-Nitroso-β-Naphthol. Nach 1stündigem Absitzen des Niederschlages in der Wärme wird filtriert, getrocknet und im Porzellantiegel verascht. Das unreine Kobaltoxyd schmilzt man mit einigen Gramm Kaliumhydrogensulfat, löst die Schmelze in schwefelsaurem Wasser, fällt aus der Lösung das Eisen mit pyridinfreiem Ammoniak, filtriert ab und fällt den Hydroxydniederschlag nach dem Lösen ein zweites Mal. Aus dem stark ammoniakalischen Filtrat, dem man etwas Ammoniumsulfat hinzufügt, wird Kobalt schnellelektrolytisch abgeschieden. (Das abgeschiedene Kobalt ist auf Zink zu prüfen.)

Bariumoxyd.

400 g Probematerial löst man in 1200 cm³ Wasser, erwärmt und fügt einige Tropfen reiner Schwefelsäure hinzu. Die ausgeschiedenen Sulfate von Blei und Barium läßt man in der Wärme einige Stunden absitzen, filtriert und trennt das Bleisulfat vom Bariumsulfat durch Lösen des ersteren mit Ammoniumacetatlösung. Das auf dem Filter zurückbleibende Bariumsulfat wird im Platintiegel

geglüht und mit Soda geschmolzen. Die alkalische Auflösung der Schmelze filtriert man ab, wäscht den Rückstand mit heißem Wasser aus und löst diesen mit Salzsäure auf. Aus der schwach salzsauren Lösung wird das Barium mit einigen Tropfen Schwefelsäure als Sulfat ausgefällt, im Porzellantiegel geglüht und als $BaSO_4$ ausgewogen.

Alkalimetalle.

10 g Zinkvitriol löst man in Wasser, gibt 2 cm³ konz. Schwefelsäure, 7 cm³ konz. Ammoniak, 3 cm³ Eisessig und 10 g Ammoniumacetat hinzu, verdünnt auf 200 cm³ und elektrolysiert in der Kälte mit 3 A auf eine Netzelektrode. Nach 45 min neutralisiert man den Elektrolyten mit Ammoniak und säuert mit 3 cm³ Eisessig wieder an. Nach weiteren $1^1/_4$ bis $1^1/_2$ Stunden ist fast alles Zink abgeschieden. Das Elektrolysat raucht man unter Zusatz von einigen Kubikzentimetern Schwefelsäure ab, nimmt den Salzrückstand mit Wasser und wenig Schwefelsäure auf und filtriert das abgeschiedene Bleisulfat auf einem dichten Filter ab. Im Filtrat werden die Metalle mit Ammoniumsulfid gefällt und dann abfiltriert.

Das Filtrat säuert man mit Schwefelsäure an und läßt die Flüssigkeit bis zum vollständigen Zusammenballen des Schwefels sieden. Dieser wird abfiltriert und in dem Filtrat das Calcium mit Ammoniumoxalat in bekannter Weise gefällt. Das Filtrat von Calciumoxalat dampft man ein und wägt den Rückstand, die Sulfate der Alkalimetalle, im Porzellantiegel nach dem Abrauchen der Ammoniumsalze und Schwefelsäure, aus. Enthält das Zinkvitriol Magnesium, so befindet sich dieses quantitativ bei den Alkalisulfaten. Man löst nach der Auswaage das Gesamtsulfatgemisch und fällt Magnesium in bekannter Weise aus ammoniakalischer Lösung mit Natriumphosphat. Den Niederschlag filtriert man ab, glüht im Porzellantiegel und wägt als $Mg_2P_2O_7$ aus. (Der Faktor für $MgSO_4$ ist dann = 1,081.) Das Gewicht der so erhaltenen Magnesiumsulfatmenge setzt man von obigem Sulfatgemisch ab und erhält das Gewicht der Alkalisulfate.

Kapitel 28.

Zinn*.

A. Bestimmungsmethoden des Zinns unter Berücksichtigung der bei der Analyse störend wirkenden Elemente:
- I. Maßanalytische Bestimmungsmethoden:
    1. Titration mit Jodlösung.
    2. Titration mit Eisen(III)-chloridlösung.
- II. Elektrolytische Bestimmung des Zinns.
- III. Gewichtsanalytische Bestimmung als Zinndioxyd.
- IV. Nephelometrische Bestimmung von geringen Mengen Zinn.

B. Untersuchung von Erzen und Hüttenerzeugnissen.
- I. Erze:
    1. Wolframfreie Erze.
    2. Wolframzinnerze.
    3. Zinnhaltige Gesteine und zinnarme Erze.
- II. Hüttenerzeugnisse:
    1. Aschen, Schlacken, Rückstände usw.
    2. Metalle (Handelszinn).
    3. Legierungen (Weißmetall, Letternmetall und ähnliche Legierungen).

A. Bestimmungsmethoden des Zinns unter Berücksichtigung der bei der Analyse störend wirkenden Elemente.

In der Praxis finden hauptsächlich die maßanalytischen Bestimmungsmethoden Anwendung; hinsichtlich der Genauigkeit der Ergebnisse sind diese sowohl der elektroanalytischen als auch der gewichtsanalytischen als Zinndioxyd gleichwertig.

I. Maßanalytische Bestimmungsmethoden.

Sie beruhen auf der Oxydation von Zinn(II)-chlorid zu Zinn(IV)-chlorid in salzsaurer Lösung.

Sind Antimon, Kupfer, Arsen zugegen, so müssen sie durch Behandeln mit Eisenpulver (Ferrum hydrogenio reductum — sehr geeignet erweist sich die Marke: S. G. 144, Degussa —) entfernt werden. Die Reduktion (s. „Legierungen", S. 479) geht nach H. Blumenthal nur bei Gegenwart von geringen Mengen Antimon rasch und restlos vonstatten; es wird daher bei antimonfreien Zinnlösungen, z. B. beim Titerzinn, ein Zusatz von etwas Antimonlösung empfohlen; nach C. Boy ist ein derartiger Zusatz (bis zu 0,1 g Antimon) bei an sich geringem Antimongehalt und Anwesenheit von *Kupfer* ebenfalls erforderlich, um zu vermeiden, daß Zinn in dem ausgeschiedenen Metallschwamm bleibt.

Die für die maßanalytische Zinnbestimmung vorbereitete Lösung, deren Volumen nicht allzu groß sein darf und höchstens 0,4 bis 0,5 g Zinn enthalten soll, wird in den Titrierkolben (Kochkolben von 500 bis 600 cm³ Inhalt) gebracht.

---

* Bearbeiter: **Toussaint.** Mitarbeiter: **Boy, Eckert, Fresenius, Mertens, Sellmer.**

Man fügt 2 bis 3 g fett- und kupferfreie Aluminiumspäne, -draht oder -grieß hinzu, verschließt den Kolben mit einem doppelt durchbohrten Stopfen und leitet während der nun folgenden Operation dauernd Kohlensäure hindurch; bei deren hohem spez. Gewicht genügt es, wenn das Einleitungsrohr nur einige Zentimeter in den Kolbenhals hineinragt. Der Kolben wird gelinde erwärmt, bis sich das Zinn als Metallschwamm abgeschieden hat; dabei soll eine geringe Menge Aluminium noch ungelöst bleiben. Das Lösen des Aluminiums ist durch Hinzufügen von Wasser bzw. Salzsäure zu regeln. Nun setzt man etwa 50 cm³ Salzsäure (1,19) hinzu, erwärmt, bis sich der Zinnschwamm aufgelöst hat, und kühlt dann den Kolben in fließendem Wasser unter fortgesetztem Durchleiten von Kohlensäure. Anstatt Kohlensäure durch den Kolben zu leiten, kann hier auch der bekannte Göckel-Contatsche Aufsatz, gefüllt mit gesättigter Natriumhydrogencarbonatlösung, angewandt werden. Ist die Lösung abgekühlt, so leitet man durch ein hakenförmiges Glasrohr Kohlensäure in den Hals des Kolbens und titriert. Das Einleiten von Kohlensäure kann man durch Einbringen von einigen Stückchen reinsten Marmors in den Kolben umgehen.

Von *störendem Einfluß* bei der Titration ist die Anwesenheit von *Wolfram* (zu erkennen an der Blaufärbung bei der Behandlung mit Eisenpulver) und *Titan*. Ist eines der beiden Metalle zugegen oder handelt es sich um Materialien unbekannter Zusammensetzung, so ist der folgende Weg zur Vorbereitung für die Titration einzuschlagen: Nach dem Behandeln mit Ferrum red. wird das Filtrat verdünnt, die Säure mit Natriumcarbonat oder Ammoniak weitgehend abgestumpft und Schwefelwasserstoff eingeleitet; es wird filtriert und das Zinnsulfid einige Male mit schwefelwasserstoffhaltigem Wasser gewaschen. Das Filter mit dem Niederschlag wird in den Titrierkolben gebracht und mit 25 cm³ Salzsäure (1 + 1) etwa ¼ Stunde gelinde erwärmt. Nach dem Abkühlen fügt man einen geringen Überschuß von Bromwasser hinzu, läßt die Lösung noch ¼ Stunde, ohne zu erwärmen, stehen und behandelt sie dann mit Aluminium.

Die zu titrierende Lösung soll etwa ⅓ ihres Volumens an Salzsäure (1,19) enthalten.

1. Titration mit Jodlösung.

Die Titration wird mit $^n/_{10}$-Jodlösung ausgeführt oder mit einer Jodlösung die so eingestellt ist, daß 1 cm³ 0,01 g Zinn entspricht. Als Indicator dient lösliche Stärke.

Nach Angabe eines Zinnwerkes hat die von Knight vorgeschlagene Verwendung von farbloser Kaliumjodatlösung einige Vorteile.

Herstellung: 21 g Jod, 8 g Kaliumhydroxyd und 30 g Kaliumjodid werden in 140 cm³ Wasser gelöst, mit verd. Kalilauge entfärbt und zu 1000 cm³ aufgefüllt. Der Einfluß von *Titan* wird bei Verwendung dieser Lösung praktisch ausgeschaltet.

2. Titration mit Eisen(III)-chloridlösung.

Man versetzt die zu titrierende Lösung mit einigen Kubikzentimetern Stärkelösung und 15 Tropfen Indicatorlösung und läßt die Eisen(III)-chloridlösung hinzufließen, bis die auftretende Blaufärbung beim Schütteln nicht mehr verschwindet.

Eisen(III)-chloridlösung: 86 g wasserfreies Eisen(III)-chlorid bzw. 144 g kryst. Eisen(III)-chlorid ($FeCl_3 \cdot 6\,H_2O$) werden unter Hinzufügen von 300 cm³ Salzsäure (1,19) in Wasser gelöst. Die Lösung wird zu 3 l aufgefüllt und so eingestellt, daß 1 cm³ genau 0,0100 g Zinn entspricht. Das kryst. Chlorid ist vorzuziehen, da es beständiger ist als das wasserfreie.

Indicatorlösung: 100 g Kaliumjodid und 25 bis 27 g Kupfer(I)-jodid werden mit 50 g Jodwasserstoffsäure (1,50) gemischt. Nach Zusatz von 50 cm³ warmem Wasser wird mit einem Glasstab gerührt, bis das Kupfer(I)-jodid gelöst ist; die überstehende Flüssigkeit wird in die Vorratsflasche gegeben. Den Rest des Kaliumjodids löst man durch Zusatz von weiteren 50 g Jodwasserstoffsäure und 50 cm³ Wasser und gibt diese Lösung gleichfalls in die Vorratsflasche, worauf einige Stücke Kupferdraht (etwa 2 mm stark) beigefügt werden. Darauf leitet man Kohlensäure durch die Lösung, bis sie farblos ist. Die Vorratsflasche wird am besten unter Kohlensäure und vor direktem Tageslicht geschützt aufbewahrt. Zum Gebraucht füllt man einen Teil der Lösung in ein Tropffläschchen.

Der nach dieser Vorschrift hergestellte Indicator hat sich als besonders brauchbar erwiesen.

Titerstellung der Lösungen. Eine dem Gehalt der zu untersuchenden Probe etwa entsprechende Menge von chemisch reinem Zinn, dessen Reingehalt durch Differenzanalyse festgestellt ist, wird in starker Salzsäure gelöst und unter den gleichen Bedingungen wie bei der Probe selbst titriert.

Die Eisen(III)-chloridmethode erfordert eine gewisse Übung.

II. Elektroanalytische Bestimmung des Zinns[1].

In der Praxis hat sich die elektroanalytische Zinnbestimmung aus salzsaureroxalsaurer Lösung bestens bewährt. Zur Erzielung genauer Ergebnisse muß man aber die nachstehenden Bedingungen innehalten.

Der Elektrolyt soll bei einem Zinngehalt bis zu etwa 300 mg ein Volumen von 250 bis 280 cm³ haben und 25 g Oxalsäure sowie 20 cm³ Salzsäure (1 + 1) enthalten. Bei höherem Zinngehalt muß man auch den Salzsäuregehalt erhöhen, um das Zinn in Lösung zu halten, so daß man bei etwa 1 g Zinn 60 cm³ Salzsäure (1 + 1) benötigt. Die Oxalsäuremenge kann etwa die gleiche bleiben; geht man damit wesentlich höher, so krystallisiert ein Teil davon beim Erkalten des Elektrolyten aus und stört die Elektrolyse.

Die unverkupferte Platin-Netzelektrode wird vollständig in den Elektrolyten eingetaucht. Es wird bei etwa 80° über Nacht mit 0,3 bis 0,4 A elektrolysiert. Geht man mit der Stromstärke auf etwa 0,7 A, so haftet das Zinn, bei Mengen von etwa 400 mg ab aufwärts, nicht mehr an der Elektrode, sondern scheidet sich krystallin (nadelförmig) aus, was zu mechanischen Verlusten führen kann. Zum Schluß läßt sich die Stromstärke ohne Schaden auf 1 A und mehr erhöhen. Nach beendeter Elektrolyse taucht man die Elektroden ohne Stromunterbrechung in ein Glas mit heißem destilliertem Wasser, und zwar so, daß der Zinnniederschlag vollständig bedeckt ist, und läßt die Elektrolyse noch etwa 10 min lang weitergehen; andernfalls hat man im Waschwasser nachher merkliche Mengen Zinn.

Die Netzelektrode wird in einem zweiten Glas mit heißem Wasser abgespült, in Alkohol getaucht und bei etwa 80° getrocknet. Es sei ausdrücklich bemerkt, daß die Platinelektroden bei richtiger Ausführung der Elektrolyse keine Veränderungen erleiden.

Die elektroanalytische Zinnbestimmung läßt sich mit Vorteil dann anwenden, wenn man im Laufe einer Analyse Zinn nach der Clarkeschen Methode in salzsaurer-oxalsaurer Lösung von Arsen und Antimon getrennt hat. Diese Lösung kann dann ohne weiteres elektrolysiert werden.

Enthält der Elektrolyt noch andere Metalle, so gehen Kupfer und Blei quantitativ in das Zinn, Antimon aber nur teilweise. Zink und Eisen fallen bei geringem Salzsäuregehalt ebenfalls teilweise mit aus. Durch Erhöhung des Salzsäuregehaltes kann man das Mitfallen von Zink und Eisen so gut wie vollständig verhindern.

---

[1] Eckert, E.: Metall u. Erz Bd. 21 (1924) S. 202f.

III. Gewichtsanalytische Bestimmung als Zinndioxyd.

In einigen Spezialfällen kann es zweckmäßig sein, dieses zwar umständliche, aber durchaus zuverlässige Verfahren anzuwenden. Da es bei den eigentlichen Zinnmaterialien wohl kaum angewandt werden wird, genügt es, hier auf andere Kapitel, z. B. „Kupfer", S. 210, zu verweisen, in denen es sich um die Bestimmung von geringeren Mengen Zinn als beabsichtigter Zusatz bzw. als ungewollte Verunreinigung handelt.

IV. Nephelometrische Bestimmung von geringen Mengen Zinn.

C. Boy und K. Steinhäuser schlagen eine nephelometrische Bestimmung von geringen Mengen Zinn vor, die auf der Reduktion von Quecksilber(II)-chlorid zu Quecksilber(I)-chlorid durch Zinn(II)-chlorid beruht.

Als Beispiel soll die Prüfung von *Aluminium* auf einen geringen Zinngehalt dienen: Die Einwaage wird so gewählt, daß sie etwa 1 bis 3 mg Zinn enthält. Die Späne werden in Salzsäure gelöst [für 1 g Material 10 cm³ Salzsäure (1,19)] unter Hinzufügen von 1 g Kaliumchlorid, um ein Entweichen von H_2SnCl_6 zu verhindern; zum Lösen eines etwa bleibenden Metallschwammes setzt man zum Schluß etwa 1 g Kaliumchlorat hinzu. Die Lösung wird auf dem Wasserbad bis zum Abscheiden der ersten Krystalle eingedampft. Dann verdünnt man auf das Dreifache, macht durch Hinzufügen von Ammoniumacetat essigsauer, erwärmt auf 60 bis 70° und leitet $^1/_2$ Stunde Schwefelwasserstoff ein. Der abfiltrierte Niederschlag wird mit einer Lösung von farblosem Natriumsulfid ausgezogen, die so erhaltene Sulfosalzlösung mit Salzsäure angesäuert und durch einen Filtertiegel filtriert. Die abgeschiedenen Sulfide löst man mit 25 cm³ Salzsäure $(1+5)$ unter Hinzufügen von 0,5 g Kaliumchlorat unter Erwärmen, worauf man ohne Gefahr eines Verlustes von Zinn bis auf etwa 10 cm³ eindampfen kann.

Die Lösung wird in bedecktem Becherglas mit 1 g Ferrum red. (in kleinen Anteilen hinzugegeben) reduziert. Dann filtriert man die siedend heiße Flüssigkeit durch ein schnell laufendes, mit Filterschleim gedichtetes Filter in ein 100 cm³-Meßkölbchen, das 5 cm³ einer 5proz. Quecksilber(II)-chloridlösung enthält. Während des Filtrierens wird das Kölbchen öfters umgeschwenkt, um gleichmäßig feine Schwebeteilchen zu erzielen. Das Becherglas spült man 1- bis 2mal mit heißem Wasser aus und gibt den Inhalt zum Auswaschen auf das Filter, wobei kein Ferrum red. durch das Filter laufen darf. Das Filtrat wird jetzt mit warmem Wasser zur Marke aufgefüllt.

Vor dem Vergleichen ist der Inhalt noch einmal gut durchzuschütteln.

Von dem Beginn des Filtrierens bis zum Vergleichen darf nicht allzulange Zeit verstreichen, da sonst eine gewisse Vergrößerung der Schwebeteilchen eintritt.

Zum Vergleichen werden abgemessene Mengen einer 10proz. salzsauren Lösung von Zinn(IV)-chlorid mit Ferrum red. wie oben behandelt.

Das Vergleichen geschieht gegen Tageslicht, wobei zweckmäßig ein dunkler Hintergrund zum besseren Beobachten dient.

B. Untersuchung von Erzen und Hüttenerzeugnissen.

I. Erze.

An Erzen kommt praktisch nur der *Zinnstein* oder *Kassiterit* (SnO_2, theoretisch mit 78,77% Sn) in Frage.

1. Wolframfreie Erze.

Zinn. 2,5 bis 5 g des äußerst fein geriebenen, bei 105° getrockneten Erzes werden im zinnfreien Eisen- oder Nickeltiegel (letzterer ist nicht zu verwenden, falls später Nickel, Kupfer oder Mangan zu bestimmen sind) mit 15 bis 25 g Natriumperoxyd geschmolzen*. Zweckmäßig setzt man etwas Stangen-Ätznatron hinzu, das man bis auf den Tiegelboden durchstößt, um ein leichteres Schmelzen zu erzielen. Die Schmelze wird einige Zeit auf Rotglut gehalten und dabei mit einem Eisenstab gerührt. Sie ist nach dem Erkalten mit Wasser aufzunehmen und mit Salzsäure anzusäuern. Ein etwaiger Rückstand wird abfiltriert und erneut geschmolzen. Die vereinigten Lösungen werden nach Zusatz von weiteren 150 cm³ Salzsäure (1,19) zu 500 cm³ aufgefüllt.

Davon entnimmt man die zur Titration von Zinn erforderliche Menge — 50 bzw. 100 cm³ —, erwärmt mit Ferrum red. 20 bis 30 min auf 60 bis 70°, filtriert (Zellstoffwattefilter) in einen Titrierkolben und wäscht mit luftfrei gekochtem, salzsäurehaltigem Wasser. Falls besondere Genauigkeit erwünscht ist, wird der Metallschwamm gelöst und die Behandlung mit Ferrum red. wiederholt. Das Zinn wird nach A. I maßanalytisch bestimmt.

Für die *Bestimmung anderer Bestandteile* sind die in Abschnitt B. II, 1, S. 474, angegebenen Methoden sinngemäß anzuwenden.

Falls das Erz erhebliche Mengen *Schwefel* oder *Arsen* enthält, lassen sich diese zum größten Teil vor dem Aufschluß durch Rösten entfernen. Unter Berücksichtigung des Röstverlustes wird für den Aufschluß eine Einwaage gewählt, die 2,5 bzw. 5 g des Ausgangsmaterials entspricht.

2. Wolframzinnerze.

Zur Entfernung des größten Teiles der Wolframsäure dampft man (nach C. Boy) das Erz vor dem Schmelzaufschluß mit Salzsäure zur Trockne, nimmt dann mit Salpetersäure auf, kocht auf, macht ammoniakalisch, filtriert und wäscht mit ammoniakhaltigem Wasser. Das Filter mit dem Rückstand verascht man, führt dann den Aufschluß mit Natriumperoxyd durch und verfährt im übrigen, wie auf S. 468 ff. ausgeführt ist.

Zur Bestimmung des **Wolframgehaltes** werden (nach F. Bullnheimer) 1 bis 2,5 g des äußerst fein geriebenen Erzes in einem bedeckten eisernen Tiegel mit 20 bis 25 g Kaliumnatriumcarbonat unter Zusatz von 1 bis 2 g Natriumperoxyd geschmolzen, worauf man die Schmelze in eine Nickelschale ausgießt; nach dem Erkalten werden Schmelzkuchen, Tiegel und Deckel mit etwa 150 cm³ Wasser 1 Stunde auf dem Sandbade digeriert. Ist die Schmelze zerfallen, entfernt man den gut abgespritzten Tiegel sowie den Deckel und spült den Schaleninhalt in ein Becherglas. Nach Zusatz von 40 bis 45 g Ammoniumnitrat (es muß nach dem Umsetzen noch ein Überschuß davon bleiben) wird etwa 10 min gelinde gekocht und die Lösung über Nacht stehengelassen. Dann gibt man 10 cm³ Magnesiumnitratlösung (1 + 10) hinzu, filtriert nach einigen Stunden und wäscht mit Ammoniumnitrat enthaltender schwacher Ammoniaklösung. Zur Prüfung auf einen etwaigen Gehalt an Wolfram wird der Niederschlag in Salzsäure gelöst und mit etwas metall. Zink versetzt; sollte sich hierbei eine stärkere Blaufärbung zeigen, so muß alkalisch gemacht und die Behandlung mit Ammoniumnitrat wiederholt werden. Im Filtrat erfolgt die Bestimmung der Wolframsäure nach den Angaben im Kap. „Wolfram".

3. Zinnhaltige Gesteine und zinnarme Erze.

5 g des sehr fein zerkleinerten Materials werden in einer Platinschale durch mehrmaliges Behandeln mit Fluß- und Schwefelsäure zersetzt und eingedampft. Zum Schluß raucht man zur Trockne, erhitzt, bis keine Schwefelsäuredämpfe

---

* Man hat vorgeschlagen, Sintertonerdetiegel zu verwenden: die geringe Menge aufgeschlossener Tonerde stört nicht, und es geraten weder Kupfer noch Nickel in die zu untersuchende Schmelze.

mehr sichtbar sind, nimmt mit verd. Salzsäure auf und filtriert. Der Rückstand wird mit dem Filter im Eisen- oder Nickeltiegel verascht und mit Natriumperoxyd aufgeschlossen. Die Schmelze zersetzt man mit Wasser und säuert mit Salzsäure an, bis alles gelöst ist. Hierzu gibt man das erste Filtrat, stumpft in den vereinigten Lösungen die Säure ab und leitet Schwefelwasserstoff ein. (Ist Wolfram zugegen, so fügt man vorher noch Weinsäure hinzu.) Nach dem Absitzen des Niederschlages wird filtriert. Danach löst man die Sulfide mit Brom-Salzsäure vom Filter in einen 125 cm³-Meßkolben, läßt das überschüssige Brom in mäßiger Wärme abdunsten, gibt Eisenpulver hinzu, kühlt ab, füllt zur Marke auf, mißt nach der Filtration 100 cm³ ($= 4$ g) ab und titriert Zinn nach Behandeln mit Aluminium mit $n/50$- oder $n/100$-Jodlösung bzw. mit entsprechend verd. Eisen(III)-chloridlösung.

Dabei ist zu beachten, daß der Titer dieser Lösungen unter den gleichen Bedingungen und mit den gleichen Mengen Zinn gestellt werden muß.

Bei *arsenreicheren* Erzen kann beim Verjagen der Schwefelsäure die Platinschale angegriffen werden, da hierbei schwach zu glühen ist. Um dies zu vermeiden, löst man das Arsen vorher heraus, indem man die Einwaage mit Salpetersäure (1,2) behandelt, mit Wasser verdünnt und filtriert. Nach dem Waschen mit salpetersäurehaltigem Wasser wird das Filter mit dem Rückstand getrocknet, in einer Platinschale vorsichtig verascht und wie vorhin weiterbehandelt.

Ist der Zinngehalt sehr niedrig (unter 0,1%), nimmt man 2mal 5 g Einwaage und vereinigt dann auf 10 g.

Es soll noch auf den *Aufschluß* von Zinnerzen *im Wasserstoffstrom* hingewiesen werden[2]. Das Verfahren ist, wenn etwa vorhandenes Arsen und Schwefel vorher durch Rösten entfernt worden sind, durchaus einwandfrei.

II. Hüttenerzeugnisse.
1. Aschen, Schlacken, Rückstände usw.

Bei unbekannten Materialien stellt man vor der Ausführung der Analyse zunächst fest, wie sie sich gegen Säuren verhalten und ob es sich, wie z. B. bei Aschen, um solche von Legierungen oder von Handelszinn handelt.

Bei den zu untersuchenden Proben liegen sehr häufig nur zwei verschiedene Anteile vor, das „Metall" und das „Feine"; ein bei der Probenahme anfallender weiterer Teil, das „Eisen", wird im allgemeinen nicht eingebeutelt; ist es aber der Probe beigegeben, so muß es gleichfalls untersucht werden, da dann bei der Probenahme vermutet wurde, daß der magnetische Anteil Zinn enthalten könne. Für die Analyse wägt man 5 oder 10 g der Probe im Gewichtsverhältnis der einzelnen Bestandteile ein.

Der Anteil „Metall" wird entweder nach den unter B. II, 2, S. 476, angegebenen Methoden für sich analysiert oder er wird in Salzsäure (1,19), gegebenenfalls unter Hinzufügen von Kaliumchlorat, gelöst und der nach dem Schmelzaufschluß des „Feinen" (s. weiter unten) erhaltenen Lösung vor dem Auffüllen zu dem gewünschten Volumen beigegeben.

Ähnlich verfährt man mit dem Anteil „Eisen".

Das „Feine" wird zunächst mit starker Salzsäure behandelt; ist ein Zusatz von Kaliumchlorat erforderlich, so darf nur mäßig erwärmt werden, um Zinnverluste zu vermeiden. Dann wird filtriert, chlorfrei gewaschen, der Rückstand vorsichtig geglüht und im Eisen- oder Nickeltiegel mit Ätzkali unter Zusatz von etwas Natriumperoxyd geschmolzen. Die Schmelze nimmt man mit Wasser auf, säuert mit Salzsäure an und füllt die Lösung (gegebenenfalls nach Vereinigung mit der Lösung vom „Metall") derart zu 500 bzw. 1000 cm³ auf, daß sie etwa 25% Salzsäure (1,19) aufweist.

---

[2] Berl-Lunge: 8. Aufl., 2 II S. 1581.

Enthält das „Feine" wenig säurelösliche Bestandteile und wenig Kieselsäure so wird unmittelbar geschmolzen. Bei sehr hohem Kieselsäuregehalt des in Salzsäure Unlöslichen ist es zweckmäßig, die Kieselsäure durch Abrauchen mit Flußsäure und Schwefelsäure zu entfernen. Voraussetzung hierbei bleibt, daß das Unlösliche vollkommen chlorfrei gewaschen war. Den Rückstand nimmt man dann mit Salzsäure auf, filtriert, vereinigt dieses Filtrat mit dem ersten, schließt einen etwa verbleibenden Rückstand durch Schmelzen mit Natriumperoxyd auf und fügt die salzsaure Lösung der Schmelze ebenfalls der ersten Lösung hinzu.

Für die Bestimmung der einzelnen Bestandteile werden entsprechende Abmessungen der aufgefüllten Lösung entnommen; falls in letzterer eine starke Kieselsäureabscheidung auftritt, läßt man sie vorher längere Zeit stehen und filtriert durch ein trockenes Faltenfilter.

Material mit erheblichen Gehalten an Kupfer, Nickel oder Kobalt wird mit Salpetersäure behandelt und zur Trockne gedampft; dann nimmt man mit verd. Salpetersäure auf, macht ammoniakalisch, filtriert, trocknet Filter samt Inhalt, verascht vorsichtig und schmilzt mit Natriumperoxyd.

Schlacken usw., die organische Substanz enthalten, sintert man zunächst mit Soda im Eisentiegel und schmilzt sie erst dann mit Natriumperoxyd und etwas Ätznatron.

Zinn wird bestimmt, wie unter B. I (S. 471) für Erze angegeben.

Blei, Wismut, Kupfer, Antimon.

Wird eine Kupferbestimmung verlangt, so darf nicht im Nickeltiegel geschmolzen werden, da das sog. „Reinnickel" stets kupferhaltig ist, sondern im Porzellanbzw. Sintertonerdetiegel.

Die abgemessene salzsaure Lösung, in der das gesamte Zinn in 4-wertiger Form zugegen sein muß, wird mit Ammoniak oder Natriumcarbonat weitgehend abgestumpft und mit Schwefelwasserstoff gesättigt. Man behandelt die abfiltrierten Sulfide mit farbloser Natriumsulfidlösung und verfährt weiter wie bei „Handelszinn" unter B. II, 2, S. 476, angegeben. Aus der Sulfosalzlösung kann *Antimon* bestimmt werden (S. 57).

Für die Bestimmung des *Bleis* ist auch das folgende Verfahren geeignet: Man mischt das „Feine" mit Soda-Schwefel im Porzellantiegel, erhitzt zum Sintern, nimmt die gesinterte Masse mit warmem Wasser auf, filtriert und wäscht aus. Die zurückbleibenden Sulfide werden unter Zusatz von Oxydationsmitteln gelöst und die Lösung zur Abscheidung von Bleisulfat mit Schwefelsäure eingedampft. Das „Metall" wird für sich gelöst, die Lösung alkalisch gemacht und mit Natriumsulfid behandelt. Die abgeschiedenen Sulfide werden gelöst und der obigen Lösung vor dem Eindampfen mit Schwefelsäure beigegeben. Man vermeidet bei diesem Verfahren Bleiverluste, die eintreten können, wenn bei der vorher ausgeführten Fällung aus salzsaurer Lösung mittels Schwefelwasserstoff die Säure nicht genügend abgestumpft war.

Bei Substanzen von ausgesprochenem Schlackencharakter ist es für die Bestimmung von Blei, Kupfer, Wismut, Antimon, Zink usw. häufig zweckmäßig, die Substanz zunächst mit Flußsäure und Schwefelsäure abzurauchen und den Rückstand mit Salzsäure aufzunehmen; ein etwa noch bleibender unzersetzter Rest wird mit Natriumperoxyd geschmolzen und die Lösung der Schmelze mit der Hauptlösung vereinigt.

Mit Säure leicht aufschließbare Schlacken können auch mit Salzsäure zersetzt werden; die Kieselsäure wird dann in der üblichen Weise abgeschieden. *Antimon* läßt sich jedoch dabei nicht bestimmen, da sich beim Eindampfen mit Salzsäure und nachfolgendem Rösten Antimontrichlorid verflüchtigen würde.

Bei niedrigem Gehalt an *Antimon* empfiehlt es sich, dieses aus einer besonderen Abmessung der für die Zinnbestimmung vorbereiteten Lösung mit Ferrum red. zu fällen und weiter zu verfahren nach B. II, 2, S. 478.

Zink wird aus einer besonderen Abmessung bestimmt, indem man sinngemäß nach den für Handelszinn unter B. II, 2, S. 478, angegebenen Methoden verfährt. Dabei werden zunächst die aus stärker saurer Lösung fällbaren Sulfide entfernt, wofür der Säuregehalt der Lösung mit 1 Teil Salzsäure auf 10 Teile Flüssigkeit gewählt wird.

Ein *anderer Weg* besteht darin, daß eine besondere Einwaage von „Feinen" mit Salpetersäure (1,4) ausgekocht und der ungelöste Teil im Porzellantiegel mit Natriumperoxyd aufgeschlossen wird. Die mit Salzsäure angesäuerte Schmelzlösung wird mit der ersten salpetersauren Lösung und mit der Lösung des „Metalls" (in Salzsäure und Kaliumchlorat) vereinigt, mit Weinsäure versetzt, ammoniakalisch gemacht und mit Natriumsulfidlösung behandelt (B. II, 2, S. 476). Den Niederschlag löst man in Salpetersäure und bestimmt Zink nach der üblichen Abscheidung von Blei, Kupfer usw. nach Schneider-Finkener.

Zu der Zinkbestimmung ist zu bemerken, daß es in vielen Fällen nicht gelingt, alles Zink durch Säurebehandlung herauszulösen. Eine Bestimmung auf diesem Wege, die in der Praxis häufig gefordert wird, ist daher nur zulässig, wenn ausdrücklich verlangt wird, daß nur das *säurelösliche Zink* bestimmt werden soll; in diesem Falle ist die Art der Säurebehandlung genau zu vereinbaren. Meist läßt sich auch durch eine Behandlung mit Schwefelsäure oder Salpetersäure und Flußsäure das gesamte Zink in Lösung bringen.

Arsen wird unabhängig voneinander im „Metall" und im „Feinen" bestimmt. Bei ersterem verfährt man, wie beim Handelszinn (B. II, 2, S. 478) angegeben.

Das „Feine" erwärmt man kurze Zeit mit Salpetersäure, fügt dann wenig Salzsäure* hinzu und erwärmt weiter, bis keine Reaktion mehr zu beobachten ist; nach Zusatz von Schwefelsäure wird bis zum beginnenden Abrauchen eingedampft, mit Wasser verdünnt und das Eindampfen wiederholt. Um die letzten Spuren Salpetersäure bzw. salpetriger Säure zu verjagen, wird jetzt noch einmal mit wenig Wasser aufgenommen und nach Hinzufügen einer geringen Menge Eisen(II)-sulfat erhitzt. Nach dem Erkalten nimmt man mit Salzsäure (1 + 1) auf, spült in einen Meßkolben und füllt mit der gleichen Säure zur Marke auf. Jetzt wird durch ein trockenes Filter filtriert, ein entsprechender Anteil des Filtrates in den Destillationskolben gegeben und destilliert, wie im Kap. „Arsen" angegeben.

Das Zersetzen vom „Feinen" kann auch mit Salpeter- und Schwefelsäure ausgeführt werden.

Die letzten Spuren Salpetersäure lassen sich statt mit Eisen(II)-sulfat sehr gut auch dadurch entfernen, daß man zu dem mit Salzsäure aufgenommenen Rückstand einige Tropfen Zinn(II)-chloridlösung gibt und mehrere Minuten kalt stehenläßt; Salpetersäure wird so zu Ammoniak reduziert.

Neben der im Kap. „Arsen" angeführten Titration mit Jodlösung ist die **Bromattitration** sehr zu empfehlen. Man gibt das Arsendestillat in einen Erlenmeyerkolben und verdünnt mit Wasser auf 300 bis 400 cm³. Nach dem Erwärmen auf etwa 50° und Hinzufügen von etwas Methylorangelösung wird mit $n/_{20}$-Kaliumbromatlösung bis zur Entfärbung titriert.

Diese Titration bietet manche Vorzüge: sie ist einfacher in der Ausführung als die Jodtitration; eine einmal geprüfte größere Menge Kaliumbromat gibt eine unveränderliche Urtitersubstanz, deren Lösung dauernd haltbar ist.

Bei sehr geringem Gehalt an Arsen ist die Wägung als Arsen(III)-sulfid zweckmäßig.

---

* Bei dem Zusatz von Salzsäure ist darauf zu achten — besonders in Gegenwart von organischen Substanzen —, daß stets Salpetersäure im Überschuß vorhanden ist.

Wenn das Material viel Unlösliches enthält, man also mit der Möglichkeit rechnen muß, daß nicht alles Arsen in Lösung geht, so schließt man mit Ätzkali und Natriumperoxyd auf. Man nimmt die Schmelze mit Wasser auf, säuert mit Salzsäure an und verjagt Chlor durch gelindes Erwärmen. Die abgekühlte Lösung führt man in einen Meßkolben über und füllt mit Salzsäure (1,19) zur Marke auf. Nach einigem Stehen wird durch ein trockenes Filter filtriert; hierbei bleibt ein großer Teil der Kieselsäure und des Natriumchlorids, welche bei der späteren Destillation leicht zum „Stoßen" führen könnten, auf dem Filter. Ein entsprechender Teil des Filtrates wird wie oben für die Arsendestillation entnommen.

Will man bei einer Probe nur *eine* Destillation ausführen, so kann man das „Metall" in Schwefelsäure (1,84) lösen und mit der Lösung vom „Feinen" vereinigen.

Chlor.

Man wägt vom „Feinen" so viel ein, als es 5 bis 10 g Gesamtsubstanz entspricht, und kocht etwa 1 Stunde mit einer 10proz. Lösung von chlorfreiem Natriumcarbonat. Nach dem Erkalten wird in einen Meßkolben von 250 cm³ übergespült, zur Marke aufgefüllt, durch ein trockenes Filter filtriert und das Chlor in einem gemessenen Anteil des Filtrates nach Volhard titriert.

Sollte das Material Chlor enthalten, das auf diese Weise nicht erfaßt wird, so muß es mit Kaliumnatriumcarbonat im Platin- oder Nickeltiegel aufgeschlossen und die Schmelze mit Wasser ausgelaugt werden.

2. Metalle (Handelszinn).

Bei hochwertigem Handelszinn wird der Reingehalt im allgemeinen nach der Differenzmethode bestimmt. Für den Fall, daß eine „direkte" *Zinnbestimmung* erfolgen soll, wird verfahren, wie bei „Zinnlegierungen", S. 479, angegeben. Bei reinsten Zinnsorten ist es ratsam, das Material gegebenenfalls in Granalienform überzuführen und nicht zu sägen, zu feilen oder zu raspeln.

Blei, Kupfer, Wismut (Silber).

Je nach dem Reinheitsgrad des Zinns werden 10 g (bei 98% Zinn) bis 40 g (bei mehr als 99,7% Zinn) Späne durch allmähliches Zugeben von Königswasser [4 Teile Salzsäure (1,19) + 1 Teil Salpetersäure (1,40 bis 1,42)] gelöst und die überschüssigen Säuremengen durch Eindampfen zum größten Teil entfernt. Nach dem Abkühlen sind auf je 10 g Zinn 120 cm³ einer Lösung von Ammoniumtartrat (1000 g Weinsäure, 3300 cm³ Wasser, 1700 cm³ 25proz. Ammoniak) und so viel Ammoniak (25proz.) hinzuzufügen, daß dessen Überschuß etwa 20 bis 30 cm³ beträgt. Dann gibt man tropfenweise eine 2proz. Lösung von reinem kryst. Natriumsulfid hinzu, bis auf erneuten Zusatz keine Fällung mehr eintritt, und erhitzt unter häufigem Umrühren bis zum beginnenden Sieden.

Nach dem Absitzen wird filtriert und mit heißem, schwach natriumsulfidhaltigem Wasser gut ausgewaschen. Bei einem größeren Niederschlag empfiehlt es sich, ihn vom Filter in eine Porzellanschale zu spülen, mit verd. Natriumsulfidlösung, unter Zusatz von einigen Krystallen Natriumsulfit, zu erwärmen und durch das gleiche Filter zu filtrieren. Dieses wird hierauf durchstoßen, der Niederschlag möglichst vollständig in einen Erlenmeyerkolben gespült und der Rest mit heißer Salpersäure (1,2) in den Kolben gelöst. Nach dem Lösen des Niederschlages gibt man 10 bis 15 cm³ Schwefelsäure (1,84) hinzu und dampft bis zum Auftreten von starken Schwefelsäuredämpfen ein. Ein dabei leicht auftretendes Stoßen läßt sich durch Hinzufügen einer kleinen Menge von Schwefelblumen verhindern. Man läßt abkühlen und dann unter Umrühren langsam 100 bis 200 cm³ Wasser hinzufließen, kocht noch einmal auf, filtriert nach dem Erkalten und wäscht mit 5- bis 10proz. Schwefelsäure aus. Das *Bleisulfat* wird in der üblichen Weise gereinigt und bestimmt (s. Kap. „Blei", S. 85).

Das Filtrat vom Bleisulfat versetzt man mit einigen Tropfen $n/_{10}$-Ammoniumrhodanidlösung, filtriert sofort nach kräftigem Schütteln einen etwa entstandenen Niederschlag (Silber) ab und wäscht mit schwefelsäurehaltigem Wasser aus. Das Filter mit dem Niederschlag wird in einem Porzellantiegel von etwa 25 cm^3 Inhalt verascht und scharf geglüht, worauf das *Silber* mit einigen Kubikzentimetern Salpetersäure zu lösen und die Lösung einige Minuten im Sieden zu halten ist. Nach dem Abkühlen fügt man 1 bis 2 cm^3 Eisen(III)-nitratlösung hinzu und titriert im Tiegel bei einem Gesamtvolumen von etwa 10 cm^3 mit $n/_{50}$ Ammoniumrhodanidlösung nach Volhard.

Der Silbergehalt kann auch im Sulfidniederschlag (s. oben) durch trockene Probe ermittelt werden (s. Kap. „Edelmetalle").

Das Filtrat vom Silberniederschlag wird mit Schwefelwasserstoff gesättigt und der Niederschlag abfiltriert. Man löst ihn in Brom-Salzsäure, verkocht aus der Lösung das überschüssige Brom, versetzt mit etwas Weinsäure und macht mit Natronlauge alkalisch. Durch Zugabe von Natriumsulfidlösung werden die Schwermetalle als Sulfide ausgefällt. Man filtriert sie ab, wäscht aus, löst sie in Salpetersäure und fällt in der Lösung *Wismut* mit Ammoniak und Ammoniumcarbonat; es kann gewichtsanalytisch oder colorimetrisch bestimmt werden (s. Kap. „Wismut", S. 385 und 386).

Kupfer wird im Filtrat vom basischen Wismutcarbonat auf colorimetrischem oder elektroanalytischem Wege bestimmt.

Bei Anwesenheit von größeren Mengen an Kupfer oder Wismut ist die Trennung mit Ammoniak und Ammoniumcarbonat zu wiederholen.

Eisen, Zink, Nickel, Aluminium, Magnesium usw.

Falls *nur Eisen* zu bestimmen ist, werden 10 bis 20 g Zinn in einem Erlenmeyerkolben in Salzsäure gelöst; sollte ein wesentlicher Metallschwamm ungelöst zurückbleiben, so gießt man die überstehende klare Lösung ab, wäscht mit heißem Wasser nach und löst den Metallschwamm mit Salzsäure und etwas Kaliumchlorat oder Salpetersäure. Chlor wird verkocht und die Lösung mit der Hauptlösung vereinigt, worauf man das Ganze stark einengt, um den größten Teil der freien Säure zu verjagen. Ist dies geschehen, so spült man die Lösung in einen 1000 cm^3-Meßkolben, verdünnt bis auf etwa 900 cm^3 und leitet 1 bis 2 Stunden Schwefelwasserstoff ein. Nach dem Auffüllen zur Marke wird der Inhalt des Kolbens gut durchgeschüttelt und durch ein trockenes Filter filtriert. 750 cm^3 des Filtrats versetzt man mit etwas Weinsäure, macht ammoniakalisch, fügt einige Tropfen Ammoniumsulfid hinzu und erwärmt gelinde, bis der Niederschlag gut ausflockt. Nach dem Absitzen wird filtriert, das Filter samt dem Niederschlag verascht und der Rückstand als Fe_2O_3 gewogen. Das Eisenoxyd muß auf Reinheit geprüft werden.

Bei *höherem* Eisengehalt sowie bei Anwesenheit von Zink oder Nickel wird der Glührückstand in Salzsäure gelöst, das Eisen mit Ammoniak gefällt und der Niederschlag nochmals geglüht und gewogen.

Bei *sehr geringem* Eisengehalt empfiehlt es sich, den Niederschlag nach dem Wägen in wenig Salzsäure zu lösen und das Eisen mit Kaliumjodid und Thiosulfat zu titrieren oder colorimetrisch mit Ammoniumrhodanid zu bestimmen.

Die im vorstehenden angeführte Bestimmung des Eisens läßt sich in folgender Weise mit einer Prüfung auf *Zink, Aluminium, Magnesium, Nickel usw.* verbinden:

10 g Zinn werden in einem Erlenmeyerkolben, der bei 800 cm^3 mit einer Marke versehen ist, in einem Gemisch von 100 cm^3 Salzsäure (1,19) und 50 cm^3 Wasser

unter schwachem Erwärmen (nicht sieden! — sonst kocht zuviel Salzsäure fort)
gelöst. Den zurückbleibenden Metallschwamm bringt man durch Zusatz von
möglichst wenig Kaliumchlorat in Lösung, füllt bis zur Marke auf, erhitzt bis nahe
zum Sieden und leitet 1 bis 2 Stunden Schwefelwasserstoff ein. Nun wird die
Lösung mit dem Niederschlag in einen 1000 cm³-Meßkolben gebracht. Man spült
mit verdünnter, vorher zweckmäßig mit Schwefelwasserstoff gesättigter Salzsäure (1 + 9) nach und füllt den Kolbeninhalt mit der gleichen Säure bis zur Marke
auf. Dann schüttelt man sorgfältig, filtriert durch ein trockenes Filter und dampft
750 cm³ des Filtrats zur Abscheidung von Blei, das etwa nicht vollständig mit
Schwefelwasserstoff gefällt worden ist, mit Schwefelsäure ein. Im Filtrat können
dann in bekannter Weise *Zink, Nickel, Aluminium, Eisen, Magnesium usw.* bestimmt werden.

Die Bestimmung des *Zinks* sowie etwa vorhandenen *Nickels* kann auch im
Anschluß an die Ermittelung des Kupfer- und Bleigehaltes (s. S. 476) vorgenommen
werden. Zink befindet sich in dem mit Natriumsulfid erzeugten ersten Niederschlag, während Nickel im tartrathaltigen Filtrat in Lösung bleibt und daraus
mit Diacetyldioxim gefällt werden kann.

Arsen.

Man gibt 5 g Zinnspäne in den Kolben des Destillierapparates und destilliert
nach Zusatz von 50 cm³ gesättigter Eisen(III)-chloridlösung und 50 cm³ Salzsäure (1,19), wie im Kap. „Kupfer", S. 217, angegeben; dabei wird zunächst
nur gelinde erwärmt, bis alles Metall zersetzt ist.

Das Eisen(III)-chlorid muß arsenfrei sein; andernfalls ist durch einen Blindversuch sein Arsengehalt zu bestimmen und später in Abzug zu bringen.

Antimon.

Je nach dem Antimongehalt des Metalls werden 5 bis 25 g Späne in einem
Kolben mit Bunsenventil mit Salzsäure (1,19) vorsichtig erwärmt, bis keine Wasserstoffentwicklung mehr zu beobachten ist. Man fügt nun eine Messerspitze Ferrum
red. hinzu, um etwa in Lösung gegangene geringe Mengen Antimon wieder auszufällen und erwärmt etwa 20 min gelinde, wobei stets für einen kleinen Überschuß des
Reduktionsmittels zu sorgen ist. Nach dem Verdünnen mit ausgekochtem heißem
Wasser filtriert man und löst den vom Filter zurückgespritzen Metallschwamm
in wenig Salzsäure (1,19) unter tropfenweisem Zusatz von Bromsalzsäure, bis der
ganze Rückstand gelöst, die Hauptmenge des Eisens aber noch nicht bis zu Eisenoxyd oxydiert worden ist. In die mäßig saure Lösung leitet man dann Schwefelwasserstoff ein und filtriert. Den Niederschlag löst man im Erlenmeyerkolben in
Bromsalzsäure, verjagt das freie Brom, fügt einige Kubikzentimeter wässerige schweflige Säure hinzu und verkocht sie restlos, wobei etwa vorhandenes Arsen gleichzeitig entfernt wird. Durch das Kochen soll das Volumen bis höchstens auf 50 cm³
zurückgehen; falls erforderlich, werden einige Siedesteinchen in den Kolben gegeben. Antimon wird jetzt bei einer Temperatur von 60 bis 70° mit Kaliumbromat maßanalytisch bestimmt (s. Kap. „Antimon", S. 54).

Sollte das Zinn *größere Mengen Kupfer* enthalten, so wird der Sulfidniederschlag vom Filter gespritzt, mit Natriumsulfidlösung aufgekocht, zur Beseitigung
der Polysulfide mit etwas Natriumsulfit versetzt, durch das gleiche Filter abfiltriert und das Filtrat mit stark verdünnter Schwefelsäure angesäuert. Nachdem die Lösung einige Zeit bei gelinder Wärme gestanden hat, wird filtriert,
der Niederschlag mit Bromsalzsäure gelöst und die Lösung, wie oben angegeben,
weiterbehandelt.

Man kann auch die Sulfosalzlösung vorsichtig bis zur vollständigen Ausfällung
des Antimonsulfids mit Oxalsäure versetzen; dann wird nach Zusatz von weiteren

10 g Oxalsäure erwärmt, filtriert, der Niederschlag in konz. Salzsäure gelöst und Antimon nach dem Verkochen des Schwefelwasserstoffs, wie oben angegeben, maßanalytisch bestimmt.

Bestimmung kleiner Mengen von Verunreinigungen an Kupfer, Blei, Nickel, Zink usw. (nach E. Schürmann)[3].

Die Einwaage — 10 g oder mehr, nicht zu feine Späne oder Stücke — wird in einer Lösung von Brom in Bromwasserstoffsäure [100 cm^3 Brom, 120 cm^3 Bromwasserstoffsäure (1,49)] gelöst. Für 10 g benötigt man etwa 22 cm^3. Man löst zweckmäßig in einer geräumigen, mit einem Uhrglas bedeckten Porzellanschale und fügt das Lösungmittel vorsichtig hinzu, da die Umsetzung ziemlich heftig vonstatten geht. Ist alles gelöst, so wird auf dem Wasserbade abgedampft, der Abdampfrückstand nochmals mit obiger Bromlösung befeuchtet und erneut zur Trockne gebracht. Die Schale erhitzt man schließlich etwa 1 Stunde lang bei 130° im Trockenschrank. Der Schaleninhalt wird sodann (unter dem Abzug) mit Salpetersäure (1,2) aufgenommen, die Lösung auf dem Wasserbade eingedampft und diese Operation wiederholt. Man gewinnt dadurch die Nitrate der Begleitelemente (außer Antimon und Arsen), die man dann nach bekannten Verfahren voneinander trennen und bestimmen kann.

3. Legierungen.

Da Zinnlegierungen stark zum Saigern neigen, muß die Probenahme zur Analyse mit der größten Sorgfalt ausgeführt werden.

Kleinere Proben: Reguli, Stängelchen usw. werden am besten vollständig geraspelt. Sollte hierbei, was zuweilen vorkommt, neben den Raspelspänen ein Teil als feines härteres Pulver anfallen, so sind die Späne von dem Pulver durch Sieben zu trennen; man stellt das Gewicht von „Spänen" und „Feinem" fest und wägt zur Analyse entsprechende Anteile beider ein.

Größere Metallblöcke, die etwa zur Untersuchung kommen, werden mit einer breiten Säge diagonal durchgesägt und die dabei anfallenden Späne zur Analyse genommen.

Bei höher legierten Materialien empfiehlt es sich, eine größere Einwaage zu nehmen und einen entsprechenden Anteil der erhaltenen Lösung zur Analyse abzumessen[4].

Weißmetall, Letternmetall und ähnliche Legierungen.

Zinn.

Je nach dem Zinngehalt werden 5 bis 10 g Metallspäne mit 100 cm^3 Salzsäure (1,19) behandelt. Ist die Wasserstoffentwicklung beendet, so wird der Metallschwamm durch vorsichtiges Hinzufügen von möglichst wenig Kaliumchloratlösung gelöst.

Falls wenig Antimon zugegen und besonders wenn gleichzeitig wesentliche Mengen Kupfer vorhanden sind, wird vor der Reduktion mit Eisenpulver eine Antimonlösung, die bis zu 0,1 g Antimon enthält, hinzugefügt. [Die erforderliche Antimonlösung ist (nach C. Boy) wie folgt herzustellen: man löst 10 g Antimon in Schwefelsäure (1,84), raucht zur Trockne, nimmt mit Salzsäure (1,19) auf und füllt mit Salzsäure (1 + 1) zum Liter auf.]

Die Lösung der Probe wird jetzt in einem 1000 cm^3-Meßkolben nach Zusatz von 300 bis 400 cm^3 Salzsäure (1,19) zur Marke aufgefüllt.

300 bis 400 cm^3 davon werden in einen trockenen Erlenmeyer gegeben und unter Umschütteln mit kleinen Mengen Ferrum red. versetzt, bis die etwa durch Chlor etwas gelb gefärbte Lösung farblos geworden ist; nach Hinzufügen von weiteren 5 bis 10 g Ferrum red. läßt man die Lösung, ohne zu erwärmen, unter häufigem Umschütteln etwa 3 Stunden stehen, filtriert dann durch ein schnell laufendes, trockenes Filter und entnimmt 50 cm^3 vom Filtrat zur Titration.

---

[3] Blumenthal, H.: Metall u. Erz Bd. 37 (1940) S. 233.
[4] Siehe Berl-Lunge: Chemisch-technische Untersuchungsmethoden, 8. Aufl., II, S. 1596.

Man kann auch wie folgt verfahren: Ein Anteil der Lösung, der einem Zinngehalt von nicht mehr als 0,5 g entspricht, wird abgemessen, auf 200 cm³ verdünnt, mit Eisenpulver etwa $^1/_2$ Stunde unter schwachem Sieden reduziert und rasch durch Zellstoff in einen Titrierkolben filtriert. Der einige Male mit heißem salzsäurehaltigem Wasser gewaschene Metallschwamm wird gelöst und die Lösung noch einmal reduziert. In den vereinigten Filtraten erfolgt dann die Zinnbestimmung.

Bei einem *höheren Kupfergehalt* ist es zweckmäßig, anders zu verfahren: Die Legierung wird wie oben gelöst; ein Zusatz von Antimonlösung ist hier nicht nötig; die Lösung aber muß so weit oxydiert sein, daß alles Zinn in 4-wertiger Form vorliegt.

Ein für die Titration von Zinn genügender Teil der Auffüllung wird entnommen, mit Natronlauge alkalisch gemacht und nach Zusatz einer 20proz. Lösung von reinem kryst. Natriumsulfid zum Sieden erhitzt. Man filtriert, wäscht den Niederschlag einige Male mit stark verd. Natriumsulfidlösung aus, spritzt ihn in das Becherglas zurück, kocht noch einmal mit Natriumsulfidlösung auf und filtriert durch das gleiche Filter. Die so erhaltene Sulfosalzlösung wird mit Schwefelsäure (1+1) schwach angesäuert und mit Schwefelwasserstoffwasser versetzt, worauf man bei gelinder Wärme einige Zeit stehenläßt. Der ausgewaschene Niederschlag wird vom Filter in einen Erlenmeyerkolben gespritzt und der dem Filter noch anhaftende Rest mit Bromsalzsäure (Tropfflasche) in den Kolben gelöst; man wäscht das Filter mit verd. Salzsäure und gibt so viel Bromsalzsäure in den Kolben, daß sich der Niederschlag eben löst. Dann wird mit Ferrum red. behandelt, filtriert, mit heißer verd. Salzsäure gewaschen und nach A. I, S. 469, titriert.

Man kann auch die aus der Sulfosalzlösung abgeschiedenen Sulfide vom Filter in ein Becherglas spritzen und geringe, an dem Filter haftende Reste mit einigen Tropfen Natriumsulfidlösung hinzulösen.

Jetzt wird vorsichtig Schwefelsäure (1,84) hinzugefügt und bis zum völligen Lösen erhitzt. Nach dem Erkalten und Hinzufügen von 20 bis 25 cm³ Salzsäure (1,19) wird mit Ferrum red. behandelt und weiterverfahren, wie oben angegeben.

Hochkupferhaltige Legierungen (Glanzmetalle usw.) werden nach dem in dem Abschnitt „Zinnhaltige Kupferlegierungen", s. Kap. „Kupfer", S. 227, angegebenen Verfahren auf Zinn und Antimon untersucht.

Von einer *stark bleihaltigen Legierung* (Lötzinn mit 50% Blei usw.) zersetzt man 5 bis 10 g möglichst feiner Späne durch gelindes Erwärmen mit 100 cm³ Salzsäure (1,19). Nach dem Absitzen des Bleichlorids wird die überstehende Flüssigkeit in einen 1000 cm³-Meßkolben gegossen. Den Rückstand im Becherglas kocht man mit Wasser auf, gießt die Bleichloridlösung wieder in den Kolben ab und wiederholt dies so oft, bis das Bleichlorid in Lösung gegangen ist. Der jetzt noch im Becherglas zurückgebliebene Metallschwamm wird mit wenig Salzsäure übergossen, durch tropfenweises Hinzufügen von Kaliumchloratlösung oxydiert und die Lösung gleichfalls in den Kolben gegeben. Man fügt dann noch etwa 300 cm³ Salzsäure (1,19) hinzu, kühlt ab, schüttelt längere Zeit kräftig um und füllt den Kolben bis zur Marke auf. Ein Teil des Bleichlorids hat sich jetzt abgeschieden; man filtriert durch ein trockenes Filter und mißt eine entsprechende Menge der Lösung für die Zinnbestimmung ab.

Hochbleihaltige Legierungen können auch durch Kochen mit konz. Schwefelsäure zersetzt werden. Nach beendeter Zersetzung läßt man erkalten, verdünnt mit Wasser und gibt Salzsäure hinzu, wodurch der anfangs graue Rückstand eine weiße Farbe annimmt. Nun wird aufgekocht, in einen Meßkolben übergespült und für die Zinnbestimmung wie oben verfahren.

Als Lösungsmittel kann man gegebenenfalls auch Bromsalzsäure verwenden.

Die *Zinnwerke Wilhelmsburg* lösen *bleihaltige Legierungen* in Salzsäure unter Zusatz von Eisen(III)-chlorid in Stehkolben von 200 cm³; für 1 g Einwaage werden 50 cm³ Salzsäure (1,124) und 5 cm³ Eisen(III)-chloridlösung angewandt. [100 g kryst. Eisen(III)-chlorid gelöst in 50 cm³ Salzsäure (1,124)]. Die Kolben werden mit Tropfenfängern versehen und die Lösungen mit Ferrum red. behandelt. Nach der Reduktion (20 bis 30 min) wird durch Zellstoffwattefilter filtriert und nach dem Auswaschen mittels salzsäurehaltigem Wasser mit Jodlösung titriert.

Blei, Kupfer, Wismut, Antimon.

Bei verhältnismäßig *geringen Gehalten an Blei* usw. wird verfahren wie bei der Analyse von Handelszinn (B. II, 2, S. 476).

Bei *höherem Gehalt an Blei oder Kupfer* löst man 5 bis 10 g Späne mit Salzsäure, oxydiert mit Bromsalzsäure oder Kaliumchlorat (Zinn muß vollständig bis zu Zinn(IV)-chlorid oxydiert werden) und verkocht Brom bzw. Chlor. Die Lösung wird zu 500 bzw. 1000 cm³ aufgefüllt, wobei alles Bleichlorid gelöst bleiben muß. Von der Lösung werden je nach dem Gehalt an Blei, Kupfer usw. 100 oder 200 cm³ entnommen und mit Natronlauge und Natriumsulfid behandelt. Die gefällten Sulfide werden weiterbehandelt wie bei Handelszinn (B. II, 2, S. 476).

Wismut läßt sich auf diesem Wege *nicht* bestimmen, da das aus dieser alkalischen Lösung gefällte Wismutsulfid in Natriumsulfid in nicht unerheblicher Menge löslich ist (s. unten).

Bei Anwesenheit von *viel Eisen* empfiehlt es sich, nach dem Lösen der Späne und weitgehendem Abstumpfen der freien Säure zunächst die Schwefelwasserstoffgruppe zu fällen und den so erhaltenen Niederschlag mit Natriumsulfid zu behandeln, um die sulfosalzbildenden Elemente zu entfernen.

Auch für die Bestimmung von *Wismut* muß man so verfahren, da das aus saurer Lösung gefällte Wismutsulfid im Gegensatz zu dem aus alkalischer Lösung gefällten in Natriumsulfid nicht löslich ist. Zinn muß hierbei auch in vierwertiger Form vorliegen.

Antimon kann in der bei einem der vorstehenden Analysengänge erhaltenen Sulfosalzlösung bestimmt werden (B. II, 3, S. 480).

In einigen Fällen ist auch für Legierungen das unter B. II, 2, S. 479, angegebene Verfahren mit Brom-Bromwasserstoffsäure mit Vorteil anzuwenden. Näheres findet sich in der dort angegebenen Originalarbeit von H. Blumenthal.

Zink (und die nicht aus saurer Lösung mit Schwefelwasserstoff fällbaren Metalle).

Deren Bestimmung wird nach der bei Handelszinn (B. II, 2, S. 477) angegebenen Methode mit einer dem Gehalt an den verschiedenen Bestandteilen entsprechenden Einwaage ausgeführt.

Bei *hohem Bleigehalt* und besonders für den Fall, daß ein verhältnismäßig niedriger Gehalt an den zu bestimmenden Bestandteilen eine größere Einwaage bedingt, empfiehlt es sich, den größten Teil des Bleies zunächst nach der auf S. 480 angegebenen Methode als Bleichlorid zu entfernen und dann in einen entsprechenden Anteil des Filtrats Schwefelwasserstoff einzuleiten.

Arsen.

Die Bestimmung wird wie bei Handelszinn (B. II, 2, S. 478) ausgeführt.

Quecksilber.

In einigen Weißmetallen kommt Quecksilber vor. Die Bestimmung wird nach den im Kap. „Quecksilber" angegebenen Methoden ausgeführt.

Kapitel 29.

Zirkonium[*].

Nachweis.

A. **Bestimmungsmethoden des Zirkoniums unter Berücksichtigung der bei der Analyse störend wirkenden Elemente.**

    Aufschluß und Allgemeines über den Analysengang.

    I. Das Phosphatverfahren.

    II. Die Fällung mit Phenylarsinsäure.

    III. Die Fällung mit Kupferron:
        1. im Stahl oder Ferrozirkon,
        2. im Erz.

    IV. Gewichtsanalytisches und maßanalytisches Verfahren mit seleniger Säure zur Zirkonium- und Hafniumbestimmung.

B. **Untersuchung von Erzen und Erzeugnissen.**

    I. Erze.

    II. Erzeugnisse:
        1. Zirkoniummetall (Bestimmung des Gehaltes an metallischem Zirkonium).
        2. Zirkoniumlegierungen (Zirkonstahl, Ferrozirkon, Ferrozirkonsilicium).
        3. Zirkoniumoxyd und Zirkoniumsalze (Zirkoniumphosphat).

Nachweis des Zirkoniums.

Man schmilzt eine große Soda-Boraxperle (Gemisch von 336 g $KNaCO_3$ + 231 g $Na_2B_4O_7$ 10 aq.) mit etwas von dem zu prüfenden Erz- oder Oxydpulver bis zum klaren Fluß, zerdrückt, pulvert und kocht sie mit 10 proz. Natronlauge aus. Nach dem Filtrieren löst man den Rückstand mit einigen Tropfen warmer Schwefelsäure (1+2), versetzt mit 2 Tropfen 5 proz. Wasserstoffperoxyd (gelbe Titanfärbung) und wenigen Tropfen Ammoniumphosphat und kocht auf. Bei Anwesenheit von Zirkonium entsteht ein voluminöser, flockiger, weißer Niederschlag von Zirkoniumphosphat, der in Mineralsäuren sehr schwer löslich ist.

Hat man einen Zirkonstahl oder sonst eine Zirkoniumlegierung, die in Säuren löslich sind, so wird eine kleine Probe davon in konz. Salzsäure mit späterer Zugabe von etwas 5 proz. Wasserstoffperoxyd gelöst und mit Schwefelsäure abgeraucht, bis die Kieselsäure sich abscheidet. Man filtriert, stellt eine Lösung her, welche etwa 15% Schwefelsäure enthält, und versetzt mit Ammoniumphosphat. Durch Zusatz von Wasserstoffperoxyd wird das Titan in Lösung gehalten und Zirkonphosphat fällt allein aus.

Liegen in Säuren *nicht* lösliche Legierungen vor, so schmilzt man auf einem Eisendeckel zunächst Ätznatron (3 Teile), gibt dann eine Probe des gepulverten (oder Feilspäne) Materials und hierauf 1 Teil Natriumperoxyd hinzu und erhitzt 1 bis 2 min auf Rotglut. Nach dem Lösen der Schmelze in Wasser wird filtriert, der Niederschlag durch Kochen mit Schwefelsäure (1 + 2) in Lösung gebracht und in dieser nach dem Erkalten mit Wasserstoffperoxyd und Ammoniumphosphat (wie oben) auf Zirkonium geprüft.

Man kann auch den beim Lösen einer mit alkalischen Schmelzmitteln ausgeführten Schmelze erhaltenen Niederschlag in Salzsäure lösen und mit p-Dimethylaminoazo-Phenylarsinsäure[1] prüfen. Dafür löst man 0,1 g des Reagenses in 100 cm³ Alkohol mit 5 cm³ Salzsäure (1,19), tränkt mit dieser Lösung Filtrierpapier und trocknet es. Ein Tropfen der sauren Probelösung auf das Reagenspapier gebracht, gibt bei größeren Zirkonmengen sofort einen braunen Fleck; durch kurzes Baden des Papieres in 2n-Salzsäure bei 50 bis 60° wird das überschüssige, farbige Reagens rasch herausgelöst und der braune Fleck deutlicher. Stärkere Schwefelsäure als 1-normal schwächt die Empfindlichkeit erheblich; Phosphate, Fluoride und organische Säuren, welche mit Zirkoniumsalzen Niederschläge oder lösliche Komplexverbindungen liefern, verhindern die Reaktion. Eisen[III]-Salze geben in konz.

---

* Bearbeiter: **Weiss.** Mitarbeiter: **Richter, Klinger.**
[1] Feigl, F., P. Krumholz u. E. Rajmann: Mikrochemie Bd. 9 (1931) S. 395.

Lösungen eine Braunfärbung, die beim Baden des Papieres in Salzsäure sofort verschwindet; bei Antimon^V-Verbindungen muß das Papier 3 min in der Salzsäure belassen werden. Bei Gegenwart von Titan, Molybdän, Wolfram werden 3 Tropfen der Probelösung in der Vertiefung einer Tüpfelplatte mit je einem Tropfen konz. Salzsäure und 30proz. Wasserstoffperoxyd vermischt; ein Tropfen dieser Mischung auf das Reagenspapier gebracht und dieses in warme Salzsäure getaucht, gibt in der Mitte des Tüpfelkreises einen roten Fleck, der bei Abwesenheit von Zirkonium bald verschwindet, am Rand aber einen braunen Ring bildet, falls gleichzeitig Zirkonium vorhanden ist, wobei dann der rote Fleck (induzierte Wirkung) bestehenbleibt. Tantal verhält sich ebenso wie Zirkonium.

A. Bestimmungsmethoden des Zirkoniums unter Berücksichtigung der bei der Analyse störend wirkenden Elemente.

Aufschluß und Allgemeines über den Analysengang.

Metallisches Zirkonium ist unlöslich in Salzsäure, *Zirkoniumoxyd* um so schwerer in Mineralsäuren löslich, je höher die Glühtemperatur war, und *mineralisches Zirkoniumsilicat* wird weder von einer Kaliumhydrogensulfatschmelze noch von Flußsäure nennenswert angegriffen.

Bestes Aufschlußmittel ist ein Gemisch von 336 g Soda-Pottasche und 231 g kryst. Borax. Davon gibt man in einen geräumigen Platintiegel 10 bis 20 g und schmilzt sie bis zum klaren Fluß bei anfangs seitlich gestelltem Brenner ein; dann bringt man auf die erstarrte Schmelze 2 bis 3 g des Probematerials, das nicht übertrieben fein gepulvert zu sein braucht, stellt den Brenner anfangs wieder seitlich und legt den Platindeckel unter Offenhaltung eines Spaltes — besonders bei Silicaten — auf, damit das Einschmelzen nicht zu rasch und die Kohlensäureentwicklung nicht zu heftig vonstatten gehen. Schließlich erhitzt man 10 min mit voller Flamme und vergewissert sich von einem restlosen Aufschluß dadurch, daß man den Tiegel seitlich neigt und nun feststellt, ob die kurz *nach* dem Erstarren durchsichtig werdende Schmelze bis zum Boden völlig klar ist; andernfalls erhitzt man weitere 5 bis 10 min auf dem Gebläse. Nur bei Anwesenheit von viel Eisen und Mangan usw. ist die Schmelze undurchsichtig.

Der Tiegel mit der Schmelze wird in einem Becherglas mit etwa 100 cm³ Wasser und 100 cm³ Salzsäure (1,19) übergossen, worauf innerhalb 10 bis 15 min Lösung eintritt; Kieselsäure, unlösliche Phosphate, Wolframsäure und Tantal-Niobsäure werden dabei ausgeschieden und können mit Hilfe von etwas Gelatinelösung restlos niedergeschlagen werden (s. Kap. „Silicium", S. 301).

Enthält die Probe *Phosphorsäure* (z. B. aus dem Monazit im Zirkoniumsilicatsand), so wird diese als Zirkoniumphosphat zusammen mit der Kieselsäure ausgefällt; dasselbe geschieht mit Wolfram- und Tantal-Niobsäure. Um die Analyse zu vereinfachen, kann man auch den Monazit durch Kochen des Zirkonsandes mit konz. Schwefelsäure vorher herauslösen; die Lösung enthält dann praktisch alle Phosphorsäure und die seltenen Erden des Monazits, welch letztere als Oxalate in saurer Lösung zur Fällung gebracht werden können (s. Kap. „Cer-Thorium", S. 131).

Ein *weiterer* Aufschluß, und zwar mit Natriumhydroxyd und Natriumkaliumcarbonat, führt zur Bildung von Alkalizirkonat, welches durch längeres Kochen mit Wasser annähernd alkalifreies Zirkoniumhydroxyd liefert; das Kochen ist dabei so lange vorzunehmen, bis der Niederschlag ein gleichmäßig flockiges Aussehen erreicht.

Soll vorhandene *Phosphorsäure* durch Schmelzaufschluß und Auslaugen entfernt werden, so muß man den Schmelzmitteln 1 bis 2 g reiner, genau gewogener Kieselsäure zusetzen, sie vorsichtig schmelzend lösen und dann erst die Analysensubstanz eintragen und zum Schmelzen bringen. In gleicher Weise wird auch der Rückstand vom Abrauchen der Kieselsäure mit Fluß- und Schwefelsäure (enthaltend Zirkonphosphat, Wolfram-, Tantal-Niobsäure) aufgeschlossen, die Schmelze mit Wasser ausgelaugt und filtriert. In dem mit Salzsäure angesäuerten Filtrat sind die in Lösung gegangenen Anteile von Kieselsäure sowie Wolframsäure und Erdsäuren durch Gelatinezusatz abzuscheiden; dann kann die Phosphorsäure bestimmt werden (Fällung mit Magnesiamixtur, nicht mit Molybdat).

Der nach obigem Auslaugen auf dem Filter verbliebene Niederschlag wird in Salzsäure $(1+1)$ gelöst, die Kieselsäure durch Gelatinezusatz ausgeschieden, abfiltriert und das Filtrat mit der Hauptlösung vereinigt. In diese leitet man in der Siedehitze bis zum Erkalten Schwefelwasserstoff ein und filtriert von dem ausgeschiedenen Platinsulfid ab. Das Filtrat wird mit Ammoniak neutralisiert, auf etwa 70° erwärmt und mit Ammoniumsulfid versetzt. Nach kurzem Aufkochen läßt man 10 min auf dem Wasserbade absitzen und filtriert den Zr, Ti, Al, Fe und seltene Erden enthaltenden Niederschlag ab; dadurch werden die aus den Aufschlüssen herrührenden Salzmengen entfernt.

Den ausgewaschenen Niederschlag kocht man samt dem Filter in einem Liter-Erlenmeyerkolben mit 100 cm³ Salzsäure $(1+3)$ — stärkere Säure $+ ZrOCl_2$ greift Papier an, schwächere hält Titan nicht in Lösung —, oxydiert Eisen mit Kaliumchlorat, verkocht das Chlor, filtriert und wäscht mit stark angesäuertem, heißem Wasser aus. Nach dem Erkalten wird die Lösung annähernd neutralisiert, in 50 cm³ starke Natronlauge unter Rühren eingetröpfelt und der ausgefallene Niederschlag rasch abfiltriert. Man wiederholt die Fällung und kann dann in den gesammelten Filtraten *Aluminium* bestimmen, von dem meist nur geringe Mengen vorhanden sind.

Der verbleibende Niederschlag wird in Salzsäure $(1+3)$ gelöst und die Lösung auf 1000 cm³ aufgefüllt. Hieraus können bestimmt werden:

Erden. 250 cm³ werden mit Ammoniak fast neutralisiert, zum Kochen erhitzt und mit 200 cm³ Ammoniumoxalatlösung $(1+20)$ versetzt. Man hält noch 10 min im Sieden, läßt einige Stunden in der Wärme absitzen, filtriert die Oxalate durch ein dichtes Filter, wäscht mit 2proz. Oxalsäurelösung aus und glüht. Die erhaltenen Oxyde der Erden (samt Thorium) werden gewogen (s. Kap. „Cer-Thorium", S. 131).

Zirkonium. 250 cm³ verwendet man für die Fällung als Zirkoniumphosphat (s. Bestimmungsmethode A. I).

Titan. Man kann in dieser Lösung das Methylenblauverfahren nach B. Neumann und R. K. Murphy[2] zur Titanbestimmung anwenden, wobei Gehalte an Eisen[II], Zirkonium u. a. die Titration nicht beeinflussen.

Eisen. Nach Reinhardt-Zimmermann.

Gesamtoxyde. Um einen ungefähren Anhalt für die in der Lösung enthaltenen Mengen der Elemente zu haben, fällt man in 200 cm³ der Lösung bei Siedetemperatur die Hydroxyde mit Ammoniak, verkocht den Überschuß an Ammoniak fast gänzlich, filtriert und wäscht mit schwach ammoniakhaltigem Wasser aus. Der noch feuchte Niederschlag wird verascht, geglüht und gewogen. Vom Gewicht der Oxyde sind 4% abzusetzen wegen der aus den Gläsern und Chemikalien aufgenommenen Kieselsäure und des hartnäckig zurückgehaltenen Wassers. Es ist 15 min stark am Gebläse zu glühen und weitere 15 min über der üblichen Bunsenflamme, um Fe_3O_4 in Fe_2O_3 überzuführen.

Bei Proben mit sehr geringen Gehalten an Titan oder Eisen oder seltenen Erden macht man gesonderte Aufschlüsse mit 1 bis 2 g Einwaage.

Alkalien sind nur in Emaillierungsmitteln (Terrar) enthalten: Man kocht 10 g mit Schwefelsäure $(1+2)$, verdünnt, fällt mit Ammoniak, trennt Calcium und

---

[2] Z. angew. Chem. Bd. 26 (1913) S. 613; s. auch Kap. „Titan", S. 350.

Magnesium wie üblich ab und erhält nach dem Verjagen der Ammoniumsalze Natriumsulfat.

Chlor und **Schwefelsäure** bestimmt man im wässerigen Auszug der Sodaschmelze.

I. Das Phosphatverfahren.

Zirkonium wird aus mineralsauren Lösungen durch lösliche Phosphate als Zirkoniumphosphat gefällt. Der flockige Niederschlag ist schwer löslich in starken Mineralsäuren und gänzlich unlöslich in 10proz. Schwefelsäure. Er stellt eine Additionsverbindung dar, die durch Kochen (bei Alkaliphosphatüberschuß) und späteres Glühen ein Produkt von der Zusammensetzung ZrP_2O_7 ergibt.

$$ZrP_2O_7 \text{ mal } 0{,}3439 = Zr$$
$$ZrP_2O_7 \text{ mal } 0{,}4645 = ZrO_2; \ ZrO_2 \text{ mal } 0{,}7403 = Zr.$$

Das Verfahren eignet sich besonders für kleine Mengen bis Spuren von Zirkonium. Eisen, Nickel, Kobalt, Chrom, Wolfram, Molybdän, Vanadium, Aluminium, Kupfer und Zink sind unschädlich; nur Arsenpentoxyd gibt mit Zirkonium eine ebenfalls schwer lösliche Verbindung, die sich zusammen mit Titan beim Verdünnen der Lösung ausscheiden kann. Niob und Tantal erfordern eine Abänderung des Verfahrens (s. unten); Weinsäure und ähnliche organische Säuren verhindern die Fällung des Zirkoniumphosphates.

Ausführung. Der Aufschluß erfolgt meist durch eine Soda-Boraxschmelze, welche dann in Salzsäure restlos löslich sein muß. Kieselsäure wird daraus entweder durch Eindampfen oder durch Gelatinezusatz abgeschieden. Beim Eindampfen werden Zirkonium und Titan basisch und gehen erst nach $^1/_2$stündigem Digerieren mit Salzsäure (1,19) und Aufkochen in Lösung, wobei aber wieder etwas Kieselsäure löslich wird. Man wird also besser das Eindampfen vermeiden und mit Gelatinezusatz abscheiden (s. Kap. „Silicium", S. 301). Die Rohkieselsäure enthält bei Anwesenheit von *Phosphorsäure* in der Probe diese restlos als Zirkoniumphosphat; dieses bleibt beim Verjagen der Kieselsäure mit Fluß- und Schwefelsäure zurück und wird mit der 10fachen Soda-Boraxmenge aufgeschlossen. Man zersetzt die Schmelze in wenig heißem Wasser, filtriert die phosphorsäurehaltige Lösung ab, löst den Rückstand in Salzsäure (1+3) und vereinigt die Lösung mit dem Hauptfiltrat. Dieses wird dann in der Siedehitze zur Entfernung des Platins (aus dem Tiegel) mit Schwefelwasserstoff gesättigt und nach der Abtrennung des Platinsulfids und dem Verjagen des Schwefelwasserstoffs nach H. J. van Royen und H. Grewe[3] weiterbehandelt. Dazu dampft man die Lösung auf etwa 300 cm³ ein, neutralisiert in der Kälte, bis der Niederschlag ·eben noch verschwindet, und setzt dann 35 cm³ konz. Schwefelsäure und 50 cm³ 10proz. Ammoniumphosphatlösung hinzu. Dann wird 15 min in schwachem Sieden gehalten, der Niederschlag 2mal dekantiert, auf ein dichtes Filter gebracht und 3- bis 4mal mit 2proz. Schwefelsäure, die im Liter 0,1 g Ammoniumphosphat enthält, ausgewaschen. Man spritzt den Niederschlag mit heißer 2proz. Schwefelsäure in das Fällungsgefäß zurück, gibt etwa 300 cm³ dieser Säure sowie 5 cm³ Ammoniumphosphatlösung hinzu, erhitzt 3 min zum Sieden und filtriert durch das schon benutzte Filter. Hat man mit heißer 1proz., mit 0,1 g Ammoniumphosphat je Liter versehener Schwefelsäure 4mal und schließlich einmal mit heißem Wasser gewaschen, so wird das Zirkoniumphosphat getrocknet, in der Muffel bei 1000 bis 1050° bis zur Gewichtskonstanz geglüht und als ZrP_2O_7 gewogen. Eisen, Titan, Aluminium, seltene Erden und Kalk befinden sich im Filtrat und können darin bestimmt werden. Bei stark *kalkhaltigen* Erzen ist es zweckmäßig, durch eine vorhergehende Ammoniumsulfidfällung den Kalk abzutrennen.

---

[3] Arch. Eisenhüttenw. Bd. 7 (1933/34) S. 505.

Sind größere Mengen an **Titan** vorhanden, so wird vom ausfallenden Zirkoniumphosphat ein kleiner Anteil des Titans mitgerissen, der beim nachfolgenden Glühen in $Ti_2P_2O_9$ übergeht. Man schließt dann die Pyrophosphate durch Schmelzen mit Kaliumhydrogensulfat auf, löst die Schmelze in 100 cm³ 10proz. Schwefelsäure, fügt etwas Wasserstoffperoxyd hinzu (eine Trübung schadet nicht), bestimmt Titan colorimetrisch und setzt es, als $Ti_2P_2O_9$ berechnet, von der Auswaage ab.

Bei der Anwesenheit von **Tantal-Niob** schließt man den nach dem Verjagen der Kieselsäure verbleibenden Rückstand nicht mit Soda, sondern mit 10 g Kaliumcarbonat und 1 g Kalisalpeter auf, laugt mit wenig kaltem Wasser aus, filtriert und wäscht aus. Das Unlösliche wird mit Kaliumhydrogensulfat geschmolzen, die Schmelze ausgelaugt und die Lösung mit dem Hauptfiltrat vereinigt. Nun neutralisiert man mit Ammoniak, setzt 20 cm³ Salzsäure $(1+1)$ hinzu, reduziert Eisen mit Natriumhydrogensulfit und fällt Zirkonium mit Ammoniumphosphat.

II. Die Fällung mit Phenylarsinsäure
(nach P. Klinger und O. Schließmann[4]).

Phenylarsinsäure, $C_6H_5AsO(OH)_2$, ist ein spezifisches Fällungsmittel für Zirkonium aus stark sauren Lösungen; es wird damit eine Trennung von Wolfram, Molybdän, Vanadium, Chrom, Nickel, Kobalt, Titan und Aluminium erreicht; Zinn, Thorium und Hafnium fallen mit dem Zirkonium.

Die Fällung des Zirkoniums wird aus 10proz. salzsaurer Lösung mit 2,5proz. Phenylarsinsäurelösung vorgenommen. Der Niederschlag ist $(C_6H_5AsO_3H)_2ZrO$; er wird geglüht und zur Entfernung der letzten Reste von Arsen im Rosetiegel oder Quarzrohr mit Wasserstoff behandelt; etwa vorhandene Spuren von SiO_2 sind durch Abrauchen mit Fluß- und Schwefelsäure zu verjagen; die Wägeform ist ZrO_2.

Eine Beseitigung des aus dem Aufschlußtiegel stammenden Platins vor der Zirkoniumfällung erübrigt sich; nur Zinn muß entfernt werden.

Ausführung. Nach dem Aufschluß des Erzes durch eine Soda-Borax-Schmelze wird diese in Wasser gelöst, mit Salzsäure angesäuert und die Rohkieselsäure mit Gelatinezusatz gefällt. Man glüht diese, verjagt die Kieselsäure, schmilzt den verbleibenden Rückstand mit Kaliumcarbonat und Salpeter, laugt aus, filtriert und löst die auf dem Filter befindlichen Zirkonium- und Titansalze in heißer Salzsäure. Diese Lösung vereinigt man mit dem Hauptfiltrat, aus dem die bei hochwertigen Erzen nur geringen Mengen an Eisen nicht entfernt zu werden brauchen; bei beträchtlichen Eisengehalten verfährt man nach der Methode auf S. 492.

Die salzsauren vereinigten Lösungen werden mit Ammoniak neutralisiert, mit 50 cm³ Salzsäure (1,19) versetzt (bei Gegenwart von Titan noch mit 50 cm³ einer 3proz. Wasserstoffperoxydlösung) und auf 500 cm³ verdünnt. Nun fällt man mit einer 2,5proz. Phenylarsinsäurelösung, von der 10 cm³ für 50 mg Zirkon ausreichen, kocht 1 Minute, prüft durch weiteren Zusatz von etwas Reagens auf Vollständigkeit der Fällung, setzt das Sieden 10 min lang fort und läßt den Niederschlag in der Wärme absitzen (30 min).

Er wird dann nach nochmaligem Aufkochen auf ein mittelhartes Filter filtriert, mit 1proz. Salzsäure gewaschen, getrocknet und unter dem Abzug verascht. Das Glühen erfolgt zunächst 2 Stunden an der Luft, dann anschließend 1 Stunde im Wasserstoffstrom im Rosetiegel oder Quarzrohr. Man kann die letzten Reste von Arsen und etwaige Spuren von Kieselsäure auch durch Abrauchen mit Fluß- und Schwefelsäure und nachfolgendes nachmaliges Glühen entfernen.

---

[4] Arch. Eisenhüttenw. Bd. 7 (1933/34) S. 113 bis 115 — Techn. Mitt. Krupp Bd. 3 (1935) S. 1 bis 4.

III. Das Kupferronverfahren.

Eisen(III)-chlorid muß vor der Zirkoniumfällung ausgeäthert werden, wobei darauf zu achten ist, daß der Äther keinen Alkohol enthält, da sonst Zirkonium-oxychlorid merklich gelöst wird. Kupfer und Molybdän sind in tartrathaltiger Lösung mit Schwefelwasserstoff, Nickel, Kobalt und Eisenreste anschließend aus der neutralisierten Lösung mit Ammoniumsulfid zu entfernen.

Mit Zirkonium zusammen fallen auch Titan und Vanadin aus der sauren Lösung aus und müssen nachträglich abgetrennt werden.

1. Als Beispiel sei die Bestimmung des Zirkoniums im *Stahl* und *Ferrozirkon* gegeben:

Ausführung. 2,5 g Stahl oder 0,5 g Ferrozirkon werden in 70 cm³ bzw. 20 cm³ Salzsäure (1,19) gelöst; die Lösung wird mit Salpetersäure oxydiert und zur Trockne eingedampft; nach dem Aufnehmen mit Salzsäure (1 + 1) wird das Abdampfen noch 2mal wiederholt; zuletzt filtriert man und wäscht aus. Der Rückstand wird nach dem Verjagen der Kieselsäure wie unter A. II, S. 486, behandelt und die dabei erzielte salzsaure Zirkonium- und Titanlösung zum Hauptfiltrat gegeben. Dieses hat man indessen durch Ausäthern vom Eisen befreit und trennt nun nach Zusatz von Weinsäure (etwa 20 bis 30 g bei legierten Stählen) durch Schwefel-wasserstoff von Kupfer und Molybdän wie folgt:

Die vereinigten Filtrate werden mit Ammoniak neutralisiert, mit 4 cm³ Schwefel-säure (1 + 1) wieder angesäuert, heiß mit Schwefelwasserstoff gesättigt, vom Sulfidniederschlag (Cu + Mo + Pt) durch Filtrieren befreit und schwach am-moniakalisch gemacht. Nun leitet man nochmals Schwefelwasserstoff ein, filtriert die Sulfide (Eisenrest + Ni + Co) ab und wäscht sie mit ammoniumsulfidhaltigem Wasser aus. Das Filtrat wird mit so viel Schwefelsäure (1 + 1) versetzt, daß in einem Volumen von 400 cm³ etwa 30 bis 40 cm³ Säure enthalten sind, zur Entfernung des Schwefelwasserstoffs gekocht und dann bis unter 15° abgekühlt. Man fällt nun Zirkonium (Ti + V) mit 6proz. wässeriger Kupferronlösung unter Rühren, bis ein weißer Niederschlag (von Nitrosophenylhydroxylamin) das Ende der Fällung anzeigt, filtriert, wäscht mit Salzsäure (1 + 9) sulfatfrei aus, verascht und glüht. Das erhaltene Zirkoniumoxyd (ZrO_2) kann mit *Titan* und *Vanadin* verunreinigt sein. Deshalb wird es zunächst mit Soda geschmolzen und Vanadin aus der Schmelze mit Wasser ausgelaugt. Den Rückstand schließt man mit Kalium-hydrogensulfat auf, löst die Schmelze in verd. Schwefelsäure und bestimmt Titan mit Wasserstoffperoxyd colorimetrisch.

Die gefundenen Gehalte an Vanadium und Titan werden auf Oxyde umgerechnet und von der Gesamtauswaage in Abzug gebracht.

Bemerkung. Bei der Rohkieselsäure (s. Einwand gegen ihre Abscheidung durch Eindampfen: beim „Phosphatverfahren", S. 485) können neben Zirkonium- und Titanphosphat noch Wolfram-, Tantal- und Niobsäure vorhanden sein; Auf-schluß und Trennung sind im Kap. „Titan", S. 341, angegeben. Zu erwähnen wäre dabei noch, daß das mittels Ammoniak gelöste Wolfram mit Calciumchlorid als $CaWO_4$ ausgefällt werden kann; man filtriert es ab, zersetzt es durch Eindampfen mit Salzsäure und erhält reine Wolframsäure als Rückstand.

2. Ein *weiteres Beispiel* für die Anwendung der Fällung des Zirkoniums mit Kupferron soll nachfolgende *Vorschrift des Hüttenlaboratoriums der Hansestadt Hamburg* geben:

0,625 g des bei 100° getrockneten und feinst gepulverten Erzes werden im Nickeltiegel mit Natriumperoxyd geschmolzen. Man löst die Schmelze in Wasser und säuert mit Salzsäure an, bis eine klare Lösung entsteht. Nun entfernt man Nickel durch wiederholte Fällung mit Ammoniak, spült dann den Niederschlag in eine Platinschale, löst seine letzten Reste mit Schwefelsäure (1 + 2) und Wasserstoffperoxyd vom Filter, gibt Flußsäure hinzu und bringt zur Verjagung der Kieselsäure zum Rauchen.

Hat man mit Wasser aufgenommen, so wird die Lösung mit genügend Weinsäure versetzt (etwa 10 bis 12 g), ammoniakalisch gemacht, wobei kein Niederschlag entstehen darf, und in einen 500 cm³-Meßkolben übergespült. Nach Zugabe von Ammoniumsulfid zur Ausfällung von Eisen und Mangan füllt man zur Marke auf und filtriert 400 cm³ (= 0,5 g Einwaage) ab. Diese Lösung wird mit Schwefelsäure angesäuert, einige Zeit gekocht, durch Filtrieren vom Schwefel befreit, mit so viel Schwefelsäure versetzt, daß 10% freie Säure vorhanden sind, und auf etwa 10° abgekühlt. Nun läßt man unter ständigem Rühren eine 6proz. wässerige Kupferronlösung allmählich zufließen, bis die Fällung mit dem Auftreten einer weißen Abscheidung, die sich beim Umrühren wieder löst, beendet ist, wartet 1 Stunde, filtriert und wäscht mit 10proz. kalter Salzsäure gründlich aus.

Der Niederschlag wird im Platintiegel vorsichtig erhitzt, schließlich stark geglüht und gewogen. Man erhält so $ZrO_2 + TiO_2$. Nun schmilzt man die geglühten Oxyde mit Kaliumhydrogensulfat, löst in verd. Schwefelsäure und bestimmt Titan colorimetrisch.

IV. Fällung von Zirkonium und Hafnium mit seleniger Säure
(nach A. Classen[5]).

Das Verfahren beruht auf der Bildung eines konstant zusammengesetzten kryst. Niederschlages von $Zr(Hf)(SeO_3)_2$ in einer schwach sauren Zirkoniumlösung mit seleniger Säure und eignet sich zur Bestimmung kleinster bis großer Mengen an Zirkonium und Hafnium. Aus dem Gewicht des bei 140° getrockneten Niederschlages kann der Zirkonium-(Hafnium-)Gehalt berechnet werden. Genauer aber ist es, den Niederschlag in Natriumfluorid und Schwefelsäure zu lösen und nach Zusatz von Kaliumjodid das durch die selenige Säure ausgeschiedene Jod mit Thiosulfat zu titrieren.

$$SeO_2 + 4 HJ = Se + 2 J_2 + 2 H_2O.$$

Ausführung. Die Lösung kann einen maximalen Säuregehalt an 0,6n-Schwefelsäure oder Salzsäure (bei kleinen Mengen Zirkonium 0,3n) oder 0,38n an Salpetersäure besitzen. Sulfate in größeren Mengen stören; bei 0,6n-Salzsäure sind bis zu 0,5 g Natriumsulfat je 400 cm³ zulässig. Das Volumen der Lösung sei 100 bis 400 cm³ je nach der Menge des Zirkoniums. Die Fällung wird in der Kälte mit 0,5 bis 2 g seleniger Säure (etwa in einer 10proz. Lösung) bewirkt. Man erhitzt dann bis zum Sieden und stellt 5 bis 20 Stunden auf dem Dampfbad oder auf der Heizplatte warm, bis der anfangs flockige Niederschlag in die kryst. Form übergegangen ist. Für die gewichtsanalytische Bestimmung filtriert man durch einen Jenaer Filtertiegel G 4, für die maßanalytische durch ein Blaubandfilter. Es wird 8mal mit heißem Wasser dekantiert (beim Vorhandensein störender Elemente wäscht man erst einige Male mit heißer verd. Salzsäure), dann noch so lange mit kaltem Wasser, bis das ablaufende Filtrat mit Kaliumjodid, Schwefelsäure und Stärke innerhalb 1 min keine Blaufärbung mehr gibt.

Für die *gewichtsanalytische* Bestimmung wird der Filtertiegel mit Inhalt bei 120 bis 200° bis zum konstanten Gewicht getrocknet. Der Faktor für Zr ist 0,2643, für ZrO_2 0,3570. Man muß sorgfältig allen Staub oder andere reduzierend wirkenden Stoffe fernhalten, da sonst die selenige Säure zu Selen reduziert wird, wodurch zu hohe Ergebnisse vorgetäuscht werden. Meistens gelingt dies nicht vollkommen, und man erhält einen rotstichigen Niederschlag.

---

[5] Z. anal. Chem. Bd. 117 (1939) S. 252.

Für die *maßanalytische* Bestimmung wird der Niederschlag mit wenig Wasser möglichst vollständig in das Fällungsgefäß zurückgespritzt, mit etwa 6 cm³ Schwefelsäure (1 + 1) und 5 bis 10 cm³ einer 3proz. Natriumfluoridlösung versetzt; dann erhitzt man schwach bis zur völligen Lösung, filtriert in einen 750 cm³-Erlenmeyerkolben und wäscht mit warmer verd. Schwefelsäure und einigen Tropfen Natriumfluorid nach. Zur Schonung der Gläser kann man noch einige Kubikzentimeter einer gesättigten Borsäurelösung zwecks Bindung überschüssiger Flußsäure hinzugeben; doch ist dies nicht unbedingt nötig, da Flußsäure bei der nachfolgenden Titration nicht stört und in der vorhandenen Konzentration das Glas kaum angreift. Die kalte Lösung wird auf 200 bis 300 cm³ verdünnt, mit 10 bis 15 cm³ 2proz. Stärkelösung und zur Vertreibung des Sauerstoffs aus Flüssigkeit und Kolben mit etwas Natriumhydrogencarbonat sowie schließlich unter Umschwenken mit 2 bis 4 g in Wasser gelöstem, jodatfreiem Kaliumjodid versetzt und nach 2 min mit $n/_{20}$- oder $n/_{10}$-Thiosulfat titriert. Dabei hellt sich die erst dunkelblaue Flüssigkeit gegen den Endpunkt der Titration etwas auf, wird dann schmutzigbraun und geht zum Schluß scharf in Hellrot (Se) über. Bei größeren Zirkoniummengen (>40 mg) ist der Endpunkt etwas schwieriger zu erkennen, doch gelingt es leicht und auf den Tropfen genau, wenn man den Kolben über eine von unten stark beleuchtete Milchglasscheibe stellt und beobachtet, ob rings um den einfallenden Tropfen eine Aufhellung eintritt. — 1 cm³ $n/_{10}$-Thiosulfat entspricht 1,140 mg Zr oder 1,540 ZrO_2 bzw. 2,232 mg Hf oder 2,632 mg HfO_2.

Die Resultate sind recht genau.

Die gewichts- oder maßanalytische **Bestimmung von Hafnium** ist analog der von Zirkonium.

Ebenso ist die Selenigsäuremethode für die Bestimmung von *Zirkonium neben Hafnium* gut geeignet. Man bestimmt zunächst die Summe der Oxyde und dann die der Selenite:

100 mg ZrO_2 liefern 280,1 mg $Zr(SeO_3)_2$ oder verbrauchen 64,92 cm³ $n/_{10}$-Thiosulfat.

100 mg HfO_2 liefern 205,4 mg $Hf(SeO_3)_2$ oder verbrauchen 37,99 cm³ $n/_{10}$-Thiosulfat.

Während bei der gewichtsanalytischen Bestimmung das Verhältnis der Auswaagen an Selenit nur 1,37 beträgt, ist bei der maßanalytischen Methode das Verhältnis an verbrauchten Kubikzentimetern Thiosulfat 1,71, also viel günstiger; jedes Prozent Hafniumoxyd gibt also eine Differenz von 0,4 bis 0,7% gegenüber den für reines Zirkoniumoxyd erforderlichen Mengen an Maßflüssigkeit. Da die maßanalytische Bestimmung auf mindestens 0,3% reproduzierbar ist, kann man, besonders bei Gebrauch des empirischen Hafniumtiters, den Hafniumgehalt eines Gemisches ·von Zirkonium und Hafnium auf wenigstens 1% (relat.) genau ermitteln.

Die Hafniumgehalte betragen gewöhnlich bei Zirkonerdemineral 1,8%, bei Zirkoniumsilicat 1,3 bis 4%.

B. Untersuchung von Erzen und Erzeugnissen.

I. Erze.

An natürlichen Zirkoniumvorkommen sind zu nennen: *Zirkonerde* (Baddeleyit), ein Zirkoniumoxyd mit meist 75% ZrO_2, selten mit 85 bis 90%. Zirkonium ist darin teils als freies ZrO_2, teils als $ZrSiO_4$ vorhanden; als Begleiter treten TiO_2, FeO, Fe_2O_3, SiO_2 und H_2O auf; P_2O_5 fehlt meist. Die Zirkonerde kommt hauptsächlich im Staate Minas Geraes an der Grenze gegen Sao Paulo im anstehenden Gestein vor (wird fälschlicherweise oft als „Favas" bezeichnet).

Zirkon, Zirkoniumsilicat ($ZrSiO_4$) mit theor. 67,25% ZrO_2, das meist wohlausgebildete Kryställchen zeigt. Er findet sich gewöhnlich in Schwemmsanden mit Monazit, Rutil, Quarz usw. vergesellschaftet, von denen er durch Magnetscheider getrennt werden kann, da er magnetisch nicht beeinflußbar ist, während dies Monazit etwas und Eisenoxyde in starkem Maße sind. In sog. „Zirkonsanden“ muß man mit einer schlecht durchgeführten magnetischen Scheidung rechnen, also mit Verunreinigungen durch seltene Erden und Phosphate; die Zirkonkryställchen selbst sind frei von letzteren. Als hauptsächliche Fundorte für Zirkon gelten die Küsten von Brasilien und Südindien (Travancore), Ceylon und Australien.

Bei der Analyse der Erze sind zu berücksichtigen: *Ti, Si, P, Fe, Al* und *seltene Erden,* deren Bestimmungen, ebenso wie die des *Zirkoniums,* unter A. I bis IV behandelt wurden.

II. Erzeugnisse.

1. Zirkoniummetall.

Man unterscheidet solches in Pulverform und ein weiteres in Form von duktilem Metall. *Ersteres* wird durch Reduktion von Halogensalzen mit metallischem Natrium oder Magnesium erhalten, ist von grauer bis schwarzer Farbe und dient in überwiegendem Maße zur Herstellung von lagerbeständigem Blitzlicht. Dafür soll es feinkörnig (5000 Maschen/cm^2) sein und, mit Sauerstoffträgern — Bariumnitrat und Braunstein — gemischt, in $^1/_{15}$ oder $^1/_{20}$ Sekunde ohne lauten Knall und ohne länger bleibenden Rauch abbrennen. Für die Beurteilung sind also maßgebend: Feinheitsgrad, Verbrennungsgeschwindigkeit und Rauchstärke, erst in zweiter Linie der Metallgehalt. Die Handelssorten enthalten über 75% metallisches Zirkonium, meistens 80 bis 90%; der Rest ist ZrO_2, Fe_2O_3, MgO, CaO, Al_2O_3. Ein Gehalt an ZrH_2 wird zum Metallgehalt hinzugerechnet. Höherprozentige Sorten (bis zu 98% Zr), meist auch gröberen Korns, dienen für metallurgische Zwecke; so verhindern z. B. nach den Angaben von I.G. Farben, Bitterfeld, beim Guß von Magnesium und seinen Legierungen 0,002 bis 0,1% Beryllium Branderscheinungen, verursachen jedoch Festigkeitsverminderung infolge Kornvergröberung; ein gleichzeitiger Zusatz von 0,6% Zirkonium hat aber eine den Festigkeitsabfall aufhebende Wirkung, ohne den Brandschutz zu gefährden.

Das *duktile Zirkoniummetall* in Form von Stäben, Drähten oder Blechen, welches über ZrJ_4 durch Dissoziation an glühendem Wolfram- oder Zirkondraht hergestellt wird, ist reinstes Metall mit mindestens 99,9% Zr. Es findet in der drahtlosen Telephonie als Heizdraht Verwendung. Für seine Reinheit sind die mechanischen und elektrischen Eigenschaften maßgebend.

Bestimmung des Gehaltes an metallischem Zirkonium. Nach der Gleichung: $Zr + 4\,HF = ZrF_4 + 2\,H_2$ entwickeln 91,22 g Zirkonium 4,0312 g Wasserstoff; enthält das Metall noch ZrH_2, so wird auch hieraus nach der Gleichung: $ZrH_2 + 4\,HF = ZrF_4 + 3\,H_2$ Wasserstoff entwickelt. Das Volumen des Gases wird gemessen und aus ihm unter Berücksichtigung der anzubringenden Korrekturen[6] der Metallgehalt der Probe berechnet.

Ausführung. Man gibt in ein 50 cm^3-Rundkölbchen 0,2 g Zirkoniummetall und verbindet das Gefäß durch ein enges Rohr mit Auslaßhahn mit einem Meßrohr von 250 cm^3 Fassung, das seinerseits unten durch einen Gummischlauch mit einem Niveaugefäß in Verbindung steht. Der Gummistopfen des Kölbchens trägt noch eine kleine Bürette (25 cm^3), durch welche man zunächst etwa 10 cm^3 Wasser einfließen läßt; der Einlauf geschieht bis zu einer Markierung an der Bürette, so daß die Spitze gefüllt bleibt. Nach erfolgtem Temperaturausgleich (etwa $^1/_2$ bis 1 Stunde) stellt man Niveau- und Druckausgleich durch kurzes Öffnen des Hahnes her, läßt zunächst 15 cm^3 Kaliumfluoridlösung (60 g/l) und hierauf 20 cm^3 Schwefelsäure $(1 + 4)$ — beide Lösungen genau gemessen — zufließen und wartet, bis die Hauptreaktion vorüber ist. Dann wird der ganze Apparat kreisend bewegt und das Kochfläschchen zum kurzen Kochen erhitzt, bis keine Gasbläschen mehr aufsteigen. Nach erfolgtem Temperaturausgleich liest man die Temperatur und den Barometerstand ab und berechnet aus dem Gasvolumen, wie vorher erwähnt, den Gehalt an Metall (zuzüglich ZrH_2)[7].

---

[6] Küster-Thiel: Logarithmische Rechentafeln für Chemiker, 46. bis 50. Aufl. Berlin und Leipzig: Walter de Gruyter & Co.

[7] Siehe auch Thilenius, R.: Eine Gasbürette mit mechanischer Reduktion des Gasvolumens auf Normalbedingungen. Z. anal. Chem. Bd. 122 (1941) S. 385.

Der **Wasserstoffgehalt** im Zirkoniummetall ist mit einiger Genauigkeit nur durch Abpumpen im Hochvakuum bei mindestens 1200° zu ermitteln; eine unmittelbare Verbrennung läßt sich kaum ausführen, da das Material immer etwas Wasser, Zirkonium- und andere Hydroxyde enthält.

Die *übrigen Verunreinigungen*, wie **Eisen, Aluminium, Magnesium** und **Calcium,** werden nach der Auflösung des Materials in Flußsäure und nachfolgendem Abrauchen mit Schwefelsäure bestimmt; die Lösung von der obigen Metallgehaltsbestimmung darf dafür nicht verwendet werden.

Silicium ist nach dem Verbrennen des Metalls an der Luft durch einen Soda-Boraxaufschluß — Lösen der Schmelze, Ansäuern mit Salzsäure und Fällung mit Gelatinezusatz — zu ermitteln.

2. Zirkoniumlegierungen.

Erzeugnisse des elektrischen Ofens oder aluminothermischer Prozesse sind *Ferrozirkon* und *Ferrozirkonsilicium*; sie werden meist als Desoxydations- und Denitrierungsmittel sowie auch zum Binden des Schwefels gebraucht und finden in der Stahlindustrie Verwendung; dabei geht etwa die Hälfte des Zirkoniumzusatzes in die Schlacke. Zirkonstahl hat selten über 0,1% Zirkonium.

Ferrozirkonsilicium mit etwa 45% Zr, 45% Si, 10% Fe und max. 0,1% C dient hauptsächlich zur Schweißdrahtherstellung. Für Desoxydationszwecke wird eine Ferrolegierung mit etwa 12 bis 15% Zr und 50% Si empfohlen.

Die Ferrolegierungen enthalten das Zirkonium in metallischer Form, als Oxyd, Sulfid oder Nitrid.

Lösen. Ferrozirkon und Ferrozirkonsilicium sind in Königswasser nur sehr langsam und unvollständig löslich; ein Gemisch von Flußsäure mit Mineralsäuren löst dagegen ziemlich rasch; der dabei verbleibende Rückstand kann Zirkoniumcarbid und Graphit neben anderen unlöslichen Verbindungen enthalten und muß verascht und aufgeschlossen werden. Zirkonstahl löst sich in warmer konz. Salzsäure oder in verdünnter (1 + 1).

Bei all diesen Legierungen kann natürlich auch ein alkalischer Schmelzaufschluß vorgenommen werden.

Untersuchung. Bei allen eisenhaltigen Zirkoniumlegierungen ist es erforderlich, vor der Zirkoniumbestimmung das **Eisen** möglichst weitgehend zu entfernen. Es kann dies durch Ausäthern der eingeengten salzsauren Lösung oder durch die nachstehend beschriebenen Verfahren geschehen:

a) Trennung mit Natriumthiosulfat.

Sie bietet den Vorteil einer raschen Fällung von Zirkonium, Titan und Aluminium in einer eisenreichen Lösung. Man neutralisiert die vereinigten salzsauren Filtrate vom Lösen und der Verarbeitung des Rückstandes — sie können gegebenenfalls auch etwas Schwefelsäure enthalten — in der Kälte annähernd mit Ammoniak, versetzt sie mit einem Überschuß von Thiosulfatlösung und kocht, bis der Geruch nach schwefliger Säure nur noch schwach merkbar ist. Der dabei ausgefallene Niederschlag wird abfiltriert und in heißer Salzsäure (1 + 1) gelöst, wobei zu beachten ist, daß das Lösen nicht mit dem Filter zusammen vorgenommen werden darf, da stärker salzsaure Zirkoniumlösungen das Filter unter Bildung einer gelb gefärbten Flüssigkeit zersetzen. Nun neutralisiert man wieder, wie vorhin, und fällt erneut mit Thiosulfat. Dieser Niederschlag wird diesmal mit Schwefelsäure (1 + 3) gelöst und mit Ammoniak wieder ausgefällt. Er enthält Zirkonium, Titan und Aluminium. Man bringt ihn mit Schwefelsäure (1 + 3) in Lösung und spült diese in ein 250 cm³-Meßkölbchen über. Das für alle 3 Fällungen benutzte Filter wird verascht, die Asche mit etwas Kaliumhydrogensulfat aufgeschlossen und die schwefelsaure Lösung der Schmelze nach dem Erkalten in obiges Meßkölbchen gebracht, worauf man zur Marke auffüllt.

Hat man für Zirkonstahl 10 bis 20 g, von Ferrozirkon 1 bis 2 g eingewogen, so kann man nun aus dem Meßkölbchen entsprechende Anteile (etwa 50 cm³) entnehmen und sie für die gewünschten Bestimmungen verwenden.

b) Trennung mit Ammoniumsulfid in weinsäurehaltiger alkalischer Lösung.

(Nach R. Weihrich[8].) In einer Platinschale werden 0,25 g Ferrozirkon (Ferrozirkonsilicium) mit 50 cm³ Salpetersäure (1 + 1) und 10 bis 20 cm³ Flußsäure gelöst. Man dampft mit 15 cm³ Schwefelsäure (1 + 1) bis auf etwa 20 cm³ ein — nicht bis zum Rauchen, um (nach Weihrich) Zirkoniumverluste zu vermeiden —, verdünnt mit 30 cm³ Wasser, setzt 20 cm³ 25 proz. Boraxlösung hinzu und erwärmt 30 min bei 90°, um die Flußsäure als Borfluorid zu vertreiben. Nun wird die Lösung in einen 300 cm³-Kolben gespült, mit 10 g Weinsäure versetzt, mit Ammoniak neutralisiert und mit 4 cm³ Schwefelsäure (1 + 1) im Überschuß angesäuert. In die kalte Lösung leitet man 10 min Schwefelwasserstoff ein, versetzt dann mit 25 cm³ 25 proz. Ammoniak und wiederholt das Einleiten von Schwefelwasserstoff 15 min lang. Das ausgefallene Eisen(II)-sulfid wird mit ammoniumsulfidhaltigem Wasser ausgewaschen, in verd. Salzsäure gelöst und nach Zusatz von 5 g Weinsäure abermals, wie vorhin, mit Schwefelwasserstoff abgeschieden; nach dem Filtrieren und Auswaschen kann es zur Eisenbestimmung verwendet werden. Die vereinigten Filtrate, welche Zirkonium, Titan und Aluminium enthalten, verdünnt man nach dem Ansäuern mit Schwefelsäure (1 + 1) und Zusatz von weiteren 25 cm³ dieser Säure auf 400 cm³, verkocht den Schwefelwasserstoff, kühlt ab und fällt Zirkonium (+ Titan) mit Kupferron (s. A. III, S. 487).

Soll *Zirkonium* im Ferrozirkon oder Stahl nach der Phenylarsinsäuremethode (s. S. 486) bestimmt werden, so löst man von *Ferrozirkon* 1 g in 15 cm³ Flußsäure und 5 cm³ konz. Schwefelsäure und raucht ab; ein ungelöster Rückstand wird durch eine Kaliumhydrogensulfatschmelze aufgeschlossen, diese in Schwefelsäure (1 + 1) gelöst und die Lösung mit dem ersten Filtrat vereinigt. Man füllt in einem Meßkolben auf und entnimmt ihm entsprechende Anteile.

Von *Zirkonstahl* werden 5 g Späne in 50 bis 100 cm³ Salzsäure (1 + 1) gelöst. Nach dem Aufschluß des Rückstandes und der Vereinigung der salzsauren Lösungen dampft man bis zur Sirupdicke ein, äthert das Eisen aus, verjagt die Ätherreste, neutralisiert mit Ammoniak, versetzt mit 50 cm³ Salzsäure (1,19), verdünnt mit Wasser auf 500 cm³, oxydiert Titan mit 50 cm³ 3 proz. Wasserstoffperoxydlösung und fällt in der Siedehitze mit 2,5 proz. Phenylarsinsäurelösung.

Mangan. Man kann es aus dem Eisenniederschlag, in dem es beim Ammoniumsulfidverfahren enthalten ist, nach einem der im Kap. „Mangan" angegebenen Verfahren bestimmen.

Nickel kann aus der mit Weinsäure versetzten und dann ammoniakalisch gemachten Lösung der Ferrolegierungen mit Diacetyldioxim gefällt werden.

Kupfer wird aus der salz- oder schwefelsauren Lösung durch Einleiten von Schwefelwasserstoff gefällt.

Arsen. 5 bis 10 g der Legierung werden in einer Platinschale mit 50 bis 100 cm³ Salpetersäure (1 + 1) und 20 cm³ Flußsäure gelöst und mit 20 cm³ Schwefelsäure (1 + 1) zum starken Rauchen abgedampft. Dann nimmt man mit Salzsäure (1 + 1) auf, spült alles in einen Destillationskolben über und destilliert nach Zusatz von Hydrazinsulfat und Kaliumbromid, wie im Kap. „Arsen" beschrieben.

Phosphor. Die geringe Löslichkeit von Titan- und besonders Zirkoniumphosphat in stärkeren Mineralsäuren begründet folgendes Verfahren: Man löst bei *Ferrozirkon(silicium)* 5 g in Salpeter-Flußsäure und raucht mit Schwefelsäure ab.

---

[8] „Die chemische Analyse" Bd. 31 S. 169. Stuttgart: Ferd. Enke 1939.

Dann nimmt man mit Salzsäure (1 + 1) auf, erhitzt auf 60 bis 70°, setzt etwa 10 Tropfen 2proz. Gelatinelösung zu und rührt kräftig (s. Kap. „Silicium", S. 301). Der ausfallende Niederschlag enthält allen Phosphor. Man schmilzt ihn mit Soda, laugt mit Wasser aus, filtriert und kann nun im Filtrat die Phosphorsäure bestimmen.

Schwefel. 2 bis 5 g Späne oder Pulver werden im Nickeltiegel mit Natriumkaliumcarbonat und 5 g Natriumperoxyd unter Umschwenken des Tiegels und bei aufgelegtem Deckel so zum Schmelzen gebracht, daß keine Flammengase in die Schmelze eindringen können. Man kann auch einen Silbertiegel benützen, in dem man zunächst 10 g Ätzkali einschmilzt, dann das Probematerial auf die erkaltete Schmelze gibt und mit 1 g Kaliumnitrat überdeckt und wieder erhitzt, bis eine vollständige Umsetzung eingetreten ist. Die Schmelzen werden mit Wasser gelaugt und samt dem Niederschlag in einen Meßkolben übergespült. Man füllt auf, filtriert, entnimmt einen Anteil, säuert ihn mit Salzsäure eben an und fällt in der siedend heißen Lösung mit Bariumchlorid. Das Bariumsulfat ist auf Reinheit zu prüfen.

Kohlenstoff. Seine Bestimmung erfolgt wie bei „Ferrochrom", S. 153. Die Einwaage beträgt 0,5 g, die Verbrennungstemperatur 950 bis 1250°.

Titan. Es kann mit Zirkonium zusammen durch Kupferron gefällt werden. Die geglühten Oxyde sind mit Kaliumhydrogensulfat zu schmelzen. Man löst die Schmelze in Schwefelsäure (1 + 3) und bestimmt in dieser Lösung Titan colorimetrisch.

Aluminium. Man schmilzt eine oder mehrere Einwaagen von 2 g Material mit Natriumperoxyd im Nickeltiegel, zersetzt die Schmelzen mit Wasser, spült alles in einen Meßkolben über, füllt auf, filtriert und entnimmt dem Filtrat Anteile, mit denen man nach „Ferrochrom", S. 159, weiter verfährt (Kieselsäure ist zu berücksichtigen).

Wolfram- und *Tantal-Niobsäure* befinden sich bei der Rohkieselsäure. Aufschluß und Trennung s. Kap. „Titan", S. 340.

3. Zirkoniumoxyd und Zirkoniumsalze.

Zirkoniumoxyd wird für keramische Zwecke und hochfeuerfeste Geräte verwendet.

Die *Zirkoniumsalze*, wie Oxychlorid, Tetrachlorid und Sulfat, sind meist nur Zwischenprodukte; das Nitrat findet für Gasglühlicht Verwendung.

Zirkoniumphosphat und *-pyrophosphat* sind durch schmelzende Soda im Platintiegel oder durch Ätznatron im Silbertiegel kaum vollständig aufzuschließen. Es ist deshalb zweckmäßig, einen Gewichtsteil des Phosphates mit dem gleichen Gewichtsteil von reinem Kieselsäurepulver zu verreiben und nunmehr die Schmelze mit Soda-Borax durchzuführen. Das Auslaugen geschieht mit kochendem Wasser, wobei die Phosphorsäure restlos und nur wenig Kieselsäure in Lösung gehen. Den Rückstand verascht man, raucht dann die Kieselsäure mit Fluß- und Schwefelsäure ab, schließt nochmals auf und löst in Salzsäure (1 + 3). Dann erfolgt die *Zirkoniumbestimmung* nach einer der unter A. angeführten Methoden.

Die alkalische Lösung säuert man mit Salzsäure an, fällt die *Kieselsäure* mit Gelatinezusatz und bestimmt die *Phosphorsäure* im Filtrat mit Magnesiamixtur.

Namen- und Sachverzeichnis.